中国电机工程学会译丛

CSEE-INTL-2019-T01

CIGRE Green Books

国际大电网委员会绿皮书

# 变电站

国际大电网委员会变电站专委会

舒印彪　范建斌 等　译

CIGRE Green Books

SPRINGER REFERENCE

International Council on Large Electric Systems (CIGRE) Study Committee B3: Substations

**Substations**

cigre　Springer

中国电力出版社

CHINA ELECTRIC POWER PRESS

版权声明：

本书由舒印彪、范建斌等译自 International Council on Large Electric Systems (CIGRE) Study Committee B3: Substations 所著 *CIGRE Green Books　Substations*.

©Springer International Publishing AG, part of Springer Nature 2019 版权所有。

**图书在版编目（CIP）数据**

国际大电网委员会绿皮书. 变电站 / 国际大电网委员会变电站专委会著；舒印彪等译. —北京：中国电力出版社，2019.8

书名原文：CIGRE Green Books　Substations
ISBN 978-7-5198-3529-3

Ⅰ. ①国… Ⅱ. ①国… ②舒… Ⅲ. ①特高压输电–变电所 Ⅳ. ①TM6

中国版本图书馆 CIP 数据核字（2019）第 186630 号

北京市版权局著作权合同登记　　图字：01-2019-5529 号

出版发行：中国电力出版社
地　　址：北京市东城区北京站西街 19 号（邮政编码 100005）
网　　址：http://www.cepp.sgcc.com.cn
责任编辑：翟巧珍（806636769@qq.com）
责任校对：黄　蓓　闫秀英　朱丽芳
装帧设计：张俊霞
责任印制：石　雷

印　　刷：北京瑞禾彩色印刷有限公司
版　　次：2019 年 8 月第一版
印　　次：2019 年 8 月北京第一次印刷
开　　本：787 毫米×1092 毫米　16 开本
印　　张：49.5
字　　数：1200 千字
印　　数：0001—3000 册
定　　价：500.00 元

# 《国际大电网委员会绿皮书 变电站》
## 翻译组名单

组　　长　　舒印彪

副 组 长　　范建斌

参译人员　　王晓刚　刘　楠　陈　缨　李　鹏　黄　华

李　晖　胡　浩　李琳嶙　张书琦　王　朗

陈德辉　张　艳　张迎迎　汪　莹　李淑琦

刘　凡　龙震泽　颜湘莲　王浩然　张　然

汪　可　王　真　何　妍　徐文佳　张占奎

江　源　高　凯　辛　亮　肖　嵘　严　石

张乔根　张佩佩　罗　祾

参译单位　　国网四川省电力公司电力科学研究院

中国电力科学研究院有限公司

国网上海市电力公司电力科学研究院

国网经济技术研究院有限公司

国网电力科学研究院有限公司

# 译者的话

　　电力是国民经济发展的命脉，而变电站则是输变电系统的心脏。随着我国经济的高速发展，目前我国已投运35kV及以上电压等级变电站约4.64万座（截至2018年底），包括27座1000kV交流特高压变电站，每年新增变电站的数量约为3%~5%。同时我们也注意到，国内全面介绍变电站的图书还比较匮乏，许多图书都仅限于变电站某个细分技术。

　　《国际大电网委员会绿皮书 变电站》覆盖了变电站的规划、设计、建设、运行、维护及资产管理等各个方面，是世界知名变电站专家的倾心之作，不但浓缩了国际大电网委员会CIGRE B3变电站专业委员会自1921年以来积累的精华，而且反映了该领域的最新技术进展。该书内容丰富、资料翔实、查阅方便，实用性很强。因此，译者强烈希望能把本书介绍给我国从事相关专业的读者，该想法得到了CIGRE B3变电站专业委员会的高度认可并得到了专业委员会主席Terry Krieg的大力支持。在此要特别感谢Terry Krieg，没有他在版权和具体技术内容等方面的热心帮助，就不可能有《国际大电网委员会绿皮书 变电站》的面世。

　　将一本近1100页专业面很广的英文原著翻译成中文，确实是一项艰巨而繁重的工作。在本书的翻译过程中，力求忠实于原著，同时术语等方面的译文也尽可能符合中文的约定习惯。从2019年年初开始，到7月份完成，在这么短的时间内将该长篇巨著的翻译校对完成实属不易，在此对参与翻译的三十多名人员表示感谢！希望本书能够成为我国电力领域工作人员的实用参考书籍，并谨借此书为我国电力事业的发展贡献绵薄之力！

范建斌

2019年8月19日

# CIGRE主席寄语

作为全球公认电力系统专家社区，CIGRE总部设在巴黎，是一个非盈利性组织。它由来自90个国家成员、58个国家委员会代表组成。它组织其成员，即各技术领域的专家，建立工作组共同解决输配电行业面临的问题。目前，CIGRE设有230多个工作组，3000名专家共同努力解决具体的技术问题。工作组的成果是技术报告，现已超过700册，囊括了来自各大洲工程专家的综合知识和实践。这些技术报告非常有实用性，能够帮助工程师找到电力系统规划、设计、建设、运行和维护所需的电力输送解决方案。CIGRE拥有10 000多份参考文献与文档，为技术报告和解决技术问题提供支撑。

由CIGRE B3变电站专业委员会编著的《国际大电网委员会绿皮书 变电站》代表了变电站设计、运行、技术选择和资产管理的最新思想。它包括了已出版的技术报告内容以及各领域专家新的贡献。CIGRE是无偏见技术信息的来源。工程师可以参考本书，而不必担心有利于某一个供应商或国家。它汇集了许多国际专家的综合专业知识，为变电站设计提供了无偏见的客观教科书。

这本书的独特之处在于：它包含了许多专家的意见，而不仅仅是一两名专家。无论读者居住在何处，这些专家都来自全球各大洲，提供技术解决方案，表达的意见和提出的建议是公正的客观陈述。这些可以作为工程师在其组织内制定标准和指南的参考。

这本书是一本面向学术界、变电站设计部门、技术顾问的参考书，其中资产管理部分将为参与此项技术的资产管理人员提供重要信息。

在此对CIGRE B3变电站专业委员会参与编写完成本书的人表示热烈的祝贺。他们作为志愿者参与编写，其中不少人不得不在闲暇时间花费很长时间才完成这项任务。本书为当前和未来变电站技术活动奠定了基础，在此向各位读者极力推荐。

Rob Stephen博士于2018年2月

　　Rob Stephen博士出生于南非约翰内斯堡，1979年毕业于威特沃特斯兰德大学，获得理学学士、电气工程学位。他于1980年加入南非Eskom电力公司。他拥有理学硕士、工商管理硕士与架空线路设计专业的博士学位。他目前是Eskom技术集团的首席专家，负责所有交流和直流的输配电技术，并负责Eskom的智能电网战略制定。他曾担任CIGRE SC B2架空线路主席，并曾担任CIGRE的特别报告人和工作组主席，撰写了100多篇技术论文。他于2016年当选为CIGRE主席。他还是南非电气工程师协会（SAIEE）的院士，并于2005年当选为荣誉副主席。他于2016年获得SAIEE主席贡献奖。

# CIGRE技术委员会主席寄语

对我们所有人来说，有效利用电能是未来可持续发展的核心。近100年来，CIGRE为实现这一雄心勃勃的目标提供了全球平台。

最初，随着高压电网的发展及其在世界各地的建设运行，CIGRE一直关注电能的输送技术。随着电力行业的发展，CIGRE也在不断发展。随着时间的推移，它更加关注市场监管、系统规划、可持续性发展和信息系统等方面的内容，但肯定没有减少在更基本技术方面的研究投入。

今天，随着输电和配电之间以及最终用户和电力供应商之间的界线进一步模糊，并且整个电力系统变得更加互动并依赖于智能系统，CIGRE的重点扩大到了整个电力系统相关的技术问题。从采用交流或直流电的1200 kV输电网到本地微电网，电力的生产、传输、配送与最终使用等技术问题均有涉及。

CIGRE的当前活动可以分为三个关键主题，即"开发未来的电力系统""充分利用现有的电力系统"和"环境与可持续性"。在此框架内，CIGRE努力广泛汇集来自世界各地的专家来分享和交流知识，并利用综合知识和经验来编写优质的技术文档并提供最先进的指导。

CIGRE的目标是编写清晰明确、易于获取且适合目标受众的资料文档，并在技术、政治、商业、学术领域提升电气工程和电力行业的价值和重要性。多年来，这一努力取得了巨大成功。不断增多的CIGRE技术报告、会议论文、教程和文章库是电力行业中独一无二且无可比拟的资源。由于CIGRE的唯一关注点是高质量、无偏见的知识传播，我们始终优先考虑寻找提高我们工作能见度的新方法，因此我们引入了CIGRE 绿皮书计划。

CIGRE 绿皮书是整合、增强和传播CIGRE在特定领域所积累知识的一种方式。绿皮书针对CIGRE关键主题的方方面面，由世界知名专家编写和编辑，并以CIGRE的世界级出版物库为基础，提供特定应用领域的专业参考资料。绿皮书还为那些希望自我发展和为未来的电力系统以及电能可持续发展做出贡献的人员提供了独特的资源。

CIGRE技术委员会将致力于继续发展CIGRE在电力行业的技术领先地位，未来绿皮书系列的进一步扩展将是实现这一承诺的关键。

Mark Waldron于2018年2月

Mark Waldron于1988年电气工程专业毕业,加入了英国中央电力局的研究部门,目前他还在其私有化后成立的英国国家电网公司工作。他参与了开关和变电站设备资产管理的方方面面,包括研发、规范制定、评估、维护、监控、状态评估和报废管理。除了担任CIGRE技术委员会主席之外,他目前担任开关技术组长。他参与CIGRE工作超过20年,期间他曾参与多个工作组,担任工作组召集人和A3专委会主席,并领导了特高压输电技术委员会项目。

# 秘书长寄语

　　四年前，我有幸在第一本CIGRE绿皮书(关于架空线路)的引言中对新CIGRE技术报告集的发布进行评论。将一个特定领域内的所有技术报告汇总在一本书，可以用来评估该专业委员会20多年所累积的工作。这个想法最初由Konstantin Papailiou博士在2011年提交给技术委员会（现为理事会）。2015年，与著名国际出版商Springer的合作使得CIGRE再次将绿皮书作为CIGRE"主要参考工作"通过其庞大的出版网络进行发布。2016年，该系列增加了一个新类别的绿皮书，即CIGRE的"精简版系列"，以满足专业委员会希望发布更精简书本的需求。第一本CIGRE精简本由专业委员会D2编写，标题为公用事业通信网络和服务。从那时起，CIGRE绿皮书系列的概念不断发展，最近我们推出了该系列的第三个子类别，即"CIGRE绿皮书技术报告"（GBTB）。

　　自1969年以来，CIGRE已经出版了700多本技术报告，值得注意的是，在第一本关于远程保护的技术报告中，第一个参考文献是Springer在1963年出版的。由CIGRE工作组根据特定的工作范围编写的技术报告由CIGRE中央办公室出版，可从CIGRE在线图书馆e-CIGRE获取，该图书馆是电力工程相关技术文献中最全面，最易获取的数据库之一。每年有40~50本新技术报告出版，这些技术报告在CIGRE的双月刊Electra上发表，可以从e-CIGRE下载。

　　如今，除了传统的CIGRE技术报告之外，CIGRE技术委员会还会将技术报告作为绿皮书出版，通过Springer出版网络在CIGRE社区之外传播相关信息。作为CIGRE绿皮书系列的其他出版物，绿皮书技术报告将会以电子格式免费提供给CIGRE会员。CIGRE计划发行由各专业委员会汇编的新绿皮书，该系列将以每年出版一两本的速度逐步发行。这本新绿皮书是B3专业委员会编写的重要参考文献，是该子类别的第三部分。

　　这本书使读者能够清晰全面地了解变电站过去、现状和未来发展。在此，我要向本书的所有作者、撰稿人和评委表示祝贺。

Philippe Adam
CIGRE秘书长

Philippe Adam毕业于巴黎中央学院，1980年在法国电力公司（EDF）开始其职业生涯，在高压直流领域担任研究工程师，并参与了第一个连接撒丁岛、科西嘉岛和意大利的多终端直流等重要项目的研究和测试。在此之后，他负责管理EDF研发部门的高压直流和柔性输电的研究工程师团队。在此期间，他作为CIGRE工作组专家和第14专业委员会工作组召集人的身份为他的专业活动提供了有力支撑。之后一直到2000年，他在EDF发电和输电部门担任过多个管理职位，涉及变电站工程、电网规划、输电资产管理以及国际咨询等领域。当RTE（法国输电运营商）于2000年成立时，他被任命为财务和管理控制部门的经理，负责企业职能。2004年，他先担任项目总监，然后是国际关系部副主任，为RTE创建国际活动做出了贡献。2011~2014年，他一直担任Medgrid工业计划的基础设施和技术战略总监。与此同时，他在2009~2014年期间担任CIGRE技术委员会秘书和法国国家委员会秘书兼司库。他于2014年3月被任命为CIGRE秘书长。

# 前　言

回顾历史，我们可以看到变电站随着时间的推移如何发展，仰慕托马斯·爱迪生、尼古拉·特斯拉、乔治·威斯汀豪斯以及其他许多早期开拓者做出的贡献。

据信，第一个三相交流线路建设于1891年，那是运行于内卡河畔劳芬和法兰克福之间的一条40Hz、15kV、175km长的线路。据推测，该线路连接着第一个变电站。

第一个变电站被认为与单个发电站直接相关，因此使用了"变电站（字面有下一级电站的意思）"的名称。今天，电力系统出现了一系列不同类型的变电站，提供开关、电压变换、保护和辅助等功能。变电站正在不断扩展和变化，以满足国际社会的需求。

在这个世界历史时刻，我们可以看到，电网使用方式发生了令人难以置信的变化，满足了快速发展国家的需求、人口增长以及整个电力系统中可再生能源的增加。现在，获得电力对于社会运作至关重要，但如今全球仍有超过10亿人无法获得可靠的电力来源，其中许多人生活在非洲撒哈拉以南。为了充分发挥潜力，每个地区都需要获得可靠的电力，以促进经济增长。

我们称之为"变电站"的主题涵盖了广阔的范围。我们不仅处理变电站的设计建设问题，还处理变电站在技术、经济、环境和社会等方面的资产寿命周期管理问题。作为一个涵盖该主题的专业委员会，我们的目标是以安全和可持续的方式提供信息，以支持变电站在翻新、维护、监控和可靠性方面的寿命周期管理。我们的工作旨在提高安全性、可靠性和可用性；优化资产管理；最大限度地降低成本、风险和环境影响，同时考虑变电站利益相关者的各种社会需求和重要事项。

从历史上看，很少有教科书涵盖变电站的全部主题。本书旨在提供一本包含参与变电站研究的CIGRE成员集体智慧的参考书籍，来帮助那些想要了解更多相关知识的人员。CIGRE　B3专业委员会包括16个不同工作组，来自近50个国家的400多名专家。遵循前人的足迹，这些专家愿意分享他们的知识和经验，以协助国际社会应对与建设管理变电站相关的挑战。

2012年，当我们的专业委员会首次讨论这个参考书的想法时，有些人表示反对，认为自1921年以来CIGRE的现有出版物中已有这些信息。这本书旨在以概括和可读的方式呈现相关知识并在必要时进行更新。这本书是许多作者自愿贡献自己的时间和专业知识的成果。

随着我们在该领域汇集更多知识，更多专家不断加入我们的全球社区，本书与绿皮书系列中的其他书一样，将继续发展壮大。

有些人认为变电站仅与保护继电器相关，但我认为，在您阅读并时常参考本书时，您将会体会到变电站知识的丰富和深度。我希望您能够喜欢这本书，它在将来许多年里会成为您技术图书馆的一本很有价值的书籍。

Terry Krieg

CIGRE B3专业委员会主席

南澳大利亚高勒

2018年2月

# 致　谢

　　这种类型的参考书通常不是源自一个人的工作，而是许多人多年来工作贡献的合集。一些作者已经去世或已退出该行业，但他们的工作成果仍然以技术报告和技术论文的形式长存于世。

　　在此特别感谢来自荷兰的Adriaan Zomers。Adriaan于2017年1月去世，享年78岁。他对变电站领域非常了解，对他所信仰的事业充满热情，并且他在农村电气化领域非常活跃，解决了户户通电的问题。Adriaan制订了本书的第一个计划，并从一开始就是该项目的热心支持者。我们所有人都很想念他，希望用这本书纪念我们的朋友和同事Adriaan。本书由一群专业的人员编写，他们是2012～2016年期间相关技术报告的主要作者、评委、章节作者或撰稿人。然而，我们所有参与这个项目的人，特别是我自己，都非常感激一个人，他是这个项目的召集人，来自英国的John Finn。John在专业委员会和相关行业中都有长期的工作经验和丰富的技术技能。重要的是，他能够管理像如绿皮书这样的复杂项目与繁忙的专业团队。当我邀请他承担召集人时，他欣然同意，当时他也许不知道摆在他面前的是什么。我代表B3专业委员会和全球变电站社区对John表示最诚挚的谢意。没有他，这本书就不会成为现实。

Terry Krieg

CIGRE B3专业委员会主席

南澳大利亚高勒

2018年2月28日

Adriaan Zomers于1961年开始他的职业生涯，在Smit Slikkerveer担任建筑和设计工程师，并于1971年加入Friesland电力委员会，负责电压等级高达220kV变电站的设计、建造、运营和维护。

1985年，Adriaan加入了CIGRE，并成为第23专业委员会（现为B3）的荷兰代表。他在这个专业委员会的成员资格一直持续到1996年。与此同时，他作为荷兰对口委员会的召集人，鼓励一些年轻人工程师参与CIGRE的工作。他成功地领导了变电站二次设备工作组十多年。

2001年，Adriaan在荷兰特文特大学获得博士学位，其论文是"农村电气化：公用事业的痛点或挑战？"。他担任了20年的荷兰政府能源顾问，之后CIGRE于2005年重组了专业委员会，他被邀请加入新的配电和分布式发电C6专业委员会，以解决农村和偏远地区的电气化问题。在C6，他曾担任秘书和特别工作组成员、主旨发言嘉宾以及国际农村电气咨询小组主席。

Adriaan一直活跃于B3专业委员会的战略和指导咨询组。遗憾的是他于2017年1月5日去世，享年78岁。

Terry Krieg出生于南澳大利亚的高勒市，也居住于此。他曾在南澳大利亚大学学习电气工程专业，并获得了电气工程证书和电气仪表制造商学徒资格。2012年，他被任命为CIGRE B3变电站专业委员会主席。

在40多年的电力行业职业生涯中，他曾在澳大利亚多家电力公司担任高级管理和技术职务，负责发电、输电和配电业务，并引入了运行维护、变电站设计标准化、在线状态监控、资产管理和风险管理等方面的新方法，所涉及的技术领域包括大型变电站设计、测试调试、状态监测、高压电网设备诊断测试。

他曾获南澳大利亚大学优秀毕业生（电气工程学士），目前是澳大利亚工程师协会研究员、昆士兰注册专业工程师、资产管理规范BSI PAS-55:2008的认可评估师。他作为顾问协助企业制订符合ISO 55000的资产管理策略。此外，他还是澳大利亚企业董事学院的毕业生。

他在众多国际工业会议活动上发表了超过45篇工程管理论文与多次关于变电站、战略资产管理、诊断和监测及电网管理等方面的主旨演讲。

　　John Finn最初在英国电力供应行业从事保护、运维以及系统研究等方面的工作。随后，他加入了私营企业，与英国及海外的500kV变电站和电厂项目承包商合作，也参与了早期400kV超级电网中香港中电集团负责的英法海峡隧道电力供应项目管理。作为西门子在英国的内部工程师顾问，他参与开发了与海上风电场相关的陆上和海上变电站设计。2002～2006年期间，他曾担任CIGRE变电站概念领域顾问以及"标准化和创新"和"海上变电站指南"工作组召集人。他因对B3变电站专业委员会做出的贡献获得了2006年技术委员会奖和2008年杰出会员奖。他目前担任CIGRE英国国家委员会秘书。

**Richard Adams**   Power Systems, Ramboll, Newcastle upon Tyne, UK

**Gerd Balzer**   Institute of Electrical Power Systems, Darmstadt University of Technology, Darmstadt, Germany

**Nhora Barrera**   HV Substations, Axpo Power AG, Baden, Switzerland

**Jan Bednarik**   Networks Engineering, ESBI, Dublin, Ireland

**Eugene Bergin**   Mott MacDonald, Dublin, Ireland

**Hugh Cunningham**   Substation Design, ESB International, Dublin, Ireland

**Antonio Varejão de Godoy**   Generation Director of Eletrobrás, Casa Forte, Recife, Brazil

**Jarmo Elovaara**   Grid Investments, Fingrid Oyj, Helsinki, Finland

**Nicolaie Fantana**   Consultant, ex. ABB Research, Agileblue consulting, Heidelberg, Germany

**John Finn**   CIGRE UK, Newcastle upon Tyne, UK

**Fabio Nepomuceno Fraga**   DETS, Chesf, Departemento de Engenharia, Recife, Brazil

**Peter Glaubitz**   GIS Technology, Energy Management Division, Siemens, Erlangen, Germany

**Koji Kawakita**   Engineering Strategy and Development, Chubu Electric Power Co., Inc., Nagoya, Japan

**Angela Klepac**   Zinfra, Sydney, Australia

**Hermann Koch**   Gas Insulated Technology, Power Transmission, Siemens, Erlangen, Germany

**Paul Leemans**   Asset Management Substations, ELIA, Brussels, Belgium

**Gerd Lingner**   DK CIGRE, Adelsdorf, Germany

**Mick Mackey**   Power System Consultant Section, Dublin, Ireland

**Mark McVey**   Operations Engineering, Dominion Energy, Richmond, Virginia, USA

**Ravish Mehairjan**   Corporate Risk Management, Stedin Group, Rotterdam, The Netherlands

**John Nixon**   Global Project Engineering, GE Grid Solutions, Stafford, UK

**Akira Okada**   Global Business Division, Hitachi, Tokyo, Japan

**Mark Osborne**   Asset Policy, Engineering and Asset Management, National Grid, Warwick, UK

**Peter Sandeberg**   HVDC, ABB, Vasteras, Sweden

**Carolin Siebert**   Energy Management, Siemens AG, Berlin, Germany

**Johan Smit**   High Voltage Technology and Management, Delft University of Technology, Delft, The Netherlands

**Colm Twomey**   Substation Design, ESB International, Dublin, Ireland

**Kyoichi Uehara**   Transmission and Distribution Systems Division, Toshiba Energy Systems and Solution Corporation, Kawasaki, Japan

**Alan Wilson**   Doble Engineering, Guildford, UK

**Tokio Yamagiwa**   Power Business Unit, Hitachi Ltd, Hitachi-shi, Ibaraki-ken, Japan

**Adriaan Zomers**

**Klaus Zuber**   Energy Division, Gas Insulated Switchgear, Siemens, Erlangen, Germany

---

Adriaan Zomers: deceased.

# 目次

## 第 A 部分  变电站规划及设计

# 第 B 部分　空气绝缘变电站

## 第 C 部分　气体绝缘变电站

## 第 D 部分　混合式开关设备变电站和气体绝缘线路

## 第 E 部分　特高压和海上变电站

---

## 第 F 部分　二次系统

---

# 第 G 部分　变电站与环境的相互影响

## 第 H 部分　变电站管理问题

# 第Ⅰ部分　未来发展

# 简介

John Finn and Adriaan Zomers

## 目录

## 1.1　目的

　　CIGRE 成立于 1921 年以来，已存在近百年，是唯一致力于电力行业工作的全球性国际组织。在此期间，变电站专业委员会研究了与高压变电站各个环节相关的许多议题，并以技术报告、Electra 论文、会议论文、专题讨论会和座谈会论文的形式予以出版，大多数研究成果都通过 e-CIGRE 网站免费提供给 CIGRE 会员。然而，这些论文通常涉及特定议题，在撰写时属于专门领域或"热门"话题。这意味着，如果想对高压变电站各方面有一个全面了解，会发现这些海量信息很难贯穿起来。本书旨在利用这些丰富的信息，并以更易读的方式呈现出来，以便为该领域工作的决策者提供高压变电站各个层面有价值的参考。同时希望本书能成为标准的参考书，出现在从事该领域工作的同事的书架上。

Adriaan Zomers: deceased.

J. Finn (✉)
CIGRE UK, Newcastle upon Tyne, UK
e-mail: finnsjohn@gmail.com

A. Zomers

© Springer International Publishing AG, part of Springer Nature 2019
T. Krieg, J. Finn (eds.), *Substations*, CIGRE Green Books,
https://doi.org/10.1007/978-3-319-49574-3_1

## 1.2　变电站

变电站是包括发电、输电及最终向终端用户供电的整个电力系统的重要组成部分。自从电网诞生、能源构成和发电发生变化以来，系统的功能和性能需求不断演化，但变电站在整个电力系统中的作用仍然一如既往地重要。

当变电站首次投入使用时，它们被认为与单个发电站相关联；因此，首先使用"变电站（Substation，有下一级电站的意思）"这个名称。在现代电网中，变电站通过提供传感和开关功能来检测线路故障并快速隔离这些故障，以保持电网的整体稳定性，从而在确保电网稳定和安全方面发挥着关键作用。

变电站在电网中的总体功能是将电压从一个等级转换为另一个等级，为能源和最终用户之间的连接提供开关功能，并为电网及其组件提供保护。

在电网中，变电站可以被视为"节点"，让输配电线路之间能够连接，一条线路与另一条线路之间能够安全连接和断开。

本书旨在全面论述高压"变电站"这一主题，为感兴趣的人员提供参考。

## 1.3　本书的编排结构

在准备一本关于变电站主题的参考书时，有许多不同的方法对这本书进行编排。毫无疑问，每种方法都有优缺点。编写这本书的编辑委员会决定了一结构，基本上反映了专业委员会成立几十年来的工作模式。另一方面，这种编排结构也保证本书的完整性。

为此，本书试图按逻辑顺序编排内容，第 A 部分从变电站规划或扩建的需求开始，包括系统要求和选址，然后是相关的概念。这些概念包括开关设备类型、开关配置、如何将新技术纳入变电站及如何引入创新等方面。本书还讨论了安全法规和安全操作规程对变电站设计的影响，并介绍了一些实用项目，如操作规范和工程承包方法。

在世界范围内，大多数高压输电变电站都是使用空气绝缘，第 B 部分论述了高压输电变电站的设计、主要设备的选择和施工。设计方面包括短路时的导线应力、风振阻尼、接地系统、绝缘配合、污秽区域的绝缘选择等。此外，还考虑了结构、基础、建筑物、围栏、可听噪声的影响和消防要求。结合停电管理，讨论了基本的施工方法、物流和质量控制。

某些地方需要使用的气体绝缘开关设备（GIS）将在第 C 部分中讲述。该部分首先提出"为什么选择 GIS"的问题，然后讲述配置、绝缘配合、一次设备、特殊二次系统要求、特殊接地要求及与建筑物和其他设备的接口。施工方面也包括运输、安装、测试、气体处置，以及 GIS 的持续寿命要求。

随着更多的气体绝缘设备投入使用，空气绝缘变电站有了更多的设计考虑，例如，使用"混合"或"混合技术开关设备"和气体绝缘线路代替电缆。第 D 部分讨论了这些项目在变电站中的应用。

近年来还出现了一些特殊类型变电站的需求。例如，在 800kV 或以上的特高压下运行的变电站，以及在海上建造的用于风力发电厂的变电站。与这些特殊变电站相关的特殊要求将在第 E 部分详细说明。

对于任何一个变电站来说，都有许多重要的二次系统。这些系统是辅助电源、保护、控制、计量和通信。第 F 部分将讨论这些问题及与数字设备相关的问题，以及此类设备所需的特殊管理技术。

如今，我们都意识到环境保护和全球变暖、气候变化等问题的严峻。我们建造的变电站必须能够在特定位置的环境中有效运行，因此必须了解环境对变电站的影响。同时，变电站对环境的影响也越来越重要。这两个方面都在第 G 部分中讨论。

一旦规划、设计和建造了变电站，在其整个寿命周期内有效管理这一重要资产就变得非常重要。第 H 部分介绍了将变电站作为一项资产进行管理时从调试到处置过程中的战略政策、维护策略和工具。编委会对调试算是施工的最后一部分还是管理的第一部分进行了大量辩论，最终决定将其纳入管理部分。

最后第 I 部分展望未来几年变电站将如何变化。它首先跟踪变电站到目前为止的发展，然后讨论新技术、数字设备、智能设备和高压直流可能对未来变电站带来的影响。

## 1.4 如何使用本书

本书各章的作者都认为这本书非常具有趣味性，可以像小说一样从头到尾地阅读。当然，这不是大多数人使用参考书的方式。

为了找到您想要的主题，先应决定哪一部分最相关。例如，如果主题主要与空气绝缘变电站有关，则参考第 C 部分的索引。每个部分的索引分为若干小节，您应确定与主题相关的小节，索引将指示要参考的相关页面。书中所包含的内容涵盖了该主题的主要内容；但是，由于书中的内容大部分是从 CIGRE 现有的工作中提取的，因此原始的技术报告或 Electra 论文可能会更深入地涵盖主题。编写各部分时提及的 CIGRE 参考文献列在本书末尾的"参考资料"部分。参考文献分为几部分，如果该文献被多个部分引用，则相同的引用可能会出现多次。通过分章节引用参考文献将会帮助希望更详细地研究该主题的读者更容易找到相关文档。

为了确保这本书的全面性和连贯性，一些主题借鉴了 CIGRE 文件之前未涉及的内容，这些其他文件的引用也包括在每个部分的引用中。

有些主题与多个部分相关。为了避免在多个部分中重复内容，主题的主要内容将包含在其中一个部分中，并引用其他部分中所包含的主要内容。例如，在索引中可以找到气体绝缘变电站接地这一主题将在第 21 章中讨论。然而，气体绝缘变电站接地的许多方面与空气绝缘变电站相同。变电站接地的主题包含在空气绝缘变电站中；但是，第 21 章涵盖了气体绝缘变电站的具体方面，该章将读者引向第 11.7 节中的变电站接地主要考虑因素。

希望这本书能就每个主题向大多数读者提供一定程度的技术参考，这样就不需要另外寻找参考资料，但对于那些希望更详细地探讨的人员来说，部分参考章提供简单的途径来确定额外所需的资料。

编辑委员会和作者们真诚地希望这本书能为您参与高压变电站相关的日常工作提供真正有用的参考知识。

CIGRE Green Books

第 **A** 部分

变电站规划及设计

◈ John Finn

# 变电站基本概念

# 2

John Finn

## 目录

## 2.1 概述

输电网和配电网在电力系统中主要承担以下三个功能：

（1）从发电厂（或其他电网）到负荷中心的电力输送；

（2）通过电网互联提高供电安全性并降低发电成本；

（3）采用逐级降压的方式将电力输送至用户，也可向直接接入高压电网的用户供电。

根据变电站在输配电网中承担的功能，可划分为以下四类：

（1）电厂升压站；

（2）联络变电站；

（3）降压变电站；

（4）换流站。

一个变电站可以承担上述多个功能。

电网公司需定期开展电网规划工作，以确保电网能够满足功能要求。对新建或扩建变电站的必要性和可行性开展研究，在明确新建或扩建变电站的必要性以及变电站供电范围、负荷需求、选址范围等因素的基础上，可进一步开展变电站的详细规划。

J. Finn (✉)
CIGRE UK, Newcastle upon Tyne, UK
e-mail: finnsjohn@gmail.com

© Springer International Publishing AG, part of Springer Nature 2019
T. Krieg, J. Finn (eds.), *Substations*, CIGRE Green Books,
https://doi.org/10.1007/978-3-319-49574-3_2

## 2.2　系统要求

电网公司规划部门负责对新建或扩建变电站提出主要参数。系统规划人员通过潮流计算、短路电流计算、电力系统稳定计算和绝缘配合，在统筹考虑全网优化的基础上提出如下主要参数：

（1）绝缘水平。绝缘水平包括雷电冲击耐受（电压）水平和操作冲击耐受（电压）水平。相关 IEC 标准规定了各个电压等级的绝缘水平，电网公司需要根据实际电网情况进行计算分析。

（2）故障恢复时间。暂态稳定是指电力系统受到大扰动后，各同步电机保持同步运行并过渡到新的或恢复到原来稳态运行方式的能力。为了满足系统对暂态稳定性的要求或电网公司的规范要求，故障恢复时间需在限值以内。故障恢复时间和重合闸情况将会影响断路器和其他开关设备的选型。

（3）故障电流水平。故障电流水平取决于变电站设备（如母线、断路器、电流互感器等）的短路电流额定值和支撑结构。短路电流额定值与设计允许的额定短路持续时间有关，通常情况下：170kV 及以上电压等级额定短路持续时间为 1s，170kV 以下电压等级额定短路持续时间为 3s❶。

（4）额定电流。额定电流是指变电站各设备在额定环境条件下长期连续工作时所能承受的最大工作电流（通常与线路的最大输送容量有关）。

（5）中性点接地方式。中性点接地方式包括直接接地方式和非直接接地方式：直接接地方式包括中性点直接接地或经小阻抗接地（接地故障因数不超过 1.4），非直接接地方式包括经高阻抗接地、消弧线圈接地（接地故障因数为 1.7）或不接地。

（6）总体控制需求。变电站的控制原则可能与以下五个因素有关：

1）隔离开关为手动或电动；

2）是否设置接地开关；

3）变电站自动化和顺序控制水平；

4）电网调控中心是否进行远程控制；

5）相应的规章制度。

对远程控制和远程通信的需求取决于变电站自动化、远程控制、数据传输和电网运行的需要，变电站通常也是通信网络的节点。

切负荷、电气分段、电压调节和负载分配调节装置可以设置在变电站内。

（7）总体保护需求。变电站保护配置要求如下：

1）选择性（继电保护的选择性是指继电保护装置只将故障元件切除，保证非故障元件的继续运行）；

2）不超过线路和设备的额定电流；

3）不会对人员造成伤害并满足安全规范的要求；

---

❶ 中国：72.5kV 及以下设备的额定短时耐受电流的持续时间为 4s，126～363kV 设备的额定短时耐受电流的持续时间为 3s，550kV 及以上设备的额定短时耐受电流的持续时间为 2s。

4）在故障恢复时间内清除故障，快速有效的保证电网稳定性；

5）保持负荷和发电的电力平衡。

需要明确主保护冗余配置和备用保护的需求。

具体变电站设计时还需考虑以下因素：

（1）变电站站址（详见第 2.3 节）。

（2）变电站的占地面积。变电站占地面积与下列因素有关：土地的可用面积、各电压等级的出线数量、主变压器台数、母线布置方案、远期扩建需求等。需要注意的是，变电站的运行年限一般为 30～50 年。

（3）电气主接线的选择（详见第 4 章）。

（4）远期扩建需求。为变电站的远期扩建（通常称为变电站的终期规模）留有足够的场地是非常必要的，这需要通过详细的规划来预留场地。在早期规划中如果没有考虑扩建需求，如新建出线间隔、调整现有出线间隔、扩展母线，扩建工程将会很困难且成本高昂。当高压开关设备采用 GIS 时，通常需要为备用间隔和主控楼的扩建预留场地。输电线路走廊应与变电站统一规划，并最大限度地减少不同线路之间的交叉跨越。

## 2.3　站址选择

变电站的站址选择通常有几个比选方案。需要计算每个比选方案的总投资。不同比选方案的总投资应考虑该方案下线路新建（改造）的投资。因此系统规划人员需要详细分析各比选方案以控制输电成本。评估总成本时应考虑以下方面：

（1）站址适用性及用地成本；

（2）输变电损耗；

（3）远程控制和远程通信；

（4）电气主接线方案及可靠性；

（5）潮流计算和短路电流计算。

此外，新建线路走廊日渐困难，并且未来新建线路走廊可以决定变电站的站址。

# 开关设备类型

3

Colm Twomey

## 目录

## 3.1  开关设备类型

变电站规划阶段需要确定变电站的开关设备选型。开关设备按其绝缘方式分为三类，即空气绝缘开关设备（AIS）、气体绝缘金属封闭开关设备（GIS）、混合技术开关设备（MTS），具体定义如下。

### 3.1.1  空气绝缘开关设备（AIS）

空气绝缘开关设备是指由大气压下的空气提供设备相地绝缘、相间绝缘的敞开式开关设备及其他高压设备（来源：IEC 6050-605-02-13）。

---

C. Twomey (✉)
Substation Design, ESB International, Dublin, Ireland
e-mail: Colm.Twomey@esbi.ie

© Springer International Publishing AG, part of Springer Nature 2019
T. Krieg, J. Finn (eds.), *Substations*, CIGRE Green Books,
https://doi.org/10.1007/978-3-319-49574-3_3

### 3.1.2 气体绝缘金属封闭开关设备（GIS）

气体绝缘金属封闭开关设备是将开关设备以及其他一次设备组合成一个整体并封装于金属壳内，内部充有 SF$_6$ 或 SF$_6$ 与其他气体（如 N$_2$）的混合气体作为灭弧和绝缘介质的封闭组合电器（来源：IEC 62271-203，3.102）。其他气体类型的绝缘效果仍在研究评估中。

### 3.1.3 混合技术开关设备（MTS）

混合技术开关设备是基于 AIS 及 GIS 的组合式开关设备，包括：① 紧凑型/组合式 AIS；② 集成式 GIS；③ HGIS。

## 3.2 各类开关设备适用场景

变电站的开关设备选型需要综合考虑很多因素。CIGRE B3.20 工作组针对开关设备选型方法开展大量研究，相应结论写入第 390 号技术报告《52kV 及以上的开关设备（AIS、MTS、GIS）技术评估》。

第 390 号技术报告中推荐开关设备的优选顺序为首选 MTS，其次为 GIS，最后为 AIS，但实际工程的变电站开关设备需要在综合考虑所有相关因素的基础上进行选型。尽管综合分析 MTS 选型最优，但实际工程中最常用的仍为 AIS，其次是 GIS，最后是 MTS。

### 3.2.1 AIS 的适用场景

AIS 在降低投资成本方面具有显著优势，但 AIS 的占地面积较大且设备外露部件较多，易受气候环境条件的影响。如果场地允许且土地成本较低，所在地区盐密较低且不易受到其他工业污染的影响时，AIS 可以是高压或者超高压变电站优选的开关设备类型。AIS 还具有易于扩建和调整的优点。

### 3.2.2 GIS 的适用场景

GIS 布局紧凑但价格相对昂贵。GIS 能节省大量变电站用地且可以置于建筑物内以适应周边环境和保持美观，因此在土地价格高昂的城市里建设高压、超高压变电站时 GIS 具有显著优势。GIS 将电气设备封装于充入绝缘气体的金属壳内，不受外界环境的影响，因此在沿海地区等盐密较大区域或临近工业污染源的区域也具有应用优势。GIS 减少了暴露在外的高压设备，提高了运行安全性。

### 3.2.3 MTS 的适用场景

MTS 兼具了多种优点、布局紧凑，并且投资成本低于 GIS。因此 MTS 可以用于土地成本适中且污染不是很严重的地区，为新建变电站提供了布局紧凑且经济有效的选择。对场地有限的 AIS 变电站进行扩建时可采用 MTS 设备。

## 3.3 结论

在实际工程中需要考虑各类开关设备的优缺点并结合 CIGRE 第 390 号技术报告进行详细比选。开关设备选型不仅需要考虑站址的地理环境条件，还需要考虑业主的运行习惯、运行需求等其他重要因素。

# 电气主接线的选择：相关要求及其可靠性

# 4

Gerd Lingner

## 目录

G. Lingner (✉)
DK CIGRE, Adelsdorf, Germany
e-mail: gerd.lingner@gmx.net

© Springer International Publishing AG, part of Springer Nature 2019
T. Krieg, J. Finn (eds.), *Substations*, CIGRE Green Books,
https://doi.org/10.1007/978-3-319-49574-3_4

电气主接线基本功能是为了实现变电站在电力系统内承担的各种运行功能。过去，由于高压设备需要频繁维护，其维护的便利性是非常重要的一个决定因素。不同种类的断路器，如充油式断路器、真空断路器及各类操动机构都需要进行定期检修。因此要求不同的主接线和设备布置方式可以实现将断路器和电流互感器隔离在一个独立的间隔进行检修，同时不影响周边其他设备的供电。隔离开关用来在检修过程中建立物理隔离以保障安全。

随着技术的发展，高压设备的可靠性及集成度不断提高，曾经可靠性高的电气主接线方案可能会显得不再必要，同时还可能导致设备的全寿命周期成本增加。

变电站的布置不仅要考虑电气主接线的方式，还需要考虑变电站在网架中的位置、定位及其相关需求。

变电站是各区域、国家电网之间的互联节点，可以将不同电压等级的电网、电源以及负荷相连。电网的特征和变电站的类型会影响电气主接线的设计。

电气主接线是变电站设计的基础，涵盖了开关布置、电气配置、母线配置等。

IEC 61936-1 给出了电气主接线指导性的定义：

### 7.1.1　电气主接线

电气主接线的选择应该满足实际运行的需求，并满足本导则 8.3 中的安全规范。电气主接线还应在考虑已有网架的基础上，保证故障和检修方式的供电。接线的设计应保证倒闸操作安全、快速地进行。

电气主接线的类型是由隔离开关、母线、母线分段数量及其布置方式决定的。每回线路中所有的高压开关设备（断路器、隔离开关、接地开关）和非开关设备（互感器、避雷器）会影响主接线的性能（故障和检修频率、可靠性、可用性），控制保护系统以及全寿命周期成本。

## 4.1　考虑因素

### 4.1.1　主要考虑因素及其影响

现代社会越来越依靠稳定、持续的电力供应，提高输配电网的可靠性非常重要。在任何电压等级下，无论是新建、扩建还是改造，变电站设计者都应该从技术和经济的角度来寻求最优的设计方案。选择可靠的电气主接线并考虑其扩建需要，是变电站设计的关键一步。变电站在综合考虑系统需求和经济性的情况下，必须发挥其在电网中的必要功能。在电气主接线选择过程中需要重点分析的三个方面：安全性、检修期间的可用性和运行灵活性。

为了选择最优的电气主接线方案，同时需要考虑以下五个方面：

（1）可预见事件的影响（如某变电站全部停电）；

（2）不同电网公司运行标准的差异；

（3）操作及检修流程；

（4）控制和保护策略；

（5）成本效益分析。

由于不同国家和用户有各自的标准和需求，因此不存在普适性的电气主接线选取方法。

### 4.1.2　其他考虑因素及其影响

开关设备类型往往在设计初期就可以确定，主要受到以下五个因素的影响：

（1）现有变电站的扩建；

（2）某些特定设备的工程应用经验；

（3）长期的采购合同；

（4）环保要求，如油气泄漏、材料回收、美观性等；

（5）在特殊环境下使用的技术，如站址沿海、位于多雷区、空间限制等。

在变电站电气主接线方案确定之前，如果因以上某个因素已选定了开关设备，那么与开关设备相关的下列因素会影响变电站电气主接线方案设计：

（1）可维护性、检修频率和周期；

（2）维修时间和停电时间；

（3）设备检修便利性；

（4）全寿命周期成本（资本）；

（5）空气绝缘开关设备（AIS）；

（6）气体绝缘金属封闭开关设备（GIS）；

（7）混合技术开关设备（MTS）。

但是，如果在开关设备确定之前，变电站电气主接线方案已经确定，那么与电气主接线方案相关的下列因素（包括但不限于）可能对开关设备选择产生影响：

（1）灵活性、可扩展性；

（2）馈线的布置；

（3）母线数量或母线分段数量；

（4）母线实际位置（如避免站内单一故障同时影响两条母线）；

（5）电气试验；

（6）土建工作；

（7）工程复杂程度；

（8）外观和视觉效果；

（9）建设复杂程度；

（10）人身安全；

（11）物理安全［如减少断路器的开断次数（两个断路器接线中并联电抗器的投切）］。

## 4.2　可靠性

供电可靠性的定义为：电力系统在特定时间段以及某些确定条件下保证供电的能力（IEV 603-05-02）。

电力系统可靠性的定义为：电力系统在特定时间段以及某些给定条件下能够保持供电功能的概率。

注1　电力系统可靠性量化了一个电力系统在特定时间段出现一定数量干扰时持续供电的能力。

注2　保证可靠性是电力系统设计和运行的总体目标［IEV 617-01-01］。

高压变电站连接了输电系统及用户所在的配电系统。可靠性作为衡量电力供应能力的指标取决于系统内各部分的可用性，如架空线和电缆、高压变电站。

系统中各部分的有效运行取决于其构成元件的可用性以及其相互关系。变电站能够实现的功能则是由电气主接线方案决定。

高压变电站的设备包括断路器、隔离开关、母线、变压器以及控制保护系统的相关设备。可靠性的判断标准包括单个设备的故障率和修复率，可以用"故障平均时间"指标来表示，即年平均停电时间。以上是进行概率计算必要的统计数据。

通常，可靠性分析是首先建立可靠性模型并确定故障率、修复率，然后利用计算机进行"失效模式和影响分析"（FMEA 方法）计算得出。

Cigré B3-05（1974）❶提出了不同电气主接线和电压等级的故障率。在应用以上结果的时候，需要考虑所有高压设备选型以及是否使用了更高可靠性的新开关设备或者整合进变电站的其他功能。此外，检修的策略和思路的变化也会影响故障平均时间以及变电站可靠性。

Cigré B3-216（2014）利用选择性搜索法研究了高中压变电站中桥型接线以及双母线接线的可靠性。

然而，在实际设计中工程师通常在初选主接线方式时使用简单的方法。FMEA 方法通常用在确定了高压设备的布置之后再使用。

## 4.3　电气主接线的选取

根据电网公司或业主重点关注的领域定义评价指标，利用这些指标来选择最合适的主接线方案。这些评价指标是基于电网性能提出的，因此，无论采用何种技术构建的主接线方案，都可以利用这些指标来进行评价。然而，技术的因素不能完全被忽略，因为不同的技术方案可能会影响主接线方案甚至会导致新的接线方式。

本节定义的评价标准及方法可以让读者简单、客观地对不同主接线方案进行评价，主要基于三个设计要求，即供电安全性、检修期间的可用性和运行灵活性。

根据重要性对各评价指标设置权重系数，能够让用户更客观且灵活地进行评价。

### 4.3.1　评价标准介绍

以下介绍主接线方式的评价指标。如果 IEC 已有该指标的定义，则使用 IEC 的定义，其他评价指标则根据评价目的进行定义。

### 4.3.2　供电安全性

IEC 定义：供电安全性：电力系统在某一给定时刻发生故障后保持供电的能力 ［IEV 603-05-03］。

在系统安全性分析中考虑 $N-1$ 原则以及 $N-2$ 原则。

（1）$N-1$：系统中任一元件发生故障（线路、变压器、发电机、电抗器等）。

（2）$N-2$：系统中两个元件同时发生故障（线路、变压器、发电机、电抗器等）。

---

❶ 此处为译者修改，英文原文为 23-05（1974）。

一般情况下，系统应满足以下要求：

（1）$N-1$：系统在发生单一故障的情况下不能超过稳定极限，如：

1）线路电流不得超过热稳定极限；

2）变压器不得超过额定功率。

（2）$N-2$：系统应能承受某些特定的同时或先后发生的多重故障：

1）同塔双回线路同时断开；

2）同时或先后断开一台发电机组以及一条与外区的联络线。

这些定义主要用于系统安全性分析，不能直接用于电气主接线安全性研究。需要注意的是：一个高压变电站全停可以表示为系统中一个（$N-1$）或多个电网元件（$N-X$）的故障。

本节重点关注变电站内发生的故障对系统侧的影响。如果一个变电站的接线方式可以在站内发生某故障的情况下不对系统造成影响，则该变电站在此故障情况下的供电安全性级别最高。

断路器具有断开故障的能力，根据故障位置的不同，分为两类故障：

（1）外部故障：断路器外侧（非母线侧）发生故障（如输电线、变压器等）；

（2）内部故障：断路器内侧（母线侧）发生故障。

供电安全性是分析变电站在特定接线方式下发生内部或者外部故障时，采取倒闸操作前，对系统维持有效供电的能力。

单一内部或者外部故障会向特定的断路器发送断开的信号，此种情况适用 $N-1$ 原则。如果断路器在单一故障情况下自身发生故障，例如某断路器拒动，则断路器失灵保护会断开该断路器周边所有断路器，此种情况适用 $N-2$ 原则。

为了在相同的原则下对比不同电气主接线方式的供电安全性，我们假设不考虑与电流互感器数量或位置有关的一些保护配置，具体包括：

（1）每个间隔均有一个或两个电流互感器；

（2）电流互感器和断路器的相对位置；

（3）电流互感器和断路器之间发生故障。

这意味着不存在保护死区，如非母线侧故障仅跳开该回路的断路器。

对应地，母线侧故障仅跳开该回路的断路器以及所有连接到该母线的断路器。

研究母线侧和非母线侧的主要故障时，都将考虑当保护发出正确动作信号后，断路器拒动和正常动作的情况。

表 4.1 中 1 分为最差，意味着故障的影响最大，6 分为最好，意味着故障的影响最小。

### 4.3.3 检修期间的可用性

IEC 定义可用性：在假定外部条件充足的情况下，一个设备能在给定条件、给定时刻或者时间间隔下继续执行其必要功能的能力［IEV 191-02-05］。

一个设备能够完成其必要功能的能力［IEV 603-05-04］。

可维护性：一个设备在给定使用条件下，能够在进行操作流程明确、使用物料明确的检修后保持或还原到一个执行其必要功能状态的能力［IEV 191-02-07］。

可信性：用于描述可用性及其影响的术语，包含可靠性、可维护性、维护支持性能［IEV 191-02-03］。

可维护性定义为在高压设备检修时，为保持变电站持续工作可以断开的馈线数量。这通常用于统计故障条件下馈线的不可用性。可用性取决于单个设备的可靠性。利用概率统计方法计算每千年停电小时数得到可靠性指标。由于断路器和隔离开关的种类繁多，并且有着大量的可用性和检修数据，本章将研究在检修过程中的可用性，用于反映断路器和隔离开关在检修时对电力系统的影响。在变电站不同的接线方式及不同的权重系数情况下，计算结果可能不同（见表 4.1）。

检修期间的可用性是给定变电站接线方式下检修断路器和隔离开关时，保持其他馈线供电的运行能力。

表 4.1　　　　　　　　供电安全性的评价指标及其评分细则

| 分数 | 严重故障情况下对电网可能造成的影响 | 当断路器拒动时严重故障情况下对电网可能造成的影响 |
|---|---|---|
| 1 | 可能导致变电站全停 | 变电站全停 |
| 2 | 一回或多回馈线断电但变电站不发生全停 | 多回馈线断电或变电站发生全停 |
| 3 | 一回或多回馈线断电但变电站不发生全停 | 多回馈线断电但变电站不发生全停 |
| 4 | 一回馈线断电 | 一回馈线断电，很大可能引起第二回断电但变电站不发生全停 |
| 5 | 一回馈线断电或无馈线断电 | 一回馈线断电，可能引起第二回断电但变电站不发生全停 |
| 6 | 一回馈线断电或无馈线断电 | 一回馈线断电 |

在检修期间，假设不存在断路器或隔离开关拒动风险，不发生严重故障。需要注意的是，在建设或检修的过程中，变电站发生故障的概率可能上升。倒闸操作在不同的接线方式下可能由操作断路器或者隔离开关完成。

不论在何种电气主接线方式下，隔离开关或非母线侧断路器检修通常会导致相应回路断电，因此表 4.2 中不再对这两种设备检修进行分析。上述因素会影响倒闸操作期间的供电安全性。

不同分数的含义具体见表 4.2，其中，1 表示对电网影响最大：变电站全停；7 表示对电网影响最小：没有任何器件断开，电网结构不变。

表 4.2　　　　断路器或隔离开关检修期间可用性的评价指标及其评分细则

| 分数 | 检修的设备 | 结　　果 |
|---|---|---|
| 1 | 母线侧隔离开关 | 变电站全停 |
| 2 | 母线分段隔离开关 | 变电站全停 |
| 3 | 母线侧隔离开关或母线分段隔离开关 | 一半变电站停电 |
| 4 | 母线侧隔离开关 | 一条母线停电，母线上其余设备保持不断电 |
| 5 | 母线侧隔离开关 | 一条母线停电，其余设备保持双母线接线方式运行 |
| 6 | 母线侧隔离开关 | 其余设备正常运作 |
| | | 变电站开环运行 |
| | | 变电站分列运行 |
| | 断路器 | 变电站分列运行，其余所有器件保持正常工作 |
| 7 | 母线侧隔离开关 | 一条母线停电，其余所有器件保持不断电 |
| | 断路器 | 所有器件保持正常工作 |

### 4.3.4 变电站的运行灵活性

本术语在 IEC 中没有定义。

从设计和运行的角度看，运行灵活性的定义如下：

（1）变电站具有并列/分列运行的能力。

1）变电站并列运行时两台主变或同塔双回线路连接于不同的母线上，当其中一回母线或线路故障时，仅有一回线路断开，不影响其供电的能力，因此可减轻变电站内发生严重故障的危害。变电站的两条母线在正常运行时通过母联或者母线分段断路器保持电气连接，从而充分利用了变电站母线。

2）母联断路器或母线分段断路器断开（分列运行）可以限制短路电流。

3）可以防止电流超过某一母线的最大载流量。

（2）可以根据系统情况，合理安排进出线。

注意：进出线的安排可以分为两个阶段：

1）在设计阶段，馈线可以根据系统规划连接到变电站。

2）在运行阶段，可以根据实际情况，对具体出线方式进行调整。

变电站的运行灵活性是对变电站在运行时，对馈线运行方式调整的能力和变电站并列/分列运行能力。

有的接线方式允许变电站分为两个以上部分分列运行。但是，本节仅讨论将变电站分成两个单独的部分分列运行的情况。这种情况可以帮助平衡电力系统潮流，满足电力系统安全性、稳定性，提高运行效率。

不同分数的含义具体见表 4.3，其中，1 表示本接线方式无法将变电站分成两个部分；6 表示本接线方式可以极其灵活地将变电站分成两个部分。

表 4.3　　　　　　　　运行灵活性的评价指标及其评分细则

| 分数 | 评　分　细　则 |
| --- | --- |
| 1 | 不能分成两个部分 |
| 2 | 须在断电状态下通过隔离开关分成两个部分，无灵活性 |
| 3 | 可在带电状态下通过断路器分成两个部分，无灵活性 |
| 4 | 可在带电状态下通过断路器分成两个部分，低灵活性 |
| 5 | 可在带电状态下通过断路器分成两个部分，通过操作隔离开关调整进出线，高灵活性 |
| 6 | 通过断路器带电断开<br>通过操作断路器调整进出线，高灵活性<br>通过操作隔离开关调整进出线，最高灵活性 |

## 4.4　变电站类型

变电站的功能分类取决于其在电网中的位置及其重要性。变电站的重要性通过以百分比表示的相对权重来确定，重要性的权重合计为 100%。

明确变电站所承担的功能是有效使用本书的关键，它可以帮助用户确定最合适的变电站电气主接线方式。发电厂升压站、联络变电站和降压变电站是三种典型的变电站。

对于每种类型的变电站，其相对重要性权重应根据 4.3.1 所述的标准及特征选择。

对于供电安全性、检修期间的可用性和运行灵活性三个指标，权重以百分比表示，总和为 100%。

### 4.4.1 发电厂升压站

发电厂升压站的作用是将发电厂接入电网，并在故障发生时将其与电网隔离。考虑发电厂在电力系统中的重要性，可能需要额外的线路来提高供电安全性，确保在电网受到扰动时发电厂能正常供电。

（1）供电安全性：此类变电站供电安全性权重最高，因为保障发电厂向电网稳定送电非常重要。

（2）检修期间的可用性：根据发电机类型的不同，检修期间的可用性权重会有很大的变化（例如，风电场和核电站权重差异明显）。变电站每年的检修计划应与发电厂的检修计划相协调。

（3）运行灵活性：此权重也取决于发电机类型，通常此类变电站不需要调整进出线（见表 4.4）。

表 4.4 电 厂 升 压 站 的 权 重

| 电厂升压站 | 供电安全性 | 检修期间的可用性 | 运行灵活性 | 合计 |
|---|---|---|---|---|
| 权重 | 90% | 5% | 5% | 100% |

### 4.4.2 联络变电站[1]

联络变电站的主要作用是汇集并分配电网中的电力。

（1）供电安全性：如果电力系统中存在冗余的互联线路，则供电安全性对于此类变电站就不是非常重要。因为即使发生故障导致整个变电站全停，电力也可以通过其他路径传输。

（2）检修期间的可用性：与供电安全性的特性相似，如果电网中有其他线路可以在检修期间传输电能，则检修期间的可用性对于此类变电站也不重要。

（3）运行灵活性：为了实现供电安全性和检修期间的可用性，运行灵活性对此类变电站非常重要（见表 4.5）。

表 4.5 联 络 变 电 站 的 权 重

| 联络变电站 | 供电安全性 | 检修期间的可用性 | 运行灵活性 | 合计 |
|---|---|---|---|---|
| 权重 | 10% | 10% | 80% | 100% |

---

[1] 英文编号为"4.5"，签于内容，译者改为 4.4.2。后文编号也做相应调整。

### 4.4.3 升压/降压变电站

这类变电站的功能是通过变压器实现不同电压等级间电力传输，通常是指向配电网供电的降压变电站。

（1）供电安全性：供电安全性取决于变压器低压侧负荷是否可以由其他的变电站转供。

（2）检修期间的可用性：检修期间的可用性取决于变压器低压侧的电网结构。如果低压侧的电网是放射状结构，那么检修期间的可用性权重比环网结构更高。

（3）运行灵活性：降压变电站应具有一定的灵活性，允许电网运营商重新安排进出线，以便在受到扰动后可以保持变压器正常工作（见表 4.6）。

表 4.6                              降 压 变 电 站 的 权 重

| 降压变电站 | 供电安全性 | 检修期间的可用性 | 运行灵活性 | 合计 |
| --- | --- | --- | --- | --- |
| 权重 | 30% | 30% | 40% | 100% |

需要注意的是，以上权重结果仅供参考。读者/设计者应根据自己的判断来确定具体项目或特定情况下的权重。该方法可用于根据实际要求确定最合适的变电站配置（见表 4.7）。

表 4.7                              电气主接线评估总结

| | | | 单母线接线（SB） | 单母线分段接线（SSB） | H3接线（H3） | H4接线（H4） | H5接线（H5） | 双母线接线（DB） | 带旁路母线的双母线接线（DBT） | 三母线接线（TB） | 环形接线（R） | 3/2断路器接线（OHCB） | 双断路器接线（2CB） |
| --- | --- | --- | --- | --- | --- | --- | --- | --- | --- | --- | --- | --- | --- |
| | 分数 | 严重故障情况下对电网可能造成的影响 | 严重故障情况下当断路器拒动时对电网可能造成的影响 | | | | | | | | | | | |
| 供电安全性 | 1 | 可能导致变电站全停 | 变电站全停 | 1 | 1 | | | 1 | | | | | | |
| | 2 | 一回或多回馈线断电，但不会导致变电站全停 | 多回馈线断开或变电站全停 | | | 2 | | 2 | 2 | 2 | | | | |
| | 3 | 一回或多回馈线断电，但不会导致变电站全停 | 多回馈线断电但变电站不发生全停 | | | | | | | | 3 | | | |
| | 4 | 一回馈线断电 | 一回馈线断电，很大可能引起第二回断电但变电站不发生全停 | | | | | | | | | 4 | | |

19

续表

| | | | 单母线接线(SB) | 单母线分段接线(SSB) | H3接线(H3) | H4接线(H4) | H5接线(H5) | 双母线接线(DB) | 带旁路母线的双母线接线(DBT) | 三母线接线(TB) | 环形接线(R) | 3/2断路器接线(OHCB) | 双断路器接线(2CB) |
|---|---|---|---|---|---|---|---|---|---|---|---|---|---|
| 供电安全性 | 5 | 一回馈线断电或无馈线断电 | 一回馈线断电,可能引起第二回断电但变电站不发生全停 | | | | | | | | | 5 | |
| | 6 | 一回馈线断电或无馈线断电 | 一回馈线断电 | | | | | | | | | | 6 |

| | 分数 | 检修中设备 | 后果 | 单母线接线(SB) | 单母线分段接线(SSB) | H3接线(H3) | H4接线(H4) | H5接线(H5) | 双母线接线(DB) | 带旁路母线的双母线接线(DBT) | 三母线接线(TB) | 环形接线(R) | 3/2断路器接线(OHCB) | 双断路器接线(2CB) |
|---|---|---|---|---|---|---|---|---|---|---|---|---|---|---|
| 检修期间的可用性 | 1 | 母线侧隔离开关 | 变电站全停 | 1 | | | | | | | | | | |
| | 2 | 母线分段隔离开关 | 变电站全停 | | 2 | | 2 | | | | | | | |
| | 3 | 任何母线或分段隔离开关 | 一半变电站停电 | | | 3 | | 3 | | | | | | |
| | 4 | 母线侧隔离开关 | 一条母线停电,母线上其余设备保持不断电 | | | | | | 4 | | | | | |
| | 5 | 母线侧隔离开关 | 一条母线停电,其余设备保持双母线接线方式运行 | | | | | | | | 5 | | | |
| | 6 | 母线侧隔离开关 | 其余设备正常运作,变电站开环运行 | | | | | | | | | 6 | 6 | |
| | | 断路器 | 变电站分列运行,其余所有器件保持正常工作 | | | | | | | | | | | |
| | 7 | 母线侧隔离开关 | 一回母线断开,母线上其余设备正常运行 | | | | | | | | 7 | | | 7 |
| | | 断路器 | 所有线路正常运行 | | | | | | | | | | | |

续表

| | | 单母线接线（SB） | 单母线分段接线（SSB） | H3接线（H3） | H4接线（H4） | H5接线（H5） | 双母线接线（DB） | 带旁路母线的双母线接线（DBT） | 三母线接线（TB） | 环形接线（R） | 3/2断路器接线（OHCB） | 双断路器接线（2CB） |
|---|---|---|---|---|---|---|---|---|---|---|---|---|
| 运行灵活性 | 1　不能分成两个部分 | 1 | | | | | | | | | | |
| | 2　须在断电状态下通过隔离开关分成两个部分，无灵活性 | | 2 | | 2 | | | | | | | |
| | 3　可在带电状态下通过断路器分成两个部分，无灵活性 | | | 3 | | 3 | | | | | | |
| | 4　可在带电状态下通过断路器分成两个部分，低灵活性 | | | | | | | | | 4 | 4 | |
| | 5　可在带电状态下通过断路器分成两个部分，通过操作隔离开关调整进出线，高灵活性 | | | | | | 5 | 5 | | | | |
| | 6　通过断路器带电断开 | | | | | | | | 6 | | | 6 |

| | 权重 | | | 电气主接线评估 | | | | | | | | | | |
|---|---|---|---|---|---|---|---|---|---|---|---|---|---|---|
| | 供电安全性 | 检修期间的可用性 | 运行灵活性 | | | | | | | | | | | |
| 电厂升压站 | 0.9 | 0.05 | 0.05 | 1.7 | 1.8 | 3.5 | 1.8 | 3.5 | 3.7 | 3.9 | 5.4 | 6.8 | 8.3 | 10.0 |
| 联络变电站 | 0.1 | 0.1 | 0.8 | 1.6 | 3.1 | 4.8 | 3.1 | 4.8 | 7.6 | 8.0 | 9.2 | 6.9 | 7.0 | 10.0 |
| 升压/降压变电站 | 0.3 | 0.3 | 0.4 | 1.6 | 2.7 | 4.3 | 2.7 | 4.3 | 6.0 | 7.3 | 7.6 | 7.2 | 7.7 | 10.0 |

表 4.7 提供了各类变电站不同电气主接线方式下的相关技术性能指标，可为项目决策提供参考以确定优选方案，但是技术性与经济性权重应由电网公司确定。

## 4.5　电气主接线

下文介绍了常用的电气主接线方式，此外还有一些接线方式仅在特定国家或电网公司中使用。总的来说，电气主接线一般可分为单母线、多母线接线和角形接线。

### 4.5.1　单母线接线

单母线接线的定义：变电站中仅有一条母线与线路和变压器连接［IEV 605-01-16］。

在单母线接线（见图 4.1）中，线路、变压器通过一组母线隔离开关和断路器连接到一条公共母线上，通常用于配电网中的降压变电站。

单母线接线配置最简单、便宜、易于操作，但灵活性和安全性也最低。母线、母线隔离开关或断路器上的故障都会导致变电站全停。

从操作的角度来看，单母线接线并不具备任何灵活性。变电站无法分列运行、降低短路电流水平。在单母线接线方式中，母线隔离开关检修需要母线断电，因此存在许多限制。

单母线接线通过变化，可以提高灵活性和安全性。在母线中加入隔离开关，形成单母分段接线（见图4.2），即包含隔离开关的母线，可以在无负载时连接或断开母线［IEV 605-02-07］。

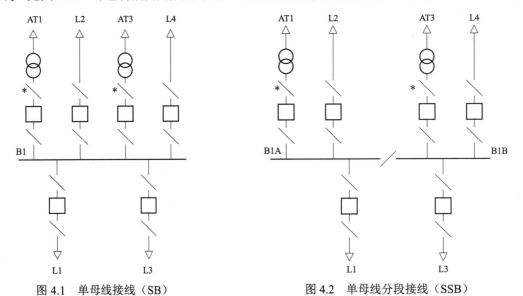

图4.1　单母线接线（SB）　　　　　　　图4.2　单母线分段接线（SSB）

该隔离开关将母线分成两个部分，可以独立操作并降低短路电流水平。隔离开关的操作只能在无负载时进行。这种可分段母线的概念可应用于其他接线方式。

带旁路母线的接线方式可以检修任何断路器，只需将该线路转移到旁路母线上（有关说明请参见下面的DBT）。

以下H（桥）接线（H3、H4、H5）是特殊形式的单母线接线。通常用于连接工厂或发电机设备，如将风电厂接入电网（见图4.3～图4.5）。

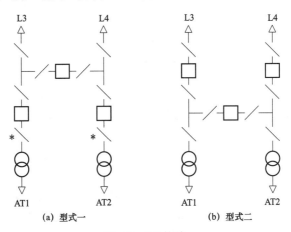

(a) 型式一　　　　　　　　　(b) 型式二

图4.3　H3 接线

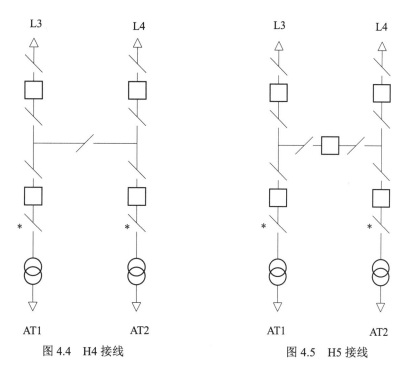

图 4.4   H4 接线                      图 4.5   H5 接线

设计人员需要根据规划的需求和目的选择正确的接线方式。例如，H4 接线是一种小型的单母线分段接线，使用 H4 接线可以允许变电站分列运行，一部分可以进行检修。H3 及 H5 接线由于使用了分段断路器，可以在发生故障或带电状态下分列运行。

### 4.5.2  多母线接线

带有多条母线的电气主接线方式称为多母线接线，包括不带旁路母线的双母线接线（见图 4.6）、带旁路母线的双母线接线（见图 4.7）和三母线接线（见图 4.8）。线路和变压器通过两个或三个母线隔离开关和一个断路器连接到两条或三条母线上。

#### 4.5.2.1  双母线接线

双母线接线定义：变电站有两条母线通过隔离开关分别与线路和变压器相连 [IEV 605 − 01 − 17]。

对于需要保障供电安全的大型变电站，建议采用双母线接线。这种接线方式尤其适用于注重运行灵活性的大型联络变电站。它们还可分列运行，一般情况下两条母线不并列运行。

母联断路器使得在母线、母线隔离开关或任何馈线断路器发生故障后，另一母线上的设备能够保持正常运行。

该接线方式使得每条线路可以连接到两条母线中的任何一条，具有很高的灵活性。母联断路器还可以将线路在带电状态下从一条母线转接至另一条母线，但在这个情况下，必须考虑母线隔离开关在切换过程中的电压（IEC 62271 − 102）。

通过在每回母线中增加母线分段断路器，可以提供更高的灵活性。

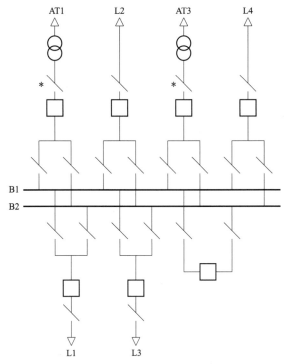

图 4.6　双母线接线（DB）

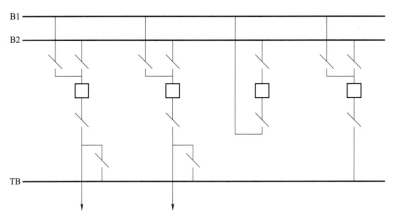

图 4.7　双母线带旁路母线接线（DBT）

单母线和双母线接线之间的主要区别在于：单母线接线方式下发生故障，需要切除整个变电站，而在双母线接线方式下，仅需要切除连接到该母线的线路。

为了提高双母线接线（DB，见图 4.6）的可靠性，可以增加旁路母线（DBT，见图 4.7）。

#### 4.5.2.2　旁路母线

旁路母线是一种备用母线，任何线路都可以直接连接到该母线。旁路母线布置于独立间隔，由独立开关控制，可用于任何回路。

注　该旁路母线通常不算作"双"或"三"母线变电站接线中的母线之一［IEV 605－02－05］。

这种接线方式具有与双母线接线相同的特性和功能，同时可以带电检修断路器或母线隔离开关。然而，检修线路和旁路隔离开关时仍然需要断电。

改善双母线接线的另一个选择是增加一条母线变为三母线接线（TB，见图 4.8）。线路和变压器通过三个母线隔离开关和一个断路器连接到三条母线。这种接线方式具有与双母线接线相同的特性和功能，但具有额外分段的能力。

一个或多个母联断路器或者增加旁路母线都可以将不同的母线分组，极大地提升了操作的灵活性。

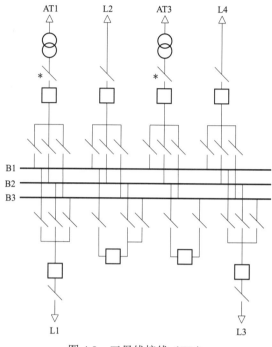

图 4.8　三母线接线（TB）

### 4.5.2.3　三母线接线

三母线接地定义：变电站有三回母线通过隔离开关分别与线路和变压器相连［IEV 605－01－18］。

除了可靠和安全的三母线接线外，还有两种基于两条母线的接线方式同样安全可靠，分别为一个半断路器接线（OHCB，见图 4.9）和双断路器接线（TCB，见图 4.10）。

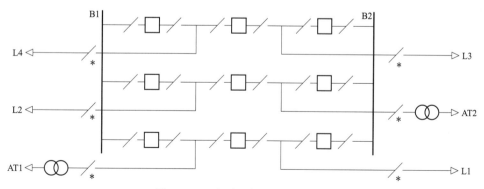

图 4.9　3/2 断路器接线（OHCB）

#### 4.5.2.4 3/2 断路器接线

3/2 断路器接线定义：三个断路器串联在两个母线之间的双母线接线方式，线路连接在中断路器的两侧 [IEV 605 – 01 – 25]。

注　两个母线之间的连接称为串。

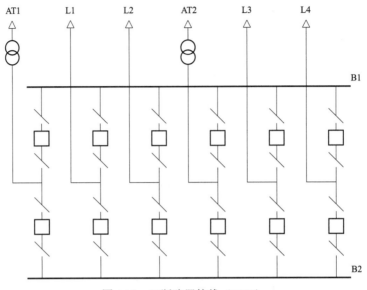

图 4.10　双断路器接线（TCB）

3/2 断路器接线适用于变电容量较大的变电站，如在发电厂中以及具有网状结构的电网。

发生故障时，断路器和相关设备必须能够正常开断线路负载电流以及允许母线之间的负载转移。

通常这种接线方式在两个母线带电且所有隔离开关和断路器闭合的情况下工作。

严重故障不会导致整个变电站断电，只需要切除故障线路或者一条母线。中断路器发生故障需切除两条线路（CIGRE 第 585 号技术报告）。在这种情况下，可以将两条线路重新连接到最近的母线，并且中断路器将保持断开直到检修完毕。

由于每个线路有两个断路器，因此可以在所有线路正常工作情况下检修断路器。母线隔离开关的检修需要母线断电，但不需要任何线路断电（CIGRE 第 585 号技术报告）。

在变电站完全通电的情况下，可以将变电站分成两个部分。

通常，这种接线方式是由超过四个线路的角形接线演化而来。

可以对 3/2 断路器接线进行一些修改，如减少设备数量，仅通过隔离开关将两个变压器连接到母线上。这是 3/2 断路器接线的一种修改方式。另一种修改方式是为每三条线路配置四台断路器。这两种修改方式使得接线结构更加复杂（主要是断路器）。因此，它们的实用性较低。

#### 4.5.2.5 双断路器接线

双断路器接线定义：变电站的两条母线通过双断路器分别与线路和变压器相连 [IEV 605 – 01 – 24]。

对于供电安全要求特别高的变电站，建议采用更灵活的双断路器接线。这种接线方式通常情况下分列运行。

由于这种接线方式允许线路连接到任一母线中，因此具有较高灵活性。也可以在通电状态下将线路从一条母线转接至另一条母线。

发生故障时，断路器和相关设备必须能够正常开断线路负载电流以及允许母线之间的负载转移。双断路器接线不设母联断路器，因为每个间隔都可以作为母联断路器。

通过在每条母线中添加分段断路器，可以增加其灵活性。

### 4.5.3  角形接线（网状接线）

角形接线（实际上无定义，请参见下面的"网状接线"）：角形接线是一种单母线接线，母线形成闭环，回路内（仅）串联隔离开关［IEV 605 - 01 - 19］。

网状接线（实际上通常称为角形接线）：网状接线是一种单母线接线，母线形成闭环，回路内（仅）串联断路器［IEV 605 - 01 - 20］。

在 IEV 定义中角形接线闭环采用隔离开关，而网状接线闭环中采用隔离开关和断路器，但是根据实践和习惯，对两种接线方式不做区分，图 4.11 代表两种接线方式。除了隔离开关之外，这种角形接线或网状接线（见图 4.11）需要与线路相同数量的断路器，且断路器可以不断电检修。断路器和相关设备必须能够正常开断线路负载电流以及允许母线之间的负载转移。在控制和保护系统的设计中，每种保护必须在两个断路器上使用，每个断路器配置两套保护。

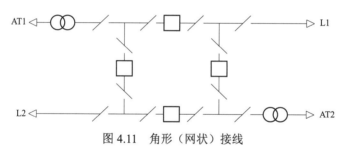

图 4.11  角形（网状）接线

角形接线通常被用作 3/2 断路器接线的原型。但是，由于操作困难，不建议使用六个以上的断路器。因此，当需要扩建时，应考虑将角形接线转换为 3/2 断路器接线。

严重故障不会导致整个变电站断电，只会导致故障线路断电。如果断路器拒动，将导致无故障线路断电。由于变电站中任何元件的检修都需要开环，会降低供电安全性。

## 4.6  流程选择

变电站电气主接线没有绝对的最优选择，本节中提供一些指导性原则来帮助设计人员选择合适的接线方式。具体步骤如下：

步骤 1：根据变电站类型（例如，发电厂升压站、输电变电站和配电变电站）和用户偏好/标准（例如，发电厂升压站采用双母线，输电变电站采用角形接线等）选择合适的接线方式。如果电网公司或客户已经确定接线方式，那么设计人员只能在预先指定的接线方式中进行选择。如果没有明确规定接线方式，则将遵循下面的步骤。

步骤 2：使用第 4.3 节中所述的方法：确定该变电站类型的相关指标的权重，包括供电安全性、检修期间的可用性和运行灵活性。

步骤 3：确定变电站接线方式的权重。将步骤 2 中选择的权重与第 4.4 节中描述的变电站接线方式下的得分相乘。

步骤 4：获得评估分数后，确定是否有多种接线方式符合要求。如果只有一种，则计算该接线方式下的成本。

步骤 5：如果有多个接线方式符合要求，则设计人员应综合考虑其他方面的影响，如现有的技术、变电站扩建等，以进一步细化接线方式的选择。

步骤 6：最后，确定了接线方式后，系统规划和运行人员需要一起审核接线方式，根据变电站在电网中的具体位置以确定是否需要满足其他需求。在这个阶段，需要考虑其他生命周期和资产管理标准，如成本、战略备件储备等，来分析设计方案的成本效益。如果所选择的方案成本过高，建议客观地审查该选择过程，以确定是否对某个指标赋值过高，或者是否选择了合适的变电站类型。

这些步骤如图 4.12 所示。

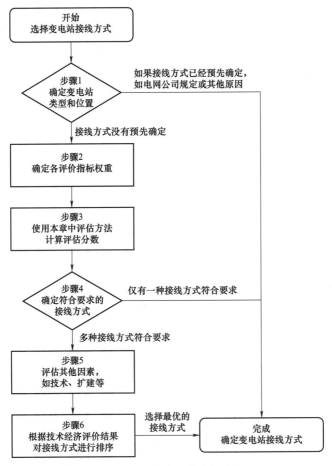

图 4.12　主接线方式选择流程

## 参考文献

CIGRE Technical Brochure 161: General Guidelines for the Design of Outdoor AC Substations (2000)

CIGRE Technical Brochure 585: Circuit Configuration Optimization (2014)

Cigré Paper B3-05: Substation Design Criteria for Simple, Reliable and Safe Service (1974)

Cigré Paper B3-216: Reliability of HV/MV Substations with Air-Isolated and Gas-Insulated Switchgear (2014)

ELECTRA No. 010: Substation Bus-Switching Arrangements Their Essential Requirements and Reliability (1969)

ELECTRA No. 054: The Philosophy of Substation Reliability (Rumanian Philosophy on Substation Reliability) (1977)

ELECTRA No. 065: Reliability in the Design of EHV Substations Availability as a Function of Component Failure Rate Repair and Maintenance Time (2001)

# 安全规范和安全操作对变电站设计的影响 5

John Finn

## 目录

J. Finn (✉)
CIGRE UK, Newcastle upon Tyne, UK
e-mail: finnsjohn@gmail.com

© Springer International Publishing AG, part of Springer Nature 2019
T. Krieg, J. Finn (eds.), *Substations*, CIGRE Green Books,
https://doi.org/10.1007/978-3-319-49574-3_5

## 5.1　概述

众所周知，变电站可能带来人员安全风险，尤其是触电的风险。因此，变电站设计应考虑建设、调试、运行、维护或退役等各环节中保护变电站工作人员的安全措施，避免各种安全风险。本章从各方面说明安全措施的基本逻辑，这些安全措施都应视为最低安全要求。设计人员应该认识到，电网公司都会为其变电站制定具体安全要求。因此，设计变电站时需要考虑电网公司具体的安全要求及法规。

本章描述了高压变电站设计中应考虑的安全措施，同时应尽可能保障供电质量。

本章将从以下几个方面详细论述：

- 带电导体和裸露带电设备的隔离；
- 安全距离；
- 接地；
- 高压开关设备的操作；
- 防火；
- 围栏。

此外，还需要考虑监控系统的辅助回路及低压测量回路的安全因素。本章讨论的内容适用于各电压等级变电站。

## 5.2　带电导体和裸露带电设备的隔离

带电导体和裸露带电设备的隔离技术基本上分为以下三种：

- 自保护设备；
- 屏蔽装置隔离设备；
- 距离隔离设备。

### 5.2.1　隔离技术

#### 5.2.1.1　自保护设备

所谓"自保护"，是指带有绝缘或金属外壳的设备。它的构造方式使得在正常操作期间避免与带电设备进行任何接触，哪怕是偶然的接触。

这种设备通常应用在低电压等级。然而，随着气体绝缘开关设备的普遍使用，其应用已延伸到高电压等级。

根据所采用的技术和应用的电压等级，自保护设备可分为 A、B 两类。

（1）A 类：36kV 及以下电压等级的断路器可能是抽取式的。断路器从与相连的母线和线路中直接"抽出"，不需要操作母线和线路的隔离开关。在"抽屉柜（手车柜）"中可清楚地看到断路器的断开。

（2）B类：除特殊情况外，断路器在更高电压等级中是固定式的。通过将母线和回路选择器装在密闭的金属外壳里来保护设备和导线。工作人员可以随时核实隔离开关的开合情况。这种布置通常用于气体绝缘开关设备。

在正常操作条件下，安全操作这些断路器没有问题。然而，需要拆除保护壳体的运维工作可能需要采取额外的安全措施，如检查设备是否已经不带电、是否完全断开、是否接地、是否需要竖立遮栏装置。设备类型不同，具体措施也不同，因此没有通用规程。

自保护设备的设计应保证任何情况下都不会与任何可能带电体的接触。此外，设备应装设为防止误操作所必备的顺序控制和闭锁装置。

在使用隔离开关的情况下，可通过以下方式验证设备是否断开：

- 可直接通过外观检查开关接头的位置或检查抽屉式断路器是否在抽出位置。
- 可使用显示开断状态绝对正确的位置指示灯。

为使这些指示有效，它们必须是"主动的"；这意味着"打开"和"关闭"状态须由隔离开关所在位置发出的相应传输信号来体现。指示灯应该有两个，分别对应于打开、闭合。

开关设备必须能有效开断连接导体和设备的移动接地装置，必要时可使用合适的固定分接点。外壳应与其他设备一同设计，以便在进行某些操作时能够将移动屏蔽装置固定。

最后，强烈建议这类设备的使用者应与制造商一起，为每个案例拟订详细的操作手册，并提供给所有运行人员。操作手册对需要拆卸部件的操作（哪怕只是局部拆卸）尤为重要。

对于气体绝缘开关设备，当在气室中进行工作时需要考虑其他因素。如果气隔一侧的气室处于正常工作压力下，许多电网公司不允许在气隔的另一侧进行工作。因此，气体绝缘开关的设计者必须说明如何能避免上述的情况下，在一个气室内进行所有的工作。此外，由于气体绝缘开关设备日趋紧凑，特别是在145kV及以下电压等级中，一些电网公司坚持在气室之间设置缓冲气室以便能够安全地接近设备的所有部件并且在需要时易于拆卸。缓冲气室也有助于避免在另一侧有压力的气隔附近工作。

### 5.2.1.2　屏蔽装置隔离设备

无论屏蔽装置是固体或格栅、绝缘或带电、砖混或预制、固定或移动，都必须有效保护工作人员在巡视、操作以及检修工作时避免接近危险带电设备和导体。

防护墙或防护屏的设计和布置原则如下：

- 界定用于接收与给定操作组件相关设备的功能部分。
- 任何正常的开关操作都可以在不打开或拆卸任何元件的情况下进行，而且不需要进入任何完全关闭的隔间。
- 应在不危及工作人员和设备安全的情况下采取一些必要的安全措施，如检查设备是否带电、安装短路、设置接地设备和遮栏等。

### 5.2.1.3　距离隔离设备

这种技术既要满足带电设备和导体之间的适当距离，也要满足运行人员操作设备及运行巡视区域与带电设备的距离。

确定所需安全距离取决于第5.3节提及的若干标准。

### 5.2.2   基于电压等级进行技术选择

隔离技术的选择通常取决于变电站电压等级，可以考虑以下解决方案。这些解决方案遵循常规习惯、经验以及制造商提供的设备技术。

（1）1000V 以内（交流电压有效值）：最大限度地使用自我保护设备和绝缘连接。否则，使用屏蔽装置隔离设备或距离隔离设备。

（2）1000V 到 25 000V：

- 使用开放式屏蔽装置隔离设备，一般采用实体屏障或格栅来隔离。
- 使用开放式距离隔离设备。
- 使用自保护设备，该技术现在广泛应用于金属封闭和金属包层开关设备。

（3）25 000V 以上：

- 在大多数情况下，使用距离隔离设备。
- 使用自保护设备，特别是在空间有限的情况下。这是使用气体绝缘开关设备时所采用的技术。
- 通常为使用敞开式设备的户内变电站保留实体屏障或支架使其无法进入。

## 5.3   安全距离

世界各地不同的电网公司使用的绝缘和安全距离数值存在差异。这些数值是用不同的方法推导出来的，有时并不遵循与操作电压有关的特定逻辑。本节以 CIGRE Electra No.19（发表于 1971 年 11 月）的文章作为推导安全距离的基础性文档。许多电网公司都使用了类似的推导方法，但是实际工作中使用的数值可能有所不同，在某些情况下应用的名称相同但参数可能不同。安全距离的典型例子见表 5.1。此外，多年来用于运维的技术和工具发生了变化，这也反映在表 5.1 中，表中包含了新技术和工具对安全距离的可能影响方式。

表 5.1                                   安全距离的推导过程

| 耐冲击电压(kV) 1 | 闪络距离(cm) 2 | 基准值 | | | 步行区域（见图 5.3 和图 5.4） | | | 无重型设备工作区（图 5.6[a]） | | | | 车辆安全通行区域（图 5.5） | | |
|---|---|---|---|---|---|---|---|---|---|---|---|---|---|---|
| | | 增加值[b] | | 基准值(cm) 5=2+4 | 线路下方 | | 绝缘体最高点(m) 8 | 横向 | | 纵向 | | 安全区域 | | 总距离(m) 15=5+13+14 |
| | | (%) 3 | (cm) 4 | | 安全距离(m) 6 | 总距离(m) 7=5+6 | | 安全距离(m) 9 | 总距离(m) 10=5+9 | 安全距离(m) 11 | 总距离(m) 12=5+11 | 标准尺寸(m) 13 | 误差(m) 14 | |
| 60 | 9 | 10 | 1 | 10 | | | | | | | | | | |
| 75 | 12 | | 1 | 13 | | | | | | | | | | |
| 95 | 16 | | 2 | 18 | 2.25 | 3.08 | 2.25 | 1.75 | 3.02 3.27 | 1.25 | 最小值 3.00m | 根据实际情况决定 | 0.70 | 根据实际情况决定 |
| 125 | 22 | | 2 | 24 | | | | | | | | | | |
| 170 | 32 | | 3 | 35 | | | | | | | | | | |
| 250 | 48 | | 5 | 53 | | | | | | | | | | |

续表

| 耐冲击电压 (kV) 1 | 闪络距离 (cm) 2 | 安全距离 | | | | | | | | | | | | |
|---|---|---|---|---|---|---|---|---|---|---|---|---|---|---|
| | | 基准值 | | | 步行区域（见图 5.3 和图 5.4） | | | 无重型设备工作区（图 5.6ᵃ） | | | | 车辆安全通行区域（图 5.5） | | |
| | | 增加值 b | | 基准值（cm）5=2+4 | 线路下方 | | 绝缘体最高点（m） | 横向 | | 纵向 | | 安全区域 | | 总距离（m）15=5+13+14 |
| | | （%）3 | （cm）4 | | 安全距离（m）6 | 总距离（m）7=5+6 | 8 | 安全距离（m）9 | 总距离（m）10=5+9 | 安全距离（m）11 | 总距离（m）12=5+11 | 标准尺寸（m）13 | 误差（m）14 | |
| 325 | 63 | | 7 | 70 | | | | | | | | | | |
| 380 | 75 | | 8 | 83 | | | | | | | | | | |
| 450 | 92 | | 10 | 102 | | 3.27 | | | | | | | | |
| 550 | 115 | | 12 | 127 | | 3.52 | | | | | | | | |
| 650 | 138 | | 14 | 152 | | 3.77 | | | | | | | | |
| 750 | 162 | | 17 | 179 | | 4.04 | | | 3.54 | | | | | |
| 825 | 180 | | 18 | 198 | | 4.23 | | | 3.73 | | | | | |
| 900 | 196 | | 20 | 216 | | 4.41 | | | 3.91 | | | | | |
| 1050 | 230 | | 23 | 253 | | 4.78 | | | 4.23 | | | | | |
| 1425 | 305 | 6 | 18 | 353 | | 5.48 | | | 4.98 | | | | | |
| 1550 | 330 | | 20 | 350 | | 5.73 | | | 5.26 | | | | | |

a. 当使用重型设备时，设定安全距离时应将设备主要部分的最大尺寸与人员的尺寸纳入考虑，根据所使用的设备的实际尺寸增大安全距离。

b. 若在维修工作中可以确保在所有情况下基值大于闪络距离时，可以忽略上述规定，无需调整安全距离。

安全距离计算所采用的方法通常是根据变电站的电压等级，并在实际应用中考虑到各种工况下设备的运行情况。在本说明中，所得到的距离定义为"安全距离"。这些距离应作为最小距离使用，如果它们超过为一个国家或电网公司规定的任何其他距离，必须得到有关电网公司的认可。

## 5.3.1　定义

"安全距离"是指带电的设备或导体与地面或需要进行工作的另一设备或导体在空气中保持的最小距离（需要注意的是，这些距离指在空气中的距离，与绝缘体长度或爬电比距无关。）

"安全距离"由以下两个值组成：

（1）基准值：与变电站的冲击耐受电压有关，它决定了导电部件周围的"保护"区域（需要注意的是，选择冲击耐受电压而不是系统上的最高电压，因为对于每个标准耐受电压，都有精确对应的空气净距。然而，系统上的最高电压有许多不同的冲击电压耐受水平，因此也有许多不同的空气净距）。

（2）计及工作人员活动范围和工作内容的计算值：这确定了一个称为"安全区"的区域，在这个区域内，不应存在电气风险。

### 5.3.2  基准值的计算

基准值必须保证在最不利条件下不发生闪络。为了达到这一目的，通过对变电站的冲击耐受水平进行选择，首先查找在空气中相应的空气净距，然后将这个距离增加 5%～10%的安全系数，以允许由于制造公差和制造商不同而产生的微小几何差异产生的设备的分散性。上述安全系数仅在实际冲击电压不超过基准值计算时才能保证安全。这就要求变电站配置能够限制冲击电流的设备，例如，避雷器、放电间隙或类似的设备，以提供所需的保护。通常，基准值选取相对地的设计空气间隙。

### 5.3.3  安全工作区的确定

为了推导出安全区，需要在第 5.3.2 节所述的基准值的基础上加上一个变量，基于：
- 操作者身高的变量因子；
- 在设备上进行的工作性质；
- 操作程序，并考虑到移动和操作设备的要求。

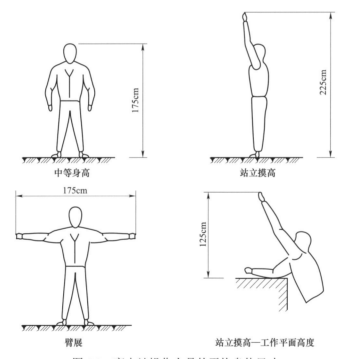

图 5.1  变电站操作人员的平均身体尺寸

考虑上述变量确定尺寸的方法见图 5.1。表 5.1 总结了安全距离的推导过程。这些尺寸仅为指导性的，为了谨慎考虑可以适当增加距离。

#### 5.3.3.1  工作人员的移动

如果没有安装格栅或围栏，那么地面与最低带电部件之间的安全距离必须考虑到操作人员的自由活动空间。

从图 5.1 的尺寸来看，这个高度应该等于基准值加上 2.25m（这个尺寸对应于一个工人抬起双臂的平均身高)。但是，由于小于 380kV 的耐受冲击电压基本值较小，所以采用 3.0m 的人员安全距离作为最小值。此外，任何支柱形绝缘子的基座与地面之间的距离不得小于 2.25m。绝缘子是稳定的降压带电元件，只有最低的金属部件处于接地电位，如图 5.2 所示。

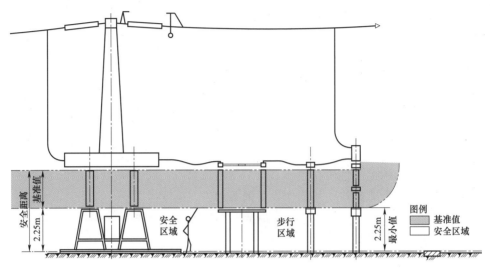

图 5.2　变电站中工作人员的移动—距离隔离设备

所定义的距离应为正常运动过程中不需要爬升就可以到达的最高点（如在电缆桥架、台阶或格栅上执行开关操作）。

当无法达到上述保护尺寸时，应通过提供围栏、格栅等来防止接近带电设备和导体，如图 5.3 所示：

- 防护栏，比设备高出 1.2m 或与导体的距离等于基准值加至少 0.6m。
- 格栅或围栏，比设备高出 2.25m 或与导体的距离等于基准值。

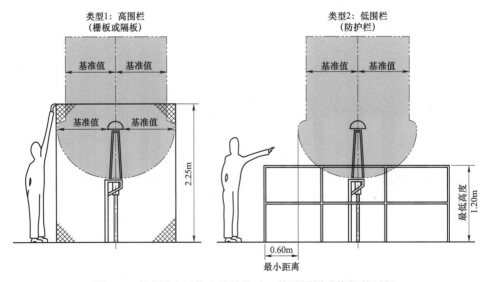

图 5.3　变电站中工作人员的移动—使用围栏或格栅的示例

#### 5.3.3.2 车辆的移动

考虑驾驶中不可避免的误差,水平安全距离的可变部分包括需要移动的车辆或机器的外形加上 0.7m(见图 5.4 中的示例)。

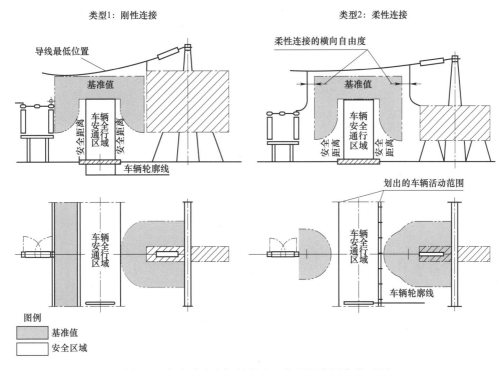

图 5.4　变电站中车辆的移动—使用距离隔离的示例

#### 5.3.3.3　在设备或导体上工作

当需要在变电站内进行工作而相邻线路不带电时,可以利用同样的原理推导出与带电设备的安全距离。它包括一个基准值加上为每种设备确定的可变值,该可变值由计划维修作业方式和所使用工具的尺寸确定。然而,该安全区的值不应小于 3.0 m。安全距离是从带电设备或导体可能占据的极端位置到要工作的设备边缘的距离。在任何情况下,这项工作都不应影响基准值的取值。在日常维护工作中,不需要其他设备的情况下(除便携式工具外),可变部分用以下方式确定:

- 水平 1.75m,相当于一个张开双臂的人。
- 在工作平面上方 1.25m,对应于工人穿过工作平面双臂向上伸直的情况。

图 5.5 给出了典型示例,这是典型的变电站开关设备的日常维护。图 5.6 显示了使用重型机器时的工作情况。

#### 5.3.3.4　划定安全区域

谨慎的做法是永久性地划定活动安全区,并在工作期间划定作业安全区。活动安全区包括以下情形:

- 在活动边界设置永久性标识,并保证在任何情形下皆可见。在可能长时间积雪的国家,仅仅在路面上画上记号是不够的。

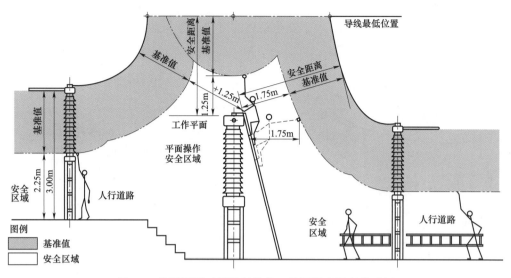

图 5.5    使用轻型工具进行检修—使用距离隔离的示例

● 在通往高压设备的每条道路入口处垂直放置一个安全距离限制装置，以确保进入场地的装载机械不超过变电站安全距离限制，并确保起重设备或起重机吊杆叉降至最低。

在变电站内进行作业时，应根据有关电网公司的安全要求，用屏障、隔离带或旗子清楚地标出安全工作区。

### 5.3.4    变量

如本章开始所述，不同国家之间的差异不仅影响到安全距离的选择，还影响命名规则，但其基本原理是一样的：安全区的选取是在以冲击耐受电压计算出的基准值的基础上再增加一段距离，以允许人员的移动和适应人员的高度。例如，在英国，基准值实际上被称为"安全距离"，CIGRE 术语中的"安全距离"被称为"安全设计间隙"，并给出了垂直和水平方向的值。另一个区别是：在英国，通常相对地设计距离的基准值为 2.4m，而 CIGRE 规定为2.25m；水平距离则从 CIGRE 的 1.75m 减少到了 1.5m。然而，建议在可行的情况下，应在所有方向使用垂直安全设计间距。

所有距离最初都是考虑工人在梯子或固定脚手架平台上工作。然而，近年来，移动高架作业平台（简称 MEWP，也称为"樱桃采摘机"，见图 5.7）的使用已经变得很普遍。这产生了一个新的危险来源。当使用脚手架平台时，可以控制平台高度，使其不突破安全区域。然而，在 MEWP 中，除非受到链条的约束，否则平台高度在设备的总可达范围内是无限变化的。曾经 MEWP 中的一名操作人员将平台抬升到高于正常要求的高度，并导致了触电。这引出了"相互跨越的导线"问题，定义为：暴露在任何合理可预见的工作区域之上或附近的高压导体，在工作活动期间通常保持带电状态。

在交叉的不同时停电检修的导体之间，如果检修的导体处于上方可能会造成事故，如果处于下方则不成为问题。

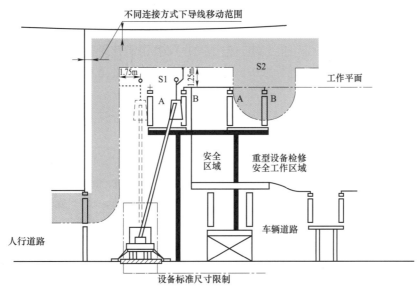

(a) 不同连接方式下导线移动范围

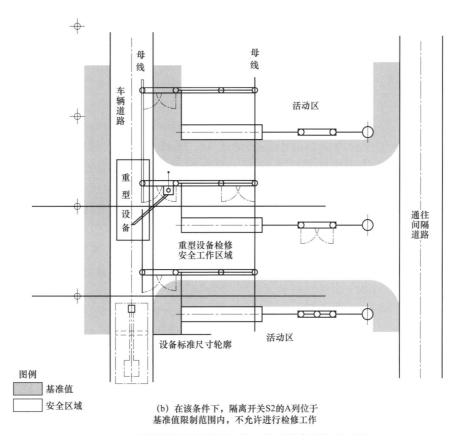

(b) 在该条件下，隔离开关S2的A列位于
基准值限制范围内，不允许进行检修工作

图 5.6 使用重型设备进行检修—使用距离隔离的示例

为了避免这些问题，变电站的设计应尽量避免使用相互跨越的导线，并在操作 MEWP 时考虑到可能出现的超限问题。基于以上问题，安全设计的垂直和水平距离均提高了 2m。这对设备间隔尺寸，特别是较低电压等级的设备如 145kV，有重要影响。虽然在 20 世纪 90 年代，变电站设计的重点是尽可能紧凑，但这与电网公司运营人员的要求直接冲突。电网公司运营人员希望安全、方便地进行维护，这自然会提高间隔的宽度。因此，在变电站安全运行之前，充分了解用户的需求是非常重要的。

图 5.7    使用 MEWP 进行设备检修的实例

## 5.4    接地

本节涉及接地的安全方面，而不是接地的主、辅或互感器中性点的接地。特别需要关注的是变电站接地垫或接地网及其对人员安全的重要性。变电站接地系统更多细节详见 11.7。

首先，考虑当一个接地故障发生时，可能出现的不同类型的潜在电位，如地电位升或网孔电压的上升。

变电站现场发生故障时，接地系统的电压可能会上升到高于真实的电压。在一些国家，站点根据其潜在接地电位上升的幅度被分为"热地"或"冷地"。通常，网孔电压上升超过 650V 的接地点被认为是"热地"接地点。

● 跨步电压：发生故障时一个人走过现场，两脚之间（通常假定相距 1m）的电压。

● 接触电压：现场发生故障时，一个人触摸了金属框架或面板时的手脚之间的电压。这往往比跨步电压更严重，因为产生的电流路径通过心脏。

● 网孔电压：当故障发生时接地网网格中心的电压。

● 转移电压：可以从一个有故障的位置转移到一个没有故障的远程位置的电压。从理论上讲，这个转移电压等于故障处的地电位升。

这些潜在的危险如图 5.8 所示。

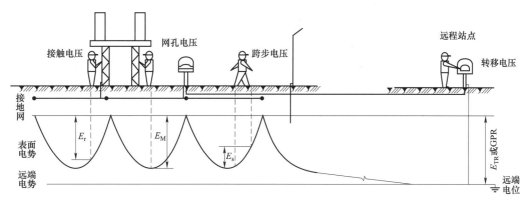

图 5.8　接地故障时的危险电位

接地垫或网格的目的是将这些危险电位限制到安全值。连接到接地网的项目如下：

- 工厂的各种框架和配件应永久性接地；
- 需要在高压导体或设备上工作时的临时性接地。

## 5.4.1　接地网

接地网的设计必须完全不受周围土壤的腐蚀。

接地网是一个导体网格，铺设在地面以下约 500mm，覆盖整个场地。实际范围将取决于围栏是与变电站接地垫处于连接状态还是单独接地。单个网格通常较小，并由网格电压的计算决定。

这些计算应考虑到：

- 变电站布局；
- 土壤电阻率；
- 架空线路接地线或电缆保护套的接地回路的数量；
- 接地故障程度及其持续时间。

这些计算是一项技术性较强的工作，需要由专业的计算软件进行计算。

设备的金属框架与接地网的连接应确保在接地网或相连的回路受到损坏的情况下，任何金属部件都不与接地断开。这意味着通常需要至少两根导体；然而，连接到地面上可见部分可以使用一根导体。接地网格的设计必须能够在接地故障期间通过最大的接地故障电流，通常在超过 170kV 的电压时为 1s，低于 170kV 的电压时为 3s。

## 5.4.2　接地安全

在高压装置上进行的任何工作，都必须在工作区域的任意一侧设置接地点，以保护操作人员不受电压恢复的影响。

（1）设备的类型。所需的接地可通过以下方式实现：

- 接地开关位于合适的位置，能够切断合适的额定电流。
- 接地开关的操作优先级高于便携式接地设备。
- 接地开关设计仅用于通过陡波冲击电流，闭合之前必须检查是否带电，然后再放置便携式接地设备。

● 安装在多回路架空线路塔上的接地开关,可能发生电磁感应(见图 5.9)。强烈建议在安装或拆卸任何可能用到的附加便携式接地设备时,先闭合线路侧接地开关。

图 5.9　线路侧接地开关 10kV 400A 放电实验

● 一些电力变压器可能发生铁磁谐振,此种情况下电网公司可能会使用专门设计的接地开关,使铁磁共振在线路重合闸之前熄灭。这个功能可以在自动重合闸逻辑中自动完成。

(2)接地装置性能。用于确定接地装置通流容量应大于变电站的最大接地故障电流。电压超过 170kV 时,电流持续时间通常为 1s;电压低于 170kV 时,电流持续时间通常为 3s。

(3)放置便携式设备。便携式接地装置的安装可能相当困难,因为:

● 由于载流要求,便携式接地装置的重量通常会较高(通常需要连接多达 4 个装置来同时满足故障电流)。

● 高电压装置接地点通常超过 6m。

● 设备排列必须有合适的水平长度,以便进行临时连接。

● 环境,特别是与就近带电部件的距离,可能小于用于便携式接地设备的安全距离。

应该注意的是,只有当该装置在高压端和接地端都被完全紧固时,该便携式装置才有效。

为了最大限度地减少这些困难,提高安全水平,建议在变电站建设过程中,将升降点设置在高压接地端,以连接便携式接地装置。这些通常由高压端上的连接头和接地端结构上的连接点组成。装置应适应变电站故障电流下便携式接地连接的大小和数量。在 500kV 变电站,可采用特殊设计的便携式接地装置来提高安全水平。

## 5.5 高压开关设备的运行

### 5.5.1 类型控制

（1）远程控制。这种控制方法现在是最常见的,控制经常在远离变电站的控制中心进行。最初,远程控制仅限于断路器、隔离开关和变压器分接开关的控制。现在大多数控制功能都可以远程执行。要对设备进行远程控制,它必须有一种操作介质,可以是电动、气动、液压或以上组合。

当设备远程操作时,故障只涉及设备本身的风险。为了避免错误操作,通常会设置精确的操作程序,并与变电站内（或间隔内）其他设备的联闭锁机制相互补充。

（2）使用操作介质进行就地控制。这通常意味着就地操作远程设备。这种情况下远程控制程序和联闭锁通常也是有效的。如果在操作过程中发生故障,电压可能升至危险状态,此时可以为操作人员提供一个格栅,以确保其身体不会在控制装置到接地系统之间连通。可以通过两种方式实现以上操作:

- 操作者所在位置的格栅与操作手柄相连,也与地面相连。操作者在执行任务时,电压等于手柄与格栅之间的电压（见图 5.10）。
- 操作人员所在位置的格栅不接地,因此不可能有电流通过其身体（见图 5.11）。
当这种操作的频率较低时,格栅可以拆卸,并且只能在开关操作时进行安装。

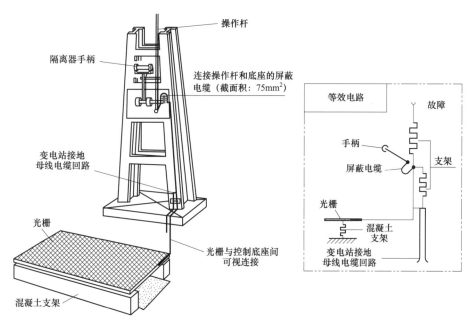

图 5.10　接地安全格栅安装方法

（3）机械就地控制。这种控制方法通过手柄或带有移动绝缘杆操作隔离开关。这种情况经常影响操作人员的安全,所以应该提供如图 5.10 或图 5.11 所示的固定格栅。这些设备应安装在能与间隔或整个变电站内的其他设备连锁的位置。

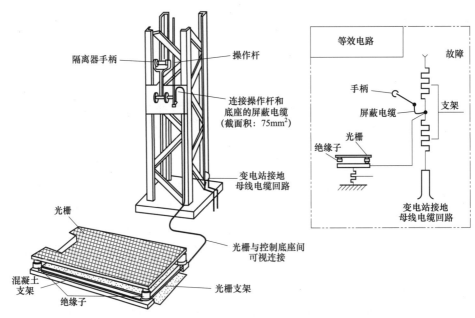

图 5.11　绝缘安全格栅安装方法

（4）手动就地控制。这种控制方法通过绝缘棒操作单相隔离开关。目前这种控制方法很少用，强烈建议尽可能避免使用这种设备。

### 5.5.2　闭锁开关

无论是机械或电气的，任何连锁装置都应能独立锁定开关。这可以确保要进行工作的区域与其他带电区域隔离。

应通过机械锁定或其他闭锁装置来锁定开关，钥匙可以从这些装置上取下。除了闭锁外，通常还应进行以下操作：

- 告示开关已关闭以及关闭原因；
- 移除所有服务于远程控制的设备。

### 5.5.3　辅助操作供电

应当能够在不影响变电站内其他线路或间隔的情况下，将用于操作开关设备的辅助电源拆除。可以通过一个可挂锁开关或阀门来实现，也可以通过一个钥匙操作开关来实现。为避免移除错误间隔的辅助电源，不同间隔的辅助电源应被分隔开。

### 5.5.4　电流和电压互感器

（1）电流互感器二次回路。在主回路仍在工作时，经常需要对保护电路或其他装置的电流互感器二次回路执行工作。为此，可能需要一种短路电流互感器并将其与相关保护电路隔离。可以通过特别设计的测试开关、测试模块或使用螺栓的转换连接来实现。

（2）电压互感器二次回路。为了在测试施加到二级侧的电压时防止初级电路的反向通电，有必要使用在低压侧隔离电压的互感器。这可以通过去除熔丝或关闭在这些设备上运行的微型断路器来实现。如果使用熔丝，谨慎的做法是能够通过挂锁阻止更换熔丝，并将熔丝放入安全箱内。

## 5.6 预防火灾

本节只讨论与电力变压器或充油电抗器有关的火灾，这些火灾的后果可能特别严重和广泛，因为大量的油会着火并广泛蔓延（见图 5.12）。防火的更多细节，请参阅第 11.10 节。

建议包括：

● 限制损坏区域，尽可能减少损坏；

● 扑灭变压器内部及周围的火灾。

图 5.12　400kV 变电站发生的变压器火灾

### 5.6.1　损坏区域的限制

这可以通过多种方式实现。

（1）油池。应在变压器周围设置区域，防止任何可能从变压器油箱溢出的油的扩散。如今，法律经常要求这样做，原因很简单，因为油泄漏到地下，会对水资源造成污染。从火灾预防的角度来看，进入集油池的油通常会通过一个火焰隔离环节，最简单的形式是将碎石放置在金属网格上，这时油可以通过碎石而火焰无法通过。

（2）分离。许多电网公司仅通过隔离就能限制变压器火灾造成的损害。实现这一目标的方法是根据一系列油料火灾的经验计算火灾破坏区域。如果除变压器所在间隔外，其他间隔或变电站其他常见设备不在该火灾破坏区域内，则不提供进一步的保护。

（3）防火墙。如果无法达到令人满意的隔离效果，则应建造防火墙，以保护可能在火灾破坏区域内的设备。防火墙需要比变压器最高含油部分高（见图 5.13）。

（4）提供移动消防设备。移动消防设备应被放置在靠近变压器所在位置的区域，以便在火灾早期利用该设备在火势蔓延之前将其迅速扑灭。

图 5.13　建设中的变压器防火墙

（5）沟道内的火焰隔离装置。在靠近变压器的沟道和管道中，应设置火焰隔离装置防止燃烧的油扩散，破坏电缆的绝缘。这种装置通常由沙子构成。

（6）控制电路的物理分离。控制电路应与电源电路保持一定距离，以便在电源电路发生严重火灾时在一段时间内不受损害。

### 5.6.2　灭火

设计变电站时，应考虑消防通道。

在一些情况下，可以考虑提供专门为变压器设计的灭火设备。可以使用水喷淋、水喷雾、泡沫或其他方法。消防设备应与火灾探测设备相关联，如热探测器和烟雾探测器，在危险情况自动触发灭火设备。

## 5.7　围栏

高压变电站周围通常设有围栏。各国对这类围栏的法律要求可能不尽相同。本节重点介绍变电站外部围栏和内部围栏。

### 5.7.1　外部围栏

外部围栏主要目的是保护公众安全，防止公众过于接近导线和设备。为了达到这一目的，围栏与带电设备之间的距离必须至少等于水平安全距离，以便围栏外的人与围栏内的人具有相同程度的保护。围栏的高度一般不低于 2m，但在一些国家，这个最低高度会更高。

在现代社会，变电站周围的围栏也用于防止未经授权进入变电站，在某些情况下，还需要防止对变电站内部设备的破坏行为。在一些侵入和破坏最严重的国家，变电站周围在外部围栏之上还有电子围栏，这种围栏的安全级别与监狱使用的围栏相同（见图 5.14）。

图 5.14    与监狱围栏级别相同的变电站围栏

### 5.7.2    内部围栏

变电站内存在设备或导体未达到绝缘净距高度的情况，因此不允许人们进入这些区域。常规情形下，滤波器设备的电容器组可以安装在地面。这种情况下需要在设备周围设置围栏，其高度通常是电力公司要求的最低高度。为了安全，在进入封闭围栏内部区域时，围栏内的设备应该是断电、隔离和接地的。通常可以使用电气连锁来确保大门在接地开关合上之前不能打开，反之，接地开关在大门被锁上之前不能被断开。

## 参考文献

Brochure 161: General Guidelines for the Design of Outdoor AC Substations (2000)

Brochure 585: Circuit Configuration Optimization (2014)

ELECTRA No. 019: The Effect of Safety Regulations on the Design of Substations (1971)

# 变电站新功能及技术 6

John Finn

## 目录

J. Finn (✉)
CIGRE UK, Newcastle upon Tyne, UK
e-mail: finnsjohn@gmail.com

© Springer International Publishing AG, part of Springer Nature 2019
T. Krieg, J. Finn (eds.), *Substation*s, CIGRE Green Books,
https://doi.org/10.1007/978-3-319-49574-3_6

## 6.1 概述

变电站设计应该能够满足变电站的可用性、可靠性以及运行灵活性要求。对电网公司来说，不管是对新建变电站还是已投运 30 年的变电站都需要满足这一要求。

电力行业正在经历前所未有的变化，需要在比以往更短的时间内做出响应。气候变化、电力改革和放宽管制等外部因素对电力行业的影响与日俱增，这将推动输电和配电系统的变革。对变电站设计的影响因素总结如图 6.1 所示。

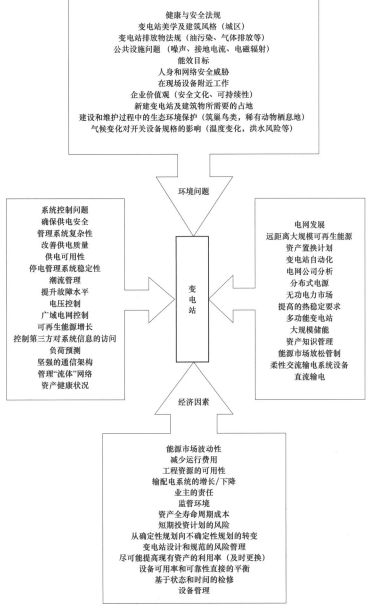

健康与安全法规
变电站美学及建筑风格（城区）
变电站排放物法规（油污染、气体排放等）
公共设施问题（噪声、接地电流、电磁辐射）
能效目标
人身和网络安全威胁
在现场设备附近工作
企业价值观（安全文化、可持续性）
新建变电站及建筑物所需要的占地
建设和维护过程中的生态环境保护（筑巢鸟类，稀有动物栖息地）
气候变化对开关设备规格的影响（温度变化，洪水风险等）

环境问题

系统控制问题
确保供电安全
管理系统复杂性
改善供电质量
供电可用性
停电管理系统稳定性
潮流管理
提升故障水平
电压控制
广域电网控制
可再生能源增长
控制第三方对系统信息的访问
负荷预测
坚强的通信架构
管理"流体"网络
资产健康状况

变电站

电网发展
远距离大规模可再生能源
资产置换计划
变电站自动化
电网公司分析
分布式电源
无功电力市场
提高的热稳定要求
多功能变电站
大规模储能
资产知识管理
能源市场放松管制
柔性交流输电系统设备
直流输电

经济因素

能源市场波动性
减少运行费用
工程资源的可用性
输配电系统的增长/下降
业主的责任
监管环境
资产全寿命周期成本
短期投资计划的风险
从确定性规划向不确定性规划的转变
变电站设计和规范的风险管理
尽可能提高现有资产的利用率（及时更换）
设备可用率和可靠性直接的平衡
基于状态和时间的检修
设备管理

图 6.1  变电站设计需要考虑的因素

负荷的持续增长和电网的不断扩大为电力系统带来了新的挑战，为继续有效地运营电网，系统运营商需要寻求新的技术方案，也需要电网和变电站实现新功能，采用新技术。

对新设备缺乏经验及信心、新设备安装面临的风险及其对现有变电站运行的影响是阻碍新技术应用的原因。为此，CIGRE 成立工作组并出版了技术报告，汇集这些新技术应用的经验和建议，重点讨论了新技术对变电站设计和建设的影响。在某些情况下，新技术可能从根本上影响变电站设计和建设的基本理念。技术报告的附录提供了部分技术和功能应用的详细建议。

这些功能和技术可以分为分布式发电、电力系统技术应用、开关设备、变电站自动化四个方面，详见表 6.1。

表 6.1            技 术 矩 阵

| 功能分类 | 技术类型 | 技术细节 | 章节号 | CIGRE 第 380 号技术报告附录 |
|---|---|---|---|---|
| 开关设备 | 混合技术开关设备 | 混合 AIS/GIS | 6.3.1 | A1.1 |
| 开关设备 | 紧凑型开关设备 | 隔离式断路器 | 6.3.2 | A2.1 |
|  |  | 抽屉式断路器 |  | A2.2 |
| 分布式发电 | 分布式发电 | 风电场 | 6.3.3 | A3.1 |
| 电力系统技术应用 | 无功补偿装置 | 静止同步补偿器 | 6.3.4 | A4.1 |
|  |  | SVC 晶闸管控制电抗器（TCR） |  | A4.2 |
|  |  | 晶闸管开关电容器 |  | A4.3 |
|  |  | 并联电抗器 |  | A4.4 |
|  |  | 并联电容器组 |  | A4.5 |
| 开关设备 | 非常规互感器 | 电流互感器 | 6.3.5 | A5.1 |
|  |  | 电压互感器 |  | A5.2 |
| 电力系统技术应用 | 潮流控制装置 | 调压变压器 | 6.3.6 | A6.1 |
|  |  | 串联电容器 |  | A6.2 |
| 电力系统技术应用 | 定制电源技术 | 配电网静止同步补偿器 | 6.3.7 | A7.1 |
|  |  | 动态电压调节器（DVR） |  | A7.2 |
| 电力系统技术应用 | 故障限流装置 | 中性点接地电阻器和电抗器 | 6.3.8 | A8.1 |
|  |  | 串联电抗器 |  | A8.2 |
|  |  | 超导故障限流器 |  | A8.3 |
| 电力系统技术应用 | 高压直流输电技术 | 基于相控换流器的高压直流输电技术 | 6.3.9 | A9.1 |
|  |  | 基于电压源换流器的高压直流输电技术 |  | A9.2 |
| 变电站自动化 | 保护装置 | 数字保护装置 | 6.3.10 | A10.1 |

| 功能分类 | 技术类型 | 技术细节 | 章节号 | CIGRE 第 380 号技术报告附录 |
|---|---|---|---|---|
| 电力系统应用 | 气体绝缘线路、变压器、超导电缆 | 气体绝缘线路 | 6.3.11 | A11.1 |
| | | 超导电缆 | | A11.2 |
| | | 气体绝缘变压器 | | A11.3 |
| 变电站自动化 | 监控和诊断技术 | 监控和诊断技术 | 6.3.12 | A12.1 |

新技术包括设备紧凑化设计、电力电子应用、新通信架构、自动化和超导技术等。

本章总结了 2009 年 6 月发布的 CIGRE 第 380 号技术报告及其中一个附录［关于将相控换流器 HVDC（常规直流技术）应用于变电站的相关细节］的内容。建议读者浏览技术报告的附录以了解在变电站设计和建设中应用的相关技术。

## 6.2　变电站设计综述

### 6.2.1　系统对变电站设计的影响

影响变电站设计的因素往往会有共性。本节主要考虑了以下方面的因素。

#### 6.2.1.1　一次系统

随着负荷的增长，变电站需要提高供电能力。在电力的大容量远距离传输时，为了提升线路的传输能力，会通过采用加装串联补偿设备、直流输电或者在线监测技术来实现。不可避免的是，随着设备传输功率的增加，一次设备承受的荷载也将会增加，电网公司需评估所产生的风险。

不断变化的需求对电网网架灵活性要求更高，一般可以通过网架加强或者更广泛地应用FACTS 设备来满足。电网中更多新设备的应用及其相互影响使得协调这些设备成了新的挑战。

恶劣天气会直接影响电网的安全，而变电站的灵活性则提高了电网对这些影响的适应能力。

#### 6.2.1.2　二次系统

随着电网的大规模互联和动态变化，广域监控、控制和保护的应用将更加普遍。配电网中的分布式电源和主动控制将需要相邻电网之间的协调，并使传统独立的电网变得更加相互依赖。对于保证电网安全性和可靠性来说，适应这些变化所需的通信系统，至关重要，并且今后电力系统的变化可能会更加依赖这些二次系统。

### 6.2.2　对变电站单线图（电气主接线图）的影响

从对变电站单线图的影响来看，一方面较为直接的是变电站设备的短路电流额定值可能会有变化，部分设备需要提升短路电流水平。另一方面，在某些情况下（如采取故障电流限制措施）可以通过应用更多的设备总线来简化单线图。

电网中谐波的增加将需要更多无源或有源滤波器，但大多数在输电网中应用的新技术应减少或至少不会增加系统谐波。

新技术及其集成会影响变电站配置和绝缘配合动态性能，需要应用避雷器和保证开关有足够的安全裕度，这对于过电压耐受能力低的电子元件来说尤其重要。

- 变电站配置

新开关设备的可靠性和检修方式的影响，应该推动电网公司制定新的运行方式。故障检修间隔时间的延长可能采用不同检修方案，比如用离线更换和检修来代替在线检修。

对于采用新技术的变电站，应考虑因检修或故障需要断开设备时的操作和运行安排，可能需要减少停电时间或安排旁路母线工作。电网公司需要权衡停电损失与采用备用开关设备之间的相对成本，以便确定快速更换设备和停电检修的方案。广域保护措施也要根据这些变化调整。全寿命周期成本计算方法在变电站设计阶段的广泛采用，将影响变电站单线图设计。

### 6.2.3 对变电站间隔的影响

新技术的应用对故障水平、潮流分布等系统特性会产生较大影响，对出线间隔的影响更大。

#### 6.2.3.1 对物理环境的影响

变电站配置方案确定之后，就可以设计变电站和设备的各个细节。

对于大多数变电站来说，场地是新设备安装时主要考虑的因素。对于场地的需求应考虑与其他设备间的连接、电气间隙、考虑电磁距离以及建设施工要求和后期的维护需求。对土建专业而言，若采用油浸式变压器则需注意油池和防火要求，若采用空芯电抗器则需注意钢筋布置、结构和接地以避免过热。

气候变化对设备运行温度范围等参数以及其物理位置有直接的影响。

变电站集线设计应避免新设备的干扰，否则会引起现场布线的瞬变，使用光纤能解决这一问题。在接地系统的设计中需要在确保安全的同时避免干扰控制电路，并且避免因电磁感应产生循环电流。

可听噪声会对设备参数和后续测试产生重大影响。设计阶段在充分调查室内建造、位置或操作模式等各种情况下噪声影响的基础上制定设备参数。

一项关于电磁兼容性的新规范将变电站认定为固定设施。规范要求设计人员严格考虑变电站对周边环境的电磁影响，检测变电站设计是否符合相关电磁标准。

#### 6.2.3.2 对设备的影响

为了降低成本，变电站设计趋于模块化和设计标准化。这就意味着难以适应电网公司的特定需求，可能需要重新审视传统的工作方式。

- 一次设备

$SF_6$气体安全壳和密封技术是电网公司关心的主要问题；在制定技术规格和设备安装阶段，需要考虑相关全寿命周期要素并确保实现零泄漏目标。任何新的高压开关设备都需要采用$SF_6$气体绝缘封装，这需要根据欧盟新的相关法规进行培训和认证。

电网公司需要确保电流、电压互感器能够满足今后数字保护和控制的要求。

- 变电站自动化

变电站自动化技术将取得较快发展，如新式接线代替老式接线、有源继电器的使用、与互感器二次侧（高阻抗）隔离等，同时也有相当多的技术面临被淘汰。

二次设备的更换比一次设备更频繁，并且主要是开关设备接口的更换。在开关设备的使用期间，可能多次需要长时间停电以更换二次设备。IEC 62271-3 旨在解决一次设备和二次设备集成时遇到的问题。因此，为适应二次设备的快速更换，可能需要在一次设备投资阶段投入额外成本。

IEC 61850（变电站通信网络和系统）的应用正在逐步实施，电网公司需要开发应用需求以及系统管理工具相关接口。

随着铜导线集线系统向光纤集线系统的转变，电网公司需要建立标准的终端和数据协议，因此制定基于 IEC 61850 标准的配置需求。同时需要新的工具和培训来确保安全可靠地配置具备多功能保护的"黑匣子"。

变电站通信网络至关重要，在考虑众多新举措之前，必须确定有关网络门户安全、固件变更管理以及软件版本控制和访问的规则，必须确保电网公司员工可以查询和下载故障记录或设置，同时防止未经授权的访问。

随着更多新功能应用到设备或广域系统中，根据现有标准进行的测试在工厂验收尤其是在投运前的最终调试中，都需要进行补充说明或者更新。

● 辅助设备

大多数新功能都会增加辅助系统的压力。稳态负荷在不断增加，对直流电源的依赖也变得越来越重要。

系统需要额外的交流电源来冷却组件，需要额外的直流电源以进行控制和保护。保护设计需要考虑新型设备的特殊要求，以及这些设备可能对现有系统保护的功能（如距离保护）产生的影响。出于操作和安全原因，可能需要闭锁装置。

### 6.2.3.3 对变电站运行的影响

大多数新技术应用都需要对现有的检修策略进行修正。有时需要程序上的改变，有时需要制定新的策略。这需要对变电站工作人员进行培训，或与供应商签订服务协议。无论是培训合同还是培训所需要占用的变电站资源，对电网公司来讲成本都很高。

在应用诊断工具（如状态监测或分析）时，需要对这些工具进行检修或校准（将一个检修集成系统更换为另一个）。

变电站工作人员需要掌握新的技能，特别是在信息系统领域和可能需要的软件编程领域。工作人员需要掌握查访二次系统、实施测试程序以及对变电站自动化进行诊断等方面的 IT 知识。

状态监测（CM）的方式能优化电网公司设备检修和更换策略。电网公司需要关注如何应用状态监测的信息来确保效益最大化；若状态监测的信息没有很好的输入到检修和资产管理决策工具中去，其应用的效果是有限的。

## 6.3 新技术对变电站设计的影响

本节总结了已有的几种变电站新技术并将其分类，重点说明技术的应用范围但未给出设计方案适用性的建议。

### 6.3.1　混合技术开关设备

为了满足新建或更换设备的安全和场地限制要求，制造商正在尝试研制 GIS 与 AIS 的组合式开关设备（又称为混合技术开关设备）来提高可靠性。混合技术开关设备结合了 GIS 的优势和 AIS 在外部应用中的灵活性，目前在场地有限时使用。

| 混合技术开关设备<br><br>附录 1 | 关　键　影　响 |
| --- | --- |
| 户外 GIS 及 AIS 混合技术开关设备 | 与传统 AIS 相比，减少了寿命周期内的维护 |
| | 占地面积更小 |
| | 需要明确设备故障更换方案和必要条件 |
| | 现有的安全措施可能会不适用，需要制订新的维护措施 |
| | 罐式设计 |
| | 可以实现新的变电站优化设计 |
| | 户外 GIS 需要确保接头/密封件在资产寿命期间足够稳固 |

尽管 GIS 故障率低且很少需要维护，但保证定期维护和设备备件，对尽可能地减少故障及其对系统的影响来说非常重要。这需要在购买设备时与制造商或技术支持部门达成一致。

### 6.3.2　紧凑集成型 AIS 开关设备

集成开关设备将功能组合在一起，通常以紧凑型的方式发挥设备的协同作用。典型示例包括整体架构/避雷器和带集成断开设施的断路器。应用这类设备有许多优势，但电网公司仍然需要在程序和系统上进行相应调整。

| 紧凑集成型开关设备<br><br>附录 2 断路器 | 关　键　影　响 |
| --- | --- |
| 抽屉式断路器，隔离式断路器 | 与传统 AIS 相比，减少了寿命周期内的维护 |
| | 占地面积更小 |
| | 可能会挑战现有的安全规则，需要新的维护方式和维护设备 |
| | 实现变电站优化设计 |

### 6.3.3　分布式发电

分布式发电应用范围很广，从家庭式的微型发电到海上风电场，其应用范围因发电技术、电压等级和地理位置的不同而不同。远距离发电会带来许多问题，如电源到负荷中心的输电方式以及维护方式等，都将影响具体的设计方案。

虽然分布式发电的广泛使用可以缓解系统电压控制问题，但是远距离发电（包括海上风电）在从电源到负荷中心的输电过程中需要额外的无功补偿。可通过利用电力电子技术（高压直流输电或动态无功补偿设备）实现故障穿越能力的提升。未来高压直流输电技术的应用主要取决于经济性，因线路走廊原因，在传输更大功率时需要论证可以利用现有路径新建架空线路还是需要新建电缆线路。

### 6.3.3.1　分布式发电

分布式发电形式多样，包括风力发电、光伏发电、小型柴油发动机、燃料电池等。分布式发电可以通过三相或单相接入不同电压等级的配电网，且会对系统性能包括电压调节、三相电压不平衡、谐波、频率变化、潮流方向、短路电流水平和故障检测等方面产生一系列影响。

对分布式发电的监测和感知对于电网运行是必要的，特别对于系统发生故障的情况下。广域控制和保护是除了特殊保护方案（连锁跳闸）外的一种可行的解决方案，但是其应用非常有限。

分布式发电系统应用电力电子转换元件与电网连接。未来电力电子设备的关键功能之一就是为电网与光伏（PV）、储能和超导等设备的连接提供接口。很多与电力电子相关的集成问题分别在无功补偿、定制电源和 HVDC 的相关内容中介绍，所有这些都包含不同程度的电力电子器件，尤其是定制电源或小型直流电源。

### 6.3.3.2　风电场

风机类型决定了其控制电网扰动的动态响应性能，以及保证与电网的可靠连接所需的控制保护功能。

虽然各国风电场接入标准不同，但对风机故障穿越能力、间歇性和合规性的共同要求促使了该行业不断创新。通常情况下需要采取风机控制或电力电子设备（SVC，STATCOM）或两者皆用进行动态补偿以应对故障。

随着风电场和分布式电源接入容量的激增，需要更加谨慎地监测供电质量。

线路利用率和停电管理也可能成为变电站配置的主要问题，这取决于发电机所需的利用率，因为各个发电单元是单独维护而不是整体维护。风电场与电网接入点之间的连接变压器和线路的可靠性也是决定性因素。

| 分布式发电<br>附录 3 | 关　键　影　响 |
|---|---|
| 分布式电源、冷热电三联供、光伏、微型电源、风电场 | 与现有电网的交/直流接口，具体取决于容量大小和距离 |
| | 需要新的连接设施和通信 |
| | 对于容量较大的发电机组，在连接点处可能需要电网的许可；可能需要额外的无功补偿 |
| | 需要检查新的保护和控制设置对系统波动的允许值 |
| | 可能需要广域控制（WAC）和监控，以便电网运营商能够订制输电规划和故障后协调措施 |

### 6.3.4　无功补偿装置

电压控制概念广泛，包括系统处于稳态以及受到扰动后的动态过程中的电压控制。电源与变电站的相对位置对变电站无功设计有较大影响，相对位置的变化可能会引起无功补偿布置的调整。

当在局部区域内布置多个无功补偿装置时，需仔细计算系统受到扰动后的动态控制设置，避免出现振荡或较差响应。

配置无功补偿装置会增加系统谐振的风险，低损耗设备会降低系统阻尼。通常在对系统造成上述影响的设备附近就地加装补偿措施，使得影响范围仅限于应用了新设备的变电站。任何需要复杂控制系统的先进应用技术都应具备消除潜在共振效应的能力。

- 电容器和电抗器组

多年以来，电容器和电抗器组一直被用来控制稳态电压水平。随着安装容量显著增加，电网公司不再开展集中设计，但仍需加强对新增装机和退役机组的管理。

需考虑断路器的开断作用，而且设计中应考虑电容器回路中的电磁电压互感器和避雷器在需要时能完成任何放电任务。

- 动态无功补偿装置

与静态无功补偿装置不同，动态无功补偿装置在电力系统中尚未广泛应用。快速切除故障后采用无功补偿装置支撑故障点电压可有效防止系统失稳，但只有含电力电子开关的无功补偿装置能在短时间内做出及时响应。分布式发电也需要动态无功补偿装置实现故障穿越。

| 无功补偿装置 | 关 键 影 响 |
|---|---|
| 附录 4 | |
| 提供静态电压支撑和故障后动态补偿的并联设备<br>静态：固定/开关电容器组，并联电抗器<br>动态：SVC，STATCOM | 电力电子设备需要可靠的控制系统和冷却回路 |
| | 确保利用率的检修方案，电力电子辅助系统，备件，电容器组 |
| | 如果开机方式发生变化，无功补偿装置可能需要重新布置 |
| | 如果现场安装了多个无功控制设备，则需要协调控制 |
| | 开关单元的阶跃电压，瞬态和谐振 |
| | 动态性能的监控 |
| | 空芯电抗器附近的磁场和噪声 |
| | 断路器开断任务或机械开关单元的波控制点 |

### 6.3.5　非常规互感器

非常规互感器可以节省变电站内的空间、结构和基础，如在一个光学电流互感器上集成断路器、电压和电流测量功能。使用非常规互感器有许多优势，但需要开发 IEC 61850 并在变电站中应用过程总线来实现全部功能。

| 非常规互感器 | 关键影响 |
|---|---|
| 附录 5　NCIT | |
| 非常规互感器（NCIT） | 占地面积更小 |
| | 消除一次系统的安全风险 |
| | 需要为电源传感器电子元件和保护继电器提供直流电源 |
| | 可以集成到现有的 GIS 或连接到 AIS |
| | 非常规互感器与非数字保护设备之间存在接口问题 |

## 6.3.6 潮流控制设备

柔性交流输电系统（FACTS）是一种基于电力电子技术（部分功能也可以通过电磁设备实现）的能够灵活快速控制线路或者变电站潮流的技术。

移相变压器（PST）和正交增压器（QB）等电磁设备基于变压器原理，利用分接头控制有功功率，通过向线路注入电压从而有效改变功角以实现对线路潮流的控制。

基于电力电子技术的串联补偿器，如可控串联补偿器（TCSC），可提供平滑可控的阻抗，以减小线路的阻抗并减轻次同步谐振现象。静态同步串联补偿器（SSSC）通过改变补偿电压进行控制。

线间潮流控制器（IPFC）和统一潮流控制器（UPFC）可以独立控制输电线路中有功功率和无功功率。可转换静止补偿器（CSC）综合了 STATCOM，SSSC，UPFC 和 IPFC 的所有功能。

| 有功潮流控制设备<br><br>附录 6 | 关 键 影 响 |
|---|---|
| 可增加或减少容量、控制热约束的线路潮流控制设备：移相变压器，正交增压器，TCSC，UPFC 等 | 设备额定值必须等于线路额定值 |
| | 故障和暂态过程中必须坚固耐用，不能降低线路的可靠性 |
| | FACTS 设备的安装位置会显著影响有效性 |
| | 在维护/故障状况下需要旁路设备 |
| | 需要研究对电路保护的影响，特别是距离保护 |
| | 需要分析新设备对系统共振，次同步振荡和无功功率的影响 |
| | 需要分析冷却系统对电力电子设备可靠性的影响 |
| | 需要为电力电子设备和电容器单元提供备件 |

## 6.3.7 定制电源技术

从本质上讲，定制电源技术在配电网和工业用户中的应用都是为了改善电能质量或供电服务。定制电源技术在分布式发电的应用更加广泛。

具体应用包括在短时停电期间提供电源的动态电压恢复系统（DVR）和保证电压质量的配电静止同步补偿器。其他技术，如有源滤波和固态转换开关，可以实现从母线供电到不间断电源供电之间的快速切换。

| 定制电源技术<br><br>附录 7 | 关 键 影 响 |
|---|---|
| 配电和工业用户侧相应电压等级的用于电能质量控制，故障穿越和快速切换电源的设备<br>如配电网静止同步补偿器、动态电压恢复系统、固态转换开关 | 需要提供定制解决方案 |
| | 辅助系统决定了设备的可靠性 |
| | 需要检查保护系统、高速通信系统和暂态监测设备 |
| | 与 FACTS 和 HVDC 等电力电子技术应用类似的问题 |
| | 备品备件 |

### 6.3.8　故障限流装置

故障限流装置可以帮助电网公司在电网建设和扩展时期控制故障电流水平。故障限流装置具有多种形式，如形式简单的电抗器以及设计新颖的高温超导体（HTS）、共振触发器和电力电子设备等。从宏观上看，直流背靠背可以提供电网之间的异步连接。上述设备都有各自的优缺点，需要电网公司依据需求进行选择，其可靠性是最重要的，因为无法控制故障电流很容易导致设备故障。

| 故障限流装置<br><br>附录 8 | 关　键　影　响 |
| --- | --- |
| 能够控制故障电流，避免本地开关设备过载的设备；如串联电抗器、中性点电抗器、串联谐振变压器 | 故障运行期间的能量损耗和设备冷却（重合闸） |
| | 保护设置的协调和影响，特别是对下一级保护的影响 |
| | 旁路设施 |
| | 如果在故障限流装置附近使用断路器，则起到瞬时恢复电压的功能 |
| | （在设备更换后）可能需要重新布置 |
| | 任何控制系统的可靠性 |
| | 复杂系统的备用 |

### 6.3.9　HVDC 高压直流输电技术

高压直流输电技术已经很成熟，但随着输送容量提升和新技术的出现，传统直流输电技术（基于相控换流器晶闸管）的局限性受到挑战。

基于电压源换流器（VSC）的直流输电技术的发展为配电网乃至输电网的功率传输提供了一个完善的方案。

| 高压直流输电技术<br><br>附录 9 | 关　键　影　响 |
| --- | --- |
| 直流输电技术，需要整流站和逆变站接入交流电网，采用相控换流器晶闸管的传统直流输电技术或采用电压源换流器的直流输电技术 | 显著提升输送容量（适用于大型直流线路） |
| | 必须进行无功补偿（基于电压源换流器的直流输电技术则不需要） |
| | 可能需要解决谐波和电磁兼容问题 |
| | 高压直流输电换流站需要大量的土地 |
| | 快速潮流反转对保护和控制策略的影响 |
| | 室外直流绝缘的污染性能 |
| | 阀门冷却系统的可靠性 |
| | 确保高可用性的备品备件策略 |

### 6.3.10 保护装置

随着互联网技术的不断更新，变电站自动化水平正因通信协议的发展而不断发生变化。从长期来看，通信协议 IEC 61850 的发展可能是变电站最显著的进步，实现了不同智能电子设备之间的互操作，以及用户通过互联网进行设备信息交换。

上述变化会面临一些问题，首先是传统设备过时的可能性（从电网公司的角度来看），其次是可能面临信息和网络安全问题，最后是利用神经网络或人工智能（AI）技术适应不断变化和发展的系统需求会对自动化设备产生更大依赖性。

相量测量、GPS 跟踪和快速数据传输使得广域保护和控制得以实现，避免了系统不稳定甚至大停电。

| 保护装置<br>附录 10 | 关 键 影 响 |
| --- | --- |
| 数字保护和 IEC 61850 协议的应用 | 多功能设备上的保护设置（需要检查数百种设置）。默认设置不一定安全 |
| | 智能电子设备（IED）功能 |
| | 保护工程师需要培训 |
| | 控制固件更新和版本控制 |
| | 以太网连接和安全控制 |
| | 新旧保护系统之间的接口 |
| | 服务协议 |

### 6.3.11 气体绝缘线路、气体绝缘变压器和超导电缆

#### 6.3.11.1 气体绝缘线路

气体绝缘线路（GIL）技术在结构和绝缘介质方面与传统 GIS 不同：焊接技术提高了气密性且不需要进行任何侵入式维护，因此是一种非常稳定的导体。$SF_6$ 和 $N_2$ 的混合气体作为导体的绝缘介质。这种设计使得安全且大容量的导体系统能够安装在变电站围墙内。气体绝缘线路可以安装在地面，因此减少了埋设以及与土建工程相关的成本和风险。

#### 6.3.11.2 气体绝缘变压器

气体绝缘变压器的紧凑化设计使得设备能安装在有限空间内。无油化减少了火灾风险，因此可布置在公共住所附近（或下方）。但气体绝缘变压器需要大量的 $SF_6$ 气体（类似于 GIS 变电站），因此在故障处理和设备维护等方面需要谨慎考虑气体处理问题。

#### 6.3.11.3 超导电缆

超导系统在变电站中的应用已经讨论了几十年，尽管有些正在进行的示范项目，但商业和技术开发速度仍然很慢。低损耗高电流导体的优势显而易见，但将其集成到现有电网中是很大的挑战。设备故障、冷冻剂泄漏、系统故障以及低温系统本身的影响非常令人担忧，尤其是在维护预算不断减少的行业大背景下。

本条不进行详细讨论，因为所有的试点项目仍处于原型试制阶段。

| 大容量导体和气体绝缘变压器 | 对变电站设计的关键影响 |
|---|---|
| 附录 11 | |
| 气体绝缘线路，超导电缆，气体绝缘变压器 | 气体处理设备和大量气体的处理过程<br>GIL 气体混合物（10%～20%SF$_6$） |
| | 故障恢复程序和相邻场站的故障电流额定值 |
| | 超导电缆低温冷却系统的可靠性/冗余度 |
| | 建设地下变电站或考虑变电站紧凑化设计的时机 |
| | 消除变电站火灾危险的主要来源 |
| | 以减少停电为目的的故障后修复策略 |

### 6.3.12 监测和诊断技术

源自其他工业领域的传感器技术的发展，促进了设备监控技术的发展。在用这些技术取代或弥补传统系统维护机制方面，电网公司面临着如下困境：将监测技术集成到电网公司决策系统中十分困难，并且监控系统本身的可靠性也受到质疑。因此，电网公司需要确定状态监测的价值以及如何利用该技术。

| 监测和诊断技术 | 关键影响 |
|---|---|
| 附录 12 | |
| 状态监测和场站诊断工具<br>如气体绝缘线局部放电监测，变压器维护单元，在线断路器计时 | 可靠的数据说明和咨询系统 |
| | 可能比一次设备需要更频繁维护，监控设备可能会降低设备可靠性 |
| | 成本效益论证 |
| | 除非有必要，否则不要安装状态监测装置 |
| | 及时访问信息所需的通信基础设施 |
| | 有关第三方访问变电站信息系统的安全问题 |
| | 软件控制/固件更新 |

## 6.4 LCC-HVDC 常规直流输电技术示例

本节给出了 CIGRE 技术报告中常规直流输电技术详细示例，使用的编号是技术报告的编号。

A9.1 常规直流输电技术

常规直流输电技术（见图 6.2）通常被称为相控换流器直流输电技术，其开关技术是基于相控换流晶闸管的。这些电力电子开关由栅极信号触发导通，并导通至通过的电流为零时通过自然换相实现断开。单个晶闸管的额定值接近于 8kV/2kA，可以用来进行大功率传输。

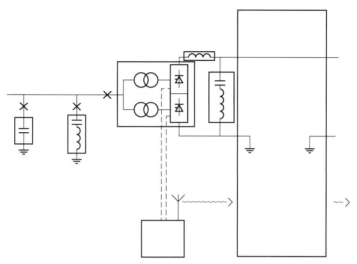

图 6.2　常规直流输电换流站接线图

在考虑经济性的情况下，常规直流输电技术适用于更大容量的功率传输。一个双极系统最大可传输 3000MW 功率。

在对电网的影响方面，常规直流换流站类似于发电机。下列 3 张表中的指标列出了可能产生的影响。

对 系 统 的 影 响

| 影响指标 | 影响程度 | 说　　明 | 附录 |
|---|---|---|---|
| 故障等级 | 重要 | 可用于隔离电网 | A9.1.1 |
| 潮流 | 重要 | HVDC 的主要目的是为互联的送受端系统提供可控的双向电力交换 | A9.1.1 |
| 频率 | 重要 | 断开连接会导致频率发生显著变化，类似于切发电机或切负荷 | A9.1.2 |
| 电压 | 重要 | 甩负荷会引起过电压 | A9.1.3 |
| 热稳极限 | 重要 | 输送的功率受热稳极限的限制 | A9.1.1 |
| 不平衡 | 无 | | |
| 谐波 | 重要 | 换流器将产生谐波 | A9.1.5 |
| 阻抗 | 无 | | |
| 共振 | 无 | | |
| 损耗 | 次要 | 与交流输电相比，系统损耗更低 | A9.1.6 |

## 对 单 线 图 的 影 响

| 影响指标 | 影响程度 | 说　　明 | 附录 |
|---|---|---|---|
| 额定短路电流 | 无 | | |
| 运行切换 | 重要 | 运行和调度类似于发电机。特别是在弱电网中，可能需要广域保护和控制 | A9.1.7 |
| 滤波 | 重要 | HVDC 站设计包含谐波滤波 | A9.1.5 |
| 补偿 | 重要 | 需要大量的无功补偿 | A9.1.8 |
| 安装 | 重要 | 需要新建换流站，且需要新间隔连接交流电网 | A9.1.9 |
| 维护 | 重要 | 高压直流输电维护很复杂。交流间隔需要与任何其他发电机间隔相同的维护 | A9.1.10 |
| 旁路 | 无 | | |
| 调试 | 重要 | 测试高压直流换流器的程序需要各方的参与 | A9.1.11 |
| 绝缘配合 | 次要 | 与一般绝缘设计相同。广泛使用避雷器 | A9.1.12 |

## 对变电站详细设计的影响

| 影响指标 | 影响程度 | 说　　明 | 附录 |
|---|---|---|---|
| 保护（外部） | 重要 | 与一般保护设计相同。故障对交流滤波器，SVC 和母线保护的影响。可能需要广域保护方案 | A9.1.13 |
| 保护（内部） | 次要 | HVDC 换流器保护很复杂，且嵌入到控制系统中 | A9.1.14 |
| 控制 | 重要 | 换流站的控制：需要与变电站控制协调。广域控制？ | A9.1.15 |
| 通信 | 重要 | 任何广域控制都需要可靠快速通信线路 | A9.1.16 |
| 占地和布局 | 重要 | 换流站的占地面积很大，需要新建间隔连接到交流网络 | A9.1.17 |
| 外观影响 | 重要 | 高大的阀门大厅，交流场、直流场的大型布局 | A9.1.18 |
| 外部污染 | 重要 | 直流电场将吸引粉尘进入绝缘子，需要更大的套管 | A9.1.19 |
| 可听噪声 | 重要 | 交流滤波器组和换流变压器将成为可听噪声的重要来源。需要考虑对当地社区的影响 | A9.1.20 |
| 电磁兼容 | 重要 | 阀厅和 AC 滤波器组将需要很高的电磁兼容水平，以确保符合新标准 | A9.1.21 |
| 电气间隙 | 无 | 交流场：与现有设计间隙没有区别。直流场会有所不同 | A9.1.22 |
| 安全间隙 | 无 | 交流场：与现有规则没有区别。需要注意直流场 | A9.1.22 |
| 电磁场 | 次要 | 电抗器将产生很高的电磁场。直流场和滤波场中会出现大电流 | A9.1.23 |
| 土建 | 重要 | 阀厅，直流场和滤波场需要大量土建工作。需要新建间隔以连接交流变电站 | A9.1.24 |
| 油池 | 重要 | 直流变压器和电抗器需要联切 | A9.1.25 |

| 影响指标 | 影响程度 | 说　明 | 附录 |
|---|---|---|---|
| 辅助设施 | 高 | 高压直流换流站所需的重要服务可能会耗尽现有交流变电站的资源：换流阀冷却系统、SVC 和变压器 | A9.1.26 |
| 设备额定值 | 无 | 应设计成与现有变电站设备相匹配 | |
| 母线布置 | 重要 | 连接到现有的变电站，可能需要扩建新间隔 | A9.1.27 |
| 接地 | 重要 | 高压直流换流站采用的大地回路会影响现有的变电站接地。任何三角形连接都需要接地变压器 | A9.1.28 |
| 监测 | 重要 | 需要进行大量监测以确保运营合规性 | A9.1.29 |
| 试验 | 重要 | 用于高压直流换流站的重要型式试验和工厂验收试验。有必要对现有保护进行试验 | A9.1.30 |
| 可移动性 | 无 | | |
| 备件要求 | 重要 | 对高压直流换流站有重要意义。交流备件将由所需的可用性水平决定 | A9.1.31 |
| 危害 | 重要 | 大型项目 | A9.1.32 |

● 意见和建议

A9.1.1　故障等级和潮流

可通过调节高压直流输电线路的功率来影响通过变电站的潮流，因此可以被看作一种潮流控制器。对变电站的故障电流的影响与 HVDC 控制方案有关，且需要检查交流变电站中开关设备的额定值。

A9.1.2　频率

线路故障可能导致系统频率波动，尤其在弱系统中会出现这样的问题。

A9.1.3　电压

联络线甩负荷或换相失败，可能会在甩负荷和恢复期间引起过电压。

需要明确换流站无功补偿来维持交流系统电压在合理范围内。需要与换流变压器协调控制来预留足够的容量以应对电压突变。

A9.1.5　谐波

谐波滤波器用来消除晶闸管开关产生的谐波。根据系统要求，谐波滤波器是直流和交流场的重要组成部分。需要仔细检查各潮流方向和停电条件下的额定值和配置。

参考：CIGRE 第 139 号技术报告《交流滤波器的规格、设计和评估指南》。

A9.1.6　损耗

变电站的损耗与交流滤波器、SVC 的辅助电源有关。直流损耗不在考虑范围内。但是，HVDC 输电损耗低于同等容量的交流损耗，具体取决于负荷。

A9.1.7　运行转换

有必要结合当地电网的运行方式，以最优化方式将 HVDC 接入交流电网并控制故障。

也可通过广域控制进行协调以控制潮流和故障情况。

A9.1.8　无功补偿

与谐波滤波器类似，在系统故障条件下保证动态稳定将需要大量无功补偿，需要占用较大场地。有关具体无功补偿的详细信息，请参阅附录4。

A9.1.9 安装

HVDC的建设属于重大项目，需要安排大量资源。需要建设很多间隔才能将直流线路、滤波器和无功补偿连接到交流变电站。

A9.1.10 维护

换流站、滤波器和静止无功补偿装置的运维检修是主要部分。有时可以考虑将换流站的运维检修工作与制造商单独签订合同。辅助系统最需要注意的是冷却液液位和流体检查等。检修故障与其他系统工作之间的配合很关键，因为直流系统的可用性和发电机类似。

A9.1.11 调试

调试工作很重要，需要提前与电网操作人员协调。测试包括功率反转，这可能会对当地电网带来很大影响。需要专业技术工程师。

参考：CIGRE第97号技术报告《HVDC安装的系统测试》。

A9.1.12 绝缘配合

直流开关站电压通常等于交流的相间电压峰值。电气间隙也是类似，但直流的绝缘爬电距离更长，需要分析由于直流系统问题引起的过电压的影响。

A9.1.13 保护（外部）

与一般保护设计相同。研究SVC的短路/接地故障保护与外部保护之间的配合。需要限制外部保护对直流故障的敏感性。大多数直流系统需要特殊保护方案来配合网络响应以避免系统不稳定。

A9.1.14 保护（内部）

直流换流器保护已集成到控制方案中，其应用需要制造商提供很多参数。

A9.1.15 控制

换流站控制是必要的，并且需要与变电站控制配合。广域控制的可能性与系统故障级别有关。需要考虑直流闭锁故障下的控制方式。

A9.1.16 通信

任何广域控制都需要可靠快速通信网络。为避免杂散信号，需要保证通信通道的完整性和可靠性。

A9.1.17 占地

换流站占地很大，而且需要建设间隔将直流线路连接到现有的交流电网。

A9.1.18 外观影响

由于高大的阀厅、交流和直流开关的大型布局、新线路或电缆等设备的外观影响很大，因此需要获得规划许可。

A9.1.19 外部污染

直流绝缘对外部污染的影响更为敏感，因为直流电场会将灰尘吸附到绝缘子上。爬电距离高于交流的爬电距离，通常为40mm/kV（基于相间电压）。

A9.1.20 可听噪声

有许多潜在的噪声来源。交流滤波器组（空芯电抗器）、换流变压器和SVC是噪声的主要来源。设计中应考虑场地布置和负载情况，使噪声降至最低。

参考：CIGRE第202号技术报告《HVDC站可听噪声》。

### A9.1.21 电磁兼容

阀厅、有源滤波器和无功补偿都会产生电磁干扰。建筑设计和机柜的设计应该能控制这些电磁干扰来源，并且应该筛选模块之间的布线。相反，需要加固阀门环形电路以防止干扰。使用光触发晶闸管可以减轻这种风险。

### A9.1.22 净距

交流变电站的净距应该没有变化。与直流相关的净距通常要参照冲击过电压和操作过电压。直流绝缘爬电距离比同等交流电压长，其结构更大以适应更长的绝缘体。

### A9.1.23 电磁场

附录4讨论了与无功补偿和交流滤波器相关的磁场问题。

### A9.1.24 土建

换流器和相关的交流场站将需要变电站土建工程。为了防止在环形金属回路中出现感应电流，应在有磁场存在的情况下采取相应措施。直流场的结构比同等情况下每相交流场的结构都大。

对于设备损坏或更换的情况，公司应制订相应的更换工作计划。

### A9.1.25 油池

换流变压器和直流电抗器将需要油封。有必要考虑变压器与其他回路上的相邻设备之间的隔离，以防止变压器火灾损坏其他回路上的设备。

### A9.1.26 辅助设施

换流站需要新的低压电源，建议装设新的低压电源而不是扩展现有的低压电源系统。控制和保护也需要额外的直流电源。

### A9.1.27 母线布置

需要建设新的间隔。运行方式应满足灵活性目标，还应考虑直流闭锁故障，以便在故障或停电期间保持一定的可用性。

### A9.1.28 接地

高压直流换流站采用大地回路方式，可能会影响现有的变电站接地。大地回线方式会对中性点施加有害电流。

无功补偿将需要接地变压器使用三角形连接。

### A9.1.29 监测

类似于发电机，需要高精度的互感器和供电监测质量来确保谐波水平。需要安装系统侧瞬态故障记录器和数据记录器，以解决任何异常操作事件。换流器及其补偿系统都应内置复杂的故障记录器。

### A9.1.30 试验

在技术开发阶段可能需要型式试验。大多数试验将与控制和保护系统上的工厂验收试验相关联，以证明其可信性和可靠性。对于特殊设备（如晶闸管、冷却设备控制和阀门监控），需要制造商协助。与调试一样，也需要与系统操作员提前进行有效沟通。

### A9.1.31 备件

备件对于换流站来说非常重要，与换流站可用性有关，尤其是在更换阀门和控制板方面。备用变压器和电抗器的选择需要从经济性角度进行论证。对于交流场的电容器单元，备用或冗余电抗器和冷却部件是有用的。基本上保留的备件将取决于所需的可靠性水平。需要考虑具有较长交货时间且影响系统正常运行的设备备件。

**A9.1.32　其他危险**

换流站包含多种技术，操作人员经过培训才能进行操作。

## 6.5　移动变电站

### 6.5.1　概述

近年来，很多电网公司采用厂站外建设的方式建成了多类型的"移动"变电站（如B3–102，2012）。这些移动变电站能够在短时间内提供新的/扩建/更换变电站设施，并缩短现场建设周期。输配电运营商需要对不断变化的用户需求做出快速反应，能够灵活应对这些需求是现代智能电网的必备条件。

移动变电站的应用很广泛，大致可以分为三类：

- A 类：移动（主要用于频繁搬迁）；
- B 类：重装（主要用于偶尔搬迁）；
- C 类：预制（不用于重装，仅用于从装配区域转移到现场）。

以下举例说明移动变电站的典型应用：

#### 6.5.1.1　紧急更换故障设备（A 类）

由于元件故障、自然灾害甚至恐怖袭击引起的电网故障都需要快速响应。移动变电站可以快速运输到故障点，并通过室外套管等简单的接口建立高压连接。

在这种情况下，移动变电站作为备用以减少大停电带来的影响（见图 6.3）。

图 6.3　应急移动变电站被运送到现场

#### 6.5.1.2　停电时承担变电站功能（B 类）

移动变电站可以降低计划停电的影响。利用移动变电站代替计划停电时的变电设备，使其相关回路（如线路、变压器、发电机组等）可以在大部分时间内正常工作。

移动变电站的这种功能可有效应用于如变电站整站改造和更换变电站设备等中长期项目（见图 6.4）。

图 6.4　主变电站旁边的移动变电站

### 6.5.1.3　临时需要新增额外容量（A 类或 B 类）

在新建变电站时，移动变电站可以承担电力供应功能，电网公司能够快速响应需求的突然变化。

此外，移动变电站还可用于满足由于季节性负荷或特殊事件引起的额外的负荷需求（见图 6.5）。

图 6.5　在出现额外的电力需求时使用移动变电站

### 6.5.1.4　满足短期负荷要求（B 类）

输配电网的挑战之一是为短期用户提供电力供应，如远程采矿点可能需要电力供应，但预计不超过 15 年。如果单为其新建一个变电站可能经济性较差，可使用移动变电站。

图 6.6 中的"滑移式"变电站由澳大利亚昆士兰州的 Ergon Energy 开发，用于 10MVA 以下的短期电力供应，使用寿命长达 15 年。这些设备完全独立，配有开关设备、电源变压器和控制保护系统。这些装置通过分组可作为具有一定用户馈线数量的短期配电变电站来使用。若该变电站在原始站点不再需要，可以更换地点使用。

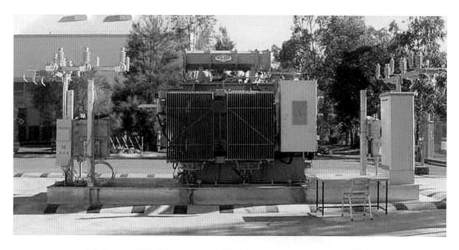

图 6.6　滑移式变电站（由澳大利亚 Ergon Energy 提供）

### 6.5.1.5　可再生能源接入电网（B 类/ C 类）

与传统发电机组相比，风电、光伏可再生能源发电的施工时间更短，难以及时新建线路接入电网。

采用预制变电站可以使可再生能源发电系统及时连接到电网，有利于尽早实现发电效益。

### 6.5.1.6　缩短施工工期（B 类/ C 类）

预制变电站的安装和调试速度比传统变电站快。一次和二次系统在交付到现场之前基本完成，这种模块化的结构简化了土建和安装工程。

当缺乏技术人员支持时，如在人口密度低、经济落后或者军事地区，这种模块化的特征显得尤为重要。

另外，移动变电站的使用可以省去技术人员到变电站安装位置（如风电场海上平台）高昂的交通成本。在这种情况下，即使安装是永久性的，也可以使用"预制"变电站（见图 6.7）。

图 6.7　现场永久安装的预制变电站示例（由澳大利亚 Ergon Energy 提供）

#### 6.5.1.7  避免搁置资产（B 类）

移动变电站可以重新安置和使用。当今变电站资产性能的提高可能导致变电站实际寿命显著超过其实际应用。如果变电站可重装，则可以将其运输到另一个工程而不是成为"搁置资产"（见图 6.8）。

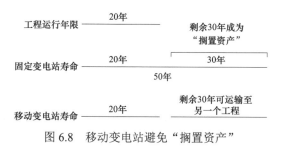

图 6.8  移动变电站避免"搁置资产"

### 6.5.2  标准

移动变电站一般采用 GIS 技术，这种技术利用紧凑型开关设备组件和集成控制/保护设施实现紧凑性。

大部分移动变电站，尤其是那些用于紧急情况的，都装有变压器和低压开关装置，但是这并不是默认的配置。高压开关设备可以由用户自定义。对于需要快速投入的情况，则需要保持高压接口简单且尺寸合适以便于运输。

因此，除了涵盖变电站功能部件设计/测试的单个产品标准外，已有下列标准与移动变电站相关：

- IEC62271 高压开关设备和控制设备  202：高压/低压预制变电站
- IEC62271 高压开关设备和控制设备  205：额定电压高于 52kV 的紧凑型开关设备组件
- IEC61936 1kV 以上的交流电力装置  第 1 部分：通用规则

一般情况下，这些标准已满足了移动变电站的功能（性能）和常规试验要求。但是，他们可能并未考虑移动变电站的建设和现场试验的具体要求，电网公司需要就此问题提出标准建议。在某些情况下（取决于应用场合），移动变电站可能并不适合采用传统变电站的标准，比如在有关基础/结构和环境条件方面。标准目前没有解决这个问题，可以参考 CIGRE 相关指南和建议。

在某些情况下，移动变电站必须符合其他技术领域的标准。例如，A 类移动变电站通常永久地安装在承载车上，因此必须符合适用于此类车辆的当地标准和规定，可能包括定期检查和测试的要求。

### 6.5.3  与移动变电站相关的典型运输限制

运输限制通常取决于移动变电站类型和当地道路的规定。

A 类移动变电站能够在不需要特定批准/许可的情况下快速安装到不同位置，但也将限制变电站各个组件的尺寸/重量。这些限制可以遵循当地法律法规，也必须考虑运营区域道路基础设施的限制。理想情况下，应该预先确定场地，从而可提前评估运输要求（如沿规划路线调查桥梁和涵洞）和制订应急计划以达到快速安装的目的。

在某些情况下，为了运输方便，可将 A 类变电站拆分为多个模块（可在现场快速组装）。

对于 B 类变电站，可以考虑在设计传输模块时按照到安装地点之间运输设施的最大能力来设计。在运输移动变电站时，可以考虑特定的授权并且使用专用车辆。

需要重点考虑变电站重装的情况时，变电站设计必须考虑到初始应用场地和将来可能重新建设的场地。

对于 C 类变电站，仅考虑移动一次。对于这种结构，可能需要临建设施和高度专业化的装备以实现现场安装。

## 6.5.4　现场准备

无论是作为已有变电站的一部分还是独立安装，移动变电站都要求快速可靠的安装和调试。

A 类移动变电站一般在电网出现紧急情况或极端天气条件下（如风暴）时使用。因此，需要提前计划以确保连接和调试工作简单可行，并准备好必要的材料和工具。在某些情况下，最好能提前准备好一次连接点。A 类移动变电站在设计时已考虑尽可能少的现场准备工作。首先确定合适的安装位置，要求土地平整（尽管通常会提供用于调平变电站设备的设施），以便于运输车辆的通行和变电站设备连接到高压系统。场地通常采用碎石地面，保证路面坚硬，确保尽可能短的安装时间。以上这些工作都应提前完成。

如果移动变电站位于已有变电站的围墙外，则必须考虑为其建设围栏（以防止未经允许进入）和接地。

对于 B 类移动变电站，需要考虑预计的使用时间。除短期使用外，安装需要完全符合当地电气安装的标准。

C 类变电站的安装一般需要有满足当地永久性结构要求的土建工程。该工程比传统变电站所需的土建工程简单一些。

## 6.5.5　移动变电站设计指南

移动变电站的外部尺寸可能会受运输要求的限制，且在设计时必须考虑现场快速安装。比如可以使用插入式套管来避免拆除套管运输过程中的油处理。

其他措施包括在移动变电站到达安装地点时，确保各主要设备能够实现快速连接（如采用可插拔电缆）。

图 6.9 中 NOMAD 移动变电站的变压器带有可调节电压分接头和联结组别设置（一次侧是 66kV 或 33kV，二次侧是 22kV 或 11kV 以及两个联结组别）。这些设置更改可以通过有载开关来实现，不需要进入变压器内部（见图 6.9）。

除一次系统连接外，要将移动变电站的二次系统（控制和保护）集成到现有网络中，并与现有变电站连接。

此外，移动变电站可能需要建立与电网 SCADA 系统连接的通信，可以通过卫星系统或其他方式来实现。

集成到现有的保护系统比较复杂。部分可以通过非常基本的保护方案来实现（只需按照最低标准来保证安全性和防止开关设备过载）。如果基本保护方案不适用，有必要针对现有变电站提出预先计划。例如，将移动变电站连接在现有变电站的母线上，这可能需要调整现有母线保护系统。若没有预先计划，在安装时可能需要时间。

图 6.9　"NOMAD"移动变电站，具有快速连接到变电站的电缆套筒
（由澳大利亚 Ergon Energy 提供）

为了使连接和调试的时间最短，应预先安排一次和二次系统的连接计划。为一次和二次系统连接提供预接线和预测试"插座"可以实现移动变电站的最快速连接。建议准备好检查清单和调试步骤，以确保在紧急情况或有限时间下的无差错连接。

# 变电站技术要求和评价技术

**7**

John Finn

## 目录

## 7.1 概述

电网公司或变电站资产所有者需要在商业招标文件中明确提出变电站的技术要求和有关商业条款和条件。

---

J. Finn (✉)
CIGRE UK, Newcastle upon Tyne, UK
e-mail: finnsjohn@gmail.com

© Springer International Publishing AG, part of Springer Nature 2019
T. Krieg, J. Finn (eds.), *Substations*, CIGRE Green Books,
https://doi.org/10.1007/978-3-319-49574-3_7

当收到投标文件时，业主有必要对各个投标文件提出的建设方案进行评价。本章将列出评价工作需考虑的主要内容。

最后简要介绍了变电站的新技术要求。

## 7.2  传统的技术要求

本节对变电站技术要求提出了一些基本的指导意见，技术要求应包含确定变电站站址和进出线的所有相关信息，具体如下。

### 7.2.1  站址范围和空间条件

站址范围可通过给定站址一角的北距和东距来定义，并在站址规划图中标明站址范围各个方向的最大征地尺寸。

站址规划图需要标明现场的各基准点或整体标高以及每回（近期及远期）进出线的位置。

场地平面与国家基准点/海平面的相对高度以及场地内海拔的任何变化也应在站址规划图中标明。

### 7.2.2  站址环境

通常需要提供以下站址环境条件：
- 风力条件，包括风速或风压；
- 最大降雪量和土壤霜冻信息；
- 设计中考虑的最高和最低温度以及最高平均温度；
- 逐月相对湿度和降雨量数据。

通常还需要提供以下信息：
- 覆冰（设计中需要考虑的线路上的覆冰厚度）；
- 抗震水平（以每个方向和频率的 $g$ 值表示）；
- 爬电比距（根据 IEC 60815，单位：mm/kV）；
- 雷电活动水平（雷暴日/年）。

在某些情况下还需要提供有关水文、沙尘暴等方面的信息。

### 7.2.3  线路的确定、终端塔和边界条件

#### 7.2.3.1  架空线路

需明确每回架空线路名称、电压等级以及终端塔的中心位置；塔架尺寸需要与相应图纸保持一致；对于双回或多回线路同塔架设，需要分别标明每回线路的信息；需标明塔架相对于站址的方向以及相位信息；需标明铁塔到变电站所需的导线类型、截面及张力，导线的载流量和短路电流；需标明接地线及接入变电站接地终端的详细信息。

#### 7.2.3.2  电缆线路

需明确每回电缆线路的名称、电压等级、电缆类型（XLPE/LPOF）、每相电缆数量、导体尺寸（单位为 mm²）、电缆路径以及电缆护套的粘合方法；如果是充油电缆，需要明确油箱所需的空间和首选位置；需要明确导引电缆的详细信息，比如导引电缆数量、每回导引电

缆的芯线数量和导引电缆集线柜的有关信息。

### 7.2.3.3 变压器

需明确每台变压器的变比、额定容量、冷却方式、联结组别（包括第三绕组）、阻抗、分接头（有载/无载）、分接范围和分接级、噪声等级（包括对防噪声外壳的要求）、终端装置信息和损耗成本。

### 7.2.3.4 辅助电源

需明确低压交流电源所需的额定电压和容量以及相应电路的数量和额定容量（除非由供应商决定）；辅助电源也应纳入电价计量范围；需明确直流蓄电池组电压、连续使用时间和隔离要求。

## 7.2.4 土建基本情况

需要明确土壤承载力、土壤电阻率和热阻率、地下水位等现场调查和钻孔取样结果；需要明确站址现场土地条件是否为水平、倾斜或呈阶梯状以及对土地修整、清除弃土及被污染土壤的要求；需要明确分配给承包商的场地范围及相应的安全防护要求；需要明确道路、给排水的交接点；需要明确对现场建筑物的有关要求，包括房间尺寸，供暖、通风和空调要求；需要明确站址范围内所有地下设施的地理位置。

## 7.2.5 基本系统参数（覆盖各电压等级）

需提供以下基本系统参数。

| | |
|---|---|
| 系统额定电压 | kV |
| 系统最高电压 | kV |
| 系统最低电压 | kV |
| 基本冲击耐受电压水平（LIWL） | kVp |
| 操作冲击耐受电压水平 | kVp |
| 工频测试电压 | kV |
| 短路电流水平（三相） | kA |
| 短路电流水平（单相） | kA |
| 短路电流持续时间 | s |
| 系统中性点接地方式 | 直接接地/小阻抗接地/高阻抗接地/消弧线圈接地/不接地 |
| 接地故障因数、最大时间 | s |
| 星形/三角形绕组中性点接地方式 | 直接接地/小阻抗接地/高阻抗接地/消弧线圈接地/不接地 |
| 频率 | Hz |
| 允许频率偏差（+/-） | % |
| 电压相移 | |

### 7.2.6 开关设备配置方式

需明确变电站内每个母线的开关设备配置方式,通常采用单线图来标明每个母线上进出线的布置。

### 7.2.7 系统二次要求

#### 7.2.7.1 控制中心

需明确变电站控制系统对接的调控中心(区域调控中心或国家调控中心)有关信息,包括调控中心所用设备的制造商、通信协议以及软件版本。

#### 7.2.7.2 控制系统

需提供的变电站控制系统信息包括:

- 控制功能;
- 状态指示;
- 报警指示;
- 模拟测量;
- 备用点分配;
- 显示要求;
- 冗余要求;
- 任何特殊的自动控制功能,例如自动分接变换控制;
- 故障记录功能;
- 事件记录要求;
- 远程访问要求。

#### 7.2.7.3 保护系统

需确定每回线路和母线所需的保护信息,包括故障恢复时间等。保护系统需要具有可调节设置并能够在需要的时候存储故障记录。如果架空线路或电缆线路的远端已有保护配置,则需要提供相应保护设备的信息。除了主保护以外,还应明确后备保护、断路器故障和自动重合闸的有关要求,以及说明测试设备(如测试开关或插座)的具体要求。

#### 7.2.7.4 计量

应明确待计量线路的计量单位(MWh 或 MVA)、计量方向和精度。此外还应明确检测计量、电能量远方终端和不同电价的要求。

#### 7.2.7.5 系统通信

需明确系统通信方式,包括电力线载波、光纤、微波或导引电缆或者几种方式的组合;需要明确对系统通信的具体要求,包括带宽、分配频率;需要提出通信信息(如电话、数据、保护信号等)传输速度及数据安全性的要求。

### 7.2.8 相关标准和规范

变电站的建设需符合国家相关法律要求。大多数电网公司都有一系列自行制定的与变电站及其相关设备有关的标准和规范。电网公司的标准和规范通常比 IEC、ANSI、VDE 或其他国际、国家标准和规范更严苛。

### 7.2.9 健康、安全和环境

在变电站设计中需要明确对健康、安全和环境方面的要求，包括处理特殊材料或物品时应遵守的有关规定。

#### 7.2.9.1 安全要求

安全要求覆盖了变电站设计、建造、运行和维护中所需考虑的所有安全措施，具体包括：

- 国家安全标准；
- 电网公司安全导则和规程；
- 对跨步电压、接触电压和地电位升的要求（如果与公认的标准不同）；
- 最小工作安全距离；
- 带电作业时的限制；
- 变电站安全要求；
- 照明要求。

#### 7.2.9.2 环境要求

必须严格控制任何新增设备对环境的影响，具体包括以下几个方面：

- 变电站最大噪声水平（通常为远处的声压）；
- 地面电场分布；
- 特定边界处的磁场分布；
- 特殊的美学要求，例如装置和建筑的最大高度、建筑样式、瓷套颜色等；
- 防止油污；
- 考古和文物的限制；
- 供应商必须遵守的其他环境保护法律或法规。

## 7.3 变电站评价技术

### 7.3.1 变电站的寿命周期

电气领域的寿命周期定义及模型在国际标准（IEC 60300）中已有阐述。本文的定义为："变电站规划与退役之间的时间称为变电站的寿命周期。"

变电站的寿命周期可划分为多个阶段。根据电气领域的通用模型，可以提出两个变电站寿命周期模型，分别是三阶段、六阶段模型，见表 7.1。

表 7.1　　　　　　　　　　　电气领域及变电站的寿命周期模型

| 电气领域三阶段寿命周期模型（IEC60300） | 六阶段寿命周期模型 | 变电站三阶段寿命周期模型 | 六阶段寿命周期模型 |
|---|---|---|---|
| 购置阶段 | 项目设想和决策阶段 | 购置阶段 | 项目规划阶段：招投标、评估、签订合同 |
| | 设计和开发阶段 | | 设计阶段：初步设计和施工图设计 |
| | 制造阶段 | | 采购、生产和建设条件准备阶段 |
| | 安装阶段 | | 安装、测试和试运行阶段 |
| 运营阶段 | 运行和维护阶段 | 运营阶段 | 运行和维护阶段 |
| 处置阶段 | 处置阶段 | 处置阶段 | 扩建、改造、退役阶段 |

### 7.3.2　变电站设计方案评价方法

关于评价方法已有诸多研究，根据评价目标和评价条件的不同，评价方法可能侧重技术性或经济性、可能非常精确或偏重实用，评价方法耗时或长或短。针对变电站方案设计阶段的评价方法，本书提出需要一种综合经济性、技术性和环境影响的评估方法，并可以根据用户需求进行调整。相关国际标准及规范中也介绍了比较全面的评价方法，如项目评价管理（VDI 2800），项目全寿命周期评价方法（IEC 60300），以及全寿命周期评价模型（ISO 14040）。

经济性评价是判断变电站设计方案是否具有竞争力的先决条件。评价内容涵盖从纯投资成本到包括资本化成本在内的全寿命周期成本评价，同时应该考虑对寿命周期中收入、利息以及税收的评价。当需要考虑定性评价时，可以应用项目评价管理方法或者项目全寿命周期评价方法。本书提出的变电站设计方案评价方法是偏重实用的，它一方面考虑了经济性，另一方面考虑了技术、环境和商业合作关系的因素。评价方法从经济性评价和定性评价两个方面开展（见图 7.1）。

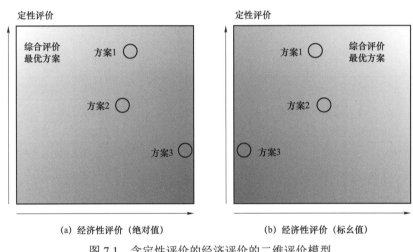

图 7.1　含定性评价的经济评价的二维评价模型

评价流程如下：

（1）开展经济性评价。经济性评价是最直接的，对于所有可以用货币表示的指标都可以纳入经济性评价，如初始投资、变电站全寿命周期运行和维护成本。

（2）开展定性评价（含技术、环境、商业合作关系）。首先需判定哪些指标可以用货币表示（则可纳入经济性评价范畴），其次对于需要纳入定性评价的指标，如资料详实程度、是否有开展过的或者正在开展的项目合作经验、商业合作关系的长久性、企业法人代表身份等，建立相应的定性评价方法。

（3）开展综合评价。建立含经济性评价和定性评价的二维评价模型。

经济性评价和定性评价指标如表 7.2 所示。

表 7.2 　　　　　　　　　　　　　　　　变　电　站　评　价　指　标

| 寿命周期阶段 | | 经济性评价指标 | 定性评价指标 |
|---|---|---|---|
| 购置阶段 | 项目设想和决策阶段 | 招投标/采购成本 | 投标须知<br>投标代理人/机构<br>投标人当地组织 |
| | | 报价/费用评价 | 符合供货范围要求<br>符合招标文件要求<br>供应质量 |
| | | 签合同/法律费用 | 投标人资产管理能力 |
| | 设计和开发阶段 | 开发成本 | |
| | | 工程费用 | |
| | 采购、生产和建设准备阶段 | 征地成本 | 社区接纳情况<br>环境/外观影响<br>EMC\EMF |
| | | 土建工程 | |
| | | 装置/设备成本 | |
| | | 培训成本 | |
| | | 运输成本 | 是否按期交货<br>交货时间 |
| | 安装、测试和试运行阶段 | 安装成本 | 安装、测试和试运行的质量 |
| | | 调试成本 | |
| | | 试运行成本 | |
| 运营阶段 | 运行 | 运行损耗 | 操作的灵活性和安全性<br>空气污染/气候耐受性<br>抗震能力<br>绩效准备金 |
| | | 建筑维修成本 | |
| | | 开关场检修成本 | |
| | 定期检修/计划不可用 | 收入损失 | 保修情况<br>符合检修/维护时间要求 |
| | | 停电计划管理成本 | |
| | | 用户/发电约束惩罚 | |
| | | 劳动力成本 | 维修人员资质 |
| | | 材料成本 | 供应备件能力 |
| | | 差旅成本 | |
| | 故障检修/计划外不可用 | 收入损失 | 符合停电时间要求 |
| | | 用户/发电约束惩罚 | |
| | | 劳动力成本 | |
| | | 材料成本 | |
| | | 差旅成本 | |

| 寿命周期阶段 | | 经济性评价指标 | 定性评价指标 |
|---|---|---|---|
| 处置阶段 | 扩建阶段 | 扩建成本 | 可扩展性 |
| | | 规模调整成本 | 接口的独立性 |
| | 改造阶段 | | 方案的灵活性 |
| | 退役阶段 | | |
| | 处置阶段 | | 环境影响 |

#### 7.3.2.1 经济性评价

经济性评价方法基于全寿命周期成本方法（IEC 60300），成本核算采用寿命周期模型。表 7.1 给出了变电站的寿命周期模型，表 7.2 给出了经济性评价指标。

近年来对全寿命周期成本评价方法已有诸多研究。电气领域通用全寿命周期成本评价流程在 IEC 60300 中已经有详细论述。变电站设计阶段的评价流程可简化如下：

- 确定变电站的寿命周期阶段并制定成本分解结构；
- 确定产品/工作分解结构；
- 估算成本；
- 总结直接成本或资产化成本；
- 开展成本优化灵敏性分析（可选）。

根据 IEC 60300 - 3 - 3，全寿命周期成本模型及其成本分解结构如下：

$$LCC = Cost_{acquistion} + Cost_{ownership} + Cost_{disposal}$$

（1）购置成本。购置成本包括从规划到变电站安装、测试、试运行直到移交给资产所有人期间的所有成本。表 7.2 列出了典型的购置成本。规划设计阶段成本包括招标、采购、报价、评价以及法律和合同签订成本，这些成本通常在待评价的备选方案之间没有差异。其余主要成本包括设备成本（断路器、隔离开关、接地开关、电流互感器、电压互感器、控制保护系统、变压器及其保护装置、其他辅助设备）、征地成本、培训成本和安装成本。

（2）运营成本。运营成本包括设备使用寿命期间的所有成本。变电站设备通常使用寿命较长，因此这部分成本应资本化。运营阶段成本主要包括三个方面，即运行成本、计划检修成本和故障检修成本。

- 运行成本：包括运行损耗、建筑维修成本、开关场检修成本，不包括开关设备维护成本。

- 预防性检修成本：包括检修开关设备时所需的劳动力、材料和差旅成本。劳动力成本和差旅成本与项目地点有关，并且因国家而异。根据电网情况，可能会有额外的设备不可用成本。

  ■ 计划检修成本：取决于相应的检修计划。

  ■ 计划设备不可用成本：在变电站定期检修和施工期间产生，如变电站扩建施工。通常，对于初期布局考虑冗余的变电站不会发生设备不可用成本。

- 故障检修成本：包括计划外检修成本和计划外设备不可用成本。

  ■ 计划外检修成本：所有因发生故障引起的检修工作中产生的成本。

■ 计划外设备不可用成本：任何非计划活动产生的供电中断相对应的成本，该成本通常在电网发生重大故障时产生。

（3）处置成本。处置成本包括扩建、改造、退役和处置阶段的成本，需要扣除通过出售铝、铜等可重复使用材料所获得收益。这些成本也是资本化的。

变电站的寿命周期通常长于设备元件的寿命周期，继电器和控制设备的寿命周期通常比其他主体设备的寿命周期短，甚至只有后者的一半。因此必须考虑到继电器这类设备的再投资成本，直到变电站的寿命周期结束。

高压变电站的寿命周期通常为 30～50 年，具体取决于变电站类型，因此必须重视资产价值的折旧，可用现金流量折现法确定净现值。

除了折旧以外，还可以考虑通货膨胀的影响。

### 7.3.2.2　定性评价

定性评价包括对技术、环境和商业合作关系（方案提供者或资产所有者）的评价，定性评价方法基于变电站的项目评价管理、项目全寿命周期评价方法（VDI 2800、IEC 60300）以及变电站寿命周期模型，近年来已发表了多种变电站定性评价方法模型。变电站设计阶段的定性评价流程如下：

- 确定全寿命周期定性评价标准，表 7.2 已列出可供选择的定性评价指标；
- 对选定的定性评价指标进行赋权，权重取值范围在 0～1 之间，并且加和之后为 1；
- 评价每个备选方案对应的定性指标值；
- 依据上述权重对定性指标进行加权求和，获得每个备选方案的定性评价结果。

### 7.3.2.3　综合评价

含经济性评价和定性评价的二维评价模型如图 7.1 所示，有两种表示方法：第一种表示方法中，经济性评价的量化尺度是寿命周期成本的绝对值（综合评价最优方案位于最左侧）；第二种表示方法对寿命周期成本进行标幺化处理（综合评价最优方案位于最右侧）。定性评价的量化尺度在两种方法中均为 0～1 之间的标幺值（定性评价得分最高的方案位于上侧）。第二种表示方法是用距离原点最远的矢量距离来表示综合评价最优方案。

## 7.4　变电站新功能的技术要求

21 世纪初，随着能源市场放松管制，输配电市场很快发生了变化。电网公司（相关资产所有者）认为通过变电站创新设计可在电网建设中获得更好的经济价值。传统的变电站技术要求以及评价方法可能会因无法充分体现创新设计的优势而阻碍创新技术的发展。CIGRE 第 252 号技术报告探讨了制订新功能技术要求的可能性。

新功能技术要求包括四个方面，即边界条件、功能需求、商业条款和评价标准。每个变电站都通过进出线与现有电网连接，同时也受到环境和法律的相关约束。这些都是建设新变电站的边界条件，需要在新功能技术要求中明确。举例来说，边界条件可以包括高压线路终端塔、环境因素、空间条件、土建因素，需遵守的法律、电网标准和规范，安全规定以及其他系统基本参数。

对某个变电站的新功能技术要求明确了资产所有者对当前和未来的需求，这些需求包括变电容量和可用率，并且兼顾灵活性和可扩展性，这些都会受到奖惩措施的影响。变电站可以视为一个具有多个输入和输出节点或连接点的黑盒。资产所有者必须确定这些节点之间需要如何连接，以及需要保证多大的电力传输容量和可用率。

对于任何技术要求说明书或者合同文本，都会有一系列商业条款。新功能技术要求说明书中的商业条款通常与一般性合同不同。在 CIGRE 第 252 号技术报告中对这些特殊的商业条款有相应的定义和介绍。

根据公开采购竞争法的要求，如果设计提供者在投标准备过程中能有更多的自由，资产所有者需要在相应的新功能技术要求说明书中说明相应的投标方案评价方法。因为与传统的技术要求相比，满足新功能技术要求的变电站设计方案不尽相同，因此针对新功能技术要求的投标评价往往更加复杂。为了评价每个设计方案，评价指标和赋权方法需要综合考虑运行和维护成本，可以通过建立综合考虑灵活性、扩展性和可用性的全寿命周期成本评价方法来实现。全寿命周期评价方法中的赋权方法需包含资产所有者的主观赋权，从而很好地反映出其对各个方面的重视程度，因此需要一套计算方法便于方案设计者和资产所有者都能够对变电站的成本进行评价。这对于方案设计者来说很重要，使其能够在可行的不同设计方案中为资产所有者提供评价成本最低的设计方案，从而使其报价更具吸引力。

CIGRE 第 252 号技术报告提供了基于新功能技术要求的理论方法和实例示范，但该技术报告也指出短期内新功能技术要求并不能取代传统性技术要求，因为在相应的准备、评价和管理过程（包括商业过程）中的时间和成本代价超过了其带来的收益。

# 变电站建设合同（内部承包或交钥匙承包） 8

John Finn

## 目录

J. Finn (✉)
CIGRE UK, Newcastle upon Tyne, UK
e-mail: finnsjohn@gmail.com

© Springer International Publishing AG, part of Springer Nature 2019
T. Krieg, J. Finn (eds.), *Substations*, CIGRE Green Books,
https://doi.org/10.1007/978-3-319-49574-3_8

## 8.1  概述

电网公司通常对它们的系统、变电站以及对设备的特殊要求十分了解。为了确保公司的技术要求得到满足，传统上电力工程采用内部承包方式，即设计、采购、建设、调试都是由公司内部员工完成的。

由于电力行业逐步放松管制以及专业技术人才短缺，越来越少的电网公司有能力开展工程的内部承包。这导致变电站新建和扩建越来越广泛地采用"单一来源"或者"交钥匙"的承包方式。自 20 世纪 70 年代始，"交钥匙"的承包方式就已出现。许多电网公司和政府部门希望在大中型工程中缩短工期，他们逐渐倾向于使用此种方式。

采用交钥匙方式可以使资产所有者将项目的责任和风险转移给另一方，但它会提高总投资并减少资产所有者在项目实施过程中的控制力。虽然资产所有者可能从方案提供者那里获得一些创新技术和国际工程经验，但是他们会缺乏对设备及设计知识的深入理解，这将导致后期检修变得十分困难。

在本章中，我们将重点分析交钥匙承包的优缺点，为资产所有者提供传统内部承包方式以及交钥匙方式的指导性信息。

## 8.2  交钥匙承包的优点

### 8.2.1  对项目的简化

在交钥匙项目中，资产所有者只需要对接方案提供商，他们会提供从设计、采购、建设到项目投运的全套方案。对于资产所有者来说，项目的管理任务会变得较为简单。

### 8.2.2  丰富的选择

资产所有者会收到很多的投标，每个投标者都会提供针对项目的方案和报价，这给了资产所有者相当多的选择，甚至会出现一些资产所有者都没有考虑过的方案。

### 8.2.3  新技术的应用

交钥匙项目在一定程度上可以促进电网公司对新技术的应用。传统的内部承包项目由于受到企业内利益相关方保守主义和风险规避思想的影响，资产所有者在试图引入新技术时往往会遇到困难。对于方案提供商来说，他们为了将自己的报价在合同要求范围内变得更有吸引力和竞争力，通常会使用著名厂商的设备，而此种厂商往往是新技术开发的先锋。此外，方案提供商会评估项目风险并为资产所有者提供使用新技术所必需的服务。

### 8.2.4　更确定的项目支出

交钥匙项目的总价通常是确定的。方案提供商在签订合同时已经评估了在合同有效期内设计、采购、建设、试验和项目投运的风险。如果合同的条款设置较为合理（包括严格的汇率条款、项目和材料的额外支出条款、建设费用调整等），超支的风险一般不由资产所有者承担。即便出现了超支的情况，其赔偿也相对简单。此外，交钥匙项目还可以缩短电网公司估算工程总投资的时间。

### 8.2.5　确定的项目时间表

由于方案提供商对项目的设计、总承包和具体执行负责，其必须按照合同规定的时间完成项目，并确保达到要求的性能指标。这可以确保项目按期交付，项目交付的准时性有时对系统的运行至关重要。合同也可以为项目超期设立补偿条款，如违约金和罚金条款。

### 8.2.6　降低资产所有者的负担

交钥匙项目管理方法使得资产所有者减少了负担，项目中的主要工作都是由方案提供商完成，而资产所有者只需要监督并确保项目进度和内容与合同的要求保持一致即可。

## 8.3　交钥匙承包的缺点

### 8.3.1　控制力下降

对于一个内部承包项目，资产所有者可以保持对项目完全的控制力，同时可以在项目进行中对其进行改动而不会导致任何财务损失。对于一个交钥匙项目，资产所有者不具备对项目的完整控制力，对项目内容进行改动会变得相对困难并有可能增加成本。

### 8.3.2　详细的前期文档要求

一个内部承包项目，参与项目的各种团队对该类项目的常见要求都十分熟悉，在项目实施过程中，可以非常熟练地根据实际情况对项目要求进行小的改动。而对于交钥匙项目，资产所有者必须对项目的各种细节定义得非常清楚，此举主要是为了明确他们的目标，防止实施后出现一些费用高昂的改动。为了在项目开始前就将一系列内容定义清楚，资产所有者需要在项目前期调动大量额外的人力资源来编制详细技术规范，甚至有时候还必须寻求外部咨询公司的帮助。

### 8.3.3　更复杂的评价机制

交钥匙项目中，资产所有者通常会收到来自不同方案提供商的投标，而不同投标里可能采用的是不同的设计理念。在这个背景下，资产所有者可能很难正确评估设计方案并比较价格，以确定最佳投标方案。

### 8.3.4 有限的竞标者

有的变电站项目通常会涉及重大风险，尤其是整站改造项目。这可能会限制投标人的数量，从而导致竞争性下降。由于竞标者较少，竞标者可能会提升他们的报价，以确保他们能够承担风险。

### 8.3.5 建设质量差的风险

如果在项目期间方案提供商遇到意外问题或延迟，那么为了按时完成项目，可能会倾向于降低施工质量。需要在项目中进行适当的施工质量检查。

### 8.3.6 方案提供商破产的风险

在财务风险较高的时期，即使是相当大的公司也可能很快就会破产。由于整个项目执行取决于一个公司，这意味着如果公司破产，项目将受到重大干扰。所以非常重要的是，在执行项目前要进行彻底的预评估，包括评估公司财务状况和现有资产和负债情况，以及要求财务担保，如来自可靠金融机构的信用证明。

### 8.3.7 设备质量低下的风险

考虑到招标时方案提供商面临的竞争压力，在进行设备选型的阶段，它们很有可能只关注设备最低价格而忽略设备质量和可靠性。所以，应对所提供的设备进行检查，并在评估中考虑预期额外成本。

### 8.3.8 更高的项目支出

由于方案提供商必须承担风险，交钥匙项目的成本往往会比内部承包更高。此外，项目还可能存在与系统集成相关的额外成本，如更新现有记录，将新的保护、控制、通信和计量整合到已有的系统中。然而，一些交钥匙合同包含了修改远程终端保护，通信系统集成和计量，这可以在一定程度上降低这些额外成本。

### 8.3.9 资产所有者工程技术知识的流失

由于资产所有者在施工期间没有参与详细的设计或建设，工作人员的专业知识可能局限于理解规范和项目管理等方面。如果交钥匙工程成为常态，那么公司可能会逐步丧失与工程和施工相关的专业能力。

## 8.4 从内部承包向交钥匙承包过渡

交钥匙合同实际上为资产所有者和方案提供商提供了一个分享经验、相互学习的机会。

### 8.4.1 融合双方的工程经验

资产所有者对其电网结构和变电站具有深入的了解与丰富的经验。他可以与方案提供商共享一些重要数据，以保证工程项目能够符合电网公司的要求和预期。

由于方案提供商往往具有国际工程经验，他们通常可以综合在不同标准、工具和环境条件下工作的经验，为资产所有者提供有关电网未来形态、新型变电站建设的建议。

### 8.4.2　共享成功

虽然两方在理论和经验上的互补是显而易见的，但现实中两方的关系在初期往往是尴尬的。随着困难的逐步解决，双方的伙伴心态逐步建立。

通常一个较成熟的电网公司工程部门对于交钥匙项目，会采取谨慎的防御性态度，其主要原因在于他们会认为自己的工作受到了威胁。这种情况不利于合作的成功。

两方之间必须建立有效的沟通渠道，包括电网公司的工程团队与方案提供商的日常例会。同时，还应考虑组织更广泛的月度会议以解决关键问题。此外，可建立包含双方员工的协调小组，主要负责处理可能出现的沟通问题。方案提供商不用因电网公司员工对电网拥有丰富经验而感到尴尬。

对曾经参与过内部承包项目的电网公司人员来说，一方面，开展交钥匙项目可能会改变他们的工作方式。对于一个内部承包项目来讲，不需要详细的规划说明，因为内部工程人员熟悉大多数要求，而通过部门之间的非正式沟通则可以获取一些缺失的信息。另一方面，对于交钥匙工程，电网公司的规划团队必须在招标阶段为方案提供商提供足够详细的说明，并要求在合同确定后照此标准建设。对于电网公司的工程部门来说更是如此，工作人员的丰富经验使得内部项目并不迫切需要详细说明。以前非正式沟通的信息必须写在详细的说明中，或者在信件，备忘录或官方会议中进行正式传达。这意味着一些略微过时但稍加修改仍能使用的内部标准必须正式修订或取消，以便在交钥匙工程中使用。如果一个标准被取消，那么方案提供商通常会建议使用国际标准，而这些标准可能不包含电网公司的特殊需求。

另外一个影响因素在于：电网公司的工程团队已经习惯于内部承包项目那种具有项目所有权的工作模式，这与他们在交钥匙工程中的角色并不匹配。他们必须注意不要受到之前"更合适的工程设计"的影响，如试图将曾经的内部工程设计方案强加给方案提供商。他们的新角色重点在于为项目有效、快速推进审查并提出建设性意见。

最后，所有参与项目的人都应着眼于项目的成功实施，关注项目的成本、建设质量、建设周期，同时在项目设计实施中摒弃个人的好恶，这同样是非常重要的。

## 8.5　最大限度减少交钥匙承包缺点的方法

### 8.5.1　组织结构方面

以上提到的许多缺点都可以通过以下方式来克服：
- 电网公司保留项目管理团队，阐明公司的需求并监督项目进展。
- 电网公司提供包含明晰的工作内容、时间表和项目总投资的文档。
- 电网公司仍然保持对项目一些重要事宜的控制，例如，参与项目建设阶段的工程质量管理。
- 电网公司在执行项目前进行彻底的预评估，包括评估公司财务状况和现有资产和负债情况以及要求财务担保，如来自可靠金融机构的信用证明。
- 电网公司可能需要对主要设备的性能和选型原则进行清晰、严格的定义，或者可以仅使用预审合格的设备制造商或者特定类型的设备。

### 8.5.2 建立项目执行的基本框架

项目的实施进程可以分为 4 个阶段（ISO 9001）：

阶段 1：初步设计

项目初期，初步设计阶段需要落实主要的技术方案和材料选择，同时阐明本工程的设计目的。在本阶段末应组织一次评审会议，总结本阶段的成果并形成阶段 2 必需的技术协议。

阶段 2：详细设计

阶段 1 的概念性数据通常会被沿袭并用于完成下一步更详细的变电站设计。

阶段 3：建设阶段

制造、运输和建设等活动将会以阶段 2 的文件为基础在本阶段开展。

阶段 4：项目完工

按照图纸和预定时间表，项目完成交付。

以上四个步骤中的工程内容见图 8.1。

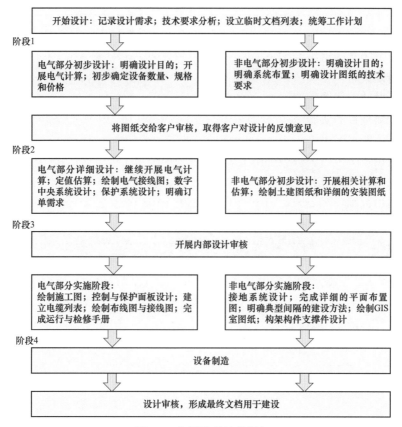

图 8.1　交钥匙项目的框架

对于"交钥匙项目"的更多相关信息可以参考 CIGRE 第 439 号技术报告《"交钥匙"变电站》（出版于 2010 年 12 月）。

# 变电站设备的创新和标准化

9

Colm Twomey

## 目录

C. Twomey (✉)
Substation Design, ESB International, Dublin, Ireland
e-mail: Colm.Twomey@esbi.ie

© Springer International Publishing AG, part of Springer Nature 2019
T. Krieg, J. Finn (eds.), *Substations*, CIGRE Green Books,
https://doi.org/10.1007/978-3-319-49574-3_9

## 9.1 概述

近年来，变电站中引入了许多创新性设备。设备制造商以及方案提供商为应对技术发展和商业压力推动了设备创新。电网公司引入新的设备和产品，在一定程度上降低了检修成本、简化了设备操作流程和变电站设计。为了更好地适应这些新的设备和产品，电网公司可能需要修改他们的设计思路以及标准。

电网公司有许多理由对创新保持一种保守的态度，他们需要考虑的是寿命周期，并负责管理设备的检修，于是他们通常会更倾向于采用熟悉的、已经经由实践证明的设计，尤其是一些标准化设计。电网公司认为这种标准化所具有的优点包括较低的工程总投资、明确的操作流程、经过实际运行检验的设备、更简易的设备退役处理。而引入一些新的设备和技术，则经常被认为是在这个过程中引入风险。

变电站的标准化通常有着很多的优势。但是，新的技术也会为变电站设计、建设、运行和检修带来诸多好处。这两者的博弈取决于这些新技术的相关性与价值是否值得电网公司去承担风险。电网公司的企业标准通常需要根据新的设备及设计需求定期更新。如果不对类似标准进行更新，往往会导致项目建设愈发落后和陈旧，对工程设计人员没有任何好处。

## 9.2 定义

### 9.2.1 标准化

#### 9.2.1.1 设备标准

设备标准通常用于表述国际或者国家制定的定义设备或子系统性能的相关文件。相关标准诸如 IEC 标准（IEC 62271-100 或 IEC 61850），或者是 IEEE 标准中的 IEEE 1525、IEEE C37.2。

#### 9.2.1.2 应用标准

应用标准通常是由电网公司、设备制造商或者其他有关组织制定的文件，用于明确各类设备或系统如何有效应用以达到所需的性能要求。

此类标准通常会引用设备标准。为符合国家相关法律法规要求，电网公司制定此类标准，有利于在实际工作中减少建设失误、降低项目投资、缩短停电时间、提高系统安全性、确保知识共享并简化日常运营和检修步骤。

电网公司通常为不同电压等级的变电站选用不同类型的变电站配置、保护控制方法和设备。变电站金具、电缆等其他材料是预先确定的。这些可以预先确定的事项往往会被制定为变电站标准。这是标准应用的示例。

### 9.2.2 创新

创新源自于对科学技术发展的检验和实施，以便于优化设备或系统的成本、运行效率、性能。创新可以被分为"设备创新"和"系统性创新"。

#### 9.2.2.1　设备创新

（1）一类设备创新是指将设备的性能、设计或体积进行优化。气体绝缘开关设备、电子继电器、非传统互感器都是设备创新的例子。

（2）另一类设备创新是指开创一种全新的设备类型。一种是通过模块化或者集成化形成一种新的设备，另一种则是直接发明与之前不同的新设备。这种设备创新会改变变电站的整体平面布局，但通常不会改变变电站的电气连接方式。以下给出两个例子展示设备创新如何优化设备布置并提高可靠性。

**示例 1**：图 9.1 展示了混合绝缘技术开关设备替代传统的敞开式开关设备在单母线接线中的应用。在这个例子中的创新设备是组合模块，在一个 GIS 模块中包含 2 个隔离开关、1个断路器和其相关的电流互感器。从设计的角度看，本设备相对敞开式开关设备有诸多优点。首先是可减小变电站的面积。此外，由于隔离开关被封装在一个密闭的气体绝缘空间里，所以可靠性更高，而且施工也相对简单。

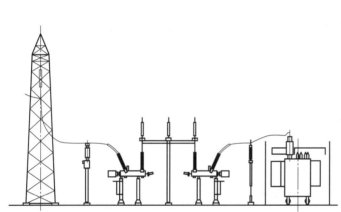

图 9.1　单母线接线变电站中应用混合模块的示例❶

**示例 2**：图 9.2 展示了在 H 接线变电站设计中使用旋转断路器/隔离开关。本例中的创新设备整合了断路器和隔离开关，单个设备包含了母线隔离开关、断路器与线路隔离开关（此处应注意电流互感器的位置实际上发生了变化，放置线路侧）。从图 9.2 中两幅图的对比可以看出，本创新的优点在于缩减变电站的面积，同时简化施工。断路器的顶部通过旋转可以与母线断开连接，而底部顺势与电流互感器断开连接。

#### 9.2.2.2　系统性创新

在整个电力系统的大背景下，系统性创新是指为了适应单个设备的性能提升而进行的系统架构或操作流程升级。举例来讲，使用基于微机处理器的设备替换机电式继电器就是重要系统性创新，此种创新导致了整个电力系统保护设备、测量设备和控制设备的全面更新。另一个重要创新的示例则是光纤的发展，光纤的应用极大地提高了变电站中各设备以及控制中心之间或位于不同变电站的保护设备之间通信的安全、可靠及传输速度。

---

❶　因原图中尺寸数据不清晰，译者做了删除。

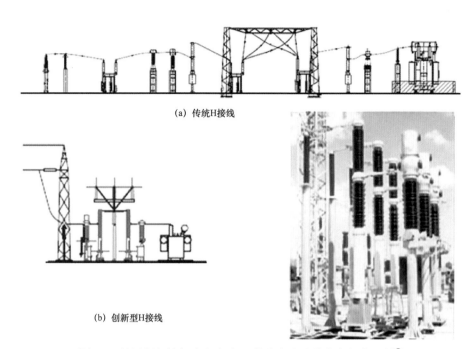

(a) 传统H接线

(b) 创新型H接线

图 9.2    使用创新性解决方案在 H 接线变电站节约空间的示例❶

---

## 9.3  标准化与创新

CIGRE 第 389 号技术报告"标准化与创新的融合"分析了电网公司、方案提供商和外部咨询公司进行标准化和引入创新的理由。

分析认为，电网公司进行标准化和引入创新的理由在很大程度上是一致的。技术报告中分析了驱动公司进行标准化和创新最显著的八个原因和最常见的困难。

最常见的标准化和引入创新的理由如下：
- 降低变电站和设备成本；
- 降低检修成本；
- 降低工程成本；
- 优化运行性能（功能和灵活性）；
- 提升健康、安全和环境的相关性能；
- 缩短项目周期；
- 降低安装成本；
- 现有设备过于陈旧。

在实施标准化和引入创新中常见的困难主要存在于以下几个方面：
- 时间；
- 成本；

---

❶  图 9.2（b）分图中尺寸数据不清晰，译者做了删除。

- 员工的抵抗心理；
- 系统操作；
- 操作员的交互界面；
- 相关培训；
- 自然环境因素；
- 公司的组织性因素；
- 健康和安全；
- 法律法规。

## 9.4　可控的引入创新指南

这一节会为希望寻求以可控的方式引入创新的公司提供一些指导性的建议。

在初期，首先要对不同的创新性建议进行细致地筛查，定义清楚公司需要创新的内容，是技术性的创新抑或是公司内部工作流程的创新。需要注意，不是所有"奇怪的"或者新的项目都是真正的创新。

对创新、研究和发展的（建议）定义如下：

（1）创新是一种引入新设备、流程或者对已有设备进行性能提升的活动。这可以理解为在工程应用中对设备进行优化提升或是使用先进技术、专利发明新的设备。

（2）研究是基本的、有计划的获取某一特定领域科学技术知识的活动。研究的成果通常体现在原创性研究、新知识、实验和可行性研究报告等内容中。

（3）研发是指为了研制新材料、设备或系统对研究结果及知识的应用。研发的结果通常是新设备、设备样机、示范项目等。

图9.3显示了创新活动的实施流程图，具体流程从明确创新需求开始到最后形成设备成品。

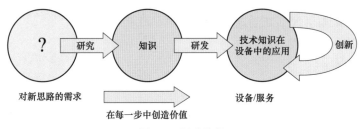

图 9.3　创造价值

综合各节的内容以及电网公司和"方案提供商"的创新经验，笔者认为部分指导性建议应在可控的引入创新中重点关注。

指导性建议可分为以下四个类别：

（1）研发团队的组织结构；

（2）研发的策略；

（3）研发的路线图（实施计划）；

（4）创新的执行阶段。

### 9.4.1    研发团队的组织结构

如果一个公司考虑要进行一个创新性的项目，无论这种项目是公司内创新还是从外部引入创新，其首要步骤就是建立起一个专门的、对该项目全权负责的团队。

为了确保创新引入过程的顺利实施，公司的高级管理层应参与项目的管理组织中，以更好地实现变革并为该活动提供物质支持和决策支持。

创新团队应对创新引入的全过程有着完全的控制，并参与公司内部其他的研发过程。该团队应制订公司的创新策略，并通过诸如建立"创新项目库"等手段协调不同的创新目标。

在确定创新团队的管理模式和组织结构时，可以考虑以下几种方法：

（1）从资源的角度来看，研发的组织结构可以主要由公司外部人员构成或者主要由内部人员构成。

1）由外部人员构成的研发团队。如果公司内部人力资源有限，可使用主要由外部人员构成的团队。在此情况下，公司内部人员会组成一个精干的小团队帮助外部团队确定目标，并负责对结果进行审核。此外，公司的高级管理层应积极参与到战略制订与管理项目的领导小组中。尽管电网公司在依靠外部人员进行研发的过程中能得到预期成果，但是公司对相关的技术知识掌握程度通常会很低。

2）由公司内部人员构成的研发团队。由于所有的研发团队均由公司内部人员构成，这种方式十分消耗公司资源。但是与前一个组织不同的是，这种方式下所有的技术知识都会留存在公司内部。可以通过开放式的创新机制将外部和内部资源整合到同一团队里。

（2）从组织结构的角度看，这个组织可能是分散化或者集中化的模式。

1）分散化的研发团队。这种模式下一个核心团队在不同部门之间进行协调，最终形成一种跨部门的创新团队。团队中的技术人员属于公司内部不同的部门，他们参与创新项目的方式更像是一种"兼职"的性质。所以，尽管创新的人力资源有限，但实际工作中的团队能够与公司的核心业务紧密相连。这种团队结构通常适用于前述的"主要由外部人员构成的"团队。

2）集中化的研发团队。集中化的组织结构中会存在一个或多个相对独立、专业的工作单元，每个单元都有独立工作人员。这种组织结构可以更快地进行响应，并更高效的提供解决方案。但是，它的一个缺点在于整个团队容易陷入与公司相对隔离的状态，从而偏离公司的实际创新需求。这种组织结构通常适用于前述的"主要由内部人员构成的"团队。

在选取了合适的组织结构之后，研发团队则需要开始关注以下的几个目标。

#### 9.4.1.1    公司创新的必要性

未来研发计划可以为公司提供发展愿景，而这种愿景会被细化为不同的中短期项目。为了克服实现愿景的各种挑战，公司或研发团队应关注以下事宜：

- 综合考虑公司内部各部门的需求；
- 公司目前重点关注的或者正在进行的各类研发进展情况；
- 新的技术；
- 对计划实施中各类困难的识别。

#### 9.4.1.2    研发和创新的文化氛围

为了形成公司内部鼓励创新的氛围，参与创新团队的公司高层管理人员应鼓励不同部

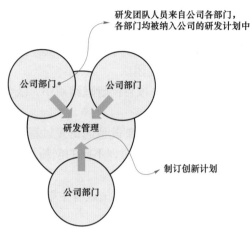

图 9.4 研发和创新的文化氛围

门对创新活动提出意见和建议。同时，公司还应组织以创新为主题的培训，使员工理解以下内容：

- 究竟什么是创新？
- 创新对公司的好处。
- 员工应如何看待创新？
- 如何对待创新？
- 未来公司的创新研发计划和策略。

公司各部门都应该参与未来发展规划，如图 9.4 所示。

### 9.4.1.3 研发计划的评估

一旦研发团队的组织结构和预算已经确定，研发团队就应对整个创新过程进行评估，如以下步骤：

- 建立创新项目库；
- 使用阶段性指标来管理创新项目；
- 项目的产业化和商业化。

因此，在创新过程中应建立评价指标，以发现不足并提出改进方案。

### 9.4.1.4 知识管理

创新团队应负责管理公司的技术知识，并在公司内部组织相关培训，向公司各部门宣传创新项目及其预期结果。

### 9.4.2 研发策略

一旦设立了研发团队，就应立即制订创新战略。同时，应注意创新战略与公司总体战略的一致性。

研发团队应重点关注为公司带来最大化创新收益，否则该团队可能无法从公司获得足够的资源支持。如果创新没有带来价值，则对公司没有意义。

确立创新战略以后，研发团队下一步的任务是分析根据该战略开展工作所需要公司提供的支持，如工时和预算等。在此过程中公司的高级管理层应充分参与。

明确的创新战略往往会涉及公司的所有层面，所以公司内部各部门都会有相应的创新挑战与目标。

图 9.5 中显示影响公司战略的几种因素。

公司的创新发展战略应在制订时，考虑中长期时间跨度上的各种收益和风险。战略确立的同时，还应结合现有技术要求和未来技术发展方向。

为了公司创新战略的顺利实施，在公司内部各个层面进行适当的宣传非常重要。每个部门都应积极参与创新战略的制订，并对公司的既定目标和战略制订原则充分理解。这种沟通对于创造理想未来发展十分重要，应作为未来研发团队的一项重要任务。

最后，应注意经常对已制订的目标、战略进行回顾和修订。

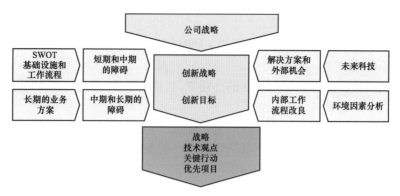

图 9.5 影响公司战略的因素

### 9.4.3 研发的路线图

创新战略的实施通常是围绕几个主要的创新理念进行部署，每一个理念都应有清晰的路线图。路线图可以使创新团队更好的识别目前存在的问题以及漏洞，从而更好地设立新的创新项目。

路线图的制订有两种方法（见图 9.6）：

（1）自上而下：创新计划直接根据公司的整体战略制订。

（2）自下而上：公司不同部门都应根据其短期的需求制订该部门的工作计划，而创新计划则应该根据各部门提出的需求和公司总体战略综合制订。为了实现公司战略，各部门的创新工作应纳入全公司的创新计划。

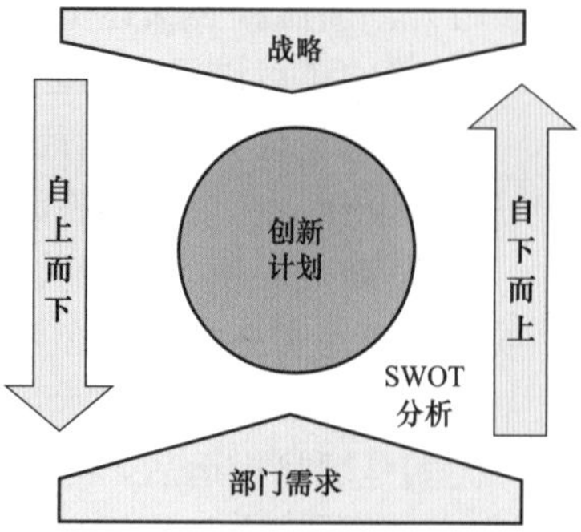

创新计划的实施步骤如下：

（1）建立创新项目库；

（2）项目库管理流程。

图 9.6 路线图制定方法示意图

以上两个步骤通常在创新团队确定创新策略的过程中就已经开始。在建立创新项目库的过程中，应重点关注以下几点。

（1）明确创新的目标，设立明晰的相关指标：明确公司想要达到的目的。目的通常是为了满足一种新的需求，或者优化一种已有的工作流程。

（2）创新的引入通常会面临一些难题，例如：

1）电网公司通常是相对保守的，员工普遍对改变抱有抗拒心理：如果目前的工作方法没有问题，那就没有改变的必要。

2）电网公司通常不希望自己是首次应用某创新方案的公司。所以应对创新方案进行充分论证。

为了从公司获得足够的资源支持，创新项目必须给公司带来相应的利益，包括：

（1）投资、支出或所需工时的减少（如减少检修时间）；

（2）社会、环境方面的利益；

（3）提升技术性能。

针对公司的创新项目库及其相关的项目还应进行一次风险管理分析，具体内容包括：

（1）平衡整个项目库的技术性风险；

（2）平衡整个项目库所需时间。

对各类创新项目，公司不仅应注重效益，同时还应关注引进创新项目过程中的困难和挑战，可考虑以下解决方案：

（1）通过向其他已经引入相似创新的公司学习，因为他们可能在过程中也面临过相似的难题；

（2）明确具体在什么领域和什么时间进行创新；

（3）在项目开始时就精确计算项目的收益率，明确其收益；

（4）分析最终成果的预期成效。

### 9.4.4　创新项目的实施

在项目最后的实施阶段通常包括：

（1）项目管理：在项目实施的各阶段明确可交付的成果；

（2）实施和成果应用。

以上两个阶段需要强大的执行团队负责。在明确了创新团队的组织结构以及创新战略后，通常会考虑以下几个步骤：

（1）创新流程必须逐步明确：

1）确定可以满足公司创新需求的各种方案；

2）概念论证并设计示范项目。

（2）合作：在项目实施的阶段，有关各方的协调和交流是十分重要的。

1）创新项目所有的相关部门会参与从设计阶段到最终验收的全过程，所以顺畅的交流对项目的成功实施是十分必要的。

2）参与项目的所有公司（包括电网公司、咨询公司、方案提供商）之间应保持紧密合作，尤其是项目投运后。

（3）宣传：为了使创新项目的成果得到有效宣传，公司内应积极组织交流和培训活动。所有相关部门都应定期收到项目的进度报告。

（4）评估或测试计划：

1）项目完结，公司应组织相关的验收工作以评价公司预期目标的完成情况，同时还应通过一些指标对项目成果进行评估。

2）为了确保项目成果的质量，公司应分析讨论本项目是否达到了预期目标。

（5）认证和标准化：如果创新团队和公司的领导层一致认为应用此种创新成果可以为公司带来价值，公司可进一步考虑将该成果纳入公司标准。

总的来说，公司一旦决定对创新进行实际应用，该创新就应纳入公司标准，并向全公司宣传（见图 9.7）。

图 9.7　创新项目流程

## 9.5    创新方案标准化

### 9.5.1    概论

根据第 9.4 节的中介绍，将创新成果引入公司标准的第一步是明确创新的意义，也就是说，引入创新可以视作公司制订新标准的第一步。

引入的创新内容应包含与现有工作的配合情况以及操作要求，保证创新可以顺利的应用到现有的运营和建设中。

如果公司有正在进行的大型建设项目，通常新标准会带来极大的收益。如果公司在未来可见的 3～5 年内项目规模都较小，新标准的制订给公司带来的利益可能相对较少。

引入特定的标准可能影响以下一个或多个领域：

- 设计/工程；
- 采购；
- 建设；
- 调试、试运行；
- 运营；
- 检修。

所以，制订新的标准必须经过公司慎重审议（见图 9.8）。

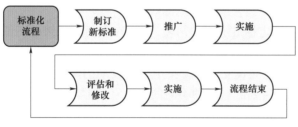

图 9.8    标准制订流程

### 9.5.2    试点项目的审查

根据可行性研究的结果，一些创新是值得尝试的，但可行性研究本身可能基于许多假设，例如预算成本方面。

所以，有必要对创新试点项目进行审查和评价，评价指标可以采用：

- 降低的采购成本；
- 降低的安装成本；
- 降低的工程成本；
- 缩短的项目周期。

在考虑建设和工程成本时，应注意排除与第一次实施相关的一次性开发成本，以便合理评估试点项目。

资产管理部门可能会要求尽快使用新标准，以便尽早获得预期收益。

公司需要仔细评估试点项目的效果，确定该创新是否已经足够完善。过早引入一个新标准很可能会导致标准在实施过程中仍要进行不断地修订，过多的修订会导致公司上下对创新标准化失去信心。

试点项目为公司提供了一个实际的产品，根据产品的情况，公司可以根据建设、投产、运行、检修过程中的具体需求列出产品需要进一步完善的方面。

根据问题的严重程度，在考虑标准化之前可能需要进行试验并改进设计，即避免过早确定设计。

### 9.5.3 适用范围

必须明确定义新标准的适用范围，以便各方都清楚标准中包含和未包含的内容，防止随后在更改标准时产生误解。该范围不一定包括试点项目中的所有部分。

此外，必须明确新标准与其他标准的参考、引用等其他相关关系。

### 9.5.4 实施过程和相关事宜

所有新标准的相关方，尤其是资产管理人员、调试人员和操作人员都应在新标准上达成共识。

此外，相关各方还应商定该标准的具体适用范围，因为试点项目通常是围绕最常见的适用范围设定的，比如在单母线接线的变电站中应用混合技术开关设备。

当标准确立后，需尽快明确标准在相关情况下适用范围，例如，标准适用于变电站的扩建、改造或标准适用于双母线接线的变电站等。

如果在开始时没有确定标准适用的情境，那么在任何新的情况下都必须首先考虑使用新标准。任何不使用新标准情况都必须由高级管理层决定。

对于标准设计来讲，还应设立设计方案中允许改动的清单，这个清单越简单越好。例如，对于高压设备标准，可能需要给出几种不同的电流互感器额定值选项，以使标准能够适用于所有情况。此外，为了避免昂贵的设备定制，可能需要在标准中对某些参数进行精确的设定。

新标准必须形成完整的文档记录，如图纸、材料清册、订单详情、配置细节、测试程序等，所有需要此类信息的员工都应能够顺利获取。

必须商定新标准的生效时段。通常这个时段必须尽可能长，至少 3~5 年，以便公司从标准化中获得实际收益。

采购人员应确保尽可能在标准的计划期限内提供所有必需的材料。这对控制保护设备可能是特别必要的。在发生硬件系统更改或者软件版本更新的时候，采购人员需要预先购买某些设备。

最后是确保在审查日期前公司有处理标准修订提案的正式程序，如出于安全或性能方面的原因进行的修订。此流程的审查必须达到足够高级别，以确保能够拒绝修改标准。

如前所述，标准化设计并不总是特定项目的最佳解决方案，但公司应强有力的管理措施，阻止个人"改进"或"优化"标准的情况发生。

### 9.5.5 引入

新标准的引入必须经过一系列的简报、演示和培训等流程。这些宣传过程需要涵盖引入标准的正当性、预期收益以及标准的具体细节。

此过程需要管理层的支持，以促进公司各部门对标准的应用，还应鼓励用户在应用标准时考虑新标准应用所能带来的更长远、更全面的利益。这种支持可能需要维持相当长的一段时间，以鼓励在标准实施过程中用创新性思考来解决出现的问题。此外，还必须积极组织准备流程，以便员工应用新标准时，所有设计、材料、采购文档、特殊工具等都已到位。

以上所述在第一次引入新标准期间尤为重要。

### 9.5.6 审核流程

如前文所述，新标准的适用时段必须尽可能长，至少 3~5 年，以便公司从标准化中获得实际收益。但如果在此期间禁止任何变更反而会起到负面效果。

处理这个问题的合理方法是设定固定的审核日期，比如可设立在标准有效期的中间时间点。

公司还应建立一个有效的反馈机制，通过标准修订团队对公司内部的意见和建议进行不断地收集，并根据意见能为公司带来的效益来确定其是否被采纳。但是，对标准的修订工作仍应遵循之前设定的日程。

如果涉及安全问题，应立刻考虑对标准进行修订。在这种情况下，公司仍需对提出的修改意见进行严格的审查，防止一些与安全不相关的提案打着"安全"的幌子跳过上述变更审查流程。

## 9.6 总结

本章介绍了创新和标准化的许多优点，以及如何将创新以一种较为可控的方式引入公司并转化为新的标准。在上述过程中，有一些观点是显而易见的：

- 电网公司进行标准化和创新的动机通常是一致的；
- 实施标准化或创新所遇到的限制和困难通常也是一致的；
- 公司的工作流程、工作系统或技术设备都可以进行创新；
- 进行标准化和创新的动机通常是降低成本和降低系统运营风险；
- 对创新机遇的识别和进一步的标准化需要专业的团队、充足的资源以及合理的预算分配；
- 开展创新活动需要建立系统化的方法，并始终秉持价值和公司效益至上的思路；
- 公司各个层面以及各个部门都应参与到创新标准的制订中，公司的高层应充分接受并领导有关创新；
- 标准化可以实现创新价值最大化；
- 创新标准化同样需要建立在系统化、价值和公司效益至上的基础上。

最后，一个行业不能永远止步不前，不能满足于落后的标准化设计。必须坚持创新，应用最新、最具成本效益的新技术。为了更好地应用这些技术，制订相关标准是很重要的。只有坚持创新标准化，才能将今天的创新变成未来的标准。

CIGRE Green Books

# B

第 B 部分

## 空气绝缘变电站

◎ Koji Kawakita

# 空气绝缘变电站简介

# 10

Koji Kawakita

## 目录

空气绝缘变电站（AIS）是使用瓷绝缘子或复合绝缘子和/或套管，通过空气将主电路电势与地绝缘开来的变电站。空气绝缘变电站完全由空气绝缘技术组件组成，如断路器、隔离开关、避雷器、互感器、电力变压器、电容器、母线等，且组件通过绞合软导线、管或埋地电缆相互连接。空气绝缘变电站是最常见的变电站类型，占全世界变电站总数的 70%以上。

因此，建议电气工程师在学习基于 AIS 技术的气体绝缘金属封闭开关设备（GIS）和混合技术开关设备（MTS）之前，充分了解空气绝缘变电站设计。使用 AIS、GIS 或 MTS 技术的利弊，请参阅 CIGRE 第 390 号技术手册以及本手册的 D 部分。

本手册的 B 部分描述了新建空气绝缘变电站在设计和建造中应考虑的问题。图 10.1 展示了新建变电站的一般工作流程，此图适用于 GIS、MTS 以及 AIS。

---

K. Kawakita (✉)
Engineering Strategy and Development, Chubu Electric Power Co., Inc., Nagoya, Japan
e-mail: Kawakita.Kouji@chuden.co.jp

© Springer International Publishing AG, part of Springer Nature 2019
T. Krieg, J. Finn (eds.), *Substations*, CIGRE Green Books,
https://doi.org/10.1007/978-3-319-49574-3_10

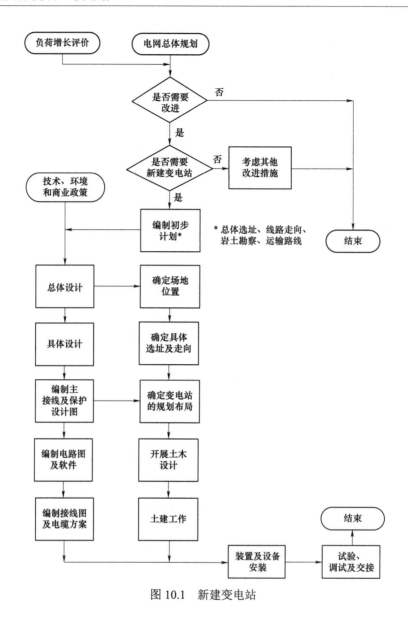

图 10.1　新建变电站

## 10.1　站址

新建变电站站址的选择是技术、经济、环境和行政因素之间的相互妥协。

简单来说，站址选择的问题往往是如何在充分考虑电路总数、线路受端和变压器额定标称功率的情况下，在可建造变电站的地理区域内寻找到最合适的位置。

通常，整个地区的气候和海拔几乎相同，但技术和环境因素则可能因场地位置而有所不同。

第一步是以合理成本确定可能的站址范围。站址既要尽量平坦，还要有足够的可用面积，要在基本符合要求的地点，须能提供重型运输；对线路走廊没有任何重大限制；变电站在该处建设对环境影响最小。

将站址定在现有线路走廊附近甚至定在交叉点处，通常都是有利的。有时候根本就不存在这样的地方，那么选址就限定在具有部分上述特点的地方。

一旦找到可能的站址，就应分析每个站址所有的技术及环境方面，包括成本、潜在环境影响以及用于避免或降低环境影响的预防或改进性措施。此外，还必须评估项目的社会接受度。

之后，该分析将在充分考虑可行性程度和各替代方案项目成本后，为决定最合适的变电站站址提供判断依据。若找不到合适的站址，则可以在另一个总区域内重启该过程。

有关站址的更多信息，请参阅 CIGRE 第 161 号技术报告。

## 10.2　站内布局

在选择变电站的站内布局时，需要仔细考虑不同电压等级的出线或馈线的数量、主变压器的数量、所需的母线接线方式、未来扩建的可能性以及补偿设备方案，而且不仅是针对初始的施工期，还针对未来的需求。值得注意的是，变电站的寿命可能超过 50 年。

为未来扩建留出足够的空间非常重要。为适应最终的变电站布局，可能需要周密地规划电网，以估计出必要的预留空间。如果不存在更佳的设计方案，则可采用 100% 的输出馈线储备作为估算结果。所需空间主要取决于变电站当下和未来的功能。

如果没有先前的规划或预留，则建造新间隔、重建现有间隔或扩建母线组等扩建工程可能很难展开，而且造价高昂。

变电站常常是先用最少的设备建成，再在未来几年内完成建设。从一开始就安装全部设备意义不大，因为有些设备可能多年未用，但又需要像其他变电站设备一样需要通过维护才能保持良好状态。

初始简化安装的某些情况下，可以采用一些最后能扩展到最终布局的不同方案，例如，从环形母线到 3/2 断路器方案，从网状到双母线接线等。有时，最好提供一个先部分配备、将来可完全配备的设备，例如，最初用一个没有动刀片或活动机构的伪隔离开关作为母线支架。

为实现负荷增长，电力变压器可在之后按需安装风扇等。

重要的是在开发的最后阶段确定所需主变压器的数量和容量。电力变压器的初始峰荷需量取决于许多因素，比如电网配置、备用原理和负荷增长率。在初始阶段安装适应于可预见负荷的变压器，必要时再考虑用容量更大的变压器予以替换，这种做法可以优化现金流。公司的标准化政策也为决策的制定提供依据（另见第 9 章）。

出线走廊的规划应尽量减少不同电路之间的交叉。

有关站内布局的更多信息，请参阅 CIGRE 第 161 号技术报告。

## 10.3　方案设计

方案设计确定变电站的关键参数，因此必须高度重视此设计阶段，确保设计解决所有利益相关方的主要顾虑。方案设计宜反映电网运营企业的业务发展总方针和运维策略，且宜根据公司长期的项目经验导出。

从另一个角度来看，方案设计宜规定对电网成本、电网可靠性和社会接受度有重大影响的所有基本规范。同时，方案设计还宜提供激发潜在服务提供商之间相互竞争的机会，并应为电网所有者提供一定的灵活性，方便其根据可用资源决定是内部开展具体的工程设计还是进行外包。

以下是待考虑的总方案的设计要点。

（1）基本要素：①　电网功能；②　变电站类型；③　变电站结构。

（2）由电网确定的参数：①　主要设备参数；②　对应系统要求的故障切除时间。

（3）变电站规划：①　总体位置；②　变电站范围；③　母线接线方式；④　故障电流等级；⑤　中性点接地；⑥　总体控制；⑦　总体保护；⑧　运维要求。

（4）典型开关装置：①　供电连续性；②　开关装置选择。

有关方案设计的更多信息，请参阅 A 部分和 CIGRE 第 161 号技术报告。

## 10.4　项目管理计划

应在项目开始时制订项目管理计划，以优化变电站项目的实施。

其中一个最重要的方面是实现关键路径管理的平衡，且在项目规划中包含以下关键点：

● 项目工作流程；

● 项目时间表；

● 项目工程接口。

在变电站项目正常实施期间，由于工作是由多个相关人员共同完成的并且可能受到相关社会要求或规定的限制，这三点也许并不总是能得到连续规划或执行。在项目过程中，计划活动与实际工作顺序之间可能存在许多差距。好的项目管理计划必须考虑到这些差距和失序活动。项目实施的一大挑战是如何始终如一地找到一种合适的方法来最小化活动中的差距并使项目顺利推进。

项目管理需要清楚地理解、想象和评估。由于上述三个关键点失序而可能产生的任何影响。在这种情况下，项目的成功取决于领导能力的发挥和重新调整工作使团队踏上最有效路径的能力。当难以确定有效路径时，应始终按流程、时间、工程的顺序考虑事件的优先级。

有关项目管理计划的更多信息，请参阅 CIGRE 第 439 号技术报告。虽然本手册针对的是总包工程，但基本概念适用于各类型的变电站项目。

# 空气绝缘变电站的基本设计与分析 11

Colm Twomey, Hugh Cunningham, Fabio Nepomuceno Fraga, Antonio Varejão de Godoy, and Koji Kawakita

## 目录

C. Twomey (✉) · H. Cunningham
Substation Design, ESB International, Dublin, Ireland
e-mail: Colm.Twomey@esbi.ie; Hugh.Cunningham@ESBI.IE

F. N. Fraga
DETS, Chesf, Departemento de Engenharia, Recife, Brazil
e-mail: fabionf@chesf.gov.br

A. V. de Godoy
Generation Director of Eletrobrás, Casa Forte, Recife, Brazil

K. Kawakita
Engineering Strategy and Development, Chubu Electric Power Co., Inc., Nagoya, Japan
e-mail: Kawakita.Kouji@chuden.co.jp

© Springer International Publishing AG, part of Springer Nature 2019
T. Krieg, J. Finn (eds.), *Substations*, CIGRE Green Books,
https://doi.org/10.1007/978-3-319-49574-3_11

## 11.1　概述

遵循第 10 章所述的方案设计流程，基本设计流程确定了实现概念设计决策所需要的具体设计。这些具体设计是根据国际或本地的标准、法律、规则和推荐规程所确定的。

变电站的具体设计涵盖了诸多领域，本章接下来将涉及这些相互关联的领域。

变电站布局的定义中有两个重要概念，即母线接线方式（CIGRE WG23.03 2000）和变电站布局。

母线的接线方式是高压设备的电气布置（CIGRE JWG B3/C1/C2.14 2014），或者是某个特定点（母线）的电气系统组件（线路、变压器、开关设备、发电机等）的连接配置。母线接线方式的选择是变电站设计初始阶段的一个重要步骤。接线方式的优化见第 4 章。

变电站布局是高压设备、母线（类型和水平）的排列或布置，以及为实现变电站配置而选择的系统组件（线路、变压器、开关设备、发电机等）的连接。此过程始于变电站整体布局。整体布局依赖于安全距离和绝缘耐受要求以及变电站设备和构架的允许施加负载。允许负载可能会影响所用高压导线的类型，而这又可能对变电站布局产生进一步的影响。

可听噪声、消防和抗震要求会影响土木和结构设计细节，施加到高压设备的负载也会产生影响。土木设计很大程度上也受到土壤特性的影响，因为土壤特性会影响支撑变电站设备和构架所需要的基础和基脚的类型。

如上所述，为得到最合适或最经济的解决方案，可能需要对整个过程进行多次迭代。

每个项目从基本原理从头进行一遍效率不佳，因此很值得开发一套标准设计，可完全应用或进行少量的现场定制设计（如需要）。

## 11.2　变电站布局

变电站布局设计不仅只关乎在方案设计阶段实施的特定高压设备的配置，尽管这是其工作的一大部分。

最主要和最初要做的决策是给出技术定义和母线的接线方式。

要设计变电站的布局，必须知道变电站的电路结构。有关电路不同排布及特定变电站电路排布选择的详细信息，请参阅▶第 4 章。

变电站布局是高压设备、母线（类型和水平）的排列或布置，以及为实现所选变电站布局而选择的系统组件（线路、变压器、开关设备、发电机连接件等）的连接。

如欲设计变电站布局，除了母线方案外，还必须确定工艺（AIS、MTS、GIS）、短路水平、电路负载、安全距离和绝缘耐受要求等。重要的是要注意：一种母线接线方式可对应设计许多不同的布局。

最终布局由母线设备的选定布置、母线类型（硬导线或软导线）、变电站里各标准电路间隔中高压设备的排列、电路和母线之间的连接类型、连接到母线时电路的排列来决定。

典型的空气绝缘变电站布局通常有三种高度层级：

（1）高压设备级：这是高压设备组件（如隔离开关和断路器）的互连层级。

（2）母线级：这是母线的连接层级。

（3）电路入口级：这是电路连接到变电站的层级，如输电线路入口级。

通常这三个层级都分别处于不同的物理高度。但有时，可能有些层级高度相同。这取决于母线的接线方式和设计要求。在每种高度布置母线都各有优缺点（见图 11.1）。

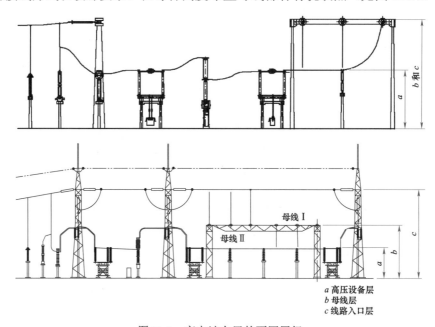

图 11.1　变电站布局的不同层级

采用传统设备设计空气绝缘变电站布局的流程需要以下四个步骤：

（1）母线相位排列；

（2）母线导体选择；

（3）每个标准间隔中高压设备的排列；

（4）母线与单个电路之间的连接类型。

### 11.2.1　第一步：母线相位排列

母线的相位排列可能因母线的接线方式而异（Giles 1970）。单母线接线方式有垂直排列和水平排列两种可能。图 11.2 展示了这些可能，但通常只有水平排列（a）用于 36kV 以上的电压。

垂直排列（b）通常不使用。这是因为运维困难，且存在一相落（倒塌）到另一相上的风险。

多母线接线方式（单母线和转接母线、双母线等）有四种排列方式，如图 11.3 所示。

图 11.2　（a，b）单母线接线的母线排列方式

虽然有四种可能的排列（Giles 1970），但通常倾向于选择水平排列（d）。做这种选择有两个主要原因，即一个母线或母线相位可能倒在另一个母线或母线相位上，而且在（a）和（c）排列中，很难将母线的两个维护区域分开并提供独立访问（Giles 1970）。

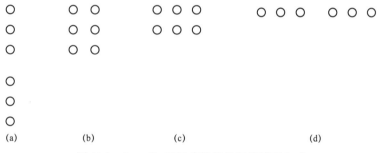

图 11.3　（a～d）双母线接线的母线排列方式

为减少所需的站内面积，即使运维活动可能更加困难和危险，仍然有一些国家在某些特定情况选择采用排列（c）。

有时可以组合两种排列方案或使用另一种排列方案（Giles 1970），但使用传统技术的空气绝缘变电站中并不常见。

无论使用何种排列，关键是空气中的相间间隙距离和相对地间隙距离必须达到绝缘配合要求、安全运维要求以及变电站周围空气循环的要求。

### 11.2.2　第二步：选择母线导线

母线的选择包括以下要素：

● 确定导线类型（硬导线或软导线）；

● 材料类型（铝、铝合金或其他）；

● 尺寸或截面积（通过计算母线上每个点所需的额定电流来确定）。

要确定变电站布局，只需要知道导线类型。在此过程的这一步骤中，其他要素也很重要

但并非必要。

对于较高的电压等级，经常使用铝合金管，因为可能很难排列相同直径的分裂导线使电晕效应控制在可接受的范围（CIGRE WG23.03 2000）。

尽管一般认为选择硬导线更经济、更简单，但仍有必要评估根据各国家各公司的情况进行选择。成本通常受各国各地区材料供应的影响。使用硬导线是否简单取决于国家文化和公司文化。某些公司及其服务提供商在软导线应用方面拥有丰富的经验，且更愿意使用软导线。

为帮助选择导线类型，WG23.03 工作组制作了一个表（见表 11.1），展示了变电站母线硬导线和软导线的优缺点。

当设计工程师选择硬导线或软导线时，该决定同时限定了母线的支架系统。使用软导线时通常配套使用悬式绝缘的金属或混凝土支架，使用硬导线时尽管也可以使用悬式绝缘，但通常配套使用的是基座安装型绝缘。

表 11.1　　　　　　　　　　　　　　　硬导线和软导线比较

| 项目 | 硬导线方案 | 软导线方案 |
| --- | --- | --- |
| 优点 | （1）操作配置简单、易读；<br>（2）装置排列只有两级；<br>（3）变压器或开关站便于维护；<br>（4）变电站扩建方便；<br>（5）电动力效应验证方便；<br>（6）安装时间短；<br>（7）装置安装的接地面积较小 | （1）所用材料与架空线路相同；<br>（2）对一定直径的分裂导体来说，降低超高压变电站中的电晕效应相对容易实现 |
| 缺点 | （1）不容易将母线两侧的断路器暂时旁路；<br>（2）通过使用合适的阻尼装置可以防止软管结构与阵风频率之间可能发生的机械共振；<br>（3）某些国家难以获得管材和支架材料 | （1）单一方案的布置也很复杂；<br>（2）电动力耐受性难以验证；<br>（3）需要母线桥；<br>（4）由于变电站具有三级导线而产生极大的环境影响；<br>（5）建设成本高昂；<br>（6）难以使用双臂和单臂伸缩式隔离开关；<br>（7）变电站扩建难度大 |

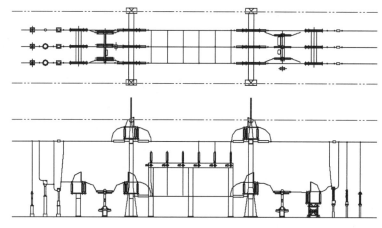

图 11.4　带软导线的母线：平面图和立面图

图 11.4 显示了带软导线母线的典型平面图和立面图。图 11.5 显示了带硬导线母线的典型平面图和立面图。

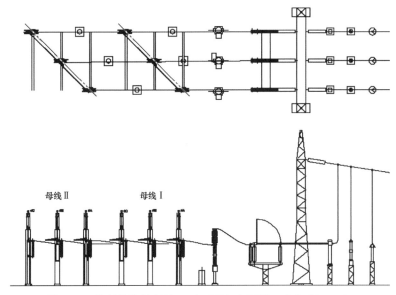

图 11.5  带硬导线的母线：平面图与立面图（卡洛斯 1991）

### 11.2.3  第三步：每种标准电路中高压设备的排列

如前所述，一种特定母线的接线方式可以对应不同的变电站布置。第三步是将母线接线转换成布局，包括平面图和立面图。如今，通过可用、成熟的 3D CAD 软件，可以创建出一个变电站 3D 模型，从而可虚拟完成整个布局。

在这一步中，如果设计工程师拥有高压设备的所有信息，就可以使用工厂图纸中的尺寸，在标准间隔母线接线方式所示的相同位置将各设备相互连接起来。

主要要求是确保遵循所有相对地距离和相间距离（CIGRE 2009）要求及安全规定（CIGRE 1971）。在高压设备排列的定义中，必须：

（1）考虑不同相设备之间或三相设备不同极之间的所有相间距离。

（2）考虑距离接地部分（如土壤和结构）的所有间距，包括维护空间（CIGRE 1971）。

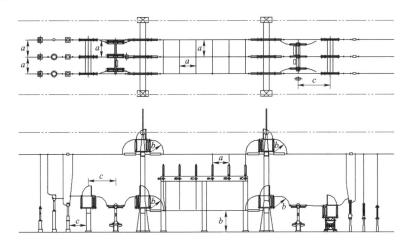

图 11.6  双母线接线：平面图与立面图

（3）确保一个设备相对于下一个最近同相设备的最小维护间距，如断路器"a"相与相关隔离开关"a"相的距离，要足够对其中一个进行独立维护。

所有设备对变电站布局都很重要，但隔离开关在布局中具有特殊意义。有些类型的隔离开关（中间开断式、双断口式、垂直断口式、旋转中心柱式等）必须用于连接同一级的两个点，还有些隔离开关（双臂垂直伸缩式、单臂垂直伸缩式和垂直反向式）必须用于连接两个级别的导线或母线。设计人员必须为每个特定点选出最佳选项（见图11.6）。

### 11.2.4　第四步：母线与单个电路之间的接线类型

当确定母线的导线排列、导线类型和间隔排列时，需要将间隔连接到母线。主要有两种情况，即单母线和双母线接线。

单母线时，有四种用隔离开关进行同级连接的方式（如带垂直断口的隔离开关或带双断口的隔离开关等）（见图11.7～图11.10）。

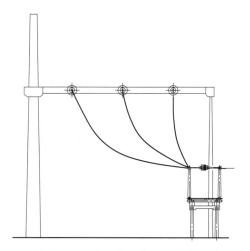

图 11.7　柔性连接的软母线软立面图
（卡洛斯，1991）

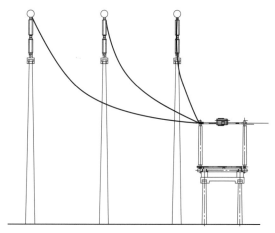

图 11.8　柔性连接的硬母线立视图
（卡洛斯，1991）

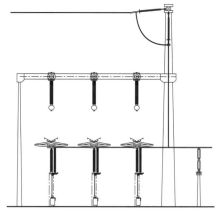

图 11.9　刚性连接的软母立面图
（卡洛斯，1991）

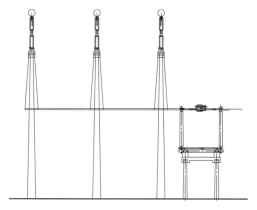

图 11.10　刚性连接的硬母线立面图
（卡洛斯，1991）

（1）经典连接：柔性连接的软母线；

（2）经典连接：柔性连接的硬母线；

（3）经典连接：刚性连接的软母线；

（4）经典连接：刚性连接的硬母线。

这些使用隔离开关的不同情况，可以用不同级别的连接（如双臂伸缩式隔离开关等）进行调整。

双母线接线时，可有多种不同的隔离开关接法。图 11.11～图 11.13 给出了三个不同的例子（图 11.11～图 11.13）。

采取四步法进行决策可以编制整个变电站的布局。设计出每个标准间隔的布置，并将这些间隔连接到母线，即可完成整个变电站布局。

整个变电站布局还取决于所需安全间隙和绝缘耐受要求及变电站设备和架构的允许施加负载。允许负载可能会影响到所选用的高压导线类型，而这又可能对变电站布局产生进一步的影响。

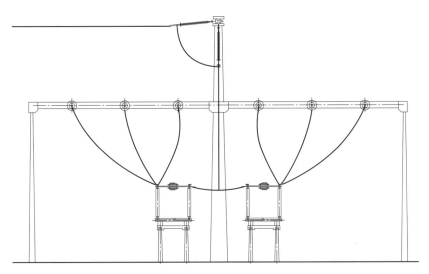

图 11.11　使用普通隔离开关的柔性接线立面图（卡洛斯，1991）

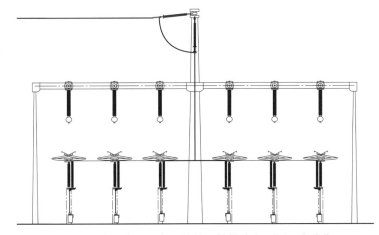

图 11.12　使用双臂伸缩式隔离开关的刚性接线立面图（卡洛斯，1991）

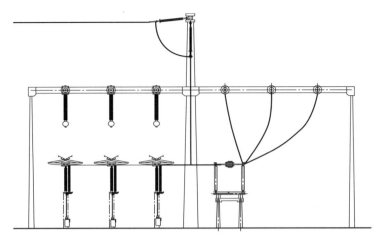

图 11.13　使用双臂伸缩式隔离开关和传统隔离开关连接硬母线和
软母线立面图（卡洛斯，1991）

布局还必须考虑并包括以下方面［TB161（Cigre WG23.03 2000）］的规定：

（1）通过在母线上合理布置电路，最大限度地降低母线或高压接线的热负荷；

（2）附加电路的未来扩建时的额外电路；

（3）未来的增容，如增大变压器容量；

（4）接线的变化，如从单母线接线到双母线接线，从环形母线到 3/2 断路器接线；

（5）与高压架空进线或地下电力电缆相接；

（6）交付重型设备的通道；

（7）设备维护和更换的通道，此通道可最大限度地减少除维护电路以外的其他电路停电
的需要（这可能会对允许的相邻间隔数量或间隔距离产生限制）；

（8）安全性；

（9）任何必要的储存区或堆放区；

（10）消防用蓄水池（如需要）；

（11）环境缓解措施。

布局还应尽量减小过桥母线或架空接地线故障所造成的影响。发生此类故障时，导线可
能会掉落至母线上，要确保故障不会对其他母线产生影响。

从安全角度来看，最好完全不采用过桥母线，但某些母线接线方式不可能实现这一点。
在其他情况下，只有当电路布置在母线适当的一侧或者使用特定设计的母线隔离开关时，才
有可能实现。

传统布局的基础是在每一断路器的各侧使用隔离开关，从而使断路器对变电站其余部分
的影响保持在最低水平。随着断路器可靠性的提高，对这种程度隔离能力的需求已经降低。
如果设计者希望去掉一些隔离开关，则需要进行可靠性计算（参阅第 4 章）。

然而，每个回路易于利用的绝缘形式仍需使回路与母线保持绝缘。

如果占地面积必须小，一种方法是使用背靠背间隔，使母线两侧的两条电路连接至母线
上的同一个间隔宽度。

还提供了一些其他替代方案，其中采用了兼具多用途的单个设备（参见多篇关于紧凑型
方案的论文），如：

- 隔离式断路器（符合隔离开关要求的断路器）；
- 抽出式断路器；
- 带隔离开关臂的旋转式断路器；
- 将电流互感器装在一个或两个套管中的接地箱壳断路器；
- 带非常规电流互感器的带电箱壳断路器；
- 带非常规电流互感器的隔离开关；
- 带避雷器的隔离开关或支柱绝缘子；
- 为相邻设备的双边双断隔离开关安装固定端子。

节省空间在变电站设计中非常典型，使用这种方法时可能需要同时平衡该设计对维护或更换要求的影响。

满足占地面积小的另一种方法是使用气体绝缘开关设备（GIS）或混合技术开关设备（MTS），两者将在第 15 章和第 26 章分别介绍。

有时可以利用共享结构得到巧妙的布局方案，如：

- 一排相邻的龙门结构，其中横梁数比电杆数少一个；
- 集成到母线支撑结构中的架空桥支撑结构。

虽然这些方案通常可以节省空间并且可能降低初始成本，但是设计人员必须考虑到其中一个结构出现故障且必须修理或更换时所造成的停电影响。

接下来的部分给出了常用母线接线方式下的布局示例。值得注意的是每个例子都可以有许多变化。随着断路器维护周期的增长，旁路隔离开关和转接母线的使用越来越少。

所示布局均假设空间充足。不然，修改布局的方式通常可为增加总高度来弥补减少的占地面积（见图 11.14～11.21）。

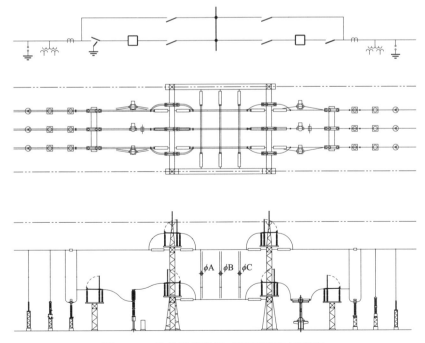

图 11.14　单母线带旁母（平面图和立面图）

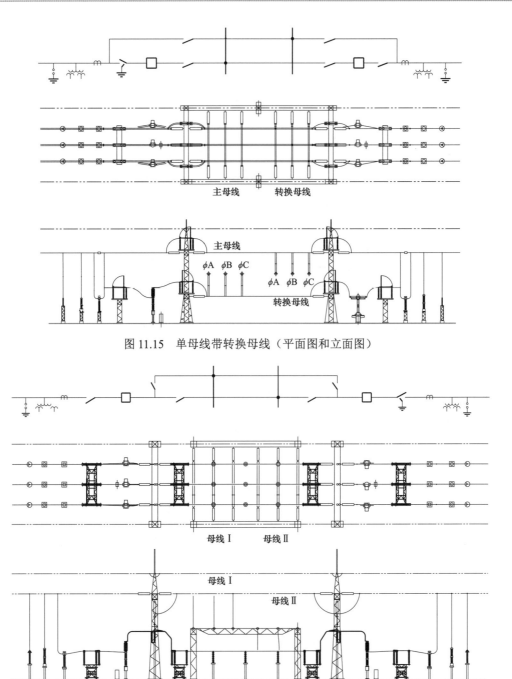

图 11.15　单母线带转换母线（平面图和立面图）

图 11.16　双母线带三个隔离开关（平面图和立面图）

在许多地方，一个重要的设计要求是减轻变电站的视觉观感。达最有效地达到这一目标的方法是在建筑物内使用室内安装 GIS，并通过地下电缆连接外部电路。如果仍然选择空气绝缘变电站方案，那么使用管状导体的低调布局和用替代设计（如软管）取代钢格结构往往不那么突兀［TB221（CIGRE 2003）］。

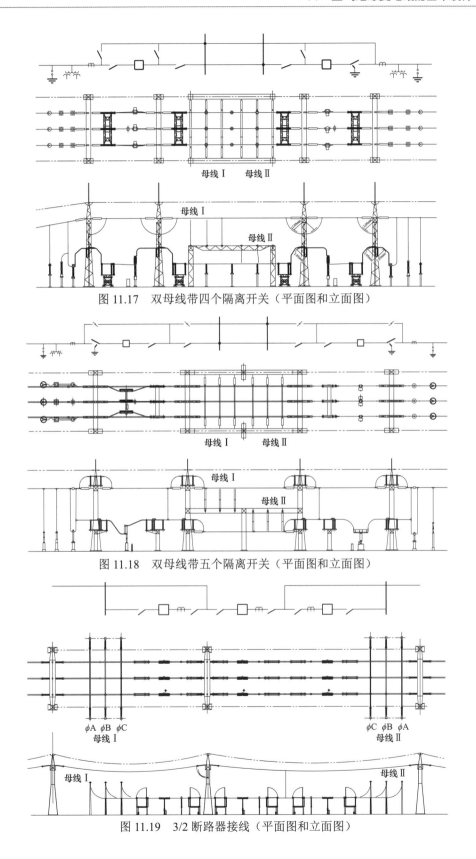

图 11.17 双母线带四个隔离开关（平面图和立面图）

图 11.18 双母线带五个隔离开关（平面图和立面图）

图 11.19 3/2 断路器接线（平面图和立面图）

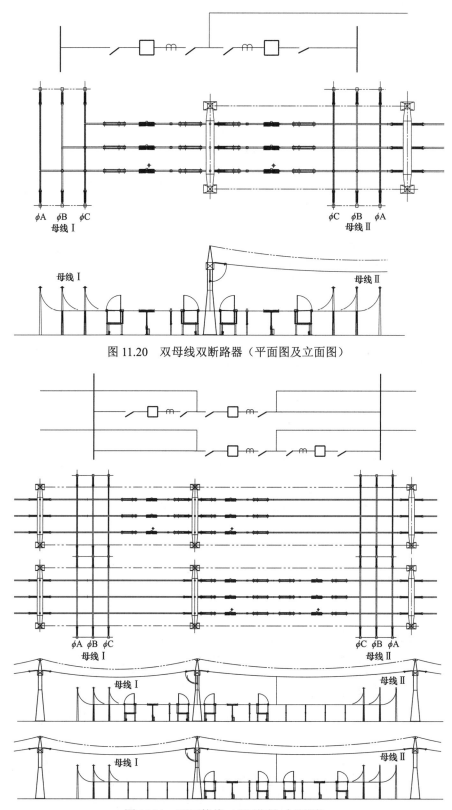

图 11.20　双母线双断路器（平面图及立面图）

图 11.21　环网接线（平面图与立面图）

理想情况下，变电站应安装在平坦的场地上。然而这很少实现，且需要一些场地作业，通过挖土达到要求或者将场地分成几层。切入山坡可以使装置远离地平线，从而减轻变电站的视觉观感。可能需要对台地之间的斜坡进行视觉处理。良好的做法是不清理现场的大量挖掘物，因此变电站在布置时应该允许在站内的其他部分对材料进行再利用或将挖掘物重置到变电站站区外的护堤。这样做有利于变电站的视觉观感［TB221（CIGRE 2003）］（见图 11.22）。

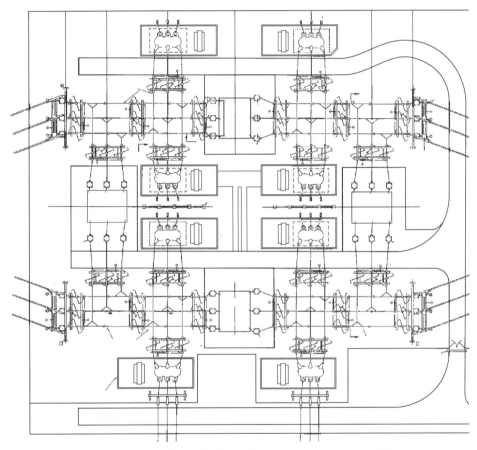

图 11.22  四开关网的整体平面图，每个角上有两个变压器

## 11.3  电气间隙

空气中的电气间隙要求是空气绝缘变电站设计的基础（须注意，海拔超过 1000m 时，气压降低，需要的间隙更大。详细信息请参阅第 12.1.节）。需要规定电气间隙是因为对空气绝缘变电站的每个设备进行电压试验并确认其绝缘水平符合要求的做法是不实际的。

这些间隙确保变电站设计最大限度地降低了绝缘击穿的风险，并确保变电站能够可靠运行。有关间隙的推导，请参阅第 5.3。此外，IEC 61936-1（IEC 2010）给出了一些可参考值。也有不少国家针对电气间隙要求制订了国家标准及相关规定。

空气中带电部件的最小距离值也取决于实际经验，因此，在比较不同区域的规定时可能会发现存在差异。

必须在一切正常条件下保持规定的电气间隙。个别情况除外，如在短路电流或强风引起导线移动的情况下，可允许缩短电气间隙。

变电站设计时必须考虑运维需要，并限制危险区域的进出。

需要外部围栏或墙壁，特别是对于空气绝缘变电站（见第 5.7 节）。如果无法保持安全距离，则需要永久性防护设施（CIGRE 1971）。

空气绝缘变电站设计人员需要考虑的主要间隙如下：

（1）相间间隙：电路一相到另一相的金属间间隙。

（2）相对地间隙：带电金属和任何接地金属支架/结构或地面之间的间隙。

（3）绝缘高度间隙：任何绝缘子底部到地面的间隙［通常至少为 2.25m（CIGRE 1971）］，用于防止人员站在支构架附近时破坏间隙。在选择此间隙值时，需要考虑变电站中可能的积雪高度。

（4）垂直安全距离：这是从任一带电金属到设备工作基本面的距离，例如，基本值加 1.25m（CIGRE 1971）（注意：许多电力公司使用循环间隙值，而不是这个较低的数字）。

（5）水平安全距离：这是从距离最近的带电设备到要处理的设备边缘的间隙，例如，基本值加 1.75m（CIGRE 1971）。

（6）变电站周围的流通间隙：这是从带电设备到地面或人行道的距离，例如，基本值加 2.25m（CIGRE 1971）。

（7）任何特殊间隙，例如使用移动升降式工作平台（MEWP）时涉及的额外间隙。

有关间隙值应用的进一步指导，另请参阅 IEC 61936（IEC 2010）。

表 11.2 描述了变电站设计人员可能还需考虑的额外间隙。IEC 61936（IEC 2010）对其中的一些间隙提供了进一步的指导。

表 11.2　　　　　　　　　　　　变电站设计中对间隙和间隔的额外要求

| 序号 | 要　　求 | 描　　述 |
|---|---|---|
| 1 | 保护屏障间隙 | 在一个装置内，带电部件和任何保护屏障的内表面之间应保持最小的保护间隙（防止从任何方向直接接触部件） |
| 2 | 保护性障碍物间隙 | 在装置内，应保持带电部件到任一保护障碍物（可防止无意而非有意的直接接触）内表面的最小间隙 |
| 3 | 边界间隙 | 开放设计的室外装置的外围栏 |
| 4 | 最低高度超过入口区域 | 只允许行人进入的地面或平台上带电部件的最低高度 |
| 5 | 建筑物间隙 | 如果裸导线跨越了封闭电气工作区域内的建筑物，则距离屋顶的间隙应保持在最大下垂距离 |
| 6 | 外部围栏或墙壁和通道门的间隙 | 应防止未经授权进入室外装置的情况。如果是通过外部围栏或墙壁，围栏/墙壁的高度应足以阻碍攀爬。某些装置可能需要采取额外的预防措施，以防止在围栏下方进行挖掘后进入 |
| 7 | 变电站内车辆通道上方带电部件的最小高度 | 要求确保车辆不违反带电部件的间隙要求。还应注意进出车辆上的人员，以免他们做出违反许可的事情 |

## 11.4 绝缘配合

电网不仅要在正常工作条件下且要在存在瞬态和暂时过电压的情况下可靠运行。过电压在幅度、持续时间和波形上可以有很大差异，可分为雷电过电压、操作过电压、暂时过电压几类。

为了减少电路中断和设备故障的发生率，必须综合考虑如下内容以满足预期的电应力：

- 设备的额定电压；
- 绝缘耐受水平；
- 空气间隙；
- 外部绝缘子的爬电距离；
- 架空线路和变电站上方的避雷线；
- 塔脚电阻；
- 避雷器的额定值、数量和位置。

研究绝缘配合的基本目的是使上述参数相互配合以达到规定的目标。

对于变电站设计人员来说，安装在变电站中的所有设备必须考虑电网的工频额定电压。工频暂时过电压是由突然失去负载或接地故障等引起的。除此之外，还必须考虑操作过电压和雷电过电压。为了确定其性能，需要进行如下的电压试验：

（1）雷电冲击耐受电压试验（1.2/50μs）；

（2）操作冲击耐受电压试验（250/2500μs）；

（3）工频（50Hz 或 60Hz）电压试验（湿和/或干）。

另外，可能需要振荡电压或斩波试验。

标准试验电压值决定了绝缘水平。IEC60071（IEC 2011a）中定义了标准的绝缘水平。

必要的绝缘水平取决于绝缘配合，即取决于电网不同部分（主要是线路）的特性、过电压保护（避雷器非常有效）、海拔以及变电站的可靠性（允许的闪络概率）。同一变电站不同部分的绝缘水平可有所不同（CIGRE WG23.03 2000）。

有关绝缘配合研究的指南见 IEC60071（IEC 2011a）。

### 11.4.1 变电站进线侵入波保护

进线上行波的来源如下：

- 反击

如果输电线路架设避雷线且其塔基电阻数量级为 10Ω 及以下，则避雷线或杆塔的直击雷通常会对地放电，不产生危害。

但如果线路未遭受绕击或者雷击附近的塔基电阻很高，则避雷线或杆塔的直击雷可能会使杆塔的电势远高于相线——这取决于雷击电流。从杆塔到相线将会发生"反击"。之后在电离通道中会产生工频接地故障电流，其方向与雷电冲击电流的方向相反。

反击将在相线上形成具有极高上升速率的过电压行波。

- 相线直击雷

输电线路未遭受绕击的情况下，更可能发生到相线的直接雷击。有时，即使设有避雷线，也会发生相线的直接雷击。对于良好的避雷设计，"绕击"在该线路所有雷击中的统计占比不应超过 1%。通常，造成绕击的雷击具有较低的冲击电流值。

直击雷将以陡波头的过电压行波形式沿着线路传播。

● 感应过电压

在线路 1km 范围内发生的空对地雷击，或通过线路接地结构放电且不为反击的雷击，将在相线中感应产生过电压。过电压以行波形式沿着线路传播。其振幅取决于冲击电流，但很少超过 220kV。因此，尽管感应过电压在配电网闪络中的占比很大，但在输电电压级别几乎没有影响。此外，感应过电压的波头也不是特别陡。

### 11.4.2　行波对变电站的影响

侵入变电站的雷电过电压大多是架空线路上的行波。

无论产生来源为何，雷电过电压波将以 $3 \times 10^8$ m/s（光速）的速度在线路上传播。其将在导线的雷击点向两个方向同时传播，因此阻抗实际上为导线波阻抗的一半。

相线直击雷产生的行波具有十分陡峭的波前。根据振幅大小，此类行波可能会在邻近杆塔上发生闪络。当出现闪络时，放电电流流过的阻抗从导线波阻抗的一半下降到杆塔波阻抗加上塔基阻抗，使行波产生短波尾。一般来说，当线路杆塔上的过电压行波对地放电时，变电站设备不再受到严重威胁。

行波会因为导线的电阻损耗而产生衰减。如果过电压值超过电晕起始电压，行波会进一步衰减，导致波头陡度下降。通常施加在离变电站 2km 或 3km 以上的相线上的行波，不会对变电站设备构成威胁。然而，相线直击雷或变电站附近的反击雷可能会产生极陡的行波进入变电站，对变电站构成极大的危险。

如果由于污染治理的缘故，线路绝缘水平与变电站绝缘水平相比非常高，雷击可能不会在线路上发生闪络，但可能以更严重的方式进入变电站。在这种情况下，即使线路架设了避雷线，也必须考虑在线路入口处装设避雷器。

行波会在电气不连续处发生反射，如在开路的断路器处、在架空线路与地下电缆的连接处以及在变压器或 GIS 处。这些反射可能导致终端设备上的电压翻一倍，从而造成严重危险。假设幅值为 $U$ 的阶跃电压以行波形式进入变电站，则

$Z_2$ 两端的电压为

$$2U[Z_2 / (Z_1 + Z_2)]$$

反射波的幅值为

$$U[(Z_2 - Z_1) / (Z_2 + Z_1)]$$

式中　$Z_1$——线路的波阻抗；

$\quad\quad Z_2$——终端设备的波阻抗。

特别地，若 $Z_2 = \infty$，对于开路的断路器来说，终端设备电压将增加一倍。

类似地，当线路末端为变压器时，由于变压器电容的存在，电压将几乎翻倍。

另一方面，如果有多条线路连接到变电站母线，则母线过电压的幅值由下式给出

$$2U/N$$

式中　$N$——线路数量。

因此，三条及以上相连的线路将使入侵波幅值减小。

### 11.4.3 保护

避雷器通常安装在所有电力变压器、并联电抗器、电力电缆和 GIS 的附近，也可能安装在空气变电站设备入口的进线上，从而保护这些设备不受行波的影响（雷电过电压或操作过电压）。

棒形间隙已经取代避雷器用于雷电波的放电。使用棒形间隙的原因在于其简单、可预测且相对便宜。然而，严重缺点则是操作时总是导致外部闪络和电路跳闸。此外，由于闪络在空气中存在滞后时间，棒形间隙防护陡峭脉冲波的能力很差。随着物美价廉的金属氧化物避雷器的出现，不再推荐使用棒形间隙。棒形间隙不应与避雷器联合使用。

避雷器是国际公认的针对变电站脆弱设备最有效的过电压保护装置。在所有情况下，避雷器都基于非线性电阻原理进行工作，非线性电阻在脉冲电压下具有高导电性，但在工作电压下不导电或仅吸收很小的泄漏电流。非线性电阻吸收的过电压电流会在源波阻抗上产生一个电压降，限制保护设备两端的压降。过电压通过避雷器导向大地，不会导致电路的停电。

现在使用的避雷器类型是金属氧化物（MO）无间隙避雷器，有时被称为"氧化锌（ZnO）"避雷器，其取代了碳化硅（SiC）间隙避雷器。

特定情况下合适的氧化锌避雷器可以对冲击过电压提供足够的保护裕度，同时在其整个寿命周期承受正常的操作过电压和暂时过电压而不产生故障或严重老化。增加对瞬态过电压的保护裕度将降低对暂时过电压的保护裕度，反之亦然。

在污染水平较高的情况下，必须谨慎地确定对操作过电压和暂时过电压的保护裕度。在未充分了解暂时过电压的严重程度或者对工频电压下避雷器性能的长期一致性存在疑问时，需要保守地确定针对操作过电压和暂时过电压的保护裕度。

如果避雷器与受保护装置之间存在极大的距离，则受保护装置所承受的过电压将高于避雷器安装在受保护装置附近时的过电压。

距离的增加会导致保护裕量的减少。通过了解避雷器保护水平和受保护装置的绝缘耐受水平，可以计算出"保护距离"，它代表避雷器能提供建议保护裕度时离受保护装置的最大距离。

▶ 第 12.4 节介绍了避雷器的设计、选型和应用等详细内容。
▶ 第 17 节介绍了避雷器应用于 GIS 时出现的一些特殊问题。

## 11.5　母线和导线

在空气绝缘变电站设计中选择合适的导线和母线是一项挑战。有无数方案和方案的组合可供选择。作为设计过程的一部分，设计人员在确定最佳解决方案时必须考虑以下几个方面：
● 载流要求（连续电流和短路电流）；
● 环境因素（如冰、风、太阳辐射等）；
● 变电站实际地点的物理限制；
● 变电站的未来规划；
● 电晕和无线电干扰。

究竟是做出使用管状导线还是绞合导线的选择可能很困难，因为两种导线各有优缺点。选择导线类型的一些标准在第 11.2 节（见表 11.1）中给出。以下各节介绍了最重要的设计注意事项。

### 11.5.1　电流等级

变电站内的瞬时负载电流取决于整个电网的状态。通常需要进行完整的电网分析（含未来电网的发展规划），以确定流过单个变电站电路的电流标称值。在设计变电站时，有必要考虑电流以下两个方面的效应：

- 热效应（包括感应电流）；
- 对变电站车间及其支撑结构中导电物体的机械效应。

建立设备的精确热模型非常困难，因为许多因素都会影响导电部位的实际温度，如之前的负载、环境温度、风速和太阳活动等。因此，热设计是一种经验设计，通过包含标称电流和短路电流额定值的型式试验进行验证。已经设计了标准流程对导线的热行为进行预测，特别是针对导线弧垂。

短期电流额定值可能会定得高于标称水平，但导致这种情况的分析必须确保不忽略"热点"（变压器、端子、母线支撑点等）。短路效应的计算方法在 IEC 60865-1（IEC 2011b）标准中给出。

### 11.5.2　电气间隙

在一切正常情况下都必须保持规定的电气间隙。特殊情况下可以允许减小电气间隙，如因短路电流或极强风引起导线移动时。有关电气间隙的更多信息请参见第 11.3 节。

### 11.5.3　机械力

高压设备支构架的设计应能在使用寿命期间承受作用于其的正常负载和特殊负载。其设计还应使其在运行时的行为是可接受并符合预期的，如在允许范围内发生偏向和弧垂，以及具有适宜的强度和振动水平等。其承受的负载如下：

- 重量

除了设备、导线和支构架等的自重外，还必须考虑临时负载，尤其是覆冰的重量（取决于当地气候）和维修人员进入后施加的负载。还必须考虑安装过程中的临时应力（支架的抬升、导线的不对称拉力等）。

- 风荷载

风压可以在很大程度上影响施加在支构架和基脚处的压力，并且还可以减小导线之间（有湍流风时）或导线与接地结构之间的间隙。IEC 建议使用风速的标准值，但同时必须考虑本地的实际情况。在计算分裂导线上的风荷载时，必须考虑来自其他分导线的屏蔽效应，还应考虑风对绝缘子串的影响。风荷载可以通过硬连接或软连接传递给设备。

- 微风振动

在某些特定条件下，风能够促进管状导线的振荡。这被称之为微风振动（见图 11.23）。应特别注意微风振动对硬管的影响。

图 11.23　圆柱形障碍物周围的层流（CIGRE 2009）

这些振动受到所谓的"卡门漩涡"的影响，可通过管内安装柔性电缆或某些情况下使用外部阻尼器来进行（阻尼）控制。柔性电缆起缓冲作用（位移的加速度大于重力时很有效）。为了计算微风振动的最大频率，有必要获得这一区域有关风速的气象资料。最大频率的计算如下（CIGRE 2009）

$$f_a = \frac{51.75 V_w}{d_{bo}}$$

式中　　$f_a$——微风振动的最大频率，Hz；

　　　　$V_w$——层流的最大风速，km/h；

　　　　$d_{bo}$——管道母线外径，mm。

管状导线的固有机械（或自然）频率（Hz）由 CIGRE WG 23-11（1996）给出

$$f_c = \frac{\gamma}{l^2}\sqrt{\frac{EJ}{m}}$$

式中　　$f_c$——管状导线的固有机械频率，Hz；

　　　　$\gamma$——基于刚性母线边界条件的基频因子；

　　　　$l^2$——管状导线的跨距，m；

　　　　$E$——弹性模量，N/m²；

　　　　$J$——转动惯量，m²；

　　　　$m$——单位长度管道母线的质量和阻尼特性（如存在阻尼行为），kg/m。

由于可能需要阻尼，需要计算 $f_a$ 和 $f_c$。如果 $2f_c > f_a$，则需要改变母线跨距或使用阻尼器。当确定需要减振时，可以使用导线阻尼器，用于提供包括第二种和第三种情况在内的频谱上的阻尼。

插入的柔性电缆应与管道母线使用相同材料，以防止由于电化学差异引起的腐蚀。电缆重量宜为母线导体重量的 10%~33%（CIGRE 2009）。

对于外径为 80~120mm（含）的管子，下图展示了阻尼导线的拟合配置。

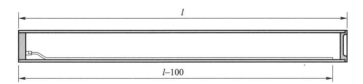

对于外径超过 120mm 的管子，下图展示了阻尼导线的拟合配置。

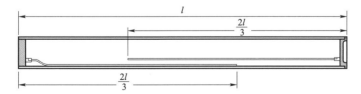

- 热膨胀

工作温度的变化会导致母线产生纵向膨胀或收缩。可使用如下公式（CIGRE 2009 和 IEEE 2008）计算由于温度变化导致的导线长度的热胀冷缩

$$\Delta l = \alpha L_{\mathrm{i}}(T_{\mathrm{f}} - T_{\mathrm{i}})$$

式中  $\Delta L$ ——跨距的变化，m；

$\alpha$ ——热膨胀系数，1/℃；

$L_{\mathrm{i}}$ ——初始温度下导线的跨距，m；

$T_{\mathrm{i}}$ ——初始安装温度，℃；

$T_{\mathrm{f}}$ ——最终温度，℃。

对于使用绝缘子支撑刚性母线导线的刚性母线组件，受限的热胀冷缩将导致导线的拉伸或压缩，并可能导致绝缘子的弯曲。为避免或尽量降低热膨胀效应的影响，应规定所有母线—导线的跨度。这些规定可以通过长母线的膨胀件或考虑母线导体挠度、母线—导线弯曲、绝缘子或短母线安装支架来实现。IEEE 2008 给出了由于热膨胀 $\Delta L$ 在导线中产生的张力或压力

$$F_{\mathrm{T}} = \frac{E_{\mathrm{c}} A_{\mathrm{c}} \Delta L}{L_{\mathrm{i}}}$$

式中  $F_{\mathrm{T}}$ ——热力，N；

$A_{\mathrm{c}}$ ——导线截面积，m²；

$E_{\mathrm{c}}$ ——导线材料的杨氏模量，N/m²。

使用软母线时，环境温度会显著影响导线的垂度和张力。通常，导线应具有最小的垂度。然而，当计及温度影响时，张力需要与所施加温度效应的经济性相平衡。如有必要，可以使用弹簧螺栓和张力弹簧来保持跨距间一定的张力，以限制导线垂度的变化。

● 地震

地震在世界各地均有发生。变电站规划人员应考虑地震的发生概率和预期强度。地震波的水平加速度约为 $0.3 \sim 0.5g$（垂直加速度小于水平加速度的 50%），地震频率为 $0.5 \sim 10$Hz。$275 \sim 500$kV 设备可能会因为在此频带出现共振而导致损坏。母线支柱绝缘子特别容易受损。管状铝导线也被认为可能在地震中产生共振，如有需要，可安装"减震器"或"滑动支架"。

如果地面条件不稳定，变电站内的设备容易受到损坏。因此，应特别注意整地情况，以确保地面的坚固性，更多内容见 11.11。

● 短路

在设计中必须考虑变电站短路电流引起的机械现象。这些现象影响变电站各组成部分的设计规划和机械强度要求。特别地，必须考虑仪表、绝缘子、导线以及支撑结构的机械强度。此外，对于采用柔性导线的变电站，导线位移及其带来的电气距离减小会较为明显。

变电站的短路机械效应尤其取决于变电站母线所使用的导线类型和间隔之间的连接，即刚性导线（管）或柔性导线（电缆）。两种情况下，母线系统短路电流的机械效应显著不同。

通常，设备通过在短路实验室里进行型式试验来确定其动态行为。母线的短路强度通常只能靠计算得到，计算方法已通过典型母线接线方式下的试验得到了验证。IEC 60865-1（IEC 2011b）同时适用于刚性和柔性连接。计算方法的背景详见 CIGRE TB105（CIGRE WG 23-11 1996）和 CIGRE TB214（CIGRE WG23.03 2002）。

应始终考虑间隙两相不接地故障和最大相间应力两相或三相故障的情况。在使用柔性绞合导线的情况下，除了摆动力之外，还必须考虑下落力和收缩效应，并且遵循 CIGRE TB214

（CIGRE WG23.03 2002）中详述的对收缩效应限制的建议。

● 载荷组合（载荷工况）

设备和支撑结构（包括其基座）应能在预期使用寿命内承受预期的机械应力。发生各种机械负载的可能性取决于实际条件和要求。

这些载荷可以分为正常载荷和特殊载荷两种情况。在每种载荷情况下，应研究几种组合，使用其中最不利的组合来确定支撑结构的机械强度。

正常载荷如下：

（1）设备、导线、支撑结构的自重；

（2）导线的静态张力；

（3）导线风荷载和设备冰荷载；

（4）维护和/或安装负载。

在特殊载荷情况下，正常负载与下列偶然载荷中的一个或多个同时起作用：

（1）短路负载；

（2）地震负载；

（3）操作力；

（4）导线张力丢失。

载荷数据及其组合将作为输入数据，用于支撑件、龙门结构及基座的进一步计算。通常，国家标准和规定以及客户要求定义了正常和特殊载荷情况下不同的安全系数。设计钢支架和基座时需要考虑这些因素。然而，需要注意不能只是将钢和混凝土的安全系数简单相加，这可能导致很高的土建成本。这意味着计算基座的条件数据不包括钢的安全系数。

● 电晕和无线电干扰

当导线表面的电场强度导致空气电离时，空气绝缘导线会出现电晕放电。放电开始时的场强被称为"电晕起始梯度"。电磁干扰（EMI）由电晕引起。然而，变电站设计人员应该认识到，由于高压导线和金具之间的不良连接，在任何电压下都可以通过电弧产生电磁干扰。

无论设计为何，变电站的高压导线都可能发生一定程度的电晕。尚无物理法则支持确定的起始电压的存在。电晕的发生取决于许多因素（如母线污秽、天气情况、表面划痕、现场电位梯度等）。设计人员面临的挑战是选择高压导线后，再选定电晕放电在可接受范围内的高压金具。

需要注意在变电站中作为组件使用的 123～245kV 的复合绝缘子。在无防晕环的架空线路上使用时，这些复合绝缘子不产生电晕。当在变电站较小间隙及不同布局使用时，可能需要安装防电晕环来抑制电晕。

安装母线封端盖是减少管状母线端头电晕的一种有效方法。更多关于电晕的计算方法可参见 IEEE 605（IEEE 2008）。

所有设备必须满足规定的无线电噪声水平。无线电噪声范围由国家标准规定。国际标准为 IEC-CISPR 出版物 1 和 IEC-CISPR 第 30 号建议。

为了设计母线系统并确定最终导线的选择，必须完成计算，确认所提出的设计足以达到目的。IEC 和 CIGRE 制订了针对此类分析的标准和导则：CIGRE TB105（CIGRE WG 23-11 1996），CIGRE TB214（CIGRE WG23.03 2002），IEC 60865-1（IEC 2011b）和 IEC 60865-2（IEC 2015）。

## 11.6　构支架

变电站需要构支架来支撑和固定其所使用的各种高压设备和安装材料。构支架的设计必须满足 11.5 节所述的载荷和外力要求。载荷的计算通常由国家标准及规定给出，并对安全系数和载荷组合进行规范。

支架包括用于断路器、隔离开关、互感器、避雷器、支柱绝缘子等的龙门和支撑结构。尽管某些国家使用钢筋混凝土（或木材）建造高压变电站，但目前高压、超高压和特高压变电站的构架通常由焊接或螺栓式的开放钢架或钢管制成。在某些情况下，会选择质量轻、抗腐蚀强、适用于强磁场（空芯电抗器附近）的铝支架，但应注意为避免电化学腐蚀，埋地部分必须使用钢结构。

高构架带来的视觉冲击正成为一个备受重视的设计问题。一些装置已经采用了针对外形和颜色的特殊建筑处理方法。

### 11.6.1　混凝土构架

混凝土构架的寿命与钢构架差不多，但更易受腐蚀性或潮湿环境的影响，加固材料的膨胀可能对混凝土构架造成损坏。混凝土的总寿命对制造时的质量控制水平非常敏感。由于其对环境的敏感性，混凝土构架更适合非现场加工，从而易于保证制造过程中适宜的环境条件。

混凝土构架通常比钢构架更重，这意味着需要更大的基座，现场施工时可能需要更长的组装及安装时间。如果进行预制，装配成本可能与钢构架差不多。

如果难以提供合适的钢构架，混凝土构架就是合理的替代方案。

### 11.6.2　钢构架

除了耐腐蚀性，钢在其他方面的表现可能都比混凝土更好。

可以通过热浸镀锌或表面喷锌对钢进行保护，但是提供适当厚度的优质耐久涂层并不便宜。在许多环境里，很可能必须在构架寿命周期的某个阶段对涂层进行补喷涂。关于耐久涂层的一项要则是在运输和安装构架的过程中，如果产生任何划痕，要立即进行修复和修补。在恶劣的环境中，在镀锌层上使用富金属或多层环氧漆是合理的。在较为良好的环境中，只使用镀锌层可能就已足够。

最常见的钢构架类型包括：
- 大型标准型材，如通用构架柱；
- 管状支架；
- 使用小角度或平面构件的格构式结构。

标准型材的使用可以提高设计和材料的可用性。大尺寸构架的运输和装卸多有不便。

与标准型材相比，管状构架通常具有更清爽的外观，但其制造更昂贵，并且附件的设计更加困难。还必须考虑一些细微的设计问题为构架内表面处理提供方便，并确保雨水不会在支架内部积留。

格构式构架产生的视觉冲击比其他两种类型的支架更小，但在某些情况下，整体观感可能会被更大的总尺寸所抵消。较之大尺寸型材或管状构架，格构式构架的设计也更为复杂。

格构式结构的运输很简单，因为各组成构件小且轻。这种结构也最大限度地降低了用材量，并且由于容易更换单个构件，修复任何损坏十分便利。然而，对大量构件进行表面处理的成本很高，且现场装配需要耗费大量人力。后续如所需喷涂也需要大量劳动力。由于格构式架构易于攀爬，其设计时必须考虑的一个问题是采取何种防攀爬措施。

### 11.6.3 铝构架

一些铝合金的固有耐腐蚀性和高比强度在结构设计中具有优势。铝构架可能比钢构架更昂贵，但更低的寿命成本使其在某些情况下表现出更高的性价比。但选择合适的铝合金十分重要，且必须谨慎处理其与紧固件等之间的电化学反应。还必须考虑是否可获取铝耗材及当地是否有相应的铝耗材加工厂。正如前述，必须留意铝支架的任何部分埋于地下的情形。

### 11.6.4 木质构架

在某些情形中，现代木材处理方法的发展可以使木材的使用至少达到高压水平且经济性良好，特别是可在当地获得原材料时。有时需要使用工程层压板满足某些载荷要求。当木质构架与地面接触时，对接触面的设计需要小心谨慎，避免出现腐烂的情况。

## 11.7  接地和防雷

### 11.7.1 变电站接地网的功能

（1）变电站的接地网主要具有两个功能：

1）操作功能。在正常运行和故障条件下，提供一种将电流输送向大地的途径。这样就不会超出设备的设计与运行参数，避免了不必要的供电中断。

2）安全功能。确保接地故障电流过接地网时，变电站周围或远端区域的人员、动物或设备不会受到危险电压的影响。

（2）接地网的其他功能包括为雷电和操作过电压提供对地放电通道，为检修期间的高压设备提供接地。

（3）接地网的操作功能在以下情形时得以实现：

1）接地网及其与变压器中性点的连接点，能完全承受最严重的接地故障电流。

2）接地网与远方大地的电阻不至于高到将接地故障电流限制在保护继电器正确动作所需的最小值以下。

（4）接地网的安全功能在以下情形时得以实现：当接地网及其与设备、外壳和构架的连接点能够使：① 变电站内或附近；② 从地网通过电话线路、低压线路或其他方式转移的接触电压和跨步电压保持在如 IEEE 80-2000（IEEE 2000a）或 IEC EN 50522（CENELEC 2010）等标准定义的安全限值内。

当一个人暴露于变电站内或附近的电位梯度时，整个接地系统能控制产生的临时接地路径产生的影响。

在接地故障期间，流向大地的电流将在变电站内部及其周围产生电位梯度。图 11.24 显示了在均匀土壤中埋有简单矩形地网变电站的电位梯度。由于这种电位梯度的上升，变电站周围存在电位梯度（见图 11.24），可用表面电位等值线来表示（见图 11.25）。这些电位梯度会在变电站之外引发各类问题。

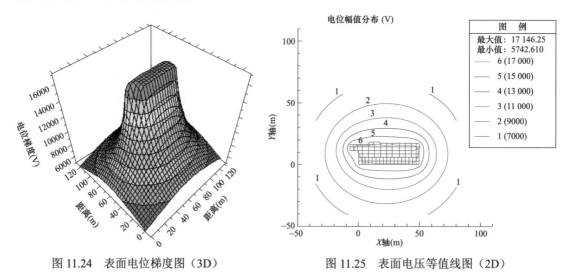

图 11.24 表面电位梯度图（3D） 图 11.25 表面电压等值线图（2D）

在故障接地期间，沿地表方向的最大电压梯度可能危及处于该区域内的人员。此外，危险电压可能在接地的金属支架、设备框架与人所站立的邻近地面间产生。

以下情况可能会产生危险的电压梯度并危及人身安全：

● 较高的接地故障电流；

● 高土壤电阻率；

● 出现较大接地回流的接地故障电流分布；

● 某时某刻某人通过身体桥接存在电压差的两个点；

● 在上述情况下，接触电阻不够高，未能将流经人体的电流限制在安全值以下；

● 故障持续时间过长，流经人体的电流足以构成伤害。

电流通过人体重要部位时的影响取决于该电流的持续时间、幅值和频率。这种触电最危险的后果是一种被称为心室纤维性颤动的心脏病变，该病变能够使血液循环立即停止。

在 50Hz 或 60Hz 下，通过人体电流的大小和持续时间应小于可导致心脏心室纤维性颤动的值。该电流限值随触电持续时间的长短而变化，根据 EN 50522（基于 IEC/TS 60479-1）标准，触电时间为 10s 时电流极限值为 50mA，触电时间为 0.05s 时电流极限值为 900 mA。设计接地系统时，应满足其安全功能，将接地故障时跨步电压和接触电压所产生的流经人体的电流限制在引起心室纤维性颤动的电流值以下。

快速切除接地故障可降低接触电的可能性，并减少电流流经人体的持续时间，从而限制人身伤害的严重程度。因此，接地故障电流允许值可基于主保护装置或后备保护的故障切除时间来计算。

有关针对人身安全的接地系统原则和设计的更多信息，请参见 IEEE 80《交流变电站接地安全导则》（IEEE 2000a）和 EN 50522《1kV 以上交流电力装置接地》（CENELEC 2010）。关于电流对人体影响，见 IEC 60479（IEC 2005）。

## 11.7.2　接地网电阻值

接地网电阻不存在一个可规定为永不能超过的最大值。然而,为了充分发挥其操作功能,应尽可能合理地降低接地网电阻。在任何情况下,接地系统的设计应使变电站范围内实现安全接触电压和安全跨步电压。

相关定义如下:

● 跨步电压——在未接触任何接地物体的情况下,人体跨步距离为 1m 时所承受的表面电位差（IEEE 2000a）。

● 接触电压——一个人在站立的同时,一只手与接地结构接触时地电位升高（GPR）与表面电位之间的电位差（IEEE 2000a）。

● 安全电流——流经人体却不会对触电人员的生命和健康构成威胁的电流（IEC 2005）。

设置最大接触电压和跨步电压水平时,应保证流经触电人员的电流在安全电流水平以下。

以下因素会影响接地网电阻:

● 土壤电阻率;

● 地网覆盖区域;

● 地网形状;

● 地网的网格尺寸;

● 地网导体的材料/电阻率;

● 地网导体的横截面积;

● 地网的掩埋深度。

根据 IEEE（2000a）第 14 条的定义,式（1）为接地网电阻的简化计算公式

$$R_{\mathrm{g}} = \frac{\rho}{4}\sqrt{\frac{\pi}{A}} + \frac{\rho}{L_{\mathrm{T}}} \tag{1}$$

式中　$R_{\mathrm{g}}$——变电站接地电阻,$\Omega$;

　　　$\rho$——土壤电阻率,$\Omega \cdot \mathrm{m}$;

　　　$A$——接地网占据的面积,$\mathrm{m}^2$;

　　　$L_{\mathrm{T}}$——导体的总长度,m。

式（1）建立在接地网结构简单、土壤电阻率均匀的假设之上,这种假设很少发生。该公式可用于获取大概的接地网电阻值。几乎所有情况都需要进行更加复杂的分析。

虽然式（1）中未考虑接地网导体的电阻率、横截面积及接地网的掩埋深度,但其对接地网电阻的影响很小（如需更多资料,请参阅 IEEE 2000a 的第 14 条）。

推荐使用专用软件来计算变电站的接地网电阻。

## 11.7.3　测量土壤电阻率

对接地系统性能进行建模的一个重要步骤是确定周围岩土的等效电气模型。这可以通过在所研究的场地附近进行土壤电阻率测量,并仔细分析这些测量的结果来实现。

土壤电阻率应根据 Frank Wenner（Wenner 1915）的论文和 IEEE 1983 所述的"温纳 4

探头法"进行测量。土壤电阻率的测量结果应按照（IEEE 1983）进行分析，并强烈推荐使用计算机辅助方法。

在许多情况中，分析土壤电阻率测量值时，可以采用接地系统四周和之下土壤的水平分层简化模型。然而，偶尔会需要更复杂的模型。复杂模型包括垂直分层、圆柱形、半球形或块状模型。

了解每个土层或形状的电阻率将有助于确定接地网电阻、接地阻抗以及接触电压和跨步电压的表现。深层土壤或基岩的电阻率将对确定接地网/接地系统的建模总电阻/阻抗起到重要作用。在接地系统非常大的情况下，准确确定基岩电阻率尤为重要。确定土壤电阻率测量范围时应考虑到这一点。表层土的电阻率也会对接触电压、跨步电压以及适用的安全限值产生显著影响（见 11.7.4 节）。

作为一般准则，建议在可能的情况下，所选土壤电阻率测量范围应足以确定：① 表层土壤的电阻率和厚度；② 基岩的电阻率，且使这些参数具备合理的精度。

均匀或水平的双层土壤模型可用于手工计算，以确定接地系统的性能。然而，更复杂的土壤模型只能用作计算机辅助设计的一部分。双层水平土壤模型是表征高电阻率基岩加低电阻率表层土薄层的典型模型。三层和四层水平土壤模型也很常见，可以更准确地表征某一地点的土壤结构，如在地表下一定距离处遇到低电阻率地下水或不同种岩石时。

### 11.7.4 接触电压和跨步电压的设计限值

设计接触电压和跨步电压安全限值时，可以使用专业软件进行计算，也可以使用 IEEE 2000a 或 CENELEC（2010）中给出的简化方程进行计算。

IEEE 2000a 中的简化方程如下。此例特定使用 50kg 的人体体重和 50Hz 的频率进行计算；故障清除时间假定等于所选的设计值，表层土电阻率如下所示

$$E_{\text{touch50}} = (1000 + 1.5C_S\rho_S)\frac{0.116}{\sqrt{t_S}} \tag{2}$$

$$E_{\text{step50}} = (1000 + 6C_S\rho_S)\frac{0.116}{\sqrt{t_S}} \tag{3}$$

$$C_S = 1 - \frac{0.09\left(1 - \dfrac{\rho}{\rho_S}\right)}{2h_S + 0.09} \tag{4}$$

式中　$E_{\text{touch50}}$ ——接触电压，V；

$\quad\quad E_{\text{step50}}$ ——跨步电压，V；

$\quad\quad C_S$ ——表层降额因子；

$\quad\quad \rho_S$ ——表面材料的电阻率，Ω·m；

$\quad\quad t_S$ ——冲击电流的持续时间，s；

$\quad\quad \rho$ ——表面材料下层土的电阻率，Ω·m；

$\quad\quad h_S$ ——表面材料的厚度，m。

特定地点表层电阻率数据缺失的情况下，应以典型的表层电阻率和表层厚度作为安全限值的计算起点。

典型的表层厚度为碎石 0.05～0.2m，柏油碎石 0.05m。

### 11.7.5 转移电压和热区

地电位升高（GPR）可能导致变电站的一些额外问题，包括：

- 危险的跨步电压；
- 围栏和其他金属物体上的危险转移电压；
- 基础设施设备（如通信电缆和接线盒）的损坏。

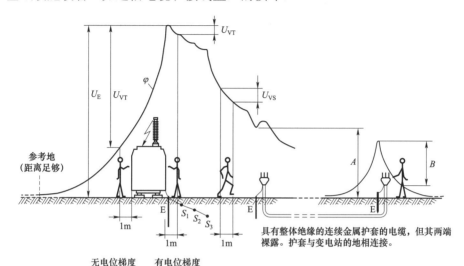

图 11.26 表面电位分布示例和载流电极电压示例（CENELEC 2010）

$E$—接地极；$S_1$、$S_2$、$S_3$—连接至接地极 E 的电位梯度接地极（如环形接地极）；$U_E$—接地电位升高；
$U_{VS}$—预期阶跃电压；$U_{VT}$—预期接触电压；$A$—电缆护套单端接地时因转移电压产生的预期接触电压；
$B$—电缆护套双端接地时因转移电压产生的预期接触电压；$\varphi$—接地表面电位

当金属物体（如围栏）在某个位置接地然后穿过不同电压区域时，可能会产生危险的转移电压。此时金属物体与其所接触的地面具有不同的电压。接触金属物体的人会在该电压差下以接触电压的形式发生触电。

CENELEC EN 50522（CENELEC 2010）示意图中的"$A$"和"$B$"给出了这种情况（见图 11.26）。

电压可沿以下金属路径转移：

- 栅栏；
- 避雷线；
- 电缆护套/屏蔽；
- 低压中性线；
- 铁路轨道；
- 天然气管道；
- 其他金属长形结构。

并不总是能将上述一切金属物体建模为地网计算的一部分。但是，如果上述任一物体位于变电站附近，则应在电流注入试验时对其进行测试。

表面电压等值线的别称为变电站的"影响区"（ZOI）或"热区"。这些术语仅指特定的表面电压等值线。IEEE 367-1996（IEEE 2002）规定，该电压等级应由有关部门商定。

IEEE 2002 第 9.7.1 条规定了对特定表面电压等值线的简化计算

$$\varphi_e = \frac{\rho I_e}{2\pi d} \tag{5}$$

式中　　$\varphi_e$——大地表面电压（电压等级）；

　　　　$\rho$——土壤电阻率；

　　　　$I_e$——接地故障电流；

　　　　$d$——距接地网中心的距离。

该公式假定网格结构简单、土壤电阻率均匀，实际情况很少如此。该公式可用于获得 ZOI 等值线大小的近似情况。在几乎所有情况下，都需要更复杂的分析。

确定 ZOI 或热区的一种方法是使用 ITU-T K.33（ITU-T 1996）中给出的电压等级。这些电压等级如表 11.3 所示，它给出了不同故障切除时间对应的电压等级。因此，热区与故障切除时间有关。

表 11.3　　　　　　　　　　不同故障切除时间下的允许电压

| 故障持续时间（s） | 允许限值（V） | 故障持续时间（s） | 允许限值（V） |
|---|---|---|---|
| $t \leqslant 0.1$ | 2000 | $0.35 < t \leqslant 0.5$ | 650 |
| $0.1 < t \leqslant 0.2$ | 1500 | $0.5 < t \leqslant 1.0$ | 430 |
| $0.2 < t \leqslant 0.35$ | 1000 | | |

对下述情况需要采取适当设计，以防生命或财产危险。

（1）电话线路。由于可能导致设备损坏或人身伤害（ITU-T 1996），电话进线电缆不应将超过允许限值（见表 11.3）的电压传送至远方安装的设备。如果地电位超过允许电压，则必须使用以下方法之一来隔离电话进线：

● 隔离变压器；

● 具有适当绝缘额定值的地底通信电缆，一端应止于热区不超过其绝缘水平之处；

● 光纤连接。

标准地底电话电缆的典型绝缘水平为 2kV。

因此，除了表 11.3 给出的允许电压等级外，还需要知道 2kV 表面电压等值线的范围。

所以举例说来，绝缘等级 600V、绝缘性能优异的电缆，需要在离变电站更远距离处运行。通信电缆的末端接线盒必须位于"热区"之外。接线盒到变电站建筑必须使用绝缘优异的电缆来连接。

（2）配电电压电路。在设计实践中应避免以下情况：

1）允许输电变电站的电网电压通过电缆护套直接输出到配电变电站地网的配电系统设计。城市密集电缆网络可以接受此情况。毫无疑问，由于多个接地极相距较近以及多处设有埋地电缆、气体管道和自来水管道，无论是现在或将来都不会出现因转移电压导致的电气危险。

2）在任何情况下，低压（如 400/230V）电源都不应进入或离开输电变电站。如果变电站附近的低压线路从变电站沿径向延伸，则应对转移电压进行检查。

3）变电站附近低压电网的中和可能会导致转移电压的出现。

配电网向变电站提供的备用电源应通过专用回路进入变电站，以防止电网电压的输出。变压器应安装在变电站接地网边界内。

### 11.7.6  GIS 的接地

在设计用于 GIS 的接地系统时必须考虑一些特殊问题。这些问题将在第 21 章中介绍。

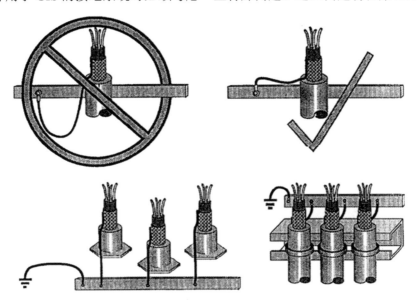

图 11.27  电缆屏蔽接地

### 11.7.7  抑制电磁干扰

AIS 和 GIS 中不同噪声源引起的电磁干扰（EMI）可能导致误操作，甚至损坏设备。

与接地相关的降低电磁干扰影响的措施有：

（1）采用二次屏蔽电缆，必要时采用特殊屏蔽结构。通常，电缆屏蔽双端接地更有利。屏蔽接地必须短且阻抗低。

接地电缆屏蔽的注意事项。来自 CIGRE TB 088（CIGRE 1994）的示意图（见图 11.27）给出了电缆屏蔽接地的正确和错误示范。在特别恶劣的环境中，如超高压 GIS 开关室，建议确保 GIS 的空气套管屏蔽连接良好，并与多个相邻金属支架和钢筋相连。

（2）建议将接地导线与电缆平行敷设在沟槽中，以减少屏蔽电流，并使二次系统与接地系统发生电感耦合。

（3）参见第 21 章中的 GIS—其他特定措施。

### 11.7.8  接地网

变电站接地网由埋在地下的导体组成，在某些情况下由地上的导体进行补充。

地下导体的掩埋深度约为 0.5～0.8m，铺设成网格并在交叉点连接。回填材料应在接地网导体周围良好压实，以确保接触电阻最小。如果可以，应根据该场地的接地设计选择电阻率较低的土壤。

接地网在设计时需要将导体温度、接触电压和跨步电压限制在故障条件下的最大允许值内。

需要注意安装过程，以确保变电站整个寿命期间，所有部件都能够承受预期接地故障电流且不发生劣化。

接头宜为低阻，具有完全额定值、机械性能良好、不易松动，如需要可防电解作用。建议使用合适的压缩或放热型连接，而非螺栓式连接。

接地棒可以被打入接地网周边的地面，并与电网相连，以减少对地总电阻。接地棒的数量和长度将取决于土壤的电阻率和要求的电阻值。有时需要在一些要求高频接地的设备（如电容式电压互感器和避雷器）下方（或附近）增设接地棒。

所有可能因感应带电或电气故障带电的导线（线路导线除外），均作为一次设备的中性点连接于地网上（根据电网中性点有效接地的要求）。在选择导线材料及导线现场安装方式时，应考虑接地导线的高频或暂态性能。例如，在暂态电流条件下，使用绞合导线作为低阻抗通道就不太合适。此外，需采取措施降低铜接地线的盗窃风险。

为了限制接触电压和跨步电压，接地网应与其他埋地导体相连，如金属管道、金属铠装电缆和铁路线路。对于埋地导体延伸至变电站外部的情况，必须特别注意变电站的接地，防止出现危险的地电位上升。变电站附近有栏杆、扶手、铁路等的地方，应按适当间距进行隔断。

如要求，相邻的铁路线应插入不导电的"鱼尾板"，以减少沿铁轨方向的转移电压。鱼尾板的插入应使机车不能够同时短路所有不连续的部分，应特别注意远离变电站径向方向的围栏等。

此外，还需要特别关注变电站大门的接地处理、开启方向及周边围栏。根据现场接地设计，围栏设在接地网内外均可，是否与接地网相连均可。选择合理的接地方法十分重要，其取决于围栏是否为外部围栏或唯一围栏，取决于围栏是否为变电站边界围栏，也取决于必须考虑的公共访问级别。IEEE 2000a 提供了相关指导。

如果变电站附近有电话线或低压配电电缆，将地电位升高限制在可接受水平可能会导致极高的附加成本。限制地电位上升最有效的方法是使用高电导率的埋地避雷线。

接地网的布局对高频暂态地电位上升现象有一定影响（见 CENELEC 2010 和 IEC 2005）。对于 GIS 尤为如此，但在空气绝缘变电站中也需要采取一定的措施，尤其是针对避雷器和互感器的接地。

### 11.7.9 接地故障电流设计

多种电流类型和电流通道都与确定接地系统设计的实际电流相关。

一些考量因素包括：中性点接地方式（TB 161［CIGRE WG23.03 2000）2.3.5］。

电网可能是：① 中性点有效接地（接地故障系数高达 1.4）；② 经高阻接地或消弧线圈接地的中性点非有效接地（接地故障系数可能为 1.7）；③ 中性点不接地。

第一种情况下，接地电流可以达到短路电流的 60%～120%。如果土壤的电导率较高（电阻率大于或等于 2000Ω·m），则在发生接地故障时应特别注意变电站的电位大小。在此种情况下，可以对接地故障电流进行限制，并相应设计三相变压器中性点的绝缘水平。另外，接地网的电位上升也可以通过以下措施得到限制，以确保架空出线的地线具有良好电导率，且在极端情况下其截面面积应与相线的横截面积相等：

（1）接地故障短路水平：接地故障引起的流经故障相的电流；

（2）接地故障电流：接地故障引起的流经接地网阻抗的电流；

（3）开关的额定值：开关的最大额定电流；

（4）接地导体额定值：接地导体的最大额定电流。

在计算接地故障短路水平时，应考虑最不利的接地故障情况。根据本地政策，接地故障短路水平可能是下述中的一种：

（1）系统的设计故障水平；

（2）未来一段时期的预测值（考虑安全系数），此时短路水平可以通过未来电网模型计算得到；

（3）基于当前电网模型的计算值（考虑安全系数），此时不使用未来电网模型。

接地故障短路水平设计可能与接地故障电流设计不同。接地故障电流是流经接地系统阻抗到远方大地的电流。设计差异源于以下因素：

（1）流经就地接地变压器中性点的环流；

（2）通过诸如避雷线、电缆护套等其他平行通道流回电源的故障电流。

需注意，尽管未来的电网发展可能会在很多情况下导致短路水平的增加，但接地故障电流实际上却可能因为途径避雷线、电缆护套等通路而减小。

### 11.7.10 接地体

入地的接地体通常由铜条或铜绞线电缆及镀铜钢的接地棒构成，有时也使用诸如镀锌钢和铸铁等其他材料。当使用铜导体时，应采取防止铜与钢结构发生电化学反应的措施。

接地体尺寸的设计必须能够承载最终设计中流过特定导体的接地故障短路预期电流。例如，与单个接地体的额定值相比，高压设备与接地网的接线可能需要不同的额定值，这是因为所设计的持续时间不应低于备用保护的故障切除时间。采用这种做法时，导体的温度不应超过可能使压缩或螺栓式接头发生劣化的值。典型的最大允许温度通常处于 250～350℃ 区间。

欲计算承载特定电流又不超过特定温度所需的最小导体尺寸，参阅式（6）。欲计算导体在不超过特定温度情况下所能承载的最大电流，参阅式（7）。两个公式均来源于 IEEE 2000a 第 11.3 条。

$$A = I \frac{1}{\sqrt{\left(\frac{TCAP \times 10^{-4}}{t_c \alpha_r \rho_r}\right) \ln\left(\frac{K_O + T_m}{K_O + T_a}\right)}} \tag{6}$$

$$I = A \sqrt{\left(\frac{TCAP \times 10^{-4}}{t_c \alpha_r \rho_r}\right) \ln\left(\frac{K_O + T_m}{K_O + T_a}\right)} \tag{7}$$

式中 $I$ ——电流均方根值，kA；

$A$——导线截面积，mm²；

$T_m$——最大允许温度，℃；

$T_a$——环境温度，℃；

$T_r$——材料常数的基准温度，℃；

$\alpha_r$——参考温度 $T_r$ 下的电阻率热系数，1/℃；

$\rho_r$——参考温度 $T_r$ 下接地导体的电阻率，μΩ·cm；

$K_O$——1/$\alpha_O$ 或（1/$\alpha_r$）–$T_r$，℃；

$t_c$——电流的持续时间，s；

$\alpha_O$——0℃时的电阻率热系数，1/℃。

$TCAP$ 为单位体积的热容量，单位为 J/（cm³℃），引用自（IEEE 2000a）第 11.3 条的表 1。

表 11.4 给出了用作接地体的商用硬拉铜的参数值。利用这些值，图 11.28 绘出了不同温度下导体电流与所需横截面积的关系图。

表 11.4　　　　　　　　商用硬拉铜的性能（（IEEE 2000a）第 11.3 条）

| 材料电导率（%） | $\alpha_r$ 20℃下的系数（1/℃） | 0℃的 $K_O$（0℃） | 熔化温度 $T_m$（℃） | $\rho_r$ 20℃（Ω·cm） | $TCAP$ 热容量 [J/（cm³·℃）] |
|---|---|---|---|---|---|
| 97.0 | 0.003 81 | 242 | 1084 | 1.78 | 3.42 |

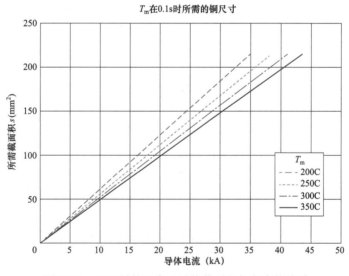

图 11.28　不同最终温度下导体截面积与电流的关系

在如室内变电站等的某些应用中，倾向于选择实心条状导体。对于强腐蚀性土壤而言，首选条状导体，原因是条状导体比绞合导体表面积更小，从而更不易腐蚀。条状导体的截面必须能够满足钻孔的尺寸要求，该导体通过钻孔与其他接地体相连。

对于能使铜产生化学腐蚀的土壤来说，应考虑在变电站寿命期间逐渐减小接地体的截面。这是一个关乎判断的问题。另一种方法是在接地体周围使用填土来减轻腐蚀。两种方法都需要定期检查，判断腐蚀程度和/或填土是否仍就位。

### 11.7.11 例外情况

在某些地点，虽然通过减小接地网网格尺寸可能已有效控制了内部的接触电压和跨步电压，但由于土壤电阻率高或接地网区域小，接地电阻和周边电场梯度可能仍为无法接受的高值。

许多益处源于以下方面：

（1）电缆护套。在城市地区，部分接地故障电流可能通过两端与接地网相连的电力电缆护套泄放掉，从而使相邻变电站的接地网互连起来。

（2）避雷线。类似地，输电线路避雷线也能泄放接地故障电流。比例将取决于塔基的接地情况和土壤电阻率、避雷线和相线的电导特性以及避雷线相对于相线的位置。任何对避雷线效应的评估都需要上述所有信息。然而，这些数据可能并不容易获得。虽然避雷线有助于减少变电站内的电气危险，但应当注意其也可能在将接地网电压传输到线路杆塔时传播这些电气危险。

（3）伸长接地体。一些钻孔容易且地下深处确定有明显较低电阻率土壤的国家，常采用深埋的伸长接地体。

（4）化学处理：特殊黏土的使用。直径 150～250mm、使用经化学处理材料或特殊黏土（如膨润土）填充的钻孔，在某些情况下可考虑用作工业现场的小电极。膨润土具有吸湿性，可以从周围的土壤中吸收水分，但需要水分来保持有益特性。与其他化学处理方法相比，膨润土具有稳定、无腐蚀性、不随时间流失等优点。这些方法不仅成本高，也不太可能为变电站接地网提供完全有效的解决方案。这些解决方案只能增加接地网和土壤之间的接触电阻，不能显著增加接地网电阻。

（5）卫星接地网。如果变电站附近有已知的低电阻率区域，则可以在该区域安装卫星接地极，并通过埋地或架空地线与变电站电网相连。这种方法虽然能够解决问题，但可能因转移电压导致另外的问题。需要对这些电压进行细致分析。在距离变电站 3km 或 4km 以外，互连导线的纵向阻抗有可能使此方法失效。

（6）钢筋混凝土构架。对于室内变电站、发电站尤其是水电站而言，可将混凝土地基和构架作为与变电站接地网相连的辅助电极。混凝土具有吸湿性，在潮湿条件下具有 30～90Ω·m 的低电阻率。然而，混凝土在建筑物下会变干，此时电阻率可能会增加 20 倍。在所有情况下，接地系统的设计都应确保安全性，并考虑主接地极。

在具体的设计中，在电缆护套、避雷线、卫星接地网等元件连接至变电站地网的前后分别进行电流注入试验可以最好地评估元件在泄放接地故障电流方面的效果。

当变电站建于岩石地段时，很难有满意的接地网设计。然而，以下几点更有助于实现满意的接地网设计：

● 如果兴建场地需要填充低洼地区，则导入的充填材料应具有低电阻率。

● 在现场特别危险之处可以使用极重的碎石表层来降低表面电压。

● 当覆盖层是低电阻率土壤时，如果能认识到此时实际接触电压和跨步电压在接地网电位上升中所占的比例小于均匀土壤条件下所占的比例，则可避免高成本的解决方案。

### 11.7.12 接地系统模型验证

变电站调试前，必须通过如下所述的现场测量对接地网电阻和接触/跨步电压进行验证。接地网电阻的计算值和实测值之间可能并不总是具有密切的相关性。宜仔细检查试验条件并与模型数据进行比较，以解释各种显著差异。

测量变电站接地网电阻有两种方法：

- IEEE 1991 或 IEEE 1983 中介绍的摇表法；
- 在 CENELEC 2010 和 IEEE 1983 中详细描述的电位降法（电流注入法）。

对于结构简单的小型接地网，在远离畸变影响的位置，两种方法之间具有合理的相关性。对于复杂接地网，两种方法之间的相关性则非常差。电流注入法是最适合大多数输电变电站的方法。在解释结果时同样需要非常谨慎。

应当记录电网电压值和测量到的某一注入电流下的接触/跨步电压值，并将结果外推到与设计故障等级对应的值。此信息及接触电压和跨步电压的所有测量位置，都应在展示开关设备布局的变电站图纸上予以标明。

在电流注入测试中，如果避雷线和/或电缆护套连接至变电站接地网，则对于每个电缆护套或与避雷线终端相连的接地引入线，应测量其幅值和相位角（相对于注入电流）。

### 11.7.13 直击雷防护

当有很大可能发生雷电放电时，应对变电站进行直击雷防护。雷电的以下特点导致直击雷防护设计难度很高：

- 闪电的不可预测性和偶然性；
- 变电站雷击频率低，导致数据缺乏；
- 对系统进行详细分析的复杂性和经济性。

除非将设备封装在密闭金属外壳内，否则没有一种已知的方法可以做到100%的防雷。进行防雷系统详细分析的不确定性、复杂性和成本导致低压设备防雷设计历来采用经验法则。超高压和特高压设备因作用关键、成本较高，通常需要较为复杂的研究来建立风险与成本效益的关系。

直击雷防护系统的设计可采用四步法：

（1）评估被保护设施的重要性和价值。

（2）调查变电站设备区域内雷害的严重程度和频率，以及变电站遭受雷击的情况。

（3）选择与上述评价一致的分析方法，然后设计出合理的防雷系统。

（4）评估所设计方案的有效性与成本。

雷电现象的频率通常由地面落雷密度（*GFD*）或雷电活动水平来定义。*GFD* 是指局部地区单位时间内单位面积受到雷击的平均次数。雷电活动水平是指给定地区的平均雷暴日数或雷暴小时数。

分析直击雷防护系统有效性的两种典型方法为：

（1）经典的经验法：① 固定角度；② 经验曲线。

（2）电气—测绘模型。有关雷害严重程度和防雷系统分析的其他信息，请参阅 IEEE 998、《变电站直击雷防护指南》（IEEE 2012a）、IEC 62305《防雷保护》（IEC 2013）和 IEC 61936-1

《1kV 以上电压等级的交流电力装置》（IEC 2010）。

使用架空地线或避雷针来防护直击雷，或者两者结合使用。至少对于大型装置来说，利用地线来获得有效防护是比较容易的。必须特别注意消除接地线掉落至开关设备的风险，或至少要确保此类事件的后果对系统的影响在可接受范围。避雷针可以安装在独立支架上，也可以安装于变电站支撑结构的垂直延伸。

### 11.7.14 GIS

如上所述，避雷器通常安装在户外变电站的变压器和并联电抗器上。当架空线变成地下电缆时，由于连接点会发生波反射，通常需要在连接点处安装避雷器。

与架空线路相连的 GIS 变电站与户外变电站的防雷要求不同。在这种情况下，为了保护 GIS，总是需要在进线侧入口处安装避雷器。同时，有必要为至少距离变电站 2～3km 的架空线路提供防雷保护。避雷器通常为户外式，如果避雷器安装在离 GIS 几米的范围内且引线较短，则可保护较大的 GIS，包括任何与其相连的变压器。如果 GIS 是长度可观的主要装置，则进线避雷器提供的防护可能不够。在这种情况下，除进线侧避雷器外，可能还需要金属封闭气体绝缘避雷器。需要注意的是，单靠与母线连接的避雷器是不能满足要求的，因为它们不能保护架空线路的断路器或线隔离开关。

必须对每个 GIS 案例进行单独分析，分析时考虑进线入口数量、避雷线的使用、与 GIS 绝缘强度相比的线路绝缘强度、GIS 的配置、变压器的建议安装位置以及避雷器等。有关 GIS 接地的更多信息，请参阅第 21 章。

## 11.8 污秽（盐尘污染、爬电距离）

对于沿海变电站或沙地、农田附近的变电站而言，其所属的电网运营企业将面临盐尘污染的挑战。例如，从海洋吹向内陆变电站的强风必然会导致绝缘子伞裙受到矿物层的污染，从而导致泄漏距离的减小。泄漏距离不够长，就不足以确保接地支撑件与带电设备之间具备足够的耐电痕或电气耐受能力。

当与其他环境因素相结合时，盐尘污染的影响可能更加严重。这些因素包括工业与农业污染、冻雨或任何产生细小飞屑（盐晶、花粉、植物枝条、钢厂残渣、导电粉尘）的活动等，这些飞屑很可能附着在绝缘子伞裙上。设计空气绝缘变电站时，应特别注意额外的周边环境因素，如靠海环境等。TB 614（CIGRE 2015）《恶劣气候条件下的变电站设计》为此课题提供了指导。

### 11.8.1 污染风险的评估

在试图减轻风险之前，根据通用可衡量尺度进行风险评估和分级是很重要的。

表 11.5 给出了 1986 版 IEC 60815（IEC 2008）中使用的基于系统电压的爬电比距（*SCD*）。对于交流系统，系统电压指的是线电压。2008 版引入了统一爬电比距（*USCD*），即绝缘子两端的电压，对于交流系统即为相电压。*SCD* 和 *USCD* 都被指定为最小值。表 11.5 给出了 *SCD* 和 *USCD* 常用值之间的对应关系。

表 11.5　　IEC 60815–1（2008）中的表 J.1：爬电比距与统一爬电比距的对应关系（mm/kV）（IEC 2008）

| IEC 60815：1986 中的污秽等级 | 三相交流系统的爬电比距 | 统一爬电比距 |
|---|---|---|
| | 12.7 | 22.0 |
| Ⅰ 轻微 | 16 | 27.8 |
| Ⅱ 中度 | 30 | 34.7 |
| Ⅲ 严重 | 25 | 43.3 |
| Ⅳ 非常严重 | 31 | 53.7 |

该表格的使用范例：

| 标称系统电压 $U_m$（kV） | 之前的污秽等级 | 统一爬电比距（mm/kV） | 绝缘子爬电比距（$USCD \times U_m/\sqrt{3}$） |
|---|---|---|---|
| 420 | Ⅲ 严重 | 43.3 | 10 500mm（420in） |
| 225 | Ⅳ 非常严重 | 53.7 | 6975mm（275in） |

可在此种分类的基础上构建风险图，并考虑空气绝缘变电站遭受的盐污。

开展具体的现场测量项目，如：

- 用定向探针测量污秽的体积电导率；
- 采用等值附盐密度方法评价绝缘子表面盐层的等效密度；
- 现场绝缘子不同泄漏距离下的闪络次数；
- 现场带电绝缘子的泄漏电流测量；
- 带电绝缘子的表面电场测量。

重要注意事项：在进行现场测量时，被测绝缘子必须与电网始终相连（即使无负载）。这是因为电场在通过静电吸引污染物方面起着重要作用。

还可以考虑其他因素来评估盐尘污染风险。下面列举出了部分因素：

- 主要风向；
- 降雨量；
- 气温；
- 特定或严重的气候事件（飓风、冻雨、黏冰、雾等）；
- 工业污染。

污秽四级分类与测量流程相结合，为复杂气候和环境条件下空气绝缘变电站的设计提供了坚实而可靠的基础。

## 11.8.2　长期法的设计标准

在处理污染问题，尤其是盐污时，空气绝缘变电站的合理设计是指在不使用特定维护手段（带电冲洗、涂油等）的情况下，定义足够长的最小泄漏距离以避免绝缘子放电。对于电网运营企业来说，就降低盐尘污染风险而言，封闭于建筑物内的 GIS 变电站是空气绝缘变电站的替代方案。

避免因盐污或工业污染导致绝缘子放电的最佳方法是在空气绝缘变电站的早期设计阶段进行风险考虑。一旦污染风险得到评估，泄漏距离设计值即如表 11.5 所示。

除最小泄漏系数外，空气绝缘变电站针对恒风与污秽的设计也必须考虑绝缘子的平均直径。针对强风暴造成的盐污设计尤为困难。基于 IEC 60815-1 所述实验和测量结果的经验关系表明，随着绝缘子盘平均直径的增大，耐污能力降低。因此新增 $K_{ad}$ 因子（作为表征平均直径的系数），如图 11.29 所示。

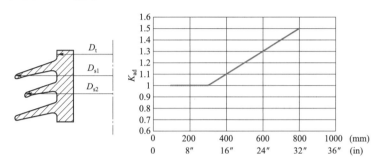

图 11.29　绝缘子可选大小伞裙结构（CIGRE 2015）

这种经验关系能近似为以下数值（见表 11.6）。

表 11.6　　　　　　　　不同污秽程度下的泄漏距离常数（CIGRE 2015）

| 盘式绝缘子的平均直径（$D_{average}$）[mm（in）] | 增加至最小泄漏距离的 $K_{ad}$ [mm（in）/kV] |
|---|---|
| $D_{average} < 300mm$（12in） | 1.0（0.039in） |
| $300mm$（12 in）$< D_{average} < 500mm$（20in） | 1.1（0.043in） |
| $D_{average} > 500mm$（20in） | 1.2（0.047in） |

若要降低盐污造成的放电风险，空气绝缘变电站中多个绝缘子（绝缘子串、避雷器、母线、开关设备/断路器/互感器支架等）的平均直径的影响非常重要。不同设备类型的绝缘子直径差异可能构成同一变电站各种不同的污秽等级。这种多样性与母线接线设计所需的绝缘子强度有很大关系。

例如，在 400kV 技术中，最大直径通常出现在互感器（$D_{average}$ 常常大于 300mm/12in）中，可能会致使特定设备选用更高的污秽等级。增加爬电距离的必要性来自于空气动力学相关的现象。与风向相反的绝缘子一侧会形成低压气穴。在此低压区，污秽物附着在绝缘子上形成导电通路。随着绝缘子直径的减小，污秽物沉积的机会也相应减小。

当海风长时间持续存在时，就会形成海盐沉积。如果每 8～10 天有暴雨，或每 3 天有阵雨，正常情况下污秽沉积不会加剧。

降雨或降水对绝缘子污秽有很大影响。短时小雨几乎和雾一样有害。一旦污秽物受潮，溶于雨水将形成导电通路，闪络便有机会形成。发射率或脏污程度越低，发生电弧和闪络的概率也越低。

采用室温硫化硅橡胶（RTV）或硅树脂涂层可以提高绝缘子的性能，涂层的价值在于使绝缘子表面具有疏水性，水会形成水珠而不是成片流动，故而不会形成发展出绝缘闪络的导电通路。硅树脂产品具有自清洁特性，能够抵挡大部分非酸性污染。一些新产品可与喷漆器配套使用，大大缩短停电时间并提高涂料的相容性。图 11.30 所示为喷涂了硅树脂涂层的绝缘子的示例。

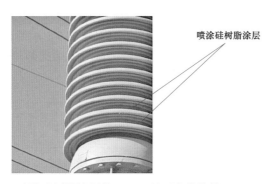

喷涂硅树脂涂层

图 11.30　喷涂硅树脂涂层的 230kV 地下电缆终端（CIGRE 2015）

## 11.9　可听噪声

本节内容的主要依据为 Giles（1970）和 Sahazizian（1998）等人的研究。

### 11.9.1　引言

变电站有两大噪声源：

- 电力变压器与电抗器运行产生的连续噪声；
- 高压断路器或负荷开关操作产生的瞬时噪声。

变电站的其他噪声源还包括电晕放电、操作开关时的起弧等。

截至目前，影响最大的噪声源是电力变压器和电抗器产生的噪声。这些设备发出持续的嗡嗡声，可能会打扰住在变电站附近的小区居民。引起噪声投诉的可能性取决于该噪声相对于背景噪声的水平以及其是否具有某些可闻特征（如连续噪声、尖锐噪声或无规律的噪声）。

经验表明，评估级噪声与背景级噪声差高于或等于 10dB 即可能引发投诉，5dB 的噪声差则可以忽略不计。

近几十年来，由于城市和郊区的扩张，许多原先建在农村地区的变电站现在建于居民区内或紧邻居民区。这种新形势下，变电站设备产生的噪声水平可能无法被居民所接受，往往需要采取相应的措施将噪声水平降低到可接受水平。

此外，公众对工业噪声的关注在过去几十年里有所增加。目前住宅小区的噪声水平已制定了更严格的法规和细则加以限制。

以上种种使可听噪声成为值得关注的重要问题。电力行业在规划和改造现有变电站时必须对这一点予以充分考虑。

### 11.9.2　变压器的噪声特点

铁芯的磁致伸缩（或电致伸缩）是变压器噪声的主要来源。次要来源为线圈匝间的电磁力，但强度轻得多。其所产生的振动主频率是电源频率的两倍，即 100Hz 或 120Hz。由于铁芯的磁致伸缩特性是非线性的，所以会产生诸如 3 次、4 次等高次的谐波。这种谐波成分是造成个体听到噪声后感到烦躁的主要原因。随着磁通密度的增加，主要谐波的水平和次数以及人们对噪声的投诉率也随之增加。由于磁通密度由励磁电流控制，且总噪声输出与励磁电压和励磁电流的乘积成正比，所以即使辐射模式随时间发生不可预测的变化，给定电压下的噪声输出仍基本保持不变。因此，噪声输出通常不受负载的影响。

### 11.9.3 声音的传播

在空旷的户外环境中，来自一个声源点的能量根据"反平方定律"传播——这意味着当声音从声源向外传播时，能量会随着距离的平方而减小。因此，距离每增加一倍，声能就减少到原来的 1/4，即 6dB。此衰减理论通常适用于 150m 及以上的距离。超过这个距离，声音就会受到地面和大气吸收以及诸如湍流、和风、强风及温度梯度等多种因素的影响。

除上述情况外，如果逆温现象发生，噪声的传播能量也极少能够保持不变，通常会由于不断变化的大气条件，在几秒到几分钟的时段内随时间的变化而变化。与稳定噪声相比，这种对噪声（特别是对变压器产生的噪声）的调制，是增加主观反应的另一个因素。

### 11.9.4 噪声声级限制

世界各地制定了众多现行法规和规章制度来控制居民区的可闻噪声声级。一些国家已出台了符合当地情况的噪声标准规定。虽然一些较大社区和城市已经有各种形式的定量规定，但其余大多数规定仍然还是定性规定。

通常根据规定，变压器噪声在一天中最安静的时段应为轻微可闻，而在人们正常活动的其他时段则是不可闻的。经验表明，变压器的噪声声级比环境最低噪声声级高出 10dB 时会引起市民投诉，但 5dB 的增加通常不会产生投诉。然而，5dB 的缓冲增加被认为是适应辐射模式下时空变化和前述大气影响所需的最小值。

上述通用规则特别适用于新装置的设计。虽然它也适用于旧的装置，但由于空间和间距的限制，有些现有的变电站难以安装噪声处理装置。

现有的变电站迟早都要遵守更新的、更严格的噪声法规，通常情况下，是在接到有关某一变电站噪声水平升高的投诉后。

在一些国家，虽然新的条例通常可能不适用于现有的装置，但电力公司更关心的是社区居民的接受程度，因为"良好的企业公民"能将其装置进行现代化更新，以满足最新的法规和规章制度的要求。

表 11.7 列出了针对特定设置的典型噪音声级限值。

表 11.7　　　　　　　　　　典 型 噪 声 限 值

| 位　置 | 时　间 | 噪声限值（dB） |
|---|---|---|
| Ⅰ.纯住宅 | 白天 | 45～50 |
| | 早晨/傍晚 | 40～45 |
| | 夜间 | 35～45 |
| Ⅱ.混合住宅 | 白天 | 50～60 |
| | 早晨/傍晚 | 45～50 |
| | 晚上 | 40～50 |

续表

| 位　置 | 时　间 | 噪声限值（dB） |
|---|---|---|
| Ⅲ. 商业/工业 | 白天 | 60～65 |
| | 早晨/傍晚 | 55～65 |
| | 夜间 | 45～55 |
| Ⅳ. 工业 | 白天 | 65～70 |
| | 早晨/傍晚 | 60～70 |
| | 夜间 | 55～70 |

### 11.9.5　噪声声级测量

测量噪声声级的要点及建议如下。有关测量技术和仪器的指南，详见 ISO 1996 第 1、2 和 3 部分（ISO 2016；ISO 2007；ISO 1987）。

表 11.8　　　　　　　　　变电站测量点个数及变电站界址线长度

| 变电站界址线长度（m） | <300 | 300～500 | 500～1000 | 1000～2000 | 2000～3000 | >3000 |
|---|---|---|---|---|---|---|
| 测量点个数 | 12 | 16 | 20 | 24 | 32 | 40 |

（1）测量点个数。测量点应沿界址线等距离设置。表 11.8 给出了不同长度界址线的建议测量点总数。

（2）测量位置。应在界址线处测量变电站噪声声级。

准确的测量点一般建议在地面以上 1.2m。如果声音被围栏或任何其他结构屏蔽，建议测量点位于围栏/结构上方的 0.3m 处。

（3）理想的测量环境：① 环境温度：5～35℃；② 湿度：45%～85%（CIGRE 1980a）；③ 风速：<3m/s。

当风速大于 3m/s 时，由于噪声不恒定，不建议进行室外测量。

（4）测量设备。测量设备应具有有效的校准。

### 11.9.6　噪声声级计算

一般来说，声源点的能量随着距离平方的增加而减少。然而，这受到变电站内建筑物和设备反射和/或吸收的影响。

设备运行中产生的声波能量可以通过周围设备的类型、位置和分布来减少。

基本计算方法在（CIGRE 1980a）中有详细论述。可以用软件包计算预测的噪声声级，评估周围设备的影响，从而确定产生最低噪声声级的变电站设备的分布。

图 11.31 是一个显示噪声分贝等值线的评估示例（该示例由日本中部电力公司提供）。

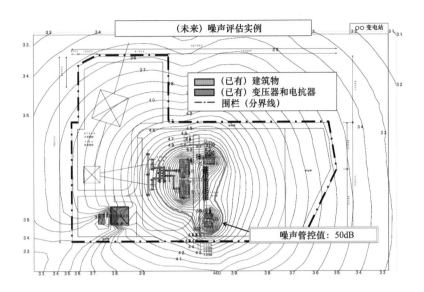

图 11.31  变电站噪声评估实例

### 11.9.7  变电站噪声控制方法

用于减轻变电站噪声问题的方法取决于以下因素：

● 变电站所在区域的噪声声级超过规定声级的大小程度。

● 各种解决方案的经济性——分析方案必须考虑到装置的寿命周期成本，以及电力公司通过解决居民问题能获得的好处。

● 在变压器和/或电抗器周围安装特定的声音减缓装置对操作和维护的影响。

● 在现有变电站中，与减缓噪声解决方案可施工性相关的问题（是否可以在带电设备上完成，是否需要电力和/或控制电缆的重新布线等）。

在可能的情况下，一般的控制措施是设计工地布局，使噪声源的位置尽量远离对噪声敏感的居民区。

在现有或计划变电站中，减少噪声问题过程的第一步是确定接收点处所需的降噪量，这通常是变电站界址线上最关键的位置。

降噪要求等于未经处理的变压器噪声总声级减去随着距离而衰减的噪声声级，再减去最低环境声级，或者是允许的居民区声级，最后加上前文第 11.9.4 节中提到的 5dB 余量。

一旦确定了降噪要求，就必须选择能达到所需降噪要求的最适当的措施或措施的组合。

### 11.9.8  变压器噪声控制措施

以下是降低变压器噪声最为广泛使用的方法，并且针对新方法提供了更详尽的描述：

（1）在弹性防振支架/减振垫铁上安装设备（尽量减少振动向土木结构的传递）。

（2）使用低噪声声级的变压器。最近几十年，变压器制造厂商在减少电力变压器和电抗器的基本噪声声级方面取得了重大进步。可以制造出比标准声级低最高 10dB 的设备，根据大小的不同，每分贝成本最高可达标准变压器成本的1%。与其他控制方法相比，更进一步降低噪声的方法，通常需要付出更高的经济代价。

在现有变电站中，如果有其他因素（变压器的使用寿命、装置的故障历史、长期漏油等）决定需要更换变压器，那么最好的解决方案是用新的低噪声变压器替换旧变压器。

（3）景观美化。在界址线的外围需要降低噪声的方向种植生长良好的树木，是提供适度降噪的解决方案之一。另一种降噪方案是采用被草地和顶部灌木丛覆盖的景观土壤护堤，同时它也提供了一种将变电站融入居民区的方法。

（4）简单的露顶壁垒。该方案得到的降噪水平取决于变压器上方屏障的高度及其与降噪目标邻区高程的关系。一般情况下，这样的屏障可以达到 8～13dB 的降噪效果。屏障可以用多种材料建造，如钢板、砖石等。

（5）隔音室。这种隔音室安装在变压器的四面。根据需要的降噪声级大小和方向，隔音室可以不装屋顶也可以加装屋顶。这种隔音室的顶部必须为特定的变压器定制设计。变压器的油箱和隔音墙的墙壁之间必须留出足够的空间，以便维修人员通过。此外，必须提供使变压器的机械箱门能够打开的足够空间。如果对施工细节给予适当的关注，那么最多可以减少 20dB 的噪声。变压器的冷却器安装在隔音室外，以保证符合变压器的设计额定值（见图 11.32）。

图 11.32　隔音室示例（加拿大）

（6）低频隔音面板。针对现有并联电抗器和/或变压器的一种有效对策是安装低频隔音板，以最大限度减少低频噪声的产生。

新的隔音板由吸声材料和隔音板组成，隔音板带有附加重量，这对于减少隔音板产生的振动是必需的（见图 11.33）。

虽然传统的混凝土面板确实通过其材料本身的大重量优势具有了一定的隔音效果，但低频隔音面板在减少低频噪声渗透方面更具优势，即便其设计非常轻巧。

（7）紧凑围墙。该解决方案包括变压器周围的全钢板围墙（包括钢质屋顶）。这种解决方案通常被称为"茶壶套"解决方案。在这种布局中，墙壁安装在靠近油箱的地方，通常有一个 10～15cm 的空间，该空间内充满吸声材料。通过有计划地设计门的位置，留有通向变压器机械箱、分接开关等装置的通道。这种围墙可以使噪声降低多达 22dB。

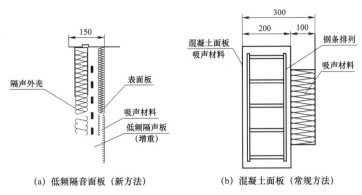

(a) 低频隔音面板（新方法）　　　　(b) 混凝土面板（常规方法）

图 11.33　隔音板结构

对于解决方案（3）、（4）和（6），有必要提供吸收屏障或围墙内积聚的声音的手段。这可以通过提供 8～10cm 的玻璃或矿物棉衬里或通过在建造屏障或围墙的墙壁混凝土块的一些单元中形成谐振器（通过钻一个适当比例的孔）来实现。

安装在屏障或围墙内的变压器必须安装在隔振器上。最常用的隔振器是钢弹簧。这些隔振器可以防止由于变压器的地面振动而引起的屏蔽或围墙振动（以及产生的额外噪声）。

还必须考虑隔音围墙的通风。变压器运行产生的热量在围墙内积聚，需要适当的通风将热量从围墙中散去。必须安装低噪低速风扇，以免影响围墙的整体性能。

冷却器通常不会产生噪声问题，但当需要降低 20dB 或以上时，有必要在油管中提供适当的柔性连接以减少振动的传递，从而减少冷却器产生的噪声。在这种情况下，必须考虑在冷却器上安装高效率、低噪声的风扇。使用双速风机也是一种选择，这种风机只有在变压器满载的情况下才能以最高速度运行。

隔音屏障也可以作为防火隔板墙。

（8）主动消声。这种方法是使用放大器和扬声器系统播放一个单独的声音，使得振幅与想要消除的噪声声级相等但相位相反，以提供噪声消除。该方法已被证明是可行的，并在10dB 范围内提供了有效的降噪。在这个范围之外，噪声水平会增加，因为会有额外声波影响当地环境。

## 11.9.9　其他噪声源及控制措施

（1）断路器。

● 空气鼓风设计和某些类型的断路器操作装置尤其容易产生噪声。

● 只有在执行定期开关转换（如电压控制开关）时才可能产生噪声。

控制措施：

● 选择低噪声设备（一般选用 $SF_6$ 单压力设计，避免使用气动机制）。

● 在室内安装设备（传统的建筑结构可进行合理降噪）。

● 在压缩空气排气口安装消音器。

（2）放电（电晕）。

● 随机噪声（嘶嘶声或爆裂声），特别是在潮湿的天气条件下。

● 在变电站中一般不存在噪声问题，因其噪声为宽带高频噪声，随着与声源距离的增加迅速衰减。

控制措施：

- 选择经过设计和测试，可以达到低电晕放电水平的设备。

- 选择适当的时间间隔，定期清洗绝缘子。

（3）辅助设备（柴油发电机、压缩机）。

- 运行时的连续噪声。

- 此类噪声问题的严重程度取决于设备使用的频率和持续时间。噪声通常是宽带的，且随着离声源距离的增加而迅速衰减。

控制措施：

- 选择可以最大程度减少环境噪声水平的设备。

- 将设备放置在隔音围墙或建筑物内（取决于所需的降噪要求）。

（4）报警警报器：运行时的连续的穿透性噪声。

控制措施：确保所有此类设备都配备定时器，定时器可在合理的时间（如 20min）后关闭外放声音。

## 11.10　消防

本节内容的主要依据为 1984 年 CIGRE 23-01《变电站消防系统与措施》（CIGRE 1984）。

高压变电站的消防措施取决于其使用理念和标准。对许多变电站来说，为避免火灾造成损害的风险，主要方法是在厂房和建筑物之间设计足够的间隔距离。每个国家或电力公司在这一领域都有自己的标准，因此很难总结出一套全球性的普适标准。但尽管如此，这里仍然可以给出一些基础性建议。

构建消防系统的目的是：

- 尽量减少火灾对工作人员和公众的危害，保护环境。

- 减少火灾造成的财产损失。

- 保护周边设备。

- 尽量减少客户损失。

在选择消防系统时，应考虑以下因素：

- 火灾发生的低概率。

- 消防系统的成本。

- 消防设备的可靠性。

所需要的防护程度与设施或其他邻近设施的重要程度有关。

根据这些原则，大多数变电站在室外和/或室内安装消防系统，以减少对电力变压器和附近仪器、设备及变电站建筑物的损害。其他原因还有减少空气污染的可能性，保护环境（木材、房屋等）以及人员的安全。

有一小部分变电站没有消防系统，是由于考虑到火灾风险低，且投资和运营维护成本不合理。

大多数变电站会按照当地、国家或国外标准（如美国国家消防协会）进行消防布置。

以下各段分别描述了不同的消防系统，电力变压器、电缆、控制系统、继电器和电缆室的测试、维修和培训方面的具体应用案例，消防经验以及变电站采取的其他防火措施。

### 11.10.1　消防系统

图 11.34 所示水喷雾保护系统通常适用于室外设备。

图 11.34　罗马尼亚采用水喷雾灭火的变压器灭火系统

室内变电站普遍采用气体消防装置。这些装置应该使用清洁的不导电的气态介质，并且在蒸发过程中不会留下残留物。例如 $N_2$ 和 $CO_2$ 的混合气体就可以满足要求。由于温室气体的影响，不再使用哈龙灭火系统。而在最近的出版物中描述了一种新兴的低氧消防系统，其中讲述到控制变电站建筑内的氧气水平处于一个较低的水平，使其不利于火灾的发生（Sahazizian 等，1998）。还描述了高膨胀泡沫和粉末灭火装置的使用等内容（Renton 2013）。

根据变电站的重要程度、火灾风险、灭火效果、对相邻设备的损坏限制和人员安全等因素来选定变电站的消防措施。

水喷雾系统仅适用于室外变压器，主要以细水雾为主，以水滴为辅。它通常被认为起冷却作用，有时起冷却和阻 1.45 绝空气的作用。对于变压器来说，气体消防系统也变得越来越普遍。图 11.35 给出了一种使用 $N_2$ 消防系统的变压器。

图 11.35　罗马尼亚采用氮气灭火的变压器灭火方式

水喷雾系统运行时间一般在 5～10min 之间。通常的供水方式有带泵的水箱、气体加压罐或城镇供水。一些变电站也依赖于河流或运河水，这主要取决于它的所处位置。

通常情况下，灭火系统无法保存防止火灾复燃的储备水。因为一般灭火使用水量在 2000～6000L/min 之间，这取决于要保护的变压器尺寸大小（10～25L/min/m$^2$）。

供水系统的工作水压一般为 7～10bar。通常设计室外安装的喷嘴时不考虑最大风速的影响。

对于室内安装的气体消防系统，$CO_2$ 装置主要用于提供每立方米大约提供 0.5～3kg $CO_2$ 气体，运行时间为 0.5～3min，正常运行的气压为 50～60bar。

高膨胀泡沫灭火装置在实际中很少使用。固定的防火系统最为常见。在调查的案例中，大约有一半使用便携式灭火系统以及固定和便携式灭火系统的组合形式。几乎所有的固定消防系统都是自动操作的。

烟雾探测器（室内）及双金属和玻璃球探测器是常见的火灾探测元件。在某些情况下，还会有其他类型的探测器，如感光探测器、气体探测器、感温探测器和复合探测器。通常情况下变电站内每 10～25m$^2$ 安装一个探测器。最受欢迎的探测器性能特点为检测可靠性高、时间短、抗干扰能力强、防伪报警能力强。

火灾探测器常常是启动消防系统的信号。一些变电站有单独的保护继电器或与检测元件（气体继电器、微分继电器、压力继电器、帧漏继电器等）相结合的保护继电器。

一些变电站在独立的探测管道系统中填装气压在 2.5～8bar 之间的压缩空气，当气压降至 1～3bar 时启动灭火系统。

带有报警功能的压力继电器用于防范消防气体的意外泄漏。

检测设备发出指令后与消防系统自动运行之间允许的最长时间通常为 5～30s。这个时间可以通过以下方法缩短：

- 使用变压器保护继电器作为启动器。
- 调整检测系统的气压。
- 缩短供水、供气设备与变压器之间的距离。
- 调整管道系统的尺寸。

几乎所有无人值守的遥控变电站都会集中接收来自检测系统的信号。对于有人值守的变电站，信号也是在电力公司集中接收的。

自动喷水或排放阀通常是电动的，而气动和液压操作通常与喷水消防系统相关。同时也有这两种操作系统的组合。

为了防止消防系统的误操作，许多电力公司采用两种启动标准，例如以下情况：

（1）两个探测器串联。

（2）气体灭火系统的温度和气体继电器发生气体泄漏。

（3）探测器及断路器的开启位置。

（4）探测器和差动继电器。

大多数电力公司为当地人员配备带有警铃、警报器或闪光灯的自动火灾报警设备，以便将 SCADA 报警信号发送到控制中心。某些情况下，火灾报警设备可以直接向消防队报警。

## 11.10.2　变压器

大多数变电站中，通常不单独保护变压器和冷却器之间的地表范围。

在大多数变电站，变压器安装在混凝土或其他材料的防火屏障（墙）之间。然而，这取决于变压器之间的距离及其与相邻设备之间的距离（9～15m）。大多数情况下，墙的高度与变压器油箱的高度和储油柜或套管的尺寸有关，其重叠部分最大可达 0.3～2m。屏障的长度主要随变压器油箱和冷却器的尺寸而变化，其重叠部分最大可达 2～6m，或随储油池的尺寸而变化。在室外向变压器和冷却器之间安装的屏障很少见，当然，考虑到降噪需求的除外。

一些变电站规定，要把消防区域的水和油排入变压器下面的一个储油池中。有时，几个深池会相互连接，然后连接到一个单独的油箱。还有一些变电站把油和水排入地下排水系统，再排入储水池。几乎所有国家的最小容积的储油池都足以容纳变压器和冷却器所排出的油。

大多数情况下，这个储油池会容纳来自储水箱或消防栓水喷雾装置的水，在某一段时间内，还会有雨水与一些碎石的结合物，最后还留有一些备用容量，用于储存消防用水或消防泡沫。

许多国家规定，为了防止燃烧的变压器油从损坏的变压器附近扩散，除了储油池以外，还应采取其他防护措施，例如，在变压器和冷却器周边 1～2m 的最小距离上修筑堤坝，从而产生一个可容纳变压器油体积总量的 100%～110% 的储油栏，或者在储油池的周边（100～150mm 高），地面区域的分级取决于洒水器或在变压器底座周围挖沟的范围。

几乎在所有的变压器周围，都有用于协助熄灭变压器下及附近的油燃烧的器具，例如：

● 堤滩上或油坑内 200～300mm 厚的碎石层。

● 在变压器周围或冷却器下方的 200～250mm 厚的碎石层（50～120mm），当有油坑时，由镀锌铁架支撑，起到冷却和阻绝空气的效果。

● 碎石坑。

● 带小开口的砂混凝凹坑。

● 变压器附近的沙子。

一般都会有尽快把燃烧的变压器油引至储油坑的工程措施，例如：

● 向储油池底倾斜的斜坡。

● 通向储油池坑底的倾斜大管道，使油倾倒到一个单独的足够容纳所有燃烧变压器油的石制密闭油坑。

● 从变压器底座到储油池的排油渠道的限定坡度约为 10%。

许多国家都会使用水油分离装置，当自动操作不可靠时，则会使用人工手动操作。而在变电站中，储油池、水油分离装置或特殊设计的单独油箱等操作系统也会采用有人值守和自动值守两种方式。

当变压器安装在离建筑物很近的地方，变压器套管通过墙壁安装时，大多数接受这种设计的国家没有采取特别的措施来防范火灾危险。

被动预防措施很少，例如：

● 密封的开口或通道，防止烟和气体的渗透。

● 在一定时间内（1～3h）耐火的墙体材料（混凝土）或墙体上的不燃板。

- 设计的用于承受变压器室压力上升的墙和天花板。
- 在无人值守的高压变电站墙体中安装喷水装置。

在大多数国家，变压器之间、变压器与建筑物之间没有最小的净间距。有时，变压器之间的间隙可达 12.5～15m，变压器与变电站围栏或建筑物之间的间隙可达 20～30m，或随系统电压水平的变化而变化。

电力变压器的自身保护：有一种趋势是，较大的室外变压器的保护装置比较小的变压器保护装置更好，但这取决于有关变电站使用的变压器。室内油浸式电力变压器一般都有防火保护措施。而消防系统主要用于变压器油箱、冷却器或其他部件（储油柜）的消防。

通常，消防装置的系统管路不与变压器的油箱和冷却器相连，而是与变压器采用不同的支撑装置，变压器在火灾区域受到消防系统的保护，但这些支撑系统一般没有危险爆炸方面的防护。

通常一个储水箱或压力箱不止连接一个变压器。

在大多数变电站中，连接到一个储水箱或压力箱的变压器的最大数量在 2～4 个之间。大多数情况下储水箱或压力箱与连接变压器之间的最大距离为 30～40m。在一些国家，当检测到其中一个变压器着火时，所有变压器上的水将同时喷洒。

几乎从来不对变压器冷却器进行来自于套管、互感器或避雷器爆炸的危险防护，这往往来源于以往爆炸造成损害的经验。在许多情况下，可以安装特殊继电器以保护电力变压器不受火灾或爆炸的影响。除布巴克霍尔兹继电器外，差动继电器、压力继电器、阻抗继电器、波保护继电器、浪涌抑制继电器、突发压力继电器、温升继电器和油位驱动跳闸继电器也用于火灾和爆炸探测。

为了保护变压器不受爆炸的影响，还使用了以下防护物品：

- 泄压阀，有时仅用于有载分接开关。
- 膨胀管，有时带有薄膜。
- 特殊的盖、破裂片或膜片。

### 11.10.3　电缆

大多数变电站考虑到室内外高压变电站对电力电缆和控制电缆的消防保护需要，会采用被动保护的方法。例如，采用防火屏障或类似的方法。只有少数几个变电站在正常绝缘材料上使用特殊材料或特殊添加剂对电缆进行主动保护，以改善电力电缆和控制电缆在火灾条件下的性能。在变电站中，采取这些措施主要是为了减少火灾的蔓延。

一般而言，调查显示这些特种电缆的使用有所增加。1970 年以前，特种电缆只在 3 个变电站使用，1970～1975 年，在 6 个变电站使用，而根据 1984 年的调查，从 1975 年起在 11 个变电站中使用（Aanestad 等.1984a，b）。

几乎所有的变电站都采取了不同材料的防火屏障等措施来减少火灾蔓延。有些使用混凝土、钢材或泡沫材料、矿物和石料来灭火。有一个国家的一些变电站使用蛭石/石膏（1—沙子，2—水泥，4—蛭石）或硅树脂来防火。在其他国家，防火涂料或涂层则被用于重要而昂贵的设施。

在某些情况下，电力电缆和控制电缆通过使用不同的材料分开安装，如最低防火等级为 5～10min 的钢板、混凝土或砖（0.5～2h）。

### 11.10.4　控制室、继电器室和电缆室

消防系统和/或措施可用于控制室、继电器室和电缆室，以避免大多数关键设备损坏和二次伤害的风险。这些消防系统通常由自动探测器启动。在防火区以外放置的带有手动阀的手动控制设备和从一个或多个点进行手动遥控的设备并不多见。

大多数在变电站安装火警探测元件的电力公司，都有 2～3 种火警探测器。几乎所有的变电站都安装了某种规格的烟雾探测装置。双金属或光学探测器也很常见，但很少使用玻璃球和塑料管探测器。

对于火灾报警，大多数变电站使用警铃、警报器或闪光灯，有些则与消防队有直接的报警连接。

某些情况下，在人员进入控制室、继电器室或电缆分布室之前关闭消防系统是一项安全规定。如果消防系统正在运行，通风系统则会停止，大多数变电站设施的通风阀将关闭。通风阀的关闭，如气动阀，将通过电动螺线管与断路器或遥控互锁。在火灾被扑灭后，使用鼓风机排气是很少见的。

消防系统关闭多久后能进入控制室、继电器室、电缆分布室是没有明确规定的。有些变电站认为需要 0～1min，而另一些则是有经验的工作人员认为情况安全后，可以进入。

还安装了氧气警报器。

许多变电站在控制室、继电器室、电缆分布室安装有防火屏障。有防火墙、隔板，有时还有防火门、自闭门，使得房间与相邻房间和地下房间完全隔离。这种耐火材料是由砖、钢筋混凝土或钢材制成的。在使用分隔房间时，墙壁、门等具有防火能力。

### 11.10.5　其他措施

一般来说，以上所述的保护措施对大多数变电站来说已经足够了。当然，有时还采取了其他保护措施，如室内变电站不使用油断路器。很少有建筑物受到特别保护以免受火灾损害的风险，而且所使用的材料通常没有最低耐火等级。当指定最小耐火等级时，通常通过使用混凝土和砖来实现。在这种情况下，其耐火持续时间在 2～4h 之间。

除电力变压器外，其他设备如断路器、互感器都不受保护。

一般来说，整个变电站内没有其他防火系统或措施，当这些系统或措施需存在时，他们的考虑使用：

- 远程探测器和警报器。
- 使用干粉灭火器。
- 使用不可燃材料，设置障碍物、火坑等。

变电站内经常使用的警告标志，包括：

- 消防设备的识别标志。
- 变压器室，仍受气体保护系统的房间门上的告示。
- 消防系统操作说明。

变电站有效的消防逃生措施要点如下：

- 室外变电站的开放式设计，保证消防队进入和操作人员逃脱。
- 每个安置充油的设备房间均设安全出口。

● 氧气呼吸器达到规定的数量。

### 11.10.6　总结

根据调查所示的火灾事故报告分析，变电站内电力变压器被认为是变电站失火的主因。变电站内的仪表变压器、断路器、电抗器、电缆、控制室和继电室等的火灾风险通常是很小的。

为降低火灾风险，一般采用以下两种防护措施：

● 主动保护，主动保护包括直接灭火的措施，如消防系统。
● 被动保护，是指防止火灾蔓延或限制损害的措施，如防火屏障、耐火材料等。

防火措施的使用主要是基于两个标准：

● 保护环境和人员人身安全。
● 客户服务和/或维护成本损失的最小化。

基于这些标准，世界各地的变电站都采用了许多措施。

有些变电站决定不为室外变电站设置消防措施，而有些只在无人值守的室外变电站设置消防措施。对于后一种情况下，通常会安装远程报警装置，来传输设备的检测信号。在城市中心或住宅附近的室内设施中，通常会安装消防系统，以满足当地的消防规定。

## 11.11　地震（CIGRE 1992）

工业化国家日益增长的社会需求对稳定电力供应提出了新的要求。如果电力设施在地震中受损，电力供应可能会中断很久，这将对该地区的社会活动造成灾难性影响。供电网络里，由于高压开关设备的结构和连接处的机械效应，变电站是地震中最脆弱的环节。因此，变电站中易受地震影响的设备必须具有足够的抗震能力。

图 11.36 为 1961～1967 年期间，（里氏）震级大于 4 级的地震震源分布情况。从图 11.36 中可以看出，地震在世界各地广泛发生。尤其是太平洋周围区域和印度尼西亚起至地中海的沿途宽阔地带，发生地震的概率很高，约 80%的地震记载出现在此区域。

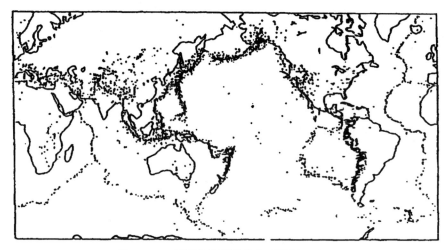

图 11.36　有记载的震源分布（等级＞4）

### 11.11.1  抗震设计步骤

由于各国情况不同,在变电站设备抗震设计方面尚不存在国际统一的地震波形和计算程序。从波形和设计步骤角度对设计方法进行分类,分别如图 11.37 和图 11.38 所示。

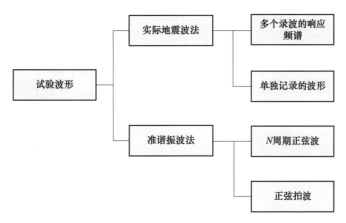

图 11.37　试验波形的分类

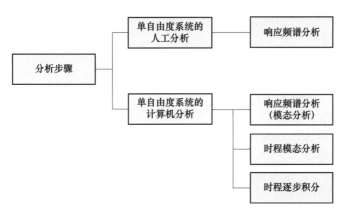

图 11.38　分析方法分类

为简化现场设备的应用,采用一种单自由度系统的反应谱法对给定设备的抗震性能进行评估。计算时,设备由一个单自由度系统来表征,所有分析均可手动分析,无需计算机辅助。

典型的评估流程见图 11.39 所示。

作为评价结果的安全系数（$S_f$）（即"材料强度"除以"弯曲应力计算"的值）,如果大于规定值,则设备具有良好的抗震性能。

符合图 11.37～图 11.39 的详细过程和计算在 CIGRE Electra #140_3 中提供了详细描述（CIGRE 1992）。

振动台试验是一种可直接评定设备是否满足相关标准的方法。图 11.40 为评估振动台的测试设备。

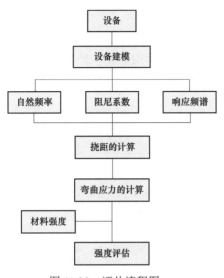

图 11.39 评估流程图

图 11.40 振动台试验

## 11.11.2 提高抗震性能手段

如果按上述步骤计算得出的应力高于设备材料的允许应力与适量裕度之和,则有必要提高该设备的抗震性能。本节介绍了提高设备抗震性能的实用方法。

### 11.11.2.1 增强瓷绝缘体和支撑结构

瓷绝缘体部分通常是整个结构中最薄弱的部分。因此,陶瓷的强化是提高设备抗震性能的有效手段,包括以下方法:

(1)减小设备弯曲力矩:

1)减少顶部重量;

2)使用聚合物绝缘体(减轻质量);

3)降低设备高度。

(2)增大瓷绝缘子的截面模量。

(3)使用高强度绝缘体。

### 11.11.2.2 采用支柱瓷绝缘子进行加固(瓷撑加固)

对于多单元瓷绝缘子,通过在其顶部或中部的连接法兰上,在 2~3 个方向上增加支柱瓷绝缘子,来加强最高弯矩的底层单元的刚度。图 11.41 给出了空气断路器的一个应用实例。

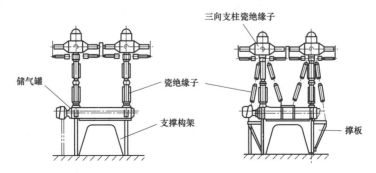

图 11.41 支柱瓷绝缘子和支撑板的应用案例

#### 11.11.2.3   加固支架

如果设备的支架刚度不够高，那么整个系统的刚度也会降低。可以利用以下应对措施予以解决：

（1）增加支架惯性：

1）添加交叉、水平和垂直单元；

2）增加构件的截面模量；

3）增加支架宽度。

（2）降低支架高度。

#### 11.11.2.4   增大阻尼系数

地震时，橡胶阻尼器或弹簧阻尼装置都是比较有效的减震措施，能吸收地震振动能量并降低设备响应。

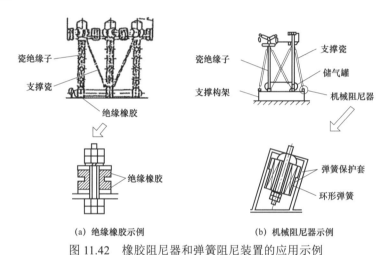

（a）绝缘橡胶示例　　　　　　　（b）机械阻尼器示例

图 11.42　橡胶阻尼器和弹簧阻尼装置的应用示例

在图 11.42 中，橡胶阻尼器安装在气罐底部的断路器，弹簧阻尼装置安装在支撑瓷绝缘子的下端。

在图 11.43 中，2011 年 3 月发生的日本东部地震中，阻尼装置被证实具有有效的减震作用。

（a）500kV 瓷绝缘子　　　　　　　（b）500kV 空气吹弧断路器

图 11.43　日本东部地震阻尼器实际效果

隔振橡胶常被用于变压器，防止电磁振动从变压器传递至地板（防振垫）。当使用隔振橡胶阻尼器进行抗振保护时，必须注意不要使其成为设备摇摆振动的原因（Miyachi et al. 1984）。摇摆振动的产生是由于变压器本体振动系统与隔振橡胶发生共振。

摇摆振动频率可能会接近地震波的主频率，进而显著增大地震力。在这种情况下，制造厂商可能需要对橡胶的结构、尺寸和材料进行改进，或重新设计变压器。

#### 11.11.2.5　其他应对对策

其他有效的应对对策包括：

（1）拆卸滚轮，将变压器箱直接安装在基座的桁条上，各侧都有坚固的基台；

（2）用托架把滚轮固定在轨道上；

（3）用托架加强套管法兰处的支撑；

（4）加固储油器和散热器支架；

（5）仪器之间的控制电缆接线和管道装置尽可能松活；

（6）继电保护和表计在地震时容易出现不正常动作，为避免这种情况的发生，应加装隔振橡胶阻尼器或使用软缓冲垫进行支撑；

（7）相邻配电柜最好用刚性构件紧密相连，并用支撑构件固定于墙上。图 11.44 给出了针对配电屏可采取的抗振措施。

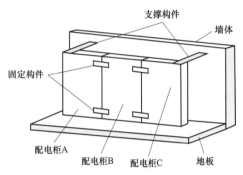

图 11.44　针对配电柜的措施示例

#### 11.11.2.6　设备间引线连接的影响

当装置的相邻部分通过引线连接在一起时，两部分的振动差异可能会产生张力。硬连接的张力尤为严重，但即便是软连接，若引线松弛度不足，也会成为一个严重的问题。引线连接的张力所引起的应力在地震作用下叠加于整个结构上，很容易造成设备损坏。

软连接设计的指导准则（含引线松弛度）为：

（1）规定至少长 70mm；

（2）大于设备连接部分间距的 5%；

（3）进行三次循环共振频率试验时，在 0.3$g$ 条件下大于最大相对位移的 1.5 倍。

### 11.11.3　总结

本节介绍了提高变电站设备抗震性能的方法和实际措施。当针对设备上使用对策时，解决方案必须与系统的供电能力和经济性相适应。确保电力系统整体性能的平衡也同样重要。必须考虑本地特点，特别是该地区可能的输入加速度水平。虽然本文介绍的方法和改进措施从严格意义上讲不是那么准确，但将为评估和提高世界各地变电站的抗振性能提供最简单的方法。

## 11.12 基座、建筑物、电缆沟、油箱

### 11.12.1 基座

空气绝缘变电站设备的基座安装，在变电站土建工程中占相当大比例的预算，因此应该多关注最经济的方法。

基座应由土木工程师按照国家或企业标准及规定进行设计和计算，以满足变电站设计人员所提供的设计荷载和荷载组合（见 11.5 节）。为了得到最经济的设计方案，可能需要在两者之间进行反复考虑。变电站的整个设计应在荷载取值时采用一致的设计方法，例如，全部采用与单个设备额定负荷相符合的设计或全部采用满足荷载组合的设计。

对于单个设备，每相均可设基座，同个基座也可用于三相。

基座具有许多不同的设计结构，比如浅筏形基座、箱式基座或者带桩柱的深基。可以根据接地条件、不同基座的安装成本来选择有效的基座设计方法。

根据土壤类型和荷载条件的不同，基座施工方案如下：

- 带/不带加固钢筋的浇灌混凝土；
- 钢筋混凝土；
- 混凝土板（主要用在室内变电站或 GIS）；
- （适合硬土的）钻孔；
- 螺旋钻孔桩。

在规划设计阶段，设计人员必须要考虑到基座顶部设计高程，比如基座高程是小于、等于还是大于地面高度，设备支架是直接安装在基座顶面还是与顶面保持一小段距离，比如基座以上 100mm 或 200mm。

如果设备支架直接安装在基座上，要确保两者之间的空间灌浆或密封使接触面隔水。如果设备支架安装于基座顶面之上，在支架支座和基座间灌浆或者为满足结构性能，在支架支座周围浇筑混凝土柱帽。如果使用混凝土柱帽，则需要特别注意混凝土柱帽和支撑结构的接触面的防水问题，以防水分囤积从而腐蚀支撑结构。

有两种将支架连接到基座上的锚固方式，即钻孔式锚固和埋入式锚固。

通常采用两种设计方法将支撑结构通过地脚螺栓连接到基座上。地脚螺栓既可以在基座浇灌混凝土时埋入，也可以在基座混凝土凝固后钻孔。有膨胀螺栓和化学螺栓两种钻孔螺栓可供选择。化学螺栓的优点是可以定位支撑结构，并将底板上的孔作为钻孔模板，然而安装过程必须严格遵守供应商的说明，以确保正确安装，这是因为化学螺栓的附着力十分依赖于钻孔的清洁度。在安装完成后抽选一定比例的化学螺栓进行拉拔试验是一种好的做法。膨胀螺栓需要使用单独的钻孔模板，这是因为钻孔孔径通常大于支撑结构底板上螺栓孔的直径。

如果使用的是现浇螺栓，那么在基座安装过程中需要格外小心，以确保螺栓处于支构架的正确位置。例如，龙门架要求两三个基座上的螺栓位置之间有非常紧密的协调，而在浇筑的基座上钻孔则允许在安装位置上存在一定误差。一些类型的现浇螺栓允许螺栓位置存在一定的间隙，支撑结构安装到位后可进行浇灌。

与浇铸地脚螺栓类似，钢构架本身也可以浇铸。在这种情况下，浇铸基座时会留下一个

用来插入钢构架的口。在浇铸混凝土之前，必须通过一些额外的固定框架对钢构架进行合理调整。

与这种类型相比，固定地脚螺栓更具优势，特别是当引线由管型导体构成时。有可能调整构架高度，以允许基座高度的顶部存在任何公差。

除了构架固定法的设计之外，基座设计还必须满足地线和控制电缆的安装，确定基座安装期间是否应做特别设计或在基座安装后是否做切割等特备设计。两种方法各有优劣。在基座安装期间进行设计会使基座安装放缓、成本更高，但也会使之后的地线或控制电缆的安装更快、成本更低。然而，如果设计标准没有正确实施，则进行纠错成本会更高，也会越尴尬。

后浇铸设备的替代方法使得基座安装更快更便宜但后续工作成本更高，但这项工作永远有需求，因为其可与所安装的设备支撑结构相对齐。

一般来说，基座附近出现的高电压或大电流对基座设计没有影响。

但设计会产生极强磁场的空心电抗器的基座例外。基座的增强设计必须通过在传统钢筋的接头中使用绝缘材料或使用非金属增强材料来确保其不包含任何闭合的导电材料回路。

变压器或充油电抗器的土建工程必须满足四个不同的主要目的：

（1）在运行期间支撑变压器并能使其移入和移出运行位置（根据变压器类型可能需要导轨）。

（2）保留任何泄漏出来的变压器油。此外，用上层铺碎石的砂砾填充围油区域或将其引至地下油罐，可以协助扑灭油料火灾。

（3）降低火灾蔓延的风险（推荐在变压器底部的沟中使用防火墙和防火挡板）。

（4）必要时，减少噪声传播。

### 11.12.2 建筑物

建筑物的设计必须符合国家及企业标准。建筑物的主要作用是为开关设备、继电保护、SCADA设备、辅助设备、电池、消防泵等提供容纳场所。

变电站是否有人值守将决定电网运营企业的排水、废物处理及就地需要的住宿场所。

变电站的准入条件和电力公司的检修实践，将决定是否安装车间及车间的规模。需要使用相同的方法来确定维护设备（升降平台、SF$_6$处理设备等）的数量，如永久存储于现场的维护设备数量以及与之相对照的根据特定任务需要带到现场的数量。例如，在最终情况下，可以安装变压器防水层。

出于经济原因（减少控制电缆长度和横截面、降低厂站用电源的电压、尽可能降低首次投资），可以在变电站中建造几个分散的建筑物，而非一个中心建筑物。

变电站建筑物有各种各样的结构类型可供选择，如钢筋混凝土、混凝土砌块、砖或包钢或钢板。根据建筑成本或规划要求，屋顶可以倾斜或水平。规划要求也可能对所需的表面光洁度和颜色处理产生影响。

建筑物的设计还必须考虑寿命成本，特别是在防湿度侵入和防腐蚀方面。

变电站中的建筑物是消耗电能的重要来源。新建筑很容易达到对新版能源效率法规的遵守。现有建筑物的改造更加复杂，此时应能进行能量分析。节能因素包括场地和选址规划、建筑物朝向、墙体/屋顶设计、窗户设计、太阳能得热量、供暖、通风和空调系统、电气照明和景观美化。

建筑设计的另一个考量是建筑物应在现场建造还是非现场预制后,再运送到设备安装齐全的现场,然后将其落在准备好的地基上。对于小型变电站,此问题可视作如下问题:建筑物是要成为永久性结构还是临时的可移址结构?

对于容纳分散控制与保护设备的柜室或集装箱而言,现场安装还是非现场安装的问题可能更加相关。此种情况需要考虑的另一点是每个间隔是否需要单个结构还是说每个结构可以对应多个间隔。

虽然特定国家或单个地点的起始成本和全寿命成本是选择建筑物类型的主要依据,但也必须将安全问题纳入考虑。这会导致出现诸如窗户最小化或无窗(或受保护窗户)、不可燃屋顶、加固门等要求。

在建筑物布局时,应特别考虑防洪问题,最主要是设计合适的层高。另一个相关点是控制电缆和电力电缆在建筑物的接入。对该类设计需要非常谨慎,这是由于完全密封电缆入口、防止进水很有难度。

室内设计必须适应设备柜间、室间以及建筑物与外部之间的控制电缆接入需求。方案一般为架空布线,其中电缆在托架或悬挂于天花板的电缆梯上运行,或者将电缆敷设于地板之下,如地板砖块下完全开放的底层空间或者地板中的表面管道。无论使用哪种方案,都必须对室间进行布线的一切位置进行密封,以最大限度地减轻火灾或烟雾的传播。

当地气候和所安装设备的环境要求将决定变电站内建筑所需的温度控制。尽管可在建筑物施工期间临时实行规定,但建议建筑物内的环境能够为操作人员提供适宜的工作条件。这可能需要在一定程度上使用气候控制设备。除了操作人员的要求之外,一些电子设备在允许温、湿度范围方面具有很严格的环境要求。这也适用于具有最低温度要求的电池。例如,当环境温度升高至 20℃ 以上时,阀控铅酸电池的许多性能会失效。

这些气候要求会对建筑物的内部布局产生影响,这是由于对有特殊温度要求的设备需要划区置放,这样做能够使需要特定气候控制水平的内部区域面积尽可能最小。

另一方面看,一些设备由于产生危害需要进行隔离。铅酸电池含有硫酸,且其中一部分可能以蒸汽形式释放。因此,电池室需要配备耐酸表面。铅酸电池在充电时还会释放 $H_2$,这意味着电池室也需要空气循环和空气提取设施。

建筑物的内部布局必须考虑日常运维所需的接入程度,以及在变电站全寿命周期内可能需要进行的对控制或保护设备的多次更换。建筑物的初始设计必须为未来的扩建要求留有余地,或者其设计应当使原建筑物的后续扩展相对容易。

如果将厂用电变压器和/或柴油发电机置于室内而不是室外,那么建筑物在设计时还必须考虑对这两者制定合适的规定。

如果使用干式变压器,除了需要确保必要的冷却通风、适当的间隙及带电部分的出入禁令外,对变压器室没有其他特别要求。如果使用油浸式变压器,则需要进行防火施工,并提供合适的灭火设备及防止变压器油泄漏的措施。

柴油发电机房需要采用与油浸式变压器相同的防火及防漏油措施,且要提供发动机冷却所需的相当大的通风口。必须定位通风口以便为整个发动机提供适宜的气流。发电机的基座设计需使发电机振动不会传递至建筑物的其余部分。

还必须考虑提供适宜的供水设施和卫生间设施。关于所提供的设施类型,必须考虑变电站作业人员的值班情况以及不同设计方案的全寿命运维成本。

应提供与 SCADA 系统相连的分区适宜的消防报警系统。必须进行风险评估，以确定需提供的消防程度。

### 11.12.3　电缆沟

空气绝缘变电站开关站设计中的一个重要部分是在各高压设备与间隔编组及控制点之间，以及在本地控制/编组点和控制建筑物之间的控制电缆的设计。

通常可以使用三种可能的电缆布线方法。下面对比了每种方法的初始安装成本及对现有电缆做任何改造（如安装额外电缆）的容易程度或附加成本。

这三种方法包括：

（1）直埋电缆（安装便宜/改造投价）。

（2）敷设于管道中的电缆（安装成本适中。若安装有拉绳、注意防止管道接头被淤泥阻塞且有足够数量的备用管道，则较容易实现电缆的更换）。

（3）表面管道（安装昂贵，但之后的变动容易实现）。有两种施工方法可供选择，即使用浇筑混凝土或混凝土砌砖的墙壁或者先制造某种玻璃钢材质的预制部分，再在现场将这些部分快速固定在一起。

可拆卸盖可以由混凝土、玻璃钢甚至是木材制成。每种材料各有优缺点（例如，沾湿后木盖容易变得滑腻；混凝土盖需要特别的起重技术），使用时需综合考虑。由于此类管道将用作人行横道，因此设计时应满足要求的载荷，如混凝土盖板应进行一定程度的加固。表面应略微打磨，确保能安全行走。在使用浮力性材料时，应注意将其固定在适当位置，且保证在洪水中材料不发生移位。

电缆路线的设计还必须考虑到开关站周围的车辆（有时包括重型车辆）进出的要求。因此要么路线设计要完全满足车辆负载，要么应指定车辆进出的边界点，并对车辆进出发出清楚的指示。

最初敷设的电缆线路，还必须为可能需要的任何额外电缆提供足够的空间，以满足变电站将来的任何扩建。这是因为之后再在控制楼里安装额外的新电缆路线可能难度大，价格也贵。

### 11.12.4　含油量

场地在选择时应避免对自然排水系统造成任何损害，特别是要避免对永久性地表水道造成中断、避免对地下水补给区造成损害。

在使用和处理变电站中的一切有害物质时，必须保证其不会泄漏至地下水或变电站边界之外。电力变压器、互感器、电容器、线圈等设备的容器必须尽可能防漏。

在大多数国家，需要采取额外措施应对有害材料的危害。油坑设计用于捕获部分或全部油（或其他液体），并防止油的燃烧。如果使用地下中央储罐，储罐的尺寸必须大到能够容纳最大充油设备的油量、自储罐上一次清空后存储的雨水以及消防喷水系统运行时产生的水量。未发生漏油时，雨水可能会被排出。否则，必须通过机械分离、过滤或化学清洁等手段进行去污。

尽管大型电力变压器是明显的潜在油污染源，但仍然需考虑其他可能造成油污染的设备，如柴油发电机油箱、变电站站用变压器、多油断路器等。

在变电站发生漏油的可能性非常低。然而，由于某些变电站靠近地下水资源、开阔水域或指定湿地，现场的油总量、周围地形、土壤特性等已经或将会有较高可能性，使足以达到危害量的油进入环境。

公众对变电站环境影响的不断认识和更新、更严格的环境法规，使电力公司不得不采取措施来减轻新建变电站及已有变电站的环境影响。本节提出了一些可能的措施，有助于减小现有或新建变电站因漏油造成的环境影响。

本节中的解决方案仅提供大纲，未提供具体细节。各用户可自行寻找符合所在国家和地区法律法规的解决方案。

### 11.12.4.1　评估漏油控制的需求

对是否需要安装或改装带防溢装置的油浸设备的评估，是变电站所有者必须制订的周密计划的一环。标准做法是建议为新装置提供较高的防漏油保护，但由于漏油改造的成本很高，应首先对现有变电站进行风险评估，以确定哪些变电站需要进行改造。对变电站漏油保护改造的风险评估标准依次为：

（1）与饮用水源或自来水总管的接近程度；

（2）与人口稠密区、通航水域和环境保护区域的接近程度；

（3）对地下水的潜在污染；

（4）变电站附近的土壤渗透性；

（5）暴雨径流对现有排水系统的潜在污染；

（6）溢油事故中的应急响应时间；

（7）根据运行年限、设备类型和运维历史（漏油记录）推算的充油设备漏油发生率；

（8）相对于石油泄漏对环境影响程度，实施保护的预期费用。

上述顺序可以帮助电力公司的管理者能够找出最有可能在漏油时导致重大环境影响的变电站，并制订能够解决关键变电站漏油改造的长期规划。

### 11.12.4.2　漏油控制系统的基本设计概念

一旦做出决策，确定提供漏油控制，工程师必须权衡每个解决方案在特定变电站的优势与劣势。该权衡应考虑国家及省市的环境要求，并将解决方案与消防或噪声屏蔽要求相结合，从而最大限度地降低成本。

如果油可能进入土壤、地下水甚至变电站边界之外，选定的解决方案应该平衡系统的成本和复杂性以及对周围环境的风险。一些最重要的风险点已在 11.12.4.1 中列出。

下面列出了一些控制系统，应根据控制系统的相对优点和所选改造方案下与设施相关的情况来进行考虑。应当牢记的是，控制系统的大多数施工作业均可能在带电环境中进行。此外，控制系统还必须考虑与设备相连的任何电力电缆或控制电缆的接入设计，并采取适当措施避免在接入点发生渗漏油。

下面列出了一些控制系统，应根据它们的相对优点和与所考虑的设施有关的情况来考虑这些系统。

### 11.12.4.3　漏油遏制解决方案

（1）变电站开沟。在变电站收集潜在漏油的最简单的方法之一是在变电站外围四周修建一道沟渠。

（2）带独立储油箱的集油坑。这种解决方案涉及在绝缘油易泄漏/溢出的电气设备下方安装的多个集油坑、连接集油坑和围油坑/储油箱的排油沟、捕油器/油水分离器以及排放管。设备四周的集油坑为达到灭火目的可填充碎石，并且设计深度应足以熄灭燃烧的油（通常为200～450mm）。

（3）围油坑。最广泛使用的遏制变电站内漏油的方法之一是在变电站的所有主要充油设备周围设置围油坑。这些坑会将溢油限制在相对较小的区域，大多数情况下，这将大大降低清理成本。带有泵（或类似设计）的集水槽是围油坑中用于去除滞存雨水必不可少的组成部分。

### 11.12.4.3.1 泄漏控制的布局

泄漏控制设计的基本原则如下：

（1）溢漏控制宜为规则形状（如矩形、扇形）。不规则结构会显著增加施工成本。

（2）变压器及其运行相关充油设备（如冷却器、储油罐等）必须处于围油坑的边界内。

（3）围油坑（围油控制的内表面）与其所包含的任一充油设备的表面距离必须合理，从而能够储存可能喷涌而出的油。但围油改造可能因现有道路、建筑物和地下公用设施而受限。潜在干扰与围油区域的限制及建议解决方案讨论如下。

（4）除非相邻变压器间或变压器与建筑物之间的间距合理（该间距由相关国家和/或国际标准规定并经当地消防部门批准），否则应安装防火隔板。

（5）可以相互连接两个或多个设备围油坑，以减少单坑的容油量。

### 11.12.4.3.2 溢漏围油坑的容积

必须根据变电站中最大油绝缘设备的油量加上溢漏期间给定时段可能的雨量来选择溢漏围油坑的容积。如果两个或多个坑相互连接，其应包含互连围油坑所包含的最大设备的等值油量，这是因为假设围油坑内的油绝缘设备每次只有一个会发生泄漏。因此，对于互连围油坑来说，其容积为单个最大变压器的油量加上降雨所积累的水量和/或消防系统的喷水量。

### 11.12.4.3.3 结构完整性和抗渗性

必须特别注意围油坑中接头的设计与安装，以及现有地基内的接头。围油坑的密封性能在很大程度上取决于接头的设计和工艺。因此，接头数量应保持在最小值。颗粒状压实填土和绝缘板将分别提供承载力和防隆胀作用。应仔细确定绝缘板的厚度与范围，以保护霜冻线内的土壤不发生冻结。

通过指定混凝土混合料、钢筋布置和浇注顺序来确保整个围油结构的完整性是非常重要的。

围油系统施工全过程中的质量控制流程，将确保围油坑长期保持密封特性。

### 11.12.4.3.4 排放控制系统

对围油坑储存液体的排放控制是围油系统非常重要的组成部分。

必须定期排净围油坑中由于降雨累积的雨水，预留出坑中容量，以防出现较大溢油事故。雨后从围油坑排出的液体可能包含超出正常情况的浓聚油，这是因为溢油控制区可能长期存在溢漏油的情况。

如下给出了一些常用的排放控制系统。

（1）油水分离系统。油水分离系统依赖于油和水之间的特定重力差异。由于这种差异，油会自然地浮于水面之上，使水成为阻碍油排放的屏障。

（2）油流阻塞系统。此系统检测是否有油存在，并通过排放系统阻碍所有流体（包括水和油）。有关该主题的更多详细内容，请参阅 TB 221（CIGRE WG B3.03 2003）（见图 11.45）。

探头及油泵
控制面板

两个互连的带
淬火石的围油坑

带探头和油泵
的油槽

设备基坑的路缘石

图 11.45　带有淬火石的两个互连围油坑（CIGRE WG B3.03 2003）

（3）合成油。诸如 askarels 或含有多氯联苯（PCB）的合成油具有毒性，需采取特殊的预防措施来避免污染。

如今的新装置不太可能有意使用合成油，但合成油可能仍存在于旧装置或污染油源。一些国家会在变压器中使用合成油，但合成油更常用的场合是电容器。数量通常很小，合理照应即足以避免污染的发生。

## 11.13　围栏、大门、安全和防小动物

### 11.13.1　围栏

外部围栏减少了未经授权的人员进入现场的可能性。特殊措施通常在国家标准中定义。

内部围栏主要用于限制进入受限区域，如空心电抗器或电容器组。导轨或钢丝栅栏可用于此目的。

围栏或围墙对变电站的环境美学有极大影响。尤其是可对围墙进行特殊视觉处理。

通常，电力法规和指南规定电力变电站应采用一定高度的钢丝或电焊网或砖墙进行保护。围栏应在四周均标有高压警告标志，警示非变电站工作人员不得进入现场。

变电站必须在整个场地外沿设有一个或多个围栏。大多数情况下，围栏由强化镀锌钢铁丝网构成。变电站也可以由混凝土墙围住。变电站站界也应该用合适的围栏进行标记，该围栏比变电站安全围栏的高度低得多。

钢丝网围栏的优点是它几乎透明，因此可以减轻变电站对诸如庄稼地和农田等自然环境造成的视觉冲击。此外，钢丝网围栏的平均成本通常低于各类围墙的平均成本，且使用钢丝

网围栏会鼓励变电站作业人员保持变电站内部的整洁,这是因为公众可以看到变电站的内部情形。

　　然而,其他一些环境中,期望达到的美学目标则是尽可能地将变电站设备隐藏于高墙背后,或者通过使用建筑设计手段、使用适宜颜色、使用不同类型的表面处理,使可见结构变得更容易让人接受。

　　TB 221 中的案例研究 12 号和 13 号(CIGRE WG B3.03 2003)提供了一些通过修饰围栏来降低变电站视觉影响的创造性解决方案(见图 11.46 和图 11.47)。

图 11.46　通过钢丝网围栏可看到变电站内部

图 11.47　基本注意不到钢丝网围栏

　　在某些地方,需要修建牢固围栏防止偷窃者进入。牢固围栏的一个示例是欧式护栏,其中至少有两个栅栏嵌入混凝土中,以防止围栏的立柱被拉垮(见图 11.48)。

　　特殊围栏需求的另一个来源是对公物的蓄意破坏。不幸的是,如今社会上有一小部分人以向设备扔东西、搞破坏来找乐子。他们最常见的目标之一是电容器组,且电容器组凸起的套管成为众矢之的。为了防护此类攻击,一种解决方案是使"防石"围栏。这种围栏必须具有很高的高度和坚实的网架以抵御投掷于其上的石头(见图 11.49)。类似的围栏设计也可对枪支提供一定程度的防护（参见图 11.50），但此类围栏的风荷载可能十分高。

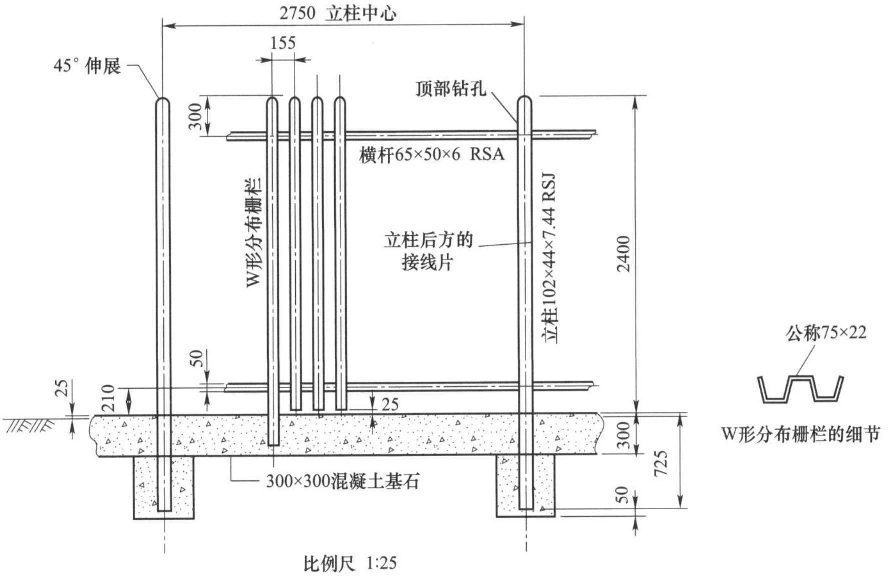

图 11.48　用于变电站边界的典型欧式围栏示例

图 11.49　能够保护电容器组免受蓄意
破坏的防石护栏示例

图 11.50　一定程度上能防护枪支破坏的
安全围栏示例（美国）

### 11.13.2　大门

金属大门通常用于变电站车辆进出，而单叶门通常用于人员进出。从接地设计的角度来看，大门向内打开会更有利。

### 11.13.3　变电站安全

为了控制未经授权人员进出变电站，现场应制订合适的安全措施。这些措施有两个目的：保护公共安全和人员安全、保护资产免受损失和/或损害。变电站处于高电压环境，可能对未经培训和/或不知情人员造成潜在的安全隐患。此外，从围栏或从变电站内部盗窃铜地线可能会影响变电站接地系统的完整性，从而可能危害到闯入者和电力公司员工的安全。变电站运行设备的损坏或丢失也可能导致客户失去供电及造成材料/财产损失。

变电站安全措施可能包含围栏（某些情况下装设电线）、围墙、入口/设备锁、车辆通道上的物理屏障（如沟渠和入口障碍物）、光电运动传感设备、视频监控系统、计算机安全系统、照明或美化。应对各变电站进行评估，确定哪种措施和/或措施组合最为合适（见图11.50）。

有关变电站安全措施和安全标准有效性的指导，请参阅 IEEE 1402 "电力变电站物理安全与电子安全导则"（IEEE 2000b）。

### 11.13.4 防小动物

空气绝缘装置的停电，尤其是较低电压水平下的停电，很大比例是由于小动物和鸟类的直接接触或诸如筑巢、排泄等行为引起的。后果从短暂跳闸到主设备损坏程度不等。不幸的是不存在单一方案一次性解决该问题。

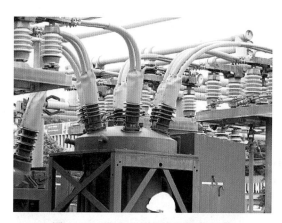

图 11.51 防小动物的高压接线屏蔽
（加拿大案例）（CIGRE 2016）

变电站设计人员必须收集可能引起问题的小动物种类及其行为方式的相关信息，以及受到特殊保护的小动物信息。

需要对相关动物种类的行为及其与电力设备和其他物种的互动进行大量了解，以决定适当的屏蔽或威慑措施。这需要相关专家给予大量的专业支持。尤其要避免"想当然"的措施以防出现非预期后果，如将蛇从变电站中赶出可能会导致变电站区域鸟类的过度集中。

许多情况下，特别是在较低电压下，可将带电导体与动物隔离开，防止动物与导体直接接触（见图11.51）。高压环境必须采用相似设计，确保绝缘寿命得当。

## 参考文献

Aanestad, H., Beristan, G., Deter, O., Kiupers, J.A.: CIGRÉ 23-01 Fire protection systems and measures in substations (1984a)

Aanestad, H., Benistan, G., Deter, O., Kuipers, J.A.: CIGRÉ Session 23-01 1984 – Fire protection systems and measures in substations. s.l.: CIGRÉ (1984b)

Aanestad, H., et al.: CIGRÉ 23-06 Substation earthing with special regard to transient ground protection rise. Design aims to reduce associated effects (1988)

Babusc, G., Pirovano, G., Tavano, F.: CIGRÉ 23-108 ENEL 380kV substation; Short-circuit uprating of rigid busbar systems and flexible bundled conductors connections between components (1998)

Cakebread, R.J., Van Hamel, A.W.: CIGRÉ 23-07 Toward a better EHV substations' environment (1976)

Cakebread, R.J., Delis, M., Tomatis, N., Kiwit, W.: CIGRÉ 23-07 Adaption of substations to their environment both in urban and rural areas, including noise problems and oil polution of subsoil (1972)

Cakebread, R.J., Reichert, K., Schuette, H.G.: CIGRÉ 23-05 Substation design criteria for simple reliable and safe service (1974)

Carlos Felipe Ramirez, G.: Subestaciones De Alta Y Extra Alt Tensión, First Edition Revised. Impression Editrorial Cadena S.A. (1991)

CENELEC: CENELEC EN 50522-Earthing of power installations exceeding 1kV a.c. (2010)

CIGRE: The effect of safety regulations on the design of substations. CIGRÉ Electra Magazine: n. 19 (1971)

CIGRE: Phase -to-ground and phase-phase-to-phase air clearance in substations, presented at study committees 23/33. CIGRÉ Electra Magazine: No.29. (1973)

CIGRE: Electra 140-3 Enhancement of seismic performance of existing substations (1992)

CIGRE: CIGRE TB 088-Design and maintenance practice for substation secondary systems (1994)

CIGRE: SC B3 Substations EHV tubular busbar design. In 6th Southern Africa regional conference, Cape Town, 17-21 Aug 2009-tutorial notes

CIGRE: CIGRÉ TB 614-Substation design for severe climatic conditions (2015)

CIGRE: TB 660 Optimised maintenance in air insulated substations (2016)

CIGRE JWG B3/C1/C2.14: TB 585 Circuit configuration optimization (2014)

CIGRE WG 23-11: TB 105 The mechanical effects of short-circuit currents in open air substations (rigid and flexible busbars) (1996)

CIGRE WG B3.03: TB 221 Improving the impact of existing substations on the environment (2003)

Cigre WG23.03: TB161 General guidelines for the design of outdoor AC substations (2000)

CIGRE WG23.03: TB 214 The mechanical effects of short-circuit currents in open air substations (Part II) (2002)

CIGRE WG23.10: CIGRE Electra No. 151 Earthing of GIS-an application guide (1993)

Delis, M., Deter, O., Kuipers, J.A., Rrogers, R.R.: CIGRE SC 23 WG04 23-10 1980 Transformer noise attenuation in substations (1980a)

Delis, M., Deter, O., Kiupers, J.A., Rogers, P.R.: CIGRÉ 23-10 Transformer noise attenuation in substations (1980b)

Giles, R. L.: Layout of E.H.V. Substations IEE Monograph Series 5. s.l.: Cambridge University Press (1970)

IEC: IEC 60099-1 Surge arresters. Part 1. Non-linear gapped surge arresters for AC systems (1999)

IEC: IEC 60099-5 Surge arresters. Part 5. Selection and application recommendations (2000)

IEC: IEC 60479-1, 2 Effects of current on human being s and livestock (2005)

IEC: IEC60815 Selection and dimensioning of high-voltage insulators intended for use in polluted conditions (2008)

IEC: IEC 61936-1 ED2 Power installations exceeding 1kVa.c. Part 1: Common rules. IEC 61936-1(2010)

IEC: IEC 60071-1ED8 Insulation co-ordination-Part 1: Definitions, principles and rules (2011a)

IEC: IEC 60865-1 ED3 Short-circuit currents-calculation of effects. Part 1: Definitions and calculation methods (2011b)

IEC: IEC 62305 Protection against lightning (2013)

IEC: IEC 60099-4 Surge arresters. Part 4. Metal-oxide surge arresters without gaps for a.c. systems (2014)

IEC: IEC 60865-2 Short-circuit currents-calculation of effects. Part 2: Examples of calculation (2015)

IEEE: IEEE 81-1983-IEEE guide for measuring earth resistivity, ground impedance and earth surface potentials of a ground system (1983)

IEEE: IEEE Std. 81-2-1991-IEEE guide for measurement of impedance and safety characteristics of large, extended or interconnected grounding systems (1991)

IEEE: IEEE Std 1127-1998 I.E. guide for the design, construction, and operation of electric power substations for community acceptance and environmental compatibility

IEEE: IEEE 80-2000-IEEE guide for safety in AC substation grounding (2000a)

IEEE: IEEE 1402-2000-IEEE guide for electric power substation physical and electronic security (2000b)

IEEE: IEEE Std. 367-1996 (R2002)-IEEE recommended practice for determining the electric power station ground potential rise and induced voltage from a power fault (2002)

IEEE: IEEE 605 I.E. guide for bus design in air insulated substations (2008)

IEEE: IEEE 998-guide for direct lightning stroke shielding of substations (2012a)

IEEE: 979-2012 I.E. guide for substation fire protection (2012b)

International Telecommunications Union: ITU-T recommendation K33 10/96 limits for people safety related to coupling into telecommunications system from electric power and ac electrified railway installations in fault conditions (1996)

ISO: ISO 1996-2 Acoustics-description and measurement of environmental noise. Part 2: Acquisition of data pertinent to land use (2007)

ISO: ISO 1996-3 Acoustics-description and measurement of environmental noise. Part 3: Application to noise limits (1987)

ISO: ISO 1996-1 Acoustics-description and measurement of environmental noise. Part 1: Basic quantities and procedures (2016)

Miyachi, I., et al.: CIGRE Session Paper 12-06, seismic analysis and test on transformer bushing (1984)

Renton, A.: CIGRÉ Colloquim Brisbane 2013-Paper 186 preventing and surpressing substation fires with continious hypoxic air systems (2013)

Sahazizian, A.M., Kertesz T., Boehme, H., Roehsler, H., Elovaara, J., Blackbourn, R., Stachon, J., Aoshima, Y., Fletcher, P., on behalf of WG23.11: CIGRE WG 23-201 Environmental aspects in substations (1998)

Seljeseth, H., Campling, A., Feist, K.H., Kuussaari, M.: CIGRE Electra No. 71 Station earthing. Safety and interference aspects (1977)

Wenner, F.: A Method of Measuring Earth Resistivity, Bulletin of bureau of standards, vol. 12. U.S. Government Printing Office (1915)

John Nixon, Gerd Lingner, and Eugene Bergin

## 目录

J. Nixon (✉)
Global Project Engineering, GE Grid Solutions, Stafford, UK
e-mail: john.nixon1@ge.com

G. Lingner
DK CIGRE, Adelsdorf, Germany
e-mail: gerd.lingner@gmx.net

E. Bergin
Mott MacDonald, Dublin, Ireland
e-mail: Eugene.Bergin@mottmac.com

© Springer International Publishing AG, part of Springer Nature 2019
T. Krieg, J. Finn (eds.), *Substations*, CIGRE Green Books,
https://doi.org/10.1007/978-3-319-49574-3_12

　　空气绝缘变电站的设备说明需要考虑许多因素。本章以设备的各个部件举例，描述了在说明特定装置的正确参数时所需考虑的一些要求。

## 12.1　概述

有些参数适用于所有的高压变电站设备。下列定义取自于标准 IEC 62271−1。确定如下数据，就能根据系统参数选择出合适额定值的设备：

- 额定电压（$U_r$）

额定电压等于开关设备和控制设备所在系统的最高电压。它表示设备用于的电网的"系统最高电压"的最大值。额定电压的标准值在下面给出。

范围Ⅰ：245kV 及以下的额定电压。

系列 1：−3.6kV−7.2kV−12kV−17.5kV−24kV−36kV−52kV−72.5kV−100kV−123kV−145kV−170kV−245kV。

系列 2（基于某些地区当前实践的电压，比如北美）：−4.76kV−8.25kV−15kV−15.5kV−25.8kV−27kV−38kV−48.3kV−72.5kV−123kV−145kV−170kV−245kV。

范围Ⅱ：245kV 以上的额定电压。

300kV−362kV−420kV−550kV−800kV−1100kV−1200kV。

- 额定电流（$I_r$）

开关设备和控制设备的额定电流是在规定的使用和性能条件下，开关设备和控制设备应该能够持续承载的电流的有效值。额定电流应从 R10 系列中选取，IEC 60059 对此做出了规定。R10 系列包含数字 1−1.25−1.6−2−2.5−3.15−4−5−6.3−8 及其与 $10^n$ 的乘积。对短时工作制和间断工作制，额定电流由制造厂商和用户商定。

- 额定短时耐受电流（$I_k$）

在规定的使用和性能条件下及规定的短时间内，开关设备和控制设备在合闸位置能够承载的电流的有效值。额定短时耐受电流的标准值应当从 R10 系列之中选取，该值在 IEC 60059 中做出了规定。R10 系列包含数字 1−1.25−1.6−2−2.5−3.15−4−5−6.3−8 及其与 $10^n$ 的乘积。

- 额定短路持续时间（$t_k$）

开关设备和控制设备在合闸位置能够承载额定短时耐受电流的时间。额定短路持续时间的标准值为 1s。必要情况下可以选择低于或高于 1s 的值。推荐值为 0.5、2s 和 3s。

- 额定频率（$f_r$）

额定频率的标准值为 $16\frac{2}{3}$、25、50Hz 和 60Hz。

- 额定绝缘水平{ELT045/2，029/2，039/2}

开关设备和控制设备的额定绝缘水平应从表 12.1 和表 12.2 的数值中选取。表 12.1 中的耐受电压在标准参考条件下施加（IEC 60071−1 规定为温度 20℃，压力 101.1kPa，湿度 11g/m³）。表中的耐受电压包括了正常运行条件下规定的最高海拔 1000m 时的海拔修正。

表 12.1（1a）　IEC 62271−1 中范围Ⅰ、系列 1（非北美地区）额定电压下的额定绝缘水平

| 额定电压 | 额定短时工频耐受电压 | | 额定雷电冲击耐受电压 | |
|---|---|---|---|---|
| $U_r$ | $U_d$ | | $U_p$ | |
| kV（有效值） | kV（有效值） | | kV（峰值） | |
| | 通用值 | 隔离断口 | 通用值 | 隔离断口 |
| （1） | （2） | （3） | （4） | （5） |
| 3.6 | 10 | 12 | 20 | 23 |
| | | | 40 | 46 |
| 7.2 | 20 | 23 | 40 | 46 |
| | | | 60 | 70 |
| 12 | 28 | 32 | 60 | 70 |
| | | | 75 | 85 |
| 17.5 | 38 | 45 | 75 | 85 |
| | | | 95 | 110 |
| 24 | 50 | 60 | 95 | 110 |
| | | | 125 | 145 |
| 36 | 70 | 80 | 145 | 165 |
| | | | 170 | 195 |
| 52 | 95 | 110 | 250 | 290 |
| 72.5 | 140 | 160 | 325 | 375 |
| 100 | 150 | 175 | 380 | 440 |
| | 185 | 210 | 450 | 520 |
| 123 | 185 | 210 | 450 | 520 |
| | 230 | 265 | 550 | 630 |
| 145 | 230 | 265 | 550 | 630 |
| | 275 | 315 | 650 | 750 |
| 170 | 275 | 315 | 650 | 750 |
| | 325 | 375 | 750 | 860 |
| 245 | 360 | 415 | 850 | 950 |
| | 395 | 460 | 950 | 1050 |
| | 460 | 530 | 1050 | 1200 |

表 12.2（1b）　IEC 62271−1 范围Ⅰ、系列 2（基于某些地区的当前情况，包括北美）ᵃ
额定电压下的额定绝缘水平❶

| 额定电压 | 额定短时工频耐受电压 | | | 额定雷电冲击耐受电压 | |
|---|---|---|---|---|---|
| $U_r$ | $U_d$ | | | $U_p$ | |
| | kV（有效值） | | | kV（峰值） | |
| kV（有效值） | 通用值 | | 隔离断口 | 通用值 | 隔离断口 |
| | 干 | 湿ᵉ | 干 | | |
| | 1min | 10s | 1min | | |
| （1） | （2） | （2a） | （3） | （4） | （5） |
| 4.76ᶜ | 19 | — | 21 | 60 | 66 |
| 8.25ᶜ | 36 | — | 40 | 95 | 105 |
| 8.25ᵈ | 38 | 30 | 42 | | |
| 15ᶜ | 36 | 30 | 40 | 95 | 105 |
| 15.5ᵈ | 50 | 45 | 55 | 110 | 121 |
| 25.8ᶜ | 60 | 50 | 66 | 125 | — |
| | | | | 150 | |
| 27.0ᶜ | 60 | 50 | 66 | 125 | |
| 27.0ᶜ | 70 | 60 | 77 | 150 | 165 |
| 38ᶜ | 70 | 60 | — | 150 | — |
| | 80 | 75 | — | 200 | |
| 38ᵈ | 95 | 80 | 105 | 200 | 220 |
| 48.3ᶜ | 105 | 95 | — | 250 | |
| 48.3ᵈ | 120 | 100 | 132 | 250 | 275 |
| 72.5ᶜ | 160 | 140 | — | 350 | — |
| 72.5ᵈ | 175 | 145 | 193 | 350 | 385 |
| 123ᶜ | 260 | 230 | — | 550 | |
| 123ᵈ | 280 | 230 | 308 | 550 | 605 |
| 145ᶜ | 310 | 275 | — | 650 | — |
| 145ᵈ | 335 | 275 | 369 | 650 | 715 |
| 170ᶜ | 365 | 315 | — | 750 | — |
| 170ᵈ | 385 | 315 | 424 | 750 | 825 |

❶ 译者未在英文原版中找到"b"所注释的内容。

179

续表

| 额定电压 | 额定短时工频耐受电压 | | | 额定雷电冲击耐受电压 | |
|---|---|---|---|---|---|
| $U_r$ | $U_d$ | | | $U_p$ | |
| | kV（有效值） | | | kV（峰值） | |
| kV（有效值） | 通用值 | | 隔离断口 | 通用值 | 隔离断口 |
| | 干 | 湿 e | 干 | | |
| | 1min | 10s | 1min | | |
| 245c | 425 | 350 | — | 900 | — |
| 245d | 465 | 385 | 512 | 900 | 990 |

a 对于高于72.5kV且低于245kV（含）的额定电压，表12.1中的值也适用。

b 户内回路的隔离通常采用退出可拆卸开关装置的方法得以实现。如果此种隔离方法适用，请参阅相关设备标准查找测试方法与要求。

c 这些额定值一般适用于非隔离用途的开关设备，如高压断路器和自动重合器。参阅相关设备标准。

d 这些额定值一般适用于隔离电路用途的开关设备，如高压开关。参阅相关设备标准。

e 湿环境下的工频耐受试验只针对户外开关设备进行。

雷电冲击耐受电压（$U_p$）、操作冲击耐受电压（$U_s$）（适用时）和短时工频耐受电压（$U_d$）的额定耐受电压值应该在同一行中选取。额定绝缘水平用相对地额定雷电冲击耐受电压来表示。

大多数额定电压都有几个额定绝缘水平，以便应用于不同的性能指标或过电压特征。选取时，应当考虑受快波前和缓波前过电压作用的程度、系统中性点接地方式和过电压限制装置类型（见 IEC 60071-2）。

若标准中无其他规定，表 12.1（1a）中的"通用值"适用于相对地、相间和开关断口。"隔离断口"的耐受电压值仅对某些开关设备有效，这些开关设备的触头开距是按满足为隔离开关规定的功能要求设计的（见表 12.3 和表 12.4）。

表 12.3（2a）　　　　IEC 62271-1 中范围 II 额定电压下的额定绝缘水平

| 额定电压 | 额定短时工频耐受电压 | | 额定操作冲击耐受电压 | | | 额定雷电冲击耐受电压 | |
|---|---|---|---|---|---|---|---|
| $U_r$ | $U_d$ | | $U_s$ | | | $U_p$ | |
| kV（有效值） | kV（有效值） | | kV（峰值） | | | kV（峰值） | |
| | 相对地和相间 | 开关断口和/或隔离断口 | 相对地和开关断口 | 相间 | 隔离断口 | 相对地和相间 | 开关断口和/或隔离断口 |
| | （注2） | （注2） | （注2） | （注2、注3） | （注1、注2） | | （注1、注2） |
| (1) | (2) | (3) | (4) | (5) | (6) | (7) | (8) |
| 300 | 395 | 435 | 750 | 1125 | 700（+245） | 950 | 950（+170） |
| | | | 850 | 1275 | | 1050 | 1050（+170） |

续表

| 额定电压 | 额定短时工频耐受电压 | | 额定操作冲击耐受电压 | | | 额定雷电冲击耐受电压 | |
|---|---|---|---|---|---|---|---|
| $U_r$ | $U_d$ | | $U_s$ | | | $U_p$ | |
| kV（有效值） | kV（有效值） | | kV（峰值） | | | kV（峰值） | |
| | 相对地和相间 | 开关断口和/或隔离断口 | 相对地和开关断口 | 相间 | 隔离断口 | 相对地和相间 | 开关断口和/或隔离断口 |
| | （注2） | （注2） | | （注2、注3） | （注1、注2） | | （注1、注2） |
| 362 | 450 | 520 | 850 | 1275 | 800（+295） | 1050 | 1050（+205） |
| | | | 950 | 1425 | | 1175 | 1175（+205） |
| 420 | 520 | 610 | 950 | 1425 | 900（+345） | 1300 | 1300（+240） |
| | | | 1050 | 1575 | | 1425 | 1425（+240） |
| 550 | 620 | 800 | 1050 | 1680 | 900（+450） | 1425 | 1425（+315） |
| | | | 1175 | 1760 | | 1550 | 1550（+315） |
| 800 | 830 | 1150 | 1425 | 2420 | 1175（+650） | 2100 | 2100（+455） |
| | | | 1550 | 2480 | | | |

注1 第6列中，括号中的值是施加于另一端（综合电压）的工频电压 $U_r \times \sqrt{2}/\sqrt{3}$ 的峰值。第8列中，括号中的值是施加于另一端（综合电压）的工频电压 $0.7U_r \times \sqrt{2}/\sqrt{3}$ 的峰值。

注2 第2列的值适用于：① 型式试验，相接地；② 常规试验，相对地、相间和开关断口。
　　　第3、5、6列和第8列仅用于型式试验。

注3 这些数值通过 IEC 60071-1 表格3 中的系数得出。

表12.4（2b）　IEC 62271-1 中范围 Ⅱ、系列2（基于某些地区的实际情况，包含北美）[a]
额定电压下的附加额定绝缘水平

| 额定电压 | 短时工频耐受电压 | | 操作冲击耐受电压 | | 雷电冲击耐受电压 | |
|---|---|---|---|---|---|---|
| $U_r$ | $U_d$ | | $U_s$ | | $U_p$ | |
| kV（有效值） | kV（有效值） | | kV（峰值） | | kV（峰值） | |
| | 相对地和相间 | 开关断口和/或隔离断口 | 相对地，开关处于合闸位置 | 端子间，开关设备处于分闸位置 | 相对地和相间 | 开关断口和/或隔离断口 |
| | （注） | （注） | | | | （注） |
| （1） | （2） | （3） | （4） | （5） | （6） | （7） |
| 362[a] | 520 | 610 | 950 | 900 | 1300 | 1300 |
| 362[b] | 610 | 671 | — | — | 1300 | 1430 |
| 550[a] | 710 | 890 | 1175 | 1300 | 1800 | 1800 |
| 550[b] | 810 | 891 | — | — | 1800 | 1980 |
| 800[a] | 960 | 1056 | 1425 | 1500 | 2050 | 2050 |
| 800[b] | 940 | 1034 | — | — | 2050 | 2255 |

注　第2列的值适用于：① 型式试验，相接地；② 常规试验，相对地、相间和开关断口。第3、5、6列和第7列仅用于型式试验。

a 这些额定数值一般用于非隔离用途的开关设备，如高压断路器和自动重合器。参阅相关设备标准。

b 这些额定数值一般适用于隔离回路的开关设备，如高压开关。参阅相关设备标准。

## IEC 60071-2：1996 中的电气间隙

### A.1　范围　I

额定雷电冲击耐受电压的相对地与相间空气距离可由表 12.5（A.1）决定。如果标准额定雷电冲击耐受电压与标准额定短时工频耐受电压的比值高于 1.7，则标准额定短时工频耐受电压可以忽略。

表 12.5（A.1）　标准额定雷电冲击耐受电压与最小空气间隙的关系，IEC 62271-1

| 标准额定雷电冲击耐受电压 | 最小间隙 | |
|---|---|---|
| kV | mm | |
| | 棒—构架 | 导线—构架 |
| 20 | 60 | |
| 40 | 60 | |
| 60 | 90 | |
| 75 | 120 | |
| 95 | 160 | |
| 125 | 220 | |
| 145 | 270 | |
| 170 | 320 | |
| 250 | 480 | |
| 325 | 630 | |
| 450 | 900 | |
| 550 | 1100 | |
| 650 | 1300 | |
| 750 | 1500 | |
| 850 | 1700 | 1600 |
| 950 | 1900 | 1700 |
| 1050 | 2100 | 1900 |
| 1175 | 2350 | 2200 |
| 1300 | 2600 | 2400 |
| 1425 | 2850 | 2600 |
| 1550 | 3100 | 2900 |
| 1675 | 3350 | 3100 |
| 1800 | 3600 | 3300 |
| 1950 | 3900 | 3600 |
| 2100 | 4200 | 3900 |

注　标准额定雷电冲击耐受电压适用于相间和相对地。对于相对地，最小距离适用于导线—构架。对于相间，最小距离适用于棒—构架。

### A.2　范围　II

标准额定雷电冲击耐受电压和标准额定操作冲击耐受电压的相对地距离分别是根据表 12.5（A.1）和表 12.6（A.2）确定的棒—构架的较高值。

表 12.6（A.2）　标准额定操作冲击耐受电压和最小相对地空气距离之间的关系，IEC 60071-1

| 标准额定操作冲击耐受电压 | 最小相对地距离 | |
|---|---|---|
| kV | mm | |
| | 导线—构架 | 棒—构架 |
| 750 | 1600 | 1900 |
| 850 | 1800 | 2400 |
| 950 | 2200 | 2900 |
| 1050 | 2600 | 3400 |
| 1175 | 3100 | 4100 |
| 1300 | 3600 | 4800 |
| 1425 | 4200 | 5600 |
| 1550 | 4900 | 6400 |

　　标准额定雷电冲击耐受电压和标准额定操作冲击耐受电压的相间距离分别是根据表 12.5（A.1）棒—构架和表 12.7（A.3）棒—导线确定的较高值。

表 12.7（A.3）　标准额定操作冲击耐受电压和最小相间空气距离之间的关系，IEC 60071-1

| 标准额定操作冲击耐受电压 | | | 最小相间距离（mm） | |
|---|---|---|---|---|
| 相对地 | 相间值与相对地值之比值 | 相间值 | 导线—导线 | 棒—导线 |
| kV | | kV | 平行 | |
| 750 | 15 | 1125 | 2300 | 2600 |
| 850 | 15 | 1275 | 2600 | 3100 |
| 850 | 16 | 1360 | 2900 | 3400 |
| 950 | 15 | 1425 | 3100 | 3600 |
| 950 | 17 | 1615 | 3700 | 4300 |
| 1050 | 15 | 1575 | 3600 | 4200 |
| 1050 | 16 | 1680 | 3900 | 4600 |
| 1175 | 15 | 1763 | 4200 | 5000 |
| 1300 | 17 | 2210 | 6100 | 7400 |
| 1425 | 17 | 2423 | 7200 | 9000 |
| 1550 | 16 | 2480 | 7600 | 9400 |

　　这些数仅在确定要求耐受电压时所考虑的海拔内是有效的。

　　需要承受标准额定雷电冲击耐受电压的范围Ⅱ中的纵绝缘的距离可以通过把 0.7 倍最高系统相对地电压峰值加上标准额定雷电冲击耐受电压后得到的电压除以 500kV/mm 来求得。

　　对于范围Ⅱ中的纵绝缘标准额定操作冲击耐受电压需要的距离小于相应的相间距离。该距离通常仅出现在型式试验的设备中且本部分没有给出最小距离。

　　● 电力公司规定的安全因素（标准之外的）

　　全世界的电力公司和制造厂商都根据 IEEE、IEC 等国际性标准来规范装置与设备。这些标准提供了适用于绝大多数应用的范围和因素。但根据其多年的电网运维经验，电力公司通常有自己的额外要求。由于只适用于特定国家，国家标准可能与国际标准有所不同，如澳标（AS）、英标（BS）、日标（JS）和印标（IS）等。

根据其电网经验和知识，电力公司有时会附加额外要求，把国际要求短时间内推向更高的延展限度。这些要求可能是在温度、电压、电流、覆冰、强风、地震、持续时间等方向。制造厂商在产品设计和型式试验方案时需要考虑这些因素。

● 绝缘颜色

历史上，瓷质绝缘子很早就已在高压电气设备制造中使用，并用于支撑相关母线与架空线路。具体细节请参阅 12.7 节。瓷绝缘子的表面通常要涂上一层光滑的保护搪瓷釉，颜色一般为 RAL 8017 棕或孟塞尔 ANSI 70 号灰。最终选取什么颜色取决于人为偏好。一般来说，选定的颜色会从一而终地应用于一切装置。

合成（硅聚合物）绝缘外壳在压缩成形时会直接硫化至内孔，聚合物颜色成为最终可见的颜色，可为蓝色、棕色或灰色。

● 环境因素的考量

任何变电站在其全寿命周期都可能受到各种环境污染物的影响（见图 12.1）。

（1）若变电站沿海，含盐的空气和雨水会使盐分沉积在装置表面，为电气闪络提供了一条理想通道。

（2）冬天撒盐的路旁，车上喷洒的盐分会沉积于绝缘子表面，也会观察到相同的影响。

（3）如果临近工业污染区，各种污秽都会沉降在绝缘子表面。

（4）雾中的湿气也会造成闪络。

| (a) 带电弧痕迹的绝缘子 | (b) 下表面长度变长的剖面图 | (c) 大小交替的伞裙 |

图 12.1　带电弧痕迹的绝缘子、下表面长度变长的剖面图和大小交替的伞裙

● 应对环境污染的方法

处于被污染环境的现有装置，用去离子水对绝缘子进行冲洗能够有效去除绝缘子表面的沉积物。结合污秽常规监控，冲洗过程必须按要求反复进行。可以借助固定式或移动式喷洒设备进行带电冲洗。

● 已知环境中的新建装置

选择正确的伞裙形状十分重要。增大爬电距离或表面长度能够降低闪络发生率。在图 12.1（b）所示的剖面图中，绝缘子下部比光滑的上表面具有长得多的路径。可通过雨水清洗绝缘子上表面，而有雾时，下部的爬电长度能够防止闪络的发生。

如果伞裙离得太近，水会从上伞裙向下伞裙滴落，使闪络通道变得很短。使用大小交替（ALS）的伞裙，则水的通路明显变长，从而隔断了通路长度。

需要针对给定地点的特定环境条件提供合适的爬电距离。参阅表 12.8，该表给出了 IEC 60815—1986 年版本中基于系统电压的爬电比距（SCD）。对于交流系统，系统电压为相间电压。统一爬电比距（USCD）是指绝缘子两端的电压，对于交流系统即为相对地电压。SCD 和 USCD 都规定了一个最小值。表 12.9 给出了两者常用值之间的一致性。

表 12.8　IEC 60815-1（2008）[18]，表 J.1：特定爬电距离和统一特定爬电距的一致性

| 污秽等级（IEC 60815：1986 定义） | 三相交流系统爬电比距（SCD）（mm/kV） | 统一爬电比距（USCD）（mm/kV） |
|---|---|---|
| — | 12.7 | 22.0 |
| Ⅰ 轻度 | 16 | 27.8 |
| Ⅱ 中度 | 20 | 34.7 |
| Ⅲ 高度 | 25 | 43.3 |
| Ⅳ 严重 | 31 | 53.7 |

表 12.9　表 12.8 的使用范例

| 系统额定电压 $U_m$（kV） | 之前的污秽等级 | 统一爬电比距（USCD）（mm/kV） | 绝缘子 爬电比距（$USCD \times U_m / \sqrt{3}$） |
|---|---|---|---|
| 420 | Ⅲ（高度） | 43.3 | 10 500mm（420in） |
| 225 | Ⅳ（严重） | 53.7 | 6975mm（275in） |

诸如雨雪、覆冰、严寒、高温、狂风、洪水等严峻或极端环境因素，请参阅 CIGRE 第 614 号技术报告。

● 金属涂料和喷涂系统

电力公司规定变电站设备的最小寿命为 25 年。一些电力公司规定变电站设备最小寿命为 40 年，这是因为根据运行经验，如维护得当、运行温度不超限加上中期翻修，设备运行 50 多年也绝无问题。

未经喷涂的金属件应为铝或镀锌钢。由于极易生锈，配件宜由镀锌钢或不锈钢制成。沿海地区可能会要求使用海洋级的配件。在连接机构和构架时应考虑使用双金属连接。应去除配件处的表面涂料，以确保连接良好。预处理后如发现未喷涂部位，应重新进行喷涂，确保所有暴露在外的金属表面都受到了保护。

室外箱柜的内表面宜用防水凝涂料进行喷涂。可采用适当的措施防止水侵入低压设备，且需要配备通风系统。

- 地震地表加速度

世界上的某些区域经常发生地震。设计时设备必须能够承受极大的地表加速度，通常在0.2～0.5*g*。制造厂商会在振动台上进行型式试验，确保设备在特殊条件下能够正常运行。

- 海拔＞1000m

国际标准、国家标准以及相关设备标准的海拔均规定为从海平面到 1000m 海拔。海拔1000m 以上，气压随海拔的上升而下降。对处于 1000m 以上海拔的装置而言，标准参考大气条件下的外绝缘绝缘水平应参照 IEC 60071-2，由该地点所需的绝缘耐受电压和海拔修正系数 $K_a$ 的乘积来确定

$$K_a = e^{m\left(\frac{H}{8150}\right)}$$

式中　$H$——以 m 为单位的海拔；

　　　$m$——小于等于 1 的一个系数，该系数取自 IEC 标准的图表，该标准给出了 $m$ 和绝缘配合耐受电压的关系。

修正系数 $K_a$ 表征了 IEC 60721—2—3 中给出的海拔与气压的关系，见表 12.10。

表 12.10　　　　　　　　　　　　低于或高于海平面的正常气压

| 海拔 | | 气压（kPa） |
|---|---|---|
| 15 000 | | 12.0 |
| 10 000 | | 26.6 |
| 8000 | | 35.6 |
| 6000 | | 47.2 |
| 5000 | | 54.0 |
| 4000 | | 61.6 |
| 3000 | | 70.1 |
| 2000 | | 79.5 |
| 1000 | | 89.9 |
| 0 | 海平面 | 101.3 |
| 400 | | 106.2 |

## 12.2　断路器

### 12.2.1　断路器的功能

断路器（CB）是空气绝缘（AIS）和气体绝缘（GIS）开关设备中的关键设备。高压断路器是导通和断开电流回路（包括工作电流和故障电流）并在合闸位置承载标称电流的机械开关装置。断路器不是智能设备，故障检测是通过互感器和连接到高压系统的保护装置来完成的。

在检测到异常情况时，保护装置向断路器机构跳闸线圈发送跳闸信号，断路器断开回路电流。在检修期间，必须断开断路器并使隔离开关处于开断位置，以隔离变电站的各部分。

此操作可以远程完成或通过断路器自身的本地控制柜就地完成（见图 12.2）。

图 12.2　支柱式高压断路器

## 12.2.2　断路器适用范围

断路器通常用于连接几种回路，且断路器上的负载根据控制回路的类型（如架空线路、电力电缆、电力变压器、电容器组、有功/无功并联电抗器等）而有所不同。当电流和电压滞后或超前时，断路器的负担更重。在电压过零、电流过零点进行开断是最好情况。峰值电压或峰值电流的开断则困难得多。需要进行超出国际标准所规定的试验项目，以检查断路器是否能够完成此类更困难的情况。

## 12.2.3　断路器要求操作

根据工作制，断路器可能操作频繁，如每天数次。以伦敦周边为例，由于架空线路不甚美观，高压电网主要由地下电缆组成。电缆在白天的工作时段负荷很重，在夜间负荷较轻。在轻载期间，电缆的电容成为一个问题，需要连接电抗以补偿电容并控制增大的电压。反之亦然，在重载期间，需要增加电容以补偿电抗。这不仅需要切换电路，且需每天多次切换额外的电抗和电容。然而，电网其他部分的断路器，由于不受负载波动、雷击等影响，操作可能非常少。为了确保断路器能够在接到指令后可靠动作，应该安排定期的"手动"跳闸试验，保证正常性能（见图 12.3）。

## 12.2.4　断路器类型

如今的断路器都有一个或多个灭弧室，通常由 $SF_6$ 绝缘气体填充。灭弧室是开断高压正常电流和故障电流的装置。灭弧室由固定部分和移动部分两部分组成。当灭弧室内触头闭合时，两个部分连接在一起。当两部分分开时，移动部分推动 $SF_6$ 气体穿越制造出的间隙，迫使电弧熄灭。灭弧室与操动机构物理相连，本节稍后将对此进行介绍。

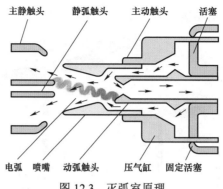

主静触头　　静弧触头　　主动触头　　活塞

电弧　喷嘴　动弧触头　　压气缸　固定活塞

图 12.3　灭弧室原理

存在几种类型的断路器：

- 外壳带电的断路器；
- 集成互感器的落地罐式断路器；
- 混合式或混合技术开关设备；
- 气体绝缘金属封闭开关设备（GIS）。

外壳带电式断路器或落地罐式断路器可设置为三个单相单元或三相一体共用一个操动机构（见图 12.4）。

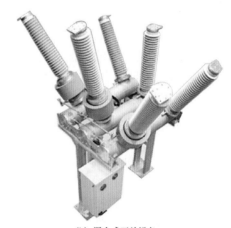

(a) 落地罐式　　　　　　　　　　　　　(b) 混合式开关设备

图 12.4　落地罐式和混合式开关设备

带电外壳位于灭弧室所在的位置，并通过瓷或合成绝缘子与地隔离。

落地罐式断路器的灭弧室位于接地的金属外壳部件内。这种断路器设计用于承载电流互感器，使其成为老式多油断路器的理想替代品。

混合断路器（也称为混合技术开关设备或 MTS）是由落地罐式断路器组成的，但带有额外的隔离开关或接地开关。如需要，也可以配备非常规互感器。混合断路器具有占地小、结构紧凑、安装方便等优点。

如果仅有一个断口，那么最大耐受电压将施加在该断口上。如果单断口不满足要求，则可以串联多个断口。为了确保多断口电压分配均匀，可以在每个断口上安装均压电容器。

### 12.2.5　机构类型

有许多不同类型的机构。其中最常见的是弹簧型，此类断路器的分合行程均通过释放储能弹簧来进行。假使厂站用电源失效，此类机构仍能够在需要时进行分闸、合闸和重合闸。如还需进一步继续分合闸操作，则需要具备一个储能更强的液压或气动机构（见图 12.5）。

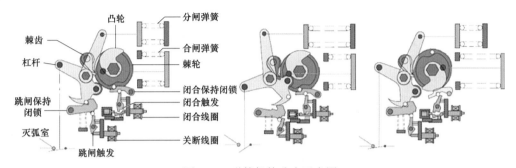

图 12.5　弹簧机构分合示意图

### 12.2.6　操作

当断路器断开时，断开效应取决于电网是否高度互联。当电网发生故障时，电弧对地导通或相间发生短路。检测到故障后，断路器接收到开断信号。如果故障是暂态的（如雷击），线路重合闸后将恢复通电。如果故障是永久性的（如树障导致的短路），那么重合闸后断路器继续跳闸。

架空输电线路的回路配有自动重合闸，以便在发生跳闸事件后可以非常快速地恢复高压回路。如果断路器是三相联动操作，则所有三相灭弧室断口断开，然后三相同时合闸。如果使用单相分立操作设备，则只能断开故障相，然后重合故障相。如上所述，根据电网配置，多次分合断路器可能导致发电机失稳。延迟自动重合闸可防止失稳的发生。

断路器操作可能会导致出现其他现象，但可应用下述的标准方案予以解决。选相合闸（POW）开关设备可以在电压或电流波形的特定点上操作，以减少分合任意回路时可能发生的操作过电压。如当闭合电容器回路时，POW 开关设备能确保断路器灭弧室在电压过零点而非其他相位动作，这将降低暂态过电压，延长设备使用寿命并减少检修要求。可以根据电流波形使用 POW 开关设备，降低开断并联电抗负载时出现电流截波的风险。POW 开关设备还可在大型变压器通电时用于降低励磁涌流。

电网状态的突然变化会导致较高过电压的出现。多年来的常用实践是为某些断路器配备合闸电阻，作为合闸或重合闸操作期间控制暂态过程的一种有效手段。在闭合断路器主触头前的极短时间内，合闸电阻与待接通的主回路串联，从而能够抑制暂态过电压。

### 12.2.7　低温操作

$SF_6$ 断路器运行时，$SF_6$ 为气态。$SF_6$ 此时为内部带电部件和接地外壳之间提供所需绝缘。该气体还充当灭弧介质。在极低温时，由于具有相对较高的液化温度（400kPa 下 33℃），$SF_6$

将变为液体。

为了解决这一问题，可以采用混合气体。早期设计使用 $SF_6/N_2$ 绝缘，但 $N_2$ 的引入显著降低了气体的灭弧性能，要求设备相应降低额定值。近年来，已证实 50%/50% 的 $SF_6/CF_4$（四氟化碳）混合气体具有优异的灭弧性能和低得多的液化温度。

## 12.3　隔离开关、接地开关和接地极

### 12.3.1　隔离开关和接地开关的作用

隔离开关由四个主要部件组成，即高压载流部件（刀臂、钳口、触头等）、固定或旋转式瓷支柱绝缘子、金属底座和操动机构（见图 12.6）。隔离开关具有多种功能。

图 12.6　典型的隔离开关

当处于开断位置时，其在高压电路中提供可见间隙。如果其余部分在高压下带电，这个可见隔离点在检修时是必需的。型式试验证明由断开的隔离开关产生的绝缘气隙足以满足绝缘净距的标准要求。当隔离开关处于开断位置并且机构被物理闭锁以防止合闸时，则隔离开关成为一个隔离参考点，这是创造安全区的重要技术措施。

（1）闭合时，隔离开关作为高压回路或母线的正常部分。隔离开关设计时要在规定的温度限制内持续承载额定电流，要在规定的短时间（即 1s 或 3s）内承载短路电流，且上述操作不会对隔离开关今后的运行产生不利影响。

（2）隔离开关可用于改变母线接线方式。例如，在双母线接线中，可以利用隔离开关将最初连接在主母线上的供电电路接至备用母线。该操作必须提供由断路器控制的并联通路，隔离开关无需开断满负荷电流。

（3）一旦断开隔离开关将所有高压馈电断开到特定点，如设备维修时，应对隔离部分使用一个或多个接地开关。接地开关不带正常负载，其设计时仅承载短路电流。

（4）隔离开关设计时不用于开断工作电流或短路电流。开断工作电流或短路电流是断路器的职责。然而，隔离开关可以用于切换、产生和/或开断与一小段高压母线或电路相关的极小充电电流，且还可以加设附加触头或灭弧室，用于开断与变压器和电抗相关的较小感性电流或与长电缆、架空长线相关的容性电流。

有许多类型的回路或情形需要通过接地开关进行接地，如架空线路、电缆、变压器、电容、有功/无功线路充电、铁磁谐振和感应电流等。

接地开关通常用于确保在断开、隔离和接地区域的高压设备进行检修前，主动接地施加于高压电路。通过接地开关，在隔离电路上进行作业的现场运检人员的人身安全得到了保证：

接地开关也可用于释放高压母线或高压回路的能量。回路断开后，仍会存在残余电荷。通常被断开的线路会通过空气与平行的带电架空输电线路回路产生耦合。变电站中应采用专为切除感应电流而设计的接地开关。该接地开关将捕获电荷并在接地的同时产生相应的容性电流。如果设计适用于切换感应电流，则要使用第二个接地开关产生或开断同塔上其他回路的感应感性电流。

### 12.3.2　安装布置

（1）大多数隔离开关和接地开关安装在地面上的管状或格栅钢构架上。该构架不仅为高压部件提供支撑，而且还便于机械操作。构架通常安装在便于运检人员操作的高度。

（2）根据所使用的隔离开关类型，接地开关可为独立或与隔离开关相连。如果使用双母线隔离开关，可以方便地在高压隔离间隙的一侧或两侧安装额外的接地开关。

（3）隔离开关和/或接地开关也可以安装在多种地点的多个位置。其可悬挂于屋顶和龙门架上，也可以垂直安装在墙壁和其他支撑结构上。

### 12.3.3　机构

隔离开关和接地开关可采用多种机构组合：

（1）除检修时手动操作外，还可使用交流或直流电机进行电动操作。

（2）单相操作，即每相配一个独立机构。

（3）三相或联动操作，三相配一个机构，相间通过连杆联动。

（4）仅使用曲柄手柄或提升手柄进行手动操作。

（5）电机机构具有本地和远方操作，以便在维修期间进行就地（电气）操作以及在现场或其他地方的控制室进行操作。

### 12.3.4　隔离开关类型

架空输电线路和变压器回路通常位于主母线 90°处，高压回路从主母线下方或上方通过。图 12.7 中（c）和（e）所示隔离开关经过专门设计，与隔离开关上方回路相连，形成垂直隔离间隙，而其他类型的隔离开关形成的是水平隔离间隙，且需要额外连接以在不同层之间建立导通回路（见图 12.7）。

(a) 旋转端柱型　　(b) 中心旋转柱型　　(c) 垂直半受电弓型　　(d) 水平半受电弓型　　(e) 完整受电弓型

图 12.7　旋转端柱型、中心旋转柱型、垂直半受电弓型、水平半受电弓型和完整受电弓型

所有隔离开关在设计时均用于规定的温度范围和地震条件，并具有在重覆冰条件下开断和闭合的能力（见图 12.8）。

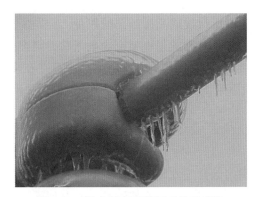

图 12.8 闭合隔离开关闸刀片重覆冰

## 12.4 避雷器

避雷器是一种通过限制电力系统过电压并对冲击电流进行分流来保护重要电气设备的保护装置。避雷器是变电站和输电线路绝缘配合不可或缺的辅助手段。其保护水平的选用可限制雷电过电压，在操作过电压时其也起导通作用。正常连续工作时，避雷器对电力系统几乎没有影响。根据不同的需求，避雷器应用于诸如交流变电站、直流换流站、输电线路、铁路等多个领域。对于变电站来说，金属氧化物避雷器，尤其是氧化锌（ZnO）避雷器一直是20 世纪 80 年代后应用最广泛的避雷器。新建变电站通常采用金属氧化物避雷器。然而，在无间隙金属氧化物避雷器引入前，仍有大量代表当时技术的带间隙碳化硅（SiC）避雷器尚在使用中。对于输电线路，通常使用无间隙线路避雷器（NGLA）和外部间隙线路避雷器（EGLA）。该两种情况的过电压限制部件均为金属氧化物电阻。

金属氧化物电阻和金属氧化物避雷器的制造厂商数量以及金属氧化物避雷器的应用均在增加。如今，金属氧化物避雷器广泛应用于不同电压等级的交直流电力系统，从660V 直流牵引站到 800kV 特高压直流系统再到 1100kV（中国）和 1200kV（印度）交流特高压系统。金属氧化物避雷器也作为线路避雷器用于空气绝缘变电站（AIS）、气体绝缘变电站（GIS）和电缆系统。

金属氧化物避雷器的不断发展和现场经验，使得有必要长期跟踪技术现状并跟进现有金属氧化物电阻及避雷器测试标准的有效性，比方说，根据线路放电等级对金属氧化物避雷器进行分类。金属氧化物避雷器的线路放电等级是根据不同系统电压输电线路存储的能量（捕获的电荷）来确定的。这种分类仅适用于 550kV 以上的三相输电系统。电力系统的各种新应用，包括特高压、灵活交流输电系统、高压直流、牵引系统、配电网等，使得有必要根据线路放电等级重新考虑金属氧化物避雷器的分类。下面对已有国际标准做重点综述，并着重考查金属氧化物电阻的通流容量。

IEC 60099-4 Ed 3.0（2014-06）《避雷器 第 4 部分：无间隙金属氧化物避雷器系统》引入了新的避雷器分类概念、电荷转移等级、热能评级等，替代了传统的线路放电等级。IEC 60099-5 Ed. 2.0（2013-05）《避雷器 第 5 部分：选用与应用建议》已根据 IEC 60099-4 Ed 3.0 的变动进行了修订并于 2018 年年初发布。此外，2014 年出版了首个关于高压直流避雷器的国际标准（IEC 60099-9，Ed.1.0《避雷器 第 9 部分：高压直流换流站无间隙金属氧化物避雷器》)。

从结构上看，金属氧化物避雷器使用串并联的非线性金属氧化物电阻，不带任何串联或并联的火花间隙。术语"避雷器"在高压和中压领域使用，包含不同设计类型的金属氧化物避雷器。在低压领域，通常提到的是"过电压保护器件（SPD）"，其涵盖不同的技术和设计类型，如火花间隙、金属氧化物压敏电阻以及包括隔离装置的两者组合。对作为 FACTS 组件的高压串联电容而言，高压避雷器整组包含成百甚至上千个金属氧化物电阻，以保护电容免受线路故障期间的过电压影响，其被称为"压敏电阻"。

### 12.4.1 功能

金属氧化物避雷器的结构十分简单，由带电的金属氧化物电阻串联而成。当避雷器两端电压升高时，根据伏安特性曲线，电流也随之连续增加且无延迟（见图 12.9），这说明不存在火花间隙，避雷器响应于导通条件。当架空线路发生雷击产生外加电流时，将产生 1.6～3.6（p.u.）的适中残压。过电压消减后，电流根据伏安特性曲线减小。不会出现使用火花间隙或火花间隙避雷器时的后续电流，只有约 1mA 的纯容性泄漏电流流过。

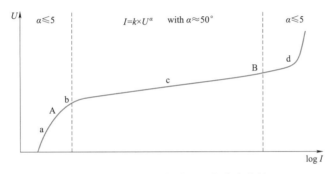

图 12.9　金属氧化物避雷器的伏安特性

a—下部（击穿前区域，主要为容性）；b—曲线拐点；c—非线性部分（击穿区域）；d—上部（上扬区域）；
A—工作点（连续工作电压 $U_c$ 以下）；B—保护电平 $U_p$（放电电流下）

在图 12.9 中拐点 b（大致对应避雷器的额定电压 $U_r$）和参考电压 $U_{ref}$，避雷器开始导通。电压略有增加，电流的阻性分量迅速增加。在 $U_{ref}$，电流绝大部分为阻性分量。b 点和 c 点之间的电压区域必须考虑暂时过电压。从低电流区域 A 到 b 点，必须工频电流和工频电压（连续工作范围）。在 B 区域之上，金属氧化物避雷器的保护特性至关重要。

图 12.10 是一张给出了标准定义的技术图表。从图 12.10 中可见，交直流连续运行方式下存在差异，保护区域不同冲击电流斜率之间也存在差异。必须仔细考虑这些参数，比如进行绝缘配合时。

作为保护设备，避雷器须尽可能安装在靠近被保护设备的地方。所谓的保护距离（IEEE 标准定义为"间隔距离"）不大，小至铁路应用中的不到 1m，最高为超高压和特高压系统的 50m。

金属氧化物电阻和金属氧化物避雷器仍在不断开发中，目的是为了减小尺寸、降低成本，同时保证优质及可靠。因此，金属氧化物的开发与应用适用于较高电场强度，如 GIS 应用，此时可减小整体设计尺寸。

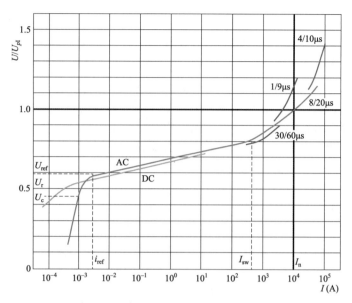

图 12.10　金属氧化物避雷器的伏安特性

注　$I_n = 10\text{kA}$，线路放电等级 2。电压归一化至避雷器在 $I_n$ 时的残压。电压（线性标尺）和
电流（对数标尺）均采用峰值。图中所示为典型值。

#### 12.4.1.1　避雷器应力

作为保护装置，避雷器必须承受各种电气应力、热应力和机械应力。金属氧化物避雷器上的电应力可分为工频应力（持续时间长）和由操作与雷电引起的短时暂态应力。

金属氧化物避雷器承受的过电压类型包括暂时过电压、缓波前过电压和陡波前过电压。

##### 12.4.1.1.1　暂时过电压

暂时过电压（TOV）是一种振荡的相对地或相间状态，其持续时间相对较长且无衰减或衰减很慢。暂时过电压是金属氧化物避雷器上较常见的应力之一，且会极大损坏避雷器。避雷器无法限制暂时过电压，但必须能承受暂时过电压。此种情况下产生的工频大电流将在避雷器上施加很大应力。

暂时过电压产生的原因：

（1）接地故障暂时过电压很大程度上取决于系统接地的有效性。IEC 60099-5 和 IEC 60071-2 给出了确定 TOV 幅值的指导准则。

对于中性点接地系统，暂时过电压的持续时间通常小于 1s。对于中性点加装消弧线圈接地系统，接地故障切除后，暂时过电压的持续时间通常小于 10s；故障未切除时，暂时过电压的持续时间约为几小时。

（2）断开负载会导致断路器电源侧的电压上升。过电压的幅度取决于断开的负载和馈电变电站的短路强度。甩负荷过电压的幅度在其持续时间内通常不是恒定的。精确计算必须考虑许多参数。

（3）空载长线电压升高（Ferranti 效应）。

（4）谐振，尤其是铁磁谐振。

（5）同塔不同电压等级系统间因闪络导致的过电压。

#### 12.4.1.1.2 缓波前过电压

在大多数情况下,缓波前过电压与负载开断或故障清除相关。必须考虑不同的开断情况:比如线路充电及容性/感性负载开断操作。

对带剩余电荷的输电线路进行高速重合闸会使相线上产生行波,导致绝缘子和杆塔之间的沿线闪络。尤其是远端无终端设备(如并联电抗器、变压器或避雷器)的情况,可能导致出现两倍幅值的入射波。

电容器组通电时可同时产生暂态电压和暂态电流。此外,用于切换电容的开关的抑制重燃弧能力已得到改进,但还不能彻底消除电弧再燃。因此,通常会结合诸如使用限流电阻/电抗、选相开关、避雷器等多种暂态量降低方法,以最大限度减少电弧重燃的可能性并提供过电压保护。

使用设计时用于开断故障大电流的断路器去开断感性小负载电流是一个难题。极快的重燃弧引起的暂态过电压会使绕组分压不均,从而损坏诸如并联电抗器、变压器等感性设备。

#### 12.4.1.1.3 陡波前过电压

许多情况下,陡波前过电压由雷暴引起,并发生在世界各地。其中,赤道地区的雷暴最为严重。陡波前过电压的其他来源还包括断路器开断电流或反击。

农村地区的输电和次输电系统中的高压系统一般在 $52kV < U_s \leqslant 245kV$ 范围。与其他电压系统相比,直击、反击和感应引起的过电压在统计上会导致作用在避雷器上的电应力更高。

虽然超高压系统($245kV < U_s \leqslant 800kV$)和特高压系统(800kV 以上)的杆塔高度很高,但因输电线路架设有避雷线,故可很好地预防相线上的直击雷。大部分雷击击中的是杆塔或避雷线,只有绕击和反击会导致相线上出现严重过电压。

一般而言,90%的雷击都是从云层到地面的负极性雷。但像挪威、日本等的一些国家,经常在冬天遭遇正极性雷暴。导致冬季雷暴的典型天气条件是从西而来的强风,将暖空气从海洋运送到内陆山脉。典型冬季雷暴正极性闪电的电荷数量比典型夏季雷暴负极性闪电的。

#### 12.4.1.2 金属氧化物避雷器的通流能力

通流能力是金属氧化物避雷器的关键特性,其具有许多不同的指标,但在已有标准中体现不足。尽管以下列出的不尽全面,但这些指标大致可分为:

(1)"冲击"通流能力;

(2)"冲击"通流能力的"热"能处理能力,分别对应单冲击应力、多冲击应力(冲击波间未充分冷却)和重复冲击应力(应力间充分冷却)。

同时,仅针对完整避雷器考虑热能处理能力。这是因为除金属氧化物避雷器的电气特性之外,热能处理能力主要受避雷器整体设计中的散热能力的影响。

#### 12.4.1.3 环境应力

金属氧化物避雷器必须能够承受其他变电站高压设备所遭受的相同作用,如环境和地理位置产生的影响(如污染、海拔、强风、温度、覆冰及地震等)以及变电站内部设备情况(如高压端子的弯曲应力和短路应力)。

环境应力可分为静态应力、动态应力及极端情况下的地震应力。这些应力对内含精密机械设计的大型设备(如特高压避雷器或 $SF_6$ 气体绝缘避雷器)的影响较大。此外,还必须考虑长期应力的影响,如污染、湿度、极低温以及温度循环变化等,尤其是针对聚合物绝缘。

### 12.4.2　参数与设计

以下小节描述了避雷器设计所需的相关参数。

#### 12.4.2.1　电压和电流

持续工作电压 $U_c$：允许连续施加于避雷器端子间的工频电压有效值。

持续电流 $I_c$：持续工作电压下流过避雷器的电流。金属氧化物避雷器在持续工作电压范围内以纯容性方式运行。持续电流约 1mA，电流值取决于安装条件，并与电压相位相差 90°。总电流的阻性分量范围仅为 10～100μA。该区域的功率损耗可以忽略不计。避雷器的持续电流也被称作泄漏电流。

额定电压 $U_r$：允许施加于避雷器端子间的最大工频电压有效值。按照此电压所设计的避雷器能在所规定的动作负载试验中确定的暂时过电压下正确地工作。

简而言之，额定电压 $U_r$ 是在负载测试中施加长达 $t = 10s$ 的电压值，从而模拟出系统中的暂时过电压。除少数例外，额定电压 $U_r$ 和持续工作电压 $U_c$ 之比值通常为 $U_r / U_c = 1.25$。该比值没有官方定义，是约定俗成的。如果所有型式试验均能通过，制造厂商可以选择其他数值的 $U_r/U_c$。额定电压是选择避雷器的重要指标，它表征避雷器对暂时过电压的耐受能力。如果额定电压未知，避雷器仅根据 $U_c$ 进行选择，则避雷器可能无法承受暂时过电压。

参考电压 $U_{ref}$：避雷器工频电压峰值除以 $\sqrt{2}$，通过施加参考电压，可使避雷器流过参考电流。制造厂商在例行试验中通常使用该电压，以间接检查避雷器的保护水平。

参考电流 $I_{ref}$：用于确定避雷器参考电压的工频电流阻性分量的峰值（若电流不对称，则取不同极性电流的较高峰值）。制造厂商选择参考电流时，要使其位于伏安特性曲线的拐点之上并主要由阻性分量组成。因此，可不考虑测量参考电压时避雷器杂散电容的影响。单个金属氧化物电阻的参考电压相加即为整个避雷器的参考电压。

线路放电等级—此为旧定义，已不适用于新式避雷器。IEC 60099-2.2 之前的版本规定线路放电等级是唯一可用于规定避雷器能量吸收能力的方法，其中对线路放电的 1～5 级进行了定义。

重复电荷转移额定值 $Q_{rs}$：避雷器在单个或多个过电压发生时传输电荷，而不会导致机械故障或金属氧化物电阻电气性能降低的最大规定电荷转移能力，它用电流对时间积分的绝对值表示。重复转移电荷积累时，单个或多个过电压的持续时间不超过 2s，后续过电压间隔不低于 60s。

额定热量 $W_{th}$：热恢复试验 3min 内注入变电站避雷器或避雷器部件但不会引起热耗散的最高规定能量值，以 kJ/kV 为单位。

热电荷转移额定值 $Q_{th}$：在热恢复试验 3min 内通过配电避雷器或避雷器部件转移而不会引起热耗散的最大规定电荷值（库伦 C）。

#### 12.4.2.2　避雷器的设计

对于避雷器的设计，必须确定所需的金属氧化物电阻片以及其外壳结构。

##### 12.4.2.2.1　金属氧化物

金属氧化物避雷器技术在过去几十年里取得了稳步进展。金属氧化物避雷器在过电压保护装置中得到广泛应用。人们对非线性导通、能量吸收能力等基本机制的理解也日渐深入，从而获得了更多新见解，也观察到更多新物理现象，并建立了更多更科学的研究模型，还在金属氧化物避雷器材料和部件仿真计算方面取得较大进展。

金属氧化物的非线性导通原理可追溯到陶瓷中的单个晶界，每个晶界的击穿电压 $U_B$ 典型值约为 3.2～3.4V。通过在金属氧化物元件内串并联组合多个晶界，可以影响避雷器的伏安特性。对于数量足够大的晶界，场强 $E$ 和电流密度 $J$ 通常可用于表征材料特性。

#### 12.4.2.2.2　金属氧化物避雷器的外壳设计

高压避雷器和中压避雷器具有不同的基本设计原则。高压避雷器的机械要求比应用于配电网的避雷器更高。因此，除了数量日渐增加的复合空心绝缘子，即所谓的管式直接成型设计之外，仍然使用陶瓷外壳。而在中压系统，陶瓷外壳迅速消失，如今几乎只使用复合绝缘的直接成型设计（见图 12.11）。

金属氧化物避雷器的阀片由内部笼式结构做机械支撑，如由玻璃钢（FRP）筒制成。在压缩弹簧的作用下，阀片夹在避雷器端部之间。可能需要额外的支撑元件以沿径向方向固定阀片（图 12.11 中未示出）。由于该结构采用封闭气体，所以需要密封系统和减压系统。

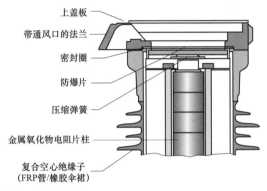

上盖板
带通风口的法兰
密封圈
防爆片
压缩弹簧
金属氧化物电阻片柱
复合空心绝缘子
（FRP管/橡胶伞裙）

图 12.11　聚合物封装的避雷器

#### 12.4.2.3　均压环和防晕环

根据电压等级，避雷器可由一个或多个单元组成。通常，只要爬电距离要求不高于平均水平，$U_c$＜150kV 时采用一个单元。在电压等级较高的情况下，避雷器必须由几个单元组成，例如，420kV 系统至少包括两个部分。在较高电压等级下或爬电距离要求极高时，也可由包含更多部分。原则上，只要能证明避雷器具有足够的机械性能，单元数量无上限。当达到一定长度时（通常针对多单元组成的避雷器），绝对有必要使用均压环。均压环用于控制高压端至接地端的电压分布，电压分布受到接地电容的不利影响。若未采取适当的应对措施，避雷器高压端的金属氧化物电阻可能会比接地端的金属氧化物电阻承受大得多的应力，从而可能导致过热。均压环在直径和固定支架长度方面各不相同。

对于超高压和特高压情况，必须在高压端子采取如加装防晕环的屏蔽措施（见图 12.12）。

#### 12.4.2.4　避雷器的绝缘配合和选择

绝缘配合指的是电气设备之间介电耐受能力的匹配，需考虑环境条件及系统中可能的过电压。简而言之，绝缘配合关注的是"应力与强度"的比值。出于经济方面因素，不太可能对电气设备进行完全绝缘，杜绝一切可能发生的过电压。这也

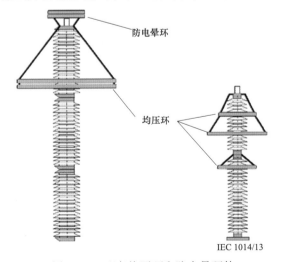

防电晕环
均压环

IEC 1014/13

图 12.12　配备均压环和防电晕环的
特高压和高压避雷器示例

是安装避雷器将过电压限制在电气设备可接受范围内的原因。

因此,金属氧化物避雷器可确保电气设备承受的最大电压始终低于电气设备的保证绝缘耐受值。更多关于绝缘配合的信息见第 11.4 节。

下文列出了一些绝缘配合方面的基本信息,也可见图 12.13。避雷器必须完成两项基本任务:

- 必须将出现的过电压限制在对电气设备来说不产生危害的值。
- 必须保证系统安全可靠运行。

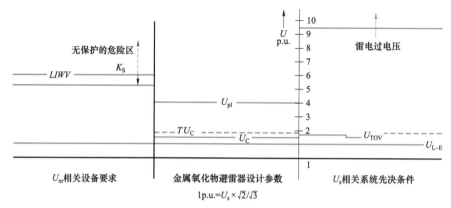

图 12.13　系统中可能出现的电压、电气设备耐受电压与金属氧化物避雷器参数的比较

选定的连续工作电压 $U_c$ 应确保在任何情况下避雷器能耐受所有的工频电压和暂时过电压,而不会过载。这意味着,既定持续时间内,连续工作电压 $T_c U_c$ 应大于或等于避雷器端子的预期暂时过电压($T_c$ 等于 TOV 有关 $U_c$ 的强度系数)。

注释:铁磁谐振属于例外情况。铁磁谐振幅值高、持续时间长,如果此时避雷器仍能有效地行使保护功能,则确定连续电压取值时不用把铁磁谐振考虑进来。铁磁谐振的发生通常意味着避雷器过载。系统用户应采取必要措施避免铁磁谐振。如果雷电冲击保护水平 $U_{pl}$ 明显低于被保护电气设备的雷电冲击耐受电压($LIWV$),则金属氧化物避雷器能正常发挥保护作用,此时还应考虑安全系数 $K_s$。目的是设置避雷器的伏安特性以同时满足两项要求。

选择略高于计算值(如 10%)的连续工作电压 $U_c$ 是合理的。一般来说,电气设备承受的最大允许电压与避雷器的保护水平之间要有足够的差值。

IEC 60099-5《避雷器　第 5 部分:选择和应用建议》为正确选择避雷器提供了大量信息,并描述了避雷器的选用过程。

### 12.4.3　安装注意事项

作为变电站的保护装置,避雷器安装在输电线路的入口处,靠近如电力变压器等的重要(高造价)设备。图 12.14 展示了避雷器的主要安装方式:安装在基座上、悬挂在接地钢结构上或悬挂在线路导线上。

图 12.15 展示了避雷器在相关设备附近的典型布置。避雷器应尽可能靠近被保护设备以确保过电压保护的有效性。行波现象将导致设备末端的过电压远高于避雷器的末端电压,过电压取决于侵入波的陡度及避雷器与设备之间的距离。高压引线和接地引线应尽可能短而

直，使回路电感最小并确保引线两端的感应压降最小。在低压系统中，该类压降叠加后可能超过避雷器的残压。高压和接地引线以及连接点在确定额定值时应保证在避雷器或设备位置发生闪络时，能够同时承受高幅值的冲击电流和短路电流。需要一个低阻抗接地极使这些大电流安全入地。

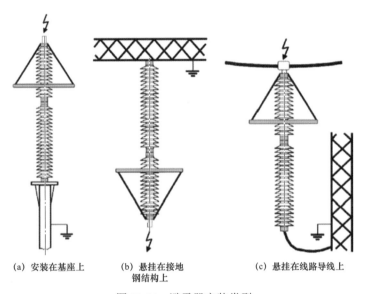

(a) 安装在基座上　　(b) 悬挂在接地　　(c) 悬挂在线路导线上
　　　　　　　　　　　　钢结构上

图 12.14　避雷器安装类型

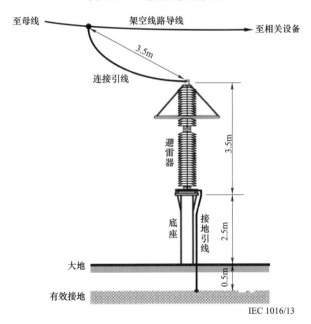

图 12.15　典型布置附件

### 12.4.4　附件

作为过电压抑制装置时，避雷器通常表现为具有极低泄漏电流的绝缘体。绝缘特性对于避雷器的预期寿命和电力系统运行可靠性至关重要。

现有多种诊断方法和诊断指标用于识别避雷器老化或故障征兆。

诊断方法包括采用能显示避雷器故障的故障指示器以及采用各类测量仪，如能够测量无间隙金属氧化物避雷器阻性泄漏电流和/或功率损耗微小变化的仪器。

必须根据具体情况决定避雷器监测是否有意义。通常最关键的是避雷器监测的性价比，只有少数监测原理能提供真正有用的信息（实现起来成本很高）。

避雷器的放电计数器会记录高于特定幅值或高于特定电流幅值和持续时间组合的冲击电流的次数。

监测用的火花间隙可显示计数并估算流过避雷器电流的幅值和持续时间。正确解读火花间隙标记需要特殊经验。火花间隙无法直接提供避雷器的实际状况信息，但有助于判断避雷器是否能继续运行。

可采用热成像法测量避雷器的温度。热成像仪的优势使这种避雷器在线状态评估方法在世界范围流行。该方法有效的原因在于，稳态条件下，避雷器的工作温度较接近环境温度，且测量快速而准确。

泄漏电流监测器——在给定的电压和温度条件下，金属氧化物避雷器的性能老化将使阻性泄漏电流或功率损耗增大。大多数判定无间隙金属氧化物避雷器状态的诊断方法都基于泄漏电流测量。由于泄漏电流主要为容性电流，因此须采用较复杂的方法检测整个电流中非正弦阻性电流分量的增加。目前的设备主要评估泄漏电流的三次谐波分量，并补偿来源于电压三次谐波的电流三次谐波。

一些诊断方法要求避雷器配备绝缘接地端子。接地端子应具有足够高的耐受电压水平，以承受冲击放电期间端子与接地结构之间出现的感应压降。

## 12.5　互感器

### 12.5.1　互感器的用途

互感器的作用是使保护装置能够执行其功能，对故障做出反应，并提供尽可能准确反映高压电路中电流、电压、有功功率和无功功率的测量值。

### 12.5.2　电流互感器

电流互感器安装在高压导线上，这样一次电流可流过该设备。

电流互感器由五个主要部件组成，采用顶部铁芯油绝缘设计：

（1）壳体，包含所需铁芯或环形变压器，该类铁芯或环形变压器由铁芯环组装而成，其上缠绕精确匝数的线圈。

（2）穿过探头中心的主导线。

（3）辅助端子或接线盒，连接从电流互感器铁芯线圈尾部两端引出的导线末端，并连接保护和控制电缆。

（4）瓷或合成绝缘外壳及支撑结构的基架。

（5）绝缘油：填充铁芯、末端、探头和支撑件绝缘之间的空隙。

从图 12.16 可看出，互感器的探头安装了环形变压器。变压器具有特定变比，如 2000:1（缠绕铁芯的 2000 匝导线与 1 根一次单匝导线），因此流过一次电路的 2000A 电流将转换为流过互感器二次输出电路的 1A 电流。保护和控制设备可根据该输出电流按需监测变电站设备和相关网络的安全运行情况（见图 12.17）。

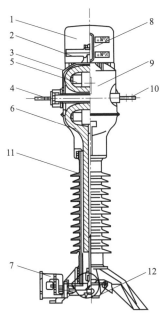

图 12.16　典型的顶部铁芯电流互感器

1—膨胀器；2—金属膨胀波纹管；3—二次屏蔽罩；4——次出线端子 P1；

5—二次绕组；6—主绝缘；7—二次接线盒；8—油位指示器；

9—储油柜；10—二次出线端子 P2；

11—绝缘子；12—放油活门

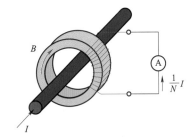

图 12.17　工作原理

电流互感器有许多不同的基本设计：

（1）顶部铁芯＋安装在壳体上的环形变压器。制造厂家可提供不同尺寸的探头，可包含 1～7 个环形电流互感器，具体取决于其尺寸，为倒置式。

（2）正立式与顶部倒置式类似，只是电流互感器铁芯位于互感器底座上而非探头上。

（3）当无法在高压电路中进行连接时，提供电缆穿芯式环形电流互感器。单芯电缆可穿过环的中心插入，此时电缆实际上作为主要导体。

（4）套管型用于环绕变压器套管或穿墙套管的末端。

（5）可为其他用途提供特殊电流互感器。例如，可将电力变压器中性点直接接地，或通过中性点接地电阻或消弧线圈。三相星形接线前，能在每相尾端测量电流。还可在最终接地前，在"公用"连接件中包含其他电流互感器。因此，可在特殊外壳中装配 4 个及以上的电流互感器，其中包括公共星形点（见图 12.18～图 12.20）。

必须按照待保护或待测量电路设计电流互感器。规范中必须考虑多个参数。不仅需考虑现有设计，还需考虑装置寿命周期内可能的将来的要求。通常，可以在最初就设置未接入的铁芯，在装置的寿命后期再进行连接。

图 12.19 电缆穿芯式电流互感器和环形电流互感器

图 12.20 中性点接地电流互感器

图 12.18 典型线
正立式型设计

电流互感器应用指南见表 12.11。

表 12.11 电流互感器应用指南

| | | |
|---|---|---|
| (a) | 二次电流 1A 和 5A | 继电保护厂家的标准化解决方案要求输入 1A 或 5A 电流。因此，电流互感器的输出须满足厂家对输入的要求，特别是在扩展或更换现有装置时。所有电流互感器的输出应与单个设备的输入相匹配，特别是在要求保留原先的保护时。因为现代可编程保护与现有系统隔离运行，因此将电流互感器变比编入保护继电器并非一件难事，且继电器自身也会根据从电流互感器接收的输入进行调整 |
| (b) | 变比 | 这取决于所需的 1A 或 5A 二次输出和待测量的最大或额定电流。可在一个铁芯上提供多个变比，例如，3000/2000/1000/1。这种做法能确保最初使用的是最小电流，即 1000/1A。当电流需求按预期增长时，可改变二次端子箱中的接线，选择 2000/1 或 3000/1A 的变比 |
| | | 电力公司可规定具备多个变比的标准电流互感器，这些标准电流互感器可放在电网中的任意位置。例如，批量购买的计量电流互感器（新增至现有设施用于输电管理部门与配网管理部门之间的计量）可能具有多个变比，如 2000/1600/1200/800/600/500/400/1A，以便用于测量 2000~400A 范围内的一次电流 |
| (c) | 多分接头 | 可提供一个带多分接头的电流互感器替代多个无分接头的电流互感器，两者均能有效实现相同功能，但前提是要求有相同的响应，例如，2000/1/1/1/1A。<br>本示例与四个独立铁芯一样，即 2000/1A，每个铁芯具有完全相同的特征 |
| (d) | 等级和负载 | 例如，5P10 级，15VA。更多关于选择等级和负载的内容，见第 37.1.2 节 |
| (e) | 绝缘介质 | 大多数高压电流互感器采用绝缘油填充。$SF_6$ 充气设计可作为绝缘油的替代方案。但是，考虑到环保因素（$SF_6$ 是温室气体），一些电力公司不再接受这种设计。在中低压下，经常使用固体环氧树脂 |

续表

| (f) | 非传统式电流互感器 | 在传统的铁芯电流互感器中，因为需要磁化铁芯但又不能过励磁，铁芯本身就会产生误差。采用传统电流互感器时，实现低精度和动态量程同时满足测量和保护功能是一个难题 |
| --- | --- | --- |
| | | 在用非传统式光学传感器代替铁芯传感器的情况下，一次测量至二次测量的转换采用光学技术或罗氏线圈，并按照相应数字测量设备的规格，选择空气绝缘变电站和气体绝缘金属封闭变电站的最佳方案，使变电站可进行足迹优化 |
| | | 光学传感器利用的是法拉第效应。发射偏振光束的环形光纤传感器环绕电力导体。由于一次电流产生的磁场，光将产生角度偏转。由此，传感器可根据实时光学测量结果精确地确定一次电流 |
| | | 罗氏传感器省去了传统电流互感器中的铁芯，取而代之的是将绕组作为多层印刷电路板上的轨道。将电路板的四个象限紧固在一次导线周围形成环形线圈。传感器的输出是低电平的电压，能准确反映一次电流 |

大多数电力公司不会使用每一种电流互感器，而是选用标准化的几个电流互感器种类，以便保存备用件。这样做可能会出现永远用不到的铁芯，但完全可使这些备用铁芯短接及接地。

### 12.5.3 电压互感器

电压互感器连接至高压导线，以便测量一次电压（见图 12.21）。

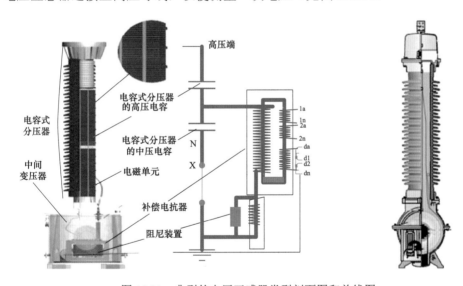

图 12.21 典型的电压互感器类型剖面图和单线图

电压互感器可以为电容式或电感式。最常用的类型为电磁式，但测量高电压时，高变比意味着需要串联多个变压器来实现电压转换。这种类型的电压互感器通常被称为级联式电压互感器。该类电压互感器价格很高，因此对于输电电压，最常用的是电容式电压互感器。电容式充油电压互感器包括六个主要部件：① 将传感器连接至高压导线的一次端子；② 电容式分压器；③ 底槽中的中间变压器；④ 辅助端子或接线盒，连接从变压器输出末端引出的导线尾部，并连接保护和控制电缆；⑤ 陶瓷或聚合物材料的绝缘外壳以及用于将电压互感器安装在支撑结构上的基架/底槽；⑥ 填充空隙的绝缘油。

根据上述示例,有两种变换互感器线电压或相对地电压的方法。变压器具有特定的变比,例如,对于 145kV 的三相系统,每相互感器设计时应考虑单相线对地运行,即 76,210:63.5 或 $132kV/\sqrt{3}:110/\sqrt{3}$。因此,当 132kV 系统通电时,互感器的二次输出电压为 63.5V。保护和控制设备可按需使用该输出电压来监测变电站设备和相关电网是否安全运行。

电压互感器应用指南见表 12.12。

表 12.12　　　　　　　　　　电压互感器应用指南

| （a） | 类型 | 此外,电容式和电感式电压互感器可实现其他功能和任务。由于接地,其可用于电容器组和其他充电回路的放电,而不是应用于接地开关。在此情况下,应使用专门设计的电感式电压互感器,其绕组结构能够承受热量以及与放电电流有关的电磁力 |
| --- | --- | --- |
| （b） | 变比 | 继电保护厂商的标准化方案通常需要如交流 63.5V 或 110V 的输入。因此,电压互感器的输出需要与厂家的输入要求相匹配。在扩展或更换现有设备时需要特别注意,以确保电压互感器的输出与其所连接的所有设备的输入要求相匹配,特别是如果要保留原先的保护方案。由于当代的可编程保护与现有系统是隔离工作的,这就不构成大问题,因为可以将变比编程到对保护继电器的变比,并且继电器本身将根据从电压互感器接收的输入进行调整 |
| （c） | 二级多路输出 | 电压互感器可能需要同时为多种保护方案提供基准电压。实现此功能的一种方法是合并几个二次输出绕组,并且每个绕组都可根据具体的测量和/或保护应用进行单独的规定和设计。这种方法最常用在电压互感器输出用于电费计量时,通常会为主计量专门配备单独的绕组 |
| （d） | 等级和负载 | 例如,50VA,1.0/3P 级。有关如何选择等级和负载的详细信息,见 37.1.3 |
| （e） | 二次配电 | 如果提供单个电压互感器输出,则可以使用微型小开关在互感器的二次接线盒处拆分此输出,或者使用短保护电缆将其输出到另外的微型断路器或熔丝盒。此接线盒/熔丝盒就会包含一组单相微型断路器或熔丝装置,为每个保护电路提供一个装置 |
| （f） | 绝缘介质　[B57,1990] | 大多数高压互感器都充满了绝缘油。$SF_6$ 气体填充的设计可以作为绝缘油的替代方案,然而出于与电流互感器相同的环保原因,一些电力公司并不推荐使用这种设计。在中低压下,经常使用固体环氧树脂 |
| （g） | 非传统电压互感器　[B7,1980] | 常规电压互感器可能会发生铁磁谐振现象,导致热应力过大。在调试期间进行逐步通电过程时需要特别注意,要确保电感式电压互感器不会出现铁磁谐振,因为铁磁谐振损害电压互感器。这种情况更可能发生在气体填充的电压互感器上 |
| | | 在用非常规光学传感器代替铁芯传感器的情况下,一次测量至二次测量的转换采用电容技术,并按照相应数字测量设备的规格,选择空气绝缘变电站和气体绝缘金属封闭变电站的最佳方案,使变电站可进行足迹优化 |
| | | 电容式分压器省了常规电压互感器的铁芯。对于 AIS 传感器,电容器由薄膜构成;对于 GIS 传感器,电容器由外壳内部的印刷电路板电极构成 |

### 12.5.4　组合式电流和电压互感器

包含电流和电压互感器的组合式装置是一种经济且便捷地测量公共位置电流和电压的方法,尤其适合在一家电力公司对另一家的供电接口提供高精度测量及电能分配计量。组合式电流和电压互感器可减少占地面积和基座及支撑结构的数量。

通常,组合式装置基于顶部铁芯电流互感器技术,但电压互感器的设计基于电感式技术,两种技术在上文均进行了叙述。电压不小于 400kV 时,组合电流和电压互感器的难度加大。因此,组合式装置在低压时才有理想的性能。

组合式电流和电压互感器应用指南见表 12.13。

表 12.13　　　　　　　　　　　　组合式电流和电压互感器应用指南

| （a） | 变比 | 当用于计量目的时，组合式电流和电压互感器位于电力变压器的输出侧以及受端电力公司的接受电压侧。由于变压器的电压比和功率输出不同，因此高压—低压侧的一次电流在不同的变压器排列下差异很大。如果要对装置进行标准化以减少备用容量，那么提供多变比通常是最佳方案，如每个绕组可选 1600/1200/1000/800/ 600/500/400/1A，允许其选择最佳的匹配率 |
|---|---|---|
| （b） | 多接头/输出二次侧 | 当用于计量目的时，需要双冗余来确认或保证正确的测量。通常在干线上进行计量，且与不同电能表的制造厂家进行定期确认，确保采用了不同的计量技术。因此，电流和电压需要双冗余的二次绕组，以允许有功和无功功率传输的双重计量 |
| （c） | 二次配电 | 组合式二次端子箱可配备整体 MCB 配电。通常，在一个对操作人员来说方便的高度处，安装单独的配电微型断路器或熔丝配电箱。但是，电费计量的连接可能需要单独的密封盒 |
| （d） | 绝缘介质［B57，1990］ | 大多数高压组合式电流和电压互感器填充绝缘油。然而，出于对环境问题的相同担忧，$SF_6$ 充气设计可以作为绝缘油的替代解决方案，但同样会产生环境方面的忧虑 |

## 12.6　高压导线和接头

### 12.6.1　目的

高压导线和接头用于连接高压设备各部件的接线端子。规定高压设备并确定连接导线的材料时必须小心。在短路条件下，导线会被迅速挤在一起或分开，对设备端子、导线和接头材料以及高压设备本身造成压力。整个变电站的设备及相关导线必须进行全局设计。了解设备的强度和性能将决定其连接高压电路的方式。有关母线系统的设计注意事项，请参阅第11.5 节。

### 12.6.2　导线及连接金具材料

导线和连接金具的材料可规定为铜或铝。在高压变电站中，铝是目前更倾向选择的材料（更多信息见下文）。然而，连接金具接在与其特性不同的金属端子时，必须小心。端子可由黄铜、磷青铜、青铜等制成。需要一个专用的双金属连接金具或夹在端子和连接金具之间额外的锡片，以防止两者之间发生电解作用，造成腐蚀和降解。防止水分进入接头也十分重要。接头的腐蚀会使接头表现出更多的阻性，在载流时产生过热，最终导致接头失效。

过去，当变电站中的电流比现在低时，铜是首选材料，尤其适用于中、低电压（现在也是这样）。然而，随着电流和电压的增加及电路之间间隙和距离的增加，重量更轻、强度更高的铝成为首选材料。研发出的电气级合金具有更好的电气和机械性能。

### 12.6.3　单导线或分裂导线的选用

为了跨越较大的距离，可以使用单层或多层的刚性管或软绞线。刚性管可以挤压成任一内径和外径长度，然后切割成所需的长度。制造厂商已有标准尺寸，可从提供的表格中进行选择。运输成为长硬管的限制因素。根据要承载的电流，绞合（软）导线具有不同的标准尺寸、绞合直径、股数等。

较低电压和较低电流条件下使用的连接金具可以采用扁钢或圆形实心棒材制造、切割、钻孔、弯曲、成形等。对于大电流，需要更厚的材料，对于高电压，无电晕连接金具是必不可少的，因此这些连接金具由铸铝制成，以提供规定种类连接金具所需的轮廓。

从一个间隔到另一个间隔的管状母线跨度可以很长，如400kV回路的长度通常为21m。由于中间没有支撑，母线不可避免地会在自身重量的作用下下垂。母线系统必须在很大的温度范围（从极冷到极热）内运行，在承载最小和最大电流的同时，由于环境温度的进一步升高，会产生更大垂度。通过选择正确外径和壁厚的管材，可以达到最佳的强度，使跨度在所有工况下都能达到允许的最大垂度。由于绝缘子或高压设备的刚性支撑，它们不易受风或短路力的影响。

绞合导线可跨越更远的距离。大直径单导线（尽管由单独的绞合线制成）可能难以处理或弯曲。使用两股或多股较小绞合导线可更容易地控制方向的变化。导线承受相同的外力和温度条件。由于风和短路力，绞合导线特别容易发生摆动和碰撞。选择合适的导线时需要考虑这些条件。

### 12.6.4　温度和覆冰引起的变化

根据变电站设计，母线（无论是绞合母线还是管状母线）可通过双臂伸缩式母线隔离开关连接到下方间隔或电路。双臂伸缩式隔离开关伸向上方的母线，抓住挂在空心导线或架空绞合导线下方的导线或专用梯形触点。重要的是，梯形触点始终保持在制造厂商规定的受电弓臂接触区域内，因此变电站设计人员必须控制母线导线的中垂度和垂度变化幅度。

一旦完成计算，即可选出合适的导线。在极端条件下，可以采用其他附加装置如下垂拉力弹簧帮助垂度保持在要求的限值范围内，见图12.22。这些弹簧安装在龙门架固定点和绝缘子串之间。由于热膨胀，张力减小，弹簧挠度会平衡伸长和下垂。当母线和连接线（无论是管状母线还是绞合母线）覆冰时，重量变重，自然产生额外的下垂。同样，在设计母线系统时也必须考虑到这一点（见图12.23）。

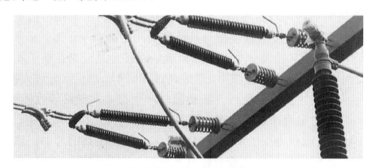

图12.22　补偿拉力弹簧

### 12.6.5　短路力和风引起的位移

AIS变电站的开放式结构增加了故障风险，如异物进入气隙。由于AIS变电站正常运行电流大，可获得的能量大，随之而来的风险也相应更高。当承载三相电流的相邻导线出现短路故障时，感应磁场使导线受到明显的反作用力。导线可被拉到一起或强制分开。绞合导线可相互摆动并下落，从而对导线及其安装装置、支架和基础产生作用力。更多内容见11.5.3。

图 12.23　覆冰的设备及导线

### 12.6.6　振动

导线的振动会在一定时间内使材料疲劳，从而引起灾难性的破坏。因此，在设计母线系统以及振动设备上的连接时必须考虑这一点。

充油或空心式变压器和电抗器在运行时会产生振动。这些设备的套管是连接到高压回路的接口。接线可采用软导线或管状导线。

垂直于管道的风可产生垂直振动的风激振动，称为微风振动。阻止阻尼微风振动的措施在 11.5.3（见图 12.24）中进行了解释。

图 12.24　振动引起的 400kV 母线倒塌

### 12.6.7　连接金具类型（如焊接式、螺栓连接式和压接式）

许多不同类型的连接金具可实现相同的功能。可通过多种不同的方式进行连接。

连接金具类型应用指南见表 12.14。

表 12.14                                              连接金具类型应用指南

| 螺栓连接式 | 此类连接金具的所有部件相互之间用螺栓固定，且连接至高压设备。其需要对管道和/或绞合导线进行切割获得适宜的长度，以方便现场组装。必须严格遵守厂家对螺栓扭矩的设置要求。该要求可能出现于厂家的文档中或标记在连接金具上 | |
|---|---|---|
| 焊接式 | 此类连接金具焊接至管道母线。连接金具要么是在现场准备，要么是在工厂焊接组装好后带到现场。任何出错都意味着要彻底更换导线和连接金具，而不是像螺栓连接式那样可以拆除并重新连接 | |
| 压缩式 | 此类连接金具用于将端部配件压缩到绞合导线上。使用液压压缩工具和模具通过几次压缩操作将配件贴合于导线上，压缩工具和模具根据导线规格和所需压缩量进行选择 | |

### 12.6.8　固定式和热膨胀连接金具

如前所述，高压导线系统在通过工作和短路电流时，会受到环境条件和运行过程中所引起的温度变化的影响。如不考虑管状或实心导线的膨胀，高压设备很可能受到损坏。为了确保设备在规定的温度范围内正常运行，相关的连接金具被设计成如图 12.25 所示能持续运行并控制温度变化。考虑热膨胀因素的设计细节，请参阅 11.5.3。

图 12.25　固定式和扩展式连接金具的示例

### 12.6.9　电晕

电晕是一种由空气电离产生的放电，在导线周围形成一个等离子体区域。有关电晕的更多信息，见 11.5.3。

电晕放电通常在电极上曲率高的区域形成，如尖角、突出点、金属表面边缘或小直径导线。

较小的曲率半径使这些位置产生高电位梯度，空气首先在该处击穿并形成等离子体。为了抑制电晕的形成，高压设备上的端子设计成大曲率直径的平滑弧形（如球形），且通常将防电晕环安装在高压设备的绝缘子上以便去除尖角。

为了使用标准固定材料，端子铸件的设计应使固定件的尖角低于周围铸造料的顶部，防止其产生电晕放电。如图 12.26 和图 12.27 所示，所有的边缘都为圆形，且螺纹和固定头位于光滑铸件顶部之下。

图 12.26　防电晕连接金具的使用示例

图 12.27　可减少电晕放电的圆边固定件示例

## 12.6.10　连接方法

见表 12.15。

表 12.15　　　　　　　　　　接　头　安　装　指　南

| 螺栓连接式 | 应使用干燥洁净的不锈钢刷对接触面用力刷洗，直至两面都变明亮，表明氧化膜被去除了。对于氧化严重的表面，使用锉刀来代替刷子。在接头表面上薄薄地涂抹少量导电油脂，确保接头表面被完全覆盖。在完成表面清洁后应立即进行此步骤，以防止表面进一步发生氧化。使用金属直尺的反面刮去表面多余的混合物，通过去除块状物留下均匀分布的涂层。将螺母置于螺栓或螺柱上，确保螺纹不紧，并且螺栓或螺柱的螺纹长度足够。如果涉及盲孔或螺纹孔，则应在没有垫圈的情况下首先拧紧螺栓，以检查是否未发生"底靠"。用导电材料涂抹螺栓或螺柱的螺纹。进行润滑并擦掉多余部分，使螺纹只被化合物所填充，并且螺纹圆周外没有凸出物。用螺栓紧固表面，用扩张器固定所有螺母或螺栓，并将锁紧垫圈放在正确的位置，即锁紧垫圈下方放置伸缩垫圈。伸缩垫圈应具有适当的厚度，并使用扭矩扳手以推荐的扭矩将螺栓拧紧。擦去接头周围被挤出的物质。任何能够盛水的槽或裂缝都应填充适当等级的填塞料化合物。对于包括黄铜或包铜铝薄板制成的双金属界面的连接件，双金属接头必须采用适当等级的填塞料进行密封，以防止水分进入。最好将接头的铝质零件置于铜/青铜部分之上 |
|---|---|
| 焊接式 | 从待焊接表面去除所有润滑脂和氧化物十分重要。这可通过使用温和的碱性溶液或标准去油溶液来实现。焊接前需要对螺栓接头进行相同的处理。应使用干燥洁净的不锈钢刷对接触面用力刷洗，直至两面都变得明亮，表明氧化膜被去除了。对于氧化严重的表面，使用锉刀替代刷子。然后再使用钨极惰性气体(TIG)保护焊或金属电弧惰性气体（MIG）保护焊 |
| 压缩式 | 压缩或压接连接金具是连接和端接高压绞合导线的另一种方法。为确保可靠的连接或端接，应使用清洁布擦拭导线和压缩接端。绞合导线的尺寸、形状和金属材料（铜或铝）必须正确。应为液压压头选择正确的压接模组。导线必须完全插入压接连接金具内。必须遵循正确的压缩或压接顺序并施加全部的压缩压力 |

### 12.6.11　接头测试

应使用四线微欧姆电阻测量方法。应使用 Ductor 型仪器检查低接触电阻接头。

接触电阻的期望值处于 $10\mu\Omega$ 及以下的数量级。当系统中出现故障电流时，母线接头接触电阻的增大可能造成破坏。所有接头的电阻测量应在导线之间以及导线和设备之间进行，并将结果保存在装置的记录中。电压引线应放置在接头的任一侧，与被测连接金具对齐。两条电流引线要连接到导线的末端，并保持连接直到测试完成。通过接头两端的接触引线，可获取接触电阻的读数。

在各个测试点（TP）之间进行测量。计算两个测试点之间的接头数量并乘以 $10\mu\Omega$。在进行总体记录测量之前，应首先单独检查每个接头。如果发现高值，则应重新制作接头。完成后，继续记录测量值。如果测量值小于计算值（可接受），则应记录该值。如果测量值大于计算值，则测量每个母线接头并查看读数高于 $10\mu\Omega$ 的接头。重新制作母线接头并重复电阻测量。

在上述示例中，两个测试点之间有七个接头，每个接头应为 $10\mu\Omega$。图 12.28 所示的七个接头计算如下：

$7\times10\mu\Omega$：1/4 $70\mu\Omega$，因此，测量点 1 和测量点 2 之间的测量值为 $70\mu\Omega$。

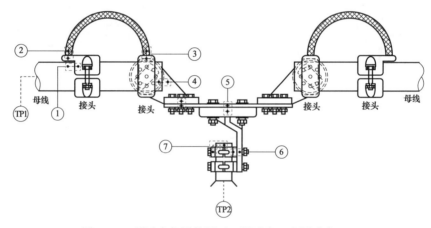

图 12.28　测试点位置的展示（测试点 1 和测试点 2）

## 12.7　实心和空心绝缘子

### 12.7.1　绝缘子的用途

实心柱形绝缘子用于第 12.3 节所述隔离开关的组合，并用于支撑变电站与中压设备相连的高压导线。尽管它是简单的产品，但在实现上述功能时极其有效。空心绝缘子用于支撑电气设备，并为接线提供内腔，用于套管、电流互感器、电压互感器和电力变压器等电气设备或用于断路器的驱动杆这样典型的机械设备。断路器的断续器和驱动杆组件可以完全封装于绝缘子的壳体中。如下所述，应对不同的情况有许多不同的设计。若必要，绝缘子两端的配件可由制造厂商根据与绝缘子相连的设备需求进行修改。

　　绝缘子串是绝缘子元件组合而成。这种类型的绝缘子往往用于支撑跨越间隔或电路的绞合导线。由于绝缘子元件之间不是硬连接，仅固定于相邻的绝缘子上，因此绝缘子串比柱式绝缘子更灵活（见图 12.29）。

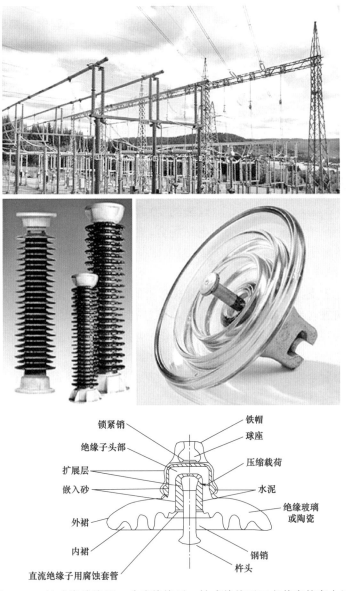

图 12.29　柱式瓷绝缘子、玻璃绝缘子、针式绝缘子三者兼有的变电站

## 12.7.2　绝缘子的材料和类型

### 12.7.2.1　瓷绝缘子

　　自从电被发明以来，瓷一直用作裸露导线的绝缘。绝缘子由湿法工艺的瓷制成，并被加工成所需的规格。在窑炉中烘干前，会给绝缘子涂上一层硬质防水釉，使其具有优良的电气和机械强度。

图 12.30　柱式瓷绝缘子和柱式
聚合物绝缘子的示例

使用硅酸盐水泥将镀锌铁或铸铝配件连接到绝缘子端部。使用的釉料颜色可以为行业中的标准棕或标准灰。

#### 12.7.2.2　有机硅聚合物绝缘子

在许多情况下，有机硅聚合物都是当代替代传统陶瓷的材料。由于采用了先进的化学技术，与瓷质绝缘子相比，有机硅聚合物绝缘子具有质量轻、致密度高等优点。由于显著降低了爆炸风险，有机硅聚合物材料应用于充气空心绝缘子尤其有利。陶瓷和聚合物材料都应用广泛，并各有优缺点。图 12.30 中左侧为瓷质绝缘子，右侧为合成绝缘子。

#### 12.7.2.3　玻璃绝缘子

自电报发明以来，玻璃一直作为绝缘子材料。在过去的 70 年里，玻璃绝缘子用于架空线路和交流变电站场合，在 150 多个国家的各种气候和污染环境下有近 5 亿个玻璃绝缘子正在运行（见图 12.31）。

#### 12.7.2.4　柱式绝缘子

柱式绝缘子用于支撑压缩、拉伸或悬臂式布置的高压导线。它可垂直安装于支撑结构的顶部或从顶部结构进行悬挂，也可水平安装，悬挂在垂直的墙壁或结构上。

柱式绝缘子为实心结构，具有适应不同工作环境（如室内、室外、工业污染、盐雾环境、洁净空气等）的伞形结构。根据施加的电压，可组合多个绝缘子以达到要求的额定值。

由于柱式实心聚合物绝缘子比瓷绝缘子更灵活，因此在考虑瓷绝缘子是否可以在特定应用中被合成绝缘子所替代时，需要格外注意。

#### 12.7.2.5　盘形悬式绝缘子

盘形悬式绝缘子由玻璃或瓷制成，并配镀锌铁配件。其通常用在高压变电站，作为变电站连接到架空线路终端杆塔上的应力装置，在图 12.32 中，也用于串接门式结构之间跨变电站的绞合母线连接。它们还被用作悬臂式支柱绝缘子，控制从架空线路到其下高压设备的连接，如图 12.32 中的玻璃绝缘子示例。

图 12.31　玻璃和针式绝缘子串的示例

图 12.32　架空线路端接示例

### 12.7.3 阻性釉

当污秽物和水分在绝缘子表面结合形成高导电膜时,瓷质绝缘子容易出现问题。与干燥、清洁的状态相比,此种情况下绝缘子的表面电阻可降低达 10 000 倍。紧接着,发生表面放电并形成桥接干带。干带电弧可以快速发展成绝缘子的完全闪络。电阻釉的原理在于其能传导低电流(~1mA),从而加热绝缘子表面使其比环境温度高几摄氏度。即使在露、雾条件下,所有的污秽层都能保持干燥。如图 12.33 所示,釉料也作为泄漏电流在污染层流过的另一种路径。这样,防止了因绝缘子表面干燥程度不均匀形成的干带电弧。同时也降低了闪的风险,且半导体釉层也使电压沿绝缘子稳定分布。

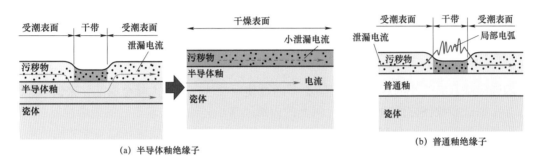

图 12.33 使用半导体釉降低闪络风险

### 12.7.4 考量静态力和动态力的强度选择

绝缘子所需的强度取决于绝缘子在变电站布置中的位置,也取决于绝缘子需要承受的短路、风和冰力的组合。

确定绝缘子的强度和性能非常重要,特别是在规定一些必须具有绝缘子强度水平的设备时。除非在订购过程中另有建议,否则制造厂商将根据 IEC 最低要求提供绝缘子。

由于短路、风和覆冰的共同作用,绝缘子必须承受自身重量并支撑(静态)连接以及所施加的任何动态力。

### 12.7.5 地震引起的地面加速度

地震引起的地面加速度会对瓷质绝缘子造成损坏。允许绝缘子在此类条件下以一种可控制的方式移动,将确保绝缘子在地震后幸免于难。图 12.34 中使用的是多个悬式长棒形绝缘子,支撑着各悬挂母线。采用三重结构的软导线将母线连接至高压设备端子。通过这种方式,母线和接线具有内置灵活性,可以承受规定的地震加速要求。

### 12.7.6 套管

当存在任何接地材料时,穿墙套管或变压器/电抗器套管的设计必须能承受绝缘产生的电场强度。随着电场强度的增加,绝缘内部可能产生泄漏通道。如果泄漏通道的能量超过了绝缘材料的介电强度,则可能击穿绝缘,使电能传导到距离最近的接地材料上,造成烧蚀和电弧。

图 12.34　支撑母线的悬式长棒形复合绝缘子（考虑震后恢复）

除了作为变电站设备接口点的终端外，套管的中心设计有铜或铝导线，并被中空绝缘子包围。

陶瓷绝缘具有较小的线性膨胀值，必须通过使用柔性密封和大量金属配件来调节，这两者都存在制造和操作方面的问题。瓷衬套的内部通常填充油以获取更好的绝缘性能。

当要求局部放电符合 IEC 60137 标准时，纸绝缘导线和树脂绝缘导线与瓷共同使用，用于未加热的室内和室外应用。

尽管大多数高压套管（见图 12.35）通常由油浸纸绝缘或树脂浸纸绝缘制成，并位于带有瓷或聚合物遮雨棚的导体周围，树脂（聚合物、聚合体、复合材料）绝缘套管用于高压电器也是很常见的。

图 12.35　高压电缆卷筒

最早使用绝缘油来填充外壳，直至今天普遍使用的仍然是此类油浸纸。另外，使用树脂浸渍套管在目前也比较常见。

通常，纸绝缘是用树脂浸渍，然后在纸上涂上一层酚醛树脂薄膜，制成合成树脂粘合纸（SRBP），或者用环氧树脂干法缠绕后浸渍，制成树脂浸渍纸或环氧树脂浸渍纸（RIP、ERIP）。为了提高纸绝缘套管的性能，在缠绕过程中可插入金属箔片。金属箔片的作用是稳定产生的电场，利用电容的作用使内部能量均匀化。具有此类特点的套管即为电容式套管。

电容式套管是在缠绕过程中，在纸中插入非常薄的金属箔片而制成的。插入的导电箔片产生电容效应，使电能在绝缘纸上更均匀地耗散，并减小带电导体与接地材料之间的电场应力。电容式套管在固定法兰周围产生的电场比不含金属箔片的设计要弱得多。当与树脂浸渍一起使用时，套管可以在 1MV 以上的工作电压下使用，效果非常好。

## 12.8　高压电缆

旨在传输电能和分配电能的电缆主要用于发电厂、电力公司的配电网和变电站及电力行业等。标准电缆适用于大多数应用场合，且更适合用于不宜架设架空线的地方。

本节将讨论变电站内高压电缆的使用。变电站电缆可根据如下标题进行考虑：

- 单芯或三芯电缆；
- 电缆类型；
- 电缆导体；
- 电缆绝缘材料；
- 护套材料；
- 外护层；
- 连接设计；
- 额定电流；
- 电缆附件；
- 敷设方式；
- 机械考量因素；
- 接头和终端；
- 试验；
- 检修。

变电站内的高压电缆适用于以下情况：

（1）作为进线或出线馈线电路；

（2）在由于空间或净距限制无法使用架空线路的情况下，进行跨站连接。

### 12.8.1 单芯或三芯电缆

根据电压等级和额定功率的不同，电缆可为单芯电缆或三芯电缆。通常，综合考虑所需额定功率、尺寸及操作难度，220kV 以上电压等级的电缆一般为单芯电缆。

### 12.8.2 电缆类型

变电站现存的高压电缆种类很多，按绝缘类型可分为以下几种：

（1）低压充油电缆（LPOF）；

（2）高压充油电缆（HPOF）；

（3）压缩气体电缆（GC）；

（4）交联聚乙烯电缆（XLPE）；

（5）气体绝缘输电线路（GIL）；

（6）超导电缆。

各类电缆分别示于图 12.36～图 12.41。

电缆由内部导体到外护层的结构在 12.8.3～12.8.6 进行描述。

### 12.8.3 导体

地下电缆的导体由铜或铝制成。导体材料和形状的选择取决于成本、额定电流（考虑正常运行和短路工况条件）以及特定安装需求下的机械特性（弯曲半径、拉伸张力和施加于终端的热机械膨胀/力）。

图 12.36　低压充油电缆

图 12.37　高压充油电缆

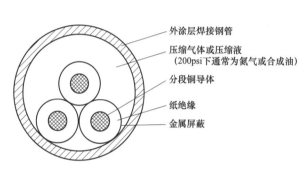

外涂层焊接钢管

压缩气体或压缩液
（200psi下通常为氮气或合成油）

分段铜导体

纸绝缘

金属屏蔽

图 12.38　压缩气体电缆

图 12.39　交联聚乙烯电缆

图 12.40　超导电缆

图 12.41　气体绝缘输电线路

不同的导体形状如图 12.42 和图 12.43 所示。

## 12.8.4　电缆绝缘材料

下面介绍的内容涵盖了多种现有的电缆设计。

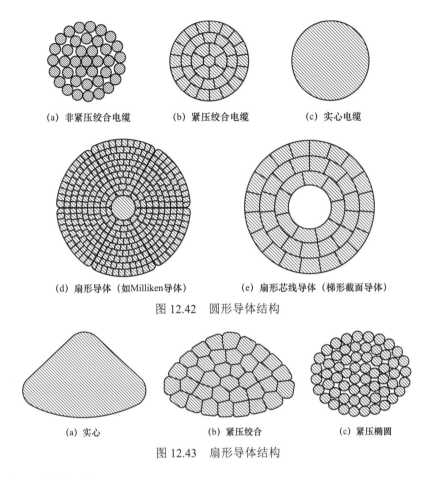

(a) 非紧压绞合电缆     (b) 紧压绞合电缆     (c) 实心电缆

(d) 扇形导体（如Milliken导体）     (e) 扇形芯线导体（梯形截面导体）

图 12.42 圆形导体结构

(a) 实心     (b) 紧压绞合     (c) 紧压椭圆

图 12.43 扇形导体结构

#### 12.8.4.1 低压充油电缆

低压充油电缆使用浸油牛皮纸实现与导体的绝缘。通常使用含油箱的供油系统使电缆保持在正气压（0.5～5.25bar）。

油压必须用油压表和油压报警器进行监测。低压充油电缆在 20 世纪 30 年代即得到了成功的应用，缺点是需用油且对油进行监测。根据电压等级和额定功率，低压充油电缆可以是三芯电缆或单芯电缆。目前的最高电压限值为 600kV。典型的低压充油电缆截面示于图 12.36 中。

#### 12.8.4.2 高压充油电缆

此种电缆的导体采用浸油牛皮纸绝缘。通过含油泵的供油系统使电缆保持在正气压（12bar）。油压必须通过油压表计和油压警报器进行监测。采用此类设计的电缆在 20 世纪 30 年代即成功应用，但缺点是由于使用油需对油进行监测。高压充油电缆通常为三芯电缆，即三芯均在一根钢管内。目前此类电缆的电压限值为 345kV。其典型的电缆截面示于图 12.37。

#### 12.8.4.3 压缩气体电缆

此类电缆的导体使用牛皮纸绝缘。压缩气体电缆通常采用三芯设计，三芯均位于钢管内。电缆使用油泵系统保持在正气压（12bar）。采用油压表计和油压警报器监测气压。

此类设计的电缆从 20 世纪 30 年代起即得到成功应用，缺点为由于使用气体需对气体进行监测。压缩气体电缆曾经主要在欧洲北部使用，20 世纪 70 年代起即停止在新线路中使用此类电缆。压缩气体电缆通常为单根钢管三芯。其目前的电压限值为 132kV。典型的压缩气体电缆截面如图 12.38 所示。

#### 12.8.4.4　交联聚乙烯绝缘电缆

此类电缆的导体使用交联聚乙烯（XLPE）绝缘。此类电缆设计从 20 世纪 70 年代起得到成功应用。由于设计相对简单且不需要对绝缘油或气体进行监测，因此 XLPE 电缆是目前大多数电力公司的首选。根据电压等级和额定功率，XLPE 电缆可以设计为三芯电缆或单芯电缆，目前的电压限值为交流 600kV。典型的 XLPE 电缆截面如图 12.39 所示。

#### 12.8.4.5　气体绝缘输电线路

此类电缆是近几年才投入使用的。此类电缆设计使用的技术与已成功应用的气体绝缘开关设备（GIS）是基本相同的。气体绝缘线路一根填充 $SF_6/N_2$ 混合物的铝管和一根由环氧树脂固定的导体组成。典型的电缆截面如图 12.41 所示。气体绝缘输电线路（GIL）并非真正的电缆，详细内容参阅第 27 章。

#### 12.8.4.6　超导电缆

近年来的研究见证了低温或超导电缆的发展，即工作在极低温度下的电缆，通常为零下 250K 或更低温度。由于低温环境，电缆具有更强的载流能力。此类设计一般为单芯管道。国际上尚无超导电缆的运行经验。典型的超导电缆截面如图 12.40 所示。

### 12.8.5　护套材料

电缆芯线（包括导体和绝缘）通常用金属护套材料进行包覆。护套层具有不少功能，包括：

（1）防水作用。

（2）保护电缆不受机械磨损。

（3）故障发生时，承载短路电流。

（4）对于低压充油（LPOF）电缆，护套含油。此时，护套还用青铜带加固，以辅助控制油压。

### 12.8.6　外护套

电缆通常配有外护套用于保护金属护套，同时使金属护套与周围地面绝缘。外护套一般由聚氯乙烯（PVC）或聚乙烯（PE）材料制成。

因为 PVC 材料比 PE 材料更加易燃，并且在燃烧时会释放更多烟雾，所以使用 PVC 材料时应特别谨慎。

### 12.8.7　接地设计

在由单芯电缆组成的三相输电设计中，导体中三相电流引起的不平衡磁场会在三条电缆的护套中产生感应电压。如果护套在线路两端接地（称为直接接地），电缆护套中将会形成环流。环流会造成护套损耗并降低电缆的额定功率。护套的接地可有以下三种方案：

（1）如上文所述的两端直接接地。

（2）单端接地，即护套一端直接接地，另一端保持悬浮。悬浮端通过护套电压限制器（SVL）接地。护套电压限制器可转移雷电过电压和操作过电压。在正常工况下，护套的悬浮端会产生感应电压，幅值由磁场不平衡度、回路电流和线路长度决定。一些国家对此电压值做出了规定。

（3）交叉互连，主要适用于有接头的长线路。该线路划分为几个主段，每个主段又被分成三个等长的次段。通过这种连接方式，有可能在三段电缆上实现磁场的平衡，从而不产生环流。

### 12.8.8　额定电流

电缆的额定电流是一个十分复杂的问题，其取决于许多因素，包括：

（1）电缆的设计，特别是导体尺寸、导体材质和绝缘厚度。

（2）接地设计。如 12.8.7 所述，如果电缆两端直接接地，将会产生环流和额外损耗，导致载流量降低。

（3）电缆排列方式（间距）。一方面，电缆相间距离越大，越有利于散热；另一方面，距离越大，施工费用越高，所占空间越大。对于两端接地电缆，相间距离越大，相间磁不平衡越严重，环流越大。对于单端接地或交叉互连接地电缆，相间距离越大，接地屏蔽持续电压越高。最终的设计需要对这些因素进行综合考虑与协调。

（4）敷设安装方式，即电缆是安装于空气中、地面上、未回填/回填的电缆槽、电缆隧道还是电缆排管中，安装方式对电缆散热的影响较大。

（5）如（4）所述敷设环境的温度。环境温度越高，载流量越小。

（6）电缆周围材料的热电阻率。热电阻率越高，载流量越小。

（7）需要考虑是否使用强冷，强制冷却将提高载流量。

（8）需要考虑加热管、其他电缆等热源的影响。

（9）需要较高载流量时，每相使用两根或三根电缆是并不为不常见。

### 12.8.9　电缆附件

变电站的电缆线路一般终止于密封终端，根据其终止位置的不同，如室外变电站、气体绝缘变电站或变压器油浸电缆终端盒，密封终端可能为空气绝缘、$SF_6$ 气体绝缘或油浸式。

尽量避免在变电站使用接头是一种常见做法。这是因为接头占用了相当大的空间，且接头是潜在的故障源。

另外，对于低压充油和高压充油电缆（诸如低压充油电缆储油罐和高压充油电缆油泵等）供油机构必须位于变电站内。此外，还需要装设用于检测油量的压力表和报警系统。

低压充油电缆和交联聚乙烯单芯电缆的接地设计中，连接盒和护套电压限制器是设计的一部分。单端接地也可能需要可靠接地的导体（ECC）来帮助承载故障电流。

气体绝缘输电线路是充满 $SF_6$ 或 $N_2$ 气体的管道，其需要装设气体监测系统。压缩气体电缆需要配备针对氮气系统的气体监测系统。

超导电缆需大量附件来维持所需的低温。

### 12.8.10　敷设方式

根据载流量要求和可用空间，变电站中的高压电缆可以有多种敷设方式。

电缆可以安装于地上托盘。这种情况下，需要考虑电缆可能会遭受机械损伤，并受太阳辐射和空气自由运动的负面影响。

电缆也可以安装在地下约 1m 的深度，从而避免受到任何机械损伤。电缆沟的回填体不允许有石块，且应具有合适的热电阻率。放入电缆时，电缆沟必须保持打开状态。

电缆也可以放置在预装地下管道——电缆管道通常放置在约 1m 深处，四周为混凝土。电缆安装后，可用膨润土填充管道，以改善热性能。

电缆可以安装在回填/未回填线槽中。回填线槽通常是电缆安装后填充稀拌混凝土。

电缆也可安装在横跨整个现场的电缆隧道或管道内。此方法成本高昂，适用于电缆数量多的拥挤现场。

当然，安装方式的选择取决于所需的载流量，以及安装和维护电缆的成本和难度。

只有直接开沟法要求在电缆安装的同时开沟。其他情况下，电缆通道可以在电缆运到现场之前修建，这可以为整个工程提供一些额外的灵活性，这在通道拥挤的现场尤其重要，因为在这些地方，如果电缆安装与其他工作同时进行，可能会耽误很长的施工时间。

### 12.8.11　机械因素考量

为了达到 30～40 年的预期使用寿命，高压电缆在施工时必须格外小心，以确保电缆在施工过程中不会受到任何损伤。施工时，不能过度弯曲电缆，且拉伸力不能超过允许限值。电缆的额外弯曲可以通过使用成型机将电缆固定在合适位置来完成。使用专用电缆敷设机来推拉电缆，可以确保布线尽可能直，同时还可以缓解拉伸力。

除上述内容外，还必须考虑到电缆在正常载荷周期内，由于伸缩作用施加在密封端支撑结构或电缆终端盒上的应力。这种设计还必须考虑到短路产生的可能导致相位分离的机械应力。上述应力取决于电缆在终端点的约束方式，设计时需要综合考虑两种要求。

### 12.8.12　接头和终端

接头或终端是高压电缆最重要的考量因素之一。必须使用检验合格的附件，且电缆/附件的制造、运输、人员培训、现场施工、接头安装等应具备一个完整的质量控制流程。

### 12.8.13　试验

高压电缆及附件应与 IEC 相关标准保持完全一致。如果相关方面不存 IEC 标准，则应参考 CIGRE 的最新推荐规程。

所进行的试验可包括以下内容：

（1）预鉴定试验，证明电缆和附件设计能达到预期寿命——通常在 150kV 以上工作电压下对 XLPE 电缆进行该类试验。

（2）型式试验，证明所提供的电缆和附件的具体设计是合适的。

（3）抽样试验，作为生产过程质量控制的一部分环节，对电缆和附件进行取样试验。

（4）例行试验，在制造完成后交付使用前，对成品电缆所有制造长度和各附件进行的试验，例行试验是质量控制的一部分环节。

（5）现场试验，作为调试过程的一部分，电缆投运前在现场进行的试验。现场试验包括耐压试验，在特殊情况下，可以使用特殊装置得到该升高电压。

### 12.8.14 运维检修

电缆线路的运维取决于一系列因素，包括：

（1）线路重要性。

（2）线路及附件的运维修试记录。

（3）潜在修复时间。

（4）停电导致的经济损失。

（5）故障导致的经济损失。

（6）停电的不良社会效益。

（7）故障可能造成的损害。

（8）所使用的监测系统的有效性。

（9）监测工具和运维人员配备情况。

（10）监测费用。

### 12.8.15 参考文献

CIGRE B1 专委会的研究范围为高压电缆。该专委会的客户顾问组已将所有信息（技术报告、Electra 杂志文章、培训宣讲和会议论文）及 IEC 技术规范整理至命名为"客户顾问组信息"的 Excel 文档中。该文档可从 e-CIGRE 网站获取。

## 12.9 接地网

### 12.9.1 概述

在其运行寿命期间，变电站可为无人值守或有人值守。当作业人员在变电站进行参观、操作、维修、扩建或拆除时，变电站必须始终安全，尤其是在短路、雷电等故障情况下。

当人员在变电站周围走动或者触摸、倚靠设备时，要确保不存在危害人体健康的风险。

在所有变电站，现场人员的脚下均设有等电位面，且站内各设备与该等电位面相连，从而确保站内的一切均处于等电位。第 11.7 节给出了基本原则和设计内容，而本节研究的则是接地网具体的技术规范和实践内容等。

地网即等电位面所在之处，有时会对接地材料产生侵蚀。然而，多年经验让许多问题得以解决，下文将逐一阐述。

### 12.9.2 地网所用材料

在绝大多数国家，地网埋地部分首选铜材料，有些国家使用镀锌铁。地面上的接地引下线可以是钢、铝或铜。根据保护要求，所选材料必须能够承受 1s 或 3s 的预期故障电流。不仅是导线本身，所有的连接件都同样需要承受故障电流及相关热效应。故障消除后，接地系统应不受影响，恢复正常。

接地网埋地部分，通常约 600mm（2 英尺）深，由接地网格组成。由于铜片太贵，埋地部分一般是铜电缆或铜质长条制成的网片，每隔一段距离进行计算以确保人身安全。

IEEE 80 已成为计算接地系统的国际标准，在全球范围内被电力公司、顾问公司和供应商广泛使用。

### 12.9.3　接地棒类型

如所需，可使用接地棒把接地网连接到地下更深处，以得到尽可能低的接地电阻。在网格和接地棒的连接处，可以提供一个有效的检查点，以便对接地棒和地网系统进行开断、检验和测试。

接地棒由纯铜、不锈钢或镀铜（包覆或键合）钢制成。考虑到耐腐蚀性和成本效益，后者是应用最广的接地棒材料。

由于接地棒需要打入到很深的地方，所有接地棒均分为短节，一端车有螺纹，以便在打入地下时通过联轴器进行连接。为了更容易穿透至地下，接地棒顶端连接钉子；为不损坏连接到下一节的螺纹，接地棒顶部连接至传动螺柱。

连接方法——接地网由卷绕的铜条或铜绞线电缆构成。在它们交叉处或者在连接电气设备的地方，必须进行有效连接。有许多连接方法可供选择：

（1）对于铜条：利用高温、助焊剂和合金焊条的熔接（Braised connection）。

（2）对于电缆：使用手动或气动压缩工具，将两条电缆压缩在一起的"C"形压缩件。

（3）对于铜条或电缆都可使用模具将两个部件连接在一起的热焊。点燃混合物，其会立即熔化，并使导体局部熔化，形成永久焊缝。

当铜与地面上的黑色金属或铝连接时，必须小心预防电解作用。通常的做法是在制作接头之前，先在要连接的区域内对铜进行镀锡。这样就能消除电解作用的影响。连接后，涂上沥青漆保护层对接头进行密封，防止水分侵入。

图 12.44 所示为地线支架及连接接地棒与导体的夹具通常由耐腐蚀的铜合金制成，如磷铜或铝铜。

图 12.44　镀锌铜支架的户外接地接头

### 12.9.4　土壤改良

当接地棒打入地下后，仍应继续为变电站在其全寿命周期内提供有效的低阻通道。当接地条件不良时，存在不少解决方案能够增强接地棒与附近土壤保持接触的能力。

膨润土是一种保湿黏土，可添加在接地棒周围，以降低土壤电阻并增加湿度。膨润土具有长时间保持水分的能力，并能从四周因雨水而湿润的地面吸收水分。

导电混凝土是一种导电材料，用水泥代替砂石混合生成导电混凝土。当用作接地棒的回填体时，其可有效增加接地棒的表面积，从而降低接地棒的对地电阻（见图 12.45）。

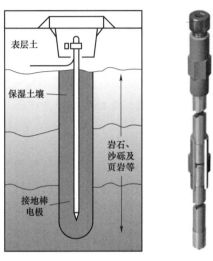

图 12.45　围绕膨润土的接地棒，导电混凝土的布局类似

## 12.10　电力变压器及补偿装置

电力变压器用于连接两个不同电压等级的电网，它可降低从输电网到配电网的电压，或者提高从发电厂到输配电网的电压。变压器及补偿装置是为特定的任务而设计的：

（1）发电机升压变压器；

（2）联络变压器；

（3）高压直流变压器；

（4）移相变压器；

（5）并联电抗器和可变并联电抗器（VSR）；

（6）工业变压器；

（7）FACTS 变压器；

（8）铁路轨道馈线变压器；

（9）风力和太阳能发电厂变压器；

（10）移动式变压器；

（11）多相变压器；

（12）多电压发生器升压变压器；

（13）环保静音型变压器（见图 12.46）。

图 12.46 典型的 400/132kV 变压器

### 12.10.1 阻抗及调整

变压器绕组之间存在阻抗。对于双绕组变压器，高压绕组和低压绕组之间存在阻抗，该阻抗通常用短路阻抗百分比表示。通过短接二次绕组，同时对一次绕组施加可变电压，升压直至变压器达到额定电流，即可测量得到该阻抗。记录一次侧电压，该电压值与额定一次侧电压的比值即为短路阻抗百分数。变压器阻抗大小可影响短路电流的大小，变压器设计时需根据系统短路电流水平设计阻抗值。当有两个以上绕组时（如三次绕组时），则高压—低压、高压—中压和低压—中压绕组之间会存在不同的阻抗。

由于阻抗的存在，负载电流通过变压器阻抗（感性负载），二次侧单位电压的大小和角度都会发生变化。变压器两端的电压变化被称为电压调整。通过变压器的负载电流会产生无功损耗，其数值为负载电流的平方和变压器电抗的乘积。

### 12.10.2 冷却系统

所有变压器在使用过程中都会产生热量，而其绝缘介质（最常见为绝缘油）的温度也会升高。绝缘油散热良好可使变压器在不超出温度限值的情况下以更高的额定功率运行。变压器冷却方式分为自然冷却和强迫冷却两种。自然冷却是通过在油箱的外表面加设散热管，让管内的油依靠空气对流自然冷却来实现的。这种冷却方式适用于小容量变压器。大容量变压器一般要求设置单独的散热器，安装在油箱上或分体安装。变压器可以有两个设计容量，即自然冷却时的设计容量和强迫冷却时较高的设计容量（见图 12.47）。

图 12.47 自然冷却和强迫冷却变压器

### 12.10.3　绕组联结组别及相量图

变压器从一侧到另一侧的旋转相位移取决于一次绕组和二次绕组的实际连接方式,详见图 12.48。

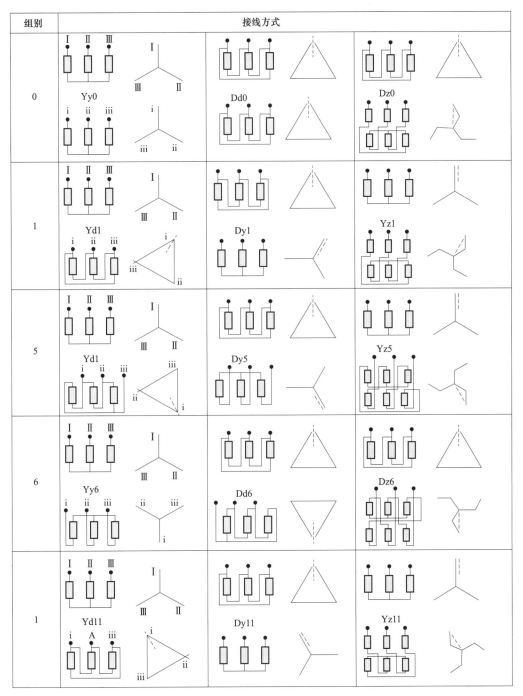

图 12.48　IEC 60076－1 中的变压器向量图

相量图是 IEC 中对三相变压器一次绕组和二次绕组结构进行分类的方法。绕组的连接形式有三角形接法、星形接法和曲折形接法。绕组的极性非常重要，因为在绕组之间的反向连接会影响一次绕组和二次绕组之间的相位移。从相量图可以得到一次绕组和二次绕组的联结组别和极性。从相量图还可以确定一次侧和二次侧的相位移。

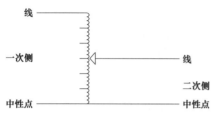

图 12.49　自耦变压器原理简图

上述讨论涉及的是具有独立高、低压绕组的双绕组变压器。然而，在输电网中，最常用的变压器类型是自耦变压器。实际上，这种变压器只有一个绕组，其中高压侧连接于绕组顶部，低压侧在绕组下方抽出（见图 12.49）。

自耦变压器的优点是比相同额定容量的双绕组变压器的框架尺寸小得多，这意味着其占地省、体积轻、运输更方便。自耦变压器的最大变比在 3～4 之间。因为两个绕组共用一种中性点连接方式，所以自耦变压器只能用于高、低压系统接地方式相同的情况（通常为直接接地）。

### 12.10.4　典型的变压器配置

典型的变压器配置见表 12.16。

表 12.16　　　　　　　　　　　　　　　　典型的变压器联结组别

| 升压变压器 | Yd1 或 Yd11 |
| --- | --- |
| 降压变压器 | Dy1 或 Dy11 |
| 接地变压器 | Yz1 或 Dz11 |
| 配电变压器 | Dzn0 接法减少了二次侧 75% 的谐波 |
| 电力变压器 | 相量组别取决于具体应用，即发电变压器接成 Dyn1，炉用变压器接成 YNyn0 |
| 联络变压器 | 相量组别为 YNa0d1 或 d11 的自耦变压器 |

### 12.10.5　三绕组电压和额定值

电力变压器可采用三绕组，三绕组变压器可用于下列任意一种情况：

（1）减少了二次侧不平衡引起的一次回路不平衡度。

（2）重新分配了故障电流的分布。

（3）有时除了二次主要负荷外，还需为不同电压水平的厂站用负荷供电。这种负荷可以从三绕组变压器的第三绕组中提取。同时，第三绕组也可以将不同电压等级的补偿设备与一次或二次绕组相连。

（4）三绕组变压器的第三绕组接成三角形，当发生接地短路故障时，可帮助限制故障电流。

（5）在星形/星形连接中，不平衡负载可能导致中性点位移，线路与地之间会出现三次谐波环流。容量足够大的第三绕组接成三角连接可降低短路故障电流，从而解决此问题。

第三绕组的电压通常在 13～33kV 范围。无外部负载的情况下，第三绕组的额定容量由经过的零序故障电流决定。有外部负载时，则额定容量的选择要满足所接负载。通常连接到第三绕组的负载类型是无功负载,因此不能对该无功负载和高、低压绕组间的负载进行简单的算术求和。这种情况下,第三绕组额定容量的典型值约为高压绕组的1/4。

## 12.10.6　绝缘介质

电力变压器的绕组和铁芯在高压下运行,并安装于接地的金属油箱内。绕组与油箱之间的绝缘介质为:

（1）无液体绝缘介质,即空气（对于小型低压变压器）。

（2）干式或固体绝缘。

（3）矿物油。

（4）硅基或氟化烃。

（5）季戊四醇四乙酸脂肪酸的天然和合成酯。

（6）植物油。

（7）$SF_6$气体。

变压器的绝缘介质类型取决于变压器所处的位置以及变压器是否接近人群和建筑物。对于人群集中的建筑物中的变压器与安装在海上平台或农村变电站的变压器而言,两者的绝缘介质在考量上有很大不同。

## 12.10.7　电压波动

### 12.10.7.1　有载分接开关

输电网的电压会不断波动。这是由于受到投切不同类型负载、空载长线电容效应、投入诸如变压器、电抗器等感性负载以及如铝冶炼、钢铁生产等重工业生产的影响。为了向电力用户提供允许波动范围内的标称电压,可以使用有载分接开关。变压器内部绕组有许多抽头,将这些抽头引到一个抽头切换机构。该机构是一个电动装置,由分接开关控制器调节升降挡,用于在二次侧（用户侧）提供恒定的电压。更多内容请参阅33.4.1。

### 12.10.7.2　无载分接开关

无载分接开关多用于配电网,分接开关挡位在安装过程中即设定完毕。固定抽头的选择要为电网中的该点提供最优电压。如果后续电网电压分布发生变化,那么就有必要改变分接开关挡位。分接挡位的改变必须在变压器停电状态下进行,通常是在检修期间进行。

## 12.10.8　损耗

变压器是效率很高的电气设备,满负荷时的能效输出/输入比为95%～98.5%。差异来源于变压器内部损耗,主要包括铜损耗、铁损耗以及风扇和油泵的辅助损耗等。损耗的形式为热量和噪声。

损耗是变压器全寿命周期的持续成本,因此在选用变压器时通常要考虑这一点。买方会对负载损耗（铜耗和辅助损耗）和空载损耗（铁耗）每千瓦损失的现金成本进行比较。与负载损耗相比,空载损耗导致的损失成本更高,这是因为变压器带电时,空载损耗总是存在的,而负载损耗随负载电流的平方而变化。在对不同变压器进行评估时,损耗成本由确定的损耗值乘以对应现金值得来。

然后将损耗成本算进变压器的资本成本,用于选择最佳方案（在低初始成本和低损耗成本间做折中）。

### 12.10.9　噪声

变压器满功率运行且冷却风扇全部工作时，噪声最大。噪声是由绕组交流电流导致的叠片铁芯振动产生。这种现象无法消除，但变压器设计人员可以将这种噪声降低到可接受水平。

当工程设计已达到最低噪声设计，但噪声水平仍高于可接受水平时，必须采用外部方法进一步降低噪声。变压器油箱周围可安装隔音罩。隔音罩通常由钢制成，在居民建筑中则由砖、混凝土等制成（见图 12.50）。

图 12.50　施工中的隔声罩

如果当地环境发生变化，后续可在变压器上加装带整体减声板的钢结构外壳。

### 12.10.10　端子排布置

变压器高、低、中压侧可以有相同或不同的终端连接方式：

（1）瓷或聚合物绝缘套管，油/空气。

（2）气体绝缘套管，油/ $SF_6$ 气体。

（3）电力电缆，油/电缆盒。

对于气体绝缘变电站，现场面积相对紧凑，因此，当变压器直接位于 GIS 大楼外时，通常最佳解决方案是直接使用 GIS 连接到变压器上，取消空气绝缘套管。中压侧通常通过瓷套管或聚合物套管连接，低压侧或者第三绕组侧一般采用电缆盒连接，以允许电力电缆（每相数条）连接到变压器。在确定"最佳"连接方式时，还必须考虑标准化问题。

### 12.10.11　FACTS 装置

FACTS 装置由静态/电子设备组成，用于增强可控性并提高电网的电压控制和/或功率传输能力。

在电力系统中，有两种连接 FACTS 装置的方法，即并联补偿模式和串联补偿模式。

在并联补偿方式下，FACTS 装置与电网并联，作为可控电流源为电网提供电压控制。在串联补偿方式下，FACTS 装置通过改变线路阻抗来控制可传输的有功功率。然而，串联补偿模式下，必须提供更多的无功功率。

### 12.10.12 电抗器

#### 12.10.12.1 限流电抗器（串联补偿）

在电力系统中，电抗器与线路或电缆串联，起到限流装置的作用。由于电路阻抗（电感电抗）增加、电抗器两端电压下降（故障条件下电压会升高），限制了故障电流。然而，限流电抗器在正常运行条件下也产生压降，如果安装在馈线上，则会成为恒定的焦耳损耗源。安装于分段母线时，可能不会产生热损耗。具体是否产生热损耗取决于与母线相连线路的潮流分布。限流电抗器是一种无源限流装置，安装于电网后，只需对保护设置进行简单的一次性设置即可。

#### 12.10.12.2 电缆和/或架空线路容性无功补偿（并联补偿）

电力系统中，经常利用大量的输电线路或地下/海底电缆实现不同地理区域的电网互联，或将电能输送到远离发电厂的主要负荷中心。

但对于较低功率的有功输电（线路轻载时），大量的长距离输电线路或地下/海底电缆将产生很大的容性负载，产生显著的容升效应。因为轻载运行方式使系统电压超出了可接受的水平，所以必须对线路电容进行补偿。使用并联电抗器能够解决这一问题。

并联电抗器是一种吸收无功功率、降低电压的电压调节装置。并联电抗器可为三相或单相，需根据规划设计准则、所要安装电网的系统电压和额定无功功率来确定类型。并联电抗器可以永久连接（固定式并联电抗器）或通过断路器投切。并联电抗器可以安装在变电站母线上，起调节系统稳态电压的作用；也可以安装在线路/电缆末端，用于控制由于开关操作或甩负荷产生的暂态过电压。

带分接开关的可变并联电抗器可精确、缓慢地调节电压变化。稳压的另一种方法是在同一位置使用多个开关控制的并联电抗器。在较高电压等级和较大额定无功功率下，将采用带气隙的铁芯电抗器和油浸式电抗器，以减少损耗、降低噪声及振动。较低电压和较小额定无功功率条件下，可采用干式并联电抗器（也可采用无铁芯方案，以降低设备成本）。

### 12.10.13 滤波器（谐波滤波）

电力系统中的谐波电流会导致电流和电压的正弦波产生失真。这是一种不良表现，可导致设备发热或损坏并干扰通信/控制/保护系统。如果注入谐波的含量过大，使电压畸变超出可接受水平，就需要采取诸如安装谐波滤波器等措施。电力系统的谐波注入通常由电力电子设备产生，这些电子设备与带配电网或特高压直流换流站负载的整流器或逆变器有关。谐波滤波可以降低输电网的谐波畸变，也可帮助电力系统稳压，这是因为在工频稳态运行时，滤波器可作为电容器组增加电压。

### 12.10.14 电容器（组）

电容器组产生无功功率，补偿变压器、重载线路、感性负载等的感性无功功率消耗。

电容器组是由几个相同额定值的电容器单元通过串并联排列组成，用于存储电能。电容器本身由两个导体（或金属端子）组成，这两个导体由绝缘材料隔开。当电流通过电容器端子时，在电介质中产生静电场（以电场的形式）储存能量。电容器组的使用可以增加传输容量减少损耗，从而提高电网的功率因数、电压及输电能力。电容器组可以（通过提高电压）

实现稳压，并有助于满足电网的稳压、电能质量和稳定性要求。

### 12.10.14.1　带或不带阻尼系统的机械开关电容器

每相由电容器、电抗器和电阻组成（见图 12.51）。

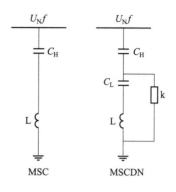

图 12.51　带阻尼系统的机械投切电容器组——电容器、电抗器和电阻的组合

机械开关电容器是最经济的无功补偿设备，它有选择性地分布于电网中，是一种简单、低成本的慢速稳压方案。使用机械开关电容器对短路功率几乎没有影响，但其可支持连接点的电压。

### 12.10.14.2　MSC：机械开关电容器

电压稳定的有效性取决于与故障位置的距离。MSC 不会产生任何谐波，但可能放大之前已存在的系统谐波。

### 12.10.14.3　MSCDN：带阻尼系统的机械开关电容器

MSCDN 是一种更先进的机械开关电容器。它是一个"C"滤波器，调谐到约三次谐波的频率。除提供电压支持外，还对已有的系统谐波提供阻尼。

MSC / MSCDN 可工作在受控或手动模式。更多详细信息请参阅第 33.4.2 部分。

## 12.10.15　静止无功补偿器

静止无功补偿器（SVC）是一组电气和电力电子设备，可以为高压或中压输配电系统提供快速无功功率控制。静止无功补偿器也用于工业场合，如控制电弧炉的闪变。其旨在调节/控制电压曲线和功率因数并稳定系统。与同步调相机（一种旋转电机）不同，静止无功补偿器没有明显的活动部件，它通常包括晶闸管控制电抗器（TCR）、晶闸管开关电容器（TSCs）和谐波滤波器，还可能包括机械开关并联电容器（MSCs），因此被命名为"静止无功系统"。由于 TCR 产生谐波，通常需要使用谐波滤波器（与 SVC 共轭）。在基频上，滤波器产生容性无功功率，因此也在 SVC 系统中起到电容器组的作用。TCR 的容量通常比电容器单元的高，从而可实现无功功率的连续控制。另一种方案是使用固定电容器（FCs）和晶闸管开关电抗器（TSRs）的组合，这是一种投资成本较低的静止无功补偿方案。可以优化 SVC 的额定值以满足无功电源和电压控制的要求。根据感性和容性无功功率限制，额定值可以为对称或非对称。通常使用专用变压器为 SVC 项目提供所需电抗，无功补偿设备在中压状态，以节省成本。控制传输侧电压，并将 Mvar 额定值称为传输侧（SVC 变压器的高压侧）。额定值取决于满足电力系统要求的具体解决方案。

## 12.10.16 电压源转换器（如 STATCOMS）

由于其性能完全受电子控制，STATCOM 是一种十分有用的动态无功功率源，可满足电压控制、电压不平衡和闪变控制、功率因数校正和系统稳定等最严苛的电力系统要求，甚至可以用来解决谐振或电能质量问题。

STATCOM 是"静止同步补偿器"的英文缩写。STATCOM 是一种电力电子设备，由功率逆变器组成，能够将无功电流注入电力系统，从而平稳、快速地控制系统电压或功率因数。电压源换流器（VSC）是 STATCOM 的基本电子部件，它可以将直流电压转换为一组给定幅值、频率和相位的三相交流输出电压。

基于 VSC 的设备在电抗后有电压源。电压源由直流电容提供，因此 STATCOM 可提供的有功功率很小。然而，如果在直流电容器两端接上合适的储能装置，则可以增加/改善设备输出有功功率的能力。STATCOM 两端的无功功率取决于电压源的幅值。如果 VSC 的端电压高于连接点的交流电压，则 STATCOM 产生容性无功功率，起到电容的作用；相反，当电压源的幅度低于交流电压时，STATCOM 吸收容性无功功率，起到电感的作用。STATCOM 的响应时间比 SVC 的响应时间短，这主要是因为电压源换流器的 IGBT 的切换速度更快。低交流电压下，STATCOM 能够比 SVC 提供更好的无功功率支持，这是因为来自 STATCOM 的无功功率随交流电压的增加呈线性平滑的减小。

**参考文献**

Three Phase Transformer Winding Configurations and Differential Relay Compensation Paper by Larry Lawhead，Randy Hamilton，John Horak，Basler Electric Company

# 12.11 其他设备

## 12.11.1 用途

其他设备用于支撑主设备。如前所述，设备的主部件可能需要其他设备来保证其正确运行并执行功能。

## 12.11.2 线路阻波器

线路阻波器（有时称作阻波器）用于电力线载波（PLC）系统。特别是对于相距很远的变电站，线路阻波使通信能够通过变电站之间的公用设施高压连接得以进行。通过在架空线的一端引入 1~2 个阻波器，可以实现变电站之间远程控制信号的传输及语音通信和控制。

阻波器实际上是一种低通滤波器，对工频电流几乎表现为零阻抗，对高频电流表现出高阻抗，且可在所选的通信频率下达到最大阻抗。阻波器通常位于室外，具有多种安装方式：

（1）悬挂在线路入口门架。

（2）安装在不同构架的绝缘体上，如图 12.52 所示。

（3）安装在架空输电线路回路电容器的电容式电压传感器顶部。

线路阻波器内部的主要组件是调谐设备，适用于单频调谐、双频调谐或宽带调谐，具有可选择的传输频率范围。

阻波器的保护装置是连接在线圈端子两端的避雷器，能够保护阻波器免受暂态过电压的影响。

安装防鸟屏障，防止鸟类进入阻波器或在阻波器上筑巢，如图 12.53 所示。防鸟屏障旨在确保阻波器具有良好的冷却效果。

图 12.52　安装在不同支架绝缘子上的线路阻波器示例

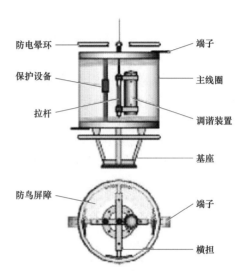

图 12.53　线路阻波器的组件

### 12.11.3　中性点接地电阻

中性点接地电阻（NERs）在中压交流配电网中使用，用于限制发生接地故障时流经变压器或发电机中性点的电流。接地电阻将故障电流限制在一定范围内，从而不会对开关设备、发电机或变压器造成进一步损坏，防止事故的进一步扩大。

接地电阻分为以下两种类型：

（1）填充液体为碳酸钠电解质溶液。线路电阻器必须精确校准，并每 2～4 年进行停电复校。

（2）固定线绕电阻器安装于气冷式外罩中（见图 12.54）。

### 12.11.4　$SF_6$ 气体

断路器、GIS、充气式变压器、充气式互感器等设备在动作时都需要 $SF_6$ 气体。$SF_6$ 是一种良好的绝缘介质和灭弧介质，自 20 世纪 60 年代起就在开关设备中得到了应用。

在常温常压下，$SF_6$ 是无色气体。现场使用前，需在 22bar（约 2200kPa）、20℃下，将其压缩至液态装于钢瓶运输到现场，在变电站设备中使用时恢复为气态，然而当环境温度下降时，$SF_6$ 发生液化现象，即从气态转变为液态。

开关设备内部必须为纯 $SF_6$ 气体（见表 12.17）。

图 12.54　液态（左）和封闭式（右）绕线型中性点接地电阻

表 12.17　　　　　新 SF$_6$ 气体的最大允许杂质含量（IEC 60376 第一版）

| 杂质 | 参数 | 杂质 | 参数 |
|------|------|------|------|
| 空气 | 0.05% w | 矿物油 | 见注 |
| CF$_4$ | 0.05% w | 总酸度 | 0.3ppmw |
| H$_2$O | 15ppmw | 水解氟化物 | 1.0ppmw |

注：SF$_6$ 气体中，对于矿物油的要求比较宽松，最大允许浓度及其测量方法仍在探索中。

在将 SF$_6$ 气体导入设备之前，必须对设备内部做干燥处理。同时，气体本身的含水量也应保持在较低水平。一旦局部气压达到露点值时，水汽将凝结成液态（露珠）或固态（冰）。

严寒气候地区的设备可使用水套加热器，保证开关设备内部最低温度高于液化点（见图 12.55）。

### 12.11.5　SF$_6$ 分析处理设备

图 12.55　断路器上的水套加热器

把气罐中的 SF$_6$ 气体注入设备时，应谨慎操作，以防引入杂质。在注入露点温度的纯 SF$_6$ 气体前，应先对设备进行抽真空并保持几小时，通常是一整夜。为确保正确操作，应使用专门的装置，一次性完成抽真空和气体注入（见图 12.56）。

设备运行时的温度和气压十分重要，必须在注入气体时对温度和气压进行测量和记录。为保证注入合适的气体量，制造厂商通常会指定每个设备（或每极、室）应注入的气体重量。使用检重秤测量气体注入前后的气罐重量差，确保注入设备的气体适量。

图 12.56　SF₆ 气体现场搬运设备

表 12.18　　　　　　　　　　　SF₆ 气体现场测量设备

| 设备 | 测量对象 | 量程 | 最小准确度 |
|---|---|---|---|
| SF₆ 压力计 | 压力 | 0～1MPa | ±10kPa |
| 温度计 | 温度 | 25～50℃ | ±1℃ |
| 露点测量仪 | 湿度 | 露点，50～0℃ | ±2℃ |
| SF₆ 含量测量仪 | SF₆/N₂，SF₆/空气 | 0%～100% 体积比 | ±1% vol. |
| 杂质检测反应管 | SO₂ 油雾 | 1～25ppmv | ±15% |
|  |  | 0.16～1.6ppmv |  |

表 12.18 展示了处理 SF₆ 气体过程中常用的测量设备。其他设备还包括上文提到的检重秤。一旦气体注入后，可使用手持式气密检测仪进行检测，确保设备连接处密封不漏气。

## 参考文献

CIGRÉ TB 544: MO surge arresters–stresses and test procedures (2013)

ICLP–435: Overview of IEC Standards' recommendations for lightning protection of electrical high-voltage power systems using surge arresters (2014)

IEC 60099–4, Ed 3.0: Surge arresters–part 4: metal-oxide surge arresters without gaps for a.c. systems (2014–06)

IEC 60099–5, Ed. 2.0: Surge arresters–part 5: selection and application recommendations (2010–05)

# 空气绝缘变电站的施工 13

Akira Okada

## 目录

在选择材料和设备之后，下一步是进行变电站施工。变电站施工是利用工程制图和规定的材料设备，建设新站或根据需要扩建现有变电站的工程。

在新建变电站之处，施工过程实现了将土地转建为变电站的物理变化。而改造和升级项目则更为复杂，在施工过程中需要系统规划和合理布局。

由于变电站的复杂性，施工过程常受到各种变化条件的影响，并受到现场特殊环境的制约。对于完全由空气绝缘设备组成的变电站，不同设备的绝缘距离是工程建设中应主要满足的条件之一，如绝缘子、套管、断路器、隔离开关、避雷器、互感器、变压器、电容器、母线、导线等。

本章将描述在满足分配预算和工期安排下，变电站施工的主要原则和要求。

在决定建设之前，业主需要仔细评估其方案的优劣势并做出合理选择。

## 13.1　施工方法

施工过程集合了设计工程、采购和施工等项目。在启动变电站工程时，业主可选择不同的施工方法或承包方案，包括以下几种选项：

（1）总承包。

A. Okada (✉)
Global Business Division, Hitachi, Tokyo, Japan
e-mail: akira.okada.on@hitachi.com

© Springer International Publishing AG, part of Springer Nature 2019
T. Krieg, J. Finn (eds.), *Substations*, CIGRE Green Books,
https://doi.org/10.1007/978-3-319-49574-3_13

（2）内部设计、采购、施工。

（3）内部设计与采购、施工外委给承包商。

（4）只做内部设计，采购和施工外委给承包商。

表 13.1 总结了不同施工方案的主要优势和易发风险。业主必须仔细评估其方案和现有承包商的优劣势、项目需求和商业需求，以便为变电站项目选择合适的施工方法。

表 13.1　　　　　　　　　　　　　不同承包类型下的责任分配

| | 设计 | 采购 | 施工 | 备 注 |
|---|---|---|---|---|
| 总承包 | 承包商 | 承包商 | 承包商 | 电力公司所需协调少、风险小，项目完成时间通常更短 |
| 内部设计、采购及施工 | 电力公司 | 电力公司 | 电力公司 | 电力公司风险大，需具备一定的经验和资源 |
| 内部设计与采购、施工外包 | 电力公司 | 电力公司 | 承包商 | 电力公司能控制设备选型和成本 |
| 仅内部设计，采购和施工外包 | 电力公司 | 承包商 | 承包商 | 适合升级/更换项目 |

CIGRE 第 354 号技术报告提供了详细的信息（见表 13.1）。

大多数电力公司倾向于采用上述选项（3），即负责内部设计/采购，施工外包予承建商，特别是扩建及置换型工程。由于每个变电站项目都是独一无二的，电力公司可以根据每个项目的具体性质和情况选择采用不同类型的施工方法。

CIGRE 第 354 号技术报告中的研究表明，大多数电力公司都认为，在当前的社会经济环境下，制约变电站工程的主要因素为：① 土地建设成本增加；② 新建变电站的建设工期缩短；③ 对设备的运输限制；④ 对安装周期要求较短。

因此，变电站工程很有可能也面临类似的约束。一般来说，空气绝缘变电站降低成本的途径应该集中在减少施工时间和消除施工活动的错误上。这可以通过设计、工序和方法的标准化来实现。由于这些限制，一些电力公司可能更倾向于使用总承包方案，而不是其他传统的施工方案。

无论选择何种施工方法，施工过程都必须进行系统性的计划和排序，以降低施工成本。要做到这一点，就必须有一个适当的项目管理计划和项目进度表。项目管理计划中最重要的方面之一是通过项目执行中的以下关键点来实现先进的关键路径管理：

● 工作流程不可逆转（见图 13.1）。

● 工作执行应与进度时间表相匹配（见图 13.2）。

● 完全符合要求的接口工程（见图 13.3）。

图 13.1 所示的项目执行流程说明了总承包项目合同授予承包商之后应该完成的工作流程。此流程图是真实的总承包项目所使用的实例。流程图的可视化呈现十分重要，因为它能让各方都轻松理解项目的工作流程。流程图的使用还将促进各方对项目制定统一和系统的执行方法。好用的流程图还要标出变电站项目中包含的所有关键活动。

项目管理计划最重要的工具之一是制订项目时间表，确定项目中的关键里程碑。例如，图 13.2 所示为不同类型变电站项目的典型施工时间表：

● AIS 空气绝缘变电站；

- MTS 混合技术变电站；
- GIS 气体绝缘金属封闭变电站；
- 如需要，拆除现有变电站。

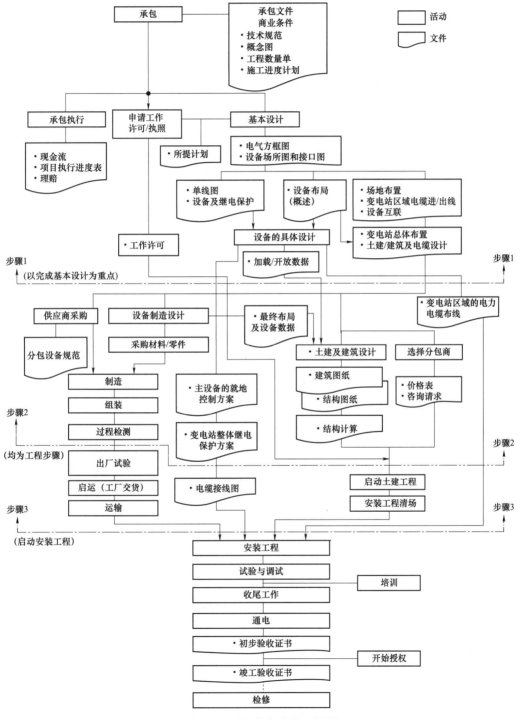

图 13.1　项目执行流程示例图

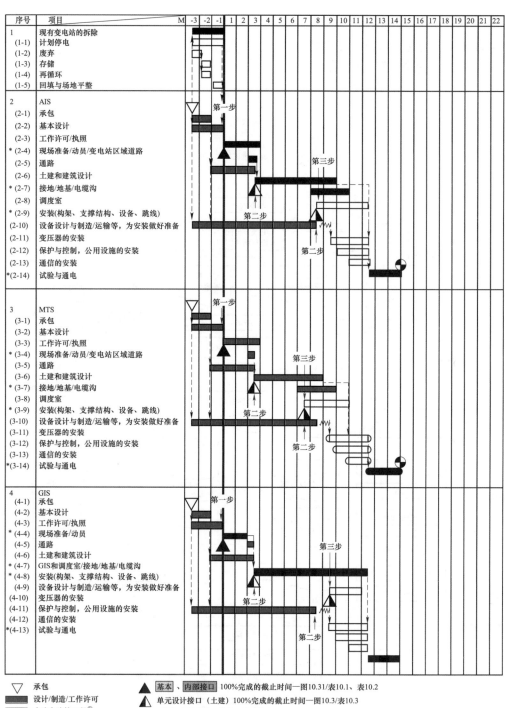

图 13.2　进度时间表示例❶

---

❶　英文原文无区分。

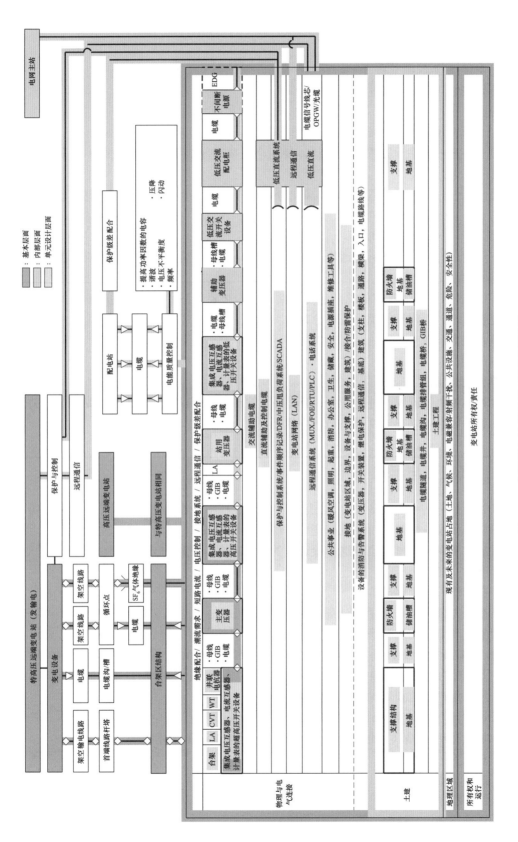

图 13.3 典型变电站项目的工程层面示例

在一个典型的时间表中，施工工作通常有四个关键日期和里程碑：

- 开始现场准备/动员。
- 民用建筑物/基础工程开工。
- 开始安装（安装支架构和设备）。
- 通电。

图 13.1 所列的三个步骤必须按照图 13.2 所示的时间进度表顺序执行：

- 第一步——专注于完成基础设计，使两个主要的（装备/土建及安装）团队能够并行开展各自的工作。
- 第二步——为土建工程的开工做好准备，包括施工许可、所有工程的制造设备和所用物料。
- 第三步——开始安装工作。

第三步之后的下一个目标是通电。但关键是要认识到，第一步和第二步对于整体协调和管理的重要性最高。

图 13.3 展示了一个典型的总承包变电站工程的必要工程。按照前述的项目执行流程和时间进度要求，工程项目的优先级可分为：

- 基本层面。
- 内部层面。
- 单元设计层面。

通过对项目执行流程、时间进度、工程层面的观察，可以成功管理变电站项目。关于这些策略的更多信息可以在 439 号小册子中找到。

## 13.2　现场物流与运输

空气绝缘变电站中的设备易碎，在运输和安装过程中需小心搬运。工作中应仔细协调安排，确保材料和设备按时交付，且在变电站现场妥善存放。

项目的主要设备和材料也应选择最合适的交付方案。交付方式可以为：

（1）准时交货；

（2）在制造厂商处存放；

（3）在电力公司/客户处存储。

有效的现场施工物流管理是影响变电站工程造价的因素之一。为了保险起见，建议在安装工作前，应确保变电站现场具有合适的存储设备和材料的临时设施。由于各变电站所处位置不同，所面对的物流和运输挑战也是不同的，所以有必要为每个项目单独制订专门的运输和物流计划，解决场地和运输路线的限制。

项目运输计划至少应包括以下组成部分：

（1）货运指示/规格（可包括必须按特定方向运输以避免损坏的指示）；

（2）装箱单；

（3）指定货运公司；

（4）装运程序；

（5）运输路线；

（6）卸货流程；

（7）大型货物的起重计划；

（8）运输与交货时间。

大多数变电站设备体积庞大，在运输过程中需要特殊考量。作为运输过程的一部分，要着重确保运输公司在运输前进行了道路勘测，并确认下列项目：

（1）整个运输路线；

（2）对大型拖车的交通限制；

（3）障碍，如架台、架空线路和桥梁；

（4）道路和桥梁的限宽；

（5）桥梁的限重；

（6）施工现场的临时道路（无论是否需要）。

虽然运输公司通常会进行这样的调查，但重要的是要将其作为项目管理计划检查表的一部分，以此来尽量减少在运输主要设备时遇到的一些不可预见的困难。这将对确保施工现场设备的安全、及时运送发挥重要作用。

## 13.3 施工质量控制

质量控制是变电站工程中最重要的环节之一，也是通过减少施工误差来降低成本的关键方法之一。大多数电力公司、供应商和承包商都有自己的质量控制手册和程序。

承包商需要提交质量控制计划，记录施工的必要程序和步骤。

虽然确保质量达标很重要，但应该注意的是，过于严格的质量控制措施和不必要的要求会增加项目的成本。因此，应该在质量控制和成本之间达到一种平衡。

为防止设备意外损坏，建议先安装重钢构件，然后安装设备并进行试验，最后进行母线的安装。

降低变电站控制、计量和设备保护成本的一种经济有效的方法是在工厂就地制造和安装设备并完成接线工作。

任何项目都会不可避免地出现偏差或索赔事项。偏差的出现可以有诸多原因。大多数情况是由以下原因造成：

（1）工作规范不完整；

（2）工作范围不明确；

（3）工作范围缺失；

（4）其他原因（如监管审批）或其他承包商造成的延误；

（5）变电站布局发生变化；

（6）设备技术要求发生变化。

偏差和索赔要求必须保持最新记录并进行定期审查，因为这影响到了项目的总预算。为最大限度地减少工程带来的潜在问题，应该系统地规划项目工程。大多数电力公司都有一个标准的实践/程序来评估施工偏离设计的情况。一般来说，任何施工偏差都必须报告给现场检查小组。这可以确保所有偏差在获批前即进行了正确的记录与评估。在施工过程中，施工质量可以通过多次现场监督、遵守 ISO 的要求、把控材料质量等来控制。

## 13.4　停电管理

在变电站施工时，有一些项目可能需要部分带电，如对变压器、开关柜馈线槽及母线进行扩建、升级或更换等。很少有电力公司会采用全部停电的方法。

即使是新建的变电站项目，也可能需要让现有的远端变电站停电，以进行馈线连接并测试变电站之间相关的控制与保护系统。

通常，电力公司会尽量减少施工期间的停电。停电计划通常需要与电网调度机构相协调。在一些国家，停电与电网运行指标挂钩，可能会导致来自电网运营公司的经济处罚。

在不停电的情况下，必须考虑其他替代方案，如使用移动变电站提供临时供电。

# 空气绝缘变电站的作业指导及培训

## 14

Mark McVey

## 目录

## 14.1　指导手册

　　指导手册或说明书是变电站设计标准的重要组成部分，它起草来自于电力公司或资产所有方的经验与教训。同时还参考了 IEEE、IEC 和 CIGRE 的文件。指导手册涵盖了本书中的许多章节。一个标准的设计案例可能包括以下内容：

- 绘图用符号的一般位置和细节；
- 变电站设计和当前公司的设计惯例；
- 变电站单线图和图纸标准；
- 母线接线方案；

M. McVey (✉)

Operations Engineering, Dominion Energy, Richmond, Virginia, USA

e-mail: mark.mcvey@dominionenergy.com

© Springer International Publishing AG, part of Springer Nature 2019

T. Krieg, J. Finn (eds.), *Substations*, CIGRE Green Books,

https://doi.org/10.1007/978 – 3 – 319 – 49574 – 3_14

- 故障电流等级和机械力计算；
- 中性点接地标准；
- 电气设备的设计标准、操作说明和额定值；
- 回路解列或掉线时的倒闸指导和运维人员操作说明；
- 控制设计标准和一般做法；
- 系统继电保护标准以及一般做法；
- 低压交流/直流计算；
- 电气设备标准及其额定值；
- 设备负载导则；
- 初期工程和估算指南；
- 许可和监管指南；
- 设计和施工程序、环境程序和法规要求；
- 公司安全手册；
- 基础图纸；
- 建筑与土建图纸和计算；
- 接地图纸和计算；
- 电力电缆布置图；
- 有关绝缘配合的研究性文件；
- 钢结构装配图。

只要有可能，都应要求变电站的每一件设备或材料提供使用说明书。说明书不仅要包括变电站所有的一次和二次设备，还要包括变电站的辅助设备，比如：

- 消防用水泵；
- 火灾报警面板；
- 变电站安全系统，如闭路电视设备、入侵报警系统、远程/电动门；
- 主控楼财产，如空调或加热器系统。

除使用说明书外，还应妥善保管与变电站设备有关的竣工图、试验报告等其他文件，包括：

- 地基图；
- 建筑与土建图纸和计算数据；
- 接地图纸和计算数据；
- 设备布局；
- 电力电缆布置图；
- SCADA/继电器面板布局手册；
- 设备的使用说明书；
- 交流电源单线图；
- 直流电源单线图；
- 控制电缆连接图；
- 低压交流/直流计算数据；
- 电缆电流计算数据；

- 绝缘配合相关文件；
- 钢结构装配图；
- 设备详图；
- 保护和控制事宜图；
- 继电保护和控制设置；
- 接地网参数；
- 所有设备的试验报告。

竣工图纸具有极高的参考价值，对以后的修改也很重要。准确无误的竣工记录用于确保将来修改或扩建时，现有设备和新设备之间能良好对接。做好文档更新，能减少维修扩建时可能的错误和不恰当的设计。

在项目完成或现场项目管理人员调动到另外的项目前，必须对竣工图纸进行检查和校订。应建立标准流程，确保检查按时完成，检查内容准确。

可在 CIGRE 第 354 号技术报告中查阅更多的细节和信息。

## 14.2  基本培训

按照电力公司或资产所有方的组织架构和理念，需要为员工提供不同类型和不同级别的培训。对不参与变电站日常运行的非技术人员，可以进行基本培训，如新员工培训。

培训内容应覆盖电网和变电站运行的基本知识。建议培训材料可包含以下主题：

- 电力公司输配网信息；
- 主设备功能；
- 从发电端到终端用户的输配电过程；
- 变电站的施工和安装过程；
- 设备的检测和调试过程；
- 变电站日常运维活动的简介；
- 变电站参观/作业时的安全教育。

由于受众可能不具备专业知识，建议尽可能使用图表来进行示意。鉴于数码相机的广泛应用，还可以拍摄并制作培训课程以便做好知识更新或将其用于新员工培训。这种记录式培训是一种能够把信息传递给大量电力公司员工的新工具。

## 14.3  操作、安装和检修培训

电力公司或资产所有方，通常会为空气绝缘变电站的设备成立内部的运检团队。为了快速有效地开展维护和检修，电力公司的工作人员（或承包方的工作人员）应对站内的设备非常熟悉。要提供常规性培训，以确保在变电站的寿命周期内，工作人员一直保持所需的技能与经验。

应按需为员工提供技术支持和相关建议，并应保持来自原制造厂商或其他来源（如电力公司的核心工程师小组）的核心知识与流程的连续性。经过仔细评估后，由承包方或顾问方组织培训也可作为备选方案。

必须根据组织的结构和政策，定期为运检团队提供培训，特别是将要安装新类型或新型号的设备时。在采用新技术或非标准化技术时也应提供相应培训。

一般来说，运检培训必须包含针对设备运维和故障排除每个步骤的详尽指导，包括与设备相关的所有具体的安全预防措施。建议在运检培训期间安排一次实践课程。开发如测验或评分系统这样的评估工具来确保学员获取到了足够的知识是非常好的方法。评估培训的有效性并衡量员工的整体知识水平是很重要的。在某些国家，培训是一种正规流程，进行检修作业时需持证上岗。所有的资产所有方必须熟悉本地需遵从的标准及规定。

### 14.3.1　施工培训

许多电力公司为普通工程或大型项目雇用承包方和顾问方。这些项目被称之为 EPC 工程，并以总承包方式交付给电力公司。施工项目完工后，变电站将被移交给运维人员。作为变电站及其设备运行流程的一部分，还必须为运维人员提供操作手册和相应培训。

对于各变电站项目，在项目结束时，由设备制造厂商、安装方或承包方提供操作手册和相关培训是一项常见的合同要求。对操作手册和培训的要求必须写进总承包协议。

作为变电站的所有方和经营方，有必要根据电力公司的企业标准或文档风格，对操作手册的内容进行规范，包括图纸格式、检修要求、备件、安全公告和供应商说明手册等。

建议做好运维人员所必需的培训课程的计划。通常，电力公司会确定培训的天数。所有培训都必须包含对变电站安全作业规程的培训。典型的培训形式既包括课堂培训，也包括现场实操。

合理的操作手册加上有效的培训，将使变电站运检工作的开展更加高效。正确识别操作范围和操作指令会使变电站检修方案更为优化。这将显著降低成本，并提高变电站资产价值。为业主和承包方之间针对检修计划的共同讨论，预留充足的时间及资源十分重要。这是因为操作手册只适用于普通检修，不适用于策略性检修。

### 14.3.2　检修策略

每个电力公司或变电站都有自己的运检标准或安全规程。若无，该组织应根据公司需求、符合性和现有资源，开发一套合适的检修标准。

图 14.1 提供了一种通用的检修方案，包括许多不同的检修类型，包含的所有步骤均是预防性检修，旨在：

- 预测部件故障的发生；
- 在故障影响设备功能之前检测故障；
- 故障发生前对设备进行维修或更换。

根据故障率、检修策略、检修活动成本以及资产故障造成的惩罚，预防性检修的频率是不同的。基于设备故障数据建立的设备检查、维修和更换时间点的决策模型非常有用。通过模型可以明确两种特征，即要进行的活动和活动进行的频率。检修策略不是放之四海而皆准的。每个电力公司或资产所有方都应该基于自身商业模式和/或符合性要求，制订一套适合的检修策略组合。

在故障检修方案中，唯有投资成本较低的设备发生故障时才进行更换或维修，此时故障产生的后果较轻。

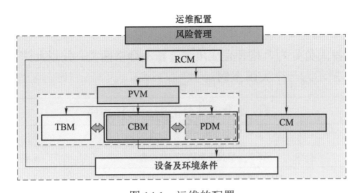

图 14.1 运维的配置

RCM—以可靠性为中心的检修；PVM—预防性检修；CM—故障检修；TBM—定期检修；

CBM—状态检修；PDM—预知检修

一些电力公司的成本控制压力日益增大，因此电力公司必须确定检修的优先顺序，对最重要的设备优先更换/维修。资产所有方要评估站内的物理条件和运行情况，然后再作决定。只有某些设备发生严重故障时才会影响检修流程。各资产所有方必须对检修方案流程进行评估。

故障检修方案的运检费用较低，但如果发生故障，运维费用可能会变得很高。

电力资产所有方可参考 CIGRE 第 300 号技术报告，了解更多有关变电站检修策略和变电站资产评估工具的信息。

## 14.4 安全培训

各国及各电力公司都有需要遵循的具体的安全要求及法律法规。必须要针对这些要求及规则对所有员工进行培训。这些要求或规则可以保护员工和公众免受电气危害和物理危害。

（1）正确使用个人防护用品。应对每个员工就正确使用个人防护用品进行指导。为防止在变电站或工作现场发生触电或人身伤害，本装备是应穿戴的最基本的防护设备。

举例来说，个人防护用品可以是安全帽、护目用具、皮手套、防火服和荧光背心。必须在工作现场标注使用护具或防护服的正确方法，并在可能产生电弧的区域提供对应电压等级的防护服。个人防护用品示例见图 14.2。

（2）距离带电导体和磁场的正常工作距离和最小接近距离。在北美和许多其他国家，电气标准和政府规定明确了员工或公众与带电设施之间的距离要求。对于已完成安装的电气设备，可接近距离和最小允许距离有所不同。变电站的设计必须满足在变电站带电的情况下，工人能够进行运检工作。电力公司和承包方必须遵守规章制度，并针对带电导线或设备周围（或附近）的作业提供培训及监督。为了标准的制定，本书的

图 14.2 个人防护用品示例

第 5 章包含最小接近距离（*MAD*）的计算。涉及 *MAD* 的美国标准是 IEEE 516 和美国国家电气规范（NEC）。

这些规范规则将人员分为合格（完成培训）和不合格两类，并以此来保护公众和员工的人身安全。图 14.3 所示为一个美国案例。

| 与设备带电部分的安全工作距离 | | | |
|---|---|---|---|
| 最小接近距离（*MAD*） | | | |
| | 取得资质的电气从业者 | | 未取得资质的电气从业者 |
| （相间）电压 | *MAD*（相对地） | *MAD*（相间） | *MAD*（相对地） |
| 0～300V | 避免接触 | 避免接触 | 避免接触 |
| 301～750V | 1'～2" | 1'～2" | 10' |
| 751～15 000V | 2'～2" | 2'～3" | 10' |
| 15 001～36 000V | 2'～7" | 3'～0" | 10' |
| 36 001～46 000V | 2'～10" | 3'～3" | 10' |
| 46 001～72 500V | 3'～4" | 4'～0" | 10'～9" |
| 72 600～121 000V[3],[4],[5] | 3'～3" | 4'～0" | 12'～5" |
| 121 001～145 000V[3],[4],[5] | 3'～8" | 4'～8" | 13'～2" |
| 169 001～242 000V[3],[4],[5] | 5'～3" | 7'～5" | 16'～5" |
| 362 001～550 000V[3],[4],[5] | 10'～6" | 16'～2" | 26'～8" |
| ① 最小接近距离也适用于工作平台和手持工具距离。 | | | |
| ② 72.5kV 及其以下的最小接近距离体现了职业安全与健康 OSHA 1910.269 价值（2014 年 4 月）。 | | | |
| ③ 72.5kV 以上电压下的规定最小接近距离是空气中的徒手作业和带电工具距离。 | | | |
| ④ 72.5kV 以上电压下最小接近距离的计算是基于工程研究和通过 29CFR1910.269 和 IEEE516（2009）计算得到最大暂态过电压值。 | | | |
| ⑤ 采用 72.5kV 以上的计算接近距离时必须考虑重合闸、操作过电压、终端避雷器和天气情况。 | | | |
| ⑥ 工作海拔 3001'～5000'时，最小接近距离应乘以 1.05 的修正因子。 | | | |

图 14.3 安全工作距离范例

（3）从事变电站设计或进行诸如倒闸操作、带电操作、线路带电作业、裸手操作等工作时，都需要持证上岗。每个国家对工作人员都有特定的要求或资格认证。许多政府和电力公司都要求工作人员通过专业认证考试。每个国家都有各种各样的要求和标准来认定员工的电气设备设计及作业资格。各电力公司必须为电气从业者取得资质制订培训计划。专业性考试（PE）会考察工程师在设计电气设备时的物理、数学知识和工程经验。许多培训计划会通过实习或师带徒的方式帮助从业者达到取证要求。像电力工人国际兄弟会（IBEW）这样的电气联盟就是一个在北美的范例。IBEW 提供从学徒到线路技工或变电站技师的培训和认证。英国有一个类似的项目，电气从业者通过多个认证步骤获得某项特定作业的资质徽章。在英国，承包商被允许进行施工或检修任务之前，技工必须出示相应的资质徽章来证明其具有作业资格。

## 14.5 现场工作安全程序

为保护人员和变电站设备，防止客户意外或被迫断电，安全程序需要关注三个重点。14.5.1 是“工作规划”，14.5.2 和 14.5.3 是“安全意识”和“安全检查”。

### 14.5.1 工作规划

班前会——在进入变电站或在工作现场开展任务之前，班前会能够提供工作总体概况和人员应履行的职责。每个进入现场的人员都应明确自身工作对工作区内其他人的影响，清楚地理解并记录发生人身伤害或电气事故时的应急方案。图 14.4 展示了一个范例。

第1～2页

打印此表　　班前会——现场操作

保存并以邮件发送　　2.10版本

说明：必须进行班前会讨论，确保全体作业人员理解工作范围、危险点和安全无误完成作业所必需的防护措施。此表格的目的为记录具体作业、相关任务和重要步骤方面的讨论。

| | | |
|---|---|---|
| 工作地点： | | 日期： |
| 工作描述（如继电保护检修、设备更换等）： | | |
| 负责人电子身份证 | 工作监护人： | 填写其他参与者姓名于（1～9）： |
| 1.(Team Leader) | 4. | 7. |
| 2. | 5. | 8. |
| 3. | 6. | 9. |

**检查一次设备工作区**

☐? 检查一次设备工作区的绝缘距离和接地情况　　☐ 不适用

**任务分类：**

| | | | |
|---|---|---|---|
| ☐? 通知操作中心 | ☐? 电缆/接线活动 | ☐? 检查新装置 | ☐? 油/气处理和防泄漏 |
| ☐? 外观检查 | ☐? 设备校准 | ☐? 高压或性能测试 | ☐? 非侵入性活动 |
| ☐? 安装新设备 | ☐? 操作检查 | ☐? 采样与诊断 | ☐ 其他 |
| ☐? 一次设备测试 | ☐? 返回服务检查 | ☐? 设备维修/组装 | ☐ 其他 |

**准备任务**

☐ 获取并查看图纸或其他相关文件　　☐ 讨论分工与任务

☐ 考虑/分享以前此作业或此地点的个人经验　　☐ 考虑故障发生时可能及最差的后果

**评论/备注：**

**识别安全/作业风险**

考虑上述任务相关的安全/作业风险并辨识，下列所有必需的个人防护设备和非个人防护措施

| | | | |
|---|---|---|---|
| ☐ 阻燃防护服 | ☐ 足部防护 | ☐ 长袖衬衫 | ☐? 许可/记录/清单 |
| ☐ 防坠落 | ☐ 听力保护 | ☐ 橡胶手套/袖套 | ☐? 防酸/个人防护设备 |
| ☐ 视力保护 | ☐ 头部保护 | ☐ 设备/安全接地 | ☐? 特殊措施 |
| ☐ 手部保护 | ☐ 荧光工作背心 | ☐ 遮挡/试验区 | ☐ 其他 |

**有关安全/工作风险的评论/备注：**

**重要步骤辨识：**

**检查完成作业和相关任务的重要步骤：**

| | | |
|---|---|---|
| ☐? 评估试验数据结果 | ☐? 负荷/闪络电流回路 | ☐? 连杆机构 |
| ☐? 隔离装置/设备 | ☐? 就地操作点/设备 | ☐? 远程访问设备 |
| ☐? 架设和/或埋设线路 | ☐? 提供临时电源 | ☐? 在灵敏设备附近进行作业 |
| | | ☐? 确定是否存在储能 |

☐ 其他上述未列出的关键步骤（叙述如下：）

图 14.4　工作规划表示例

运行经验和质量警报——供电公司应该经常对工作中的设备问题、电气事故和人身伤害进行记录。应设计和建立人员误操作事件数据库，以防误操作事件的再次发生。在开始工作之前，领导或工作负责人应在数据库中查找类似的作业类型或即将执行的工作。建立数据库的目的就是为了学习并防范可能造成设备损坏和人身伤害的事件。

确认术语——通常工作人员对即将进行的工作存在不同的理解，文化背景的不同或翻译失误会造成所使用的词语和描述上的费解。工作人员应向负责人或主管再次汇报应急流程和工作预期内容。这种方式被称作三向沟通，即负责人和工作人员之间进行来回沟通，确保对工作的理解达成一致。

班后会——每个工作日结束时或当工作人员结束工作离开工作区后，都应总结工作并进行记录。为了顺利开展今后的分析工作，应在班前会中对所有工具或新方法进行记录。关键是建立安全、有效且可靠的工作方法及例行事务。

### 14.5.2　安全意识

情境意识——通常情况下，员工会变得自满或疲惫，忘记周围的危险。围栏内的所有人员，特别是工作区内的人员，应定期评估自身相对于其他员工的位置和所面临的工作危险。施工现场全天都会有多名人员不断变化其作业内容和作业地点。应对情景意识这一工具进行培训和学习。员工应该多次停下工作，明确现场的情况变化。

质疑态度——经常质疑工作方法、任务要求是否按计划进行，或核心作业人员、关键工作任务是否发生变化是一种有效的工作技能。要确保作业人员使用正确的技能和工具，在良好监护下完成任务。经常停下来在安全方面提出质疑永远是正确的。

工作区——尽可能清楚地标记工作区，用于指导作业人员防范作业危险点。图 14.5 中工作区域的标记可以避免作业人员在错误的面板上工作。通过清晰的标识或遮栏可以防止人身危害或设备误操作的发生（见图 14.5）。

**建议使用工作区标识横幅**
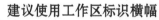

图 14.5　工作区标识示例（一）

自我检查——每名员工在独自作业时，都要有进行自我评估的能力和经验。员工应当学会定期暂停工作来评估工作区域的变化，如是否有新的危险点或是否有新的人员进入变电站或作业区域。当处于寒冷或炎热环境时，要能够识别低温、冻伤或脱水等症状。自我检查是一种习得的安全习惯，也是所有人需要学习的一种态度。通过自我检查，作业人员能够及时发现自身或他人面临的危险。

### 14.5.3 检查

同行检查——作业人员不仅要对自身负责，也要互相留意他人。好的安全工作态度意味着确保作业人员在最大接近距离之外，并配备合适的个人防护用品和良好的通信设备。

必须鼓励工作班组相互评估、相互检查，以防触电或出错。大多数工业事故的起因并不是一个人犯了大错误，而是多人犯了相对较小的错误。这些错误叠加或发生连锁反应，最终造成灾难性的事故。作业人员之间按班组或工作小组进行相互检查可以防止事故的发生。

指导——领班或主管直接负责指导员工。指导是一种学习行为，具有丰富经验的员工应学会如何指导他人并被鼓励进行指导。指导和同行检查是一种任何作业或任务前后需考虑和评估的行为。指导有助于防止指示不明和经验不足等导致发生事故的情况。

三向沟通——三向沟通是一种用于确保各员工理解或正确传达指示的技巧。一名员工向另一名员工发出口头指示。接收指示的员工被要求向指示初始发出者重复该指示。通常在通过电话传达指示（如倒闸指令）时使用该通信技巧。三向沟通是班前会使用的一种有效工具，其能确保所有作业人员了解现场的危险点和工作期望。

检查表——检查表最初由飞机驾驶员发明，以防起飞或着陆前出现错误。检查表是识别工作危险点、协调施工期间工作活动以及确定作业范围与工作期望的重要工具。对于复杂作业或流程而言，特别容易忽略安全步骤。检查表可预防出错、弥补经验不足、降低疲劳作业隐患。复述安全流程不仅可以提高生产力，预知表现也使人学会正确的工作态度。表 14.4 给出了一张带电变电站公用设施作业检查表。此表也可用于标记每天的作业进度。

标记或指向——大部分沟通是非口头形式的。工作区的指向或标识是预防出错的关键部分。使用围栏或标识物对工作地点进行标识，可防止员工操作错误的控件或设备，示例如下。

不确定时停止作业——安全执行任何工作任务或作业的关键态度为：只要对作业流程存疑，就批准停止作业。员工越权作业或过于忙碌时，经常会发生意外。缺乏沟通、时间紧张、工作知识或经验不足及作业疲劳时，经常会发生事故。工作监理应培育一种文化，允许员工在不清楚作业现场的任务内容或正确作业方法时，随时暂停工作并提出疑问（见图 14.6）。

前面板屏障，使用磁铁固定　　后面板屏障，使用搭扣固定　　使用醒目的线夹跳线　　使用阻燃塑料板作为屏障

悬挂"测试中"和"请勿操作"标识牌　　悬挂"异常情况"标识牌　　使用点状端子屏障　　使用"止步—设备测试中"磁铁

图 14.6　工作区标识示例（二）

## 14.6 安全性设计与人员保护

针对安全性与人员表现的设计是一个切实有力的概念。由于可以防止或排除事故,有效设计是任何安全作业环境的重要组成部分。

入口和出口——对于运维人员来说,其具备变电站内进行安全操作的能力具有重要意义。机械设备或电气设备有时可能运行不当或出现故障。作业人员需要通过无障碍通道安全撤离作业场所。在班前会期间,应在每个地点确定一个集合点,以确保发生事故时能集合所有员工。必须考虑母线布局和开关手柄方向,以便在紧急情况下提供快速撤离路线。必须考虑断路器和控制面板上门的方向,以防其形成阻碍疏散路线的屏障。

必须考虑安装额外的门或闸门,以便在火灾或事故阻挡出口时能够逃离控制室或变电站,并应在任何安全简报中识别出口位置。

连锁设计——FACTS 设备或变电站开关设备组件或开关站是结构复杂、操作困难的设备。工程师可设计连锁系统防止错误的出现或控制变电站区域的访问权限,直到确保工作区安全为止(见图 14.7)。

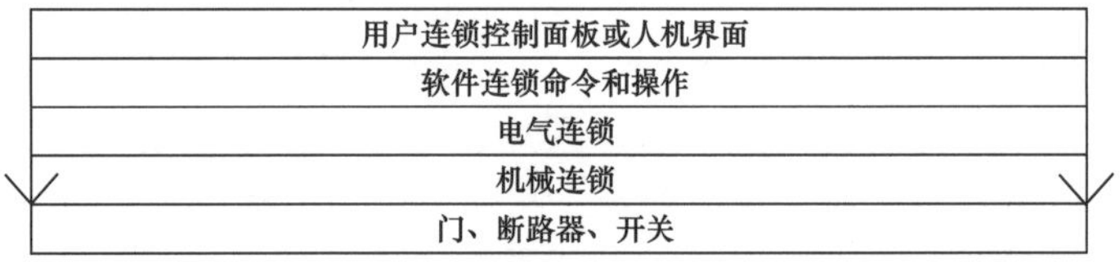

| 用户连锁控制面板或人机界面 |
| :---: |
| 软件连锁命令和操作 |
| 电气连锁 |
| 机械连锁 |
| 门、断路器、开关 |

图 14.7 连锁系统的类型和位置

连锁钥匙设计使开关操作和工作区访问的离散控制成为可能。作业人员只能通过指定顺序进行作业,执行下一个操作步骤或获批进入工作区。例如,只有在接地开关闭合后才能获得通电区的钥匙(见图 14.8)。

图 14.8 钥匙连锁系统示例

人员行为设计——防止单点故障的系统设计不仅是一种可靠性实践,也是一种安全实践。冗余保护和控制面板可以使员工通过分离不同来源和通信的继电器面板、控制面板,对设备进行维护和检修。可通过对继电保护或控制面板断电来执行维护和恢复工作。如果电工作业人员不小心遗落了工具,该工具不会导致断路器或其他设备发生短路或出现意外的运行状况。但必须仔细考虑冗余或双重系统之间的交互作用,以防产生意外情况。

进行维护作业时的许可人员需要具备通过锁定或可视化控制来控制开口连接点的能力。必须布置人员许可用的红色标签。图 14.9 为隔离点安装示例,安装位置在员工作业时的清晰视野内。许可人员有权对带电位置进行物理控制和视觉控制。图 14.9 也展示了安装在冷却系统电机上方的电机隔离开关。

图 14.9　隔离点相对于隔离设备的位置

电力公司的安全培训各有不同,且很大程度上源于监管人员的指导与经验。安全手册提供最精炼的准则清单。电力公司的良好实践表明,作业人员应不止遵守最低限度的准则。安全和人员行为应受到工作场所企业文化的指导。每个作业人员都有能力发挥重要作用并保护同事与自身的安全。

CIGRE Green Books

第 C 部分

气体绝缘变电站

◇ Peter Glaubitz

# 为什么选用 GIS

# 15

Peter Glaubitz，Carolin Siebert 和 Klaus Zuber

## 目录

## 15.1 GIS 的优势

与 AIS 或 MTS 相比，气体绝缘金属封闭开关设备（GIS）的主要优势在于其紧凑性，对土地需求、土地成本、视觉影响和可能的技术应用都有直接影响。紧凑的尺寸使设计更加多样性，反过来容许了室内、室外、地下、混合和集装箱式安装（甚至临时操作）。GIS 模块化设计的紧凑性方面在一定程度上比 AIS 更能符合特定地点的要求。

只考虑开关设备时，GIS 变电站所需的土地面积仅有同等 AIS 变电站所需土地的 10%～20%。

P. Glaubitz (✉)
GIS Technology, Energy Management Division, Siemens, Erlangen, Germany
e-mail: peter.glaubitz@siemens.com

C. Siebert
Energy Management, Siemens AG, Berlin, Germany
e-mail: carolin.siebert@siemens.com

K. Zuber
Energy Division, Gas Insulated Switchgear, Siemens, Erlangen, Germany
e-mail: zuber.scott@t − online.de

© Springer International Publishing AG, part of Springer Nature 2019
T. Krieg, J. Finn (eds.), *Substations*, CIGRE Green Books,
https://doi.org/10.1007/978 − 3 − 319 − 49574 − 3_15

特定的电压水平下，变压器、电抗器和进线/出线的连接方式在很大程度上决定了节约的土地面积和空间。电缆连接和短距离 GIS 管道布置是最节约的方式。如果变电站连接架空线，那必须给杆塔和下引线分配空间，从而减少了土地节约。图 15.1 和图 15.2 为 GIS 的两种连接方式。在图 15.1 为架空线连接方式；图 15.2 为电缆连接方式。

图 15.1　420kV GIS 与架空线连接

图 15.2　145kV GIS 与电缆连接

多数情况下，紧凑性降低了对面积的要求，使得新建气体绝缘变电站能选址在电网要求的最佳位置。室内或地下 GIS 也能建设在城市或人口密集地区。这往往是城市或工业区内的电力消耗点，允许建造变电站可以大大节省配电网的成本。

在发电站，GIS 靠近涡轮机和发电机安装，可以大幅节省电缆或母线槽连接，并为土建工程带来成本效益。将变电站尽可能靠近升压变压器安装，可提高整个电厂的可靠性。

具有较高额定值的 GIS 可用于替代难以满足电力需求增长的 AIS，或不增加额外空间时提供较高的传输电压，也可以用在需要扩展 AIS 时。图 15.3、图 15.4 为用 GIS 代替 AIS 的两个例子，其中图 15.3 为 GIS 代替室内 AIS，图 15.4 为用室外 GIS 代替室外 300kV AIS，额定电流从 4kA 增加到 6/8kA，短路开断电流从 50kA 增加到 63kA。

图 15.3    用一个 5 间隔 GIS 变电站（145kV）取代以前的
室内 6 间隔 AIS 变电站（150kV）

图 15.4    用一个 14 间隔 GIS 变电站（300kV—63kA）取代以前的室外 14 间隔 AIS
变电站（300kV—50kA）（中部电力公司，名古屋东区 S/S）

## 15.2  环境条件对开关设备的影响

在恶劣的环境条件下，比如重度盐污的沿海地区或有其他重污染物沉积的工业区，每隔很短的时间都必须定期清洗支柱绝缘子和架空线路套管。同样，金属配件、法兰、电气接头等的腐蚀也会产生严重影响。这些会导致室外安装的维护成本非常高。完全在建筑物内的 GIS 可以避免这些影响——这是应用 GIS 的一个主要理由。

在项目的第一阶段，必须对现场污染严重程度（SPS）进行评估。IEC/TS60815-1"适用于污染环境的高压绝缘子的选择和尺寸"描述了绝缘子的两种沉积类型（A 型和 B 型）和五种污染类型（沙漠、溶解盐、固体沉积、化学或工业污染、农业）。

同样，如果变电站必须安装在高海拔地区，GIS 只需考虑气压对 $SF_6$/空气套管的影响（而 AIS 需要提供昂贵的附加绝缘）。

极寒、雪或冰的环境中，同样也只需考虑套管和 GIS 室外部分的附加措施。

为了满足地震条件的具体要求，AIS 需要大量的机械支撑和支撑杆。GIS 的物理设计使其在总成本较低时更容易满足地震标准。这些考虑进一步引发了一种 GIS/AIS 的混合布置，称为混合开关设备（MTS），同一回路的断路器、隔离开关、电流互感器和电压互感器为金属封闭的，由端部套管连接到出线架空线，总母线为架空线布置（另见 D 部分）。

## 15.3 开关设备对环境影响

GIS 所需空间比 AIS 少，对环境的影响最小（如清理森林或山区的土建工程）。AIS 和相连架空线的视觉影响在特别的自然或建筑景区和人口密集的地方（如在市中心）是难以接受的。GIS 的紧凑性使其可以（以相对简单的方式）将变电站隐藏在公众视线之外。图 15.5 和图 15.6 为两个例子。

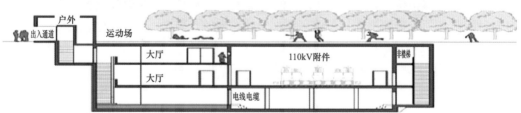

图 15.5　300kV 和 168kV GIS 的地下变电站（中部电力公司，名古屋 S/S）

变电站的噪声排放也很重要，特别是当变电站位于居住区附近时。GIS 变电站，特别是安装在室内的，发出的运行噪声明显低于同等的 AIS。根据 GIS 和接地系统的设计，其电磁影响也明显低于 AIS。

图 15.6　隐藏在购物中心的 23 间隔 145kV GIS 和 4 间隔 362kV GIS 和变压器

## 15.4　质量保证/可靠性

大多数制造商已根据国际标准安装了质量管理体系。所有设备均由一家制造商开发，经过型式试验，例行试验，安装和现场测试，确保了最高质量标准。GIS 的部件/托架在工厂中尽可能预装到完整的程度（仅受运输和处理限制，即加压容器的运输、测量）。完整的运输单元必须经过例行试验（机械、介电和密封性测试）以确保最好质量。另外，组装步骤和安装时间也减少了（参见第 22 章）。

在集成或预制控制柜和电缆的情况下，可以对所有回路和功能进行工厂测试，从而显著降低现场故障发生率和调试时间。

质量控制的最后一步是对整个 GIS 装配进行现场调试，其中包括介电测试。

有可靠数据证明，GIS 降低了故障频率。对用户的问卷调查表明，迄今为止所有在运的 GIS 的运行情况都让人满意。

GIS 可靠性的提高降低了最近几十年检修周期的频率，相对其他设备，在寿命周期成本方面也更有益。GIS 的可靠性一般都很高；通常建议在运行 25 年后进行主要检查，建议在大约 9 年后进行第一次目视检查。平均故障间隔时间（*MTBF*）也可以证明 GIS 的可靠性。这是指从安装 GIS 到首次重大故障之间的时间。而且由于采用了高技术标准，并通过考虑设计和材料之间可能的最佳关系来优化检修周期，明显减少了间隔的停电时间。然而，当 GIS 到了一定的使用寿命后，任何情况下都无法避免打开气室。进一步了解 GIS 故障率和 *MTBF* 的信息，可参见《高压气体绝缘变电站（GIS）运行经验第二次国际调查报告》手册 150 部分（1967—1995 年）和《2004—2007 年高压设备可靠性国际调查总结报告　第 5 部分：气体绝缘开关设备》手册 513 部分。图 15.7 为调查问卷中 GIS 的故障频率与电压等级的关系。

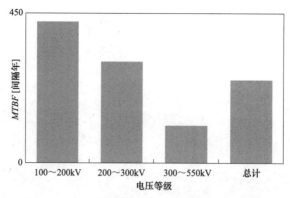

图 15.7　不同电压等级的平均故障间隔时间

## 15.5　安全

GIS 中的高压部件为封装的，对操作员和其他人员来说安全性较高，因为可以避免因疏忽（未使用工具或暴力）而接触到任何开关设备的带电部分。还可以防护虫害或恶意破坏。

通常快速保护动作能将内部电弧影响限制在外壳内。即使最坏的情况下，在一段时间后压力释放装置或熔断器的动作也能限制内部电弧的影响。IEC 62271−203−5.102.2《电弧的外部影响》。所有 GIS 部件均不会爆炸，气室的分隔将限制受损区域。金属容器的例行压力测试的最高压力可达设计压力的两倍。

## 15.6　寿命周期成本

可以预期现代 GIS 可以令人满意地运行多年，而且少维护甚至无维护。有些 GIS 已经运行了将近 50 年。对于室内的 GIS 尤其如此，因为不会受到不利天气因素的影响。除了承担定期、繁重开断任务的 GIS，其余的 GIS 中的断路器、隔离开关和接地开关长年都不太需要维护，实际上，通过 GIS 我们不断接近"免维护"的概念。在比较同等的 AIS 或 GIS 安装时，必须使用寿命周期成本的方法，而且可以发现仅这方面就可以平衡 GIS 在安装阶段的初始设备成本。

## 15.7　结论

用户必须在编写规格调查报告之前做出所述评估，其中必须明确对 AIS 或 GIS 的要求。评估同技术经济分析一样进行。经济部分可能比较难，因为用户往往无法在设计阶段获得布置设备的实际预算。在这一阶段制造商获得的信息不足，且考虑到潜在的竞争对手，往往不愿意报出实际的预算价格。然而，在未来用户和制造商应加强合作，在设计阶段的决策过程中相互协助。

# GIS 结构

# 16

Peter Glaubitz，Carolin Siebert 和 Klaus Zuber

# 目录

P. Glaubitz (✉)
GIS Technology, Energy Management Division, Siemens, Erlangen, Germany
e-mail: peter.glaubitz@siemens.com

C. Siebert
Energy Management, Siemens AG, Berlin, Germany
e-mail: carolin.siebert@siemens.com

K. Zuber
Energy Division, Gas Insulated Switchgear, Siemens, Erlangen, Germany
e-mail: zuber.scott@t−online.de

© Springer International Publishing AG, part of Springer Nature 2019
T. Krieg, J. Finn (eds.), *Substations*, CIGRE Green Books,
https://doi.org/10.1007/978−3−319−49574−3_16

系统设计时要考虑确定变电站基本配置的要求及其在系统中的位置。因此，也要确定是GIS 还是 AIS。决定选择 SF₆气体绝缘系统后，有必要考虑以下各节所述的 GIS 设计。

## 16.1　建立 GIS 的基本结构

首先要详细研究以确定明确的单线图（SLD）。这应包括与 GIS 技术有关的特别要求，如接地开关、互感器、避雷器等的使用和位置。

在此 SLD 的基础上，可以画出各种可用的、最合理的和节省空间的 GIS 设计和布局的草图，以了解如何使用在实际项目中，包括与场地和民用要求的关系（如室内、户外、混合式）。

在这个节点客户联系制造商是常见且很有用的，可以进行投标预备讨论，获得带预算的初步技术建议。但是，在此阶段也要检查以确认用户的基本布局未排除特定制造商。

客户与多家制造商保持密切且持续的联系（在交易会、客户研讨日和会议等活动中），也将获得良好的信息以了解每个制造商的经验和设计理念。

GIS 与电网其他设备（如架空线路、变压器、电缆等）的连接需要重点研究。这些连接将对整体布局产生重大影响。

SLD、基本技术数据方案和布置草图将是以后招标调查的基础。

本章介绍了规划及确定基本数据和配置的必需信息。更多信息参考 IEC 62271-203《额定电压 52kV 及以上气体绝缘金属封闭开关设备》。

## 16.2　进一步研究

初步配置和主要数据确定后，将进行进一步研究，见表 16.1。

表 16.1　　　　　　　　　　　　　进一步研究内容概述

| 标　　题 | 参考文献 |
| --- | --- |
| 过电压、绝缘配合 | 17 章 |
| 二次设备：控制、保护、诊断和监控设备 | 19 章 |
| 电磁兼容 | 19.5 章 |
| GIS 和二次设备的接地 | 19 章和 21 章 |
| 土木工程方面 | 20 章 |
| 质量保证，制造过程中特别是现场的调试 | 22 章 |
| 运输、存储和安装设施 | 23 章 |
| GIS 的服务和维护以及后期扩展所提出的要求 | 25 章 |

## 16.3　详细设计及设计批准

客户下订单后，制造商将开始安装的详细工程。

在开始之前,双方应合作进行"设计审查",以确保覆盖和处理了所有原项目要求的内容。

最终设计和其他所有客户与制造商之间的规格协议必须得到用户的批准。用户应确保在合同谈判之前和期间达成的技术协议的连续性。

为了避免拖延项目进度,给审批程序建立有效的例程很重要——包括用户接受其提交和批准的信息的明确期限。

在雇用多个承包商的情况下,用户必须界定交接责任,并确保 GIS 制造商也同意和确认这些责任,如运输、土建工程、互感器、电缆等。有关设备和接地系统布置的设计工作应在土建工程开工前完成。

## 16.4 制造周期

在制造期间,很多活动都是同时进行的。如在车间制造 GIS,在现场建设土建工程,子供应商也在生产各自的配件。

要一直对制造商工厂里 GIS 上的各个部件进行检查和测试,根据用户同意的质量保证计划进行。

按计划执行 GIS 项目的一个条件是有严格和相互商定的时间表,涵盖制造商提交且用户同意的所有信息。

## 16.5 GIS 选型

在确定了 GIS 后,用户面临选择 GIS 类型的问题。以下是基于施工类型、服务条件和 $SF_6$ 绝缘部件范围的基本分类(见表 16.2)。

表 16.2　　　　　　　　　　GIS 安 装 概 述

| 结构类型—16.6 | $SF_6$ 绝缘模块范围—16.6.1 | 服务条件—16.6.3 |
|---|---|---|
| 新变电站的 GIS | 全封闭 GIS 安装 | 室内 GIS |
| 对已有 GIS 的重建或扩展的 GIS | 混合安装 | 户外 GIS |
| 对已有 AIS 的重建或扩展的 GIS | | 特殊应用 |

## 16.6 结构类型

在所有变电站设计的早期阶段,系统的要求决定了主要的施工类型,即是新站还是现有 GIS 或 AIS 的重建。结构的类型以及安装地点的位置和特点影响到基础配置($SF_6$ 绝缘部件的范围)和 GIS 必须满足的服务条件(见 16.6.3)。可以对已有的 GIS 进行扩展。然而,在某些情况下,不同制造商和/或不同代的 GIS 设计需要特殊的接口(见图 16.1 和图 16.2)。

图 16.1　420kV GIS 单相母线扩展　　　　　　图 16.2　GIS 三相母线扩展

### 16.6.1　SF$_6$绝缘模块的范围

#### 16.6.1.1　GIS 全封闭安装[❶]

完全封闭的 GIS 安装，其主回路中只有金属封闭的 SF$_6$绝缘组合。由于投资成本或技术原因（见第 18 章），有一些组件如避雷器、电压互感器或出线的高压高频耦合（HV－HF）设备可能不遵循这个规则。

完全封装的 GIS 可用于室内或室外应用。这种类型可以完全实现第 16 章中描述的所有 GIS 关键优势。

### 16.6.2　混合安装：混合技术系统

混合安装是 GIS 和 AIS 组件的组合。可以定义两个不同的基本概念：

● GIS 和 AIS 的组合同时安装在通用配置中（称为"经典"混合）。
● 或多或少、分离的或完整的 GIS 和 AIS 部件的组合相互关联。

第一种情况通常有以下两种可选组合：

● 传统空气绝缘母线和/或母线隔离开关的气体绝缘开关设备；
● SF$_6$绝缘母线，包括带有传统空气绝缘开关设备的隔离开关。

也可以有其他组合方式。"经典"的混合布置通常用于这些情况：严格要求在发生重大故障时，要快速或简单隔离以恢复仍在运行的部分的间隔；必须连接位置相距很远的 GIS 间隔，当 SF$_6$管道母线连接比空气绝缘设计更贵时，为了减少空间进行的 AIS 升级期间，更改 AIS 原始 SLD 时也可以提供有效的帮助。

第二种情况通常是两个 AIS 部件之间仅使用 SF$_6$绝缘管道母线互连，或将 AIS 部件与完全封装的 GIS 部件连接。

一般而言，混合安装（即"经典"类型）通常需要室外或集装箱式/可移动式 GIS 组件，

---

[❶]　英文原文中无 16.6.1.2。

可用于新建以及特别是且最好是用于扩展、重建、翻新或现有变电站的升级。图 16.3（a）是新建成的 420kV 混合站，图 16.3（b）是升级后的 550kV 混合站。

(a) 420kV GIS 和空气绝缘母线混合站　　　(b) 550kV GIS 和空气绝缘母线混合站

图 16.3　420kV GIS 和空气绝缘母线混合站和 550kV GIS 和空气绝缘母线混合站

## 16.6.3　安装条件

### 16.6.3.1　室内

为室内运行条件安装的 GIS 被定义为室内 GIS 类型。室内 GIS 的主要优点是，除了 $SF_6$/空气套管或室外互连管道母线外，它完全独立于室外环境而且将对环境的影响降到了最低。它可以安装在新的建筑、现有的建筑、地下洞穴、大坝或简单的大厅里。室内 GIS 一个主要优势是运维不受天气情况的限制，缺点是增加了土建工程成本。因此在以下必要情况下使用室内 GIS：

- 市区、自然风景区或地形困难的地方，或其他必须园林绿化的变电站；
- 污染或沿海地区、高海拔地区、极端气候地区或严重地震带；
- 战略地点。

### 16.6.3.2　室外

为室外运行条件安装的 GIS 被定义为室外 GIS 类型。在非常炎热或寒冷的环境条件下，GIS 内的绝缘气体（$SF_6$ 混合气体）需要与给定的环境相匹配，这可能导致比室内 GIS 价格更高。但通常，由于室外 GIS 的土建工程非常简单，总安装成本约为室内 GIS 的 90%。与室内 GIS 相比，室外 GIS 的 GIS 设备的维护成本略高，但因为建筑维护的需求较少可以抵消。室外设计允许新变电站建造混合设施、扩展和升级现有 AIS。在大多数情况下，这是决定是否需要使用室外 GIS 的因素。

材料的选择必须采取特殊预防措施（金属部件长期阻抗性能、腐蚀和恶劣天气防护，$SF_6$ 密封，接头，机构及其外壳，控制柜，电缆和 $SF_6$ 监控装置），同样必须采取措施以确保在低温下正常运行。

### 16.6.3.3　特殊应用

（1）集装箱式。集装箱式 GIS 如图 16.4 所示，标准金属集装箱内有 1～2 个封装断路器隔室、控制箱、隔热、照明、空调、通风和检修门等所有有源组件，并且出厂前全都进行了出厂测试。通常，在标准 ISO 集装箱中的集装箱式 GIS 适用于较低的额定电压。利用集装箱式 GIS 类型，可以结合室内和室外 GIS 类型的优势。这种设计适用于临时或永久运行的混合安装和较小范围的 GIS。

在长期服务中，一个集装箱式 GIS 单元安装在简单的混凝土基础上。这些单元也可以串联连接。此类装置的建造和安装时间非常短。现场装配工作的最少化保证了工厂质量控制的有效性并提高了服务可靠性。

（2）移动式。在临时服务中，当现有的变电站部件由于各种原因而断电时，可以在卡车上安装简单的 GIS 间隔用于临时操作，如图 16.5 所示。因此，通过临时 GIS 间隔使重建的 AIS 间隔的供电电源可以移动，并且不会中断。

图 16.4　1985 年第一台 145kV 带变压器集装箱式变电站　　　图 16.5　245kV 移动式 GIS

## 16.7　单线路设计

选择 GIS 的 SLD 的主要因素通常对 GIS 和 AIS 都有影响，即母线开关布置方案和使用的各个组件，详见本书的第 4 章。

（1）操作灵活性（系统要求和/或故障对变电站服务的影响）；

（2）系统安全（变电站运维要求和/故障及维修对系统运行的影响，变电站战略重要性）；

（3）可用性（各变电站部件计划内预期停电、计划外的停电，及其对变电站停电范围的影响，对进一步扩展变电站的影响）；

（4）变电站控制（简单而有效地完成运行任务）；

（5）二次设备；

（6）变电站安全（一次和二次设备对变电站保护系统的影响）；

（7）成本（技术/经济方面的优化）；

（8）其他考虑因素，例如：

1）负荷系统的未来发展；

2）支持未来的扩展；

3）国家法规和用户的标准；

4）操作人员的技能水平和经验。

由上所述，GIS 和 AIS 的基本原则是一致的。然而，GIS 有其明显的技术优势但是设备成本更高。仅将之前 AIS 的设计直接放到 GIS 项目中是不适用的。总的来说，必须考虑 GIS 的以下特点及影响：

（1）GIS 高可靠性和可用性（低故障率和维护间隔时间长）。

（2）针对气候和地理条件绝缘配合的独立性。在高压回路中，对 GIS 冗余度的要求不那么严格，即 GIS 的 SLD 可以更简单。这些图表主母线和开关设备可以较少，在大多数情况下，几乎不需要为维护目的安装转换母线。

（3）更容易穿过 GIS。GIS 灵活布置允许，如从架空进线穿过或绕过断路器。这可以提高可靠性和可用性。

（4）更紧凑、封闭的气体隔间、接地系统和不同的维修要求。即使 GIS 的可靠性（可用性）高于 AIS，上述方面也会导致更多的开关（如母线分段器）和更多的二次设备要求（如另一个定位传感器、气体泄漏传感器、超压保护、信号和诊断监测传感器，如局放检测仪）。

（5）接地开关的数量和位置。

（6）GIS 可以根据特定的空间以各种形式（安装成 L 形、 U 形或环形）进行匹配，甚至可以"多级"扩展到建筑的不同楼层。由于 GIS 是封闭的，无法接触高压导体，因此每个部分都必须有接地开关（隔离或非隔离）。

（7）GIS 紧凑且种类繁多，不同的制造商或不同代的 GIS 都有其特有的设计、尺寸和接口类型。这可能会给 GIS 的进一步扩展造成一些困难（CIGRE 2009 年技术手册）。在建设的第一阶段将采取一些特定措施以减少未来的制约因素。这些措施将影响建筑/场地面积的存量及单线图、气室的划分和布局。它们包括进一步扩展阶段的失效时间、GIS 的重要性、新间隔的数量以及新旧间隔间的连接类型。单线图设计必须允许从网络角度（母线和开关设计）和从配置相关的角度（所有间隔的顺序和连接类型）假定的最终的 GIS 范围。在一些情况下，接受早期投资（如母线隔离开关和接地开关、简单的可拆卸接头、延长管或母线）来促进未来阶段变化是有效的，有以下方面的优点：

1）项目性能；

2）变电站可靠性（即供电连续性）；

3）降低进一步扩展、修改和维护目标的成本。

（8）间隔设计。

（9）各间隔类型（线路、变压器、电抗器、辅助间隔）。

（10）各间隔连接类型——GIS 提供了多种连接方式，如：

1）$SF_6$/空气套管；

2）$SF_6$/电缆盒；

3）$SF_6$/油或其他绝缘介质变压器套管；

4）$SF_6$ 绝缘封装线路（管道母线）。

备注：单线图必须标示出所有与各个间隔相连的空气绝缘高压设备（即避雷器、电压互感器，高压高频设备）。

## 16.8　设计布局

GIS 部件的模块化系统可以高效地创造任何 SLD（回路布局/母线设计），且满足各个独立建筑的特定条件。布局方面，当接地模块系统的容量和最小尺寸已知时，与 AIS 布局相比，GIS 有更多的不同组合方式。这些取决于以下制造商设计、特定条件、特点：

（1）三相或单相封装或者两者结合；

（2）混合、分离或耦合相母线和/或间隔布置；

（3）单相、两相或更多相断路器布置；

（4）水平或垂直（"U"或"Z"）断路器设计；

（5）垂直、水平、三角形或上、下法兰连接母线排列。

GIS 间隔布置和 AIS 布置类似，可能会导致成本大幅上升和多余的管道母线长度，造成 GIS 可靠性降低。尽管如此，为了使制造商能够设计出优化的解决方案，用户必须在调研的技术规范中向制造商提供输入条件的详细说明。同时，为了有效地进行优化过程，用户应避免过度规定，并应准备好与制造商合作，或准备考虑制造商的修改建议。

## 16.9　用户和制造商提供的信息

### 16.9.1　用户提供的基本信息

用户输入条件会影响 GIS 的布局设计，至少应包括以下内容：

（1）GIS 的当地环境和环境条件。

（2）标有主要额定值的单线图。

（3）运行要求，如断路器自动重合闸类型（三相，单相或无自动重合闸），特殊开关条件（电抗器、发电机、滤波器、长线路等），具有短路开断能力的接地开关的使用。

（4）可用空间的形状和尺寸（已有建筑物或已有设备扩展或重建的情况，也要总体布局和设备的技术描述）。

（5）站内相关电力设备的布置：

1）线路走廊的走向和宽度；

2）电力变压器的位置；

3）接口连接的位置。

（6）连接原则的规范：

1）$SF_6$/空气套管连接：所需的最小空气净距（一个系统的相间，不同系统的相间，相对地），假定塔架或导体布置为基准（如直接连接到墙壁）；

2）电缆连接：电缆类型、电缆数量和电缆芯数量、电缆假设路径；

3）$SF_6$/变压器套管连接：变压器类型（电抗器）及其套管布置。

（7）$SF_6$ 母线或气体绝缘线路（GIL）：接口连接的距离和规格。

（8）站内其他设备的安排：

1）传统的高压设备（如避雷器、互感器、混合装置中的空气绝缘设备等）；

2）中压设备（一次或二次）；

3）保护和控制系统、控制室、辅助设备等。

（9）一些特殊要求（如果有的话），例如：

1）装配的特殊要求：通道路况，对其余运行设备的影响，即当 GIS 用于现有设备的扩展或重建时；

2）进一步扩展期间的 GIS 运行要求；

3）气室分隔的特殊要求，考虑到维护和维修时；

4）抗震要求。

### 16.9.2  制造商提供的基本信息

制造商的基本提案是对用户的调查和提供的输入数据的响应。因此，质量和完整性取决于输入的数据。

制造商的基本设计应包括：

（1）GIS 类型，包括所有额定值。

（2）单线图。

（3）总体布局（所需面积和高度）。

（4）GIS 的重量和楼层平均荷载能力。

（5）断路器操作中任何特定冲击负载。

（6）必要时对起重机的要求。

（7）控制柜的位置和空间。

（8）其他设备连接的解决方案（$SF_6$/空气套管、电缆、母线、变压器）。

（9）供应范围的限制，清晰确定接口责任。

（10）实现特殊要求的方法。

（11）应提出与用户输入数据或规格的偏差，并指出备选方案。

### 16.9.3  优化

用户的规范通常是不同权重要求的集合，其中一些对用户至关重要；其他的只是偏好。但是，对于制造商而言，无法确定这些区别。此外，在招标阶段，由于与评估有关的原因，用户倾向于推迟澄清或做其他选择。因此，制造商试图满足用户的规格有时会涉及高成本，而用户可能没察觉。

因此，优化过程是实现最佳技术和经济解决方案的关键步骤。制造商应明确指出哪些要求会增加成本并提出替代方案。另一方面，用户应该准备好检查他们的要求的必要性。

---

## 参考文献

CIGRE Technical brochure 389 – Combining innovation and standardisation (2009)

# 绝缘配合

# 17

Peter Glaubitz，Carolin Siebert 和 Klaus Zuber

## 目录

## 17.1 概述

在 GIS 中，绝缘配合与由系统和 GIS 本身引起的过电压有关。这些可能包括：

（1）外部过电压：① 雷电过电压；② 操作过电压；③ 工频过电压；④ 由谐振引起的交流过电压。

（2）GIS 特有的过电压：① 直流电压应力；② 直流电压叠加交流电压应力；③ 特快波前过电压。

通常通过采用过电压限制装置抑制外来的过电压，以及通过其他预防措施防止内部产生的过电压来实现绝缘配合。关注过电压应力，应使绝缘故障的概率降低到经济和技术上可接

P. Glaubitz (✉)
GIS Technology, Energy Management Division, Siemens, Erlangen, Germany
e-mail: peter.glaubitz@siemens.com

C. Siebert
Energy Management, Siemens AG, Berlin, Germany
e-mail: carolin.siebert@siemens.com

K. Zuber
Energy Division, Gas Insulated Switchgear, Siemens, Erlangen, Germany
e-mail: zuber.scott@t − online.de

© Springer International Publishing AG, part of Springer Nature 2019
T. Krieg, J. Finn (eds.), *Substations*, CIGRE Green Books,
https://doi.org/10.1007/978 − 3 − 319 − 49574 − 3_17

受的水平。

绝缘配合是一个复杂的课题，下面仅给出一般性意见。有关更详细的说明，建议读者参考 IEC 60071-1、IEC 60071-2 和 IEC 62271-1。

主要任务是协调在 GIS 中的过电压应力与 GIS 的绝缘强度之间的关系。

对于绝缘配合由两种方法：

（1）如果没有关于这些值的统计信息，则使用确定性法。在这种情况下，一组值被认为是最关键和最确定的。在此方式下，设备应不产生故障。可使用一个安全因数来实现涵盖真实的数据统计范围。

（2）如果故障风险限定在一个可接受的值，并且可根据过电压概率分布和绝缘的击穿概率进行计算，则使用统计法。

## 17.2 SF$_6$击穿特性

当受到不同上升速率的暂态过电压时，SF$_6$ 的击穿特性与空气击穿特性相比是非常平坦的（见图 17.1），因此空气间隙不能提供足够的保护来抑制陡波。这种效应在 AIS 和 GIS 的典型电场结构中得到加强。与 GIS 中的均匀场相比，AIS 中的非均匀电场导致击穿电压的变化更大，这取决于电压上升时间。过电压保护装置应与 GIS 中的 SF$_6$ 击穿特性更紧密地匹配。

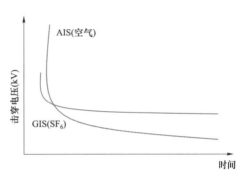

图 17.1　AIS 和 GIS 的不同击穿特性

## 17.3 绝缘配合步骤

绝缘配合步骤须根据 IEC 60071-1《绝缘配合　第 1 部分：定义、原则和规则》和 IEC 60071-2《绝缘配合　第 2 部分：应用指导》中不同电压类型进行。基本步骤在 IEC 60071-1 的图 1 "额定或标准绝缘水平的确定流程图"中给出。

IEC 60071-1 中定义的缩写如下所示（各种电压定义之间的关系如图 17.2 所示）。

| | |
|---|---|
| $U_r$ | 额定电压（IEC 62271-1《高压开关设备和控制装置　第 1 部分：通用规范》） |
| $U_{rp}$ | 代表性过电压——它们由相应类别的标准波形的电压组成 |
| $U_{cw}$ | 配合耐受电压——满足性能指标的耐受电压值 |
| $K_c$ | 配合因数——必须与代表性过电压值 $U_{rp}$ 相乘的因数以得到配合耐受电压值 $U_{cw}$ |
| $U_{rw}$ | 要求耐受电压——要求耐受电压是在一个特定的试验中绝缘必须耐受的试验电压 |
| $K_s$ | 安全因数——为了得到要求耐受电压 $U_{rw}$，与配合耐受电压 $U_{cw}$ 相乘的总的因数 |
| $U_w$ | 符合 IEC 的额定耐受电压 |

外部过电压通常应采用与 AIS 相同的方式处理：

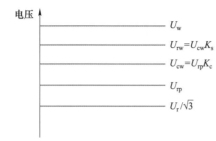

图 17.2 绝缘配合定义

对于持续工频电压，配合因数 $K_c$ 为 1.0 且配合耐受电压 $U_{cw}$ 等于额定电压 $U_r$ 除以 $\sqrt{3}$（IEC62271-1 表 1 和表 2）。在任何情况下都采用确定性法。

（1）对于短时工频电压，在确定性法中配合因数 $K_c$ 为 1.0 且配合耐受电压 $U_{cw}$ 等于暂时过电压的假定最大值除以 $\sqrt{2}$。统计法很少应用于 GIS。

用于缓波前过电压（操作）的代表性过电压 $U_{rp}$ 等于避雷器的操作冲击保护水平。根据预期可能出现的过电压与避雷器保护水平的比例，必须选择 1~1.1 之间的确定性配合因数来确定配合耐受电压 $U_{cw}$。统计法通常不适用于 GIS。

（2）对于快波前过电压（雷电），确定性配合因数 $K_c$ 为 1.0。在确定性法中，必须考虑在最严苛的一些开关方式下，在假定的一些最关键位置遭受具有最严苛电流波形的雷击。这需要丰富的经验来确保对 GIS 预期寿命影响最严重的情况已被考虑到。因此，根据 IEC 60072-2 的附录 E，在任何情况下都使用统计法或简化的统计法。

以下内部过电压是 GIS 特有的：

1）对于特快波前过电压，需要非常精细的系统分析。这些过电压是由 GIS 里面的开关操作引起的。这些过电压的最大值取决于触头间隙击穿前的电压差。$U_{rp}$ 幅值分散在平均值为 1.5p.u.附近，1p.u.为额定电压 $U_r$ 乘以 $\sqrt{2}$ 并除以 $\sqrt{3}$。

2）对于快速操作的隔离开关，且在使用串联的多断口断路器不同期操作的情况下，必须考虑更高的值。当一部分 GIS 断电时，残余电荷留在母线的断电部分（可视为直流电压），这可能具有通常高达 1.2p.u.的电压值。如果与之相关联的断路器有均压电容，则系统交流电压将叠加在这个直流电压上，该交流电压通常可高达 0.8p.u.。当相关联的开关装置重新闭合时，残余电荷电压消失，从而产生非常陡峭的前向脉冲。通常假定最大值为（1.7~2.5）p.u.。

由于特快波前过电压对幅值高达 2.5p.u.的额定耐受电压的选择没有影响，因此尚未建立相关代表性过电压。普遍认为，标准的雷电冲击耐受试验足以涵盖这种情况。在特快波前过电压可能超过 2.5p.u.的特殊情况下，可能需要对额定电压 550kV 及以上的情况采取特殊预防措施。

为了防止由特快波前过电压引起的隔离开关电弧接地，对于额定电压为 72.5kV 及以上的隔离开关，IEC 62271-102 中规定了对母线电流开断的特殊要求。对于额定电压低于 300kV 的情况，通常不需要进行试验。

## 17.4 耐受电压的确定

在下一步骤中，为确定要求耐受电压 $U_{rw}$，必须通过一个安全因数 $K_s$ 来考虑型式试验或例行试验的标准试验条件

$$U_{rw} = K_s U_{cw}$$

其他因数也有影响，主要是 GIS 和试验单元各自的大小以及绝缘质量的分散性，由 $K_s$ 补偿。对于 GIS，$K_s$ 通常为 1.25。

在最后一步中，必须选择符合 IEC 62271-1 中表 1 和表 2 的足够且最经济的一组额定

耐受电压 $U_\mathrm{w}$，以满足所有要求的耐受电压。

## 17.5 绝缘配合的实现方法

在绝缘配合过程中，通常在架空线或电缆入口处，以及 GIS 和变压器之间、GIS 和高抗之间安装金属氧化物避雷器。对于电压等级在 300kV 及以下的小型紧凑型 GIS 变电站，线路入口处的避雷器通常足以保护 GIS 和相邻的高压设备。对于布置有长管道母线的几何尺寸较大的 GIS 和对于电压等级高于 300kV 的 GIS 变电站，在站内常常需要额外的避雷器，或者将其安装在变压器或电抗器附近。

避雷器的选择是暂时过电压大小，保护水平和避雷器能量承受能力之间的折中。避雷器必须在系统工作电压下和短时工频过电压下保持稳定。如果不了解这些条件，则必须选择足够的安全裕度。另外，应选择尽可能低的保护水平，以便在避雷器的保护水平和设备的绝缘水平之间获得足够的余量。避雷器的能量吸收能力必须与在操作过电压和雷电过电压期间产生的应力相匹配。由简化计算通常足以选择正确的暂时过电压大小，保护水平和避雷器能量承受能力。

变电站的过电压保护不仅仅是选择哪种避雷器的问题。为了防止变电站附近的雷电侵入波，以最有效的配置方式安装避雷器显得更为重要。避雷器应始终尽可能靠近被保护的设备。对于 GIS 中的线路入口处，这意味着应在 SF$_6$/空气套管的几米范围内设置一组空气绝缘避雷器。此外，GIS 的外壳与避雷器的接地点之间的接地连接线长度和电感应该尽可能小。对于 GIS 电缆入口处，线路/电缆交界处通常需要设置避雷器。在 GIS 中，由于可能在开路断点处发生反射，因此应注意长母线和电缆/GIS 接口的布置。对于变压器和高抗，避雷器（空气绝缘或金属封闭的避雷器）应尽可能靠近变压器和高抗套管放置。图 18.8 显示了一个含金属封闭避雷器的 GIS/变压器直连示例。通常，避雷器的位置可以依据制造商和用户的经验进行简单计算来确定。

在特殊情况下，可能需要开展详细的绝缘配合研究，以确定避雷器的位置和额定值。如果在 GIS 结构中希望使用金属封闭避雷器，那么 GIS 制造商应该从规划开始时就提供每个避雷器的额外成本以用于评估。

## 17.6 用户和制造商提供的信息

用户有责任开展充分的绝缘配合研究，因为他们是唯一可以描述实际电网状况的人。在许多情况下，此任务被发给制造商或第三方。无论如何，必须强调研究结果的质量取决于输入数据的完整性。应特别注意铁磁谐振现象和特快波前过电压。

制造商提供的基本数据是：① GIS 的波阻抗；② GIS 的结构；③ 均压电容值、对地电容值、电感值；④ 避雷器的残压。

# GIS 主要部件

# 18

Peter Glaubitz，Carolin Siebert 和 Klaus Zuber

## 目录

P. Glaubitz (✉)
GIS Technology, Energy Management Division, Siemens, Erlangen, Germany
e-mail: peter.glaubitz@siemens.com

C. Siebert
Energy Management, Siemens AG, Berlin, Germany
e-mail: carolin.siebert@siemens.com

K. Zuber
Energy Division, Gas Insulated Switchgear, Siemens, Erlangen, Germany
e-mail: zuber.scott@t−online.de

© Springer International Publishing AG, part of Springer Nature 2019
T. Krieg, J. Finn (eds.), *Substations*, CIGRE Green Books,
https://doi.org/10.1007/978−3−319−49574−3_18

## 18.1   导体

GIS 的导体、连接和支撑的设计应确保由于正常电流或短路电流引起的热和力的相互作用，不会恶化 GIS 的电流传导和介电性能。相关国际标准中规定了基本准则和合适的测试。

导体使用的材料一般为铝或铜，它直接由单相或三相复合绝缘子支撑，或者连接至带电组件或开关设备。通常，这些连接可以为压缩弹簧或螺栓类型。使用螺栓时，外壳中的内部结构是固定的，而压缩弹簧接触则用于补偿导体的热胀冷缩以及安装和制造的公差。在运输以及安装和运行过程中，连接的设计应使其介电强度不会降低（防止颗粒产生）。

某些 GIS 设计中包括可拆卸的导体件，便于测试、维护和修理工作，并且允许以后扩展。这特别适用于 GIS 现场介电测试的情况，需要断开诸如电缆、变压器和避雷器之类的主要设备。可拆卸导体在母线上也很有用，可以限制测试、维护修理工作和扩展期间的冲击。

## 18.2   外壳

气体外壳一般由铝或钢合金制成，其机械强度高、导电性好、耐大气腐蚀且价格合理。它们必须满足通常被国际标准涵盖的某些压力设计准则，但是在某些国家，法定的法律标准依然适用，应首先确定在特定国家普遍存在的一些要求（如气密性、密封部件的运输限制）。根据应用的不同，壳体的制造可以采用铸造、挤压和锻造的工艺。例如，复杂的开关外壳可以采用铝铸造工艺，总线外壳可以采用挤压工艺，而壳体的部件可以通过焊接连在一起。

螺栓连接相邻外壳的方法应确保其多年的长期导电性和气密性，以允许壳体感应电流的流动，还应确保其在瞬态操作过电压时具有连续的阻抗。为了补偿壳体热膨胀的影响，还需要采用波纹管或类似的装置。如果出于任何原因需要进行电气隔离，则需要考虑特殊的预防措施（如变阻器分流），防止在法兰间发生火花放电。

气室及其法兰连接应满足有效标准规定的泄漏率（0.5%，IEC 62271-1），不过一些制造商已经可以做到单个气室的年泄漏率最高为 0.1%。外壳的设计必须能将设备预期寿命内的气体泄漏限制在非常低的水平，气密密封的寿命至少应该等于整个开关设备的预期寿命。

所有的气体区域通常都设有能安全释放气压过高的装置（如爆破片），气压过高有可能在内部故障、气体过充或其他超压原因时产生。压力调控的理念应容许第一级保护在压力释放装置动作前就清除故障，以免 $SF_6$ 泄漏。

### 18.2.1　三相或单相封装

GIS 的主要部件可以是三相共体也可以是单相分离的。完整的变电站通常是这两种形式的混合，对于较高的电压等级，开关设备往往是单相封闭的。从用户的角度来讲，必须考虑三相共体的 GIS 可能发生三相接地故障的后果，相关回路和/或系统本身的瞬态稳定性可能是最重要的考虑因素。

气体绝缘开关设备的优点是其紧凑的设计和模块化体系，其中标准化的模块结构旨在满足各种客户的要求，使得几乎所有变电站的配置都可按它们来实现。三相共体的设计需要相对较大的铝外壳，因为它需要容纳三个导体。在较高的电压等级下，相间和相对接地外壳的绝缘距离会越来越大，而铸铝技术在考虑经济性的基础上，限制了壳体能达到的最大尺寸。在过去几年里，铸铝技术得到了改进，三相共体设计的外壳的电压等级也随之提高。最开始，三相共体设计的最大电压只有 123kV，如今已经达到 170kV，接近 245kV 的水平。一个三相共体段与对应的单相段相比，其具有更少的部件，使用更少的气体和壳体材料。

单相封闭的 GIS 具有一个高度标准化的外壳，其中每个模块基本只用于一个功能，如开关、测量和连接，主要的模块包括断路器、隔离开关、接地开关、电流和电压互感器、母线、不同角度的扩展模块、避雷器、热胀冷缩接头、电缆和变压器连接及户外架空线和变压器连接。

对应每个结构的特定状况，GIS 的模块化系统允许以最有效的方式创建任何单线图。很快，在单相封闭结构中还引入了一种新的三工位开关，集成了隔离开关和接地开关，它们具有共同的动触头和操动机构。

（1）如果三相共体封闭的母线带有开关元件（主动 BB），那么需要进行分段气密封。

（2）如果三相共体封闭的母线不带有开关元件（被动 BB），那么不需要进行分段气密封，但需要给母线隔离开关附加模块。

如果没有要求用单相封闭结构的话，应该使用三相共体封闭结构，以获得下述优点（见图 18.1 和图 18.2）。

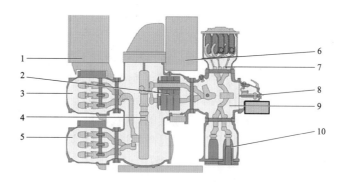

图 18.1　145kV 高压开关

1—集成的本地控制柜；2—电流互感器；3—带隔离开关和接地开关的母线Ⅰ；4—断路器开断单元；5—带隔离开关和接地开关的母线Ⅱ；6—带断路器控制单元的弹簧储能操动机构（普通或单驱动）；7—电压互感器；8—防接地开关（高速）；9—带隔离开关和接地开关的出线模块；10—电缆密封端

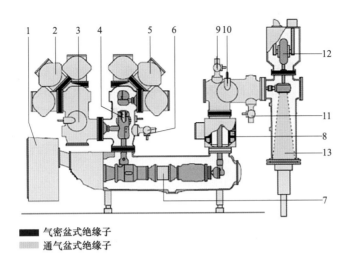

■ 气密盆式绝缘子
▨ 通气盆式绝缘子

图 18.2 420kV 高压开关

1—带弹簧操动机构的断路器控制单元；2—母线 I；3—母线隔离开关 I；4—母线隔离开关 II；5—母线 II；

6—接地开关；7—断路器；8—电流互感器；9—接地开关；10—出线隔离开关；11—高速接地开关；

12—电压互感器；13—电缆密封端

| 三相封闭 | 单相封闭 |
|---|---|
| 间隔更少，密封更少，运动部件更少 | 具有高度灵活性，能满足客户布局要求，如变压器连接、电缆连接、架空线连接 |
| 连接件更少 | 间隔较小 |
| 间隔数量为单相封闭设计的 1/3 | 通过使用较少间隔，使馈线设计灵活性高 |
| $SF_6$ 使用量更少 | 种类繁多，对空间要求小 |
| 安装工作快速简便 | 作为电缆的单相入口 |
| 内部故障情况下：由于气室体积较大，气压上升较小 | 只可能发生相对地的故障 |
| 可以最大限度地减小尺寸和重量 | 如果发生故障，其余相不受影响，减小了维修工作量 |
| 建筑面积可以减小到最低限度 | 易于安装和维护 |

## 18.2.2 气室分割

设备应该分隔成足够多的独立气室，以实现所需的操作灵活性。气室的分离应考虑 24.5.2.1 中的规定。

一般来讲，气室上应提供便捷的仪表安装点和充气点，但是从密封性的角度来看，这些工作应当减少——为了减少接口的数量和降低泄漏风险。最终的解决方案需要由用户与制造商达成一致。

现在通常的做法是，在每个可能发生开关电弧的气室，配置干燥剂材料以吸收水蒸气和气体分解产物。对于水蒸气的吸收，在每个气室都可以进行，通过旁路连接到相邻气室的压互感器例外。

整个变电站的气体连接应该是统一类型，并且许多用户更喜欢自密封的连接方式。不同外壳之间的气体连接直径应该够大，以确保气体可以快速流通。

### 18.2.3　绝缘件/部件：套管

在整个 GIS 中，绝缘支撑用于支撑内部导体，在正常操作和故障情况下保持其位于中心，并将相邻气室隔离开。绝缘支撑大体上有两种类型，即隔气型和通气型。气室隔离件（隔气型绝缘支撑）的设计应能承受运行期间可能产生的以下压力差的影响，具体取决于 GIS 的设计：

- 一侧额定气压，另一侧真空。
- 一侧额定气压，另一侧可控过压。
- 一侧由于内部电弧导致的最大压力升高，另一侧大气压力。

气体隔离件应能承受两个方向压力的压差，这个压力要求作为例行试验进行测试，每个绝缘子都要达到适用于环氧浇铸绝缘子的压力标准 BS EN 50089（1992）。如果需要在压力套管的相邻区域进行检修工作，则应在气室隔离件的设计中考虑这一点。在包括安全性要求的维护方面，见第 24.4 节。

### 18.2.4　压力释放装置：防爆膜

压力释放装置应确保外壳免受不允许的过压力，建议在每个气室都安装一个这样的装置。在一些国家，法定的法律法规依然适用，应首先确定一个特定国家的现行要求。

应用的压力释放装置通常有两种：非自闭合型（见图 18.3 或螺栓型）和自闭合型（见图 18.4）。在非自闭合型的情况下，防爆膜可以由金属（铸铁）或石墨制成。

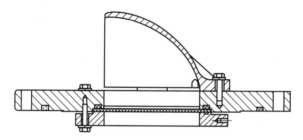

图 18.3　非自闭合型压力释放装置

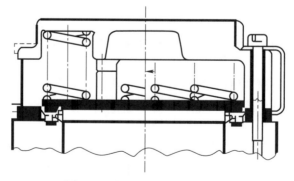

图 18.4　自闭合型压力释放装置

对于不太可能发生的压力释放装置动作的情况，为避免危及人员安全，装置孔应位于安全位置，并且/或者使用转向器使释放的气流朝向安全的位置（见图 18.5）。

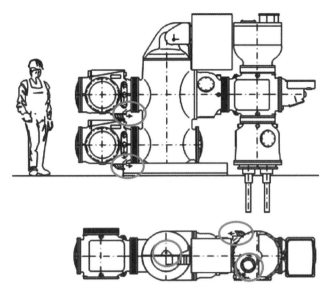

图 18.5　确保人员安全的转向器方向

一般的理念是：在控制和保护动作之前，限制任何压力释放装置的动作，这样在不太可能发生的内部故障情况下，限制了变电站污染和相关设备被分解产物污染的可能性。这种理念可以通过最先进的气体监测来实现。设计 $SF_6$ 气室密度监测器时有用到 2～3 个阈值（填充压力、最小运行压力和最大运行压力）。

## 18.3　开关设备

所有的 GIS 都配备了各种操作开关设备。开关可以配备一个操动机构驱动所有相（共用极驱动），或者可以每一相都有一个单独的操动机构（单极驱动）。

### 18.3.1　断路器

断路器通常安装在单独的外壳中，这是因为其灭弧能力要求有较高的气体压力。模块可以水平或垂直定向，它同时也是一个间隔的基础模块，其他模块都是连接到它上面。由于需要断开电弧中断额定电流（通常为 2000～5000A）或短路电流（通常为 25～80kA），断路器的间隔（0.5～0.8MPa）通常具有比其他间隔（0.4～0.6MPa，除了电压互感器的气压通常与断路器相同）更高的运行气压。

断路器的操动机构可以是液压、气动或弹簧操作类型。通常而言，关于监控电路的考虑与传统 $SF_6$ 断路器一致。如果断路器为每一相都配备了单独的操作机构，就可以进行单相自动重合闸操作。

在使用多个断路器的情况下，会在断路器上安装电容以控制电压。处理铁磁谐振现象和其他过电压考虑因素时，这些电容要和感性的电压互感器一起考虑。

断路器也是 GIS 中最大和最重的物理部件，它是与环境和 GIS 热膨胀力相关的主要物理连接和固定点。因此，断路器会设计成具有坚固的罐体、喷嘴和支撑结构。

### 18.3.2 其他开关

GIS 开关通常是电机驱动的，并且用户还可能需要用于锁定开关的装置，以使他们在电气/机械上都不起作用。

#### 18.3.2.1 隔离开关

隔离开关的主要目的是始终在电路的两部分之间提供安全隔离间隙。在任何需要用到隔离开关的正常开关操作中，隔离间隙的介电性能不应降低。这一点非常重要，例如，当切换负载转移电流时或当隔离室包含接地开关时。隔离开关还得能开断母线容性电流，能承受快速暂态操作过电压，并且能承受母线上可能残留的直流电荷（叠加了交流电压）。在隔离开关与发电机相连的情况下，它们还需要开断异步空载电压。

在双母线布置中，需要隔离开关用于开合母线转移电流，它取决于转移负载的大小，以及母线耦合位置和待操作的隔离开关之间回路的大小。

许多开关工况的试验现已被纳入国际标准。

在一些国家，要求设备具有能直接检查隔离开关触头位置的装置，即观察窗口。现在许多用户都接受外部位置指示的原理，前提是它始终真实地表示了内部触头的状态（通过运动链）。如果间隔不可以靠近，位置指示也可以通过推挽式电缆安装在间隔（LCC，本地控制柜）前方，甚至还可以使用观察窗的摄像系统。IEC 完整涵盖了这种外部指示，许多用户也接受了这一理念。

#### 18.3.2.2 负荷开关

转换隔离开关过去主要用于 AIS 变电站，用于 GIS 不经济。然而，随着现代开断技术的发展，它们再次变得更加经济可行，并且能够在操作额定电流的断路器和隔离开关之间执行开关操作。保护触发指令和断路电流的开断必须由串联断路器来执行。

#### 18.3.2.3 接地开关

由于在 GIS 中主导体是封闭的，因此推荐使用更多的接地开关。维护用 GIS 接地的原则见 24.5.1.1，表明了三个基本概念：

（1）永久固定的动力驱动设备或手动的慢操作型设备。

（2）永久固定的动力驱动或手动（储能）的快操作类型，能够安全地闭合到带电线路，承受相关故障电流，并在随后打开而不会对 GIS 造成内部损伤。

（3）便携的接地装置，作为检查和维护的附加工具。

短路接地开关主要用于进线或电容充电设备的接地。这种永久安装的开关必须能开合特定安装条件下的所有空载工作状态，例如，并联线路运行时的线路感应电容和感应电流（见 IEC 662271−102）。

绝缘接地开关用于维护或允许主电路接入以进行测试。移除接地连接后，它们通常需要绝缘，以承受接地开关触头和外壳之间 1～10kV 的电压。外绝缘的污秽层可能会降低低电压耐受能力，因此在试验前建议清理干净接地开关的绝缘。在变电站的正常运行中，必须安装接地连接，以避免对设备和操作人员的健康和安全造成危害。

## 18.4 电流互感器/空心电流互感器

环形电流互感器通常用于 GIS，以 GIS 的导体作为一次绕组。这种电流互感器可以安装 GIS 壳体内部（见图 18.6），此时应力筒通常安装在 GIS 导体和电流互感器二次绕组组件之间。附加的大电流绕组也可以配备在这种电流互感器上，为电流互感器和保护试验提供设施。

对于单相封装的 GIS，也可以把电流互感器安装在 GIS 壳体的外部（见图 18.7），此时 GIS 外壳要断开（绝缘环）以避免电流互感器绕组短接。然而，这种不连续性会对快速暂态过电压造成高波阻抗，可能会导致此处绝缘发生闪络。可以配置变阻器分流来减轻这种故障，另一种方法则是安装外部分流器，但这些措施并不总可以限制在绝缘隔板处的快速暂态过电压。

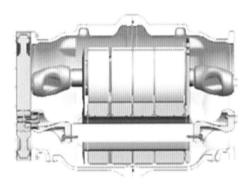 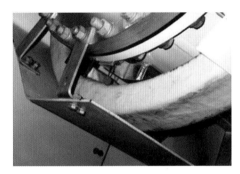

图 18.6 安装在 GIS 壳体内部的电流互感器　　图 18.7 安装在 GIS 壳体外部的电流互感器

根据计量和保护的要求，电流互感器会包含若干个芯子（最多 5 个），会有一个或多个电流比（抽头）。由于外壳的大小是可变的，芯子的数量、排列和位置会影响 GIS 的布局。

现代的数字保护设备需要的功率更小，这使得可以使用交流变送器，它在未来会更加普遍（见第 18.6 节），这些变送器是符合 IEC 61869 标准的。

根据保护设备和变送器之间的接口，这些变送器可以分为两种：

（1）输出较小模拟信号的变送器。用户需要校对传感器的数量和输出功率，以使电流互感器可以适配于现代化的二次设备。

（2）输出串行数字数据总线信号的变送器。IEC 61850 涵盖了总线系统的要求。用户应当检查二次设备、总线系统和变送器的兼容性。

## 18.5 电压互感器

GIS 中所用的电压互感器通常是电磁式的，电容式的在早期 GIS 中有应用，如今比较少见了。电磁式电压互感器的高压绕组包括了数千米长的导线，这些导线不仅要做好绝缘分压，还得具有高的机械性能和热性能。电磁式电压互感器的优点是输出较大、测量精度较高。原则上讲，二次绕组可以直接连接到保护或计量装置上。如果电磁式电压互感器安装在线路终端上，断开的线路上的残留电荷将会消散，因此暂态操作过电压会被降低，特别是对于快速自动重合闸的情况。

一次绕组的电感可能会与分压电容和/或相关的 GIS 母线电容产生共振，此时，可能会产生高电压并导致热破坏。制造商应当根据用户提供的连接到 GIS 的组件和预期负载的信息，采取措施，防止发生共振。适当的措施可以是特殊设计的电压互感器或者附加载荷，例如，电阻器或电感和/或正确的开关序列指令。

现代电磁式电压互感器的设计采用了内部屏蔽，以限制快速暂态过程耦合到二次系统中，避免达到 IEC 61869 中规定的值。

与电流互感器一样，与微处理器控制和保护设备仪器使用的电压互感器也只需要更少的功率，也可以进行同样的分类（见第 18.4 节）。因此，更简单经济的电压变送器（如电容分压器或者光学系统）有可能替代常规的电压互感器（见第 18.6 节），并符合 IEC 61850 要求。

## 18.6　非常规电压互感器和电流互感器

与如今在 GIS 中使用的互感器相比，更紧凑和轻型化的替代者很快会变得切实可行。在电力工程中，这些所谓的传感器或者变送器依据了不同的原理，它们的原理如表 18.1 所示。

表 18.1　　　　　　　　　用于电流和电压测量的传感器与变送器的原理

| 技术 | 电压互感器 | 电流互感器 |
|---|---|---|
| 半常规 | 电阻（R）分压器 | 微型铁芯 |
| | 电容（C）分压器 | 罗氏空心线圈 |
| | 混合（RC）分压器 | |
| 光学 | Pockels 效应传感器 | 法拉第效应—参数化传感器 |
| | 逆压电效应 | |
| | 干涉传感器 | 法拉第效应—干涉传感器（Sagnac 类型） |

最初，半常规原理的变送器得到了开发和利用。众所周知的分压器原理就用于电压测量，在 GIS 中使用了 20 多年。由于标准的 100V 接口和大负载需要昂贵的功率放大器支持，该技术一直都不够经济。不过，如今小功率的数字二次设备带动了低功率接口的标准化进程（IEC 60044，IEC 61869），这使得半常规变送器有望成为能简单有效地测量电压的候选者。

如果不需要大负载的话，对于电流测量，使用铁芯可以使电流互感器小型化。这些小型化的电流互感器可以为保护方面的应用提供出色的精度和标准的瞬态响应。不过由于饱和效应，小型化过程会受到限制，或如果对瞬态响应有很高的要求，小型化可能也不适用。

罗氏线圈型变送器在电流测量上没有饱和效应，但是这种传感器需要复杂的集成电路，并且补偿电场分量的影响。如果需要高精确度，还需要补偿温度影响。

暂态现象（如快速暂态过程）对所有半常规变送器的响应具有显著影响，因此这些系统都需要采取措施预防暂态过程。

由于近来光学技术的显著进步，光学传感器变得非常有吸引力，使用光纤电流或电压传感器的光纤仪器互感器已经得到了开发利用。光学测量具有如下优点：

- 绝缘容易；
- 信号不受电磁噪声影响；
- 可以在很宽的频率范围内进行测量；
- 信号可长距离传输。

光学电流变送器的主要原理是：法拉第效应将导体周围产生的磁场转换为光学变化。如果这种测量原理用于电力系统，将有利于保证绝缘完好，应为传感器的高压部件中没有回路。在信号传输上，可以用光来有效地降低噪声。另外，在将这种光纤电流传感器投入实际使用以测量电力系统电流的情况下，出现了一些问题，包括其他相的磁场影响；光源的变化（在光发射侧）；光电转换电路的热特性、噪声等（在接收器侧）；特别是光电传感器的热特性和灵敏度。为了补偿这些影响，可以使用基于 Sagnac 干涉仪的传感器组件。

电压检测传感器（光学电压互感器）主要利用 Pockels 效应，将施加到 Pockels 元件上的电场转换为光学变化来进行测量。根据调制的方法和 Pockels 元件的种类，已经设计了几种结构。对于光纤电压传感器，像电流传感器，Pockels 元件的灵敏度和热特性很重要。另一种光学电压传感器采用了逆压电效应，由电场引起的压电晶体的形状（厚度）的变化由光纤传感器监测。

光纤测量技术的研究和发展取得了积极进展，它们以具有更高灵敏度和更好热特性的光纤为中心，实现了更高的可靠性。经过现场性能验证测试，预计它们将在 GIS 中得到更广泛的应用。

在 GIS 中用于电流和电压测量的新型传感器和变送器的广泛应用，还将取决于 IEC 61850 标准化活动的成功。

## 18.7 避雷器

用于保护 GIS 的避雷器可以是空气绝缘型，也可以是金属封闭型，它们都使用了无间隙的金属氧化物避雷器。金属封闭型避雷器通常价格昂贵；空气绝缘型避雷器用于在线路入口处提供保护。但是，在某些情况，这种避雷器可能不足以保护整个 GIS。对于保护变压器和电抗器，安装金属封闭型避雷器是比较常见的做法；在可能发生电压倍增的 GIS 变电站，它们也可以用于保护开放节点。

在发生快速暂态过电压时，由于波前上升非常快，避雷器的作用会受到限制。在这种情况下，要寻求变压器制造商和避雷器制造商的指导。

通过 SF$_6$ 绝缘的母线直接连到变压器的 GIS 避雷器见图 18.8。

图 18.8　通过 SF$_6$ 绝缘的母线直接连到
变压器的 GIS 避雷器

## 18.8　GIS电缆连接

电缆代表了一种将 GIS 连接至其他电力系统的合适的可能性（在非常紧凑的布置中很难用架空线实现）。它们能实现各种布置，如地下安装或交叉布置。

GIS 电缆连接必须设计成电缆绝缘和 GIS 的 $SF_6$ 气体分开，且不会相互影响。为了确保

图 18.9　GIS 电缆连接示例

来自不同制造商的 GIS 和电缆系统的兼容性，不仅电缆密封端子要是标准化的，而且两家制造商对电缆连接不同部分的供货范围都限制在 IEC 62271—2009 中。责任范围包含在商业合同里。

此外，GIS 壳体的设计必须考虑到移动、振动和膨胀的变化，以及现场电缆测试的一些方面。为了测试与 GIS 分离的电缆，如果用户要求，电缆盒和/或 GIS 本身应有隔离连接和电源测试终端。如果 GIS 受此测试电压的影响，则用户和制造商应就电缆测试使用的具体电压达成一致。电缆连接的示例见图 18.9。

GIS 和电缆之间的分离也可以通过插入式连接实现，在安装、调试和维修时可以独立处理 GIS 和电缆（见图 18.10）。由于接触插座包含在了 GIS 生产和例行试验中，不再需要对电缆室做现场清洁预防，也减少了 $SF_6$ 气体用量。

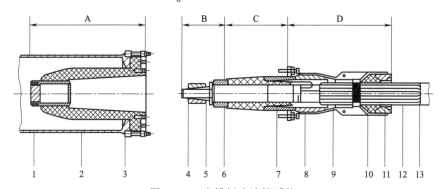

图 18.10　电缆插头连接系统

A—部件连接器；B—接触系统；C—绝缘和电场控制部分；D—护套
1—接触座；2—绝缘体；3—护套；4—接触环；5—应力锥；6—止推块；7—压套；8—压簧；9—法兰；
10—密封环；11—连接体；12—收缩套；13—电缆屏蔽

在某些情况下，GIS 和连接电缆的接地系统必须相互隔离开。此时，必须使用非线性电阻器（避雷器）保护开路连接免受过电压的影响。

## 18.9　空气套管

空气套管用于连接架空线与 GIS，它们是由供应商提供的。空气套管是 GIS 中唯一暴露在普遍环境条件下对地绝缘的组件，因此其爬电距离必须符合大气条件，IEC 60815 中规定

了标称爬电比距的值。

空气套管的绝缘护套可以是陶瓷或复合绝缘材料（具有硅橡胶护套的纤维增强环氧树脂管）。在内部（如内部故障）或外部影响情况下，后者可以防止发生爆裂，这样对人员和设备更安全。

套管的内部导体和护套之间的绝缘，可以使用压缩 $SF_6$ 气体或环氧浸渍纸（RIP）。RIP 与护套之间的部分可以用 $SF_6$ 气体或绝缘泡沫化合物填充。

如果套管安装角度偏离垂直超过 30°的话，应特别注意大气条件和污染的影响。来自连接线路的力值则不得超过规定值。

## 18.10  与变压器和电抗器的连接

与变压器和电抗器的连接可以分为三大类，在特殊情况下，可以组合使用这几种类型。

### 18.10.1  通过 $SF_6$ 管道母线直接连接

通过管道母线直接连接有个优点，就是没有设备会暴露在环境作用下。此外，由于采用了封闭系统，对空间的需求被最小化了。图 18.11 展示了通过 $SF_6$ 管道母线与变压器的连接。将 GIS 直接连接至变压器和电抗器，需要特别注意以下几点：

- 变压器平台的沉降；
- 变压器的振动；
- 由于变压器温度较高，长度变化较大；
- 发生地震时作用于 GIS 的力。

针对上述几点，通常需要在变压器附近附加伸缩接头或波纹管，用户也要分别与 GIS 和变压器制造商之间进行细致地协调。油气套管应由变压器制造商提供，还应明确由谁负责 GIS 与油气套管之间的连接法兰。IEC 62271-211 标准规定了供应范围和接口布置，以确保电气和机械的互换性。

某些情况下，GIS 和变压器的接地系统必须相互隔离，此时，必须保护开路连接免收过电压的影响。

图 18.11  通过 $SF_6$ 绝缘管道母线直接连接到变压器的 GIS

### 18.10.2  通过电缆连接

电缆连接具有上述直接连接的优点，同时由于其灵活性，还确保了 GIS 和变压器的机械解耦。有关 GIS 电缆连接的更多详细信息，见第 18.8 节。

### 18.10.3  与短架空线连接

GIS 和变压器之间的短架空线连接，具有不受变压器制造商和设计影响的优点，因此可以使用传统避雷器和备用变压器。

另一方面，套管是暴露在环境影响下的。此外，还需要确保各相之间所需的间隙（额外的空间要求）。

## 18.11 GIS 中的连接元件

### 18.11.1 补偿器

补偿器可以平衡由于热膨胀、地震或者制造公差造成的轴向、横向和角向力，同时它也使得 GIS 便于拆除以进行维护或修理工作。

### 18.11.2 耦合单元

耦合单元是母线的一个组件，它通常套叠在母线上，便于母线拆除和插入，同时不用移除 GIS 中用于组装、维护、修理和扩展的组件。

### 18.11.3 X 型、T 型和转角型外壳

通过 X 型、T 型和角型外壳和直线部件（管道母线），GIS 终端可以连接到与其他组件相连所需的任何空间节点。这些部件可以有多种用途和复杂的布置，有时它们被用作分支点或附件连接组件，如套管。

## 18.12 铭牌/标签

鉴于 GIS 的复杂性，为了尽量减少操作错误的可能性，必须充分明确主要组件，以下给出了通常的做法：

- 至少每个 GIS 间隔和互感器上都有铭牌。
- 每个机械开关设备都在显眼的位置附有标签，标识用户的操作参考。
- 每个 GIS 间隔（和母线）的相用适当的相位参考进行标识。
- 每个气室之间的划分都有明确的标记。
- 每个密度传感器都有一个标签，标识它正在读取的参数。
- 每个阀门都带有标签，标识其所在气室。
- 每个 LV 隔离点都有一个标签，标识其功能。
- 每个机柜、小包间或小隔间都带有标签，标识其对应的主要设备。
- 标签的语言和内容必须由用户与制造商达成一致。

此外，还可以提供一个永久的气室示意图，显示 $SF_6$ 气室内所有主要功能装置。此图应尽可能符合设备的物理布置，并显示所有的气体间隔、气体阀门、管道和/或气体监测位置。气体示意图应该是永久性的，并且安装在便于操作人员和维护人员使用的地方。

## 18.13　在线监测和诊断

已经证明 GIS 非常可靠，主要故障很少见，但是发展的目的是进一步提高其可靠性。为了监测期故障，需要详细了解 GIS 的运行情况，快速的发展为监测和诊断系统带来了各种可能性。在线监测系统能够在设备运行过程中获取连续的设备状态信息，诊断系统则允许对已经发生的故障或已经检测到的潜在故障进行定位、识别和评估。这些技术为用户提供了许多好处，如增加功能、增强性能。它们可用于指示 GIS 内的异常情况，在保证继续运行的同时，提供规划和采取必要措施的机会。

监测系统还可用于开发新的维护理念，像基于状态或以可靠性为中心的维护。在这些情况下，维护不是定期进行的，而是取决于运行状态包括操作次数、潮流流量、使用年限等，这些信息可以支持 GIS 的寿命终结评估。这是值得特别注意的，因为经验表明，GIS 在服役几年后，在大多数情况下的状态都比预测的要好，预期的寿命还可以延长。上述大多数可能性对降低在生命周期中的花费有重大影响，因此在许多情况下，GIS 的初始安装成本较高。

对监测参数和传感器的选择，首先取决于监测系统应用的目的。

## 18.14　GIS 集成保护和控制装置

近年来，电子技术的发展进步使变电站保护和控制系统具备了相当于或高于传统系统的功能，这些系统使用配备了中央处理单元（CPU）的可编程模块，且可能会得到更广泛的应用。这些系统的尺寸可以充分缩减，使其可以单独安装在 GIS 隔间里。在 GIS 和变电站控制室之间，电子设备的使用允许通过少量的光纤或电缆（串行）传输信号，省去了大量的传统多芯电缆，这种电缆需要大量的现场安装工作。随着各种传感器的发展，电子技术在 GIS 控制和保护方面的应用将继续扩大。

## 18.15　用户和制造商要提供的信息

说明 GIS 主要部件所需的基本信息可以参照第 16.8 节。用户和制造商之间必须交换的详细信息在各个部件的相关标准中进行了描述，这些标准的应用与 AIS 设计的情况类似。应特别注意所有 GIS 接口要求的详细说明。

# GIS 二次设备

# 19

Peter Glaubitz，Carolin Siebert 和 Klaus Zuber

## 目录

P. Glaubitz (✉)
GIS Technology, Energy Management Division, Siemens, Erlangen, Germany
e-mail: peter.glaubitz@siemens.com

C. Siebert
Energy Management, Siemens AG, Berlin, Germany
e-mail: carolin.siebert@siemens.com

K. Zuber
Energy Division, Gas Insulated Switchgear, Siemens, Erlangen, Germany
e-mail: zuber.scott@t-online.de

© Springer International Publishing AG, part of Springer Nature 2019
T. Krieg, J. Finn (eds.), *Substations*, CIGRE Green Books,
https://doi.org/10.1007/978-3-319-49574-3_19

二次设备的定义通常覆盖所有构成开关设备保护、控制和监测系统的独立元件。这些设备包括操作、监控、保护、控制和监测一次设备所需的所有设备，在很多情况下与 AIS 设备上的情况类似。但由于 GIS 自身特性，在某些地区对二次设备需要予以特殊考量。传统意义上的 GIS 本地小室配备有：

- 就地控制设施。
- 硬接线间隔互锁。
- 视觉/听觉警报指示器。
- 远程控制接口。

引入数字控制和保护系统的趋势及向所谓的"集成系统"迈进正在为高压变电站，特别是 GIS 中的二次系统架构带来重大变化和优势。现代数字设备不需要为每个功能提供分立器件，因此允许基于同一硬件平台但使用不同特定软件模块来处理多个功能。因此可以在 GIS 间隔就近配置所有与 GIS 间隔相关的功能。这就在布线量和二次设备配置数量大规模减少方面提供了极大的优势。这些新技术的引入也为引入增强型监测和诊断设施提供了机会。

## 19.1 连锁

GIS 设备的连锁要求和设施与 AIS 设备相同，因为大多数用户需要积极可靠的保护措施来防止开关设备的潜在有害误操作。虽然 GIS 本质上比功能相当的 AIS 更安全，但它的构造可能需要一些不同的操作理念。大多数用户会规定一项纯电气/电子连锁方案，并采用机械安全措施，以确保设备紧急手动操作或维护操作的安全性。

运行中的隔离开关和接地开关可设计为采用共同的驱动机构,且其操作功能是互相连锁的。

## 19.2 气体监测

气体监测系统的任务是检查每个独立气体区域中，是否保持了规定的 $SF_6$ 密度水平。该功能对 GIS 设备至关重要,因为开关设备的接地和开路触点的介电耐受强度由 $SF_6$ 密度决定。GIS 设备使用了各种监控设备：

- 温度补偿压力表或带报警触点的开关。
- 带独立密度开关的压力表。
- 具有独立温度补偿的压力传感器。
- 不受温度影响的密度传感器。

通常为所有 GIS 气体隔室设置 2 个气体泄漏报警阶段，第一个报警阶段设置在略高于最小功能气体压力下。在此阶段用户应适时检查并补气。第二报警阶段设置于断路器、隔离开关或其他开关装置发生操作闭锁时（类似于传统 $SF_6$ 断路器的相关操作）。如果发生了第二阶段警报,工作人员必须立即检查二次系统状况,如果未发现故障,则从系统中断开相关 GIS 部件。将断路器闭锁警报与强制跳闸信号相连的做法理论可行但不推荐。在这种情况下强制跳闸信号可能由于二次设备的可靠性较低而导致误操作。

如果断路器在额定 $SF_6$ 压力高于相邻隔室的情况下运行，有时建议相邻隔室提供第三个警报用于指示隔板内部泄漏时的超压（密度增加）情况。

由于 $SF_6$ 气体泄漏可能是开关设备不可用的原因之一，因此 $SF_6$ 的监测是 GIS 二次系统的重要组成部分（参见 CIGRE $SF_6$ 气密性指南第 430 条款）。

## 19.3　GIS 状态监测

状态监测涵盖周期性和连续性监测系统，其中传感器、监测设备和集成系统的差异很大。随着数字控制、保护及监控功能的一体化，重心将转向具有更高连续性的监测，这反过来会影响 GIS 设备上使用的传感器类型。详细信息请参阅第 18.13 节。

针对 GIS 特定且常用的监控系统包括局部放电（PD）检测和故障定位，详见如下描述。

### 19.3.1　局部放电（PD）检测

目前已经研究了基于 UHF（特高频）方法的局部放电电学或声学检测技术。此类状态检测很可能在 GIS 二次设备中越来越常见。高灵敏度电气技术使得传感器在气体隔室内的安装成为必需，而声学方法和其他电气方法在外壳外部安装传感器，但这些方法对某些局部放电的敏感性较低（如环氧树脂中的缺陷）。另外，CIGRE 第 525 号技术报告"基于 PD 诊断的 GIS 缺陷风险评估"非常适用于现场情况。

传感器和监测系统的装置选型还应考虑以下经济因素：
- 装置/变电站在电网运行中的重要性。
- 工作电压等级（较高电压等级受局部放电影响更大）。
- 根据要求或检修操作使用永久性安装的传感器和移动式检测系统。
- 在线监测。

### 19.3.2　故障定位

如果在 GIS 中发生对地闪络，则绝缘不太可能自我恢复，其精确定位也很难实现。尽管 GIS 上设备此类故障较少发生，但一些用户和制造商为 GIS 配备了故障定位装置（也称为电弧检测装置），以帮助识别故障的精确位置。这种装置可以使用光学、电磁、超压、声学和化学传感器或热敏涂料。

## 19.4　GIS 对保护系统的特殊要求

AIS 和 GIS 中保护系统的基本设计一致，然而必须考虑一些 GIS 设备固有的特征，以下内容均为重要考量。

### 19.4.1　保护系统时序

当出现发生概率很小的内部故障时，应迅速切除故障，将设备损坏和释放污染性 $SF_6$ 到大气中的风险降至最低。GIS 中的绝缘不是自恢复，故障持续的时间越长，损坏就越大，而且会有更长的中断时间。IEC 62271-203 文件中包含了故障切除最大允许时间及针对内部故障的 GIS 设计与测试规范。

### 19.4.2 自动重合闸

除了清除外部电路故障外，GIS 上使用的保护还必须确保在发生内部 GIS 故障时不会发生自动重合闸。

显然，任何这样的故障下重合闸都可能对人员造成危险，并且几乎肯定会导致更大的故障损坏和更长的停电和维修时间。

### 19.4.3 母线和小室保护

应采用母线保护。为了最大限度地缩短故障切除时间，应将其设计为仅切除发生了故障的部分，使剩余可带电工作的电路部分数量最大化。这可能需要使用比 AIS 变电站更多的电流互感器布置。

### 19.4.4 联切

对于与外部电路连接的 GIS 设备故障，必须与电路的远端保护协调保护，并且应通过使用相互交叉电路来获得快速故障切除。

### 19.4.5 接地故障保护

对于不直接接地的电网使用的单相外壳的 GIS 设备，传统的保护系统可能不适合检测接地故障。因此需要能够检测接地电流的保护系统。

## 19.5 电磁兼容性

众所周知 GIS 设备中高频瞬变与 AIS 中的高频瞬变在产生，传输和衰减等方面均不同，这导致需要对 GIS 相关的二次设备提出更高要求。

通过断路器、隔离开关和接地开关的操作或故障条件产生的高频瞬变，通常被限制在 GIS 外壳提供的屏蔽内。但是，所有 GIS 都包含不连续性部分，这些不连续性允许将高频效应传递到 GIS 外部。由于变电站内产生的这些干扰，与 GIS 相关的二次设备暴露于两种类型的电磁原因：

- 辐射电磁场。
- 与设备相关的导体中的电导（共模或差模电压）。

GIS 和 AIS 之间的根本区别主要在于所涉频率的频谱。如果在 GIS 及其相关二次设备的设计中采取了措施，则电磁兼容性问题就可以克服。IEC 60694 为用户提供了如何处理二次设备的具体指导。

随着更多的电子设备被引入 GIS 变电站环境以进行集成控制，保护和监控应用，由电磁兼容引发的潜在风险可能越高。

- GIS 接地系统的设计。
- 二次布线的屏蔽终端。

- 包含直接安装在 GIS 上敏感电子设备的本地控制柜屏蔽。
- 合适的单一二次设备屏蔽和保护。
- 如光纤等固有抗干扰型通信方法的日益使用。

## 19.6　用户和制造商提供的信息

在 AIS 设备和 GIS 设备中，一次设备和二次设备可能由不同的制造商提供。在这种情况下，重要的是用户和制造商划清边界并协调各种功能之间的数据传输。尽早协调一致可以最大限度地减少布线并将部分或全部设备放置在间隔控制柜中，从而节省成本和空间。GIS 的复杂结构需要尽早确定电流和电压测量装置的技术数据。随后的更改可能会导致 GIS 布局的根本性重新设计。

### 19.6.1　用户提供的基本信息

（1）电流和电压互感器的额定值。

（2）电流和电压互感器的数量和位置。

（3）电流和电压互感器的瞬态性能要求。

（4）所需的输入/输出信号类型和数量，尤其是不符合国际规则的信号。

（5）从间隔到间隔的链路，尤其是有扩展计划时。

（6）来自间隔的相关链路：

1）站端控制；

2）保护系统；

3）计量系统；

4）监测系统。

（7）接地系统的设计。

### 19.6.2　制造商提供的基本信息

（1）断路器、隔离开关和接地开关的动作次数。

（2）爆破压力。

（3）压力释放装置的开启特性。

（4）气体密度监测装置的报警步骤。

（5）必要情况下的电流互感器磁化曲线和瞬态性能特性。

（6）从主设备到测控装置的链路质量和数量。

（7）布线屏蔽概念。

（8）输出信号，尤其是不符合国际规则的信号。

（9）对接地系统的特殊要求。

（10）烧穿时间。

# 接口：土建、建筑、结构、电缆、架空线路、变压器及电抗器

# 20

Peter Glaubitz，Carolin Siebert 和 Klaus Zuber

## 目录

P. Glaubitz (✉)
GIS Technology, Energy Management Division, Siemens, Erlangen, Germany
e-mail: peter.glaubitz@siemens.com

C. Siebert
Energy Management, Siemens AG, Berlin, Germany
e-mail: carolin.siebert@siemens.com

K. Zuber
Energy Division, Gas Insulated Switchgear, Siemens, Erlangen, Germany
e-mail: zuber.scott@t-online.de

© Springer International Publishing AG, part of Springer Nature 2019
T. Krieg, J. Finn (eds.), *Substations*, CIGRE Green Books,
https://doi.org/10.1007/978-3-319-49574-3_20

## 20.1 操作人员培训

在调试和正式验收之前，制造商应对用户的相关人员进行 GIS 设备操作和维护培训。如有可能，关键人员可参与工厂验收测试和现场安装、测试及调试。参考第 24.8 节。

## 20.2 建筑/土木工程

开关设备［高压、中压（如果适用）］、厂站用电系统（如厂用设备、控制系统、保护装置）、变压器、电缆和架空线路构成一个功能单元。因此，客户、建筑师和电气工程师必须很好地协调系统组件的特殊布局。在建筑规划阶段，必须考虑可能的后续扩建。

GIS 制造商向用户及建筑师提供建筑规划要求，其中包含与 GIS 相关的全部的土建工程信息（房屋内部尺寸、荷载、墙壁和天花板贯穿紧固件等）。上述施工要求构成建筑师（或建筑公司）规划设计的基础。施工开始前，GIS 制造商对结构设计图纸进行审核，施工现场管理人员负责按照批复的图纸进行施工。

土建工程涵盖变电站户外基础、钢架结构，以及复杂的地上、地下建筑结构，详见图 20.1～图 20.3。一般来说，建筑及消施工按照国家或地区的规程进行。根据 IEEE C37.122 和 IEC 62271-203，高压开关设备周围区域施工应遵循以下要求、规划原则和建议。

图 20.1 500kV 静冈变电站（日本中部电力公司）（一）

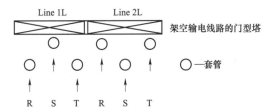

图 20.1 500kV 静冈变电站（日本中部电力公司）（二）

注 套管的布置是为了节约线路的入口空间。

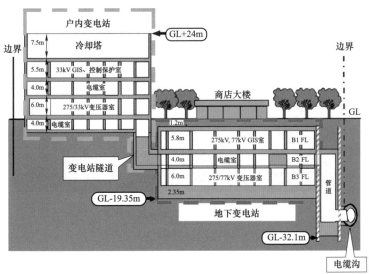

图 20.2 地下混合式变电站（日本中部电力公司）（一）

图 20.2 地下混合式变电站（日本中部电力公司）（二）

图 20.3 500kV 圆形地下变电站——新丰裕（东京电力公司）

### 20.2.1 结构

电气设备室的设计必须确保不会有水渗入，且冷凝水保持在最低水平。管道和其他设施损坏时，不得危及电气系统，应避免建筑物内部接缝。另外，必须保证操作人员有足够的可移动空间，设备厂商应采取相应措施满足此条件。在任何情况下，结构柱和接头的布置应使其与 GIS 的杆或槽间距相协调。结构（如建筑物、土建基础、容器等）的设计必须能够承受 GIS 及其相关连接设备（包括辅助设备，如起重机）的安装和操作所产生的预期静态或动态机械应力。

### 20.2.2 空间布置

走廊和通道必须设置足够的尺寸空间，保证开关设备的运行和维护，以及运输和安装所需的任何必要工作。

室内地下混合变电站：该室内地下混合式变电站位于车站附近的商业区，由两栋建筑物组成，一部分为室内建筑，另一部分为地下建筑。最初这是作为 154/33kV 室内变电站建造的。为了满足对车站周围区域进行大规模的二次开发而产生的日益增长的电力需求，该变电站被翻新为两栋建筑（室内部分和地下部分），电力变压器的一次电压从 154kV 提高到 275kV。此外，还安装了 275/77kV 电力变压器，为该地区提供长期稳定的电力供应。

数据中心和办公楼位于高层建筑内，其空间需求必须遵守当地最小通道宽度和逃生路线长度的规定。除了系统和设备所需的空间外，还必须提供足够的空间来执行调试工作（如气体系统的工作、高压调试）和检查工作（如拆除断路器单元）。

### 20.2.3 装卸设备

如果安装、操作或维修工作需要起重机，必须确保起重机吊钩高度和吊运路线空间足够。在多母线穿过通道的开关设备系统中，起重机系统的远程控制应正常工作。

### 20.2.4 荷载、墙壁和天花板

现代 GIS 系统设计是以大单元的形式交付的（典型的电压水平高达 145kV）。在多数情况下，超过几百公斤甚至几吨的重物都需要在建筑物内现场移动。因此，天花板和承重结构必须足够坚固，以承受荷载。此外，地板必须能够承受来自叉车或承载 GIS 隔间的气举装置的压力，承重值由制造商给出。

一般来说，应尽量减少粉尘的产生。此外，必须避免灰尘沉积，因此墙壁和天花板必须光滑且易于清洁。为了避免受天气影响，$SF_6$ 母线的出口必须密封完好，且其结构应能适应机械和热运动。

连接室内 GIS 和室外设备之间的通道不应影响墙壁的牢固性。如果金属部件用于墙壁通道，则必须接地。任何从外部公共区域进入的面板或零件均需要固定，以确保其不能被移除。

如果 GIS 内部出现电弧，壳内的压力达到圆盘破裂的临界值，将产生爆破碎片，落入建筑室内。墙壁、天花板和地板应足够坚固，足以承受压力的增加。压力负荷取决于壳内气体体积和设备的短路电流额定值，可由制造商计算给出。

### 20.2.5 门窗

所有高压开关设备必须设置为锁定式的电气布置。窗户的结构采用外开式设计。根据 IEC 61936 标准，窗户离地高度需大于 1.8m，可采用不易碎的玻璃材料或者铁网进行防护。

GIS 系统的交付需要较大的入口通道。运行过程中，应保持该通道畅通，以防运行出现

故障或需要进一步扩建。检修门必须配有安全锁和安全标志牌，也可能需要扶手或防滑通道。门必须向外打开，且在无钥匙的情况下可从内部打开紧急出口门。其他安全规定也需要考虑。

## 20.2.6 GIS 安装要点

地板或水平地面必须耐用且能承受所有静态和动态荷载，荷载水平必须在公差范围内，公差由用户和制造商商定。地板覆盖层必须具有足够的耐压能力，以承受开关设备部件运输时产生的压力。

采用以下固定措施：

- 钻设栓孔；
- 预埋锚栓；
- 铺设锚轨；
- 焊接钢轨。

## 20.2.7 冷却/加热和通风

考虑 GIS 的散热条件（如有必要，空调或供暖），必须通过充分通风确保达到允许的环境温度，最好是自然通风条件。装有 $SF_6$ 开关设备的房间必须保障良好充分通风条件。这些也适用于包含 GIS 设备的地下建筑空间、管道等。此外，必须遵守当地相关规定。如有需要，采用固定式或移动式烟雾抽取装置，以协助排出 $SF_6$ 分解产物。

在建筑物中安装有空调时，由于温度变化会引起水凝结，应避免设备发生腐蚀。如果不能满足，应采取预防措施，防止泄漏水或冷凝水影响人员的操作安全。扶手或防滑走道也是必须的。IEC 62271-4 给出了 $SF_6$ 释放到大气中对健康的潜在影响结果分析。

## 20.2.8 防火

GIS 系统本身不需要任何特别的消防措施。但是，必须在开关设备室和变压器之间，以及开关设备室和电缆地下室之间采取适当的防火措施。安装后，天花板和墙壁贯穿件的密封方式必须确保完全符合建筑的防火规范。如果发生火灾，逃生路线、救援路线和紧急出口必须可用且畅通无阻。

## 20.2.9 噪声抑制

根据位置不同，GIS 的噪声抑制（由于开关操作引起）和变压器的噪声抑制可能需要对建筑物采取额外措施。

## 20.2.10 电缆

电缆架或屏蔽管道已被证明适用于控制电缆。对于电力电缆，必须考虑容许弯曲半径及密封端固定所需的空间。必须选择合适的电缆和隔离区，最大限度地降低火灾蔓延和随后的气体污染的风险。

## 20.2.11 照明和插座

光照水平应能满足正常工作需求。对于特殊工作，可使用可拆卸灯。必须安装插座，用于为特殊工具（如 SF$_6$ 的处理设备）供电，以及为测试设备供电。

### 20.2.12  接地

所有接地、过电压保护和电磁兼容措施必须相协调，在设计接地和过电压保护措施时，必须考虑电磁兼容保护区范围。因此，设计良好的接地系统和电位分级系统是至关重要的，另外，也可以采用预建筑钢筋直接连接接地的方式。

GIS 的具体接地要求与 GIS 中任意开关运行时的高暂态电压和 GIS 的强紧凑设计有关。高频快速瞬变过程需要采用低接地阻抗方式，这是通过在 GIS 楼层的不同位置将混凝土钢筋网格和建筑接地系统进行多次连接而实现的。

在建筑物墙壁上，GIS 外壳和建筑物墙壁之间需要多个气体绝缘套管连接。为了保证建筑墙体的良好导电性，通常用钢板和建筑物进行多点连接，GIS 配套的二次设备接地应设计合理，并充分测试其对二次电路瞬态过电压的抗干扰性。

## 20.3  支撑结构和入口

大多数 GIS 设备组件是自支撑结构，如果支撑构件或者地震规范的要求需采用钢结构，则需由 GIS 制造商对此进行设计和核准，这样可以避免安装过程中的匹配问题。

操作人员对正常操作功能要求提供高级入口，部分用户对该做法是否合适表示质疑。合适与否一般取决于是否认为有必要设置观察窗。

为了方便地进入 GIS 设备，可能还需要提供可移动的操作平台，即使如此，操作员仍有必要爬过开关设备，以进入相应部件。为了安装安全挂锁设施，可能还需要进入某些特定设备，此外，气体过滤点可能需要设置高级入口。

## 20.4  用户和制造商提供的信息

在用户或第三方负责所有土建和钢结构工程的情况下，制造商和用户应至少交换以下信息。

### 20.4.1  用户提供的基本信息

- 建筑结构图；
- 楼层、结构柱、电缆出口、套管出口的公差；
- 可能的地面沉降；
- 运输和安装的边界；
- 建筑物内的气候条件，尤其是安装期间；
- 供货期限；
- 可访问性的约束；
- 接线位置可用性；
- 接地系统设计图。

### 20.4.2　制造商提供的基本信息

- 布局的基本特征，包括 GIS 的详细尺寸；
- 最大和最重装运单位的尺寸和重量；
- 支撑结构的位置和尺寸；
- 如有必要，对不属于供应范围的其他结构的要求；
- 支架位置处的动态和静态力；
- 土建工程公差，尤其是 GIS 安装位置的标高公差；
- 电缆管道和接地系统的要求；
- 起重装置的要求；
- 现场组装和测试以及 $SF_6$ 处理设备的空间要求；
- 安装期间的清洁要求；
- 建筑物所需的气候条件；
- 供货期限。

# GIS 接地

Peter Glaubitz，Carolin Siebert 和 KlausZuber

## 目录

P. Glaubitz (✉)
GIS Technology, Energy Management Division, Siemens, Erlangen, Germany
e-mail: peter.glaubitz@siemens.com

C. Siebert
Energy Management, Siemens AG, Berlin, Germany
e-mail: carolin.siebert@siemens.com

K. Zuber
Energy Division, Gas Insulated Switchgear, Siemens, Erlangen, Germany
e-mail: zuber.scott@t-online.de

© Springer International Publishing AG, part of Springer Nature 2019
T. Krieg, J. Finn (eds.), *Substations*, CIGRE Green Books,
https://doi.org/10.1007/978-3-319-49574-3_21

## 21.1　GIS 对接地系统设计的影响

### 21.1.1　概述

虽然 GIS 的物理特性将对接地系统设计的许多方面产生深远影响，但 GIS 接地系统安装的基本要求与空气绝缘的基本要求没有区别，即保护操作人员免受任何危险并保护设备免受电磁干扰和损坏。

高压接地系统的设计有以下几个关键方面：

（1）能够承受由故障电流引起的所有机械应力；

（2）能够承受最高故障电流水平的热效应；

（3）避免损坏操作设备和物品；

（4）确保所有操作人员的安全。

接地系统的其他要求由以下给出：

（1）过电压保护；

（2）电位平衡；

（3）防雷保护；

（4）EMC 措施。

一些基础性的国际标准有 IEC 61936-1（2014）《交流电压大于 1kV 的电力装置》，EN50522（2011）《交流电压大于 1kV 的电力装置接地》和 IEEE 80-2000《交流变电站接地安全导则》。

### 21.1.2　结构尺寸

由于 GIS 变电站占用的面积通常仅为等效 AIS 装置的 10%～25%，因此要达到所需的接地电阻水平显然将更加困难。另外，各个设备更加紧凑，需要"高密度"地网，即在给定区域中存在更多接地导体。虽然后者特性有助于降低接地电阻，但不能以非常经济的方式来实现，因为增加接地面积比增加给定区域中接地极数量更有效。

### 21.1.3　瞬态外壳电压（TEV）

TEV 不是由工频电流，而是由高频电流引起的。TEV 可由雷击、避雷器动作、接地故障以及在开关（主要是隔离开关）操作时触头之间的放电来产生。TEV 大小由馈入接地系统的电流和 GIS 设备的电容决定，其上升时间可低至 3～20ns，最多只能持续 20～30ms。

由于传统接地导体的电抗值相对较高，高频电流会引起局部瞬态电位上升，例如，1m 长的直线铜电极在 10MHz 时的电抗约为 60Ω，而 50Hz 时的电抗约为 0.003Ω。因此，接地导体必须尽可能短且直，因为在高频下铜导体中的弯曲处也会引起高电抗。

### 21.1.4 不连续处

高频瞬态通常被限制在由 GIS 外壳组成的屏蔽层内部，因此不会产生任何问题。然而，所有 GIS 外壳都存在不连续处，这使得高频效应可以传递到 GIS 的外部。

不连续处位于：

（1）$SF_6$ 与空气终端的连接处；

（2）$SF_6$ 与变压器或高抗套管的连接处；

（3）$SF_6$ 与高压电缆套管的连接处；

（4）在外部安装的电流互感器中使用的绝缘法兰，即安装在金属外壳周围的电流互感器；

（5）外壳接头处的外露绝缘；

（6）隔离开关的观察窗；

（7）监测设备；

（8）互感器、二次绕组端。

$SF_6$ 与户外终端的连接是最显著的外壳不连续处，因此成为壳外高频效应的最大潜在来源。由 $SF_6$ 与户外终端的连接耦合得到的高频瞬态量大小取决于该终端本身的布置情况。瞬态量传播回 GIS 中将受到套管支架、接地体和任何可能被安装的屏蔽物的影响。

外壳的其他不连续处也是高频效应的来源，但这些瞬态量大小通常远小于 $SF_6$ 与户外终端的连接出现的值。

在一些 GIS 外壳的设计中，主法兰接头由两层金属法兰构成，中间为绝缘垫片。因此，必须采取特殊措施，以防止在不连续处产生火花放电现象，否则这会引起操作人员惊恐，并且在极端情况下，可能会对不连续处的绝缘造成损坏。

### 21.1.5 屏蔽

瞬态外壳电压通过电磁耦合会干扰保护、控制和通信回路。如果不采取有效接地，可能会在 GIS 外壳上产生高达 50kV 的高频瞬态电压。因此需要屏蔽 GIS 外壳的控制、保护和通信电缆，并尽可能将它们与外壳分开。

### 21.1.6 对人员的影响

GIS 中的 TEV 经常会引起变电站人员安全性问题。然而，TEV 是一种低能量、持续时间短的现象，并且无证据记录表明它对在 GIS 装置中执行正常工作的人员构成直接危险。

但是，在开关操作期间的绝缘不连续处产生的火花放电现象，可能使操作者惊慌失措并可能对其造成伤害（如假设此时他们正站在梯子上）。因此，在开关操作期间采取限制进入的警告措施是合适的。然而，下一节介绍的措施应能为运检人员提供一个安全的工作环境。

## 21.2　GIS 接地系统的设计

### 21.2.1　接地网设计

接地网旨在为接地故障电流及 TEV 产生的高频电流提供一个低阻抗通路。工作频率标准是最重要的因素。

在设计接地网之前，必须知道接地网入地的最大接地故障电流、土壤电阻率，以及最大允许电位升；计算所需的总接地电阻是一件简单的事情，例如，如果最大允许电位升为 650V 且电流为 10kA，则接地电阻应小于 0.065Ω。各种标准提供了相应的指导（见 21.1.1）。

通常在 AIS 场地（与等效的 GIS 场地相比，占用面积会更大）周围铺设非绝缘铜环，交叉连接用于收集各个设备的接地电流，由此提供一个电阻足够低的电极。然而，GIS 占用面积较小，这意味着主接地环路的尺寸将更小，因此总的导电路径也将更小并且可能需要额外的措施。

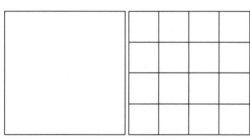

网格导体长度 55.2m，
相对电阻
0.051 8Ω/(Ω·m)
(50Hz)

网格导体长度 138m，
相对电阻
0.041 9Ω/(Ω·m)
(50Hz)

图 21.1　不同的网格布置

#### 21.2.1.1　不同网格布置的影响

在单个环内增加铺设的导体长度将降低接地网电阻，但与铺设的附加长度并不是线性关系，见图 21.1。

然而，各个设备在空间密集布置的特征需要大量使用尽可能短的接地导体，这也是铺设"高密度"网状接地网的需求之一。

#### 21.2.1.2　连接钢筋混凝土垫的效果

如果采用连续的钢筋混凝土平板，使钢筋网和结构钢连接到接地网，这肯定会降低接地总电阻，并在地板或地面上使电位分布更加均匀。最好将加强钢棒焊接在一起以保持连续性。然而，这存在许多实际困难，例如，需要通过混凝土板以频繁的间隔将接地连接起来，并且需要避免不希望出现的可能损坏附近混凝土的大电流"回路"。当然也可以将接地网放置在混凝土垫上，但因为未铺设于地下将增加接地电阻。

#### 21.2.1.3　使用垂直接地棒

如果发现使用上述方法不可能将接地电阻降低到足够低的值，那么可采用垂直接地棒或土壤化学处理来降低电阻率。

接地电阻设计值可通过在各种标准中推荐的经验公式来计算，但在设计中建议提供完工时能测量电阻的方法，以便必要时采取额外措施。

### 21.2.2　与地网的连接

GIS 外壳与接地网多点连接以及将各相位外壳也连接在一起，这将最大限度地减少 GIS 区域内危险的"跨步电压"和"接触电压"。此外，连接方式应尽可能短而直，以便降低较高频率下的阻抗（见图 21.2）。

这种尽可能短而直的接地需求非常需要 GIS 外壳应尽可能接近地面水平，尽管这不必作为在 GIS 设计时的首要考虑因素。

### 21.2.3 不连续处

如在 21.1.4 中所述，在 GIS 外壳的不连续处可能出现高频电位，必须采取特殊措施来减轻这种情况。

#### 21.2.3.1 在电缆入口处

在电缆入口处使用绝缘法兰会在法兰处产生不连续处，但是通过非线性电阻器可以获得简单而经济的补救措施，这些电阻器以短连接的方式在法兰周围对称连接（见图 21.3），也可以使用耦合电容代替非线性电阻。

#### 21.2.3.2 变压器或高抗套管

类似地，若 GIS 设备在管内与变压器、高抗套管连接，需要将这两部分的金属保持分离，这需要在法兰片之间进行绝缘，这就造成了外壳的不连续。通过非线性电阻可以将不连续处上的高频电位差限制在安全水平（见图 21.4）。

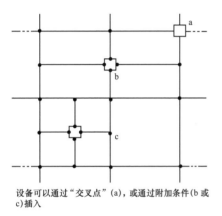

设备可以通过"交叉点"(a)，或通过附加条件(b 或 c)插入

图 21.2 设备连接到接地网

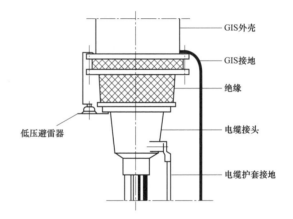

图 21.3 将非线性电阻与 GIS 的金属外壳和电缆的金属部分之间的绝缘并联

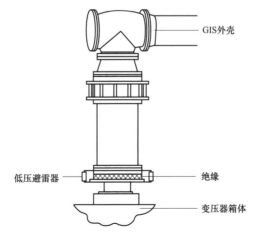

图 21.4 将非线性电阻与 GIS 和变压器箱体的金属外壳之间的绝缘并联

在某些情况下，金属部分是故意结合在一起的，但即便如此，也需要注意波阻抗变化。

### 21.2.3.3　安装在外壳外部的电流互感器

当电流互感器安装在 GIS 外壳的外部时，显然有必要避免在 GIS 外壳中产生与导体故障电流方向相反的工频电流，需要在内部导体的这些位置安装绝缘法兰。金属外壳的连续性由外部管道提供（见图 21.5）。

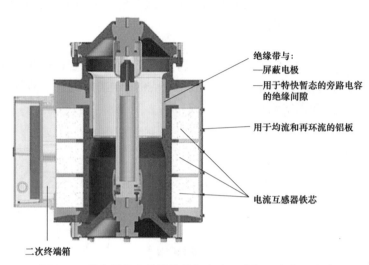

绝缘带与：
—屏蔽电极
—用于特快暂态的旁路电容的绝缘间隙

用于均流和再环流的铝板

电流互感器铁芯

二次终端箱

图 21.5　带金属外壳连续的外部电流互感器"空芯"方式

### 21.2.3.4　SF$_6$/户外终端的连接

虽然 SF$_6$/空气终端中没有绝缘板，但由于内部母线和套管的波阻抗不同，在外壳中存在"不连续"，因此将套管上接地体的高频阻抗降至最低非常重要，例如，如果设计允许，应尽量采取措施使套管靠近地面，实现与主电网尽可能短而直的接地连接。

### 21.2.3.5　室内变电站入口处

GIS 外壳进入建筑物的位置处提供了一个能改善接地的极好机会，特别是如果 GIS 终止于建筑物外的 SF$_6$/户外终端。在这种情况下，需要为折射波提供低阻抗路径。

图 21.6 展示了一种防止折射波重新进入建筑物的理想布置方法。为了达到最佳效果，GIS 外壳必须与周围墙壁的金属部分（如钢筋）良好地结合。钢筋应至少在两处，最好在更多处连接到地网。当然，以上金属必须与 GIS 外壳紧密结合。

### 21.2.3.6　非线性电阻

在 GIS 不连续处为防护而设计的非线性电阻并不总是合适的。

在 GIS 应用早期，广泛采用单点接地系统，如日本和其他国家，在 GIS 不连续处的绝缘法兰之间安装了大量的非线性电阻。然而，目前已普遍使用多点接地系统，不连续处的数量非常有限，因此这些非线性电阻的使用频率已经减少。

使用非线性电阻时，接地设计人员应使用满足高频响应、额定电压和能量吸收特性设计要求的电阻。此外，必须非常仔细地设计连接引线，以便减少杂散电感。

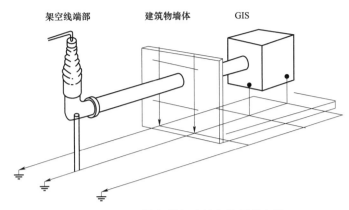

架空线端部　　　　建筑物墙体　　　　GIS

图 21.6　GIS 设备进入建筑物的屏蔽方法

### 21.2.4　对控制回路的影响

对于接地系统的设计者来说，显而易见的是，由于 GIS 系统中信号电缆两端之间存在一定距离，以及相对较大的"高频"接地阻抗，除非采取特殊措施，否则可能在不同信号电缆末端之间产生很高的电位差（几十千伏）。这会影响控制设备的性能，如放在远处的且与GIS 设备连接的印刷电路板。

这种情况可以通过以下方式来缓解：

（1）仔细选择信号电缆线路。如果将信号电缆尽可能远离 GIS 外壳放置，则可以减小GIS 外壳和信号电缆之间的"耦合"作用。因此，未经屏蔽的信号电缆不应固定在 GIS 外壳上，且从设备（如电流互感器控制箱等）接口出来后应尽可能远离外壳。

（2）信号电缆屏蔽。通常，在 GIS 安装过程中，特别是有频率范围经验的条件下，有必要使用"连续"屏蔽方式。对于以金属编织物构成的屏蔽层，由于其在高频下呈现高阻抗特性，故其使用受到限制。有效的屏蔽方式可通过将各个电缆封闭在各自的屏蔽中或将一组电缆放置在金属导管或全封闭的电缆托盘中来实现。将该屏蔽连接到设备（如气体密度继电器）的机柜或外壳，并在远端以短且直的方式接地。机柜或外壳应与主接地连接。

### 21.2.5　敏感控制设备的处理

如果与 GIS 相关的某些控制、保护或通信设备存在非常低的瞬态抗扰度，或者如果继电器室位于 GIS 建筑物内，则可能需要对房间或设备柜进行完全屏蔽（法拉第笼）。在使用法拉第笼的情况下，来自 GIS 控制柜的电缆应完全屏蔽，并且屏蔽物尽可能直接连接到法拉第笼的屏蔽上。对于超过 60m 的电缆线路，无论是在 GIS 与控制台之间，还是在控制台与控制/继电器室之间，都可能需要使用隔离变压器或中间继电器。

虽然越来越倾向于将控制设备安装在开关设备旁边，这样干扰问题更加突出，但是最新的 EMC 标准将提高控制设备的瞬态抗扰度。

### 21.2.6　互感器

通过在互感器内小心设置接地和通过二次绕组内部屏蔽，可以减少通过互感器传输到二次回路的瞬态电压。

## 21.3  接地装置的测试和维护

### 21.3.1  工频兼容性

测量接地装置的主要原因是为了验证新接地装置的性能，并确定保护人员和控制/通信设备所需的其他措施（如果有的话）。在出现影响基本要求的重大变化后，建议进行测量并定期（5～10年）检查接地装置的状况。

虽然测量较为困难，但通常会比计算结果更可靠，并且在任何情况下总是建议用测量结果来检验计算结果。

一种基于由辅助电极注入电流的可行方法被应用到多种商业仪器中，可直接读取接地电阻。

对于与辅助电极的距离较长的大型场所，长测量引线中的感应效应会引起明显的误差，但可以通过增加注入电流来减少误差。

在调试安装之前，应对地上接地线和接头进行检查和测试，以确保所有接头和连接牢固可靠。在测量相同尺寸导体的接头电阻时，测量探头应位于接头两侧约25mm处。接头电阻不应超过类似导体的等效长度。如果连接不同尺寸的导体，则电阻不应超过较小导体等效长度的75%。

当柔性编织层或叠片的磨损、破坏或腐蚀被修复后，上述检查和测试应在维护期间重复进行。

### 21.3.2  高频兼容性

在21.3.1中列出的测试和检查，应足以保证接地装置在工频电流方面的保护完整性，但对于高频接地以及连接回路可能还需要采取其他措施。

由于高频现象主要来自隔离开关操作，因此最好在变电站调试阶段通过隔离开关操作来检查接地装置对高频瞬态效应的保护完整性。

在这类开关操作期间，应检查在法兰处是否存在火花放电现象，以及保护和/或控制系统的拒动和误动。

假如所有的二次设备在工厂已经开展了电磁兼容型式和例行试验，那么现场测试的目的仅限于检查设备是否已正确运输到现场，以及与现场接地装置是否已正确重新组装。测试还应反映在任何方式下，GIS是否无意中对二次设备产生了过应力。

# GIS 试验

# 22

Peter Glaubitz，Carolin Siebert 和 Klaus Zuber

## 目录

P. Glaubitz (✉)
GIS Technology, Energy Management Division, Siemens, Erlangen, Germany
e-mail: peter.glaubitz@siemens.com

C. Siebert
Energy Management, Siemens AG, Berlin, Germany
e-mail: carolin.siebert@siemens.com

K. Zuber
Energy Division, Gas Insulated Switchgear, Siemens, Erlangen, Germany
e-mail: zuber.scott@t-online.de

© Springer International Publishing AG, part of Springer Nature 2019
T. Krieg, J. Finn (eds.), *Substations*, CIGRE Green Books,
https://doi.org/10.1007/978-3-319-49574-3_22

　　国际标准规定了气体绝缘金属密封开关设备及其各个部件的要求、额定值和试验。适用的 IEC 标准定义于第 25.9 节的表格中（其中许多标准正在修订中，鼓励读者使用最新版本）：

　　IEC 62271-203 给出了外壳尺寸的规定，但如果这些规定具有法律效力，则必须考虑到各国现行的压力设备规定。本标准规定了气体绝缘开关设备的三种试验类型：

　　（1）型式试验；

　　（2）例行试验（在可行的情况下，在制造商工厂进行）；

　　（3）现场安装后的试验（IEC 标准认为是例行试验的一部分）。

## 22.1　型式试验

　　型式试验的目的是为了验证开关设备和控制装置及其操动装置、辅助设备的性能。型式试验必须在给定的设计上实施，以此证明符合标准。

　　制造商必须能够通过试验报告或试验认证证明，所有型式试验项目都是在向客户提供的相同设计的组件上进行的。型式试验并非适用于每个供应货物的质量保证体系的一部分，对于给定的设计应仅进行一次。

　　型式试验至少包括：

- 绝缘试验；
- 主回路电阻的测量；
- 温升试验；
- 短时耐受电流和峰值耐受电流试验；
- 外壳防护等级验证；
- 密封试验；
- 电磁兼容性（EMC）试验；
- 关合和开断能力验证；
- 低温和高温试验；
- 外壳验证测试；
- 隔板压力试验；
- 绝缘子在热循环和气密性测试下的性能验证试验；
- 断路器设计试验；
- 高速接地开关的故障关合能力；
- 开关操作机械寿命试验。

## 22.2 例行试验（或出厂试验）

例行试验是质量保证过程中不可或缺的一部分。它们在制造过程中对每件设备逐一进行，目的是暴露材料或结构方面的缺陷。如果客户要求，验收测试应作为例行试验的一部分。由于验收测试并非由标准定义，制造商应在例行试验之前说明带有容差的验收标准，以便客户能够据此见证。

例行试验包括：

- 绝缘试验；
- 辅助和控制回路的试验；
- 密封试验；
- 主回路电阻的测量；
- 外壳的压力试验；
- 机械操作试验；
- 控制机构中辅助回路、设备和连锁装置的试验；
- 隔板压力试验。

## 22.3 现场安装后的试验

在现场安装后（对设备）进行的测试用以检测在运输、存储、暴露于环境或最终装配过程中可能造成的损坏。通常，气体绝缘金属封闭开关设备大多在工厂中部分组装。需要着重指出的是，现场试验既非型式试验也不是例行试验的重复，其目的是在带电之前验证整个系统的完整性。这是质量控制和质量保证全过程中的最后一步。

IEC 62271-203 第 20 章和附录 C 中给出了现场试验的建议以及技术和实际的考虑。必须特别注意绝缘试验。尽管其他所有试验都可以很容易地实施并且不需要成本很高的测试设备，但绝缘试验可能会带来以下问题：

- 选择最佳测试程序；
- 执行测试的实际可能性；
- 试验成本。

绝缘试验布置示例如图 22.1 和图 22.2 所示。图 22.1 展示了一种谐振式试验回路，图中电压通过户外套管施加到 GIS 上。图 22.2 展示了直接连接到 GIS 的气体绝缘试验变压器，其具有用于传统局部放电测量的附加耦合电容。当前，IEC 标准主要推荐电压试验（交流或脉冲电压试验）。采用非常规检测系统（如超声、特高频）的局部放电检测新方法已获得发展。在这方面，大量用户和制造商依据他们自身的经验，采用事先商定的流程和方法进行测试。

图 22.1　通过 SF$_6$/户外套管连接至 GIS 的　　图 22.2　与 GIS 直连的气体绝缘试验变压器和
　　　　　谐振式试验回路　　　　　　　　　　　　　　用于局放测量的耦合电容

## 22.4　安装、现场试验、调试和正式验收

GIS 安装条件特殊，因此，所有土建工程必须在安装开始前完成。

GIS 安装工作要求工人具有特殊技能，最好由制造商完成。制造商至少应该予以监督，并确保适当的现场质量。

## 22.5　现场准备

无论室内还是室外安装，GIS 基础平台或建筑物必须在安装开始之前完成所有准备工作。项目进度安排应确保在同期安装时不列入其他不当的任务（如土建工程修改）。关键点是"清洁度"。最终产品的长期可靠性在很大程度上取决于安装过程中清洁度保持的水平。这可以通过提供一个明确的清洁工作区来实现。其他准备措施如下：

● 制造商应规定对 GIS 安装应施加的任何局部工作的限制条件，以避免被微粒、灰尘、水或冰污染。为了达到这种条件，必要时需采取遮蔽物、障碍物或加热器等各种形式的临时措施，特别是在室外安装时。

● 负责现场安装 GIS 的一方必须确保在整个安装期间提供合同约定的安装工具和附件（如起重设备、工具和电源）。

● 制造商应指定完成安装任务所需的人员数量和资质。

● 应清理基础（楼层），以便进行 GIS 布局和混凝土密封，防止不必要的粉尘污染。

● 打开包装并在进行部件必要的一般清洁时，应远离最终清洁装配区域。

## 22.6　工作人员准备

强烈建议在制造商的监督下安装 GIS。如果实际安装是由第三方执行的，则该方必须具备有关装配流程和质量标准的基本知识，并且必须持有相应的每种证书以满足制造标准。这可以通过以下方式实现：

- 在安装开始之前，安装人员将接受充分培训，学习适用于将要进行的任务的质量标准。在安装过程中，应定期"更新"此培训。
- 给予明确指令，尤其是在使用第二种语言的情况下。
- 应提供相关的安装文档。
- 能够使用正确的工具、配件和特殊工服，并了解它们的正确使用方法。
- 所有需要直接监督的安装活动均由各方确定。

## 22.7　新 GIS 的安装

GIS 整体安装过程可能持续数月，在此期间，与项目相关的其他活动也必须持续开展。必须协调所有项目责任方之间的工作，尤其是与高压变压器和高压电缆连接的接口部分。

在这些协调过程中，花费的时间将有助于确保安装过程中断次数达到最少。尽管如此，中断仍将发生，各方具有一定程度的灵活性是必要的。

每家制造商的 GIS 产品具体的安装流程是需要量身定制的。然而，安装新 GIS 的典型顺序大致如下：

- 安装并调平锚定/支撑系统，以适应土建公差。
- 完整的间隔和单相或三相间隔组件竖立安装在各自的支架上。
- 安装间隔之间的连接元件，并连接母线。
- 安装二次系统控制面板和互连电缆。
- 开始 $SF_6$ 气体真空过滤过程。
- 安装电压互感器和母线排，包括通向输出变压器或线路位置的 $SF_6$ 户外套管。
- 安装接口组件（如 GIS 到高压电缆或电力变压器），但母线保持暂不连接。
- 完成现场调试测试，包括本地控制。
- GIS 经受高压耐压试验（参见第 22 章）。
- 安装辅助 GIS 设备（如避雷器和监视/信号设备），并将母线连接至高压电缆和/或变压器。

为了加速整个进程，如果装配实践的整体标准没有受到影响，则可以并行完成某些任务。

## 22.8　GIS 扩建的安装

现有 GIS 变电站扩建部分的安装，对 GIS 制造商和变电站运营方都提出了特殊条件，并且这些条件通常不适用于新 GIS 的安装。这些特殊条件或限制可以是相关的，但不限于以下方面：

- 现有变电站为未来扩建提供的规划，如空间可用性（参见第 16.5 节）。
- 现有变电站需要全部或部分保持运行的部分（参见第 24.3 节不间断）。
- 主设备和二次设备等运行设备的安全问题。

● 完成扩建后的高压耐受试验（参见第 22 章）。

尚没有与 GIS 变电站扩建相关的标准安装次序。每个案例必须由制造商单独查看，制造商可以说明必须做什么，用户则必须说明如何在对现有变电站运行部分停电影响最小的方式下来实现扩建。以下具体条款均适用（根据 IEEE C37.122.6—2013《额定电压 52kV 及以上现有气体绝缘变电站中新型气体绝缘设备接口的推荐性实施规程》）：

● 制造商 A：现有或初始 GIS 的供应商。
● 制造商 B：新扩建 GIS 的供应商。
● 用户：现有或初始 GIS 以及新扩建 GIS 的当前所有者。

应该认识到，在扩建相同品牌但不同设计的情况下，制造商 B 将与制造商 A 相同。

在扩建过程中，最终用户和变电站运维人员必须发挥积极作用，以确保安装承包商的工作实践满足其设备正常运行的最低安全标准。

## 22.9　供电持续性（不间断供电）

在进行 GIS 扩建时，应首先考虑让现有运行中的馈线保持在最大数量。一些馈线可能需要停电以连接现有设备并开展高压试验。这取决于总线配置和 GIS 的布局。

因此，在 GIS 设计的早期阶段就预测这一需求是很重要的，因为这会影响 SLD 的布置、布局和初始阶段拟供应的组部件数量。

在安装扩建 GIS 和现场试验期间，停电影响可能有所不同。用户和制造商 B 应在扩建设计期间对其进行评估，并应涵盖现场安装和现场试验。IEEE C37.122.6 和 IEC 62271-203 的附录 F 中给出了更多有关供电持续性的附加性指导。

## 22.10　调试

GIS 调试，包括所有适用试验项目的实施：代表了将 GIS 连接至用户电网之前制造商质量保证计划的最后阶段。本阶段规定的流程旨在补充和完善制造商的整体质量保证方案，不应代替或者重复先前阶段业已采取的控制措施。

### 22.10.1　一次设备的调试

制造商为主要部件推荐的调试流程和试验，旨在确认工厂组装部件之间的接口已在现场组装，没有安装错误或引入缺陷。

应特别注意高压交流绝缘试验。应将 IEC 62271-203 中给出的建议作为用户和制造商之间讨论的基础，以确立适用于已完成的 GIS 绝缘现场试验流程。有关调试和现场试验的信息，另见第 22 章。

### 22.10.2　二次设备的调试

由于与完整变电站相关的二次控制和保护设备通常仅在现场组装期间集成到 GIS 中，因此有必要确认如下事项：

- GIS 和面板之间的连接线缆已经准确、牢固安装。
- 远程和本地模式下的所有操作和报警功能均正确。
- 制造商工厂预先测试的间隔控制原理能够反映用户完整变电站操作控制和逻辑要求。

### 22.10.3 SF$_6$绝缘介质的调试

在大多数情况下，GIS 安装完成之后，在填充 SF$_6$ 气体之前处理 GIS 气体隔室。工厂组装的气体隔室可能是该规则的例外情况，其可以整体运输并且在现场组装过程期间不需要额外的干预（如电压互感器和断路器）。对现场处理的控制和检查应包括：

- 确认抽真空循环和此后 SF$_6$ 气体填充期间每个气体隔室的密封性。
- 在建议范围内（可在操作手册或 IEC 60376 中找到相关值）。

## 22.11 制造商和用户提供的信息

### 22.11.1 用户提供的基本信息

（1）访问本地站点的限制。

（2）当地工作条件和可能适用的任何限制（如安全设备，常规正常工作时间，主管、制造商和当地安装人员的工会要求等）。

（3）起重和搬运设备的可用性和能力。

（4）当地人员的可用性、数量和经验。

（5）在安装和调试试验期间可能应用的特定压力容器使用规则和程序。

（6）高压电缆和变压器的接口要求。

（7）对于现有 GIS 的扩建：

1）现有一级和二级设备的扩建规定；

2）必须遵守的使用条件或操作限制；

3）必须遵守的安全法规。

### 22.11.2 制造商提供的基本信息

（1）安装和组装所需的空间。

（2）GIS 组件和试验设备的尺寸和质量。

（3）清洁安装区和清洁准备区在清洁度和温度方面的现场条件。

（4）安装所需当地人员的数量及其经验。

（5）安装和调试的时间和活动计划。

（6）安装与调试的电力、照明、供水和其他需求。

（7）建议对安装和服务人员进行培训。

（8）如果现有 GIS 扩建：与安装计划相关的现有组件的停电要求。

（9）安全须知。

# SF$_6$的处理流程和规范

**23**

Peter Glaubitz，Carolin Siebert 和 Klaus Zuber

## 目录

P. Glaubitz (✉)
GIS Technology, Energy Management Division, Siemens, Erlangen, Germany
e-mail: peter.glaubitz@siemens.com

C. Siebert
Energy Management, Siemens AG, Berlin, Germany
e-mail: carolin.siebert@siemens.com

K. Zuber
Energy Division, Gas Insulated Switchgear, Siemens, Erlangen, Germany
e-mail: zuber.scott@t-online.de

© Springer International Publishing AG, part of Springer Nature 2019
T. Krieg, J. Finn (eds.), *Substations*, CIGRE Green Books,
https://doi.org/10.1007/978-3-319-49574-3_23

一些出版物特别是 CIGRE 的出版物，约束了 SF$_6$ 及其处理。然而，GIS 工程实施中使用较多的主要是 IEC 60376（2005-06）（适用于工业级气体）、IEC 60480（2004-10）（适用于气体再利用）和 IEC 62271-4（2013-08）（适用于高压开关设备的 SF$_6$ 处理）。

国内外官方文件都对 SF$_6$ 及其处理流程的所有相关事项提供了良好的信息，以确保 SF$_6$ 处于一个封闭的循环中。表 23.1 总结了这些信息。

表 23.1　　　　　　　　　　　　　　　　　SF$_6$ 相关的文献综述

| 标准和基础知识 | IEC 60376《电气设备用工业级六氟化硫（SF$_6$）规范》<br>IEC 60480《从电气设备中取出六氟化硫（SF$_6$）的检验和处理指南及其再使用规范》<br>IEC 62271-4《六氟化硫（SF$_6$）及其混合气体的处理流程》<br>IEEE C37.122.3—2011《IEEE 关于高压（交流 1000V 以上）电气设备的六氟化硫（SF$_6$）气体处理指南》（IEEE Std C37.122.3™ 2012-01）<br>CIGRE 第 276 号技术报告，2005（SF$_6$ 处理指南）《SF$_6$ 处理操作实践的用户定制准备指南（CIGRE 2005）》<br>ELECTRA 杂质第 274 期，《CIGRE 的 SF$_6$ 意见书》，2014（ELECTRA 2014） |
|---|---|
| 专注于设计和制造 | CIGRE 第 594 号技术报告，2014《电气设备例行试验中尽量减少 SF$_6$ 使用量指南》（CIGRE 2014a） |
| 专注于安装、搭建、调试、解体、回收 | IEC 62271-4<br>IEEE C37.122.3—2011<br>CIGRE 第 276 号技术报告，2005<br>CIGRE 第 594 号技术报告，2014<br>CIGRE 第 234 号技术报告，2003《SF$_6$ 回收指南》（CIGRE 2003） |
| 防止泄漏服务 | CIGRE 第 430 号技术报告，2010《SF$_6$ 密封指南》（CIGRE 2010） |
| 检修和维护 | IEC 62271-4<br>IEEE C37.122.3—2011<br>CIGRE 第 276 号技术报告，2005<br>CIGRE 第 163 号技术报告，2000《SF$_6$ 混合气体指南》（CIGRE 2000） |

SF$_6$ 是一种无色、无味、无毒、化学性能稳定的惰性气体，比空气重 5 倍，对臭氧层没有破坏作用。由于其优异的电气、物理和化学性能，为供电网带来了显著的好处：SF$_6$ 具有强电负性，它是多种特有物理性能的组合，比如介电强度大约是空气的 3 倍，灭弧性能是空气（N$_2$）的 100 倍以上，散热性能是空气的 2 倍左右。更多信息参见 IEC 62271-4 的附录 E.4"电气性能"。

SF$_6$ 电气设备在世界范围内的使用呈增长趋势。据估计，目前制造和安装的高压设备中，平均约有 80%～90%含有 SF$_6$。SF$_6$ 在电力行业中的使用是不受限制的。

但在气体处理过程和 SF$_6$ 产品中必须考虑实行特定的规定。

SF$_6$ 作为 28 种含氟物质之一，其应用在欧盟的含氟气体规范（EU）517/2014［（EU）2014 规范］附件 I"第 2 条第 1 点提到的含氟温室气体"中有详细说明。

纯 SF$_6$ 气体无毒，对人和动物完全无害，它甚至被用于医学诊断。由于其质量较大，可能会取代空气中的 O$_2$；大量的气体会聚集在位置较深和不通风的地方，进而导致窒息危险。出于同样的原因，在解体 GIS 的 SF$_6$ 气室时须格外小心，大量的气体会留存在气室较低的空间。在任何有关化学品的法律中，SF$_6$ 不属于危险物质。SF$_6$ 及其分解产物不会对平流层的臭氧层造成破坏，但由于其全球变暖潜能值（GWP）高达 22 800，它在所有榜单（温室气体）上都名列第一。如果这些气体被释放到大气中，可能会造成人为的温室效应。欧盟已禁止 SF$_6$ 气体的开放性使用。SF$_6$ 在大气中的浓度正在不断增加，主要是由于其在大气中的存续时间较长，近 3000 年。最先进的 $SF_6$ 电气设备应具有极好的气密性，通常比 IEC 标准要求的泄漏率低（每个气室每年的泄漏率<0.1%，而不是<0.5%）。寿命周期评估（LCA）研究 [ 如 -Ing Ivo Mersiowsky 博士（2003）发表的 "配电—中压的 $SF_6$ GIS 技术" ] 结果表明，根据 Solvay 氟化手册（2012 的 Solvay $SF_6$ 手册），与空气绝缘开关站（AIS）相比，$SF_6$ 技术在 $SF_6$ 电气设备中的应用，其直接和间接的环境整体影响更低。这样使得 $SF_6$ 电气设备对温室效应的真正影响可忽略不计。

## 23.1　欧盟含氟气体规范（EU）517/2014

世界范围内 $SF_6$ 电气设备的利益相关方对 $SF_6$ 的处理都非常谨慎。制造商和资产所有者关注的焦点是找到增加设备密封性和减少气体处理损失的方法。这使得世界上许多国家的相关行业（如美国环保署）都做出了自我承诺。此外，欧洲还引入了一项法规《含氟气体规范 517/2014》。

在欧洲，$SF_6$ 在封闭循环的电气设备中应用没有任何限制。此外，新 GIS 设计减少了每个单元使用的 $SF_6$ 气体量。此规范自 2015 年 1 月 1 日起实施，内容对 $SF_6$ 电气设备做出了多方面的要求，如义务报告、人员培训、标识和气体处理等。欧盟的含氟气体规范 517/2014 中气体绝缘开关设备执行的相关实施条例有："报告" 采用（欧盟）1191/2014 [ 2014 年 10 月 30 日委员会执行规范（EU）2014 ]，"培训和认证" 采用（欧盟）2015/2066 [ 2015 年 11 月 17 日委员会执行规范（EU）2015a ]，"标识" 采用（欧盟）2015/2068 [ 2015 年 11 月 17 日委员会执行规范（EU）2015b ]。"新含氟气体规范 517/2014 关于 $SF_6$ 在电气设备中应用的具体信息"（德国电气电子行业协会，2015 年 1 月）可以利用该规范的相关条款提供指导。所有的欧盟文件，请参阅 http：//eur-lex.europa.eu/homepage.html.

根据欧盟的含氟气体规范 517/2014，对于中压开关设备，第 21 条的第 4 款指出 "如果有任何具有成本效益、节能、技术上可行和可靠的替代方案可以替代 $SF_6$ 在二级中压开关设备（连接中压与低压）中的使用，欧盟委员会必须在 2020 年 7 月 1 日前报告"，2022 年 12 月 31 日之前，欧盟委员会应就该规范的效果发布一份综合报告，报告应包括特别是关于氢氟碳化物的持续需求，关于减少含氟温室气体排放的进一步行动必要性的预测评估，及审查含氟温室气体的产品和设备是否有技术上可行和成本效益高的替代品。

### 23.1.1　泄漏检测系统

根据欧盟的含氟气体规范（EU）517/2014 第 5 条规定，从 2017 年 1 月 1 日起，凡含氟气体含量相当于 500t 以上 $CO_2$ 当量（约 22kg $SF_6$）的电气开关设备投入运行时，必须配置泄漏检测系统。中压开关设备通常含有含量较少的 $SF_6$，因此不在本条要求范围内。为了安全运行，高压开关设备通常配置压力/密度监测传感器，可将当前的运行状态信号发送到远端。欧盟含氟气体规范的要求：

- 单独的压力或密度传感器无法满足泄漏检测系统的要求。
- 压力和密度传感器应具有远程信号传输功能，如常用的密度监控器带有控制电路（限值开关），才能满足泄漏检测系统应用的要求。

泄漏检测系统的功能正确性须每隔不超过 6 年检查一次。操作人员可在对开关设备进行例行检查的过程中对压力/密度传感器系统进行必要的检查,这也是目前的做法。

本检查义务不适用于 2017 年 1 月 1 日前投入运行的开关设备。

### 23.1.2　处理和检修

根据第 3~5 条要求,禁止故意排放 SF$_6$。必须尽量减少出现电气设备中 SF$_6$ 气体泄漏到大气中的情况,且须在 1 个月内进行及时有效的修复。只要符合下列条件之一,电气开关设备可不受泄漏检查的影响:

(1)它们的测试泄漏率每年均低于 0.1%。

(2)它们配置了压力或密度监测装置。

(3)每个气室使用的含氟温室气体少于 6kg。

通常第 2 条适用于高压 GIS。

### 23.1.3　培训和认证

根据含氟气体规范的第 8 条和第 10 条和(EU)2015/2066 规范,运行人员应确保含氟气体的单独处理,由持有第 10 条规定的相关证书的自然人执行。从 2017 年 1 月 1 日起,针对含 SF$_6$ 开关设备的安装、维修、保养、维修或退役、回收等操作活动,应开展延伸的 SF$_6$ 培训和认证,工厂自动化流程的原始设备制造商的员工不需要认证。按照前规范(欧洲共同体)第 842/2006 号(2006 规范)开展的现有认证仍然有效,欧盟成员国应承认在其他成员国签发的证书。

### 23.1.4　标识

根据含氟气体规范的第 12 条和(EU)2015/2068 规范的要求,使用含氟温室气体的产品和设备在被标识前不得投放市场。自 2017 年 1 月 1 日起,应给出含氟温室气体产品或设备的参考信息,单位为 kg 的 SF$_6$ 量、CO$_2$ 当量、含氟气体的 GWP。标签上应标注在开关设备将投放市场的地方的欧盟成员国 24 种官方语言的"含氟温室气体"字样。这些信息应包括在说明书手册和用于广告的说明中。

## 23.2　安装和调试中的 SF$_6$ 处理

最早是在 CIGRE 第 276 号技术报告《SF$_6$ 处理指南》中描述了 SF$_6$ 的处理操作,基于该报告形成了 IEC 62271-4。同时也请参阅原始设备商(OEM)的说明书。无论何时何地,SF$_6$ 的每次处理都必须避免 SF$_6$ 的排放,这一点至关重要。有关 SF$_6$ 处理的所有工作应与制造商或具备认证人员的有资质的服务公司一同完成。

## 23.3　SF$_6$ 气瓶的储存和运输

在储存和运输方面,需要考虑三种气体,以确定容器类别及所需标签(见 IEC62271 -4):

| 气体种类 | 标签类型 |
|---|---|
| 新气体或工业级 $SF_6$ | 瓶上贴绿标 |
| 使用过的 $SF_6$ 适合现场重复使用 | 瓶上贴黄标 |
| 使用过的 $SF_6$ 适合气体制造商重复使用或使用过的 $SF_6$ 不适合重复使用 | |

通常新 $SF_6$ 气体采用容积为 5、10、20、40、43.5L 和 600L 的钢瓶供应，或容积为 600kg $SF_6$ 及以上的特殊大容量压力桶供应。

用容器或电气设备运输（新的和用过的）$SF_6$，都应始终按照当地和国际规定进行。运输的细节也由 $SF_6$ 生产商提供，如 Solvay 的 $SF_6$ 手册。

## 23.4　$SF_6$ 的再利用

由于 $SF_6$ 的特有性能，在正常运行工况下不会发生分解。然而，为了确保设备运行与功能目标一致，必须保持气体的质量，防止污染物对气体的介电性能和灭弧性能产生负面影响。根据 CIGRE 第 567 号技术报告（CIGRE 2014b）"AIS、GIS 和 MTS 状态评估的 $SF_6$ 分析"（也可见第 23.6 节），污染物产生于不同的来源：可能在初次充气时引入，可能从设备的内部表面脱出，也可能是由于局部放电或电弧而产生。因此，确保气体中不含有超标的杂质水平是一个重要的考虑因素，特别是在安装开关元件的气室中。IEC 60480 中表 2 给出了"最大可接受的杂质水平"。

为了支持气体的重复使用过程，CIGRE 第 234 号技术报告《$SF_6$ 循环再使用指南》中给出了所有重要的描述，包括：

- 产生的污染物来源识别。
- 污染物对性能影响效果的描述。
- 基于设备功能限制的回收 $SF_6$ 的纯度和检测技术。
- $SF_6$ 回收流程和可用设备的描述。

成功的 $SF_6$ 处理和回收需要：

- 为便于气体回收（再利用）而设计的电气设备。
- 适当的气体处理和回收流程。
- 合适的气体处理和回收设备（最先进的）。
- 了解 $SF_6$ 用于电气设备的污染物的来源和数量。
- $SF_6$ 在电气设备中重复使用的纯度标准。
- 检验再生气体质量的方法。
- $SF_6$ 可转化为环境兼容物质的最终处置概念。

考虑到不同的污染程度（新气体—非灭弧室气体；正常灭弧室的气体和严重开断后的气体），可采用气体监测回收设备使 $SF_6$ 保持可重复使用状态，原理如图 23.1 所示。

为使所有人员明白正确应用 $SF_6$ 处理流程的必要性，强烈建议在所有使用 $SF_6$ 气体绝缘开关设备的变电站中放置使用 $SF_6$ 气体的环境说明。

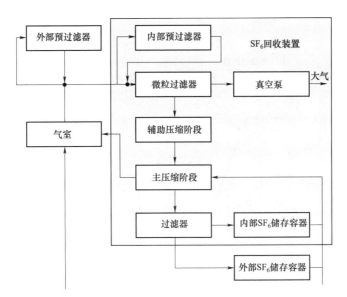

图 23.1　通用 SF₆回收装置的基本性能方案示意图—CIGRE
第 276 号技术报告《SF₆处理指南》

## 23.5　SF₆分解产物的处理

虽然纯 SF₆为无毒气体，但其从高压设备中提取后，可能含有有毒分解产物（见 CIGRE 第 567 号技术报告）。大多数分解的分子会重新复合成 SF₆，仍会形成一些有毒和腐蚀性的硫、氟、氧和金属化合物［可水解氟化物（HF）］的残余产物。因密封渗透、灌装操作不当、内部吸附剂功能缺失、使用油齿轮压缩机等，使得水、空气、油等杂质进入气室。在正常情况下，放置在设备内部的吸附剂会限制 SF₆分解产物的数量。如今，商用设备使用用户能够定期检查气体质量。杂质的限值和种类以及测量方法在上述导则中均有描述。当杂质（水、空气、可水解氟化物、油、CF₄）达到了不可接受的水平时，可采用不同性能的气体处理设备对气体进行循环利用，使气体达到可接受的质量重新充装开关设备气室。除这些"清洁"操作外，对高压设备进行开盖维修时，也需要进行气体处理（见图 23.2）。

氢气、气体分解产物和金属氟化物，通常能被集成在气体处理设备中的分子筛和活性氧化铝的吸附剂吸收。如果空气和/或油的含量达到令人无法接受的水平，最好的选择是联系 GIS 制造商或 SF₆气体生产商，以便获得关于气体处理或循环利用的建议。受污染的吸附剂填料、使用过的防护服等应运至处置厂进行中和或焚烧。强烈建议在所有可能的情况下回收气体，以便尽可能多地重复使用气体。

操作人员应受到良好的培训和告知，应穿戴防护服、呼吸器或带活性炭过滤器的呼吸器。

最大程度的保护是将气体从气室中抽走，并在设备开盖之前用空气或氮气进行清洗，可有效去除气体分解产物。只需要对含金属氟化物分子的粉尘进行防护，此粉末应通过带高效排气过滤器的专用真空吸尘器进行清除。如果人员不得不进入气室，必须确保气室内有足够的新鲜空气进入。

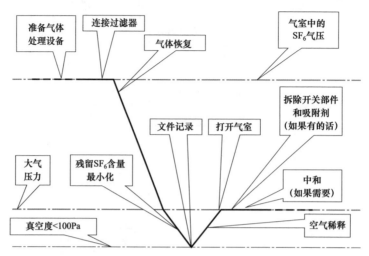

图 23.2　气体取样和装运操作示意图—CIGRE 第 276 号技术报告《SF$_6$循环再利用指南》

## 23.6　用户和制造商提供的信息

### 23.6.1　用户提供的基本信息

用户提供的信息至少应包括以下内容：
- 保存已安装设备的可用文档（技术文档、原理图、报告和试验记录表）。
- 关于开关设备气室信息及填充至最低气压所需的 SF$_6$ 气体。
- 将大小故障（如气体泄漏或电弧故障）告知原始设备制造商。
- 根据最新行业经验，对检修策略和检修实践的更新过程进行规范化。
- 各国的气体运输和储存条件。

### 23.6.2　制造商提供的基本信息

- 用于气体处理、储存、检测和人身防护的推荐附件，包括咨询规范。
- 灌装前 SF$_6$ 杂质的最大允许水平。
- 操作过程中 SF$_6$ 杂质的最大允许水平。
- 可用的测量设备。
- SF$_6$ 处理手册，现场回收和检测流程。
- 可用的气体处理和储存设备。
- 可用配件。
- SF$_6$ 管道连接接头类型。
- 气体系统额定值。
- 运输和储存条件。
- 告知用户维护建议或其他活动的变更（如有）。

# 参考文献

CIGRÉ report No. 163 Guide for SF$_6$ gas mixtures (2000)

CIGRÉ brochure No. 234 SF$_6$ recycling guide (Revision 2003)

CIGRÉ brochure No. 276 Guide for the preparation of customized practical SF$_6$ handling instructions (2005)

CIGRÉ brochure No. 430 SF$_6$ tightness guide (2010)

CIGRÉ brochure No. 594 Guide to minimize the use of SF$_6$ during routine testing of electrical equipment (2014a)

CIGRÉ brochure No. 567 SF$_6$ analysis for AIS, GIS and MTS condition assessment (2014b)

Commission Implementing Regulation (EU) No 1191/2014 of 30 October 2014 determining the format and means for submitting the report referred to in Article 19 of Regulation (EU) No 517/2014 of the European Parliament and of the Council on fluorinated greenhouse gases

Commission Implementing Regulation (EU) 2015a/2066 of 17 November 2015 establishing, pursuant to Regulation (EU) No 517/2014 of the European Parliament and of the Council, minimum requirements and the conditions for mutual recognition for the certification of natural persons carrying out installation, servicing, maintenance, repair or decommissioning of electrical switchgear containing fluorinated greenhouse gases or recovery of fluorinated greenhouse gases from stationary electrical switchgear

Commission Implementing Regulation (EU) 2015b/2068 of 17 November 2015 establishing, pursuant to Regulation (EU) No 517/2014 of the European Parliament and of the Council, the format of labels for products and equipment containing fluorinated greenhouse gases

ELECTRA Magazine No. 274, CIGRÉ SF$_6$ position paper (2014)

IEC 60376 Ed. 2 Specification of technical grade sulfur hexafluoride (SF$_6$) for use in electrical equipment (2005-06)

IEC 60480 Ed. 2 Guidelines for the checking and treatment of sulfur hexafluoride (SF$_6$) taken from electrical equipment and specification for its re-use (2004-10)

IEC 62271-4 Ed. 1 High-voltage switchgear and controlgear - Part 4: Handling procedures for sulphur hexafluoride (SF$_6$) and its mixtures (2013-08)

IEEE Std C37.122.3™-2011 I.E. Guide for Sulphur Hexafluoride (SF$_6$) Gas Handling for High-Voltage (over 1000 Vac) Equipment (2012-01)

Mersiowsky, I.: SF$_6$-GIS-Technology for Power Distribution - Medium Voltage (2003)

Regulation (EC) No 842/2006 of the European Parliament and of the Council of 17 May 2006 on certain fluorinated greenhouse gases

Regulation (EU) No 517/2014 of the European Parliament and of the Council of 16 April 2014 on fluorinated greenhouse gases and repealing Regulation (EC) No 842/2006

Solvay Brochure Sulphur Hexafluoride (2012)

# GIS 的培训、维护和检修

24

Peter Glaubitz，Carolin Siebert 和 Klaus Zuber

## 目录

P. Glaubitz (✉)
GIS Technology, Energy Management Division, Siemens, Erlangen, Germany
e-mail: peter.glaubitz@siemens.com

C. Siebert
Energy Management, Siemens AG, Berlin, Germany
e-mail: carolin.siebert@siemens.com

K. Zuber
Energy Division, Gas Insulated Switchgear, Siemens, Erlangen, Germany
e-mail: zuber.scott@t-online.de

© Springer International Publishing AG, part of Springer Nature 2019
T. Krieg, J. Finn (eds.), *Substations*, CIGRE Green Books,
https://doi.org/10.1007/978-3-319-49574-3_24

## 24.1　操作人员培训

在设备调试和正式验收前，制造商需要对用户相关人员进行 GIS 设备运维知识方面的相关培训。如果条件允许，核心人员可以参与厂内装配和测试及现场组装和检测，从而收益，参考第 24.8 节。

## 24.2　运营方面和售后支持

正式验收后，由用户负责 GIS 的安装。安装和维护规程在第 24.5 节中有详细说明。

售后服务内容应在合同谈判过程中确定，其内容包括但不限于技术服务项目、是否提供随叫即到服务、是否提供备用配件、使用期等。

## 24.3　运维类型

制造商提供的技术规范和/或手册中，必须对以下运维要求进行说明：

（1）操作规程（请见第 16.5 节）。

（2）运行状态监测和诊断设备（请见第 19.2 节和第 19.3 节）。

（3）不同运维方式中关于工作强度、持续工作时间、检修时间和断电的规定（见本节）。

（4）运维必备条件，包括环境气候条件及有无起重和操动机构设备、备用配件、专用工具和附件等。

制造商建议的两种常用检修方式：

（1）不停电检修：对 GIS 设备进行常规巡视或对异常迹象进行查看时可以不断电。

（2）以下两种情况建议进行有规划的定期停电检修：

1）例行检修：在开关合分操作次数未达到开关设计机械寿命且累计关合、开断和通流能量未达到开关设计电寿命时，每隔 5～10 年定期进行一次检修。这种检修不需要打开或拆卸外壳。

2）解体检修：GIS 使用 25 年以上或累积开关操作次数达到机械寿命后应进行解体检修，需要打开气体间隔检查各个零部件情况。

从目前的发展趋势来看，更推荐的是基于状态的检修（CBM），也可称为以可靠性为中心的检修。这种检修类似于有规划的定期检修，但是是否检修的判定标准是 GIS 的状态而不是投运时间或操作次数。GIS 的状态是通过监测设备反馈的信息来判定的。制造商应在 GIS 使用说明书中推荐 CBM 判定所需的参数，并给出判定条件（参考 24.7.2）。

非常规的维护包括修复运维和纠正运维。修复运维包括设备发生故障或故障后的所有工作；纠正运维是为了纠正设备使用中或在其他维修过程中发现的错误，该操作必须在系统中同型号的设备上进行过。

出于服务可用性规划的目的，制造商应向用户提供平均修复时间。平均修复时间关系到是只将被检修 GIS 的单个间隔停电还是应该将与被检修 GIS 相关的线路都停电。

## 24.4　运维策略

GIS 寿命期内的运维工作及相关支出由用户负责。但是用户很有可能缺乏运维经验或电力公司还没有建立运维支撑体系，所以无法形成普适性运维策略，需要具体问题具体分析。用户与制造商或第三方签订合同时应制订相应的运维策略，包括检修类型和需要的配件。制订运维策略时应对以下问题进行约定：

（1）每个变电站所需维护成本约定内容包括以下两部分：废气回收处理和被污染间隔的费用，如果考虑与车间共同建设的话，可能会降低成本。

（2）专业设备：运行中所需测试设备和 GIS 现场安装时需要的特殊设备。

（3）变电站数量：变电站数量越多，实现用户维护的可能性就越大。

（4）用户培训的成本和效果：培训强度及所需的资源和措施。此外，如果培训周期过长或者不定期开展，培训内容是否容易被遗忘。

（5）运维人员期望的设备运行寿命相关约定：从制造商的正常生产线或其他来源生产的组件的可用性、组件所需的所有专业流程。

（6）制造商或第三方所提供设备的可靠性：制造商需承诺为非标设备提供零部件、制造商或第三方是否存在停产的可能、制造商应按照合同约定保证双方约定的设备可靠性，并提供相应服务。

（7）租赁设备及担保：如果用户以租赁的形式使用 GIS 设备，使用期间由制造商负责设备的制造、安装和维护，最后设备的所有权仍归制造商所有（注：通常制造商需要某种形式的长期监管或保险）或者，也可以提供特别的保证，包括延长质保期或增加质保项目。

## 24.5　操作和运维规程

在编制运维规程时应考虑以下内容。

### 24.5.1　操作和维护安全

以下关键部分的正确设计是保证操作和运维安全的基础：

（1）一次回路。

（2）壳体设计。

（3）二次回路（见第 19 章的控制和保护系统，包括所有运行、连锁、监控、发指令和保护的所有功能）。

（4）安全规则和安全培训。

（5）文件编制。

以上内容大部分与 AIS 设计相似，但仍有一些 GIS 特有的设计要求，下面将分别说明。

### 24.5.1.1　一次回路接地原则

检修或故障修复时，一次回路接地规定：

（1）GIS 检修时不需要放气即可实现接地，这就要求在 GIS 检修时所有可能需要接地的位置都安装接地开关，接地开关与其他开关之间需进行电气和机械连锁。可以根据需要，选择具有短路关合能力的快速接地开关和不具备短路关合能力的慢速接地开关。

> 注　在使用不具备短路关合能力的接地开关进行接地操作时，如果操作规程或连锁设计存在错误，有可能会出现使用不具备短路关合能力的接地开关将带电母线接地的情况，这种情况会给设备和运维人员带来危险。这种错误接地操作是绝对不允许发生的。因此，在母线入口必须安装一台具备短路关合能力的接地开关，为了安全起见，在 GIS 中也建议有一些接地开关具备短路关合能力。

（2）在一些变电站的安全操作规程中，要求在导线接地前需要确认其是否已经不带电。敞开式开关中可以使用电压探头来测量。但如果 GIS 上无法连接电压探头，就需要使用具备短路关合能力的接地开关来进行接地操作。

（3）传统的空气绝缘接地开关（在支撑绝缘体上安装的接地刀）或便携式接地宝可以用来给敞开式母线接地。但是在较高电压等级下，不允许只有便携式接地棒这一种的接地设备。

（4）在 GIS 维修或主设备检修时，可能会通过便携式接地设备在一次回路制定位置接地。这种接地方式需要对 GIS 进行放气、拆除检修盖等操作，通常需要执行特殊的安装程序。但是，在通过详细分析设备的不同大修需求、运维工作内容和变电站的扩建可能性之后，可以通过与制造商共同设计，将这种接地方式的使用次数降到最低。

（5）在某些情况下，为了减少检修期间的停电造成的不良影响，允许使用便携式接地设备将被检修的间隔隔离，从而恢复 GIS 的一部分间隔的供电。这种情况下，接地装置的效果类似于隔离开关。

### 24.5.1.2　壳体设计

壳体的设计应符合正压型电气设备设计规则，见第 18.2 节。

所有充气的腔体都必须安装泄压装置（如防爆膜），安全释放内部故障时产生的过高气压。在保护的第一阶段，需要避免壳体烧穿，因此需要保证在壳体过压前，泄压装置就实施保护了。

泄压装置必须安装在运维人员通常不易触碰的地方，泄压装置排气口需朝向通风的方向，避免造成人身伤害。

### 24.5.1.3　安全操作要求

隔离间隙及接地检查：与敞开式隔离开关相比，GIS 的隔离断口封闭在气室内，不易观察合分状态，为了运维安全，很多用户提出了更改设计的要求。如果 GIS 壳体没有安装观察窗，运维人员在进行运维检修工作前就无法通过目视来确定隔离开关或接地开关的合分状态。观察窗虽然可以帮助判断开关状态，但由于破坏了 GIS 壳体的完整性，有可能会导致漏气。在此提醒用户，能在保证壳体耐受 $SF_6$ 压力的前提下才能在壳体设计观察窗。

现在很多用户已经接受了通过外部指示来判断隔离和接地开关的状态。外部指示的设计必须符合 IEC 60694、IEC 62271-100/102/200 中对指示位置和指示方法的规定。

### 24.5.2　开盖的操作和运维流程

在 GIS 整体和主要部件设计时应对母线进行优化配置，保证在对某一设备进行检修维护时，只需对所在间隔断电。制造商应对在 GIS 上不同位置实现此要求提供用户指南。

确定停电的区域范围和停电时间是一个非常复杂的问题，通常取决于变电站的设计和配置。特别需要注意以下几方面的校核：

（1）接线图：母线接线和开关设备的数量设计。

（2）配置和布局：接地开关的结构和安装位置设计，优化横向可拆卸外壳部分。

（3）GIS 气室的气体隔离、内部导电杆和接头的设计以及屏蔽罩的形状和固定方式设计。

（4）巡视检修通道设计。

（5）与变电站其他设备的设计配合。

如果 GIS 壳体的设计和试验符合 IEC 62271-203、CENELEC 或压力容器法规要求，并且绝缘子的设计和试验符合 CENELEC 标准 EN 50089 的最低要求，除了正常的安全操作规程和停电检修规程外，建议增加以下操作规程。

（1）内部未发生过燃弧的气室在常规维护和大修时的解体注意事项：

1）在解体过程中，所有导电部分都必须保持接地状态（可以使用临时接地设备接地）；

2）对气室进行压力释放（回收 $SF_6$ 气体）；

3）确定相邻间隔没有气体泄漏；

4）向间隔内充入一个大气压的新鲜空气；

5）打开间隔并确定间隔内气体循环流畅；

6）对于仍承受气压的盆式绝缘子，应避免对其造成机械破坏，只能通过滑动触点或保护装置进行导体的插拔。

（2）内部发生过燃弧的气室的解体注意事项：

1）所有的安装操作规程在第 23.5 节中有详细的说明，必须严格按照其规定操作；

2）与（1）不同的是，发生过燃弧的子气室在打开前需要对盆式绝缘进行减压操作。

#### 24.5.2.1　气室分隔方案设计

GIS 设备应分隔成足够多的独立气室，以便灵活操作。除运维相关的规定外，基本的气室分隔原则如下：

（1）气体区域的分隔设计应符合高压设备安全保护原则，并满足 GIS 中准确地将发生故障的部位隔离的需求。

（2）与单独考虑操作安全相比，同时满足方便的定位并隔离故障间隔的要求需要设计更多的独立气室。

（3）为了避免发生内部故障时过早的装置降压运行，应减少气体体积较大的气室数量。

（4）断路器应具有独立的气室内。

很明显，这些要求是相互矛盾的。最终解决方案将根据实际需求优化设计决定。

此外，从前用于敞开式开关设计中的仅根据电气接线图设计电路和元件位置的传统设计理念，已不再适用于 GIS 了，因为气室分隔设计不一定与一次元件一一对应。

（1）不得在带电气室中进行 SF$_6$ 充补气及回收操作。

（2）如果必须从装有两个或更多装置的气体室中移除 SF$_6$ 气体，则传统的电气隔离点可能重叠，需要扩大隔离段。

（3）运维检修时，如果需要拆除整个或部分部件应对相关区域的气室进行仔细检查，以确保不会违反有关在加压屏障附近工作的安全标准。通常情况下，如果需要检查或拆除一个主要部件，最好将相邻气室上的气体压力降低至微正压。但是，也存在例外情况，应分别从安全和实际的角度来看待每一个案例。

如上所述，在内部故障期间，仅仅考虑电气功能来决定气室的隔离方案是不够的。考虑到气体绝缘开关设备的设计和运行现场安全规定，必须将一个或多个相邻隔间内的 SF$_6$ 气体压力降低到一定的安全裕度，该气室必须打开才能进行检修维护工作（根据需要相邻隔间也可能要打开）。

显然，压力降低或 SF$_6$ 气体排出后 GIS 的绝缘强度会大幅度下降，如果会因此影响到隔离开关的功能，那么与其串联的隔离开关将代替其功能，相应的，断电区域将被扩大。

其后果是显而易见的：大气 SF$_6$ 或气压下的气室无法发挥其介电功能。如果这个规则影响到一个隔离器，那么另一个串联的隔离器将不得不接管它的功能，并且一个断电区域将被扩展。如果一个间隔内包含的接地开关太多，或者在 GIS 配置中没有安装横向可拆卸的外壳，也可以观察到类似的情况。根据不同制造商的设计、接线图和布局，差别很大。用户必须了解此类 GIS 服务限制，并必须权衡其服务需求及其成本损失。在这过程中需要制造商的协助和优化。

日常维护应避免停电。只有一个回路或一条母线不工作，是大修或维修维护的最佳条件，但需要额外的成本。用户和制造商应就同时停电的线路数量经协商达成一致。对于电网运行至关重要的设备不应位于相邻的 GIS 间隔内。在双母线方案中，母线选择隔离开关的故障不应导致两个母线同时停电。气体绝缘金属封闭开关设备的供应范围必须包括盖子和防护罩，以允许在移除某些电源部件的情况下操作母线或电路。应在制造商手册中描述（交付）在不同 GIS 隔间（以及必要时的专用工具）实现特定条件的方法。

注　如果满足 CENELEC 绝缘体标准（EN 50089），则无需在相邻室中降低压力。必须始终避免对绝缘体中的盆式绝缘子造成机械冲击。

### 24.5.2.2　检修通道

有一个问题需要确定，即工作人员在常规操作时是否需要高空作业。由于技术的发展，外部指示器已经准确且安全，所有常规操作功能都可以在地面执行。尽管如此，从地面执行所有操作的要求提高了设备（气管道、电缆等）的额外成本。由于 GIS 手动操作频率极低，因此这些额外成本似乎不合理。同样，永久安装的梯子或走道等设备的额外成本也是如此。

气室的隔离和互连设计直接影响到运维检修通道中的 SF$_6$ 充气孔布置，在 18.2.2 中有详细说明。

一般来说，设计时应使测量仪表方便读数、充气点便于操作充气和抽气。但是从气密性方面考虑来看，应尽量减少管道数量和长度。这是因为将充气点引至地面时，需要安装额外的管道和气路连接装置，而这些管道和连接装置本身可能会导致泄漏。考虑到现在设备的漏气率已经很低，并且在设备正常使用寿命期间很少需要充补气，则可以通过可运输的平台或类似的临时充补气装置进行充补气。最终的设计方案必须由用户和制造商共同协商确定。

如果在最初设计时考虑到后期维护拆卸的可能，则运维成本会相对较低。使用户内 GIS，标明设备解体的关键部位、提供起重机或专用的起重和装卸设备以及适当设计的支撑钢结构，将降低整体运维难度。使用标准化的组合式结构替代非标准的设计是降低 GIS 较高的停电成本的一个最有效的解决办法。将气室和配件的设计标准化可以使维护过程变得灵活快捷，也可以降低运维成本。

### 24.5.3 变电站设备

#### 24.5.3.1 机构和附件

与安装 GIS 相同，操作和维护工作同样需要起重机或起重工具、专用工具和配件等。某些附加配件的数量取决于用户的运维策略（参见第 24.4 节）制造商和用户通过协商达成一致。当然，一些通用设备是 GIS 变电站必须配备的，如气体泄漏检测器、$SF_6$ 气体净化装置、备用气体、准确的压力计和操作专用工具（如手柄等）。另外，$SF_6$ 服务工程车、湿度和分解物探测器，以及用于维修或主要维护的专用工具，可由多个 GIS 变电站共用或根据制造商的要求配备。必须注意确保适配器的可用性，以确定可以用于不同类型或品牌的 GIS。不应忽视在出现紧急故障时可能会需要的附件和工具的日常维护。

#### 24.5.3.2 备品库存

系统可承受的风险水平决定了用于维护和修理目的的备品数量，这意味即使有备品系统依然存在着发生故障的可能性。这种可能性取决于设备故障率、维修或更换时间以及正在运行的 GIS 变电站数量。

更主观的方法是基于用户和制造商的经验。在这种方法中需要考虑以下因素：

- 设备可靠性；
- 设备的运行条件（即运行参数高、户外、频繁操作等）；
- 原始制造商厂址与设备的相对位置；
- 备品更换交货周期；
- 持有备品的资本成本；
- 设备的战略重要性；
- 设备的使用年限。

如有需要，制造商应提供不需要复杂组装即可使用且只能在工厂内使用的备品。

#### 24.5.3.3 备品管理

相对于对于单个用户购买、储存和维护综合备品的传统方法，GIS 用户需要一种新的备品管理方法，因为在设备的寿命周期中，可能永远不需要大部分很关键但又很昂贵的零件。可考虑的另一种选择是通过以下方式储备备品：

- 位于可服务地理区域内的相似用户共享备品；
- 多个用户共享与制造商的维护服务。

如果用户不打算储存过多备品，用户则应与制造商商议备品的可用存放周期应超过设备预期生产寿命。

对于地理位置较远或采购和进口受限制的地方，建议本地存储关键部件（尤其是断路器、隔离开关、接地开关或操作机械等开关设备的主要部件）。由受过培训的专业操作员进行紧急维修实现临时恢复使用，直到完成全部维修工作。

## 24.6 关键绝缘结构故障后的特殊检修

一般情况下，GIS 发生重大故障的概率很低，但一旦 GIS 出现运行故障，对于系统的影响就很严重，因此在最初的设计中，应在故障预防和快速故障清理方面进行重点设计。故障可以通过使用设备状态监测和诊断技术来预防，目前也正在研究故障的早期诊断技术，并简化在可控状态下更换潜在故障部件的过程、条件。在故障起始的数十小时内，故障的定位、排查、部件更换和恢复供电所需要的时间、人力和物力将迅速增长（取决于 GIS 的复杂性、尺寸和结构）。GIS 所在的地理位置也会影响维修时间，如与制造商的距离、海关清关时间等。在这种情况下，通常需要制造商的协助，制造商的响应时间应事先商定。

故障定位方面应特别注意。与所有 GIS 设计一样，在设备初期设计阶段必须与制造商讨论故障定位的设计方案。如果无法从外部找到故障部位（如泄压装置动作或气压降低），常用的电气继电器（保护系统）只能提供实际故障位置的大致信息，仅限于其功能所覆盖的区域。确定故障气室的规格通常需要采取特殊措施，其精确度取决于技术经济优化配备，通常需要制造商的指导。

可以采取以下措施来进行故障定位，从而将断电时间降至最低：具有监控（记录）功能的先进保护继电器、内部在线监测系统、气体成分监测设备、电压监测设备、光学传感器、温度传感器、电磁故障定位系统、超声探测器等。

应特别注意 $SF_6$ 的回收和处理。燃弧后会有 $SF_6$ 分解物产生，泄压装置启动后也会有 $SF_6$ 分解物产生。有关 $SF_6$ 处理，请参见第 23 章了解回收程序。

为了在大修之后确认 GIS 的绝缘强度，建议对变电站受影响部分的进行耐压测试。可能需要进行耐压测试的工况有：

- GIS 因绝缘故障进行修复后；
- 更换关键出厂原配部件后；
- 在线监测设备显示 GIS 内存在局部放电。

在已经投入使用的 GIS 上，重复进行耐压试验是一项昂贵而复杂的工作。因此，必须根据制造商的建议，仔细评估复验的必要性，以及不进行复验的风险。通常与气体绝缘开关设备相关的定期维护或检修程序，不需要再进行耐压试验。

## 24.7 基本信息和额外建议

用户应特别注意以下附加数据：

- 年均操作次数；
- 操作工况，如进行母线倒闸操作；
- 投切感性或容性负载。

### 24.7.1　由用户和制造商提供的信息

用户在其询价中给出的参数需求和制造商在标书中给出的设备可用于系统规划和特定GIS 设计的技术经济优化，它们应包括以下内容（标记*为必须提供的数据）。

（1）用户提供的设备成套参数：

1）*运行环境；

2）*断路器的预期年平均动作次数以及工况（如开断母线转换电流、开断容性电流或其他特殊工况）；

3）*预期设备状态监测规范；

4）*用户已有的状态监测设备和监测方法说明；

5）*用户已有的或希望使用的辅助设备参数说明；

6）*运维检修期间的最大操作权限。

（2）制造商需要向用户提供的数据：

1）*推荐监测方法及其对 GIS 设计的影响；

2）*监测测量的解释，即数据如何能够评估设备状况，以及对应不同的异常情况应采取的行动；

3）*不同类型维护或维修工作所需的周围条件；

4）*不同类型维护工作的基本说明、维护周期、维护内容、操作规范，以及完成维护所需的时间；

5）*特殊设备的要求，如起重和操动机构，进入检修区域和拆卸安装所需的特殊工具、附件和备品；

6）维护和大修（解体）对应的服务条款和故障定位方法说明；

7）GIS 可靠性数据，例如，轻微和严重故障率以及轻微和严重维修平均时间；

8）提供长期服务和维护合同；

9）适用于长期备品供应的条件；

10）为用户员工提供培训。

### 24.7.2　给用户和制造商提出的额外建议

由于运维的有效性主要取决于制造商的设计制造和用户的实施，因此希望以下遵循依据IEC 62271-1 提出的建议。

#### 24.7.2.1　对制造商的建议

操作手册是用户有效运维检修的关键。除了常规内容外，还应包括显示基本部件的整体结构和内部结构图，以及装配、拆卸的精确说明和推荐程序。操作手册应详细、准确；但是，制造商提交的操作手册的内容可能因用户的运维策略而异。如果合同中规定由制造商或第三方负责设备维护（包括紧急维修），则操作手册可能仅限于有关检查和/或常规预防性维护的标准信息。如果是在极端情况下，用户需要自己的员工来完成所有操作和维护检修工作，就需要非常详细的操作手册。用户可能要求在备件订购、编码和统一手册系统方面符合制造商的标准程序。

制造商提供的操作手册，至少包括以下信息：

（1）检修的项目和频率的确定需要考虑开关操作次数、开断电流、关合电流、寿命、污秽等级、诊断和监测设备（如有）。

（2）检修工作的详细说明，即不同检修类型的程序、参考图纸和设备编号、机构润滑程序、特殊设备和工具的使用、现场检修条件以及安全规定。

（3）详细的 GIS 装配图纸，可以清楚地识别组件、子组件和重要部件的维护极限值，并显示公差，当超过该公差时，需要采取纠正措施。

（4）检修维护中使用材料的相关规定，包括材料不相容性警告（油脂、油、液体、清洁剂和脱脂剂）和工作人员健康警告。

（5）推荐的备品及其储存条件。

（6）合适的检修计划时间表。

（7）考虑到环境要求，提供如何在设备寿命结束后继续使用设备。

（8）对于定制的非标 GIS，制造商应将可能出现的系统缺陷和故障以及所需的纠正措施告知用户。

（9）特殊定制的 GIS 质保期应不少于 10 年。

#### 24.7.2.2　对用户的建议

如果用户希望使用其员工进行运维检修工作，他们应确保其员工熟练掌握相关的 GIS 类型的详细知识，才具备运维检修资格。

用户应至少记录以下信息：

- GIS 序列号和类型；
- 安装调试日期；
- GIS 的整个使用寿命内的所有测量和测试、诊断和监测的结果；
- 运维检修工作的日期和项目；
- 操作历史、操作计数器和指示的定期记录；
- 所有故障报告的引用参考；
- 气体库存和消耗。

如果出现故障和缺陷，用户应作出故障报告，并将情况说明和采取的措施通知制造商。根据故障的性质，认定是否为家族缺陷。

## 24.8　常规培训

常规培训的对象是定期直接参与 GIS 操作的用户员工。根据工作人员已有的知识，可以适当删除以下议程的部分内容。

- 电气接线图：电气功能、与电气功能相对应的气室划分；
- 机械结构：每个主设备的剖面图和细节、变电站基建设计图、与非 GIS 设备和土建工程的接口；
- $SF_6$ 气体：新气物理参数、纯度和湿度规定及测量、充补气程序、变电站气压曲线、气压校正及密度监测、发生燃弧后气体的物理特性、安全性和操作注意事项；
- 接地系统：审核 GIS 接地系统设计要求、项目中特有的 VFTO、外壳电位升和循环电流的判断和抑制措施；

- 操动机构：操作规程，就地、远方和紧急操作指南；
- 控制系统：连锁和报警规则、审查示例示意图和面板布局。

## 24.9  安装培训

本部分培训仅适用于用户的员工安装新设备或进行现有 GIS 的扩建，由制造商的专家进行培训，内容包括但不限于：安装程序和实践的总体概述、安全规程、质保项目和程序、现场调试测试程序和结果评估。

## 24.10  操作和运维培训

操作培训以常规培训为基础，包括正常的操作预防措施。检查和维护（不包括开关元件的维护）以及故障情况下的基本操作。

- 操作：远方、就地操作指南、内置连锁操作限制、单个部件（如接地开关、隔离开关）的操作限制；
- 巡检/维修：审核巡检维修时间表、讨论和建议维护任务分配和所需特殊培训、运维附件和工具的使用、带电充补气操作；
- 故障处理：控制系统的实际故障排除演示、GIS 主设备的早期故障定位技术、早期故障纠正的推荐程序、较大故障的定位、隔离以及可能修护的建议措施；
- 安全操作：GIS 操作应符合与用户已有的安全操作规范、GIS 操作和检修应符合 GIS 的安全操作规范。

## 24.11  专业培训

专业培训取决于用户的运维策略。用户在制造商不提供现场支持的情况下进行重大检查和维护或对处理重大故障之前必须进行专业培训，以确保检修处理后的 GIS 质量和可靠性。培训应包含以下内容：

- 气体回收处理设备的使用；
- 高压测试设备的使用；
- 断路器和隔离开关的拆卸检修；
- 气室内开关元件的维护；
- 严重故障后的干预流程和安全措施；
- 报废操作（包括拆卸流程、对模块在其他装置中再利用或成为备件的评估、回收处理措施）。

进行上述操作的用户需要意识到这些操作不常进行，操作前应细致地掌握最新知识与技能。

或者，由制造商来进行上述工作，他们拥有经验丰富的专家，能够保证 GIS 维修后的可靠性与出厂的新产品相当。

## 24.12 用户和制造商提供的信息

### 24.12.1 用户提供的基本信息

- 维修方案，如由用户选择的检修类型；
- 参与培训人员的专业背景及人数；
- 对用户现场工作人员的常规培训程序；
- 特别训练要求；
- 培训语言；
- 签证和劳工条例。

### 24.12.2 制造商提供的基本信息

- 标准培训程序和内容；
- 制造商的培训设施；
- 建议的培训计划［安装和服务期（再培训）］；
- 可用的培训语言；
- 培训文件；
- 制造商工厂培训的签证要求。

# GIS 变电站工程实施

## Peter Glaubitz，Carolin Siebert，and Klaus Zuber

## 目录

## 25.1  项目立项

　　新建变电站项目是为了满足电网对一个或多个开关功能的新需求。为了满足对电力、对一般居民供电或工业供电、对特定区域系统可用性日益增长的需求，存在提高发电量和变压器容量的需求。

P. Glaubitz (✉)
GIS Technology, Energy Management Division, Siemens, Erlangen, Germany
e-mail: peter.glaubitz@siemens.com

C. Siebert
Energy Management, Siemens AG, Berlin, Germany
e-mail: carolin.siebert@siemens.com

K. Zuber
Energy Division, Gas Insulated Switchgear, Siemens, Erlangen, Germany
e-mail: zuber.scott@t-online.de

© Springer International Publishing AG, part of Springer Nature 2019
T. Krieg, J. Finn (eds.), *Substations*, CIGRE Green Books,
https://doi.org/10.1007/978-3-319-49574-3_25

上述两种需求的解决方案都将包括需要新的开关，无论是发电厂的新开关设备、新变电站，还是 AIS 或 GIS 类型的旧开关设备的扩展。此外与电网运行相关的其他需求也可能需要增加新的开关，如安装一个电抗器或电容器组等。

项目启动前，需要确定的一个关键参数是变电站的位置。因此，应计算项目的全部预算成本，包括场地成本、建筑成本、连接线不同方案的成本等。在"电网规划设计阶段"开关设备是必须的，因此，首先需要设计的就是一个 GIS 变电站。

系统工程师是变电站设计的关键负责人，他们的任务是向负责规划和建造变电站的工程师提出他们对开关功能和电压等级的需求。在提出需求的同时，应提交一份初步的电路接线图，显示主要功能和电压等级。

为了保证服务连续性，应该额外注意计划安装的功能。IEC 62271-203 附录 F 规定了作为操作人员要求与制造商一起讨论的特性。要实现在设计、运营需求、功能和经济效益方面的最优化设计。根据附录 F 建议进行的评估也可能在 GIS 服务期间提供预期的收益，以便延长、修改和维护措施。

## 25.2 工程规划

在购买和安装 GIS 之前，需要根据最终用户来确定该站目前和预计的未来配置。在此过程中，还应考虑电气和物理参数以及由变电站位置决定的所有限制条件。每个用户需要审查其运维流程，以确定从 AIS 过渡到 GIS 时是否需要修改。这些决定应记录在技术规范和图纸中，以便潜在供应商为项目提供详细的技术预案和商业建议。

## 25.3 对 GIS 工程建设施工的规划

审慎而完整的施工方案（包括将来增加类似设备的考虑）至关重要，以便能审阅施工的各方各面。在大多数情况下，设备的预装配部分和制造厂商的说明书确定了装配顺序。施工设计遵循图 25.1 所示的流程。

## 25.4 现场准备

无论室内或室外施工，在 GIS 设备施工前，周围的基础设施或空间围护都应该完成，并已做好所有准备工作。GIS 施工时，应确保同期没有土建工程建设类似的项目同时进行。GIS 施工的一个重要因素是清洁度。GIS 设备的长期可靠性很大程度上取决于施工过程中保持的清洁度水平。保持清洁度可以通过现场搭建可清洁的工作区来实现。GIS 手册和制造商建议中的现场环境要求非常重要。

现场施工开始前，客户和 GIS 制造商在现场施工开始前进行的启动检查可确保并记录所要求的条件。

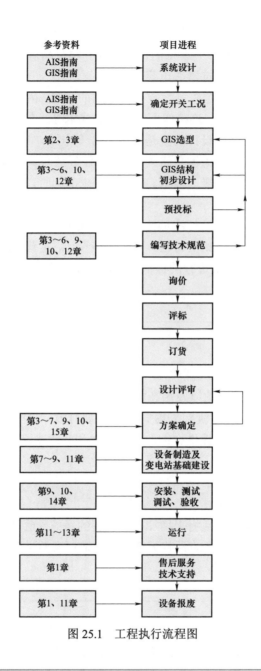

图 25.1　工程执行流程图

## 25.5　新 GIS 的安装

GIS 的整个安装过程可能持续好几个月，在此期间，与项目相关的其他活动应同步进行。项目责任方之间工作的协调配合是十分必要的，尤其是与高压电力变压器和高压电缆连接的接口。在协调上花费时间有助于确保安装过程中的停工次数最少。尽管如此，停工仍时有发生，各方都必须有一定程度的灵活性。制造商为每一个 GIS 都量身定制了安装程序。

## 25.6  GIS 扩建施工

现有 GIS 变电站的扩建施工对制造商和工作操作人员都提出了特殊要求。这些要求通常不适用于新 GIS 变电站的施工，IEEE C37.122.6 导则详细介绍了这些要求。

一般来说，在现场扩建过程中，要求现有开关设备保持原状。扩建后现场各部分的可用性和供电连续性必须经过验证。IEC 62271-203 附录 F 给出了有助于讨论和项目筹备的观点。针对人身安全和设备安全的项目步骤和流程说明也至关重要。

## 25.7  设备通道

结构支架、检修平台、梯子、楼梯、电缆沟、管道和其他由制造商提供的操作和维护所需的辅助设备应纳入设计中，详见 IEEE C37.122。

## 25.8  招投标准备

当所有必要的初步设计和预招标已经完成，所有设备的基本参数都已确定，这些信息将成为招标的技术部分的基础。

事实上，通过将所有相应分章中的"用户和制造商提供的信息"部分结合起来，基本上可以获得招标的"技术规范"。

发送最终询价时，应确定提交最终报价所需的所有信息。这一目标是通过进行充分的初步调查得以实现的，如有必要也包括进行预招标。应允许制造商对布局设计提出备选方案（见第16.1 节）。

## 25.9  相关标准

开 关 设 备 通 用 条 款

| | |
|---|---|
| IEC 60694 | 高压开关设备和控制设备标准的通用规范 |
| IEC 62271-1 | 高压开关设备和控制设备  第 1 部分：通用规范 |
| IEEE Std.C37.100 | 电力开关设备的 IEEE 标准定义 |
| IEEE C37.100.1 | IEEE 高压通用要求标准 |
| IEC/TS 60815-1 | 污秽条件下绝缘子的选型标准 |
| IEC 60071 | 绝缘配合  第 1 部分：定义<br>第 2 部分：应用指南 |

52kV 及 以 上 GIS 系 统

| | |
|---|---|
| IEC 62271-203 | 高压开关设备和控制设备  第 203 部分：额定电压 52kV 以上气体绝缘金属封闭开关设备 |
| IEEE Std. C37.122 | 额定电压高于 52kV 的高压气体绝缘变电站标准 |
| EN 50089 | 金属封闭充气高压开关设备和控制设备用树脂浇注隔板 |
| IEEE C37.122.6 | 额定电压大于 52kV 的现有气体绝缘变电站中新气体绝缘设备接口的推荐实施规程 |

高 压 断 路 器

| IEC 62271-100 | 高压开关设备和控制设备　第 100 部分：高压交流断路器 |
|---|---|
| IEC 62271-101 | 高压开关设备和控制设备　第 101 部分：合成试验 |
| IEEE Std. C37.04 | 基于对称电流的交流高压断路器 IEEE 标准额定结构 |
| IEEE Std. C37.06 | 在对称电流基础上额定的高压断路器：首选额定值和相关要求能力 |
| IEEE C37.09 | 基于对称电流的交流高压断路器的 IEEE 标准试验程序 |

隔 离 和 接 地 开 关

| IEC 62271-102 | 高压开关设备和控制设备　第 102 部分：交流隔离开关和接地开关 |
|---|---|
| IEEE Std. C37.122 | 额定电压高于 52kV 的高压气体绝缘变电站标准 |

电 子 式 互 感 器

| IEC 60044 ff. | 电子式互感器<br>（电流/电压互感器） |
|---|---|
| IEC 61869 ff. | 电子式互感器<br>（电流/电压互感器） |

信 号、控 制

| IEC 61850 | 电力公用事业的通信网络和系统 |
|---|---|

附 件

| IEC 62271-209 | 额定电压为 72.5kV 及以上的气体绝缘金属密封开关设备的电缆连接 |
|---|---|
| IEC 62271-211 | 额定电压 72.5kV 及以上 GIS 与电力变压器的直接连接 |
| IEC 60099-4 | 避雷器　第 4 部分：无间隙金属氧化物避雷器 |

接 地

| IEC 61936 | 交流电压超过 1kV 的电力装置　第 1 部分：通用规则 |
|---|---|
| EN 50522 | 1kV 以上交流设备接地 |
| IEEE std. 80 | 交流变电站接地安全指南 |

Cigré 技 术 报 告

| No 150<br>No 513 | 高压可靠性国际咨询 |
|---|---|
| No 525 | 基于局部放电诊断的 GIS 缺陷风险评估 |
| No 213 | 变电站接地系统工程指南 |

CIGRE Green Books

第 **D** 部分

## 混合式开关设备变电站和气体绝缘线路

◈ Tokio Yamagiwa

# 混合式开关设备变电站（MTS） **26**

Tokio Yamagiwa 和 Colm Twomey

## 目录

---

## 26.1 MTS 介绍

技术成熟的气体绝缘金属封闭开关设备（GIS）和空气绝缘开关设备（AIS）为公众提供安全可靠的电力。

---

T. Yamagiwa (✉)
Power Business Unit, Hitachi Ltd, Hitachi-shi, Ibaraki-ken, Japan
e-mail: tokio.yamagiwa@gmail.com

C. Twomey
Substation Design, ESB International, Dublin, Ireland
e-mail: Colm.Twomey@esbi.ie

© Springer International Publishing AG, part of Springer Nature 2019
T. Krieg, J. Finn (eds.), *Substations*, CIGRE Green Books,
https://doi.org/10.1007/978-3-319-49574-3_26

基于 AIS、GIS 或两者结合的新型高压开关设备部件已经研制成功。混合技术开关设备（MTS）是一种由各种高压元件组成的介于 AIS 与 GIS 之间的开关设备，它作为一种可行的解决方案引入高压市场。这些解决方案通常用于替换和/或升级敞开式变电站（空气绝缘）或更早期的气体绝缘变电站，因为它们占用空间更小，所需停电时间也更少。这些部件已经在全世界使用了多年，因此可为潜在用户提供大量的经验。

一些制造厂研发了源自 AIS 或 GIS 的开关部件，这些部件可以按照不同的结构进行装配来实现 MTS 的开关和控制功能。本章讨论组成一个装配单位的比较常见的方法。

CIGRE WG B3.03 出版了室外交流变电站设计导则（CIGRE 第 161 号技术报告，2000），范围仅限于 AIS。WG B3.02 出版了一份指南，涵盖了额定电压为 52kV 及以上的 GIS 专用的所有要点（CIGRE 第 125 号技术报告，1998 年）。

以前的指南中关于系统需求、网络考虑和变电站需要的一般章节涉及了 MTS 以及 AIS 和 GIS 变电站（因为 MTS 模块设计最初来源于 AIS 和/或 GIS 部件）。下面的评估将有助于决定哪种技术将是变电站项目的最佳方案。

总的来说，在开关设备解决方案中有一种趋势，就是为户外使用提供更紧凑、更完备的气体绝缘方案。

高压开关设备的设计技术可以分为以下三类：

● 传统的 AIS 方案；
● 传统 GIS 方案（适用于室内和室外）；
● 紧凑型 AIS 或 GIS 或混合开关设备方案（主要用于户外）（见图 26.1）。

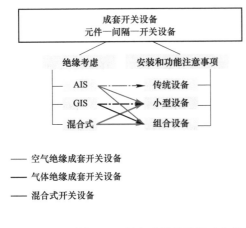
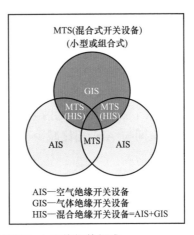

图 26.1 混合式开关设备（全线路连接）由开关部件组成

本章使用的术语主要依据 IEC 60050 的定义（如适用）或根据相关 IEC 产品标准（有时根据本章的具体使用进行修订）以及 CIGRE 以前的出版物。

本章根据以下逻辑结构对高压设备进行描述，从单个部件开始，以一个完整的变电站结束，如图 26.2 所示

元件-间隔=装配的组件-开关设备
=装配的间隔-变电站

本章介绍混合式开关设备的以下术语：

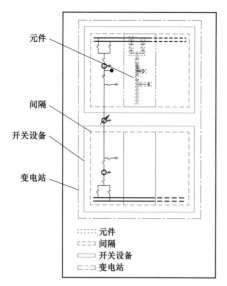

元件

间隔

开关设备

变电站

> ┈┈ 元件
> ╔══╗ 间隔
> ▭ 开关设备
> ╔══╗ 变电站

图 26.2　高压设备从单元件到完整变电站的逻辑结构

（1）绝缘技术包括以下三项：

- 空气绝缘开关设备（AIS）；
- 气体绝缘开关设备（GIS）；
- 混合绝缘开关设备（HIS）。

注　在 GIS 和 AIS 的缩写中，"S" 常作为"变电站"。在本文件中使用 IEC 定义，"S" 为开关设备。

（2）设计和功能为：

- 传统紧凑；
- 多功能。

（3）本章所述的混合式开关设备关注以下组合：

- 采用紧凑和/或组合设计的 AIS；
- 组合设计的 GIS；
- 紧凑和/或组合设计的 HIS。

CIGRE 联合工作组 JTF B3.02/03 的目的是提出建议，使术语更加清楚和准确，并为将其引入标准化文件奠定基础［本报告载于 CIGRE WG B3.20 技术报告（CIGRE 第 390 号技术报告，2009）］。

因此，为了避免误解，建议的定义分为两部分：一部分根据绝缘技术（见 26.2.1）；另一部分根据功能（见 26.3.1）。

为什么使用 MTS？

研发 MTS 的驱动力是不断变化的能源供应的需求。在解除管制的情况下，电网公司的经济压力要求设备具有最低的使用周期成本、高可用性（通过具有灵活安装更换的高可靠性产品来实现），以及具有扩建现有变电站的紧凑解决方案。最后，开关设备制造厂需要从"设备供应商"转变为"解决方案供应商"。

图 26.3 展示了采用 AIS、GIS 和 MTS 技术，在相同的单线图下，相同的 420kV 开关布置，所需要的空间与 AIS 相比减少了 90%。这一减少为新建变电站或扩建变电站增加间隔提供了必要的空间。

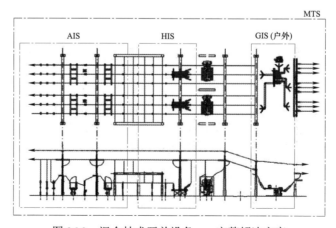

图 26.3　混合技术开关设备——完整解决方案

总的来说，由于采用模块化的布局，MTS 也比 AIS 或 GIS 设备提供了更高的布局灵活性。单线图可以很容易地改进，甚至可以在使用相同的空间时增加间隔的数量，从而在不超出空间限制的情况下有效地扩展现有变电站。

这是"为何使用 MTS"的原因之一（见图 26.4）。

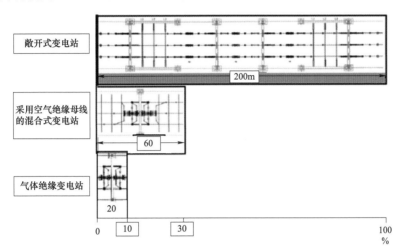

图 26.4　两个 420kV 断路间隔下 AIS、GIS 和 MTS 所占空间对比

## 26.2　AIS、GIS 和 MTS

### 26.2.1　绝缘技术

第 26.2 节中提到绝缘技术，使用第 26.1 节中定义的下列术语：

部件—间隔—开关设备：从绝缘和外壳设计的角度对这些部件进行了评估，它们既可以是气体绝缘金属封闭的开关设备技术设计，也可以是外部绝缘开关设备技术设计。

为了简化第 26.2 节的定义内容，引入了下列缩写：

● GIS 技术——用于气体绝缘金属密封开关设备部件的技术设计；

● AIS 技术——用于敞开式变电站开关设备外绝缘的技术设计。

变电站的主要技术设计（部件间隔）如下（见表 26.1）：使用 AIS 或 GIS 组件技术或这些技术的某种组合，可以使用各种组件（单线图安排和布局）来优化安装、操作、空间和寿命周期成本。至少在理论上可以用于室外或室内。

表 26.1　变电站主要技术设计

| 技术设计 | 绝缘 | 绝缘介质 | 外壳 |
|---|---|---|---|
| AIS 技术 | 外绝缘[a] | 空气 | 无外壳或高电压外壳（瓷或复合绝缘子） |
| GIS 技术 | 内外绝缘 | $SF_6$ 或 $SF_6$ 混合气体 | 有效接地的金属外壳 |
| MTS 技术 | 外绝缘[a] | $SF_6$ 或 $SF_6$ 混合气体、空气 | 综合上述几种外壳 |

[a] 内部绝缘可以是空气、$SF_6$、油、树脂或其他各种绝缘介质。

### 26.2.2　AIS、GIS 和 MTS 定义

表 26.2 给出了 AIS、GIS 和 MTS 的定义。

以下给出了表 26.2 定义中的两个例外，一般来说：在 MTS 中，AIS 和 GIS 技术是混合的，有两个例外：

- 如果 AIS 技术中唯一的部件高压连接端是架空线、电缆或变压器，则将视为 GIS。
- 如果 GIS 技术中唯一的部件是罐式断路器，则视为 AIS。

任何其他组合被认为是 MTS（如只有母线是 SF$_6$ 绝缘的，或金属封闭气体绝缘断路器包含附加的设备如互感器或接地开关）。

表 26.2　　　　　　　　　　　　　　　　　AIS、GIS 和 MTS 定义

| 技术方案 | 定　义 |
|---|---|
| AIS<br>技术 | 开关设备全部采用 AIS 技术部件<br>只在罐式断路器间隔的变电站，也被视为 AIS 变电站 |
| GIS<br>技术 | 开关设备的所有间隔完全由 GIS 技术部件组成，只有高压引出线、架空线、电缆、变压器、电抗器和电容器有空气外绝缘 |
| MTS<br>技术 | 由 GIS 和 AIS 技术组件组合而成的开关柜；开关柜，包括一些由 AIS 技术组件组成的间隔，以及一些由 GIS 技术组件或 AIS 和 GIS 技术组件的组合组成的间隔 |

### 26.2.3　AIS、GIS 和 MTS 适用性评估

表 26.3 是对额定电压 52kV 及以上的 AIS、MTS 和 GIS 三种技术的各种特性适用性的综合比较评价。更多详情请参阅 CIGRE 第 390 号技术报告（2009 年），该部分内容对不同类型开关设备的评估进行了解释。

由表 26.3 可知，定性评价的分值如下：

"symbol"："point"

"++"："+ 10",

"+"："+　5",

"0"："0",

"-"："- 5",

"-"："- 10"

将所有评价结果相加，总得分为 AIS=165，AIS：MTS=315，GIS=215。

将这些结果归化为 AIS 为 100 的基值时，MTS 和 GIS 的结果变为 MTS=190 和 GIS=130。这意味着 MTS 大约是 AIS 评分的两倍，是 GIS 的 1.5 倍。

值得注意的是，MTS 具有表 26.3 中特殊优点：（1）位置、（4）施工、（7）现场操作时间、（9）适用性、（11）灵活性和（14）寿命周期成本。

MTS 得分较低的领域是（3）工程和（10）试验。

表 26.3　　　　　　　　　　AIS、MTS 和 GIS 三种技术特性总结

| 不同特性 | AIS | MTS | GIS |
|---|---|---|---|
| （1）位置 | | | |
| 郊区户外 | ++ | + | — |
| 城市户外 | 0 | ++ | + |
| 户内 | - | + | ++ |
| 地下 | — | + | ++ |
| 箱内 | — | ++ | ++ |
| （2）设备设计与制造 | | | |
| 设计和评估 | ++ | 0 | + |
| 材料（*结合设备） | + | +（-）* | + |
| 制造过程与质量控制（仅从制造角度） | ++ | + | - |
| 制造过程及制造安装质量控制（从现场调试的角度） | - | + | ++ |
| （3）工程 | | | |
| 项目的复杂性 | ++ | + | 0 |
| 计划安排 | 0 | 0 | 0 |
| 执行进度 | 0 | + | ++ |
| 单线图 | 0 | 0 | 0 |
| 标准 | + | 0 | + |
| 基础布置 | - | + | ++ |
| 土建布置和接地 | + | - | + |
| 二次方案 | ++ | + | 0 |
| （4）建设 | | | |
| 选址 | ++ | + | - |
| 运输和存储 | - | + | ++ |
| 土建工程（基础） | + | 0 | - |
| 工作人员 | + | + | - |
| 安装 | - | + | 0 |
| 对现役设施的影响 | + | + | - |
| 调试 | + | ++ | - |
| （5）对环境的影响 | | | |
| 美学 | - | 0 | + |
| 自然 | - | 0 | ++ |
| 噪声 | 0 | 0 | + |
| 泄漏 | - | 0 | - |
| EMF/EMC | 0 | 0 | ++ |
| （6）受环境的影响 | | | |

续表

| 不同特性 | AIS | MTS | GIS |
|---|---|---|---|
| 气候条件（*室内应用） | 0 | +（++）* | +（++）* |
| 污染（*室内应用） | 0 | 0（++）* | 0（++）* |
| 腐蚀（**气候控制室） | 0 | 0 | +** |
| 地震环境 | 0 | + | ++ |
| （7）现场时间 | | | |
| 准备时间 | 0 | + | 0 |
| 运输时间 | - | + | ++ |
| 安装时间 | - | ++ | 0 |
| 调试时间 | ++ | + | 0 |
| 维修时间 | ++ | + | 0 |
| 维护时间 | ++ | + | 0 |
| （8）运行维护 | | | |
| 控制（*用于多功能 MTS） | + | 0（-）* | 0 |
| 状态监测 | - | 0 | + |
| 期望寿命 | + | + | + |
| 退役和处置 | 0 | 0 | - |
| 更换部件 | ++ | + | - |
| 对制造厂（OEM）的依赖 | ++ | + | - |
| 对专业知识的依赖 | ++ | + | - |
| （9）适用性 | | | |
| 可维护性 | - | + | ++ |
| 平均维护时间 | + | ++ | 0 |
| 可靠性（*室内应用） | 0 | + | +（++）* |
| 平均修理时间 | + | ++ | 0 |
| 工具、气体处理 | + | 0 | 0 |
| （10）试验 | | | |
| 型式试验 | + | 0 | ++ |
| 常规试验 | + | 0 | ++ |
| 现场试验 | ++ | + | 0 |
| 试验设备 | ++ | + | 0 |
| （11）灵活性 | | | |
| 可扩展性 | ++ | ++ | 0 |
| 用于扩建 | 0 | ++ | + |
| 升级/更新现有变电站（*最高 245kV） | - | ++ | +* |
| 升级/更新现有变电站 | + | ++ | - |

续表

| 不同特性 | AIS | MTS | GIS |
|---|---|---|---|
| 流动/或临时装置 | + | ++ | - |
| 新建变电站 | + | + | + |
| （12）人员安全 | | | |
| 服务时受伤风险 | 0 | + | ++ |
| 维护时受伤风险 | ++ | + | 0 |
| 重大事故时受伤风险 | 0 | + | ++ |
| （13）物理安全 | | | |
| 反恐安全 | 0 | + | ++ |
| 防止破坏 | 0 | + | ++ |
| 金属防盗 | 0 | + | ++ |
| （14）寿命周期成本 | | | |
| 购买成本 | ++ | 0 | - |
| 持有成本（*受个别公共条件影响较大） | 0* | ++* | +* |
| 处理成本 | - | 0 | 0 |

符号解释：

"++" 表示该技术绝对优势；

"+" 表示该技术具有优势；

"0" 表示中性状态；

"–" 表示劣势；

"—" 表示绝对的劣势。

## 26.3  常规、紧凑和组合开关设备

### 26.3.1  安装和功能考虑❶

第 26.3 节中的定义是根据诸如安装和功能等应用程序特征，使用第 26.1 节中定义的下列术语：部件—间隔—开关设备。

与第 26.2.1 相反，IEC 没有直接或释义的定义可用于本节。

从部件的安装和功能的角度对其进行评估。在这方面，部件可以单独安装，也可以组合安装、紧凑安装，与其他不能独立安装（放置）的支撑结构组合，或单一功能或多功能。

多功能组件示例：

● 隔离—接地开关，其功能取决于滑动主触头的位置；

● 断路器—隔离开关和隔离断路器，其中断路器的开断位置满足所有隔离开关的隔离功能要求*。

*在最简单的形式下，这些组合功能设备需要满足断路器（或开关）和一个或多个隔离断路器器的基本组合。一般交流开关和控制设备使用开关设备的组合，其功能要求在 IEC

---

❶ 英文原文中无 26.3.2。

62271-108《额定电压为72kV及以上的高压交流断路器》中定义。

为了简化第26.4节所提到的定义内容，采用了下列术语。

● 常规部件——独立安装和功能单一的部件；

● 紧凑型部件——单功能开关设备部件，安装在密闭空间中，设备之间的热、电和机械相互作用可以预估；

● 组合部件——多功能开关设备部件；

● 常规间隔——只包含常规部件的间隔；

● 紧凑型间隔——间隔包含至少一个紧凑型部件，间隔中的至少某些部件共用一个支撑结构且不能单独放置；

● 组合间隔——至少包含一个组合部件的间隔。

使用AIS、GIS或它们的组合部件技术，可以使用各种功能来优化操作、空间和寿命周期成本。这些部件的功能定义了传统的、紧凑的和组合的开关设备。

表26.4为开关设备部件的安装和功能考虑事项。

表 26.4　　　　　　　　　　　　　安 装 和 功 能 考 虑

| 技术设计 | 安　　装 | 功　　能 |
|---|---|---|
| 传统 | 单相（独立）安装 | 单相（独立） |
| 紧凑 | 公共支撑结构——部件之间的交互 | 单相（独立） |
| 联合 | 单相（独立）安装 | 多功能（非独立） |
| 紧凑+联合 | 公共支撑结构——部分之间的交互 | 多功能（非独立） |

## 26.4　传统、紧凑和组合开关设备的定义

（1）传统开关设备。只有传统部件间隔的开关设备（见图26.5）。

（2）紧凑开关设备。至少有一个间隔是紧凑型间隔的开关设备，间隔中至少某些部件共享一个公共支撑结构且不能单独放置（见图26.6）。

图 26.5　只有传统部件间隔的开关设备（CIGRE第390号技术报告，2009）

图 26.6　紧凑间隔和传统部件的开关设备（CIGRE 第 390 号技术报告，2009）

（3）组合型开关设备。至少有一个间隔为组合型间隔的开关设备，间隔中至少有一些部件是多功能型的（见图 26.7）。

（4）紧凑/组合型开关设备。间隔包含至少一组紧凑型部件和一组组合型部件的开关设备（见图 26.8）。

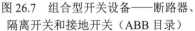

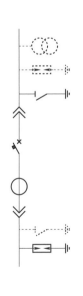

图 26.7　组合型开关设备——断路器、
隔离开关和接地开关（ABB 目录）

图 26.8　小型/组合式开关设备（ABB 目录）

（5）不同类型间隔混合的开关设备。

1）既有紧凑型间隔也有传统型间隔的开关设备被认为是紧凑型开关设备；

2）既有组合型间隔也有传统型间隔的开关设备被认为是组合型开关设备；

3）既有紧凑/组合型间隔也有传统型间隔的开关设备被认为是紧凑/组合型开关设备。

### 26.4.1　紧凑型和组合型开关设备装置举例[1]

下面的例子说明了一些可能的紧凑型开关设备组装（IEC 62271—205：2008）。由于有许多可能的解决方案，下面所示的类型仅用于特定的目的。

| 类型 1 | 独立操作的开关设备和/或由短连接部件在公共基础框架上连接的设备的组装（类似于传统变电站设计） |
| --- | --- |
| 类型 2 | 独立操作的开关设备和/或与相邻开关设备共享部分的设备的组装 |
| 类型 3 | 独立操作的开关设备和/或集成在另一个开关设备中的设备的组装 |

紧凑型开关设备组装可以由空气绝缘设备、气体绝缘设备或两者的组合而成（见图26.9～图26.12）。

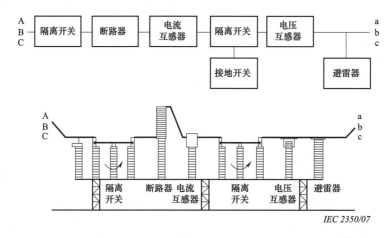

图 26.9　类型 1 举例

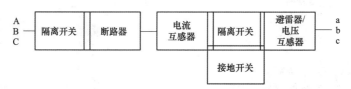

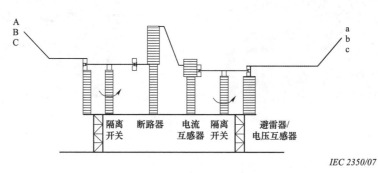

图 26.10　类型 2 举例

---

[1] 英文原文中无 26.4.2。

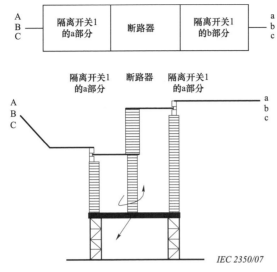

图 26.11 类型 3 的例子（敞开式变电站）

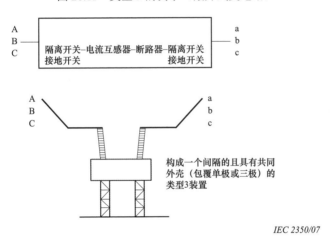

图 26.12 类型 3 的例子（气体绝缘变电站）

## 26.5 绝缘、安装和功能的通用事项

所有技术都有其优点，本章将对此进行详细描述。这些技术的对比表明 MTS 结合了 AIS 和 GIS 的许多优点，可以很好地折中。

表 26.5 给出了 MTS 的主要优点。

表 26.5 MTS 的 主 要 优 点

| MTS 类型 | 优 点 |
| --- | --- |
| 紧凑设计的 AIS | 相同的单线图所需的空间更少<br>在相同的空间内扩展单线图更容易进行<br>更容易施工<br>更容易集成二次系统 |

| MTS 类型 | 优　点 |
|---|---|
| 紧凑和组合设计的结合 | 同样的单线图所需的空间更少<br>与 AIS 相比，布局的灵活性更高<br>可扩展具有相同空间的单线图<br>允许母线重新布置以提高系统可靠<br>更容易施工<br>减少维护工作和成本<br>更容易集成二次系统 |
| 组合设计 AIS | 同样的单线图所需的空间更少<br>允许母线重新布置以提高系统可靠<br>更容易施工 |
| 组合设计 GIS | 更容易维护<br>更容易集成二次系统 |

## 26.6　MTS 标准的应用

无论用户使用何种类型的设备（紧凑、组合式 AIS 或 GIS，或混合安装中的 GIS 模块），AIS 部分均采用成熟的 AIS 标准，GIS 部分采用成熟的 GIS 标准。

但是，也有一些情况是 AIS 和 GIS 标准无法直接覆盖的。

例如，"母线隔离开关的容量及其在母线切换操作期间的行为"。在这种情况下，对于 MTS 来说，有必要同时考虑 AIS 和 GIS 的标准，特别是 AIS 变电站的 GIS 母线隔离开关所使用的电压应为 AIS 电压值。

对紧凑型开关设备设计的要求来自空间和投资有限的情况。在 MTS 中，AIS 与 GIS 的优势相结合，产生了多种技术解决方案。

2007 年完成的 IEC 62271-205 标准直接用于 MTS，该国际标准适用于交流开关设备和控制设备，汇集了其他封闭/紧凑型开关设备或 IEC 标准中定义的其他设备，这些设备作为不可分割的单元进行设计、测试和供应。这些部件可以包含 AIS 的组成部分或 AIS 与 GIS 的组合，并被指定为 MTS。

由于其紧凑的特性，装配后各种设备将会相互影响，并且必须进行型式试验。新标准应规定如何设计、测试和规定这种紧凑的开关设备部件。

这个新的 IEC 标准的目的是为了应对越来越多的紧凑的开关设备，这些组件用来完成一些独立的设备及其控制设备的功能。这个标准更多的作用是指导可能设想到的基本类型的装配，必须考虑此类组件中不同设备之间的相互作用，并且有必要从整体上考虑开关设备部件的标准化要求。

在设计和生产 MTS 时，建议只使用在 IEC/IEEE 标准中定义的设备。但是，每个单独的开关装置、其他装置和控制装置应同时符合其特定的相关单独标准。

相关标准（截至 2015 年）：

● IEC 62271-1：2007 + AMD1：2011，"High-voltage switchgear and controlgear -Part 1 Common Specifications"

● IEC 62271-205：2008，"High-voltage switchgear and controlgear - Compact switchgear assemblies for operation at rated voltages above 52kV"

● IEC 62271-203：2011，"Gas-insulated metal-enclosed switchgear for rated voltages of equipment of 52kV and above"

除了上述 IEC 标准所定义的共同特征的标准外，还有其他适用于单个设备的标准如下：

开 关 设 备

| 断路器 | IEC 62271-100：2008 + AMD1：2011 |
|---|---|
| 隔离开关/接地开关 | IEC 62271-102：2001 + AMD1：2011 + AMD2：2013 |
| 开关 | IEC 62271-103：2011 |
| 断开断路器 | IEC 62271-108：2005 |

其 他 设 备

| 电流互感器 | IEC 60044-8：2002，IEC 61869-2：2012 |
|---|---|
| 电压互感器 | IEC 60044-7：1999，IEC 61869-3，IEC 61869-5：2011 |
| 组合式变压器 | IEC 61869-4：2013 |
| 避雷器 | IEC 60099-4：2014 |
| 套管 | IEC 60137：2008 |
| 绝缘子 | IEC 61462：2007，IEC 62155：2003 |
| 电缆连接 | IEC 62271-209：2007 |

IEC 60480：2004，"Guidelines for the checking and treatment of sulfur hexa-fluoride（$SF_6$）taken from electrical equipment and specification for its re-use"

IEC 60050：1983，"International Electrotechnical Vocabulary. Chapter 605：Generation，transmission and distribution of electricity - Substations"

其他标准：

● IEEE Std.1127—2013，"IEEE Guide for the Design，Construction，and Operation of Electric Power Substations for Community Acceptance and Environmental Compatibility"

● IEEE Std. 980—2013，"Guide for Containment and Control of Oil Spills in Substations"

● IEEE Std. 693—2005，"IEEE Recommended Practice for Seismic Design of Substations"

● IEEE Std. 1402—2000，"IEEE Guide for Electric Power Substation Physical and Electronic Security"

● IEEE Std. C37.122.1—2014，"IEEE Guide for Gas-Insulated Substations Rated Above 52kV"

## 26.7　未来发展

本章所述的 MTS 由以下组合定义：

● 紧凑和/或组合设计的 AIS；

- 组合设计的 GIS;
- 紧凑和/或组合设计的 HIS。

下述问题将对 MTS 发展造成一定影响，近年来报道的全球环境保护问题对变电站设备选择造成影响的：

（1）在变电站设备中使用的 $SF_6$ 气体的全球变暖直属已被确认是 $CO_2$ 的 22 000 万～24 000 万倍。对减少使用以及减少或消除泄漏到大气中的要求越来越高。

（2）为促进减少 $CO_2$ 排放，发展可再生能源，需要将这些新能源与电网连接起来，并提供坚强电网所需的设备。

（3）智能电网智能变电站的发展需要充分利用 ICT（信息通信技术）来实现。

## 参考文献

CIGRE Brochure No. 125: User guide for the application of Gas-insulated Switchgear (GIS) for rated voltages of 72.5kV and above (1998)

CIGRE Brochure No. 161: Guidelines for the design of outdoor AC substations, 2nd version (2000)

CIGRE Brochure No. 390: Evaluation of different switchgear technologies (AIS, MTS, GIS) for rated voltages of 52kV and above (2009)

IEC 62271-205: High-voltage switchgear and controlgear-Part 205: Compact switchgear assemblies for rated voltages above 52kV, Edition 1.0 (2008-01)

# 气体绝缘线路（GIL）

**27**

Hermann Koch

## 目录

H. Koch (✉)

Gas Insulated Technology, Power Transmission, Siemens, Erlangen, Germany

e-mail: hermann.koch@siemens.com

© Springer International Publishing AG, part of Springer Nature 2019

T. Krieg, J. Finn (eds.), *Substations*, CIGRE Green Books,

https://doi.org/10.1007/978-3-319-49574-3_27

## 27.1　基础

### 27.1.1　基本说明

GIL 是一个输电系统，当架空输电线路在地理或环境条件受限情况下，它可以作为传统电缆的替代方案。它可以用于完整的线路传输，替代架空线路。但在这本书中，我们主要感兴趣的是：直接适用于变电站环境的 GIL。

第一代 GIL 采用纯 $SF_6$ 绝缘，但对于长距离 GIL，一般采用 $N_2/SF_6$ 气体混合物。GIL 具有同轴圆柱结构，在这种结构中，中间高压导体封闭于接地金属外壳内，由固体绝缘体支撑在中间。导体和外壳之间的空间充入 0.7～1.0MPa 的电绝缘气体。对于 400kV 的输电线，1 根 GIL 管道的直径约为 500mm，三相电力系统需要 3 根管道。对于两个系统，如果隧道是圆形或 2.5m 高、2.8m 宽，隧道尺寸大约为直径 3.5m。GIL 组件已经过优化，可用于长距离铺设。导体、外壳及支撑绝缘子一起被运送至现场，并被现场组装。外壳长度通常通过自动焊接工艺连接。导体通常由铝管组成，以达到高导电性。外壳通常由铝合金制成，以保持内部气体压力。该绝缘气体包含 $SF_6$（一种惰性、无毒、不易燃）气体。在一定压力下，$SF_6$ 的介电强度约为空气介电强度的 3 倍，被广泛应用于高压设备，其绝缘性能使其结构紧凑。在 GIL 中，$SF_6$ 通常与 $N_2$ 混合使用。在 $N_2$ 中加入体积为 20% 的 $SF_6$，得到的是一种绝缘气体混合物，其压力增加 45%，绝缘强度与纯 $SF_6$ 相当。

导体电流诱导感应相同电位的反向电流到外壳，因此 GIL 外部的电磁场可以忽略不计。因此，即使在机场、医院和计算机中心等与电磁兼容相关的关键区域，也不需要特殊的屏蔽。如果 GIL 内部发生绝缘故障，故障电弧将保持在外壳内部，不影响任何外部设备或人员。GIL 是防火的，不增加火灾负荷。这意味着对人和环境的最佳保护。当架空线路和高压开关设备之间的连接通过隧道和竖井时，这一点尤为重要。这已经在设计测试和与法国、德国公用事业公司合作模拟 GIL 寿命的长时间测试中，进行了测试。该结果已于 2003 年在 CIGRE 第 218 号技术报告（Cigré 技术报告 2003）中发表，是 GIL IEC 62271-204（IEC 2011 国际标准）IEC 标准的基础。IEEE 与 Wiley 共同出版的 GIL 书（Koch 2012）给出了详细的技术概述。

## 27.1.2　绝缘气体的特性

GIL 中常用的绝缘气体是 $N_2/SF_6$（80%/20%）的混合物。

绝缘气体混合物将填充到一定的压力，然后在工作压力范围内工作。最小和最大压力取决于气体温度，并将根据每个装置进行固定。$N_2$ 是一种完全惰性、非常稳定的无毒气体。$SF_6$ 具有优异的绝缘和灭弧性能，在电力设备中用作绝缘和灭弧介质。由于全球变暖中温室气体的影响，在使用大量气体最为重要的应用中，首选使用诸如 $N_2/SF_6$ 混合物等 $SF_6$ 替代品。

目前，正在开发和评估其他气体作为具有类似电气特性的绝缘用 $SF_6$ 的替代品（CIGRE 工作组 2000；Christophorou 和 van Brunt 1995；Diarra 等人 1997 年；Ward 1999 年；Koch 2012 年）。这是一个令人兴奋的研究和发展领域。从 GIL 外部的角度来看，可能需要对气体工作压力和气体处理进行修改，但原则上，现有 GIL 外壳的设计不太可能发生显著变化。

## 27.1.3　定义

GIL 的基本结构类似于成熟的气体绝缘金属封闭开关设备（GIS），其中高压导线位于接地导电外壳内，充满压力气体的外壳之间的空间。

提供电气绝缘。导线由固体支撑绝缘体固定。每相导线可位于单独的外壳内（单相封闭）。热膨胀补偿通常通过导体中的滑动触点和外壳可自由移动（即在隧道或槽安装中）的波纹管（如长的 GIS 母线）来提供。GIL 沿其长度分为单独的气体室。GIL 尺寸由介质、热和机械因素决定。导体和外壳的直径和厚度、气体成分和压力可根据应用情况而变化，以提供最佳解决方案。在许多情况下，在确定尺寸时，主要考虑电介质因素，所需的电流额定值将在不存在差异的情况下实现。对于更高额定值的电路，可能主要考虑热因素，并选择更大的尺寸以保持温度在可接受的范围内。

（1）技术特点：

- 由于导线横截面较大，总损耗相对较低。
- 无明显的介电损耗。
- 额定值为 2000MVA，单回路、直埋、无需冷却。
- 单位长度的低电容。
- 无功补偿不需要更长的长度。
- 地面、槽/隧道或直埋安装是可能的。
- GIL 不受天气条件影响：雪、冰、风和污染。

（2）环保性：

- 无视觉影响。
- 低外部电源频率电磁阀。
- 无声音。
- 无火灾风险。
- $SF_6$ 气体处理和管理。

（3）经济性：

- GIL 的成本大于同等的架空线路。
- 与电缆的比较成本取决于电路额定值和安装技术。

高压设备的所有电压均按 IEC $U_m$ 给出，即设备的最高电压。对于 GIS 和 GIL，根据 TC 8（IEC 标准 2009）的 IEC 60038，额定电压 $U_r$ 等于设备的最高电压，即 $U_r=U_m$。

此外，在本节中经常使用"载流量"一词。它的起源来自两个词：安培和容量。它是指载流能力或额定正常电流（Hillers 和 Koch 1998a；Alter 等人 2002）。

## 27.1.4 类型

气体绝缘线路（GIL）是 IEC 的缩写。历史上的首字母缩写是 GITL（气体绝缘传输线路）和 CGIC（压缩气体绝缘电缆）。

GIL 是 $SF_6$ 气体绝缘变电站（简称 GIS）的发展，但与 GIS 不同，GIL 没有开关或断开功能。

过去，GIL 被称为压缩气体绝缘电缆，缩写为 CGIC。它们被认为是属于绝缘电缆家族的"特殊电缆"。GIL 是一条电力传输线路，即在给定的距离内传输电力有功功率（在时间域上是电能）。

即使 GIL 可以用作低压和中压等级的配电线路，但其经济性仅适用在高压等级用作输电线路。

众所周知，与相母线槽的结构类似于 GIL，但通常用于中压，用于将发电机连接到发电厂的升压变压器。这些中压隔离相母线槽在大气压力下与空气绝缘，如上文所述，采用相同的通用 GIL 结构制造，但需要更大的直径尺寸（因为空气的介电强度是常用气体的 1/3，如 $SF_6$）和间隔。

GIL 有两种不同类型，即单相（见图 27.1）和三相设计（见图 27.2）。在一个外壳中使用三根导线，不能避免相间故障和导线之间的明显作用力，迄今为止，尚未在实际应用中使用。

GIL 结构由三个管状外壳（由高导电性铝或铝合金制成）组成，其中每个管状相导体（铝）由环氧树脂绝缘体固定在中心位置（见图 27.3）。过去 30 年来，GIS 和 GIL 制造商不断改进，使 GIL 几乎不泄漏。对防漏 GIL 系统的需求也受到环境问题的推动。当前标准（IEEE 和 IEC）保证 GIL 系统每年损失不超过其容量的 0.5%。焊接和法兰栓接的 GIL 的设计，均已改进至满足和超过所需的紧密性标准的程度。对于焊接的 GIL，气密性更高，例如，1976 年开始的第一个焊接的 GIL 装置仍在使用第一个气密性，显示出有效的气密性，没有任何损失（Baer 等人 1976 年；Bär 等人 2002）。

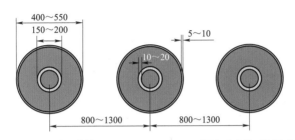

图 27.1  单相封闭 GIL（420～550kV 额定电压）的尺寸

注  无气体管道的典型重量=30～60（kg/m）。典型直径为 400～550mm。

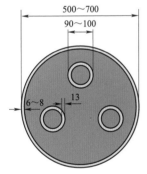

图 27.2  在 170kV 以下高压范围内
用于 GIS 的三相封闭式金边

注  不含气体的总重量=50～80（kg/m）。典型直径为 500～700mm。

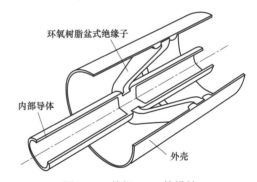

图 27.3  单相 GIL 的设计

相导体和外壳之间的空间填充了绝缘气体，该气体必须能够承受相地电压。这种绝缘气体在约 0.3～0.5MPa 的压力下可以是纯 $SF_6$，在更高的压力（高达 1.0MPa）下可以是 $SF_6/N_2$ 混合物（典型比例为 10%～20% $SF_6$ 到 90%～80% $N_2$）：这种混合物更环保，价格更低。

在任何情况下，绝缘气体都含有 $SF_6$ 气体。更多有关 $SF_6$ 环境影响的详细信息，请参阅 CIGRE 第 351 号技术报告的第 5.2 条。在一些国家，$SF_6$ 的处理在 IEC 62271-4 "$SF_6$ 处理程序"（IEC 62271-4：2013）中有规定。$SF_6$ 对全球变暖的贡献很小，在几个地区导则（如 EC 2003/87 欧洲导则）中规定了 $SF_6$ 的使用。

第一代 GIL 采用标准的 GIS 元件，使用纯 $SF_6$ 作为绝缘气体和直线外壳。2000 年，为了管理更长的距离和减少设备对环境的影响，引进了第二代 GIL。它由气体混合物（如 $SF_6/N_2$）制成，引入了外壳的弯曲半径（通常为 400m）（Alter 等人 2002）。

将外壳内径和导体外径之间的电场最小化的最佳比率应为 2.72。在实际应用中，可采用 2.5~3 之间的任何比率，因为在此范围内，电场仅增加 0.5%。

通过观察 GIL 的一个外壳，它类似于气体输送管道，因此有时 GIL 被称为电力管道。最新技术表明，到目前为止，吉尔吉斯斯坦的所有实际设施都是短距离运行，以提供架空线路替换、从水力发电厂、热力发电厂和核电站撤离：这似乎是与该输电线路技术特征的内在矛盾，该输电线路适用于长距离输电，以及如 CIGRE TB 351（Cigré 技术报告 2008）所示的 ULK 电力传输（见图 27.4 和图 27.5）。

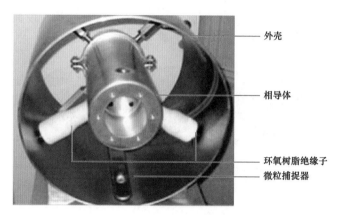

图 27.4 单相 GIL 内部结构照片

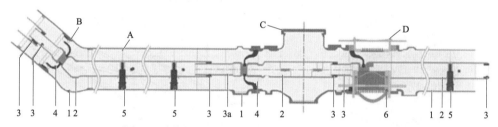

图 27.5 单相 GIL 装置的概述（由西门子提供）

A—直线装置；B—角度装置；C—断开装置；D—补偿装置；

1—外壳；2—导体；3—滑动接触；4—导体固定点的非气密绝缘体；

5—滑动柱型绝缘体；6—纵向热膨胀补偿器

GIL 应用最广泛的应用是在变电站内的地上连接架空线路或变压器与 GIS。典型的支撑结构是钢结构，用于将 GIL 固定在地面上。应用于长距离传输时，当连接到架空线路的套管连接到 GIL 时，与架空线路的连接是第一种应用情况（Aucourt 等人 1995 年；Koch 2000 年；Tanizawa 等人 1984）。

表 27.1 中报告了 GIL 的历史发展。

表 27.1　　　　　　　　　　　　GIL 的 历 史 发 展

| 1971 年 | 首次高压安装用纯 $SF_6$ 绝缘的 GIL（第一代 GIL）：俄亥俄州伊斯特莱克，额定电压 345kV（长度 122m） |
| --- | --- |
| 1972 年 | 在新泽西州哈德逊开关站，在额定电压 245kV、1600A（长度 138m）条件下，首次高压直埋安装纯 $SF_6$（第一代 GIL）绝缘的 GIL |

| | |
|---|---|
| 1975 年 | 第一次用纯 SF$_6$ 绝缘的 550kV GIL 高压装置：华盛顿州埃伦斯堡，额定电压 550kV，3000A（长度 192m） |
| 1976 年 | 在德国 Schluchsee 的液压泵储存厂首次在欧洲安装一个用纯 SF$_6$（第一代 GIL）绝缘的 GIL，额定电压为 400kV（电路长度 670m） |
| 1981 年 | 首次在额定电压为 800kV、1200A、1925kV BIL（总相长 855m，5 路）下安装 800kV GIL 绝缘纯 SF$_6$：Guri Dam，委内瑞拉 |
| 1997 年 | 在沙特阿拉伯用纯 SF$_6$（第一代 GIL）绝缘的 GIL 最长（相长）安装，额定电压为 380kV（长度 709m，共 8 路，总相长 17 010m） |
| 1998 年 | 日本 Shinmeika-Tokai 最长（电路长度）的用纯 SF$_6$（第一代 GIL）绝缘的 GIL 装置（3.3km），额定电压 275kV（电路长度 3300m 双电路） |
| 2001 年 | 瑞士日内瓦第一次高压安装用 SF$_6$/N$_2$（第二代 GIL）气体混合物绝缘的 GIL，额定电压 220kV（电路长度 420m） |
| 2004 年 | 第一次高压安装在英国 HAMS 霍尔，使用 SF$_6$/N$_2$（第二代 GIL）气体混合物进行绝缘，额定电压为 400kV（长度 540m） |
| 2009 年 | 首次 BIL 在 2100kV 的（总相长 2928m，2 路）安装 800kVA 和 4000A GIL（BIL 额定值更高）的高压装置，用纯 SF$_6$ 绝缘，中国，拉西瓦大坝 |
| 2012 年 | 德国法兰克福附近 Kelsterbach 变电站第二代直埋高压金边，额定电压 400kV（长度 880m） |
| 2013 年 | 第一次安装，弯曲半径 400m，420kV，带 80N$_2$/20 SF$_6$ 气体混合物，进入德国慕尼黑巴伐利亚酿酒厂的地下通道，一个通道中 4 个三相的线路，每路 3150A 额定电流，长度为 1km，所有接头均焊接 |
| 2014 年 | 中国溪洛渡最高的垂直 GIL，采用 SF$_6$、550kV、5000A 的焊接设计（500m 立井内有 7 个三相系统，总长 3.5km） |
| 2018 年 | 中国长江口隧道（2 回，总长 14km）内首次安装 1000kV 和 4500A，纯 SF$_6$ 绝缘高压装置，目前正在施工中 |

## 27.2　额定参数

### 27.2.1　GIL 电气参数

对于单相 GIL，在外壳与端部之间完全黏合的情况下，每相管道对地之间有一系列电容和电感。由于外壳屏蔽作用，相间耦合是可以忽略的。

每单位长度的电阻（$R$）取决于导体和外壳的尺寸、电阻率、集肤效应和邻近效应以及导体和外壳的温度。计算电阻的方法见 2008 年 CIGRE 技术报告。单位长度的分流电导（$G$）并不显著。表 27.2 显示了连续热额定值为 2000MVA 的 400kV GIL 的电气特性的典型值。与具有可比额定值的电缆和架空线路（OHL）的典型值进行比较（假设频率为 50Hz）。

在编制表 27.2 的过程中，对连续热额定值约为 2000MVA 的 GIL、电缆和架空线路进行了评估。其他几何结构具有等效的连续热额定值，但可能具有不同的电气特性；因此，该表仅用于指示参考。架空线路特性对应于一条 420kV 线路，每相导线 3×570mm$^2$，两根接地线。给出的 GIL 值对应于导体直径为 280mm、外壳内径为 630mm 的直埋单相 GIL。假设外壳接地牢固，埋深 1050mm，相间轴向间距 1300mm。土壤条件是环境温度为 15℃，热阻率为 1.2（K·m）/W。连续热额定值由最高土壤温度决定，最高土壤温度限制在 60℃。

表 27.2　　　　　　　GIL，OHL 和 XLPE 电缆的 2000MVA 输电技术数据

| 技术参数 | 气体绝缘封闭输电线路 | 架空输电线路 | 交联聚乙烯电缆（每相 2 回） |
|---|---|---|---|
| 额定电流（A） | 3000 | 3000 | 3000 |
| 可传输功率（MVA） | 2078 | 2000 | 2000 |
| 3000A 阻性损耗（W/m） | 180 | 540 | 166 |
| 介质损耗（W/m） | — | 2.4 | 15.0 |
| 总损耗（W/m） | 180 | 542.4 | 181 |
| 交流电阻（$\mu \cdot \Omega$/m） | 6.7 | 20 | 6.0 |
| 电感（nH/m） | 162 | 892 | 189 |
| 电容（pF/m） | 68.6 | 13 | 426 |
| 特征阻抗（$\Omega$） | 48.6 | 263 | 21.0 |
| 自然负荷（MW） | 3292 | 608 | 7619 |
| 波阻抗（$\Omega$） | 48.6 | 263 | 12.0 |

## 27.2.2　直埋 GIL

对于在空气中应用于地面的 $SF_6$ 气体绝缘母线和用于地下（直接）应用的传统电缆的计算电流，存在大量的公开工作。但是，未来直接埋设 GIL 以下特性可能不同：

- 大直径和等径测量的 GIL 电导。
- 通过主绝缘的热传输通过对流和辐射。
- 绝缘可构成混合燃料，如 $N_2$ 和 $SF_6$。
- 气体中含有较大的直径和较低的电阻。
- 金属外壳的高导电性允许固接方法进行匹配，并且尽管循环电流与主要导体的相同大小，热发电量也很小。
- 仪表外壳的直径和相邻位置之间的水平间距与埋置位置相比要大得多，这就影响了地面粗糙度热量分配计算方法。
- 导体和金属外壳具有较大的横截面面积和更高的热容量；这些为短时过载额定值。

连续使用和短时电流额定值的计算方法在 CIGRE 第 218 号技术报告（Cigré 技术报告 2003）的内页中进行了说明，该手册演示了水平、单相的直接掩埋的建议计算方法和敏感度系统。GIL 用纯 $SF_6$ 气体或 $N_2$ 和 $SF_6$ 的混合物进行绝缘。原则总结如下。有关更多详细信息，请参阅 Cigré 技术报告 2003。

## 27.2.3　热布置

图 27.6 表示了直接铺设 GIL 的理想化热模型。该模型表示连续和短时电流额定值，尽管连续和短时额定值的热路不同（Chakir-Koch 2001C）。

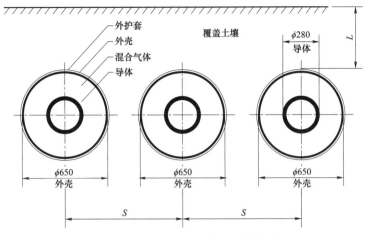

图 27.6　直接埋于地下的 GIL 横截面

导体中的热量 $W_c$ 是由 $I^2R$ 传导损耗产生的，其中 $R$ 是导线的温度相关交流电阻。热量通过绝缘气体通过平行的热辐射（$T_r$）和对流机制（$T_c$）传递到金属外壳上；这些热量高度依赖于导体和外壳的温度。例如，通过循环电流在外壳内产生额外的 $I^2R$ 热量 $W_e$；这些热量由于 $f$ 与导体电流的磁性连接，连接到由 3 个牢固粘合的外壳形成的电路。承压外壳具有较大的横截面积，通常由铝合金制成；因此其电阻较低，允许循环电流的大小接近初级导体中的电流。与初级导体一样，交流电阻与温度有关（Henningsen 等人 2000 年；Chakir 和 Koch 2001a）。

### 27.2.4　短时额定值

典型的 GIL 尺寸设计值是按照短时额定值（短时过载能力）进行选取的。与连续 3000A 导体温度为 71℃相比，采用了 95℃的更高导体短时额定温度限值。计算了两个例子，在第一个例子中，采用了零启动电流。在 12h 内，可以输送 9840A 的电流（328%的满载电流），这表明了 GIL 的高热容量。在第二个示例中，启动电流被视为 2550A（满载 3000A 的 85%）的稳态负载电流。在 12h 内，可以承载 7290A 的电流（满载时为 3000A 的 243%）。这说明，这种特殊的 GIL 设计可以在不达到 95℃的情况下，从并联故障电路获得额外的满负荷电流12h（即满负荷的 185%）。研究详细记录在第 218 号技术报告（Cigré 技术报告 2003）的附录 A 中，总结如下：

- 对 12h 额定时间影响最大的参数是 $K_0$，气体对流系数。
- 第二个最显著的参数是土壤热阻率。
- 对 20min 额定时间影响最大的参数是导体的特定热量，第二个参数是 $K_0$，气体对流系数。这表明，这一短时间内的加热几乎是绝热的。

建议，由于计算出的 GIL 短时电流额定值如此之大：

- 最大导体温度或电流额定值中应包含一个安全系数，以避免导体连接器和绝缘体过热的风险。

● 通过实验测量验证特定 GIL 设计的短时额定值。

## 27.2.5　绝缘配合

绝缘配合是影响元件可靠性的关键问题，本书仅对主要方面进行了总结。

● 首先，公用事业公司必须考虑 GIL 主要故障率（MFR）及其对其自身电网的影响；在这方面，重要的是从相同类型（可能时）或类似类型设备的经验回报（REX）中得出当前技术和绝缘水平实践中可实现的 MFR。

● 其次，绝缘配合不仅涉及过电压方面，还应包括：

（1）GIL 绝缘的绝缘特性。

（2）介电类型试验、常规试验和现场试验与使用中，过电压和 GIL 绝缘自恢复或非自恢复方面相关的关系。

（3）考虑到绝缘缺陷的随机发生，在工作电压下的长期耐受性。

此外，还应审查永久和瞬态电压的在线监测和诊断技术以及外壳接地和连接（IEC 60071-1：1993-12；IEC 60071-2：1996-12；Völcker 和 Koch 2000；Hauschild 和 Mosch）。

### 27.2.5.1　可接受主要故障率（MFR）和当前 REX

选择一个可接受的制造商和新产能所需的预期可用性总是困难的。事实上，很少有公用事业公司明确可接受的制造商。对于 GIL 和绝缘电缆，根据公开宣布其 GIL 目标制造商的两个公用事业公司，GIL 可接受的制造商应不超过 $0.2 \sim 0.3 \times 10^{-5} MF/$年/m。这导致平均故障间隔时间（$MTBF$）为：

● 100km 三相 GIL 线路 5 年；

● 1km 三相 GIL 线路 500 年。

在绝缘评估中需要考虑可靠性方面。根据目前 GIS 和 GIL 的技术和绝缘实践，大量 GIL 的 REX 和源自大量 GIS（类似技术）的 GIL 的 MFR 发现，预计 GIL 的 MFR 比两个公用事业公司在 Cigré 中公开表示的值大一个数量级。在选择适用于 GIL 的标准耐受电压时，应记住目标制造商与预期制造商之间的这种差距（Cigré 技术报告 2003）。

### 27.2.5.2　绝缘耐受和过电压应力

控制并将瞬态过电压降低到接近避雷器保护水平的水平，可考虑绝缘分布是沿 GIL 线路分布。许多类似的并联绝缘和相同电压幅度应力绝缘的耐受电压低于一个绝缘的耐受电压（Cigré 技术报告 2003）。此外，当沿着 GIL 调节电压时，如果出现缺陷，GIL 的灵敏度更高。因此，为 GIL 选择过低的雷电和开关冲击耐受水平和电源频率耐受水平，会增加在 GIL 寿命期间出现随机缺陷时在永久电压下发生重大绝缘故障的风险（Cigré 技术报告 2003）。然而，根据最近的 GIL 项目，与目前 GIS 的 $LIWL$ 相比，公用事业公司要求的雷电绝缘耐受电压没有降低。通过不降低 $LIWV$，这会导致 GIL 中 $N_2/SF_6$ 气体混合物的工频耐受电压（$PFW$）增加，从而提高其长期可靠性：一个积极的单元，与预期的 MFR 相比，减少目标 MFR 之间的间隙。

## 27.2.6　标准值

### 27.2.6.1　电压和电流值

给定的值与 0.8MPa 压力下 80%的 $N_2$ 和 20%的 $SF_6$ 气体混合物有关。额定电流基于无风环境空气的温度（根据 IEC 62271-1）（2007 年为 40℃）、导体的最大允许设计温度（根据 IEC 62271-1）（2007 年为最大 105℃）和外壳的接触温度（根据 IEC 62271-1，可接近的 GIL 为 70℃，不可接近的 GIL 为 85℃）（2007）。对于长隧道和桥梁，环境条件（空气或周围土壤或岩石的温度、风、太阳辐射、隧道通风）影响额定电流。额定电流、功率损耗详情，外壳中的电流和电压降在手册 218（Cigré 技术报告 2003）的附录 A 中进行了解释（见表 27.3）。

表 27.3 不同电压等级的电气特性

| 电压值 | 单位 | 110kV | 220kV | 345kV | 380kV | 500kV | 800kV |
|---|---|---|---|---|---|---|---|
| 设备最高电压 $U_m$ | kV | 123/<br>145/<br>170 | 245/300 | 362 | 420 | 550 | 800 |
| 1min 工频耐受电压 | kV | 230/<br>275/<br>325 | 460/460 | 520 | 650 | 710 | 960 |
| 雷电冲击耐受电压 | kV | 550/<br>650/<br>750 | 1050/1050 | 1175 | 1425 | 1550 | 2100 |
| 操作冲击电压 | kV | NA | NA/850 | 950 | 1050 | 1175 | 1425 |
| 额定电流 | A | 2500 | 3000 | 3500 | 4000 | 4500 | 5000 |
| 短路电流 | kA | 63 | 80 | 80 | 80 | 80 | 80 |
| 户外每米单相功率损耗 | W/m | 117 | 150 | 170 | 170 | 232 | 262 |
| 单相每千米电容 | nF/km | 60 | 53 | 53 | 54 | 54 | 45 |
| 电抗 | Ω | 56 | 63 | 63 | 63 | 62 | 74 |
| 单相每千米电抗 | mH/km | 0.187 | 0.211 | 0.210 | 0.215 | 0.205 | 0.247 |

注 380kV 和 500kV GIL 使用了 80% $N_2$ 和 20% $SF_6$；目前所有其他电压等级都使用纯 $SF_6$。

### 27.2.6.2 机械特性

在 CIGRE 第 218 号技术报告（Cigré 技术报告 2003）和 IEC 62271-204（国际标准 IEC 2011）中讨论了机械特性。对于桥梁或隧道等长结构的应用，需要特别注意振动和共振对 GIL 的影响。建议对结构设计的具体布局和阻尼元件的可能使用进行计算。

建议对敏感部件（如绝缘体和补偿波纹管）进行疲劳分析，以满足长结构和交通、风或其他结构相关冲击产生的相关振动的要求。然而，GIL 是一个低压操作的设备，典型的超压可达 7bar。GIL 根据相关的 EN 压力容器标准（EN 50064 1989）设计，考虑到铝管内仅使用无腐蚀性、干燥的绝缘气体。根据这些设计标准，隧道和桥梁无需特殊要求（见表 27.4）。

表 27.4 不同电压等级的尺寸特性

| 电压等级（kV） | 110 | 220 | 362 | 380 | 500 | 800 |
|---|---|---|---|---|---|---|
| 设备最高电压 $U_m$（kV） | 123/145/170 | 245/300 | 362 | 420 | 550 | 800 |
| 壳体内径（mm） | 226 | 292 | 362 | 500 | 495 | 610 |
| 导体外径（mm） | 89 | 102 | 127 | 180 | 178 | 178 |

表 27.5 在土壤温度最高为 60℃ 的情况下，直接掩埋的 2000MVA 和 3000MVA 的 GIL 的载流量

| 封闭管直径（mm） | 外壳/导线管的横截面积（mm²） | 载流量 直接埋在地下 1.5m 深的土壤中，其中 $\rho_{th}$=1.0K·m/W 和 $Q_g$=20℃（A） 平面，间距等于 0.8m 在 0.8MPa | 备注 |
|---|---|---|---|
| 500 | 12 000/4300 | 3150 | 420kV 测试在 IPH Berlin and 用于 Kelsterbach 项目 |
| 650 | 16 000/5400 | 4000 | 420kV EDF 法国，埋设于 IPH Berlin |

## 27.2.7 GIL 的载流容量

GIL 的高载流量由 GIL 导线和外壳管的高横截面给出。电流额定值的计算需要考虑导线和外壳材料、隧道、竖井、直埋或任何其他敷设方法中的敷设条件。如果条件不可比（Chakir 和 Koch 2001b）（见表 27.5 和表 27.6），则需要对每个项目进行该计算。

与绝缘电缆不同，没有国际标准来计算 GIL 的载流量。在 IEC 62271-204（国际标准 IEC 2011）中，只有根据安装类型（直埋或隧道）的允许温度。

表 27.6 2000MVA 和 3000MVA 铺设的 GIL 隧道的载流量，最大外壳温度为 80℃（如果不可接触）

| 封闭管直径（mm） | 外壳/导线管的横截面积（mm²） | 载流量 管道温度 $Q_g$=20℃ 气体混合物 0.8MPa，纯 $SF_6$ 气体 6.5MPa（A） | 备注 |
|---|---|---|---|
| 500 | 12 000/4300 | 3150 | 慕尼黑 420kV GIL |
| 500 | 16 000/5400 | 4000 | 印度 420kV |
| 650 | 12 300/6600 | 4000 | 中国 800kV |

IEC 62271-204（国际标准 IEC 2011）规定：

外壳温度不得超过防腐层的最高允许温度（如适用）。对于直埋安装，应限制外壳的最

大温度，以尽量减少土壤干燥。通常认为 50～60℃范围内的温度适用。

对于露天、隧道和竖井安装，外壳的最高温度不得超过 80℃。操作过程中通常接触的零件温度不超过 70℃。

有两份 Electra 文件和其他文件提供了有关该计算的详细信息：

（1）CIGRE 工作组 21.12 "静止空气中无太阳辐射的单芯刚性压缩气体绝缘电缆连续额定值的计算"（CIGRE WG 21.12 1985）。

（2）CIGRE 工作组 21.12 "静止空气和埋地压缩气体绝缘三芯刚性电缆连续额定值的计算"（CIGRE WG 21.12 1989）。

（3）GIL 上的 TB 218（Cigré 技术报告 2003）。

（4）IEC 62271-204 附录 A（国际标准 IEC 2011）。

通过采用本文提出的方法，可以计算直埋式的以下载流量。对于绝缘电缆，土壤的物理条件必须与下面使用的土壤条件相同，也必须与埋深相同。由于 GIL 外壳直径大于外部电缆直径，因此间距不同。土壤热阻率等于 $\rho_{th}$=1.0K·m/W，土壤温度为 $Q_g$=20℃。这些是继 IEC 60287-3-1（1995）之后意大利的标准条件。载流量计算的限制条件是与防腐涂层接触的土壤不超过 60℃（见国际标准 IEC 2011）。

在图 27.7 和表 27.7 所示的条件下，载流量结果等于 2390A。可以很容易地确定（保持土壤的性质不变——热阻率和温度）载流量在以下情况下增加：

（1）相位和外壳直径增加：若为 $S_{phase}$，则增加一个数量级。如果 $S_{phase}$=13 270mm²，$S_{enclosure}$=20 106mm²，载流量为 3524A。

（2）间距增加，例如，间距等于 2000mm 时，载流量变为 2737A。

这两种可能性都会产生更高的资本成本。

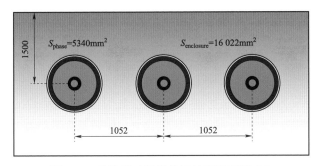

图 27.7  外涂聚乙烯保护层的高压直埋 GIL

表 27.7　　　　　　　　　　　　　　载流量计算假设数据

| GIL 1 号直埋式 | 数值 | GIL 1 号直埋式 | 数值 |
|---|---|---|---|
| 频率（Hz） | 50 | 外壳外径（mm） | 520 |
| 相导体电阻（Ω·m） | 2.826×10⁻⁸ | GIL 外部直接（mm） | 526 |
| 外壳电阻（Ω·m） | 3.28×10⁻⁸ | 间距（mm） | 1052 |
| 导热系数 α（1/℃） | 0.004 7 | 埋深（mm） | 1500 |
| 相导体温度（℃） | 70 | 气体压力（bar） | 7 |

续表

| GIL 1 号直埋式 | 数值 | GIL 1 号直埋式 | 数值 |
|---|---|---|---|
| 外壳温度（℃） | 60.6 | $SF_6$ 气体含量 | 0.2 |
| 防腐涂层（℃） | 60.0 | 相导体外表面热辐射系数 | 0.2 |
| 相导体内径（mm） | 160 | 外壳内表面热辐射系数 | 0.2 |
| 相导体外径（mm） | 180 | 涂层热阻率 [（K·m）/W] | 3.5 |
| 外壳内径（mm） | 500 | 土壤热阻率 [（K·m）/W] | 1.0 |

## 27.3　安装事项

GIL 的安装可分为三种，即隧道、室外明装和直埋。

### 27.3.1　直埋 GIL

本节的目的是描述直埋式镀锌钢板的机械、腐蚀和安装方面。在机械方面，建议计算和分析外壳上的应力，不考虑内部部件的机械方面，不包括短路力对外壳的影响，主要内容包括所需围挡厚度的计算、垂直和水平稳定性以及土壤与围挡之间的相互作用。在腐蚀方面，介绍了涂层法和阴极极化法两种方法。地上和隧道安装不涉及，因为它们与 30 多年前首次安装的 GIS 母线槽类似（Koch 2012；Chakir 和 Koch 2002b）。

#### 27.3.1.1　机械方面

气体绝缘输电线路的主要问题之一是安装和运行过程中土壤的力学行为。GIL 由三个直接埋在地下的单相封装管组成。每根管子由一个外部铝合金外壳和一个内部铝导体组成。在操作中，热膨胀和气体压力产生作用在外壳上的主要力。由于滑动接触已经广泛应用于 GIS，内外管之间的膨胀得到了解决。此外，由于摩擦导致高机械负荷，外壳被锚定在土壤中。外壳还承受负载、土壤压力以及运输货物。根据地形，GIL 必须遵循垂直和水平方向的曲率（最小弯曲半径约为 400m）。本研究中未处理方向突变（如肘部）的应力（Henningsen 等人 2000）。

机械设计需要考虑以下所列管道的所有影响，一般按重要性顺序排列：

- 热膨胀；
- 由于热效应，土壤与外壳之间的摩擦；
- 内部压力；
- 垂直和水平弯曲产生的弯曲；
- 土壤压力；
- 交通荷载；
- 水压（如有）；
- 地震荷载（如有）。

#### 27.3.1.2　防腐

有效的防腐对于确保 GIL 40 年的设计寿命至关重要。目前对埋置铝管的经验非常有限；然而，钢管的经验可适用于铝的特性。由于电位差的存在，腐蚀总是与电流循环有关。这可能是由于金属内部的化学元素内部不平衡，从而形成了基本的电池单元，也可能是由于外部的干扰，如金属表面两点之间的酸碱度差或通过金属的流动电流循环（Chakir 和 Koch 2002a）。

多年来埋地钢管一直用于水、气、油的输送。腐蚀防护主要有阴极保护和/或涂层两种类型。阴极保护包括对金属表面施加负电位。这对钢来说很容易，因为相对于安装在周围土壤中的铜参比电极，施加在外壳上的负极性仅为−0.8V，可以有效地进行保护。这种电位不会过度电解土壤中的水。这种负极性可以用锌阳极来实现。由于电流流动与土壤接触的外壳表面成比例，因此长钢管沿长度分布的锌阳极的尺寸和数量可能相当大。为了减小锌阳极的尺寸，必须在管道周围涂上绝缘涂层。

钢易保护，只使用阴极极化，但铝不是这种情况。对于铝，只有施加−2.0V 的电位才能确保完全抗腐蚀，这将使水发生高度电解。电解水会变成碱性，并会腐蚀明矾。因此，阴极极化必须限制在−0.8～−1.0V 范围，以避免水电解。这些值可以通过锌反应阳极或静电发生器来实现。这不足以确保有效的防腐蚀保护。为了确保极化保持在正确的范围内（−0.8V 和−1.0V），需要一个监测系统。因此，对于铝外壳，防腐的主要方法是再涂上一层涂层，以防止与周围土壤直接接触。这种保护可通过使用阴极保护加以补充。涂层必须能承受化学侵蚀和机械损伤。这通常是通过使用一层以上的涂层来实现的。内部保护层通常是一层薄薄的环氧树脂。这可以防止酸、碱和各种盐的攻击。然而，这一层需要机械保护。这种机械保护通常是聚乙烯（PE）或聚丙烯（PP），并且非常厚。由于 PE 或 PP 难以与环氧树脂黏合，因此有时使用中间层。PE 或 PP 的选择取决于温度等因素。涂层必须具有足够的弹性，以应付镀金层的热膨胀，而不影响层间的黏合。由于涂层具有较高的热阻{3.5[（K·m）/W]}，因此涂层对 GIL 的散热有影响。因此，除了成本外，涂层厚度也需要受到限制。厚度在 3～6mm 之间似乎对加热只有中等的影响。

混凝土具有很强的碱性，对铝有很强的侵蚀性。如果要在混凝土中堵塞 GIL，则必须在浇筑前彻底检查涂层。因为很难在混凝土浇筑后修复涂层。

GIL 外壳将交付至现场且已涂上涂层。由于 GIL 可在现场焊接，因此必须能够在现场的焊缝上涂上涂层。必须进行试验以验证涂层，但不存在铝涂层的标准规范，可采用钢涂层试验。

由于接地电路通常是铜，因此必须小心避免在铜和铝之间形成自然电池，这可能导致铝原子电离。这可以通过使用极化电池分离两种金属之间的连接来实现。由于腐蚀风险，建议避免酸性或碱性土壤或工业污染区域。此外，在漫长的冬季，需要避免对道路进行盐处理以清除积雪。建议避免与直流供电的铁路平行，因为这些线路会产生杂散电流。由于气体混合物对铝不具有侵蚀性，因此无需对镀金内部进行保护。

### 27.3.1.3  安装

GIL 安装与气体或油管的安装非常相似，只是外壳是铝而不是钢，并且内部导体是输电所必需的。它们的主要区别在于清洁度，清洁度必须是最优先考虑的，以尽可能避免颗粒进入管内。颗粒尤其是金属颗粒，可能是绝缘闪络的根源（Eteiba 1980）。第二个差异与由盆式绝缘子支撑的中央导体的存在有关。必须小心地搬运和组装所有的 GIL 部件，以免损坏这些绝缘体。装配负责人必须特别注意制造商的说明。由于存在腐蚀风险，一些土壤可能对 GIL 造成危险，在开始任何工作之前，有必要对将要穿过的土壤，至少需要进行更深入的化学分析。

与管道相比，由于内部组件和外部涂层，必须小心处理 GIL 组件（Henningsen 等人 2000 年；Chakir 和 Koch 2002b）。

GIL 组装操作：根据土壤的稠度准备沟渠。为了尽可能地用于回填土，将提取的材料储存起来。管沟底部用沙填充，将在沙上铺设 GIL（Cousin 和 Koch，1996-05）。

沿 GIL 的接线室用于固定 GIL，以便于监控、接地和分段进行高压测试。这些拱顶在 GIL 组装前的适当位置准备好。GIL 安装完成后，接线室完工。如果需要固定点，过程与拱顶相同。

检查、清洁等后，将金属板定位，并小心地将导线的滑动触点固定在一起。然后，按照当地健康和安全法规组装、焊接和测试两个准备好的外壳端部。安装后，必须使用与外壳其余部分类似的非导电涂层材料保护焊缝免受腐蚀。然后，必须使用"漏涂检测仪"测试涂层的多孔性。任何发现的薄弱点都必须修复。然后，管沟准备回填。如果考虑温度因素和/或岩石土壤导致的涂层完整性因素，可对直接靠在 GIL 上的原始土壤进行处理或简单地用砂替换。在回填土过程中，土壤被压实在基础周围，以避免后期移动。沟的其余部分可以用天然土壤填充，并逐步填充。有必要在回填后检查涂层是否损坏。

为了尽量减少电磁场，三个 GIL 外壳连接在一起，并在每一端和每个拱顶处接地。接地连接通过极化电池与接地网连接，以避免腐蚀电流的循环。任何阴极极化系统必须在回填前安装，并在地下室安装监测装置。$SF_6/N_2$ 气体混合物确保了绝缘层的绝缘强度，并且必须不含杂质和水分。因此，气体处理非常重要。天然气供应商现在能很好地处理天然气混合物的准确混合和分离。在投入使用之前，必须对 GIL 进行例行试验。例行试验包括焊接检查（必须在进行防腐之前进行）、压力试验、泄漏试验和介电试验。这些试验可在连续安装过程中进行，具体取决于 GIL 长度和其他实际情况。

还必须安装控制系统。必须监测每个气室的气体密度，并设置警报和锁定阈值，也可安装其他故障检测系统。必须安装通信链路，将所有传感器等与中央控制单元（Hillers 和 Koch 1998b；CIGRE WG 23.10/TF 03 1998）连接。

#### 27.3.1.4 路径规划

GIL 的路线规划与油气管道的路线规划非常相似，主要规划参数为：

- 地形的可达性（如运输、机械、装配帐篷）；
- 地下条件（如岩石、水、黏土）；
- 要通过的障碍物（如河流、公路、铁路）。

根据 GIL 的要求：

- 运输 10～20m 长的管道；
- 在现场附近组装铺设装置；
- 弯曲半径限制为 400m；
- 铺设单元预装配空间。

路由需要优化，对成本影响较大。

### 27.3.2 GIL 结构

#### 27.3.2.1 例子

现有 GIL 的例子分为特殊结构（为 GIL 制造）和共享结构（带铁路或公路的 GIL）（Benato

等人 2007b）。

全球范围内 GIL 装置的系统长度至今大约总计 200km，最长线路长度为 3.3km，隧道内有两个三相系统。正在研究更长的工程（Cigré 技术报告 2008）。

表 27.8 和表 27.9 给出了结构中 GIL 装置的特征示例。

表 27.8　　　　　　　　　　　现有 GIL 例子（一）

| | 用户 | 瑞士西部省科特布斯 | | RWE 电网 | | 日本中部电力公司 | |
|---|---|---|---|---|---|---|---|
| 现有例子（一） | 投运年份 | 2001 | | 1975 | | 1998 | |
| | 安装地点 | 日内瓦，瑞士 | | Wehr，德国 | | Tokai，日本 | |
| | 安装方式 | 隧道安装 | | 隧道安装 | | 隧道安装 | |
| | 线路长度（m） | 420 | | 670 | | 3300 | |
| | 回路 | 2 | | 2 | | 2 | |
| | 系统额定电压（kV, rms） | 220 | | 380 | | 275 | |
| | 设备最高电压 $U_m$（kV，rms） | 300 | | 420 | | 300 | |
| | 系统额定电流（A） | 2000 | | 2500 | | 6300 | |
| | 额定频率（Hz） | 50 | | 50 | | 60 | |
| | 绝缘气体 | 绝对气体压力（MPa） | 0.7 | 气体压力（MPa） | 0.49 | 气体压力（MPa） | 0.54 |
| | | $N_2$/$SF_6$（%） | 80/20 | $SF_6$（%） | 100 | $SF_6$（%） | 100 |
| 导体 | 外径（mm） | 180 | | 150 | | 170 | |
| | 厚度（mm） | 5 | | 5 | | 20 | |
| | 材质 | 铝合金 EN AW 6101B E-Al/MgSi0.5 T6 W19 | | E-AlMgSi0.5 | | 铝合金 | |
| | 国际退火铜标准 IACS[a] | 61% | | 48%～54% | | 59.5% | |
| | 20℃电导率 [m/（Ω·mm²）] | 35.385 7 | | 27.84～31.32 | | 34.518 5 | |
| | 20℃电阻率 [（Ω·mm²）/m] | 0.028 26 | | 0.032～0.036 | | 0.028 97 | |
| 外壳 | 内径（mm） | 500 | | 520 | | 460 | |
| | 壁厚（mm） | 6 | | 5 | | 10 | |
| | 材质 | 铝合金 EN AW 5754 AL Mg3 W19 | | AlMg2Mn0.8 | | 铝合金 | |
| | 国际退火铜标准 IACS[a] | 52.565% | | 35% | | 51% | |
| | 20℃电导率 [m/（Ω·mm²）] | 30.487 8 | | 20.3 | | 29.585 8 | |
| | 20℃电阻率 [（Ω·mm²）/m] | 0.032 80 | | 0.050 | | 0.033 80 | |
| | 连接方式 | 焊接 | | 焊接 | | 焊接 | |

[a]IACS 国家退火铜标准（IACS=100%）铜导体电导率=58.108m/（Ω·mm²）。

表 27.9　　　　　　　　　　　　　　　现有 GIL 例子（二）

| | 用户 | 英国国家电网 | | 安特吉 | | 卑诗水电局 | |
|---|---|---|---|---|---|---|---|
| 现有例子（二） | 投运年份 | 2004 | | 2001 | | 1981 | |
| | 安装地点 | 海姆斯霍尔，英国 | | 巴克斯特威尔逊发电厂，美国 | | 雷夫斯托克水电站，加拿大 | |
| | 安装方式 | 地上/浅沟 | | 地上 | | 地上 | |
| | 线路长度（m） | 545 | | 1250 | | 400 | |
| | 回路 | 1 | | 1 | | 2 | |
| | 系统额定电压（kV） | 400 | | 500 | | 500 | |
| | 设备最高电压 $U_m$（kV） | 420 | | 550 | | 550 | |
| | 系统额定电流（A） | 4000 | | 4500 | | 4000 | |
| | 额定频率（Hz） | 50 | | 60 | | 60 | |
| | 绝缘气体 | 气体压力（MPa） | 1.03 | 气体压力（MPa） | 0.373 | 气体压力（MPa） | 0.345 |
| | | $N_2$/$SF_6$ | 80%/20% | $SF_6$ | 100% | $SF_6$ | 100% |
| 导体 | 外径（mm） | 512～520 | | 178 | | 178 | |
| | 厚度（mm） | — | | 12.7 | | 12.7 | |
| | 材质 | 铝合金 | | 铝合金 6061-T6 | | 铝合金 6061-T6 | |
| | 国际退火铜标准 $IACS$[a] | — | | 59.5% | | 59.5% | |
| | 20℃ 电导率 [m/（Ω·mm²）] | — | | 34.57 | | 34.57 | |
| | 20℃ 电阻率 [（Ω·mm²）/m] | — | | 0.028 9 | | 0.028 9 | |
| 外壳 | 内径（mm） | 500 | | 508 | | 508 | |
| | 壁厚（mm） | 6～10 | | 6.35 | | 6.35 | |
| | 材质 | 镁铝合金 | | 镁铝合金 | | 铝合金 6063 T6 | |
| | 国际退火铜标准 $IACS$[a] | — | | 35.0% | | 53.0% | |
| | 20℃ 电导率 [m/（Ω·mm²）] | — | | 20.337 8 | | 30.737 | |
| | 20℃ 电阻率 [（Ω·mm²）/m] | — | | 0.049 2 | | 0.032 5 | |
| | 连接方式 | 焊接 | | 法兰 | | 焊接 | |

[a]$IACS$ 国家退火铜标准（$IACS$=100%）铜导体电导率=58.108 m/(Ω·mm²)。

### 27.3.2.2　结构要求

单相绝缘 GIL 线路需要三根管子，每相一根。通常需要两个电路或系统；这意味着总共需要六个单管。也可以使用四管系统，其中一个管道作为备用。每根管子的直径约为500mm。400kV 和 3150A 的单根管道的总重量（包括导体、气体等）约为 30kg/m。最小弹性弯曲半径为 400m。可通过预制弯管元件实现较小的弯曲度。隧道壁上各固定点之间的距离约为 25m。

GIL 管道的热膨胀取决于运行期间的温差。当温度从 20℃上升到 60℃时，400m 长截面的热膨胀约为 200mm。三管系统的配置和每根管道之间的最小距离仅取决于后勤保养与维修设备。铝管的防腐需要适应隧道沿线的要求。需要避免与矿物质（如氯化物）接触时的永久性水渗透。安全措施是被动防腐蚀，如油漆、涂层、防水屋顶和/或主动防腐。此外，还应规定主要隧道衬砌喷射混凝土的化学成分，以防止腐蚀效应。镀金层对振动的敏感性很低。如果需要，可以使用减振器通过支撑结构来抑制来自 GIL 装置周围的振动源。当交通和风力产生永久摆动时，需要指定振动值。

如果 GIL 铺设在单独的隧道（先导隧道）中，则不会有来自交通隧道的振动影响。在地震活跃地区，带有 GIL 系统的隧道必须加固定位点，以避免管道位移。在不能排除隧道本身位移的高活跃区，可安装柔性隧道横截面和纵截面。GIL 附近的电和磁流体可以忽略不计。由于外壳的可靠接地，电场几乎为零，并且由于外壳中的感应电流，GIL 周围的磁场很低。没有声音从金属板发出。用以限制接触电压的 GIL 接地需要与结构一起规划。如果是隧道，则应将 GIL 接地与钢丝网连接。需要特别注意两端的连接点以及其他基础设施接近时，如铁路、天然气管道和中压线路（Koch 2007-06）。

尽管 GIL 几乎不需要维护，但当内部故障后需要进行维修工作时，仍需提供通道。维修时间不仅包括管道的直接维修工作，还包括气体处理（取出气体、储存和重新过滤）和高压测试的时间。

对于隧道结构，从隧道入口到隧道内工作地点的运输通道和返回通道会显著影响总维修时间。为了减少运输时间，也为了安全起见，可以在铁路上运输。

维修工作需要进入气体处理设备和气体储存容器。将安装 GIL 的替换部分，并进行压力和介电测试。必须管理与在共享服务附近执行压力测试相关的安全问题，并且必须考虑如何连接高压测试设备。为了在短时间内使 GIL 恢复使用，必须提供天然气处理厂和备用部件。

由于担心空间、责任、所有权、维护、安全、保护、冷却和加热，现有隧道业主总是非常不愿意增加 GIL。尽管 GIL 几乎不需要维护，但如果有必要在内部故障后进行维修，则需要提供通道。必须考虑对任何共享结构的影响。

当 GIL 接地良好时，GIL 周围的安全距离是不需要的；因此，也可以在 GIL 结构中无限制地工作。安装在隧道或桥梁上的 GIL 通常只有经过培训的专家才能使用（Koch 2012；Cigré 技术报告 2008；Cigré 技术报告 2015）。

### 27.3.2.3 隧道

在正常状态下，$SF_6$ 是无毒的。但是，与其他气体一样，如果在密闭空间（如隧道）释放，会导致缺氧和窒息的相关风险。诸如提供强制通风的控制措施应加以考虑，以确保在 $SF_6$ 释放时保持充足氧气水平。

通常在轴位置组装 GIL 比较方便，因为在轴位置可以获得更多的空间，并且焊接烟尘更容易被提取出来。外壳长度焊接在轴位置，组装好的 GIL 随着每个新外壳接头的完成而进入隧道。由于无法通过低曲率半径的弯板将装配好的 GIL 送入，因此在这种弯板处，必须在其最终位置装配 GIL。

GIL 安装的环境可能会使水或水蒸气与外壳铝（或铝合金）接触，造成可能的腐蚀。由于输电线路的预期寿命相当长（如 30～40 年），因此铝合金暴露在环境水中的行为值得仔细考虑（Koch 2007-06；Benato 等人 2005）。

关于铝产品暴露于环境介质后的化学和生物行为的科学文献是广泛和全面的。文献也认同这样一个事实：铝及其合金上氧化层的形成具有保护作用。由于这一保护层的存在，铝制品在环境条件下（pH4.5～8.5）不会受到明显的腐蚀，除非通过化学物质和天然物质引起的元素的局部形成而发生腐蚀。长隧道的最小空间可通过考虑通风、湿度、温度、非易燃和无毒绝缘气体泄漏的管理、内部故障后的维修概念、隧道尺寸公差（直径、直线线形、坡度）、弯曲半径（400m）、弯管元件的需要来确定，以便按照路径、电源和备件运输，参见图 27.8 和图 27.9 中的示例。

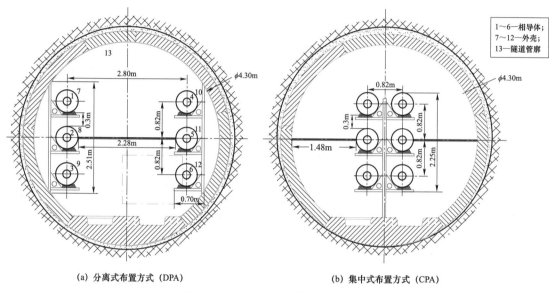

(a) 分离式布置方式（DPA）　　　　　(b) 集中式布置方式（CPA）

图 27.8　双路 GIL 可能的安装布置

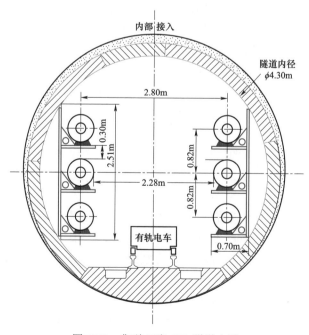

图 27.9　典型双路 GIL 隧道布置

在一定距离内的长结构内部服务隧道，如每 500m 或 1000m 加宽一次，又如技术洞室，需要对 GIL 进行方向改变，这可以通过使用弯管元件实现（Koch 2012；Cigré Technical Bro-Chure 2008）。在 2005 年，Benato 等人对 GIL 在铁路隧道中的应用进行了详细调查。

### 27.3.2.4 支撑

考虑使用 GIL 结构时，建议将 GIL 纳入设计中。使用现有结构的 GIL 时需要对初始设计进行评估，以适应额外的 GIL 要求。

GIL 的重量约为每相 30～50kg/m。与大多数主要运输结构相比，该重量较低。

外壳需要以相对较长的距离固定在结构上（如 10～20m）。外壳的机械耐用性使得固定点之间的距离如此之长。固定点要承受的总量主要是 10～20m GIL 的质量，即 300～1000kg。由于刚性设计包括铝管、环氧树脂绝缘体和绝缘气体，因此从结构到镀金层的任何振动都应视为关键振动。这种振动可以通过钢结构和固定点的设计来抑制。为了证明长期稳定性，需要进行疲劳分析。GIL 的可接近性应允许目视检查，如果需要维修，应更换一个部分。

在正常使用中，GIL 不需要经常维修或操作人员检查。在使用中，由于温度变化，结构和 GIL 将扩大和收缩。GIL 的热膨胀装置将负责这些运动。由于 GIL 移动产生的摩擦，只会对桥梁产生一个小的影响。有关 GIL 的安全规定应注意，即使 GIL 发生电气故障，也不会对结构造成严重影响。在操作过程中，来自电磁场的力（短路电流）由钢结构承受，并且在内部电气故障的情况下，金属外壳可防止对周围环境的影响。为了证明桥梁和 GIL 热膨胀的功能，需要进行疲劳分析。

诸如风和冰荷载、太阳辐射、地震条件、高湿度和环境温度等环境条件，是在 GIL 应用设计中考虑的 IEC 62271-204（国际标准 IEC 2011）中规定的使用条件。这些环境条件的影响也需要作为设计的一部分考虑（Cigré 技术报告 2008）。

## 27.3.3 GIL 自动布置过程

基于气体绝缘技术的第三代紧凑型输电线路正在开发中。第三代设计背后有两个主要目标，即改进管段的组装和铺设，以及采用新焊接工艺的坚固可靠的连接技术。

这些改进将进一步减少 GIL 的安装时间，这些时间几乎占到总成本的 50%。移动工厂结合了自动装配的镀金部分与焊接工艺。图 27.10 所示的移动式工厂配备有一个管库，用于存放现场准备好的管段，并为焊接做好准备。有两个焊接工作区交替工作，以产生连续生产的 GIL 段，将其拉入明沟或隧道段。

移动工厂的焊接技术，辅以焊缝超声波质量控制，确保只安装无故障焊缝。

### 27.3.3.1 GIL 移动工厂

图 27.10 给出了移动工厂通过导线管和外壳管的轨道焊接连接 GIL 段，并将新段铺设到沟渠或隧道中。移动工厂可以自行从一个铺设位置移动到下一个铺设位置。移动工厂的右侧部分用作存储库，总共八个高 13m 的 GIL 段。焊接部分位于移动工厂的左下侧底部。在该区域，轨道焊接机采用摩擦导向焊接工艺连接导线和外壳管道。有两个焊接位置，焊接机可以在一个工作班次内完成多达八个连接，这相当于库中存储的准备好的 GIL 段的数量。

在移动工厂左侧的焊接部分的顶部，设置了控制单元、发电和员工房间。这意味着移动工厂不需要外部电源，使移动工厂能够在偏远地区铺设 GIL。

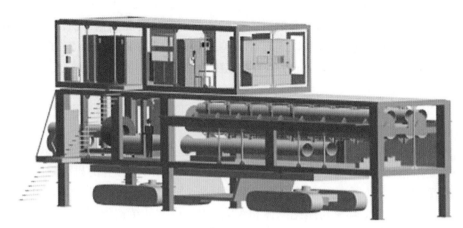

图 27.10　现场拼装、铺设移动工厂

当采用直埋式 GIL 敷设时，焊接的 GIL 埋管段从左端的移动式工厂出沟敷设。在这种情况下，移动工厂可以对每段新的 GIL（如每 13m）使用自己的牵引系统进行移动。当使用更长的明沟（如 300～500m）时，另一种可能的铺设方法是将 GIL 段（如 13 m 长）拉入沟中，然后移动工厂将被移动 300m 或 500m，到达下一个铺设位置。

### 27.3.3.2　铝管摩擦导向焊接

一个重要的新进展是采用基于摩擦导向焊接的新焊接技术。该工艺的优点是：两个管道的连接可以在单轨道工艺中进行（见图 27.11），而电弧焊接需要五～十个级别的焊接。这意味着摩擦转向焊接是一个更快的过程，其完成一个焊接只需要 10min，相比之下，电弧焊需要 1h。这种减少的焊接时间（大约每公里 300 个焊接点）是非常显著的，将总的 GIL 铺设时间减少了 5～6 倍，从而降低了成本。

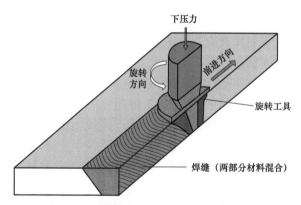

图 27.11　基于摩擦导向焊的焊接新工艺

摩擦导向焊接工艺利用摩擦产生的温度将铝材料加热到软状态，而不是熔融状态。在这种软态下，铝材料合并形成固体连接，分子结构不发生断裂。该工艺在任何环境温度和天气条件下都非常稳定，甚至可以在雨天进行。这个机械设备仅仅是一个钢螺丝，并带有一个置于固体钢架中的液压驱动器以保证机械稳定性。

通过对焊接力、速度、温度等参数的监测，保证了焊接质量。此外，通过使用自动超声波传感器系统，对每个焊缝进行 100%的质量控制，确保外壳管道的完全气密性和导体管道的完全导电性。

预计这些新的自动接合和铺设机器将以更低的成本提供高质量、快速铺设的 GIL 传输线。该技术首次在巴黎举行的 2016 年 CIGRE 会议上展示。

## 27.4 环境影响

### 27.4.1 环境生命周期评价

量化一次技术的环境影响的标准化程序是环境生命周期评估（LCA），其程序基础记录在国际标准系列 ISO 14040（Koch 2012；CIGRE TB 639 2015）中。

CIGRE 2002（Koch 2002a）概述了气体绝缘电力设备的 LCA。该方法适用于 GIL，并在报告中以简化的方式描述，具体步骤如下：

（1）选择具有代表性的技术功能单元。

（2）研究"地平线"（参考框架）的定义。

（3）建立生命周期清单。

（4）生命周期影响评估的推导。

（5）生命周期解释的推导。

为评估选择的功能单元可以是具有给定额定电压和电流的单位长度的 GIL。

研究范围包括所考虑的生命周期阶段、假设的材料生产和能源生产情景、要评估的环境影响类型以及要使用的方法。寿命周期清单（LCI）量化了进入系统的相关材料和能量流，以及排放物和废物流。就 GIL 而言，LCI 将包括所用材料和生产过程中消耗的能量、生产和制造过程中产生的排放物和废物、设备运行寿命期间产生的能量损失以及与退役、处置或回收相关的能量损失和排放。生命周期影响评估（LCIA）从 LCI 数据中得出定量的环境影响。

寿命周期解释从 LCI 和 LCIA 数据中得出结论。

比对判定是一种特殊类型的生命周期评价，其中比较了两个同等性能系统的环境影响。报告阐明了使用纯 $SF_6$ 及 $N_2$、$SF_6$ 混合物时系统排放 $SF_6$ 情况下对比判断的基本原理。

GIL 中使用的大多数材料在使用寿命结束时很容易回收。

### 27.4.2 总体环境影响

CIGRE 联合工作组 21/22.01（CIGRE TB 639 2015）报告了架空线路和地下电缆的比较，特别是环境影响。许多论点都适用于 GIL。CIGRE 2006，论文 C2-208（Benato 等人 2006a）。两份报告中考虑的因素包括：

（1）视觉冲击。

（2）电磁阀：

1）磁性过滤器；

2）静电过滤器。

（3）财产/土地价值的折旧。

（4）土地使用限制：建筑物、空中交通和土地耕种。

（5）可听见的噪声。

（6）电磁干扰（无线电干扰电压）。

（7）对森林和自然环境的影响。

（8）土壤污染风险。

### 27.4.3 磁场

如果 GIL 为单相封闭式设计，且外壳各端牢固结合（通常为这种情况），则外壳电流将循环，以减少 GIL 外部的磁场。然而，由于这三个阶段的空间配置，屏蔽并不完整。计算了典型架空线路、GIL 和电缆系统的磁场。表 27.10 所示为距地面 1m 处以及距中心轴不同距离处的磁通密度均方根值。这些值对应 2000MW 的传输功率。

如果 GIL 为单相封闭式设计，并且外壳的连接方式使外壳电流无法循环，例如，如果使用单点连接，涡流将在外壳中流动，但这些不会提供有效的磁屏蔽。因此，GIL 外部的磁场将高于外壳牢固黏合的情况。人们认为这种安排很少使用。

GIL 外部的磁场可以使用安培定理和毕奥—萨伐尔定律进行分析计算。或者，可以使用数值方法计算磁场，例如，有限元法（Koch 2003；Koch 和 Connor 2003）。

表 27.10            400kV/3000A 线路的磁通密度

| 磁场强度 $B$（μT） | 与中心距离（m） | | | |
|---|---|---|---|---|
| | 0 | 10 | 20 | 30 |
| 架空线路 | 42 | 36.5 | 21.0 | 10.8 |
| 地面敷设 GIL | 5 | 0.25 | 0 | 0 |
| 交联聚乙烯电缆<br>每相单回<br>平面敷设 | 109 | 11 | 2.9 | 1.3 |
| 交联聚乙烯电缆<br>每相双回<br>三角形敷设 | 13.2 | 0.74 | 0.19 | 0.08 |

### 27.4.4 环境方面

绝缘气体主要成分是 $N_2$，占 80%。这种气体对环境没有影响，因为它在大气中是自然存在的。$N_2$ 无毒、不易燃。然而，$N_2$ 可以窒息，因为它可以降低氧含量。

一种更经济的解决方案，使用混合气体。这可以解决环境问题，因为 $SF_6$ 的全球变暖潜力（GWP）是 $CO_2$ 的 23 900 倍。

然而，大气中的 $SF_6$ 对全球变暖的绝对贡献是 0.7%。大气中的大多数 $SF_6$ 来源于电气工业以外的 $SF_6$ 使用。

大多数此类使用都已被禁止（如窗户隔热层、轮胎和鞋子）。焊接外壳结构确保了在 GIL 的整个使用寿命内保持高水平的气密性。在使用寿命结束时，气体混合物可以被回收、循环利用和再次使用。

建议在长距离应用 GIL 时使用 $N_2/SF_6$ 气体混合物。由于 $SF_6$ 具有灭弧能力，大多数应用都与 GIS 结合使用纯 $SF_6$。

## 27.5　长期试验

### 27.5.1　420kV GIL 可行性研究[1]

可行性研究始于 1994 年，于 1997 年完成。可行性研究已对绝缘尺寸、热性能、机械约束和防腐进行了研究，并对介电性能、短路性能、可靠性研究、监测和故障定位系统进行了实验室试验。所有测试都成功。得出的结论是：所需的 GIL 技术可在中期内获得（Henningsen 等人 2000 年；Koch 2000-10；Miyazaki 2001）。

表 27.11　　　　　　　　　　　　EDF GIL 等级

| | |
| --- | --- |
| 额定电压 | 420kV |
| 雷电冲击耐受电压 | 1425kV |
| 操作冲击耐受电压 | 1050kV |
| 交流耐受电压 | 620kV |
| 频率 | 50Hz |
| 额定电流 | 3000A |
| 短时耐受电流 | 63kA |

表 27.12　　　　　　　　　　　　EDF GIL 设计

| | |
| --- | --- |
| 外壳外径 | 515mm |
| 外壳连接方式 | 焊接 |
| 线路总长 | 300m 单相 |
| 运输长度 | 15m |
| 绝缘气体 | 10% $SF_6$/90% $N_2$ |
| 20℃气体压力（绝对压力） | 8.0bars abs |

表 27.11 和 27.12 总结了 GIL 评级。

## 27.6　项目举例

在本节中，给出了已安装的 GIL 项目的一些示例，以说明在空气、隧道和直埋的 GIL

---

[1] 英文原文中无 27.5.2。

安装［IEEE 气体绝缘输电线应用指南和用户指南（GIL）2012］。

### 27.6.1 沙特阿拉伯 PP9 电厂

在沙特阿拉伯 PP9 电厂的一个项目中，420kV GIL 用于变压器和 GIS 变电站之间的连接（Koch 2012；Cigré 技术报告 2008、2015）。连接包括 8 个三相电路，总共 17km 的单相电路。该项目分四个阶段完成，于 1997 年 5 月至 2000 年 3 月投入使用。由于路线限制和腐蚀性很强的环境（由于工厂排放和沙尘暴），GIL 被选为唯一可行的技术解决方案。此外，GIL 解决方案允许高功率、低损耗的高可靠性传输。

GIL 安装在地面上，高度在 7～9m 之间，以允许变压器运输。环境温度在−6～+55℃。GIL 经受的风速为 120km/h，并伴有风速高达 150km/h 的强烈阵风（见图 27.12）。

图 27.12　420kV PP9 GIL 安装布局

### 27.6.2 奥地利林贝格

奥地利阿尔卑斯山洞穴内的 420kV 架空线路（OHL）与地下气体绝缘开关设备（GIS）通过 450m 长的隧道连接。GIL 采用了 $N_2/SF_6$ 气体混合技术。气体混合物使用 80% 的 $N_2$ 和 20% 的 $SF_6$，压力为 0.7MPa。

由于在岩石中建造了昂贵的隧道工程，因此需要较小的隧道宽度。基线为 3.2m，中心最大高度为 3.4m。隧道坡度为 42°，高程差为 80m。这说明了在紧凑的隧道中以及在一个角度上使用 GIL。

必须满足非常高的消防安全要求。该隧道也用作洞室的通风井。即使发生内部电弧故障，也不允许对隧道造成影响。这已经在测试实验室的几次电弧故障测试中证明了这一点。这提供了最大的操作安全性。由于隧道被用作洞穴内人员的紧急出口通道，因此在操作过程中需要最小的电磁场，参见图 27.13 和图 27.14。

表 27.13 给出了林贝格倾斜隧道 GIL 的技术数据。采用焊接技术安装 GIL，并于 2010 年完成安装（Koch 2012；Cigré 技术报告 2008；CIGRE 技术报告 2015）。

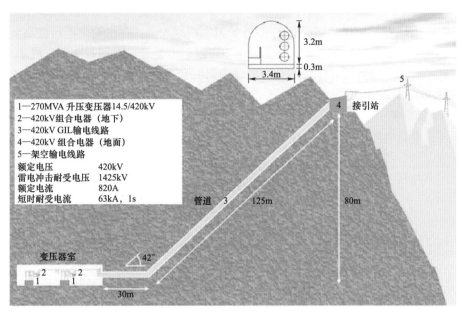

图 27.13　奥地利林贝格水电站概况（2010 年）

Within figure 27.13:
- 3.2m
- 0.3m
- 3.4m
- 5
- 4　接引站
- 1—270MVA 升压变压器14.5/420kV
- 2—420kV组合电器（地下）
- 3—420kV GIL 输电线路
- 4—420kV 组合电器（地面）
- 5—架空输电线路
- 额定电压　　　　　　420kV
- 雷电冲击耐受电压　1425kV
- 额定电流　　　　　　820A
- 短时耐受电流　　　　63kA，1s
- 管道　3　125m
- 80m
- 变压器室
- 42°
- 30m

图 27.14　奥地利林贝格隧道图（2010 年）

表 27.13　　　　　　　　　奥地利林贝格 GIL 技术数据（2010 年）

| | |
| --- | --- |
| 额定电压 $U_r$ | 420kV |
| 额定电流 $I_r$ | 820A |
| 雷电冲击耐受电压 $U_{BIL}$ | 1425kV |
| 额定短时耐受电流 $I_s$ | 63kA，1s |
| 线路长度 | 0.45km，双回 |
| 绝缘气体 | 在 0.7MPa 下，80% $N_2$ 和 20% $SF_6$ |

### 27.6.3　法兰克福 Kelsterbach GIL

法兰克福国际机场扩建需要既有的 220kV 架空线路入地，并将输电电压提高到 420kV。在图 27.13 中，施工现场视图显示了架空线路和直埋 GIL 敷设。在照片中间，展示了放置在铺管沟顶部的现场组装帐篷。GIL 部分在帐篷中组装和焊接，然后拉入沟槽（Koch 2012；CIGRE 技术报告 2008；CIGRE 技术报告 2015）（见图 27.15）。

图 27.15　德国 Kelsterbach 直埋 GIL 概况（2010 年）

装配的视图如图 27.16 所示。直体单元和角形单元在掩埋前在帐篷中预装配。机组采用自动轨道焊接工艺现场焊接，参见图 27.17。

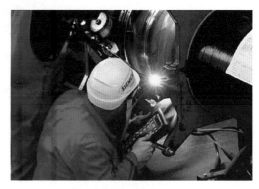

图 27.16　集装箱内部　　　　　　图 27.17　焊接现场

GIL 单元预先在集装箱内被焊接，然后被拉进沟里。在图 27.18 中，两个三相系统的带有六个单相 GIL 管的管沟。

采用 $N_2/SF_6$ 混合气体的直埋式 GIL 技术数据见表 27.14。

图 27.18　回填前沟壑中的六根单相 GIL 管道

表 27.14　　　　　　德国 Kelsterbach 直埋式 GIL 技术数据 2010

| 额定电压 $U_r$ | 420kV | 额定短时耐受电流 $I_s$ | 63kA |
|---|---|---|---|
| 额定电流 $I_r$ | 3000A | 线路长度 | 1km，双回 |
| 雷电冲击耐受电压 $U_{BIL}$ | 1425kV | 绝缘气体 | 80% $N_2$/20% $SF_6$ |

## 27.7　未来应用

### 27.7.1　概况

由于世界范围内越来越多的电能使用及大都市地区或工业综合区的电力负荷集中，未来对电力传输的需求日益增加。此外，遥远地区可再生能源发电将拉动需求，从太阳能或风力发电场、陆地和海上长距离输电（Koch，1999 年）。

预计气体绝缘线路可以在满足这些需求方面发挥重要作用，但这不在本书与变电站相关的范围之内。

### 27.7.2　与变电站相关的 GIL 未来可能的用途

有些情况下，GIL 是替代超高压架空线路（OHL）的可行方案。第一种应用可能是连接两个超高压变电站的 GIL——变电站 A 和 B，有架空输电线路从远处变电站接入变电站。

用于连接两个变电站的架空线路（由于没有通行权），或者两个变电站被几公里长的水域（河流或海洋）隔开，可以使用埋在地下或隧道内的 GIL，参见图 27.19 和图 27.20。

第二种可能的应用如图 27.21 所示。OHL 电路在室内的超高压变电站处终止。没有足够的空间将额外的 OHL 电路降落到变电站。如果需要线路扩展，可以使用 GIL/电缆将变电站与新的 OHL 电路的端塔互连。GIL/电缆可安装在地面上、隧道内、槽内或直接埋置。

图 27.19　用于连接两个变电站的架空线路（由于没有通行权）

图 27.20　用于连接两个远海/河流分开的变电站的 GIL

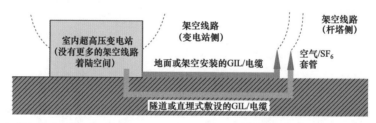

图 27.21　安装在地上/隧道内/直埋的 GIL，用于将新架空线路的端塔与现有变电站连接起来，现有变电站没有更多的架空线路着陆空间

第三种可能的应用如图 27.22 所示，图 27.22 解释了使用 GIL/电缆帮助将 OHL 电路和现有的超高压开关柜（分阶段更换）迁移到新的超高压变电站中的新的超高压开关柜中，相距一定距离。由于现场和系统的限制，如不可能就地更换开关设备、不可能转移现有的 OHL 电路、停电限制等，开关设备和电路转移必须分阶段进行，并且现有开关设备板和新开关设备板必须相互连接，以将系统安全影响最小化。GIL 可以安装在地上、隧道内或地下。

以上三个案例并非详尽。安装方法的选择将取决于技术、成本和其他相关因素（2015年 CIGRE 技术报告）。

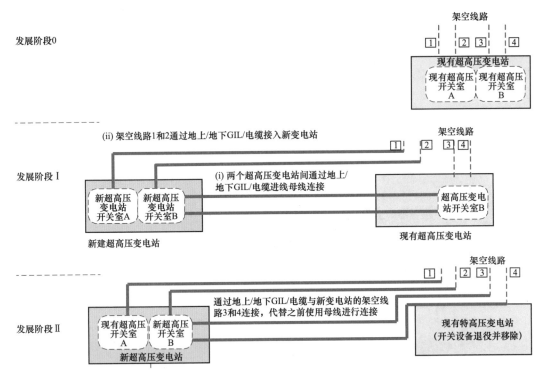

图 27.22　现场/系统限制下的超高压开关设备更换/扩建的 GIL（如不可能进行现场开关设备更换、不可能重新安置/添加架空线路塔、不可能进行长时间电路断电）

## 27.8　项目操作

### 27.8.1　现场装配

　　GIL 部件运至预装配现场，预装配现场通常是安装位置附近的临时设施，或可能是走廊或隧道入口的接入点。在预装配区，安装临时车间设施，将各个部件组装在一起，以形成准备好进行最终组装程序的部件。很明显，最重要的要求之一就是保持预装配车间内的清洁。GIL 组装现场还必须配备必要的基础设施，如办公室、各种建筑物、电源（不要忘记焊接和气体处理机器）、水以及现场人员和访客的通道。完成部件后，将其运输到装配位置。后者是将"连续"管组装在一起的地方。这可以使用法兰或焊接来完成。对于较长的长度，后者是更经济的解决方案；法兰主要用于经常改变路线或非常短的安装。安装进度由最终组装程序决定。邻近预装配场地的储存设施是有利的。

　　测试分为两个主要步骤，即安装期间的持续质量保证和铺设后的测试。除了其他事项外，安装过程中的质量还包括根据国际和当地压力容器规范要求，对每个单独现场焊缝进行超声波检查以及合适的文件记录。埋后的试验主要是整个系统的压力试验、介电试验和导体电阻试验。现场测试活动的详情见 IEC 62271-204（IEC 2011）。由于 GIL 安装工程的性质以及主要与清洁度要求有关，很明显，除了所需的健康和安全问题外，还需要在安装开始前充分满足现场的其他几个先决条件。其中最重要的是必须完成装配区附近的土建工程，并为 GIL 安装人员提供永久、畅通的通道（Koch 2012；Cigré 技术报告 2008；CIGRE 技术报告 2015）（见图 27.23～图 27.28）。

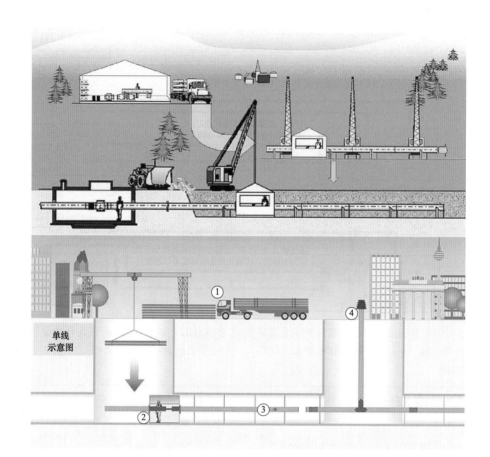

图 27.23 隧道、地上和地下安装 GIL 的现场物流方案
①—预制构件的运输和交付；②—安装和焊接；
③—隧道中 GIL 的转运；④—高压试验

图 27.24 预装配区运输单元

图 27.25 GIL 段的预装配

图 27.26 隧道内焊接区域

图 27.27 GIL 段焊接区域切割

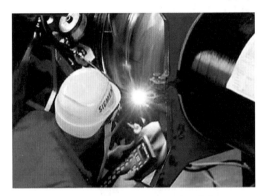

图 27.28 用于外壳的轨道焊接机

GIL 的安装一般有两种选择，即在一个位置焊接管道和拉动连续生产的管道或沿路线移动焊接位置。后者是一个更复杂的选择，因为需要移动焊接设备和设备，以保持焊接位置清洁。到目前为止，组装位置通常保持在原位，直到生产出一部分 GIL（Koch 2012；Cigré 技术报告 2008）。

## 27.8.2 工厂预装配

GIL 制造商将 GIL 部件交付给其他制造商进行现场组装，可以从 GIL 组装工厂装运预装配部分。它们在工厂完全组装和测试，然后用干燥 $N_2$ 密封和加压装运。然而，无论项目规模或组装概念如何，原则都是相同的，需要对任何给定项目的最佳替代方案进行评估。

母线系统由完整组装和工厂试验段制成，长度可达 18m。方向的改变是通过在工厂中预装到各个装运段的弯管完成的。

出厂前对每个装运段进行测试，以确保可靠性标准。常规试验包括高压工频电气试验、各绝缘体和各装运组件的局部放电试验以及所有装运组件的气体泄漏试验。

高压工频电气试验、每个绝缘体和每个装运组件的局部放电试验以及所有装运组件的气体泄漏试验在装运安装用汇流条之前完成（Koch 2012；Cigré Technical Brochure，2008）（见图 27.29）。

图 27.29 工厂中高压试验

预测试完成后，GIL 部分准备运至安装现场进行最终测试和调试（见图 27.30）。

利用 GIL 段，使现场安装过程更简单，可完成快速安装程序。它也不需要任何现场组装和测试区域。较长的截面长度减少安装期间所需的连接件数量，并降低运行期间气体泄漏的风险（Koch 2012；Cigré 技术报告 2008）（见图 27.31）。

图 27.30 母线预装配段运输

图 27.31 母线段的现场安装

### 27.8.3 气体处理

GIL 的安装需要气体处理设施。为了限制处理和处理所需的气体量，将 GIL 分为气室。处理说明见 IEC 62271-4《气体处理标准》（IEC 62271-4：2013）。必须为 $SF_6$ 和 $N_2$ 罐安排足够的空间。在过滤前，需要专门的机器将真空抽到管道中，如处理气体（干燥）和在过滤前制造 $N_2$ 和 $SF_6$ 混合气体。必须持续对气体灌装操作进行监督（图 27.32 和图 27.33）。

### 27.8.4 高压试验

掩埋后现场测试 GIL，对 GIL 及其安装结构有一定的要求。高压现场试验的指导原则是不超过最大试验电流约 20A，以限制系统的充电能量。在 GIL 中，可以通过隔离点的断开装置测试部分 GIL。一个气室的最大长度为 1500m，这也构成了一段高压试验区，该试验区需要有试验设备的入口。测试可从两个方向上完成。因此，从主隧道或从外部进入 GIL 进行高压测试的通道要求至少每隔 3000m 进行设置（Koch 2012；Cigré 技术报告 2008；Koch 2000；Chakir 和 Koch 2001b；Koch 2000-10）（见图 27.34～图 27.36）。

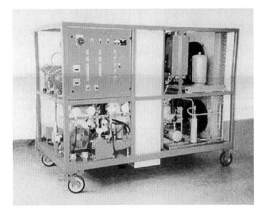

图 27.32　气体处理装置泵和气体混合装置

图 27.33　充气阀阀与真空连接气体处理装置

图 27.34　气体绝缘高压谐振试验装置
（最大电压 680kV、最大电流 1.5A、$L=720$mH）

图 27.35　现场高压试验高压谐振
试验装置与套管连接

图 27.36　现场高压试验高压谐振试验装置与套管连接

### 27.8.5　压力试验

压力试验应符合欧盟标准和地方当局的要求。高压设备的 EN 标准适用于低压隔间（通常高达 8bars）和干燥惰性气体（$SF_6$ 和 $N_2$）。EN 标准如下（Koch 2012；Cigré 技术报告 2008）（见表 27.15）。

表 27.15　　　　　　　　　　　　GIL 压 力 容 器 标 准

| EN | 标准名称 |
| --- | --- |
| EN 50052：1936 | 充气用铸铝合金外壳 |
| EN 50052：1986/<br>A1：1990 | 高压开关装置和操动机构 |
| EN 50052：1986/<br>A2：1993 | |
| EN 50064：1989 | 锻造铝和铝合金<br>高压用充气外壳<br>开关装置和操动机构 |
| EN 50064：1989/<br>A1：1993 | |
| EN 50068：1991 | 高压开关装置和操动机构用锻钢充气外壳 |
| EN 50068：1991/<br>A1：1993 | 高压开关装置和操动机构用锻钢充气外壳 |
| EN 50069：1991 | 高压开关设备和控制设备用铸铝合金和锻铝合金焊接复合外壳 |
| EN 50089：1992 | 封闭式金属充气高压开关装置和操动机构用环氧浇注隔板 |

## 27.9　操作、维护和维修

### 27.9.1　绝缘在线监测

第 218 号技术报告（Cigré 技术报告 2003）针对 GIL 有关的活动进行了深入探讨。TB 218 的附录 B 审查了在现场试验或在线监测中应用的所有各种诊断方法：物理传感器和信号处理，以检测、定位和识别发生的缺陷。目前，在线检测可能存在的缺陷主要有两种方法：一种是对新设备内置超高频传感器进行超高频检测；另一种是对设备进行声学检测。然而，到目前为止，对检测到的缺陷对 GIL 绝缘及剩余寿命的影响的评估仍然是一大难题（Okubo 等人 1998）。

这一问题将在 H 部分进一步讨论。

## 27.9.2 恒定及暂态电压的接地连接

GIL 的接地必须适应正常工作、短路和过电压条件所代表的不同工作条件。在研究接地网时，必须考虑 GIL 的布置（埋在隧道中，在沟渠中）及在外壳上连接气体密度监测器、温度传感器或局部放电监测系统等低压设备的可能性。接地系统的设计必须在电势上升、接触电压和跨步电压的情况下，保障有关人员和设备的所有安全，并且必须保持低于永久或短路条件下的极限值。

通过建模可以实现接地系统的优化。对于较短的 GIL 长度（小于 500m），GIS 设计规则适用。对于较长的设计，必须考虑到 IEC 62271-204（国际标准 IEC 2011）。

与绝缘电缆不同的是，由于外壳导电性好，短间距的外壳接地和连接不会影响 GIL 的热额定值。因此，出于安全原因，将每 500m～1km 对直埋式 GIL 进行外壳接地和连接，将电源频率接触电压降低至安全极限值，并将外壳与地面之间的瞬态过电压降低至非常低的值，以确保不会对人员或铝合金 GIL 外壳外的绝缘层造成危险。

对于隧道中的 GIL，外壳接地和连接的重复频率更高，需要作为隧道接地设计的一部分。

## 27.9.3 操作

针对 GIL 的检测：每个气室必须至少配备一个气体密度监测器。这些传感器补偿了温度，使混合气的压力管道中的气体将被永久监测。它们配有一个显示器，用于在检查时进行视觉控制，如气体泄漏或损失情况下针对最小压力的几级警报。这些警报可以远程传输到控制系统和/或警告人员。必须根据每个隔间的气体量仔细研究监测器的灵敏度和警报阈值的确定。

根据测量电弧发生地点与装有接收天线的管端之间的波传播时间差的原理，GIL 可配备一个电弧探测器和定位系统；GPS 同步可保证精度。

安装监控：在走廊或隧道中安装时，建议在低点安装 SF$_6$ 气体探测器以及氧气探测器。该信息可与隔室的密度监测器发送的压降相协调，以帮助识别破裂或故障的位置并发出警报。例如，水的存在与泄漏有关，可以通过水位测量仪检测到。

根据开发原则和适合每个公司的概念，可以安装其他监视器，例如：

- 火灾和温度传感器；
- 灭火系统；
- 访问监控；
- 视频摄像机。

监控要求、安全规则与操作员和地方当局密切相关。技术装置和操作说明与其他高压装置没有区别，与 GIS 非常相似。市场上有技术可用（Schoeffner 等人；Boettger 和 Koch 2005；Koch 和 Kunze 2006）。

## 27.9.4 维护

理论上 GIL 只需要很少的维护；然而，有关这项技术的经验反馈有限，因此要求业主建立适当的预防性维修水平。可以参考以下维护措施（Koch 2012；Cigré 技术报告

2008）：

（1）定期检查。定期检查的间隔周期可以固定在每周（投运初期）和每月之间。这就确保了 GIL 运行状态没有任何异常，包括 GIL 从安装到退役的整个周期。尤其是 GIL 壳体内的气体压力（密度监测器）应检查确认，以及常规的状态检查（渗水、洁净度等），以确保 GIL 工作正常。

（2）每年都需要对压力表的控制压力进行整定，并测量气体质量（含水量）。这项工作需要拆装压力表。

（3）密度监测器必须定期校准，如每 5 年校准一次。这项工作需要拆装密度监测器。

（4）放置在管廊内的 $SF_6$ 气体探测器必须定期校准，例如每 5 年校准一次。

（5）氧气探测器使用寿命有限的敏感元件，必须按期更换。

（6）根据安装环境和污染状况，可能有必要对站内套管的绝缘外套和避雷器进行清洁。

（7）如果通风系统没有安装空气过滤器，则可能需要清洁壳体和管廊。

（8）如果有空气过滤或强制冷却设备，这些设备需要定期维护。

（9）如果出现水渗入 GIL 表面的情况，根据水体的组成成分，管道有腐蚀的风险。需要考虑 GIL 壳体的防护措施，或者在管廊施工时采取防水措施。

（10）变电站的其他常规检修工作必须严格执行，如检查连接是否拧紧，并使用红外成像仪（对连接质量）进行控制。

### 27.9.5 维修流程

GIL 的原理相对简单，包括很少的外围设备，但是，即使有高质量的制造和装配标准，也可能存在缺陷或故障。因此，可能需要对安装进行维修，并采取适当措施以方便安装（Cigré 技术报告 2008）。

因此，应采取如下措施：

- 为地下系统储存管道的备件，如靠近装置或通道的备件；
- 确保车辆和机器的永久或紧急通道；
- 应该设置通往水箱或者电池的快速通道，以应对和处理大量气体；
- 在整个 GIL 内为各种机器（焊接、气体处理、通风、照明等）供电。

维修过程本身包括以下活动：

- 维修现场的设置；
- 气体清除；
- 切割和移除封装和导体；
- 安装替换导线和封装；
- 气体过滤和高压试验。

图 27.37 给出了已执行和证明的维修方案示例。潜在修复的持续时间为 2 周，包括准备和最终测试。

断开壳体

拉紧水平补偿装置

断开导体

将导电管推入滑动触头

断开壳体并向右侧移动

新的部件就位

从左侧焊接导体

螺栓紧固左侧壳体法兰

断开导体

将故障拆除部件移出管廊

焊接其余线路外壳上的法兰

拉回导体，从右侧焊接导体

拉伸轴向补偿装置

螺栓紧固右侧壳体法兰

图 27.37　检修流程

## 27.10　安全

### 27.10.1　安全分析

金属外壳到内径的完整性可防止外部问题，如火灾（Koch 2012；Cigré 技术报告 2008）。发生在 GIL 附近的第三方事件可能会对 GIL 造成危险，需要与车辆分离。

由于金属外壳保护内部不受周围环境影响，因此预计隧道内的放射性不会影响绝缘气体和 GIL 的电气稳定性。

建议在隧道内较低位置进行氧气测量，以确保不会对人员造成危险（窒息）。

当需要打开 GIL 气体室时，必须小心避免与绝缘气体的可能分解产物直接接触。因此，需要遵循操作手册说明。

气体处理需要按照 IEC 62271-4《气体处理标准》（IEC 62271-4：2013）进行。

接触电压和接触温度需要限制在低于相关 IEC 标准要求值的范围内。

推荐隧道检查在水、灰尘或其他环境因素可能造成的情况下进行。这种检查顺序可能是每年一次的。

地震多发地区应考虑地震要求。

在高压试验期间以及在安装和调试过程中进行压力容器试验期间，必须考虑高压系统使用的预防措施。

隧道或桥梁中的每个装置都需要进行安全评估。要求将随着结构的使用而变化。安全分析的一部分是由于 GIL 的故障（如内部电弧、结构中的火焰以及隧道或桥梁上的事故）造成的影响。

### 27.10.2　防火

由于只使用金属和非燃烧材料，因此无需采取与 GIL 相关的预防措施。GIL 不存在额外的风险。

如果未经管理，温度超过 800℃可能会导致产生化学/物理分解产物。一旦灭火，在任何维修或清理过程中都需要考虑此类产品的毒性。

## 27.11　成本分析

GIL 是一种在输电电压下传送电力的方法。它提供了一种替代电缆的地下输电方案。它具有较高的额定输电值，适合长距离传输（Koch 2012；Cigré 技术报告 2008）。在 CIGRE B3.B1-27（2015 年 CIGRE 技术报告）的研究中，详细调查了投资成本的因素及与电缆的关系（Benato 等人 2006b、2007a；Benato 和 Napolitano，2012）。

就资本成本而言，与电缆和 GIL 相比，架空导线和 AIS 连接是最经济的高压传输方式。

由于投资成本高，一般不愿意选择 GIL；但是，使用 GIL 可能会改进或实现其他项目的问题。

在安装的整个寿命期内，损失的成本可能是巨大的。损耗取决于实际传输的功率，并且变化很大。架空线路的损失可能是最高的。为了与资本成本进行比较，线路寿命期间发生的损失成本可转换为购买时的等价资本金额或资本化为现值。损失的资本将随特定项目的不同而不同。

比较 GIL 与电缆的成本时，由于影响经济的变量很多，因此很难明确界定边界，其中许多取决于具体的项目。GIL 终端比电缆密封端便宜。

为了匹配某些架空线路的额定值，有时需要每相使用两条电缆，从而增加电缆选件的单位长度成本。GIL 的额定值明显高于电缆的额定值，并且可以将架空线路的额定值与 GIL 相匹配。

GIL 的设计必须满足电介质、热和机械要求。如果一个应用的电流额定值很低，就不意味着 GIL 尺寸可能会减小。因此，在较低的额定值下，GIL 的竞争力可能低于传统电缆。

对于希望将 GIL 成本与电缆安装进行比较的人员，应参考 CIGRE TB 639《投资决策因素——GIL 与电缆》。

## 参考文献

Alter, J., Ammann, M., Boeck, W., Degen, W., Diessner, A., Koch, H., Renaud, F., Poehler, S.:$N_2/SF_6$ gas-insulated line of a new GIL generation in service, CIGRÈ 21-204 (2002)

Aucourt, C., Boisseau, C., Feldmann, D.: Gas insulated cables: from the state of the art to feasibility for 400 kV transmission lines. In: Proceedings of Jicable 95 Conference, Versailles, France, 133-138 (1995)

Baer, G.P., Diessner, A., Luxa, G.F.: 420 kV $SF_6$-insulated tubular bus for the Wehr pumpedstorage plant- electric tests. IEEE Trans. Power App. Syst. PAS-95, 469-477 (1976)

Bär, G., Dürschner, R., Koch, H.: 25 Jahre Betriebserfahrung mit GIL. heutige Anwendungsmöglichkeiten. ETZ. 123(1-2), 46-50 (2002)

Benato, R., Napolitano, D.: Overall cost comparison between cable and overhead lines including the costs for repair after random failures. IEEE Trans. Power Deliv. 27(3), 1213-1222, 2012.
https://doi.org/10.1109/TPWRD.2012.2191803

Benato, R., Carlini, E.M., Di Mario, C., Fellin, L., Paolucci, A., Turri, R.: Gas insulated transmission lines in railway galleries. IEEE Trans. Power Deliv. 20(2), 704-709 (2005)

Benato, R., Capra, D., Conti, R., Gatto, M., Lorenzoni, A., Marazzi, M., Paris, G., Sala, F.: Methodologies to assess the interaction of network, environment and territory in planning transmission lines. In: Proceedings of CIGRÉ 2006, Paper C2-208 (2006a)

Benato, R., Del Brenna, M., Di Mario C., Lorenzoni, A., Zaccone, E.: A new procedure to compare the social costs of EHVHV overhead lines and underground XLPE cables. In: Proceedings of CIGRÉ, Paper B1-301, Sept (2006b)

Benato, R., Di Mario, C., Lorenzoni, A.: Lines versus cables: consider all factors. Trans. Distribution World. 59(11), 26-32 (2007a). ISSN 1087-0849

Benato, R., Di Mario, C., Koch, H.: High capability applications of long gas insulated lines in structures. IEEE Trans. Power Deliv. 22(1), 619-626 (2007b). https://doi.org/

10.1109/TDC.2006.1668566

Boettger, L., Koch, H.: Operation and monitoring of GIS/GIL. IEEE PES General Meeting, San Francisco (2005)

Chakir, A., Koch, H.: Thermal calculation of buried GIL and XLPE cable. IEEE Winter Power Meeting, Columbus (2001a)

Chakir, A., Koch, H.: Long term test of buried GIL. CIGRE SC 15 Symposium, Dubai (2001b)

Chakir, A., Koch, H.: Transient thermal behaviour of GIL at variable loads. HSME J (2001c)

Chakir, A., Koch, H.: Corrosion protection of GIL. IEEE PES Summer Meeting, Chicago. (2002a)

Chakir, A., Koch, H.: Seismic calculation of directly buried GIL. IEEE PES T&D Conference, Asia Pacific, Singapore (2002b)

Christophorou, L.G., Van Brunt, R.J.: $SF_6$-$N_2$ mixtures basic and HV insulation properties. IEEE Trans. Dielectr. Electr. Insul. 2(5), 952-1003 (1995)

CIGRE TB 639: Factors for investment decision GIL vs. cables for AC transmission. Joint WG B3/B1.27, 12/2015

Cigré Technical Brochure # 351: Application of long high capacity gas-insulated lines in structures, Working Group B3/B1.09. ISBN: 978-2-85873-044-5 (2008)

Cigré Technical Brochure 218: "Gas insulated transmission lines (GIL)", Joint working group 23/21/33.15, Feb (2003)

CIGRE Technical Brochure 639, JWG B3/B1-27: Factors for investment decision GIL vs. cables for AC transmission (2015)

CIGREWG21.12: Calculation of the continuous rating single core compressed gas insulated cables in still air with no solar radiation, Electra 100 (1985)

Cigre WG 21.12: Calculation of the continuous rating of three-core, rigid type, compressed gas insulated cables in still air and buried, Electra 125 (1989)

CIGRE WG 23.10/TF 03: User guide for the application of gas-insulated switchgear (GIS) for rated voltages of 72.5 kV and above. CIGRE Brochure 125 (1998)

CIGRÉ Working Group 23.02: Guide for $SF_6$ gas mixtures. CIGRÉ Brochure 163 (2000)

Cousin, V., Koch, H.: From gas-insulated switchgear to cross country cables. Jicable Conference, Versailles (1996-05)

Diarra, T.B., Béroual, A., Buret, F., Thuries, E., Guillen, M., Roussel, Ph.: N2-$SF_6$ mixtures for high voltage gas insulated lines. In: 10th International Symposium on HV Engineering, Montreal (1997)

EN 50064: Wrought aluminium and aluminium alloy enclosures for gas-filled high-voltage switchgear and controlgear (1989)

Eteiba, M., Rizk, F.A.M., Trinh, N.G., Vincent, C.: Influence of a conducting particle attached to an epoxy resin spacer on the breakdown voltage of compressed gas insulation. Gaseous Discharge II. Pergamon press, pp. 250-254 (1980)

Hauschild, W., Mosch, W.: Statistical techniques for high voltage engineering. IEE Power series 13, Peter Peregrinus, London. ISBN 0 86341 205 X (1992)

Henningsen, C., Kaul, G., Schuette, A., Plant, R., Koch, H.: Electrical and mechanical long-time behaviour of gas- insulated transmission lines, CIGRÈ 21/23/33-03 Session, Paris (2000)

Hillers, T., Koch, H.: Gas insulated transmission lines for high power transmission over long distances. In: Proceedings of EMDP 98, 3-5, Singapore, 613-617 (1998a)

Hillers, T., Koch, H.: GIL for high power transmission over long distances. EPRI. 44, 613-618 (1998b)

IEC 60287-3-1: Electric cables - calculations of the current rating - part 3.1: Sections on operation conditions (1995)

IEC 62271-1: High-voltage switchgear and controlgear - part 1: common specifications (2007)

IEC 62271-4: High-voltage switchgear and controlgear - part 4: handling procedures for sulphur hexafluoride ($SF_6$) and its mixtures (2013)

IEC standard 60038: IEC standard voltages (2009)

IEC standard 60071-1: Insulation co-ordination part 1: definitions, principles and rules règles, seventh edition (1993-12)

IEC standard 60071-2: Insulation co-ordination part 2: application guide, third edition, (1996-12)

IEEE Guide for Application and User Guide for Gas-Insulated Transmission Lines (GIL): Rated 72.5 kV and Above, IEEE PC38.122.4/DH, December 2012, 1, 48, (2013)

International Standard IEC 62271-204:2011 High-voltage switchgear and control gear - part 204: Rigid gas-insulated transmission lines for rated voltage above 52 kV, Edition 1 (2011)

Koch, H.: Future aspects of GIL applications. CIGRE Colloquium Zurich (1999)

Koch, H.: Development long duration testing and first application of GIL. IEEE PES and ICC Fall Meeting, October 30, 2000, St. Petersburg (2000)

Koch, H.: Long duration test of GIL. IEEE ICC Fall Meeting (2000-10)

Koch, H.: Environmental reasons for underground GIL. CIGRE Session, Paris (2002a)

Koch, H.: Future needs of high power interconnections solved with GIL. IEEE PES PowerCon, Kunming (2002b)

Koch, H.: Magnetic fields of GIL - calculations and measurements. ISH Conference, Delft (2003)

Koch, H.: The use of traffic tunnels for electric power transmission. Power Grid Europe Conference (2007-06)

Koch, H.: Gas-Insulated Transmission Lines. Wiley, Chichester (2012)

Koch, H., Connor, T.: General aspects of EMF in High voltage systems. In: ISH Conference, Delft (2003)

Koch, H., Kunze, D.: Monitoring system of GIL. CEPSI, Mumbai (2006)

Miyazaki, A., Takinami, N., Kobayachi, S., Hama, H., Araki, T., Hata, H., Yamaguci, H.: Line constant measurements and loading current test in long-distance 275 kV GIL. IEEE Trans. Power Deliv. 16(2), 165-170 (2001)

Okubo, H., Yoshida, M., Takahashi, T., Hoshino, T., Hikita, M., Miyazaki, A.: Partial discharge measurement in a long distance $SF_6$ gas insulated transmission line (GIL). IEEE Trans. Power Deliv. 13(3), 683-690 (1998)

Schoeffner, G., Boeck, W., Graf, R., Diessner, A.: ATTENUATION OF UHF-SIGNAL IN GIL. Institute of High Voltage Engineering and Electric Power Transmission Technical University of Munich, Germany (2001)

Tanizawa, K., Minaguchi, D., Honaga, Y.: Application of gas insulated transmission line in Japan. CIGRE SC21-05 (1984)

Völcker, O., Koch, H.: Insulation co-ordination for GIL. IEEE Transactions, PE-102 PRD, 07/2000 Ward, S.A.: Influence of Conducting Particles on the Breakdown Voltages of $SF_6$-N2 Mixture, vol. 11, pp. 23-27. ISH, London (1999)

CIGRE Green Books

# 第 E 部分

## 特高压和海上变电站

◎ Kyoichi Uehara

# 特高压变电站

28

Kyoichi Uehara

## 目录

K. Uehara (✉)

Transmission and Distribution Systems Division, Toshiba Energy Systems and Solution
Corporation, Kawasaki, Japan

e-mail: kyoichi.uehara@toshiba.co.jp

© Springer International Publishing AG, part of Springer Nature 2019

T. Krieg, J.Finn (eds.), *Substations*, CIGRE Green Books，

https://doi.org/10.1007/978-3-319-49574-3_28

特高压变电站和海上变电站发展迅速，已得到广泛应用，但是不同变电站之间存在很大技术差异。特高压技术的发展有着相当长的历史，海上变电站技术主要是为满足可再生能源发展和前沿应用。在这部分中，本章对特高压变电站进行介绍，第 29 章对海上变电站进行介绍。

## 28.1　特高压变电站

从 20 世纪 80 年代起，特高压交流输电技术就已开始建设并投入使用。20 世纪 80 年代，苏联、意大利、日本、中国和美国都在研究特高压设备和技术。

在 1983～1988 年期间，许多特高压交流输电的试验工程建成，开展了一些研究工作和主设备原型机试验。1985 年，苏联首个 1200kV 系统（Ekibastuz 至 Kokshetau 500km，Kokshetau 至 Kostanay 400km）投入商业运行（ELECTRA 1989）。但由于 1200kV 输电线路局部放电问题，苏联将其降压至 500kV 运行。此后 20 多年里，再无特高压输电的相关商业项目。2009 年初，中国首条特高压输电线路"1000kV 晋东南—南阳—荆门特高压交流输电工程"成功投入运行，2010 年底输电容量扩大到 5GW。2012 年，印度开始对 Bina 变电站 1200kV 输电技术进行验证（见图 28.1）。

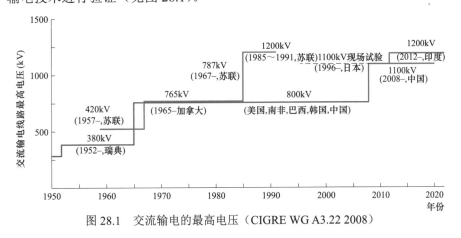

图 28.1　交流输电的最高电压（CIGRE WG A3.22 2008）

随着电力的需求和发展，大规模发展电源已经成为社会进步的必然。如何有效地将电能从电源侧输送至负荷侧至关重要。而电网扩建存在降低系统稳定性和增大系统短路电流水平的潜在风险。为了应对高压输电系统面临的输电需求增加而输电能力匮乏的问题，并提高系统稳定性，需要增加输电通道和开关站，因此，可能需要大量增加设备投资，线路损耗的影响必须予以考虑。

为解决上述问题，开发了特高压交流输电系统和特高压直流输电系统，从而有效地增加了系统输电能力、降低了输电线路数量、提高了系统稳定性。

特高压交流和特高压直流有各自的优势，表 28.1 给出了高压交流系统和高压直流系统的对比情况。

表 28.1　　　　　　　　　　　特高压交流输电和特高压直流输电的比较

| 交流系统特点 | 直流系统特点 |
| --- | --- |
| 有利于保持系统稳定 | 简单的输电线路设计 |
| 有利于控制整个系统 | 无充电电流引起的损耗 |
| 有利于构建新的电网 | 无需考虑短路容量 |
|  | 可提高长距离输电线路的稳定性 |
|  | 潮流控制快速、灵活 |

目前，特高压直流输电系统主要应用于点对点输电方式，但未来将建设特高压直流电网（多端系统）。特高压交流输电系统适用于电网之间的连接，变电站在输电系统中起着重要的作用。本章主要介绍特高压交流系统。

与特高压直流系统类似，特高压交流输电系统需考虑以下特殊要求：

### 28.1.1　输电走廊的限制

图 28.2 给出了 550kV 交流输电和特高压交流（1100kV）输电走廊的差异对比。

电力需求的增加势必需要建设新的输电线路，而增加线路输电走廊需要考虑已建线路和环境限制两方面因素。特高压交、直流输电线路是解决这一问题的较为经济的技术手段。特高压交、直流输电可实现一定输电走廊内，输送功率更大化。因为获得输电走廊、占地及相关监管单位的许可难度越来越大。

为了输送 10GW 电力：

超高压：10 条交流（550kV）线路

特高压：2 条直流（±800kV）线路
　　　　 或 2 条交流（1100kV）线路

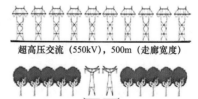

超高压交流（550kV），500m（走廊宽度）

特高压直流，120m
特高压交流，160m

图 28.2　550kV 输电系统和特高压直流及交流系统在输电走廊需求方面的比较

### 28.1.2　大容量输电与稳定问题

可再生能源发展迅速，但是往往远离负荷中心。

特高压交直流输电是一种有效地长距离、大容量输电方式。

图 28.3 给出了中国特高压交流输电系统规划的一个示例，大量风电从西北地区输送到东部沿海地区（负荷区），煤电和水电从西部地区输送到东部沿海地区（负荷区）。这些电源基地和负荷中心之间的距离约为 800～3000km。

如不采用特高压交直流系统，将无实现大容量电力传输。当输电距离超过 1000km 时，采用特高压直流输电系统。

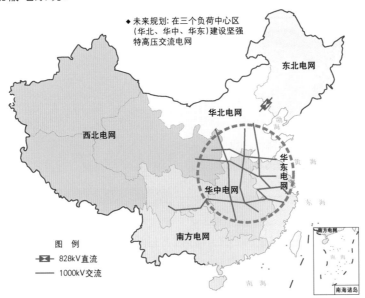

图 28.3　2015 年中国特高压交流输电系统规划示意图

### 28.1.3　特高压变电站所需占地面积及特高压开关设备比较

根据日本、中国和印度的经验，特高压变电站采用 AIS 设计，需要非常大的空间来布局开关设备和母线，从占地空间方面考虑很难实现。

采用混合绝缘开关［HIS，有时称为混合技术开关（MTS）］（CIGRE WG B3.20 2009）和气体绝缘开关（GIS）是减少变电站占地空间的切实可行的解决方案，在特高压变电站中通常采用 HIS 或 GIS。

表 28.2 给出了 HIS 或 GIS 变电站的优势（标记为绿色或黄色）。

表 28.2　　　　　　　　　AIS、HIS 和 GIS 的比较（CIGRE WG B3.22 2009）

| | AIS | HIS | 全 GIS |
|---|---|---|---|
| 绝缘 | 主要是空气绝缘 | 主要母线空气绝缘<br>开关设备气体绝缘 | 完全封闭在外壳内，但入口套管除外 |
| 高度 | 设备高 | 开关设备轮廓低<br>母线高 | 轮廓低<br>仅入口套管较高 |
| 电磁场 | 开关设备问题 | 易于控制<br>（套管和主要母线） | 易于控制<br>（入口套管） |
| 抗震 | 各种设备问题 | 有限的设备问题 | 仅入口套管存在问题 |
| 污染 | 各种设备问题 | 有限的设备问题 | 仅入口套管存在问题 |
| 设备成本 | 低 | 中 | 高 |

405

续表

| | AIS | HIS | 全 GIS |
|---|---|---|---|
| 变电站成本 | 取决于具体情况 | 中 | 取决于具体情况 |
| 运行维护 | 高 | 中 | 低 |
| 安装时间 | 长 | 中 | 相对短 |
| 建设成本 | 取决于具体情况 | 中 | 取决于具体情况 |

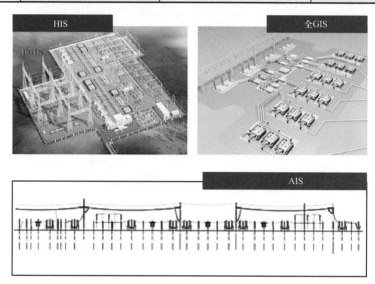

### 28.1.4　特高压变电站的经济考虑

与现有的超高压变电站相比，特高压变电站的成本仍然相当高，因为特高压设备技术仍较新，相关生产厂家数量有限。因此，成本评估是特高压变电站规划建设需要重点考虑的问题，其中全寿命周期成本和设计优化是特高压成本评估的关键要素。

GIS 变电站的成本可能会比 AIS 变电站高，但这取决于很多因素，如土地征用的可能性、地理条件、环境条件、劳动力成本、当地法律等，这些因素因国而异。关于抗震能力、污秽情况、电磁环境等特高压特殊技术要求，AIS 还有相当多的技术问题需要解决。因此，HIS 或 GIS 变电站通常更适用于特高压交流输电，以实现可靠与紧凑型变电站设计（CIGRE WG B3.22 2009）。

为降低特高压变电站设备的成本，采取了以下措施（CIGRE WG B3.22 2009；CIGRE WG C4.306 2013；CIGRE WG A3.06 2011）：

（1）低保护水平（低残压）避雷器以降低绝缘水平（*LIWV* 和 *SIWV*）。

（2）气体绝缘断路器（GCB）装设合闸、分闸电阻，以降低设备的试验电压。

（3）隔离开关加装电阻以抑制 *VFTO*。

## 28.2　特高压变电站设备的技术要求

以下是特高压交流输电系统的特殊要求。

### 28.2.1 潜供电弧熄灭要求

与低压等级交流系统相比，潜供电弧自熄灭是特高压交流系统特殊要求之一。由于健全相的静电耦合感应作用（感应电流），特高压输电线路故障相潜供电弧的持续时间更长。有两种解决措施可加速潜供电弧快速息弧，以确保多相快速重合闸成功：

（1）是采用高速接地开关（HSES）。高速接地开关闭合、潜供电弧自熄灭，之后高速接地开关断开，故障相断路器自动重合闸。由于法拉第效应和甩负荷作用，交流暂时过电压（ACTOV）可能更高，需要采取措施加以抑制。

（2）是采用四脚电抗器（高压并联电抗器及其中性点小电抗）来抑制潜供电弧。

一个四脚电抗器由三相高压电抗器及其星接中性点加装电抗器组成。

图 28.4 给出了人工单相接地试验；故障发生后，故障点潜供电弧应迅速熄灭。短路试验由主回路发射弹射弹触发金属线点火来实现。采用高抗及其中性点小电抗可有效抑制潜供电弧（本次试验中，潜供电流峰值 11.6A，短路电流峰值 9.7kA）。

图 28.4　南阳—荆门特高压线路人工单相接地试验

### 28.2.2　优化绝缘配合以降低系统造价和提高可靠性（与现有输电系统相比有足够的绝缘裕度的前提下，降低特高压试验电压）

（1）降低避雷器保护水平（抑制各种冲击）；

（2）带气体绝缘断路器（GCB）加装合/分闸电阻（抑制操作冲击），合闸时先接入电阻，分闸时后断开电阻，以降低操作过电压。

（3）隔离开关加装电阻（抑制隔离开关操作的冲击）合闸时先接入电阻，分闸时后断开电阻，以降低 VFTO。有以下三种接入电阻方式。中国、日本和韩国采用了 500Ω 电弧整流型电阻器：

(1) 电弧整流

(2) 串联电阻器 (触头)

(3) 并联电阻器 (触头)

### 28.2.3 特高压变电站开关设备使用接地系统减少二次回路浪涌

当设计用于特高压变电站的 GIS 和 HIS 时，采用多点接地方法来降低二次回路中的电磁感应电流。

开关设备下方安装辅助接地网，用于限制高频接触电压。无论变电设备是 GIS 还是 HIS，都必须降低接地故障过程中电磁感应在二次回路引起的浪涌电压。

减小涌入接地网的电流：为了最经济地输电，特高压输电线路通常有非常高的额定电流：6kA 甚至 8kA 的例子很常见。在多点接地系统情况下，线路末端的涌入电流能增至线路的额定电流，必须采取相应的措施来降低套管端的涌入电流。相间连接分流母线以减少涌入接地网的电流，这些分流母线的有效横截面积需要能通流 6～8kA 电流。

### 28.2.4 减少特高压变电站占地面积

HIS 和 GIS 变电站是减少变电站占地面积的有效方法。使用 $SF_6$ 气体减少设备尺寸和间隙，是相较于 AIS 的优势之一。

### 28.2.5 确保特高压设备的可靠性

（1）抗震设计。由于特高压变电设施的设备尺寸和结构特点，对所有特高压设备的抗震性能进行设计和试验具有十分重要的意义。在地震频发的地区，对使用瓷件的顶部瓷式空气套管、瓷外套、瓷外套避雷器和支柱绝缘子尤为重要。

（2）污秽盐密。相比于低电压等级，直径较大的特高压设备的套管需要增加更大的爬电距离，但是考虑到地震问题，套管的高度有一定限制。为了在防污设计和抗震设计之间寻找令人满意的折中点，应该对伞形和爬电距离进行分析。IEC 60815-3 和 CIGRE 第 532 号技术报告对确定爬电距离和设计在污秽环境下的 AIS 变电站设备有很好的参考价值。

（3）特高压设备运输和现场安装。特高压变电设备的额定电压是 500kV 级的两倍以上，因此特高压设备的尺寸有明显增大的趋势。变压器的尺寸和重量都是最大的问题。特高压变压器设计时必须考虑运输限制。

对于特高压设备，组件的数量和尺寸都非常大。在大多数应用中，特高压变电站都建在离制造厂很远的地方。因此，在运输过程中进行质量控制是十分重要的。用加速度计监视运输是很必要的。设备在装运期间处理不当可能是设备故障和可靠性的影响因素。

### 28.2.6 考虑环境设计

在规划阶段，最基本的是评估特高压变电站与环境的协调性。以下是对这个问题进行评估的例子：

● 用特高压变电站模型检查与景观的协调性；

● 使用 3D 模型来检查与景观的协调性；

● 通过变电站设计降低大型设备带来的压力；

● 通过应用低 *LIWV* 和 *SIWV* 保护水平的避雷器降低设备基本冲击绝缘水平，进而降低变电站的高度；

● 采用紧凑的设备和结构减少变电站空间。

### 28.2.7 电磁环境控制

主电路为特高压，因此应考虑以下几个方面：

（1）选择合适的电磁场限值和净距，保护人体暴露在安全的电磁场下。ICNIRP 导则和 IEEE C95.6 标准确定了职业暴露的电场和磁场。对于特高压变电站应采用特殊等级，如 200V/cm 为最大电场。不同于电场，磁场不需要特殊等级。设计应允许足够的接近距离进行维护和操作。

（2）通过适当设计来控制可听噪声。规定适当或需要的可听噪声是一项设计要求。常规方法是以较高的精度计算周围区域的噪声水平，并引入隔音墙等降噪技术。

特高压变电站和输电线路采用了一些设计手段，以降低风振动和流动所引起的噪声。

（3）避免电晕放电对环境的不利影响并控制电晕损耗。电晕损耗受降雨等环境条件影响，在进行特高压变电站设计需使用特高压带电线路年平均电晕损耗数据（CIGRE WG B3.22 2009）。

## 28.3  变电站设备的可靠性问题

特高压输电系统输电能力强。因此，特高压输电系统一旦发生故障，将对电力系统的可靠性和稳定性带来巨大影响。由于特高压设备运行时间相当较短，缺乏应对故障的经验，因此有必要参考现有超高压设备运行可靠数据。防止特高压变电站退出运行的设计原则主要是考虑单相接地故障。现场试验对保证设备在运输和安装后的可靠性和功能验证具有重要意义。设备订货至交货的时间可能超过一年，更换故障设备比较困难，因此初步设计时要求备用设备以便故障后快速恢复运行。

超高压设备有一些故障统计。CIGRE 故障调查报告给出了高达 800kV 的 GIS 和变压器故障数据。可以基于这些数据对特高压设备的可靠性进行评估。

### 28.3.1  变电站设备可靠性问题的数据❶

CIGRE WG A3.06 高压设备可靠性工作组对 2004～2007 年期间断路器和 GIS 的工作情况进行了详细调查。在 1974～1977 年和 1988～1991 年期间还分别开展过两次类似的调查。

工作组就调查结果出版了若干技术报告，并于 2011 年 9 月在维也纳举行的 SC A3 学术讨论会上进行了简要介绍（见图 28.5）。

通过对调查中的故障结果进行复查，可以明确现场交接试验要求。

与以前的调查相比，所有电压等级的主设备故障率都有所下降。断路器的故障率几乎是原来的一半。调查结果表明，与低电压等级相比，700kV 及以上电压等级的故障率较高。需要注意的是，700kV 及以上电压等级的现场数据量太少，无法证实这一趋势。

对断路器的调查结果表明，瓷柱式断路器的故障率是 GIS 或落地罐式断路器的 3 倍。随着运行年份的增加，瓷柱式断路器和落地罐式断路器呈现出较高的故障率，较旧的瓷柱式断路器也呈现出相当高的故障率。根据 2004～2007 年间生产的 GIS 的调查结果，超过 70% 的故障原因被记录为"绝缘故障"。对于 1993 年以前生产的较旧的 GIS，大约 70% 的故障原

---

❶ 英文原文中无 28.3.2。

因是"未按要求动作"。由于 GIS 一次回路的"绝缘故障"受年限的影响较小，在最近的调查中，"未按要求动作"的故障率增加可能是由于较旧的开关设备在现场或调查样本中所占的比例增加所致。

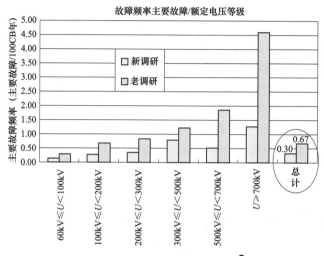

图 28.5　GCB 的主要故障频率[1]

特高压变电站的一次重大故障会对整个输电系统造成严重影响，因此，对特高压设备的可靠性要求比低电压等级高。调查表明，落地罐式断路器和 GIS 比其他类型断路器具有更高的可靠性。选用合适的断路器是一项困难决策，影响选用的因素可能有标准绝缘水平、断路器监测和正确的绝缘配合。

对于 GIS，大部分现场新安装产品的重大故障为"绝缘击穿"，因此需要进行现场绝缘试验以确保可靠性。除了绝缘试验外，评估适当电压下工厂生产洁净条件、测量超高频局部放电，都可以显著影响开关设备的可靠性。应在所有调试程序中增加现场绝缘试验，以检查现场安装工作中是否有金属粒子无意中留在 GIS 外壳内，以及运输或现场工作中是否有任何物理损坏。

高压现场试验设备的投资应予以考虑，并作为初始投资费用的一部分。GIS 设备在运行时，闪络可能会导致大范围的现场检查和维修工作。因此，建议有效监测任何可能引起闪络的情况并降低绝缘试验电压。

CIGRE 对 700kV 及以上电压等级的调查结果表明，所有产品都进行了"工频电压下的局部放电测量"，并普遍进行了"工频电压下的冲击电压试验雷电冲击和操作冲击"。

考虑到老旧产品的故障频率可能增加，必须进行适当的维护，特别是对运行条件工况下的 GIS 设备进行适当维护。合理的维护和试验可以提高大部分 GIS 设备的可靠性，延长 GIS 设备的使用寿命。

CIGRE WG A2.37 变压器可靠性调查工作组对 1996～2010 年期间运行的电力变压器的现场工况进行了一次持续调查。CIGRE WG 12.05 变压器可靠性工作组也调查了 1968～1978年期间运行的电力变压器的现场工作情况，并于 1983 年在 Electra 上发表了一份报告（Bossi

---

[1] 引自 SC A3 学术讨论会上的材料，会议于 2011 年 9 月在维也纳召开，CIGRE WG A3.06 2011。

等，1983 年）。十年后，CIGRE WG 12.14 工作组尝试改进调查，但是，由于报告在汇总和分析调查数据方面存在困难，这项调查没有成功。CIGRE SC A2 于 2000 年成立了"可靠性"咨询组（Lapworth 2006），后来又于 2004 年成立了 WG A2.29 工作组，但也未能成功编制出一份调查报告。

WG A2.37 工作组从 1996～2010 年对电力变压器的现场工作情况进行了调查，并分析了2000 年以后出现的故障。这项调查正在进行中，并在 Electra 上发表了一份中期报告（Bossi等人）。CIGRE 中期报告显示，变压器绕组的故障率最高。

最新上报的 700kV 及以上额定电压的电力变压器故障率明显低于 20 世纪 70 年代的同类设备。对于额定电压在 700kV 及以上的变电站变压器，故障率大约是相同电压等级的发电厂升压变压器的 6 倍。此外，绕组故障是主要原因，分接开关故障是第二大原因，第三是套管。报告显示，这三种原因导致的故障率约为 90%（见图 28.6和表 28.3）。

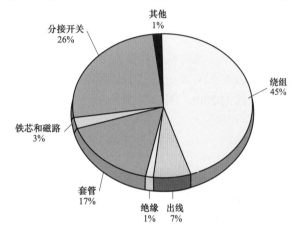

图 28.6　变电站变压器故障分布图（Bossi 等，1983）

700kV 及以上等级变电站变压器故障率约为 300～500kV 电压水平的 10倍。样本数不足，不足以证实该趋势。

这项调查仍在继续，但可能需要提高更高电压等级的可靠性。对变压器通电前进行的调试和验证试验进行改进，能降低变压器运行中的故障率。

## 28.4　特高压变电站的运输和现场试验

### 28.4.1　关于运输的一般考虑

特高压变电设备的额定电压是 500kV 或以下电压等级的两倍以上，并且设备尺寸巨大。在设备的设计中考虑运输限制尤为重要。设备从工厂运输到现场可能需要特殊的卡车、火车和船只。在某些情况下，为了将设备运到现场，可能需要对道路或桥梁进行改进或改造。

对于 GIS 这类设备，考虑到在工厂和现场进行安装和试验，每个组件都应该设计为最佳运输单元。同时，由于 GCB 是 GIS 最大的组件，应该限制其高度和重量以确保能够运输。设备制造厂应推荐适合运输的车辆。

### 28.4.2　变压器的运输限制

变压器是特高压变电设备中尺寸和重量最大的设备。在设计特高压变压器时必须考虑运输路线与限制。

例如，特高压变压器的电压和容量规格大约是日本目前使用的最高系统电压变压器（500kV）的两倍。但是，这些特高压变压器与常规变压器面对的限制是相同的，都在同一条铁路上运输。日本铁路尺寸为限高 4.1m，限宽 3.1m。

表 28.3　　　　　　　　　　　电力变压器故障率（Tenbohlen 等，2012）

| 故障和台数信息 | 最高系统电压（kV） | | | | | |
|---|---|---|---|---|---|---|
| | 69≤U<100 | 100≤U<200 | 200≤U<300 | 300≤U<500 | U≥700 | 全部 |
| （a）变电站变压器 | | | | | | |
| 故障 | 145 | 206 | 136 | 95 | 7 | 589 |
| 变压器–年 | 15 077 | 46 152 | 42 635 | 29 437 | 219 | 135 491 |
| 故障率（%） | 0.96 | 0.45 | 0.32 | 0.32 | 3.20 | 0.43 |
| （b）发电厂升压变压器 | | | | | | |
| 故障 | 0 | 6 | 27 | 59 | 4 | 96 |
| 变压器–年 | 143 | 2842 | 4838 | 12 132 | 740 | 20 695 |
| 故障率（%） | 0.00 | 0.21 | 0.56 | 0.49 | 0.54 | 0.46 |

　　特高压变压器的额定容量为 3000MVA，因此，根据铁路运输限制将单相主油箱分为两个单元。3/2 相油箱单元通过铁路运输到最近的火车站，然后装到一辆特殊拖车上运往现场。运输重量约为 200t。图 28.7 显示了日本将特高压变压器运输到现场的情况。

图 28.7　日本将特高压变压器运输到现场

　　再举一个例子，中国使用了一种特殊的卡车牵引车和桥架式拖车。中国公路的最大载重量为 450t（包括运输车辆）。道路最大净空高度为 5m。因此，中国特高压变压器的运输限值为长 12m、宽 4.15m、高 4.9m、重 375t，地面坡度不得超过 15°，转弯半径应大于 28m。为了把特高压变压器运输到变电站，运输路线上的一些桥梁不得不进行改造。图 28.8 是使用的变压器拖车的一个例子。

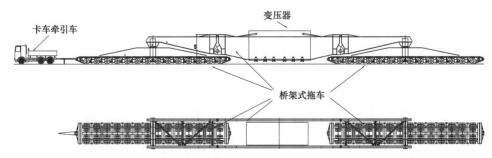

图 28.8　中国的特高压交流变压器运输设备

### 28.4.3   现场试验

如前所述，大多数特高压变电站均远离城市和制造厂，而且设备的尺寸和重量相当大，现场安装时间也很长。

因此，特高压变电设备除了要求通过常规出厂试验，还应接受现场交接试验和严格的调试规程。在设备使用寿命期内，需要进行维护试验和诊断试验，以确定工作条件和监测设备的可靠性。应考虑气体监测和状态监测来监测设备性能，防止强迫停运。气体和水分总量监测是一项成熟的技术，所有特高压变压器都应考虑。使用监测装置进行趋势和性能分析可显著提高设备的可靠性、性能和寿命，目的是利用监测来防止强迫停运和设备寿命终结。

现场交接试验旨在检查设备在运输和现场安装后的正确运行和绝缘完整性。这些现场试验通常由制造厂在公用事业公司的密切合作下进行，目的是验证出厂试验的结果（见表28.4）。

表 28.4                          从现场交接到维护试验的流程和大纲

| | 出厂试验（常规试验） | 运输和现场安装 | ⇒ 现场交接试验 | 系统调试 | 维护试验和诊断试验 |
|---|---|---|---|---|---|
| 试验地点 | | | 现场 | | |
| 负责人 | | | 制造厂 | 用户 | 用户 |
| 试验区域（设备/变电站/电网） | | | 每台设备 设备每个单元 | 设备的一个单元 整台设备 变电站 电网连接 | 每台设备 设备的每个单元 |
| 目的 | | | 设备运输到现场安装后，检查设备的正确运行和绝缘完整性，验证出厂质量 | 1. 确认每台设备的绝缘和热性能，继电器正确动作，变电站系统整个系统确认 2. 连接到电网的每台设备的绝缘和热性能 | 维护分为维护试验、诊断试验和大修。 1. 获取运行的初始数据（维护试验） 2. 检查设备是否异常，包括在运行过程中的老化（维护试验） |
| 试验项目（示例） | | | （IEC 62271-203 中 GIS 的典型例子） 1. 主回路绝缘试验 2. 辅助回路绝缘试验 3. 测量主回路电阻 4. 气密性试验 5. 检查和验证 6. 气体质量验证 | （TEPCO 的例子） 1. 外观检查 2. 接地电阻检查 3. 绝缘电阻 4. 保护设备试验 5. CB 试验 6. 报警和指示器试验 7. 监控试验 8. 三次绕组通电试验（局放测量） ⇩ 接入电网 9. 耐压试验 10. 负载试验（温升试验） 11. 涌流试验 12. 变电站电磁环境试验 | （SGCC 的 GIS 例子） 1. $SF_6$ 气体湿度 2. $SF_6$ 气体泄漏试验 3. 辅助回路和控制回路绝缘电阻 4. 交流耐压试验 5. 开关冲击耐压试验 6. 辅助回路交流耐压试验 |
| 备注 | | ⇒ | 绝缘试验通常在 GIS 完全安装并以额定填充密度充气后进行，最好在现场试验结束时进行（IEC 62271-203） | 在日本，有以下规则： 1. 电力商业法 2. 电气设备技术规程 3. 发电厂和变电站标准 | IEC 62271-1 推荐由制造厂制订说明并由用户执行的方式 |

## 28.5　维护和诊断试验

维护包括一系列的诊断和维护试验以及变电站设备大修，以确保正常运行，如图 28.9 所示。

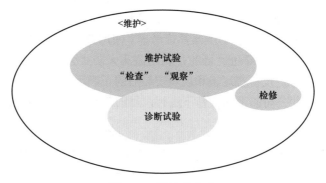

图 28.9　维护的定义

进行诊断试验确定设备的健康状况，以确保其在设计寿命内有效运行。开展维护试验可了解其运行条件并检查设备是否异常，包括在运行过程中可能发生的老化。维护工作，比如检查和观察，通常是在变电站停运期间进行。IEC 62271−1 就制造厂如何编写用户操作说明给出了建议。关键是制订一个基于经验的特高压设备维修、更换或大修流程。

## 28.6　特高压变电站的优化建议

特高压变电站的优化是一个必不可少的过程。特高压变电站可以由 GIS、HIS 和 AIS 三类开关设备组成。任何特高压变电站均应满足以下特高压设计要求：① 满足特高压特殊功能；② 节省土地（因为特高压设备过大）；③ 操作安全且易于运行和维护；④ 易于维护和设备安装工作；⑤ 节省材料和降低成本。

### 28.6.1　特高压变电站绝缘配合

从变电站设备的紧凑性、绝缘可靠性、体积和重量、成本等方面考虑，特高压变电站绝缘配合应考虑低试验电压（$LIWV$、$SIWV$）和专用设备，以减少 GCB 和隔离开关的冲击。

避雷器的基本要求是关于雷电冲击保护水平的关键问题。避雷器选用指南 IEC 60099−5《避雷器　第 5 部分：选择和应用推荐》第 28.6.1 节详细介绍了特高压避雷器的选择。

参照日本 1100kV 系统降低 1100kV 避雷器保护水平经验、中国 1100kV 工程应用，以及印度 1200kV 系统现场验证，表 28.5 中给出了降低避雷器保护水平的选择依据。降低避雷器保护水平特高压变电站通常采用的方法。特高压交流系统绝缘配合主要通过应用降低特高压避雷器保护水平来实现。

表 28.5                                    低 保 护 水 平 避 雷 器

| 国家 | 日本 | 中国 | 印度 |
|---|---|---|---|
| 额定电压（rms） | 826 | 828 | 850 |
| 在 10kA 的峰值（8/20μs） | 1550 | 1553 | 1600 |
| 在 20kA 的峰值（8/20μs） | 1620 | 1620 | 1700 |
| $LIPL$（p.u.） | 1.80 | 1.80 | 1.73 |
| $SIPL$（p.u.） | a | 1.62 | 1.53 |

a  $SIPL$（p.u.）定义为 $V_{2kA}$/线电压最大峰值。但是日本标准没有对避雷器规定 $V_{2kA}$ 值。

图 28.10 给出了传统的特高压交流绝缘系统配合方法和新方法的区别。减小冲击的影响可以提高系统和设备的可靠性、特高压交流变电站和线路杆塔的紧凑性。采用降低避雷器保护水平有利于更经济设计和降低投资成本。

图 28.11 给出了特高压交流绝缘配合新方法实施事例。

- 传统绝缘配合
- 基于传统避雷器
- 只有简单的研究和配合工程工作
- 趋于更高的绝缘水平（如 $LIWV$=2550～3000kV）
- 设施尺寸巨大
- 总成本趋高

- 精细的绝缘配合
 –基于高性能避雷器等方法降低绝缘水平（如带有合闸电阻的 GCB、带有电阻的 DS）
- 综合绝缘配合研究和工程工作，包括精确的计算机辅助计算
- 较低的绝缘水平（如 $LIWV$=1950～2400kV）
- 设施尺寸小
- 总成本可承受且合理

图 28.10　传统方法和先进方法的比较

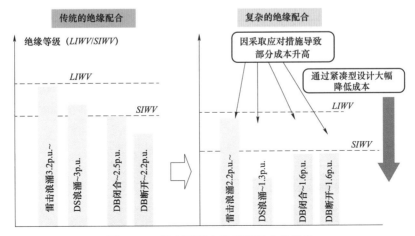

图 28.11　特高压变电站绝缘配合的概念

## 28.6.2　特高压变电站布局

变电站布局可能取决于以下几个基本因素：

（1）母线系统（3/2 母线系统，双母线系统）；

（2）开关设备的选择（GIS、HIS 和 AIS）；

（3）*LIWV*、*SIWV* 和空气间隙的选择。

图 28.12 显示了特高压变电站布局的典型过程。

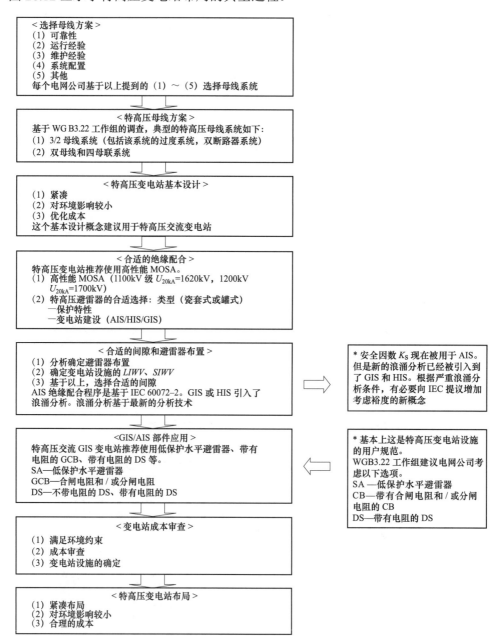

图 28.12　确定特高压变电站布局的典型程序

### 28.6.3 现场交接试验和系统调试

#### 28.6.3.1 现场交接试验

WG B3.29 工作组通过现有标准对现场交接试验进行了调查，发现除了 IEC 60060-3 外没有任何与现场交接试验相关的标准。如前所述，特高压变电站进行现场交接试验是保证设备和系统在运输和安装后的可靠性的关键。WG B3.29 工作组向 IEC 和 IEEE 提议就特高压设备现场交接试验制定标准。

CIGRE 第 400 号技术报告（WG B3.22 工作组前期的工作）及现有的 IEC（IEC 62271-203）和 IEEE GIS 标准（C37.122）中现场交接试验均被描述为资料性文件。

#### 28.6.3.2 系统调试

目前，不同国家对系统调试有不同的规定。因此，很难对不同电网公司的系统调试进行标准化。CIGRE、IEC 和 IEEE 还需要进一步开展工作，推动特高压应用持续发展。每个电网公司或 ECP 建设公司应与制造厂合作，利用其内部经验制定程序。

### 28.6.4 变电站对比（GIS、HIS 和 AIS）

所有成熟的电气设备技术都有其优势。技术对比表明，HIS 综合了 AIS 和 GIS 的诸多优点，取得了很好的折中效果。表 28.6 总结了 HIS 的主要优点。

表 28.6 变电站开关设施对比（GIS、HIS 和 AIS）

| 性能 | GIS | HIS | AIS |
|---|---|---|---|
| 可靠性 | 大部分设备密封在封闭的金属罐内；它们很少受环境影响，抗震能力佳 | 依靠引入 GIS 技术改进了 HIS 的可靠性，但是露天绝缘母线发生污闪的概率更高 | 发生污闪的概率最高 |
| 运行和维护 | 不需要维护，但是故障后短期不能恢复运行 | 缺乏运行经验，但是工作负荷高于 GIS | 运行经验丰富，但是工作负荷最高 |
| 安装 | 最简单，安装时间最短 | 安装高框架不方便 | 安装时间长 |
| 布局 | 紧凑，易于出线 | 易于出线 | 易于出线 |
| 扩建 | 易于扩建 | 易于扩建 | 易于扩建 |
| | 但是受限于制造厂 | 但是需要大量空间 | 但是需要相当大的空间 |
| 环境 | 密封在封闭的金属罐中，EMI 和噪声小，对环境影响不大 | 对环境影响不大 | 对环境影响最大 |
| 建设成本 | 最高 | 高 | 最低 |

没有对所有情况的通用解决方案。每种情况的特殊条件将对总体评估都会产生重大影响，并可能导致不同的结论（见表 28.6）。

（1）GIS（气体绝缘开关设备）。

1）间隔全部由 GIS 部件组成的开关设备。

2）只有与架空线路或电缆或变压器、电抗器和电容器相连的外部高压连接才能有外部绝缘。

（2）HIS（混合绝缘开关）。开关设备间隔由混合 GIS 和 AIS 技术的部件以及开关设备中一些间隔由 AIS 部件组成，另外一些间隔或由 GIS 部件组成或由 AIS 或 GIS 部件混合而成。

（3）AIS（空气绝缘开关）。间隔完全由 AIS 部件组成的开关设备。

注 间隔中只安装落地罐式断路器的变电站也被认为是 AIS 变电站（见表 28.7）。

表 28.7 变电站主要技术设计（其组件和间隔）

| 技术设计 | 绝缘 | 绝缘介质 | 外壳 |
|---|---|---|---|
| AIS 技术 | 外绝缘 [a] | 空气 | 没有外壳或外壳（瓷式或复合绝缘子）位于高电压 |
| GIS 技术 | 内绝缘和外绝缘 | $SF_6$ 或 $SF_6$ 混合气体 | 金属外壳有效接地 |
| HIS 技术 | 外绝缘 [a] | $SF_6$ 或 $SF_6$ 混合气体和空气 | 所有组合 |

[a] 内绝缘可为空气、$SF_6$、油、树脂或所有其他绝缘介质。

## 28.7 未来特高压交流输电系统规划、设计、现场安装和试验、维护及运行

由于种种原因，世界各地的电网公司可能被迫考虑远距离大容量输送电能，许多公司正在实施或规划特高压电网。近年来，发展中国家经济高速增长，对电力的需求也在增加，主要是在大城市。为了应对这些情况，正在规划或建设新的发电厂，包括水电厂、减少碳排放的火电厂、大型风电场或光伏电站（可再生能源，陆地和海上的都有）。这将增大对大容量和远距离输电线路的需求。在发达国家，全球化趋势和向低碳社会转型占主导地位，由于总输电成本较低，并可减少损耗，因此有必要考虑特高压交流输电系统。

中国特高压交流系统已经开始商业化运营，印度将运行 1200kV 特高压系统。特高压交流输电系统输送大容量电能必须具备高可靠性。

IEC TC 122（特高压交流输电系统）于 2013 年 10 月成立。该技术委员会将起草新的系统标准，涉及系统规划、设计、现场安装和试验、维护和运行。TC 122 将提出所需的系统标准文件，以满足特高压输电系统的特殊要求。

## 参考文献

Bossi, A., et al.: An international survey on failures in large power transformers in service.Final report of CIGRE Working Group 12.05, Electra, No.88, pp.22－48 (1983)

CIGRE WG A3.06: Reliability of High Voltage Equipment Final Results Circuit Breakers, Tutorial at the colloquium of SC A3 (2011)

CIGRE WG A3.22: Technical requirements for substation equipment exceeding 800kV, CIGRE WG A3.22, No.362 (2008)

CIGRE WG B3.20: Evaluation of different switchgear technologies (AIS, MTS, GIS)for rated voltages of 52kV and above, Technical Brochure No.390 (2009)

CIGRE WG B3.22: Technical requirements for substations exceeding 800kV, P－7－P－10,

Technical Brochure No.400 (2009)

CIGRE WG C4.306: Insulation coordination of UHV AC systems, Technical Brochure No.542 (2013)

ELECTRA: Electric power transmission at voltages of 1000kVAC or ±600kV DC above Network problems and solutions peculiar to UHV AC Transmission. (WG 38.04& TF 38.04.04: SC38 (Power system analysis and techniques), P−41, Number 122 (1989)

IEC 62271−1: High−voltage switchgear and controlgear−part 1: common specifications

IEC 62271−203: High−voltage switchgear and controlgear−part 203: gas-insulated metal-enclosed switchgear for rated voltages above 52kV

IEEE Std.C37.122−2010: IEEE standard for gas−insulated substations rated above 52kV

Lapworth, J.A.: Transformer reliability surveys.Study Committee Report of CIGRE SC A2 Advisory Group"Reliability", Electra, No.227, pp.10–14 (2006)

Tenbohlen, S., et al.: Transformer reliability survey.Interim report of CIGRE Working Group A2.37, Electra, No.261, pp.46–49 (2012)

# 海上风电交流变电站

**29**

John Finn, Peter Sandeberg

## 目录

J. Finn (✉)
CIGRE UK, Newcastle upon Tyne, UK
e-mail: finnsjohn@gmail.com

P. Sandeberg
HVDC, ABB, Vasteras, Sweden
e-mail: peter.sandeberg@se.abb.com

© Springer International Publishing AG, part of Springer Nature 2019
T. Krieg, J.Finn (eds.), *Substations*, CIGRE Green Books,
https://doi.org/10.1007/978-3-319-49574-3_29

## 29.1　简介与基本思路

### 29.1.1　简介

全球赖以生存的化石燃料能源有限，急需可替代、可持续的发电来源。目前的发展表明，人们对可再生能源和清洁能源的关注度越来越高。由于气温升高、海平面上升以及极端天气条件的不断出现，人类越来越确信有必要改变获取能源的方式。

已有多个国家承诺减少排放并投资可再生能源。例如，到 2020 年欧洲将有 20%的能源来自可再生能源，以实现温室气体减少 20%的目标。世界其他国家也在致力于此类目标。

风能是一种非常受欢迎的可再生能源。全球范围内已成功安装了数百个千兆瓦级陆上风电场。最近，风能产业已经向海上转移，海上风速通常高于陆上风速，可以安装尺寸和功率更大的风电机组，并减少了陆上占地和规划的限制。北海的水深有限、风力丰富，很适合发展风电。此外，波罗的海以及美国和中国附近的浅海沿岸地区也在考虑之中。

新建的海上风电场一般距离海岸较远，因此，有必要建设海上高压交流变电站平台。目前已经建设多个海上高压交流变电站平台，还有更多变电站平台正在设计或建设中。本节将基于目前掌握的信息对海上交流变电站设计进行介绍。

本节对一个典型的海上风电场进行简要介绍，以便更好地理解海上变电站的相关环节（所用的配置和数量是 2010 年左右所建风电场的典型配置，可能不是最佳配置。这里只是给出一个范例）。当时大多数已建或建设中的风电场由 40～300 台风电机组组成。每台风电机组的最大容量通常约为 3～5MW，随着技术的进步这些参数也在不断变化。风电机组的额定电压通常为 36kV（内部升压后），这些风电机组一起构成风电场。中压电缆将数十台风电机组连接，并形成电缆网络（大部分呈辐射状）。距离海岸较远（＞10km）的风电场通常配备一个或多个海上变电站，完成从 36kV 到 132kV、150kV 或 220kV 的升压，以便将电能更高效地传输到岸上。

本节重点介绍与岸上交流互连的海上变电站（OHVS）的设计。

海上变电站设计面临的挑战可分为四个方面，即系统因素、电气设备因素、二次系统和布局、基建和健康环境因素（物理）。这些因素在以下章节进行介绍（见图 29.1）：

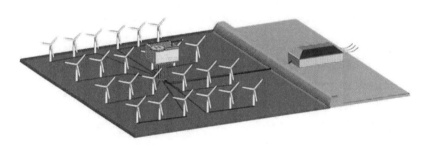

图 29.1　海上风电场的典型布局

目前正在考虑一些创新性的解决方案，如气体绝缘线路或高温超导电缆，它们可以提供长距离、大容量的电力传输。

对于长距离、大容量的传输，高压直流输电是可行方案之一。未来可能有多个风电场或具有多个变电站的大型风电场连接到一个海上电力枢纽站。风电场仍有各自的交流变电站，但这些变电站不再通过电缆直接与海岸连接，而是连接到配备 AC/DC 换流器的海上电力枢纽站。电力通过高压直流输电送至岸上，然后再通过陆上换流站转换回交流。

与高压直流输电系统结合使用的交流海上变电站的设计在某些方面与纯交流系统有所不同，这些将在第 29.6 节中讨论（见图 29.2）。

| 29.2 | 系统因素——考虑与风电场系统其他部分（变电站外）的相互影响，因为可能会影响变电站的设计和电气主接线 |
| --- | --- |
| 29.3 | 电气设备因素——在选择设备时，需要针对恶劣的海上环境进行具体的适应性调整，需要采用模块化的方法减少维护时间 |
| 29.4 | 物理因素——在近海建设变电站的挑战，以及为保护人类和设备所采取的预防措施 |
| 29.5 | 变电站二次系统——有关坚强二次系统设计的设计指南和注意事项 |

图 29.2　高压直流输电的可能配置

### 29.1.2　基本思路

本节将介绍风险、维护和认证的主要考虑事项，这些都可能对变电站设计产生重大影响。

#### 29.1.2.1　风险管理与评估流程

在海上变电站设计中，必须通过有效的风险管理和评估流程，持续识别、评估和降低风险。这将有助于业主/运营商制订健康和安全战略。为此，建议采用风险管理最佳实践流程。一旦实施了有效的风险管理和评估过程，就可以考虑变电站的所有设计风险。

为满足国家要求，可能需要采取的方法是对变电站进行危险识别研究（HAZID）。通过该方法可识别特定的潜在危险、可操作性问题、环境因素和与设计概念相关的影响，并给出措施建议以解决已识别的问题。HAZID 的目的是获取此类事件的完整列表，包括：

- 结构完整性或基础失效；
- 触电死亡；
- 失火；
- 爆炸；
- 人身危害；
- 有毒或其他有害物质的释放；
- 辐射；
- 逃生和救援；
- 转移和进入。

风险评级：可根据以下描述对已识别的危险划分等级。该评级用于识别可能需要做进一步分析的重要危险以及可以忽略的危险。

常规风险接受原则是基于定性风险评估和用彩色风险矩阵表示的风险等级概念。风险矩阵是检查和记录风险是否可接受（绿色）、不可接受（红色）或可容忍（黄色）的总体工具。

423

当风险降低到合理可行的最低（ALARP）水平时，可使用风险矩阵对风险进行评估，示例如下：

| 后果 | 风险率（年） | | | |
|---|---|---|---|---|
| | 不太可能 | 可能性低 | 可能性中等 | 可能性高 |
| 灾难性的 | | | | |
| 严重 | | | | |
| 中等 | | | | |
| 低 | | | | |
| 仅显示数值 | 1/10 000～1/1000 | 1/1000～1/100 | 1/100～1/10 | >1/10 |

图例说明：

| 区域 | 风险 | 标准 |
|---|---|---|
| 红色 | 高 | 不可接受 |
| 黄色 | 中 | 可容忍 |
| 绿色 | 低 | 可接受 |

（1）影响电气主接线的风险因素——最佳裕度。对于与常规电厂相连的陆上变电站，有明确的安全裕度规则（如考虑 $N-1$）。然而，由于风电场的发电容量并非一直可用（容量系数通常为 30%～40%），用户需要评估限制可用能源的风险。目前，已建风电场都基于经验采用 $N$ 甚至"$N+$一点点"的冗余（无需承载满负荷输出）。建议开展系统化定量评估，综合考虑投资成本和损失成本，并对出线电缆的尺寸进行优化。

（2）影响海上变电站设计的风险因素。本节将确定一些关键风险。

1）基本设计概念。平台设计是为了确保进行变电站操作和维护的人员的安全（这是最低限度的考虑），也是为了在某些设备发生灾难性故障时保护资产和平台的整体完整性。分析这些因素中哪一个可能会对布局设计和某些系统造成较大影响。下面将对这些问题展开讨论。

2）人员方面。需要考虑以下方面：

a. 往返变电站的交通问题。是否通过船只或直升机。

b. 交通工具。如果只使用船只，则需要考虑平台靠近装置，船只着陆位置以及梯子和攀爬辅助设施等。

c. 紧急疏散——海上和/或空中。在海上平台的设计阶段就有必要考虑海上平台的人员紧急疏散问题，因为它将影响平台上的设施配置。典型问题包括：

● 救生筏的类型和位置以及将救生筏降落到海上的方法；

● 人员海上/救生筏下降系统的类型和位置；

● 其他救生设备的类型和位置；

● 集合区和公共广播系统；

- 疏散路线和标志等。

d. 紧急疏散伤者/担架伤员。

e. 设计阶段必须考虑从海上平台紧急疏散伤者/担架伤员。

f. 变电站平台上的暴露位置（走道和楼梯）。

g. 紧凑型设计导致的工作区域受限制。

h. 测试或操作时的电气危险。

i. 不熟悉布置和设备。

j. 失去照明、供暖或通信等服务。

k. 在密闭空间工作。

l. 失火。

m. 爆炸。

3）资产。为保护资产免受某些灾难性事件的影响，需考虑以下突发事件：

a. 失火。

b. 爆炸。

c. 运输碰撞。

d. 安全性（防止恶意破坏）。

（3）运行因素。以下可能发生的运行风险将在后续章节中展开：

1）保护系统失灵（减少）（第 29.5 节）。

2）不可控的环境问题导致的设备老化（第 29.3 节）。

3）冷却或通风系统进气和排气污染（第 29.4 节）。

4）备件不可用导致的停运时间延长（第 29.3 节）。

5）缺陷元件无法按时运抵导致停运时间延长（第 29.3 节）。

（4）商业因素。以下商业因素可能会对设计决策产生影响：

1）不经济的维修成本。任何海上设备的维修费用都比陆上相同设备的维修费用高得多。这意味着，海上设备维修通常性价比不高，维修的常规方法是考虑更换模块。

2）发电损耗。在第 29.1.2.1（1）中所述的系统裕度分析中，在选择电气主接线时就已经考虑到了这一点。

3）保险费用/事故索赔。由于海上变电站的相关风险远高于陆上变电站，因此保险费用可能要高很多。在进行风电场设计时需要考虑这一点，以便以合理的费用购买保险。对于诸如灭火等问题来说，情况可能更是如此。

4）运输/维修设备成本。该因素将影响备件的选择、维护便利性、模块化等，这些将在第 29.3 节中展开讨论。

#### 29.1.2.2　维护费用

通常海上变电站平台上开展任何活动的成本约是陆上类似活动成本的 10 倍。因此，维护的数量必须保持在与合理资本投资相对应的最低水平。在设计和变电站布局必须考虑到这一点。

重点介绍以下几个方面：

（1）易获得变电站内需要维修的设备。

（2）设备标签。应建立详细的设备标签系统，对所有设备项目进行特殊识别，以便在设备缺陷时确保发送正确的更换需求。

（3）诊断和通信以实现重点维护。应考虑使用状态监测设备，以及使用 SCADA 系统进行信息通信。但应详细评估，因为某些监测设备的可靠性可能低于实际被监测设备。

（4）最小化日常维护需求。

（5）设备和备件。确保为备用元件和工作人员提供合适的着陆点。

（6）提供海上培训的维护专家。应在设计初期做好相关安排，以确保员工在平台上接受相关培训或雇用专业维护承包商。

### 29.1.2.3 验证和认证

在开展符合相关国家、国际健康和安全要求及最佳行业实践的优秀设计过程中，变电站开发商需要开展各种验证活动，可能包括基于业主或工程公司内部质量体系的内部评估，或独立的第三方验证（包括认证）。在丹麦和德国等国家，认证是强制性的，通常应满足 IEC 61400-22 规定的要求。根据该标准，在项目执行各阶段均需发布符合性声明（或一致性声明），基于各阶段符合性验证对整个（变电站）项目颁发项目认证。

海上项目应遵循该领域的常规做法，或执行更严格的要求。验证和认证过程适用于以下阶段：

（1）工程设计研究和设计基础。

（2）结构、基础以及系统构造和部件。

（3）运输和安装。

（4）陆上调试、海上连接和调试。

（5）运行和维护。

## 29.2 系统因素

本节介绍了海上交流变电站从多个组件到整个系统的设计问题，包括可靠性、可用性和维护问题以及变电站潮流、无功功率管理、外部电压和谐波等系统特性。本节关注的重点是电力系统，物理因素（海上）见第 29.4 节。

本节不对设计问题提供标准或解决方案，而是力图为海上交流变电站设计提供指导并强调予以考虑的因素。

### 29.2.1 可靠性和可用性

在设计海上变电站时，非常重要的一点是，应该能预见到影响决策前期投资成本、运营成本及整体系统可用性的因素。必须在减少投资及运营成本与实现所需系统可用性之间找到平衡点。为了最大限度地增加收益，下面列出了一些一般指导原则：

- 不使用昂贵且/或可靠的部件；
- 精简海上安装和维护工作；
- 更智能的维护计划（预防而非维修）；
- 最大限度的输送能量（而不是最长时间）（见图 29.3）。

建议用相对发电量的比值来衡量海上风电场变电站的可用度。与之相关的问题是：能传输多少所发出的电力？该思路对裕度的考虑有很大影响。

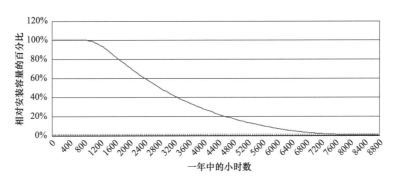

图 29.3　输电需求表征的风电持续时间曲线

对于安装了两套能够实现 100%功率运行组件的系统，系统组件完全冗余的替代方案是安装两套 50%或 60%功率运行的组件。当一套组件发生故障时，虽然仍会导致容量损失，但并不会损失所有容量。考虑降低损耗、延长寿命和减少能量损失等因素，对不同变压器配置的寿命周期成本比较见图 29.4。

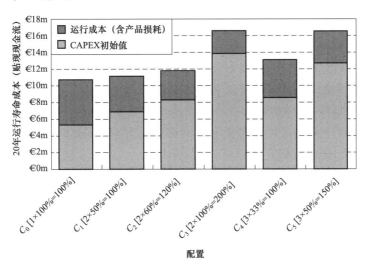

图 29.4　20 年运行寿命期的所有权成本

对于风电传输系统，考虑不同裕度的方法是非常有必要的，因为 $N-1$ 的裕度可能成本非常高（不仅增加额外设备的成本，且增加了平台重量和尺寸），同时其负载率远低于 100%。在多数情况下，由于部件故障导致的部分传输容量损失不会对能量传输产生约束。图 29.3 中的负荷持续时间曲线表明，在 70%的时间中，实际发电出力都低于最大发电容量的 50%。因此，如果假设系统可用率为 50%，并按图 29.3 中的曲线注入发电功率，则系统能够输送大约 80%的电力。

按此思路可以推断，低于 100%标称系统容量配置设备可能更为经济可行。例如，变压器或电缆系统允许短时过载，因此配置设备仅为标称系统容量的 90%时，利用其过载能力仍可在有限时间内传输风电的最大出力。这种做法通常被称为 "$N+$ 一点点" 裕度。

实际上，大多数系统并未设计为具有 100%裕度，但一些关键组件还是需要考虑（$N-1$）的，例如二次设备和通信、空调和通风设备（HVAC）和冷却系统。

### 29.2.1.1　出线电缆注意事项

大多数海上交流变电站都通过一条或两条出线电缆（通常是三相 132kV 或 150kV 联聚乙烯电缆）与海岸（或高压直流系统）相连。这些电缆的长度大多在 10～60km 之间，它们的成本非常高。电缆的故障率一般较低，但故障后维修时间长、对系统冲击较大。海上电缆价格及其安装成本高，因此出线电缆很少考虑 100%裕度。因此，安装两条额定容量较低的电缆或用三条电缆代替两条电缆非常有意义；这与前面提及的变压器裕度案例类似。大多数出口电缆故障都是由于某种物理损坏造成的，因此，应将电缆安装在电缆槽中且彼此相隔一定距离，以便充分利用裕度优势。

### 29.2.1.2　风电场互联

在出线电缆系统中，提供裕度的另一种方法是相邻风电场互联。如果一个风电场的出线电缆出现故障，相邻电缆可同时为两个风电场输送电力。另一个好处是出线电缆发生故障时可提供应急电源。然而，由于风电场出线电缆的额定容量通常等于风电场的最大发电容量，因此某一个风电场的电缆发生故障时，剩下的电缆可能只能输出该风电场的部分能量。

## 29.2.2　过载能力

### 29.2.2.1　正常运行时的过载

鉴于海上设备的高投资成本和风电的特性，考虑设备过载是一个非常有吸引力的解决方案。因为风电场电力向海岸输送的设备平均负载率为 40%～50%，考虑设备过载，比如选择设备的容量为满负荷容量的 80%～90%，可以降低海上变电站和电缆的投资成本。

考虑过载的最常见设备是电缆和变压器，因为它们的投资成本很高。该方案的主要缺点是会缩短设备寿命、损耗较高。

### 29.2.2.2　故障时的过载

如果变电站由两台并联运行的主变压器组成，且设计成同时工作时能够承载风电场的全部容量，那么一台变压器断开时，另一台变压器需要承载整个风电场的电力，以避免任何电能损失。但是，由于风电场并不总是满出力运行，因此在早期设计阶段就必须考虑变压器的连续运行和过载能力等。即使有可能出现满出力运行的情况（如风力条件非常好时），设计时考虑设备的短时间过载也仍然是有益的。在系统设计研究阶段，应深入分析设备的特定过载能力，包括过载的概率、过载水平及其预期持续时间。

## 29.2.3　变电站的大小和数量要求

虽然海洋环境还有其他因素需要考虑，但海上风电场变电站的最佳数量和位置问题应与任何其他工程问题一样，基于技术经济评估来进行决策。

一般来说，海上风电场变电站的最佳位置选择应考虑以下关键因素：

- 风电场区域的大小和范围；
- 陆上电网连接点的位置和电网所有者的要求；
- 出线电缆的路线；
- 与邻近风电场共同输出负荷的可能性；
- 许可和法律问题；
- 水深和海床特点；

- 项目安装计划;
- 风电场内部收集系统的布置;
- 航道;
- 船/直升机的出入口。

考虑到新建海上风电项目的装机容量（兆瓦级）越来越大，有必要进一步评估安装多个海上变压器平台的可能性，因此在决策时需要还考虑其他因素：

- 汇集系统线路的长度，这将涉及最大可接受的压降和损耗;
- 安装流程，这将涉及技术手段的可行性及其成本;
- 运行和维护问题。

在确定海上风电场变电站（通常为一个或两个）的最佳数量时，应在考虑每种备选方案的上述因素基础上，通过技术经济研究来确定最佳方案。

在进行最终决策时，考虑变电站的安装等事宜同样非常重要，因为平台基础和顶部通常需要重型起重船。一旦其中任何一个的重量超过 1500t，可用的重型起重船的数量将大幅减少，同时还需要检查安装专用船是否可用、适用。

### 29.2.4　符合并网导则要求

随着风电应用规模的提升，各国均制定了针对单台风电机组或整个风电场的特定并网导则要求，应用并网导则的连接点位置因国家而异。

#### 29.2.4.1　公共连接点

此处主要的问题是并网导则的适用位置：与陆上电网的连接点、各风电机组或海上变电站的连接点。该点被称为公共连接点（PCC），其位置将影响无功补偿和其他设备的形式和位置，并可能因此产生额外成本。

建议在编制或修订海上风电场并网导则时考虑这些因素。从逻辑上来说，并网导则适用的连接点之一是风电场实际连接的电网节点，该节点可能会对多方造成影响（如陆上电网，或连接多个风电场的海上变电站）。图 29.5 和图 29.6 对两种情况下的可能连接点进行了描述。

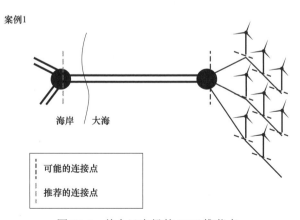

图 29.5　单个风电场的 PCC 推荐点

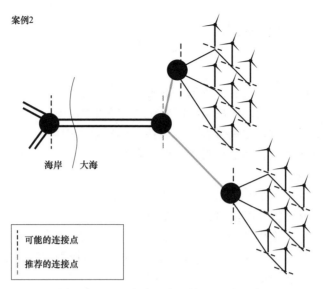

案例2

海岸　大海

|      | 可能的连接点 |
|------|------|
|      | 推荐的连接点 |

图 29.6　用于多个风电场的 PCC 推荐点

#### 29.2.4.2　并网导则要求

以下是风电机组或风电场的常规并网导则要求：

（1）故障穿越。并网导则通常要求在某些电压骤降情况下，风电机组应与电网保持连接的最短时间。

（2）频率响应。一些国家要求风电场参与频率控制。有时可能仅限于在高频时减少有功功率输出；而在某些国家，当需要频率下降时要求风电场提供更多有功功率，这种要求可能意味着风电出力不能达到理论发电出力（见图 29.7）。

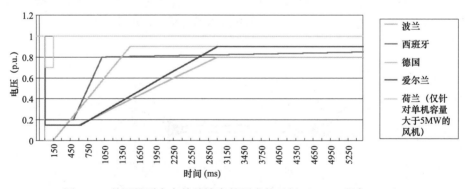

图 29.7　并网导则中有关故障穿越要求的示例（EWIS 研究 2008）

（3）电压和无功功率。在有高风电穿透率或岛屿系统的国家，通常要求风电场能够在公共连接点（PCC）进行连续电压控制，并设置目标电压和斜率特性，如图 29.8 所示。风电场应能根据并网导则的要求，在不同的电压设定点和斜率下运行。无功功率的最大值和最小值（见图 29.8）则取决于风电场的额定有功功率。

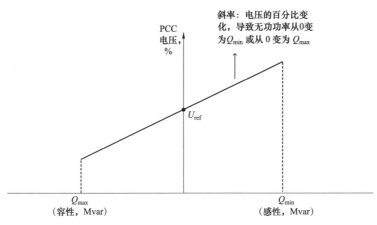

图 29.8　PCC 的电压斜率控制特性

海上风电场采用海底电缆并网，会产生无功功率。可以使用静态或动态补偿装置补偿这部分无功功率，也可以使用风电机组（部分）补偿并联电缆产生的无功功率，但这种情况仅限于并网点满足并网导则而非风机侧的情况。

（4）有功功率控制和远程操作。大多数国家都希望从风电机组尽可能多地获取电力。但是在某些国家这种做法却并不可取。例如，如果单一故障可能导致大量风机脱网且因此损失的发电功率大于净受入电力，则有必要限制该地区的风电机组出力，以维持电网的安全运行。在这种情况下，还需要由专门的控制中心对风电场进行远程控制。

## 29.2.5　无功补偿和电压控制

对于海上风电设施还需要特别注意无功补偿和电压控制。这主要是由于海上风电场采用电缆传输电力，而电缆在整个负载范围内始终显示电容效应。由于风速变化会导致风电场的有功功率变化，电缆的充电无功也将不断变化，因此有必要进行无功功率控制。

### 29.2.5.1　无功功率平衡

海上风电系统的无功补偿需求主要取决于两个方面，即符合并网导则要求和实现电力基础设施的最大化利用。无功补偿关乎系统稳定性，主要涉及无功功率和电压控制两个概念。功率变化或突发事件会导致母线电压持续变化。注入无功功率能够提高电压水平，而吸收无功功率则将降低电压水平。无功功率控制可将功率因数和电压值维持或恢复到所需的目标值。

无功补偿设备的需求和容量取决于系统配置、风电场容量、离岸距离（陆上和海上变电站之间的电缆长度）、电压和额定功率、风电机组类型、变压器阻抗和其他电力设备（如谐波滤波器）。

可以通过发电机的无功容量和变压器分接开关来实现补偿。其他补偿装置可安装在风电机组（分散式补偿）、海上和陆上变电站（集中补偿）或两者相结合（混合补偿）。

对于长距离电缆并网的情况，电容会产生充电电流，导致电缆可承载的负载电流降低。离岸距离越远、电压等级越高，则充电电流越大。因此，无功补偿对于提高电缆利用率具有重要意义。

### 29.2.5.2　实现无功平衡的方法

无功平衡可通过以下一种或多种措施来实现：

- 风电机组贡献（取决于所用发电机的类型）；
- 专门的无功补偿设备。

在很大程度上，海上风电场无功补偿的最佳位置取决于整个电力系统的配置。当风电场通过长距离交流海底电缆并网时，考虑到电缆沿线的无功损耗，利用风力发电机发无功可能不是最佳解决方案。如果风电场需要将并网点（与陆上电网的连接点）的无功功率控制在一定范围内（由并网导则规定），此时可能需要在并网点安装额外的无功电源（如 SVC、STATCOM）。

#### 29.2.5.3　动态电压响应

风电场通常需要能够对公共连接点（PCC）进行连续电压控制，详见并网导则要求一节。

诸如控制死区、允许超调量和响应速度等其他并网导则要求，都会对电压控制方案的整体设计产生影响。

这里给出了一些方案供参考：
- 使用有载分接开关（OLTC）；
- 使用风机的无功功率；
- 无功补偿装置（可投切无功装置、SVC/STATCOM）；
- 柔性交流输电系统（FACTS）。

关于这些设备的使用及其优化的更多信息，请参阅第 483 号技术报告。

#### 29.2.5.4　谐波性能和滤波器

PCC 和风电场内部的总谐波畸变量是风电机组谐波注入、动态无功电源（SVC、STATCOM）以及与陆上电网相互作用等综合影响的结果。这些相互作用给公用事业企业和工业界在理解这些独特现象、制订适当的研究方法、针对所关注的问题并提出经济策略、提供有效的技术解决方案等方面带来了新挑战。

开展谐波分析可以确定是否必要配备滤波器及其额定值和频率特性的选择。由于无源滤波器可能对风电场的无功补偿方案产生重大影响，并且可能需要较大空间且增加噪声水平，因此需要在项目的最早期阶段开展谐波分析。

滤波器主要有无源滤波器和有源滤波器两类。

关于滤波器的更多细节请参阅第 483 号技术报告。

### 29.2.6　故障水平

#### 29.2.6.1　故障水平的影响因素

电网具有特定的短路容量设计，这与开关设备和电网设备的额定值有关。大型风电场通常与高压电网相连，因此也会影响电网的总体故障水平，这主要取决于上一级电网和风电场内各种风机电源的短路容量。所有发电机的内部阻抗和系统阻抗（比如电缆和变压器阻抗）都将影响故障水平。对于海上风电场，需要限制故障水平的关键部件是位于每个风机连接点的中压开关设备。在检查设备的故障耐受能力时，应检查开关设备闭合和断开条件下的故障水平。

#### 29.2.6.2　系统侧的馈入

上一级电网对故障电流的贡献可通过 PCC 等效阻抗，以及故障点之前的电缆和变压器阻抗计算得到。变压器的类型及其阻抗对海上故障水平的影响最大。如果风电场的故障水平有问题，那么可以调整变压器的设计，以实现最低的故障率和功率损失。

大多数风电机组短路电流的注入随时间快速衰减，因此高故障水平设计的考虑因素主要集中在海上交流变电站的故障水平和各发电机连接点处的故障水平。该连接点可能是影响安装在风电机组中的开关设备额定值的关键因素。

### 29.2.6.3 风电机组侧的馈入

风电场中使用的风电机组类型将决定其对故障的贡献程度。表 29.1 给出了不同发电机类型决定的有效瞬时故障水平的经验假设值。

表 29.1　　　　　　　　　　　　不同发电机类型的故障水平

| 类型 | 同步发电机 | 感应发电机 | 双馈感应发电机 | 全功率变换发电机 |
|---|---|---|---|---|
| 负载 | $I_n$ | $I_n$ | $I_n$ | $I_n$ |
| 对故障水平的贡献 | $7I_n$ | $6I_n$ | $6I_n$ | $1.2I_n$ |

这些发电机的对故障电流的贡献随时间而衰减，笼式感应发电机（SCIG）、双馈发电机（DFIG）和全功率变换风电机组对开断时的故障电流贡献可以忽略不计。然而，同步发电机可在其机端提供最高达 4.5 倍额定电流（$I_n$）的开断故障电流。

### 29.2.6.4 变压器阻抗选择（包括与无功设计的相互影响）

在制造商的标准设计中，变压器都有由铁芯和绕组的布置决定的阻抗值。为了限制下游开关设备的短路负荷，可能要求阻抗值大于标准变压器；或者需要选择阻抗较低的变压器，以便通过减少压降来降低风电场的励磁。在选择高阻抗变压器时，应考虑无功损耗对无功平衡的影响。

### 29.2.6.5 双绕组或三绕组变压器的考虑因素

目前，风电机组的机端电压在 690V 和 2.4kV 之间，通过两绕组或三绕组变压器升压至36kV 汇集系统。未来集电系统的电压水平可能会更高。

海上变电站使用的升压变压器可以是两绕组或三绕组。三绕组变压器使得汇集系统可通过两个二次绕组分成两部分，这有助于通过有效降低海上风电机组的故障电流贡献来降低汇集系统的故障水平，并提高系统的裕度（如图 29.9 所示）。因为制造商可能有许多与使用需

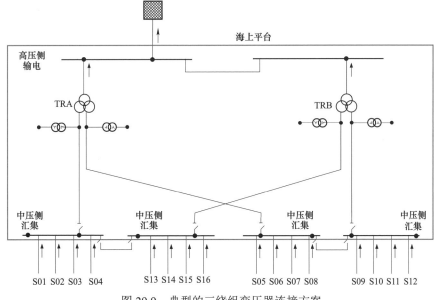

图 29.9　典型的三绕组变压器连接方案

求不匹配的选项，因此需要特别注意确定绕组之间的阻抗。如果需要使用变压器分接头进行电压控制，最好每个低压绕组上都有平衡负载，以确保二次电压平衡（见图29.9）。

### 29.2.6.6　外部故障的影响

海上变电站的实际故障水平取决于系统电源的强度，该系统电源具有固有的系统阻抗。

### 29.2.6.7　运行场景

变电站中有两个（也可能是多个）主变压器且中压侧可能有母线连接，使得变压器并列运行。当有更多风机互联时，需要谨慎选择母线配置以及变压器型号和阻抗，以优化正常运行情况下和故障情况下的故障水平控制。

## 29.2.7　变电站常规配置

### 29.2.7.1　高压和中压的选择

通常风电场电力设备的电压等级包括内部汇集系统的中压侧和送出系统的高压侧。

（1）中压电压等级。汇集系统的电压水平主要取决于风电机组内部可用的开关设备和变压器。这也是采用 $SF_6$ 绝缘、金属封闭、二次配电开关的原因，目前能达到的最大额定电压为 36kV，因此决定了汇集系统的电压。目前大型海上风电场的集电系统正在考虑使用更高电压等级（高达 66kV），但需要研制与之匹配的开关设备和电缆。

（2）高压电压等级。在大多数已建或在建的海上风电项目中，送出系统的电压水平主要取决于各国的典型输电电压水平，通常在交流 110～150kV 之间。这一电压范围很大程度上是由于工程技术限制，因为 170kV 以上三芯海底电缆的直径和重量很大，在实际工程中不容易安装。经验证，最近研制出的一条 245kV 三芯海底电缆是可用的，以后可能会有越来越多的项目使用这种电压水平。对于较大的容量和较远的海岸，使用高压直流电压源换流器将是最常见的解决方案。

### 29.2.7.2　中压母线布线

中压母线布置主要采用通过母线断路器连接各母线段的单母线设计。在某些情况下，单母线已连接成一个回路（参见图29.10）。需要注意的是，升压变压器和电缆被连接到母线的不同分段，以便在限制故障水平的同时还能实现系统的灵活性和可用性。

### 29.2.7.3　高压母线布线

由于海上变电站的空间和重量限制，高压开关设备通常保持最少配置，仅包含隔离开关、接地开关和避雷器。即使需要多条送出电缆，也采用同样简单的布置方法。然而，有时需要断路器来降低变压器的合闸涌流（见图 29.10）。通过在电缆和变压器之间以及电缆之间装设断路器，可以提供更高的系统运行裕度。图 29.11 中的配置能够单独隔离电缆或变压器。当一条电缆故障时，可以在变压器不过载的情况下使用（甚至超载使用）另外一条电缆。

### 29.2.7.4　海上平台所需的补偿或滤波器

如果经研究确定海上变电站需要通过电抗器或电容器进行无功补偿，则应分析确定安装位置。中压补偿通常需要的平台空间较小、绝缘水平较低，因此成本较低。

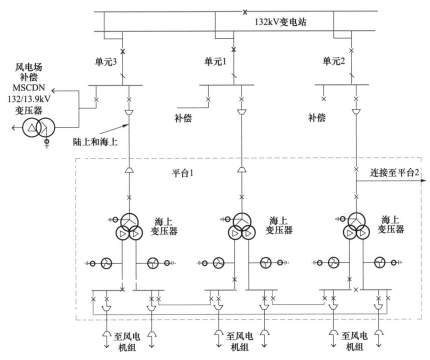

图 29.10　三台变压器和中压环形母线的海上变电站示例

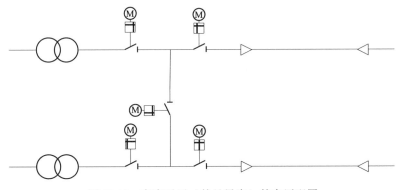

图 29.11　高度灵活（并且昂贵）的高压配置

如果可能，应避免在海上平台上使用滤波器。若经谐波研究证明必须在海上平台使用，则应通过谐波性能研究（见第 29.2.5.4），确定此类滤波器的额定参数、类型和位置。同时，应考虑滤波器与高压连接带来的高昂成本和挑战性。

### 29.2.8　中性点接地

在海上变电站中，中压电网的接地通常设计为将接地故障电流限制在 1000A 以下，以减少可能流入电缆护套的电流。中压电网通常由三角连接的变压器绕组供电，因此使用接地变压器通常带有 Z 形绕组。可通过将电阻连接到绕组的中性点来限制电流，并减少平台上的使用空间。通常通过设计合适的零序阻抗接地变压器来限制接地故障电流。

高压系统直接接地是一种常见的接地方式，可以避免接地故障时的过电压。

为简化出线电缆保护方案和提高有效性，陆上和海上变压器中性点均应可靠接地。这种方案可以使接地系数保持在较低水平（＜1.4）。

充电电流截流和断路器位置：海上风电场有大量长距离的送出电缆，因此需要考虑其残余电荷问题。这会影响断路器的位置。有关这方面的更多信息，请参阅 CIGRE 第 483 号技术报告。

### 29.2.9　绝缘配合

应进行详细的过电压分析，以确定设备承受过高的过电压。过电压可能持续时间短（快波前过电压和缓波前过电压），称为暂态过电压；也可能是更长持续时间的暂态过电压（TOV）。这两种情况都可能在海上电网中发生。

尽管海上风电场电气设备承受的过电压类型不同于典型陆上电网，但是海上风电场的绝缘配合仍遵循 IEC 60071－1 和 60071－2。海上风电场的暂态过电压的主要起因是开关操作，而架空线路系统的暂态过电压主要源自雷电。海上风电场大量的电缆及风电机组上的升压变压器存在不同的波阻抗，会由于折反射而产生过电压。这意味着，根据电气设备在系统中位置的不同，电气设备的绝缘会受到不同程度的过电压影响。需要注意的一个关键点是，电缆系统的波阻抗约为 40Ω，远小于架空线路的 300～400Ω。这种差异会影响暂态过电压的陡度，因为较低的波阻抗会产生较高陡度的暂态过电压。适当协调避雷器与电气设备的绝缘强度，是海上变电站过电压保护的关键。

IEC 60071－1 将系统工作电压分为五类，即持续运行电压、暂态过电压、缓波前（开关操作）过电压、快波前（闪电）过电压和陡波前过电压。

#### 29.2.9.1　持续运行电压

当输出电缆的一端断开时，其稳态电压会升高。通常需要并联电抗器将电压降低至可接受的水平。

#### 29.2.9.2　陡波前过电压

海上风电场可能会因为电网问题而发生陡波前过电压。最佳的解决方案是将浪涌电容器保护与避雷器结合使用。

#### 29.2.9.3　快波前过电压

雷电造成的快波前过电压不太可能对海上风电场的闭合电缆系统造成直接影响。

#### 29.2.9.4　缓波前过电压

如果使用滤波器，则缓波前过电压主要源于开关操作或电容器放电。在通电期间、正常运行断开期间或故障期间，都可能会发生缓波前过电压。接地故障也可能造成缓波前过电压。

有必要在中压汇集系统和高压输出系统均开展操作过电压研究。变压器通常可以起到缓冲器的作用，但需要检查变压器绕组间电容传递的过电压。

IEC 标准未规定额定电压 245kV 及以下的操作冲击耐受电压（$SIWV$）。因为通常情况下，开关操作的过电压水平远低于雷电冲击耐受电压（$LIWV$）。IEC 60071－2 中给出了将操作冲击耐受电压折算为短时工频和雷电冲击耐受电压的方法。但鉴于海上电网的复杂性，其可信度还有待商榷。

在操作用于补偿电缆容性电流的可投切电抗器时，可能由于断路器内部电弧重燃而产生过电压，可使用可控合分闸和避雷器限制该过电压。当使用真空断路器时，由于断路器的重燃，在断开过程中设备内部可能会发生高频电压振荡。可以使用特殊的 RC 阻尼电路，以避免在第一次重燃后电流过零，从而防止高频振荡电压和对设备的损坏。

#### 29.2.9.5  暂态过电压

雷击和操作过电压通常能在几个周期内下降到正常的稳态水平，而暂态过电压（TOV）可能持续几秒钟。下面列出了海上风电场 TOV 的典型原因。

- 变压器通电；
- 接地故障；
- 甩负荷。

必须选择适当额定电压的避雷器，以限制由这些原因引起的暂态过电压。

#### 29.2.9.6  限制措施

（1）可控合分闸。可控合分闸通过单独控制断路器中的每一相断口，在一定的时间延迟下闭合（或断开）每相断口以降低瞬态过程。

（2）避雷器的选取。避雷器的额定电压应根据实际最大持续工作电压（MCOV）和系统中的暂态过电压来确定。

对于所安装的避雷器，应将所有预期的暂态过电压（TOV）大小和持续时间与避雷器 TOV 能力曲线（电源频率电压与时间特性）进行比较。

必须选取适当能量吸收能力的避雷器，以确保其承受特定持续时间内的 TOV。

### 29.2.10  闪变和电压波动

#### 29.2.10.1  闪变

电压闪变完全属于人类的感知范畴。循环变化的电压源为白炽灯供电，会导致灯泡发光的周期性变化，超过一定水平时会被大多数人察觉，并可能引起刺激。

（1）闪变源。风机可能成为闪变源。这是由于风速的自然变化、风力湍流以及风机旋转时输出的功率不均匀，都会导致风机的功率输出发生波动。总体来说，早期定速风机（具有简单的控制系统）的性能较差，而现代大型风机通过变速运行、背靠背变频器和桨距角调节提高了性能。此外，由于早期风机连接在偏远地区，电网薄弱，$X/R$ 比低，因此产生的闪变水平也更高。

（2）抑制闪变。为了将电网连接点（PCC—公共连接点）的闪变降低至可接受标准，可采取的典型措施包括：

- 尽可能使用性能最好的风机（应满足其评估标准）；
- 提高 PCC 的短路水平（以及电网阻抗角，如果可能的话）；
- 改进风机的背靠背变频器控制系统，以提升闪变性能；
- 使用 SVC 或类似装置，将风电场的输出功率平滑至可接受水平。

#### 29.2.10.2  电压波动

除了闪变，以下原因还会导致海上风电场发生电压波动：

- 主要电气元件带电；
- 风速变化（风机输出）。

公共连接点（PCC）处电压波动的可接受幅值，通常由电网导则或并网协议限定。因此，需要进行预研究，以确定其幅值和可能的对策。

● 变压器合闸：变压器合闸是需要考虑的典型工况之一，且应对陆上和海上变压器都进行研究。如果所有风机变压器都是通过电缆网络连接，研究时也需要予以考虑。同时，应考虑最坏工况下的合闸情况，包括变压器剩磁和系统强度。

● 送出电缆/滤波器的带电：送出电缆或滤波器装置的带电也可能导致PCC的电压变化，因此也需要予以考虑。

除上述限制措施外，可考虑合闸电阻和控制合闸措施，来降低主要电气部件带电期间PCC处的电压波动。

### 29.2.11 需开展的系统研究

在大型海上风电场的复杂设计过程中，为了将所有环节结合起来，需要开展多个系统性研究。

设计方面可概括如下：

（1）符合电网导则：

1）无功功率；

2）谐波性能；

3）静态和动态稳定性能。

（2）风电场和送出电路元件的额定值。

（3）保护和安全。

所有这些问题都应通过以下综合系统研究来解决：

（1）潮流研究。

（2）短路研究。

（3）谐波研究。

（4）绝缘配合研究。

（5）电磁暂态研究。

（6）高压送出电网暂态研究。

（7）闪变和电压波动研究。

（8）动态稳定性研究。

（9）安全接地研究。

（10）中性点接地研究。

（11）保护配合研究。

（12）电磁场（EMF）研究。

## 29.3 电气设备注意事项

### 29.3.1 简介

本节为海上变电站主要电气设备技术规范编写提供指南，包括了中压开关成套设备、主变压器和电抗器、备用变压器、高压开关成套设备，以及出线电缆和连接电缆。在考虑设备的具体参数时，一般可分为以下四个主要方面。

### 29.3.1.1 系统试验参数

包括短路电流水平、满载电流、雷电冲击耐受水平、变压器阻抗等技术参数要求。

### 29.3.1.2 运行和维护要求参数

包括状态监测，分接头拆除过程及特殊工具使用等模块化参数要求。

### 29.3.1.3 设备自身特定参数

包括对环境因素、振动和运输受力、特殊技术以及物理和接口方面的设备特定参数要求。

### 29.3.1.4 向平台供应商明确关于设备存放场地的关键要求

设备供应商可能有必要向平台供应商明确设备存放空间的具体要求。在本章的以下各章节中，将针对每台设备以上四个主要方面进行阐述。

## 29.3.2 中压开关设备

### 29.3.2.1 系统试验规范

（1）电压额定值和电流额定值。几乎所有需要建设海上变电站的海上风电场系统电压为33kV，即36kV IEC 标准额定电压。

确定汇集系统额定电流：如果汇集系统容量为 40MVA，则需要大约 700A 的电流，因此需要使用额定电流 1250A 的开关。如果汇集系统容量限制为 36MVA，则可以使用 630A 的开关。

对于大多数制造商而言，2500A 是中压开关最大的标准额定值。这意味着经过单个断路器连接的最大变压器绕组额定容量为 142MVA。在考虑并列运行时，应注意两套设备的不平衡运行情况，在这种方式下可以达到约 250MVA 的额定容量。

母线额定值可以高达 4000A，对应约 228MVA 的额定容量。为了满足 250MVA 变压器的连接需求，还需要考虑断路器的接入位置。

（2）故障等级评定。断路器的故障电流开断水平将由短路试验决定。无需考虑 36kV 断路器的故障开断能力，因为在 36kV 条件下，短路电流开断等级高达 40kA 的断路器在市场上非常容易获得。需要限制的短路电流水平是风力发电机组过渡段的环网系统额定值，通常为 20kA。因此，通常变电站配电柜的故障开断等级应与风电机组开关设备的额定值相同，以避免为不必要的高短路额定值提高成本。

（3）雷电冲击耐受水平（*LIWL*）和避雷器额定值。通常，如果断路器的额定电压为 36kV，那么根据 IEC 的规定，设备的 *LIWL* 耐受峰值应为 170kV。然而，从一些风电场的运行经验来看，相间冲击电压会产生很高的操作冲击电压。一些制造商扩展了其 36kV 设备的性能，使其可以在 40.5kV 电压下运行，对应的 *LIWL* 额定耐受峰值为 185kV。通常情况下，相间过电压比相对地过电压更为严重，解决这一问题的方法是明确设备为相间完全隔离的断路器或是能够耐受 185kV 峰值电压的设备。

为了控制通过变压器 36kV 侧的过电压，可在 36kV 配电柜的进线上安装避雷器，且必须明确通过绝缘配合试验得到的避雷器额定电压和允许能耗。

（4）配置。36kV 配电柜有各种不同的配置，本节只讨论一些基本的配置。

配电柜第一步选择应该是双母线设计还是单母线设计？双母线设计意味着每一回路，无论是进线或汇集电缆都可以选择任何一条母线。两条母线既可以在母联断路器断开的情况下单独运行，也可以在母联断路器闭合的情况下并列运行。如果变电站有两台变压器，那么连接于主母线的变压器正常运行，另一台连接到备用母线上。理论上，双母线布置的优点是：如果一回母线发生故障，所有电路都可以连接到另一回母线上。事实上，这在很大程度上取决于母线的物理结构。然而，双母线开关设备更昂贵、需要更多的空间，因为双母线配电柜比单母线配电柜更大。在迄今为止建造的大多数海上变电站中，配电柜仍采用单母线设计。

如果选择单母线设计，那么下一个问题是需要多少个独立的配电柜？这将由其使用的变压器类型决定。如果是双绕组变压器，那么每台变压器都要有独立的36kV配电柜。另一个考虑因素是：配电柜的两个单独部分是否需要放置于两个隔离的房间，以免发生火灾时互相影响。如果置于同一个房间，那么两个配电柜通常通过一个母线连接；而如果各自需要单独的房间，则必须使用某种互连设备，可能采用母线的方式连接，也可能需要使用总线管道连接的互连器。

如果是三绕组变压器，那么对于有两台变压器的变电站，通常有四段分离的母线，每一条母线分别连接一台变压器。两段母线之间的断路器的交叉配置保证所有汇集电缆能够在一台变压器退出运行的情况下连接到任一变压器。这类配置已用于各种风电场。

另一种可能是，单母线布置的情况下，将每一段分离的母线连接成环。该配置已用于三台三绕组变压器系统，该系统中的三绕组变压器用于正常运行时的均匀分流，而非限制故障电流。

显然可以选择的方案很多，但是必须满足潮流分布和短路试验的要求，同时也要具备可靠性与可用性。

（5）开断回路类型。36kV母线开断的回路类型至少应包括主变压器进线和汇集电缆出线。根据选择的单母线或双母线开关柜（通常包含分段母线或母联断路器）。然而，根据潮流计算结果，可能需要安装额外的补偿装置，比如电容或电感，相应的也需要增加额外的开关元件。接入上述补偿元件后可能带来开断困难的问题。以并联电抗器为例，可能需要使用RC元件来减小开断条件并且避免重燃。如果谐波研究表明需要在海上平台上安装滤波器，那么这些滤波器也可能连接到36kV配电柜。最后，如果接地变压器连接到母线而不是变压器低压绕组，那么也需要考虑被开断的情况。

### 29.3.2.2　正常操作和维护规范

迄今为止的经验表明，与陆上装置相比，故障或设备失效期间的检修成本和停运时间是海上中压开关设备两个最显著的差异。首先，为了保证必要的经济效益，需要设备有非常高的可靠性，而且需要制定非常细致、精确的规范。为了将设备故障期间的收益损失降到最低，还需要非常短的检修时间。另一个需要考虑的问题是设备所处的恶劣腐蚀环境。虽然假设中压开关设备将安装在环境受控的开关室中，但仍建议需增加额外的防腐保护，因为在任何受环境影响的援建停运期间，外部环境都会对设备产生不可避免的影响；以及大修期间，开关室将暴露在大气环境下。

模块化结构通过快速更换更利于维护。这也保证了具备基本技能即可完成替换，降低了对平台专业工程师的要求，并且较小的模块更容易在平台周围运输和装卸。

为了尽量缩短维修时间，应详细考虑备件、工具和断路器本身的运输和存储，以及它们在平台上移动和搬运的便利性。

（1）状态监测。在许多领域中，状态监测可以助于确定开关设备性能，并避免不必要的进入并巡查平台设备。可能的话，应参照开关设备状态趋势（计时、接触电阻、局部放电水平、热成像和陆上提供的数据），而不是远程警报，因为这些警报可能会导致误操作及不必要的海上紧急巡查。

（2）远程监控。对开关设备参数进行远程监控固然可行；但是，用户应意识到监控设备的故障水平明显更高，如果对其参数制定和设计不详细，这些监控设备本身可能会带来重大的维护成本和可靠性问题。传感器应保证简单并稳定，同时，还需要陆上强大的技术团队来观察和分析来自平台的数据。

（3）备用。由于设备通常是模块化的，并且间隔中的大多数组件都是通用的，因此一般来说，在陆上保留备用部分可以解决大多数问题。

（4）更换年限。根据开发者的要求，平台的正常寿命为 25～40 年。中压开关装置的使用寿命应超过或与平台的使用寿命一致，因此，只有当平台需要回岸进行大修时，才考虑终止更换（重大故障除外）。

### 29.3.2.3  风电场特定规范

（1）环境。海上变电站中使用的大多数中压开关设备采用 $SF_6$ 气体绝缘开关设备（GIS）或箱式气体绝缘开关设备（C-GIS），安装在环境受控的封闭式开关室。

为了实现环境条件的可靠控制，建议在进风口安装滤盐器，并使室内压强略高于室外，并安装加热系统以避免冷凝现象。

（2）振动和运输受力。开关设备的标准（如 IEC）不包括任何专用特殊条款，或用以证明电气设备对海上平台上可能遇到的阵风或波浪荷载等机械冲击不敏感的型式试验的专用规定。由于振动类型完全不同，使用地震定性仪器的解决方案是不合适的。

开关设备在运输前必须在陆上完成组装，并能承受各种受力和振动。这对于组件间的连接和接口尤其重要。在变电站设计之初，应确定出海的运输限制标准。

开关设备的设计应适当考虑可能附加的外力，如海上运输紧固件；同时也应考虑在吊装整个变电站，并在基础上安装时可能承受的任何力（见图 29.12）。

图 29.12  集装箱化海上变电站的示意图

（3）特殊技术考虑。

1）断路器。通常选择真空断路器，它的优点在于很容易实现空载或低负载电缆的容性电流开断。当今最先进的真空断路器通过选择合适的触头材料和机械设计，降低了开断过程由于截流而产生的过电压。

2）连锁。在正常运行期间，由位于陆上的中央控制室远程控制整个海上风电场。为保证安全工作，还应考虑使用"维护手动连锁装置"。

3）电缆终端。海上变电站中的中压开关柜，将接入风电场系统的输入馈线终端和电力变压器的输出电缆终端。

带内锥或外锥电缆连接的 36kV GIS 可使用插入式连接器或 T 形连接器（此处不考虑母线方案）。T 形接头可以互相插入（每个"外锥"套管通常最多只有三个接头），这意味着以后添加另一根电缆（如风电场扩建）时很方便。然而，T 形连接器将使用螺栓连接，这就是为什么应在电缆室中配置电弧检测装置的原因。

（4）物理和接口注意事项。其目标是提供可靠和紧凑的配电柜，在配电柜的设计中需要考虑许多因素，通常包括：

1）保护继电器可安装在开关设备前端上部的空腔内，但还应考虑调试，人工巡查和维护的便利性。在海上变电站平台布置设计时，要充分考虑定期和临时巡查平台的便利。

2）继电保护应包括基本的 SCADA 和故障记录设备。

3）平台布置可能要求控制电缆从开关设备上方垂直进入，因此开关设备的顶部腔室合理设计布局。

4）开关设备和连接的电源线需进行电气测试，因此设计中应包括合适的套管和电缆测试插座。

5）如果风机馈线电路需要电压互感器，则可能需要安装电缆并连接到开关装置，必须考虑电缆连接和电压互感器安装空间。

6）开关设备通常通过下方的电源线或总线连接到系统，需要正确考虑这些连接。开关设备的电缆室包括终端和绝缘部件时，应优先使用可断开的电缆终端。必须考虑电缆的最小弯曲半径。

7）间隔的布置应尽可能减少外部电缆交叉。

#### 29.3.2.4　房间/外部结构具体要求

为了使所需房间尺寸最小，在设计房间/外部结构时应考虑以下因素：

（1）开关设备制造商必须确定开关设备周围的最小空间，以允许所有的计划内和计划外操作、维护和检修工作。

（2）如果开关设备包括可抽出式断路器，则必须为 CB 和任何必要的装卸设备留出足够的空间。

（3）必须为大型测试设备的应用留出足够的空间。

（4）当使用 GIS 开关设备时，除非终身密封，否则必须为气体运输车留出足够的空间，以便在过滤和/或维护操作期间使用。

（5）必须为特定部件固定或临时进入开关设备留出足够的空间。

电力电缆和/或母线通常从下方垂直进入开关设备，如果电缆头接近地面，则可能需要在地面下方留出空间。通过该层的贯穿件应有效密封以与海洋环境隔离或限制火灾蔓延。

所有墙体、地板和天花板的贯穿件，应在陆上场地时进行适当密封，并在出海前将临时密封件安装到电缆的贯穿件中。电缆安装后，这些密封件将被最终密封件替换。类似要求也适用于控制类和多芯类导线的贯穿件。

电缆安装人员要能够通过预留空间完成电缆/母线的敷设，因此开口的尺寸必须适合（见图 29.13 和图 29.14）。

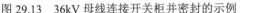

图 29.13　36kV 母线连接开关柜并密封的示例　　图 29.14　控制电缆穿过钢制地板示例

地板/轨道必须经过适当设计，以承受开关设备运行产生的静态和动态荷载，以及海上运输和海上起重作业期间施加的荷载。

检修门或可拆卸面板的尺寸，应能满足设备在初始安装、终身维护或维修期间的人员进入。

开关室应包含火灾探测/报警系统，如果将开关室/外部结构设计为被动火灾保护或包含自动火灾抑制系统，则应在变电站平面图中详细说明。如果配电室墙壁指定了防火等级，则墙壁内的任何检修门必须进行防火等级调整，以与墙壁匹配。

在内部故障或气体区故障期间，高压气体可能会排放到房间/外部结构中。应考虑在室内安装合适的减压装置。

鉴于 $SF_6$ 报警系统是开关设备的组成部分，可以从开关设备启动声光报警，而不需要独立的方案，并应确认该方案可行。

安装在这些房间内的电气设备通常满足户内正常运行条件即可。

这些区域的加热系统应保持最低环境温度在 +5℃。

通风系统应包括可维护的盐过滤器。

对变电站运行条件的有效远程监控非常关键，空调和通风设备（HVAC）系统的性能非常重要。建议设置低阈值报警和远程通知功能，并连续测量开关室的实际温度和湿度。

### 29.3.3　主变压器和电抗器

主变压器是安装在平台上的最大的单台设备，它们影响整个电气和物理布局。相应电抗器也可能安装在平台上吸收无功功率。

电抗器有两种结构：一种是实心电抗器，另一种是空心电抗器。其他部件（线圈、油箱、散热器、油枕等）与变压器结构相同。因此，在本节中，我们将给出变压器示例，但这也适用于电抗器（见图 29.15）。

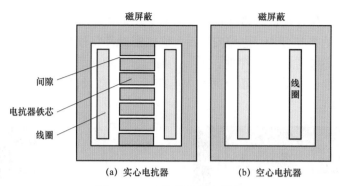

图 29.15　电抗器的核心结构

　　理想情况下，平台上的变压器需要具有重量轻、体积小、维护费用低和可靠性高的特点，以降低建筑和运营成本。

### 29.3.3.1　系统试验的具体规范

　　（1）变比。目前大多数海上风电场的电压都是 36kV，所以这是变压器的低压侧设定值。在许多情况下，高压侧电压由风电场将连接到陆上的系统决定，如 110、132、150kV 或 220kV。如果需要在陆上进一步变压，则须选择合适的中间电压值，该值取决于是否有合适的电缆可以使用。

　　（2）额定容量。变压器的额定容量通常与连接至海岸的海底电缆密切相关。最终的选择考虑系统潮流，包括无功功率、有功功率、谐波电流等，还需考虑海上变电站采用的备用方案。

　　（3）阻抗。通常，选择变压器阻抗的一个主要考察因素是需要将故障电流水平限制在与风力发电机组连接的 36kV 环网开关柜允许的范围。然而，变压器的阻抗也对系统的无功补偿有重要影响。此外，阻抗可能会对风电场发生谐振的频率产生影响，从而对谐波产生影响。因此，变压器阻抗的最终选择可能取决于系统潮流、短路电流和谐波研究的结果。

　　（4）分接头。变压器通常装有分接头，以控制 36kV 系统运行电压，通常维持在 1.0p.u.（33kV）左右。达到此目标所需的分接头数量和范围，由考虑电压控制、无功补偿等因素的系统潮流分析所决定。如果使用三绕组变压器，需要考虑的另一个因素是分接头通常位于高压绕组上。因此，只有两个二次绕组中的一个绕组电压或两个绕组的平均电压，可由分接头控制，从而大大降低了电压控制的灵敏度。

　　（5）额定雷电冲击耐受水平（LIWL）。LIWL 由绝缘配合研究确定。通常，变压器高压和低压侧上都装有避雷器，因此相对地过电压不应出现问题。应从变压器制造商处获得变压器耐受相间过电压的相关资料。有时可以考虑适当提高设备的 LIWL，以耐受 33kV 绕组的相间过电压。

　　（6）双绕组或三绕组。使用三绕组变压器通常有两个原因：首先是当一台变压器停止运行时限制故障电流水平，因为当所有风机连接到一台变压器时，$Z_{L1-L2}$ 将有助于降低故障电流水平；另一个原因是将负载电流更均等地分配给两台并联低压侧断路器。如果选择的变压器使 33kV 系统下两台并联断路器电流达到额定值，则这种负载电流分配将变得至关重要。如果二次电流额定值与两个断路器的额定值并联之间存在合理的余量，那么选择双绕组变压器即可。

（7）中性点接地。这些海上变压器连接方式通常为星形/三角形，星形绕组在高压侧。在大多数国家，高压侧星形绕组将可靠接地，但在某些国家可能会不接地，要求绕组完全绝缘而不是使用分级绝缘。关于接地或未接地的星形绕组的选择，需要与风电场连接的系统保持一致。

33kV 三角形连接系统通常通过电阻接地或使用接地变压器的零序阻抗接地，以将接地故障电流限制在可接受的水平，如 1kA。

### 29.3.3.2　运行和维护具体规范

运行和维护的关键问题是建立设备状态评估、确定是否需要检修，以及存在哪些不同于陆上基于时间尺度判定的风险。

其他主要问题包括便捷性、空间限制及在不花费重大成本的情况下无法引入的第三方服务等。

（1）检修策略。海上运行和维护系统可以是基于时间维护和状态维护的组合，其中状态监测和风险评估应包含在基本的基于时间的计划中，以尽量减少现场巡视的次数。

设计人员必须考虑如何通过制订说明方法、工具、工作空间和备件供应来实施预防性或纠正性维护，而无需将设备运回岸上。这项工作需要在不派遣海上专家的情况下完成。必要时应在平台上配置专用工具。

（2）变压器油。一个重要的方面是保护变压器油封不受腐蚀，因为暴露在腐蚀性环境中会导致密封垫劣化，从而导致油从油箱泄漏或水分进入油中。海上变压器的油管理与陆上变压器不同，有必要考虑振动或油质变化所导致油寿命期的变化，并在机械设计时予以考虑。

1）从制造商交付到码头（常规做法）。

2）从码头转移到最终平台位置（具有风险且为非常规方式），因为变压器在运输过程中会充满油，所以变压器设计人员和运输人员需要考虑海运将导致油的晃动，并可能对油膜、气囊或呼吸器等敏感部件产生影响。

3）基于平台的检查和维护（故障后复查、更换散热器、分接开关、套管）。

4）更换（变压器故障）。

如有可能，绝缘油应留在油箱中，因为水分会导致绝缘性能下降。无论液浸式变压器采用何种冷却方式，变压器箱与冷却装置（如散热器）之间均应采用双阀门，以便在需要修理散热器时，不必从散热器或主油箱中排出油。

变压器呼吸器应选用免维护型。

（3）$SF_6$ 气体管理。如果使用 $SF_6$ 气体绝缘变压器，必须遵守与 $SF_6$ 相关的规定。这些在 $SF_6$ 相关的 CIGRE 技术报告中有详细说明。

（4）状态监测（CM）。虽然状态监测可以观测变压器运行状态，有利于显著提高变压器的性能，但真正的目标是避免不必要的实地巡查。因此，只有能够可靠地实现这一目标的状态监测才被采用。监测油流量、温度和铁芯温度有助于减少不必要的维护。

溶解气体分析（DGA）是确定铁芯和绝缘性能状态的最佳方法之一。

一种海上比陆上更需要的应用，是考虑利用加速度计来检测绕组或抽头是否有移动或损坏。这可能需要特定说明，否则很难找到潜在的故障。有关从状态监测中获取价值的建议，请参阅 CIGRE 第 462 号技术报告。

（5）分接开关（TC）。建议使用真空开关作为变压器的分接开关，这有助于显著增加维护间隔；但是，即使不考虑维护，也必须满足故障和检修或更换的可能性。

（6）套管。变压器一般不会在安装套管的情况下在陆上运输，加速度计应确保运输时不超过设计值（需要在方案阶段详细制订）。在设计阶段确定海上典型条件时，应咨询海洋专家。高压连接通常使用带插入式连接器的电缆或带油/$SF_6$套管的气体绝缘母线（GIB）。需要准备备品和设置更换程序，以更换任何怀疑故障的衬套。低压连接可采用电缆或实心母线。对于电缆，通常会使用专用插入式连接器，但对于实心母线，则使用油/空气套管，然后将其封闭在适当的外部结构中。

（7）冷却。自然冷却的使用将大大提高可靠性和维护要求，但这将使机组暴露在恶劣的海洋环境中，且需要占用更大的面积。强制冷却是可行的，但可能大大增加电力需求；失效的冷却系统需要及时更换。

表 29.6 总结了不同冷却设计之间的差异。

在海洋环境中，可以使用水冷系统，避免恶劣大气对设备的影响。然而，在这种情况下，仍然需要对泵进行维护。

1）风扇冷却。直接空气冷却和封闭式水冷却系统都保留了风扇的使用，风扇应具有足够的裕度。

2）海水冷却。这种技术广泛应用于海上固定装置和船舶，应向海洋行业寻求建议，以从他们的经验中获益。

（8）检修和更换。故障可能导致长时间停运，因为更换时间在 2～18 个月，这取决于备件是否可用，应制订替代策略。详情请参阅 CIGRE 第 483 号技术报告。

1）备件。备件将在陆上储存，因此需要考虑运输和平台进入的限制。为了尽量减少备件的种类，应对备件和备用单元标准化，并考虑提前制造。

a. 策略性备件。策略性备件是一项重要的经济决策，因为在海上变电站初期，不可能考虑全套的备品备件。但备用变压器和电抗器是必要的。此外，还应订购套管、TC 组件、散热器、热交换器和接地变压器等备件，数量取决于整个风电场的设计总量。

b. 常规备件。常规备件和策略性备件一样重要，应考虑冷却泵和电机、风扇和呼吸器，具体取决于设计方案。

2）生命周期后更换。不会在海上进行更换，只有在发生故障时才进行更换。

### 29.3.3.3 风电场具体规范

#### 29.3.3.3.1 环境

（1）油漆喷涂：主水箱/散热器。

如果变压器位于室外，大气条件中含有盐，则材料应能承受此种环境。应明确所需的油漆规格和厚度。

变压器可以安装在室内以保护其不受环境影响，但散热器或冷却器应安装在室外，还应考虑对散热器进行喷漆，有必要检查喷漆层的厚度。

制造商还应考虑水箱结构以防止积水。

（2）紫外线对塑料材料的劣化作用。海上紫外线强于陆上。因此，某些塑料或合成橡胶的使用寿命可能受其影响，应选择适当的材料。

（3）海上环境温度。根据 IEC 60076-1，正常环境温度应不低于 25℃ 且不高于 40℃。然而，一般来说海洋温度的变化小于陆地上的变化。因此，可以考虑降低要求环境温度，以实现更低成本的解决方案。

### 29.3.3.3.2 振动和运输受力

对于海上变电站的变压器，预计运输受力和振动更加复杂，可根据其频率和持续时间分为五大类：

（1）陆路运输中的受力。

（2）完全组装的变压器运输到海上目的地中的受力。

（3）从驳船起吊至平台，并在安装过程中的受力。

（4）安装在平台上后，由于地震、阵风和波浪振动引起的受力。

（5）通过建筑构件传递的电气设备振动引起的受力。

在变压器的设计阶段就应考虑所有类型的力或振动。平台设计者应确定由环境影响引起的预期振动水平，变压器制造商应给定允许的最大受力或振动水平。海上运输需要临时支撑（见图 29.16 和图 29.17）。

图 29.16　海上运输变压器临时支撑的示例

图 29.17　储油柜支架的应力分析

### 29.3.3.3.3　特殊技术性要求

（1）初期变电站设计要求。变压器重量和尺寸等数据对于平台设计者来说至关重要。因此，当平台设计或构造已经在进行中时，根据选定的设计方案生产的变压器固有特性将无法改变，这一点非常重要（见表29.2）。

表 29.2　　　　　　　　　　　　平 台 设 计 所 需 信 息

| 编号 | 所需信息项 | 注释 |
| --- | --- | --- |
| 1 | 变压器重量 | 保证值 |
| 2 | 变压器尺寸 | 保证值 |
| 3 | 矿物油/液体体积 | 保证值 |
| 4 | 冷却辅助电源等 | |

（2）总成本最小化需求。需要特别注意电气设备的重量和尺寸，因为它对总重量有直接和间接的影响。电气设备重量减少1t将会减轻上部结构和支撑结构3t。

为了使寿命周期成本（LCC）最小化，变压器设计者应与系统设计者和平台设计者进行讨论，以获得变压器、平台和基础的总体最优方案。

（3）电力变压器的绝缘系统。变压器技术路线主要包括三种，即液浸式变压器、气体绝缘变压器（GIT）和干式变压器。

每种技术路线都有各自的优点和缺点。不同技术路线的变压器都有一些限制或特殊要求。

1）液浸式变压器。液浸式变压器是最常见的类型。液体除了其本身绝缘作用外，还将热量从绕组传递到槽表面和冷却器。矿物油是变压器中最常用的绝缘和冷却介质。

变压器中大量使用油是海上装置的一个主要问题，因为它带来了维护、恶劣环境影响和安全问题（包括消防和环境问题）。

根据 IEC 60076-1，用于保护油免受空气环境污染的系统包括：

- 带脱水呼吸器的自由呼吸系统；
- 隔膜或囊式液体保存系统；
- 惰性气体压力系统；
- 带气垫的密封罐系统；
- 完全密封的储罐。

密封罐装提供了最好的防止潮湿和氧气进入变压器液体的保护，适用于 60MVA、110/33kV 的小型变压器。

到目前为止，安装的大多数变压器使用传统的油保护系统。储油柜内油面上方的空气通过脱水呼吸器进入，从而除去空气中的水分。对于海上变压器，在储油柜中使用橡胶袋或气囊以及低维护成本的呼吸器更为可取。

必须充分考虑环境保护和消防安全。

装满矿物油的变压器因其易燃性而备受争议，有必要安装防火系统来限制因油泄漏引发火灾而造成的损坏。在海上安装时，这一问题至关重要，因为消防人员无法快速到达现场。

使用分布在油箱壁和变压器顶部的多个泄压装置，可能有利于将爆炸风险降至最低。

变压器用矿物油对环境有害，不可生物降解。因此，需要使用储油罐等集油系统来防止外泄。

a. 替代液体的使用。为了减少矿物油对环境和安全的危害，可以使用耐腐蚀的可生物降解的替代绝缘液体。有关这些替代绝缘液体特性的完整讨论，请参见 CIGRE 第 436 号技术报告《使用新型绝缘液体的使用经验》（2010 年）。

最常见和商业化的液体分为三大类，即合成酯、天然酯和有机硅。

b. 不易燃液体对防火系统要求。装有不易燃液体的设备在过热或电气故障的情况下不太可能燃烧，及时发生了火焰也会自行熄灭。建议将这种液体用于辅助变压器。

降低消防要求的具体程度将取决于国家法规。

c. 符合 IEC 60076-14 的液浸式变压器中的替代绝缘系统。可以考虑在液浸式变压器中使用替代绝缘系统，如混合绝缘，以便在不影响寿命的情况下提高允许的工作温度或实现更高的过载能力。应该参考相关案例。

2）气体绝缘变压器。GIT/GIR 具有不易燃和无爆炸的优点，因此无需在变压器和其他设备之间采取防护距离或应用灭火设备。此外，它更轻便且不易受到阵风和波浪的低频振动影响。

当然这种变压器有一些缺点，如额外损耗大于传统变压器、自然冷却效果低于传统变压器。

如果要使用气体绝缘变压器来降低建造海上变电站的总成本，则购买者和制造商应讨论最适合海上变电站的变压器规范。

3）干式变压器。干式变压器技术通常用于低压和小容量变压器。然而，干式变压器对恶劣环境较敏感意味着它们并不适合应用于海上变电站。

（4）冷却方法。可以采用空气或水进行冷却。空气冷却可以通过传统的散热器，有或没有强制通风都可以。强制通风会减小冷却系统的尺寸，但它要配置需维护的风扇。

水冷却器需要泵和管道，这些泵和管道都是昂贵且占用空间的。水冷却可以从两个方面考虑：一个是使用海水（开放水）冷却，另一个是封闭水冷却。通过海水冷却，海洋垃圾/障碍物黏附在管道、水冷却器和泵内，需要清洁以保持冷却能力。通常，冷却系统中的水应分为两个系统，初级水系统使用海水，二级水系统使用纯水（封闭系统）。或者，可以使用不使用海水的封闭式水冷系统。所有这些系统均可用于液浸式和气体绝缘变压器。

表 29.3 和表 29.4 给出了这些冷却系统的比较。

表 29.3　　　　　　　　　　　冷 却 方 法 比 较 （1）

| | 空气冷却 | 封闭水冷却 | 海水冷却 |
|---|---|---|---|
| 构造 | | | |
| 优点 | 结构简单，初始成本低 | 换热器无需油处理即可轻松更换，设备占地小 | 在恶劣的环境条件下，结构紧凑，保存完好。设备占地小 |
| 缺点 | 换热器不易更换，设备占地大 | 系统略有裕度和复杂，初始成本很高 | 需要清除海洋垃圾/障碍物；更复杂，裕度高 |

表 29.4 冷 却 方 法 比 较（2）

| | 空气 | 强制风冷 | 强制水冷 |
|---|---|---|---|
| 初始成本 | Δ | O | X |
| 变压器重量尺寸 | X | O | O |
| 辅助电源 | O | X | X |
| 大型维护<br>（如更换冷却器） | Δ | Δ | O |
| 小型维护<br>（如更换风机轴承） | O | Δ | Δ |

注 O—好；Δ—中；X—坏。

（5）风冷散热器：罐体式或分离式。表 29.5 描述了安装在变压器上的罐体式和分离式风冷散热器之间的利弊。

表 29.5 罐体式散热器与分离式散热器的比较

| | 罐体式散热器 | 分离式散热器 |
|---|---|---|
| 优点 | 总占地面积较小 | 只有冷却器需要高强度通风：<br>（1）使变压器油箱围灭火更容易<br>（2）变压器油箱围环境更加可控 |
| | 在运输或使用过程中，没有水箱和散热器相对运动的问题 | 变压器油箱更小更轻，减少了支撑结构的体积 |
| | 如果我们假设冷却器既需要外部结构（防止漏油）又方便检修，则所需的平台体积会大大减少 | 平台设计更灵活 |
| | 现场组装更容易 | 分别提升变压器和清空的冷却器，降低所需起重机的载重量 |
| | | 与安装在水箱上的散热器相比，散热器维护更方便且更容易更换 |
| | | 更适合封闭式上部结构，如自安装的浮式平台，因为变压器空间几乎可以完全封闭 |
| | | 冷却器可以安装在变压器相对较高的位置，从而更好地利用平台空间 |
| | | 独立的冷却器意味着我们可以一次更换独立的冷却器，同时保持整个变压器通电，而不进入变压器空间 |
| | | 可减少冷却器的外部结构数量。一些供应商一直在平台上开展开放式冷却器设计 |
| | | 冷却器可以考虑油冷却的替代冷却方式。这对于具有更多设备冷却的需求的 HV/DC 平台将更为重要 |
| 不足 | 集中负载需要更强大的平台结构 | 油箱和冷却器之间的油管需要额外的支撑结构 |
| | 整个变压器空间必须采用高强度通风：<br>（1）使灭火更加困难<br>（2）将变压器油箱暴露在更多盐碱腐蚀和污染的环境中 | 变压器和冷却器装油更加困难，因为变压器的位置通常在平面以上数米 |
| | 提升时将需要更大的起重机，特别是已经加满油的情况下 | 需要详细设计管道系统 |
| | 冷却器的维护更加困难 | |
| | 变压器较重意味着放置变压器的海上安装船也较重 | |

#### 29.3.3.3.4 物理和接口注意事项

变压器可以通过母线或电缆连接。如果使用母线连接，则必须考虑运输过程中的相对运动，以及贯穿件与墙壁同一水平的密封。如果使用电缆连接，则必须考虑弯曲半径并允许足够的空间进行端接。如果变压器位于外部，则电缆入口应位于下方，以避免进水的风险。电缆应配有插头/插座连接，插头在电缆端，插座在变压器端。应考虑在变压器电缆箱中配置可拆卸装置以进行电缆测试。需要规划进出变压器的所有辅助电缆的路径。

#### 29.3.3.4 房间或外部结构的具体要求

在变电站平台设计的早期阶段，必须确定变压器的物理参数，通常包括重量、油量、占地面积、电缆接入点、高压和低压连接类型以及连接方向等。

虽然总重量是平台主要钢构件设计中的一个重要因素，但空间量对于确定主要钢构件的实际位置至关重要。钢制甲板构件的位置必须与变压器荷载转移到甲板上的位置相匹配，通常位于防振垫和顶升点的下方。

需要确定电缆接入点的位置，以确保甲板的支撑钢不会干扰电缆敷设通道。设计应确定高压电力电缆或 GIB 管道、低压电力电缆或固体绝缘母线、变压器多芯控制电缆、分接开关、风扇等的接入位置。

平台设计人员必须确定变压器周围的最小空间，以保证计划内和计划外各个方面的运行、维护、检修、测试设备的位置、分接开关操作工具和临时通道平台。

设计必须考虑到将来更换散热器元件、完整的散热器组以及更换变压器油箱的情况。在设计设备存放房间/外部结构时，应注意：

（1）散热器元件通常位于开放位置，需要能够通过平台起重机、吊梁或船舶上安装的船用起重机进行拆卸。如果散热器被顶板部分覆盖，则其需要具有可拆卸性。

（2）变压器的位置应确保使用船用起重机/自升式起重机移动。为了方便，变压器室的顶部可能需要具有可拆卸性。

（3）设计需要考虑油的排出和重新注入，这需要 400V 电源为过滤设备供电，以及设备与油的放置空间。

变压器和散热器在使用过程中都会产生热量，房间尺寸和通风系统需要在其设计中考虑散热。如果外部结构有墙壁，那么它们通常包括开放式网、百叶窗或类似结构。如果散热器位于开阔空间，则应采取措施阻止海鸟栖息及鸟粪污染。

变压器室/外部结构需要建造一个挡油堤，以防止油泄漏进入大海。甲板/楼层应采取适当的落差（通常为 1:80 或 1:100），以将流体引入排放管道，并输送至远端集油罐。

集油罐的尺寸必须适当，以容纳最大充油装置的满油量和自动灭火系统的满水量，以及备用容量（建议为 15%）。集油罐容量的确定方法依据当地法规可能会有所不同。

变压器和集油罐之间的排油管道应能够以最低 7000L/min 的速率排放液体。

如果变压器室墙壁被指定了防火等级，那么墙壁内的任何检修门都必须满足适当的防火等级以与墙壁匹配。

### 29.3.4 接地/辅助变压器

#### 29.3.4.1 系统研究具体规范

（1）连接到变压器或母线。接地/辅助变压器可以连接到 36kV 网络、母线或变压器。连接母线时通常需要断路器，以便在设备发生故障时切除变压器。直接连接到母线将减少所需的接地变压器的数量；然而，如果为了限制故障电流水平而进行母线分段，或连接到主变压器的 33kV 绕组侧，则需要与母线（主变压器）数量相同的接地变压器。接地变压器连接到主变压器的 33kV 绕组侧降低了对断路器的要求，这意味着对于接地变压器故障，主变压器将断开连接，然而变压器不可能长期不接地运行。考虑将接地/辅助变压器连接到母线的另一个原因将在下一段中讨论。

（2）为平台或风机提供辅助供电。通常，接地变压器含有二次侧绕组，因此也可以作为平台电源的辅助变压器，节省了提供单独辅助变压器的成本。目前建造的大多数海上变电站中，辅助变压器仅被限定为供应海上变电站的辅助电源，且在海上交流电源供给中断时，辅助变压器不允许向 36kV 网络供电为风力发电机组提供辅助电源。如果要为风力发电机组供电，那么需要考虑如下因素：

1）连接到 36kV 母线。

2）如果不为此提供额外的无功补偿设备，它应具有较大容量以满足系统无功功率。

3）平台用柴油发电机容量需要设计得足够大，且满足燃料储存的相关要求。

如果需要考虑在系统全停条件下为风电机组供电，则建议单独设计专门的供电系统。

（3）额定值。变压器的额定值将由供应的负载和同时为辅助设备供电的变压器数量决定。通常情况下，所有接地变压器都配有二次绕组，但在任何时候只有一个绕组向辅助设备供电。这取决于裕度设计策略。另一个选择是两台变压器分别为不同的低压回路供电，其中一台变压器发生故障时，通过连接器为其低压回路供电。在任何情况下，每台变压器的额定值都必须能够承载变电站辅助系统的全部负载。

（4）无载调压分接头。通常情况下，采用无载调压分接头即可。与陆上辅助变压器一样，以 2.5%一挡，设置分接头范围为±5%即可满足调压范围，因为海上风电场的 33kV 侧电压通常配置自动电压控制功能。

（5）阻抗。零序阻抗将由用于限制接地故障电流的接地方案类型决定。如果采用电阻接地，则接地变压器的零序阻抗通常设计为尽可能小。但是，如果电流受到接地变压器的限制，则需选择零序阻抗以将电流限制到所选值。

正序和负序阻抗通常与陆上辅助变压器使用的阻抗相似，范围为 5%～9%。

（6）所需数量。接地变压器的数量将根据系统有多少独立部分需要接地连接决定，用作辅助变压器的数量可由辅助系统的裕度要求决定。

### 29.3.4.2　正常运行和维护注意事项的具体规范

（1）油管理。如果辅助变压器采用油/液设计，那么它们通常是密封的，因此在油处理方面几乎无法管理。虽然这些设备容量较小，但它们可能与主储油罐相邻，因此应考虑使用高燃点绝缘液体。

（2）维修和更换。故障可能导致辅助电源减少或导致主变压器不接地，这会影响变压器的运行。

（3）重大更换措施。设计阶段应考虑辅助/接地变压器的紧急更换。

该装置的重量约为 1～2t，因此可以使用平台起重机从船上升起。但是它仍然需要在平台上移动，可能需要进入舱口。如果变压器是密封的，则不需要进行油管理，除非故障单元发生破裂并需要进行清理。

（4）备件。

1）策略性备件。除考虑备用接地/辅助变压器外，还应考虑备用一套套管，其数量取决于整个风电场的设计。

2）常规备件。无。

### 29.3.4.3　风电场特定的具体规范

（1）特殊技术考虑因素。

1）绝缘系统。应考虑使用酯类的液体类型。

2）储油柜型或密封型。优选密封型。

3）接地/辅助变压器条件下，应避免高压侧接地故障时，低压侧电压升高问题。

接地故障时，接地/辅助变压器高压侧接地故障电流流过接地/辅助变压器的中性点，并受到零序阻抗的限制。在高压侧接地故障时，低压侧电压可能发生偏移，导致过电压和设备损坏。

这个问题的解决方案是安装附加的中性点耦合器，以便为接地/辅助变压器的低压绕组提供一个新的独立中性点。

（2）物理和接口注意事项。辅助/接地变压器可以位于独立的结构内或主变压器室内。它们可以安装在主变压器油箱侧面的悬臂支架上，通过母线安装于高压侧；也可能需要单独安装，通过电缆或母线连接。

与变压器低压绕组的连接通常使用电缆或固体绝缘母线，需要在早期阶段就确定连接方法，以保证变压器的机械设计。

位于室外的变压器电缆应从底部进入。必须考虑弯曲电缆的半径，并且优选插头/插座连接。

### 29.3.4.4　房间或外部结构的具体要求

接地辅助变压器可以位于主变压器或电抗器的房间内，在这种情况下，主设备的油密封措施能够满足较小接地/辅助变压器的需求。但是，如果接地/辅助变压器位于一个单独的房间内，则需要专门设备来处理任何液体泄漏。

需要确定电缆接入点的位置，以确保甲板的支撑钢不会干扰电缆接入。设计时，应确定高压和低压电力电缆或固体绝缘母线、多芯控制电缆等的接入位置。

平台设计人员必须确定变压器周围的最小空间，以允许计划内和计划外的运行，维护和维修工作以及试验。

设计必须满足变压器初期安装要求，并且考虑未来更换受损变压器情况。变压器的位置应允许使用安装在船上的船用起重机/自升式起重机或整体平台起重机进行拆卸。为了方便这个过程，变压器室的顶部需要是可拆卸的。

其他相关因素，请参阅主变压器室的要求。

## 29.3.5　高压开关设备

海上平台上使用的高压开关设备采用金属封闭的 $SF_6$ 类型，通常称为 GIS。

### 29.3.5.1　源于系统研究的规范

（1）电压和电流额定值。从海上变电站到陆上的电力传输电压等级，主要取决于优化后的海底电缆电压等级。通常为 110、132、150kV 或 220kV。除非气体绝缘输电线路变得可行,否则电压等级不可能超过上述值。电流额定值由潮流分析确定,但大多数情况下,2000A等级已经足够。

(2)故障水平等级。如果风电场直接连接到岸上电网,则开关设备的故障水平由岸上电网的故障水平决定。如果是通过岸上变压器连接进入更高电压等级的岸上系统,则变压器的阻抗将对故障水平产生重大影响。

(3)雷电冲击耐受水平(*LIWL*)。高压开关设备的 *LIWL* 通常是依据 IEC 60071 相关规定。该值由绝缘配合研究确认。

(4)避雷器额定值和位置。海上变压器通常需要配置避雷器。在某些情况下,避雷器可以直接连接在变压器上,但在多数情况下它们位于开关设备中。如果需要所需能耗较高,则也可以在电缆侧连接额外避雷器。绝缘配合研究可确定避雷器的额定值和能耗等级。

(5)配置。海上平台最简单的开关配置是海底电缆和变压器之间装设隔离开关,并在其两侧装设接地开关。

另一个最常见的配置是简单地在海底电缆和变压器之间装设断路器。关于配置的主要考虑因素是海底电缆和变压器的数量。采用一条海底电缆和两台变压器的设计通常会为海底电缆、母线和两台变压器配置一套 GIS 间隔。具有两条海底电缆和两台变压器的设计通常提供两套 GIS 间隔(每台变压器一个),因为变压器和海底电缆的额定值相同,这意味着变压器连接的开关设备位于中压侧。

(6)控制分合闸。如果高压开关设备用于变压器合闸或投切并联电抗器,那么可能需要采用控制分合闸。

### 29.3.5.2　正常运行和维护注意事项

GIS 相对来说是免维护的,故障率低(尤其是在陆地上使用时)。模块化结构有助于在运行和维护中实现快速更换,并减少对专业工程师的要求。

(1)$SF_6$ 管理。$SF_6$ 气体密度监测越来越多地用于评估 GIS 运行状态。准确锁定泄漏发生的位置和时间,为补气继续运行赢得了一定时间,避免因严重漏气导致直接停用。

每次操作时都用推车运输气体是不切实际的,因此应在平台上放置气体处理设备和气瓶。

(2)状态监测。状态监测可以助于确定开关设备性能,并避免不必要的进入并巡查平台设备。可能的话,应参照开关设备状态趋势而不是远程警报,因为这些警报可能会导致误操作及不必要的海上紧急巡查。保持传感器结构简单且可靠。

(3)运行机制。诸如操动机构之类的移动部件需要定期维护。使用固体润滑或采用无油脂销和轴时,则需要免维护的设计方案。

(4)维修和更换。应在设计阶段制订更换主要部件的流程,以确保更换设备时都有足够的空间。在设计阶段,还必须考虑是否需要提供临时设施,如天花板上的工字梁、永久性起重机支架等。供应商要知道需要哪些设施,以保证维护的开展并保证维修时间最少。

(5)备件。间隔中的大多数组件都很常见,因此一般来说,在岸上保留一个备用间隔可以解决大多数问题。

1)策略性备件:

a. 包含 CT、VT、CB 隔离开关和 ES 的备用 GIS 间隔(平台上的所有间隔可能没有类似配置,因此并非始终是 1:1 替换);

b. 备用避雷器；

c. 运动部件的机械箱。

2）常规备件：气体密度监测器、断路器触头、法兰密封剂和控制柜加热器元件。

### 29.3.5.3　风电场的特定规范

（1）环境。海上变电站的地理信息系统通常安装在有空调和通风设备的室内。

（2）振动和运输受力。众所周知，海上变电站即使在非地震区也会振动。这些振动的严重程度将很大程度上取决于一个主要因素——变电站的基础类型，其中单桩基础将产生比导管架基础更高的振动。另一个问题是设备在运输过程中可能遇到的直接冲击力。

一般认为，在相同的电压水平下，与空气绝缘开关设备（AIS）相比，GIS 的重心较低。然而应考虑的重要措施是，在 GIS 间隔、GIL（变压器的气体绝缘导线）和基础构架应保持足够刚性的连接。

地理信息系统的本地控制面板（可安装在地理信息系统上或单独安装）也应考虑振动，应考虑使用振动环境下的自紧电缆终端和螺栓作为标准配置。

运输受力通常只能通过运输船和卸载装置来最小化。应使用冲击记录仪监测整个变电站，应与地理信息系统供应商深入讨论超出许可范围的所有振动。

（3）特殊技术因素。

1）设备类型选择。三相共箱式 GIS 常用于 170kV 及以下电压等级。对于 245kVA 及以上的供电设备，通常采用单相布置，主母线采用三相共箱式或彼此隔离。

2）电压互感器设计。作为 GIS 元件的仪用互感器一般为绕组式电压互感器，应检查电压互感器是否必须在长电缆放电，如果必须放电，则需要相应地指定。应检查电压互感器是否需要任何断开设备。

3）电流互感器的位置。通常，电流互感器仅位于断路器的单侧，保护设计应避免盲区。

（4）物理和接口注意事项。与开关设备连接的主要一次接线是出线电缆和变压器。与变压器连接可以是电缆，也可以是气体绝缘母线。电缆通常使用插头和插座连接。还应考虑与开关设备和电力电缆试验的试验设备连接。

由于设备将受到海上运输和提升所产生的外力的影响，开关设备的设计需要考虑这些因素，并包括安装用于海运的外部固定带所需的任何连接点（见图 29.18 和图 29.19）。

图 29.18　132kV 开关设备电缆入口示例图　　图 29.19　临时密封的出口电缆入口示例

#### 29.3.5.4　房间或外部结构的具体要求

除了陆上开关室的所有常规考虑因素外，还应考虑以下几个方面。

（1）支撑点应设计成能够耐受开关设备施加的静态和动态载荷。在开关设备制造商的同意下，将支撑架直接焊接到甲板上，而不是螺栓连接。

（2）在 $SF_6$ 开关柜内部故障或气体区域发生故障期间，高压气体可能会排放到房间/外部结构中。需要对所产生的压力进行评估，并在房间内安装合适的减压装置。与开关设备集成的 $SF_6$ 报警系统也可采用由开关设备启动声光发生装置。

（3）房间应该配备空调，并且最低环境温度为 $+5℃$。通风系统应包括可维护的盐碱过滤器。

### 29.3.6　输出和汇集电缆

#### 29.3.6.1　系统研究规范

电缆额定值应根据电压、发电端的功率要求以及负载系数确定。电缆制造商根据其选择导体直径和材料。导体材料可以是铜或铝。

汇集电缆通常使用 36kV 的系统电压，随着风机发电能力的增加，将来可能使用 69kV 电缆。在大多数情况下，对于较大的风电场而言，使用两种或三种不同的截面的导体更为经济。

输出电缆的系统电压取决于系统研究，可能是任何 IEC 规定的标称系统电压。对于高于 245kV 的系统，电缆通常采用三相设计。

海上应用需要通信，汇集和输出用三相电缆都应具备集成光纤电缆（FOC），且包括足够的裕度。

#### 29.3.6.2　正常运行和维护注意事项

两种电缆类型都应安装在带有铠装悬挂的平台上，而空腔管道通常有弯曲限制。GIS 变电站平台的典型终端是插入型的。

空腔管道的设计应满足其内部穿过电缆的要求，主要是底部的最小内径和弯曲半径。空腔管道通常由碳钢制成，并通过适当的涂层防止腐蚀，某些型号的产品则使用聚合物材料制造。除了管道外，另一个保证海底电缆顺利进入海上平台必不可少的因素是位于空腔管道的正上方，固定在平台甲板上的悬挂装置。对于三芯电缆，悬挂装置包括用于分相，并连接到开关装置套管的腔室。在任何情况下，悬挂装置都应在空腔管道的顶部密封，且应通过合适的涂层保护悬挂装置本身免受腐蚀。

（1）维护。通常，电缆是免维护的。但仍需使用特殊的光纤电缆，用于测量电缆导体温度，精度约为 $5°K$。这些 DTS 系统用于预测电缆的过载风险或故障/问题，必须在初始安装时同时完成安装。

（2）备件。一起订购的备件通常包括一到两个终端，一些水下维修接头，以及长度满足至少两次维修的备用电缆。备用汇集电缆应具有最大尺寸，因为可以使用接头连接不同尺寸的电缆。如果使用的话，这些修复接头还应包括用于光纤电缆的接头盒。

#### 29.3.6.3　风电场的特定规范

首先，有必要计算确定拖动电缆时的最大受力限制。然后详细分析并在甲板上确定电缆进入设备的最佳位置，包括绞盘、滑轮、受力监控设备和其他相关设备。这些设备的机械额定值应与实施的操作相匹配，且设备安放位置应避免超过电缆的机械受力限制（见图 29.20）。

图 29.20  悬挂固定高压三芯电缆（右）和进入 GIS 变电站

物理和接口注意事项：海底电缆安装的接口可能根据变电站的设计而不同（详情参见 CIGRE 第 483 号技术报告）。

为了满足导管架基础和顶部的重型提升约束，可能需要为每个空腔管道提供填充部分，以桥接导管架和顶部之间的间隙并完成空腔管道安装。应考虑配备专业设备以允许这些空腔管道延伸部分顺利安装。

电缆终端应适合海洋环境（见图 29.21～图 29.23）。

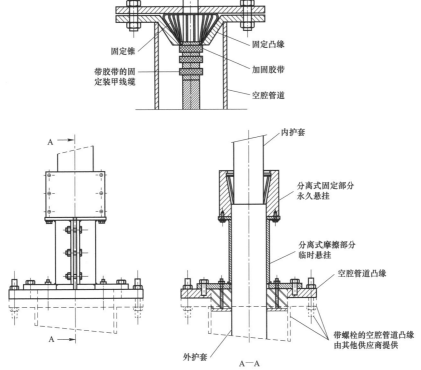

图 29.21  两种类型的电缆悬挂方式，第一种是非常简单的设计，第二种是更精细的电缆悬挂，类似于海上风电场中使用的类型

图 29.22　安装在导管架和顶部之间的　　　　图 29.23　完成安装的空腔管道示例
空腔管道填充部分的示例

### 29.3.7　现场试验和调试

#### 29.3.7.1　总体方案

在海上进行任何工作的成本大约是在陆上进行的相同活动成本的 10 倍。这决定了执行安装和调试活动必须要有总体策划。在变电站平台离开施工场地前，应完成在陆上可以完成的所有工作，只剩那些只能在海上进行的工作在平台基础完成后时开展。在运输变电站之前，陆上测试应尽可能全面地解决任何问题。

此外，所有设备应尽可能在陆上完全安装，应避免拆除后运输，并重新组装海上设备的部件。设备需要设计为可承受在驳船运输时的受力。这对变压器的填充油和 GIS 开关设备的气体尤为重要。

有些活动只有在变电站安装在海上平台基础后才能开展，包括安装终端海底电缆及其相关的光纤。所以，这些部件的试验必须在海上进行。对于已在陆上完成彻底试验的设备，在海上试验时应保证试验项目最小化，仅用于确保设备在运输途中没有损坏且不能正常运行即可。

#### 29.3.7.2　带电前陆上调试

遵循陆上变电站的原则，海上变电站的调试可以分为第 1 阶段和第 2 阶段两部分，即"前"和"后"高压带电。

海上变电站第 1 阶段的预调试是在陆上进行的，通常在制造厂或码头区域内进行。变电站第 1 阶段调试工作完成且进入第 2 阶段调试之前，运至海上平台安装。

与陆上变电站一样，带电调试前通常需要系统检查、验证每台设备的功能和线路连接。本文件的目的不是提供调试过程的详细说明，而是说明陆上设备的调试与海上变电站的调试之间的主要区别。

陆上预调试将进行工厂交接试验（FAT），包括根据设备制造标准完成的常规试验。

所有设备完成组装并经制造商检查后，可以将预调试分解为：

- 变压器；
- 开关设备；
- 建筑服务（包括照明、供暖和通风、闭路电视、火灾和安全系统）；
- 低压系统；

- 直流系统；
- SCADA 和控制系统；
- 通信（包括甚高频和特高频）。

这些试验基本上与在陆上变电站进行的试验相同。

在海上运输之前，应该对海上开展试验调试工程师和设备专家的培训效果进行评估。此外，应考虑在运输过程中运行辅助发电机，或者应针对温度不可控的环境下设备的保存要求，对离开码头和运行辅助发电机之间的持续时间进行评估。

对于现场高压试验：在海上变电站平台上，高压和 36kV 开关设备将进行高压试验。同类试验也涵盖安装在电力变压器上的所有母线。

变压器和开关设备之间的互连电缆，包括从高压开关设备到变压器高压侧的电缆、从变压器低压侧到 36kV 开关柜，通常在出海前，已在工厂完成安装并通过试验。

### 29.3.7.3  带电前海上调试

海上变电站安装后，首先是对设备外观、状态（如 $SF_6$ 压力或油位）的检查，以评估是否有损坏或明显变化。

海上工作可能需要在完全不同的安全和许可条件下进行。在进行上述检查后，应对安全系统进行评估，包括检查设备或 SCADA 系统上的任何警报，以及确认空调和通风设备系统的运行情况。

海上的预调试工作包括：

- 确保从运输工具吊起的框架安全（如从吊点处吊起的框架）；
- 拆除运输支撑或临时支撑；
- 拆除门板（或在运输过程中保持关闭状态类似物），以便进入房间；
- 平台和内部照明测试；
- 竖起雷电桅杆和天线；
- 安装在海上运输过程中拆除的任何通风装置；
- 平台起重机的运行检查。

电气预调试将重新检查在码头上进行过的大量试验项目，以确保在装卸期间没有发生改变。

完成海上试验的基本要求是已建立海陆间通信系统。这通常需要使用输出电缆的终端部分，因为光纤通常嵌入在这些电缆中。

电力电缆的高压试验：安装完成后，有许多用于试验电缆电路的方法，电缆电路试验存在多种限制和困难，包括对电缆试验结果的特别解释。试验可包括：

（1）在铠装上进行直流试验。

（2）交流绝缘耐压试验：

1）工频试验；

2）极低频（VLF）试验。

（3）局部放电。

通常，人们倾向于进行工频试验。然而，由于电缆电容会导致非常高的充电电流，因此很难通过试验装置获得需要的值。更实际的解决方案是在平台首次带电时，电缆在工作电压（$U_0$）下带电 24h。该试验需要电网供电，必须在设计早期阶段与电网运行方讨论确定。

#### 29.3.7.4　带电后调试

（1）子系统带电。带电过程伴随着调试投切操作完成。单条电缆和两台变压器系统的投切和带电流程包括：

1）确认所有风电场设备已准备好带电。确认开展调试的电网连接点（设置更灵敏的保护，使电网进入调试状态以限制故障扩大）\*。

\*由输电/配电系统运行方执行。

2）首先为陆上的连接设备带电。

3）海底电缆带电。电缆的充电电流可用于验证陆上系统差动保护的稳定性。

4）执行出口电缆24h带电试验。

5）高压开关设备带电。

6）第一台变压器带电，包括分接开关和24h带电试验。

7）第二台变压器带电，包括分接开关和24h带电试验。

8）从高压侧实现36kV开关柜母线和辅助变压器带电。

9）风电机组的带电和试验。

10）在海上平台执行最终的调试方案。

11）重新调整系统以满足运行要求。

在每个带电阶段，应检查最新带电的设备是否有故障迹象，并且在带载下进行各项检查，包括电流/电压传感器，电流差分方案的远程指示，相位旋转检查，保护继电器指示（V、A、f、MW、Mvar）和电能质量监测系统。所有执行的检查都应记录在调试报告中。

（2）带电后。当系统带电几天后，应该到变电站检查（看、听、闻、触摸）所有设备、电缆和相关风电场。在某些情况下，每个设备的供应商都会对带电后检查有明确的说明。但在大多数情况下，调试团队应亲自检查。

（3）监控并网合规性调试。在许多情况下，变电站中存在发电设备连接到电网系统的并入点，需要在变电站通电后进行并网合规性调试。连接到变电站的所有回路和发电设备，都需要在合规试验之前完成所有调试。关于这些试验的更多详细信息请参阅CIGRE第483号技术报告。

## 29.4　物理因素

本节主要讨论了高压交流变电站平台及其相关结构和基础的设计原则，包括环境影响、远程定位、维护问题、访问管理等，主要包括以下几个方面：

● 需要考虑的重要参数，包括健康安全与环境（Health Safety and Environment，HSE）；

● 不易改变的边界条件，如全球和地区立法、选址与环境条件；

● 显著影响平台设计但仍需反复讨论的传输系统部件，如电气部件和辅助系统、子结构交界面、安装等；

● 显著影响最终平台设计的设计原理、设计参数和学科问题；

● 不同类型的平台概念，如集装箱甲板（container deck），半封闭和全封闭的上部模块（topsides）；

● 不同类型的下部结构解决方案；

- 可能影响上部模块和下部结构整体设计的装卸、运输和安装要素;
- 火灾和爆炸设计、火灾检测和报警、被动/主动灭火。

### 29.4.1　设计原则

与设计陆上变电站相比,海上高压变电站的设计需要考虑诸多要求,例如:
- 严格的 HSE 要求,包括消防、疏散计划、紧急避难所、污水池、排水系统等;
- 恶劣的环境条件,如盐、海风、波浪、水流、鸟类粪便等,采取腐蚀防护、采暖通风、水射流和其他能够抵抗恶劣环境的方法至关重要;
- 包括高压专用设备在内的平台紧凑性和自重,重量是主要的成本动因;
- 支撑结构(如果适用的话),即导管架、单桩基础或类似结构,所有负载都需转移到几个支撑点上;
- 安装方法,已建成的变电站上部模块、电梯安装、自架设体系、漂浮、自升式钻塔、重力基座或漂浮体的海上运输;
- 生命周期,在成本优化的前提下,必须工作至少 25~30 年;
- 可靠性、可用性和可维护性;海上作业成本高昂,停运意味着业主的收入损失;
- 物料运输将对整体布局产生重大影响;
- 远程操作(通常不是人工操作平台),设置海上常驻人员是非常昂贵的;
- 海(船舶)空(直升机)出入系统。

设计方案必须广泛考虑众多不同因素,以获得优化的整体系统性能——从风电机组到陆上电网。

### 29.4.2　总体健康与安全

在设计中,需要考虑风电场作为一个完整系统的健康和安全要求,并由业主或运营商制订总体战略。

整个设计过程必须考虑影响海上平台设计的因素,如正常入口、正常出口、异常事件及离岸平台结构的应急响应。海上变电站的设计人员必须了解这些过程以提供合适设施,并应参与整个 HAZID/HAZOP 过程。

海上平台的安全在不同程度上受到国内和国际标准的保护。由于海上设施的安装过于复杂,因此仅符合规范要求可能无法达到可接受的安全水平。相反,通常有必要详细评估每个平台的安全状况。当选择这种基于性能的方法时,有必要在整个设计过程中,应用安全评估来确保人员、环境和安装本身的健康和安全状况达到最低安全目标。

由业主和运营商开发的可能影响平台设计的健康和安全程序通常包括:
- 电气安全——使用低压、中压和高压;
- 高空作业——计划内和非计划的平台维护工作;
- 船只访问——正常活动船访问,访客访问;
- 直升机访问——正常活动访问,访客访问;
- 紧急情况——平台上的火灾、事故,担架事故;
- 紧急情况——恶劣天气搁浅、人员落水、无法驾驶的转运船只;
- 为搁浅人员提供后勤保障。

### 29.4.2.1 船只访问：正常活动船只访问

统计数据显示，在人员从船舶转移到海上结构的过程中极易造成人员受伤，因此该过程需要小心谨慎。目前该领域有许多可用技术，且这些技术正在不断改进。

### 29.4.2.2 紧急撤离

在海上平台的设计阶段，必须考虑人员从海上平台的紧急疏散，因为这将影响平台上安装的设施种类。无论何时，救生设备应满足船上最大人数（POB），如包括换班期间的额外人员。

健康和安全计划应确定意外发生后的计划逃生方式，一般为：

- 第一级——通过直升机或通过可能靠近或停靠在平台上的转运船；
- 第二级——通过救生筏到海边；
- 第三级（如果需要的话）——通过救生筏到海边。

在海上平台的早期设计阶段，必须考虑受伤人员或担架从海上平台的紧急撤离方案，因为这很可能会对平台布局和设施产生重要影响。

### 29.4.2.3 通用安全设备

应对海上变电站进行功能评估，以确定通用健康和安全设备的要求。

## 29.4.3 基本设计参数

### 29.4.3.1 功能要求

功能要求是平台的主要目的，它可以是平台所需的兆瓦级吞吐量、电压水平以及来自风电场的辐射数量。另一个重要要求是可用性，这会影响平台操作的冗余和维护理念。操作要求和可用性要求将决定部件配置所选的冗余级别。

上部模块和结构设计布局取决于输入和输出电缆的配置方式和设备范围及其平台配置方式。通常有10~20根输入电缆和2~3根输出电缆。此外，永久或临时住宿、材料处理等要素也将对上部模块和结构设计的布局和成本产生重要影响。

救援或运输直升机的飞行模式是影响平台位置和定位布局的参数，特别涉及盛行风向。人员和货物到平台的海上往返运输将影响相对于当前方向的支撑结构定位和码头位置。而风电场和电缆布局以及船舶撞击风险则决定了平台位置。

### 29.4.3.2 环境条件

平台布局和结构设计，应确保设备在设计寿命期间得到充分支撑和保护。基本设计参数有海浪、海风、湿度、冰和波动温度等海上恶劣环境条件。一些海上设计规范和实例将指导设计人员将环境参数的影响纳入平台设计当中。

其他与环境条件相关，特别是与疲劳相关的设计包括振动和振荡。来自海风和海浪的振动，以及来自诸如主变压器或柴油发电机等设备的振荡，可能影响机械结构和电气设备的长期承受能力。

### 29.4.3.3 风险、安全和规则

平台、设备和系统将包括从功能要求和可用性要求中得到的配置方案和一系列要求。这些要求及其对设备选择和平台布局的影响，也受到安全和风险理念以及当局制订的规则的影响。风险和安全评估以及规则制度将决定整个项目的设计。当局制定的规则通常与人员风险有关，但也有控制设备质量的规范或减小环境影响需要遵守的限制。

#### 29.4.3.4 立法

立法机关对受影响的当局和利益集团（渔业、海上作业和海底资源）所需的安装、运营和审批的要求很可能会对项目产生重大影响。

每个系统和部件也可能需要遵守国内、欧洲、美国或其他地区的法律。

#### 29.4.3.5 使用期运营成本

使用期运营成本在 20～30 年的生命周期内将是一个重要因素。运行和维护要求从一开始就要成为设计的一部分，而运行要求可能会在生命周期内发生变化。

### 29.4.4 附加设计输入

除了不易改变的基本设计参数之外，还有许多会对最终平台设计产生显著影响的其他设计因素。设计人员必须在最终平台设计中考虑这些附加因素的影响，来优化资本支出和运营支出，同时确保设计的安全性。一般通过反复的设计过程来考虑附加设计影响，且与基本参数不同，这些附加因素通常是不固定的。

以下是海上交流平台设计应考虑的一些关键的相互作用。

#### 29.4.4.1 电气设备

整体项目设计基础将概述海上平台需要安装的电压等级和主要设备，包括物理尺寸和重量、电力变压器的额定值和数量、输出电缆和阵列电路的数量等。

#### 29.4.4.2 上部模块布局

了解项目的 SLD 之后，设计的出发点就是准确评估海上平台所需的房间和区域数量。这需要与下部结构设计（单桩、导管架、重力基础或自架设系统）相互作用，而下部结构设计可能在上部模块设计之前已经完成。

确定设备和房间位置时，应考虑哪些房间保存危险材料以及在正常运行期间可以居住。布局还必须考虑一条基本原则，即逃生路线能够确保工作人员可以通过至少一条安全路线离开并到达指定疏散区。

使用多层甲板可能会限制维护或更换期间设备的拆卸。

设备和房间位置的安全评估也会影响设计，如变压器上方的控制室位置通常需要考虑爆炸和火灾，以防变压器发生灾难性事件。

平台布局还应考虑日常维护以及如何完成这些任务。

##### 29.4.4.2.1 高压变压器

电力变压器可以位于室内或室外。变压器在平台上的位置非常重要，因为这些设备可能是海上平台上最重的物品。通常，变压器和其他重物位于上层甲板，便于在需要进行大量作业时通过屋顶舱口进入。除了码头和排油箱位置之外，对设备（包括分接开关）和任何油处理装置的维护还会影响变压器周围所需的区域。

##### 29.4.4.2.2 高压开关设备（HV）和中压开关设备（MV）

通常，高压和中压开关设备位于单独温控室内。开关设备的位置和范围（即港湾数量）取决于系统配置。但是，平台上房间的位置应考虑输出电缆、变压器之间的电缆、输出阵列电缆与风电机组之间的连接，以及与母线槽之间的连接。

另外还要考虑设备周围所需的入口、安装程序、开关组件的可能替代品以及气体处理所需的处理设备。

### 29.4.4.2.3　保护、控制（SCADA）和无线电通信

在进行面板布局时应确定访问要求，因为这将显著影响房间布局。例如，如果面板仅是前端接入，那么房间布局将会简化；但是，考虑到面板内的设备类型，面板通常需要满足前后同时接入。

进出面板的电缆还必须考虑是否可以满足顶部或底部接入，这对电缆桥架和梯子的范围、布线有直接影响；如果是底部接入，则对地面设计有直接影响。

### 29.4.4.2.4　辅助发电机

作为应急电源和辅助电源的柴油发电机的额定值，将影响发电机、日用储罐和备用柴油储罐的实际尺寸和重量。可能影响发电机位置的其他因素是所需的加油装置和废油罐。

### 29.4.4.2.5　住宿和紧急避难所

海上住宿的策略、要求取决于平台位置和维护要求。

由于住宿和福利设施的范围会对平台布局产生明显影响，因此应在设计的早期阶段得到明确，以确保恰当的功能区安全融入设计中。

设置紧急过夜住宿和临时避难所将产生不同的设计要求，应在设计早期明确这些要求以确保平台布局满足特定需求并保证包含了立法方面的内容。

### 29.4.4.2.6　工作间和储藏室

维护策略决定了是否需要在海上设置工作间、工作间范围和所需的储存需要，包括简单维护备件（如熔丝和灯泡的存储）的存储、中等策略备件（如用于暖通空调的空气过滤器或保护继电器）的存储和重要物品（如 36kV 断路器）的存储。

### 29.4.4.2.7　备用电源和电池间

该平台需要提供备用电源以防与陆上连接中断，包括直流电池和不间断电源（UPS）系统。此要求也是影响辅助发电机待机时间和所连系统的一个因素，包括"必要"和"非必要"电源的分离。

### 29.4.4.2.8　平台起重机

平台上可能需要安装平台起重机，以便运输船舶的物料搬运和维修任务。此外，如果使用多级平台，起重机还需要通过维修舱口到达不同高度。

当运输船进行卸载作业时，平台起重机应能够到达所有存放区域。

### 29.4.4.2.9　消防系统

消防系统是上部布局的一个重要因素，受到平台安全评估系统约束。系统如果需要水雾、水淋或类似的需求，则需要储水。水量也由将要部署的系统决定。此外，根据系统的冗余度，设备间可能需要集中或分散布置惰性气体。一个关键的因素是：消防气瓶大约每 7 年更换一次，因此，必须在上部结构中规划此操作。

### 29.4.4.2.10　直升机通道

迄今为止，大多数海上平台都安装在离岸较远的地方，允许通过船只抵达。然而，许多平台也可经由直升机抵达。实际上随着离岸的距离增加，唯一可行的途径是通过直升机。

直升机有立法和性能标准，以确保直升机有足够的空间，能够在海上经历的各种条件下随时安全运行。大致包括直升机甲板尺寸、排放和废气、允许障碍物的区域、禁止障碍物的区域以及所需的视觉辅助。

#### 29.4.4.2.11　安全

尽管海上平台不容易被未经授权的人访问，但仍需要安全措施来防止入侵。这类似于陆上变电站的安全系统。然而，海上立法要求该设施为任何遇险海员提供海上避难所。

#### 29.4.4.3　所有权界限与分离

若平台可由多个法人实体（如 OFTO 和 WFO）接入，则必须为项目明确设备的边界，因为这可能会对布局产生影响。设备可能需要安装在单独的区域，有时是可封闭的区域。

#### 29.4.4.4　上部起重机

从设计的一开始就需要考虑平台制造堆场和重型起重船的性能。起重船性能的限制将通过起重需求向上部结构提供设计输入。例如，这可能意味着上部结构不能作为一个完整的模块组装和吊装但可能需要在海上分段安装平台，这将影响布局设计，以允许这一活动。

必须要考虑到所有不同类型的起重机：在平台上的，从码头到驳船的及从驳船到底座的，且具有不同的技术可供选择，即从结构顶部吊眼起吊或从结构底部起吊。起重机可以是单只多点分布横梁（feature spreader beams）或单钩起重机。

在升降期间，链条/吊具所需的路径和角度应加以考虑，以确保起重机不受平台设备的限制。

顶部还应考虑吊眼周围的区域，以确保吊钩和吊索能够连接。这也可能需要相当大的链/吊索堆放面积，设计时应该考虑。海上平台的起重链/吊索非常坚固，因为其起重能力很容易超过 1000t。

#### 29.4.4.5　无功补偿装置

设计中重要的一环是包含无功补偿设备［如并联电抗器和无功补偿装置（SVCs）］。这一需求可以根据所有权边界和公共连接点（PCC）的不同而变化。

#### 29.4.4.6　可扩展性

一旦建立了一级和二级厂房，项目应确定是否有可能在未来扩展设备。在陆上变电站中，通常的做法是在配电盘的两端加一个断路器室，以备将来可能的扩展。然而，在一个海上变电站，这就变成了"值得拥有"，并将导致额外的成本。如果将来可能安装新的电路，如风力发电机组或向岸上的出线电缆，则应做出切合实际的评估。

大型海上风力发电场、场群和海上电网的发展趋势，可能为未来电路连接能力的建设带来新的前景。

#### 29.4.4.7　备用和冗余

一旦涉及维护团队，对操作备件和可靠性备件的需求通常会保留到项目的后期；但是，如果在平台设计时就知道备件的理念，那么就可以获得优势。

备件是从一些小的零件到关键部件。对于后者，平台需要设计容纳足够的存储区域。

考虑到不同的故障情况，需要进行全部或部分的设备更换。特定故障的可能性和后果（如传输容量的限制），以及恢复故障所采取的必要措施将影响平台及其甲板上设备的布置。

#### 29.4.4.8　电缆甲板

海底电缆的电缆甲板或安装区域，是一个在陆上变电站中通常不会遇到的概念。这在很大程度上是由海上平台的特点所决定的，在海上平台上，一些基本设备（如变压器及开关设备）在上部结构交付之前不会出现在海上。因此，这成为一个设计层面，它可能潜在地规定了安装程序。

电缆甲板通常是基础结构的一部分，因此在上部结构交付之前安装在海域基地。因此，出线电缆和风力发电场阵列电缆可以铺设在海床上，安装在 J 形管中，并在上部结构交付之前放置在电缆甲板上。

或者，如果电缆甲板是上部结构的一部分，则在安装上部结构之前不能开始电缆安装工作。在这种情况下，来自海底的电缆通过 J 形管，需要用绞车拉到适当的位置，而上部结构的位置则比较复杂。

对于这两种方法，电缆甲板所需的面积不可小觑，需要电缆绞车、成缆机、滑轮组、绞车线和操作工才能将电缆拉到位。

### 29.4.4.9　通道路线和最小通道尺寸

平台的设计布局对平台正常运行、维护以及突发情况下的安全具有根本性的影响。挪威石油工业技术法规（NORSOK）安全标准强调了这方面的设计，"安装布局应该通过区域、设备和功能的位置、分离和定位来减少事故发生的可能性和后果。"然而，应该指出的是，该标准是指石油化工行业，尽管海上变电站的安全同样重要，但在电气设备中，许多危险（特别是碳氢化合物）并不以类似的方式存在。

### 29.4.4.10　施工现场

平台的基本尺寸（宽度、长度、高度）或至少平台的上部结构，不得超过施工现场的能力范围。尺寸越大，可用的施工场所就越少。

如果平台堆场是通过渠道连接到大海，通过这些渠道的通道可能是一个限制因素。至少对于运输单元的入水部分，狭窄渠道限制平台宽度；在水面上部，尺寸可能略微超过渠道宽度。同样，窄桥限制宽度和高度。

在转移到最终位置时的吃水也可能受到限制，这可能会对设计浮力产生影响。

## 29.4.5　设计进程

本节将讨论对平台设计有重大影响的重要设计理念、设计参数和其自身规程中的问题。最终的设计可能会经由含义和名称不同的多个阶段。典型的阶段有：

- 可行性研究——评估整体项目或部分项目的可行性；
- 概念研究——评估不同的概念和/或开发初步设计（概念）；
- 前端工程与设计（FEED）和工程前设计——概述了一个介于概念设计和细节设计之间的设计细节级别；
- 细节设计——对证明其可建造性的元素进行设计，并生成用于制造的详细设计图纸。

建议根据决策、预算和合同的需要来规划阶段。设计进程与整体项目执行计划中描述和汇总的承包理念密切相关。

### 29.4.5.1　设计规范

标准是共识性文本。在海上变电站的背景下，标准应有助于建造一个"安全"的平台。但是，并非所有海上平台的案例或配置都可以预先考虑到；因此，标准必须通过正式的安全评估，设计指南和行业最佳实践来完善。出于这个原因，法规通常从规范性标准演变为性能标准，但由于要解决的设计问题种类繁多，两种类型的标准仍然在海上变电站设计中发挥着重要作用。

从历史上看，首先开发了海运业的设计规范，然后它们被用于海上石油和天然气行业。

虽然由于缺少碳氢化合物，此方面可能存在显著差异，但海上石油和天然气的指导非常适用于海上风电。随着海上风电行业的发展，诸如本文件和 DNV-OS-J201，风力发电场海上变电站等专用指南越来越多。

### 29.4.5.2 结构完整性

无论选择何种类型的概念，基础结构和上部结构必须被视为一个整体装置，必须承受来自设备的负载以及风、浪和不可预见的意外情况的自然力。

为了优化结构及其完整性，需要考虑重心和自动防故障装置设计两个主要参数。

为了使结构钢得到最佳的利用，必须有一个适当的重心。一个不理想的重心会导致一个过大的基础结构，导致不必要的材料和制造成本。

上部重构件的物理位置将影响上部结构和基础结构。理想位置的设备和上部结构相对于基础结构界面的载荷分布将导致结构钢的最佳利用。该平台还必须设计用于更换电力变压器等重型设备。可能有必要确认该设计能够承受重心（COG）的位移。

故障安全设计的主要目标是：结构完整性的响应方式不会导致结构的倒塌，或在发生过度应力等故障时，有限的损伤不会导致完全倒塌。

结构设计和完整性的基本输入是变电站疲劳计算的总寿命。

（1）碰撞承受能力。在平台附近发生船舶碰撞的设计要求，将部分地根据平台本身的服务船舶、服务于其他海上设施的船舶或其他商船的航行模式中推导出来。

（2）部件重量和尺寸。重量控制是平台设计的重要组成部分，从一开始就需要一个系统的方法。主要目标是控制重量及其影响，并确保考虑到从部件重量到平台其他部分的所有必要后果，包括局部加固以及整体结构设计和提升设计。

（3）振荡和加速度。结构设计对平台设备的振动和加速度影响较大。这些结构暴露在力下，这些力不可避免地带来应力，平台上的设备必须经受起考验。这可能会对结构基础和设计的整体概念产生影响。

（4）动态加载。动力载荷包括风、波、洋流、疲劳和冰载荷。国际设计标准适合于正确处理风、波浪和洋流负载。需要注意的是，这些条件参数的结果取决于平台位置、方向、布局和初始结构设计的决策。

（5）桁架与合成板。多年来，在这两项原则的一些明显应用方面积累了大量的经验。两次原则：桁架支撑和合成板解决方案。成功的关键是不同功能之间的"协同作用"。

基于合成板的设计与基于桁架的设计之间的整体功能与优点的比较，在 CIGRE 第 483 号技术报告中给出。从制造的角度来看，可以以合理的成本在许多造船厂生产合成板。可以假设桁架结构对于用于进行大量焊接的造船厂而言相当复杂，其中机器人以直线运行以用于板上的加强件。机器人化生产是制造大型薄壁钢框的有效方法。

另一方面，平台堆场通常不具备自动化焊接系统，这意味着它们可能不如由船厂生产合成板的效率高。

### 29.4.5.3 总体布置

平台的总体布局，即总布置（GA）将对总重量产生重大影响，从而影响上部和基础结构的成本。还有许多其他参数将影响平台的最终布局。海上风力变电站的"主要过程"是高压潮流（转换）。很自然地，应该开始寻找一个最佳的"流程"，从中压交换机和电力变压器上的中压进线电缆（J 形管、电缆挂钩等）开始，到高压 GIS 开关柜和出线电缆结束。

典型的布局安排将包括主设备的独立区域，从中压配电板、主变压器、高压 GIS 单元开始，可能还包括分流电抗器和谐波过滤器。这些装置是中压电力向适合输往陆上电网的较高高压水平转换的基本设备。如果风电场被分成多个部分（通常是两个部分），以保证电力生产不受影响，那么还应该考虑将主要设备安排在能够保持冗余的情况下。对于公用事业系统以及变电站和风场控制，必须评估消防和安全问题以及系统的可操作性。

HSE 管理体系必须渗透到设计的各个方面，包括住宿/紧急避难所、集合点、入口/出口、火灾和爆炸等。

从结构完整性的角度来看，总体布局需要结合优化的重心位置，确保荷载通过上部和基础结构有效地传递到基础上。必须提供足够的走道、楼梯等，以确保平台的可操作性和可维护性。

### 29.4.5.4 物料搬运

该物料搬运原则必须考虑到整个项目的生命周期，包括设备的安装、测试、维护、更换和退役。

物料搬运应考虑三个主要阶段：① 建造和安装阶段；② 执行操作和维护程序；③ 转移设备和供应品。

物料搬运的初步考虑必须在设计初期完成，包括施工和设备安装方面的要求。风险评估工作将为大型一次设备项目的物料搬运策略提供帮助。

物料搬运原则对于项目的运营阶段至关重要。必须遵守确保变电站为操作和维护工作提供安全环境的基本设计基础，同时保护人员免受海上环境条件的影响。

应在设计过程的早期进行评估，以提供有关设备搬运、使用的装置以及通往堆放区的路线的信息，包括在平台上的各个层之间移动设备。

（1）人工处理。一般来说，所有需要提升/移动超过 25kg 部件的活动都需要机械装卸辅助设备。

（2）物料搬运辅助设备。为了协助物料搬运，可以使用一些搬运辅助工具。这些设备包括吊耳、龙门起重机、支座起重机和吊柱式起重机。

为了协助设备在平台周围移动并到达堆放区，典型的便携式设备有叉车、手推车、专用设备卡车/车轮、托盘升降机、链动滑轮、拉式升降机和起重滑车，但考虑到需要在甲板和任何电池充电站之间移动设备。

（3）存储区域。海上平台所需的存储区域要求，对应该存储在平台上的材料以及在需要时由运输船只运送到平台上的材料尽早形成一种理念。

### 29.4.5.5 主要进出口系统

海上变电站需要不时地有人员进入，进行常规或故障检查和维护。远离海岸的大型平台可能需要永久性载人，因此需要更频繁的进入。在施工、调试和试运行期间，每天的转移并不少见。

基本交通工具包括直升机和船只。如果海上变电站上使用的接入系统与风力发电机组上使用的接入系统兼容，即使只是作为备用，也是有利的。危险识别和风险分析可以为设计人员提供设计过程的有用信息。

（1）直升机甲板。海上变电站可以配备直升机甲板，直升机可以降落在甲板上。平台应至少有一个直升机升降区域，人员可从该区域降下或将他们吊起来。大多数国家都有本地要求，但标准第 437 章是一份国际上适用的指导文件。

直升机甲板和直升机升降甲板用于直升机运送人员和货物，必须是固定的。更多指导见 CIGRE 第 483 号技术报告。

（2）登陆艇。海上设施允许船只以或多或少复杂的方式进入。登岸最基本的方法是使用带有防撞杆的梯子，这样船舷可以接触防撞杆，人员可以直接从船上走到梯子上。在比较暴露的地点，可以用船坞系统补充登岸。运动补偿舷梯系统也被引入。石油和天然气的另一种选择是用起重机运送人员。与船舶一起，所有的海上通道系统都对其能在的海况有一个限制，包括波高、波向和海流。

（3）梯子进出系统。梯子和通道平台应符合适用于平台位置的相关标准。

### 29.4.5.6　应急响应

与海上变电站相关的应急响应是人员和系统为减轻事故对人身（工人、公众）、环境（海洋）和财产（海上变电站资产和相关设备，如运输工具）的影响而做出的努力的总和。这些方面应在设计的早期阶段加以解决，以确保实现成本效益的设计。危险识别和风险分析（HAZID）可以为设计人员提供设计过程的重要信息。平台上和平台上的有效通信是必不可少的，这些通信和导航辅助设备应通过备用电源供电。

所有海上变电站应至少有一个可下水的救生筏，该救生筏可在安装时容纳最大人数。必须特别注意担架人员伤亡的可能性，即此类担架必须可通过直升机收回，或者为了转移到船舶上，需要一台具有"载人能力"的起重机。应做出安排，以便从海上或设施附近救出人员，如落水或涉及直升机事故的人员。

### 29.4.5.7　平台辅助系统

平台辅助系统被定义为安全操作平台所需的所有二次系统（而不是一次系统，即中压和高压系统），例如：

- 辅助电源，包括柴油发电机、低压、中压、电池、转换器和配电盘；
- 照明和小功率；
- 接地和防雷；
- 供暖、通风和空调系统；
- 潜水泵和热交换器；
- 水处理：淡水、海水；
- 排水系统：黑水、灰水；
- 石油围堵：围堤区和自卸/集水坑；
- 油水分离；
- 火灾探测和消防系统；
- 导航灯和日标识；
- 航空系统；
- 加油系统；
- 喷水清理甲板；
- 起重机；
- 救生艇/筏；
- 公共广播（PA）系统。

（1）惰性气体系统。平台上的惰性气体可用作电气部件故障引起的火灾。惰性气体会置换房间内的空气，因此会对密闭空间内的人造成危害。这些系统有规范和标准，为惰性气体系统提供指导和要求。

（2）照明和小功率。当平台在访问期间有人值守时，一般平台照明应打开，带有开关按钮、照明控制和指示灯，用于关闭位于登船处和直升机甲板上的照明（以及远程控制的可能性）。

照明设备和照明设备应由正常电源供电，应急情况下或正常电源关闭时，由 UPS 为疏散灯供电。

（3）平台的防雷保护。建议平台的防雷保护，尺寸和保护，遵循代码 EN/IEC 62305（第1类）中的说明。平台上的金属结构同时用作空气终端系统和引下线。

（4）接地和黏接。在平台上，必须将电气装置的所有外露和外部导电部件接地，并将结构的金属部件连接到主接地系统，以确保安全和防电击。此外，如果平台周围的金属结构与结构的其他相邻部分没有安全连接，则应将其黏合。

（5）通风和冷暖空调系统。通风和冷暖空调系统（HVAC）的主要目的是提供受控环境以保护平台设备免受腐蚀、潮湿、冷和热的影响。此外，它还应该为人员提供舒适。可以使用房间内的轻微超压，以减少来自外部的盐水气溶胶和灰尘的浓度。

（6）水处理：海水和淡水。饮用水系统可以用专用的脱盐设备来解决，或者当任何一次在船上有有限数量的人员时可以选择"随身携带"。厕所、水槽/淋浴和其他清洁用途的淡水质量通常不适合作为饮用水，必须是单独的系统，或在没有管道分配系统的情况下在当地使用。

用于灭火或冲洗的海水（直升机甲板或排油管道），需要重型泵和昂贵的管道系统。该系统的设计对所有主电缆布线及平台都有一定的影响。

（7）污水排放。根据该地区的法律，厕所和洗涤槽/淋浴间的排水管应直接排入污水处理单位。小型船舶和商船向海外倾倒废物的选择，遵循《防污公约》要求。在不适用国家规则的情况下，建议至少采用《防污公约》规则。化学厕所类型可供选择，但仅推荐与厕所类似的低维护类型。

（8）辅助系统控制和监控。辅助系统应配备液位传感器和液位计，以及操作和维护所需的阀门。安全系统（消防给水泵）或主系统（冷却系统泵），应由监控与数据采集系统进行监控。

（9）油系统和安全壳：分离罐。柴油燃油系统向柴油发电机组提供燃油，包括一个储罐、一个日用油箱（可以是柴油发电机组的一部分）、管道和泵（如果需要）。润滑油系统由一个油箱和柴油发动机供给管道组成。

柴油发电机燃料或润滑油的加注是一项海上综合作业，需要进行彻底的设计，管道和加油站与登陆艇区域相连。加油站应设计有正确的接口连接器和可能的软管。

通常避免使用直升机燃料系统，因为它构成了不同的更严格的安全制度。

将需要一个开放式排水系统，用于从平台上的甲板排水沟和带状区域收集排水。通常，溢流系统可以应对强降雨/洪水泛滥。该地区的立法制度将规定允许的油/水分离要求。

### 29.4.5.8　防腐系统

根据结构/变电站的具体情况，可采用不同类型的防腐措施。

对于上部结构，通常所有外露表面都由涂层（油漆）系统保护。规定了不同类型的涂层系统，并在多个规范和标准中描述了涂层程序，例如，在北海地区，NORSOK M－501 被广泛使用。

底座的腐蚀有两种处理方法，即控制腐蚀和/允许腐蚀。腐蚀控制是一种防止或减少腐蚀损害（腐蚀保护）的技术和方法，而腐蚀允许是指在设计过程中增加额外的钢（通常是 3～10mm）。防腐系统又可分为喷漆和阳极（阴极保护）。通常采用涂层系统和阴极保护系统的组合。

### 29.4.5.9 操作

（1）操作模式。操作人员的安全性将确保平台上的工作操作程序得到遵守，并确保陆上控制中心随时了解所有海上人员活动，即工作许可证制度。即使在与电网隔离的"冷"平台上也需要工作许可证。进出平台的货物转移也经过全面规划，包括柴油加油、淡水加注、其他消耗品和废物转运、设备提升机、重型提升机、船上人员转移和直升机操作。

对于连接和调试阶段的规划，有经验的操作人员的输入对于设计和规划离岸工作很重要。在连接和调试期间，通信、交通、休息区、厕所、淋浴和餐饮服务的要求，将远远超过远程操作模式，并且良好的规划可以节省成本并提供高质量的工作。

（2）海上人员作业。根据电力流量和正常运行时间方面的操作参数，操作和维护原则规定了平台上紧急或个人住宿区的要求。

为了包括直升机转移的可能性，建议使用起重机，无论是紧急情况还是快速更换部件。然而，对起重人员的培训要求非常广泛。平台上建议配备除颤器/药物/担架/的医务室。船上的一个人应该接受医生的培训。

（3）紧急住宿。至少需要有应急设施，例如，睡袋、床垫、甚高频通信/卫星电话、应急灯、卫生设施和食品/厨房。还应考虑在住宿地区设置集合区。

（4）永久性住宿。如果平台将用作维护、改装工作的基础，或用作附近风力发电厂或其他平台装置的枢纽，则可能不适合将其认证为通常不载人的平台。因此，对永久性住宿、厕所和厨房设施的要求将是一致的。出于安全原因，建议将住宿区与消防区（如变压器）隔离。

综合住宿模块的另一种选择是拥有单独的住宿平台。

（5）研讨会。需要强调的是，应该计划在海上开展最少的工作。强调应计划在海上开展最少的工作。然而，本书中提到的几个问题可能会有不同的争论。所需的连接和调试工作可以选择在海上进行，或者应急计划可以做出必要的安排。建议至少设计一个小型车间，并为机械和电气备件预留一些存储空间。

### 29.4.6 平台概念

有三种不同的主要上部结构概念，即集装箱甲板、半封闭和全封闭上部结构。

#### 29.4.6.1 集装箱甲板

集装箱甲板式上部结构应理解为由从子结构界面延伸的网格结构支撑的单层或多层甲板结构。在该甲板上，放置并固定了几个装有电气和辅助系统以及船员区域的集装箱（标准或专用）。集装箱在许多情况下由设备/系统的不同供应商进行预装配，并由甲板制造商与供应商合作安装，并由设备供应商进行最终调试。

#### 29.4.6.2 半封闭上部结构

半封闭上部结构应理解为具有专门建造的建筑设施的结构。它们被集成到主要的上部结构中，以支持结构的完整性。它们还可以与单独安装的专用集装箱和外部独立设备相结合。集装箱（如果包括在布置中）在大多数情况下由设备/系统的不同供应商进行预装配，并由甲板制造商与供应商合作安装，并由设备供应商最终委托安装。

半封闭概念的一个变体是变压器是露天的，只是从下面的甲板遮蔽，并且可能在侧面有百叶窗。其他房间用百叶窗或露天通道封闭（见图 29.24）。

#### 29.4.6.3 全封闭上部结构

完全封闭的上部结构应理解为具有完全设计和专用建筑物的结构，用于固定设备，集成到主要上部结构中，并支持结构完整性。

所有区域的尺寸均适用于设备和系统，整个上部结构采用室内区域制造，适用于所有设备。室内区域既可以自然通风，也可以由空调控制。

图 29.24 带两个集装箱甲板的上部结构（资料来源：阿尔斯通电网有限公司）

### 29.4.7 基础

目前最著名的基础结构类型包括单桩式、导管架式、重力式和自升式。除以上四种基本的基础外，还有其混合基础，如三桩式基础、负压桶基础等。

地基的主要目的是将荷载从顶侧和支撑结构传递到海底。基础类型的选取主要基于支撑上部结构的能力，并且同时满足特定站点的环境和海底条件。还有一些其他的功能需求需要考虑，比如 J 形管的支撑和上拉设备。最终确定要使用的基础类型必须基于详细的研究。要考虑的方面包括但不限于：

- 气象和海洋学条件，通常称为海洋气象；
- 海洋环境负荷，包括风、浪、流、水位、温度、冰、盐度、地震活动等；
- 地球物理条件，如土层分布和海床条件；

- 作业载荷；
- 偶然性载荷。

#### 29.4.7.1 单桩式基础

单桩式是基础中最简单的结构形式，实际上是将一个巨大钢桩打入海底，上部结构通过过渡段支撑。

上部结构由低处的过渡段直接支撑（图29.25中的黄色部分）或者被4个"牛角"支撑。"牛角"是上过渡段（图29.25中灰色部分）固定在下过渡段的螺栓结构。过渡段和单桩之间通过带有剪切键作用的灌浆连接（见图29.25）。

#### 29.4.7.2 导管架式基础

导管架基础通常包含四根坚固的桩腿，由打入海底的桩支撑。桩腿之间由管状结构焊接后的纵横撑杆连接。

图 29.25 单桩基础（来源：DONG Energy）

一个或多个撑杆焊接到桩腿的位置称为节点。当应力非常集中时，这种焊接节点在疲劳载荷方面有许多弱点。但对于变电站结构而言，疲劳相对良性，因此疲劳载荷与极限阻力之间存在良好的平衡关系。

导管架式基础的价格和制作速度和难度相关。其中单桩式基础的材料和制作的价格分割为60/40，然而导管架基础由于操作复杂性和人工作业，这一价格分割为30/70（见图29.26）。

图 29.26 导管架式基础（来源：DONG Energy）

#### 29.4.7.3 重力式基础

重力式基础是直接位于海床上的重型基础。重力式基础在低水位和坚固土壤条件下最为经济。然而，重力地基的重量随着水深的增加迅速增长。

重力式结构由钢筋混凝土或钢材制成。其地基可填入压载物、橄榄石或岩石，以增加重量并增加上部结构的荷载。上部结构可利用钢过渡段或者直接位于基础上方。上部结构、过渡段和基础可用螺栓、灌浆或焊接在一起（见图 29.27）。

图 29.27　重力式基础的安装（来源：Energinet.dk）

#### 29.4.7.4　自升式平台

自升式平台由四条桩腿与上部结构连接，其到达指定位置后，不需要安装吊车或起重装置，也不需要将平台升到设计的指定高度，上部结构可通过升降机构沿桩腿顶起。

通常，自升式平台分为有底座和无底座两种。

底座是平台的基础部分，其可以作为桩腿的一部分也可以单独安装。底座具有两种功能：① 缩短桩的长度；② 作为连接打入海底的桩和平台桩腿的界面。

桩腿可设计成一种通用的基础系统（泥垫、桶等）以适应各种土壤条件。这个方案对于有或没有底座的平台都有利。

#### 29.4.7.5　装载

"装载"用于描述构件从制造商处或码头转移到运输驳船的过程。

对于传统的基础和上部结构，运输和安装承包商通常会将驳船交付到靠近制造商的码头，由制造商接管。

随着驳船停泊在码头上，重型升降机必须从码头转移到驳船上。对于重型结构，如变电站上部结构，其重量由安装在该模块下方适当位置的多轴拖车承载。然后，在严格的条件控制下，该模块将逐渐从码头移至驳船。当模块的重量缓慢地转移至驳船时，注满水的驳船压载舱将被将依次清空以保持平衡（见图 29.28）。

图 29.28　自升式平台的安装（来源：Overdick GmbH & Co.KG）

#### 29.4.7.6  海运

大型结构的运输通常通过拖船移动驳船实现,或者利用带有大型驳船式装载甲板的专用运输船(其中一些是潜水式的)。大型混凝土重力式基础也可以漂浮到现场。

当驳船及其负载被拖出海面,由于驳船的运动,整个结构可能会受到外力的作用。结构和结构内的任何设备,包括变压器、开关柜以及装配的建筑等,将会受到由船舶横摇、俯仰和升沉所产生的力的影响。包括上部结构设备在内的整个结构需设计成能够承受这些条件。如果没有进行运动研究或模型试验,那么对于标准配置(Noble Denton 0030/ND 的海上运输指南中规定的运动标准)是可行的。

#### 29.4.7.7  吊装

根据经验,迄今为止,基础和上部结构的吊装依赖于重型起重船。

在上部结构就位之前,基础(导管桩腿或者桩)将按照布局被放平,标记并切割到设计高度。

重性吊装船(HLV)的选择取决于多种因素。

为提供最佳的升力条件,可以对特定 HLV 进行结构设计。因此,在设计过程的早期(理想情况下是在概念阶段)选择 HLV 是至关重要的。

图 29.29 展示了一个上部结构吊装的典型升降机布置,从图 29.29 中可以看出设备之间的依赖性。在升降过程中,上部结构不可与重性吊装船的臂碰触。

与运输一样,吊装作业与天气有关,同样需要预报和规划。

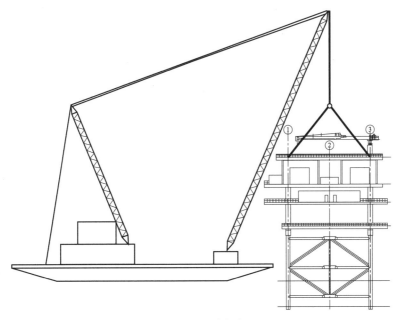

图 29.29  升降机布局

#### 29.4.7.8  自安装

根据技术经济研究结果,自行安装的变电站被湿拖,或者用驳船或重型起重运输船运到近海安装地点。其中还必须考虑恶劣天气、应急避难所的可利用性、航行限制和政府要求等风险。

到达海上工地后，自升式变电站将通过拖船或海上系泊/锚固系统进行定位，以便进行最终安装（见图29.29）。

当自装配式平台正确定位后，桩腿通过腿桩的升降机构下降。安装过程中最关键的阶段是浮式平台的腿桩第一次接触海床或预装基础结构时。在平台从漂浮状态过渡到固定状态的过程中，由于平台的体积和质量相对较小，俯仰、升沉等运动会产生较大的腿桩接触力。根据要安装平台的海域，在特定海浪条件限制下，等待合适的天气窗口的时间可能相当长，这也是该平台概念的一个主要风险和成本因素。为了减少这种风险并缩短从浮动到固定平台的过渡时期，建议采用技术系统，以便迅速降低平台（见图29.30）。

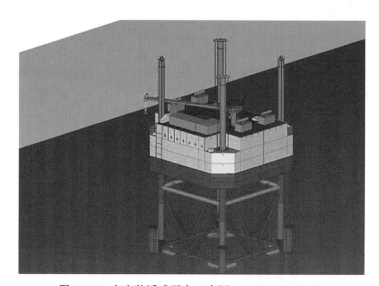

图29.30　自安装浮式平台（来源：IMPAC GmbH）

### 29.4.7.9　浮式

另一种安装方法称为浮式安装。通过这种操作，可以避免使用吊装时所需的重型起重船。浮式安装主要是某种具体情况替代方法，用于世界范围内的石油和天然气设施上部结构的安装，例如，当没有合适的重型吊装船或是在特定场地条件下（如浅水区重型吊装船稳定性要求双重限制），另一种情况是上部结构的尺寸太大以致没有可用的重型吊装船。

海上运输驳船或专用半潜式重型运输船舶，均可进行浮式安装。操作原理是船舶将上部结构运输到预先安装了基础的位置，并通过压载驳船将上部结构卸载到基础上，从而重量载荷从运输船转移到基础。

### 29.4.7.10　导管架式基础和上部结构的安装连接工程

在拆卸重型起重船之前，上部结构应焊接到底座上。这个过程涉及冠垫片的安装、焊接和无损检测。

此外，连接工程的一部分是将水下电缆拉入 J 形管，然后剥离、安装夹具和挂件，铺设在支撑系统上，终止和渗透密封。

### 29.4.7.11  大型电站的转移和更换

海上变电站的一些设备（通常是变压器），利用平台起重机和正常的材料处理程序无法轻易处理。因此从上部结构的设计时，就对如何能够更换这些大型设备进行程序设计。当自升式船舶用于重型设备提升时，则需要平台一侧的无缆区域。而且从材料处理的角度来看，大型或重型设备的空间也是必不可少的。另外，更换期间，设备重心也很重要，以免产生如变压器的维修时间。因此，设备是否可以承受由重心错位引起的应力十分重要。

## 29.4.8  防火防爆设计

消防和防爆系统的总体主要目标包括：
- 最大限度降低火灾和爆炸的风险；
- 在发生烟雾、火灾或爆炸时，自动监控、检测并发出警报；
- 最小化火灾或爆炸的传播和影响。

安全理念通常包括生命安全、财产保护、环境影响限制和连续运行维持。

为了最大限度地降低火灾和爆炸的风险，应在设计初期甚至在实际设计阶段之前进行风险评估研究，从而确定潜在危险和应对措施并且制订减灾计划。

防火分为被动防护和主动防护两类。被动防护包括通过分级防火墙和地板单元中的设备分离。因此平台设计要保证必要设备或系统，能够承受一定时间段的火灾并且保持钢结构的完整性。而主动灭火包括泡沫灭火、雨淋灭火、喷水灭火、水雾灭火和惰性气体灭火系统等。在选择灭火系统时，必须考虑要保护的对象或区域，并且允许多种灭火方式并存。大多数情况下，应考虑被动防护和不同的主动防护系统结合保护。

### 29.4.8.1  火灾和烟雾探测

火灾和爆炸会伴有烟、热和火焰。根据要监控的区域，检测原理也通常基于这些量。

### 29.4.8.2  防爆

防爆的目的是降低事故发生概率，减少爆炸荷载，降低事故升级可能性。海上爆炸事件包括释放物理能量（如气体中的压力，特别是变压器爆炸）和化学能量（如氢气爆炸的化学反应）。爆炸荷载由时间和空间压力随上升时间的分布决定，最大压力和脉冲持续时间是爆炸荷载的重要参数。

海上变压器平台可能发生以下爆炸危险：
- 主（油浸）变压器油箱爆裂；
- 高压开关设备爆炸；
- 与电池充电相关的氢爆炸；
- 航空燃料储存爆炸。

应尽可能减少拥堵程度和增加通风降低爆炸的严重性。另外，对于某些地区，防爆墙十分必要。

## 29.5　变电站二次系统

变电站二次系统需提供以下功能：
- 确保从事变电站和相关系统运行人员的安全；
- 确保变电站主电路运行；
- 监控设备性能；
- 检测主要设备和管理系统的异常情况；
- 管理设备运行环境。

以下指导原则假设海上变电站一般情况无人值守。

### 29.5.1　电力供应

#### 29.5.1.1　技术要求

在一定程度上，变电站和人员的安全与保障取决于辅助电源的性能，这些辅助电源为管理和控制变电站内子系统的运行提供支持。与其他变电站一样，低压交流 LVAC 和 DC 电源同样需要，LVAC 和 LVDC 系统的详细要求和适用性取决于以下几个因素。

#### 29.5.1.2　LVAC 电源

为了在变电站内设备运行，需要在整个变电站中使用额定 LVAC 电源以对负荷供电。通常是 50/60Hz、三相、400V 电源。

（1）LVAC 系统负荷。负荷分为两类，变电站接入电网时所需负荷（正常负荷），和在异常或紧急情况下，失去电网后需要继续保持供电的负荷（基本负荷）。负荷还可以分为两种，即变电站主设备相关负荷和建筑负荷。以下部分列出了基本负荷和非必要负荷的要求，其中正常负荷是两者总和。

（2）基本负荷。低压交流配电系统必须设计成固有地隔离基本负荷和非基本负荷，特别注意的是许多这些"建筑服务"负荷将直接通过主低压交流柜的"基本总线"从配电柜馈电。这些子配电柜必须提供基本负荷与非基本负荷的隔离。下面列出的项目仅供参考，并不详尽。

1）消防电源。

2）电池充电电源。

3）开关设备电源。

4）在异常条件下开关设备所需的低压交流电源是有限的，可能包括：

a. 防冷凝加热—通常开启（可能是恒温器或湿度控制器）；

b. 小隔间照明（通常关闭）；

c. 断路器机构弹簧充电（可选直流电机）；

d. 隔离开关驱动器（可选直流电机）。

5）变压器：

a. 机械和控制站防冷凝加热；

b. 小隔间照明。

6）环境控制：

a. 空气加压和通风系统；

b. 防冷凝限额加热；

c. 排水泵。

7）紧急住所。

8）紧急照明。

9）运行/维修：确保变电站起重机和吊艇架起重机等设备保持运行，以便将维修设备和备件运到平台上。

10）安全系统：任何没有内置备用电源的系统。

（3）非基本负荷。

1）变压器和其他主要场站。

2）维护和测试供电：甲板清洗泵、焊接和油处理接头。

### 29.5.1.3 低压交流系统运行

（1）低压交流系统正常运行。低压交流系统通常为变电站平台上的所有辅助设备和变电站设备的辅助负荷供电。通常不提供任何与风力发电机组（WTG）相关的辅助电力负荷（见29.3.4）。

（2）辅助电源。为了提供400V电源，需要辅助变压器将电压从用于通过阵列间电缆连接WTG的（通常）36kV进行降压（有关详细信息请参阅29.3.4）。

变压器通常必须能够保证变电站的正常（基本和非基本）负荷的供电。

（3）基本负荷和非基本负荷的隔离。基本负荷与非基本负荷的隔离，通常是通过一个由母线分段开关连接的单独的低压交流柜来实现。配电柜和隔离设施的物理设计，必须确保母线部分断路器面板中的故障不会导致电路板"基本"部分的断电。

（4）低压交流系统非正常运行。在异常工作条件下，必须通过备用电源向低压交流负荷供电。通常柴油发电机的额定功率应能满足变电站内所有基本负荷的供电需求。

### 29.5.1.4 结构和安装

（1）低压交流柜结构。低压交流系统开关板的配置和结构会对辅助电源的整体可用性产生重大影响。在评估配置和结构时，必须考虑故障模式和故障后果，以达到所需的性能要求。

（2）低压交流电缆系统和布线。在可行的条件下，支持"冗余"功能的辅助电源应使用不同的电缆线路进行隔离，以避免单个事故影响多个供电。例如，相同的电池充电器，供电的交流电缆应在隔离的路线上运行。

（3）低压交流系统的保护、控制和自动化。低压交流系统及其相关保护应设计成能够清除系统任何部分的故障，而不会使任何无故障设备停止工作或对主传输连接的可用性产生不利影响。低压交流配电柜和备用电源系统需要完全自动化，以确保能够始终为基本负荷供电，其需要与当地的"供电转换"安排相配电。

此外，还需要通过互锁以避免柴油发电机与系统并联运行。发电机组的保护系统只应在发生会导致设备立即损坏的故障时跳闸。

### 29.5.1.5 黑启动能力

在安装风电场时，最初没有电网供电。此条件下，备用发电机必须向基本负荷供电，其可能要比设计的"异常运行持续时间"长得多。在确定基本负荷时，应考虑黑启动条件下所需的所有负荷（见图29.31～图29.33）。

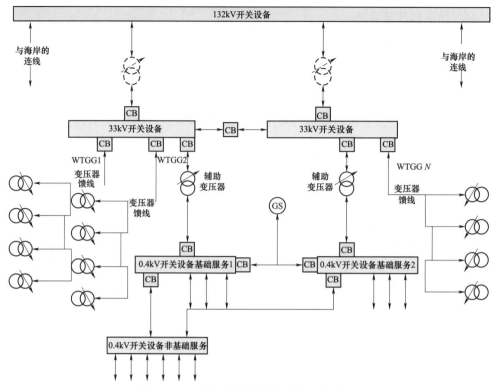

图 29.31　采集系统母线导出的低压交流电

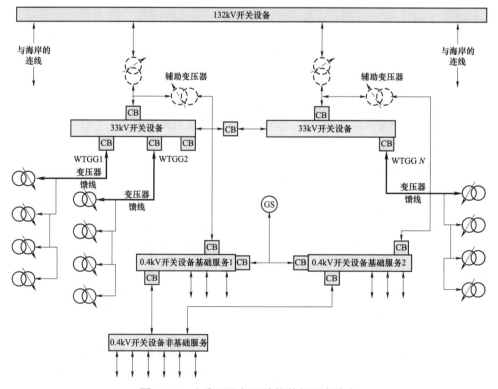

图 29.32　主变压器低压连接的低压交流电

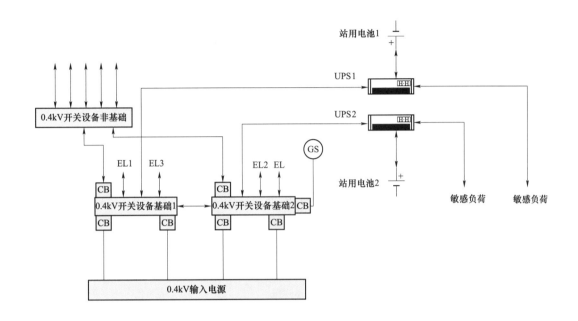

图 29.33　基本服务电板的集中式 UPS

## 29.5.2　直流电源

### 29.5.2.1　低压直流电源

通常，低压直流系统是使用蓄电池和充电器组成的 110/125V 直流电源。

在无低压交流电源（任何电源）可用的运行条件下，有必要考虑所需的储能能力。为了尽量减少所需的电池容量，可以考虑将安全系统所需的低压直流负荷与纯运行的低压直流负荷隔离开来。

### 29.5.2.2　低压直流系统负荷

海上负荷可分为两类，即当低压直流系统从低压交流系统通电时提供的负荷（正常负荷）和当低压交流电源断电时需要保持供电的负荷（基本负荷）。

（1）低压直流系统基本维持供电负荷。低压直流配电系统必须设计成固有地隔离基本和非基本负荷。下面列出的项目仅供参考，并不详尽。

1）通信、控制、监测控制和数据采集；

2）保护电源—变电站辅助系统；

3）开关设备电源—变电站辅助系统；

4）紧急和照明；

5）安全系统—可能带有内置备用电源。

（2）低压直流系统运行负荷。操作负荷是指只有平台上的高压或中压系统通电时才需要支撑的负荷。

1）保护电源—变电站高压和中压系统；

2）开关设备电源—变电站高压和中压系统；

3）维护和测试电源：保护和控制系统测试电源。

#### 29.5.2.3　低压直流系统运行

（1）低压直流系统正常运行。低压直流系统通常为变电站平台上的所有直流辅助设备供电，直流电通常来自充电器，除非主交流电源和备用交流电源发生故障。

（2）电池充电辅助电源。电池充电器电源安装在变电站内的低压交流系统上，详见29.5.1。

（3）基本负荷和非基本负荷的隔离。陆上变电站通常不需要低压直流系统中基本负荷与非基本负荷的隔离，但将低压直流柜的各部分通过母线分段开关连接即可实现隔离。配电柜和隔离设施的物理设计，必须确保母线部分断路器面板中的故障不会导致电路柜"基本"部分断电。

（4）低压直流系统非正常运行。当充电器的交流输入发生故障时，LVDC 系统应仅对"基本"直流负荷供电。能源（电池）的选择基于以下几个标准：

1）所需的储能容量；

2）蓄电池类型；

3）蓄电池位置；

4）电压；

5）其他储能设备；

6）直流和低压交流系统之间的关系。

#### 29.5.2.4　结构和安装

（1）低压直流电板结构。低压直流系统配电柜的配置和结构，会对直流辅助电源的整体可用性产生重大影响。在评估配置和结构时，必须考虑故障模式和故障后果，以达到所需的性能。

（2）低压交流电缆系统和布线。在可行的条件下，支持"冗余"功能的辅助电源应使用不同的电缆线路进行隔离，以避免单个事故影响多个供电。

（3）低压直流系统的保护、控制和自动化。低压直流配电柜和备用电源系统需要完全自动化，以确保能够始终为基本负荷供电，其需要与当地的"供电转换"安排相配合。

#### 29.5.2.5　直流电源单线图

为了实现直流供电系统的高可靠性，需要一个冗余双电池系统。该系统由两个相同额定功率的蓄电池、对应的充电器以及系统运行和维护所需的其他设备组成。两个蓄电池系统都通过二极管系统连接到负荷上。任何电池系统的故障都不会影响变电站的运行，因为负荷将由无故障的电池系统供电。上述系统由图 29.34 所示的单线图表示。

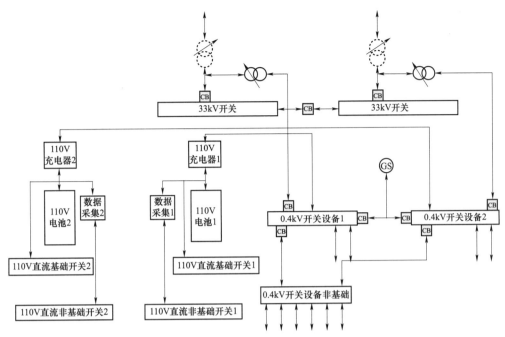

图 29.34 完全冗余的低压交流/低压直流系统

## 29.5.3 保护

### 29.5.3.1 要求说明

在海上变电站一次设备更换不便和成本高的情况下，必须考虑保护配置，并考虑将故障对系统造成的损害降至最低。

在选择保护设备时，除了考虑其安装、外壳以及安装位置的局部气候外，还必须考虑海上的恶劣环境条件。当保护系统与陆上变电站连接时，需要考虑相关的并网导则，以确保故障清除时间符合要求。

### 29.5.3.2 风机保护

安装在海上变电站的保护系统需要检测故障，并能跨越三个子系统断开故障设备，即与陆上变电站的输电连接、发电机电力汇集系统和供应平台的辅助电源系统。

### 29.5.3.3 系统保护

除了设备保护外，系统还应检测主要输电系统存在的故障风险，如未被保护检测到或开关设备清除的海上变电站的本地故障。因此，还需要考虑以下设施：

- 断路器故障；
- 远程后备保护；
- 保护信号；
- 远程单端量保护。

### 29.5.3.4 降级通信运行

保护系统要实现故障准确识别和快速清除，需要使用岸上变电站的通信信道。即使通信信道完全降级或丢失，保护系统仍然需要准确运行，而不触发不必要的跳闸，并在必要时清除本地故障。

### 29.5.3.5 海上连接的特殊技术和保护应用问题

（1）保护的一般要求。由于变电站对保护系统的有效性和正确动作，以及远动（有时没有）高度依赖，因此需要仔细考虑所提供的裕度。

理想情况下，双主接线应在两个使用备用保护原理的分立器件中实现，或在不同的制造商平台上实现。

对于输送电压和主电路，应采用两个隔离且各自独立的触发信道，即在相关的断路器上，每个信道应具有完全独立的监控电源、隔离且独立的触发电路和触发线圈等。触发电路也应在断路器断开和闭合位置进行监控，同时监控预闭合电路等，以及监控全部触发电路的连续性。保护电源、触发电源或触发电路连续性的故障应单独报警。

应防止清除保护系统上包括辅助继电器故障、供电电路故障和触发电路故障等在内的非单一故障。

（2）保护技术。在任何可行的情况下，保护继电器应采用具有连续的自我监控、报警和诊断功能的数字化设计，并利用已开发的逻辑功能克服海上风电场设定问题所带来的挑战。它还应包括仪表装置、干扰记录和事件日志记录功能，并具有远程询问设施，以便能够提取设定参数、测量参数和干扰记录。如果需要，还应允许远程设定继电器。

（3）试验和隔离设施。各功能保护继电器的布置，应确保在相关一次电路运行时可进行操作和校准。试验设施应允许在对连接或设置干扰最小的情况下，在最短时间内进行综合试验。

（4）保护的分组和配合。保护和控制室应采用前向通道和摆架设计，并带有玻璃和密封的前门，通过这些门可以观察关键设备的指示。多个电路的保护和控制设备可安装在一个公用隔间内，但布线和接线端子应适当隔离，以便在一个电路带负荷测试和维护时，并不影响其他线路的正常运行。

重要的是安装设计必须能够有效地更换系统。

（5）环境要求。对于安装在专用机房中的设备，符合 IEC 标准的保护设备应可用于海上变电站。特别注意的是设备还应具备承受由天气、波浪和对接船舶的轻微撞击产生的振动和冲击载荷的能力。

### 29.5.3.6 风电场电网

与陆上电网的公共耦合点可以是输送电压（如 380/400kV）或次级输送电压（通常为132/150kV）。对于具有额外电压等级输电连接的风力发电场，后备保护的分级可能难以在要求的时间范围内实现。因此，对于该部分，海上变电站将被考虑在最高电压 145（132）kV下运行，具有一些次级输送开关设备，其可能包括或不包括断路器、从该电压到 33kV 的一台或多台变压器、一个 36kV 的开关柜系统，以及大量 36kV 的内部阵列电缆电路。为了理解和设定变电站的保护，有必要参照风电机组和陆上连接变电站的保护。

（1）主保护。每个独立的保护组应由独立的电流互感器和独立的电压互感器二次电路驱动。

一般来说，风电场电网内的主保护措施将是差动保护。例如，132kV 馈线通常使用具有光纤通信的数字差动保护。132kV 母线保护或连接可使用传统的高阻抗或低阻抗保护或定向闭锁。主变压器通常具有修正差动保护。

由于位置偏远、访问困难，应考虑两个完全独立的主保护系统，以两种模式中的一种运行。

为位于过渡段的风电机组升压变压器、36kV 汇集阵列电缆，以及有时也包括在内的

36kV 母线提供差动保护既不实际也不经济。对于这些电路，可以根据需要使用定向或非定向的过电流和接地故障作为主保护。

保护系统应提供触发和报警条件的综合记录，并就地显示哪个元件启动了触发或报警，以及触发启动时刻的电压和电流矢量参数。

电压和电流波形扰动记录和事件记录，应作为保护系统的一部分。

（2）后备保护。后备保护通常采用过电流和接地故障保护或与基于距离积分量的数字差动保护实现。然而，尽管有功功率通常是由风电机组流向电网，机组与电网连接点间实现保护配合。此外，后备保护的设置能够保证在故障发生时进行故障清除，用以保护下一区域的下游机组。

每组馈线保护应包括母线的远程后备保护，确保在母线保护失效的情况下，远端母线故障能够在开关柜内部电弧接地故障承受时间内予以清除。

### 29.5.3.7 特殊设定考虑

（1）正常潮流方向。与电网向风电场低电压设备供电的工业应用不同，实际潮流方向是由机组流向电网。然而，机组如果未接入电网，将无法发电。通常来说，风电机组的故障电流馈入等级主要取决于所使用的机组型号，而电网的故障电流馈入等级远高于风电机组的故障电流馈入等级。上述结论可以用来辨别故障方向，并在有需要的情况下与定向继电器配合使用。

（2）与发电机相似的性能。许多国家的并网导则规定，对于容量超过 100MW 的风电场或发电单元，须与发电机采用相同的运行方式，即要求发电机能够穿越故障并保持与电网连接。这种故障穿越要求意味着所有大型风电场必须帮助系统保持稳定，在干扰期间保持并网并贡献故障电流。

（3）低故障电流出现可能性。风电场中存在相当长的海底电缆，包括输电海底电缆（电压为 132kV 或 150kV）以及电量汇集海底电缆（电压通常为 36kV）。风电场的接入加剧了其对配电网运行的影响，有可能引起故障电流，尤其是 36kV 电网的故障电流非常低，在某些情况下甚至可能低于负荷电流。

（4）风机无功功率容量/无功功率补偿。风电场中可能包含较长的输电电缆，其产生的无功功率必须进行补偿。大多数风电机组在稳态下具有足够的无功补偿能力，既能发出又能吸收一定的无功功率。在风电场设计中，机组的无功容量被用来最小化并网额外补偿机组的容量。并网额外补偿机组会导致无功功率流向与低故障电流下无功故障电流的方向相同，使得两者难以区分。

（5）公共连接点要求的故障清除时间。并网导则或现场连接条件要求连接点处的备用保护最大故障清除时间不得超过 1s。在保证风电场协调运行的同时满足上述要求是一项挑战，因为下游有许多步骤。

（6）风机变压器保护和 33kV 接地故障。每个单独的风电机组通过一个小型升压变压器连接到汇集阵列。这些变压器通常为 3～5MVA、500～1000V/33kV、高压三角形连接和低压星形连接的变压器。在许多方案中，高压侧设有一个纯用来保护升压变压器的断路器。变压器的主保护方式是由具有永久时间特性的过电流和接地保护提供，其也能够为未清除的低压故障提供备份。

三角形绕组可以充当零序阻波器，因此低压接地故障只能通过高压过电流检测。如果低压接地故障水平较低，则有必要在低压星型中性点添加额外的接地故障元件。

通常，36kV 系统在每台风机上都装有三角形连接的变压器；此外，电网的主馈变压器也在 36kV 侧装有三角形绕组。通常，36kV 系统通过将接地故障电流限制在大约 750～1000A

的接地变压器接地。因此，36kV 系统的接地故障电流值很低。

### 29.5.3.8 汇集阵列保护

各风电机组的输出功率通过 36kV 的线形或树形连接进行汇集。通常，6～10 台机组进行一个线形连接。将故障通道指示器安装在风电机组的位置上以检测线形连接中故障发生的位置。有些线形连接在末端进行连接，尽管其并不进行环状运行，但这种方式能够对较长的线形连接产生保护作用。

线形连接的主保护方式由过电流和接地故障继电器提供保护。然而，带有故障定位器的距离保护的应用已经越来越普遍（见图 29.35）。

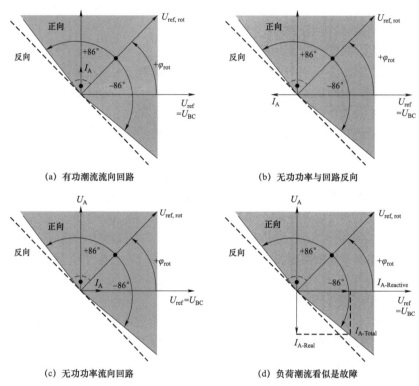

图 29.35　负荷条件下的无功潮流可能看似是故障

通常会安装定向过电流和接地故障继电器，尽管这些可能无法解决所有问题。

通常有必要在继电器中应用负序保护功能，或者在继电器中配备一些定制设计的逻辑元件，使其充当可以进行电压控制的过流。上述方式的采用能够将低水平故障电流与负荷电流区分开来。

此外，必须在继电器上应用二次谐波阻断装置，以避免触发变压器发生励磁涌流。

### 29.5.3.9 36kV 母线保护

要求母线保护能够对位于母线上的相间和接地故障进行快速故障清除。36kV 电网的接地是通过接地变压器将 36kV 接地故障电流限制在 750A 以下。若大量的线形连接同时连接到母线，则可导致最小一次运行电流过高，以至于传统的高阻抗环流保护对所要求的接地故障电流不可行。

上述情况的应对方法是使用数字继电器的低阻抗保护方法，但该方法价格昂贵，而反向互锁母线保护（RIBBP）方式可能是一个更为经济的方法。

### 29.5.3.10  平台变压器保护

海上平台上所使用的变压器为两绕组或三绕组设计。对于超过 140MVA 的变压器，无论是双绕组设计还是三绕组设计，通常都需要两个独立的 36kV 开关面板以调节 2500A 以上的负荷电流。变压器将配备瓦斯气体、绕组和油温装置，以及与其他常规变压器相同的压力释放保护装置。变压器上配有高压变频器和可以包含在整个差动继电器中的高压变频器，也使用低压变频器两绕组变压器也可以安装在差动继电器中。但对于三绕组变压器来说，每个绕组需要单独限制的接地故障保护装置，尽管数字继电器中可以使用三个变频器元件，但通常三绕组变压器都安装在独立的继电器中。每个低压开关面板都配有定向过电流和接地故障继电器。该继电器是反向互锁母线保护中不可或缺的组成部分，也可以在任意一个线形连接/总线部分/互连器上的过电流保护失效时提供备用。

该继电器也可以进行定时设置。

高压侧的备用保护可以是两级 IDMT 过电流和高压过电流（HSOC）。通常，第 2 级的时间延迟设置为零。

### 29.5.3.11  出口电缆保护

出口电缆的主保护方式通常是馈线差动保护，其关键因素是继电器之间通过嵌入在海底电缆中的光纤进行通信的问题。在常规运行条件下，继电器采用相邻两电缆中的光纤进行通信（假设至少使用两根出口电缆）。如果常规通道不可用，则激活保护电缆中的光纤备用通道。后一种情况对于具有单一出口电缆的风电场来说，是一种很常见的情况。若替代光纤连接也不可用，则可采用一种距离方法进行替代，即通信丢失后由差动保护提供的默认操作方式。

备用保护由陆上的过电流和接地故障实现，这是将分级保护从机组回归到电网的一般方法。备用接地故障不需要与其他故障区分开来，这是因为接地故障的范围受到星形/三角形变压器连接的限制。星形/三角形变压器连接限制了接地故障范围的设备，从而通过最小化电缆护套上的故障持续时间以达到较短的故障清除时间。备用过电流必须依据变压器高压备用进行分级。可采用 IDMT 特征进行分级，为了最小化运行时间，应使用从 IDMT 到 HSOC 的 HVBU 特征转换分级的曲线。

### 29.5.3.12  断路器失灵保护

断路器失灵保护趋向于应用在所有断路器上，从 36kV 海上开关设备到陆上断路器（CB）均可以使用。断路器失灵保护的运行在所有输电系统下基本相同。若风电场系统中的最后一个断路器发生故障，则由输电运行人员进行断路器连锁跳闸操作以清除故障。

### 29.5.3.13  触发原则

若风电机组未接入电网，则无法进行发电，为此，电网供电损失要求系统复原。因此，如果某些上游（HV）设备上发生故障，则下游（LV）的所有机组都将进行跳闸操作，以避免上游机组恢复电压时下游机组仍处于闭合状态。采用内置于馈线差动保护继电器的连锁跳闸装置，能够在岸上对海上下游机组的跳闸状态进行调控。

### 29.5.3.14  运行联跳方案的接口

在一些国家中，风电场的并网规定中包含了运行连跳方案，即在特定电网系统停电条件下断开风电机组输出功率。虽然断开风电机组输出功率的最简单方法是在公共耦合点处断开断路器，但在多数情况下，更好的方法是断开海上 36kV 母线。这种方法有两个主要优点：① 不需要对电压骤降的大规模海上变压器系统进行试送电；② 可以用任意的联网的陆上补偿装置协助进行电压控制。使用差动继电器中的装置可以再次实现联跳。

另一种替代方法将其直接连接到风电机组的 SCADA 系统上来快速降低发电功率，该技术避免了对断路器的跳闸要求。

## 29.5.4　控制与监控和数据采集（SCADA）系统要求

### 29.5.4.1　简介

将人员留在海上的成本过高，因此，海上风电机组通常设计为无人操作系统，这显然对控制和数据采集系统提出了很高的要求。变电站自然地充当了主要电路的枢纽，可能由许多不同的实体共同拥有。自然地，变电站还充当通信、SCADA 和其他数据服务（如资产数据管理）的枢纽。传统意义上，风电机组的制造商已经开发了自身用于风电机组控制的 SCADA 系统。这使得风电场内通常存在至少两套相关的 SCADA 系统：一套用于控制风电机组，另一套用于控制电力系统，也称为 HV SCADA 系统。

然而，可能有许多独立的运行组织需要"风电场综合体"的通信和运行数据等，通常为：

- 风电机组运行人员；
- 汇集系统运行人员；
- 海上输电系统运营商（OFTO）。

在最简单的情况下，可能存在一种自愿的商业机构，通过密码访问共享数据、程序和通信，然而在最困难的情况下，"风电场综合体"中的每个利益相关者均有可能需要完全独立的数据、通信和程序，因此需要将 HV SCADA 系统分为两部分，以便将风电场 SCADA 和 OFTO SCADA 系统分开，使它们能够由不同的运营商进行操作。在变电站设计过程中尽早明确这些商业问题和所有权问题，避免日后返工。SCADA 系统需要进行设计，以便可以独立完成运行、维护和任何潜在的更新/修改，且不会对其他系统的性能和信息产生任何不当的影响。

SCADA 系统的高可用性需求是至关重要的。通常来说，SCADA 系统将包括具有可复制的服务器、通信和电源供给，并将 I/O 隔离和（或）复制，以最小化 I/O 卡的丢失对风电场可操作和运行的影响。

海上风电场各系统所需的信息等级均远高于陆上风电场安装等级。海上风电场的应用重点是远程收集数据并做出决策、识别故障、决定维修策略，并在安装现场维修时由合适的维修团队选择替代组件。

### 29.5.4.2　SCADA 系统的结构

在本节中，主要对海上变电站本身的 SCADA 系统进行阐述，而非 WTG 的 SCADA 或汇集系统的 SCADA 等。海上变电站的 SCADA 系统通常是陆上变电站的通用 SCADA 系统的一部分，其服务器将安装在陆上变电站内。

由于海上变电站的空间非常宝贵，因此应采用现代数字继电器而非大量额外远程终端的设备为 SCADA 系统提供输入/输出。

诸如保护继电器和 RTU 的智能电子设备（IED）可以独立于 SCADA 系统运行，使得在 SCADA 故障或通信故障的情况下，仍能够继续运行。

通信通常设计为冗余 LAN 拓扑结构，以最大限度地降低路径故障的风险。这将允许位于陆上的 SCADA 服务器访问位于海上的 RTU/IED。通常，用于 SCADA 系统的协议将是 IEC 61850、IEC 60570-5-104、DNP3、Modbus TCP 和 OPC 等。具有两个海上变电站的海上风力发电厂的典型 SCADA 配置如图 29.36 所示，该示例将 WTG 开关设备的信息合并到变电站 SCADA 中。陆上变电站使用环形拓扑结构和冗余服务器。提供对 SCADA 的外部访问权限，以实现：

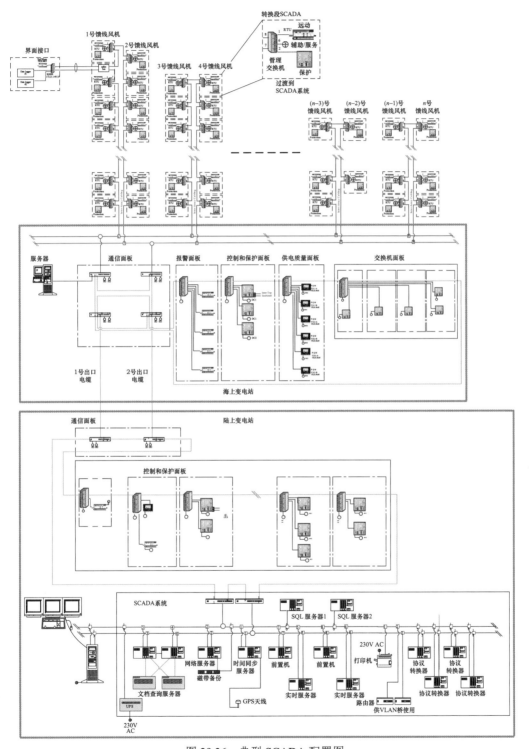

图 29.36　典型 SCADA 配置图

- 海上输电运营商对电厂进行远程监控；
- 维护人员远程诊断故障情况，以便更快速准确地解决现场问题。

用户可以选择不同级别的冗余，在 CIGRE 第 483 号技术报告有更详细的内容。

### 29.5.4.3 每个 SCADA 系统的功能

（1）风机 SCADA。风机 SCADA 系统不是本文件的研究对象。

（2）SCADA 采集系统。如果由于权限问题将该系统与海上系统运行人员 SCADA 系统分开，则该系统通常将控制并提供位于每个风电机组的任何开关设备的状态指示、警报和类似提示，以及海上变电站平台上的任何 36kV 或其他设备，包括保护设备及电缆的功率流和电压监测，如果为此目的使用嵌入式光纤，任何电池/UPS 系统（包括 WTG 上的任何电池/UPS 系统），以及任何属于发电机所有权的安全系统，都应保持一定的温度。该 SCADA 系统的功能基本上与下一节中描述的相同。

（3）SCADA 海上输电系统操作人员。SCADA 系统将控制海上变电站的大部分电厂。它将为以下项目提供控制、状态指示、警报和类似信息：

1）高压开关设备；

2）变压器（包括分接头的控制和标示）；

3）36kV 开关设备；

4）LVAC 系统；

5）直流系统和电池；

6）柴油发电机；

7）保护系统；

8）出口出电缆温度（如果使用嵌入式光纤）；

9）消防系统；

10）平台建设服务功能，如空调、起重机位置和状态以及油箱、集油槽和集油堤液位监控，安全和闭路电视系统报警等；

11）导航系统。

如果觉得有效，可以内置连锁状态。

SCADA 系统还应设计成允许本地和远程操作（在陆上变电站，客户操作中心或其他接入宽带的地方）。可以控制上述每一个途径以限制有权限进入控制的人。

内置到 SCADA 中的其他功能是数据处理和事件及警报处理。

### 29.5.4.4 使用 SCADA 进行信息维护

SCADA 系统作为风电场维护方案的一部分，提供连续的远程状态监测和远程故障分析和纠错。SCADA 系统采集的数据可以为维护团队提供有关事故顺序记录、模拟故障记录图表和趋势图等信息，使维护团队能够远程干预或确保具备所需技能的人员和工具以供派遣或派发到变电站处理问题。SCADA 系统可以支持预测性维护、预防性维护和纠正性维护。

### 29.5.4.5 系统的交互性

尽管不同的 SCADA 系统可能由不同的企业所有和操作，但是需要通常在位于陆上变电站不同系统的主服务器之间的不同系统传递一些信息。通信可以通过协议转换器进行，或者在最坏的情况下通过两个系统之间的硬接线连接。

##### 29.5.4.6　通信降级运行

SCADA 系统对于海上变电站的成功运行和维护是至关重要的。因此，通信系统被设计成即使单个通信线路故障也不会导致 SCADA 系统失效或严重耗尽。从海上到陆上的通信线路应该复制捆绑并在单独的出口电缆中运行，这样一条线路的丢失不会导致 SCADA 系统中断运行。与 WTG 或与其关联的开关设备的通信线路，仍将使用闭环系统，但这些系统可以在同一电缆中运行。如果在运行结束时将字符串绑定到其他字符串，则可以通过不同电缆建立完整的 SCADA 闭环系统。

显然，必须迅速调查指明通信线路失效的警报，以避免再次损失系统功能的风险。

### 29.5.5　闭路电视监控和安保系统

##### 29.5.5.1　要求说明

出于安全和安保原因考虑，为了对变电站及其人员进行远程监控，有时需要闭路电视监控系统和相关的安保系统，也为其他检查系统提供支持。提供安全监控的系统设计需要遵守由负责海上设施的相应法律机构颁布的法规。闭路电视系统可以配备延时视频录制，允许以适当的间隔来记录图像，并且还需定义时间被覆盖之前的时间保存长度。系统需要设备将图像复制到可移动介质上，以便长期保留。

系统还需监测船舶接近和停泊在平台的过程，并且在船舶过于靠近变电站平台时，发出警告。

在监控系统的设计与施工期间，需要仔细思考设备的可靠性和可用性，因为在特定气候条件，对于活动的监控有可能会完全依靠该系统。

如果出现变电站设备故障，在维修团队到达之前，监控系统可以帮助进行故障追踪和损失评估。

##### 29.5.5.2　报警系统

需要一个包含声音和视觉通知的报警系统，能够在任何出入口提醒所有人员。该系统还应提供双向语音通话。

##### 29.5.5.3　闭路电视监控系统

闭路电视系统提供三种主要功能：

（1）人员监控。监控中心工作人员可以对于在海上工作的员工进行监控，以便确保人员安全和健康。

（2）安全监控。变电站和远程控制中心工作人员可以对接近平台的船舶进行监控，以确定此次接近是否是计划中、计划外但可接受，还是可能对变电站构成威胁。

（3）设备监控。控制中心工作人员通过对于设备的监控，从而识别有异常表现的设备进行早期干预。摄像机应能够能进行远程控制，覆盖设备的指定区域，具有足够的变焦能力以提供详细视图，并可在可见光谱和红外光谱中进行操作（用于设备的热成像）。

### 29.5.6　导航辅助

##### 29.5.6.1　要求说明

为了遵循法律规定，变电站需要配备必要的导航辅助设备，从而将风险降低到最小，避免与空中或海上交通相冲突。变电站的导航辅助设备和标记，应遵循所有相关的国际和当地标准，并与整个发电设备相协调。

#### 29.5.6.2　导航辅助的电源供应

所有导航辅助系统都要求配备两个独立的电源供应，并且电源供应安排要确保安全，避免任何时间发生火灾、机械故障或机械损坏时，两个系统同时失效。

供电系统应包括其中一个电源发生故障时，两个供电电源之间的自动切换，并且能在监控系统上启动报警。

#### 29.5.6.3　灯具

系统中使用的导航灯的构造和安装应可以应用到实地，并应符合相应的法规。所有灯具应由专业导航照明面板的独立电路分开提供，该专业导航照明面板旨在提供安全的电源供应和照明电路监控/报警。在确保灯能相互隔离使用时，相同类型的主要灯具和备用灯具可以通过具有两个独立电路的单根电缆提供。

#### 29.5.6.4　灯具面板

导航灯将由专门的导航灯面板进行控制和监控，并且其他任何系统都不会从面板上取得供电。对于每个灯具，面板应配备一个装置，用于指示或发出灯灭的信号。来自导航灯面板监控系统的所有报警将重复到监控系统并被记录下来。

#### 29.5.6.5　雾号

在当地政府的要求下，变电站平台应遵循相对应的法规，提供声音警告装置——"雾号"。警告系统需要完全复制供应，并自动切换到第二个供电和故障监控/报警设施，提供本地和监控报警。

### 29.5.7　通信

#### 29.5.7.1　要求说明

有两种主要的通信系统，即 IP/SDH 光纤通信和 IP/SDH 卫星通信。它们被认为适合于提供所需的带宽。

根据电源供应系统的整体结构，可以使用完全冗余光纤系统（当前最常用的光纤系统）或光纤、微波无线电和卫星这三种的结合。

除了保证变电站到岸上通信畅通之外，变电站还需要无线电通信，与供应船只、直升机和救援服务进行通信，但是前提是要完全符合变电站平台所在管辖区的法定要求。

#### 29.5.7.2　通信路径及其使用

提供的通信系统需要支持以下路径和功能：

（1）路径。

1）变电站到岸上——用于联系到岸上公司和公共网络的语音和数据通信；

2）变电站到岸上——用于连接到岸上保护系统；

3）变电站到风机——用于在变电站或向岸上传输的语音和数据通信，最终传输到变电系统；

4）变电站内部——在平台上的不同位置之间，以便操作；

5）覆盖整个变电站的"公共广播"广播系统；

6）变电站到供应或维护船舶之间，以便协调；

7）变电站到紧急服务和救援队——安全系统。

（2）功能。

1）所有口头交流的语音频率；

2）用于电子邮件、远程文档访问、互联网/内联网浏览等的数据通信；

3）测量和计量数据；

4）用于设备和人员安全的视频监控；

5）工程工具——获取用于远程分析的工程数据，如对平台子系统的故障记录和远程调整，如保护设置；

6）高速通信，如保护信号、差分电流数据、交互和闭锁。

### 29.5.7.3 接口

通信系统需要与许多设备相连接：

（1）用于保护继电器的直接光学连接，通常连接 IEEE C37.94 TM（IEEE C37.94 是用于连接 PDH/SDH 设备的光学标准。只有在保护继电器数据与其他数据在同一光纤上复用时才需要这样做）。

（2）ITU－T G.821 V.35，G.703，X.21。

（3）IEC 60870－5－10x。

（4）DNP 3.0。

### 29.5.7.4 通信技术

可能使用的技术类型包括：

（1）使用光纤链路的 SDH 通信。

（2）使用租用卫星链路的 SDH 通信。

（3）使用点对点微波链路的 SDH 通信。

（4）用于语音通信的无线电系统。

（5）用于进行语音通信的备份卫星电话或移动电话系统。

### 29.5.7.5 通信系统监控和维护

监控、远程诊断系统和远程维修设施的设计使站点访问要求最小化是根本要求。

有关通信系统的更多详细信息，请参见 CIGRE 第 483 号技术报告。

## 29.5.8 设备存放和环境管理

### 29.5.8.1 要求说明

除非有特殊规定要求，否则二级系统将需要在明确但有限的环境条件下运行。如果使用无需特殊设计或保护处理的标准设备，则需要对安装环境进行调节以满足要求。

### 28.5.8.2 建造要求和设备存放空间

为了达到所需的可靠性，整体施工系统需要考虑：

（1）存放空间；

（2）空间的位置；

（3）通道口；

（4）房间的构造；

（5）供暖和通风系统；

（6）更换设备和/或备件的位置；

（7）放置系统组件的小隔间和配电室；

（8）物理构造；

（9）封闭性；

（10）光照、供热和通风；

（11）保护功能隔离；

（12）最小通道口要求；

（13）主要部件；

（14）额外的反腐蚀措施；

（15）选择高规格长寿命的组件；

（16）接线、布线和其他连接系统；

（17）耐腐蚀连接器和终端机；

（18）防跟踪端子箱；

（19）压盖板的电缆压盖和密封。

### 29.5.9　维护管理

设计和选择低维护成本的设备并能进行简单试验，将所需的人员访问次数以及变电站工作人员所花费的时间保持在最低限度。

用于海上设施维护的工作人员不仅需要在其特定领域具备技术上的能力，还必须具备在海上工作场所工作的资格。这可能会不利于员工的招聘并增加人员成本。不同专业技能人员的数量可能与变电站内使用的设备类型数量直接相关。在二级系统设计中融入标准化和冗余：

（1）最小访问次数。

（2）允许推迟访问直到出现安全的访问条件。

（3）减少诊断和修复时间。

（4）帮助选择带到变电站的准确备件。

（5）最小化变电站的特殊工具、设备和备件数量。

### 29.5.10　计量

风电场发电网通过海上变电站连接并向主输电系统供电，如要计量输送到系统的功率则需要安装电价计量表。计量的确切位置取决于所有权边界的位置。在许多国家已经建立了海上输电系统运营商，因此有必要在海上变电站安装电价计量表。

计量的确切位置可能因系统而异。每阵列电缆的交合处电压为36kV，在升压变压器的低压侧或者高压侧达到输送电压。

如果要在阵列电缆上安装电表，则需要安装大量仪表和电流互感器。然而，电流和电压互感器的性能要求并不算高。

电计量表通常需要2套，作为主电表和校核电表。通常在小于100MW的负荷水平下，主电表和校核电表能够连接到相同高精度的电流互感器磁芯和电压互感器绕组上。

如果电表连接到升压变压器的低压侧或者高压侧，那么将需要比阵列数更少的电表，但是电流和电压互感器的性能要求较高。在较高的负荷水平下，主电表必须连接到专用的高精度电流互感器磁芯和电压互感器绕组上。校核电表可以连接到次高精度的电流互感器磁芯和电压互感器绕组上，而在这种情况下，其他负荷能够连接到这些绕组上。

但应注意的是，如果电表连接在升压变压器的低压侧并且两个断路器并联达到额定值，那么每个断路器都需要配备一套电表，因为电流互感器信号的总和不能满足高精度要求。

## 29.6　通过高压直流输电线路连接时的特殊注意事项

随着海上风电场（OWPP）发电功率的增加，且选址距离海岸（以及现有的输电网络）越来越远，采用高压直流输电（HVDC）作为风电电能的输送方式具有越来越显著的优势。在远距离输电的情况下，采用高压直流输电代替高压交流输电有诸多原因。最突出的原因在于可以避免长距离的高压交流输电电缆产生大量的无功功率，并且考虑到当达到一定输送距离时，高压直流输电更具经济性。采用高压直流输电助力海上风电与陆地系统的连接，将为交流集电系统设计带来新的可能性，传统交流输电系统将面临前所未有的变化与挑战。

通常，大型海上风电并网采用基于电压源换流器型（VSC）的高压直流输电。

本节探讨了在设计连接至高压直流输电的海上交流汇集变电站时，需要考虑的特殊要求，并与通过交流电缆出线直接连接于陆上输电网络的交流变电站相比较，后者已在本章的前几节中进行了介绍。

本节旨在确定问题和机会，并就如何优化这些集电系统和变电站的设计提供指导。高压直流输电线路的使用意味着交流汇集变电站与陆上输电系统的电压、频率、短路和控制相分离，这为优化设计和协调需求提供了可能性，如在与高压直流枢纽共享控制方面，即此类交流汇集变电站的运行条件、要求和设计将不同于通过传统交流输出电缆直接连接电网的集电极站。

具体设计相关的问题包括：

（1）系统设计。

1）交流汇集变电站连接到多个高压直流汇集站的最佳数量是多少？需要考虑哪些条件？

2）海上网络应以何种频率运行？由于高压直流输电线路与陆地电网有着明显的分离，应该考虑远离 50/60Hz 的标准频率。海上交流电网是以 50/60Hz 的标准陆上频率运行？还是使用另一固定或可变频率？

3）如何选择和标准化海上集电系统的电压以降低成本？集电交流网络的工作电压是多少？它不需要与陆上电压相关。海上交流电网电压的标准化能否降低成本，便于未来海上电网的扩展？

4）当连接到短路容量有限的高压直流变电站时，如何确定变压器的阻抗？

（2）并网导则。

1）海上高压直流电站如何实现、协调和标准化电网导则要求，如故障穿越（FRT）、无功功率补偿、风机和控制？

2）故障穿越。如何实现和协调风电机组的故障穿越与海上高压直流换流器的故障穿越？

（3）电能质量。设备通过高压直流输电线路连接时，如何确保高质量电力的输送、最大限度地减少谐波、避免设备停电、降低维护成本、提高设备的寿命？

（4）推荐研究。对于风电场的高压交流和高压直流连接，应进行哪些研究？

（5）保护、控制和通信。

1）如何检测短路故障并选择有效的保护原理？

2）保护原理：与交流连接的传输线路相比，保护原理会有所不同吗？

3）通信系统：通信系统需要考虑哪些具体的问题？

### 29.6.1　系统设计

#### 29.6.1.1　系统总体拓扑结构

在这种情况下，交流汇集变电站被定义为一个海上高压交流输电平台，配备必要的电气设备，以从连接到风力发电机的中压交流（MVAC）电缆进行汇集，并提高到高压交流输电的电压，以便连接到一个或多个海上高压直流站，即所谓的高压直流汇集站。从这些高压直流枢纽到陆上传输系统的连接是通过高压直流链路进行的。高压直流输电方案可包括一个或多个海上高压直流枢纽连接海上风电场的一个或多个交流汇集变电站。

由风电场连接高压直流输电平台的拓扑设计受到以下参数的影响：

（1）风电场额定功率和占地面积（尺寸和形状）。

（2）风力发电机组（WTGs）的数量和额定功率。

（3）每台风电机组电缆串的最大数量，由电缆的电压和电流额定值、风电机组升压变压器的输出电压、短路水平和可靠性以及安装注意事项决定。

（4）最大馈线数量和接入平台的电缆特性。

（5）电缆沿线的环境或地形条件。

（6）组件的系统可用性和可靠性。

（7）监管问题，如电网规范要求、当局的规章制度等。

（8）所有权边界。

（9）电网设备的安装成本。

（10）是否存在邻近风电场（用于互连）。

（11）起重能力决定平台和设备的尺寸。

交流汇集变电站的拓扑结构、电压和频率的选择对于确保成本效率、互操作性和未来海上网络的扩展至关重要。

海上交流汇集变电站可布置在不同的网络配置中，如图 29.37 所示，拓扑结构从简单配置到复杂配置：

辐射形电网［见图 29.37（a）］。一个或多个交流汇集变电站通过高压交流（和/或中压交流）输电电缆连接至高压直流汇集站，而各站之间没有互连，汇集站之间也没有互连。

交流集电极平台的数量和每个平台的功率容量，取决于海上风电场的总功率容量和布局，即物理尺寸和形状、集电极网络的电压等级、交流开关设备的最大电流和交流变压器的最大额定功率。平台基础、安装船的起重能力、平台的机械限制和合同策略，可能导致每个平台的功率容量降低。事实上，平台数量和每个平台的功率容量是上述电气及物理关键参数和规划之间优化的结果。限制海上设备项目的数量和尺寸的条件有很多，如变压器额定值。通常，高于 5kA 的二次电流是不正常的，因为这将超过两个间隔的最大正常断路器额定值。

因此，在实践中，33kV 阵列电压低压绕组的最大变压器额定容量为 280MVA，66kV 阵列电压最大变压器额定容量为 560MVA。

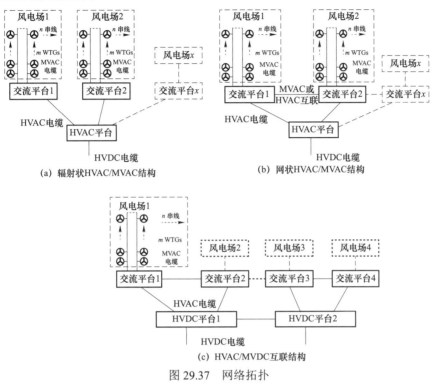

图 29.37　网络拓扑

　　另一种拓扑结构是网状网络［见图 29.37（b）］，交流汇集变电站通过高压交流（和/或中压交流）输电电缆和高压直流汇集站连接，但汇集站之间没有互连。尽管这种拓扑结构增加了调试和运行维护（O&M）的成本，但它可以提高操作灵活性，这一点在海上尤为重要，因为维护和维修通道往往是一个问题。如果正常供电线路因交流汇集变电站上变压器故障停电，或从交流汇集变电站到高压直流平台的高压交流输电电缆中断，则中压交流输电的互联成本更低，并可为风电机组备用设备提供备用供电线路。中压交流输电不适合提供备用出口路线，因为只有一定比例的风电场发电可以通过其他平台出口，这取决于互连电缆的数量及其额定值。此外，由于在该电压水平下的电流较大，损耗将相对较高。

　　在高压交流输电电缆断电的情况下，高压交流输电的互联也可以为风电机组备用设备提供备用供电线路，但无法在变压器断电的情况下提供备用线路。高压交流输电电缆的额定功率更高，因此更适合为风力发电出口提供替代路线，但增加了成本。

　　当一个高压直流输电平台和另一个平台之间引入交流互联时，如果它们位于合理的临近位置，也应考虑类似的因素。如图 29.37（c）所示，这种混合的高压交流输电和高压直流电网，其中除了在 1 号和 2 号高压直流平台之间建立高压交流输电连接外，还可以在中压交流输电或高压交流输电处，在连接到不同高压直流方案的交流汇集变电站之间建立互联，即 2 号和 3 号平台。

　　注　如果故障电流水平过大，这里讨论的所有互联都可以正常闭合或正常开断。

　　应在规划和安装阶段考虑互联，以尽量降低单点故障同时影响主传输路径和备份（互联）

的风险。例如，互联电缆路径应与主电缆轨迹分开，J形管的位置应与主电缆 J形管不同等。

互联的成本必须与潜在收益（或损失）相平衡，这取决于发电水平和意外事故发生的频率。例如，当与输送功率约为 1GW 的高压直流输电系统连接时，发电量损失严重。总之，这影响了整个或部分互联的成本。

如果风电场距离高压直流输电平台相对较近，那么通过连接到高压直流输电线路的换流变压器（从中压交流输电到高压交流输电）的中压交流输电电缆（见图 29.38），将风电机组直接连接到高压直流输电平台，可能更经济。取消一个中高压交流输电电压水平可以节省成本，因为减少了一个变压阶段，所以海上需要的设备（变压器和开关设备）也更少。然而，主要的节省成本是在平台方面，因为需要更少的或不需要交流汇集变电站。随着中压电缆和中压交流输电开关设备的增加，高压直流平台的成本可能会有所增加。另一方面，该解决方案不需要任何输入的高压交流输电开关设备。

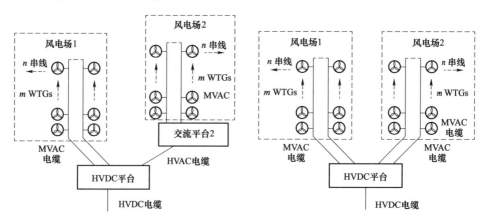

图 29.38 风电场通过中压交流输电电缆直接连接到 HVDC 平台

由于变压器和开关设备的故障部件较少，省略变压阶段可以降低整体维护成本并提高可靠性，同时也会降低功率损失。

整体系统损耗是否降低还取决于电缆损耗，而电缆损耗又取决于风电机组和高压直流平台之间的距离。对现有和未来高压直流平台之间的直接高压交流输电连接进行进一步扩展，还应考虑在海上变电站中选择何种高压交流输电电压（需要标准化高压交流输电电压水平）。需要根据风力发电预测和海上区域开发计划，长期考虑（解决方案的可扩展性），以及经济和技术计算（如潮流、损耗和短路计算），得出最低功率损耗和整个高压交流输电系统设计优化的结论。目前，每个项目都必须单独进行评估。

互联选项也可用于解决风的间歇性问题，在这种情况下，额外的传输能力将提高可用能量的传输效率。

北海地区海上电网协会（NSCOGI）和欧洲超级电网，对区域输电系统的基础设施建设具有关键作用，也会相应影响风电场的配置。

### 29.6.1.2 电压和功率额定值

目前用于或考虑用于海上风电场的标称高压交流输电和中压交流输电电压分别为 132～220kV 和 33～66kV。目前的经验主要是直接的高压交流输电连接，使用一条或多条电压为 132、150kV 和 220kV 的高压交流输电电缆。目前，仅有的高压直流连接的海上风电场位于德国湾内，采用 155kV 的高压直流电缆连接到高压直流枢纽。这些电压和其他电压水平，即 132kV 和 220kV，也被考虑用于连接交流汇集变电站和未来海上风电场的高压直流汇集站。

一方面，较高的电压水平使每条电缆的输送容量更大，高压直流汇集站输出电缆的数量减少，电源损耗减少，输送距离更长。

另一方面，增加电压会增加变压器和开关设备间的尺寸、重量和成本，这可能影响整个交流汇集变电站的尺寸、重量和成本。电缆充电电流增大，从而增加了无功补偿需求。因此，电压水平的选择取决于技术经济评估，例如，已完成项目的经验、可能的风险和潜在的障碍，以及成本效益分析。

风电机组的中压交流输电水平和向交流汇集变电站输电能力的选择，是一个关键的设计参数。默认的中压交流电压水平是 33kV，而 66kV 电压水平也具备应用的可能，因为可能用于连接额定容量更大的风力发电机（通常大于 5MW）。机组由不同横截面的中压交流输电电缆段排列。最厚的部分位于离平台最近的机组末端，通过 J 形管连接交流汇集变电站，限制这些机组末端的厚度。

根据目前的经验，许多海上风电场使用 33kV 电缆串，导线截面最厚横截面积为 630mm²。下一步是使用导线横截面积为 800mm² 的电缆（也宣布了更大的横截面积），这被认为是可行的，但目前仅在有限数量的项目中使用。由于在接近 J 形管时需要较大的弯曲半径，因此使用此类较大的横截面可能具有挑战性。

更高的输送容量可以通过更多的风力发电机（更大的场地）或更高额定容量的风力发电机来实现。后者意味着每 33kV 电缆串的风力发电机数量减少，因此，在这两种情况下，交流汇集变电站上的 J 形管和开关设备间隔都更多。丹麦的经验表明，对于 5MW 以上的风电机组，66kV 比 33kV 更具竞争力，因其减少了中压交流输电串，降低了功率损失，并减少了交流汇集变电站中压交流输电设备的尺寸、重量和成本。

66kV 电缆比 33kV 电缆的无功功率高，这有助于充分确定低压条件下电网导则的无功能力（PQ）要求。然而，66kV 电缆无功补偿更高，中压交流输电网络可能发生空载情况，影响轻负荷条件下的电压调节。

66kV 中压交流输电汇集网络的实施，可以使电力直接传输到高压直流枢纽，而无需进行升压，因此也无需交流汇集变电站。这种 66kV 的连接在较短的距离内具有竞争力，应包含在对交流汇集变电站的成本效益分析中。使用 66kV 电压水平，也将为在中压侧实现海上风电场和交流汇集变电站互联提供可能性。

### 29.6.1.3 频率

通过高压直流输电将海上风电场与陆上传输系统解耦，意味着交流汇集变电站的频率不一定需要达到陆上系统中使用的标准频率 50Hz 或 60Hz。此外，也不需要与陆上系统实现频率同步。海上交流电网的频率由高压直流换流器的电力电子设备决定。因此，频率可以选择为固定或可变的。它可以与陆上系统完全解耦，也可以镜像到陆上系统，以便从海上风电场获得适当的频率响应，以稳定陆上系统的频率，并在高压直流汇集站和海上风电场的频率控制之间进行协调。然而，相同的频率方案必须适用于整个互联（海上）交流网络。

使用高于标准 50Hz 或 60Hz 的固定频率可允许更小、更轻的海上组件，如变压器和电抗器。相反，低于标准 50Hz 或 60Hz 的固定频率，将降低电缆的无功充电功率，从而降低对电缆无功补偿的要求。

变频技术已经运用于现代风力发电机中,通过电力电子转换器将变频发电机与固定频率电网解耦。这优化了特定风速下的风能捕获,减少了齿轮箱的机械应力和磨损,并通过电力电子转换器实现故障穿越(FRT)。在系统层面,如果此类变频发电机直接连接到交流汇集变电站,即无单独的转换器,则变频方案可能会变得有利。

将这一概念从单个的风力发电机扩展到承载众多风力发电机的整个海上网络将具有挑战性,例如:

(1)如果所有交流互联发电机的瞬时(可变)频率保持不变,则由于海上风电场区域的风分布不均匀,发电机组的能量捕获优化和风力发电机的机械应力降低,优化效率就会降低。

(2)由于将频率偏差解释为功率不平衡的传统方案不适用于变频系统,因此需要开发和实施新的电源频率控制方案。

变频和非标准固定频率方案都存在其他技术挑战:

(1)高压交流输电和中压交流输电电缆,可在较宽的频率范围内工作。然而,由于电缆中的无功发电量更大、功率损耗增加,在较高频率范围内的传输效率降低。

(2)需要对保护方案进行重新设计和适用性试验,尤其是在低频状态下运行时。频率越低,故障清除时间越长。

(3)由于断路器触点上的恢复电压在较高频率范围内上升更快,因此开断小电容电流的负荷时将变得更为严重,再次雷击的风险增加。可能需要开发更快的断路器或使用两个(或更多)串联断路器。

(4)应设计变压器、备用设备和柴油发电机等设备,并在非标准频率或宽频范围内对其进行适用性试验。如果不适合所应用的频率方案,一些备用设备可能需要额外的变频器。

(5)低频系统要求变压器具有更大和更重的铁芯,但要降低铁芯损耗、噪声和负荷损耗。较高的频率范围会增加这种损耗和噪声。此外,根据设计,频率范围影响变压器阻抗,这可能成为优势或劣势。

采用非标准频率带来了许多商业问题:

(1)特殊设计的非标准设备可能会增加成本。

(2)供应链能力小,设备供应商之间的竞争有限。

(3)如果两个具有不同频率的海上系统交流互联,则对未来可扩展性带来挑战。

考虑到频率高于或低于标准 50/60Hz 的运行,有人指出,频率偏差可能会带来电网元件偏离其型式试验认证的标准。

然而,在欧洲和美国,已分别在 50Hz 和 60Hz 的频率下试验认证了大量的设备。因此,如果更小、更轻的变压器具有显著的使用价值,那么 50Hz 区域的系统设计者可能希望考虑在海上使用 60Hz。相反,如果电缆产生的无功功率是一个重大问题,则 60Hz 区域的设计师可能希望考虑在海上使用 50Hz。

### 29.6.1.4 实用性和可靠性

$(N-1)$ 和 $(N-2)$ 冗余度经常用于陆上输电系统。发电侧设备,如变压器和发电厂电线路,都是由 $(N-0)$ 冗余构成的。由于从交流汇集变电站到高压直流汇集站的高压交流输电或中压交流输电连接,以及从汇集站到陆上传输系统的高压直流连接都是输电设备,因此可以设计为 $(N-0)$ 冗余。

然而，海上风电场的中压交流输电网络、升压变压器和交流汇集变电站的备用设备，通常设计为具有更高的冗余度，这是基于设备成本与发电量损失成本的比例要求或政府机构的要求。例如，英国法规要求每个平台至少安装两台变压器，每台变压器的额定功率至少为平台要求额定功率的50%。考虑到海上风电场的寿命成本、监管要求、断电对成本的影响（维持应急电源），以及高影响低概率（HILP）事件，从交流汇集变电站到汇集站的高压交流输电连接也可设计为更高的冗余。

此外，还应评估进入平台的方式，例如，使用船只还是直升机。

CIGRE 第 612 号技术报告提供了与高压交流输电和高压直流平台的先进设计、承包和维护需求有关的参数与措施的评估方法。

### 29.6.1.5  备用电源

不同的故障情况会导致整个海上系统进入孤岛运行。在孤岛运行期间，必须支持包括安全系统、导航系统等在内的基本负荷，以确保交流汇集变电站的完整性，并确保为风电机组提供备用电源。

备用电源通常由一个或多个柴油发电机组提供，这些柴油发电机组位于交流海上平台上，其设计仅用于支持交流汇集变电站。当这些发电机组设计为风电机组的用户供电时，它们必须能够在稳态和瞬态条件下向所有备用负荷（包括风力发电机）提供必要的有功和无功功率。

应急柴油发电机组对交流汇集变电站的设计和成本有相当大的影响（如柴油发电机组部件、柴油箱的尺寸和重量，以及火灾危险）。因此，在考虑柴油发电机组时，应采用设计坚固、维护费用低的设备。如果与岸上不相连，在安装风电场期间，则可能需要特别考虑使用柴油发电机组向风电机组提供电力。

设计柴油发电机和备用电源时面临的问题是：

（1）中压集电线和风机变压器在通电过程中的涌流。

（2）当原动机在轻负荷（低于其额定负荷的30%～35%）下长时间运行时（湿法堆存），会出现疲劳和寿命缩短。

（3）柴油发电机应随时向投入最多和最少时的风力发电机提供备用电源。

（4）风电机组备用电源和平台电源之间的功能划分（为平台提供稳定和"干净"的电源）。

（5）由于海上中压电网的电容性，通过柴油发电机提供备用电源可能需要中压电抗器来补偿中压电缆。这就增加了设备、平台空间和重量方面的额外成本。

由于向岛上的海上中压电网和风力发电机提供备用电源存在诸多挑战，因此其他方案可供考虑。这些方案的列表如下：

（1）高压交流输电或中压交流输电与其他高压直流或交流平台的互连。

（2）多端直流互连。

（3）通过陆地系统的高压直流连接器通电。

（4）风电机组随机启动能力，使选定数量的风电机组能够向包括平台备用设备在内的其他中压电网提供备用电源（要求为黑启动模式设计风电机组转换器系统）。

（5）在选定的风电机组上建立小型柴油机组。

### 29.6.1.6  所有权分割的影响

技术系统的所有者可以根据需要调整其设计。根据技术和经济评估，资产最终将得到优化。

在接入点处的两个相邻系统必须联合运行。为了使两个系统共同稳定运行,技术规则(如并网导则)必须由双方共同确定。这些规则具有普遍性,反映了许多不适应当前情况的技术环境。因此,两个系统的独立设计将不会像其被视为一个完整系统时那样优化。因此,属于不同所有者的技术系统可能不是最优的,需要所有者进行额外的技术改进。

所有权分割的位置可能会对交流集电极系统的最终技术特性产生重大影响,从而影响其设计,如对交流集电极系统的无功和有功功率控制。

如果只有一个所有者,如输电系统运营商,那么考虑到整个资产作为一个系统,将风电场集成到陆上电网中,会为优化解决方案的设计提供更大的可能性。

如果输电系统运营商仅拥有高压直流输电线路,则交流集电系统必须在双方的接口处满足所有电网连接要求。这可能会导致额外的工作,如:

(1)交流集电极平台上用于中高压电缆补偿的静态电抗器。

(2)在稳态条件和故障情况下,风电机组在无功功率的输送和消耗方面具有较强的协作能力。

(3)交流集电极系统的固定频率(风电机组必须相应地采取措施)。

如果高压直流输电线路归发电公司所有(岸上所有权的分割),则在所有情况下提供稳定的海上电网所需的技术特性都可以优化,并在所有相关电网组件之间进行分割。例如,高压直流换流器可以用来消耗交流集电极系统的无功功率,而如果风电机组在高压直流换流器的设计中有很大的优势,那么它将有助于无功功率的控制。或者,在故障期间,如果风电机组不提供电压支持,那么高压直流输电系统需要使电网稳定。这对风电机组有利,但需要高压直流侧提供更多支持。

一方面,由于风电机组由制造商开发,以服务于广泛的市场,因此大多数可用的风电机组(至少部分)能够满足所有电网规范要求。另一方面(尽管已经开始了部件和高压直流系统的协调和标准化),高压直流系统的设计是独一无二的,并适用于每个特定的项目。为了优化海上电网的设计,必须协调风电机组的技术性能和高压直流输电系统的要求。

### 29.6.1.7　变压器阻抗和电压控制

高压直流汇集站将提供相对较小的故障电流,即高压侧的短路容量较低。

表 29.6 显示了降低变压器短路阻抗所产生的影响,包括短路电流、中压母线电压降和变压器漏抗"吸收"的无功功率。

表 29.6　　　　　　　　　　短路阻抗降低的影响

| 参数 | $V_{CC}$%=15% | $V_{CC}$%=13% | $V_{CC}$%=11% | $V_{CC}$%=9% | $V_{CC}$%=7% |
|---|---|---|---|---|---|
| 中压侧短路电流(kA) | 6.387 | 6.957 | 7.656 | 8.103 | 8.533 |
| 电压降(%) | 1.25 | 0.96 | 0.71 | 0.49 | 0.31 |
| 变压器无功功率(Mvar) | 21.25 | 18.42 | 15.59 | 12.76 | 9.93 |

结果表明,将变压器的短路阻抗减少一半,对中压短路水平的影响不大。另外,电压降和无功功率大大降低。因此,变压器应选择较低的阻抗,以确保保护系统正常动作。但是,当同一个高压直流汇集站上有多个海上风电场或变压器高压侧有多个互联的高压直流汇集

站时，高压侧的短路容量会更大，特别是当变压器并联运行时，阻抗将更高。

变压器阻抗应根据交流汇集变电站的实际运行条件计算确定，包括高压直流汇集站和海上风电场的影响。同时考虑电网未来扩展的可能性，并将其纳入变压器阻抗规范中。

可通过分接头进行指定高压交流输电/中压交流输电变压器，将中压交流输电电压控制在所需范围内。在长距离中压交流输电时使用分接头变换器，并且缺乏风机的有效电压和无功功率控制，例如，在无风条件下，风机不必控制无功功率。分接头的规格和设计应通过成本效益分析进行评估，将带分接头的变压器的潜在收益及其额外的成本和维护，与其他无功功率控制设备和带固定分接位置的变压器的使用情况进行比较。成本应包括减少可用性和因移动部件而增加的维护。保证分接头控制调整次数最小化。

请参阅 CIGRE 第 612 号技术报告，了解与选择分接头相关的更多注意事项。

### 29.6.2　并网导则符合性

大多数输电系统运营商都制定了并网导则（GCs），即最低限度的并网技术要求，风力发电机应遵守这些要求，以便并网。自 2012 年发布以来，适用于所有发电机的并网导则（NC RfG）[C] ENTSO-E 一直在构想中。一旦实现，ENTSO-E NC RfG 将成为欧洲级别的并网导则，并取代风力发电机的国家并网导则。

欧洲的高压直流输电还没有国家级的并网导则。高压直流连接的技术要求已由客户（如相关输电系统运营商）指定，并与供应商协商。技术要求以高压直流连接和相邻交流电网的特定技术与经济条件为前提。ENTSO-E 编制了高压直流系统和直流并网风电场（NC HVDC）并网导则草案 [D]。一旦公开咨询阶段完成，欧洲的输电系统运营商将采用 NC HVDC。

根据上述并网导则的早期草案版本和各种出版材料，ENTSO-E 对潜在的超高压海上电网连接拓扑有一个愿景，该拓扑分为六种基本交流、直流和混合超高压配置。本节的范围（高压直流输电和交流输电的连接方式）包括：

（1）直流与陆上交流电网单点连接：一个或多个海上风电场通过海上交流系统互连，再通过一个或多个直流输电系统与陆上主网相连，如图 29.39（a）所示。

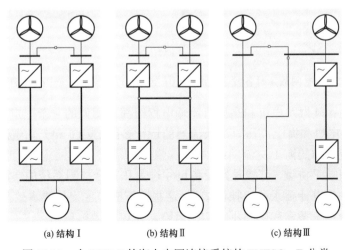

(a) 结构Ⅰ　　　　(b) 结构Ⅱ　　　　(c) 结构Ⅲ

图 29.39　含 HVDC 的海上电网连接系统的 ENTSO-E 分类

（2）网状多端直流与交流电网连接：多个海上风电场通过海上交流系统互连，再通过多个直流系统和陆上主网相连（可组合在一个多终端系统中），连接至陆上主网，如图 29.39（b）所示。

（3）交直流混合网与交流电网连接：多个海上风电场通过海上交流系统互连，再通过两个或多个直流或交流并网点和陆上主网相连，如图 29.39（c）所示。

现代风力发电机使用电力电子转换器，分为全转换器接口或双馈（感应）发电机。高压直流换流器装置与换流器接口/换流器控制的风轮机的技术要求相似：

（1）技术要求在于高压直流连接和风力发电机的交流连接点。通常，这被解释为交流输电系统变电站中的连接点。

（2）频率稳定性：在特定范围内控制有功功率的能力，以及响应系统频率变化的特定设定点。

（3）电压稳定性：根据电压变化，将无功功率控制在规定范围和设定值内的能力。

（4）鲁棒性：只要电压和频率在要求的允许范围内，就能够保证并网连接，按照 PQ 图与交流系统交换有功功率。

（5）低电压穿越（LVRT）：当电压和频率在规定时间内保持在规定范围内时，避免在交流输电系统短路条件下脱网。在 LVRT 条件下，支持电压恢复的无功电流供应或支持频率稳定性的有功电流供应，都可以作为最高优先级要求。图 29.40 说明了通过风力发电机提供无功电流来支撑电压的原理。

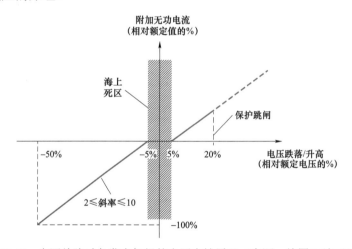

图 29.40　电网故障时各发电机组的电压支撑原理（来源：德国田纳西州）

值得注意的是：风力发电机和高压直流输电枢纽都有相似的复杂规定。例如，短路期间和短路后，风力发电机和海上高压直流换流器的运行参照 LVRT 和无功电流供应的要求，接入相同的传输系统操作的海上交流网络。

技术要求之间缺乏协调，可能导致设备尺寸过大和冗余控制系统的实施。提出了优化和协调海上系统部件的设计要求和可控性措施。这些措施应产生优化成本效益和技术的解决方案，同时考虑控制系统搜索和网络不稳定的风险。建议的措施包括：

（1）高压直流换流站极有可能具有 LVRT 能力，并具有足够的可控性，以支持电压和无功功率。在同一个交流集电极网络内，高压直流集电极和海上风电机组之间，可以共享和优化电压及无功功率控制。在可能的情况下，可以减少风力发电机的控制力，以避免不必要的设备和控制过度。

（2）可要求风力发电机控制中压交流电网电压，而不是提供功率因数控制，包括在无风条件下。这可能会减少控制力度，避免高压直流汇集站的潜在电压过大，并避免交流汇集变电站对额外的无功补偿设备需求。

（3）利用具有可变设定点的电压控制来优化、控制并减少交流集电极网络中的功率损耗。

（4）利用电压降/无功功率在高压直流线路和海上风电场之间进行协调电压控制。

（5）协调 LVRT 的设置，例如，施加电压与时间的关系。高压直流输电汇集站和风力发电机在必要时保持并网连接，并协调跳闸顺序（汇集站在风力发电机跳闸之前不会跳闸）。

（6）快速振荡的衰减。协调控制回路定时常数，以避免不同系统之间的振荡或相互作用。

（7）演示和测试程序以验证复杂系统正确运行。

这些措施需要在输电系统运营商和海上风电场运营商之间，制订一体化设计和控制理念。

### 29.6.3　电能质量

每个输电系统运营商（TSO）重要任务之一是：为客户提供并保持高质量的电力供应。良好的电能质量是设备有效可靠运行的重要组成部分。瞬变和谐波等电力干扰会破坏或缩短敏感设备的寿命，导致昂贵的停运时间、额外的维护和收入损失。

在高压直流连接的海上风电场的海上电网设计中，所需要处理的不同电能质量问题，与交流连接的海上电网相似。本节重点介绍了一些高压直流输电连接问题。

一些已知的潜在问题如下：

（1）电压变化。与交流连接风电场的情况不同，在这种情况下，PCC 电压的任何变化都会瞬间传播到集电极系统，直流连接风电场的集电极系统由于高压直流换流器的动态电压控制功能，对 PCC 处的电压变化不太敏感。

目前已经提出了一些方法来减小或减轻电压波动，其中包括：

1）改进了风力发电机的背靠背换流器控制系统；

2）使用 STATCOM 或 SVCs；

3）局部电压控制机制的应用；

4）限制涌流（变压器带电或 MSC 带电）；

5）受控带电（低电压下）；

6）协调开关操作。

前两种缓解方法主要适用于交流连接的风电场。然而，在与高压直流连接的风电场中，这些功能可以并入高压直流控制中。从电压变化的角度来看，高压直流输电系统对系统设计有着积极的影响。

（2）共振。高压和中压长电缆的广泛使用，使得海上网络容易产生共振。此外，大量稳态开关的不同配比组成（特别是考虑到两个高压直流换流器平台的交流互联时）以及谐振频率，可能根据电缆数量和运行中的风轮机数量而发生显著的变化，增加了近海网络的复杂性。因此，谐波研究应在项目的最早阶段进行。

通过过滤器减少共振增加了复杂性和平台空间成本。高压直流输电（即基于 VSC 的高压直流多电平换流器）和风力发电机换流器，应考虑采用低谐波发射换流技术，以尽量减少或消除无源滤波器的使用。

（3）电能质量测量。电能质量（PQ）测量已成为输电系统和风电场运营商在发电和配电领域的主要关注点。

由于相互作用，电能质量可能出现潜在的稳定性和供电质量问题。这些问题可能是由高压直流换流器的控制装置和相连的风力发电机与其电力电子换流器之间的相互作用造成的，也可能是由于交流系统中的谐波发射、共振频率和快速瞬变引起的高水平交流系统畸变引起的。对于所有配有高压直流连接的海上集群和配备大量电力电子设备的海上风电场，都可能会出现这些问题。

如果在风电场运行过程中出现电能质量问题（如谐波、电压畸变、振动、快速瞬变等），保护跳闸可能导致风机或整个风电场意外断开。这可能会造成与供电中断相关的极大损失。

在风电场运营商负责电能质量问题的情况下，快速检测对于解决问题和尽快恢复电源至关重要。加速故障检测最有效的方法是在所有中压电缆馈电串及 PCC 上安装电能质量测量设备。然而，如果电能质量测量设备仅位于风电场变压器的高压侧，则故障检测程序和因进料损失而产生的相关成本会迅速上升。如果电能质量问题也影响到相邻的风电场，则不能排除法律索赔的风险。

为了符合输电系统运营商的要求，并使风电场运营商能够了解、应对和解决电能质量问题，应对此进行评估。

为了评估这类电能质量问题，需要非常详细的风电机组模型，包括变频器的实际控制器代码。此外，研究需要高频率范围内的准确元件模型（变压器、电缆等）。

（4）瞬变。一般来说，电磁瞬变不是由计划的操作程序引起的就是由随机事件引起的。典型的计划操作程序是分闸/合闸反馈电线、给设备通电或断电等。部分随机事件是设备绝缘故障，发生相间或某相接地短路故障。

瞬态特性由多种因素决定，包括集电极系统拓扑结构、电缆馈线的横截面和长度、补偿设备的类型和尺寸（如有）、电力变压器的电气特性、断路器的类型和特性、传输技术的类型和电气特性、用作陆上主网的接口、接地方法等。

这些瞬变是众所周知的，对它们的分析方法也已建立。通常，这些分析是通过计算机建模和仿真完成的。

对直流输电的瞬态分析和模拟比交流输电更复杂，主要是因为直流输电线路是一个基于特定设备和特定控制装置的复杂系统。两个换流器中的任何一个发生故障都会导致一定的瞬变，甚至导致整个系统停电。

（5）闪变。通过交流连接的风电场以及与直流输电系统相连的风电场的主要区别是：后者与主网分离，而前者与主网直接相连。配合更高电压等级的高压直流输电使用，风电机组的闪变将不会对主网带来影响。

## 29.6.4　技术研究

关于交流连接的风电场的研究在 29.2.11 中有详细说明。此外，对于直流连接，应特别考虑一些因素，包括：

（1）海上变压器负荷能力，研究基于 VSC 的高压直流阀对于涌流的限流能力。

（2）应急电源备用柴油发电机的设计和尺寸。

（3）控制系统交互研究——应深入评估高压直流连接器和海上风电场的应用控制系统。例如，不良的相互作用可以用振荡现象来表示，如控制相同电气量的快速动作控制系统，在大多数情况下是电压或电流，并可能危及整个系统的稳定性。本研究需要详细了解应用控制系统，其目的是通过协调相关的控制措施，如使用下垂、主从或快速慢速控制策略，来有效地消除此类冲突，以避免控制系统相互抵消。

## 29.6.5　保护、控制和通信

### 29.6.5.1　一般保护原则

#### 29.6.5.1.1　故障水平

当海上风电场直接与交流电网相连时，故障水平主要受上游电网短路的影响。然而，当交流集电极系统与高压直流输电系统相关联时，情况就不同了。根据高压直流输电系统和控制系统的原理，高压直流换流器所代表的上游电网的贡献可以在负荷电流的 $0\sim1.2$p.u.之间变化。因此，对于通过高压直流系统连接到电网的交流集电极系统，其故障水平将明显低于直接连接到交流电网的情况，因此，区分故障和重载状态也成为一个挑战。

根据 CIGRE 第 612 号技术报告中的研究，在高压直流连接变电站的情况下，高压母线的短路电流可达到交流电网连接变电站典型短路水平的 $10\%\sim15\%$ 范围内。与交流并网风电场相比，高压直流并网风电场的交流集电极阵列段的稳态短路故障水平可降低 $20\%\sim35\%$。此外，对于高压直流连接的风电场，孤岛条件更为重要，只有连接的柴油发电机才是保护的最苛刻条件。这些考虑将导致需要具有可切换设置的过流继电器，以适应运行条件。此外，可能需要在变电站端的阵列馈电线上更多地使用负序保护、电压控制过电流和距离保护，并可能在阵列电缆上使用差动保护（随之增加成本）。

#### 29.6.5.1.2　控制和保护系统：未来设想

随着海上风电场在欧洲未来能源生产中的份额越来越大，实施智能、协调的控制和保护方案变得更加重要，以确保整个系统的高可靠性，从而避免大量发电机同时停运。这些方案最重要的特点是：

（1）海上高压电网和内部 WF 阵列（如使用差动继电器）中保护的高度选择性。

（2）内部风电场阵列（回路连接）和高压海上电网中的部分冗余电缆连接（如不同海上交流变电站之间的电缆连接）。

（3）海上电网和风电场中的自动化控制，允许设备停电后自动切换顺序（如带保护跳闸的电缆故障），以减少正常设备的停机时间，并在短期内恢复最大可用电源供应。

（4）当系统资源不足时，控制算法根据设备负荷使得最大功率馈入。例如，在传输设备（电缆或变压器故障）停机期间，可通过实时温度监控允许受控端临时过载。

这些功能可能会成为未来规程的一部分，以提高海上系统的可靠性/可用性，从而增强电力系统的整体稳定性。但是，必须注意避免过于复杂的保护，因为其可能导致误操作。此外，二次设备的使用寿命通常比一次设备短，在风电场运行期间可能需要更换二次设备。

### 29.6.5.2　SCADA 与通信

从根本上讲，无论是通过交流还是高压直流连接，SCADA 和通信要求基本相同。这些考虑因素在 29.5.4 中进行了讨论。更多详情可参考 CIGRE 第 483 号和第 612 号技术报告。

## 参考文献

Bossi, A., et al.: An International Survey on Failures in Large Power Transformers in Service. Final report of CIGRE Working Group 12.05, Electra, No. 88, pp. 22–48 (1983)

Cigré, Technical Brochure 460: The Use of Ethernet Technology in the Power Utility Environment, Apr 2011

Cigré Technical Brochure 483: Guidelines for the Design and Construction of AC Offshore Substations for Wind Power Plants

Cigré, Technical Brochure 484: Impact of HVDC Stations on Protections of AC Systems, Dec 2011

Cigré Technical Brochure 612: Special Considerations for AC Collector Systems and Substations Associated with HVDC – Connected Wind Power Plants

Cigré Technical Brochure 619: HVDC Connection of Offshore Wind Power Plants

CIGRE WG A3.06: Reliability of High Voltage Equipment Final Results Circuit Breakers. Tutorial at the colloquium of SC A3, Sep 2011

CIGRE WG A3.22: Technical requirements for substation equipment exceeding 800kV. CIGRE WG A3.22, No.362 (2008)

CIGRE WG B3.20: Evaluation of different switchgear technologies (AIS, MTS, GIS)for rated voltages of 52kV and above. Technical Brochure No. 390 (2009)

CIGRE WG B3.22: Technical requirements for substations exceeding 800kV. P – 7 – P – 10, Technical Brochure No. 400 (2009)

CIGRE WG C4.306: Insulation coordination of UHV AC systems. Technical Brochure No. 542 (2013)

ELECTRA: Electric power transmission at voltages of 1000kVAC or ±600kV DC above Network problems and solutions peculiar to UHVAC Transmission. (WG 38.04 & TF 38.04.04: SC38) (Power system analysis and techniques), P – 41, Number 122, Jan 1989

IEC 62271 – 1: High – Voltage Switchgear and Controlgear – Part 1: Common Specifications

IEC 62271 – 203: High – Voltage Switchgear and Controlgear – Part 203: Gas – Insulated Metal – Enclosed Switchgear for Rated Voltages Above 52kV

IEEE Std. C37.122 – 2010: IEEE Standard for Gas – Insulated Substations Rated Above 52kV

Lapworth, J.A.: Transformer Reliability Surveys. Study Committee Report of CIGRE SC A2 Advisory Group "Reliability", Electra, No. 227, pp. 10–14 (2006)

Tenbohlen, S., et al.: Transformer Reliability Survey. Interim Report of CIGRE Working Group A2.37, Electra, No. 261, pp. 46–49 (2012)

CIGRE Green Books

# F

第 F 部分

## 二次系统

◈ John Finn, Ray Zhang, and Yang Ruoling

# 二次系统：简介及应用范围

**30**

John Finn and Adriaan Zomers

## 目录

　　在本书中，到目前为止，我们已集中讨论了组成变电站的主要设备，包括空气绝缘、气体绝缘以及混合技术类型变电站。然而，如果没有二次系统，变电站将只是一次设备的存储

Adriaan Zomers: deceased.

J. Finn (✉)
CIGRE UK, Newcastle upon Tyne, UK
e-mail：finnsjohn@gmail.com

A. Zomers

© Springer International Publishing AG, part of Springer Nature 2019
T. Krieg, J. Finn (eds.), *Substations*, CIGRE Green Books,
https://doi.org/10.1007/978-3-319-49574-3_30

仓库。二次系统是保护、运行和控制一次设备和整个电力系统的必要因素，是变电站的生命。

本章将对以下系统和功能进行说明。

## 30.1　辅助系统

辅助系统包括变电站设备供电所需的低压交流和直流电源。低压交流电源为供暖、照明、电池充电器、变压器风扇和泵提供电源，而直流电源则用于电厂控制与保护和断路器跳闸来清除故障。以上这些系统需要精心设计以确保变电站可靠运行，将在第 31 章中对以上内容进行介绍。

## 30.2　保护

保护对于确保及时识别和清除故障，迅速维持电力系统的稳定，使变电站损害最小化至关重要。将在第 32 章，对不同类型的保护系统，包括备份系统等进行详细介绍。

## 30.3　控制和自动开关

为确保变电站有效运行，需要一套控制系统，以显示所有本地和远程电厂的状态，关键参数的模拟值（如电压、电流、有功功率和无功功率），并提供数字输出来控制开关设备的开合与变压器分接头的升降等。除了基本指示和控制之外，还可以应用其他功能，例如，同步、电压和/或无功控制、出于安全和操作原因的连锁、避免频率崩溃的负荷控制等。此外还可能需要其他功能，如自动关闭或重新闭合以优化网络性能，并且在某些情况下需要控制切换，即关闭或打开某些电厂设备（如电抗器或电容器）以控制波形，以减少网络上的开关瞬变。将在第 33 章对该类功能进行介绍。

## 30.4　计量和监测

计量大致可分为运行计量和结算（或关税）计量两类。运行计量提供模拟值的测量，如电压、电流、频率和系统操作时的有功和无功功率，而电价计量则是为了保证用电各方之间的电力销售能够顺利进行。这两类计量通常由单独的计量变压器提供，并受不同的法律及操作规程的约束。除此之外，还有许多其他监控功能可用于改善系统性能，诸如架空线路故障定位器、提供故障状态模拟跟踪曲线协助故障分析的故障录波器，以及帮助了解故障事件顺序的事件记录器。除上述这些功能外，还需要对设备进行自我监控，配备专门的状态监测设备，对故障进行优化维护，在潜在故障发展为全面故障前及时显示。根据测量扫描频率，这些监控功能可分为三类，即工厂性能监测、故障记录和系统动态监测，详情见第 34 章。

## 30.5　通信

变电站是电力系统运行中互联系统的一部分，因此必须具有收发通信的手段。需要传达的信息类型有：向操作员提供配电和许可信息的电话语音，向中央控制点提供相关信息数据，以及确保保护动作正确运行的信令。每个功能对信息速度和安全性的要求可能不同。变电站通信各个方面详情见第 35 章。

## 30.6　数字设备

近年来，几乎所有二次设备都已实现了数字化。由此导致软件和固件管理以及互操作性等方面产生了新问题，同时也促进了 IEC 61850 的发展。将在第 36 章中就以上问题进行讨论。

## 30.7　设备注意事项和接口

第 37 章讨论了设备相关的具体要求，如电气参数、环境条件、外壳和可访问性。这贯穿到变电站布局和建筑的民用要求，如地下室、假地板或天花板和壕沟。该章节还讨论了二次设备与一次设备的接口要求，以及电流互感器、电压互感器、断路器及其连接等问题的具体要求。

## 30.8　二次系统管理

大多数人都知道变电站一次系统中重要资产的管理要求。然而，对二次系统的有效管理同样重要，甚至更为重要。其中一个关键问题是二次设备的使用寿命通常不到一次设备的一半，这会引起更换时的管理问题。第 38 章向读者介绍了可靠性、对维修和置换的人身安全要求等管理方面的内容。讨论了电线与光纤的识别和标识、确保电子设备安全等其他实际问题，以及二次设备从型式试验到出厂验收试验，再到调试和维护试验，包括故障发现与复原等各种试验。

## 30.9　一般注意事项和要求

然而，在详细讨论上述所有方面之前，我们先简要回顾一下与二次系统有关的一般注意事项和要求。

### 30.9.1　二次系统功能

首先，变电站二次系统由许多子系统组成，如图 30.1 所示。分类如下。

注　方括号中所示的系统名称与图 30.1 所示的功能要求与部署相互参照。

- 保护方案［P］
  - 系统保护［P1］（图 30.1 中未显示）：
    - 广域保护［P1.1］；
    - 减载［P1.2—在控制中心层面激活］。
  - 变电站保护［P2］：
    - 母线保护（BBP）［P2.1］；
    - 断路器失灵保护（BFP）［P2.2］。
  - 间隔保护［P3］：
    - 馈线（线路和电缆）［P3.1］；
    - 变压器和电抗器组［P3.2］；
    - 母线连接/母线分段［P3.3］；
    - 分流装置，如电容器组、电抗器［P3.4］；
    - 串联设备，如串联电抗器、串联电容器；
    - SVC 或静止同步补偿装置。
- 自动化方案［A］
  - 系统/网络自动化［A1］：
    - 系统还原［A1.1］；

| 功能名称 | 功能的重要性 | | | 使用范围 | | | | 实现方式（注1）传统系统 | | | | | | 实现方式（注1）数控系统 | | | | | | 作用位置 | | | | 冗余范围 | |
|---|---|---|---|---|---|---|---|---|---|---|---|---|---|---|---|---|---|---|---|---|---|---|---|---|---|
| | 极高 | 高 | 较低 | 一直 | 通常 | 根据要求 | 需要额外的分析 | 继电器:电子机械电子器件 b | c | 传统MMI b | c | 硬连线电路 b | c | 继电器 b | c | 数字IEDs b | c | 数值相关MMI b | c | 间隔设备/现象 b | c | 当地/变电站 | 遥控/RCC | 适当的 | 不必要 |
| P2.1 | × | | | × | | 注2 | | | × | | | | | | | × | | | | | | | × | | × |
| P2.2 | | × | | × | | | | | | | | × | | | | × | | | | | | | × | | × |
| P3.1 | × | | | × | | | | × | | | | | | × | | | | | | | | × | | × | |
| P3.2 | × | | | × | | | | × | | | | | | × | | | | | | | | × | | × | 注3 |
| P3.3 | × | | | × | | | | × | | | | | | × | | | | | | | | × | | × | |
| P3.4 | | × | | × | | | | × | | | | | | × | | | | | | | | × | | × | |
| A1.1 | | × | | | | | × | × | | | | | | | | | × | | | | | × | × | | × |
| A1.2 | | × | | | | × | | × | | | | | | | | | × | | | | | × | × | | × |
| A1.3 | | | × | | | × | | × | | | | | | | | | × | | | | | × | × | | × |
| A1.4 | | × | | | | | × | × | | | | | | | | | × | | | | | × | × | | × |
| A1.5 | | | × | | | | × | × | | | | | | | | | × | | | | | × | × | | × |

图 30.1　变电站二次系统的功能要求和部署：保护、自动化和控制（一）

| | | | | | | | | | | | | | | |
|---|---|---|---|---|---|---|---|---|---|---|---|---|---|---|
| A2.1 | | × | | × | | | × | | | × | | × | × | × |
| A2.2 | × | | × | | × | | | | | × | | × | × | × |
| A2.3 | × | × | | | | | | | | × | | × | | × |
| A3.1 | × | | | × | | | | | × | | | × | | × |
| A3.2 | × | | × | | | | | | × | | | × | | × |
| A3.3 | | × | | × | | | | | × | | × | × | | |
| A3.4 | × | | × | × | | | | | × | | | × | × | |
| A3.5 | × | | × | × | | | | | | × | | × | × | |
| A3.6 | × | | × | | | | | | | × | | × | | × |
| CO1 | × | | × | | | × | | | × | × | × | × | × | × |
| CO2 | × | | × | | | | × | | × | | | × | | × |
| CO3 | × | | × | | | | | × | | × | | × | | × |
| CM1 | | × | × | | | × | | | × | | × | × | × | × |
| CM2 | × | | × | | | × | × | | × | | × | × | ×* | × |
| CM3 | | × | × | | | × | | | × | | × | × | ×* | × |
| CM4 | | × | | × | × | | | | × | × | | × | × | × |
| CM5 | | × | × | | × | | | | × | | × | × | × | × |
| CM6 | | × | × | | | | × | | × | | × | × | | × |
| CM7 | | × | × | × | | | | × | | | × | | | × |
| CM8 | | × | × | × | | | | × | | | × | | | × |

图 30.1　变电站二次系统的功能要求和部署：保护、自动化和控制（二）

*. RCC 中的项目数量通常会减少。

注　1. b、c 标识表示是否在间隔或控制室相关设备中的实践。

2. 不包括环形母线配置。

3. 被推荐的主保护：支持可选。

- 减载（频率和/或电压控制）［A1.2］；
- 脉动控制（预定时间顺序指令）［A1.3］；
- 电网解列（孤岛效应）［A1.4］；
- 负荷恢复（脉动控制或减载后）［A1.5］。

➢ 变电站自动化［A2］：

- 顺序开关［A2.1］；
- 自动开关，包括变压器负荷转移、热备变压器接入［A2.2］；
- 变压器并联运行控制［A2.3］。

➢ 间隔自动化［A3］：

- 自动重合闸［A3.1］；

- 同步 ［A3.2］；
- 分接开关控制（电压调节）［A3.3］；
- 继电器整定值变更 ［A3.4］；
- 电容器组控制 ［A3.5］；
- 电抗器组控制 ［A3.6］。
- 控制/运行 ［CO］
  - 操作（开启、关闭、分接切换等）［CO1］。
  - 间隔连锁 ［CO2］。
  - 变电站连锁 ［CO3］。
- 控制/指示 ［CM］
  - 位置（状态）指示 ［CM1］。
  - 告警和通告 ［CM2］。
  - 测量/负荷监控－$I$, $U$, $P$, $Q$, $t$, $f$, 同步 ［CM3］。
  - 计量（能量测量）［CM4］。
  - 报告 ［CM5］。
  - 事件记录 ［CM6］。
  - 扰动记录 ［CM7］。
  - 故障定位 ［CM8］。
- 交流和直流辅机
- 防设备
- 供暖、通风和空调（HVAC）

以上每个子系统都通过架线/布线相互连接。二次系统功能不一定与物理上离散的设备部件相关。

二次子系统的功能要求（保护、自动化和控制），如图 30.1 所示，也可以通过以下方式分类：

（1）功能分级。

（2）使用范围（总是、通常、根据要求、需要额外的分析）。

（3）应用方法（常规、基于计算机）。

（4）应用位置（设备—现场、海湾变电站、遥控中心—RCC）。

（5）冗余要求范围（必要的、适当的、建议的、不必要的）。

交流和直流辅助子系统的任务（见第 31 章）：为电力变电站设备发电、变电、输电、供电。

消防子系统的任务：

（1）火灾探测。

（2）灭火。

空调/通风：室内设备和/或人员要求。

## 30.9.2　经济因素

二次系统的经济考虑非常重要。二次系统的全寿命周期成本，必须对以下组成部分进行求和：

（1）初始投资成本，包括设计、设备、安装和调试成本。

（2）运营、维护成本。

（3）售后支持和维修费用。

（4）人员培训费用。

（5）未来系统扩展成本。

建议为二次系统中不同的功能和所有重要的系统参数和接口制定详细的规范。用户受益显而易见：

（1）更少的变电站设计工程。

（2）使用 CAD。

（3）更短的安装和调试时间。

（4）更易于维护、维修和扩展。

（5）更少的备件存储。

（6）更小的误差/风险。

（7）更好地控制系统成本。

必须从与过去的传统系统完全不同的经济角度来评估当前的二次系统。较短的生命周期—与之前"常规"系统的 30/35 年生命周期相比，大约 10 年/15 年—与快速变化的技术相结合，意味着必须在更短的时间内考虑完全替换二次系统硬件。

包括精确定义和协调的界面在内的系统结构作用重大，且对经济评估有重要影响。软件的灵活性及其对用户要求的定制使得成本估计困难；在很大程度上，这些要求是相互依存的。实现可接受软件成本的唯一方法是使用标准化产品，但仍必须谨慎处理软件成本估算。

数字控制系统应用的主要经济考虑是缩短生命周期的问题。

在 10 年/15 年的使用寿命结束后，更换系统的必要性以及随之而来的成本问题和安装测试的停电时间等问题，仍考验着许多公用事业企业。

### 30.9.3 运营和维护要求

重要的操作和维护要求如下：

（1）人员安全和操作功能的安全性。

（2）运行的速度、选择性和灵敏度（如保护设备）。

（3）可靠性/可用性。

（4）满足环境条件。

（5）使用寿命长。

（6）易于隔离。

（7）易于操作。

（8）易于维护。

（9）易于维修。

（10）易于获得备件（在系统的整个使用寿命期间）。

（11）易于扩展（在系统的整个使用寿命期间）。

（12）易于进行现场测试。

较旧的传统二次设备具有高质量标准，符合功能要求，运行可靠，结构简单，使用寿命长。定期按规定顺序对控制和保护设备进行测试，可以验证功能的可靠性。

目前的新技术至少应该符合常规设备的操作要求，即不显示任何劣势。然而附加功能也很受欢迎，如更高的灵活性和应对运行或网络干扰，以实现各个层次决策更智能的可能性。

在维护工作方面，使用自检（自主监控）设施（硬件和软件的在线诊断）应该会减少预防性维护工作，且有利于预测性维护。由于系统可靠性提高，定期测试将减少。因此，预计维护间隔会增加。

维护人员可以轻松更改有缺陷的组件（卡），但在这种新技术中，需要在不中断运行的情况下，测试设备监控安全功能（连锁）。然而，维护人员现在需要更多的知识和技能来处理这些现代多功能继电器。

#### 30.9.3.1 系统架构的影响

目前流行的解决方案为间隔层分散式架构运行。这意味着实现控制和保护功能必须以间隔层和数据完整性为依托。中央处理器单元负责极性数据记录及评估、事件监控，并促进远程控制耦合。

在 GIS 和小型变电站中，间隔层架构通常在中央控制室中进行；大型工厂支持高电压工厂间隔室中的附加中继亭。由于温湿度问题，安装在传统非绝缘亭内的敏感数字设备似乎无法像传统二次设备那样操作。环境温度对数字设备的使用寿命和故障行为有显著影响。温度上升 10℃ 会使组件故障频率加倍。为确保设备的高可用性，安装现场应保持较低平均温度。

分散式架构的优势显而易见：

（1）间隔层独立项目。

（2）中央处理器停机的影响有限。

#### 30.9.3.2 机构/培训

不同的实用程序，运维功能的组织安排也不同。但是，传统设备的安排可能并不总是适合数字技术的要求。传统上功能分离的应用程序，现在集成到同一电子硬件项目中。这对组织结构和员工培训产生了影响。

### 30.9.4 环境要求

不同的环境条件会影响电气装置和设备的额定值和性能。准确了解所涉及的环境因素对变电站的设计者和供应商尤为重要。

众多环境影响中，气候条件最重要。作为影响电气设备性能的一个因素，气候是指露天或室内大气的主要物理化学条件，包括日常性和季节性变化。

因此，气候包括自然因素，如气压、温度、温度变化、湿度等，以及环境影响，如灰尘、盐类和气体污染。就技术设备而言，以上两个因素通常组合出现，因此决不能分开处理。

基本的自然气候成分是空气温度和湿度。但是，要确定气候应力的总体影响，必须考虑其他组成部分，如气温的日常和季节变化、场地高度，以及在某些情况下的直接太阳辐射、降水、雷暴和风。除了与自然和文明相关的气候参数外，各种其他环境因素可能具有重要的影响。可能包括不利的土壤条件、动植物的影响、地震活动的风险等。

有关气候方面的更多详细信息，请参阅 CIGRE 第 88 号技术报告。

### 30.9.5　在地震区、冲击和振动中使用

地震时地面向支撑结构传递的水平力和垂直力，可能会对变电站各部件造成极高的机械应力，可能导致开关设备和/或继电器产生加速度，产生不必要的切换操作风险。

二次系统的组件必须能够在地震期间及之后正常运行。在有地震活动的地区，必须采取特殊措施以确保正常运行。

变电站用户应向制造商提供信息，充分说明设备能够承受的地震环境和在地震过程中可能产生的任何后果。

从以往记录的地震中可以得到某一地区的预期地震特征。世界各地的地震带图都是现成的。

地震特征主要关注点如下：

（1）最大加速度（水平和垂直）。

（2）频谱。

（3）持续时间。

组件或系统分为 A 类和 B 类：

（1）A 类：在设计抗震期间或之后，任何有故障、失灵或需要维修的部件或系统都会妨碍变电站的正常运行。

（2）B 类：在设计抗震期间或之后，任何有故障、失灵或需要维修的部件或系统都不会妨碍变电站的运行。

有关详细信息，请参阅 CIGRE 第 88 号技术报告。

### 30.9.6　电磁兼容性

AIS 和 GIS 中，不同噪声源引起的电磁干扰可能导致设备误操作甚至损坏。过去，该问题引起了 CIGRE、IEC 和国家工作组的极大兴趣。现已开发制定了多种规程。

目前，AIS 噪声源及其耦合机制已为人们所熟知，而对 GIS 人们却知之甚少。

可分以下三个部分来考虑电磁兼容性问题：

（1）确定二次设备终端的瞬态过电压的等级。

（2）确定二次设备的耐受能力，并就试验要求提出建议。

（3）为二次电路的完整布局提供建议，包括接地系统，以减少暂态过电压对二次设备的影响。

在现有的规范中，通常的做法是根据预期干扰信号的幅度，将变电站二次设备分成几个类别。类别通常分为严重类别（即设备安装在靠近开关设备的位置）和低级类别（即设备安装在控制和设备室内并与高压设备隔保持有一定的距离）。

以上分类与 GIS 安装的情况无关，其中控制室可以与高压设备在同一建筑物中。如大气放电被认为是 AIS 中的重大噪声源，则控制室中产生的暂态过电压等级与 GIS 开关设备控制柜中观察到的值相当。

建议 GIS 二次设备耐受能力有唯一值。

#### 30.9.6.1　AIS 和 GIS 中的噪声源

AIS 和 GIS 中导致二次系统中的暂态过电压的噪声源为：

（1）初级电路开关——隔离开关或断路器。

（2）大气层事件——雷击。

（3）现场测试——使用脉冲波形。

（4）接地故障——来自开关过电压。

（5）二次电路切换——断电感应负荷。

（6）静电放电——来自带静电的人。

（7）无线电发射器（对讲机）——来自设备的高频域。

上述噪声源影响二次电路。必须区分导电（直接）电感和电容耦合导致的干扰（导波），以及辐射波导致的干扰（干扰场）。充当天线的二次电路上的辐射波对兆赫兹范围内的高频事件有重大影响。

存在于 GIS 中二次系统中的瞬态过电压约 100kHz～100MHz，以及 AIS 中约 100kHz～10MHz 的频率范围内。

雷击、AIS 中隔离开关的切换，以及二次系统中的开关动作会产生频率达 10MHz 的暂态过电压。

GIS 中隔离开关以及现场测试中的飞弧，会产生高陡度的快速暂态过电压。在 123kV GIS 中，VFT 第一个脉冲的最短上升沿时间约为 3～5ns。这种陡峭的脉冲可以在电流互感器和电压互感器的二次部分产生高达 100MHz 的振荡。

超过 50MHz（最高 200MHz）的瞬态过电压，叠加在频率达 50MHz 的主电压上，这是可以测量的。叠加电压的振幅通常小于主电压的 20%。

有关 EMC 的更多详细信息，请参见 CIGRE 第 88 号技术报告；但是，下一小节将详细介绍减少 EMC 影响的主要建议。

### 30.9.6.2  有关如何最小化 EMC 问题的建议

减少影响的最重要措施有：

（1）专用屏蔽二次电缆，必要时可采用特殊屏蔽结构；通常，在两端屏蔽接地较为有利。

（2）与沟槽中的电缆并联放置的接地导体，以降低屏蔽电流，并感应耦合二次系统和接地系统。

与 GIS 有关的其他具体措施：

（1）钢筋与接地系统在不同位置的连接，特别是在地板上。

（2）通过外壳和墙壁（钢筋、金属墙）之间的多重连接，以及地面墙壁和接地网之间的附加多重连接，在 GIS/空气套管上进行良好的屏蔽。

（3）高压电缆屏蔽和 GIS 外壳之间的电流连接，如果只允许屏蔽体的单点接地，则保持另一端开路。

（4）合理设计和测试二次设备，以应对干扰应力振幅、频率和能量。

### 30.9.7  人体工程学要求

传统的变电站模拟图具有较好的可理解性，但从技术角度看，在使用数控设备时不需要模拟图。在数字系统中，即使在大型和复杂的变电站中，通常也使用视觉显示器。视觉显示器技术正在不断发展。

为了保持合理的易读性，有必要限制视觉显示器上显示的信息。考虑到易读性，屏幕的填充程度不应超过 6%。另外，该要求可能与最大限度地减少过程显示数量的愿望相矛盾。

必须谨慎地保持平衡。信息显示在显示器上的方式应该符合一定的人体工程学要求。实际上，由于其技术、人体工程学和心理方面的原因，人机界面（HMI）的设计需要综合学科研究法。界面的设计必须使操作人员的操作最小化，并且只显示相关数据。

为了满足人体工程学要求，系统的布置和设计必须符合人类的能力：

（1）显示器或屏幕上的信息必须易于查看（可读性），并按逻辑分类（形状、颜色）。

（2）指示符号和颜色应遵循相关的国家或国际标准。

（3）屏幕、显示器和/或操作面板必须妥善摆放，以便操作员操作方便。

（4）操作员操作后系统应快速响应。

（5）环境（光线、温度、湿度）应舒适。

将测试程序预先编写好，并将切换顺序的操作标准化（如切换母线），可能会大有裨益，这可为操作员提供支持，并把操作员错误的概率降到最低。

# 变电站辅助系统

# 31

Mick Mackey

## 目录

　　变电站二次设备提供接口，以方便对主电厂以及整个电力系统网络进行功能控制、保护和监督。辅助电源来自交流电网，并按需分配：

（1）通过变电站低压交流电网送往交流负载。

（2）完成整流后，通过直流网络送往直流负载。

交流和直流辅助系统的设计应满足当前需求和未来可能的扩展要求。

## 31.1　低压交流系统

　　交流变电站的电源可由家用变压器供电[家用变压器由总线变压器的大容量电源或三级电源供电，或本地配电网运营商（DNO）供电]。电源从总线变压器的三级电源断开时，可能需要稳压器。

　　为了应对辅助交流电源的全面故障，在关键变电站中需配备柴油发电机，既可以是永久性安装也可以是移动装置。

　　在任何一种情况下，它们都连接到基本服务板，并且还可以提供安装和调试期间所需的交流电源。

M. Mackey (✉)
Power System Consultant Section, Dublin, Ireland
e-mail: mj.mackey@live.com

© Springer International Publishing AG, part of Springer Nature 2019
T. Krieg, J.Finn (eds.), *Substations*, CIGRE Green Books，
https://doi.org/10.1007/978–3–319–49574–3_31

必须确定有功（kW）和无功（kvar）负载。在确定应急发电机的尺寸时，这一点尤为重要。

通常电源为三相 400V。可接受的公差范围在±10%。输入电源终止于配电盘。通常由两部分组成——通用供电板和必要的供电板。基本负荷包括：

（1）电池充电器。

（2）应急照明。

（3）开关设备运行机构。

（4）分接开关驱动器。

（5）数控/监控设备（如提供交流设备）。

（6）设备加热器。

（7）消防系统。

所有其他服务均由总服务板提供。通常包括变压器泵/风扇驱动器、电源插座、空调、通风和普通照明等一般服务。

所有进电入口和出口均设置为径向回路，并配备有适当额定值的微型断路器（MCB）、塑壳断路器和隔离连杆。

交流系统配电板的设计与施工对辅助电源的整体能力有重要影响。在评估潜在失效模式时，需要考虑以下因素：

（1）母线段数。

（2）备用电源开关相对于正常馈电的位置。

（3）总线部分或互连器。

（4）自动化。

一般来说，交流配电板和相关的进、出电缆的布局，应尽量保证供电安全，如果必要，应重复向每个基本负载供电。

## 31.2　安全交流辅助电源系统和备用发电

输电变电站的运行安全至关重要，它取决于辅助电源的可用性。变电站中的所有辅助电源均来自本地交流电源，可从以下途径获得：

（1）通过降压变压器或第三绕组的总线变压器。

（2）本地供应的交流电源，即由本地配电网运营商（DNO）提供。

两种方法都具有以下缺点：在严重的变电站事故（如变压器或总线故障），或者后一种情况下输入配电电源切断时，变电站将完全依赖于待机模式的直流电源。通常认为有以下两种方法可以提高供电安全：

（1）两个输入电源来自配电网的不同部门。提供转换机构以确保其中一个输入电路始终连接到交流配电盘。转换机构可以是手动的也可以是自动的。为避免误并联配电电源，转换动作是互锁的，因此在任何时候只能连接一个电源。

（2）变电站配有一台本地发电机，通常是柴油或燃气发电机。应充分评估这一点，以便向基本服务配电盘供电。柴油发电机应能承受巨额负荷而不失速。通常，柴油发电机只能在60%的额定负载下启动，这可能意味着发电机的尺寸过大，或者在负载应用程序中应用了测序系统。启动和负载应自动转移到本地发电机，但需要连锁，以防止与其他输入电源无意并联。

从经济方面考虑变电站的相对重要程度，会影响柴油装置的配置决定。

电力电缆的布置应便于施工、测试和维护，并避免共模故障，如电缆管道或隧道着火引起的故障。在不同的电缆线路和/或管道中，应对各输入电源进行隔离。此外，电力电缆应与控制电缆隔离。电缆安装相关内容见第 37.4 节。

## 31.3 电池和直流供电系统

与电池系统的设计、安装和维护有关的安全/保障法规和标准，因国家司法管辖区而异。在设计安装之前，应该熟悉所涉及的问题和适用的特定法规。

交流电源最重要的负载之一是电池充电系统。根据所需的额定值，充电器可能需要单相或三相电源，并应由基本交流配电盘供电。

变电站二次设备必须由交流电源故障时不会中断的电源供电。通过使用交流电网提供的电池充电器，可使电池系统保持在完全充电的状态，就可以满足这一要求。由电池供电的逆变器系统对交流电供电的设备具有同样高的安全性。

在变电站中，电池是一种成本相对较低的产品，但它是电站成功运行的关键，因为所有的保护、控制和监督功能都依赖于直流电源。基本操作（关闭、跳闸、保护等）中选用电池，可以确保交流电源发生故障时运行的连续性。此外，现代变电站的大部分正常负载包括为数字继电器和其他数控/监控设备供电。

充电器输出的直流电是通过低压交流电源整流获得的。通常情况下，电池从充电器进行涓流充电，使其保持在充满电的状态。该整流电流包含不同频率（50Hz 或 60Hz 和谐波）的交流分量。这些部件必须经过整流器的过滤，以获得与二级设备设计规范兼容的电平（1%或更低）。此外，如果整流交流电流分量电平较高，电池的预期寿命可能会降低。这是导致电池容量降低的原因之一。

充电器输出、电池和直流负载都是并联的。充电器输出功率必须能够在电池放电的情况下：

（1）提供正常连续直流负载。

（2）给电池充电。

这有效地确保了在正常情况下，充电器提供正常的直流负载，电池可提供峰值容量或在交流系统故障时备份。后者称为待机模式。待机时间由特定要求决定，但典型值为 6～10h，从而为交流电源故障恢复提供足够的时间。在没有配备备用发电机的变电站中，一些电力设备规定时长为 12～20h。显然，在指定电池时，待机时间至关重要。时间越长，安装的规模就越大，成本也就越高。电池系统不仅应该满足即时要求，还应该允许可能的变电站扩展。

变电站中的标称电池组电压通常为 24、30、48、60、110、125V 和 220V。

除了提供待机负载的能力之外，电池还必须能够提供非常高的短时需求，例如，在其待机时段结束时、在其母线故障之后的多次跳闸过程中，可能会出现这种情况。这意味着为了满足设备所需的标称电压，实际电池和充电器输出电压通常会高出 10%～12%，例如，可能需要在 125V 左右的电压下运行 110V 电池。

单个电池（如 110V）可用于物理占地面积小的变电站（110kV 或更低），在该类变电站中，需要长期控制电缆运行，通常使用两个电池。例如，控制和保护功能选用 220V 电压，报警/监督选用较低的 24V 或 48V 电压。此外，在 400kV 及以上的 AIS 变电站中，通常采用隔室—隔室分布式电池系统。这是因为如果使用集中式电池会产生巨大的电压降落。在选择电池电压时，无论是控制还是监控，都必须考虑以下因素：

（1）连接设备的功率要求。

（2）电池位置和连接设备之间的电压降落。

（3）备用交流发电机的可用性。

要解决以上要求，需确定以下几点：

（1）电池型号。

（2）待机时长。

（3）快速充电要求。

（4）电缆截面积。

（5）从电池到设备的电缆布线。

对于重要的变电站（通常为 220kV 或更高），经常使用用于重要控制功能的二重电池系统。这可能只是简单地包括作为备用的第二电池充电器系统，但通常更需要独立的电路来为二重功能供电，如保护系统和跳闸电路。对于超高压变电站中的二重系统，电池系统按隔室排布，第二电源可由相邻隔室、中央备用机构或两者共同供电。此外，为了允许将来的扩展，系统需能在不切断直流的情况下进行扩展。各种直流布置如图 31.1～图 31.3 所示。

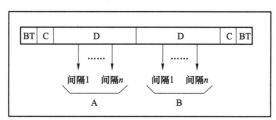

每个电池系统额定100%负载，即负载A+负载B

BT—电池；C—充电桩；D—配电盘

图 31.1 配有二重电池和充电器的中央直流系统变电站实例

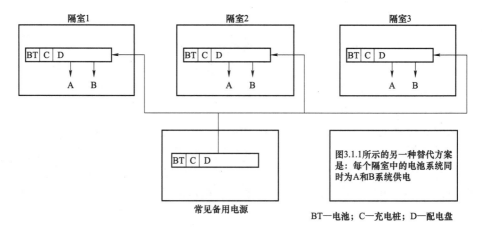

BT—电池；C—充电桩；D—配电盘

图 31.2 集中备份分布式直流系统实例

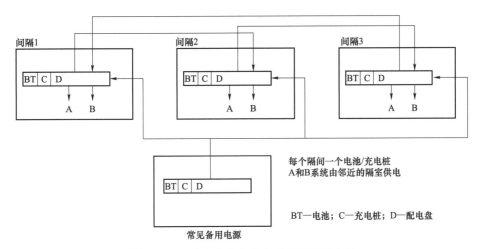

图 31.3 互连中央备份分布式直流系统实例

变电站中常用的蓄电池为铅酸蓄电池或镍镉蓄电池，前者最为常见。这两种类型电池的优点/缺点概括如下。

镍镉蓄电池虽然价格较贵，但如果长时间放电，它在振动敏感性方面更强。镍镉蓄电池适用于较高的环境温度，具有较高的能量密度，更加紧凑，并且更适用于较高的放电速率。预期使用寿命为 25 年。

使用寿命在 12～15 年左右的平板铅酸电池是变电站应用中最常用的一种电池（如果维护得当，寿命甚至可以更长）。在过去，它还有一些其他的缺点：需要维护（充水）、水耗大、排放易燃气体、需要与电气设备隔离的特殊房间以避免爆炸/火灾的风险等。然而，现代铅酸电池的设计由具有电化学特征的密封气体重组电池组成，可促进充电过程中产生的气体重组，因此既没有水耗失，也没有气体排放，降低了爆炸/火灾风险，不再需要特别通风房间，并允许靠近电气和电子设备的位置。与传统铅酸类型电池相比，现代铅酸电池不一定要使用耐酸地板。当电池系统按隔室—隔室部署时，这一优点尤为突出。然而，目前这种现代电池的预期寿命约为 10 年。

电池容量以 Ah 为单位。电池温度应保持在 5℃ 以上，因为在较低的温度下，内阻抗增加，会导致性能下降。通常情况下，铅酸蓄电池在 5℃ 和 0℃ 下的容量减损率分别为 15% 和 20%。

### 31.3.1 直流配电

电池和充电桩并联给直流配电板供电。如前所述，这意味着为了允许压降，施加在负载上的直流电压通常比标称电池电压高 10%～12%，例如，110V 电池对应约 125V 标称电压。此外，当只使用电池供电时，断路器的最低电压必须足够高，以对跳闸线圈进行操作。因此，电池电压必须保证在一个水平，典型公差为 +10% 和 −20%。

配电板由母线和多个插座组成，以满足当前的需求和未来可能的扩展。每个插座都配有熔丝或 MCB 以及隔离连杆。通常，在单母线或双母线变电站上，每个变电站隔室都采用径向馈电。额外的插座还提供必要的变电站功能，如应急照明、公共警报系统等。通常也提供某种形式的接地故障检测。一种典型的配置是将高值电阻并联到电池端，并通过接地电流监控器将电阻的中心点接地。这种方式可以在更严重的双重故障和可能的短路发生之前，更容易检测到单个故障。

注意，在决定直流系统接地方法时，在设计阶段应考虑对阴极保护系统的影响，以抵消金属结构的腐蚀。外加电流阴极保护（ICCP）系统使用注入（阳极）电流，该电流可能受到干扰，具体取决于所采用的电池接地模式。

如上所述，变电站可能包含多个直流系统。每个系统由电池、充电桩、配电板和相关的电缆组成。如果使用密封气体重组电池，它们可以位于同一隔室内。这最小化了电池充电桩和电路板之间的连接电缆，也简化了维护。然而，如果使用释氢电池，应考虑到爆炸风险，电池必须放置在配有防火门的单独房间。另外，后者需要在电池室使用耐酸地板。

### 31.3.2　直流电缆

表 31.1 所示为 220kV 及以上变电站中使用的重复直流系统的典型应用。系统 A 和系统 B 的设备应位于单独的面板中，另外，与直流板连接的电缆应该相互隔离。安装实践相关内容请见第 37.4 节。

表 31.1　　　　　　　　　　　　　　超高压变电站重复直流系统实例

| 电压等级 | 系统 A | 系统 B |
|---|---|---|
| 1 | 保护系统 A<br>CB 跳闸线圈 A<br>CB 合闸<br>故障录波器 | 保护系统 B<br>跳闸线圈 B |
| 2 | 通信设备 A<br>警报<br>控制 | 通信设备 B<br>警报<br>控制 |

选用电缆时，其横截面能确保可接受电池—设备压降。特别是，与跳闸电路相关的布线可能需要截面为 25mm$^2$ 或 35mm$^2$ 的电缆，以便在应用跳闸电路监控时，达到需要的电压。

为了降低火灾时损坏升级的风险，可采用具有阻燃型绝缘/覆盖物的电缆。

## 31.4　电力系统中断和"黑启动"要求

尽管电力系统完全切断的可能性很小，但仍然是有可能的。因此，系统操作员必须为此类事件制订应急计划。虽然系统恢复主要取决于选定的发电厂，但某些变电站往往被认为是成功恢复的关键。在停电情况下，这些变电站的应急发电机可能必须在比预期更为典型的"异常持续时间"更长的时间内提供辅助负载。

因此，在确定这些变电站的基本电源时，应把黑启动条件下预期的任何额外负载考虑在内。

# 变电站保护

**32**

Richard Adams

## 目录

R. Adams (✉)

Power Systems, Ramboll, Newcastle upon Tyne, UK

e-mail: richard.adams@ramboll.co.uk

© Springer International Publishing AG, part of Springer Nature 2019

T. Krieg, J.Finn (eds.), *Substations*, CIGRE Green Books，

https://doi.org/10.1007/978–3–319–49574–3_32

## 32.1　原则和原理

保护的作用不是防止故障的发生，而是在发生故障时进行处理，保护电网和一次设备。保护应尽快发现并隔离故障设备，以便：

（1）最大限度地降低系统不稳定的风险（包括发电机）。

（2）最大限度地减少对故障设备的损坏。

（3）最大限度地降低对邻近正常设备造成损害的风险。

如果不能迅速排除故障，则可能会对故障部件造成额外的损坏，可能造成其他正常设备遭受非常大的故障电流，发电机可能失去同步或失步，导致系统裂解，进而导致更大范围的客户断电。

在系统运行期间，保护必须具有选择性和区别性——它应该选择和断开隔离故障所需的最小数量的设备，从而最大限度地减少对更大范围电网的干扰。为此，需对对不同的设备，如母线、线路、变压器或连接等进行单独的保护。

短路故障检测主要有三种技术，即① 电流；② 阻抗（距离）；③ 差动（装置）保护。

现在我们将依次考虑这些问题。

### 32.1.1　电流动作保护

这可能是使用最广泛、最基本的保护形式。无论方向如何，当流过电流动作继电器的电流超过整定值时，电流动作继电器将动作（虽然方向过流继电器也可用，但也需要通过电压互感器连接创建方向元件）。熔断器是一种简单的电流动作保护装置，将在本节稍后单独进行讨论。简单电流保护装置的缺点包括：没有明确的保护区域，以及无法识别电网其他电路或其他部分的故障。为此，采用时间、电流或电流和时间分级，以使离故障发生区域最近的继电器有机会首先运行，从而保证区分以及选择性。

时间分级保护仅适用于配电网和较低电压的简单放射形状电路，故障水平较低且清除时间可能较长。按时间分级意味着离故障源最远的继电器工作时间最短，而离故障源最近的继电器工作时间最长，使得那些工作时间接近故障时间的继电器首先运行，在尽可能少地隔离的情况下清除故障。

在电路导体具有阻抗的前提下，可以应用电流分级保护，因此故障等级沿着远离故障源的电路方向减小。在此基础上，选择设置可以实现分级，但是很难在实践中应用，并且仅适用于较低电压的简单电网。然而，电流分级保护运行良好的区域为变压器高压侧，因为变压器相对较高的阻抗意味着可以设置一个继电器，该继电器将用于高压侧的故障，但不能用于低压侧故障。

通过结合电流和时间，可以更轻松地对电网中的过流继电器进行分级。虽然可以应用固定的电流设置和时间（定时或 DT 操作），但是通过应用"反向时间"类特性可以实现更快的操作，从而使得继电器在较高的故障电流下运行速度更快。在这种情况下，对继电器应使用电流设置和时间倍增器设置。

过流继电器一般可选择符合 IEC 或 IEEE 标准的特性曲线，也可选择用户定义的曲线。这些曲线属于"反向最小时间"（IDMT）类型，即它们有一个最小的运行时间，达到设置电流的某一倍数（有时也称为插头设置倍增器或 PSM）。根据实际继电器的不同，在某些继电器中，最小时间通常发生在 PSM 为 20 或 30 的情况下。图 32.1 给出了一些典型的标准 IDMT 曲线，并给出了一个确定的 15s 时间设置以供比较。在这种情况下显示的最小时间是从设置倍数为 20 开始的。

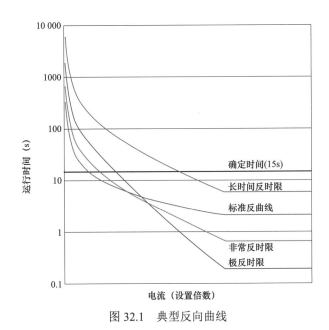

图 32.1　典型反向曲线

电流轴以设定电流的倍数显示。在图 32.1 中，假设时间倍数为 1 表示标准曲线，而减小时间倍数将降低曲线高度（减少运行时间），相反增加时间倍数会提升曲线高度并增加运行时间。改变时间倍数或当前设置基本上不会改变曲线的形状，只是进行了移动。

过流继电器广泛用于输电和配电系统。IDMT 型曲线的工作时间和电网网格化特性，通常意味着这些继电器在传输网络中用作备份保护，主保护采用其他速度更快的测量技术。在具有放射形馈线或环形网络的配电系统中，IDMT 型过流继电器作为唯一的保护类型，被广泛应用于某些电路中。

### 32.1.2　阻抗保护

通过测量电压和电流，继电器可以计算阻抗。这种保护最常用的形式是馈线电路的距离保护。距离保护是一种非单元类型的主保护，但是，当提供到另一个距离的通信通道时，远程端的继电器可以转换为单元类型的保护装置。

一般来说，对于架空线路，其阻抗可以被认为与其长度成正比（例外情况将在下文进行说明），因此测量阻抗可以用来测量距离。设置距离继电器测量的特定阻抗，称为其范围，然后距离继电器将因故障而运行，直至达到该范围。为了做到这一点，必须测量保护处的电压和电流，以便确定计算出的故障阻抗是否在其可达范围内。

距离保护继电器具有多个区域，能够测量多个范围，为特定电路提供快速主保护，并为受保护线路及以外的提供额外的延时后备保护。

如图 32.2 所示，Ⅰ 段（如 $Z_{1AB}$）设置为保护其线路的瞬时动作区域。当线路区内故障时，Ⅰ 段应动作，而线路区外故障时，Ⅰ 段不应动作（可能会无法区分），因此通常将其设置为线路阻抗的 70%～80%。20%～30%的安全裕度考虑了电流和电压互感器、线路阻抗数据以及继电器本身的误差。第二个区域（Ⅱ 段）是一个延时区域，设置为保护远端变电站的母线（作为备用），且保护 Ⅰ 区未覆盖的其余 20%～30%保护电路。通常将 Ⅱ 段设置为 120%～150%保护线路或 100%保护线路加上从远端而来最短线路的 50%，延时约为 200～500ms。这种时间延迟允许对来自远端（B）的输出电路的主要保护进行区分。可设置额外的延时区（Ⅲ 段），为 B 变电站出线线路故障提供后备保护。Ⅲ 段的设置取决于网络配置，大多数供电部门会为其网络制订专门的设定方案。以图 32.2 为例，可以将 $Z_{3AB}$ 设为 AB＋BC 线路阻抗（B 变电站最短线路）加下一电路的 50%，或 AB＋BC 线路阻抗的 120%。此区域的时间延迟通常为 800～1000ms。Ⅲ 段也可能有一个短的反向观察区域（比如 AB 的 20%），以便为母线故障提供备用保护。

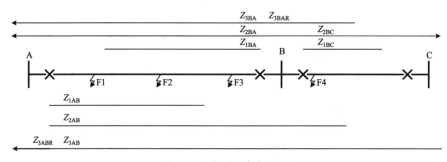

图 32.2　典型距离保护区

为了给继电器方向性，使其只朝向受保护馈线，早期的距离继电器具有欧姆特性。此为圆周特性，圆周通过导纳（电阻/电抗）图上的原点。圆的直径代表线路的每个区域，由继电器特性角（RCA）代替电阻轴。距离越远，直径越大。一个缺点是，对于长距离，如果不小心，它们可能接近或超出正常负载阻抗的范围。图 32.3 显示了 Ⅰ 段和 Ⅱ 段的欧姆特性，以及 Ⅲ 段的偏移欧姆特性示例，该示例为母线故障的备用覆盖提供了小的反向查找范围。还显示了典型的负载阻抗，以及 Ⅲ 段范围如何能接近该负载阻抗——为清晰起见，负载阻抗只显示为正的电阻值；然而，在负值的一端也有类似的负载特性。

现代数字继电器倾向于选择操作特性，虽然欧姆特性仍在用，但现在四边形特性更加流行，其示例如图 32.4 所示。由于具有四轴特性，每个区域的电抗和电阻设置都是独立设置的，从而提供了更大的灵活性，以避免负载阻抗，特别是在长电路/距离。

在某些情况下，将距离保护应用到电缆电路或架空线路与电缆混合的电路中，即使可行，也很难进行实际操作。电缆的相对阻抗往往比架空线路导线低得多，因此可能无法为短电缆设置合适的定值（在特定继电器的整定范围内）。由于电缆护套粘结，接地故障设置也会遇到问题。

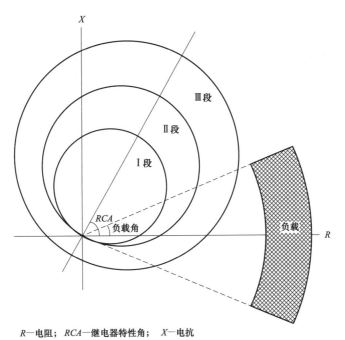

R—电阻； RCA—继电器特性角； X—电抗

图 32.3　典型欧姆/偏移欧姆特性图

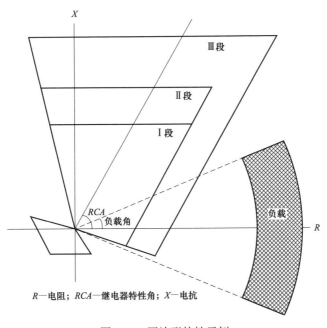

R—电阻；RCA—继电器特性角；X—电抗

图 32.4　四边形特性示例

　　架空线路和电缆混合的电路，意味着阻抗在整个电路长度上不是线性的，这也会导致设置的困难。

### 32.1.3　差动（装置）保护

根据基尔霍夫定律，进入电路的电流应该和离开电路的电流一样，如果不一样，那么一定有故障，电流在保护电路/区域内的其他点流出。差动保护适用于许多电厂或设备。它通常被用来保护馈线（架空线和电缆）、母线、变压器（和相关连接）、电抗器等。由于变压器的矢量组是通过在继电器设置中应用矢量组来实现的，而不是像以前那样使用单独的插入式电流互感器（I/P CT），变压器的现代差动保护继电器能够解释一次电流和二次电流的矢量变化。给变压器通电会导致潜在的大涌流，具有高的二次谐波含量；通过检测这些谐波，继电器能够区分励磁涌流，且该通电过程中不会误动作。

最常见的工作原理是偏置电流差动技术，可应用于线路、母线、变压器、电抗器和发电机。在传统形式中，继电器具有两个线圈——电流通路中的制动线圈和剩余连接中的动作线圈。在较小的电路电流值（如负载）下，泄漏电流（由于电流互感器特性的差异，因为不是理想状态）较小，但在较大的电流（如涌流或故障）下，泄漏电流可能更大。偏置电流原理允许初始低阈值操作或偏置设置（图 32.5 中的 $I_{TH}$），使继电器更敏感；而在较高电流时，偏置设置较高，使其不太可能误动。根据特定厂家的继电器，该特性可能具有如图 32.5（a）或（b）所示的初始水平阈值设置。该特征可以是一段斜率 $K_1$，也可以是具备第二段更陡斜率 $K_2$ 的两段斜率（如图 32.5 中虚线所示），其目的是在严重的穿越性故障情况下，适应电流互感器饱和造成的不真实的差动电流。

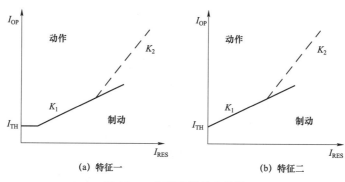

(a) 特征一　　　　　　　　　　(b) 特征二

图 32.5　典型偏置差动特征

动作（差动）或偏置电流在量上等于输入电流的矢量和，即

$$I_{OP} = |I_L + I_R|$$

式中　$I_L$——由本地继电器测量的电流；

　　　$I_R$——由远程继电器测量的电流。

制动电流可以通过以下任意一种方式获得

$$I_{RES} = k|I_L - I_R|$$

$$I_{RES} = k(|I_L| + |I_R|)$$

$$I_{RES} = \max(|I_L|, |I_R|)$$

式中　$k$——系数，通常为 0.5 或 1。

图 32.6 是一个简单的双母线变电站不同保护区的示例，但其他布置的原则是一样的。

请注意，保护区应经常重叠，以避免保护区之间的间隙，即在连接的电流互感器处应该有如下重叠。

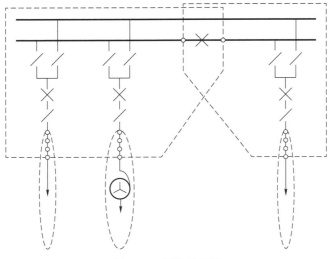

图 32.6  保护区示例

"高阻抗保护"是一种差动保护，仅在英国和受英国影响的电网中广泛使用，不要将其与电网上的高阻抗故障保护相混淆，高阻抗故障会带来自身的挑战。继电器在操作上非常简单，对电流互感器二次电流电路具有高阻抗，因此得名。这种形式的保护使用的是 Class PX 类型的电流互感器，适用于在区外故障条件下，其连接的一个电流互感器可能饱和，但该保护仍然保持稳定，没有发生误动的情况。为完成该方案，通常采用并联或串联电阻，以及非线性并联电阻（双向稳压器）来保护继电器电路。匹配电流互感器的繁重条件，加上附加组件和相对简单的继电器（它们往往没有自我监控功能），可能是这种保护使用减少的原因之一。

### 32.1.4  跳闸原理

在大多数情况下，如果一件设备有多个保护（主保护、备用保护、第一和第二主保护等），任何一个检测到故障的保护都会启动跳闸。例如，如果馈线电路有两个主保护，但只有一个检测到故障（另一个可能有故障），那么它将立即启动各自断路器跳闸。这称为"二取一"（或更多）跳闸。然而，在某些情况下，如母线保护或断路器失灵，跳闸命令可能导致多个断路器跳闸，"二取二"跳闸提供了更多的保护，以防继电器误操作。例如，母线保护通常有几个判别区和一个总体检查区，为了发出跳闸命令，至少需要在一个判别区和检查区进行操作。

连锁跳闸或远方跳闸适用于跳闸信号也被发送到另一个断路器的情况。这可能是从变压器的高压侧到低压侧断路器，但更常见的是指馈线电路的远端侧。在馈线上互为对侧的保护相互间传输信号，用来评估故障地点和更快速地跳闸，如果不用这种方法，不会有这么快的跳闸速度（见第 32.2 节），但不管是否出现这种情况，当本侧断路器跳闸时，通常将联跳（远方跳闸）信号发送到对侧。这些联跳或远跳命令可能是直接的，也可能是允许式的。

直接远跳（DTT），顾名思义，指的是从本侧跳闸继电器（通过通信路径）到对侧跳闸接收继电器的信号，随后将启动对侧断路器跳闸，该信号不具有进一步下达命令的资格。一个常见的应用是母线保护跳闸继电器，馈线对侧都有其专用的断路器——如果母线保护跳闸，然后，可以将远跳发送到对侧以使该断路器跳闸，确保任何对侧馈入都会跳闸。在这种情况下，对侧断路器跳闸应该不会对任何其他电厂造成额外的供电损失。

允许式远跳是指远方跳闸信号在跳闸前由另一个信号或触点限定，即并非直接发出。例如，此条件作用可以是在断路器失灵计时器之后，因此远跳仅在跳闸继电器和断路器失灵计时器动作之后发送。对于 T 形线路（三端馈线）或对侧为网格角形接线并连接另一个电路（如馈线或变压器）的馈线，可选择允许式远跳，而对侧断路器的跳闸将导致其他额外设备的供电损失。

### 32.1.5　继电器设置

正确的继电器设置极为重要——将正确的保护系统应用到电路中固然好，但如果设置不正确，则发生故障时断路器可能不会跳闸，或可能发生非选择性跳闸，从而隔离不必要的设备。应用于任何设备的设置，应符合终端用户设置策略——通常由终端用户（通常是供电商）负责定义和管理设置策略，定义和控制应用于任何特定设备的设置。然而，现代数字保护装置一般都有大量的设置和多个设置组。虽然策略将定义应采用的设置，但任何未使用的设置必须禁用或设置为在正常电路或系统操作条件下无法操作的值。例如，如果无法禁用某个未使用的过流功能，则这意味着应该将其设置为最大值，以避免不必要的跳闸。如果设置错误，这些未使用的设置可能会在设备中保持数周、数月或数年不被检测到，且可能只有在特定的操作条件下才会发现。为了避免这种情况的发生，在调试过程中可以对继电器进行一次附加的"负载测试"，向继电器注入二次负载电流（如果可以的话，还可以加上电压），保持几分钟，并检查是否有不需要的/意外的动作行为。

## 32.2　保护：常用方案

为特定的情况或设备提供保护的数额或数量取决于许多因素，包括系统安全标准、电压水平和公用事业/资产所有者。一般来说，电压电平越高，误操作或受功率影响的后果越大，采用的保护措施越多。在传输电压大于 132kV 时，一般有两个主保护和备用保护，而在 132kV 及以下的配电电压下，可能只有一个主保护和备用保护。在低电压下，过流/接地故障可能是唯一的保护。一些实用程序应用策略需求可能比这更繁重，最终由资产所有者来决定定义需求，因此对于确切的需求没有硬性的规则。

### 32.2.1　馈线

除低压配馈线可采用过流继电器外，一般采用差动和/或距离保护作为主要（快速）保护。

32.1.2 提到了电路中超过 I 段故障的动作是如何延时的（II 段时间），可以通过在每端继电器之间通信来克服这一问题，从而创建一种方案，在该方案中，每端继电器相互传达故障的对应位置，并相应地进行跳闸。传统的通信常用电力线载波（使用主导线自身来传输信号），并租用电话导频电路，但当前比较流行的通信形式为光纤网络，或嵌入架空地线（或埋设在电力电缆旁边）的专用光纤。常用的通信方案有：

直接远方跳闸（DTT）——继电器一端的 I 段元件断路器跳开本侧断路器，同时向另一端发送信号启动跳闸，尽管远端继电器只看到 II 段故障。也就是说，利用图 32.2B 端 I 段元件检测到 F3 处故障，其输出使断路器在"B"处跳闸，同时发送一个远方跳闸信号使断路器在"A"处跳闸。如果继电保护/信令设备错误地发出信号，将会发生对侧断路器误跳闸。但是，如果 A 端断路器闭合而 B 端开着，则 A 端不会发生快速跳闸，因为没有电流通过 B 处继电器，无法启动联跳。

允许式欠范围远方跳闸（PUTT）方案——这是一种距离保护，改进了直接远方跳闸方案，由瞬时 II 段元件接点从对侧接收到的信号构成，即再次参考图 32.2，由 B 端 I 段元件检测到 F3 处故障，其输出使断路器在"B"处跳闸，并向 A 端发送远方跳闸信号。由于"A"处继电器也会检测到 II 段故障，所以"A"处断路器会快速跳闸（不需要等待 $Z_2$ 延时）。与 DTT 方案类似，如果在检测到故障时"B"处断路器已经打开，则不会在"A"处发生快速跳闸。

允许式超范围远方跳闸（PUTT）方案——在此方案中，使用 II 段（查看对侧之外或超范围)而非 I 段接点向对侧发送信号。接收到的信号再次由瞬时接收端 II 段元件进行调整（以确保仅对受保护馈线内的故障进行操作），即再次参考图 32.2，F3 处故障由 B 处 I 段元件检测到，其输出使断路器于"B"处跳闸。本次由瞬时 II 段元件（也检测到了线路区内的故障）将信号发送到"A"处。在"A"处的断路器接收到跳闸信号之前，接收到的信号由位于"A"处的瞬时 II 段元件（确保故障仅发生在保护线路内）进行调整。通过确保故障位于两端 II 段范围内，可以有效起到定向保护的作用，确保故障位于被保护线路区内。如前所述，如果在检测到故障时"B"处已经打开，则不会在"A"处发生快速跳闸。

闭锁方案——前面提到的方案使用发信通道发送跳闸命令，而闭锁方案使用反向边界，并且发信仅用于由反向查看 III 段元件检测到的外部故障。如果没有接收到信号，则超范围 II 段元件会发生快速跳闸。再次参考图 32.2，故障 F2 由每端 I 段区元件检测到，发生快速跳闸。I 段"B"处继电器和 II 段"A"端继电器检测到 F3 故障，再次快速跳闸。II 段"A"端继电器检测到故障 F4；但是，"B"处继电器将在相反的 III 段中检测到故障 F4，并向"A"处发送一个闭锁信号，防止因线路外部故障跳闸。反向 III 段范围必须大于对侧 II 段范围，以确保其没有检测无法被反向 III 段闭锁的外部故障。

在上面的远方跳闸类型方案中，发信通道的故障意味着超出 I 段边界的故障需要更长的时间才能清除（跳闸将在 II 段时间范围内）。在闭锁方案中，除非发信故障与故障同时发生，否则发信故障会使保护恢复到普通距离方案，之后当线路区外发生故障时，被保护线路将跳闸。

直接远方跳闸和闭锁方案可以描述为"快乐地跳闸"，因为一旦信号启动，它们不需要进一步的资格来引起跳闸。相反，允许式方案可以被描述为"害羞地跳闸"，因为它们不仅需要接收来自远端的跳闸信号，而且还需要本地启动的信号，以便发生断路器跳闸。

图 32.7 显示了一个简化的基本传统保护装置，用于一个分输电（<300kV）馈线。主保护可以是距离保护或单元保护，而后备保护可以是接地故障继电器。通常，主保护和后备保护是独立的设备，即在一个设备发生故障时，另一个设备应该仍能正常工作。

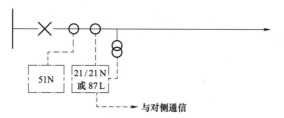

21/21N—距离（相位与接地故障）；51N—接地故障；87L—线路差动

图 32.7　分输电馈线典型基本保护

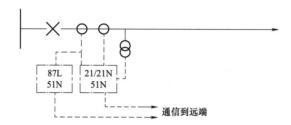

21/21N—距离（相位与接地故障）；51N—接地故障；87L—线路差动

图 32.8　输电馈线典型基本保护

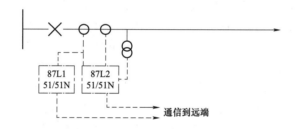

51—过电流；51N—接地故障；87L—线路差动

图 32.9　短输电馈线典型基本保护

图 32.8 为输电（>300kV）馈线的一种简化的基本典型保护装置。现在提供两种主保护，通常是一种距离型和一种单元型。现代数字继电器具有多种功能，可将后备接地故障功能集成到主保护中，且应包含在两种主保护中，万一一台设备出现故障时，仍具备主保护和后备保护功能。

图 32.9 显示了一个非常短的架空线路或电缆传输馈线的典型基本保护。由于距离保护难以设置，现在使用重复单元保护。由于距离保护具有多区域的特性，因此提供了一种固有的后备功能，而单元保护则没有，所以通常采用过电流功能来补充接地故障保护，以作后备。此外，通常使用来自不同厂家的差动保护或使用不同的算法。

### 32.2.2　变压器

随着系统中变压器电压水平的增加，其成本/价值也随之增加，如果出现故障需要更换变压器，也会带来不便。

在非常低的电压下，可以为变压器简单地提供过电流和接地故障保护。单元保护是一种更快更全面的保护。对于自耦变压器，由于高压侧和低压侧之间不存在矢量组偏移，因此单元保护可以简单地作为环流保护装置，将高压、低压和中性电流进行比较，以监测电流互感器之间是否有电流离开保护区域。常规双绕组变压器可能有星形和三角形绕组，并在高压侧和低压侧之间产生相应的矢量偏移，比较各自的电流时必须将其考虑在内。星形绕组也可以比照相位和中性电流，提供限制接地故障保护。这可以为单元保护提供额外的保护，但实际上可以并入单元保护继电器中。在输电电压下，由于变压器本身的价值很大，而且任何未清除的故障都可能造成不可弥补的损坏，所以通常（通过不同的继电器）采用单元和后备保护。即使业主在其他地方留有备用设备，更换这样的变压器也可能需要相当长的时间。

除了电气保护外，通常还会使用机械保护，如 Buchholz（气动式继电器），这可能是最有效的保护措施。此外，绕组和油温装置可以防止过载。

如果变压器在高压侧或低压侧（或两侧）有较长的连接线（比如超过 50m），那么最好使用单独的差动保护来保护这些连接线，而不是使用变压器保护来覆盖连接线和变压器。通过这种方式，可以在故障发生时更好地确定故障的位置。例如，在没有单独的单元保护的情况下，发生保护动作时，可能需要检查电缆和变压器。

图 32.10 为双绕组变压器（也可应用于自耦变压器）的典型保护，具有单独的高压和低压接线保护。

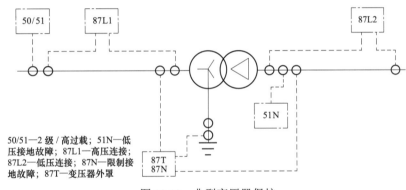

50/51—2 级 / 高过载；51N—低压接地故障；87L1—高压连接；87L2—低压连接；87N—限制接地故障；87T—变压器外罩

图 32.10　典型变压器保护

### 32.2.3　电抗器

图 32.11 显示了并联电抗器用典型保护，也同样适用于串联电抗器。与变压器类似，机械保护通常也会用于油浸式电抗器。

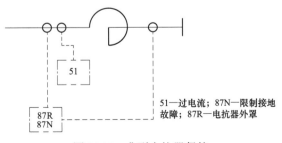

51—过电流；87N—限制接地故障；87R—电抗器外罩

图 32.11　典型电抗器保护

### 32.2.4 母线

从保护的角度来看，变电站母线的安全性非常重要；故障时拒绝动作会导致连接支路停止工作，直到故障修复为止。但相反地，保护误动可能会断开许多不必要的电路。因此，电压在 132kV 及以上的变电站几乎肯定或应该安装自己的母线单元保护。在传输电压下，考虑到重要性，一些供电企业可以应用两个单元保护。现代数字母线保护可以是"集中式"或"分布式"类型的系统，这取决于制造商。一个集中的系统往往是一个单元（对于小型变电站）或几个主单元（对较大变电站可能是分相的），它们位于一个集中的小隔间中，所有支路的电流互感器都与其相连。分布式系统包括一个主单元，然后是多个间隔或现场单元，通常每个回路或每组已连接的电流互感器都有一个间隔单元（如果母联和分段有两组电流互感器，则可能需要两个间隔单元）。间隔单元和主单元之间通过光纤连接。每个间隔单元可以位于其相关电流互感器附近的电路保护面板或控制隔间中，或者它们都可以位于与包含主单元的隔间相邻的隔间中；然而，由于存在一个主单元和间隔单元，这仍然被称为分布式系统。母线保护通常被分割成若干（区分）区域，由母线段或耦合器相连，只允许故障区域跳闸，并允许电路保持与正常母线的连接。另外，还经常使用覆盖整个变电站的检查区域。在这种情况下，仅对检查区或单独一个鉴别区进行动作不足以引起母线跳闸，但是鉴别区和检查区都必须检测到故障并动作，这就是所谓的"二选二"的工作原理，提供了附加安全性。通过数字母线保护，检查区在高阻抗方案中提供的附加检查，可以通过保证使用多种算法检测故障所取代。

## 32.3 后备保护原则

顾名思义，后备保护在主保护以任何原因失效时充当任何主保护的后备。它是有效清除特定电路或设备故障的最后一道防线，其动作时间往往较长，使主保护有机会首先提供快速故障清除。在这种情况下，后备保护仍然希望能够有区别地清除故障，或把对电网其他部分的干扰降到最低。在主保护为单元保护的情况下，后备保护还为保护区外的部分系统提供故障覆盖（见第 32.1 节）。非单元保护，如距离保护，本身具有后备保护功能，即距离保护继电器不像单元保护一样有电流互感器定义的远端（范围）点，而是只由阻抗定义其范围，因此一些区域可以（也应该）远远超过被保护电路。

另一种常见的后备保护形式是简单的过电流或接地故障保护，可对超过设置的故障电流做出响应，而不受位置限制（如 32.1.1 所述）。

### 32.3.1 高设置过电流

高设置过电流（HSOC）是一种瞬时/快速动作后备保护，由于其固有阻抗值高，可以有效地应用于变压器，这意味着它可以在最小系统故障条件下，确保定能跳开高压侧故障，而在最大系统故障条件下，不跳开低压侧故障。

### 32.3.2 断路器失灵

当电压在 132kV 以上时，通常采用断路器失灵（CBF）保护，以防断路器在跳闸命令下无法跳闸和断开。根据客户的要求，不排除在较低电压下使用 CBF 保护，但通常不使用。

当给定电路上的任何保护继电器动作，并发送一个跳闸信号到相应的断路器以控制其断开时，还会发出一个启动断路器失灵功能的命令。断路器失灵继电器（或为数字继电器中的功能）随后监测预设时间的电流（电流检查）。如果延时结束后仍观察到大于设定值的电流，则断路器必须继续是合上的，且一个跳闸信号用来对变电站中可能导致故障的其他断路器进行"倒退跳闸"。如果断路器在馈线上，且它还没有通过自己的保护来跳闸，那么也会向对侧发送联动跳闸信号，以确保它跳闸。在母线变电站，通常使用母线跳闸系统来实现 CBF 跳闸，因为已经有和其他所有支路的跳闸连接。

一些断路器失灵系统有两个阶段的计时器，在第一次延迟后启动故障断路器的再跳闸信号，以进一步正确识别故障已清除，在第二次延迟后，启动到所有馈入断路器的跳闸。

因为保护功能只有在跳闸信号之后才会生效，所以电流检查设置可能非常低（几百安培）且低于负载电流。为了正确地确保断路器跳闸失灵，且没有处于断开过程中，设置断路器失灵时间时必须考虑：

（1）主保护装置和任何相关跳闸继电器的运行时间。

（2）断路器消弧时间。

（3）当前检查元件的启动时间。

（4）当前检查元件的复归时间。

（5）安全距离（考虑到操作时间误差等）。

典型断路器失灵时间定值在 130～180ms，故障切除通常小于 300ms。

## 32.4  保护：安全注意事项

保护的主要目的是保护电网不失去稳定性且相关设备不受损坏，而不是保护人员——如有任何人接触到输配电系统的电压，当时无法指望保护和设备通过快速动作来将人员从严重受伤或更严重的情况下拯救出来。然而，如果不能及时或根本无法清除故障，可能会使人员或公众处于危险之中。例如，持续的故障电流可能导致变压器等设备爆炸，释放绝缘油并引发火灾。破碎的架空导线可能落到地上或植被上，接地不良导致高阻故障，若无法探测到此类事故，可能会导致人们接近或接触到带电导体，而这些物体以往是不会造成伤害的。

## 32.5  故障等级考虑因素

电力系统的故障等级（短路故障）取决于其发电量或包含的馈入电源。由于电路阻抗、连接的负载和发电机，任意给定点的故障等级都可能发生变化，因此可以定义/量化系统的最小和最大系统条件。除额定负载或容量外，开关柜的各个设备都将具有相关持续时间的故障级别评级，即在规定的时间内，它在额定电压下能承受多少故障电流。通常，随着系统电压水等级的增加，故障等级也会增加，为了最大限度地减少损坏同时保持系统稳定，必须尽快清除故障。常见的故障电流例子有：电压 400kV 时能承受 63kA 的故障电流 1s，电压 132kV 时能承受 40kA 的故障电流 3s。

虽然应该确保一次系统配置在任一特定点的故障等级不超过一次设备的额定值，但是保护必须能够正确地检测和清除故障。对于保护区外的任何故障，在最大故障等级下，单元保护应保持稳定，以保证正确识别，但必须在最小预测故障等级下正确地检测区内故障。过电流保护应设置为与相邻电路上的其他类似保护的等级相同，以提供正确的鉴别。

保护继电器的类型、定值和配合，取决于最大和最小故障电流的瞬态和稳态故障分析。瞬态最大故障的直流分量的数值被用来整定继电保护的最小延迟时间。这必须与相关断路器的额定短路开断电流的直流分量进行比较。继电器电流设置应始终低于最小稳态故障电流。

一般情况下，从设置的角度来看，保护定值应高于正常负荷值，但在最小故障等级或电厂条件下，会在合理的幅度内低于最小预测故障电流。因此，保护定值通常不高于最小预测故障电流的 50%，以留出足够的余量确保正确动作。

传统的热力发电站（如煤、石油、天然气、核能等）的发电机（同步电机）故障等级很高，有利于保护定值整定（可以整定在正常负载以上）。相反，现代风力发电机（非同步）、HVDC 系统与电网相连接，在故障条件下提供非常低的电流，通常只略高于负载电流，这可能对保护定值整定造成问题，但仍然需要从故障部分断开。这有时可能需要条件信号来区分故障和最大负载，如电压调节过电流保护或可能使用的负序保护。

## 32.6 电力系统故障、类型、类别、后果和电弧能量

故障可以被认为是由于导线之间或对地绝缘减少而引起的电力系统的非正常运行状态，通常伴随电流显著增加，超过正常负荷水平。然而，也有可能遇到断导体（无论是否接地），这可能不会导致电流增加，但会在三相网络中呈现不平衡状态。这类故障可用架空线路来解决。

影响电力系统的主要故障类型有：

（1）三相（有无接地）。

（2）相间又称两相。

（3）相对地或单相。

（4）相间短路（也称为两相对地或双相对地）。

除三相故障（接地或不接地）外，其他类型的三相网络均存在不平衡状态。这些条件的分析通常涉及使用对称分量。

上述类型的故障可发生在系统中的各种设备上，包括电缆、架空线路、变压器、发电机、电机等。此外，带有变压器、发电机和电动机等绕组的工厂可能会发生"匝间"故障，即同一绕组上的匝间短路。

绝缘强度可能会随着时间的推移而降低，引发故障，但直到实际发生故障时才会被发现。例如，在开放的终端变电站或架空线路绝缘子串中，绝缘子上积雪或覆冰，逐渐减少绝缘子的绝缘性，直到发生飞弧，由于电流增加而出现可检测的故障。

并非所有的故障本质上都是永久性的——电缆护套的损坏将是永久性的故障，需要采取补救措施，但开路终端开关柜或架空线路上的故障可能是暂时性的。造成这种瞬时故障的原因包括雷击、灌木的叶子长得离线路太近，或者碎屑被吹到离设备很近的地方。需要预想到，在发生此类故障跳闸后，自动重合闸会使电力系统恢复到之前的状态（有关自动重合闸的更多内容，请参阅第 33 章）。

还可能遇到"非系统"故障，即那些导致断路器跳闸，但电力系统没有实际故障的故障（保护误动）。此类故障的常见原因是二次接线中的错误连接、不正确的保护定值、人为错误或维护工作，但按正确的规程和实践应该有助于避免这些问题。

故障可以释放大量的能量，因为大容量的电网或系统（受发电量控制）提供了故障电流的能量（例如，在 400kV 的传输系统中，故障电流为 43MVA 或 63kA）。这样的能量级会造成严重损害，如不及时清除，就会熔化导体。

## 32.7　高压和低压熔断器

熔断器可以定义为通过熔断熔断器元件而切断电路以保护电路不过载（从而防止装置损坏）的装置（而继电器与断路器一起工作以打开电路）。熔断器元件的定义为：可熔断的用于切断电路的可更换部件，通常安装在熔断器链路中。在较低的电压下，熔断器链路可以插入到载流子中，载流子又可以安装到底座中。熔断器这个术语被认为是一个完整的单元，包括元件、支架、底座等。通过熔断器的电流越大，熔化的速度就越快，电流也因此中断。熔断器实际上比断路器运行速度更快（约 5ms），在故障电流达到峰值之前就发生熔断。熔断器比断路器便宜得多，维护费用也更少。然而，熔断器一旦熔断，就必须更换以恢复通电，因此熔断器不能进行重合闸操作。

过去，熔断器常用于二次接线，但现在微型断路器（mcb）的使用越来越多，因为可以安装辅助触点来显示微型断路器跳闸。根据 IEC 60282 和 IEC 60269，熔断器可分为高压（＞1000V）和低压（＜1000V）。

熔断器可应用于各种应用场合，用于保护网络、电容器、变压器和电机，其特性可用于特定应用场合（如适用，可承受电机启动电流或变压器涌流），并可提供不同类型的熔断器：

（1）喷射式——主要安装在配电线路的电杆上，由一根内部装有熔断器元件的管组成。运行导致熔断器元件熔化/汽化，气体从管中排出，辅助消弧。这种元件的断裂也释放了弹簧机构，导致管的顶部接触脱离，管落在较低的接触/铰链点周围，更容易在后续调查中发现动作地点。

（2）限流型——具有保护设备不受故障级别影响的优点，故障级别可能比现有的开关柜容量大，因为其能够在电流达到峰值之前非常迅速地运行。

（3）高遮断容量（HRC）——通常是盒式的，能够提供高级别（数十千安培）故障的快速清除。

（4）电容器保护——串联或并联电容器组使用的电容器单元通常由多个独立电容器组成，内部或外部熔断器可通过隔离单个故障电容器，使电容器组继续工作，但须受制造商规定的限制。

表 32.1 总结了熔断器的主要优缺点。

表 32.1　　　　　　　　　　　　　熔断器的典型优缺点

| 优　点 | 缺　点 |
| --- | --- |
| 比较便宜 | 花时间更换和恢复电路 |
| 不像断路器需要维护 | 受限于配电电压（一般＜33kV） |

续表

| 优　　点 | 缺　　点 |
|---|---|
| 限流熔断器限制短路电流，可以避免或推迟更换较高额定值的开关设备 | 由于排出气体，喷射式熔断器工作猛烈，同时也需要足够的间隙 |
| HRC 熔断器额定值可在熔断器座尺寸范围内更改 | 除了断开电路之外，不提供任何故障指示 |
| 各种额定值/特性可供选择 | |

## 参考文献

以下内容并未在上一节中特别提及，也并无详细的列表，读者可能对更详细的信息感兴趣。E-CIGRE 网站是 CIGRE 研究委员会发布的非常有用的信息来源。

### 书目

Baxter, H.W.: Electric Fuses. Edward Arnold, London (1950)

Electricity Training Association: Power System Protection 4 Volume Set. The Institution of Engineering and Technology, London (1995). ISBN: 978−0−85296−847−5

Wright, A., Newberry, P.G.: Electric Fuses, 3rd Edition. The Institution of Engineering and Technology, London (2004). ISBN: 978−0−86341−399−5

CIGRE Publications

TB 359 — Modern Distance Protection Functions and Applications, 2008

TB 431 — Modern Techniques for Protecting Busbars in HV Networks, 2010

TB 432 — Protection Relay Coordination, 2010

TB 463 — Modern Techniques for Protecting, controlling and monitoring power transformers, 2011

TB 465 — Modern Techniques for Protecting and Monitoring of Transmission Lines, 2011

TB 546 — Protection, Monitoring and Control of Shunt Reactors, 2013

TB 587 — Short Circuit Protection of Circuits with Mixed Conductor Technologies in Transmission Networks, 2014

TB 629 — Coordination of Protection and Automation for Future Networks, 2015

# 变电站控制和自动切换

**33**

John Finn

# 目录

J.Finn (✉)

CIGRE UK, Newcastle upon Tyne, UK

e-mail: finnsjohn@gmail.com

© Springer International Publishing AG, part of Springer Nature 2019

T. Krieg, J. Finn (eds.), *Substations*, CIGRE Green Books,

https://doi.org/10.1007/978-3-319-49574-3_33

为了有效地操作变电站，需要一套控制系统实现以下功能：指示所有设备的状态，包括二次系统设备的报警和指示；显示关键参数的模拟值，如电压、电流、兆瓦和兆乏；提供数字输出以关闭和打开开关设备、升高和降低变压器上的分接头等。除基本的指示和控制外，还需要同步、电压和/或无功控制、安全运行连锁、避免频率崩溃的负载控制等功能。其他功能如自动合闸或重合闸可以优化电网的性能，在某些情况下控制开关开合，即选取波形控制点用于减少电网开关开合瞬态的影响，也可能是需要的。这些方面将在以下段落中进行介绍。

## 33.1　基本控制系统

在大多数情况下，变电站控制监控系统允许三级监控（或人机界面 HMI）。然而，所使用级别的数量将取决于实地操作，也可能仅限于前两级控制。

（1）在配电所/配电设备建筑物内（间隔控制）。

（2）变电站控制室（站控）。

（3）来自中央电网控制中心（网络控制、远程控制中心、区域控制中心）。

在任何时候，都应该只有一个控制点在运行，用户可以定义控制点的切换规则（控制仲裁），但在间隔控制与站控之间的选择通常会在间隔控制侧进行，并且是基于单个设备的。站控或网络控制之间的选择将从站控点开始，并可能以每条线路为基础。每个点的设施将根据所控制的设备、指示和可用警报的不同而有所不同。

报警器可以按站和网络控制点的不同要求进行分组。一般来说，为了使变电站安全、符合要求地运行，应在每个控制点上提供必要的警报和指示。间隔控制或站控可提供同步等特殊设施。

图 33.1 示出了人机界面设备类型。

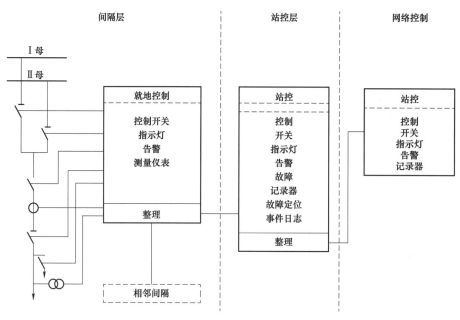

图 33.1　人机界面位置示例

随着数字技术设备的使用不断增加,传统的人机界面和以计算机为基础的人机界面之间有了明显的区别。基于计算机的人机交互技术在网络控制中和站场控制室中却越来越普遍。然而,在网络控制层仍然有一些传统的人机界面。在间隔层的人机界面通常是直接的电线控制,因此为传统型。

### 33.1.1　传统人机界面的细节

间隔层人机界面将包括控制开关、指示灯和安装在设备上或附近的本地控制隔间中的仪表。一般情况下,这些设备是在被控设备的维护过程中使用的,或者在站级或中央网络控制中心发生故障时作为备用。在站级,控制面板应位于主控制室。人机界面设备应按线路分组,开、关切换器仅控制变电站控制面板所示同一区段的设备。

应提供一个模拟图,通常以单线图表的形式表示变电站的布置。模拟板是为了给操作人员提供开关设备状态的总览视图。它可以由单独并排安装的电路控制面板组成。设备布置应与主要设备布置相对应。

报警设备应安装在模拟图附近,或构成控制面板的一个部分。报警操作应使相应的窗口闪烁并发出可听见的警报声。接受按钮的操作将使可听到的警报声变为静音,并稳定闪烁的窗口,准备对后续启动做出响应的提示。应提供复位按钮以熄灭已复位的警报。

需要一个指示灯测试按钮来启动所有报警窗口的稳定显示。触发的跳闸或保护报警应该与其他窗口有所不同(例如,红色显示而不是白色或琥珀色)。控制和选择开关的类型应符合 IEC 60337 等公认的标准。控制开关需要两个独立的动作或两个手动操作来实现操作。指示仪器应为符合 IEC 60051 等公认标准认可的类型。

### 33.1.2　基于计算机的人机界面的详细信息

基于计算机的人机界面通过使用分布式架构的计算机系统发挥作用。这类系统通常出现在网络级,但直到 20 世纪 90 年代才出现在变电站控制级。远程终端单元(RTU)与设备形成接口,并与中央系统进行信息通信。RTU 收集模拟和数字数据,并发出控制命令。

人机界面可根据所需的冗余程度,使用不同数量的下列各项:

(1)视觉显示装置(VDU)。

(2)字母数字键盘。

(3)打印机。

(4)绘图仪。

(5)光标运动球。

(6)操纵杆。

(7)特殊功能面板。

(8)鼠标。

用于大型变电站的模拟显示器,其形式可以采用电路板或视觉显示装置"页面"。

能够操作变电站(变电站级)或电力系统(网络级)的操作员控制台,应由上述列表中所需的组件组成。控制台应该能够在联机、维护、培训和编程等模式下操作。特殊的软件连锁应该禁止两个或多个控制台同时"在线"工作。

视觉显示装置应该具有完整的图形及多色显示功能为 24h 连续工作。应显示以下资料:

（1）静态（固定）信息（如变电站单线图）。

（2）可更改的操作参数。

（3）动态（实时）变量。

操作人员的键盘包含特殊的功能键，应给每个控制台配备，以方便执行命令。系统键盘用于计算机系统和变电站数据录入和一般操作。此外，系统还可能需要一个字母数字键盘。

当变电站只是偶尔有人值守时，应考虑提供触摸屏视觉显示器或专用功能面板，以简化操作者控制和监控电站的任务。特殊功能面板只有少量专用的按钮和开关用于设备控制、视觉显示器页面的选择、警报的确认。通常需要两个阶段的控制（选择—检查—执行），以便所有控制命令都能从人机界面执行操作。

### 33.1.3　计算机性能标准

用于变电站二次系统应用的计算机控制设备的类型和配置应如下：可以形成具有必要的可靠性、功能可用性和设备维护简便性的系统。

（1）主站。支持人机界面的主站计算机系统应该具有非常高的可靠性和几乎连续的功能可用性。满足这些需求的常用技术是在重要元素中引入硬件冗余。冗余元素通常被配置成自动检测在线单元故障的相关功能。

（2）设地边远地区的分站。分布式数据采集的计算机子系统应该具有很高的可靠性，但是偶尔的故障通常是可以容忍的，因为它通常只会影响整个系统的一小部分。由于经济原因，通常不采用冗余，但部件的选择应达到较高的标准，以使故障间隔的平均时间较长。

（3）通信。分布式计算机系统依赖于通信。如果不提供通信通道的物理路由，则需要高度的机械或电气保护。如果与外站相关的功能很重要，则应通过物理隔离的路由提供主通道和备用通道。除此以外，提供单一通道通常会提供令人满意的可用性。

（4）计算机加载。当电网在正常状态下运行时（大多数情况下都是如此），基于计算机的控制系统通常在执行与更新遥测数据和支持人机界面相关的所有任务时都没有困难。然而，在主要的网络干扰期间，遥测数据量和与人机界面相关的处理量都将增加相同的阶数。在发生重大干扰时，可以在一定程度上放宽这些要求，但绝不能丢失任何数据。

### 33.1.4　变电站控制

在过去，高压变电站通常由驻地人员值守和监控，变电站的控制由变电站控制室通过就地控制进行。

本地控件包括用于收集数据的系统和用于发出命令的系统（HMI）。数据采集系统提供断路器、隔离开关和接地开关的位置、线路负载、变压器温度和负载、电压等级、继电器功能、时间标记的事件等信息。

在变电站控制室中，这些信息显示在信息板上和模拟图上（在常规设备中），或显示在视觉显示装置上（在计算机设备中）。变电站控制室对断路器、隔离开关、分接开关等发出控制命令，从而可以从这里通过人机界面对变电站进行全面控制。

如果变电站控制室的控制发生故障，可以在主设备上或相邻的控制柜上建立断路器、隔离开关、接地开关等备用控制。

### 33.1.5　来自网络控制中心的控制

如今，所有的电力公司都采用了远程控制，减少了人工变电站的数量，从而减少了工作人员的数量和运营成本。

目前变电站一般无人值守，控制功能由区域控制中心执行，区域控制中心同时接收多个变电站的信息并对其进行控制。这是通过"监视控制和数据采集"系统（SCADA 系统）来实现的。"远程终端装置"（remote terminal unit，RTU）将绘制监控网络全貌所需的信息并从各个变电站传输到区域控制中心，反过来，将区域控制中心的命令传输到变电站。

在有多个区域控制中心的大型电网中，电能的采购和输电网络的优化布置都是由负荷调度中心进行管理和监控，负荷调度中心又从电厂、区域控制中心等获取信息。

无人值守变电站仍保留就地控制，以在检修期间使用或作为待命目的，但目前普遍是一种简化后的设计。然而，在新建变电站中，一般的本地控制设备往往是带有键盘的显示装置。如果有较低水平的后备控制设备，它可以建立在远程控制设备的基础上并与远程控制设备集成。

随着变电站自动化功能的引入，如母线自动切换、变压器、电抗器自动开关等，可以减少向区域控制中心传输的信息量，从而减轻控制中心人员的负担。但是，除了用于网络控制之外，来自变电站的信息对于继电保护的维护和专业继电保护人员的监控也是必不可少的；因此，需要增加信息的传输，但这可以根据类别下放到不同的中心。

### 33.1.6　控制系统架构

在选择控制系统的体系结构时，应考虑以下因素。

（1）变电站的物理尺寸、布置、最高电压及最终发展：

1）尺寸/区域；

2）室内、户外；

3）AIS、GIS。

（2）变电站人员配备：

1）有人操作；

2）无人操作。

目前，大多数变电站计划为无人变电站。偶尔，电力公司可能会出于以下几个原因决定在有人值守的基础上运行变电站：以往电力公司实践的延续；具体技术原因（即高压设备及/或遥控通信线路不可靠）。

（3）选择要执行的二次系统功能。

（4）保护和控制子系统技术：

1）传统；

2）基于计算机。

（5）预计使用周期费用，包括：

1）投资；

2）培训、教育和运营；

3）维护。

上述各方面应结合输电网和能源消费者的可用性/可靠性要求加以详细考虑。这些考虑为控制系统体系结构的选择和相关保护提供了基础。

### 33.1.7 扩展和修改要求

有下列原因之一的，可以对变电站二次系统进行扩建或者改造：

（1）需要额外的主间隔。

（2）变电站配置改变。

（3）更换一次设备。

（4）增设了二次设备（如母线保护或遥控）。

为了方便变电站控制系统的扩展，在设计初期，应在电缆沟、管道和隧道以及中央控制楼内设置备用空间。

标准控制楼包括两个不同的功能区域，可分为：

（1）与变电站规模无关的区域（如员工相关服务区）。

（2）与变电站规模相关的区域（如继电室）。

与变电站规模有关的部件，应具有容纳合理预期的任何扩展或改造的能力。

### 33.1.8 避免控制系统中非预期的操作

传统上，非预期的操作主要与来自电磁干扰。电磁兼容的要求对所有公用设施都非常重要。目前，国际标准已经很好地涵盖了这一主题，并在电缆屏蔽和接地实践领域拓展了许多专业知识，以降低故障风险，如 30.9.6 所讨论的电磁兼容性。此外，在各间隔之间的通信中，增加使用光纤电缆进一步降低该风险。

然而，在当今世界，我们正面临着另一种风险，即网络攻击或"黑客"未经网络运营商授权恶意操作电路和网络控制。2015 年，在乌克兰已经发生过这种情况。控制系统软件抵御"黑客"入侵的防护功能变得越来越重要。

## 33.2 连锁

许多电力公司都使用连锁系统，以确保所有的隔离开关、固定接地开关以及所需的断路器都按正确的顺序运行，这样操作人员就不会因设备故障或疏忽操作而损害传输系统的完整性。

连锁方案所涵盖的最常见情况是：

（1）隔离开关和断路器之间的连锁，以确保隔离开关不产生或破坏负载电流。

（2）隔离开关和接地开关之间的连锁，以确保接地开关不能与带电电路相连接；反之，当通过关闭隔离开关关闭时，接地开关也不能通电。

（3）隔离开关与相邻的接地开关之间的连锁，使隔离开关的操作在接地开关两侧关闭时，可用于维护。

（4）确保多个母线变电站的有载转换开关操作顺序正确，并确保连接到每个母线的隔离开关之间存在并联路径。在切换母线操作期间，一些电力公司会阻止母线耦合器和母线部分的跳闸。

（5）确保母线耦合器或分段断路器只有在隔离开关两侧均为闭合（运行状态）或均为开启（维护状态）时才能闭合。

（6）除非已采取适当的安全措施，如隔离和接地，否则应当限制进入可能违反安全许可的变电站区域（如滤波设备）。

当开关序列仅涉及电力驱动的开关设备时，通常采用电气方式实现连锁。理想情况下，正确的连锁状态应该在操作启动时自动确认，无论该操作是由操作员执行的，还是自动序列的一部分（注：有时可能需要在自动切换方案中绕过连锁，但这应该是例外情况，而不是常规状态）。当开关顺序涉及手动操作装置时，则连锁可采用电动或机械方式。应该将连锁设计为在操作之前立即检查连锁状态。在可行的情况下，连锁方案应能提供最大的操作灵活性，而非不必要地强加固定的操作序列。这些方案本质上应该自动防故障的，除非使用工具或经过专门设计的超控设备，否则不可能绕过它们。这种超控设备通常应该可以使用唯一的锁进行锁定。当开关和操作序列在任意方向上被跟踪时，连锁应能有效地进行切换和操作（如果接地开关在打开之前必须关闭，则在打开接地开关之前必须反向关闭和锁定接地开关）。在某些地方，完全连锁一个设备是不现实的。这方面的一个例子是线路入口的接地开关，通常不可能将其与线路远端设备连锁，除非线路很短。在这种情况下，正常的做法是提供一个警告标签，表明接地开关没有完全连锁。

机械连锁通常是通过关键操作系统来实现的。密钥应该是不可控制的设计（也就是说不应该有任何主密钥，也不可能制造主密钥）。不应在同一变电站现场重复使用密钥差异（注：差异是指密钥之间的差异，该差异阻止了密钥与另一密钥的互换）。连锁键通常刻有特定站点特有的标识引用。通常，标识符包括在正常操作过程中密钥对应交换设备的系统号，并且用关联密钥的标识符标记密钥位。

在更复杂的连锁方案中，可能需要提供密钥交换箱，这些交换箱应位于方便变电站正常运行的位置。有时可能需要机电钥匙交换箱，为电路提供电气连锁和机械连锁的连接。

传统的电连锁是通过使用硬线触点逻辑来实现的。利用计算机控制系统，在控制系统中已经知道整个工厂的状态，因此可以编写一些软件逻辑来执行连锁功能。很明显，这大大减少了现场所需的布线量，当应用于新的未开发变电站时，这是非常有效的；然而，当变电站需要扩展或改造时，可能会遇到问题。通常，这将涉及在工厂建立一个模拟的整个改造后的变电站，以测试修改后的连锁软件，然后将其加载到实际的计算机系统上。

## 33.3 同步

电力传输网络需要同步，以做到以下几点：

（1）确保系统的稳定性。

（2）尽量减少对电厂的损害。

（3）便于分割系统的重新平行。

当系统两侧不同步时，如果断路器闭合，就会对发电机施加冲击负荷，网络上就会产生大量的同步功率。

在传输网络中，通常采用两种同步方式，即检查同步和系统同步（见图33.2）。通常是在断路器在一个固连系统内闭合时，进行同步检查。系统同步发生在断路器闭合连接两个独立系统时。

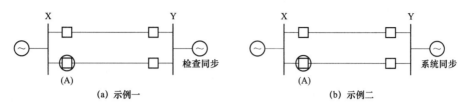

(a) 示例一　　　　　　　　　　　　　　　(b) 示例二

图 33.2　检查同步和系统同步示例（注　圆圈表示断路器处于打开状态）

同步关闭所需的条件如下：

（1）断路器两侧频率相同（零滑移）。

（2）断路器两端电压的相位角差为零。

（3）断路器两侧的电压量值近似公称。

在一定偏差内，同步继电器将检查这些条件是否满足（见图 33.3）。

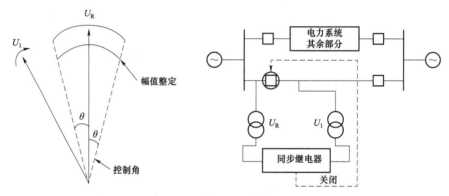

图 33.3　同步继电器连接及同步输入、运行电压对比

通常母线上不会有电压互感器，为了获得母线的电压以建立"运行"电压，需要有电压选择方案。应该注意的是，电压互感器的输出应该被监控（如由 MCB），因为没有电压将被视为母无压和线无压。在过去，同步系统由电压选择方案、显示运行电压和输入电压的模拟同步面板和显示两个电压之间瞬时角的同步器。有时，这些仪器还会加上一些灯具，以实现"灯亮"或"灯暗"形式的同步。同时，用同步继电器对串联到断路器闭合电路中继电器的电压、角度、滑动触点进行检查。这个同步系统将用于检查手动和自动开关的同步。

随着计算机控制系统的发展，当计算机控制系统"知道"选择合适的运行电压所需的所有信息时，对同步的专用电压选择方案的需求就消失了。此外，通过编写适当的软件，所有必要的检查都可以在计算机控制系统内进行，以使手动关闭断路器。在下列任何一种情况下，断路器默认合闸：

（1）母无压/线无压。

（2）母有压/线无压。

（3）母无压/线有压。

（4）母有压/线有压（检查同步或系统同步，视情况而定）。

对于自动闭合（自动重合闸），同步检查装置通常内置在现代数字自动重合闸继电器中。

## 33.4  电压控制

变电站内应用的静态电压控制主要有自动分接开关（ATCC）控制和自动无功开关（ARS）两种。

### 33.4.1  自动分接开关控制

自动分接开关控制变压器低压侧的电压。该系统通过检测变压器低压侧超出预设电压限值（死区）的母线电压，启动变压器有载分接开关的工作，使电压达到规定的限值（见图 33.4）。这个分接的时间跨度必须与其他有源电压控制相协调，以避免捕捉。

有时需要对电压进行更严格的控制时，采用如图 33.5 所示的双死区装置。如前所述，分接开关操作的时间必须加以控制，以避免与电网上的其他电压控制设备发生冲突；图 33.6 显示了分接变换延迟通常是如何实现的。

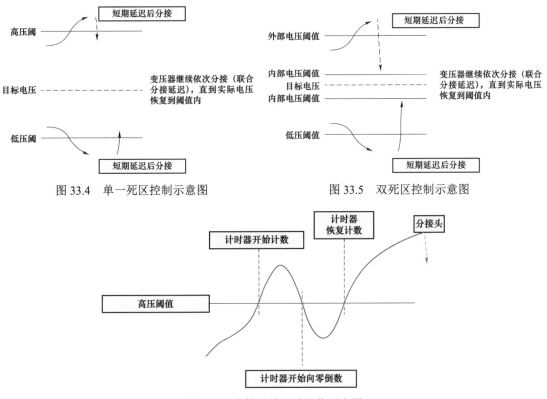

图 33.4  单一死区控制示意图          图 33.5  双死区控制示意图

图 33.6  分接开关延时操作示意图

在较为复杂的变电站中，ATCC 设备可能需要能够通过控制多个变压器上的分接开关来控制不同母线上的电压。为此，ATCC 设备必须自动检测低压变电站的拓扑结构，识别变压器分接开关控制的母线分组。在这种情况下，被控制的实体是母线电压，控制动作是启动被控制母线变压器上的分接开关。该方案通常会保证连接在一对母线之间的并联变压器上的分接头相同，或相差一个分接头内，以避免并联变压器之间的无功环流。

ATCC 方案的其他特点是线路降补偿：通过补偿线路上的电压降，该方案可以控制线路另一端的母线电压。此外，一些 ATCC 方案会选择固定电压，例如额定值、额定值 97% 和额定值 94%。当需要切负荷时，ATCC 设定值可选择在较低的电压下进切负荷。

ATCC 一般根据专用的方案和继电器来执行。该方案需要收集与变压器相关的断路器及隔离开关母线耦合器和母线分段开关相关的隔离开关等信息。随着计算机控制系统被越来越多地使用，ATCC 的功能可以通过合适的软件集成到控制系统中，大大减少了现场布线的数量。

### 33.4.2　无功自动切换

输电网络中电压的正常控制方式是通过与电网相连的发电机发出无功功率。注入较多的无功功率会增加系统电压，而减少注入甚至吸收的无功功率会降低系统电压。随着网络的日益复杂，越来越有必要在远离主要发电源的变电站增设无功装置来控制电压。这种无功装置可以是动态型的［如静态电压补偿器（SVC）］，也可以是静态型的（如并联电容器或并联电抗器）。动、静态设备连接时，应相互协调，使静态设备进行稳态电压控制，动态设备处于备用状态，以应对网络中发生的电路跳闸、甩负荷等事故。

如果我们先考虑静态器件，那么这些器件就可以用一种自动无功开关方案来控制。它监控变电站高压母线上的电压，并将其控制在指定的预置限值（死区）内。如果电压超过上限，那么任何并联电容器将被关闭；或者如果没有并联电容器在工作，那么一个并联电抗器将被打开。同理，如果电压低于下限，则任何并联电抗器都将被关闭；如果没有并联电抗器在工作，则将一个并联电容器接通（参见图 33.7）。这些开关动作的时间必须与 ATCC 等其他电压控制装置协调。正常情况下，应在通过分接开关控制调节低压后，再对高压系统进行控制；但是在事后故障情况下，ARS 系统会先在 ATCC 之前采取行动。ARS 控制所需的信息包括高压、低压变电站内许多开关柜项目的状态信息。在过去，这些信息是为 ARS 计划独立收集的。然而，随着组合控制系统的发展，这些信息在该系统中是可用的。然后，ARS 可以通过使用合适的软件集成到控制系统中，或者像某些实用工具所做的那样，可以使用混合（IED）方法。该混合方法利用计算机控制系统采集电厂的状态信息，通过串行连接反馈给专用的 ARS 设备（IED），由 IED 进行控制决策，并反馈给变电站控制系统进行无功设备的切换。

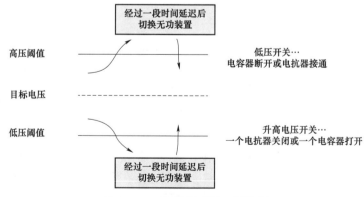

图 33.7　ARS 控制系统电压控制

对于快速变化的电压，这些通常是由动态电压控制设备，如 SVC 或 STATCOM 控制。这些设备通常有一个电压设定值和一个斜率设定值。当电压达到设定值时，无功功率不会被注入或吸收。当电压超过设定值时，吸收无功功率；当电压低于设定值时，注入无功功率。无功功率的大小取决于斜率。对于一个小的百分比斜率，电压的一个小的变化将导致无功功率一个大的变化（更严格地控制电压）。而对于较大的百分比斜率，则需要较大的电压变化来引起无功功率的变化（更宽松地控制电压）。SVC 的典型操作图如图 33.8 所示。由于 SVC 使用电力电子元件，其响应时间非常快（约为几十毫秒），因此能够帮助维护网络电压稳定。当 SVC 和静态切换元件同时使用时，SVC 控制器通常会成为主控制器，以保证设备运行的正确协调。

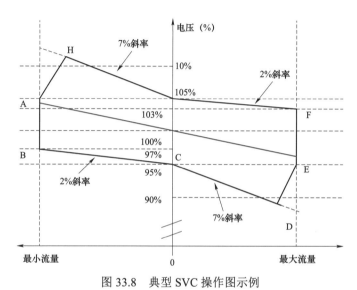

图 33.8　典型 SVC 操作图示例

## 33.5　控制开关：波形控制点

众所周知，当断路器开合时，会产生瞬态浪涌。浪涌的性质取决于被切换的电厂设备，示例如下：

（1）在关闭长线路或复合电路（线路/电缆/变压器）时，由于反射波引起的浪涌。

（2）当关闭电容器组时产生的浪涌。

（3）大型电力变压器通电时产生的浪涌电流。

（4）切断并联电抗器电源时电流切断引起的感应电压。

许多浪涌的大小取决于开关动作发生时的电压或电流的正弦波上的特定点。对于变压器的通电，考虑剩余磁通也是有必要的。

因此，如果我们能够控制实际开关动作发生在波上的特定点，那么我们就可以最小化开关浪涌的影响。例如，这种控制可以控制线路和电容器组的合闸电压，也可以控制并联电抗器的合闸电流。举一个给线路通电的例子，施加到线路上的电压会传到线路的远端，然后被反射，导致电压加倍。如果通电点电压为峰值电压，则该电压将加倍，如果通电点电压为零，则理论上不存在电压浪涌。在这种情况下，我们的目标是在电压为零的情况下关闭电路。为了做到这一点，我们需要准确地知道某些参数对断路器工作时间的影响，如环境温度、闭合线圈电压、液压机构油压等。同样重要的是断路器具有可重复的特性，即对于相同的参数，断路器的运行时间总是相同的。当三相电压均按时偏移，则每一相的闭合信号必须在该特定相位的正确时间发送（参见图33.9）。这通常意味着每相都需要不同的机构。但一些制造商声称，通过在各相之间使用机械交错的单一机构，就能够达到令人满意的精度（通常取为1ms）。

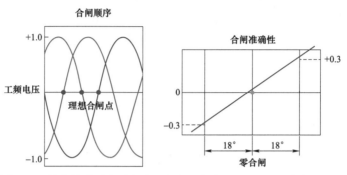

图33.9 输电线路通电时每个相位的理想闭合点和1ms精度影响图

为了明确信号发送到闭合线圈波形上的精确点，需要一个特殊的"波点"继电器。这个继电器必须与一个特定的断路器相连并与该断路器的精确参数相关联。根据开关时的参数，继电器将计算出发出指令的波点，以达到所需的闭合点。继电器通常也是自适应的，因此它可以从每一个操作中学习，为将来提高性能。由于实际将在预电弧点施加电压，而不是在接触闭合点，因此必须考虑预放电电弧等其他因素（参见图33.10）。当试图将我们的系统误差设计得更小并降低绝缘要求时，会增加复杂控制开关设备的使用量。

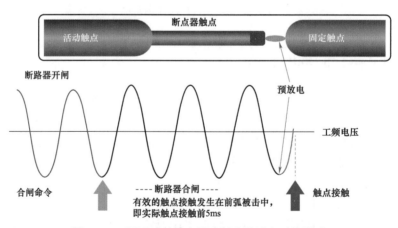

图33.10 预灭弧对输电线路闭合脉冲定时的影响

## 33.6 自动开关：重合闸、合闸和操作跳闸

随着现代电力系统的日益复杂，对自动开关的需求越来越大，以避免出现不可靠的系统状况。

### 33.6.1 自动重合闸

最常见的自动开关形式是自动重合闸，适用于架空线路电路。在早期，运营商很快意识到，当架空线路在大多数情况下跳闸时，故障本质上是暂时的。如果电路被重新闭合，那么电路将在不需要任何干预的情况下恢复工作。这是因为许多架空线路故障是由闪电、风引起的跳线回路闪到塔腿上，或者是农民在田里烧残茬引起的。一旦故障电弧熄灭，电离空气在短时间内从故障附近清除，空气的绝缘强度就会完全恢复，并能满足使用要求。在早期，这种电路的重合闸是由操作者手动进行的。如果这种重合闸动作是自动进行的，将会有明显益处，因为这样重合闸速度将快得多，从而有可能在某些故障条件下帮助维护系统的稳定性。

在配电网中，允许多次尝试重合闸；但在传输电路中，通常只执行一次自动重合闸。如果自动重合闸不成功，则电路将停止工作。但如果重合闸成功，则自动重合闸继电器将重置，并可在稍后发生故障时再次重合闸。判断重合闸是否成功通常是通过观察电路在重合闸后的使用时间来判断的。这个时间称为复归时间，通常约为 2s。

几种不同类型的自动重合闸如下：

（1）单重重—高速。

（2）单重重—延迟。

（3）三重—高速。

（4）三重—延迟。

单重是指当某一相发生故障时，只有故障相跳闸，其余两相保持闭合，跳闸相重新闭合。

三重是指对于一个相上的故障，所有三个相都跳闸，然后所有三个相都重新闭合。

高速意味着重合闸速度很快，只给电离空气足够的时间进行清除，通常少于 1s。

延迟意味着重新锁定将被延迟一段时间，通常超过 10s。这使得在永久性而非瞬态的故障情况下，在遭受第二次故障之前，发电机能够从第一次故障中恢复。

根据电网的强度，供电公司出于不同的原因使用自动重合闸。例如，在发展中的或弱电网络时，将采用单重高速重合闸，通过两个非故障相保持功率同步，以帮助在故障情况下保持系统稳定。在多数连接为双回路的发达网络中，三重延迟重合闸可以在同一塔上的另一电路跳闸之前，修复故障电路，保持系统安全。在复杂变电站（如 3/2 断路器变电站）中，可根据电路条件采用不同类型的自动重合闸。

故障自动重合闸是架空线路特有的故障自动重合闸，然而，其他电路的自动切换可以集成到一个自动重合闸序列中。举个例子，在一个环形或网状变电站中，变压器可以像架空线路那样安装在同一个网角上，当变压器发生故障时，整个电路跳闸，变压器通过打开隔离开关自动隔离，架空线路电路恢复工作。类似地，如果线路电路的自动重合闸失败，它可能会被自动隔离，然后变压器会自动返回运行。

在自动重合闸过程中，断路器可以在不同的条件下闭合，例如，第一个闭合的断路器通常是带电母线、死线闭合。在架空线的另一端的断路器通常在检查同步时关闭。同步继电器是现代数字自动重合闸继电器的重要组成部分。

### 33.6.2 自动合闸

当系统条件需要时，断路器自动合闸。最简单的例子是当变压器处于热备用状态时（低压侧断路器打开但隔离开关关闭）。假设有三台变压器连接到母线上，有两台以上在用，则超过故障等级，为了满足负载需求需要两台变压器（如图 33.11 所示）。此时，变压器 A、B 处于工作状态，变压器 C 处于热备用状态，即通电但低压断路器断开。如果变压器 A 或 B 跳闸，则自动合闸方案将合上变压器 C 上的低压断路器，以保持两个变压器在使用中。更复杂的方案可以考虑多个电路的状态，以决定自动合闸指定的断路器，如母线分段/耦合器。

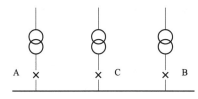

- 故障等级限制可能会阻止所有三个变压器同时连接到母线
- 自动关闭方案可用于断路器C上
- 如果A或B跳闸，则断路器C自动关闭

图 33.11 简单的自动合闸方案示例

### 33.6.3 操作跳闸

随着系统的日益复杂，为了避免热过载导致联跳或由于过载或馈入引起的系统不稳定，越来越有必要将自动化方案投入使用。例如，如果一个大型发电站通过有限数量的电路连接到系统中，那么当一些电路停止工作时，就会有剩余电路过载，导致级联跳闸的危险。当出现这种情况时，将跳闸信号发送给电站的指定发电机跳闸，以减少电站的电力输入，减少剩余电路的负载。由于这可能意味着大量电力（500~1000MW）的损失，操作跳闸方案必须非常安全，以避免误操作造成不必要的跳闸。当设计操作跳闸方案以避免热过载时，操作时间可达几分钟。然而，在某些运行条件下，通过已经制定的降低高压直流输电线路连接的一些方案，以避免不稳定。使用这种操作跳闸方案，操作必须在不到 1s 的时间内进行，并且具有相同的安全级别。

## 33.7 频率控制和用户负载控制

在任何时刻，为了使频率保持恒定，所产生的功率必须等于负载所消耗的功率。如果产生超过负载，则频率增加；如果负载超过产生，则频率减少。

### 33.7.1 低频减载

通常频率控制是由控制发电机输出以保持频率恒定的发电机上的调节器来完成的。然而，如果没有足够的发电能力来实现这一点，那么频率将开始下降。在这种情况下，有必要进行减载。可以通过使用低频继电器来实现问题检测。当继电器工作时，它们将启动指定电路的跳闸，以减少负载。指定的电路将是最不重要的负载。由于在每个阶段都有更重要的电路跳闸，因此可能需要一些低频减载阶段。另一种减载方式是降低电压，这可以通过降低 ATCC 方案中的设定值电压来实现。

### 33.7.2 用户负载控制

在工作日，由于负荷在日间和夜间由轻负荷至重负荷，变化量极大，因此在所需的发电过程中会出现高峰和低谷。如果能够消除这种差异，不需要有足够的发电来满足峰值，这将显然是有益的。已经尝试了许多方法来实现这一点。一个简单的方法是降低夜间用电的电费（通常是白天电费的 1/3）。这是通过在用户处安装双价电能表来实现的。这项工作做得相当好，但是负载的控制掌握在用户手中，而不是实用程序。随着"智能"技术的发展，人们可以通过电源线向用户的住宅发送信号，然后将用户住宅的某些负载与电网断开。通常情况下，用户会得到经济上的鼓励，允许他们的一些负载（通常是最不重要的负载）在任何时候被电力公司的设备断开。这种方案的最大优点是：它将负载的控制交给了应用程序，以减少峰值并帮助优化发电输出。

# 测量和监控

# 34

John Finn

# 目录

为了提高变电站的运行效率，了解母线上的电压、电路中的电流等关键参数的取值以及有功功率和无功功率的流动情况是十分重要的。此外，有必要准确地知道在销售点上，一个电力公司和另一个电力公司之间传输的能量值。当发生故障时，可能需要确定故障的位置。此外，在分析故障原因时，对与准确事件序列相关的电流和电压进行模拟跟踪非常有用。为了了解是否所有设备都运行正常、不需维护，可能需要对设备进行监控和并配有合适的监控系统。本节将讨论这些方面内容。

## 34.1　测量

传统电路控制面板（现在已越来越不常见）包括指示和积分仪表，用于监视和测量主要条件指标，如安培、伏特、瓦特、乏数、温度、分接头位置、频率和相位角。所有指示仪表

J.Finn (✉)
CIGRE UK, Newcastle upon Tyne, UK
e-mail: finnsjohn@gmail.com

© Springer International Publishing AG, part of Springer Nature 2019
T.Krieg, J.Finn (eds.), *Substations*, CIGRE Green Books, T.Krieg, J.
https://doi.org/10.1007/978 − 3 − 319 − 49574 − 3_34

中心的安装高度一般不应超过 2000mm，但某些常用仪表，如系统频率计和系统时钟，可能除外。所有仪器仪表均应配备低反射率的玻璃，不应因摩擦起电而引起指针偏转。所有指示仪表一般都是嵌入式安装的，带有防尘和防潮外壳，并且具有易操作的零点调整。一般来说，表盘应为白色并带有黑色标记，且表盘的材料不易变色。系统电压表应具有扩展刻度，以显示额定工作电压+20%。电能表和无功功率表应该有线性的正读标度和负读标度。频率计应是指针式的，并在电压跌落时摆动到刻度的一端。用户应提供电子仪器和仪表表，包括制造商、型号、电流和电压额定值、精度等级和电路设计。它们应是符合 IEC 60051 等公认标准。

### 34.1.1  精度等级

仪器按以下精确等级分类：$0.05 - 0.1 - 0.2 - 0.5 - 1.0 - 1.5 - 2.0 - 2.5 - 5$。

精度表示为绝对误差和有效范围上限（总标度长度）的商的 100 倍。绝对误差是用实测值减去真实值得到的差。

测量设备的典型精度等级为：电流 1.0、伏特 1.0、瓦特 1.5、频率 1.5、相角 0.5、功率因数 2.5、千瓦时 2.5、千伏时 2.0。

然而，当 kWh 或 kvarh 电能表在销售点用作双价计算用途时，其精度等级通常为 0.2S。此外，通常使用两套仪表，一套主仪表和一套检查仪表。主仪表通常与电流互感器铁芯和电压互感器绕组连接，精度等级为 0.2S，专用于仪表的供应。检查仪表也需要电流互感器铁芯和电压互感器绕组，精度等级为 0.2S，但在这种情况下，其他设备可以连接到相同的磁芯和绕组上，尽管校准和调试仪表时，需要考虑其他设备可能造成的影响。

### 34.1.2  数字化测量设备

通常，数字测量设备包括一个三相数字传感器，用以接收来自电压互感器和电流互感器二次侧的信号，能够数字化计算三相电压、电流、总瓦特、总乏和频率。数字测量设备的输出通常是通过一个端口，如 RS232。

数字测量设备的主要应用是在采用协调微处理器控制系统的变电站中（该系统现在已在很大程度上取代第 34.1 节所述的传统控制面板）。

### 34.1.3  传感器

传感器在测量和控制领域发挥着重要的作用。传感器的输出不是靠指针运动显示，而是与待测输入量成比例的直流模拟电流信号，与仪器和记录仪配套使用，便于本地和远程显示。由于电流互感器的负荷较低，且功率测量需要求和时，消除求和变压器，从而降低了安装成本。基于微处理器的控制和指示功能可能需要为监视控制和数据采集（SCADA）系统使用合适的传感器，尽管更现代的 SCADA 系统可以直接接受电流互感器和电压互感器输入。传感器在使用时应符合 IEC 60688 等公认标准。

### 34.1.4  数字传感器

数字传感器测量模拟输入，如电流，并将其转换为数字电压输出。

数字传感器优点是传感器可以直接与微处理器控制系统连接，而不需要任何附加的信号调节设备。另一个优点是，数字信号的传输对电子噪声和电磁干扰具有更好的免疫力。信号传输可采用屏蔽电缆或光纤。

## 34.2　故障定位

当在架空线路上发生持久故障时，必须分派线路组来查找故障并修复它。由于架空线路可能长达数十公里甚至数百公里，这显然是一项费时费力的任务。故障定位器是一种设备，其目的是能够准确地定位故障的位置，比如在 2～3 个跨度内。过去使用了许多方法，其中一种方法是将一个非常高频率的信号（1MHz 或更高）注入线路。这个信号（类似于雷达）的反射会呈现在一个轨迹上，成为这条线的特征轨迹。当故障发生时，跟踪会出现新的反射或光点，通过测量该光点与终端（线路阻波器位置）的距离，就可以确定故障的位置。然而，目前大多数的故障定位器都是在阻抗测量的基础上工作的，其架空线路参数有专门的详细表示并且需要电流互感器和电压互感器输入才能工作。在有很长的线路和复杂的地形的国家，可以使用行波机构的故障定位器，这些定位器声称在一个线路跨度内是准确的。

在线行波故障定位器也可用于地下电缆故障的定位，无论电缆的接地/连接方式如何，均可将故障定位到长度的 1%以内。

## 34.3　故障记录和事件记录

当系统发生故障时，如果可以对故障前（如 250ms）的电压和电流进行模拟跟踪研究，将会对分析故障原因非常有帮助。完成此功能的设备称为故障记录器。早期使用的是"振荡涡轮图"等外来名称，而存储故障前数据的方法是将模拟波形刻画在墨鼓上。当发生故障时，记录纸大约在 1/4 转后接触到卷筒上，从而将故障前的痕迹印在纸上。如今的存储器则是电子化的了。随着数字继电保护的发展，不再需要购买专门的独立故障记录仪，因为故障记录功能可以内置在继电保护装置中。

故障记录仪通常有 16 个模拟通道用于记录电流和电压，16 个数字通道用于记录保护继电器动作或断路器动作。记录器可以通过模拟通道中的电平设置触发，如电流超过某一数值或电压低于预定值，也可以通过某些数字启动操作触发。

此外，当系统发生故障时，能够准确掌握断路器或其他主设备的运行情况，以及保护继电器的运行时间、自动重合闸动作、报警等，项目的时间信息，这是非常有利的。这些信息由系列事件记录器（SER）收集，SER 是变电站控制系统的一个标准功能。信息的时间戳的准确性应该在 1ms 之内，并且在不同的站点之间实现理想的同步。当需要研究影响多个站点的系统故障时，这一点尤其重要。

## 34.4　监控和警报

由于大多数二次设备可能不会动作很长时间，但是需要在毫秒内动作以清除故障，所以知道休眠设备性能正常非常重要。为此，提供了监控设备。高压变电站最常见的监控形式可能是跳闸电路监控。它监控跳闸电路的供电电压是否正常，并检查整个跳闸电路的连续性。

这通常对两种情况都有效，无论断路器是闭合的还是打开的。电阻允许非常小的电流（比动作电流小得多）流过跳闸线圈，而不会引起其动作。继电器线圈"C"的触点通常是延时的（约400ms），以避免误报断路器动作与继电器线圈"A"或"B"的触点随后瞬时动作。

如图34.1所示。在图34.1中，使用了以下符号：

PR—保护继电器触点；

TC—断路器跳闸线圈；

52a—断路器常开触点；

R—电阻；

A—断路器闭合时继电器监测；

B—断路器打开时继电器监测；

C—电路正常时继电器通电，而正常电路具备在系统故障时提供告警的动断触点。

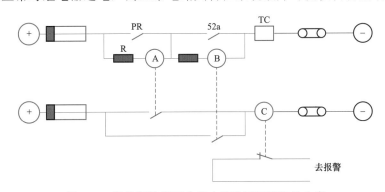

图34.1  监控断路器开合状态的跳闸回路监控方案

这种方案通常适用于断路器的所有跳闸线圈。

对各种不同保护电路的直流电源进行监控也是很常见的。通常是一个简单的继电器，当电源正常时，它被激活；当电源故障时，它会退出，从而引发警报。

随着数字继电器的引入，这些继电器具有自我监督功能，如果继电器有任何故障或问题，它会通知操作者。这样可以通过采取适当的行动提前纠正问题，将设备在出现故障时无法运行的可能性降到最低。

变电站通常提供有关一次和二次设备当前性能状况的信息。在过去，这些信息显示在告警面板上，窗口的颜色表示严重程度：如白色窗口表示信息，琥珀色窗口表示告警情况，红色窗口表示跳闸情况。在计算机控制系统中，警报通常是作为准确说明警报条件的信息文件产生的。操作员的注意力通常被可听到的声音所吸引。报警状态的全部细节通常在变电站内产生。需要紧急远程干预的报警将单独发送到控制中心。不需要立即干预的警报，被划分到常见的标题类型中，并向站点发送操作员以调查警报的确切情况。

## 34.5  监测

对变电站安全运行与何时维护进行监控一直是必要的。在过去，分站通常是有人值守的，而变电站操作员会不断地读取读数，并目视检查设备，以确保一切正常。如今，绝大多数变电站都是无人值守的，因此可能需要使用监控设备来替代以往由操作者执行的有用任务。

一些监测设备能够在设备发生故障之前，向操作员报告设备的损坏情况。如主变压器的瓦斯气体收集监测仪及 GIS 设备上的局部放电检测器。

随着电路中断时间变得越来越关键，许多实用程序正在考虑从基于时间的维护转向基于条件的维护。这就需要安装更精密的状态监测设备。但是，监测设备本身也容易发生故障，需要仔细考虑在线状态监测的好处和价值。本书第 51 章将对这一内容进行详细说明。

# 变电站通信

35

John Finn

# 目录

近年来，变电站内外部通信主题，即变电站之间以及变电站与控制中心之间的通信，变得越来越重要。该主题涵盖广泛，变化迅速。在本书中，只能对该主题进行简单介绍，以期读者能对其有基本的了解。

在本章节编写过程中，参考了 WG H9 2013 报道的《保护系统通信技术》、PSRC、IEEE专题等，为希望了解通信的工程师提供了很好的保护系统方面知识的参考。

J.Finn (✉)

CIGRE UK, Newcastle upon Tyne, UK

e-mail: finnsjohn@gmail.com

© Springer International Publishing AG, part of Springer Nature 2019

T.Krieg, J. Finn (eds.), *Substations*, CIGRE Green Books,

https://doi.org/10.1007/978-3-319-49574-3_35

## 35.1　简介

当前环境下，随着电网公司越来越多地投资其专用电信基础设施，通信已成为一项综合活动。安全可靠的通信是当前输电系统的核心。

多年来，在设计保护和控制系统时，对可靠通信的需求已成为主要考虑因素。在保护、控制、能源管理系统、广域监控以及语音通信中极为重要。电力系统保护对专用电信系统的性能要求最为严格，需要在 80～100ms 内清除故障，要求指令信道传播时间为 5～10ms。此外，网络可用性和完整性要求远远超出了主流电信服务的要求，且要求越来越严格。通信不充分可能会对电网造成严重的消极影响。

能源管理系统及其 SCADA 需要更多的通信频带，并具有高弹性和灵活性。此外，在电力设备中，常见应用为操纵远离主控制设施的备份控制中心。在发生重大事故时，变电站之间的连接传递对通信网络的要求更高。使用时间同步测量的更多的广域应用程序正在应用中，增加了对电信系统的依赖。

通信需求的增长加快了数字通信技术的应用速度。随着对各种数字通信技术优势的深入了解，人们对电力设施的应用也在不断增加。

电信行业带动了数字通信技术的发展，电力行业对其发展的影响反而不大。因此，电力公司通常会购买经过改造的电信工业产品，使其适用于电力部门，如抗浪涌能力、广域温度变化、异常振动，以及对电磁、静电和无线电干扰的抗扰度。

在过去的 25 年里，数据速率发生了巨大的变化，串行通信从 300bit/s 增加到以太网 1000Mbit/s，距离由串行通信约 1.2km 增加至使用光缆超过 70km。此外，在 IEC 61850 中开发了各种专有且开放的协议，其目的是：

（1）变电站整站单一协议，考虑变电站所需不同数据的建模。

（2）定义了传输数据所需的基本服务，以便对整个通信协议的映射进行后续证明。

（3）促进来自不同供应商的系统之间的高互通性。

（4）用于存储完整数据的常用方法格式。

（5）定义符合标准设备的完整测试要求。

应该指出的是，IEC 61850 正在扩充，以覆盖变电站到控制中心的外部通信。

以上所有这些将变电站带入了我们现在生活的数字世界。

## 35.2　变电站内部通信

在过去的 50 年里，变电站的保护和控制发展良多。最初，我们用机电继电器和仪表来保护和监控电力系统。这些设备通过硬件连接到电流和电压互感器上，通过仪表表盘或辅助触点进行通信，与其他设备相连，提供必要的音频/视频资料。可从本地仪表或本地报警器取得，并通过喇叭吸引操作员的注意。操作员负责将事件传达给其他相关人员，并不会随着"静态"单功能继电器的引入而改变。

对实时信息的需要推动了数据收集和传输新技术的引进，提高生产效率，降低作业成本。这导致了远程终端设备（RTU）和可编程逻辑控制器（PLC）的引入，以将信息提供给其他相关者。

RTU 是一种微处理器控制电子设备,通过向系统发送遥测数据和/或根据从系统接收到的控制信息改变连接设备的状态,将变电站中的对象与分布式控制系统或监控和数据采集(SCADA)系统连接起来。

PLC 是一种用于机电过程自动化的数字计算机。与通用计算机不同的是,它们是为多端输入和输出而设计的,可在较广温度范围内工作,不受电气噪声的影响,并能抵抗振动冲击。控制进程操作的程序通常存储在电池供电或不易丢失信息的储存器中。

RTU 和 PLC 通常配有接口设备,如传感器和多端输入/输出(I/O)用以收集信息,转化成数字资料并传输到控制中心等遥控区域。直接从仪表变压器采集电流电压信号,通过 I/O 卡从继电器处采集跳闸、报警等附加信息(见图 35.1)。

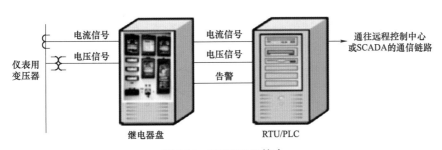

图 35.1　RTU/PLC 简介

RTU 和 PLC 允许 SCADA 所在的远程控制中心通过某种通信线路接收信息。随着 RTU 和 PLC 的引入,串行通信成为各种协议(如 Modbus、Profibus、DeviceNet、ASCII 和专用协议)的通用通信技术。第 35.3 节所讨论的到控制中心的通信链路从 RTU 或 PLC 开始。

### 35.2.1　机电继电器变电站自动化

如变电站配有机电或电子继电器,但并非为通信而设计,则须安装如上文所述的 RTU 或 PLC 等中间装置,以便收集有关资料,例如:

(1)模拟量—电流、电压、功率、能量、频率。

(2)继电器警报。

(3)断路状态。

(4)隔离开关和接地开关状态。

(5)变压器温度。

(6)变压器油位。

(7)有载分接开关位置。

(8)断路器命令打开/关闭。

(9)隔离开关命令打开/关闭。

(10)分接开关升/降等。

以上所有信息都是通过包含在 RTU 或 PLC 中的传感器和 I/O 卡以模拟格式收集的,然后进行数字化,以便传输到远程控制中心。

### 35.2.2　数字继电器变电站自动化

配备数字多功能继电器的变电站，也称为智能电子设备（IED），能够直接与主计算机或 RTU、PLC 或网关（数据集中器）进行通信，且根据使用的通信类型有不同的选择。RS—232 纯串行，RS—485 串级链或以太网的示例分别如图 35.2～图 35.4 所示。

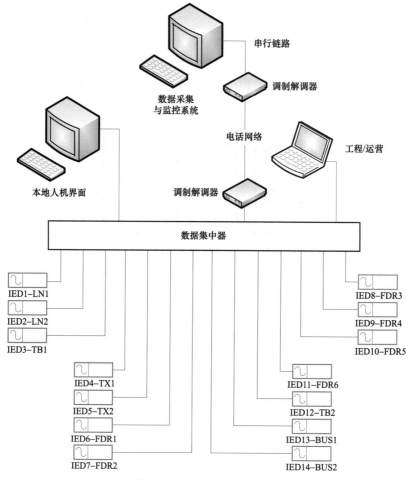

图 35.2　RS—232 串行通信

为了区分变电站的本地通信和变电站与远程控制中心之间的通信，将本地通信称为一级通信，远程通信称为二级通信。

在图 35.2 中，一级通信网络以星形拓扑结构连接到数据集中器，二级通信也通过拨号调制解调器线路进行串联。

在图 35.3 中，一级网络通过总线型拓扑结构连接到数据集中器；然而，他们并不在单一串级链中。选定每个串级链 IED 数量，根据波特率和从每个 IED 收集的数据量，加快数据查询。通常每链的 IED 最大数量上限为 32。

在图 35.4 中，IED 连接到一个以太网上，星型拓扑结构中一级网络连接到两个以太网交换机上。二级网络从第二个以太网交换机开始，连接到远程控制中心。

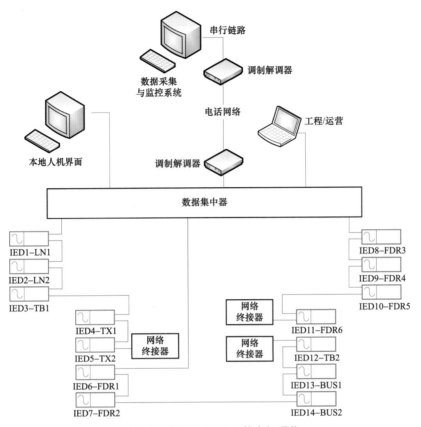

图 35.3　使用 RS—485 的串行通信

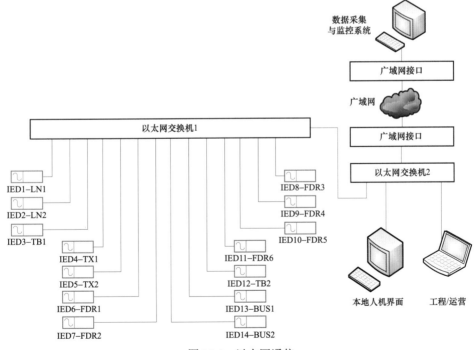

图 35.4　以太网通信

## 35.3　变电站外通信

本节简要讨论变电站外部通信系统的各个方面,包括变电站与另一变电站之间的通信系统,以及变电站与控制中心之间的通信系统。

### 35.3.1　待传达信息

必须在变电站外进行通信的信息主要有:① 声音;② 数据;③ 作为差动保护重要组成部分的信号;④ 保护信令,如距离保护信令或直接远动跳闸(连锁跳闸)。

这些信号均通过通信系统进行通信,该通信系统采用第 35.4 节所述的媒介类型中的一种。

在变电站中,可能有不同类型的电话系统。例如,许多变电站将有一个电话连接到国家电信通信系统,其中可能有一个号码公示在电话簿中,以便民众能够联系变电站的工作人员。

大多数电力公司不会依赖外部电话系统,通常会配有自己的电话 PAX 系统以确保内部通信安全。一些电力公司也可能配有专用电话系统用于变电站和控制系统之间的通信,专门用于发出与安全文件(如工作许可证等)有关的切换命令或信息。

### 35.3.2　多路复用技术

随着需要传输的数据量不断增加,有必要使用多路复用技术来最大限度地提高物理连接的容量。

多路复用指的是通过在公共点上组合信号进行的通信媒介共享。当接收到多路复用信号时,需要从集合中提取独立信号,该过程称为去复用。复用主要有三种类型,即频分复用(FDM)、时分复用(TDM)和码分复用(CDM)。CDM 通常不用于子站的保护和控制目的。FDM 与模拟系统配合使用,这种波分复用(WDM)的一个特殊版本经常在光纤电缆中使用。变电站数字通信系统配用的系统为 TDM,固定时分复用是最常用的保护和控制系统,它以固定的比特率提供连续数据流,并且没有时延变化。

### 35.3.3　数字层次

数字传输系统正日益成为现代远程通信网或广域网(WAN)的主干。随着信息传输需求的增加和通信流量的增加,显然需要捆绑更多的通道以适应可用的物理连接。因此,有必要进一步定义数字层次结构中的多路复用级别。

### 35.3.4　准同步数字体系、同步数据体系和同步光纤网

最初,数字通信系统是以准同步数字体系(PDH)为基准,使用 64kbit/s 倍数的"几乎同步"信道,是模拟信道的等效数值。PDH 有很多缺点,例如,如果不先去复用,然后再复用,就不可能提取或插入单个通道。此外,它不支持网络管理和性能监控。这些缺点进而推动了欧洲同步数字体系(SDH)和美国同步光网络(SONET)的发展。

与旧的 PDH 系统相比,SONET/SDH 的配置灵活性和带宽都有所增加,具有显著的优势。这些优势包括:

（1）降低设备要求，提高网络可靠性。

（2）开销字节和负载字节条款——开销字节允许在独立的基础上管理负载字节，并允许集中故障分区。

（3）定义用于传输较低电平数字信号的同步多路复用格式，以及简化数字交换机和外接程序多路复用器接口的同步结构。

（4）可用一组通用标准，使来自不同供应商的产品相连接。

（5）定义柔性体系结构，该结构能够适应未来各种传输速率的应用程序。

SONET 和 SDH 相似，但并不完全相同，SONET 的范围更广。

因单个元素可靠性的提高，以及整个网络弹性的增强，同步网络比 PDH 更可靠。SONET/SDH 允许开发支持"网络保护"的网络拓扑，使其能够在故障中恢复并重新配置，从而通过备用工具维护服务。网络保护可以通过使用交叉连接功能或使用自愈环架构来实现恢复。

同步环状结构有两种主要类型：

（1）2 号光纤单向路径交换环（UPSR—SONET）和 2 号光纤子网络连接保护环（SNCP—SDH）。此为一种专用的路径交换环，在环路上双向发送流量，如检测到故障则使用保护机制在接收端选择备用信号。

（2）2 号或 4 号光纤双向线路交换环（BLSR—SONET）和 2 号或 4 号光纤复用段共享保护环（MS—SPRing—SDH）。此为共享交换环，能够提供"共享"保护能力，保留共享交换环周围的所有数据。在发生故障时，保护开关在故障的两侧运行，通过保留的备用路由进行通信（表 35.1）。

表 35.1　　SONET 与 SDH 术语的等价性

| SONET | SDH |
|---|---|
| 2 号光纤单向路径交换环（UPSR） | 2 号光纤子网连接保护（SNCP） |
| 2 号光纤双向线路交换环（BLSR） | 2 号光纤复用段共享保护环（MS－SPRing） |
| 4 号光纤双向线路交换环（BLSR） | 4 号光纤复用段共享保护环（MS－SPRing） |

下列文字和图表将对 UPSR 拓扑进行解释说明。

进入交换环的信息在路径电路电平进行桥接，并在两个光纤上以相反的方向传输，见图 35.5。

该方案以一个方向作为主信号路径，另一个方向作为保护路径。从一条路径到另一条路径的切换，是以出环点路径的健康状态为基础的，见图 35.6。

在图 35.7 中，信号在节点 A 进入 UPSR，在节点 B 退出，主路径为最短路径。如果节点 A 和节点 B 之间发生故障，且在节点 B 检测到故障，则切换到受保护路由，如图 35.8 所示。

然而，由于切换是在接收端确定的，因此只有在相同方向上的路径可能切换到受保护路径，而另一个方向保持在正常路径上，从而导致不同延迟。如图 35.9 所示，节点 A 切换到受保护路由，而节点 B 仍处于正常状态，可能会导致一些差动保护问题。

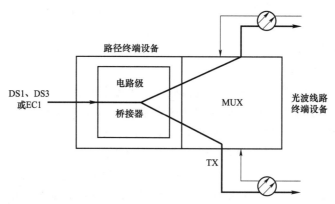

图 35.5　线路电平入口处路径终端设备

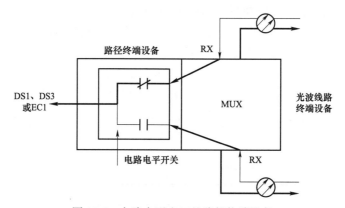

图 35.6　电路电平出口处路径终端设备

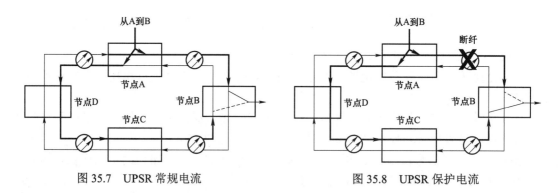

图 35.7　UPSR 常规电流　　　　　　　　　图 35.8　UPSR 保护电流

在 BLSR 拓扑中，有一半的通信频带用于保护。发送和接收路径都映射成到相反方向的同一路径上，两者同时切换开关，因此消除了差分延迟，尽管在切换状态下，环路周围的延迟可能更长。有关 BLSR 的示例，请参见图 35.10。在正常模式下，从 A 到 B 的路径遵循服务规范 1(S1)，而从 B 到 A 的路径遵循 S2。当发生故障时，从 A 到 B 将遵循 P1，从 B 到 A 将遵循 P2。

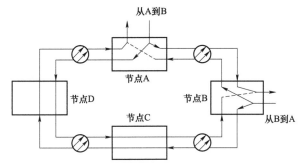

图 35.9　UPSR 信道时延不等示例

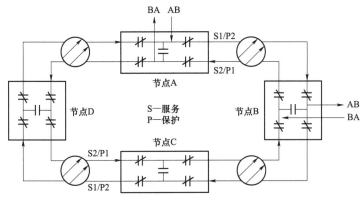

图 35.10　正常模式下的 BLSR 示例

## 35.4　媒介

多年来，变电站通信基本上有四种不同的媒介，即① 导频信号；② 电力线载波通信；③ 微波；④ 光缆。将在下文讨论这些问题。

### 35.4.1　导引线

导引线通常与电力电缆线路一起铺设，但不太可能与架空线路一起铺设。在过去，从国家电信公司租用金属导引线是很常见、很普遍的做法。许多较老的导引线差动保护需要连续的金属导引线。然而，35～40 年前，电信公司表示，他们不能再租赁金属引线，可用的引线将包含放大器等。这迫使引线保护发生了变化，许多公司在差动保护中引入了音频信号。

租用导引线仍然是目前可用的媒介之一。

### 35.4.2　电力线载波通信（PLCC）

PLCC 使用电力线本身进行通信。载波信号的频率通常在 20～700kHz 之间，属于民用航空、时钟信号等公共服务使用的频率范围，需要仔细考量并尽量减少干扰。架空线路具有良好的高频传输特性。

在电力线上，信号有许多不同的传输方式，可以使用电路的一相、两相或全部三相。使用单相接地是最便宜也是最受欢迎的方法之一，通常使用中心相。此方法只需要将电容器和线路阻波器耦合于同一相中。如果需要一个更可靠或更低损耗的系统，也经常使用电路的两相［中心相和外相（推/拉）］。另一种经常用于双回线路的替代方法是在两个电路中的每一个上使用中心相导体。损耗最小的系统是模式 1 耦合，它是从两个外相发出信号，并从中心相接收信号。

简单地说，信息信号用于调制载波信号，通常是 4kHz 的边频带。载波信号通过线路调阶器（LTU），然后通过耦合电容器（CC）耦合到电力线上。常用电容电压互感器作为电力线载波的耦合电容器。为了防止高频信号返回变电站，有时使用一种称为阻波器（TRAP）的线路阻波器。基本上，线路阻波器是一种低通滤波器，它对工频阻抗极低，但对载频阻抗很高。信号传递到线路的另一端，无法通过线路阻波器，因此通过耦合电容器传递到 LTU 和提取信息的载波设备（见图 35.11）。这是 EHV 系统上使用的一种非常普遍的通信方法，尽管在许多国家，正被光纤所取代。

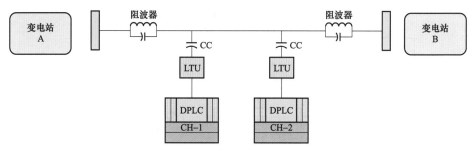

图 35.11　电力线载波通信（PLCC）系统框图

### 35.4.3　微波

在电力工业中，"微波"是一种通信方式，用于两个位置间的信号传送与接收。它利用无线电和天线通过空气传送和接收信号。无线电频率在 300MHz～300GHz 范围内，该范围内的特定频率通常由国家管理机构规定并分配给各个用户。

微波具有较大的带宽，这意味着所分配的频率可以分配给更多的用户。它可以使用高度定向的小型天线。其他一些优势是：

（1）它支持各种各样的网络需求，如语音、数据和视频。

（2）租赁导引线不产生租赁费用。

（3）对通行权的限制很小，因为只有塔的位置需要权限。

（4）微波系统的服务和扩展由电力公司控制。

（5）在电力线故障期间，路径不像电力线载波那样可能受到影响。

然而，它仅限于相对较短的直线对传式通信路径。因此，在发送地点和接收地点之间有山脉或其他障碍的地方，需要中继站进行通信。此外，在某些天气条件下，如雾、雨或雪，信号很容易丢失。

#### 35.4.3.1　光缆❶

在过去的 15～20 年里，光缆这种媒介的使用急剧增加，对许多电力公司来说，现在是

---

❶ 英文原文中无 35.4.3.2。

他们首选的媒介。促成的原因有许多，包括供应商的增多，降低了购买和安装成本。光纤集成到位于全部新的或升级的架空电缆路接地线甚至相导体周围。这使电力公司能够构建一个非常可靠的通信主干网，该主干网很少出现的常见故障。它还使公共事业公司能够结合诸多通信需求，如电信通信、SCADA、视频、数据、语音等。

光纤有多模光纤和单模光纤两大类。通信链路的距离通常决定了光纤类型。多模光纤用于较短的距离（最高为 16km）。由于成本较低，变电站内一般采用多模光纤进行光连接。

在较长的距离中，通常采用单模光纤，配合 LED 或激光光学发射器共同使用。激光的射程较长，但成本较高。在超过 100km 的距离中，可采用 1550nm 光纤结合激光光学发射机。

### 35.4.4　保护的基本通信要求

本节简要讨论与保护功能相关的通信必需的几个方面。

#### 35.4.4.1　速度/延迟

了解信道的速度很重要，即每秒传输多少位以及延迟，因为与保护功能相关的大部分信息都是有时效性的。

（1）速度。用于保护的通信通道的速度通常为 64kbit/s，适用于全双工操作。

（2）延迟。

1）传播延迟。传播延迟是信号从一端到另一端传播的延迟。它取决于线路中不同设备的数量和线路长度。通常正常运转所需的延迟时间为 6ms 或以下。在正常运行过程中，延时时间要稳定不变，这一点也很重要。但是，如果由于故障条件而更改路径，则会更改延时时间。

2）差分延迟。差分延迟是指从 A 到 B 的路径与从 B 到 A 的路径的时间差。差动保护这方面内容非常重要，典型的最大可接受差分延迟大约为 400μs。

（3）可信性和安全性。除了要求能够进行高速、恒定的数据传输外，保护继电器对可靠性也有很高的要求。可靠性包括可信性和安全性两个部分。

1）可信性。可信性为可靠性的一个方面，涉及保证继电器或继电器系统在其预定的工作区域内正确响应故障或条件，即它会在规定的时间跳闸。

2）安全性。安全性是可靠性的另一个方面，它涉及继电器或继电器系统防止故障超出其预定的工作区域或其他条件的保证，即在不应该跳闸的时候保证不跳闸。

当数字通信系统用于远程保护时，必须同时考虑上述两个方面。IEC 60834-1：1999 为可接受的可信性和安全性等级提供了一些准则（见表 35.2）。

表 35.2　　　　　　　　　　　　　　远方保护的可靠性和安全性要求

| 方案 | 可靠性 | 安全性 |
|---|---|---|
| 闭锁（DCB） | $<10^{-3}$ | $<10^{-3}$ |
| 允许式欠范围（PUTT） | $<10^{-2}$ | $<10^{-4}$ |
| 允许式超范围（POTT） | $<10^{-3}$ | $<10^{-3}$ |
| 连锁跳闸（DTT） | $<10^{-4}$ | $<10^{-6}$ |

### 35.4.4.2　冗余

冗余意味着执行给定功能的方法不止一种，这从本质上增加了可信性，但随着可能发生故障的设备越来越多，冗余会降低安全性。然而，通常的做法是为电路上的第一和第二主保护提供重复与独立的线路。它们通常应该在空间上分开（通常至少相距 5m），并且不应该受到任何可能影响两个连接的共模故障的影响。此外，如果通信路径故障，通常会有一个后备路径自动切换到服务（见 35.3.4）。

## 参考文献

Communications Technology for Protection Systems, PSRC, IEEE Special report by WG H9 (2013)

# 变电站数字设备

**36**

Richard Adams

# 目录

目前变电站使用的保护装置主要是数字或数值装置。与往往只有一个功能的旧式机电设备不同，数字设备可能有许多功能，能够对一个设备执行多种类型的保护，包括功能控制、故障记录和状态监测。这些设备的另一个优势是：如果发生故障，它们可以提供自主监控和故障指示。而许多旧式机电设备无法提供这种指示，只能在维护期间或实际故障期间的误操作/不操作中检测到故障。数字设备往往比传统设备小，应用时意味着所需的离散继电器更少，因此面板空间更小，因而，现在特定类型电路所需的面板数量减少了。这意味着中继室可能会更小，从而减少土地和民用成本。

由于大部分电气保护方案的逻辑如今都存在继电器内部，因此不再可能查看传统电气原理图，且完全遵循保护方案的逻辑。原理图主要显示输入和输出之间的联系，但也应该了解继电器的内部逻辑，以便全面了解整个系统是如何工作的。在很多情况下，内部逻辑也可以更改或设计为适合的特定应用程序，这也可以减少布线。

这些优点也为保护系统设计人员和测试人员带来了一些挑战或思考。例如，如果一个多功能数字设备只用一种或两种功能，则应关闭或禁用其余功能，以防止误操作。需要配置和管理的设置要多得多，出错的可能性也更大，除非给予适当的考虑。32.1.5 已经提到过相关情况。

R.Adams(✉)
Power Systems, Ramboll, Newcastle upon Tyne, UK
e-mail: richard.adams@ramboll.co.uk

© Springer International Publishing AG, part of Springer Nature 2019
T.Krieg, J. Finn (eds.), *Substations*, CIGRE Green Books,
https://doi.org/10.1007/978 – 3 – 319 – 49574 – 3_36

在大多数情况下，传统的带有分立仪器、报警器和控制开关的大型模拟控制面板，也被带有人机界面的计算机式显示器的数字控制系统所取代。不需要操作者手动转动差速控制式开关来操作开关设备，现在可以在屏幕上选择设备，并通过鼠标或其他指向设备和键盘进行操作。事实上，区分变电站内的保护装置和控制装置正变得越来越困难。由于许多设备可以同时执行这两类功能，所以现在使用变电站自动信息系统（SAS）等术语而不是"保护和控制"来指代二次系统。术语 IED（智能电子设备）现在通常用于装置，而不仅仅是"继电器"，因为这些装置的功能远远不只是纯粹的中继功能。

上述情况对工作人员有一定的影响，因为他们除了应确保自己的知识储备与快速发展的技术保持同步，还需要维护知识，以便为网络上现有的老式设备提供服务。它还可能影响电力公司的组织运营结构；过去，可能保护、控制和电信等部门在很大程度上是相互独立运作的，但现在由于设备涉及几乎所有学科，他们需要更紧密地合作，甚至可能合并。的确，随着时间的推移，任务和知识可能也会融合。由于现代数字设备的复杂性和功能的数量，一些电力公司可能会将更多的工作外包给供应商/制造商，这些供应商/制造商一般更了解设备的细节，从而在一定程度上减轻了电力公司本身的责任。

## 36.1　变电站内数字系统和 IEC 61850 的影响

自 20 世纪 80 年代以来，电力公司开始使用变电站自动化系统，该系统的应用使得工程建设更加便捷，且降低了操作和维护成本。然而，由于缺乏国际标准，制造商使用了一系列专门的解决方案，但这限制或复杂化了其他制造商设备的应用。工程师们需要大量的协议和知识，这意味着最好的解决方案是非专有标准，这促进了 IEC 61850 标准的诞生，从而取代了许多不兼容的协议。

IEC 61850（变电站中的通信网络和系统）是一个多部分组成的全球标准，旨在满足电力公司设备成本和性能要求。该标准使来自不同制造商的 IED 能够使用和交换各自功能的信息，并支持不同的理念。该标准支持功能自由分布，可以应用于集中式或分散式系统，旨在成为"面向未来的标准"，允许通信技术进步和升级系统的需求。用户最大的受益体现在：

（1）通过减少手动配置的自描述设备，降低安装和维护成本。

（2）通过标准化对象模型和所有设备的命名规范减少工程和调试，从而消除手动配置和 I/O 信号到电力系统变量的映射。

（3）通过标准化配置文件，配置并部署新设备和更新设备所需的时间更少。

（4）更低的布线成本，同时通过使用点对点消息传递来实现更高级的保护功能，以便在设备之间直接交换数据，高速处理总线支持设备之间共享检测信号。

（5）通过使用现成的 TCP/IP 和以太网技术，降低通信基础设施成本。

（6）报告、数据访问、事件记录和控制等整套服务，足以满足大多数应用程序的需要。

（7）为用户选择提供最大的灵活性，用户可以在越来越多的合规产品中进行选择，以便用作可互操作的系统组件。

（8）采样值标准，可以共享数字化模拟，减少所需的电流互感器和电压互感器数量。

它促进了用光纤替代传统的铜线/电缆连接，降低了布线成本。如果减少电缆的数量和尺寸且可以安装更小的管道或沟槽，也可以降低土木建设成本。

图 36.1 显示了变电站中三种典型的控制架构级别。站控层包含变电站的通用设备——HMI、通信接口等；而间隔层更多电路规格，每个电路的设备（如保护继电器和本地控制单元）都在此处。一次设备（如仪表变压器、隔离开关和断路器）在过程层内。虽然层与层之间的连接传统上是采用铜线，但变电站通信总线的应用导致了布线的减少。当前 IEC 61850 使得来自不同制造商的设备能够连接到同一通信总线，并以真正互操作的方式共享信息。不仅可以应用于不同制造商的设备中，也可以在设备之间共享状态信号，这意味着不再需要设备状态信号等的多连接等——一旦信号被配置用于一个装置，它就可以被共享给连接到变电站网络的其他装置。但是，所有这些互操作性和可互换性功能都需要标准配置规范。

在进一步的发展中，IEC 61850 现在已经能够通过所谓的过程总线，用光纤替换过程层和间隔层之间的铜线连接，用数字化版本替换模拟信号。对许多人来说，这代表着理念上的重大转变，进出电厂的基波信号不再用铜线进行硬连接。利用光纤和法拉第效应或分压器，将传统电流互感器和电压互感器的仪表变压器信号合并到开关站或现代非常规电流互感器中进行数字化，以取代电压互感器，每一个都可以使用固有的模数转换。

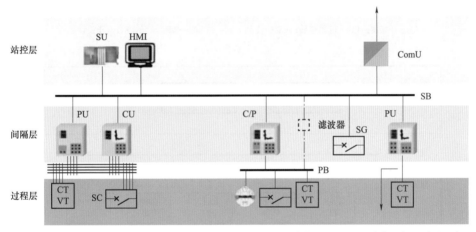

SU—电站机组；C/P—控制/保护单元；SB—站级总线；PU—保护单元；CT、VT—电流互感器、电压互感器；
PB—过程总线；CU—控制单元；ComU—通信单元；SG—开关设备

图 36.1　变电站内部通信的三个层次

跳闸信号也可以通过 GOOSE（通用的面向对象的系统事件）消息在网络上发出，而不是传统的布线。一个真正的数字化变电站已经成为可能和现实。

图 36.2 显示了 IEC 61850 和 IEC 61850 相关部分发布之前变电站使用的一些标准。请注意，虽然变电站总线和过程总线显示为单独的网络，但它们实际上可以是同一个网络的一部分。如图 36.2 所示，当过程层的设备仍然硬件连接到间隔层单元时，可以应用变电站总线，这意味着用户可以建立并采用一定程度的自动化，从而可以轻松地进行管理和控制。

图 36.3 显示了变电站的框图表示、不同的通信级别与它们之间可能的连接。

随着变电站自动化设备的数字化，调试测试设备也随之数字化。现代测试设备可编程运行特定的测试序列，减少了时间和降低了成本。一些测试设备也与 IEC 61850 兼容，不再需要直接连接到被测设备上，而是可以连接到变电站总线上，并对需要测试的设备进行"寻址"。使用过程总线，一次电流和电压的"采样值"也对其有促进作用。

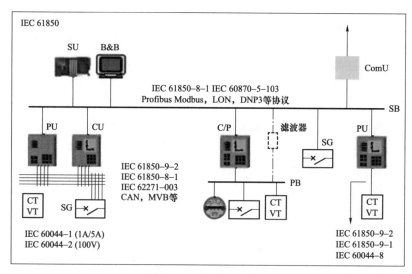

图 36.2　变电站协议

SU—电站机组；C/P—控制/保护单元；SB—站级总线；PU—保护单元；CT、VT—电流互感器、
电压互感器；PB—过程总线；CU—控制单元；ComU—通信单元；SG—开关设备

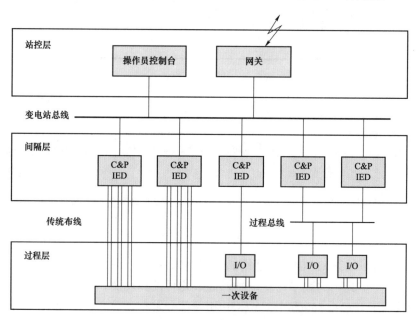

图 36.3　变电站术语

　　现代数字设备还必须考虑的一个方面是它们的使用期限，而这通常比机电设备短得多。
在安装后的 40～50 年里，许多网络里仍然配有处于正常运转状态的机电继电器。相比之下，
由于零部件报废和制造商难以继续提供维持服务，数字设备的使用寿命约为 10～15 年。这意
味着，在一个变电站典型的 40 年寿命内，在一次设备的使用期限内，变电站自动化系统至少
要更换一次或两次。数字设备和工程的相对成本往往低于机电设备，这一情况至少可以抵消部
分设备更换的支出。在变电站施工初期，最好考虑更换二次设备的方便性，以避免后期可能
出现的问题。

IEC 61850 的使用可以帮助设备升级——减少铜连接而使用以太网类型的连接，这意味着新设备可以连接到变电站总线，在替换旧设备之前在变电站环境中进行配置和测试。

现代数字设备和控制系统也能够提供与处理额外的监测功能。在数字变电站中，通过收集有关电站状态的额外信息，监测范围和内容可能比以前多得多。也可能进行趋势分析，支持基于条件的维护，而不是定期维护。

动态线路额定值等新技术也可以通过测量风速，改变线路当前容量来进行应用。

## 36.2 软件和固件

如今，许多来自个体供应商的设备看起来都是一样的，而且乍一看很难区分距离继电器和变压器继电器。应用的固件（设备内部的软件）确定了设备将如何运行及其含哪些功能。虽然许多数字设备中都有一个小显示器，可以访问或读取设置等，但它们通常由适当的制造商软件进行配置，将功能和操作分配到特定的输出等，并应用适当的保护设置。然而，固件和软件的管理可能会出现各自的问题，某些版本可能彼此不兼容。

制造商可以通过修改固件来发布新版本的设备，包括附加功能或修改的设置范围等，这意味着与旧式的静态继电器或机电继电器相比，新版本的设备可以更容易、更频繁地发布。如果管理不当，这可能会给公共事业设备和业主带来挑战（他们最终可能会得到几个版本的看似相同的继电器，可能包含细微不同的功能和设置范围），从而导致逻辑或设置文件在设备之间可能不兼容。一些电力公司解决这一问题方法之一是批准某个固件/软件版本，然后仅为所有供应商指定特定的固件版本，直到批准通过另一个版本为止。通过这种方式，他们可以确定设备的功能，以及与他们的网络和任何可能持有的备件的兼容性。如果不这样做，那么必须确定设备中包含的功能以及不同版本之间的差异，以便最小化误操作的风险。

## 参考文献

在前一节中并未特别引用以下内容，也并未出具详尽清单，以下参考文献仅作为感兴趣读者的更深层次、更详细信息来源。E-CIGRE 网站是获取 CIGRE 研究委员会发布信息的一个非常有用的来源。

## CIGRE 出版物

TB326 – The Introduction of IEC 61850 and its Impact on Protection and Automation Within Substations, 2007

TB401 – Functional Testing of IEC 61850 Based Systems, 2009

TB464 – Maintenance Strategies for Digital Substation Automation Systems, 2011

TB466 – Engineering Guidelines for IEC 61850 Based Digital SAS, 2011

TB540 – Applications of IEC 61850 Standard to Protection Schemes, 2013

TB628 – Documentation Requirements Throughout the Lifecycle of Digital Substation

Automation Systems, 2015

TB637 – Acceptance, Commissioning and Field Testing Techniques for Protection and Automation Systems, 2015

## 标准

IEC 61850：Communication networks and systems in substations –

Part 1：Introduction and overview

Part 2：Glossary

Part 3：General requirements

Part 4：System and project management

Part 5：Communication requirements for functions and device models

Part 6：Configuration description language for communication in electrical substations related to IEDs

Part 7 – 1：Basic communication structure for substation and feeder equipment – Principles and models

Part 7 – 2：Basic communication structure for substation and feeder equipment – Abstract communication service interface（ACSI）

Part 7 – 3：Basic communication structure for substation and feeder equipment – Common data classes

Part 7 – 4：Basic communication structure for substation and feeder equipment – Compatible logical node classes and data classes

Part 7 – 410：Hydroelectric power plants – Communication for monitoring and control

Part 8 – 1：Specific Communication Service Mapping（SCSM）– Mappings to MMS（ISO 9506 – 1 and ISO 9506 – 2）and to ISO/IEC 8802 – 3

Part 9 – 1：Specific Communication Service Mapping（SCSM）– Sampled values over serial unidirectional multidrop point to point link

Part 9 – 2：Specific Communication Service Mapping（SCSM）– Sampled values over ISO/IEC 8802 – 3

Part 10：Conformance testing

# 变电站设备考虑事项和接口

37

John Finn

## 目录

J.Finn (✉)
CIGRE UK, Newcastle upon Tyne, UK
e-mail: finnsjohn@gmail.com

© Springer International Publishing AG, part of Springer Nature 2019
T.Krieg, J. Finn (eds.), *Substations*, CIGRE Green Books,
https://doi.org/10.1007/978 – 3 – 319 – 49574 – 3_37

正如在本部分的介绍中提到的，二次设备允许变电站执行其预期的功能。本节主要讨论二次设备和一次设备之间的主要接口，以及与建筑物和接地系统之间的接口，以确保二次设备能够正常工作。

# 37.1　设备

在本节中，我们将简要介绍二次系统和一次设备之间的主要接口。本节内容不是详尽的列表，仅突出强调了某些要求。

## 37.1.1　断路器

二次设备与断路器的接口可能是最重要的接口，因为操作者能够通过该接口使断路器开合，保护装置也可以自动跳闸断路器。这些接口仍然以带触点合闸的硬接线接口为主，用于对合闸或跳闸线圈施加电压。随着 GOOSE 通信方法的容量和信任度的增加，这种情况在未来可能会发生变化。在传输电压下，通常有一个合闸线圈和两个跳闸线圈。在两个单独的保护系统中分别使用一个跳闸线圈。界面基本上是很简单的，然而应该记住，跳闸线圈可能导致相当高的工作电流。这意味着在电缆中从电池到线圈电压降可能很大，在电池充电周期的任何时刻，或在充电桩交流电源损耗时，保证输送到跳闸线圈的电压足够高以确保断路器稳定跳闸是至关重要的。这可能需要使用较大截面（如 $25\text{mm}^2$ 或 $35\text{mm}^2$）的电缆，以确保即使低于标称电池电压，也能获得足够的电压。

与断路器连接的另一个接口是辅助开关，用来指示断路器的状态。这些信息可用于控制、连锁、保护或自动重合闸。

## 37.1.2　电流互感器

多项二次设备与电流互感器相连接。电流互感器将一次电路中非常高的电流转换成仪表和继电器可以处理的值。通常电流互感器的二次电流为 1A 或 5A。然而，在电流互感器与二次设备连接时，为了选择正确的电流互感器类型和等级，了解二次设备的功能非常重要。此外，应始终参考继电器供应商对电流互感器的要求。下面几段讨论一些比较常见的电流互感器类型。

### 37.1.2.1　计量电流互感器

当电流互感器向仪器发出信号，以指示用于控制目的的电流或功率，或向计量电表发出信号时，电流互感器的准确度在正常电流值大小时很重要，但在故障情况下大电流的准确测量则并不重要。事实上，我们不希望这些发生在故障条件下的高二次电流损坏仪器或仪表，因此理想的测量电流互感器将在相对较低的电流值时饱和，以保护仪器。

为了指定计量电流互感器，我们通常会指定以下参数：

（1）比率——电流比率，如 2000/1 表示一次电流中的 2000A 将在二次电流中产生 1A。

（2）等级——定义电流互感器在正常电流下的准确性，如 0.2 级意味着它的准确性在 0.2%以内。

（3）安全系数（$F_s$）——此为保护连接到电流互感器的仪器安全的系数，举例来说，如 $F_s$ 为 5，则意味着在连接额定负载的情况下，当 5 倍额定电流流过电流互感器时，电流互感器将饱和（需要注意的是，如果电流互感器没有连接额定负载，那么电流互感器将不会饱和，直到更高值的电流流过）。

（4）负荷——此为可以连接到电流互感器的最大负荷，使其仍然满足性能要求。精度将保持在额定负荷的 25%~100%。常见负荷可能是 15VA。

### 37.1.2.2 保护电流互感器

当电流互感器向保护继电器输入电流信号时，在故障电流较大的情况下，电流互感器保持相对准确，使保护能够正常工作，显然很重要。因此，指定保护用电流互感器时，需要详细说明以下参数：

（1）比率——一次电流与二次电流的比值，如 2000/1 表示一次电流中的 2000A 将在二次电流中产生 1A。

（2）等级——定义了电流互感器的目的和性能，如等级 5P20 表示：

1）5：电流互感器在精度极限电流下的准确度百分比；

2）P：表示电流互感器用于保护；

3）20：所谓的精度极限因数。此为额定负荷接通时，电流互感器保持其规定精度的额定电流的最大倍数（即不饱和）（注意，如果连接的负荷小于额定负荷，电流互感器的准确度将保持在额定电流的较高倍数）。

（3）负荷——可连接电流互感器以保持其保证性能的最大负荷，如 30VA。

应该注意的是，当仪器连接到同样用于保护的电流互感器时，应将一个饱和电抗器连接到电路中以保护仪器。

### 37.1.2.3 特殊保护电流互感器

有一些电流互感器是为保护目的而设计的，具有特定的参数。其中最常见的一种类型（尤其是在英国）是 PX 类。这些电流互感器是为高阻抗循环电流保护而开发的，但也适用于大多数其他保护应用。为了详细说明这种类型的电流互感器，必须指定以下参数：

（1）比率——匝数比（不是电流比），如 1/2000，表示电流互感器有一个条形一次绕组，而二次绕组有 2000 匝。

（2）类别——PX（以前 BS3938 中只有 X）。

（3）最小曲线拐点电压（$U_k$）——电流互感器曲线拐点的最小值（曲线拐点是电压增加 10%，磁化电流增加 50%的点）。

（4）二次电阻最大值（$R_{ct}$）——电流互感器二次电阻的最大值，单位为 Ω。

（5）磁化曲线上指定点的磁化电流（$I_e$）——电流互感器在磁化曲线上某一点的磁化电流，可以由买方定义。最常用的点是曲线拐点电压的一半。

注意：对于 PX 类电流互感器，没有任何百分比精度的定义。

### 37.1.2.4 已定义的瞬态性能用电流互感器

IEC 61869-2 定义了具有特定瞬态性能的特殊类型电流互感器。这些类型的电流互感器有 TPX、TPY 和 TPZ。前面讨论的所有电流互感器都是高剩磁电流互感器。这意味着电流互感器具有一个无气隙磁芯,对剩余磁通没有限制,可以超过饱和磁通的 80%。在 IEC 61869-2 中,TPX 也是高剩磁电流互感器,但有特定的瞬态误差限制,这通常导致其物理结构比其他的剩磁电流互感器更大。

TPY 类型是一种低剩磁电流互感器,剩磁定义为小于饱和磁通的 10%。这通过电流互感器磁芯留有小气隙来实现。这种类型的电流互感器比 TPX 类电流互感器有更高的误差,其精度极限由指定暂态工作周期的峰值瞬时误差确定。这种类型的电流互感器通常用于具有相关自重合闸功能的线路保护。

TPZ 类型是一种非剩磁电流互感器,剩磁几乎为零。通过电流互感器铁芯内部长间隙实现,这也大大降低了一次故障电流直流分量的影响。然而,这对非饱和线性作业区精度有一定的影响。这些电流互感器通常用于特殊应用,如具有高直流时间常数的大型发电机的差动保护。

### 37.1.2.5 非常规电流测量装置

近年来,利用罗氏线圈、光学技术等开发了多种不同类型的电流测量装置。随着数字设备的日益普及、IEC 61850 标准的制定和过程总线的发展,这类设备在未来的应用将会越来越普及。

### 37.1.3 电压互感器

与电流互感器需要将一次电流降低到可控制水平的情况类似,也需要通过使用电压互感器来降低一次电压。电压互感器将电压从主要数据转换为常规的相间的 110V 或相到中性点的 63.5V。在一些国家,也可以使用类似量级的其他电压。电压互感器主要有两种结构:比较明显的一种是电磁式电压互感器,它只有一个一次绕组和一个二次绕组;另一种是电容式电压互感器(CVT),它在较高电压等级下更为常见。

#### 37.1.3.1 电磁式电压互感器

这种类型的电压互感器通常用于配电电压,也用于气体绝缘开关设备(GIS)。在较低电压下,这是进行电压转换最经济的方法。然而,在高传输电压下,电磁电压互感器非常昂贵,在大多数情况下,电磁电压互感器被制造成一系列称为串级电压互感器的串联变压器。电磁或缠绕式电压互感器的优点是:精确度通常更高,为电费计量提供高精度的输入,如果通过专门设计来承受热力和电磁力,还可以用来给电容器组进行快速放电。电磁电压互感器也用于瞬态性能很重要的场合,如为静态无功补偿器(SVC)和类似设备提供电压基准信号。

#### 37.1.3.2 电容式电压互感器

电容式电压互感器(CVT)基本上就是一种电容分压器,用来将电压从传输电平降至常规配电电平,如 12kV。使用电容分压器比使用有许多匝数的一次绕组经济得多。然后,来自配电电平电容分压器的分接头进入一个传统电磁电压互感器,使电压降至 110V。

CVT 在传输电压下的另一个优点是:CVT 的电容可用于将高频信号耦合到电力线上,用于电力线载波通信。但随着通信用光纤的迅速增加,这一优点已不那么普遍。

#### 37.1.3.3 指定电压互感器

在开始技术要求之前,重要的是确定是否需要电磁设备或 CVT,之后的关键参数基本相同。

（1）比率——一次电压与二次电压的比值，如 132 000/$\sqrt{3}$：110/$\sqrt{3}$ 或 1200:1。

（2）等级——定义电压互感器的用途和精度。如果电压互感器用于测量，那么等级就是在一个定义的正常电压范围内，标称电压 80%～120%准确度的百分比数字，例如，0.5 级表示在标称电压 80%～120%范围内电压互感器精确到 0.5%。

如果电压互感器用于保护目的，如距离保护，则电压互感器需保持给定的准确度，直至降到故障状态下经历的最低电压，这一点很重要。在这种情况下，使用字母 P 表示保护要求，在此之前有一个数字表示必须保持在额定电压的 5%以下的准确度百分比，如 3P。

有时，电压互感器被指定用于保护和检测目的，因此可能会出现 3P/1.0 等级。表示电压互感器的准确度将在额定电压的 3%～5%之间，而在额定电压的 80%～120%范围内的准确度为 1.0%。

（3）负荷——最后必须指定电压互感器的额定负荷。这是电压互感器维持其指定性能的最大负荷，如 50VA。应该注意的是，只有在额定负荷的 25%～100%之间，才能保证精度。

电压互感器可配置多个二次绕组，在某些情况下，其中一个二次绕组可通过开放三角形连接，用于定向接地保护。

当订购 CVT 时，一些电力公司可能指定电容分压器中使用的电容值，特别是用于电力线载波时。

### 37.1.3.4　测量谐波电压

在过去，谐波主要是配电网需要关注的问题，因为这通常是谐波可能来源的负荷所在地。然而，随着电力电子器件在输电网络中的应用日益广泛，如高压直流输电线路（HVDC）、交换虚拟通路（SVC）、风电场等，输电网络谐波的控制和测量变得越来越重要。

一般来说，CVT 不能用作测量谐波电压的可靠装置。电磁电压互感器情况稍好一些，但对于高于 17 次的谐波，其测量结果也不可靠。

电阻电容分压器能准确测量谐波电压。然而，这些设备更适合在高压实验室中使用，而不是用在商业运营上，因其造价昂贵且需要谨慎管理。

现在已有持有专利的装置，用来连接 CVT 中性端的电流互感器并测量通过高压电容器和低压电容器（与电磁单元平行的那个）的电流，并使用这些电流测定准确地推导出 50 次谐波的电压。这些装置可以提供一个完整的 CVT 或改造成现有的 CVT。

### 37.1.3.5　非传统电压互感器

与电流互感器类似，不使用传统电磁变压器测量电压的新方法正在开发中。其中一些方法利用 Pockels 效应来测量偏振光的变化。偏振光的变化与电场成正比，因此也与电压成正比。在过去，这类装置由于需将信号转换成模拟信号馈送给仪表或继电器，因而使用受到限制。希望随着 IEC 61850 的发展，特别是过程总线的发展，这些非传统的装置变得更加实用。

### 37.1.3.6　铁磁共振

铁磁共振会给 CVT 和有磁电压互感器带来问题。在负载较轻的 CVT 中，电容与低压磁电压互感器之间会发生铁磁共振。通常，可以通过加载电压互感器到超过其额定负载一半的水平来消除共振。

如果电压互感器在长度较短的母线上，可以利用电磁电压互感器观察断路器上的分压电容器与电压互感器绕组之间的铁磁共振。如果电压互感器连接到一个合理长度的架空线路或电缆上，那么这通常会使共振失谐。然而，初始调试设备并逐步给其通电时，就有可能得到这类铁磁共振的条件，且可能在获得该条件之前，电压互感器就遭到损坏。这在 GIS 变电站中最为常见，但在 AIS 变电站中也可能发生。强烈建议在编写调试切换程序时，仔细考虑这种可能性，以避免在调试过程中无意中引起铁磁共振的风险。

根据所遇到的铁磁共振的类型、基频或次三次谐波，可以通过将饱和电抗器或阻尼电阻器连接到二次绕组来消除铁磁共振，但是这些技术的细节超出了本书讨论的范围。

### 37.1.4　其他设备

与二次设备相连接的设备，其他主要部件包括隔离器和接地开关。该接口类似于断路器，通常会有用于关闭/打开设备和辅助开关的硬接线控制连接，以了解隔离开关或接地开关的状态。对于某些应用程序，与设备直接触点的操作时间相比，辅助开关的相对操作时间可能更重要。这方面相关示例有：在高阻抗母线保护中使用隔离触点；一些辅助触点需要在主触点达到弧前距之前关闭，如果在隔离开关运行过程中发生故障，以确保其将被正确清除。

用于高阻抗母线保护的辅助触点的另一个特点是：用于切换电流互感器电路状态的触点通常镀银，以确保有效连接。

---

## 37.2　一次设备相关测试

在测试控制系统和连锁时，几乎所有的一次设备都需要进行正反操作测试（即证明操作在应该发生的时候发生了主动的变化，并且当所需的条件没有得到满足时，闭锁操作）。然而，在本节中介绍了断路器的重复试验情况，以及通过注入经过一次设备的电流进行的电流互感器验证。

### 37.2.1　断路器接口测试

在进行保护跳闸试验时，可能会导致大量的断路器操作。如果断路器是鼓风式的，可能会产生极高的噪声污染，且如果变电站靠近居民区，可能是无法接受的。为了避免这个问题，一些电力公司使用"虚拟断路器"。这是一种特殊设计的装置，它对运行电流的要求与真实断路器相似，但实质上是一个继电器，其运行状态一目了然。通常，如果需要对断路器进行大量的跳闸操作，那么第一次和最后一次操作将对真正的断路器进行跳闸操作，而大量的中间操作将对"虚拟断路器"进行跳闸操作。"虚拟断路器"的设计可以方便插入断路器的跳闸电路，且不干扰任何接线连接。

### 37.2.2　电流互感器一次注入

要证实现场电流互感器的比率，特别是当电流互感器有多个分接头时，通常要确保选择了正确的分接头。为了做到这一点，大电流引线（通常是便携式接地引线）被连接到尽可能靠近需测试电流互感器一次分接头的任意一边。然后用一个一次注入变压器将电流通过电流互感器的一次线圈。一次注入变压器基本上是一个降压变压器，用二次额定值携带较高的一次电流进行测试。通常有不同的电压设置，如 2、4V 等。从理论上讲，2V 将提供最高的电流输出，因为该设备的功率受到额定功率的限制。但是，如果在一次路径上有太多的阻抗，就无法实现装置的理论输出，在这种情况下，使用更高的电压分接头会导致更高的注入电流。

只要可能，最好是一次注入足够的电流，以运行与二次注入连接的保护装置。当电流互感器位于电力变压器的塔楼内时，互感器的阻抗通常意味着通过实际的一次接线通过这些电流互感器注入的电流很少。在这种情况下，测试棒通常插入磁芯中心，以便进行一次注入。有些电力公司需要在电流互感器上测试绕组，因为并不总是能够进行一次注入。这些绕组额定值通常为10A，当注入该定值电流时，产生的输出与通过一次绕组的额定一次电流相同，最重要的是，在电流互感器正常工作期间，测试绕组必须是开路状态的。一次注入的另一种选择是二次回路保持原样，通过其他二次分接头注入电流以进行测试。这使得注入电流水平较低，但仍然有效地测试通过继电器的电流互感器二次电路。

在对 GIS 中的电流互感器进行一次注入时，常规方法是暂时断开位于被测电流互感器一侧的一个接地开关的连接。然后可以将测试机组中的"带电"引线连接到该点。通常接地开关的连接与 GIS 的外壳绝缘，以避免测试电压短路。为了完成测试电路，需关闭被测电流互感器另一侧的接地开关。测试机组的输出一端接地，另一端如上述所述进行连接。

## 37.3　二次系统隔离

在维护工作期间，有必要隔离二次系统的各个部分，以保证安全工作。下面几段将介绍更常见的隔离要求。

### 37.3.1　直流电压隔离

当对二次系统进行操作时，通常需要从二次系统的适当部分移去直流电压。通常会为第一和第二主保护电路与后备保护提供单独的电源。每一种电源通常都配有一个熔断器及连接或一个小型断路器。通过拆除熔断器及连接或关闭小型断路器，可以实现隔离。如果是通过拆除熔断器及连接实现的隔离，则可以在熔断器和载波连接之间固定一个警示胶带，警告在许可证批准之前，禁止更换熔断器及连接。如果隔离是通过微型断路器实现的，那么它可以配备一个可锁的装置，以防止它被重新关闭。

### 37.3.2　跳闸隔离

在进行二次回路操作或测试时，需要确保一次回路不会意外跳闸。为了能够做到这一点，通常的做法是提供跳闸隔离连接。根据本地设计标准和实践，所提供的跳闸隔离连接的详细信息和数量可能因电力公司的不同而有所不同。

### 37.3.3　电流互感器隔离

在二次设备上作业时，需要隔离电流互感器电路。重要的是要记住，如果电流互感器二次电路是开路状态的，那么如果一次电路中有电流流过，就会产生很高的电压。因此，常见的做法是在所有电流互感器的二次端提供短路和隔离连接。这些连接通常被设置为双连接，以便在打开二次接线之前，将其中一个连接移动到短路的电流互感器二次连接上，从而将电流互感器与二次电路隔离开来。

电流互感器二次电路仅通过一点接地。为了测试电路的绝缘电阻，需拆除该接地连接。

### 37.3.4　电压互感器隔离

电压互感器的绝缘是一个非常重要的安全考虑因素。如果电压互感器二次侧不隔离，并且作为二次设备测试的一部分对二次侧施加电压，则会对一次侧施加一次全电压。因此，在签发工作许可证之前，拆除二次隔离连接，以防止无意中使一次电路重新通电，这是隔离和接地程序的重要组成部分。在许多电力公司中，这些二次隔离连接将在工作许可期间锁在一个锁定箱中。

## 37.4　二次设备注意事项

本节讨论一些需要考虑的方面，以确保二次系统的有效性能。

### 37.4.1　隔间/房间分离

在变电站中，二次设备为网络的控制、监控和保护提供了功能接口。根据设备是在整个变电站基础上运行，还是仅在单个隔室基础上运行，设备分为变电站层和间隔层。

二次设备可以安装在不同的建筑物中，也可以安装在中心建筑物内的单独房间中，在某些情况下，还可以直接安装在开关设备旁边。

通常的做法是使用中心区域作为金属封闭变电站和露天子传输变电站。

对于高压露天变电站和高安全性、金属覆层变电站而言，通常的做法是为间隔层设备提供分散的中继站亭/室，为站控层设备提供集中的调度室。

### 37.4.2　直流配电

变电站二次设备必须由交流电源故障时不会中断的电源供电。使用由交流电网供电的电池充电桩，保持电池系统处于充满电的状态，可以满足该要求。由电池供电的逆变器系统与由交流供电的设备具有类似的安全等级。

直流系统包括电池、充电桩和配电板。如果使用密封气体重组电池，它们可能位于同一通风室。这样做的效果是将电池、充电桩和配电板之间的电缆长度最小化，并简化了维护。释氢电池由于有爆炸的危险，必须单独放置在一个房间内，采用自动关闭式的门。

冗余直流系统一般用于 220kV 及以上变电站，以确保可用性、安全性和可靠性（更多细节，见第 31.3 节）。

### 37.4.3　继电器室

保护和控制设备可能位于中央控制室和/或分散的继电器亭/室（CIGRE SC 23 1982）。

当 GIS 和 AIS 的电压较低（或一次设备安装在室内），一次设备和二次设备之间的距离较短时，更希望保护和控制设备集中布置。

当距离变长，特别是当 AIS 系统用于高电压（输电变电站）时，最好将控制和保护设备的大部分放置在靠近一次设备的小型继电器亭/室中，而将较小的部分放置在中央控制室内。在每一种情况下，所采用的布置取决于下列因素：

（1）高压设备的物理尺寸和布局（电压等级、AIS 或 GIS 等）。

（2）对安全运行和维护的要求与火灾时常见模式故障的风险。

（3）使用的控制设备类型（传统的或基于计算机的）和内部连接类型（电缆或光纤）。

（4）从电压互感器和电流互感器到二次设备的电缆布线。引线负荷必须限制在允许设备正常工作的范围内。

（5）环境条件（不利气候条件可能需要将二次设备集中到同一个中央控制室内）。

（6）安装总成本。

（7）建筑—电缆和布线。

（8）加热/冷却设备—安装。

### 37.4.4　敷设电缆和布线

布线设计必须简化施工、测试和维护，并考虑到可能出现的任何后续改造（CIGRE SC23 1982）。

#### 37.4.4.1　施工简化

有必要确定在工厂里要准备哪一部分的布线，哪些部分必须在现场进行。

预制组件可以提供更高的质量，但要求布线设计高度标准化。所采用的标准化程度取决于建筑工程量。由于预制组件的优点，现场工作仅限于电缆的最终铺设或使用插头和插座进行布置，从而简化了现场的调试过程。

变电站在使用寿命内，会进行改进和扩展，需要改进/重新连接二次设备。为了更方便地应对这些未来的变化，减少布线和修复工作，建议使用接口隔间（如到高压设备的布线）。

#### 37.4.4.2　电缆敷设

一座建筑物与外部厂房之间，以及建筑物与建筑物之间的所有外部电缆均敷设在管道、导管或沟槽中，这些管道或沟槽应具有足够的备用容量，以便将来扩建变电站。必须提供良好的通道，并避免火源从发电机组/变压器中蔓延。可以用沙子封管。电缆进入建筑物的地方必须防动物/害虫。

### 37.4.5　设备和通风设备的调节

房屋设计必须考虑到下列基本要求：

（1）污染，环境保护：气候和电力。

（2）通风良好（特别是电池室）。

（3）简化维护和维修的设施。

（4）足够的灵活性，以最小空间需求满足未来的改进和扩展。

（5）现场安装方便。

（6）人员安全。

（7）在某些情况下，当房间无人操作时，使用两级空调设置使设备保持在标称温度范围内，并在有人维护或测试时能够保持更舒适的温度。

#### 37.4.5.1　控制和保护设备❶

二次设备要么安装在传统的薄钢板结构中，要么安装在19″机架装配用的框架中。

---

❶ 英文原文中无 37.4.5.2。

目前采用两种基本排布：

（1）可访问前后板。

（2）一扇铰链式的门，配备从前面可访问的隔间和只有允许访问后表面的终端和线路，或安装在墙上的接线端子的插头。

大多数控制和保护设备可用于19″机架装配。电力电子设备通常比传统继电器耗散更多的热量。必须通过自然通风或强制通风来散热。使用开放式机架取代柜式密闭罩，可能是解决该问题的一个办法。

当需要冷却时（热环境），最好为机房整体提供空调。

面板可能需要防冷凝加热和照明。

### 37.4.6 火警探测及灭火

降低火警风险的一般预防措施包括如下。

#### 37.4.6.1 通风

必须设计通风系统：

（1）让通道远离烟雾。

（2）限制飞弧的发展（由于烟雾污染，物料在远离原始火源的地方着火）和回风（未燃烧残留物引起爆炸的风险）。

#### 37.4.6.2 空调

消防系统在运行时应关闭中央空调设备，以减缓火势的蔓延。

#### 37.4.6.3 电缆隔离

隔离是指将电缆安装在不同的隧道内，或在物理上由防火屏障隔开，以避免常见的共模故障。分离通常是指空中距离或物理屏障。

（1）在经济可行的情况下，电力电缆应与控制电缆分开，或至少应留有一定距离分开。

（2）外部通信和重要的内部通信电缆，应与其他服务项目分开。

（3）主保护和备用保护的布线和路径应独立进行。

#### 37.4.6.4 材料

在经济可行的情况下，应尽量避免使用易燃材料。

#### 37.4.6.5 建筑施工

在火灾风险高或火灾后果严重的地区，应尽可能避免使用假地板或假天花板。然而，如果必须使用假地板或天花板来容纳多条电缆，如控制室地板则应安装火灾探测器。

#### 37.4.6.6 烟雾防护区

烟雾探测系统的每个警报应覆盖相对较小的危险区。由于可能出现假警报，建议使用两种不同类型的检测器并仔细定位，以便在警报真正启动之前，检测器都能在各自的区域内验证另一个检测器。每个区域的入口都应该有指定烟雾探测区域的通知。

#### 37.4.6.7 电站施工期间的消防措施

施工过程中必须严格注意清洁，严禁垃圾堆积。

应与当地消防人员定期磋商后，再确定消防服务的能力范围，以便在建筑物和工厂建造方面，始终适应现场增长的火灾风险。

应设置由专用电话组成的临时现场火灾报警系统，以便现场安全人员在接到报警后立即向当地消防队报警，而不必等待对火灾严重程度评估之后在进行。

#### 37.4.6.8  永久设备

应就应采取的防火措施征询当地消防局的意见，要求他们熟悉所安装的设施。

内置消防系统必须在相关电厂投运之日起实施。

应对人员进行所有消防设备的使用、测试和维护培训。

#### 37.4.6.9  消防系统设计中的因素

对消防设备进行详细设计时，应当符合电网公司设备良好的设计原则和实践，且应符合当地消防部门的要求。手动操作的阀门应该是快速制动的，并且应该位于有火灾危险的地方，但为了人员的出入安全，应该对其进行屏蔽。

在所有有火灾危险的区域，火灾探测器必须为该区域内的任何工作人员启动声光局部报警。

这必须在区域控制点和任何适当的遥控中央控制点重复。

自动探测器、报警器和灭火器的可靠性必须很高。所有自动系统必须能够手动启动。

应频繁地对整个系统进行全面测试。

## 37.5  接地实践

在设计和安装二次设备时必须采取措施，将电磁干扰的影响降低到与设备的 EMC 容量相一致的允许值（Strnad 1985）。

噪声源如下：

（1）低频：50Hz～10kHz，变电站内外高压母线电流及接地故障。

（2）高频：100kHz～50MHz，（全振幅）在 GIS 中。

1）100kHz～10MHz（全振幅）在 AIS 中。

2）一次电路的开关（由于 HF 电流通过电容器，CVT 比电压互感器传输更多的干扰）：

a. 大气事件（雷击）；

b. 二次回路开关；

c. 静电放电；

d. 无线电发射机（对讲机）。

（3）＞50MHz。高频或高变化率干扰常常是 GIS 设备切换过程中的特征。采取哪些措施来减少这种噪声的影响，是 GIS 变电站应当考虑的内容。

### 37.5.1  对二次设备应采取的措施

（1）应将含有不同干扰电平装置的各种电路分开。

（2）I/O 信号电路和辅助电源应有隔离继电器、光学二极管、变压器和耦合冷凝器提供的电流隔离。

（3）每个二次设备必须通过低阻抗连接接地。开关柜的电缆屏蔽应在面板/柜底部接地，不应与无防御的线路相邻，以避免电缆屏蔽电流产生高频辐射。

（4）板/柜各部分应接地，以提高屏蔽效果。

（5）使用滤波器和瞬态抑制器。

### 37.5.2 安装时应采取的措施

（1）接地系统各独立部分的多重互连。

（2）设置电流电路，使相应的出流芯和回流芯位于同一电缆中。

（3）控制电缆从电源电缆和电容电压互感器中移出。

（4）高压设备应直接靠近接地电网的导线。

（5）在易发生高暂态电流的区（如避雷器、电压互感器、CVT、电流互感器、火花隙等），网络啮合加强。

（6）屏蔽电缆的位置尽可能接近，以便从相互屏蔽效果中获益。

减少电路中高频干扰电路的最佳方式是对所有进出控制室和建筑物的电缆采用屏蔽电缆，电缆的两端接地（除低压信号电缆外）。该做法是将屏蔽电缆用于建筑物外部的控制电路。在某些情况下，如果不需要双接地，可以考虑只对电流互感器、电压互感器和 CVT 电缆使用一个接地。应考虑大型并联接地电缆的安装，两端与控制电缆并联接地，以减少双接地屏蔽电缆中循环电流的影响。

高频干扰的减少主要是由于铜屏效应，而扭曲或波纹的铜屏效应更为显著。这种效果在低频时并不重要，因为屏幕具有较低的能力来减少 $50\sim60Hz$ 的干扰。

因此，屏蔽电缆的作用必须通过减小隔间外回路的尺寸来实现。

（1）对于直流辅助电源或控制电缆，优先使用径向配置，而不是环形配置，以避免在发生高压接地故障时产生循环电流。

（2）使用屏蔽的通信电缆，因为这些电路提供了一个小的辐射回路。然而，它们的使用受到导体电阻的限制。

### 37.5.3 中继室和控制室的屏蔽

继电室屏蔽一般只在二次设备对预期的瞬态场没有足够的承受能力时才有必要；但是，应注意确保所有继电器室的金属部件都正确接地。由于建筑物金属结构和金属柜/壳的屏蔽效果，即使位于高压设备附近，一般也不需要特别注意具有足够接口电路的专用保护设备。

控制设备安装在控制建筑内。当距离设备较远时，上述的屏蔽效果就足够了。但如果 GIS 与控制保护设备在同一建筑内，则控制保护设备应布置在墙壁和屋顶上均设有接地系统的房间内。

## 参考文献

CIGRE SC 23, WG 05: Design and installation of substations secondary equipment. Electra No. 82, 1982 & TB 124, 535

Strnad, A., Reynaud,C.: Design aims in HV substations to reduce electromagnetic interference (EMI) in secondary systems. Electra No. 100 (1985)

# 变电站二次系统资产管理

**38**

Mick Mackey

## 目录

M.Mackey (✉)
Power System Consultant Section, Dublin, Ireland
e-mail: mj.mackey@live.com

© Springer International Publishing AG, part of Springer Nature 2019
T.Krieg, J. Finn (eds.), *Substations*, CIGRE Green Books,
https://doi.org/10.1007/978-3-319-49574-3_38

缩略语表：

AIS 空气绝缘变电站

BBP 母线保护

BFP 断路器失灵保护

CAD 计算机辅助设计

CT 电流互感器

CVT 电容式电压互感器

DACU 数据采集和控制单元

EHV 特高压（170～800kV）

EMC 电磁兼容性

EMI 电磁干扰

GIS 气体绝缘变电站

HF 高频

HV 高压

IED 智能电子装置

LV 低压

MMI 人机界面

*MTBF* 平均故障间隔时间

*MTTR* 平均维修时间

MV 中压

P&C 保护控制

RCC 远程监控中心

SCADA 数据采集与监视控制系统

SPU 浪涌保护装置

VDU　可视显示器

VT　电压互感器

管理变电站二次系统资产，需要综合考虑使用期限内二次系统资产的各个方面，包括技术和经济要求。

成本相关的经济问题有：① 设计、开发和初始投资；② 安装和调试；③ 操作、维护和修复；④ 员工培训；⑤ 系统扩展和停运。

在具有常规二级系统的高压变电站中，全套二次系统的初始投资成本占变电站总成本的10%～20%。二次系统的预期寿命等于或高于高压设备的预期寿命。现代二次系统必须从一个完全不同的经济角度来评估。较短的生命周期（大约 10 年）——与当前"常规"系统的30～35 年生命周期相比——与快速变化的技术相结合，这意味着必须在越来越短的时间内考虑完全更换二次系统硬件。

本章将讨论与二次系统相关的且在其管理中需要加以考虑的各种活动。它们在某些细节上可能因地理位置或政治管辖权的不同而有所不同，但对于理解现代变电站中二次系统的成功开发所起的作用是至关重要的。

## 38.1　设计、安装和建筑要求

二次系统的设计、安装和建造要求显然对设备使用寿命内系统的有效管理有一定的影响。但是，这些方面将在下文各章中讨论：

（1）设计——第 33 章～第 37 章。

（2）安装——第 37 章。

（3）建筑要求——第 37 章。

（4）更详细信息，请见 CIGRE 第 88 号技术报告。

## 38.2　可靠性影响

二次设备的可靠性明显取决于元器件的质量，确保质量的措施请见第 38.4 节。

然而，在系统管理方面，使用合适的指标对可靠性进行量化也是必不可少的。通过这种方式，可以对性能进行基准测试，并针对特定的领域进行改进。

当系统需要更高的可靠性时，要经常使用冗余。

### 38.2.1　系统/组件的可靠性和可用性

可用性包括：

（1）可靠性（可信性、安全性）——可维护性。

（2）可支持性。

可用性定义为处于"健康"状态的时间与总时间的关系，可表示为

$$A = \frac{MTBF}{MTBF + MTTR}$$

式中　　*MTBF*——平均故障间隔时间；

　　　　*MTTR*——平均维修时间。

二次系统的可用性取决于：① 规划；② 设计；③ 安装及调试；④ 设备/组件和软件的质量；⑤ 冗余的范围和类型；⑥ 维护和自主监控；⑦ 易于使用适当的测试系统进行功能测试；⑧ 电气干扰（噪声）防护；⑨ 环境条件。

### 38.2.2　冗余

通过复制关键（最高等级）功能/设备，可以提高可靠性，即所谓的冗余。冗余是一种选择，其程度应在规划阶段确定。

可以应用两种冗余类型：

（1）并联（系统彼此独立运行，即 1/2）。

（2）串联（仅当两个系统提供相同的输出时，功能才执行，即 2/2）。

两种冗余类型的可信性（功能在需要时正确执行）和安全性（功能在不需要时不执行）之间的关系如图 38.1 所示。

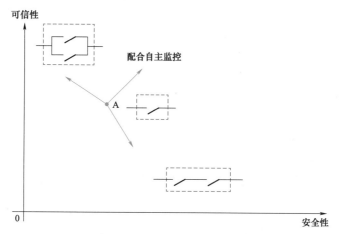

图 38.1　可靠性和安全性相关的并联和串联连接之间的关系

应该指出的是，自主监控增加了可靠性，因此将这些特性纳入其中非常重要。通过使用数字技术（基于计算机的系统），相对容易实现。

表 38.1 中，为测距继电器编制了一个可用/可靠度比率 $p = 0.94$，不运行概率 $F_p = 0.06$（即 $1-0.94$），以及误跳闸（安全性）概率 $F_s = 0.008$。

与串联连接不同，并联连接时两个部件必须完全分开。

表 38.1　　　　　　　　　　　　　　　　　不同冗余安排的比较

| 冗余类别 | 可用性和可靠性 | 不运行概率 | 安全性 |
| --- | --- | --- | --- |
| 一个继电器 | $p = 0.94$ | $F_p = 0.06$ | $F_s = 8 \times 10^{-3}$ |
| 1/2 | 0.996 4 | 0.003 6 | |
| 并联排列 | $(2p-p^2)$ | | $(2F_s)$ |

| 冗余类别 | 可用性和可靠性 | 不运行概率 | 安全性 |
|---|---|---|---|
| 2/2 串联排列 | 0.88 | 0.12 | $6.4 \times 10^{-5}$ |
| | $(p^2)$ | | $(F_s^2)$ |
| 2/3 | 0.99 | 0.01 | $19 \times 10^{-5}$ |
| | $[p^2(3-2p)]$ | | $[F_s^2(3-2F_s)]$ |

如果一个设备有 $n$ 个相同的 $x$ 个元素，并且所有这些元素都是必须的（串联排列），则该设备的可用性为

$$A = \left( \frac{MTBF}{MTBF + MTTR} \right)^n = (A_x)^n$$

如果一个设备有 $n$ 个相同的 $x$ 个元素，且只有一个元素是必须的（并联排列），则该设备的可用性为

$$A = 1 - \left( \frac{MTBF}{MTBF + MTTR} \right)^n = 1 - (1 - A_x)^n$$

并联冗余比串联冗余使用得更多，典型的实践示例有：

（1）交流及直流电源设备（即蓄电池、辅助变压器等）。

（2）布线和电缆敷设。

（3）保护系统（特别是隔离保护）和断路器跳闸线圈。

（4）由独立电路和/或双电源单元供电。

（5）通信（总线通信）。

（6）设备控制/操作。

还有其他类型的冗余可以应用于基于计算机的设备：

（1）并联运行系统组件的复制，虽然该系统组件并联运行，但其中一个系统（或系统组件）处于活动状态，而另一个系统（或系统组件）在活动组件故障时自动切换到活动状态。

（2）在一个系统（或系统组件）中，对不同算法或不同路径中的信号或命令进行处理，只有当它们都提供相同的结果时才输出（2/2 决策）。

（3）在一个系统中对一个信号进行多次重复的串行冗余，并验证所有信号是否显示相同的结果。

一次过程决定了二次系统所需的可靠性和安全性。主动或被动故障限制了可靠性或安全性。主动故障是指某物在不应该操作的地方发生故障，而被动故障是指某物在应该操作的时候没有进行操作。

二次系统发生故障造成危险情况，危及安全。二次系统的故障只会产生有害的影响，其故障并不危险，但会限制可用性。表 38.2 总结了这些事件的影响。

表 38.2 故 障 的 综 合 评 价

| 类别 | 主动故障 | 被动故障 |
|---|---|---|
| 保护 | 有害的，如 CB 误跳闸 | 危险的，如不受故障影响的 CB 跳闸 |
| 控制 | 危险的，如欠载状态下操作的隔离开关 | 有害的，如预期的开关操作未生效 |
| 位置指示 | 危险的，如由于错误的指示释放连锁 | 危险的，如由于缺少指示而释放连锁 |

冗余系统对于确保必要的可靠性和避免故障至关重要。冗余系统必须符合以下条件：

（1）系统部件或其部件的故障不得危及安全。

（2）系统组件或其中部分组件的故障不得限制可用性。

这些条件必须满足的范围取决于主要装置的类型和重要性，并应在设计阶段确定。

作为一个通用基本原则，任何单一故障都不应导致保护系统完全故障。

## 38.3　设备标签

为避免不正确的设备运作或维修人员的不正确选择，最重要的是：一次设备和二次设备具有唯一标识。在这方面，所选择的识别系统必须明确无误。

### 38.3.1　面板/配电室标签

给开关设备贴标签并不是整个电力供应行业的标准化做法。不同的国家采用不同的制度。然而，为了确保工厂和人员的安全，在选择识别程序时有需要考虑的重要事项。

（1）一次回路装置以系统的、一致的、逻辑的方式标示。

（2）所有二次设备面板和隔间/配电室的标签，必须能够清楚地将它们与其相关的一次回路装置相关联。

（3）标签制度效用广泛，即所有变电站使用相同的系统和程序，从而避免了工作人员出错的风险。

一些标签系统远不止于此，如德国的 KKS 系统，可以指示变电站内的设备位置。然而，虽然在发电中应用广泛，但就变电站而言，这些系统往往过于繁琐。

### 38.3.2　电线和光纤识别

显然，需要一种明确无误的方法来确定二次系统布线，以方便安装及后续维修或故障探测活动。尽管如此，整个行业的实践情况差异也很大。一些电力公司只是简单地在电缆的两端贴上标签，并使用电缆制造商提供的内部芯线（或一对，以电信电缆为例）为标记。将电缆连接图或表保留下来，作为所有终端的记录，供以后参考。这种方法不提供隔间或配电室内连接的端到端标识。一些电力公司将有唯一标记的金属环应用到面板和配电室内的电线端来解决这个问题。

另一种方法是根据特定的功能来识别每个连接，并为此应用一个线箍，例如，每个单独的跳闸、控制、信号或仪表变压器连接都有一个独一无二的金属箍标签。英国能源网络协会标准 ENA TS 50-19（前身为 BEBS S12）对这种系统进行了说明。

在采用 KKS 系统进行设备识别的情况下，它也可以用于电缆识别。

## 38.4 质量保证要求和测试

一个组织的绩效的关键因素是其产品或服务的质量。对制造商而言，质量意味着其产品或服务应符合客户的要求和期望。对客户来说，这意味着设备的可用性高，成本最优。

通常需要一个测试程序来证明所安装的设备满足功能需求。这样的测试是质量保证体系的一个组成部分。

组织的质量体系受其目标、特定的产品或服务，以及组织的特定实践的影响。因此，质量体系可能因组织而异。但所采用的系统即便不会决定，也会对所采用的各种测试程序和维护策略产生一定的影响。下面描述基于一般原理的通用模型。

### 38.4.1 质量保证：简介

#### 38.4.1.1 综述

为规管适用于不同产品和服务不同要求的不同质量体系，特列出下列相关标准：

（1）ISO 9001 设计/开发、生产、安装和服务质量保证模型。

（2）ISO 9002 生产和安装质量保证模型。

（3）ISO 9003 用于最终检验和测试的质量保证模型。

欧洲标准对应的编号为 EN 29001、EN 29002、EN 29003。

考虑质量分级时适用：

（1）"质量检验"包括在设备生产过程中进行测量和试验，目的是评估设备是否符合规格。

（2）"质量控制"是多次检验的结果，将实测值与标称值进行比较，并在必要时对制造方法进行改进。

（3）"质量保证"不仅是对制造过程的测试和检验，而且是为获得所需的设备规格而提出的技术和组织要求。

质量保证计划的产生是由于需要按照规范和严格的时间尺度完成重大的资本项目。它与核电站、潜艇和太空计划的建设有关。

质量体系涉及与产品或服务质量有关的所有活动，且与其相互作用，包括从最初确定客户需求到最终满足需求和客户期望的所有阶段。可以用图 38.2 所示的"质量环"来表示。

所有与产品或服务交付相关的活动都可以被概念化为一条链，其强度取决于最薄弱的环节。最终的质量取决于链中的每一个环节。

质量保证基于以下基本理念：

（1）制造商的工作是证明产品的良好质量。

（2）客户的任务是评估制造商的质量保证计划。

目标是创造和传达实现一定质量水平的信心，其功能是确保设备的正确性能，并在必要时对制造方法进行改进。

方法如下：① 计划调度；② 组织；③ 控制及检验；④ 识别不合格品；⑤ 流程优化；⑥ 审计。

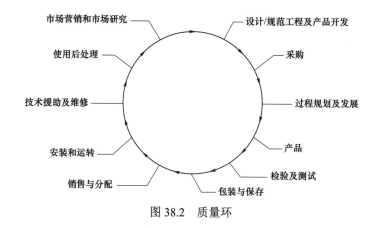

图 38.2 质量环

最终的预期结果是消除产品质量上的缺点，并避免由此产生的成本影响。实施有效的质量保证系统的好处可概括如下。

（1）客户：

1）较低的质量评价成本；

2）收购产品不产生重大额外成本；

3）改善调度；

4）增加可靠性。

（2）制造商：

1）制造、安装和操作的产品或服务的最优成本；

2）增加可靠性；

3）改善安全方面事宜；

4）总循环时间减少；

5）有竞争力的价格；

6）更少的售后问题。

### 38.4.1.2 质量成本

质量保证系统相关的活动产生的费用分类如下：

（1）预防成本（与有助于预防不合格品的活动相关）：

1）制备过程；

2）控制方法规划；

3）检验计划；

4）质量管理员工；

5）员工培训。

（2）检验费用（与质量验证活动有关）：

1）进货检查；

2）中期检查；

3）最终检查；

4）测量及测试设备的校正。

（3）不合格品成本（与不合格品相关）：

1）内部故障：包括废品和不合格品的修理费用；

2）外部故障：包括质保期内的故障维修费用。

## 38.4.2 质量保证：制造商视角

制造商必须制订质量方针，负责计划和开发一个程序来控制生产过程，以及必要时的检验、测试验证以及纠正措施。该方针必须以书面形式陈述，并分发给所有人员。

### 38.4.2.1 质量体系文件

（1）质量保证手册。

（2）质量保证程序。

（3）检验及测试计划。

（4）质量记录。

### 38.4.2.2 组织职权

（1）公司组织结构图。

（2）产品生命周期中各职能部门组织结构图。

（3）所有人员的一般和具体职责定义。

（4）必须由执行或者直接监督验收工作的人员以外的人员进行独立检查。

### 38.4.2.3 系统功能

制造商必须有涵盖下列项内容的书面文件：

（1）合同评审。为了解决与投标方的分歧，制造商必须在验收前审查合同。

（2）设计保证。进行设计检查，以确保它反映用户的规格和相关标准正确，并确保所有内容都正确地转换为图纸、规格和工作说明。

（3）文件控制。必须明确文件的编制、审查、批准、修改和作废的责任与权限。

（4）测量和测试设备的控制。测量和测试设备必须具有必要的准确度，必须有校准记录，以确保进行了有效的测量，还需要校准时间表和程序。

（5）进货管理。制造商必须根据供应商满足质量要求的能力来选择供应商。他必须有一份合格供应商的名单，并且必须对他们的质量体系进行评估。

（6）进货检查。制造商必须按照检验程序对来料进行检验，识别并保存不合格品，必要时与供应商一起采取纠正措施。

（7）中期检查。制造商必须按照质量体系的要求对产品进行检验，监控特殊的工艺方法，识别和保存不合格品。

（8）最终检查。制造商必须按照检验程序对最终产品进行检验，识别并保存不合格品，并在验收前向客户提供检查和测试记录。他必须只提交验收符合规定要求的产品。

（9）特殊流程。特殊的生产过程是通过使用过程中生成的证据来确保一致性的过程。制造商必须确保这些过程是在由合格人员控制的条件下完成的。

（10）包装、储存和运输。制造商检查设备的最终清洗、包装和标记，并验证装运操作，以确保满足规定的要求。

（11）质量记录。制造商必须保持质量记录，以证明质量保证程序符合相关标准的要求，产品和文件符合规定的要求。

（12）不合格的控制。制造商负责所有不合格品的处理，包括供应商的不合格品。

（13）纠正措施。制造商检查并分析检测到不合格品的原因并制订纠正措施，以防止再次发生。

### 38.4.3 质量保证：电力公司的视角

#### 38.4.3.1 质量方针

在设计和管理变电站建设的同时，考虑以下因素：

（1）网络开发计划中的预定日期。

（2）变电站运行和主要维护部门的要求和需要。

（3）与服务特性、安全性、可靠性和可扩展性相关的要求。

（4）以最低的成本获得最高的质量。

#### 38.4.3.2 组织职权

考虑到每个部门的多重职能及其相互之间的联系，有必要建立一个组织结构图，并确定每个组织单元的活动、职能和职责。

#### 38.4.3.3 系统功能

（1）设计保证。在设计保证范围内，相关项目部门的书面程序必须保证：

1）项目的开发是按照明确定义的顺序进行的；

2）研究客户的需求，以确保符合要求；

3）符合所有标准及规程；

4）与相关部门讨论新项目。

（2）文件控制。所有文件（图纸、规格等）均已登记并发放给各相关部门。对已批准的图纸和规格的评审按与原件相同的方式进行。已作废的文件和图纸将被删除或加盖"作废"印章。

（3）采购要求。所有供应商都是根据其满足质量要求的能力来选择的。若在产品或提供的服务中发现的所有不合格品，将通知供应商。定期评估检查和试验的结果，并在选择供应商时使用这些结果。

（4）检验和测试。检验和测试由专家按照程序或批准测试进行。检验和测试的结果要登记在案。对不合格设备要进行很好地识别和隔离。所有不合格项都要登记并传达给相关部门，以避免重复。所有设备在开始运行投产前都要经过最后的验收测试。

（5）测量和测试设备。所有的测量和测试设备都是定期校准的。仪器的校准按书面程序进行。保存定期校准的记录。设备识别良好是测量程序的一个前提条件。

（6）纠正措施。对不合格项进行研究，并以书面形式提出，以消除不合格项产生的原因，防止不合格项的再次发生。负责部门提供必要的纠正措施。

（7）处理和储存。必要时，向设备提供有关搬运和储存的说明。设备应保护良好，以避免存储或处理时发生损坏。

（8）维护。设备上有关于维护保养的说明。指示说明必须包括以下各点：

1）所需的动作；

2）执行动作必需的设备；

3）维护间隔或触发标准；

4）相关文件。

（9）质量记录。每一项与质量有关的重要数据都在对应的表格上登记。副本分发到对应的部门。下列质量记录的存档期限为5～20年：

1）不合格品记录；

2）测试记录；

3）测试证书。

（10）质量的内部审核。对于影响变电站最终质量的所有活动，都有关于质量保证的书面程序。定期审计质量控制程序，以确定它是否完整，是否是最新的，且是否得到适当的应用。

（11）培训。质量控制人员受过充分的培训，熟悉检验所需的设备和装置。

## 38.4.4 实验室、工厂和现场测试

在开始任何测试之前，无论是实验室、工厂还是现场测试，都需要准备一份清晰的测试规格和计划，并提交给参与或见证测试的各方。

### 38.4.4.1 实验室测试/型式试验

这些测试的目的是对变电站环境中使用的新设备、系统或解决方案进行资格验证。定义型式试验是为了确定设备/解决方案设计的充分性。这些测试涉及：① 电气绝缘；② 具备所有指定功能的电气特性；③ 机械耐力；④ 气候耐力；⑤ 电气干扰（闪电）。

型式试验的目的是证明所制造的设备能够按照规范执行，一旦通过型式试验，通常认为不需要重复试验。

### 38.4.4.2 出厂试验/常规试验

这些测试的目的是确定设备或系统/解决方案是按照应用程序/项目的设计规范编制的，包括：验证设备或系统/解决方案已使用指定的材料和组件构建（目视检查）。这些测试将涉及：① 材料和部件的质量；② 尺寸；③ 防护等级；④ 涂装及最终外观；⑤ 支撑结构；⑥ 设备布置；⑦ 组件可用性；⑧ 电缆的布线和布置图；⑨ 接地；⑩ 标签。

为了验证功能特性（功能检查），这些测试必须在尽可能接近实际情况的条件下进行。需要测量设备和模拟设备（有时基于计算机技术）。测试包括：① 电耗测量；② 线路电压容限测量；③ 短路保护测试；④ 输入时设备响应测试；⑤ 人机界面测试；⑥ 系统对操作员操作错误的反应测试；⑦ 维护和扩展对话的测试。

无论电气测试多么全面，都不能保证产品的质量。某些情况会在产品使用生命周期的早期阶段暴露出来，从而导致失灵和故障。可设计测试程序，以加速的方式模拟下列因素的影响：① 温度；② 电压；③ 振动；④ 湿度。

这些是所谓的"老化测试"，必须为其定义温度和湿度循环，通常应作为型式试验的一部分。

### 38.4.4.3 现场测试/调试测试

二次系统的设计允许设备在工厂内进行完整的测试，而工厂内的功能测试只是模拟的。随后的现场测试包括目视检查和功能测试。

目视检查的目的是确认运输过程中没有发生损坏，设备安装正确。

功能测试的目的是验证设备连接到高压电器时的性能良好。

功能测试包括极性检验、检查电路、检查功能，详见如下。

（1）极性检验：

1）以确保没有反转的极性。

2）确保高压开关设备和保护继电器中的每个功能都具有正确的极性。

3）确保电压降在允许的范围内。

（2）检查电路：

1）电流电路（确保连续性）。

2）电压电路（消除短路）。

3）位置指示信号为：断路器、隔离开关和变压器分接头的位置。

4）告警：断路器、隔离开关和变压器。

5）控制电路：断路器、隔离开关、分接头开关、冷却风扇和油循环泵。

6）高压开关设备连锁电路。

7）保护电路：跳闸电路、重合闸电路和告警电路。

8）传动装置电路：断路器和隔离开关。

9）室外小隔间的加热元件。

（3）检查功能：

1）高压开关设备的单独控制。

2）高压开关设备的顺序控制。

3）保护继电器设置。

## 38.4.5　软件测试

### 38.4.5.1　综述

使用的任何质量保证方法，均需顾及软件的某些特性，而这些特性是软件的固有特性：

（1）软件没有物理形式。没有物理定律允许我们测试某些组件并假设其为线性行为。

（2）随着使用，软件的性能不会降低。故障是异常事件。

### 38.4.5.2　软件故障模式

软件故障可能因为：

（1）规范：

1）软件规范必须涵盖所有的输入条件和输出要求。

2）其中没有含糊不清、不一致或不完整的叙述。

3）没有安全裕度。

（2）设计：

1）在软件系统设计中，不正确的规范解释或不正确的逻辑可能导致故障。

2）在设计阶段，定义了程序对错误条件的响应。必须注意确保产生高度"稳健"的程序。

（3）编码过程；典型的代码生成错误有：

1）印刷错误。

2）错误的数值。

3）符号省略。

4）包含可能变得不确定的表达式。

#### 38.4.5.3  程序风格

（1）结构。结构化程序需要使用只有一个入口和一个出口的控制结构。结构化编程可以减少错误，生成更清晰、更容易维护的软件，更便于理解和检查。

（2）模块化。将整个程序分解成单独的小程序或模块构成了模块化编程，每一个小程序或模块都可以单独指定、编写和测试。每个模块都更容易理解，从而降低了出错的概率，并且可以协助检查工作。

（3）备注。使用备注语句来解释程序有助于测试。

（4）防御性编程。防御性编程包括引入例程来检查错误，并允许程序指出错误的来源。

#### 38.4.5.4  软件检查

一般来说，一个新程序必须经过长时间的开发和调试才能消除所有错误。

为了验证是否符合规范，必须根据规范的每个要求检查程序。如果程序被构造成明确定义的模块，那么检查就容易得多。

程序的某些功能只能在程序列表的"逐行检查"中检查。必须准备一份测试计划表，其中规定必须进行的测试，以确保符合规范。

### 38.4.6  印刷电路板试验

在电子设备中，印刷电路板是一种流行的装配形式，具有一套相关的技术，这些技术对插入电路板系统的质量和可靠性有很大的影响。

#### 38.4.6.1  良好的印刷电路板设计原则

（1）简明。

（2）可访问性。

（3）便于查找故障。

（4）易于更换。

（5）不可能有不正确的装配。

（6）最小的调整。

（7）方便生产。

印刷电路板在集成到整个设备之前必须单独制造和测试。

#### 38.4.6.2  组装前印刷电路板的测试

（1）目视检查：

1）孔的类型和数量；

2）金属镀层均匀性；

3）短路和开路；

4）尺寸；

5）包装；

6）阻焊与丝印的配合正确性。

（2）物理特性试验：

1）厚度测量；

2）灵活性测试；

3）表面电阻测量；

4）绝缘电阻测量。

这些测试仅在一批印刷电路板的样品上进行，以获取总体的生产运行情况。

（3）组件测试：

1）环境测试；

2）机械试验；

3）电气试验；

4）老化测试。

### 38.4.6.3 印刷电路板组装后的测试

（1）焊接检验：

1）金属亮度；

2）板平表面；

3）焊料凸面；

4）小接触角。

（2）组装测试：

1）组件缺失；

2）组件错误；

3）组件组装错误；

4）组件位置错放；

5）组件未经鉴别；

6）组件损坏。

（3）功能测试：

1）开路；

2）短路；

3）组件装配错误；

4）组件缺少；

5）组件错误；

6）组件参数超出限制；

7）电路性能错误。

功能测试的目的是验证高压电器设备的性能正确性。

### 38.4.7 成本效益

根据相关国家和国际标准，实施质量体系和有关的质量证明和测试程序几乎肯定会涉及额外的费用。然而，从中长期来看，这些成本应该由通过降低不合格品成本和改善制造商在市场上的形象而获得的收益进行补偿。客户将受益于系统可靠性的提高和服务质量的提高。

## 38.5　维护

维护政策和实践意味着确保设备和装置在其使用寿命期内，根据规范继续运行所必需的活动。预防性维修是指对设备进行维修时，应尽可能防止发生严重故障。

### 38.5.1　综述

从规范阶段开始，努力通过最小化故障率来获得高可用性，并继续努力将设计和生产阶段包括在质量保证程序中，持续到调试阶段（请参阅第 38.4 节）。

在调试期间，将编制一份完整的测试报告，包括所有相关的测量值、继电器参数设置等。本报告将作为一份全面的"竣工"文件的一部分，供运维人员使用。此外，维护程序应在调试前做好准备。二次设备的性能受多种因素的影响。

有些是由固有缺陷引起的，如制造过程中零部件的随机故障、磨损等老化因素、绝缘性能下降等。

目前，更换二次系统的设备一般在实际使用寿命结束之前进行，因为：

（1）这些部件的技术功能已经过时。

（2）零件已经停产了，很难找到备件。

目前的维修工作主要集中于诊断性测试，包括定期对保护设备进行预防性维修和改装试验，并由自检设备提供支持。

维护的深度或彻底性取决于许多因素，因此，很难给出通用的指导方针。电网公司应考虑在每个维修期间是否应全面检查整个方案等问题。例如，在特性角处测试距离继电器是否正确工作和测试整个距离方案（包括完整的极坐标图）之间，检查信号的端到端测试，进行跳闸检查，以及检查方案中包含的所有继电器之间，存在很大时间（和成本）差。

在未来，越来越多的自检设备将在没有固定维修间隔的情况下，检测出故障或缺陷。二次系统的缺陷将由在线诊断设备进行检测。因此，二次系统中许多组件的定期维护间隔将延长几年。故障部件将根据需要进行维修或更换，或将功能自动切换到冗余部件。

### 38.5.2　变质和老化现象的原因与影响

（1）电气：

1）缓慢破坏（绝缘老化、接触压力、磨损）；

2）直接影响（过电压引起绝缘击穿或飞弧）。

（2）机械：

1）振动（继电器和仪表的轴承间隙）；

2）旋转（泄漏及密封）；

3）污染（灰尘、湿度、生锈、老鼠、蜘蛛）；

4）触点上的摩擦。

（3）化学：

1）特殊元器件寿命周期（铅蓄或镍镉电池/电解电容器的平均寿命）；

2）环境影响。

（4）热量：

1）短时间过载；

2）长时间过载；

3）环境温度的影响。

（5）工艺：

1）不符合实际标准；

2）效率低；

3）不精确；

4）反应时间慢（继电器）；

5）污染；

6）设置错误；

7）操作错误。

（6）经济：不经济的服务条件。

### 38.5.3 二次设备维护

维护可分为以下几项：① 检查；② 定期测试；③ 自检和诊断；④ 根据维护计划进行彻底检修；⑤ 急性故障的修复；⑥ 故障报告和登记。

保护继电器另一种维护方法是越来越多地使用诊断测试。变电站内所有设备的完整诊断测试也给出了安装在系统上的二次设备的广泛截面。诊断结果还应对安装在系统其他地方的该设备和类似设备的完整性做出良好的指示。如果某一特定类型的设备显示出很高的故障率，则可以采用更全面的诊断测试程序对所有类似的设备进行测试。

#### 38.5.3.1 定期测试

应定期进行防护、控制和报警设备的预防性检查，以便在规定的操作时间后验证其功能的安全性。定期测试应按明确的顺序连续进行。

（1）人工测试：

1）灯泡试验；

2）开关功能试验（定性）。

（2）方案功能检查（定量）：根据测试说明和测试表，配备仪表、试验用纸样。

（3）自动检测：

1）自动测试设备（多为附加设备）定时或手动启动（每天或每周测试一次），这些系统最多可以检查 60%。

2）自检系统检测固有故障并发出报警信号；各系统部件修复后，定期进行性能安全试验；如果自检功能同时包含保护装置的启动和跳闸电路，则可以减少定期测试（3～6 年）。

定期维护的频率取决于所涉及的组件，将在维护程序中说明。

#### 38.5.3.2 自检设备

如果非常重要的设备发生磨损，如变压器和母线保护、计算机或控制系统中的保护方案，应安装自检设备。

在有微型计算机和其他新技术的新系统上，维护常常看起来非常复杂，但实际上并不一定如此。现代系统通过不断的检查来诊断自身的健康状况。错误代码清楚地表明出了什么问题。这些检查对实际操作时间没有影响。

（1）连续监控：

1）在固态保护中，不断检查电压等级。

2）检查同时存在的信号（$I_o$、$U_o$）或求和信号。

（2）广泛的自主监控：检查系统故障和不正确的设置。

## 38.5.4 故障发现与恢复：对设计的影响

### 38.5.4.1 紧急故障的修复

电能消费者期望高可靠性供电。必须根据经济和技术方面的考虑进行设备的维修，同时要满足工作人员的所有安全规则。

如果发生严重故障，电力公司的工作人员可能有能力排除必要的故障并完成修理工作。在其他情况下，根据故障的性质，可能需要来自工厂的专家。因此，建议与制造商一起制订随叫随到的服务计划，以便对紧急故障采取适当的措施。有缺陷的零件尽可能就地维修，采取最合适的措施；不能就地维修的零件将在更换备件后带回工厂进行车间维修。

### 38.5.4.2 故障报告和文件

二次系统中的每一个故障或缺陷，无论是在调试期间还是在维护活动期间，都要在故障报告中进行描述，该报告将作为故障统计的一部分，并作为"持续开发"过程的一部分提供给设计机关。

通过修改和变更，"竣工"文档随后得到更正同样很重要，以确保文档内容始终是最新的。这要求电力公司内部需有很强的纪律性，并应构成电力设备质量保证体系的一个组成部分。

所有的维护测试都必须以与最初的调试测试相似的方式进行记录。建议由计算机系统进行维护结果文件的处理和评估，以便更好地分析和优化未来的规划。

### 38.5.4.3 维护程序

每个电力公司都有某种维护实践。各种维护活动的列表即维护计划，描述了必须完成的工作和必须完成的时间。

该程序既可以是一个简单的人工系统，也可以是一个更先进的基于计算机的系统。后者近年来得到更广泛的接受，特别是在大型公用事业单位（见表 38.3）。

表 38.3　　　　　　　　　　　　常规二次设备的典型维修计划

| 设备 | 目视检查 | 定期检查 | 注解 |
| --- | --- | --- | --- |
| 整流器 | 每月一次 | 1~3 年 | |
| 直流配电 | 每月一次 | 1~3 年 | |
| 逆变器、UPS | 每月一次 | 1~3 年 | |
| 电源装置 | | 1~3 年 | |
| 火警探测 | | 1 年 | |
| 空调 | | 1 年 | |

续表

| 设备 | 目视检查 | 定期检查 | 注解 |
|---|---|---|---|
| 控制设备 | | | |
| 模拟图：每周一次 | 每周一次 | | |
| 仪器，指示 | | | |
| 仪器，记录 | 每周一次 | 3～5 年 | |
| 仪表 | | | |
| 保护继电器 | 每周一次 | 5～10 年 | |
| | | 5～10 年 | |
| 故障录波器 | | | 机械部分见 38.5.2 |
| 事件记录器 | 标记－每周一次 | 3～5 年 | |
| 远程测控单元 | | | 机械部分见 38.5.2 |
| 信号显示设备（告警） | | | 机械部分见 38.5.2 |
| 连锁装置 | 每月一次 | 2～3 年 | |
| 通信设备 | 每月一次 | 2～3 年 | |
| | | 2～3 年 | |
| | 每周一次 | 2～3 年 | |
| | | 2～3 年 | |
| | | 2～3 年 | |

## 38.5.5　常规设备

表 38.3 显示了无人变电站预防性维护的常规安装中的主要部件和典型的定期测试计划。

电池及充电桩：

（1）没有电池连接的直流电源，必须在电子设备要求的纹波含量范围内。

（2）如果蓄电池充电桩在直流电平上叠加交流电压，DC/DC 转换器会产生危险的过电压。

（3）电池充电桩实际上是免维护的，但他们必须在每周检查期间检查是否有异常的噪声和气味。电池必须保持清洁，电解质水平必须每月检查一次。电解质的变化取决于当时的运行条件，但在大约 5 年后可能仍然可用（镍镉）。

## 38.5.6　微机设备

微机设备通过微型计算机实现数字保护和控制系统功能。各单元之间的信息交换是通过串行数字通信实现的。基于微型计算机的设备使得集成以前由传统设备中单独的功能单元执行的不同功能成为可能。其功能包括数据采集、数据传输、数据存储和数据处理。有硬件和软件（或固件）需要维护。

### 38.5.6.1　硬件维护

设备主要由以下装置组成：① 视觉显示装置；② 键盘；③ 打印机和绘图仪；④ 输入和输出装置；⑤ 处理装置；⑥ 存储装置；⑦ 通信设备。

虽然计算机设备比传统设备复杂，但它具有内置的自我检查程序的功能，可以检测固有的故障，并能精确地指出有缺陷的部件或分单元，缩短了更换故障分单元，维护硬件的时间。预防性维修将减少，但绘图仪和打印机中的机械部件与其他容易磨损的部件除外。需要定期检查和关注计算机系统。很难具体说明这项工作的性质和内容以及所需的时间，因为这取决于系统配置和运行条件。表 38.4 可作为指南。

表 38.4　　　　　　　　　　　　　　　计算机设备的典型维护计划

| 检查 | 间隔 | 说明 |
| --- | --- | --- |
| 一年一次 | 每年一次 | 对整个计算机系统进行详细检查 |
| 3 个月定期 | 每季度一次 | 检查重点放在外围设备上 |
| 每周定期 | 每周 | 操作条件下的检验 |
| 检修 | 偶尔 | 拆卸系统，检查机械部件的磨损情况，必要时更换，并进行清洗、润滑、组装和调整 |

（1）每年一次定期检查。进行系统本身的功能测试、设计寿命检查、磨损部件的更换、误差检测机构的运行测试及运行裕度测试。在进行以上这些测试时，需考虑服务记录和错误数据（见表 38.4）。

（2）每三月一次定期检查。定期对磨损部件进行润滑、清洗、检查、调查和更换，主要是对外围设备的机械操作部件进行更换，以延长设备的剩余使用寿命，防止出现问题。3 个月的定期检查包含在 1 年期定期检查中。

（3）每周检查。建议对计算机安装车间的环境管理进行每周检查：清洁、维修、运行条件检查和数据安排。

（4）彻底检修。对于带有可动部件的 I/O 设备，只有通过定期检查，并定期润滑、清洗和调整，才能长期稳定运行。

检修的长期规划和控制将更有效地提高运行效率，保持系统的可靠性。考虑到这一点，为防止问题发生，应该与制造商合作制订检修计划。可以在工作地点执行计划，也可以将系统或部分系统带回工厂进行检修。

上述预防性维修活动如图 38.3 所示，并与故障率曲线（浴盆曲线）进行比较。理论上，浴盆曲线适用于所有类型的设备。这里显示的是电子元件。

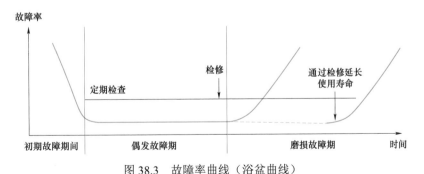

图 38.3　故障率曲线（浴盆曲线）

如上所述，彻底检修是一种延长系统使用寿命的方案，在固定的时间内进行。主要工作是更换和重新调整生命部件，这些部件可能没有安全余量来维持其可靠性。

那些在整个使用寿命过程中，性能和可靠性会衰退，最终变得不充分的部件通常称为"生命部件"。

生命部件和非生命部件的类别见表38.5。

表 38.5 生命部件和非生命部件的分类

| 组件类型 | 生命部件 | 非生命部件 |
|---|---|---|
| 电气元件 | CRT、熔断器、铝电解电容器 | 集成电路、大规模集成电路等逻辑构成元件 |
| | | 电阻、晶体管、电容器（铝电解电容器除外） |
| 机械 | 轴承，旋转零件配件，包装，过滤器，皮带，冷却风扇 | 静态组件 |

零件的生命是由寿命试验（加速寿命试验、强制老化试验等）决定的，这些试验是生产阶段可靠性试验的一部分（也可通过估计维持规定性能的时间）。

对系统进行彻底检修时，在上述寿命确定的基础上确定实施时间间隔。特别是对于机械生命部件，与电气部件相比，定期检查很难确定疲劳、磨损和老化等方面。因此，由于疲劳极限，它们似乎会导致一些计划外的问题。

### 38.5.6.2 软件维护

软件可分为系统功能和应用功能部分：

（1）系统功能。这些都是在系统设计中进行定义和测试的，在系统生命周期中不会发生重大更改。软件这部分的修改和故障排除通常需要制造商的协助。

（2）应用功能。这些通常最初由制造商实施。但是，电力公司工程师（保护、控制、计量工程师）必须熟悉其领域的应用软件。

在初始安装和测试应用软件之后，发生故障的可能性很小。但由于一次系统的操作需要，将对应用软件进行更改和修改。可能是继电器参数设置变更、自动序列变更、添加新的隔室等。这些任务可以由电力公司人员来处理。

此外，可能有以下原因导致修改和/或改编：

1）通过新的标准和/或组织变化来修订法定法规；

2）进一步发展电子数据处理（EDP）方法，如提供一个新的软件版本，提供更多面向用户的操作方法（如宏命令、菜单控制操作、窗口技术等）。这种修改可能对电子数据处理的总体概念产生影响。因此，在这种情况下必须通知管理当局。

3）如果软件的修改与用户无关，则必须与用户商定修改时间和必要的培训。

### 38.5.7 备用配件

对于由独立的功能部件组成的传统设备，公用事业单位和制造商通常都很清楚备件需要什么，而这些备件通常由中央库存提供。由于传统技术没有严重的接口问题，这就保证了短期交付和快速维修。电力公司的备件数量将取决于：

（1）该配件的重要性。

（2）厂家交货时间。

（3）电力公司内部的修理能力。

对于以计算机为基础的设备，几个功能集成在一个单元中，拥有足够数量的备件以尽量减少停电时间是非常重要的：一方面，该设备由许多相同的子单元组成，这将减少必要的备件数量；另一方面，来自制造商的产品变化速度非常快。从产品报废之日起，制造商通过提供相同的产品，或具有相同功能的兼容产品，或基于更新技术但涵盖所需的功能的替换组件，来实现 10 年的技术支持。

另一种选择是通过谈判与制造商签订合同，保证：① 在系统寿命和最大维修时间内交付备件；② 系统及其重要部件的故障率。

### 38.5.8　人员培训

因电力设备的不同，对维修二次设备的工作人员的培训也有所不同。

大型电力公司本身也可以设计、建造、安装和维护设备，可以聘请各个学科的专家。另外，在小型电力公司，每个工程师必须承担各种任务，通常只能将其设备维护到一定的水平，超过这个水平就必须依靠制造商的服务。因此，工作人员的培训将是不同的，这取决于电力公司从其本身资源中提供的经济上合理的维修水平。

对于传统设备，公用设备工程师通常按专业分工进行分组：

（1）保护继电器/工程师。

（2）控制工程师。

（3）仪器/计量工程师。

（4）主要设备工程师等。

这些活动领域之间的区别对于常规设备来说是很明确的，在这些设备中，每个功能通常由一个或多个专用单元处理。

员工培训是一个不断学习的过程，是获取电力公司正在安装的新设备知识的过程。通常，这种培训将通过参加制造商安排的专业课程获得，应该成为购买新设备的一部分。

基本上，当以单一项目或整个系统的形式引进以计算机为基础的设备时，这些专业之间的差别也将会维持，因为这些专业反映了要执行的各种功能。这些功能是相同的，但现在是软件或固件决定他们将如何实施。

最根本的区别在于：为了改变、修改或扩展功能，电力公司工程师必须借助可视显示器和键盘与设备通信。制造商们正努力使这种人—机—通信变得更加人性化，他们深知客户对新技术的接受程度将取决于此。

向基于计算机的设备的过渡是一个渐进的过程，电力公司工程师必须在未来几年掌握这两种系统。

这可以通过选择具有扎实基础经验的人员来实现，对他们进行培训，全面了解系统硬件和软件，成为我们所说的系统工程师。

此外，已经建立的专业，如继电器、控制工程师等，必须进行"升级"，使他们掌握与设备的通信，能够通过软件而不是硬件组件来表达和实现各自的功能。

随着技术的快速发展，获得培训的最好方法是参加制造商提供的专业课程。

重要的是工作人员要获得操作设备的实践经验。如果由于变电站数量较少而很少需要维修工作，则维修人员的必要技能水平可能难以维持。另一种选择可能是将维护活动移交给供应商或其他电力公司。

电力公司愿意在多大程度上参与新系统的维护、修改，甚至设计和制造，都是公司政策的问题。

## 38.6　资产预期寿命和置换

分配给资产的生命周期可以具有许多功能，无论是基于财务、物理还是基于可靠性的功能。这也有很大的不同，从现代光电设备的几年到主设备的半个世纪。这种情况使得对变电站乃至间隔进行大规模资产置换的合理性变得复杂，而且越来越受到经济审查的制约。

预计一次设备开关设备的使用寿命一般可达 40 年，电力变压器的使用寿命可能更长。另外，二次系统很复杂，微处理器组件的使用寿命很短（5~6 年），而继电器、控制箱和电信设备的使用寿命应该至少为 15 年。电力公司需要确定二次系统的经济寿命，需要考虑到在设备变得陈旧和无法接收到信号之前进行翻新并提供备件。

### 38.6.1　总则

在开端处需要考虑的一个重要因素是管理与开关设备的电子接口，并确定总的经济寿命，因为组件寿命时间不匹配，而且在开关设备寿命期间的某个阶段，设备将需要翻新。然而，在隔离整个系统需求的情况下进行二次系统替换，可能不是变电站升级最谨慎的方法。本节描述全面资产管理中资产置换的系统方法。

对于变电站资产置换决策，有必要采用一般的观点，因为所有基础设施（如高压电站、二次系统、支撑结构、建筑物等）都应该包括在总体评估中。因此，不仅要评估二次设备的状态，还要评估变电站基础设施的整体状况。更换个别资产（如二次设备）经常采用临时解决方案进行延期。然而，一旦项目由于容量计划等原因启动，环境就会发生变化。容量计划来自中长期电网规划，并涉及"照常营业"之外的情况。在这方面，产能计划对资产置换决策具有很强的影响。

决策过程的整体性来自对现有资产的维护需求（由于老化）和容量计划的需求（由于电网的扩大或结构的变化）的考虑。这种变电站资产置换的积分方法是必要的，以确保高层次的、通用的业务驱动程序能系统地应用于所有级别的个人置换项目。

建议的资产置换决策过程分为 10 个步骤，如图 38.4 所示。

步骤 1：业务驱动

业务驱动程序强调电力公司希望放在公司前景中的价值。除非业务驱动程序作为进一步决策的起点，否则不可能将资产替换集成到电力公司的整个业务中。

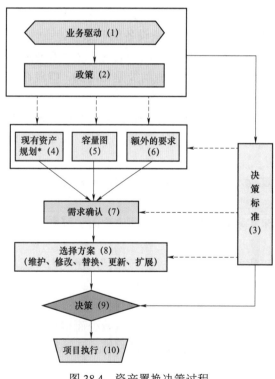

图 38.4　资产置换决策过程

因此，首先必须清楚地确定业务驱动程序。常见的电力企业驱动因素包括个人安全、法律合规、供电安全、电力质量、财务和社会经济问题、声誉、环境保护和可持续性。

步骤2：政策

一旦确定了上述一般业务驱动程序，就必须建立适当的资产替换策略。这类政策涉及电力公司现有的专有技术，并为资产置换决策定义一个通用的透视图，这通常包含标准决策程序。定义明确的策略提供了确保决策一致的一般准则。

步骤3：决策标准

为了评估资产置换的决策替代方案，决策准则是必要的。这些标准根据一般业务驱动来评估和量化备选方案的性能。在这方面，建议使用风险指标作为决策标准：例如，人身安全是由人身伤害的风险来衡量的。

步骤4：现有资产计划

现有的资产计划（更新、替换、长期大修等）包括所有调查、决定和过程，以维护已安装的资产。从某种意义上说，这可能被视为一种"照常营业"的场景。虽然这主要是由电网设备的技术条件决定的，但电力企业对现有资产的维护能力也起着重要的作用。后者受以下因素的影响：技术陈旧或内部培训、维护技能和劳动力发展方面的一般技术能力等。然而，资产状况仍然是现有资产计划背后的主要驱动力。为了提供关于资产状况的资料，必须维持一个系统的、最新的登记册，其中载有关于已安装资产的评级、操作和维修记录相关的数据，见第38.5节。

应根据具体资产类型进一步采用适当的诊断技术和相应的解释方案。

步骤5：容量计划

将容量计划集成到资产替换决策中是拟议决策过程的一个重要特性。容量要求变化对设备额定值的影响最为明显：断路器短路容量增大或变压器额定功率增大，是因容量要求增大而驱动资产置换的典型例子。然而，就基于数字或计算机的设备而言，支持整体网格和资产管理过程或程序的高级功能的可用性，也可以作为替换的驱动因素。

步骤6：附加要求

附加要求还可以作为变电站资产置换的外部驱动因素。此类附加要求的一个例子是影响现有变电站的基础设施工作（如修建一条新公路）。

步骤7：确定需求

决策过程的下一步是根据维护和容量计划以及任何附加要求确定每个资产的单独要求。为了确保电力公司内所有风险的透明度，应设计一个容易访问的、系统的要求登记册，并随时更新。

步骤8：确定替代方案

上述的要求登记册，构成了工程资产管理部门制定决策备选方案的基础。每一个替代方案都应该被定义为一个具有明确范围和预算以及假设的项目。

步骤9：决策

在做出决策之前，必须对每一种备选方案在决策标准方面的表现进行评价。比较项目执行和不执行时各自的风险指标，可以证明替代方案与一般业务驱动程序的一致性。此外，应考虑到由于推迟做出决定而造成的风险，以便确定紧急情况。

为了确保决策过程始终得到遵循，关于资产替换的决策应该由一个在公共实用单位中具有足够权限的实体进行良好记录和批准。文档应该包括所有经过考虑的替代方案及其性能指标。

步骤 10：项目执行

在做出资产替换的决定之后，应该将项目分配给一个团队执行。这个团队应该监督从构思到完成的所有方面。项目负责人通常同时负责预算规划和技术监督。电力公司也建议在开发阶段，年度计划和任何内部承包机制（服务水平协议）中实施规划和控制系统。

二次设备的更换经常作为大型变电站更换/升级项目的一部分进行。在某些情况下，由于数值设备的老化或故障，可能需要用数值设备替换电化学或模拟量为基础的系统。这里描述的集成过程充分满足了这种可能性。然而，引入基于计算机的系统已经超出了变电站的范围，如下一节所述。

### 38.6.2　更新使用基于计算机系统的二次系统

向数值设备提供的增强功能的转换，带来了更广泛的系统方面的考虑。因此，二次系统的更新通常是与下列工作同时进行：

（1）区域控制中心（RCC）和相关新功能要求的更新。

（2）变电站扩建要求或更换高压厂房。

（3）已有的二次系统过于陈旧，经济上和技术上过时（增加故障率和过高的维护成本）。

在由同一 RCC 控制的所有变电站中更换二次系统——或者至少是一些更重要的变电站，可能是有益的。这应作为一个协调的项目执行，作为全面战略的一部分。这样就实现了硬件和软件的标准化，方便了人员培训和系统维护。

变电站与控制中心（远程）和变电站内部（本地）的通信，应采用标准协议。它们允许将变电站内外不同来源的设备联合起来使用，还将促进数字系统的扩展、修改以及将来的更换。

为了在数码设备的经济寿命内取得最有利的投资回报，资本开支应在较短的时间内完成（长时间的项目进度，可能会导致项目前期和后期设备之间出现硬件和软件兼容性问题）。

新系统应以传统方式安装和启用。该系统应首先在工厂进行验证，并作为调试过程的一部分，在现场重新测试。

## 38.7　电子系统安全

在过去，变电站控制和保护方案通常由单功能设备组成，主要是硬接线互连。然而，几十年来，利用多功能智能电子器件（IED）有可能增加功能，从而减少设备的数量。此外，变电站控制还引入了局域网络（LAN）来代替传统的有线控制方案，用于电站和隔室的控制。最近，国际电工委员会（IEC）发布了包括 IEC 61850 在内的一系列通信标准，这些标准正在成为变电站内部、变电站之间，以及变电站与控制中心等其他偏远地点之间的保护和自动化系统的主要基础。

然而，这种电子设备的部署使得变电站二次系统容易受到来自以下两个来源的恶意干扰或攻击：

（1）网络感应型攻击。

（2）故意电磁干扰（IEMI）。

### 38.7.1 网络感应型攻击

IEC 61850 的一个特点是它强调不同厂商生产的智能电子设备（IED）之间的互操作性。另一个强大的功能是开放出版的 IED 数据字典和通信服务支持的大多数保护和自动化功能。此外，IEC 61850 和其他通信标准还包括使用互联网协议（IP）在高速通信信道上进行点对点操作的规范，如图 38.5 所示。这引发了严重的网络安全担忧。有必要对防止未经授权的基于网络的对 IED 的访问和使用提出要求（见图 38.5）。

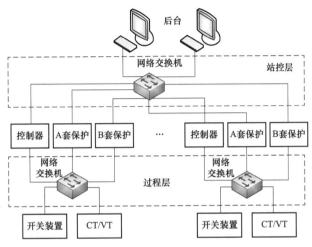

图 38.5　典型的 IEC 61850 体系结构

根据 CIGRE 第 603 号技术报告《预防和控制系统网络敏感措施的应用和管理》的定义，网络攻击可分为四类：

（1）收集攻击包括略读或篡改变电站自动化数据［窃听（P&C）IED、授权用户之间的监听和记录通信］，以及对重复通信模式进行流量分析。

（2）模拟攻击，如欺骗、克隆和重放，以模拟对变电站 IED 的合法访问，以及在变电站 IED 之间的合法访问，以获得授权访问。

（3）阻止旨在耗尽变电站 IED 资源和网络资源的攻击，或使用拒绝服务、干扰和恶意软件等策略干扰通信。

（4）旨在披露有关合法保护和控制（P&C）用户或组的敏感信息的隐私攻击。

成功的网络防御的先决条件是：

（1）清楚明晰的公用设施安全政策和规程。

（2）变电站设备和服务中提供的强力可靠的安全机制。

#### 38.7.1.1　变电站系统的网络安全威胁

（1）开发过程中引入的漏洞。

1）由保护和控制系统制造商引入的硬件和软件的漏洞，通常是公用变电站工程师难以发现和修补的。

2）最常见的网络安全漏洞是计算机安全隐患，它提供了向系统软件注入恶意代码的途径。

3）这可以允许个人绕过开发人员或电力公司工程师设置的访问控制限制，例如，从远程位置获得对保护继电器的完全控制，或者将保护继电器上的用户特权升级为"管理员"。通常，管理员权限包括更改其他用户权限的功能。

4）代码注入攻击可以通过二进制代码注入攻击或源代码注入攻击实现。二进制代码注入攻击包括在二进制程序中插入恶意代码，以改变程序的行为方式。源代码注入攻击涉及不需要编译的编程语言［如 JavaScript、超文本（PHP）和结构化查询语言（SQL）］编写的保护和控制系统应用程序的交互。因此，这种攻击类型主要涉及 Web 应用程序。这种类型的常见漏洞包括跨站点脚本（XSS）和 SQL 注入。XSS 包括向现有的 Web 应用程序添加高级 JavaScript 代码，然后允许任何访问者（或攻击者指定的访问者）访问特定的应用程序。

（2）部署和维护漏洞。一种常见的漏洞类型涉及启用的软件服务，这些软件服务要么没有被使用，要么是负责保护和控制系统安全性的工程师所不知道的。这些类型的服务往往很脆弱，因为没有人关注它们。经常使用但很少在系统中使用的服务的一个例子，是窗口文件共享，它在现代 Windows 操作系统上默认启用。实用程序工程师不知道的另一个服务示例可能是文件传输协议（FTP）服务器，它允许对系统文件进行远程数据访问。

（3）防火墙配置错误。假设变电站内的防火墙位于网关或局域网路由器中，由于防火墙规则的复杂性，恰当地配置防火墙对代理工程师来说是一项有困难的任务。但是，由于对其安全性的信任，工程师必须确信防火墙配置是正确的。为了获得这种信心，现场验收测试和维护测试应该始终包括验证防火墙配置是否正确。无论防火墙位于何处，频繁的错误配置都为攻击者提供了访问脆弱的 P&C 系统组件及其数据的途径。

（4）在线密码猜测。对于使用密码的系统软件，应该设置一个回退功能，限制允许的密码尝试次数（通常最多三次）。如果软件没有回退功能，攻击者可以强行通过身份验证机制进入。如果密码很弱，那么这个漏洞就很严重，因为使用一个普通单词字典，攻击者可以很容易地猜出密码。

（5）线下密码猜测。例如，有时攻击者可能从动态目录服务器检索变电站系统用户凭证的整个数据库。如果信息加密不良（或根本没有加密），信息的熵值较低，然后攻击者可以简单地从数据库中提取信息。因此，保护和控制工程管理人员必须严格执行适用的网络安全政策和组织指令。

（6）访问控制不足。未指定的访问控制可能会为系统用户提供过多或过少的特权，例如，为应该具有只读访问权限的个人或一组人提供管理员访问权限。过度限制的访问控制还可能导致由于服务未正确关闭或人员之间共享的敏感凭证而导致的问题。保护和控制系统工程师应该定期检查谁拥有什么访问控制特权，并确保这些特权与他们的工作角色和职责相匹配。

（7）网络流量分析和操作。能够侦听和记录传输中数据的攻击者有可能进行许多不同的攻击，例如，攻击者可以重播以前发送的消息，从而在电力系统状态方面欺骗系统操作员。拦截明文发送的密码并不困难。仅仅添加随机选择的加密机制不足以防止攻击者侦听和记录消息流量。虽然适用于有线和无线通信，但应特别注意无线通信的部署。例如，在 IEEE 802.11 无线网络中具有有线等效隐私（WEP）的公共事业设备，其加密机制很容易被破坏。保护和控制系统工程师应审查对自动化系统的所有无线远程访问。使用 WEP 加密解除无线访问，并将其与 P&C 系统网络的接口声明为"不可信"。

### 38.7.1.2 实际的网络安全解决方案

图 38.6 显示了全局漏洞管理流程，该流程指示了参与系统提供的各个实体的职责。

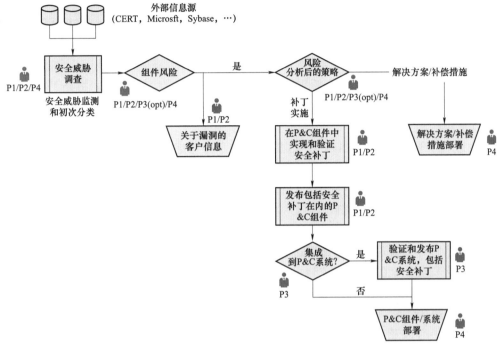

图 38.6 漏洞管理流程

P1—供应商。

P2—服务提供商。

P3—系统集成商。

P4—电力公用事业（EPU）。

供应商需要有一个定义明确的网络安全威胁调查流程，以及时解决漏洞问题。此调查过程需要来自各种第三方组件供应商（如微软、Sybase 等），以及 CERT（计算机应急响应小组）等实体的关于网络安全问题的最新信息。

（1）协作努力。实施网络安全的实际解决方案需要保护和控制工程师、网络工程师和其他具有专业技能的人共同努力。例如，管理网络设备（路由器、交换机、防火墙等）通常是网络工程师的职责。然而，P&C 工程师必须与网络工程师合作，以确保网络设备的配置设置不会影响 P&C 系统的性能、可靠性和可用性。

（2）保护和控制系统的物理安全性。物理安全包括许多不同的方面，从锁上的门、允许访问 IED 的门，到防止未经授权的访问自动化系统。IED 的访问安全性是基于角色的访问控制（RBAC），涉及密码和用户权限级别。供电公司应保存一个数据库，其中包含人员允许的功能，这些功能可以链接到该人员的密码。关于 RBAC 的许多不同方面，请参见 CIGRE 第 427 号技术报告《使用 IEC 61850 实现网络安全要求的影响》。

（3）终端安全的保护和控制系统。

1）常见的恶意软件问题。复杂的恶意软件正在扩散，尤其是在连接保护和控制网络到不受保护设备的端点。独立研究机构 Ponemon Institute 报告称，调查发现最常见的网络事件是恶意软件攻击、僵尸网络攻击和 SQL 注入。最具挑战性的事件类型是零日攻击、SQL 注入和使用超过 3 个月的软件漏洞。最大的隐患涉及员工的远程工作、下载不熟悉的第三方应用程序，以及增加破坏性和难以检测的恶意软件攻击的威胁。根据 Verizon 2010 年的数据泄露调查报告，最常见的攻击途径是网络应用程序、远程访问和控制服务和软件，以及后门或控制通道。

2）新兴端点安全堆栈。一个新兴的解决方案是创建端点安全堆栈。将补丁和配置管理置于中心位置，然后用协调的应用程序控制、设备控制和防病毒层包围它。防护控制工程师应考虑以下策略和策略：

a. 改进补丁管理：IEC 62443-2-3 提供了一个应考虑在内的改进补丁管理方法。

b. 安装杀毒软件。

c. 白名单保护和控制应用程序：这些只允许批准的应用程序执行和阻止一切；默认情况下，它保护网络——包括抵御"零日"攻击——因为它不需要等待最新的漏洞补丁或反病毒定义。

工程师了解补丁管理和防病毒周边防御。他们需要更好地理解白名单管理程序。

（4）网络安全控制的保护和控制系统。

1）网络安全是实现自动化系统分层防御的重要组成部分。此外，它是概念建筑的重要组成部分（见图 38.7）。它影响以下几个情况的通信方面：变电站自动化、变电站到变电站、变电站到控制中心以及远程工程。一般来说，网络安全具有以下安全功能：

a. 访问控制——连接到网络的保护和控制系统所有元素的强标识机制：用户、设备和应用程序。

b. 数据机密性和完整性——加密是可选的，除非需要与法规强制要求数据机密性。

c. 威胁检测和缓解——目标是保护关键资产免受网络攻击和内部威胁。

d. 设备和平台的完整性——保护设备不会妥协，必须抵抗网络诱导的攻击。

2）与 QoS（服务质量）相关的固有网络功能提供了检测流量异常的功能，并提供拒绝服务（DoS）作为预防。在保护和控制系统中部署 QoS 是控制和保护安装免受各种攻击场景（如外部、内部、技术故障和错误配置）影响的基本措施。它控制资源并促进几种流量类型的共存。

a. 对网络流量进行分析，评估偏离常模的情况，检测网络引发的对保护控制系统的攻击。

b. 性能管理监视和维护网络的性能。

c. 故障检测，通知所有保护和控制网络组件以及连接到网络的相关 IED。

d. 在网络架构、拓扑结构和硬件方面，必要的先决条件包括：一个正确的、案例驱动的网络设计，包括容量、带宽和 QoS，以及路由器和交换机的正确选择和配置（包括冗余方面）。

（5）操作约束：启用对变电站自动化资产的可信访问。变电站自动化系统对基于角色的访问控制的全面管理有着明确的需求。这必须包括变电站运行所需的各种独立实体，如对变电站资产的访问和控制有合法需求的支持承包商以及监管机构。有些情况需要现场访问，有些情况需要从远程访问。在这两种情况下，保护和控制工程师的观点是：宣布那些要求获取保护和控制资产的人不可信。为了保证对变电站资产的可信访问和使用，使用数字证书来审查和控制访问特权和用户特权。CIGRE 第 603 号技术报告《用于预防和控制的网络敏感措施的应用和管理》（附件 M）对密钥管理生命周期的访问启用机制做了进一步的详细描述。

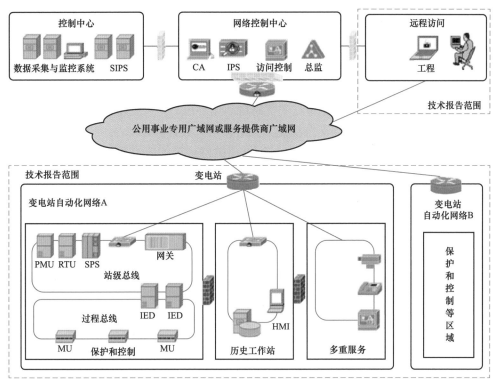

图 38.7  本节所使用的概念架构

（6）最大限度地使用补偿安全机制。保护和控制工程师认识到提供补偿安全控制以保护关键资产和功能的三个原因：① 遗留系统、子系统和组件没有足够的安全机制，必须依赖外围防御系统进行保护；② 许多新的保护和控制组件没有足够的内存或计算资源来嵌入安全机制；③ 电力系统保护的响应时间既不能提供通信延迟，也不能提供执行加密和解密等复杂任务的处理时间，以保护交换信息的机密性和数据完整性。由于这些原因，保护和控制工程师需要尽可能利用第一道防线，具体来说，变电站局域网访问控制从接口声明为"不可信"。第二道防线由多个安全机制组成，这些机制执行使用控制（如数字证书中指定的读/写特权）、由变电站网络路由器管理的受限制的数据流，以及对所有 P&C IED 中嵌入的网络资源的管理。

### 38.7.1.3  变电站自动化工程师应对网络攻击的行动总结

这些重要行动的摘要如下：

（1）保护和控制工程师（以及 IT 工程师）应审查并批准工厂验收和现场验收测试计划和程序，包括测试脚本，以确保充分考虑网络安全缓解要求。

（2）虽然防病毒对"零日攻击"无能为力，但保护和控制工程师应该确保安装最新的补丁，用于保护和控制网络的外围防御，以阻止已知的威胁。

（3）保护和控制工程师应使用安全扫描仪，以获得对网络安全漏洞状态的客观评估。它们应该定期选择性地扫描个别站点和关键任务应用程序。他们应该执行自动化渗透测试和系统审计，以支持法规遵循管理策略、过程和组织指示。

（4）除了防毒周界防御，工程师应该采取一个强大的白名单政策，以保护访问的保护和控制网络和组件。

（5）工程师应定期检查对保护和控制系统的所有无线远程访问。使用有线等效隐私（WEP）加密的无线访问应该被废除，它们与系统的接口应该声明为"不可信"。

（6）基于角色的访问控制需要有效的密钥管理，来保护向用户颁发的数字证书中指定的访问控制和用户控制特权。密钥管理不是保护和控制工程师的唯一责任。但是，这些工程师应该是密钥管理团队的一部分，针对与变电站自动化系统、子系统和使用密钥材料进行安全保护的组件直接相关的密钥管理支持功能，负责影响其设计和运行。

CIGRE 第 603 号技术报告《保护和控制网络敏感措施的应用和管理》描述了需要考虑的 10 个要点：

（1）保护的范围和水平应当具体，并与风险资产的保护和控制相适应。一种方法并不适合所有人；基于风险的调整提供了适合组织结构和策略的环境。

（2）网络安全机制必须是普遍的、简单的、可扩展的，并且作为保护和控制工程师正常职责的一部分，易于管理。

（3）在适用的情况下，根据电力公司的风险评估，IED 和应用程序必须使用 IEC 62351 中描述的开放、安全协议进行通信。

（4）所有保护和控制设备，必须能够在不受信任的网络上维护自己的网络安全政策（或提供补偿保护）。

（5）所有的保护和控制工程师、技术人员和管理人员，包括他们控制的过程和他们使用的网络安全技术，都必须对任何发生的数据交换，公开透明信任程度。

（6）IED 必须能够访问系统和数据进行适当级别的（相互）身份验证。

（7）在特定于保护和控制的控制领域之外，身份验证、授权和责任要求，应仔细注意外部接口的可靠性。

（8）根据 IEC 62351 中的属性，对保护和控制数据的访问进行了控制。

（9）数据隐私（以及任何具有足够高价值的资产的网络安全）需要通过强大的基于角色的访问控制（RBAC）机制来隔离职责和特权。

（10）默认情况下，在存储、传输或使用时，对保护和控制数据启用安全机制进行保护。

### 38.7.2 故意电磁干扰

故意电磁干扰（IEMI）被定义为"故意恶意产生电磁能量，将噪声或信号引入电力和电子系统，从而为恐怖主义或犯罪目的扰乱、混淆或破坏这些系统"。本课题在 CIGRE 第 600 号技术报告中详细讨论了《高压控制电子器件对故意电磁干扰的保护》。

IEMI 涉及使用各种电磁武器，可以创建窄带或宽带时间波形。可以创建的频率范围如图 38.8 所示，并与闪电和早期高空电磁脉冲（HEMP）相关的频率范围进行了比较。这些电场在 10s 内可达到峰值（kV），脉冲宽度约为 100ps。

大多数变电站不太可能受到 IEMI 的影响。但是，为了回应对建筑物可能成为 IEMI 目标的关切，应该对设施的脆弱性做出评估。这里假设主要关注的是内部电缆的电磁耦合，将对附加设备产生不利影响，如计算机、过程控制器或通信设备。IEMI 的评估可以归结为一系列的问题和随后的计算。

（1）来自可能的电磁武器的电磁威胁环境是什么？

（2）攻击者离建筑物有多近（对峙距离）？

（3）建筑物本身提供什么电磁屏蔽？

（4）在内部布线时，会产生怎样的干扰电磁信号？

（5）什么电磁干扰水平才会对设备造成不利影响？

（6）为防止干扰，需要什么程度的电磁保护？

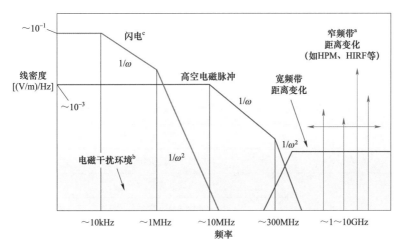

图 38.8　几种大功率电磁环境的比较，包括 IEMI 宽带环境和窄带环境

a. 由 0.5～5GHz 的窄带；b. 不一定是 HPEM；c. 视范围及用途而定，最高可达 10MHz 的重要频谱组件

### 38.7.2.1　一般的 IEMI 缓解方法

变电站电磁干扰的基本问题，涉及高压场地和变电站控制建筑物本身照明的辐射电磁干扰场。对于进出控制大楼的传感器和控制电缆，主要的问题是开发一个高频接地系统，将耦合到电缆上的共模电流放掉，以确保它们不会直接传播到电子设备。缓解措施包括：

（1）增加可能的对峙距离，使用物理安全措施，如围栏，以保持攻击者远离，以利用 $1/R$ 衰减的电场天线。

（2）使用电磁（EM）警报来监测电磁环境。注意 IEMI 攻击的开始和继续（并记录发生了高级电磁环境）。虽然不是所有的设备都能对快速上升的 IEMI 环境做出反应，但也会有一些设备受到影响。即使要理解故障发生在事故发生后的原因，情景意识也很重要。这些传感器仍在开发中，但将来应该可以使用。

（3）更好的电磁建筑屏蔽。提高建筑屏蔽效能的质量在频率范围内至关重要。例如，高频电磁场可轻易穿透窗户，应覆盖金属薄膜或接地良好的丝网。建议使用金属门。

根据 IEMI 武器的强度及其相对于控制建筑电子设备的位置，可以想象外部峰值电磁场将大于 10kV/m。根据典型建筑材料提供的天然屏蔽，这些磁场在 1MHz～5GHz 范围内可能不会衰减太多。表 38.6 显示了在电力系统变电站建筑物和控制中心进行的测量结果。很明显，衰减有很强的变化。最右边的一列表示获得的测量值，而第一列表示尝试将测量值放入类别中。其目的是确定预期衰减是否存在特定模式取决于施工质量。很明显，一个全木制的建筑或一个在木制屋顶下的房间对电磁场几乎没有提供保护。此外，没有钢筋（或砖）的混凝土似乎属于 5dB 的类别。当建筑物采用钢筋混凝土结构时，衰减明显增大；然而，根据建筑内房间的位置，在屏蔽方面仍然会有变化。通常情况下，没有共享外墙的房间提供了最佳的衰减效果。最后，金属建筑（即使没有焊接接缝）是最好的，尽管如表 38.6 所示，带有与外墙隔离的房间的混凝土/钢筋建筑几乎同样好。后一个房间是控制室（不是变电站控制大楼），在一个周围有许多办公室的大楼里。它与大楼的外墙隔离得很好。对于变电站控制建筑物，通常情况下是一个大的单间。

处理现有建筑物的遮挡有两种方法：

（1）如果有开着的窗户，可以通过覆盖来提高屏蔽效果。

（2）用金属材料覆盖建筑的外表面，在建筑的内墙添加金属材料，或者用全金属建筑替换现有建筑。

表 38.6　　　　　　　　　　不同电力系统建筑物和房间的屏蔽效能测量比较

| 标称屏蔽（dB） | 房间 | 屏蔽（dB） |
| --- | --- | --- |
| 0 | 所有木制建筑物 | 2 |
| 5 | 木屋顶房间 | 4 |
| | 木制建筑物—房间 1 | 4 |
| | 混凝土—没有钢筋 | 5 |
| | 木制建筑物—房间 2 | 6 |
| 10 | 钢筋混凝土—房间 1 | 7 |
| | 钢筋混凝土—房间 2 | 11 |
| | 钢筋混凝土—房间 3 | 11 |
| 20 | 钢筋混凝土—房间 4 | 18 |
| 30 | 金属建筑 | 26 |
| | 钢筋混凝土—墙保护室 | 29 |

后一种方法将是最好的，并且如果变电站建设计划在不久的将来升级，这种方法可能成本效益最佳。此外，无论采用何种方法，外部传感器和控制电缆必须用低电感技术接地到金属建筑物上。

### 38.7.2.2　电缆接头减少

如果高水平的 IEMI 场能够穿透建筑物并耦合到网络电缆中，那么必须努力减少对电缆的耦合或限制耦合信号的影响。

### 38.7.2.3　电缆敷设图

高电平电磁传导瞬态以"共模"耦合到金属电缆上，虽然这种信号在建筑布线上传播不好，但仍然是一个问题。然而，共模信号传输和耦合的某些方面可以用来缓解 IEMI。一般来说，电缆运行的时间越长，耦合就越多。然而，在实际应用中，考虑到 IEMI 的主要频率含量在 100MHz 以上，脉冲场耦合倾向于在 3～10m 长度的电缆长度上最大化。另一个明显的因素是暴露在 IEMI 场中的电缆长度。在金属电缆导管、槽或抬高的地板下运行，电缆是非常有用的——当电缆周围是金属时。这有助于屏蔽电缆 IEMI 场。即使没有完全被金属包裹，如果电缆非常靠近金属墙壁或结构，与射频场的耦合也会显著减少。这也适用于将许多电缆紧密地捆绑在一起——因为有些电缆的耦合较低，尤其是最内层的。这种做法不应被忽视，但很难确定所提供的保护的数量。此外，对于其中一些缓解方法，应该确保它们在未来的维护中不会被"撤消"。

### 38.7.2.4　屏蔽电缆

屏蔽电缆在过去被广泛用于缓解"日常"电磁干扰。这个概念很简单，因为 IEMI 信号仍然在电缆上感应，但在外部电缆屏蔽上感应，而不是在连接敏感电子器件的内部电线上感应。该屏蔽是一个电磁屏障，保护内部的电线。对于所有的电缆，尤其是以太网电缆来说，重要的问题是屏蔽电缆两端的终端质量。典型的 RJ-45 屏蔽插头不会在内部电线周围形成 360°键，这在高频时是需要的。此外，即使是这种低质量的屏蔽终端，也只有在电子设备本身有屏蔽插座的情况下才有可能实现，但很多情况下没有。

### 38.7.2.5　铁氧体

铁氧体通常用于抑制电缆上的电磁干扰。分裂铁氧体珠可以在不中断正常操作的情况下，在电缆上折断。因此，它们可能有助于减轻 IEMI。在这种情况下，使用颗粒作为对共模信号的串联电阻，对网络通信的法向差分模信号的影响可以忽略不计。铁氧体的一个重要问题是有很强的频率依赖性。不幸的是，IEMI 可以覆盖广泛的频率范围。可以使用多个铁氧体，在吸收峰的频率上分布，尽管这将使铁氧体的应用困难，因为电缆的数量在增加。对不同类型的铁氧体进行了试验。将铁氧体加到电缆上，并记录屏蔽层和内部导线的电流减少量。试验是在相同类型的铁氧体数量变化的情况下进行的。图 38.9 显示了来自一家制造商的 9 种不同铁氧体的结果，说明了峰值脉冲衰减的样品与 9 种不同类型的搭接电缆铁氧体的铁氧体数量。图 38.9（a）为电缆总电流（主要为屏蔽电流），图 38.9（b）为内导线总电流。将铁氧体的频率特性与要减少的瞬态频率内容匹配起来是很重要的，尽管可以达到的总减少量是有限的。

### 38.7.2.6　电涌保护装置

电涌保护装置（SPD）通常用于雷电、电源故障或故障设备的干扰。这种设备通常用于电话和交流电源线，可以在交流电源线或 UPS（备用电源）上找到。在某些情况下，可能包括网络线路的浪涌保护器。SPD 的反应通常是非线性的；当它们感觉到信号过高时，就会将线路变短或打开（见图 38.10）。

其中一个重要的操作参数是保护器能处理多少能量（对闪电尤其重要），以及保护器对瞬态（对 IEMI 尤其重要）的响应速度。以太网电缆的浪涌保护器是可用的，图 38.10 中显示了一些例子。它们与网络线路串联放置；线连接到 SPD 的一侧，另一侧通过短跳线连接到受保护设备上的 RJ-45 插头。跳线必须很短，因为这又是一条可以接收 IEMI 信号的网络线路。

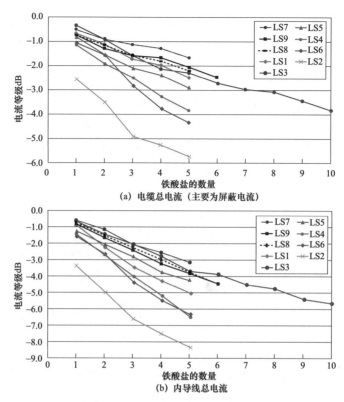

(a) 电缆总电流（主要为屏蔽电流）

(b) 内导线总电流

图 38.9 九种不同类型的搭接电缆铁氧体峰值脉冲衰减随铁氧体数量的变化

图 38.10 网络电缆电涌保护器样品

目前还不清楚典型的网络浪涌保护器对快速上升的脉冲效果如何。一些网络保护器已被发现，广告保护从高空电磁脉冲（HEMP），因此可能是有用的 IEMI。可能需要额外的努力，以确保所选设备将适合 IEMI 保护的目的。

### 38.7.2.7 光缆

从普通的 EMI 案例研究中可以得知，IEMI 电缆耦合问题的一个理想解决方案是：光缆取代金属线与光纤线。只要光纤线路没有金属（有些有加强金属），就不可能有射频耦合或传播到连接设备。所有组件都是现成的，从金属到纤维的转换是直接的。其中一个困难是要求所连接的设备必须具有光学连接器，老旧的电子设备可能做不到这一点。

## 38.8　物理安全要求

变电站必须具备足够的安全措施，以确保下列各项：

（1）为现场工作人员提供安全可靠的工作环境。

（2）防止未经授权的人员意外或故意进入。

（3）防止入侵者损坏设备。

### 38.8.1　网站访问

为防止未经授权的进入，变电站应设于安全的建筑物内，或在主要设备位于户外的 AIS 情况下，现场应设置足够高的围墙或围栏，以防止入侵者进入。作为电力公司安全/控制程序的一部分，大门和通道通常应该配备坚固的锁和钥匙以进行访问控制。建造大门和通道，要防止它们容易被移动或破坏。在邻近或可俯瞰公众地方的建筑物内，不应设置窗户，但在这种情况下，应安装钢百叶窗或防盗杆。更多有关栅栏和墙壁的主题的细节见第 11.13 节。

继电器面板、配电室和开关设备隔间应随时安全地闭锁（除了维护工作或检查期间）。签发进入该等工厂的钥匙，应按照对应的"工作许可证"程序进行控制。

### 38.8.2　警报系统

警报系统应探测到在设备内部发生的任何异常情况，这些异常情况对工作人员或设备构成危险。该系统必须能够提醒工作人员，无论他们在现场或远程访问的位置，如控制中心。

根据变电站的特殊情况，系统应能同时进行手动和自动启动。最低限度应包括：① 烟雾气体探测；② 消防操作；③ 装置故障；④ 保护操作；⑤ 员工集合/留意；⑥ 入侵者系统激活。

该系统应发出在整个现场都能听到的警报，并提供具有识别信号的可视报警器，以指示警报原因。为了避免混乱的信号扩散，警报应该以相对较小的数量分组。

### 38.8.3　闭路电视和闯入者报警系统

闯入者报警系统多年来一直被用来对付未经授权的访问、盗窃、破坏等行为。这些系统包括在门窗上提供的激活装置，这些装置由场地内的运动探测器增强了功能。该系统与报警系统相连，如果需要，还可能与当地警方或安全部门相连。

变电站监控形式还有适当位置的闭路电视摄像机，对计划内或意料外接近或进入变电站进行监控等。这对由于地处偏远而难以进入的地点特别有用。闭路电视摄像机允许对行为异常的工厂进行监控，从而能够对设备进行早期干预，并收集工程/运营数据。这也有助于在必要时迅速关闭有危险的设备。

## 参考文献

本节的大部分材料是根据下列出版物编写的。如果读者感兴趣，它们也可能是进一步、更详细信息的来源。E-CIGRE 网站是 CIGRE 学习委员会发布的一个非常有用的信息来源。

TB 88 – Design AND Maintenance Practice for Substation Secondary systems

TB 124 – Guide on EMC in Power Plants and Substations

TB 252 – Functional Specification and Evaluation of Substations

TB 300 – Guide to an Optimised Approach to the Renewal of Existing Air Insulated Substations

TB 318 – WIFI Protected for Protection and Automation

TB 329 – Guidelines for the Specification and Evaluation of Substation Automation Systems

TB 380 – The Impact of New Functionalities on Substation Design

TB 427 – The Impact of Implementing Cyber Security Requirements using IEC 61850

TB 448 – Refurbishment Strategies based on Life Cycle Cost and Technical Constraints

TB 464 – Maintenance Strategies for Digital Substation Automation Systems

TB 532 – Substation Uprating and Upgrading

TB 535 – EMC within Power Plants and Substations

TB 600 – Protection of High Voltage Power Network Control Electronics Against Intentional Electromagnetic Interference(IEMI)

TB 603 – Application and Management of Cybersecurity Measures for Protection and Control

TB 628 – Documentation Requirements Throughout the Lifecycle of Digital Substation Automation Systems

TB 637 – Acceptance,Commissioning and Field Testing Techniques for Protection and Automation Systems

第 G 部分

变电站与环境的相互影响

◈ Jarmo Elovaara

# 变电站与环境相互影响的介绍

Jarmo Elovaara

环境是变电站设计和寿命管理的关键考虑因素。环境影响变电站的设计、运行和管理，而变电站也会对当地环境造成影响。这两种影响可能会随时发生或随时间而发展。环境对变电站的影响，通常是关于变电站或其设备如何在相关环境下工作的问题。环境对变电站及其设备的影响是指诸如温度、太阳辐射、风、雨、雪和绝缘表面污秽累积等日常现象造成的影响。另外，一些极端环境如飓风、洪水、山火、地震和火山爆发虽然只是偶尔发生，但其影响却非常巨大，会造成极其严重的损伤和破坏。已发生的事例表明，某些影响具有特定的站点特征，也会在同一国家不同站点之间或同一运营商的变电站内发生迁移。对于户外变电站，环境对变电站及其设备的影响已经比较清晰，因此在设计指南和不同（技术）设备规范中已经考虑了环境对变电站设计与设备选型的影响。对于室内变电站，环境因素的变化范围通常小于其等效的室外变电站。

在过去的几十年中，大家已经注意到环境的某些影响已逐渐变得比以前观察到的更严重，特别是具有极端特征的事件数量在不断增加。人们普遍接受的观点是：这些变化是基于全球变暖引发的气候变化。随着全球变暖，旧的设计理念和要求可能无法满足新出现的情形。而这种"大规模变化"削弱了供电的可靠性，并对输配电系统提出了更严格的要求。由于电力已经成为地球上几乎所有人的必需品，这些极端气候对人们的影响会比以前更广泛。如果现代工业化社会在较长一段时间内失去电力供应，可能会产生潜在的灾难性后果。

对于变电站对环境的影响，通常只考虑破坏环境原始状态的因素，尤其是化学污染、陆地面积消耗、噪声、变电站的视觉影响以及线路、馈线、母线和设备产生的电磁场，甚至包括变电站对全球变暖的直接贡献。最近，更有效的废物利用也成为一个主题。在意识电或一些技术对环境或健康存在一定的风险之前，人们已经应用了很长时间，如场效应和 $SF_6$ 气体。在此阶段，改善这种情况已经非常困难或非常昂贵。在这两种情况下，一个主要因素是技术的发展如此迅速，以至于新技术实际应用已经变得非常广泛之前，尚未确定所有的环境风险。现在，大家都知道电力技术的巨大优势，如果没有电力，就无法维持现有的生活水平，因此，

J.Elovaara (✉)
Grid Investments, Fingrid Oyj, Helsinki, Finland
e-mail: jelovaar@welho.com

© Springer International Publishing AG, part of Springer Nature 2019
T.Krieg, J. Finn (eds.), *Substations*, CIGRE Green Books,
https://doi.org/10.1007/978 – 3 – 319 – 49574 – 3_39

输配电设施和用电设备都必须更加安全。与目前已知的其他气体相比，$SF_6$ 气体具有非常优异的介电性能和灭弧性能。反过来，正如大家所知，它也是一种非常强大的温室气体，其全球变暖系数（*GWP*）为 23900。在这种情况下，唯一的替代方案是减少 $SF_6$ 泄漏到大气中，并开发具有较低环境风险的新气体。

CIGRE SC B3 变电站专委会及其前身 SC 23 不仅对变电站的技术发展做出了贡献，而且对相应技术的环境影响也做出了很大贡献。然而，随着 CIGRE 组织在千禧年之际的变革，涉及环境问题的部分主题已移交到 SC C3 系统环境性能专委会。因此，目前与场效应相关的问题已属于环境委员会，而 $SF_6$ 是一个以制造商和用户为中心的议题，其相关主题仍留在 SC B3 专委会。本章基于 CIGRE 技术报告、Electra 文章和会议论文，对主要环境问题进行了综述。

# 大气条件对变电站的影响

# 40

Jarmo Elovaara and Angela Klepac

## 目录

  户外安装设备的外绝缘直接受外部环境条件的影响,户内安装设备受环境影响的因素虽有所减少,但并不能完全排除环境的影响,因为户内安装并不意味着系统是密封的并且完全免受环境条件变化所带来的影响。

  环境条件通常包括大气压力、空气密度和湿度,它们主要对空气间隙和空气包围的绝缘子的介电强度造成影响。然而,当考虑变电站设备的热应力与母线为分裂导线时的弧垂时,环境温度和太阳辐射的影响也非常重要。此外,还必须考虑风的影响,因为风会对变电站设备的机械负荷产生影响。如果忽略风的影响风险,还会诱发诸如管形母线的致命振动。

---

J.Elovaara (✉)
Grid Investments, Fingrid Oyj, Helsinki, Finland
e-mail: jelovaar@welho.com

A.Klepac
Zinfra, Sydney, Australia
e-mail: Angela.Klepac@Zinfra.com.au

© Springer International Publishing AG, part of Springer Nature 2019
T.Krieg, J. Finn (eds.), *Substations*, CIGRE Green Books,
https://doi.org/10.1007/978-3-319-49574-3_40

此外，落雷密度（每平方公里年的雷击次数）或雷电活动水平（每年雷电日）也不容忽略，它会影响变电站上方避雷线或变电站内避雷针的选用。原 CIGRE SC33 于 1991 年出版了技术报告（TB63），给出了基于高层建筑（桅杆、建筑物）测量数据的落雷统计特性。此后，SC C4 根据雷电定位系统数据，对该报告进行了更新。

标准通常涵盖了常见的外部环境条件。但是，在北半球，环境温度可能比 IEC 等标准所考虑的值更低。不同的设备标准与 IEC 60071−1、60072−2 规定了−40～+30℃温度范围内户外设备的介电耐受值。

## 40.1　一般环境条件

对户外设施的外绝缘来说，其环境条件都指外部大气的状态。虽然空气间隙的介电强度并非变电站专委会（SC B3）的研究范畴，但 2015 年 B3 编制的技术报告 TB 614 涉及严酷气象条件下空气绝缘变电站的设计，总结了不同气象条件下空气间隙的耐受能力，这里进行简要总结。

众所周知，空气间隙的介电特性不仅取决于电极的形状和间隙的长度，而且与空气压力（$p$）和温度（$T$），即空气密度（$\rho \sim p/T$）相关，同时还与空气湿度、安装地点高度（$H$）以及空气中杂质的含量和类型有关。IEC TC42 在 CIGRE SC D2 和原 SC 33 委员会的帮助下，研究了大气参数变化对空气间隙介电强度的影响，并且发布了国际标准，规定了实验室的试验结果修正到标准大气条件的方法（反之亦然）。由于对空气间隙放电机理的认识在不断加深，对这些修正公式的完善也不断在进行。

对于短间隙（长度小于为 2m），间隙击穿由流柱放电控制，而流柱放电受相对空气密度〔当地和标准气象条件（−293K 和 1013mba）下密度之比〕的影响。对于较长间隙，电场分布较不均匀，并由此会形成连续流柱。这些流柱的汇合会形成一个被称为先导的导电通道。在先导头部，流柱引起间隙中的空气电离，并导致先导沿最高场强方向增长和传播，最后跳跃至对面电极，整个间隙被导电通道短接而击穿。流柱—先导过程主导了长空气间隙的击穿。重要的是，相对空气密度对先导发展的影响小于对流柱发展的影响，但这仍需要进一步研究。与此相关，对电场分布不均匀的长空气间隙，其气象校正因数特别是相对空气密度的权重，仍在不断发展中。

纯水分子略带电负性，并趋于吸附自由电子，由此，在达到凝露点前，纯空气间隙的介电强度随着空气湿度的增加而增加。当空气中存在灰尘或污染物等杂质时，湿气会围绕其凝结并形成小水滴。由于水或高湿度的影响，绝缘子表面通常会染污后而具有导电性，进而形成导电层，导致绝缘表面的泄漏电流增加，泄漏电流的增加使表面发热而局部形成干燥带。实际上，这意味着沿绝缘子表面爬电路径的长度（爬电距离）会减小，进而导致外绝缘发生污闪。CIGRE SC 23 积极研究了污闪机制，并为目前标准化淋雨试验和污秽试验要求的制定做出了重要贡献。

通过对空气间隙施加不同种类电压的试验，已获得了间隙的介电强度随湿度增加的关系。描述绝缘子表面在污秽或清洁情况下耐受水平的数学模型尚未建立。

雨水对空气气隙介电强度的影响很小。但是，雨水中绝缘子的介电强度会降低，其影响程度与雨的特性和绝缘子的特性都相关。影响介电强度的雨水参数包括降水强度、雨滴大小、雨淋在绝缘体上的角度，以及雨水的电导率和表面张力等。对绝缘子来说，关键参数包括绝缘子结构、材料、表面及其状况，尤其是污染及其类型（如工业的或盐污染）。一些介电型试验可在实验室人工模拟淋雨条件下进行，相关国际标准已规定了人工降雨试验方法，与正常降雨相比，人工雨强度非常大。同样地，污染绝缘子试验也有专门标准，而淋雨试验也常用于这些试验，但雨的强度不能过大，以防冲洗掉绝缘子表面的污秽。

目前现有标准尚未涵盖的一些条件，如高潮湿环境下轻微污染的陶瓷或玻璃绝缘子。当凌晨湿度较高时，户外绝缘子尤其容易发生意外的闪络。与架空线路相比，这样的意外闪络很少在变电站发生，这是因为架空线路比变电站设备具有更低的设计耐受强度。作为另一种解释，轻度污秽加上高湿度和鸟类排泄物也是意外闪络的一个原因。

冰雪通常不会降低绝缘子的耐受强度。然而，融化的冰雪可能会形成一种非临界条件，尤其是融化材料受到严重污染。另外，变电站内导体表面覆冰会增加导体的有效自重及导体和支撑件的有效横截面，进而会增加风力载荷，因此导体覆冰会影响母线系统的机械设计。

风不会影响间隙击穿过程，但会减少净空距。由金属绞线制成的母线会发生摆动（即使采用 V 形串），在相间发生相向运动，并由于净空距的降低而发生相间击穿。当采用管形母线时，在没有适当阻尼条件下横向风可能会导致管形母线振动，进而造成固定系统受损，甚至母线故障。通常，在每一个管形母线一端的内侧安装钢绞线即可获得足够的阻尼（更多细节可参见 11.5.3）。母线、绝缘子及其结构的机械设计必须考虑到风压，这种应力在高风速区域非常重要，通常短路电动力中也应加以考虑。

大气压力和空气密度随着海拔的增加而减小。海拔每增加 100m，降幅约为 1%。这意味着海拔每增加 100m，空气的介电强度会降低 1%。在 IEC 标准中，通常认为海平面测得的耐受值 $U_0$ 对海拔低于 1000m 时均有效。如果海拔超过 1000m，海拔每增加 100m，外绝缘的耐受或长度减去约+1%。对于慢波前过电压，这意味着长度增加约 1.2%～1.8%（较低的值对应与较小的操作电压）。因此，高海拔地区空气间隙的长度必须大于海平面的长度。如果一个装置具有内外两种绝缘，并用于高海拔地区，而试验在海平面进行，这就会出现很奇怪的情况。由于最终安装点的外部空气净距必须足够长，以至于在海平面的耐受水平会超过内部绝缘的耐受水平，但外绝缘额定值又不能降低。解决方案是为外绝缘试验制作模拟试品。

## 40.2　污秽条件

外部染污对外绝缘介电强度的影响已在前面已有论述。通常污染的绝缘子表面受潮或润湿才能引起污秽闪络。根据运行经验，同一绝缘子在不同污染条件下其性能有所不同。SC33（过电压和绝缘配合）的前工作组 33.04 在 20 世纪 70 年代和 80 年代研究了具有不同代表性污染试验方法，两种试验方法均很成熟，并被 IEC 国际标准所引用（盐雾法和固体层法）。正如第一个名称所揭示的那样，对位于沿海地区附近或穿越沙漠的输电线路（大雨可能会冲刷绝缘子表面的污秽，进而改善绝缘子的性能），海水中的盐和沙漠中的盐会导致在潮湿环境下或正常下雨时线路的运行故障。在冬季，用来保持道路畅通免于结冰的盐也会导致非常靠近繁忙道路的绝缘子出现问题。虽然这种盐污染通常是轻微污染，但在高湿度条件下也会导致线路绝缘失效。因此，最好在穿越马路时采用中间跨接。基于固体层方法的试验可以更好地模拟工业和农业活动所造成的污染。

防止污秽闪络的一个方法是在绝缘子表面涂覆油脂，但此方法造成的麻烦是：经过一定时间后污染颗粒会造成油脂的饱和而失去作用。然后，用户需要清洁绝缘子并再次涂刷。带电冲洗也是一种方法。幸运的是，具有玻璃纤维芯和硅橡胶伞裙的复合绝缘子既轻便又坚固，而且在价格上很有竞争力，并且具有非常好的污秽耐受性能。目前，在重污秽地区采用复合绝缘子已非常普遍。

关于污染试验的 CIGRE 技术报告相对较少。关于污染及其试验的最相关信息在 IEC 标准中有所规定。C4.303 工作组已发布 TB 361《污染条件下的外绝缘：绝缘子选择和尺寸确定导则　第 1 部分：一般原则和交流情况下》，2012 年发布的 TB 518《污染条件下的外绝缘：绝缘子选择和尺寸确定导则　第 2 部分：直流情况下》。较新的出版物自然也包含了有效的旧成果。

## 40.3　特殊环境条件

### 40.3.1　强风和风暴

主要是由于 1998 年加拿大和 1999 年在法国发生的暴风及冻雨事件，SC B2（架空线路）于 2008 年发布了 TB 344《大风暴事件：我们学到了什么》在准备报告期间，应根据严重程度和区域确定两种不同的事件类型变得显而易见：① 大范围的大风暴事件，包括欧洲风暴和热带气旋；② 局部高强度风，如小规模下降气流和龙卷风。由于报告是基于国际调查问卷，因此能够收集并比较全球性的大风暴事件信息，并分享相适应的战略和应急准备经验。报告还提供了一些额外的建议，这些建议对变电站也是有用的，包括：

（1）在清除受损结构之前立即拍摄照片和视频（用于评估直接和间接故障的起因，并允许设计人员区分主要和次要故障）。

（2）收集所有可用的气象数据，以分析和了解风暴事件。

（3）进行故障分析，了解气候负荷与部件强度之间的关系。

（4）制订战略和政策，以提高结构和电气可靠性，改善服务的可用性和连续性，以及采取措施减少二次故障和连续故障。

（5）在意外风暴事件发生后采取的纠正措施与可能发生风暴事件之前采取的预防措施之间取得良好平衡。

（6）提高对气候特征及其变化对输配电系统影响的基本认识和了解。

（7）促进从基于确定性转变为基于可靠性的设计方法。例如，当载荷和强度被识别为随机变量时，风或冰载荷的值可以与任何选定的气候重复期或可靠性水平相关联。

参考文献详尽的报告了针对恶劣气候条件下的设计，包括严重的高温、干旱、灰尘、大洪水、大雨和高湿度、严寒、冰雪以及飓风。为了更好地编制报告，准备并分发了一份调查问卷，并收到了来自全球 19 个国家的专家的 43 份回复。由于从非洲、南美洲和亚洲的电网公司、工程公司、咨询公司和学术界仅收到一份或根本没有收到任何回复，调查问卷的覆盖范围可能不如预期希望的那样好。但是，工业化国家的覆盖范围非常好。无论如何，读者都可以很好地了解可用的补救技术和经验。这里主要参照技术报告 TB 344 但不做详细介绍，仅列举了一些技术报告没有足够强调某些异常环境条件的意外后果的例外情况。

飓风类型风暴并不是必然会引起严重后果。在北欧国家，风暴在秋天都很常见，而且可能造成长期和大面积停电。通常，停电仅发生在配电网中，并且故障从架空线路开始，原因是配电线路的输电走廊宽度不足以避免倒伏的树木落在架空线上。然而，输电公司仍然遵循旧的政策，并限制在输电线路走廊附近的树木高度，可以避免倒伏的树木落在线路上。

由于环境压力，不同类型的紧凑型线路设计已经得到应用（特别是在配电公司）。在低电压下，已经广泛使用架空绝缘导线（自支撑架空导线）。同样在中压电网（$U_m$=24kV）中，所谓的绝缘导线也已经投入使用。如果树落在线上，它们通常不会引起接地故障。在现有条件下输电区域也可以非常大。此外，单个木杆通常用作线塔。事实证明，在恶劣的天气条件下，这种设计并不一定好。在暴风雨期间，如此多的树木可能落在线路上，导致杆塔而不是电线发生断裂，进而导致比以前更长的停电时间。长时间停电对客户造成了如此大的影响，以至于某些国家已经修改了法律，如果停电时间超过12~24h，客户有权从电网公司获得赔偿。结果，导致两个相对较大的改变：

① 从森林中移除线路至道路旁边，因为可以轻松到达可能的故障位置，并且维修工作也更容易且更便宜。

② 即使在人口稀少的地区，地下电缆的应用在配电网中也变得更加普遍。

在变电站中，这种发展的后果与接地故障电流水平的增加有关。必须更换或修改继电保护系统，并且需要特殊措施来限制接地故障电流的大小（如使用消弧线圈）。此外，必须重新设计本地接地系统，因为目前设计用于较低接地故障电流的地网不一定能保证足够低的地电位上升以及干扰电压危害。

### 40.3.2 冬季

在北方国家，设计空气绝缘户外变电站时，必须保证其在严酷的冬季环境下能够安全可靠运行。例如，户外设备的金属支架必须足够高，保证雪堆不能导致到带电部件的间隙变得太短。当地条件（如冬季的积雪深度）决定了必须在相对地的标准最小间隙基础上增加额外的裕度。

此外，冬季的温度可能低于 IEC 不同设备标准中规定的最低环境空气温度，也可能需要在外部温度为-50℃的情况下运行设备。此外，比如在隔离开关的触点上可能累积过量的冰。因此，隔离开关的操动机构可能需要过大的破冰能力。当使用断路器开断时，不存在后一个问题。以前，断路器和隔离开关的加压空气操动机构的阀门中由湿度引起的冻结进而造成的问题，导致必须通过额外的措施来保持空气的干燥。现在，正如 TB 510 和 TB 511 所述，随着压力空气系统被液压和电动机弹簧机构取代，故障率已经降低。目前 $SF_6$ 断路器主要用于高压电网中，但是，在北纬地区，必须避免加压气体在温度低于-30℃时冷凝。为此，需要使用 $SF_6/N_2$ 或 $SF_6/CF_4$ 混合气体，这对断路器的维护提出了新的要求。

由于冬季温度非常低，可能需要为同一电网的不同区域设定不同的温度范围。例如，芬兰北部的最低环境温度规定为-50℃，而芬兰南部最低环境温度为-40℃。

虽然一个国家的冬天非常寒冷，但夏天可能会非常炎热。在夏天的阳光下，即使在温带环境中金属法兰的温度也可达35~40℃，因此一年内表面温度的变化范围可达到75~80K，这使得设备的密封非常困难。可以直接给出材料要求，作为安全措施，在最苛刻的条件下可能需要双重密封。

### 40.3.3 酷热和干燥条件下的变电站

热、干旱和灰尘通常与非常炎热和干燥的条件相结合，并且对受影响的变电站造成不同的现象和问题。

#### 40.3.3.1 热量

热量是由太阳等自然资源产生的，也可能由输电和开关引起的电力损耗产生。热是电气设备的主要敌人。在铭牌温度以上的高温会导致输电和配电网络的过早故障，从而增加了电网公司的维护和运营成本。在沙漠和赤道地区，温度升高通常来源于天然。

除此之外的区域可能会在异常环境周期遇到温度升高的情况，从而产生对电气设备和电力设施的正确运行有害的过热条件。

设备制造商和工程师在设计设备时考虑损耗产生的热量，并为其提供所需的冷却。

在温升较高的特殊情况下，可以应用替代的或额外的散热方法。

通常，当热量升高或严重的过热情形下，受影响的设备效率会降低。与严重过热相关的一些潜在问题包括：

（1）变压器温度升高。

（2）数字设备的误操作。

（3）变压器过载。

（4）液体泄漏。

（5）附加电机的运行。

（6）没有足够的冷却风扇容量。

（7）$SF_6$压力变化导致报警或设备操作不正确。

为防止油温和热点温升超过上限，高温可能导致变压器降容，高温期间通常伴随着高太阳辐射（UV）水平，从长远来说，这对用于绝缘的大多数 PVC 和聚合物产品具有不利影响。

额外的冷却系统，如强迫风冷或空调单元是提高冷却效率的替代方案。在大多数情况下，此方案不太实用。强制通风需要使用电风扇电机来循环周围的空气。在某些情况下，外部空气温度可能高到足以危及需要散热的电气设备。对于大多数应用，额外的强制通风电机将安装在它所服务的设备上。

需要使用额外的单元来降低或冷却循环的空气以得到降温的目的。

根据所需的耗散量，这些装置可以安装在其所服务的设备附近或周围，并且需要例行维护以确保其良好状况。

电气设备外部的反光涂层是减少自然或阳光引起的温升的另一种解决方案，这涉及使用诸如玻璃板或其他反射材料来对抗外部热源的影响。可以在电气设备制造过程中加入该涂层。

其他一些减少严重热量影响的解决方案有：

（1）为变压器和其他设备甚至电缆提供遮阳板或凉棚屋顶。

（2）降压运行变压器。

（3）确定散热器的额外要求。

（4）提供临时冷却风扇。

（5）提供永久性空调外壳。

（6）升级变压器过载运行能力。

（7）使用室内设备。

（8）除了添加风扇外，在不利的温度条件下用水喷射散热器。

### 40.3.3.2　干旱

干旱往往与炎热有关，然而，它们对变电站的影响是完全不同的。

山火（或野火）是一个值得考虑的潜在问题。澳大利亚的经验表明，山火对高压变电站的影响有限，但仍可能会因极端天气条件而发生。保护资产的关键是确保变电站周围的植被得到良好维护，变电站周围的区域始终保持清理。

其他需要考虑的设计方面还包括：

（1）山火可能引起木材杆塔燃烧，并且可能在火灾期间或灾后损坏。在山火高危区域，应优先使用混凝土电杆或钢杆或龙门架。

（2）当山火从正在运行的变电站附近通过时，由于空气电离或空气中存在碳化产物（如灰烬、煤烟和烟雾），山火时的电弧和闪络现象是很常见的。当火的前部通过，尤其是强风迫使火焰吹向在运的变电站方向时，可能会发生闪络和故障。来自火焰的高热可能导致绞线损坏，并且可能由于电蚀而导致绝缘子闪络。

（3）绝缘体上的灰烬和烟灰堆积可能会在火灾期间或随后造成闪络。在发生事故后检查变电站，确定是否需要更换或清洗绝缘子。当山火与变电站资产非常接近时，即时没有闪络事件发生，也建议这样做。

（4）应根据山火路径进行详细的变电站检查，以评估损坏和影响，并特别要注意支撑结构、绝缘子和所有非金属部件。

干旱造成的其他潜在问题包括：

（1）地面裂缝，导致地面移动，影响直埋电缆和沟槽基础的沉降。

（2）使土壤干燥进而降低地网的有效性。

减少严重干旱影响的解决方案有：

（1）地面沉降/移动的状态监测。

（2）对移位的设备基础采取微桩措施。

### 40.3.3.3　灰尘

炎热和干旱的环境会产生更多的灰尘。灰尘造成的一些潜在问题包括：

（1）与油脂混合的灰尘可能会降低应用于隔离开关等设备的润滑脂的效果。

（2）如果与腐蚀性材料混合，灰尘颗粒可能会导致腐蚀。

（3）灰尘与污秽可能会降低绝缘强度和爬电距离。

减少灰尘影响的解决方案有：

（1）将 IP（进入防护）防护等级升级到 IP5X 或 IP6X。

（2）为房间或设备柜/机柜提供加压通风或空调系统，以防止灰尘进入。

（3）定期清洁和润滑设备。

## 40.3.4　地震

对于位于地震区的变电站，请参考第 11.11 节。

## 40.4 特殊条件下的变电站

海上风电场和石油平台的电气装置受到同样的环境压力。CIGRE 最近出版了关于海上变电站的技术报告（TB 483《用于风力发电厂的海上交流变电站的设计和建设导则》）。该报告主要是关于海上变电站，因此该议题在这里不做详细介绍。关于在海域里的海上风力发电厂一个特殊问题可能是其在冬季可能会结冰。强风甚至可以移动大型冰盖，进而严重影响到海上平台的基础。已有特殊的解决方案用来解决此类问题。

由于高湿度和灰尘可能会带来困难，因此矿井也必须满足特殊要求，但其他条件与室内变电站相似。此外，这些电网通常属于配电网范畴。必要的特殊的解决方案通常在专业设计人员中众所周知，而且在这些特殊条件下所需的设备通常是商业上可获得的，在此无需赘述。

## 40.5 野生动物的影响

在变电站中遇到的与动物有关的麻烦和压力不会在每个变电站中系统地发生，而且架空线路比变电站更常见。事实上，这几乎可以在世界各地的不同区域由不同类型的动物引起。通常，它们是由小型啮齿动物和捕食者或某些中型或大型鸟类引起的，它们能够通过外部围栏进入变电站。

啮齿动物主要在中压系统中引起麻烦，因为它们的尺寸会导致接地故障和短路，特别是在母线系统或变压器油箱中。摆脱野生啮齿动物引起的故障的最有效方法是将母线系统封闭在啮齿动物无法进入的笼子内。使用具有外部金属保护屏蔽的绝缘电缆也可能会有所帮助。

通常，鸟类（如白鹳、苍鹭）通过在位于通电导体上方的网格结构上构建鸟巢而引起麻烦。树枝/枝条可能从鸟巢中掉落并导致短路。对于输电/配电公司而言，破坏巢穴可能不是一个好的解决办法。如果变电站区域鸟类很盛行，可以考虑在远离带电结构的地方竖立易于在顶部构筑鸟巢的电线杆。鸟类排泄物也会对悬垂绝缘子串造成污染，这时可以考虑使用 V 形绝缘子串来降低其影响，或者可以通过使用钉子垫以防止鸟类在绝缘子串上方站立以避免鸟类排泄物的负面影响。另一种替代方案是在最上面的绝缘子上配备一个套环，该套环的直径大于绝缘体子的直径，这样排泄物会直接落到地面而不会接触绝缘子。

当火花间隙用作杆式安装的小型配电变压器上的过电压保护装置时，落在水平间隙上的鸟（如乌鸦）经常引起接地故障。这可通过在空气间隙上横向安装额外的杆式电极来加以避免（见图 40.1）。目前这个问题可能已不复存在，因为火花间隙的操作总是导致馈线跳闸，而在现代社会中，这种中断已经难以容忍，这导致大部分保护间隙已被无间隙避雷器取代。

使用复合绝缘子会在某些地区造成非常特殊的问题，也就是说，鸟类喜欢把绝缘子的软伞裙作为"口香糖"。例如，某些鹦鹉具有在其一生中不断生长的强壮喙。喙应该以相同的速率生长并"磨损"，而鸟类会学会通过啃咬和/或咀嚼硅橡胶来达到此目的。图 40.2 显示了在澳大利亚鸟类对复合绝缘子造成破坏的极端例子。

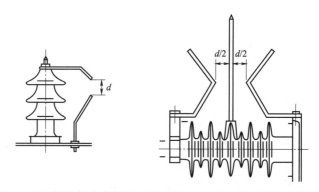

图 40.1 用于保护杆式安装的小型 20/0.4 kV 配电变压器的火花间隙。
在右边间隙配备了一根杆，防止鸟儿使间隙短路

图 40.2 鸟啄导致的复合绝缘子极端损坏（澳大利亚）

鸟类导致的复合绝缘子损坏通常发生在断电或正在建设或维护期间，但鸟类损坏在运行时也时有发生。在前一种情况下，解决方案是在安装过程中在复合绝缘子上放置一个保护套，通过在地面上拉一根线并在通电之前从绝缘体子可以很容易地将其移除。在后一种情况下，防止发生损害要困难得多。电场并不能帮助驱逐绝缘体中的鸟类，因为在绝缘体的接地端，场强相对较弱。例如，在澳大利亚，鸟类损害甚至已导致某些州恢复使用玻璃和/或瓷绝缘子。

# 变电站中的电磁干扰（EMI）

Jarmo Elovaara

对电信和控制/自动化系统说来，变电站一向是一个不太友好的环境。随着技术的发展、现代电子系统的使用以及具有在线自动化和增强的信息传输能力的计算机化设备的数量的大大增加，情况变得更加复杂。同时，组件能够承受的能量水平也在降低。由于高压系统的范围和比以前更高的运行电压的使用，使得现代自动化和电信系统对电磁干扰的固有敏感性也增加了。光纤和分散式电子设备（包括集成电子传感器/系统）等新技术的使用也无法消除干扰问题。

关于这些问题的第一个 CIGRE 技术报告（TB125）于 1997 年由第 23 专委会（SC36：干扰）发布，但从那时起，电力系统网络控制和监控发生了重大变化，这使得该技术报告的更新变得很有必要。此外，还需要反映自技术报告第一版以来已经发布的测量结果和标准。其新版本 TB 535（电厂和变电站内部的电磁兼容）于 2013 年由重组后的 CIGRE C4 专委会（SC C4：系统技术性能）出版。该指南的结构根据用户的反馈进行了更改。新版本是为那些负责电路的测量、控制、保护、通信和监督的人编写的。正如在新报告的介绍中所述，它概述了遇到的问题、各种环境的特点、解决问题时所采用的解决方案，在实施解决方案时遵循的最佳实践，以及为确保不再发生此类问题所建议的测试。

每次干扰事件都涉及干扰源、耦合机制和易受影响的设备。如果影响设备的干扰幅度与设备敏感度之间的抗扰度裕度不足，就会出现问题。电磁兼容（EMC）意味着持续获得并保持所需的和足够的余量。实现和维持足够的抗干扰余量是困难并且可能是昂贵的，因为实际上存在大量潜在的源及其组合、耦合机制和路径以及设备的易受影响部件。每个装置的详细配置和电磁环境都是独一无二的，它们甚至可以随时间变化。因此，普遍化很难做到。专委会 C4（SC C4）认为，最好也是唯一可行的方法是利用不同设施的设计者、建造者和用户的经验来对所遇到的各种电磁环境进行分类并对其进行管理。可通过以下方式搜索建议和解决方案：

J.Elovaara (✉)
Grid Investments, Fingrid Oyj, Helsinki, Finland
e-mail: jelovaar@welho.com

（1）描述最坏情况下的干扰并在每个环境中选择合理的免疫水平。

（2）确保没有任何干扰水平超过每个环境中提供的阈值。

（3）为每个自动化和控制系统的每个功能指定验收标准。

（4）指定可提供所需抗扰度等级的设备和安装实践。

（5）指定测试和验收程序以验证是否已达到这些级别。

# 变电站对环境的影响

# 42

Jarmo Elovaara

# 目录

迄今为止，CIGRE 几乎没有发表过有关变电站对环境影响的文件。参照适用的 CIGRE 技术报告，在以下段落中对这些方面及其影响进行了简要描述。

变电站和开关站可采用不同的环境保护方法。例如，一台电力变压器含有几十吨，有时甚至超过 100t 的绝缘和冷却油。每个间隔都有电流互感器，其油重量在 50～300kg 之间变化。断路器中的油量因断路器类型而异，但最坏情况下，每个间隔的油量可以为 50～300kg。如果在每个线路进口使用电压互感器，可能存在与电流互感器数量相似的油量。显然，在考虑环境保护时，每个变电站都需要特别关注的是电力变压器。

## 42.1　变电站选址及变电站施工期对环境的影响

变电站对环境的影响必须从变电站开始选址时就予以考虑。选址通常是通过研究环境条件、总体规划及场地替代方案的地形和土壤特性开始的。结合不同的技术研究和这些分析后，进而与土地所有者进行谈判。本阶段要考虑的细节如下：

（1）存在相邻的定居点或度假/休闲区。

J. Elovaara (✉)
Grid Investments, Fingrid Oyj, Helsinki, Finland
e-mail: jelovaar@welho.com

© Springer International Publishing AG, part of Springer Nature 2019
T. Krieg, J. Finn (eds.), *Substations*, CIGRE Green Books,
https://doi.org/10.1007/978-3-319-49574-3_42

（2）距离最近的保护区的距离。

（3）评估当前的自然价值，如地下水和附近不同类型的水道、湖泊或海洋和水井。

（4）场地的可见性和经济地减少视觉影响的可能性。

（5）现场的噪声扩散特性以及减少噪声扩散的可能性。

（6）相关区域出现濒危物种（动物、昆虫和植物）等。

（7）具有特殊科学或考古价值的区域。

濒危物种的角色是欧洲所特有的，因为欧盟有一份此类物种的清单，在欧盟成员国的所有土地利用中都必须考虑到它们的存在。该名单是基于这些物种在欧洲的稀有性，但在整个欧盟范围内，监护/保护措施是必要的，不受该动物在某个特定国家的普遍性或稀有性的影响。例如，在芬兰，由于相关地区出现飞行松鼠，因此无法使用该地区建设变电站，尽管飞鼠这种动物在芬兰并不罕见。

在过去几十年中，地下水区域应遵循的政策发生了很大变化。早期的变电站可以在地下水区域建造，但目前只允许特殊情况（至少在工业化国家）。通常，国家立法已经禁止所有可能污染土壤或地下水的活动，但社区等较小的行政区域也可能有自己的规定。

通常，地下水的污染被认为是比土壤污染更严重的损害。地下水的污染通常是不可逆转的事件，地下水的净化可能需要很长时间并且非常昂贵。因此，最佳策略是在选择变电站时尽量避开地下水区域和水道附近。当无法避免在地下水区建设变电站时，必须着重采取行动避免地下水污染。这些行动可以粗略概述如下：

（1）在变压器下面必须设置一个不漏水储油池的掩体，它能够接收变压器的全部油量。储油池应该加盖，以防止池中油的引燃。

（2）在可能发生漏油的区域使用 HDPE（高密度聚乙烯）箔。

（3）主要保护结构是由不透水的混凝土制成的储油池。二级保护是一种紧固结构，由膨润土或黏土制成，仅有少量的油可以渗透。也可以使用由 HDPE 箔制成的紧固层。在一级和二级保护结构之间，必须配备一个可以取样的有漏油指示的油分离井。

（4）表面土壤/材料必须倾斜，以便雨水和冰雪融水能流入油分离井。

（5）变压器仓的所有水必须最终流入与 I 型油分离器相连的隔油井，然后流入污水系统。经分离器后，水中油的最大允许含量可为 5mg/L。除以这种方式处理的灭火水外，其他水也可在周围土壤中过滤。

（6）当废油收集池清空时，油分离系统也必须能起作用。

在施工阶段，影响主要是负面的，最典型的是由土方运动和挖掘工程（包括任何爆破作业）引起的噪声和振动。通常需要不同种类的电动工具和机器。当地立法可能要求当局和邻居必须了解暂时但令人不安的噪声。

振动对人类或动物的负面影响的资料仍然是零散的。案例研究与使用链锯的伐木工人的案例一样（"白喉/雷诺德现象"），但这些结果通常不代表与变电站施工工程相关的负面影响。尽管一些研究机构可能有自己的建议，但一般没有公布振动的指导值或极限值。工程开工前，应检查当地情况的限值。动土和开挖工程会引起显著的粉尘问题。使用水或盐溶液可以减弱灰尘的负面影响。必须记住，灰尘是一种空气污染物，可以通过呼吸空气来传输，例如肺部的微粒。空气中的杂质（如氮氧化物）会与微粒结合，从而最终进入肺部，可能会影响健康。

## 42.2 运行期间变电站的影响

### 42.2.1 视觉影响

变电站影响最大的是视觉，尤其是规划变电站的环境越"开放"，引起的环境变化越大。适当的景观美化措施可减少对视觉的负面影响。通常是通过不同的方式改变景观，如塑造地形、使用植物/植被、墙壁等，或简单地使用 GIS 技术建造室内变电站，并注意建筑物的外观。

目前的趋势是：必须考虑变电站的视觉影响，要么由负责总体规划的当局进行要求，要么按照居住在未来新变电站附近普通公众的意见/要求。即使要建造室内变电站，当局也可能会提出限制要求。例如，要建造的建筑物的位置和能见度、建筑物附近的绿地、建筑物的颜色、要使用的表面材料、总高度等。

本议题已由变电站专委会的 WG B3.03 编制的技术报告 221（TB 221《改善现有变电站对环境的影响》）进行了处理。该技术报告是为不同的技术团体，如设备供应商、承包商和顾问、电网规划师、工程师与维护提供商、不同类型的运营商、资产/设施管理者以及科学、教育和公共事业等目标团体甚至具有类似范围的国际组织而编写的。TB 221 侧重于对环境产生负面影响的现有变电站的重要方面，并提出了几项全球范围内用于减少环境影响的创新努力的案例研究。讨论的主题包括，美学、可听噪声、绝缘油的释放、现场污染物及其修复、$SF_6$ 气体以及电磁场（见图 42.1 和见图 42.2）。

图 42.1　日本城市中运动场附近的隐形变电站（Biewendt 等人 2002 年）　　图 42.2　110kV 变电站中采用的所谓景观杆塔（芬兰）

此外，A-M.Sahazizian 等人 1998 年在编号为 23-201 和 K.Kawakita 等人 2004 年在编号为 B3-201 的会议文件中，还讨论了改善现有变电站对环境视觉影响的问题。这两篇论文都包含了许多新解决方案的照片，说明了工业设计师和建筑师对室内外 AIS 变电站外观的影响。

### 42.2.2 噪声

早期的敞开式室外变电站通常也不被认为是外部噪声源。然而，人们的态度正在改变。

噪声主题在第 11.9 节中进行了广泛讨论，并描述了声级的测量和计算。这里，主要介绍了一些与环境相关的其他实用方面。

投诉和索赔主要由于变压器及其风扇和电抗器所引起的噪声。在某些情况下，甚至空心电抗器的噪声也会招致抱怨。事实证明，高压直流换流站的滤波器是一个容易引起投诉的目标。当变电站位于人口稠密的地区或以前非常安静的地区时，其噪声被认为特别严重。

无声场所的保护已成为欧盟内部的一个议题。作为一个例子，芬兰的拉普兰和瑞典被欧盟认为是一个值得限制噪声的地区。

电力变压器和电抗器所产生的噪声通常集中在低频范围内，且具有很窄的频带（主要为100～120Hz；噪声的频率是由两个工频电流相互作用并产生一个力所引起的）。在变压器中，噪声是由变压器铁芯的磁致伸缩引起的，但是如果冷却风扇运行较快，也会带来额外的噪声。在空心电抗器中，噪声是由电抗器导体的微小运动引起的。高压直流换流器内滤波器组的噪声通常具有较高的频率分量。

所有窄带噪声对人的耳朵特别不利。它也能有效地渗透到建筑物内部。在三相变压器、电抗器以及 SVC 和 HVDC 设备周围的噪声级测量表明，最好在规范书阶段将噪声功率级所要求的保护水平设置为与国家建设立法要求相同的值。否则，将难达到当地/国家要求的目标值。例如，在芬兰的情形下，这意味着变电站围栏处的最大值为 45dB。电力变压器通常不是一个问题，因为有可能安装噪声围栏，可以将噪声水平降低 20dB 以上。例如，每个变压器周围都有混凝土墙的掩体可以降低噪声水平，并在变压器着火、损伤/故意破坏等情况下提供帮助。

如果在订购阶段对变压器进行了适当的规定，则在条件发生变化时，可在后期安装这些噪声围栏。然而，配电变压器可能是一个问题，因为它们通常位于城市地区公寓楼的底层。如果采用相对较轻的墙壁、距变压器较短的距离，以及轻质墙壁和混凝土天花板/地板元件之间的固体接触时，则变压器正常的 100Hz 嗡嗡声会有效地传输到公寓房间，并造成木地板发出嗡嗡声。幸运的是，这个问题很容易纠正，而且成本很低，但是它会引起不安和不好的感觉。

如果采用充油电抗器，按照相应的设计，这些电抗器可在最初或后期安装隔音罩。这些围栏类似于电力变压器的围栏，但对空心电抗器一般不太方便。空心电抗器可以用玻璃增强塑料隔音罩固定，这是一个围绕实际电抗器线圈的封闭装置。这些隔音罩可将噪声降低约8～10dB。对于用于 SVC 或滤波器的空心电抗器，还必须了解谐波引起的噪声，总电流中的一小部分谐波会导致噪声水平的显著增加。目前任何直流电流都会对噪声产生更大的影响。通常情况下，电抗器不会"自动"有任何降噪结构。

三角布置、无降噪措施的 63Mvar 三相空心电抗器装置在源头处所产生的噪声通常为85～95dB（A），距离电源头 100m 处仍存在约 37～47dB（A）。就空心电抗器而言，如果不采取额外措施，芬兰从未达到 45dB（A）的水平。必要时，可采用墙壁来进行消噪。墙是"定向的"，因为它只安装在电抗器和受干扰的住宅之间。墙由 21mm 厚的胶合板制成，具有耐候性。胶合板安装在铝框架上（由于有感应电流，铝框架不应形成任何闭合回路），整个结构采用防紫外线橡胶垫固定在电抗器基础上，用于减振，垫子应容易拆卸和更换。该系统可将住宅的噪声水平降低 3～5dB（A），这在特定情况下是足够的。然而，距离通常被认为是主要的阻尼因素。

未来国家对噪声的要求可能会更加严格(社区由于噪声而反对新建风力发电场是对此的一个预警!)。

如果总体规划允许未来变电站附近可建造房屋,即使将变电站建造在一个现在完全无人居住的区域,在未来也可能于事无补。因此,与当地社区机构的永久联系对电网公司而言始终极为重要。

### 42.2.3  电磁场

实际上,变电站内所有高压部件都是电磁场的来源。当忽略馈线的影响时,室内变电站由于有屏蔽房,其电磁场不会影响变电站外的建筑。通常地,户外变电站的预留土地面积比设计建筑面积大得多,因此变电站之外一般也不考虑户外变电站内产生的电磁场。地下电缆通道附近和架空线的走廊则自然是例外。

变电站中会出现高电压和大电流,而且由于空气净距总是短于访问不受限制的区域,变电站内部电磁场局部至少会高于变电站之外。标准净空距的要求通常决定于空气的介电强度空气,因此电压和电流场的影响必须分开校核。

敞开式开关设备(AIS)变电站中的最高电场通常位于最高电压母线附近。如果邻近间隔同相彼此相邻,最大暴露值会增加。如果考虑,应尽可能在进出线的相导线上增加换位来加以避免。

大型发电机的母线与空心电抗器会产生非常高的磁场。相分离母线通常用于大型发电机母线,由此可在金属外套管中感应出的电流来补偿外部磁场。

空心电抗器用于变电站的谐波滤波器,但也用于无功功率补偿。在现代电力系统中,电抗器可由半导体器件控制,由此产生的外部磁场还包含谐波,还需考虑谐波的影响。补偿电抗器可能非常强大,例如,63Mvar、21kV 的三相电抗器组正在使用中。在传统 SVC(静态无功补偿器)中甚至会用到更大的空心电抗器。

63Mvar 空心电抗器可在其附近产生强磁场。而且空心电抗器馈电的电缆/母线产生的磁场也不容忽略。例如,在距离单绕组中心 4m 处,上述提到的三相空心电抗器的磁通密度可达 1.4mT。在这样幅值的磁场中,机械表可能会停止工作,而人也能感觉到与最初采用空心电抗器的不同。因此,必须保持与空心电抗器有一定的最小距离,以确保工人的安全。对于安装有起搏器(特别是较早的起搏器)或由于医疗原因体内插入金属板的人尤为重要,应远离任何空心电抗器。

充油电抗器的金属外壳可有效抑制电抗器内磁通密度的外漏,其外部磁场主要由充油电抗器的馈线产生。充油电抗器通常比空心电抗器具有更高的额定电压值,其外部磁通密度幅值也低于空心电抗器。另外,与空心电抗器相比,充油电抗器外部磁场分布的体积很有限,通常对充油电抗器不设置接近限值。

通常,人们需向电抗器厂家要求提供电抗器安装周围的磁通密度分布,这有助于电抗器及其馈线邻近区域安全工作条件的设计更加容易与准确。

自 1972 年苏联报道了带电线路下工作时电场对人的不良生理影响以来,电力工人和普通民众暴露于工频电场与磁场的问题一直是一个主要课题,操作工人即使穿戴导电服也无法完全避免。因此,提出了规范暴露值的建议,对于不确定时间的停留,电场暴露值 5kV/m,但自 1975 年以来苏联已接受 10~20kV/m 的电场限值,该限值值取决于电力工人进入暴露区域的频率。最初，人们主要关注于工频电场，但自从国际癌症研究机构（IARC）于 2002 年将极低频磁场（ELF）归类为可能对人类有致癌作用后，人暴露于工频磁场（EMF）的医学研究数量剧增，磁场暴露成为人们最感兴趣的课题。IARC 分类原因是源于一些观察，观察发现一些孩子接触工频磁场（ELF）大于 0.4μT 时感染了白血病，但迄今无法解释磁场如何导致该疾病发展的。在相同 IARC 出版物中，静电和磁场以及极低频电场并没有归类为对人类致癌的作用（Group 3）。此后，关于 ELF 致癌作用的讨论仍一直在持续，既无法揭示 ELF 在男性中诱发癌症的机制，也未能发现动物接触 ELF 电场或磁场后的出现癌症。

CIGRE 在 20 世纪 90 年代末也参与了 ELF 致癌性的讨论，并成立了一个医疗工作组（WG C3.01）跟踪该议题的进展。该工作组曾在 Electra 287（2016 年 8 月）上发表了关于 50Hz 和 60Hz 磁场与癌症之间可能有一定关系的报告，该报告是根据过去 35 年积累的特殊数据，并假设居住地低磁场与癌症没有关系而得出的结论。但是，CIGRE 并不想介入该议题的相关法律，而将该议题留给了医疗、生理、辐射防护等方面专家，最终留给政治家。值得注意的是，迄今未确定全球共识的、可遵循的临界暴露水平：欧盟和遵循 IEEE 相关国家的建议要求却有所不同。欧盟委员会于 1999 年颁布了一项关于一般公众暴露于静电磁场和 ELF 电磁场的建议，迄今仍然有效。所谓一般公众暴露限值（ELVs）是 50Hz 下 5kV/m 和 100μT，而电力工人暴露限值的确定一直很缓慢和复杂。简要说明一下其发展，2004 版的指令不得不撤回，自 2016 年 7 月初，提出电力工人不应长时间暴露于 50Hz 以下稳定的外部电磁场超过低和高的作用值 10/20kV/m 和 1000/6000μT。允许暂时超限，但外部电场在工人体内形成的电场峰值不能超过 0.07V/m（满足此限值要求，仅可通过对人体在外电场中的数值计算来反映）。

CIGRE 已颁布了五本有关该议题的技术报告。第一个是 TB 21《传输系统产生的电磁场》，从 1980 年开始由 WG 36.01 撰写，并在 1980 年介绍了基本现状。该报告综述了电场的计算方法和手段，给出了带电导体附近物体的感应电压和电流特性，描述了输电线路磁场的计算与测量结果，详细介绍了电场测量方法的有效性以及场和电流效应的综述。5 年后，WG 36.01 工作组发表了 TB 74《电力传输与环境：油田、噪声和干扰》。正如技术报告名称所描述的那样，这本技术报告更综合，但涵盖的范围也更广，包括了健康、电晕、广播和电视的干扰、可听噪声等，但很少涉及数学方法。然后，12 年后 WF C4.205 发表了下一个技术报告 TB 320《ELF 电磁场特性》。这一报告表征电磁场特性的重要的主要统计参数列表和描述，给出了一些参数之间代表性的统计比值。2009 年 WG C4.204 出版了 TB 373 报告（电力系统工频磁场的减缓技术）。值得一提的是，WG B1.23 于 2013 年出版了 TB 559 报告《EMF 对额定电流和电缆系统的影响》，该报告主要关注于技术问题，而不是人类暴露于电磁场的问题。

可以看出，对于 EMF 问题，CIGRE 的兴趣主要集中在磁场暴露，而且 CIGRE 几乎完全忽略了实际事实，如一些国家的主要采用拉索门型塔，相导线安装高度较低，比独立塔更接近地面，其电场值通常比磁场更具决定性。还有一些关于实践中场幅值的会议论文，发表在 CIGRE 2000 会议上。2004 年 CIGRE 在斯洛文尼亚的卢布尔雅那组织了关于 EMF 问题的专题讨论会，但不幸的是论文未能在 e−CIGRE 等刊物上发表。一些关于实际电场人体内感应电流以及导电性接地头盔上测得的结果发表在 2007 年柏林 SC B3 学术讨论会。结果表明，由 ICNIRP 提出的工人体内外部电流密度与其 2004 年提出的外部磁场强度存在自相矛盾。

与空心电抗器磁场对人的影响影响一样，金属环、金属网和栅栏感应形成的大电流也会形成严重的磁场效应，导致过热甚至损坏，除非采取相应的预防措施。

## 参考文献

Biewendt V., Gallon F. et al.: Experiences with substation optimization considering new technical and economical concepts, CIGRE Session, paper 23–306, 10 p (2002)

# 与变电站设备（变压器、电抗器和电容器组）相关的特殊风险 43

Jarmo Elovaara

所有含有某种油的设备都会对环境造成一定的风险。地下水地区石油的使用问题早就被考虑过了。在这里，主要考虑油使用中的其他方面。

油在变电站设备中用作冷却剂和/或绝缘介质。含油装置发生的漏油对环境有害。在变电站中包含矿物油或其他油的设备有电力变压器、互感器和电容器，有时还存在带或不带端子的充油电缆。油也被用作早期的充油断路器的开断介质，有些充油断路器可能仍在运行。通常，互感器的含油量很低，以至于在考虑变电站对环境的影响时不予考虑。

特别地，大型电力变压器中注有大量的油。为了消除漏油风险，主要采用焊接油箱。最可能的漏油位置很少，比如升高座等，套管采用螺栓连接固定在其上。最常见的泄漏发生在横向安装的大电流套管中。为了避免油污对自然界造成的损害，变压器的安装位置通常可以保证变压器的全部油能够收集在变压器下的储油池中，这样就不会有油泄漏到储油池之外（详见第 B 部分）。当使用室外安装时，必须设置储油池，而且必须保证雨水等可以从储油池中排出，否则会由于雨水的占用，在重大事故时储油池将无法收集所有变压器油。在发电厂和建筑物中使用的室内较小变压器中，早先使用氯代联苯作为冷却剂和绝缘液体。它也被用作电容器线圈的浸渍剂。采用这种油的原因是该液体不会燃烧。然而，事实证明，氯代联苯油通常含有多氯联苯（PCB），这在 1968 年在日本引起了所谓的"油病"，导致约 40 万只禽鸟（家禽）死亡，影响了大约 14 000 人。此外，（PCB）可能在某些条件下，如高温下（如由电弧引起）会部分氧化而转化为 TCDD，这是一种极毒的致癌物质，1976 年曾在意大利造成塞维索灾难（在越南战争期间也用于橙剂）。现在，关于消除二恶英和多氯联苯的制造和减少使用已达成了协议（斯德哥尔摩公约 2004）。许多国家完全禁止在全国范围内使用多氯联苯和二恶英。对于电网公司而言，多氯联苯和二恶英的使用带来了一些问题，因为它们只能在高于 1200℃的温度的特殊工厂中销毁。此外，早先储存多氯联苯油的管道很难清洗，因此在停止使用多氯联苯油之后的替换油中仍然能发现少量的多氯联苯。

J. Elovaara (✉)

Grid Investments, Fingrid Oyj, Helsinki, Finland

e-mail: jelovaar@welho.com

© Springer International Publishing AG, part of Springer Nature 2019

T. Krieg, J. Finn (eds.), *Substations*, CIGRE Green Books,

https://doi.org/10.1007/978-3-319-49574-3_43

使用绝缘油的电容器单元不含大量的绝缘油。尽管油不再是问题，但它们被认为对自然环境有害。有时在电容器单元会发生击穿，尽管通过外部或内部熔丝实现了过电流保护，但有时会导致设备金属外壳发生机械破裂，导致绝缘油从设备中流出。为了消除这种泄漏油进入土壤的可能性，采用液体绝缘材料的电容器组有时配备有油收集接收器，电容器组安装在该收集接收器上方。

变压器火灾很少发生，但当确实发生时，可能会产生灾难性的后果。变电站专委会（SC A2）出版了关于该主题的报告。TB 537《变压器防火安全实践指南》。通常绕组中的短路或油间隙的接地故障不会损坏油箱并导致变压器火灾，但高压套管（特别是使用树脂浸渍纸时，因为这些类型的套管最初没有进行作为型式试验的局部放电试验，它们被视为无局放！）或有载分接开关爆炸则可能导致火灾。变压器和分接开关装有压力释放阀，但在某些情况下（幸运的是非常罕见），分接开关故障中的压力升高可能非常快，以至于机械操作的压力释放阀无法快速响应，进而会导致罐体破裂，然后储油柜的油会流入变压器油箱。由于分接开关爆炸最有可能，并伴随非常大的电流流过，油易被点燃并开始燃烧。火焰加热变压器油箱中的油，油开始膨胀，形成从油箱到外部的连续油流。如果火焰不能在起始时熄灭，其结果就是持久的燃烧。在套管爆炸的情况下也能发生或多或少类似的过程。

变压器的防火保护在本书 11.10.2 中有更详细的描述。认识到变压器（油）着火可通过正常消防方式，也即向变压器喷水可扑灭非常重要，但这仅对着火的早期阶段有效。通过喷水雾而不是喷水来冷却火焰、水蒸气和喷出的油，从而使火焰熄灭，油雾和气体也不会再次起火。该方法与船舶灭火系统中使用的方法类似。根据其理念，一些公用事业公司通过在变压器周围构建自动喷水系统来保护其变压器；另一些公用事业公司依靠其他技术（或仅信任忽略环境风险的保险）。如果没有安装任何功能就绪的消防系统，由于消防队通常会花太多时间到达事故地点，当发生灾难性事故时，就无法拯救变压器（和环境）。如果将水喷到一个燃烧的、已经很热的变压器上，其结果将造成火和油在环境中更大区域的扩散。

可以采用一种商用系统，它基于这样一个理念，即爆炸后，油箱中的油位会自动降低，空容量由预先安装容器中的氮气来填充。在没有氧气的情况下维持油着火是不可能的。通过这种方式，可在很早阶段将火焰熄灭。

当使用水时，当然，在系统的设计阶段应注意到，在环境温度低于水的冰点时，也可发生火灾。因此，应采取预防措施，防止水管和喷嘴冻结。

# SF$_6$ 和 CF$_4$ 的使用

**44**

Jarmo Elovaara

## 目录

本书的第 12.2 节和第 C 部分已经探讨了采用 SF$_6$ 气体或 SF$_6$/CF$_4$ 混合气体设备和装置的设计和应用,这里重点介绍 SF$_6$ 及其混合气体的环境影响。此外,还讨论了寻找 SF$_6$ 替代气体用于电工领域的可能性。

## 44.1 SF$_6$ 及 SF$_6$ 混合气体的特性与电气应用

SF$_6$ 具有非常好的热和介电性能,而且没有毒性。然而,电弧放电会产生 SF$_6$ 的有毒残留物。此外,如果这些残留物与湿气接触,它们会变得具有腐蚀性。因此,从气室中去除湿气是非常重要的。SF$_6$ 气体的良好特性还在于其具有高稳定性且不可燃,这就是其自 20 世纪 70 年代以来广泛被用作电气设备中的开断和绝缘介质的原因。

SF$_6$ 断路器已几乎取代了所有其他高压断路器。如果高压设备安装在金属或其他外壳中,并充以一定气压的 SF$_6$ 而不是空气,则可以大大减少相间和相对的绝缘间隙。SF$_6$ 也可以代替油用于各种变压器、套管、电缆终端等设备。在低温下,断路器中的高压 SF$_6$ 气体会液化,这种风险存在时通常采用诸如 SF$_6$+N$_2$ 等混合气体的解决方案。与纯 SF$_6$ 相比,SF$_6$ + N$_2$ 的混合气体介电性能几乎保持不变,但与纯 SF$_6$ 相比,SF$_6$ + N$_2$ 混合气体的短路电流开断能力降低了一个等级。

J. Elovaara (✉)

Grid Investments, Fingrid Oyj, Helsinki, Finland

e-mail: jelovaar@welho.com

© Springer International Publishing AG, part of Springer Nature 2019

T. Krieg, J. Finn (eds.), *Substations*, CIGRE Green Books,

https://doi.org/10.1007/978-3-319-49574-3_44

作为替代，一些制造商在混合气体解决方案中使用 CF$_4$ 代替 N$_2$，但从气候变化的角度来看，CF$_4$ 是几乎与 SF$_6$ 一样环境不友好的温室气体。

当气候变化开始引起人们注意时，SF$_6$ 和 CF$_4$ 的负面影响也成为一个主要议题。已经确定这些气体属于最强的人造温室气体。如果把 CO$_2$ 的值设为 1，SF$_6$ 则具有 23500 的全球变暖潜势。此外，这种在地球表面释放的气体最终扩散到大气层的上层，并可保持 3000 年不变，因此其影响在很长一段时间内都不会变化。此外，据报道 SF$_6$ 通常还会导致臭氧消耗，但事实并非如此，因为此过程需要氯（Cl）的存在。由于上述事实，如欧盟已开始限制 SF$_6$ 和 CF$_4$ 的使用。但到目前为止，在欧盟范围内，它们在电气技术中的应用并未受到限制，主要是因为它们从封闭的电气装置泄漏到大气中的量非常小。但是，未来各国有可能对 SF$_6$ 的使用做出更严格的规定。例如，澳大利亚已经（虽然只是暂时）对 SF$_6$ 的使用征税（Simka 等 2015）。

GIS 装置的气体泄漏习惯上通过压力测量来确定。然而，美国电力科学研究院（EPRI）开发了一种工具（采用带激光束的摄像头），使得装置的 SF$_6$ 泄漏变得人眼可见。

为了确保 SF$_6$ 和 SF$_6$ 混合气体的良好介电性能，气体内不能存在灰尘和小金属颗粒等杂质。此外，实际电场的分布必须和设计时的一样均匀，这意味着在系统安装过程中必须小心谨慎，安装中不允许有污垢、灰尘、划痕和不对称，因为这些可能会造成局部电场强度的增加，并高于电晕起始电压而导致气体介电强度的降低（一些设备中装有陷阱式微粒捕获装置，可以收集小的残留物和杂质以免造成场强的集中）。SF$_6$ 装置中遗忘的工具或在管壁上安装时产生的划痕等很容易引起击穿并导致运行中断。在故障后或一定数量的 SF$_6$ 断路器开断操作之后，需要从气体室中移除气体，打开气体室并清除残留颗粒，并采用纯净的新气体重新填充整个装置，然后由原始气体或设备制造商对被移除的气体进行再处理（再循环）。当无故障发生时，这种"开放式维护"和气体的再循环间隔通常为 25～30 年（气体填充可以更频繁，间隔 10～15 年）。至少在欧盟范围内，参与回收废气和残留物的人员必须经过专门培训，并且必须获得执照才能工作。以空气作为绝缘时，就完全没有类似的要求。

SC B3 及其前身 SC 23 从 SF$_6$ 开始使用就一直很活跃，出版了系列 CIGRE 技术报告以指导采取正确的策略和行动。其发布的 10 个关于 SF$_6$ 和 N$_2$/SF$_6$ 气体混合气体的技术报告中，大都以 SF$_6$ 为主题。此外，专委会 C4 和 D1 都出版了一本关于 SF$_6$ 的技术报告。CIGRE 关于 SF$_6$ 相关问题的指南相当广泛，现将技术报告的名称如下：

TB 117《SF$_6$ 回收指南：SF$_6$ 气体在电力设备中的重复使用及最终处置》（1997 年 TF 23.10.01）。

TB 125《额定电压为 72.5kV 及以上的气体绝缘开关设备（GIS）用户指南》（1998 年 TF 23.10.03）。

TB 163《SF$_6$ 混合气体指南》（2000 年 TF 23.02.01），TB 234《SF$_6$ 回收指南》（TB 117 修订版，2003 年 TF B3.02.01）。

TB 260《用于气体绝缘系统的 N$_2$/SF$_6$ 混合物》（2004 年通过 TF D1.03.10）。

TB 360《交流条件下 SF$_6$ 和 N$_2$/SF$_6$ 混合气体的内部绝缘有关的绝缘配合》（2008 年 WG C4.302）。

TB 381《GIS：2008 年的最新情况》（2009 年 WG B3.17）。

TB 390《额定电压为 52kV 及以上的不同开关设备技术评估（AIS，MTS，GIS）》（2009

年 WG B3.20）。

TB 430《$SF_6$ 密封指南》（2010 年 WG B3.18），TB 499《适用于 HV GIS 的残余寿命概念》（2012 年 WG B3.17），TB 567《AIS，GIS 和 MTS 状态评估时的 $SF_6$ 分析》（2014 年 WG B3.25）。

TB 594《2014 年工作组 B3.30，电气设备例行试验时尽量减少使用 $SF_6$ 指南》。

## 44.2　$SF_6$ 及 $SF_6$ 混合气体用户的义务

在欧盟内部，每个成员国每年都需要提交一份 $SF_6$ 资产负债表，并标明 $SF_6$ 气体的进口数量、使用数量、再生数量以及已经销毁的数量。根据这些成员国的数据，欧盟委员会估计泄漏到大气中的气体总量。CIGRE 没有参与此资产负债表的准备工作，但许多 CIGRE 制造商和电网公司成员，通过参加 GIS 制造商（CAPIEL）工作组参与了该资产负债表的编制工作。该工作组建议电网公司和制造商应在欧盟开始要求之前在自愿的基础上每年保持这种平衡计算。通过这种方式，电力行业希望政府周知他们对 $SF_6$ 气体的使用采取了非常负责任的行动。

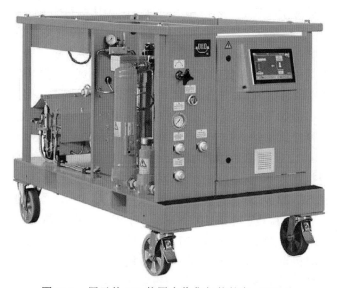

图 44.1　用于从 $SF_6$ 装置中收集气体的车（Dilo）

## 44.3　其他绝缘气体替代 $SF_6$ 的可能性

到目前为止，$SF_6$ 已经在电工技术中应用了大约 40 年。由于近 10 年的发展，制造业非常积极地寻找和开发具有与 $SF_6$ 相同的良好绝缘性能和灭弧能力的替代气体。2014 年 CIGRE 会议上首次介绍了有关这类新气体的信息，部分设备已采用了这些气体。

一个有希望替代 $SF_6$ 是全氟化酮（FK）家族，其"家族成员"彼此不同的是分子中的碳原子数和沸点。研究的一个替代方案是五碳全氟化酮（$C_5$ PFK 或 $C_5F_{10}O$）。由于全氟化酮含有氟，因此限制使用 $SF_6$ 的风险因素在全氟化酮应用时也有效，但至少在制造商报告中已表明，$C_5$ PFK 的全球变暖系数小于 1，并且其大气寿命极短（<15 天），使得其在 UV 辐射下在低层大气中分解成 $CO_2$ 的量是忽略的（Simka 等，2015）。

据某制造商称，用于高压（GIS）的混合气体是 $C_5F_{10}O$、$CO_2$ 和 $O_2$，但在中压 GIS 应用中，气体混合物中的氧气被替换为 $N_2$。

到目前为止发布的关于高压和中压 GIS 应用的大部分内容，都属于不太寒冷条件，而关于户外断路器替代气体的报道要少得多。显然，这反映了断路器问题更复杂（由于较低的环境温度），但仍可解决的事实。一种可能解决方案是采用不同的全氟化酮，其分子中的碳原子数为 4。因其在低环境温度会液化所以不能单独使用，必须采用气压缓冲气体进行稀释。由于其优异的灭弧能力，因此选择了 $CO_2$。如果把 SF₆ 的介电强度作为参考值，$CO_2$ 中混入 4% 的全氟化酮时，其最低工作温度可以达到 −30℃ 的，而添加 10% 时仅可达到 −5℃ 的最低工作温度。虽然其全球变暖系数（*GWP*）（约 360）明显高于 $C_5$ PFK，但无论如何该值总比 SF₆ 的低 98.4%（Kieffel 等，2015）。

## 参考文献

Kieffel, Y., Biquez,F.: SF₆ alternative development for high voltage switchgears, Electric insulation conference (EIC), Seattle/Washington, DC, 7–10 June 2015, pp. 379–383(2015)

Simka, P., Ranjan, N.: Dielectric strength of $C_5$ perfluoroketone, Paper presented in the 19th international symposium on high voltage engineering (ISH), Pilsen, Czech Republic, 23–28 Aug 2015, 6 p (2015)

# 变电站的处理、回收、处置和再利用

**45**

Jarmo Elovaara

该议题可能不是 CIGRE 研究委员会或工作组的主题，因此迄今未发行相应的技术报告或其他出版物。然而，CIGRE 的一些企业会员对这一领域有所关注，并有所进展。

旧设备有时会作为备品备件来保存，但老旧设计的设备效率通常不具有竞争力，比如旧变压器的损耗可能远远大于新一代变压器的损耗。因此，通常的实际解决方案是报废。

传统上，要报废的设备已经出售给某家公司，该公司负责该设备的未来处置。从电网公司/公用事业的角度来看，电网公司自己处理报废设备是非常不经济的。在芬兰，正在遵循一种新的模式，即设备所有者在竞争性招标的基础上与分包商签订合同，该分包商将承担报废所需的所有实际行为。签订合同是为了将所有废物最终交付给有权处理有关废物的许可方。基本思想是，所有材料（例如金属，油等）由废物处理分包商在变电站对其进行彼此分离，然后尽可能地回收。事实上，在 2015 年，来自 Fingrid 变电站的 99.18% 的废料都可以回收利用。

即使是变电站中最重、最大的设备，如 400MVA 电力变压器及其所有附件（如分接开关和套管），也可在变电站中以这种方式进行处理而不会污染环境，并且不会影响变电站的正常运行。所有危险物，如温度计中的汞和一些继电器以及干燥器中的钴都被单独隔离。油收集在罐中，以便再循环利用。非常强大的液压"剪刀"用于将变压器的磁路切成小块。最后，不同的金属材料如铜、铝、钢、磁钢、油、纸、塑料等分类装入防漏容器中，从变电站运输到新的客户以便再利用。含有 $SF_6$ 的设备，如断路器也可采用这种方式进行处理（见图 45.1）。

废物处理公司通常既不是电工技术也不是高电压技术的专家，因此，电网公司必须在拆除工作之前采集样品并对其进行分析，以确保废物处理分包商所处理的材料中不含聚氯联苯（国家法律要求被聚氯联苯污染的材料必须送到特殊的有毒废物处理厂）。同样，设备所有者还必须确保分包商不处理含有石棉的物品。此外，对污染的 $SF_6$ 气体和受污染的 $SF_6$ 容器以及可能含有甲基溴或环烷酸铜等危险浸渍剂的导线卷轴等，设备所有者还必须提供特殊建议或说明，或提供材料风险信息。

J. Elovaara (✉)

Grid Investments, Fingrid Oyj, Helsinki, Finland

e-mail: jelovaar@welho.com

© Springer International Publishing AG, part of Springer Nature 2019

T. Krieg, J. Finn (eds.), *Substations,* CIGRE Green Books,

https://doi.org/10.1007/978-3-319-49574-3_45

(a) 变电站中正在拆除的 170MVA，220/110kV 变压器　　　(b) 两相拆除工作已完成

图 45.1　变压器的拆除处理

　　设备所有者获得用于回收利用的分类原材料销售收入的主要部分,废物处理分包商获得合同约定的费用。

　　其实,这方面还可迈出更大的步伐,比如废弃混凝土、废砖和灰烬的使用就是一个很有前途的领域。在新变电站的设计中,新的理念也在酝酿中。比如,一些公司正在研究用新的和功能更强大的设备替换旧变电站中的旧设备是否比建造一个全新的变电站更经济。当然,这类工作不能危及电网的运行安全和工作场所的职业安全。在此情况下,可更大规模地重复利用旧的基础和金属支撑件。

CIGRE Green Books

第 H 部分

变电站管理问题

◈ Johan Smit

本部分将探讨变电站的全寿命周期管理，尤其是设计和施工后的管理，即设备交付电力公司使用后，需要资产管理及决策的阶段。

首先概要介绍了资产管理及对寿命周期和成本的考虑，然后详细探讨了交接调试的问题，因为这对后续寿命周期内资产的检修和管理措施的选择有重大影响。

接下来，为确定电力公司如何从资产全寿命周期管理中获取价值，作者对状态监测和资产绩效进行了探讨。

文末，作者探讨了风险评估和设备报废管理方面的问题。

Johan Smit

# 电力基础设施中的资产管理

**46**

Alan Wilson, Mark Osborne, Johan Smit

## 目录

全寿命周期管理,特别是变电站的成本分析是资产管理的核心。有效的寿命周期成本核算会影响电力企业的中、长期投资战略。

私有化及与计划和非计划停电相关的高成本正迫使电力企业考虑变电站的全寿命周期管理,这不仅体现在检修策略的优化,还体现在对现有电站做出明智的报废决策。没有一种方案可以适用所有的电力公司,我们需要具体问题具体分析。

许多国家都有成熟的电网。在当地,电站均已投入使用相当长的时间了,可能要比原先预想的寿命周期要长。由于财务方面的限制,电网资产管理人员要求检修既经济又高效。这一要求不仅体现在提高设备检修策略的绩效方面,还体现在降低设备停运对整个电网的影响方面。这自然会引发人们探讨把经济地延长设备的使用寿命作为长期战略的一部分。

A. Wilson (✉)
Doble Engineering, Guildford, UK
e-mail: AWilson@doble.com

M. Osborne
Asset Policy, Engineering and Asset Management, National Grid, Warwick, UK
e-mail: mark.osborne@nationalgrid.com

J. Smit
High Voltage Technology and Management, Delft University of Technology, Delft, The Netherlands
e-mail: J.J.Smit@ewi.tudelft.nl

©Springer International Publishing AG, part of Springer Nature 2019
T. Krieg, J. Finn (eds.), *Substations*, CIGRE Green Books,
https://doi.org/10.1007/978-3-319-49574-3_46

因此，资产管理人员不仅要关注与设备性能和服务质量有关的技术问题，还需要仔细评估设备的有效寿命及相关成本。

20 世纪八九十年代，许多电力企业的组织架构出现了重大变化。这些变化主要由政府发起，并且随着私有化进程加快，竞争日益激烈，监管日益加强。电力公司与其所在地区或国家之间的垄断供应关系在这一时期也开始瓦解。这为形成相对开放的电力交易市场、提高价格透明度以及建立洲际远距离输电通道提供了条件。一些地区通过立法促进跨区电力交易，如欧洲的 90/377/EEC 和 90/547/EEC 法案，规定将发电的所有权从电网中剥离出来。这些变化进而促使人们更加关注成本控制以及投资回报最大化的需求。作为这一大型商业模式的一部分，包括设备检修在内的资产维护的重要性凸显。国际大电网委员会（CIGRE）就此开展了大型调查，并于 2000 年出版了技术报告 TB152，书中指出了这些变化。其中，最重要的是资产管理模式的发展。资产管理开始作为一个职能，由执行层授权相关部门实施相关策略。这涉及通过控制成本实现电网性能、风险和投资回报方面的设定的业务目标。

## 46.1 资产管理

许多电力企业在 20 世纪六七十年代大力兴建发电厂和电网。到 20 世纪末，许多企业认为电网设备的更新已经迫在眉睫。

（1）更换老化资产既涉及资本性支出（CAPEX），也涉及成本性支出（OPEX）。对许多政府所有的电力企业来说，这意味着要将电网建设的投资优先于其他公共设施建设的投资需求，比如医院、学校的建设投资和军队装备投资。相比之下，私营电力企业从结构上来说是作为商业企业来运营的，因此能够在公开市场上筹集资金，同时也能借款，但需要确保足够的投资回报。

（2）使用老旧设备需要进行预防性检修和故障检修，从而可能会产生较高的成本。预防性检修和故障检修都会导致成本随着时间的推移而增加。安全隐患也可能会越来越多，从而引发新的问题。电力企业需要清楚地了解哪些设备该换、哪些设备该修，这一点非常重要。政府的监管态度也很重要。比如在澳大利亚，为确保资产回报受到管控，政府要求在资产达到账面价值的经济寿命时对其进行更换。这些国家的政府强烈鼓励更换老旧资产，而不是让设备超期服役。这样做是为了降低持续增加的运维成本。对于美国等国家的电力企业来说，政府的监管要求是设备应持续服役直至发生故障（参见 TB 660）。选择更换还是中期大修，不同的监管要求可能起决定作用。还有些公司基于状态评估、设备健康报告、故障历史，以及对局部组件的科学检查不断进行设备使用寿命的再评估，然后根据技术、电网和成本分析来确定设备更换时间。

## 46.2 绩效驱动

传统上，资产维护与检修是一项由电力企业自己员工负责的活动，并且企业需要为此设立专项的年度预算。该预算是管理层根据年度报告的绩效水平和整体成本支出设立的。公司通常会根据其可靠性表现来确定预算水平。然后，无论是否有监管人员干预，电力公司通常会按照每年递减 x% 制订年度预算。这样一来，设备的检修只能是"能做什么"而不是"该做什么"。设备检修一般是根据原始设备厂家规定的、与保修条款有关的维护保养制度或定期检修策略开展的。在新的经济和监管环境下，这些制度的吸引力有限，因为这样做会增加设备维护成本，资源无法有效利用。

自 2000 年起，上述状况得到了明显的改变。这些变化体现在根据当地运行经验调整定期检修工作，同时要考虑可靠性和风险因素的影响，正如 TB 152 报告中所提到的。这是为了确保将更多的设备维护资源用在产生影响最大的地方。但是，随着资产资本和运营预算的整合，监管人员可能不再希望看到对已经严重超期服役的设备进行持续地检修了。对于日益老化的资产，监管人员希望看到的是资产分期分批更新。购置新设备意味着检修工作的减少，因为新设备的检修需求降低了。

这些变化使得电力公司开始向绩效驱动转型。公司高管需要努力达成新利益相关者的期望。监管人员希望在控制成本和风险的前提下提升绩效。风险管理是资产管理公司的一项基本职责，对某些电力企业（如英国的电力企业）而言甚至是一项法定要求。没有政府的支持，私营电力企业需要通过投保来进行风险管理，同时保险公司也希望看到风险得到管理。私营电力企业的股东希望用于基础设施建设的投资能获得满意的"投资回报"。开放的电力市场带来了洲际电力交易，用户也因此拥有更多的选择，由此将引发日益激烈的市场竞争。

## 46.3　资产管理人员的职责

在这种环境下，资产本身以及对资产的有效利用是诸如电信、铁路、天然气、水等绝大多数服务供应行业成功的关键，这些资产的存在是为了向利益相关者提供价值。资产管理已成为一项关键工作，特别是对私营企业而言。现在，许多公司都设置了一体化的资产管理职能，其业务范围涵盖了计划、采购、安装、检修以及最终的停用和报废。

为了对公司的运营进行量化评估，公司高管需要协商确定相应的绩效、成本和风险水平。国际大电网委员会（CIGRE）TB 422 探讨了有关战略性风险的实例。TB 660 引用了加拿大和欧洲的输电公司的实例。公司高管需要确定每个类别可接受的风险水平，然后由资产管理人员在此风险水平的基础上确定在实现绩效目标前提下的最具性价比的工作计划。资产管理人员负责制订策略性计划，该计划会在给定的时间框架内评估电网中的实际风险，确定降低或管理风险的措施，以将风险控制在最低合理可行区间（ALARP）内，以及公司高管在其风险声明中所确定的水平下。同时还包括风险管理活动、资产健康评估等，这些将在稍后进行介绍。

商业化的管理模式要求管理者明确现有的资产及其位置、资产的重要性及其对实现经营目标的作用。根据这些信息，又可以进一步确定相关的成本和资本支出，以及哪里需要这些支出。资产管理人员的职责是实现这些目标，但随之而来的是现场服务工程师作为"服务提供者"开展工作。不同的现场服务配备了不同的资源，产生的服务回报也有所不同。这种服务提供模式可能涉及一些外包，TB 201 和 TB 607［6，7］中谈到了这一点。因此，检修的作用变为在满足安全和环境标准要求的前提下，开展必要的设备维护工作，确保系统的安全稳定可靠运行和合理的投资回报率。

这些组织结构和目标方面的多重变化推动了检修工程师（作为资产所有者或服务提供者）的角色演变。他们的工作内容取决于业务目标和所采用的检修策略类型。这些变化还为寻求更具效益的工作方式提供了机会。

## 46.4 实现业务目标的组织架构

随着更强大的业务驱动力被引入电力公司，资产管理模式中的决策集中化成为一种趋势。资产集中管理的结果是确定不同资产检修的优先级，并确保以最具效益的方式完成任务。公司内部的设备检修部门实际上变成了承包商，负责根据既定的目标和可交付成果实施计划。紧接着，企业可能就会选择外包。许多企业会选择遵循这条路线。在大多数情况下，只要目标设定得现实可行，并有适当的管理控制和承包模式，外包就可以成功。外包商的可持续性对长期成功至关重要，可通过适当的激励措施来确保业务的顺利实施。

## 46.5 历史背景

然而，情况并非总是如此。1980~1990 年期间，电力公司普遍私有化。这迫使企业制订相应的经营策略和目标以适应代表公众的政府的监管。公司业绩透明度的提高使得企业的组织和运作方式发生了重大变化。在这一阶段，预算支出责任被明确划分至具有各自职责和目标的各职能部门（见图 46.1）。

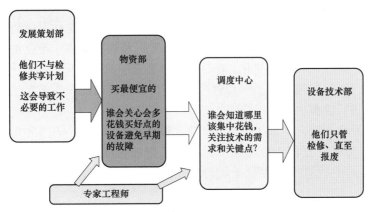

图 46.1　职能组织示例

在本实例中，不仅仅只是负责管理总的成本和资本支出。由于采购了廉价的设备，导致需要多次设计修改，配置更多的备品备件，甚至带来了设备超期服役的问题，而浪费了检修部门大量的检修维护成本。停电限制和预算削减制约了优先在系统关键资产部分开展检修工作。国有电力公司还需要同国内其他有资金需求的行业争夺政府资金获得预算。检修预算应分配合理，确保电网薄弱地区可以获得资金支持。随着停电限制的增多，往往是在能够停电回路上进行检修，而不是根据需要开展检修工作。

这种情况在各个行业都很常见。最早的变化发生在石油行业内部。20 世纪 80 年代后期发生的两件大事改变了他们的思维方式：第一件是油价从 35 美元/桶大幅下跌至 10 美元/桶以下；第二件是 1988 年北海的派珀·阿尔法（Piper Alpha）灾难，造成了 167 人死亡。这两件事促使对安全组织实施了重大改进，同时也开始注重降低成本。到 1993 年，由卡伦爵士

（Cullen）组织编写的派珀·阿尔法事故调查报告提出了 106 项建议，这些建议促使安全管理发生了变化，同时也让人们开始重视安全管理。这些变化包括开发基于风险的方法，这些方法融合了现在广泛使用的"最低合理可行"（ALARP）的概念（参见 52 章）。BP 公司和壳牌公司均提出了重要的举措。"1995 壳牌资产管理"业务模式是当时国际上包括电网在内的许多行业广泛采用的一种模式。该模式要求有明确的资产管理政策；CEO 提出了"资产持有人授权"的概念。这赋予了下一级管理代表决策权和预算自由，以便其按照业务目标交付资产寿命周期价值。这些变化促成了一系列降低资产寿命周期成本方法的实施，其中包括可用性和可维护性建模、以可靠性为中心的检修（RCM）、全寿命周期成本（WLCC）、基于风险的检修（RBM）和基于风险的检查（RBI）。TB 660《通过优化空气绝缘变电站中的检修来实现节约》阐述了上述方面。全球电力行业的监管人员一直希望看到电力企业能采用类似的流程来管理成本、电网性能和风险范围这些竞争性需求。从 20 世纪 80 年代中期开始，澳大利亚和新西兰开始实施以资产为重点的举措。正是这种环境使得英国一系列电力企业及其监管机构编制了一份英国标准协会（BSI）文件——PAS 55，该文件描述了有关资产管理流程和系统公认的"最佳实践"，相关人员可依照该文件对电力企业进行审计，并且适当时给予认证。

## 46.6　法规和标准

资产管理的其他驱动因素包括法定职责与安全和环境义务，这些需要通过提高资本回报率与内外部客户的需求来平衡。石油钻井平台、化工厂和铁路等多个行业发生重大人员伤亡事故之后往往会出现立法和监管变化。随后的政府调查经常会发现诸如资产检修不足，检修管理弱化以及缺乏对运行风险的了解和管理等原因。监管机构的职责通常包括对其负责行业的此类风险管理进行监督。

为实现资产寿命周期内的最大效用、价值、利润和资产回报，电力公司会将各种需求整合在经营策略、实施过程和企业文化中。由此带来的挑战是通过系统性的优先级排序与过程、实施、技术的改进，确保以最低可持续的商业成本实现公司的安全、可用性、绩效和质量要求。

监管机构一直希望看到电力公司制订适当的流程来应对降低成本、提质增效和风险防控这些竞争性需求。正是这一点促使英国一系列公用事业部门及其监管机构制定了 BSI-PAS 55 文件，相关人员可依照该文件对电力公司进行审计，并且如果合适的话，可以给予认证。在英国，该项认证是获得营业许可的先决条件。第一版 PAS 55 于 2004 年发布，由代表资产管理和英国标准协会（the Institute of Asset Management and the British Standards）的工程师们起草。第二版于 2008 年发布，编制团队已扩大到涉及 15 个国家的 15 个行业的 50 个组织。随着人们对这份英国文件越来越感兴趣，国际标准化组织（ISO）的工作组起草并于 2014 年 2 月发布了资产管理的首个国际标准 ISO 55000。

虽然现在判断 ISO 55000 的影响还为时过早，但可以看出 PAS 55 的影响是很显著的。它不仅仅是审计和认证的依据，它还促使电力公司由最初的服务提供者转变为资产关注者，在了解和管理风险的同时实现投资回报。只需"简单地"采用 PAS 55 流程，公司就可回顾开展了哪些工作以及这些工作的优先级如何，从而节约成本。一些电力公司声称其运营维护成本降低了 20%。

　　PAS55 的本质是为了确保公司能够完善相关方面,以保证经营策略与资产管理活动和实施之间有明确的界面。这也是公司降低成本、提质增效的核心。检修工作不再只是在分配的预算内正确实施即可,而是为了最终实现公司经营策略,需要根据公司总体业绩目标调整检修预算从而实现投资回报最大化。

## 46.7　资产管理工具

　　资产管理已经有了各种各样的改进和发展:

　　(1) 设备的新设计应该更简单、运行更可靠,尤其可减少侵入式干预。

　　(2) 提高现场工作人员效率的资源管理技术,包括广泛使用平板电脑开展现场工作,通过无线网链接至历史数据,并上传新的数据和报告。

　　(3) 数据管理:允许将现场数据传输至一个中央存储器(历史服务器),使得设备数据的动态利用和保护成为可能。引进和使用高质量、高精度的决策支持系统对管理检修成本具有重要意义。现代电力公司中的整个数据——信息系统是设备检修管理的基础,也是成本的一个组成部分。大多数电力公司现在都有计算机检修管理系统(CMMS),使工作人员能够预测、计划和追溯电网资产运维的各项活动并持续跟进。

　　(4) 使用基于检修作业的成本核算工具对检修成本进行建模:建立基于检修作业的成本核算模型将计算机检修管理系统(CMMS)中的资源、电网资产以及数据与电力企业用来制作财务报表的监管会计科目表相结合。然后,电力公司便可知道检修成本组成因素,进而对任务进行优化。

　　(5) 通过数据传输、存储和更可靠的诊断方法进行状态评估。

　　(6) 专家系统是一个不断发展的领域,它允许对状态数据进行预测分析,实际上提供了一个动态风险管理工具。

　　(7) 绩效指标:传统的关键性能指标(KPI),用于确定与整体电网性能相关的检修维护预算。在持续的资产管理驱动的组织中使用这些指标仍是有价值的,这种方法也在不断发展中,其中许多参数被列入 IEEE 60050-191 等标准。但是在这些关键绩效指标之外,还需要视公司具体情况增加其他特定的检修相关的绩效指标

　　(8) 对标:许多公司使用这些相同的指标开展绩效考核。有的分析年度趋势,有的则是对公司内部的不同业务部门绩效进行比较。那些以最低成本实现最高绩效水平的公司显然是表现最好的,其他公司必须在随后的调查中向这些标杆靠拢。这样的分析涉及一系列的业务领域——线路、电缆和变电站。北美相关机构会从中选择至少一个专业领域在世界范围内收集数据。

# 制订资产管理战略政策

# 47

Paul Leemans, Mark Osborne, Johan Smit

## 目录

世界各地的许多电力公司普遍将公司策略下沉至现场工作。以下列举了这方面的例子。这些目标都是有价值的，过去十年中大多数电力公司都声称采用了类似的方法。

（1）安全是企业的一个关键价值。许多企业将安全问题摆在首位。安全问题涉及现场人员、承包商、访客以及附近的公众的安全。

（2）财务：显然，公司必须拥有良好的财务绩效以完成资产所有者和监管机构设定的目标，同时确保对基础设施进行足够的投资，以达到既定的绩效水平。

（3）服务质量和可靠性。这不仅涉及资产和电网的可靠性，还涉及供电损失。监管机构通常会对后者进行监测和报告，并可能会据此进行奖励或惩罚。

（4）环境影响。企业将加强对环境的保护，并在设备发生故障后，谨慎处理任何渗漏油、噪声超标、温室气体排放或设备故障引起的污染性火灾问题。

如果公司没有按上述目标制订正确的资产管理策略，可能会发生事故风险，导致不良绩效。表 47.1 列出了一家欧洲输电公司的负面结果清单。

P. Leemans (✉)
Asset Management Substations, ELIA, Brussels, Belgium
e-mail: paul.leemans@elia.be

M. Osborne
Asset Policy, Engineering and Asset Management, National Grid, Warwick, UK
e-mail: mark.osborne@nationalgrid.com

J. Smit
High Voltage Technology and Management, Delft University of Technology, Delft, The Netherlands
e-mail: J.J.Smit@ewi.tudelft.nl

©Springer International Publishing AG, part of Springer Nature 2019
T. Krieg, J. Finn (eds.), *Substations*, CIGRE Green Books,
https://doi.org/10.1007/978-3-319-49574-3_47

表 47.1　　　　　　　　　　　　　　　　风险声明——示例

| 严重程度 | 中等 | 严重 | 非常严重 | 灾难性 |
|---|---|---|---|---|
| 经济损失 | <100 万欧元 | 100 万～1000 万欧元 | 1 千万～1 亿欧元 | >1 亿欧元 |
| 事故导致的损失电量 | <100MWh | 100～1000MWh | 1000～10000MWh | >10000MWh |
| 健康与安全 | 轻微事故—危险情况—设备损坏 | 工伤事故 | 工伤事故——终身残疾 | 死亡和/或终身残疾 |
| 法律与法律责任 | 承担第三方责任 | 刑事责任 | 对涉事电力公司职工进行刑事定罪 | 追究涉事电力公司的法律责任 |
| 环境、SF$_6$、矿物油、火灾、影响濒危物种 | 局部或短期可降解的泄漏 | 大范围或中期可降解的泄漏 | 长期可降解，可能导致 ISO 14000 认证失效 | 永久影响 ISO 14000 认证失效 |
| 公众形象 | 产生局部性、暂时性影响，一些外部组织或媒体批评人士抱怨涉事的电力企业 | 小于 3 天的区域性或全国性关注，电力公司收到大量外部投诉，媒体批评 | 1～2 周的区域性或全国性批评 外部政府官员对电力公司合法合规的探讨 | 全国和区域，大于 2 周公众/相关代表长期的批评，对涉事企业的合法合规产生极大影响 |
| 监管环境 | 监管机构要求提供资料 | 监管机构要求制订行动计划 | 监管机构要求改变策略 | 监管机构要求对涉事企业进行监管 |

以上内容着重关注公司内部的工作方式。这些公司声明和潜在价值观是由一系列公司利益相关者共同制订并达成一致的。最重要的是，如果公司内部存在不合规行为，公司董事可能要被追究责任。这就使得有资产管理职能的公司，有责任通过工作计划将这些价值观转化为策略和目标以确保整个公司对其责任更加关切。

## 47.1　资产管理的职责

企业为实现业务目标需要确定有哪些资产、分布在哪里，以及这些资产的作用。公司的执行管理层负责制订业务目标，据此确定需要何种成本和资本性支出及哪里需要这些支出。资产管理人员的职责是实现这些目标。现场工程师在开展现场服务时，他们会根据服务取得的回报配以适当的资源。因此，检修的作用已经改变，旨在达到不同回路供电所需的绩效水平，并符合安全和环境标准，同时承担足够的工作，以确保投资回报率。这些组织结构和目标方面的广泛变化推动了检修工程师的角色演变（使之成为资产所有者或服务提供者）。增加的新职能的作用是满足公司高管所设定的目标，在这里设定目标并决定采用何种检修策略，其目的是推动寻求更具高效的工作方式。对资产管理人员来说，除了技术和成本，还有一个方面变得非常重要：风险评估并降低风险。

大多数现场人员的职责就是实施资产管理团队设置的工作计划。

上述角色和职责的变化促使形成了一个新的组织，它使得管理层和变电站工作人员之间有了清楚的界限。

（1）资产所有者——公司董事对公司资产负有最终责任，负责制订公司目标、策略以及这些目标、策略在整个公司的有序实施：

1）提出符合监管条件的公司发展方向。

2）提供持续发展的业务，确保股东获得良好的投资回报。

3）提供安全、可靠、可持续及性价比高的电力供应。

4）受到客户、公众、政府和媒体的好评。

5）确保所有法律义务得到履行。

6）制订公司战略，批准公司的经营方针、策略和计划，并对其负责。

7）预见实施这些行动所需的资源。

（2）资产管理人员——负责实现公司目标。

1）通过计划实施公司资产管理策略，包括对公司持有的所有资产的计划、采购、运行和报废的全寿命周期优化（包括成本/资本支出平衡）。

2）通过公司内部的问责制（资产管理人员直接向公司高管报告），对成本和/或资本支出实施集中控制。

3）集中控制风险——健康、安全和环境问题的管理不善可能造成巨大的经济损失。监管机构对以往此类事件的处理有让监管人员吊销公司营业执照的情况。

4）提供从投资到处置的全寿命资产决策，该决策对检修计划有影响。

5）确定检修计划，以实现长期利润的最大化，同时确保高水平的服务和可接受、可管理的风险。

6）从定期检修、状态检修、以可靠性为中心的检修及基于风险的检修中总结经验，进而实现检修策略的演变，即按风险（电网影响、环境影响等）聚焦工作。

7）对目标和关键绩效指标进行审计并报告。

8）通过审核和反馈流程进行持续改进。

9）外包服务管理。

10）管理资产管理人员的知识和技能。

企业通常会针对不同的资产类别（断路器、变压器、继电保护等）制订资产管理策略，以便将企业目标、战略和策略转化为资产管理计划。资产管理策略描述了所有资产的"当前"情况，分析现有资产的表现（成本、故障和故障模式、检修策略、长期风险演变等），并确定未来资产的驱动因素（运营成本、可靠性提升、停电减少、外包策略等）。

（3）服务供应者——交付资产管理计划的资源是：

1）施工、检修、技术专家，试验队伍。

2）内务处理。

3）例行维护、检查和试验。

4）停电恢复，修理。

5）确保相关系统就位，按照 PAS 55 确定的关键要求运行。

6）建立维护可广泛使用的信息系统。

7）制订识别和记录风险及预防风险措施的程序。

8）识别与所有业务流程相关联的风险。

9）识别所有的监管要求和法律要求。

10）每个职责都有相应的资产管理目标。

11）对体系运行目标进行记录归档。

12）为公司各级制订资产管理策略和计划。

13）有明确的角色、职责和培训。

14）记录所有与资产相关的故障/不符合项等。

15）所有员工都必须有明确的角色；角色确定之后，每个人对自己的角色都必须有一个清楚的认识，并与公司的业务目标和改进的绩效管理计划保持一致。

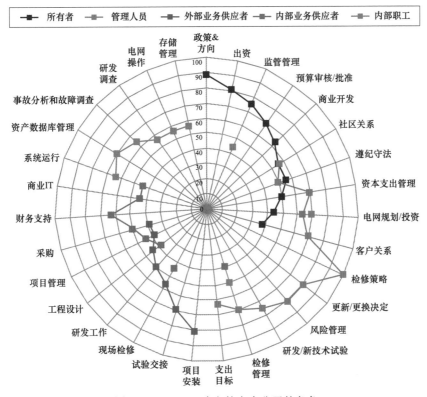

图 47.1　TB 309 确定的电力公司的角色

在 TB 309 中，工作组开展了一次行业调查，以确定各参与者对其职责的完成程度（CIGRE 2006）。调查结果如图 47.1 所示，同时还显示了外包程度。大多数电力公司使用外包主要是为了引进拥有公司所没有的核心技能的业务供应商。一些新的电力公司自身的技术范围有限，广泛依赖这条路线。有关该主题更全面的探讨可参见 TB 607 和 TB 660。

## 47.2　制订企业策略

典型的资产管理策略包含有关维护核心企业价值观的内容，例如：

（1）安全——毫不妥协。

（2）供电质量——监测以满足要求。

（3）遵纪守法——任何违规行为都必须迅速处理，公开透明。

（4）效率效益——审慎的预算和健全的财务审查。

（5）环境影响——考虑所有决策可能导致的环境影响。

（6）供电的可靠性——重点关注停电的单元，尤其是平均停电时间（$SADI$）和平均停电次数（$SAIFI$）。

（7）供电的安全性——达到可接受水平。

（8）能源效率——寻求改进的机会。

（9）技术和创新——与时俱进，试点示范，适时采用。

在最高层面，董事们必须设定他们的风险偏好，并明确主要目标。价值观是所有商业活动的起点。这些价值观包括：

（1）安全是公司的核心价值。必须有明确的流程来管理安全风险。这将涉及确定其将发生的内容和地点、责任所在，以及风险评估和预防计划。这些将包括工人培训、适当的工具和个人防护装备（PPE）。必须制订流程以记录所有停电事故并学习反馈。

（2）环境影响。公司将加强对环境的保护，并在设备发生故障后，谨慎处理任何渗漏油、噪声、温室气体排放或污染性火灾问题。这将涉及现场风险评估，以确保对任何渗漏油或$SF_6$泄漏的管理。需要制订计划来审查现场边界的噪声和电磁影响（EMC）。

（3）财务。显然，公司必须要有良好的财务绩效，即利润的增长，可设定目标与明确结果。财务目标势必会带来基础设施的发展，比如新扩建变电站、替换低参数性能的资产及替换有故障风险的老化资产。例如，策略可以是"通过扩容来满足预期需求，进而在 4 年内将税前利润提高 10%。所需资金可通过私募融资来解决，然后拿以后的利润进行偿还。"这里的资产管理策略可能是"在未来 5 年内投资××美元来升级核心基础设施。"另一个策略可能是将新可再生能源发电的收入增加一定数量。为此不仅应关注新扩建项目，还应关注对现有老旧资产的影响。来自近海可再生能源的许多电缆连接可能产生进一步的风险，由于变压器中可能出现并联谐振，从而增加了暂态操作过电压的风险。

（4）服务质量和可靠性。一般而言，原有资产并未得到广泛更新。资产目前的使用寿命普遍都已经超过了其预期的寿命。这不仅会影响资产和电网的可靠性，还会导致停电事件。后者通常由监管机构监测进行通报，进而据此对涉事企业进行奖励或惩罚。必须采取相应的措施来监测资产性能和故障风险。

## 47.3　资产管理计划

传统上，运营成本是由预算驱动的，往往导致资产的实际使用寿命远远超出其额定使用寿命。新的业务关注点使得成本和资产支出之间有了更大的灵活性。监管机构往往会对两者之间的平衡产生重大的影响，但还有其他一些实际问题。由于 20 世纪 60 年代和 70 年代的投资高峰，欧洲电网目前正趋向老化，需要大量的资本支出来进行资产置换。此外，可再生能源并网和欧洲电网的进一步互联，也增加了对资本支出的需求。但由于资源（生产、工程、承包商等）、停电许可或融资能力的限制（对经费的影响），资本支出计划可能无法包含所有已明确的需求。如果是这种情况，并且必须推迟更换投资，资产管理人员就需要评估所有现有资产的风险，采取降低风险的措施，甚至需要重新评估可选方案（更换还是更新），进而将资本支出转为成本支出或调整检修政策以确保老旧设备的可靠性，正如 TB 660 中 7.4.2 所述。

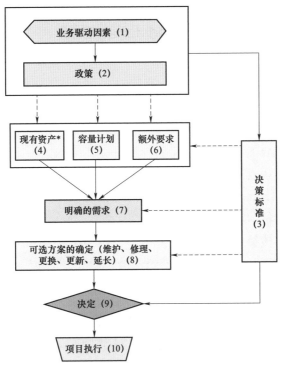

图 47.2 综合性的资产更换流程

TB 486《综合性的变电站设备更换决策流程》描述了使资产管理人员有可能整合所有需求（投资计划、现有资产计划需求等）的流程（CIGRE 2012）（见图 47.2）。

TB 486 中所描述的决策流程的综合性来自于对现有资产的检修需求（由于老化）以及容量计划的要求（由于电网扩大或结构变化）的考虑。从整体角度考虑变电站资产更换是有必要的，以确保高水平的、通用的业务驱动因素被系统地应用于每个更换项目的所有层级。

## 参考文献

CIGRE SC C1 TB 309: Asset management of transmission systems and associated Cigre activities (2006)

CIGRE SC B3 TB 786: Integral decision process for substation equipment replacement (2012)

# 变电站的全寿命周期管理

48

Nhora Barrera, Mark Osborne, and Johan Smit

## 目录

N. Barrera (✉)
HV Substations, Axpo Power AG, Baden, Switzerland
e-mail: nhora.barrera@axpo.ch

M. Osborne
Asset Policy, Engineering and Asset Management, National Grid, Warwick, UK
e-mail: mark.osborne@nationalgrid.com

J. Smit
High Voltage Technology and Management, Delft University of Technology, Delft, The Netherlands
e-mail: J.J.Smit@ewi.tudelft.nl

©Springer International Publishing AG, part of Springer Nature 2019
T. Krieg, J. Finn (eds.), *Substations*, CIGRE Green Books,
https://doi.org/10.1007/978-3-319-49574-3_48

本章提供了一些指导方法，在设备运行稳定后决定采取的策略及需要考虑的因素，以及可以用来评估设备运行稳定程度的工具和技术。

变电站的寿命通常为 40～50 年，在此期间可能需要对变电站进行更新改造：可能会接入新回路，进而需要额外的间隔；可能会安装新变压器以增加变电站容量；或者可能需要更换损坏的设备。一段时间后，变电站中将会有各种各样的技术，设备的年限也会从全新到 40 年不等。

越来越多的公用事业单位开始质疑资产更换是否是唯一可行的选择。其他可能值得考虑的管理策略包括装配新部件、更新或检修。显然，没有一个解决方案适合所有情况。

## 48.1 寿命周期因素

为了帮助电力公司从可用选项中做出最佳选择，需要考虑的最常见因素有：

（1）远景：相关的电站或变电站是否会在短期内停止运行？或者，所考虑的决策是否应包括更换整个变电站？

（2）健康水平：设备的升级是否足够？或者，从经济和技术上来说，整体会降低健康水平吗？

（3）现有设备：现有设备是否能长期提供良好、可靠的供电服务？这将使人们有信心延长其使用寿命。在任何情况下，都必须对电站或变电站的情况有明确、详细的评估；只有假设是不够的。

（4）运行和项目安全：始终考虑设备的安全运行和检修，以及实际的电站状况。如果计划大幅度延长其使用寿命，应包括对现有设备是否能按照所有最新安全要求运行进行评估。

（5）成本和风险评估：确定并评估可能选项的可行性，并考虑到经适当风险因素调整后的总成本。有关评估的章节将进一步对其阐述。

## 48.2 寿命周期阶段

IEC 60300-3［14］描述了产品寿命周期的六个阶段：① 概念和定义；② 设计和开发；③ 制造；④ 安装；⑤ 运行和检修；⑥ 处置。由于变电站是电网固有的部分，所以除非它们即将停运，否则只考虑设备的处置。资产管理人员需要确定变电站寿命周期成本（LCC）的成本分解结构（CBS）。

输电项目的资本投资是采购决策的主要因素。充分了解要通过设计继承的原有成本，有助于选择一个适合业务计划的更合适的解决方案。这些信息也有助于近期及将来的成本管理。

寿命周期所依赖的绩效标准的有效性可通过监测以下方面来评估：

① 可用性；② 设备可靠性（计划外的不可用性）；③ 寿命周期成本；④ 扰动对电网的影响（系统强迫停运）。

## 48.3 寿命周期成本分析

有关检修策略和资产更换的决策最好是在寿命周期成本核算的基础上进行，该核算会考虑资产在其整个寿命周期内的累积成本。寿命周期成本分析指南见 IEC 60300-3-3 ［14］。

该标准指出，寿命周期内产生的总成本可分为购置成本、运维成本和处置成本。

$$寿命周期成本（LCC）=购置成本+运维成本+处置成本$$

在做出购置决策之前，可以很容易地评估购置成本，而运维成本在很多情况下都超过了购置成本，并且很难预测。

运维成本是变电站资产成本的主要组成部分。必须考虑人工成本、机具和设备的租金、备件和耗材，以及停电的成本（包括资产因检修或故障而无法使用所造成的停电成本）。

在计算成本时，还必须包括不合格发供电的成本及监管机构因供电中断所施加的处罚。

通过适当的检修活动，超出经济年限的资产也能保持可靠性。但达到特定绩效所需的维护水平可能是不可接受的。考虑全寿命周期成本，有助于利用整个电网的数据来分析系统的适用设备。现有电网往往可以通过不同的方式进行优化。全寿命周期成本考虑了这些设备成本的整体影响，可以通过模拟不同的选项，进而选择出最经济的一种。

全寿命周期成本计算的基础是一个适当的成本分解模型。有关该模型的常规要求可参见IEC 60300－3－3［14］。

（1）寿命周期成本计算通常使用现金流折现模型。这些计算方法是动态模型，会考虑测算时间的影响，并将净现值整合到计算中：首先要确定一个合适的折现率，同时也需确定最佳测算时间。例如，所采用的有效折现率可以全部为 6%，其中资本利率为 8%，减去 2%的通货膨胀率。

其次，需要确定一个合适的测算时间，该时间应比最耐久的技术［如空气绝缘变电站（AIS）、混合绝缘变电站（HIS）、气体绝缘变电站（GIS）］的预期寿命要长。因此，仅仅考虑寿命周期是不够的。再次投资发生的早晚的影响是不同的，必须予以慎重考虑。无限的测算时间是较优的，但不具可行性，一般建议采用 100 年的测算时间。计算表明，100 年与无限时间测算的误差仅为 0.3%。

（2）成本分解结构（CBS）：成本分解结构必须与全寿命周期成本考虑的目标相匹配。该方法旨在从电力公司的角度发现优化变电站资产管理的潜力。高压开关柜具有特殊性：初期投资成本很高，然后得益于其各组件的高可靠性，其实际使用寿命相对较长。

需要区分系统成本和设备成本，因为这些成本要素本身的大小因每项技术的不同而有很大差异。图 48.1 为符合 IEC 60300［14］的成本分解结构。

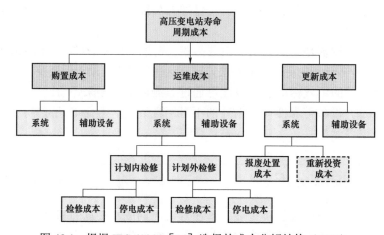

图 48.1　根据 IEC 60300［14］选择的成本分解结构（CBS）

（3）数据：任何可靠计算的基础都是可靠的数据。尽管电力公司通常可以很容易地获得购置成本，但单独的企业很难确定运维成本，尤其是计划外检修的支出。

因此，获取由第三方总结的不同电力公司和不同供应商的经验数据是很有用的。

## 48.4　全寿命周期成本核算的应用

TB 354《空气绝缘变电站成本降低指南》针对有效、高效的设计、施工和调试过程，给出了一系列指导方针，旨在尽量减少重新设计、返工和多次检查。它对影响变电站成本的问题及如何控制这些成本进行了实用的介绍，同时还介绍了如何通过使用预工程的、预制的、交接试验的集成设备和装置来降低成本，这些用于空气绝缘变电站的大多数原则也同样适用于气体绝缘变电站。

在第一个案例中，WG B3.15 发布了一份调查问卷，以评估对空气绝缘变电站工程和施工成本优化的机会。调查问卷收到了来自 18 个国家的 24 份答复，编制 TB 正文时也有用到这些调查结果。该 TB 提供了一系列重要的信息，有助于优化空气绝缘变电站从工程可研阶段到项目竣工期间的施工成本，具体内容如下：

（1）设计过程，如引用标准的一致化、可维护性、可施工性、新设计/绘图工具的使用、新技术设备的应用（主要设备、集成设备等）等方面。

（2）采购过程，如详细技术规范的制定、供应商的资格预审、与供应商战略联盟及一揽子采购订单的建立等。

（3）施工过程，如施工方法、先进施工设备的使用、工艺检查清单的质量控制等，现场物流、运输以及停电管理。

（4）试验和调试过程，如消除重复试验，记录良好的调试清单。

（5）项目竣工，如归档和现场清理。

该 TB 还介绍了一个工程检查清单，列出了从设计到项目竣工需要重点关注的地方，对变电站建设项目有实际的帮助。

该技术报告还有一些案例研究，旨在说明各电力公司是如何在实际中实现成本节约的。

### 48.4.1　设计过程

影响变电站设计的有不同的来源和不同的范围，有些问题是设计师可以控制的，而有些则是由外部因素决定的。此外，有些因素会影响整个项目，而其他则只影响变电站的特定区域。这些因素包括：

（1）强制性要求，如安全法规、环境和地方法规等。

（2）客户需求，如有新的电力供应商接入，进而需要连接系统及增加供电容量。

（3）电力系统的限制因素，如短路水平、系统控制和操作要求、可靠性等。

（4）运行和检修要求，包括可操作性、主要检修、备件可用性和具备适当技能。

通过确保认真、彻底地完成最初的初步设计，并且在设计过程中做到以下几点，便可降低变电站的整体成本：

（1）严谨的设计过程，在所有关键阶段都需进行设计审核。

（2）考虑整个寿命周期。

（3）认真考虑施工的可行性。

（4）最大限度地标准化。

（5）选择可靠且易于更换的设备。

（6）采用最佳技术的设备配置，同时需要考虑以后的扩展和更换。

（7）高水平的质量控制。

设计还应缩短施工工期，包括尽可能多的早期设计、非现场制造及交接试验。基本规范应涵盖对全寿命周期成本有影响、进而需要标准化的所有项目。

## 48.4.2  采购过程

为降低新建空气绝缘变电站或更新现有空气绝缘变电站总成本,在采购过程降低成本是显然的目标。然而,要想获得最大的利益,无论公司的经营策略和程序如何,这个过程的每一个方面都必须经过全面的审查,所有实施的环节都必须进行谨慎的审查。

需要重点考虑的是建立战略联盟或长期的一揽子订单,因为这样能使设备达到一定程度的标准化,从而减少了对备件的需求,实现检修标准化,进而最终降低了设备的寿命周期成本。

## 48.4.3  施工过程

在该过程中产生的所有成本,均在设备的寿命周期成本的范围内,是优化和压减成本的重点对象。通常来说,采购、施工和调试的直接成本占高电压设备寿命周期成本的90%。

## 48.4.4  试验和调试过程

在此过程中,试验结果可以提供设备的"指纹",这将为运维提供重要的信息。与设备运行后试验结果的比较可以为检修工作和以后对备件的需求提供信息。

TB 544 的附录 5.1 节选了 IEC 60300 中高压变电站的全寿命周期成本核算的部分内容。

## 48.4.5  检修策略与状态评估技术

如今,资产管理人员面临着严重的财务约束,迫使运营商需要考虑其全寿命周期战略,其中包括优化检修决策及随着设备的老化,做出明智的检修决策。文献［55］❶描述了一些目前在使用的检修策略和状态评估技术,其中有些是完全依照检修手册进行的,有些则完全没有遵照检修手册,并介绍了许多可能的情况。资产管理人员需要确定最适合的策略,并采用公认的检修策略,也可被用来收集必要的数据以评估设备寿命。

要确定正确的方法,需要了解设备及其运行条件和当前状况。要做到这一点,建议可对使用了 25 年以上的设备的所有重要组件进行基于状态的评估和有针对性的检修,这样做的好处如下:

（1）减少停电时间。

（2）与定期检修计划相比可以降低成本。

（3）尽量减少故障发生。

---

❶ 译者在英文原文中未找到文献［55］的具体名称。

（4）开关设备的预期寿命得到控制甚至有所增加。

（5）侵入性较小。

第 50 章和第 51 章进一步探讨这一问题。

### 48.4.6 退役处置

在决定延长设备寿命或进行更换时，电力公司一般可以考虑的选项如下：

（1）在同等水平上更换设备，这可能会提高故障水平。

（2）将空气绝缘变电站（AIS）更换为气体绝缘变电站（GIS），并重新利用或出售空闲出来的土地。

（3）更新现有设备以延长使用寿命，包括提升设备性能参数。

（4）将设某些设备（通常是断路器）更换成新的，然后将现有的用作备件，以达到延长寿命的目的，并通常在此过程中实现一定程度的设备参数提升。

（5）上述选项某些部分的组合。

## 48.5 变电站寿命周期成本评估

寿命周期成本（LCC）计算是变电站管理的一个重要课题，但该计算通常只关注变电站的单个组件而非整个变电站。有效的变电站管理应考虑所有的潜在成本，包括变电站布局、变电站维护及变电站故障。考虑所有这些成本参数将是一个复杂的多维问题。

要确定某一特定情况下的最佳选项，使用"可以/不可以"标准评估可用选项是有帮助的，然后再进行成本/风险优化，例如：

（1）现有设备的状况是否允许将其使用寿命延长到要求的期限呢？

（2）现有设备经过更新和/或更新组件能否达到要求的健康水平呢？

（3）更新/更新组件的设备是否符合健康、安全和环境方面的要求/法规呢？

（4）是否具备实施更新/更新组件及延长使用寿命之后检修所需的专业知识呢？

（5）如果正在考虑更换，是否有空间在系统地停用旧设备的同时进行更换？在检修现有变电站的同时，是否有空间放置安装 GIS 开关站？

（6）能否安全地开展工作？

回答了上述问题后，就可以根据成本和风险来评估剩余的选项：

（1）所需设备的资本。

（2）土建工程成本。

（3）更新、更新组件以及安装/调试设备的人工成本。

（4）开展工作所造成的停电成本。

（5）项目期间被迫停电或其他可能损耗的预测成本，如果是延期项目，该成本会更高。

（6）其他成本/收益，如额外的土地成本或出售新空闲出来的土地的收益［将空气绝缘变电站（AIS）更换为气体绝缘变电站（GIS）］。

（7）使用周期成本，包括检修成本（包括基于可靠性数据的计划停电和被迫停电的成本）、运行成本（损耗等）及寿命末期的停运成本。

（8）融资成本及投资回报（如适用）。

基于类似上述评估的结果，电力公司应该能找到适用于具体个案的最佳解决方案。

## 48.6　优化资产管理

本节探讨了国际大电网委员会（CIGRE）论坛和工作组发布的相关文件的内容，以说明高压变电站寿命周期成本分析的不同方法。

### 48.6.1　以可靠性为中心的资产管理

该方法[17]●涉及一个有关资产管理过程的模块化结构，明确了各功能模块（见图48.2）。每个模块都需要用到特定的模型和数据，进而产生明确的（局部的）结果。这种结构使资产管理过程能够适应不同电力公司的具体情况，同时提供最详细、最有意义的结果。除了以可靠性为中心的资产管理（RCAM®）分析，通过对相关组件进行全寿命周期成本分析所实现的对不同电力公司的成本评估，也能提供有价值的成本信息。投资和所有成本均需得到高度重视。

因此，关于未来系统在供电可靠性和经济指标方面表现的预测，以及在系统中安装的各独立组件类别的详细信息，对于电网发展和资产管理的长期成功具有很高的价值。

以可靠性为中心的资产管理方法侧重于分析和预判电网供电的可靠性，依赖于不同的策略，尤其是对电网组件的预防性维护以及预防性更换（如定义技术寿命）。

以可靠性为中心的资产管理的结果，可以提供有关电网的成本和质量之间关联性的定量信息，这些信息有助于对不同资产管理策略进行合理的评估和决策。除了有助于评估这些不同的资产管理策略之外，结果中的详细信息还可以得出有关电网的技术绩效和经济绩效的主要驱动因素与主要问题的结论（见图48.2）。

本节对以可靠性为中心的资产管理过程进行了概述，并给出了该方法的一些实际应用实例。

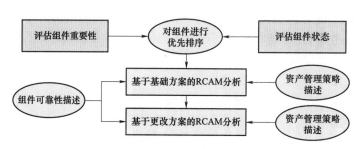

图48.2　RCM过程的典型核心模块

### 48.6.2　随机优化算法

文献［18］❷描述了运用一种优化算法来找到实现最低寿命周期成本的变电站管理方法。该方法将所有成本参数进行了各种可能的组合。还可利用该优化算法研究对特定变量的敏感

---

● 译者在英文原文中未找到文献［17］的具体名称。

❷ 译者在英文原文中未找到文献［18］的具体名称。

性。该优化算法能够找到寿命周期成本最低的变电站解决方案，并且能够提供有关对寿命周期成本结果影响最大的成本参数的信息。该思想的创新之处在于利用单一优化算法对整个变电站的寿命周期成本进行评估。文章还描述了使用遗传算法（GA）来满足所有成本参数，并介绍了一个案例研究来支持所开发的方法。

遗传算法的主要思想是以迭代的方式找到一个优化的变电站解决方案。该算法可随技术和冗余类型而改变变电站的组件布局；该算法采用迭代的方法，以提供最佳的变电站解决方案。它可以扩展到考虑先进的开关技术的应用。

### 48.6.3　标准的变电站间隔

行业内资源和专业知识的减少，正在推动对能够尽量降低与新设备应用和安装有关的风险与成本的需求。建立标准的流程以安装数量可行的变电站间隔将简化全寿命周期管理活动，如检修计划制订、备品备件供应和资源需求提出。

采用标准间隔的策略建立了一种适用于许多资产更换工作的方法（见图48.3）。减少冗余的工程、重复良好的实践的好处是能够提供更安全、更便宜、更可靠的间隔。尽管并非所有的间隔都是尺寸一致的，但该策略侧重于一般要素，以改进项目交付与合理地设计出全寿命周期成本。这还将带来小的改进和工作流程的简化，进而使业务的许多其他方面也受益。

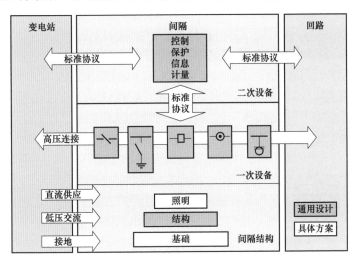

图48.3　标准间隔设计的边界和界面

该策略可大幅降低成本，但需要长期的坚持。如果该标准间隔策略没有被当作是日常工作的一部分而长期坚持，并且每个方案都要重新设计，那么成本和风险将逐步增加并超出当前的范围。

一个可能的策略是简化资产更换的过程，进而实现低成本和可靠的解决方案，并在商业环境的范围内完成工作。资源和专业知识永远是降低成本的切入点。该方法可以在不增加系统风险的情况下，降低重复工作对资源的长期消耗。

从理论上讲，资产更换是可预测的，检修活动也可以在一定程度上延长设备的使用寿命。电力公司已经通过集成式变电站信息控制和保护（SICAP）策略对二次系统实施了一种标准的方法。将这一概念扩展到整个间隔以充分利用这一策略将是一个自然的进程。

　　该策略需要适当的商业模式，适合于有适应的商业模式的关键解决方案提供商，该提供商需要有一个强大的机制，能满足不同复杂性和风险的变电站对灵活工作包的需求。必须制订奖惩标准以反映绩效。所有相关方均需做到这一点，以便从采取这一长期方法中获益。在促进以下方面仍面临着挑战：

（1）开放的技术架构和协议。

（2）与现有和替代供应商的设备无缝对接（见图 48.3）。

## 48.7　系统扩建的管理

　　为所有未来可能扩建的间隔配备齐全的控制和保护系统，应该可以缓解扩展现有系统所引发的潜在问题。变电站范围的计划尤其如此，如母线或断路器保护或数字变电站控制方案。然而，数字保护继电器在不带电状态下的寿命可能是有限的。

　　或者，不要预先提供任何回路保护继电器，以最大限度地提高将来可用的灵活性。

　　始终考虑设计和设备之间的平衡以适应以后的情况，并尽量减少过早更换设备的可能性。

　　设计时要考虑控制和保护系统的更换频次可能要比高压主设备高。

# 调试

John Finn, Mark Osborne, and Johan Smit

# 目录

J. Finn (✉)
CIGRE UK, Newcastle upon Tyne, UK
e-mail: finnsjohn@gmail.com

M. Osborne
Asset Policy, Engineering and Asset Management, National Grid, Warwick, UK
e-mail: mark.osborne@nationalgrid.com

J. Smit
High Voltage Technology and Management, Delft University of Technology, Delft, The Netherlands
e-mail: J.J.Smit@ewi.tudelft.nl

© Springer International Publishing AG, part of Springer Nature 2019
T. Krieg, J. Finn (eds.), *Substations*, CIGRE Green Books,
https://doi.org/10.1007/978-3-319-49574-3_49

## 49.1　简介

本章并不是关于变电站、新建间隔或翻修间隔如何进行调试的手册，而是解释调试工作的基本原理和过程。资产从施工或检修后投入运行时，调试工作既是安装的最后一步也是运行管理的第一步。

从安装的角度来看，调试是质量控制体系的最后一部分，以确保交付给客户或业主所要求的产品，已按照规范和合同要求进行了充分的检查，具备完整的功能。

从业主和管理者的角度来看，调试是接收资产并确保其满足规范中的所有要求与安装过程中可能有所修改的要求的第一步。预调试和调试试验的记录为变电站设备所有趋势监测的起始提供了基础。

因此，承包商（安装人员）通常会进行所有相关的试验并记录所有结果。这些试验将在业主代表在场的情况下进行，使其实际上成为一个共同工作。在资产相关的情况下，这可能只是相关工作的一小部分，但其原则仍然是一样的。

调试过程通常分为两个阶段：

第一阶段是在变电站设备接入电网之前进行所有必要的检查和试验。这些检查和试验通常被称为交接试验，因为它们是在实际设备投入使用或调试之前进行的。在此阶段应该尽可能多地进行试验，因为此时如果发现问题，是不会影响整个电网运行的。

第二阶段调试是系统调试，即将新设备实际接入电网的阶段，然后给设备带电并进行那些只有将变电站接入电网才能进行的试验。

## 49.2　工作流程

图 49.1 展示了空气绝缘变电站（敞开式变电站、下同）建设计划下达到调试期间的工作流程和职责。

不同步骤的数目与流程图中的名称相关。流程图明确了业主、服务供应商和制造商的职责。

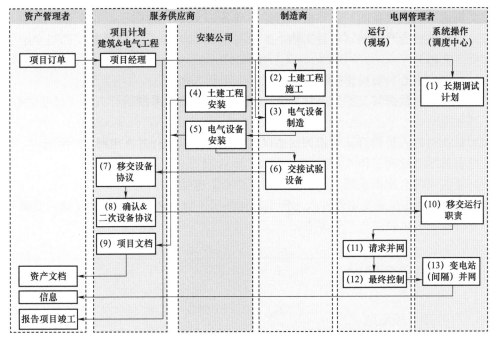

图 49.1　引自 TB 514 所述调查的高电压试验经验

从业主的项目订单开始,作为服务供应商的项目经理开始接管进一步的工作,并通过以下几个步骤来监督整个流程:

(1) 在整个项目的时间进度表中明确调试(变电站并入电网)时间(如提前 1 年)。安排如 1 周的时间并通知调度中心。

(2) 土建工程的构件(支座、基础等)由土建单位(建筑承包商)生产。

(3) 开关设备/互感器/避雷器由厂家提前进行试验和验收。电力变压器由厂家进行试验,然后运送到安装现场。

(4) 变电站的土建工程构件由服务供应商安装。

(5) 电气设备的安装(包括设备间的电气连接),由服务供应商负责。

(6) 设备的交接试验由厂家负责。这包括在服务供应商的监督下进行设备定值设置、注油及开关设备的机械操作(功能)。

(7) 由厂家准备并签署的针对安装设备的移交协议。这包括按照标准规范验收设备并检查可能的运输损坏。协议主要依据 IEC 62271(IEC 2011),如有关开关设备。第 1 部分(第 11 章)列出了一般规定,不同设备的具体规定则有专门的章节介绍,如(IEC 2006)断路器,就有专门的第 10 章运输、储存、安装、运行和检修规范。

(8) 二次设备的确认包括类似以下任务:

1) 对高压进出线接线(互感器的正确连接)的外观检查;

2) 直流电源;

3) 设备的功能检查(信息、闭锁);

4) 相关紧固装置或压紧条;

5) 开关设备、电力变压器检查(不带电)。

移交协议（二次设备的）必须由项目经理准备：

（1）从安装报告开始编制项目文档［参见图 49.1（4）和（5）］，并将文档提交给资产管理者（资产文档）。

（2）由调度中心负责操作授权，将责权移交运行人员。

（3）所有项目数据移交给资产管理者，相关信息移交给系统运行人员（调度中心）。现场操作并入电网。

（4）系统运行人员检查就地相关状态以确定是否可以进行并入电网（安全规则、安装检查、变电设备区域没有工作人员）。

（5）开关设备合闸由系统运行人员（调度中心）完成。

最后，系统操作员就变电站并入电网事项通知资产管理者，同时项目经理需要编写最终报告（项目竣工）以移交资产管理者。

## 49.3　第一阶段预调试

### 49.3.1　目的及一般原则

变电站中涉及的所有设备都将经过与设备类型相适应的常规试验，如有必要，还需进行买方要求的特殊试验。这些试验应该清楚地表明设备在出厂前是可以按照要求工作的。因此，第一阶段的预调试不是为了证明设备实际上是符合规格的，而是为了确保设备在运输中未损坏并且有正确安装、能在现场正常运行。具有可选项设置的设备通常不会在工厂对现场将要使用的特定设置进行试验，因此这部分试验也可在调试期间进行。

此外，调试时的试验将为设备首次投入使用时的性能提供基准参考值。例如，可以记录绝缘电阻值、开关操作速度、绝缘油品质、接触电阻等，以便与设备使用寿命内的类似测量值进行比较，进而检测变化趋势。诸如避雷器和变压器等设备开展的一些试验，实际上是其状态的有效"标志"，这些试验对趋势变化分析是非常有效的。

现在要求尽量缩短项目时间，特别是变电站扩建工程。这将缩短安装新间隔或更换间隔时的停电时间。这就需要缩短或减少现场预调试。这样做存在很大的风险，即在发生故障时可用于后续分析的信息不足以协助查明原因。经常认为，如果设备已在工厂进行试验，那么只需要检查它在交付和安装过程中没有损坏并且能正常工作即可。这似乎是符合要求的，但就所需基准信息的详细程度而言，工厂试验及其结果的程度通常是不够详细的。此外，调试试验通常需要直接参与变电站运行、检修和故障查找的人员参与，以便他们能够确保所记录的信息足以满足其需求。众所周知，让工厂以调试试验的水平进行试验是很困难的，而让现场的工作人员去工厂参与试验也是几乎不可能的。

最后，有些试验或检查只能在设备安装在最终位置时进行，例如，在相关环境温度下检查剪刀式隔离开关触头的导通情况。

下面，我们将看一下针对变电站设备主要项目所进行的典型的预调试。

### 49.3.2　检查和试验顺序

下述有关检查和试验的一般清单涵盖了变电站大部分的设备，并就试验顺序给予了建议。该顺序旨在提供尽可能多的自我检查。例如，如果断开设备连接进行励磁特性试验，那么稍后进行的一次注入试验就将检查连接的是否正确。应避免断开与前面试验有关的回路，如果无法做到这一点，则需要重新试验以证明受干扰的回路。

以下是按推荐顺序进行的一般检查和试验的列表：

（1）检查设备外观。

（2）一次设备的耐压试验。

（3）电阻测量。

（4）交流、直流控制和保护电路的绝缘试验。

（5）二次回路绝缘试验。

（6）电流互感器励磁特性试验。

（7）继电器二次侧注入试验。

（8）控制电路接线检查。

（9）控制、合闸、跳闸和保护（包括连锁跳闸）的功能性试验。

（10）电气和机械连锁检查。

（11）远程控制、控制、报警、指示和模拟量的功能性试验。

（12）通过一次注入试验和接线回路电阻试验，测量电流互感器和电压互感器的变比并进行极性试验。

（13）试验后备保护跳闸和闭锁回路。

（14）充电前的最终检查。

### 49.3.3　低压交流电源

由于在变电站调试期间，许多工作都需要交流电源来完成，所以先调试低压交流系统是有好处的。通常会对低压交流屏柜进行绝缘电阻试验，以确保绝缘电阻满足要求，然后进行 1min 的工频耐压试验。各种保护装置应经过一次和/或二次注入试验。如果屏柜有防止系统电源和备用柴油电源并联的连锁，则应对连锁进行正向动作和反向动作检查。通常情况下，不能通过最终设计的屏柜电源为其供电时，如果变电站有一个应急柴油发电机，则可利用该发电机为其供电。重要的是：在使用该柴油发电机之前，承包商和电力公司应就其使用达成一致。在这种情况下，应该在使用柴油发电机之前对其机组进行常规检查。

如果没有可用的应急柴油发电机或将其用于调试未得到同意，则需要通过临时柴油发电机为低压交流屏柜供电。一旦低压交流系统开始工作，就可以为蓄电池充电器和其他变电站辅助设备及建筑物设施供电。

### 49.3.4　建筑物设施

应尽早调试建筑物设施，以确保照明、供暖和空调等基本设施在调试期间能够正常使用。应检查每个房间的照明水平，以确定它们是否符合设计要求，并进行检查以确保所有区域均有照明。

### 49.3.5　蓄电池与充电器

一旦低压交流系统开始工作，就可以给充电器供电进而给蓄电池充电。如果蓄电池是透气型的，那么在给蓄电池充电之前，应检查所有电池中的电解液液位。可检查充电器输出端和配电屏柜上的电压来看是否在工作范围内。在重新充电、使用之前，通常会对蓄电池进行负载放电试验。通过断开充电器的电源，可以检查充电器的故障报警，并且在充电器不工作的情况下，可以检查蓄电池电压。该系统在正常情况下，通过正、负极分别独立接地，可对正、负接地故障报警进行检测。直流系统运行后，其他所有设备即可开始调试。

## 49.3.6　开关设备

### 49.3.6.1　断路器

可利用 5kV 或 10kV 的绝缘电阻试验仪来检查断路器的绝缘电阻，以确认该值不小于 500MΩ。触头的接触电阻应使用四端微欧姆表进行检查，每个触头的电阻应在 10μΩ 的级别。如果被测量回路中有任何其他触头，则应允许每个触头额外再有 10μΩ 的电阻。应进行断路器时间特性试验并记录结果，以便与以后维护期内进行的试验进行比较。时间特性试验应包括记录断路器不同相的不同期时间，以及断路器同相不同断口的不同期时间。如果有合闸电阻，也应记录其时间特性。应在现场按照 O—CO—t—CO 的操作循环进行试验，以检查机构的储能情况。如果装置是液压型，则应检查油的压力，并在循环试验期间进行测量。应检查泵的运行与报警、闭锁压力。

### 49.3.6.2　隔离开关和接地开关

隔离开关有许多不同的类型，安装时应完成制造商建议在安装中进行的检查。这对于剪刀式隔离开关尤为重要。在检查固定触头的位置时，注意记录温度是很重要的，因为固定触头的位置会随着温度而变化，原因是随着温度的升高，导线的弧垂将增大。还应检查隔离开关在手动和电动状态（若有）是否能平稳运行。

接地开关应进行类似的检查。通常情况下，如果接地开关安装在与隔离开关相同的构架上，则可能内置连锁，以防止隔离开关合闸时去合接地开关，或者相反，防止接地开关关合闸时去合隔离开关。这种连锁应从这两方面检查。如果有提供磁性螺栓连锁，应检查其是否足够坚固，以便在连锁条件不满足时，能够承受电机驱动的操作（有些设计采用的是连锁盘，其厚度不足以承受电机驱动力）。绝缘电阻和接触电阻的测量应按照与断路器相同的方法进行。

当切感应电流的接地开关装有分立的真空室时，应检查灭弧室和主触头的操作顺序正确。

### 49.3.6.3　GIS

GIS 通常进行 1min 的工频试验，尽管一些国家采用在运行电压下对其进行更长时间的带电考核试验的替代做法。如果要进行高电压试验，在对地施加电压之前，确认电压互感器和避雷器等设备被隔离是很重要的。该试验在检查开关设备有效清洁及内部没有颗粒或碎屑方面很有效。为了尽量降低试验中闪络的风险，在试验过程中使用局部放电监测是有用的。如果缓慢升高试验电压，存在的问题都可能被局部放电监测仪发现，然后可以在产生闪络前降低电压。此外，使用声发射检测仪应该可以确定需要进一步检查的特定气室，以消除故障。还应检查气体监测系统的报警和闭锁压力。TB 514 描述了相关的经验，并在其表 6.4 中进行了总结，本文请参见表 49.1（CIGRE 2012）。

### 49.3.7 变压器

运输变压器时，通常会配备一个"冲击"或"碰撞"记录仪。理想情况下，该记录仪应是一个电子波形记录仪，其电池寿命超过 3 个月，并配有能够在频域内查询碰撞的软件。变压器被送到现场后，应立即查看"冲击"记录仪以确认运输过程中是否有碰撞。将变压器置于其基座上之后，应开始注油和过滤。应取油样进行耐压试验，直至获得满意的耐压（2.5mm 承受超过 50kV 的电压）。处理完油之后，应进行以下检查：

（1）检查油枕、切换开关油箱、套管等处的油位是否正常。

（2）检查低油位报警的工作情况。

（3）检查所有阀门是否处于正确位置——按要求打开或闭合。

（4）检查所有温度计感温座是否注满油。

建议在变压器接入电网之前检查绝缘电阻值，以便将这些值与在工厂所测的值进行比较。还应测量铁芯对地的绝缘电阻，因为这可说明变压器在运输过程中有无任何损坏。

通常会进行绕组极性试验来检查相位是否正确，可否接入电网。

应在变压器的每个抽头上进行以下检测：

（1）变比，HV—LV、HV—TV、LV—TV。

（2）绕组电阻。

（3）空载电流试验。通过输入 400/230V 的电源到变压器来完成，试验时低压开路。应使用模拟电流表进行测量，并检查当分接开关挡位切换时电流是否有中断。如果有短暂的中断，从模拟仪表上是可以看到的。

表 49.1　　　　　　　　　　高压试验概要（来自 TB 514 中的调查描述）

| 电压等级 | 调试时是否有进行工频耐压试验？ | | 调试时，除了工频耐压试验外有进行冲击电压试验吗？ | | 调试试验期间有指定局部放电测量吗？ | | 常规局部放电测量 | 甚高频/超高频局部放电测量 | 超声波局部放电测量 | 其他局部放电测量 |
|---|---|---|---|---|---|---|---|---|---|---|
| 数量 | 有 | 没有 | 有 | 没有 | 有 | 没有 | 有 | 有 | 有 | 有 |
| 60≤U<100kV | 14 | 1 | 1 | 14 | 11 | 4 | 10 | 1 | 0 | 0 |
| 100≤U<200kV | 18 | 2 | 2 | 18 | 14 | 6 | 13 | 1 | 0 | 0 |
| 200≤U<300kV | 16 | 0 | 1 | 15 | 14 | 2 | 14 | 2 | 1 | 0 |
| 300≤U<500kV | 17 | 0 | 2 | 15 | 14 | 3 | 12 | 2 | 4 | 0 |
| 500≤U<700kV | 11 | 0 | 2 | 9 | 10 | 1 | 8 | 2 | 0 | 0 |
| U≥700kV | 1 | 0 | 1 | 0 | 1 | 0 | 0 | 1 | 0 | 0 |
| 总计 | 77 | 3 | 9 | 71 | 64 | 16 | 57 | 9 | 5 | 0 |

分接开关的其他检查有手动操作、就地电气操作、远程电气操作、自动并联操作和量程末端限位开关的检查。对分接开关自动抽头切换机制进行二次注入试验，以检查设置和死区是否正常运行。

应通过设置和验证风扇与泵的运行温度及绕组温度报警、跳闸值来检查冷却系统。确保泵过滤器安装正确，泵流量方向正确。应通过二次注入法检查绕组温度指示器，油温也应检查。

应通过注入空气来检查气体继电器保护报警和气体继电器保护跳闸，相关继电器的运行也应检查。

对于输电系统中的变压器，通常要进行频率响应分析（FRA）试验，在调试期间还可能进行扫频分析（SFRA）试验。SFRA 试验的具体做法是在绕组的一端施加电压，然后测量另一端的输出电压，在此过程中，其他绕组处于开路状态。施加的电压保持不变，其频率在一个范围内变化，然后记录输出电压并绘制成图表。这有效地为绕组创建了一个"指纹"，可以与在工厂时测得的结果进行比较。绕组有任何的位移（可能发生在运输过程中）都将引起"指纹"的变化。还可将调试期间获得的"指纹"与之后变压器寿命周期内测得的结果进行比较，以检测变压器在使用过程中是否发生了损坏。

### 49.3.8　电力电缆

电力电缆的典型检查和试验有：

（1）外观检查。检查电缆是否符合规格，外部有无损坏痕迹。应明确检查所有可见的连接点。应检查电缆的布线，以确保未超过其弯曲半径要求。如使用穿芯式电流互感器，需确保连接正确，以使电流互感器正常工作。检查电缆是否有合适、正确的标识。

（2）如果可能，对所有连接进行电阻测量，以确保连接良好。

（3）使用高压（15kV）进行绝缘电阻试验。测量每一相时，应将其他两相连接在一起并接地，同时所有屏蔽等都应接地。

（4）应对每根线芯和屏蔽进行导通性检查。

（5）应进行耐压试验。该试验的目的是在电缆投用前通过施加高电压发现潜在缺陷，以检查新安装电缆系统的可靠性。

通常通过将电缆置于电应力下来激发缺陷。在许多情况下，将产生可以检测到的局部放电，而最终将导致电缆绝缘的损坏。

由于电缆的大电容，选择合适的电压和电压源可能非常困难。电压必须足够高，以使缺陷在试验期间转换为故障或产生可以检测到的局部放电，但不能高到使健康电缆劣化。

目前使用的耐压试验有直流试验、采用谐振试验装置的交流离线试验、交流在线试验、甚低频（VLF）交流试验和阻尼交流（振荡波）试验。其中每种方法都有其各自的优缺点，总结如下。

#### 49.3.8.1　直流试验

这种试验方法在过去被广泛使用，因为它解决了与电缆电容相关的无功功率问题。另外一个优点是该试验所需的设备相对较小、便宜且易于运输。它的缺点是没有极性变换，因此永远无法像交流试验那样有效。随着越来越多地使用交联聚乙烯电缆，该试验方法已不再受欢迎，因为它被发现在试验这类型电缆方面不适合。

#### 49.3.8.2　交流离线试验

该方法是使用处于或接近工频的电压进行试验，许多 IEC 和其他标准中都有提倡该方法。建议的电压通常在 $1.1U_0 \sim 2.0U_0$ 之间，但常见且合理的做法是使用 $1.7U_0$ 持续 60min。该试验方法的优点是电压足够高，可以使缺陷加速老化，并且由于电压处于或接近工频，试验过程中的老化机理与电缆在使用过程中的老化机理直接相关。这种使用谐振试验装置的方法已被采用了很多年，得到了充分的验证。但该方法的主要缺点是所需的试验设备体积非常大、价格昂贵且难以运输，通常需要一个或多个大型铰接式低平板车将其运到现场。

### 49.3.8.3 交流在线试验

该方法实际上就是在正常电压下进行带电考核试验，一些电力公司有采用这一方法。该方法的明显优势是操作快速、简便，无需任何特殊的试验设备。此外，该试验是在工频下进行的。但该方法也有一些明显的缺点：如果发生故障，几乎肯定会具有破坏性，并且会破坏有关问题最初起因的所有证据，故障发生时在附近的人员可能也会有危险。此外，因为该试验是在正常电压下进行的，所以任何缺陷均不会出现加速老化的现象。如果采用这种试验方法，则应将其与局部放电检查结合起来，以帮助发现任何初期故障。

### 49.3.8.4 甚低频试验

该试验方法施加的试验电压的频率通常为 0.1Hz 或甚至 0.01Hz，因此避免了对庞大试验设备（类似于直流试验）的需求。由于该试验装置所需的无功功率与频率成正比，因此该试验装置比工频试验装置小且便宜得多，但以非常低的频率进行试验可能需要很长时间才能产生结果。11kV 和 33kV 频率为 0.1Hz 的甚低频试验被广泛使用，在更高的电压下也可获得良好的结果。甚低频试验也可与局部放电监测相结合。

### 49.3.8.5 振荡波试验

该试验通过将电感器和被测电缆串联，然后从直流电源给电缆充电来完成。电缆充电时，使用高速固态开关将电感器与电缆的电容并联以形成谐振电路。将电抗器调谐到电缆电容将产生接近工频的阻尼振荡，进而提供试验电压。该试验的优点是可以使用较高的试验电压，且该电压近似于工频。这种类型的试验所需的设备比谐振交流试验所需的设备要小得多且便宜，并且可以与局部放电测试一起使用。

### 49.3.8.6 局部放电测试

除直流试验外，上述所有试验方法均可与局部放电试验相结合，从而在故障发生前检测到缺陷引起的不良迹象。在调试试验期间，局部放电检测通常在处于或接近工频的较高电压下进行。进行离线局部放电试验时，需要断开电缆，短接所有护套避雷器，并拆除交叉线路以形成连续的接地护套。通过使用外部电压源进行离线试验，可以检测到局部放电起始电压（PDIV）和局部放电熄灭电压（PDEV）。局部放电试验也可在线进行，但电压只能是额定电压，因此无法检测到 PDIV 和 PDEV，但它的优势在于可以对工作中的电缆进行连续监测。

由于在相对较长的超高压电缆上进行高压耐压试验的复杂性，电缆供应商和电力公司之间应尽早讨论要采用的方法，以便为特定安装选择最合适的方法。

## 49.3.9 接地系统

接地系统是变电站一个非常重要的部分，用来确保发生接地故障时工作人员和公众的安全。变电站调试时，通常会进行以下试验。

### 49.3.9.1 接地导体接触电阻

该试验是在接地网中的每个接头上进行的，旨在确保他们正确地连接在一起。使用四端微欧姆表进行试验，并且至少 10A 的电流注入（见图 49.2）。

### 49.3.9.2 连接导通试验

为了确保变电站的每个设备都正确地连接至接地系统，应使用四端微欧姆表在接地网和设备连接点之间进行类似上述的试验。

### 49.3.9.3 接地网电阻

这是一个非常重要的参数，因为在接地故障时，现场接地电位的上升等于故障电流乘以变电站接地电阻。这种试验通常使用四端复合接地测试仪进行，该试验仪的导线很长，通常为 1000m。该方法被称为电位降法。测试仪在接地网和远程点之间注入电流，然后在两者之间的不同距离处测量电压。试验装置如图 49.3 所示。

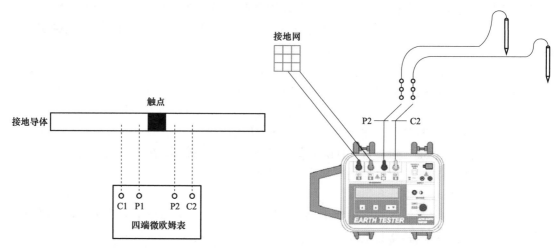

图 49.2  接地导体接触电阻测量接线图    图 49.3  利用电位降法测量接地电阻的典型连接图

测试仪的 C1 和 P1 探头与变电站的接地网连接。C2 探头连接于大约 1000m 长导线的末端，理想情况下，该导线是避开任何埋设的电缆或管道的。将 P2 探头置于 C2 导线长度的 80% 的位置，然后与测试仪相连并测量电压。随后将 P2 导线与仪表断开并置于 70% 的位置，然后测量电阻。电流和电压引线之间的距离应至少为 300mm，并且避免交叉。将 P2 探头分别置于 65%、60%、55%、50%、40%、30% 和 20% 的位置并进行上述测量，便可绘制出电阻和距离的关系图。可通过不同的方法从这些测量值中得到接地网的电阻。一个简单的方法是从上面绘制的图中得出所需的距离为 61.8% 时的电阻。另一种方法是斜率法，利用 20%、40% 和 60% 的测量值得出斜率系数，具体公式如下

$$\mu = \frac{R_{60\%} - R_{40\%}}{R_{40\%} - R_{20\%}}$$

得出的值（$\mu$）应在 0.1～2 的范围内。如果超出该范围，则说明电流探头的位置与被测接地网之间的距离可能不够，因此需要将其重新定位然后再次测量。

获得接地电阻的另一种方法是使用专业的接地模拟软件来解读结果。

### 49.3.9.4 终端塔接地连续性和电阻测量

可通过试验来检查终端塔是否有连接至变电站的接地网，如果有，则测量连接的电阻。可通过在接地网和终端塔的每个支座间注入电流并检查测得的电流来进行连续性检查。电流最大的支座就是连接接地导线的位置。如果所有支座的电流值相同，则终端塔可能没有连接至接地网。可通过在塔和接地网之间注入电流并测量连接两端的电压来测量电阻值。

### 49.3.9.5 分立接地间的电气隔离

在有些情况下，有必要检查两根地线没有被连在一起。这方面的一个例子是变电站的围

栏并没有通过变电站的接地网接地，而是特意对其进行了单独接地处理。为了确保这两个接地系统没有被连在一起，应使用上述电位降法分别测量接地网和围栏的接地电阻。然后将一组电流和电压导线连接至围栏，另一组电流和电压导线连接至接地网，利用四端微欧姆表测量接地回路电阻。如果测得的电阻大于围栏和接地网的接地电阻之和的 0.8 倍，则两个接地系统之间是分隔的。如果小于 0.8 倍，则两个系统之间并没有完全隔开。

### 49.3.9.6　一般安全注意事项

需要特别注意在接地系统上工作有潜在的危险。应依照与现场有关的安全规则及针对外加电压的任何附加准则开展工作。进行试验的工作人员应穿戴绝缘手套和绝缘鞋。危险的主要来源是接地故障时不同接地系统甚至同一接地系统不同部位间存在的电位差。如果认为可能发生接地故障，则不应开展工作，例如，如果该区域有雷电警告或计划进行开关操作，则不应进行工作。接通或断开与接地系统或接地系统内部的任何连接时，应使用经批准的安全方法和工具。

在使用很长的试验引线的情况下，如果该引线与高压架空线或电缆平行，无论它们之间的距离是多少，都有可能产生感应电压。因此涉及长引线的试验应由两个沟通顺畅的人一起完成。

## 49.3.10　互感器

### 49.3.10.1　电流互感器

应通过直流"弹动"试验（DC "flick" test）来检查每台电流互感器的极性，并在电流互感器电路上进行回路电阻试验。应通过一次注入试验来检查电流互感器的变比。如果在一相和另一相之间进行注入试验，则可以检查每个相位的相对极性，同时还需确认冗余连接中没有电流。如果能注入足够的电流以使继电器开始运行，则最好是在该试验的同时顺便检查一下保护继电器的运行。每一个二次绕组都应进行绝缘电阻试验来检查绝缘电阻，具体做法是将被测电流互感器电路中的接地线移除，同时保持其他所有电流互感器接地线闭合。应测量每个二次绕组的次级电阻并绘制其磁化曲线。如果电流互感器本体中有多个不同的铁芯时，则可以识别不同类别的电流互感器。

### 49.3.10.2　电压互感器

可通过一次注入试验来检查电压互感器的变比，具体做法是利用低压交流电源供电，然后查看每个二次绕组的输出电压。应对每个二次绕组进行绝缘电阻试验，以检查绝缘电阻。应检查以确保二次侧有明确的隔离点，以防止工作许可时发生反向带电。

## 49.3.11　保护设备

### 49.3.11.1　绝缘电阻

在为任何保护回路供电之前，应进行绝缘电阻测量，最好是使用 1kV 的绝缘电阻测试仪进行试验，并且其他回路在试验期间均应接地。检查所有可能被试验电压损坏的继电器或信号设备是否已被移除或采取保护措施是很重要的。试验应包括以下设备的绝缘电阻或它们之间的绝缘电阻：

（1）电流互感器回路。

（2）电压互感器回路。

（3）直流回路。

（4）电流互感器和电压互感器回路。

（5）直流回路和电流互感器回路。

（6）直流回路和电压互感器回路。

在进行试验时，应参考原理图以了解如何将所有回路都包含在试验中。

在插入熔丝和连接或接通 MCB 前，应对各个电路（例如跳闸、合闸和报警）进行接地和极间试验。

### 49.3.11.2　二次注入

在对继电器进行电气试验之前，应对其进行彻底的外观检查，并查看所有包装材料是否已被移除。

二次注入试验的目的是：

（1）检查继电器在运输过程中是否有损坏。

（2）检查继电器在工作模式下的性能是否符合规范。

（3）检查继电器在整个系统中的性能。

（4）如果是数字继电器，检查所选择的逻辑和软件文件是否正确，并根据所需的方案证明其性能。

在二次注入试验期间应禁用直流和跳闸，且用于电压应为未失真的正弦波。通常注入回路以使电流互感器与继电器并联。需检查电流互感器的两侧是否有接地导线来确保电流互感器的一次端没有被短路。

电流继电器应记录其上升值和下降值，如有可能还应记录上升和下降时间。为避免继电器过热，可将其短接后设置电流值，然后移除短接并带电。具有定时特性的继电器应在插头设置下进行注入，并记录动作的时刻。

高阻抗系统中的电压继电器应同回路中所有相关的继电器，可调电阻器和电流互感器一起进行试验。

距离保护继电器或偏移特性单元保护继电器等复合继电器，应使用适当的试验装置依照厂家的说明进行试验。试验的目的始终是确保继电器在运行设置状态下能按预期正常工作。

还应进行二次电流注入试验，以验证自动调压、同步、低频保护等系统能够正常工作，就地、远程仪表能够正常工作且读数正确。

### 49.3.11.3　功能检查和直流回路操作

该过程需由经验丰富的调试工程师按照原理图系统地完成，以验证回路中的每个设备能否正常工作。既要进行动作检查也要进行拒动检查。动作检查是指设备处于正确的运行位置且能正常动作。拒动检查是指设备未处于正确的运行位置且不能动作。任何应在特定值时动作的设备，如在低液压下防止断路器操动机构动作的装置，都应验证其动作值。应检查断路器合闸和跳闸的最小工作电压，以确保它们符合规定值。在进行跳闸回路监测的情况下，除了正常的动作和拒动检查外，还应测量断路器分闸和合闸时通过回路的监测电流。

对于任何延时继电器，无论是在上升时延时还是在下降时延时，都应验证其能否正确定时。对于自动重合闸等自动程序，既要进行动作检查也要进行拒动检查。系统间的时间配合，如自动重合闸跳闸的继电器复位，应得到充分验证。

应检查所有变压器非电量保护装置（如气体继电器、压力释放阀）能否正常工作，并检查相关指示情况。

### 49.3.12　控制、指示和报警

在对所有控制、测量和报警回路进行功能检查之前，应先检测其回路绝缘电阻。

应在所有可能的运行位置检查所有断路器，隔离开关和接地开关能否正常动作，最好按以下顺序：

（1）手动操作。

（2）就地电气操作。

（3）变电站内远程操作（备用控制）。

（4）自动操作（如适用）。

（5）从控制中心远程操作。

在这些验证试验期间，对选择开关和其他任何闭锁触点，均应进行动作和拒动检查以看其能否正常动作。

其他控制功能，如分接头切换控制、保护投入/退出切换等，都需要进行验证。

应在所有位置上验证断路器、隔离开关和接地开关的状态指示。此外，如果有"不信任此状态"（DBI）这一提示，则应验证该指示能否正常工作。状态指示通常取自设备上的辅助触点，对于某些功能而言，辅助触点相对于设备主触头的动作时序可能是很重要的（例如，隔离开关的辅助开关用于高阻抗母线保护中电流互感器的通断触点）。在这种情况下，应检查辅助触点的正确时序。

应检查所有报警能否正常工作，以及所有位置所对应的图标。就地单独发出的报警通常会以组合报警的形式发送到远程位置。检查发出的组合报警是否正确是很重要的。

由于到远程控制中心的通信在远程操作时经常会出现延迟，所以可利用集控站来验证所有的指示和警报，因此唯一未经验证的部分就是通信。

### 49.3.13　其他设备

仅通过一个章节涵盖所有类型设备的调试是不现实的，因此这里只涵盖了大多数变电站所共有的设备。避雷器、电容器、电抗器和电阻器等设备则属于变电站的设备。对于发电厂的设备来说，应遵循制造商的建议及电力公司根据经验所总结的步骤。将试验/测量的所有相关细节记录在结果中是非常重要的，可用于日后查找故障和维护。例如，在测量内熔接电容各单元的电容时，记录环境温度是很重要的，因为电容值会随温度的变化而变化。

### 49.3.14　整体检查、连锁、同步等

截至目前，提到的大多数试验都可以按间隔进行，但有些试验是涉及整个变电站的，例如：

（1）连锁——接地开关和带负荷转移的母线隔离开关等其他涉及整个变电站的联闭锁。

（2）同期检查——这通常涉及整个变电站的母线，以使电压的选择是有效的。

（3）硬连接母线保护——涉及整个变电站的电流互感器二次及跳闸的公共回路。

这些试验应在项目结束、整个回路系统建成后进行。

需要注意的是，对于现代化计算机控制的装置来说，所需的逻辑可以电子的方式内置于

其中或内置于数字母线保护继电器中,因此大部分上述母线回路都可省去。这通常不会给初始调试带来任何特殊问题,但如果日后需要进行修改,这可能是一个困难的过程,尤其是对于连锁系统。问题就在于修改软件时很容易意外地修改一些不应该修改的东西。在整个变电站中重复所有的正、负连锁检查是不可行的,所以通常的解决方案是在制造商的工厂中创建一个模拟的、完整的变电站,然后在该模拟变电站中试验更新后的软件。如果试验没有问题,便可将新软件上传到现场的控制设备中。对于同步或母线保护来说,这个问题就没有这么困难了。

### 49.3.15　带电前的最终检查

所有预调试试验完成后,应进行彻底的检查以确保用于试验的所有导线、短路线等均已被移除。所有继电器的设置应为工作模式下的设置,所有熔丝、连接和 MCB 均应处于正确的工作位置。需要注意的是,在进行第二阶段调试时,需要修改某些设置,这应被写入启动计划。所有安全文件(工作许可、试验许可、访问限制等)均应得到批准,应通知所有工作人员现场正在准备带电。

## 49.4　系统调试

当所有的交接试验都已完成,为了最终确认一切都已准备就绪,需要通过系统给设备带电,然后开始第二阶段的系统调试。

### 49.4.1　准备启动方案

为了确保变电站或新间隔的第一次带电能有序、可控地进行,准备一份详细的启动方案是有必要的。该方案将详细说明在启动设备前需要进行的所有具体的检查。这很可能包括在保护设备上应用临时调试设置,以确保如果出现任何问题,能很快地清除故障。在过去,这通常意味着将过电流和接地故障继电器的时间系数设置为 0.1。而对于有多组不同设置的现代继电器来说,这意味着采用调试时的设置。选择调试设置这一做法及随后返回到工作设置,应被包含在启动方案之中。

带电方案通常是一个逐步进行的过程。一次只给较短的母线或发电厂的一个设备施加系统电压。当某一设备第一次带电后,要等待一段时间以确保一切正常。需检查电压和电流,以判断是否有异常。在继续给后一个设备带电之前,需对当前设备进行直观检查。带电通常需要合断路器,如果断路器和隔离开关之间的部分已完成带电,那么需要先分开断路器,然后合隔离开关、再合断路器,进而为隔离开关后面的另一个设备带电。在制订启动方案时,必须注意确保在此过程中不会发生异常或不可接受的情况。第一次带电时可能出现的一种特殊情况是电压互感器的铁磁谐振,尤其是气体绝缘变电站(GIS)中的变压器,但空气绝缘变电站(AIS)中的变压器也可能出现这种问题。如果电磁式电压互感器与一小段母线相连,并且通过配有均压电容器的断路器带电,则在均压电容器和电压互感器的电感之间可能发生铁磁谐振。如果发生这种情况,将产生非常大的电流,几秒之内就会损坏电压互感器。这是调试过程中非常令人为难的一个状况。在准备启动方案考虑到检查并避免这种情况发生是非常重要的。启动方案必须确保这一点,同时还应确保方案的每一步均不会使发电厂的任何设备处于设计时未曾想到的状况中。在进行任何启动操作之前，承包商、电力公司现场工作人员及其控制中心之间，必须就启动方案完全达成一致。

### 49.4.2　授权实施

相关方就启动方案达成一致且变电站或间隔的带电准备一切就绪后，通常会签署一份正式文件来确认这一点。本文件通常由承包商和电力公司现场工作人员签署，声明在断电状态下可以合理地对设备进行的所有试验均已完成，现在需要对设备进行带电以完成调试过程。在此阶段，应进行最终的检查，以确保所有安全文件均已被批准。

### 49.4.3　一般原则

获得授权后便可开始带电过程。带电过程通常由电力公司的调度控制中心实施，该中心会根据协商一致的启动方案向其现场的工作人员发出启动指令。应记录过程中每一步的设备状态。此阶段的目的是确保所有设备在带电状态下不会有任何异常，并检查电压互感器的相位和单元保护系统的稳定性，以确保极性正确，使保护在保护区域以外发生故障时能保持稳定，但在保护区域以内发生故障时能跳停。

### 49.4.4　带电考核

某些设备带电后，通常会对其进行带电考核试验。这对于电力变压器来说是很典型的，即在断开低压断路器的情况下施加正常电压达 12h 或 24h。在带电考核试验的某个阶段，应将分接开关在其整个工作范围内动作一遍并查看电压。应对气体继电器进行检查，以确保在整个试验中没有产生任何气体，或采取油样来评估油中是否存在可能表明内部故障的气体。

在某些情况下，可能对电力电缆，甚至是气体绝缘变电站（GIS）如有可能进行带考核试验。这种带电考核试验可能是之前离线加压试验的补充，或者在某些情况下也可代替离线加压试验。在这些带电考核试验过程中检查局部放电是非常有好处的。

### 49.4.5　负载试验

为了确保电流互感器和电压互感器的二次电路、继电器、传感器等能够准确地表征系统的负载情况，有必要进行多次负载试验。

通常需要进行相位检查，以确保相位是正常的。还需检查一条回路路上一组电压互感器相互之间的相位，以及另一条回路路上另一组电压互感器相互之间的相位。还应检查同步。

对于单元保护，应进行操作和稳定性试验。如果存在足够的负载电流，那么除了检查继电器电流是否正常以便稳定运行之外，还应将电流互感器反接以引起继电器动作。如果没有足够的负载电流，那么就只能检查电流以表明它们已从稳定状态发生了变化就行了。对于变压器的负载检查，应该注意的是，根据变压器分接抽头位置，在操作回路中可能会有一些电流流动。

对于方向继电器，如果可能的话，需要将电流互感器反接以使继电器动作而进行再次检查。

检查所有电流互感器电路中的电流，观察电路是否完整，并确保没有将试验导线遗留在现场。可以使用继电器或试验块中的分离插头（如果可用）或电流表上的线夹进行测量。应进行检查以确保在负载条件下没有剩余电流。

可对回路进行跳闸试验，并检查所有相关的连锁跳闸。此外，对于架空线路或混合线路，可以检查自动重合闸序列的正确操作，包括任何相关的设备自动隔离。

许多电力公司会利用这个阶段使用热像仪检查变电站，以确定是否存在任何过热接头。如果在加强钢筋中有因空心电抗器产生的感应电流，则热像仪还能够识别钢筋中的任何热点。

完成负载试验后，应进行最终检查，以确保所有设置都已恢复到正确的运行设置，所有试验导线都已移除，隔离连接已更换，所有控制和选择开关处于正确位置并锁定。

### 49.4.6　移交运行

在圆满完成负载试验后，应准备并签署一份正式文件，说明所有必要的负载检查已完成，并且变电站现已准备好进行运营服务。这通常是设备或变电站正式连接到电网并可用于任何进一步试验或商业运行的时间。

## 49.5　文件

调试完成后，应编制一套完整的文件。该文件包括：

（1）一套完整而准确的现场施工图纸，不仅要包括原理图，还应包括接线图/进度表、布置图等。

（2）所有继电器的运行设置的记录。

（3）由试验人员和监督人员共同签署的所有交接试验的试验记录表。

（4）系统调试期间进行的所有负载试验的记录表。

本文件包含了变电站在运行寿命内管理所需主要信息。

### 参考文献

CIGRE Technical Brochure No 514: Final report of the 2004—2007 international enquiry on reliability of high voltage equipment, Part 6 – Gas Insulated Switchgear (GIS)practices (2012)

IEC 62271-100: High-voltage switchgear and control gear – Part 100: Alternating-current circuitbreakers (2006)

IEC 62271-1: Ed. 1.1: High-voltage switchgear and control gear-Part 1: Common specifications (2011)

# 变电站检修策略

**50**

Ravish Mehairjan, Mark Osborne, and Johan Smit

## 目录

R. Mehairjan（✉）
Corporate Risk Management，Stedin Group，Rotterdam，The Netherlands
e-mail：Ravish.Mehairjan@stedin.net
M. Osborne
Asset Policy，Engineering and Asset Management，National Grid，Warwick，UK
e-mail：mark.osborne@nationalgrid.com
J. Smit
High Voltage Technology and Management，Delft University of Technology，Delft，The Netherlands
e-mail：J.J.Smit@ewi.tudelft.nl

© Springer International Publishing AG，part of Springer Nature 2019
T. Krieg，J. Finn（eds.），*Substations*，CIGRE Green Books，
https：//doi.org/10.1007/978-3-319-49574-3_50

## 50.1　定义

各行各业都有很多检修管理方面的文献资料，文献［22］和［23］❶提供了全面的综述。本章列出了检修管理领域相关并适用的常用术语和定义。定义在 IEC 60300-3-14：2014[24]给出。IEC 60300-3-14：2004《应用指南、检修与检修支持》中，检修被定义为："在一个物品的寿命周期内，所有旨在让其维持、恢复执行所需功能状态的技术、行政和管理行为"。检修管理被定义为："决定检修目标、策略和责任的所有管理活动，通过检修计划、检修控制和监督及考虑经济因素的改善方法来实现"。

从定义中可以看出，在如今的商业环境中，检修和检修管理都是高度复杂的领域，涉及公司内多个领域，如电网运行、信息技术、经济学、安全、风险、分析和财务等[23]。

IEC 60300-3-14 给出了如下定义[24]：

（1）检修活动或检修任务："技术人员为特定目的而进行的检修介入或一系列检修活动"。

（2）检修策略："描述触发不同检修活动的规则"。

（3）检修模式："一组不同类型的检修策略和活动，以及计划和支持这些策略、活动通常的决策结构"。

（4）检修支持："在给定的检修模式下、检修策略的指导下，检修项目所需的资源"。

## 50.2　检修策略

原则上，有纠正性和预防性两种类型的检修活动。根据欧洲标准 EN 13306：2010[25]，两种检修活动可分别描述如下：

（1）纠正性检修：实质上是让所有资产一直运行到出现故障，然后更换发生故障的资产。纠正性检修被安排和执行（通常称为"侵入性"，因为它们临时"侵入"到了准备好的计划中）期间，资产处于非运行状态。一般来说，与可按计划方式查明和纠正（或防止）故障的情况相比，设备突发故障的检修费用往往是其他情况的十倍。到目前为止，配电网中的大多数设备实施纠正性检修。然而，随着资产管理（AM）的进步，电力公司开始意识到检修需求的变化。由于故障发生的不可预测及电网供电中断的不可预测，也很难预测应何时进行纠正性检修。正如技术报告 TB 152 中检修趋势调查所发现的，对于有些电力公司来说，纠正性检修已不再适于作为一种深思熟虑的策略。其后果不仅造成资产损失，还造成邻近资产的损坏和停电，造成业务中断成本损失、安全和环境影响，所有这些都需要报告监管方且影响公共形象。

（2）预防性检修：从纠正性检修到预防性检修的升级主要是通过检修方案和计划实现的。从广义上讲，预防性检修计划描述了能够有效提升实物资产可靠性的检查和检修方法。从纠正性检修转向预防性检修，不可避免地需要一些初始投资；不过，这最终将减少计划检修工作，以及检修小时数和工作量。当对资产项目进行预防性检修时，称为预防性任务。随

---

❶ 译者也未找到本章所列文献的详细信息。

后，对资产执行的预防任务的时间安排表称为预防性时间表。因此，预防性检修安排最终会导致提前安排检修资源，进而大大加快检修进度，降低运营成本（请注意，尽管在过渡期可能会增加初始投资，一旦进入受控期，投资将减少）。

此外，任何检修活动或任务类别都可对应于以下检修策略：故障检修（FBM）、定期检修（TBM）、状态检修（CBM）、以可靠性为中心的检修（RCM）和基于风险的检修（RBM）。根据不同检修策略可分配检修任务（纠正性或预防性）。

### 50.2.1    故障检修

故障检修（FBM）是只有在故障发生后才会执行的检修活动，此检修行为是被动的。在这种情况下，检修是不可能提前安排计划的。因此，需要一个健全的备品备件策略。

### 50.2.2    定期检修

定期检修（TBM）由预定的时间间隔触发的一种预防性维护检修策略。这是一种周期性策略，时间间隔主要由原始设备制造商（OEM）推荐，并根据资产类型确定，且在整个寿命周期是固定不变的（通常参照制造商的说明，并根据历史运行和故障情况进行更新）。在文献资料中，这一策略通常被称为预防性策略。组部件的运行情况，如开关操作的次数或运行时间，也可能触发定期检修。一般来说，此策略产生的预防性行动可能造成零部件更换、清洁、润滑或调整等。这是一种传统的预防性策略，源于原始设备制造商的保修要求。由于原始设备制造商为不同运行环境的多种客户设计相同的产品，因此在设计中必须选择最恶劣或最具挑战性的情况。这意味着，对于大多数用户来说，检修时间是很保守的。但这种方法有其合理性，理由如下：

（1）未来的气候条件和应用场景不明确，在某些情况下可能很严重。

（2）运行条件，如负载系数或短路水平，可能接近额定值。设备可能会经常经受短路。

（3）设备可能安装在电网的关键位置。

（4）必须提供通常为3～5年的保修，并且必须指定一些明确的检修制度来保护原始设备制造商。

因此，制造商和用户通常建议制订的定期检修计划涉及的风险最低。定期检修显著优点是易于计划，并且如果检修需要停电，也容易考虑可用的检修方法。但是，这些规避风险的策略意味着高成本，在保修期过后，用户通常会自己决定检修时间间隔。一些国家成立了用户委员会，并制订了检修策略，可反映其共同的服务体验与运行环境。

### 50.2.3    状态检修

基本上，状态检修（CBM）和定期检修的区别在于计划方法的改变，即由定期的方法到"完全"预测的方法。因此，状态检修是一种预测性策略。预测是指估计资产发生故障的概率。通过状态检修，可以检测到发生故障的早期征兆（通过状态监测、诊断或检查），避免意外故障的发生。状态检修可能使用简单的方法，如人为感官观察（被称为"基于观测的检修"），也可以部署复杂的监测和诊断工具（被称为"基于预测的检修"）。更先进的是使用各种监测参数和电网状况来预测组部件的剩余寿命（即基于诊断或健康的检修）。在可以使用诊断法在劣化阶段早期发现问题的情况下，状态检修可以发挥关键性作用。这将允许对回路中各个组部件的状态做出判断，进而合理地计划停电以进行集中检修。但有时由于正常状态到故障状态的过渡太快而来不及介入，最终会导致故障的发生。在这种情况下，需要应用其他策略。由于避免了不必要的常规的定期检修，此方法可以节省成本。但同时如下原因也会造成成本的增加：

（1）监测方法涉及的投资和运维成本。

（2）需要决定合适的对策，并对数据进行分析和处理。

（3）与固化的定期检修相比，应用故障模式影响及危害性分析（FMECA）和评估数据需要更高的技术水平。

（4）停电安排和工作计划能力不足，导致资源利用不充分。

由于经常需要协调检修计划，使系统的可用性最大化，并管理好停电和限电，通过状态检修实现所有检修管理存在实际困难。因此，其他方法如以可靠性为中心检修和基于风险的检修也得到了发展。

### 50.2.4 以可靠性为中心的检修

在可靠性至关重要的行业，如关注安全的行业，该技术是最有吸引力的。最初，以可靠性为中心的检修（RCM）是为新建资产而发展起来的，目的是识别风险，并在可能的情况下在资产或电网新建阶段对其进行设计。以可靠性为中心的检修与定期检修和状态检修的区别在于：前者不仅包括资产及其劣化情况，还考虑资产作为系统的一部分，识别出系统内部故障是否影响到外部回路。正是基于电网运行对故障模式的评估决定了检修和资产更换等任务的优先顺序，以及状态评估任务的选择和时间安排。以可靠性为中心的检修第二阶段的应用证明，有必要修改这一原本应用于资产新建的方法，并建立运行中的经验，这有时被称为"回头看"。是否进行这一流程取决于是否拥有知识渊博的现场工作人员，能够在每个变电站确保工作质量，形成一个针对具体地点的检修方案。当然，这需大量资源才得以实现。

以可靠性为中心的检修对应用定期检修的行业影响最大。在这些行业中，故障率有明确的定义，且在不同设备类别中也是一致的。以可靠性为中心的检修的诞生可以追溯到 20 世纪 50 年代末对飞机可靠性的担忧。这项工作的演变发展最终在 1979 年被诺兰（Nowlan）和希普（Heap）发表为联合航空公司的报告，由此大大降低了大多数航空公司的成本，同时提高了可靠性。最初的意图是：以可靠性统计数据如故障率和预期寿命为基础进行以可靠性为中心的检修。诺兰和希普在报告中提出了六种故障寿命模式，如图 50.1 所示。他们的数据表明了每种模式的发生概率，这些数据列在"美联航"一栏中。这张表来自一个更加全面的美国海军报告，此表中的其他研究包括与飞机相关的布罗格（Broberg）报告和另外两个来自美国海军的报告：有关水面舰艇的 MSDP 报告和有关潜艇的 SSMD 报告。

即使在诺兰和希普的经典报告中，只有一小部分随机龄增长的故障率曲线显示出劣化证据。特征 A 和 B 很有吸引力，表明当故障率明显上升时，就会出现不可靠的情况。这就引出了资产寿命的概念。然而，除了海军的一份报告外，这一被广泛认同的观点并没有得到评估的证实。只有"MSDP"项下列出的海军数值显示出与机龄有关的故障，而盐层腐蚀是主导原因。其余的 D、E 和 F 主要遵循随机故障率。

很多人试图采用有限的变电站资产故障数据来证明形似浴盆曲线的适用性，但随机故障率可能更适用于设备整个寿命周期，这样的曲线最多能告诉我们一组资产的平均表现，而不

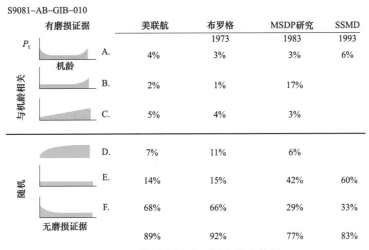

图 50.1　美国海军公开报告故障数据

是某特定资产的表现。主要原因在于：对于变压器和断路器等复杂设备，故障的原因和模式有很多，每一种故障的重要性在整个寿命周期都会发生变化，这一点在 A2 和 A3 组的国际大电网委员会小册子中可以看到。这将导致故障特征的聚合，且从宏观层面上看，更像是随时间推移而出现的随机故障率。这将以可靠性为中心的检修与定期检修和状态检修联系起来，通过故障模式和影响分析，指出特定模式劣化的时间期限，或诊断检测每种关键模式劣化的起始阶段。这并不意味着不会发生与年限相关的模式，而是意味着需要在资产水平上对其进行管理。

但总会有例外。对于一些电力公司的资产，如中压电缆，其设计是相当均匀的，有明显且典型的寿命损失规律，并得到故障数据的证实。然后，电力公司可以对电缆的使用寿命设定期限，并在此基础上决定退役时间。

### 50.2.5　基于风险的检修

一流的检修策略是以风险管理原则为指导的基于风险的检修。基于风险的检修提高了系统的可靠性并进一步降低了以可靠性为中心的检修对电网的影响。它分别借鉴了以可靠性为中心的检修、状态检修、定期检修和状态管理的优点，目的是在实现可接受的性能下，最大限度地降低检修成本，在可接受的风险条件下提高中长期盈利能力。因此，该方法寻求绩效、成本和风险之间的平衡。实际上，这意味着以更高的频次更深入地评估高风险组部件的状况，并维持其良好状态。这样就可以将检修及后果的成本引入分析，从而优化投资回报。也许在某些情况下，什么都不做，发生故障时才检修，更具效益。以可靠性为中心的检修的重点是回路、场所和设备，将检修方案建立在其总体影响的基础上。监管是一个重要的驱动因素。

风险由诱发因素（即根本原因）及其后果组成。基于风险的检修方法是指对：① 诱发因素（事件）发生的概率；② 企业价值［关键绩效指标（KPI）］的量化评估。在检修计划中，基于风险的检修的诱发因素是故障模式，由此产生术语"故障模式及后果分析"（FMEA）。在安排基于风险的检修时，诱发因素是资产的潜在故障。强烈建议通过状态诊断得出诱发因素发生的概率（因此，状态监测在基于风险的管理制度中即将发挥十分重要的作用）。然而，在实践中，后果分析主要基于故障数据统计，而非专家判断。如果可能的话，故障模式的后果和潜在故障由诸多 KPI 指标来衡量，比如客户分钟损失、财务损失、安全性等。这些 KPI 将运维层次检修任务与企业层次的价值联系起来。实际上，这种以一种 KPI 框架将故障后果和故障模式联系的分析方法尚未得到应用，而且大多数情况下配电公司不能直接使用。关于预防性检修计划或时间表的决策是基于故障模式或潜在故障的风险评估。风险评估是对风险的预期值进行排序的过程，而预期值是概率和后果的乘积。

在文献中，可以找到更多不同的检修策略，如 "设计检修"（主动策略），可以找到关于这一点的更多文献。

## 50.3　检修策略的 CIGRE 调查

大多数电力公司采用一系列不同的检修策略，国际大电网委员会开展了相关调查，并于 2000 年出版为 CIGRE 第 152 号技术报告，图 50.2 就取自该报告。

总的来说，2000 年调查中最常见的策略是定期检修，有 35 家单位（47%）。排第二位的是离线状态检修，有 26 家单位（31%），这可在变电站、变压器、线路、杆塔列中清楚地看到。对于电缆和控制设备，排第二的是故障检修。各地区的情况也各不相同。在亚洲，100% 的受访电力公司使用定期检修，而在南美洲，主要策略是离线诊断和状态检修。

约 48%（CIGRE 2000）的受访企业表示，他们做的检修比制造商建议的要多。在亚洲、南美和东欧等劳动力成本较低的国家尤其如此。北美地区比较特殊，检修工作正在减少。

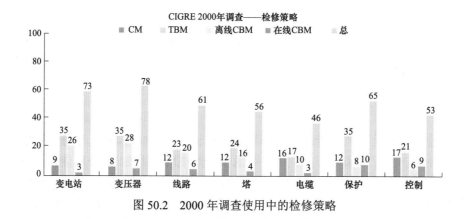

图 50.2　2000 年调查使用中的检修策略

## 50.4　检修管理策略

在实践中，存在着不同类型的检修策略和活动，一般需要决策结构来选择。这在文献 [27] ❶ 中被称为检修模式。这些文献提供了通过结合理论知识和实践经验得出的诸多检修模式。文献 [27] 概括了最流行的检修模式及其特征，在此进行说明。

---

❶ 译者未找到本章所列的参考文献名称。

| 检修模式 | 描  述 |
|---|---|
| 快速法（Q&D） | 根据业务背景、检修能力和成本结构，生成一个决策图表，其中包含有关资产故障行为的问题。通过跟踪图表并回答问题，可以找到很多关于适当策略的建议。通常情况下，公司开发量身定制的决策图表。此方法不使用深入分析，被视为一种快速确定优先事项的方法 |
| 寿命周期成本方法（LCC） | 这是一种计算和跟踪一个系统从开始到报废的全部成本费用的方法。购置、运维和处置所需的所有费用，包括项目成本费用均被考虑在内。这种方法起源于 20 世纪 60 年代，也许是由于 PAS–55 和 ISO 55000 对寿命周期的关注，该方法正在逐渐获得关注。该方法根据所调查系统在整个寿命期间的成本详细分解结构，采取了若干步骤。这种方法是建立在一个合理的理念基础上的。但是，它是资源和数据密集型的。另一种常用的方法是总成本费用（TCO）方法，该方法可被视为寿命周期成本法的扩展。在总成本费用计算中，增加了费用或间接成本要素，如设备的非生产性使用、企业的整个供应链成本等 |
| 全面生产性检修（TPM） | TPM 旨在实现最高效和有效的设备使用［整体设备有效性（OEE）］，这种方法需要全面参与（整个组织）。该方法主要促进基于小组任务的预防性检修任务的实施。这种方法在制造业中已取得成功，它考虑了人力和技术方面的问题，但执行却很耗时 |
| 以可靠性为中心的检修（RCM） | 一种侧重于可靠性的结构化方法，最初是为系统（环境）故障中具有高风险组件的系统开发的。它是一种基于步骤的强大方法，耗时且耗资源 |
| 基于可靠性检修的方法 | 在一些文献资料中，可以找到很多不同的由以可靠性为中心的检修原则启发而来的概念。例如，C.W.Gits 提出了一个类似 RCM 概念，着重点是技术和组织方面，而不是经济方面。然而，在这一概念中，提出了一种新的 RCM 的检修方法，其中质量改进任务侧重于公司最重要的故障模式，其新特征是对批量任务处理的精细化。此外，在实施以可靠性为中心的检修时还引入了健全的管理原则。基于风险的检修基本上就是以可靠性为中心的检修，但需要更强大的统计数据支持。这样做的好处是：传统以可靠性为中心的检修中，临时的故障模式及其后果分析的缺点与基于直觉的经验知识会减少。在一些文献中，正如本节前面所提到的，以可靠性为中心的检修有时被视为一种检修策略或检修模式。简化的以可靠性为中心的检修被视为传统要求苛刻的以可靠性为中心的检修方法的简化或缩写版，通常由行业领导者推广。然而，应谨慎使用简化的以可靠性为中心的检修，以免失去其好处 |
| 定制法 | 这种模式通常是利用现有模式的优势在内部开发的，如价值驱动检修（VDM），其中股东价值的管理与传统的检修模式相联系。公司通常有自己独特优先的方法，并希望利用多种现有检修模式的好处 |
| 精益检修 | 精益检修源于精益制造的理念。精益意味着将资源重新分配给更具附加值的工作，消除所有工作、人力和材料的浪费。精益检修使用质量管理领域的工具，已被如丰田等企业所验证 |

图 50.3 显示了相互关联的检修活动、策略和模式，例如，从文献［27］中并不总能看出与以可靠性为中心的检修相关的检修模式是一个模式还是一个策略。有文献表示以可靠性为中心的检修可被视为一个以优先考虑为导向的策略，如文献［33］。

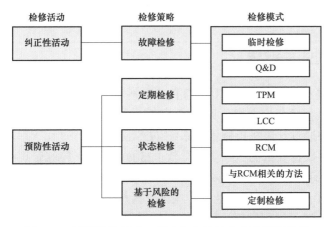

图 50.3  不同检修活动、策略和方法的定义及相互关系

有两种基本的检修活动，纠正性和预防性。检修策略是触发检修任务的机制，如时间计划、条件状态或特定风险级别。检修模式是已经实施的检修决策流程或确定检修策略所做的

必要的分析。

## 50.5　检修管理的发展

在过去几十年中，检修管理发生了巨大变化，在电网领域也发生了类似的变化。如今，在输电和配网中均实施了不同程度的混合检修任务、策略和模式。

尽管检修管理领域正在从被动（纠正性）演变为越来越多的预防性和主动性检修的方法，但全面采用单项检修任务、策略或模式的可能性不大。在图 50.4 中，检修管理在过去不断发展，然而，这是检修管理方法的一般体现，不一定反映电网应用的实际情况。由于电网和变电站的冗余设计，电力系统资产寿命较长，电力行业的检修管理的发展也较缓慢。与其他行业相比，检修可以推延更长的时间。由于这些资产的技术寿命即将结束，检修管理和更换策略是管理资产数量的关键方面。这些趋势开始较早发生在输电网中，而最近则更多更快地发生在配电网中。

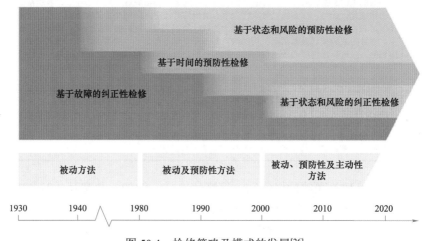

图 50.4　检修策略及模式的发展[26]

## 50.6　检修管理的关键要素

检修管理的发展不仅基于技术原因，而且基于技术、社会和经济方面的综合考虑。因此，检修的管理不能仅从技术角度考虑（见文献［27］）。检修管理也覆盖财务管理、预算管理、资源和技能管理，并通过计算机检修管理系统（CMMS）进行过程管理，以及有效衡量检修对整体业务、数据、数据质量的贡献（见文献［23］）。因此，检修管理必须周密考虑。尽管如此，文献［23］显示在实践中，许多电力公司存在困难，无法全面看待检修管理。根据文献［23］，这主要是由于整个组织（业务）缺乏支持检修管理的重要支持工具。

（1）过程管理：基于过程管理的检修管理是根据策略进行的，要求能够明确定义流程、流程执行和数据要求。检修管理流程的目的是通过对模拟、自动化、集成、控制和持续优化的业务流程的管理来提高效率。

（2）质量管理：质量管理关系到为电网提供的服务质量。一般来说，可以说所提供服务的绩效或质量是由电网的设计、运行状态或状况、运行和检修决定的。通过持续改进、纳入诊断和监测工具、分析方法和新技术的过程，实现了确保适当服务的绩效水平。

（3）信息和通信技术（ICT）管理：随着检修管理越来越需要更多来自商业环境的信息，通过最新信息的适当交换和自动流程的协调，信息和通信技术有利于检修管理的优化。最新信息的适当交换和自动流程的协调对检修管理至关重要。但是，需要保证不同系统（和供应商）之间可以交互操作。

（4）知识管理：知识管理是有效检修的关键。检修需要有关资产的最新数据、信息和知识。基本上，这对于检修的计划、时间安排和执行及此过程的持续改进是必需的。在大多数情况下，大量知识分散在技术工人、专家和管理人员之中。然而，由于知识的分散或缺乏提取这些知识的方法，这些知识仍然无法获得或获利。

## 50.7  策略的发展

目前使用中的检修策略有很多，这种情况会持续下去，但各种策略的成功程度会不同。人们普遍认为这些策略将汇集成一个单一策略，但这种可能性不大。

最先进的电力公司根据"重要程度和风险"选择混合使用各种不同的策略。但会考虑实用性、检修计划的经济性和最大限度地提高设备可用性而调整策略。随着对资产、资产状况、绩效和使用成本了解的增加，将有机会将资源集中到需要的地方。这往往会节约总体成本，但在某些特定领域可能会增加成本。

对于不重要的设备，在它们发生故障后再修理无疑更加经济，状态管理的应用也因此受限。应用资源和模式可以预测的定期检修是一般情况。将来根据离线和在线诊断应用状态检修的机会将增加。在线诊断情况下，资产状况可以传送到控制室，就像继电保护一样。随着在线诊断设备可靠性的提高，将集成各种不同诊断系统的数据，并很可能将状态与负载、温度、天气等联系起来，显示出资产健康的动态状况。在变电站层面集成数据源的能力仍然是一个需要克服的问题。各种在用协议的差异，如通用信息模型（CIM）和与资产相关的协议、IEC 61850（IEC 2003）及之前的协议，造成了数据接口的问题。对于断路器和分接开关，它们的失效模式可能取决于故障统计数据的更好利用，因此可以进行基于可靠性的评估。

做得最好的电力公司将认识到，无论采取何种预防性检修策略的组合，他们都需要制订"投资延缓计划"，采取适当行动来维护、修理和更换资产，防止发生故障带来灾难性的后果。这将考虑到更广泛的业务环境中的机会，确保检修策略可以充分利用停电时间，如预测下一次检修介入机会中的工作要求。了解策略的组合并使用适当的作业工具可能会带来不一样的效果，在一个日益意识到管理风险必要性的世界中，将越来越会证明和支持选择合适检修策略的理由。

# 变电站状态监测 51

Nicolaie Fantana, Mark Osborne, John Smit

## 目录

N. Fantana (✉)
Consultant, ex. ABB Research, Agileblue consulting, Heidelberg, Germany
e-mail: nicolaie.fantana@outlook.com; fantana@ieee.org

M. Osborne
Asset Policy, Engineering and Asset Management, National Grid, Warwick, UK
e-mail: mark.osborne@nationalgrid.com

J. Smit
High Voltage Technology and Management, Delft University of Technology, Delft, The Netherlands
e-mail: J.J.Smit@ewi.tudelft.nl

© Springer International Publishing AG, part of Springer Nature 2019
T. Krieg, J. Finn (eds.), *Substations*, CIGRE Green Books,
https://doi.org/10.1007/978-3-319-49574-3_51

　　管理变电站资产并了解其性能和状态是保障电力系统安全可靠的基本要求。由于资金越来越紧张，需要努力对变电站资产运行管理和状态监测的方法、手段或工具进行持续改进和改良。

　　此类方法和工具的目的是通过适当努力，及时评估设备的状态和性能，及时分析判断设备中潜在的缺陷和性能劣化，以采取补救措施，保证变电站和电力系统的正常运转，减少风险和停电。状态监测有助于避免非计划停电和图 51.1 所示的灾难性故障。

图 51.1　变电站设备灾难性故障示例（CIGRE 2011）

　　对于变电站设备状态和性能的监测一般称为状态监测。

　　本章就变电站设备资产性能管理、在设备全寿命期间系统和有效监测设备状态方面的方法、定义和概念进行了概述。

---

## 51.1　定义和术语

　　下文所述的定义经常用在变电站设备状态监测和性能评估中。这些定义基于相关术语在字典、其他 CIGRE 出版物中的定义，尤其是基于 CIGRE TB462（2011）中的定义。

　　（1）状态。根据韦氏词典（CIGRE 2011），"状态"简单定义为："事物存在的状况：事物的物理状况。"

　　（2）资产状态。某一资产的状态指设备在功能性方面的表现、设备在变电站和电力系统中完成任务的能力。

　　用于描述状态的术语/类别见表 51.1，与（CIGRE 2003）中的表述类似。上述文件为涉及变压器寿命管理的文件，但一般也完全适用于变电站设备。

涉及监测的其他术语包括：

（1）监测。维基百科（Wikipedia 2014）：监测一般表示利用某种监测或测量装置了解某一系统的状况，观察某一状况随时间推移发生的变化。

（2）IEC 60050 第 351-22-03 条定义：监测，动词，定期检查选定的参数，检查其是否符合特定值、设定范围或是否发生状态变化。IEC 60050 第 351-30-12 条定义：过程监测系统——用于持续性观察和记录可运行设备的技术过程。

（3）状态监测（CM）——在设备运行寿命中持续性或以既定时间间隔对设备状态进行观测。

（4）在线状态监测——CIGRE TB 462（2011）将在线状态监测定义为："持续在线（以永久安装的装置对带电并网设备）监测电网主设备，测量并评估其一个或多个特征参数，以自动判断和报告主设备的状态。"

"诊断"或"诊断性试验"可定义为：对主设备或二次设备进行的调查性试验，通过测量一个或多个特征参数判定其功能。诊断性试验可以在线（带电并网设备）或离线（不带电未并网设备）的方式进行。诊断还是用于分析来自状态监测系统的数据的方法，可以组织状态监测专业人员或由专家系统进行。

表 51.1　　　　　　　　　　　　　状态分类、命名和定义

| 状态 | 定　义 |
|---|---|
| 正常 | 无明显问题，无须采取补救措施，无性能劣化迹象 |
| 运行中正常老化 | 可以接受的劣化，但并不意味着没有缺陷 |
| 有缺陷 | 对短期可靠性没有重大影响，但如果不采取补救措施，可能对资产寿命造成不良影响 |
| 严重缺陷 | 仍可运行，但短期可靠性很可能下降。补救措施可能改善状态，也可能无法根本改善 |
| 故障 | 无法运行。在设备恢复运行前需要采取补救措施（补救措施可能不具备经济效益，有必要时进行更换） |

采取诊断性试验一般是为了取得关于被调查设备的状态和/或性能的更详细信息。一般被视为更为详细的调查。诊断性试验可在出现报警引起关注后启动，比如因监测系统或保护装置的报警、实验室测定的结果或与性能劣化、状态不正常或性能有关的其他指标。

其他涉及"变电站设备"和"状态监测装置"并用于 CIGRE 技术文件的定义包括：

（1）"设备"——指变电站中受监测的设备，可包括：

1）主设备，如断路器或变压器；

2）二次设备，如电流互感器或电压互感器的二次测量回路；

3）附属设备，如蓄电池或充电器。

（2）"装置"——指用于监测变电站或电网的设备，如用于在线状态监测的设备。用于变电站在线状态监测的手段基本可分为两种（见第 50.1 节）。

（3）"设备状态监测装置"——指设计并安装在变电站设备中的专用硬件和/或软件，专门用于具体主设备状态在线状态监测的装置。

（4）"电网监测装置"——对于 TB 462（2011）而言，指已经安装在变电站和电网中的

在线或离线状态评估和监测装置，如可收集变电站和电网一般信息和数据的 SCADA 系统、故障录波仪、保护装置等。收集的数据也可与电力公司的其他数据及专门的监测装置相结合，采用专门的软件，通过复杂的分析和程序评估某一设备的状态。收集的数据也可以用于设备的在线状态监测。

## 51.2　状态监测的意义

考虑进行状态监测的主要原因是其对于业主的价值。通常，在系统状态监测和评估状态程序中投入带来的价值是指提升下列各方面的潜力：

（1）避免故障和因此发生的成本。

（2）避免人身伤害。

（3）降低运行和检修成本。

（4）对于接近寿命终点的资产，延长其寿命并延缓投资。

（5）改善资产能力并使资产更优。

（6）对于接近额定参数的资产，延缓投资。

（7）管理负荷和过负荷能力。

业主一般采用传统意义上的离线诊断程序，如现场试验（必要时或计划的）和定期检查，可有效检测设备状态。而在线状态监测越来越多地用于提升资产数据的质量或有效性。CIGRE WG B3.12（CIGRE 2011）进行了一项调查，揭示了安装在线状态监测（OLCM）的驱动力。这对于所有状态监测活动都同样适用。

图 51.2 列出了安装状态监测，尤其是在线的状态监测的主要驱动力。

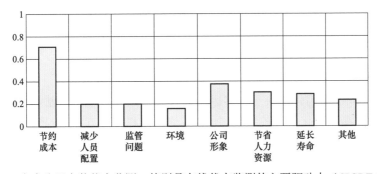

图 51.2　电力公司安装状态监测，特别是在线状态监测的主要驱动力（CIGRE 2011）

调查的对象认为安装在线状态监测的最重要驱动因素为：节约成本如检修成本，避免因意外停电和故障造成负面的公司形象、延长处在临界状态下的老旧设备的寿命，为资产决策提供更好基础。

WG B3.12 通过在监测设备中增加智能来调查"通过在线监测获得价值"的挑战。 此外，在其他技术报告中也提到了监测的作用，如在离岸变电站的特殊情况下（CIGRE 2011）或 IEEE 变压器状态监测指南 C57.143（2012）。从状态监测及其进步中获取价值已成为近年来 CIGRE 和 IEEE 的众多会议和报告的主题，如（CIGRE 2015）和（Fantana 2015）。

变电站资产的状态评估和连续性状态监测是变电站资产管理和在运行寿命内有效对其

进行管理的关键元素之一。

## 51.3　状态监测的原则

图 51.3 简要说明变电站设备状态随时间的变化情况。以蓝色曲线表示的状态随着时间不断劣化，这一趋势受到各种应力因素的影响，从获取的数据看，业主不一定了解这些因素。在这张图中，红色曲线表示使设备恢复"正常"状态的成本。这种成本可能因更严重的故障、性能严重劣化和不良状态而增加。

因此，在设备寿命中的某个特定时刻，对设备进行恢复或修理可能过于昂贵，必须对设备进行更换，即使还没有到达故障点 F。

为评估状态的变化，需要通过监测和诊断及时发现性能劣化的发生，避免意外故障，即图 51.3 中所示的 F 点。

S 点是性能发生持续劣化开始的时刻，这有可能会被在线或离线诊断方法检测到，在图 51.3 中用 D 点来表示。

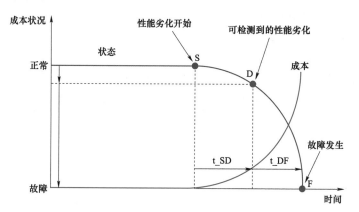

图 51.3　变电站设备在寿命内的典型状态和成本的变化

在 D 点检测到性能劣化取决于很多因素，如离线或在线检测方法、性能劣化的类型、可用的算法以及探测到劣化信号的特征、所用的传感器和诊断方法、传感器或方法的敏感度、解释检测到劣化信号的经验等。

基于劣化现象的规律，从开始到检测到劣化和从检测到劣化到故障发生的时间对于决定采用何种状态监测方法非常重要。

性能评估和状态监测需要以下两个关键因素：

（1）设备相关数据：覆盖交接到运行的设备全寿命期间，如应力、运行工况、事件、故障等。

（2）与设备及其子系统相关的知识：劣化机理、材料性能、功能变化、时间规律、可能产生的副产品等。

状态评估程序有很多不确定因素，也经常会有一定程度的数据不完整和知识不完善的情况，尤其包括以下情况：

（1）并非可以获得所有随时间变化的相关数据或获得的数据不确切或收集数据的成本

太高。

（2）在用材或安装中可能存在细微的缺陷或在运输或调试中存在缺陷等，而未能发现。

（3）意外的外部影响可能对设备产生影响，而且无法发现或记录，比如某些过电压、快速暂态、内部短路电流。

（4）可用于状态评估的知识可不断积累，但经常会出现由于使用了新的工程方案或无法获得历史性能数据而导致经验知识缺失的情况，尤其是新材料、新设计或新设备的应用。

（5）影响设备性能的可能承受的电网运行环境和外部环境的应力难以预知。例如，考虑到智能电网、分布式发电、电力电子技术的应用和气候变化的影响，这些环境因素正在发生变化。

状态监测系统的功能非常复杂。这依赖于其所使用的传感器、需要收集的各种数据及数据处理过程，也依赖于所涉及的信息技术和所使用的通信手段。

状态监测技术需要适应每种不同类型的设备及其子系统，需要考虑劣化机理、故障类型和缺陷发生的规律。

各种状态监测装置在成本和经济性方面有显著差异（CIGRE 2011）。除了购置和安装成本外，还有检修成本，收集分析数据辅助决策的时间成本等重复性成本。

## 51.4　状态监测的策略

变电站设备的状态和性能评估是电力公司资产检修管理程序和策略之一。

设备状态对电力公司十分重要：可以作为检修部门采取即时或短期行动的依据，也可作为资产管理和规划部门对电网及设备进行更新改造或其他工作制订中长期规划的依据。

变电站设备的状态监测在其整个运行寿命中都是互相关联的。

状态监测除了收集数据和使用经验知识外，还需要考虑以下方面：

（1）响应速度应多快，获取设备状态信息期望的周期是多少？

（2）就评估结果的准确性而言，监测方法的目标水平是什么？

（3）对初始安装的投入及对长期运行成本的期望是多少？

（4）如何将获得的数据整合到电力公司资产管理策略中？

目前，用于状态监测的方法很多，而实际上，每个电力公司或业主都有自己的程序和策略。考虑了成本约束、监管约束、技术专长、设备现状、人身伤害、供电损失的社会影响、设备重大故障、变电站运行区域的环境因素、现有的技术，以及获得的经验等。

所采用的方法或策略通常应在评估变电站设备和整个变电站状态的投入成本，与评估工作的准确性及可性度之间达到平衡。

状态评估和状态监测提供了设备在正常或异常条件下、在特定时间或特定系统状态或运行工况下的技术性能和预期行为的信息。

状态监测的基本方法有：① 常规状态监测；② 在线状态监测；③ 混合状态监测；④ 综合状态监测。

### 51.4.1　关于常见预防性检修方法的调查

如果采用以可靠性为中心的检修和基于风险的检修策略，通常的结果是决定由状态和风险触发检修活动。一开始就要确定一系列的适应故障模式发生规律的诊断方法和措施，并适应风险水平而定期应用。

图 51.4 展示了一种方法（CIGRE 2016）。第一阶段是在不需要停电的情况下收集信息。这种预先安装状态监测系统的方法适用于整个变电站。如果发现异常现象且问题及其解决方案是明确的，则立即停电处理。如果没有，通常在紧急停电期间先进行调查和试验，然后商讨安排适当的停电计划检修或更换设备。

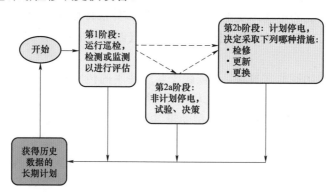

图 51.4　状态检修策略的实施

### 51.4.2　运行中监测

长期以来，现场检查一直是一项关键的现场工作。因此，方法之一是在日常巡检的基础上，增加非侵入性的诊断活动。这些诊断活动都是调查性质的，即在带电的变电站内进行而不会造成停电，可由熟练的技术人员进行。采取这些活动的时机将取决于检修策略且作为 RCM 或 RBM 计划一部分实施。如果发现任何异常现象，将发布报告并触发工单。这种方法的一个优点是检查了变电站中的所有资产，并将重点放在高价值资产上，如电力变压器以及相关的隔离开关和断路器。

这些活动包括以下几项。大多数是非侵入性的。其他可能涉及收集样本进行分析或将测量仪器连接到预先安装的传感器上。

（1）外观检查：这通常是每月一次的传统工作，但现在结果都记录在平板电脑上，每天上传到服务器，以存储并启动计划措施。检查应确定：

1）安全隐患；

2）故障——异常噪声/气味/天气/小动物/碎片，瓷件损伤；

3）记录温度计指示、馈线负荷、压力读数、油位、蓄电池、断路器操作、避雷器动作计数、控制柜声音和加热器/冷却器工作情况（如适用）；

4）记录锈蚀、渗漏油、漏水、储油柜和隔膜的故障。

（2）红外测温：通常这是年度检查的一部分，但如果 RCM 有此要求，则可能更频繁，主要是检测接触不良问题，也包括风机运行和故障绝缘子。该方法在识别资产内出现的内部问题方面也非常有效，如套管油位低、散热器管堵塞、变压器内部涡流。理想情况下，它需要一个合理的负载来产生过热。也有一些复合发热的情况。过去，红外测温设备十分昂贵，使用也复杂，需要经过专门培训和认证的操作员。随着技术发展和成本显著降低，现在大多数执行巡检的运行人员都可以进行这项工作（见图51.5）。

图 51.5 红外测温热成像示例

（3）油分析试验：油分析试验已应用多年，可以发现充油设备中的缺陷。最初，检测油品质量和可燃性气体。早期的气体试验通常是通过点燃气体继电器排出的气体来实现的。随着色谱法的发展可以检测除氢以外的多种气体。现在的常见做法是从电力变压器、并联电抗器、罐式油断路器、电流互感器和高压套管（某些情况下）中抽取油样。采样通常在不停电的情况下进行。对油样的实验室分析可以进行广泛的诊断。分析这些样品的溶解气体（DGA）、油品质量、含水量和绝缘纸老化产物。根据风险和可靠性分析，采样和试验的周期在 6～24 个月之间。最新的应用包括定期现场取样分析、在线连续监测以及采用便携式仪器就地检测。

（4）局部放电监测：有一系列局部放电检测技术可用于在线诊断，如图 51.6 所示。更多详细信息可见 CIGRE TB660（2016）。与红外和紫外检测类似，该技术应用中需要一定程度的专业知识。采用的仪器应能正确识别和消除外来信号。

| （a）日光紫外电晕成像仪 | （b）金属封闭设备中的局部放电声发射巡视 | （c）使用天线传感器和特高频频率分析仪对断路器周围进行特高频发射扫频检测 | （d）检测电力变压器中的局部放电水平，这里显示了两种可用传感器：插入油阀的特高频探头和中性点扁铁上的钳式高频CT。这些将与照片（c）所示的特高频局部放电检测器或扫描仪一起使用 |

图 51.6 使用中的局部放电测量技术

（5）紫外电晕成像仪：日光紫外电晕成像仪的使用方式与红外热成像仪非常相似，主要可用于检测金属物和绝缘子的异常电晕。显然需要异常电晕的判据。如图 51.7 所示，紫外检测的局部放电主要在紫外光谱范围内发射光子，其使用仅限于检测外部放电。有一家欧洲公司发现了合成绝缘子表面集中放电而导致了腐蚀的缺陷。在这种情况下，紫外电晕成像仪为评估问题提供了一种简便的方法。

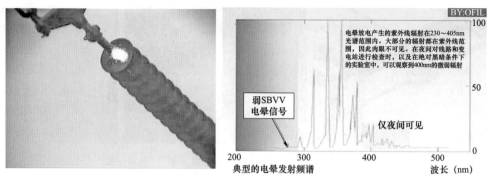

图 51.7　缺陷绝缘子周围的紫外光谱响应和电晕

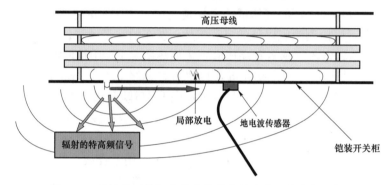

图 51.8　从铠装开关柜内传出的地电波电流和特高频辐射

（6）声发射检测：对于金属铠装设备内特别是 GIS 气室中的局部放电源，可采用声发射（AE）传感器检测气室壁中的微小振动，如图 51.6（b）所示。内部产生的局部放电的能量以纵波形式在气体或液体中传播，金属外壳受到该能量冲击，然后转为较慢的横波或剪力波的形式在金属中传播。根据斯内尔（Snell）定律可知，在外表面产生剪力波的主要原因是向室壁正常撞击的能量。声发射探头放置在外壁上，每 2m 左右移动一次，以识别震源。如果检测到某个信号源，则传感器会四处移动，以使信号电平最大化寻找冲击点。对于变压器中局部放电源的定位，可使用多个传感器，并采用传播时间差法来定位来源。对于 GIS，还将检测自由粒子污染产生的局部放电。声发射传感器是接触式探头的延伸，将该传感器置于定制的话筒中，可对着充气电缆盒和高达 33kV 的金属铠装开关设备中的通风孔进行检测，直接从纵波中定位局部放电。还可在抛物线反射面上安装一个超声波麦克风，借助望远镜或激光检测仪检测敞开式变电站的放电源。

（7）特高频检测。

1）高频的暂态地电波（TEV）探头通常以声发射传感器类似的方式检测金属铠装设备。它可检测流经设备外壳的瞬态集肤效应电流。虽然局部放电发生在屏柜中，但缺陷部位的放电会在供电和接地连接的回路中感应瞬态电流，以集肤效应电流的形式沿屏柜内表面流动，并通过金属壳体的缝隙如法兰处的垫圈等，流到外表面到地，如图 51.8 所示，用特高频地电波"TEV"传感器可检测屏柜外表面的电流脉冲。通过沿屏柜移动探头，可以识别出外表面的电流脉冲，从而识别出发生局部放电的屏柜位置。

2）对于敞开式变电站和金属铠装设备，一种更快的检测方法是使用带有匹配天线的高频扫频仪来检测空中辐射的特高频信号。这可能是图 51.8 中的 TEV 电流辐射，也可能是图 51.6（c）中所示的场地例行巡检中发现的辐射。显然，对于金属铠装设备，日常巡检时的检测比在每个法兰位置附近移动检测要快捷。如果局部放电位于变压器附近，则可使用中性线串入钳形高频电流互感器或采用超高频油阀探头对其进行检测。上述两种情况可见图 51.6（d）。

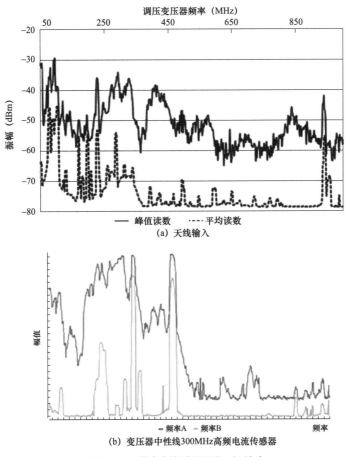

(a) 天线输入

(b) 变压器中性线300MHz高频电流传感器

图 51.9　特高频扫频识别局部放电

对于敞开式变电站，运行人员在现场巡视时，可在主设备附近进行 50～1000MHz 的信号检测。通过天线和扫频仪可检测连接在运行母线设备中因发生局部放电而引起的回路补偿电流产生的特高频信号，可高达 1000MHz。检测到的是频率响应，它取决于放电类型和产生辐射的回路。在敞开式变电站也可检测到由外部电晕和表面放电产生的超高频辐射，其频率相对较低，不到 300MHz。这个频段还可以检测到电话和电视信号，一般以窄频尖峰形式出现。图 51.9 展示了两个实例，图中均有两条曲线。较低的曲线指示的是典型的敞开式变电站通常发生的电晕和表面放电产生的类似水平的信号的频谱，可作为测量的参考。较高的曲线指示的是有局部放电源的测量数据。在图 51.9 所示的第一个频谱中，扫频定位到调压变压器内的连接问题上，然后用声发射探头精确定位。在第二个实例中，根据图 51.6（d），采用中性线上的 HFCT（HFCT 的频率响应在 500MHz 以下）将问题定位到变压器，原因是不断劣化的变压器绕组匝间故障。

3）内部传感器有时可以安装在 GIS 和变压器中。这些可用于永久监测或定期测量。在某些情况下，传感器可以像图 51.6 所示的变压器油阀探头那样作为附件进行安装，或者对于 GIS 而言，贴装在检测窗表面或盆式绝缘子上。

（8）其他有效地检测方法：$SF_6$ 气体分析、气体泄漏检测和定位、补偿三次谐波电流测量评估避雷器性能、断路器和分接开关的动作时序测量，以及 CVT 的二次电压测量。

## 51.5　永久性监测

到目前为止，我们已经讨论了应用非侵入式检测手段定期开展测量工作。下一步讨论的是安装永久性监测装置，其输出或报警传给运行人员以判断是否需要检修或停电。如套管介质损耗因数/电容监测装置，变压器油中溶解气体监测装置，以及在电机、GIS 和最近在变压器中使用探头进行的局部放电监测。一般这些装置是独立的系统，独立于现场的其他数据采集活动，并通常对应于供应商的特定分析系统和数据协议。某些在线监测系统只报告数据，另一些则可使用专家系统来分析数据，从而降低了传输大量原始数据的必要性。

这种数据可以原始形式显示，可分级报警，或者在资产所在位置、变电站主控室或远程服务器上处理并应用专家系统分析显示。

（1）在资产层级——实现对单个设备连续在线监测，如：

1）GIS 局部放电监测应用最广泛，在过去 30 年中在世界各地出现了很多供应商，安装系统很多。

2）套管介质损耗因数监测，领先的供应商在 10 年内为 10000 个套管实施了监测。

3）变压器或电缆系统的局部放电监测是最近的趋势。

4）$SF_6$ 气体和油中溶解气体分析。

5）$SF_6$ 断路器时间特性分析。

（2）在变电站层级——实现某一特定类型的连续在线监测诊断，如：

1）显示设备和间隔的各种被监测的状态及报警。

2）事件数据库。

3）所有间隔的 $SF_6$ 密度阈值。

4）所有间隔的温度。

5）内部电弧。

6）局部放电。

（3）综合诊断——集成在线和定期传感、保护系统及报警等所有输出数据，实现基于专业系统的资产状态分析，并将用于：

1）电网运行：判别出正常且可运行的资产。

2）电网运行：判别有报警和需要限制某些运行的资产。

3）资产管理：判别出有警报，需要检查、检修或更换的资产。

应用这种连续在线监测技术挑战更大，并且往往导致更高的成本。然而，近年来上述一些技术问题已经取得了进展，特别是在传感器、数据采集、处理和存储方面。发展的趋势是从单个装置和针对某具体供应商的系统向数据集成到变电站服务器的方向发展，并在服务器上与其他运行数据集成。这一点随着（IEC 2003）通用平台的出现变得越来越容易，并且 IEC TC 57 的通用信息模型（CIM）正在开发新的资产类别，可访问所有用于状态评估的数据。此功能将允许设备监测状态数据与运行监测数据集成，以便将状态数据关联到系统运行。为此，状态监测不仅可以由资产经理用于计划检修和更换，还可以由电网调度员用于主动系统管理。但这些系统的长期可靠性过去一直是一个问题，许多都是新兴技术，仍在不断完善中。

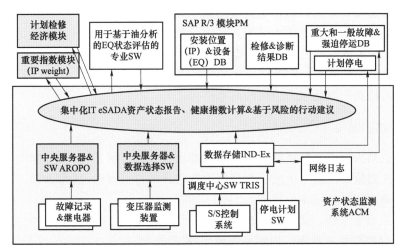

图 51.10　综合资产状态和状态检修平台示例

　　TB 462（CIGRE 2011）的案例研究描述了 TSO 在英国和捷克的实施情况。在大多数情况下，电力公司都在安装在线监视装置，以期通过将检修推迟到需要时来降低成本。图 51.10 摘自 TB 462，展示了一些正在实施的数据集成的水平。

## 51.6　分析和诊断

　　无论采用何种检查、调查或连续分析方法，评估都是为了判别性能的变化，并在绝大部分寿命周期内提出检修计划，并最终提出更新或更换的需求。一旦设备因某些检修而停止运行，进行检查试验是正常的。如近距离短路故障可能损坏了变压器绕组，则有必要进行绕组频率响应分析。

### 51.6.1　传统状态监测

　　传统状态监测是基于使用一系列的数据，包括人员在现场采集的数据（比如例行检查时）、现场抽取的材料样品的实验室分析和试验数据、实验室离线诊断测试、现场诊断测量数据，甚至是人员对异常行为的观察。

　　如果通过上述程序检测到可疑行为，则可以根据需要进行进一步的状态监测。这主要适用于设计阶段的电网或变电站中的事件、保护报警或特殊情况，并意味着要进行现场诊断测量和试验。

　　从现场设备取样、定期巡视或诊断测量，可以在发生故障时作为电力公司的检修策略。

巡视和诊断数据的收集可以在发生某个事件时进行，也可以在预先确定的时间间隔内进行。例如，变压器的油中溶解气体分析、断路器的验证及断路器的动作曲线确定、电气特性相关特定信息的测量诊断（如局部放电、介质损耗、外观检查等）。

在发生事故或报警或特殊情况下使用诊断和试验方法时，状态监测或当前状态检查按需进行。

这些定期或按需收集的信息由设备专家进行分析。现在，越来越多基于规则的专家系统或使用基于经验的知识系统的软件工具被用来处理和评估。

由于在常规状态监测与评估中已投入了大量的研究与应用工作，这已经达到了一个合理的接受度，并在许多电力公司中使用，其精度方面的目标水平居于中等，时间响应从慢到非常慢，例如，在仅每半年或一年采样一次的情况下，在 0.5～1 年后才能检测到发生的缺陷，但这种状态监测模式仍然是电力公司的基本选择之一。

### 51.6.2　在线状态监测（OLCM）

在线状态监测指当主设备采用永久安装的监测设备和传感器进行监测时的一种策略。主设备的监测旨在测量和评估一个或多个表明性能劣化的特征参数，通常来说，在以下情况下，其目的是自动确定和报告设备的状态。

（1）故障发展非常快，需要快速响应。

（2）设备对电网至关重要，需要高的可用性。

（3）在有限的时间内需要延长寿命，以保持设备在非理想的状态下运行，类似"临界运行"。

（4）需要全寿命期内信息，也就是说可记录的数据很丰富，并且可以成为以后开展评估或其他活动的宝贵信息。

（5）变电站位于难以接入的偏远区域，或接入变电站的成本很高。后者的一个例子是 TB 483（CIGRE 2011）所述的离岸变电站。

（6）在线状态监测可以很容易地集成到电力公司的智能信息系统中，并向变电站系统或公司系统与公司利益相关者提供原始数据或处理过的数据。

（7）在正常运行期间，不需要现场人为干预来获取收集的数据等。

安装在线状态监测时应考虑以下几个方面：

（1）主设备与监测传感装置之间的寿命不匹配，主设备的典型预期寿命为 40 年以上，而与之相比，监测装置的预期寿命为 10～15 年，尤其是由于传感和电子元件寿命有限。

（2）必须考虑监测装置投入成本，包括采购和调试及随着时间推移产生的成本。这还需要包括软件和维护合同的年度服务费。

（3）何时是安装监测装置的最佳时间？新建设备从一开始就进行监测是更简单、成本更低的方法。对已运行主设备实施监测成本更高，而且存在局限性，甚至无法在正确的位置安装所需传感器。

（4）管理监测装置及其传感器、IT、通信和数据需要技能。

（5）电力公司必须在数量、质量、过程和集成方面对监测数据进行处理。

（6）OLCM 系统应该创造价值，例如，改进电力公司的程序，降低成本或避免故障。TBTB 462（2011）详细考量了"从在线状态监测取得价值"。

近来，CIGRE 和 IEEE 的一系列小组会议以及两个组织的一些联合活动，讨论了变电站和变电站设备在线状态监测的相关方面。

更晚一些时候，在 IEEE PES 大会、IEEE T&D 或 IEEE 变电站委员会会议、CIGRE 圆桌会议和研讨会期间，举行了关于在线状态监测及其应用、演变及从在线状态监测获得价值的小组讨论，或会经常作为 CIGRE-IEEE 的联合活动举办（Fantana 等，2014）。

## 51.7　不断演变的状态监测策略

在线状态监测不应被视为一个孤立的、独立的状态监测和评估系统，而应与传统的状态监测方法相结合，这显然导致了混合状态监测方法的出现。

### 51.7.1　混合状态监测

针对电力公司面临的状态监测问题定制化的方法，结合了传统状态监测和在线状态监测的优点。许多电力公司采用混合方法和组合状态监测策略；然而，现实中使用的方法可能差异很大。这些差异可能源于以下方面：已经安装的主设备及其电网；常规诊断、状态评估或在线监测方面的现有经验；已经投用的在线监测装置数量、受监测主设备的重要性和监管限制。

一种经常遇到的状态监测混合解决方案是在变电站的重要主设备上使用在线监测，而对于不太重要或成本较低的设备，则采用传统方式，通过定期检查和取样、实验室分析或其他诊断方法及现场巡检对状态进行评估。在线监测则提供更详细和更实时或近时的信息，可用于更准确和实时的状态评估。

虽然传统的监测装置使用本地传感器，但混合方法还可以使用来自变电站或公司系统的数据。这意味着，除了使用传感器和本地设备数据外，监测系统本身还可以使用来自变电站、事件或检修的一些历史信息。CIGRE TB 630 考虑了变压器智能状态监测装置（CIGRE 2015）中的此类系统和因素。这种方法和算法也可适用于其他类型的设备，监测系统在实用性上还可分为混合状态监测和综合状态监测方法。

### 51.7.2　综合状态监测

采用变电站设备所有可用和涵盖运行、环境、检修和事件相关寿命数据与信息用于状态监测和评估的综合状态监测方法是最新趋势，这种方法是通过技术演变而实现的，这些技术可以轻松收集变电站设备数据、电网数据和其他数据，并且成本合理。

如（Fantana 2015）图 51.11 所述，在电力公司所谓的"资产健康中心"中，也会遇到这种综合方法。

这些方法通常试图考虑、集成和使用有关变电站或电网设备的所有可用数据和知识，以：

（1）考虑和处理公司变电站所有主设备和设备类型，通常从变压器、GIS 和断路器等最重要的设备开始，但可以进一步扩展到所有相关设备，并且可以考虑任何公司资产。

（2）汇集设备、运行、环境、事件、诊断、检修等所有相关和可用数据。需要整合所有可用和相关的数据，包括现场巡检、诊断试验、在线监测、SCADA 系统等。

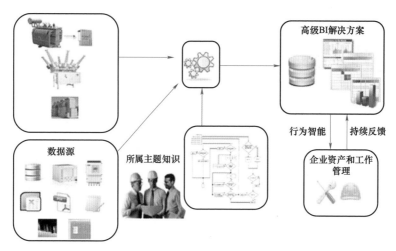

图 51.11　企业资产健康综合中心示例

注　SME 是每种设备的相关专业知识所属的主题（Fantana 2015）。

（3）考虑设备的寿命、历史和演变、以往事件等可能影响设备的因素。

（4）基于最先进状态评估知识的系列算法，使用系统状态评估程序/方法对每种类型设备进行状态评估。

（5）灵活，可根据新型设备进行扩展，以考虑、更新或升级某类设备状态评估的知识和算法。

（6）开发基于模型、启发式方法或统计方法的模型和状态评估算法，可以使用复杂的推理或推理策略，或者使用这些策略的任何组合。

（7）这些系统（如果完全实施）不仅可以估计状态，还可以预测单个设备的故障时间，同时考虑设备故障时的所有后果。

目前，此类系统和工具已经出现，并且已经开始覆盖最重要的变电站设备，如变压器和断路器；然而，电网中的其他资产也可以在整个公司中进行考虑。

## 51.8　状态监测的数据收集与管理

传感器、信息技术和通信技术的进步使得从变电站设备和电力系统收集数据变得越来越容易，并且成本可行。通过了解设备的相关历史细节，可以更准确地评估设备的状况。

与变电站设备相关的数据量不断增加，这些数据在设备寿命内很容易收集。数据源很多，包括：

（1）SCADA 系统。

（2）变电站设备的监测系统和传感器。

（3）保护装置及其自身的数据存储/缓存。

（4）安装在电网中的故障录波仪或其他记录仪。

（5）变电站周边和环境状态传感器。

（6）人工收集的数据/信息。

（7）有关运行或设备活动（如检修）的企业系统数据。

（8）其他企业系统或监测设施。

数据在状态监测、资产管理和决策中的有效使用必须考虑以下两个主要方面：

① 数据收集；② 数据管理。

### 51.8.1　数据收集

用于状态监测和资产管理的变电站设备寿命数据的收集是工程界公认的非常重要的一个因素。

CIGRE WG B3.06 对一般变电站数据进行了一系列调查，WG A2.44 就变压器监测相关数据进行了调查，揭示出电力领域的当前做法，如数据收集的实际方式、记录的数据、存储和使用的方式等。除了目前的做法外，调查涉及数据活动的预期趋势。图 51.12 展示了目前收集状态监测数据的方式，以及未来的变化趋势。预计未来数据收集的主要发展方向是自动数据收集方式的强劲增长、由事件触发的数据收集、数字格式的使用，以及在实践中减少在现场和检查时纸张的使用。

故障和故障数据在设备寿命中具有重要作用，在事件触发数据中具有重要地位。

故障是设备寿命周期中的一个事件，但同时也是增加以下方面知识的宝贵信息来源：

（1）单个设备。

（2）类似设备家族系列。

（3）设计缺陷和故障模式。

（4）系统或其他设备对故障造成的可能影响。

（5）来自环境的可能影响。

（6）检修策略的影响。

（7）检修和运行实践等的影响。

在图 51.13 中显示了目前在电力公司中使用的故障数据收集程序。

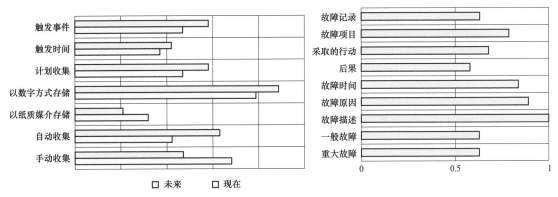

图 51.12　状态监测数据收集的当前做法和预期做法　　图 51.13　故障案例的实践和数据收集

通常，对于故障，收集的数据非常详细，并且通常记录故障描述与故障时间和原因。根据 CIGRE 的建议，故障有时也分为一般故障和重大故障。在回答中值得注意的是，故障的后果（需要了解和跟踪）只在大约 60%的案例中得到了记录和存储。

### 51.8.2　设备寿命期间的数据管理

变电站电力设备的状况可能需要几十年的监测和评估。40 年以上的设备寿命并不少见。因此，必须对变电站设备进行终身的数据管理。电力变压器寿命数据管理的数据和寿命方面的详细信息已在（CIGRE TB 298 2006）中进行了分析和介绍。

寿命数据管理面临着挑战，这些挑战普遍适用于变电站所有电力设备，这对于状态评估和状态监测很重要：

（1）处理不断增加的数据量。

（2）选择/提取/使用相关数据用于事后分析和绩效评估。

（3）数据质量。

（4）设备寿命期间的数据存储和数据访问。

（5）按需向不同的电力公司用户/部门提供数据的可用性。

（6）允许及时访问数据，处理具有短期和长期相关性的数据。

（7）确保访问数据的一致权利。

（8）数据安全。

根据 CIGRE WG A2.44 的调查，目前关于状态监测数据收集和存储的一些做法如图 51.14 所示。好的做法是将报警和事件永久存储起来，供以后分析和使用。目前的做法是将最新的数据保存在系统中，以便在事件发生后的头 1～2 年内快速按需访问。比通常的 1～2 年更早的数据被迁移存储在长时间的存档数据存储中，存储容量大，但访问时间长。并不是所有的数据都会被传输到长时间存储中，有些数据会被压缩或处理，有些数据会被删除，这取决于电力公司的策略、数据容量、以后可以使用这些数据的工具及以后是否会使用特定的数据。此外，对于随着时间的推移的数据存储，有两种选择：① 最简单但最昂贵的是将收集到的数据存储按"原样"存储，而不进行任何处理，为以后的分析保留原始数据；② 有时，原始数据只是通过使用一些算法进行压缩。数据也经常被摘编，也就是说，对数据进行预处理，只保留一些简化的基本工程相关信息，从而节省存储空间。

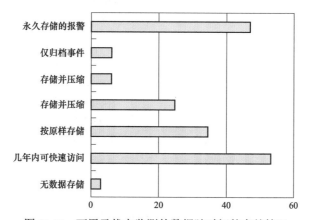

图 51.14　可用于状态监测的数据随时间的存储情况

电力公司中数据的妥善管理不仅要面临技术挑战。此外，还要面临如克服数据划分或数据孤岛及电力公司在历史上形成的组织架构的限制。

同样具有挑战性的是以可用且有意义的方式整合现有公司数据，以适应状态监测或其他活动的算法和程序。正如 TB 576"电力公司的 IT 战略"（CIGRE 2014）中所述，根据组织架构的情况，电力公司通常存在多种数据仓，如检修数据、地理信息系统（GIS）数据、运行数据、能源管理系统的数据、企业资源规划系统（ERP）的数据，通常放置在文档管理系统或文件服务器中。典型情况是结构化和非结构化（经常是文本数据）的组合。使用数据仓库等技术，可定期集成来自企业系统的数据以供使用。综合数据管理中的这种情况一般如图51.15 所示。为了将可用数据链接到特定资产，在本例中，通过在中央密钥寄存器上交叉链接单个企业系统的标识密钥来完成。

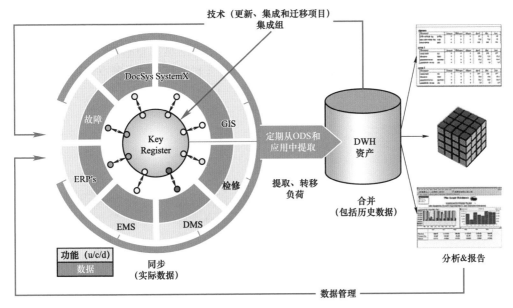

图 51.15　考虑多个企业系统的集成数据管理示例（CIGRE 2014）

来自所有系统的组合数据被放置在数据仓库系统中，以便由各种利益相关方按需进行可视化和分析。

集成数据管理系统是企业活动和系统化变电站设备状态监测的良好数据基础。存储在此类系统中的用于状态监测的有用数据，包括在线监测数据、定期检查、设备诊断和试验、检修信息、电网运行事件、环境压力、故障记录和其他文件，但也有企业资源规划、开展的工作和更新、使用的材料及地理位置信息、设备铭牌信息等。

可在此类系统中找到并可用于状态监测的数据类型包括：

（1）固定资产数据。它描述了安装设备的特征及其在变电站中的位置。大多数情况下，该设备数据不会随设备的使用寿命而变化，并且包含唯一的标识，如序列号，它有时会随着设备的搬迁或更新而改变。

（2）设备寿命期间的数据块。这些可以是文档、文件、图像等，源于设备寿命期间执行的活动。离散数据块涉及与设备相关的事件或行动，它可以按需执行或者周期性重复。设备的数据块可能源于安装、检查、检修、重装、更新和诊断等活动，还可以考虑影响变电站的报警或其他事件。

（3）设备寿命期间记录的持续性数据。连续数据记录基本上是时间序列或时间记录。这类数据通常来源于监测系统，但也可能来源于保护继电器、故障录波仪或其他传感装置等。通常，这些数据通过模型或统计分析进行预处理，以提取关键信息并同时减少存储空间。

数据收集与管理是资产管理决策过程中的关键环节。

## 51.9 状态数据分析

如 CIGRE TB 576（2014）所述，变电站设备的状态监测通常可以支持资产管理的决策过程。变电站设备和资产管理综合决策过程的定位、数据收集、数据管理和状态监测如图51.16 所示。设备数据是状态监测的基础。为了进行状态监测，需要设备寿命期间的技术数据、运行和环境数据，基本上我们对设备现有了解的所有信息都会影响设备的状态。数据收集之后，数据管理中的一个自然步骤是数据集成、整合和质量保证。所有可能在稍后的过程中使用的相关数据必须加以考虑。

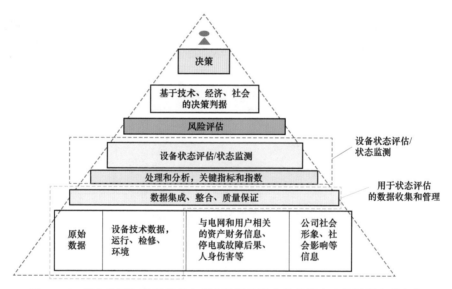

图 51.16 状态监测与数据管理在变电站设备资产管理综合决策过程中的定位

知识在所有这些活动中起着重要作用。 获得设备的技术状态很大程度上依赖于材料，现象和设备构造的知识。 对于数据而言，算法或处理，尤其是分析，需要知识和经验。

还可能涉及基于知识的原始数据处理，以获得一些可用于状态监测的中间值。在所需的数据空间方面，这些数据比原始数据更具信息性和紧凑性，是经过浓缩的信息。

在变电站电力设备的整个寿命周期内，必须完成上述数据收集和管理。

知识在状态监测中起着关键作用，数据收集和状态评估应以用户需求为指导。

数据的处理和分析只能建立在特定设备、背后的物理和化学知识、考虑到设计、使用的材料和运行长期性能的基础上。

有许多数学方法来处理收集到的数据，如 CIGRE TB 630（2015 年）所述。只有使用适当的设备知识，对结果的解释才是有意义和有用的。

　　尽管状况监测和评估是资产管理决策中的一个关键因素和影响因素，但也有其他方面，如经济、社会和法律或环境，这些方面也被考虑用于资产决策、基于风险或绩效的检修、长期规划等。

## 51.10　状态监测价值

　　所有花费在状态监测上的时间和金钱方面的努力都有可能得到回报，也就是说，为了降低成本、更好地运行和避免危险情况，为电力公司带来价值。无论是常规的、在线的、混合还是综合状态监测，这种预期都适用。

　　CIGRE WG B3.12 编制了 TB462，用于分析从变电站在线状态监测中获取价值的方法，名为"从监测主题中获取价值"（第 50.1 节）。然而，许多结论普遍适用于状态监测，超出了在线的范围，将在下文进行讨论。

　　工作组调查了在线状态监测系统，这些系统是对传统诊断试验程序的补充，在某些情况下可替代传统诊断试验程序。它还考虑了目前可用于在线状态监测的技术。它提供了有关实际中需要考虑的因素的指导方针，以便从在线状态监测中获得价值，并为现代高压变电站和电力公司中的各个集团和部门使用状态监测提供最佳解决方案。

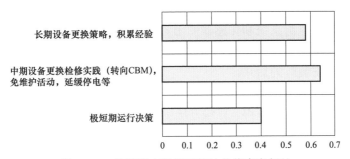

图 51.17　使用状态监测系统的价值来自何处

　　工作组（CIGRE 2011）开展的一项调查确定了目前的状况和电力公司部门的做法，由此得出关键问题如下：

　　（1）使用状态监测系统的价值来自何处？

　　（2）公司对状态监测有哪些策略？

　　（3）公司认为从状态监测获得最佳整体价值的方式是什么？

　　对调查问题的回答如图 51.17 所示。状态监测的价值可以对短期活动（如运行决策）产生积极影响，但更多实质性效益来自中期活动，如应用新型检修策略，状态检修、基于风险的检修和长期活动，支持更换策略。

　　调查对象对从状态监测和在线状态监测中获得的中期成果进行了评论，这些调查对象从在线状态监测中获得了好处，例如，获得了各种设备在不同运行条件下的典型行为趋势，获得了更多的信息来预测可能的故障。

　　一个重要的方面是获得更广泛的设备数据，以便在故障后进行故障分析。状态监测允许公司更好地基于状态和风险做出决策与采取适当的行动，并积累经验。

　　调查还就如何进行状态监测、如何应用、在何种条件下应用等提供了建议。需要努力为未来制订战略或愿景，即如何迎接未来与如何应用状态监测并长期使用。一些受访者也提到了状态监测装置预期寿命与主设备之间的不匹配，以及如何在设备寿命期间更换状态监测设备相关的问题。

"公司认为从状态监测设备获得最佳整体价值的方式是什么？"

从状态监测中获得更多价值的两个主要途径是：① 变电站状态监测系统的集成；② 将现场监测系统与企业系统、企业资产服务中心相集成。即向所谓的混合和综合状态监测方法发展。

变电站综合状态监测系统是一种广泛表达的愿望或偏好。此外，变电站也希望将状态监测功能纳入保护和控制装置，因为这些装置中的数据包含有价值的细节，但目前尚未应用。

为了以在线和离线的方式，使用集成和整体方法从状态监测中获得价值，将需要进行投资。此外，还需要电力公司对来自运行、事件或监测的数据与使用的监测设备和系统采取系统策略。

信息技术和通信的使用有望向更复杂系统发展。设备、变电站级和企业级的数据分析和处理工具越多，需要的使用本地处理和存储、新数据处理和评估方法的传感器与监测装置也就越多，或者需要对越多的现有装置等进行改进。

此外，还需要具备适当技能的人员来处理传感器、IT&C 装置和电子设备，同时还需要具备理解（如智能电网中可以预期的状态下）电气和设备问题与电网运行的技能。

安装现代化的在线监测系统和传感器的困难在于证明监测系统或设备的价值。由于其价值来自于避免故障、停电或危害，因此在实际安装此类系统时不应发生这些情况，或者其后果应远小于没有此类安装时的后果。

TB 462（CIGRE 2011）还涉及用于证明状态监测合理性的技术。有许多方法可用于确定在状态监测方面的投资是否值得。有些方法更严格，而有些则没有前者严密，但这并不意味着它们效率更低或价值更低。电力公司的最佳方法是准确考虑所有可行的选项，解决关键利益相关方的关注，并向决策者提供详细的文档化信息。一般而言，最终方法结合了风险分析、经济分析、实施考虑因素和结构化流程审查。TB 462 研究了以下方法：

（1）成本效益分析（CBA）法。

（2）CBA 考虑了净现值（NPV）、内部收益率（IRR）、投资回收期等方面的因素，重点关注状态监测解决方案。

（3）机会价值损失法（LOV）。

（4）定性风险分析法，是一种旨在识别主要风险领域的近似方法。

（5）定量风险分析技术，这是对成本的精确评估，非常详细，需要付出大量努力。然而，通常来说，并非所有实施这种方法所需的细节都可用。

定性风险分析是对风险或资产价值的相对衡量。风险或资产价值是分别按照低、中、高，不重要、重要、非常重要，或按 1～10 的评分等描述性类型进行排列。定性风险分析不涉及故障的数值概率或预测，而是涉及确定各种可能的事件，确定可能的影响，并考虑应对措施的有效性，比如事件发生时的状态监测。这些方法的目的是确定风险领域，并在这些风险领域中进行投资，以在风险降低与支出（或实现"物有所值"最大化）两个方面实现收益的最大化。这种方法可用于资本受到限制且可支出的金额有限的情况，这一情况也很常见。潜在的状态监测项目可以在一个列表中进行排列，资金将投入风险最高的项目，以可用的资金为限。

根据表 51.2 所示的格式，可以对基本状态监测风险方法进行描述，该格式参考了北美一家主要电力公司（见第 50.1 节）。在这种方法中，将不实施监测系统的风险进行评估，并与安装监测系统的风险进行比较。用户需要估计两种情况下发生负面事件的可能性，并预测后果性成本或负面效应的其他影响。在安装监测系统的情况下，不利事件包括监测系统故障，导致被监测资产故障。在评估影响方面的主题选择通常与电力公司所使用的关键绩效指标（KPI）直接相关。这些不利影响的大小取决于系统内设备的关键性和被监测资产的关键性、更换成本、位置和其他因素。

这些因素在不同的电力公司之间，以及在同一电力公司内的不同电压等级之间均有所不同。然而，一旦确定了这些因素，就可以通过简单地将其净影响乘以发生负面事件的可能性来估计风险。然后，通过与电力公司的风险可接受性和风险响应标准进行比较，对结果进行排序。分配相对风险（低、中或高）并确定响应/预防措施。从评估监测效益的角度来看，通过监测装置投资对风险的降低体现了两种风险结果（有监测和无监测）之间的差异。

表 51.2　　　主要电力公司根据影响和可能性范围确定业务风险的矩阵示例（CIGRE 2011）

| 发生概率 | | | | | |
|---|---|---|---|---|---|
| 有90%或更高可能该事件下一年内将会发生 | 5 | 中等 | 中等 | 高 | 极高 | 极高 |
| 有50%或更高可能该事件下一年内将会发生 | 4 | 得到控制 | 中等 | 高 | 极高 | 极高 |
| 有10%或更高可能该事件下一年内将会发生 | 3 | 得到控制 | 中等 | 中等 | 高 | 极高 |
| 有1%或更高可能该事件下一年内将会发生 | 2 | 低 | 得到控制 | 中等 | 中等 | 高 |
| 有小于1%或更高可能该事件下一年内将会发生 | 1 | 低 | 低 | 得到控制 | 得到控制 | 高 |
| 影响标准 | | 1 | 2 | 3 | 4 | 5 |
| 安全 | | 要急救的伤害/疾病 | 需要就医的伤害/疾病 | 需要时间恢复的伤害/暂时性疾病 | 永久伤残 | 死亡 |
| 财务 | | 总影响<$500 000 | 总影响$500 000~$1 000 000 | 总影响$100 万~$500 万 | 总影响$500 万~$1000 万 | 总影响>$1000 万 |
| 可靠性 | | <250 000 用户小时损失或 <2GWh 输电损失两者之一 | 250 000—小于100万用户小时损失或小于7输电损失两者之一 | 100 万—小于300万用户小时损失或小于20GWh 输电损失两者之一 | 300 万—小于700万用户小时损失或小于50GWh 输电损失两者之一 | 700 万或更高用户小时损失或大于50GWh 输电损失两者之一 |

续表

| 发生概率 | | | | | |
|---|---|---|---|---|---|
| 市场效率 | 客户或者付款方向电力公司投诉 | 客户或者付款方向政府或者 CEB 投诉 | 政府或者 CEB 调查介入电力公司实际运维和管理政策 | 政府或者 CEB 强制要求电力公司对战略或运营做出调整 | 因未能达到被要求的服务结果而失去执照 |
| 关系 | 外部反对导致短期延误或修改工作计划 | 外部反对影响电力公司实施其工作的能力-计划受到限制和/或需要对其工作计划进行实质性修改 | 外部反对导致监管监督加剧，股东罢工和/或限制进入工作场所 | 外部反对导致法院诉讼或政府干预的增加，导致责任的丧失，影响公司授权 | 外部反对导致公司失去执照和/或公司重组 |
| 组织和人员 | 对服务提供和员工的影响微不足道 | 对某些服务的效率或有效性的影响，但将在内部处理 | 组织的分支机构遭受意外的人员流失或吸引力因素降低 | 实现企业目标的能力受到威胁，或者服务成本显著增加 | 多个关键员工的意外流失，包括高级领导和提供关键服务的能力 |
| 环境 | 不可报告的环境事件 | 可报告的短期内可解决的环境事件（<6 个月） | 可报告的需要长期解决的环境事件（6 个月及以上） | 可报告的环境事件，有监管罚款和可能实现的解决方案 | 可报告的环境事件，有监管起诉和/或不确定的解决方案 |

## 51.11　状态监测展望

监测装置方面的持续进步受到微电子、传感器、IT 和通信进步的助推，同时也有赖于变电站设备、材料、设计和系统方面不断增加的知识基础，这两者对于状态评估和监测都是必不可少的。

状态监测的一般趋势是数据收集和可视化，仅用于综合决策支持和资产管理，可以对设备的状态和性能进行系统、可重复和可靠的监测。

状态是变电站设备活动、计划或运行决策方面的一项重要因素，但也必须与经济因素、社会影响和环境因素一同考虑。

变电站设备的状态监测和性能评估是电力公司的一项永久性任务，可以对其进行优化以符合成本限制和预期收益，并且它是现代社会资产管理和做出明智决策的关键因素。

### 参考文献

C57.143: IEEE guide for application for monitoring equipment to liquid-immersed transformers and components (2012)

CIGRE Technical Brochure No 227: Life management techniques for power transformers (2003)

CIGRE Technical Brochure No 298: WGA2.23, Guide on transformer lifetime data management (2006)

CIGRE Technical Brochure No 462: Obtaining value from substation on-line condition monitoring (2011)

CIGRE Technical Brochure No 483: Guidelines for design and constructions of off-shore substations (2011)

CIGRE Technical Brochure No 576: IT strategies for utilities (2014)

CIGRE Technical Brochure No 630: Guide on transformer intelligent condition monitoring, (TICM) systems (2015)

CIGRE Technical Brochure No 660: Saving through optimised maintenance in AIS (2016)

Fantana, N., et al.: CIGRE SC B3, Think together – expert workshop. Paris (2014);

Fantana, N., et. al., Joint IEEE – CIGRE expert workshops on OLCM. 2011, Chicago, 2012, Raleigh; Fantana, N. L. , On – line cond. monitoring importance & evolution, 2013, NORDIS, pp 63, IEEE PES GM 2013, 2014 and 2015, On – line condition monitoring value for future girds, panel session & presentation

Fantana, N.L.: Substation condition monitoring from data to smart decision support. In: International Conference CMDM 2015, Bucharest, paper 158(2015)

IEC 61850: Communication networks and systems in substations (2003)

# 管理变电站的资产风险和可靠性

# 52

Gerd Balzer, Mark Osborne, Johan Smit

## 目录

    风险评估近期在评估合理的资产管理水平的过程中变得越来越重要。本章阐述了风险分析的基本流程和故障模式影响分析（FMEA），而这两者是进行与变电站资产相关的风险调查（由 Balzer 和 Schorn 2015 年发起）的基础。

G. Balzer (✉)
Institute of Electrical Power Systems, Darmstadt University of Technology, Darmstadt, Germany
e-mail: gerd.balzer@eev.tu-darmstadt.de

M. Osborne
Asset Policy, Engineering and Asset Management, National Grid, Warwick, UK
e-mail: mark.osborne@nationalgrid.com

J. Smit
High Voltage Technology and Management, Delft University of Technology, Delft, The Netherlands
e-mail: J.J.Smit@ewi.tudelft.nl

© Springer International Publishing AG, part of Springer Nature 2019
T. Krieg, J. Finn (eds.), *Substations*, CIGRE Green Books,
https://doi.org/10.1007/978-3-319-49574-3_52

## 52.1　风险概述

在检修策略中的可靠性引入了供电中断这样危急性的概念。后续的风险评估不仅应考虑未提供电能的经济损失，还应考虑将停电的其他成本并与检修成本费用进行比较。

风险分析和风险管理是资产管理者管理基础设施实现功能性和达到可靠性的重要任务。一般来说，三个不同的风险领域可被区分如下：

（1）对投资者的风险：投资回报，包括合理的投资回报率。

（2）针对项目的风险：考虑到成本，是否能够在指定时间内提供预期性能。

（3）针对系统的风险：了解"性能"及其对整个系统的影响，尤其是电网的可用性和可靠性。

风险评估的目标是从不同方面中找到最佳解决方案。但由于风险之间关联的复杂性，一般不太可能找到一个整体的最优解，因此有必要做出适当妥协。以下是会影响到解决方案的方面：

（1）系统：供电质量的影响。

（2）设备：设备的状态（根据法律法规的要求）。

（3）财务：寿命周期成本与初始投资。

（4）社会：公众舆论与品牌社会影响力。

若在先前已开展过风险评估，则进一步的风险评估只需针对电力系统发展中涉及的问题才考虑。这些问题是以未来电网规划为基础总结的要求，例如：

（1）是否有改变电力系统馈电节点的想法？

（2）是否有改变额定电压的计划？

（3）是否有调整电力潮流的计划？

（4）技术要求上（容量、可靠性、客户要求等）是否有任何变化？

（5）新建电源接入对于先前假设的最大系统短路水平是否有可预见性的影响？

上述问题可根据各个公司的需求进行解决。如果问题的答复是肯定的，则意味着不应进行更新工作，而需要进行更复杂的分析。

## 52.2　风险评估流程

风险评估工作试图回答以下问题（ISO / IEC 2009）：

（1）什么可以做，为什么要做？

（2）后果是什么？

（3）事件发生的可能性有多大？

图 52.1 显示了执行风险评估时的工作流程，以及必要时需进行的更多考虑及缓解降低风险的措施。

根据图 52.2 显示，工作流程的不同步骤表现如下：

（1）资产、系统：根据整个电网资产，针对设备停运或电网供电中断等重要变量进行分析。

（2）停电：后果为确定每次可能停电的后果。

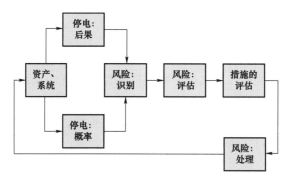

图 52.1　风险评估时的工作流程

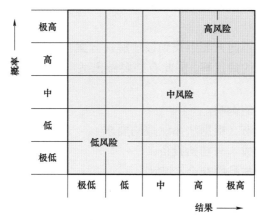

图 52.2　风险分布图

（3）停电：故障率为利用可得到的历史数据估算故障率。

（4）风险：识别为在不同停电的情况下计算不同的风险（基于每年成本），进行优先级排序，并在风险分布（5）图 52.2 中表示。

（5）风险：评估为针对公司目标的风险进行评估。

（6）评估措施：评估检修措施，将风险降低至可接受的程度。

（7）风险：处理为实施适当的检修措施。

一般而言，风险可以定义为风险=故障率×后果

故障率是统计设备运行中发生故障的概率，后果是由于故障导致的相应停电造成的，例如，更换成本，停供电量损失或人身伤害赔付损失等。图 52.2 可从极低到极高对不同类别的故障率与后果进行划分，风险分布图被用作将风险评估结果可视化的一种手段。

故障的概率取决于运行中设备的故障率，而其后果则是停电所带来的影响：如更新成本、停供电量损失或人身伤害赔付损失等。评估基于发生的故障率（$y$ 轴）和故障可能的后果（$x$ 轴）。故障率是按故障设备台年数确定的，但在特殊情况下故障的后果进行财务分析比较困难，如人身伤害赔付损失与公司形象方面的损失难以评价。

该图 52.2 有助于识别电力系统中的风险：如停电概率较高与后果严重的部分应显示在图 52.2 右上角。若是计算结果超过了限值则必须采取特殊措施来降低风险。

可以将以下检修任务分配给由图 52.2 确定的风险等级：

（1）高风险：在特定时间内（如 6 个月）采取适当措施降低风险至中等风险。

（2）中等风险：在一定时间内（如 12 个月）采取适当措施降低风险，之后无需采取进一步行动。

（3）低风险：无需采取任何措施。

接下来，确定可能的检修成本，并将其与潜在应对措施情况下的成本进行比较（Balzer 等，2006）：

（1）延长运行寿命：如通过更多的运行来延长投资的寿命。

（2）更换：更换整个设备。

（3）改造：更换设备的组件。

（4）提升设备或系统的参数：如设备增容或增加系统的短路电流水平。

（5）系统再设计：重新配置一部分系统，如改变额定电压；或是配置变电站，如将高压母线分段。

风险分析的基础包括：① 关于各种资产的详细状况；② 检修措施对故障行为的影响；③ 整个系统停电可能性的评估。

其他影响因素也需要进行评估：如环境和社会因素（公众意见，企业形象），这类因素更加难以量化。

## 52.3 风险分析应用

传统上来说检修周期是以时间为基础的，而当资产出现不可靠达到寿命末期时，则预示着可以更换。详见第 50.2 节，假设资产可遵循"浴缸"曲线的可靠性寿命模型。这是 Nowlan 和 Heap 在 1979 年对飞机发动机可靠性的经典研究中开发的六种模型之一（Nowlan 和 Heap 1978）。但电力行业对设备故障情况的研究表明，电力设备具有该类似寿命模型的经验并不常见。如果一批设备具有相似的设计、相同的厂家和运行环境，那么这种统计方法可能是有用的。有的经验认为，状态监测是做出设备检修、修理、更新或更换决策的有效工具，TB 660 调查问卷的受访者表示，这种方法是以时间为基础、以可靠性为中心、以风险理论为基础三者的结合。请参阅第 53 章获取更多信息。

风险管理的工具一般基于资产健康的评价。这将绩效的业务价值和风险联系起来。如图 52.3 所示，输入各种数据来确定风险水平，并由此确定一个降低风险的计划。

图 52.3 中的步骤 4 评估了风险水平。数据可用于计算图 52.4 所示的资产健康指数（Heywood 等，2014）：是一种结合设备当前状态和运行情况的设备健康程度的评估指数，可表明采用针对性检修策略的时间和紧迫性。如果采取了检修措施，则指数也会相应修正，详见参考文献。该资产健康方法在许多国家被用于变压器评估。同时调查小组 A2.49 正在寻求获得一种通用的评分方法。对于其他变电站资产而言，该方法还相对不完善。

### 52.3.1 故障模式及其后果分析

故障模式及其后果分析（FMEA）方法是侧重可靠性的检修（RCM）策略和风险分析中的重要组成部分。随着比同时期更复杂的机型——波音 747 的发展，该方法在 1960 年的航空工业中首次应用，其概念和基础理论被写入论文中（Nowlan 等，1978 年；Smith，1993 年）。FMEA 研究的原则是调查哪些要求必须满足（如断路器或变电站），哪些损坏导致所需

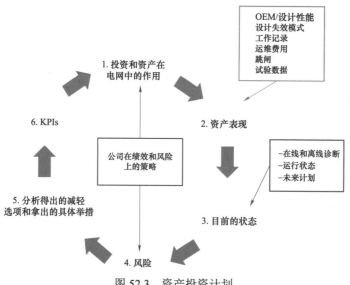

图 52.3　资产投资计划

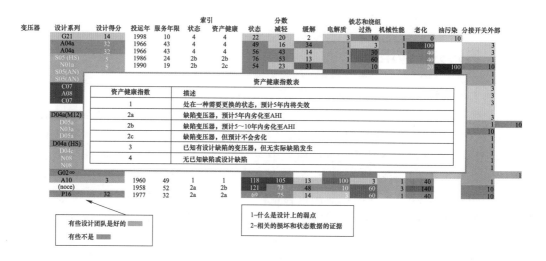

图 52.4　英国资产健康评价流程示例

的功能无法满足；其次，不仅在故障的设备上，而且在整个系统和环境中（如安全/责任）这些损坏的后果都可以被预估；最后，该流程的一个重要部分是确定故障的后果——如导致电网运行受限或是对人和环境的损害：

（1）考虑到运行状况（功能），可以为设备定义哪些功能和性能标准？

（2）设备如何发生故障，以至于功能无法维持（故障）？

（3）是什么导致了故障（故障模式）？

（4）设备故障会产生什么影响（故障影响）？

（5）如有必要，如何提前检测早期故障（故障检测）？

（6）故障概率是多少？

（7）停电会产生什么风险，是否可能找出不同的风险的后果（风险评估）？

（8）评估不同停电情况的应急检修行为（针对故障的措施）。

执行 FMEA 方法的评估过程可以通过图 52.5 的工作流程来说明，上述步骤在后续断路器案例中进行了具体的描述。

（1）设备功能。变电站的一般功能是：基于设计（主要功能）输送对应于最大额定功率的预期功率流。此外，可以定义一些能够由二次设备实现的次要功能：如扰动测试仪，该测试仪可以明显观测变电站主要和次要功能在某些特定情况下受到的干扰影响。

（2）设备故障。故障可能会在上述定义的主要和次要功能无法满足的前提下发生，从而会导致设备部分或完全失效。在该前提下，每种情况都必须回答以下问题：

1）哪些是可能发生的故障？

2）这些故障是如何触发的？

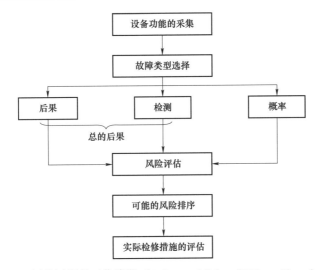

图 52.5   FMEA 评估过程的工作流程（Balzer and Schorn2015；   Choonhapran2007）

（3）故障模式。定义导致上述各种故障的故障模式（故障原因），从而确定整个设备或变电站的故障部件。

（4）故障后果。故障后果对于随后以检修任务来评估故障影响十分重要。如可分为人员、环境、停电时间和成本四个主要方面，然后再根据不同的后果而进一步细分。此外，还可以根据经营要求明确其他方面，包括电量销售、停电、罚款、公司形象等的损失等。

（5）故障检测。在评估故障后果时，诊断或监测系统是否能够预先判断部件故障或设备故障非常重要。这样可以尽量避免停电。

（6）故障概率。可以在设备每个组件的详细数据文件的帮助下，对可能的故障进行分类并评估其概率。下面的第一个例子中（52.3.2）以断路器为例分析，该实例在（Drescher 2004）中有详细描述。

（7）风险评估。使用评分系统对每个故障进行评估然后进行风险分类，并可应用于检修计划的安排中去。根据（Balzer 和 Schorn2015）将上述各自的评估进行复合分析，则有可能得到对结果的一种维度的评价。在此，将风险定义为扰动严重程度和故障相关概率（风险分布图）的乘积（见图 52.6），而应用双轴的形式表示是有价值的。总体后果（横轴）是由故障情况下的停电后果与可检测性的乘积产生的。

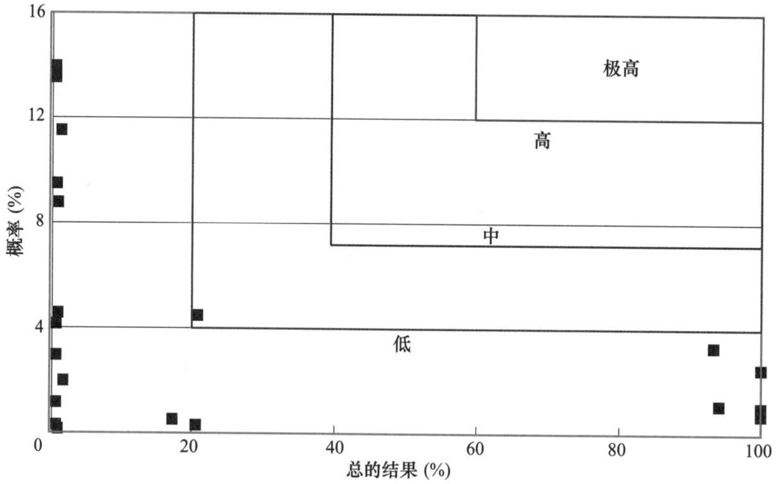

图 52.6　断路器评估的风险分布图（Balzer and Schorn 2015；Choonhapran 2007）

（8）针对故障的措施。在整个评估过程结束时，必须针对故障对检修措施进行分类，以便在发生停电时将运行风险降至最低；在选择检修措施时，了解哪些行为模式对应于相应的故障很重要。

## 52.3.2　案例

### 52.3.2.1　断路器

第一个例子涉及高压断路器：FMEA 的评估表明，所研究的 $SF_6$ 断路器几乎所有故障都可以归类为"低"的区域（见图 52.6）。因此结论认为不需要改变这种断路器的检修策略。影响较大的风险因素一般会有较低的故障概率（对人员的威胁、故障漏检、可能导致分闸操作问题的开关室缺陷）；相反的，具有高概率的停电（如控制区域中的传感器或继电器故障）在对整个运行乎没有影响的同时，被划分为非关键风险。根据评估结果，接近风险等级"低/中"区域的故障包括像弹簧操动机构卡涩这样的缺陷。

### 52.3.2.2　中压变电站

原则上，使用 FMEA 研究确定整个变电站的最优检修策略是可行的。在下文中，该方法适用于中压系统，同时将不同的运行组件（Balzer 和 Schorn 2015）纳入考虑范围：

（1）开关间隔（包括母线、电缆接头）。

（2）断路器。

（3）隔离开关。

（4）中压/低压电力变压器。

（5）电压和电流互感器。

（6）保护和控制。

（7）土建工程。

每个事件的风险可以通过将故障后果与其发生的频次相乘，并以与评估标准相对应的特定分数来确定；依据这些故障，可以定义避免这些故障出现的检修措施；最后，必须检查当日检修工作（实际措施）是否已涵盖这些目标措施。

作为这项调查的结果：由于目标措施与当前措施之间的差异，可以确定需要额外检修的紧急性与必要性。例如，根据故障原因、损坏情况以及对象和当前措施，表 52.1 和表 52.2 显示了对变电站进行完整分析的结果。表 52.1 说明了各种故障的顺序与随后对设备造成的损坏，而表 52.2 描述了必要的检修任务与在分配这些目标措施时开展的工作。

表 52.1　针对变电站的组件（故障原因、损坏情况）的评估（Choonhapran2007）

| 序号 | 优先级 | 设备 | 起因 | 损坏情况 |
|---|---|---|---|---|
| 1 | 131 | 间隔 | 雷电过电压 | 母线：外部闪络、电弧 |
| 2 | 131 | 间隔 | 污染，潮湿 | 外部闪络、电弧 |
| 3 | 98 | 间隔 | 绝缘老化 | 内部故障 |
| 4 | 33 | 间隔 | 不当距离 | 外部闪络、电弧 |
| 5 | 30 | 中/低压电力变压器 | 过电压 | 绝缘缺陷 |
| 6 | 28 | 间隔 | 雷电过电压 | 电缆接头：内部故障 |
| 7 | 23 | 断路器 | 误操作 | 电能释放（电弧） |

表 52.2　变电站组件（目标措施、现行措施）的评估（Choonhapran2007）

| 序号 | 优先级 | 设备 | 目标措施 | 实际措施 |
|---|---|---|---|---|
| 1 | 131 | 间隔 | 选点合适的避雷器 | 电网规划核查 |
| 2 | 131 | 间隔 | 潮湿：控制加热和通风，松动的管道<br>污染：清扫，特别是对于空气绝缘的变电站 | 检查/维护（间隔） |
| 3 | 98 | 间隔 | 外观检查：表面颜色变化；噪声，后续的 PD 试验 | 检查/维护（间隔） |
| 4 | 33 | 间隔 | 尺寸错误，须依据距离要求设计尺寸 | 依据项目规划和许可的要求 |
| 5 | 30 | 中/低压电力变压器 | 避雷器 | 依据电网规划和项目计划检查 |
| 6 | 28 | 间隔 | 选点合适的避雷器 | 依据电网规划检查 |
| 7 | 23 | 断路器 | 大修 | 检查/维护（间隔） |

## 52.4　剩余寿命概念在高压气体绝缘开关设备上的应用

如前所述，高压变电站的寿命周期成本（LCC）通常由采购、运维和更新的成本所组成，IEC 2017 中也有详尽描述。它与采用空气或气体绝缘还是混合绝缘技术无关。由于 LCC 可用于作为产品的设备，而 GIS 本身就是一种产品，所以 LCC 即可用于整个变电站，也可用于变电站的 GIS。

因此，考虑 GIS 的剩余寿命对变电站的 LCC 至关重要，包括在寿命周期结束时对 GIS 的报废处理。本部分只包括有关 LCC 的主要事项。

少量 GIS 设备已经有 40 多年的寿命了，许多已超过了 30 年的运行年限。早期 GIS 的预期使用寿命预计约为 25～30 年，如今希望预期寿命是 40 年甚至更久。

尽管超过了 GIS 最初设计时所预期的使用寿命，但是早期的 GIS 的运行表现一直良好，并且总体状况仍然良好。寿命受限的通用机理目前还未见报道。但是在以下领域 GIS 还是出现了老化和劣化问题：① 气体泄漏（主要为室外安装）；② 操动机构；③ 二次系统。

在许多情况下，通过检修和更新组件可以延长这些 GIS 设备的寿命。经验表明：何时达到其寿命终点时，限制寿命周期的最重要因素是其外部要求的变化，例如：① 改变系统（额定值或扩建）；② 用户运行的要求。③ 报废；④ 老旧 GIS 的知识支持。

寿命延长在某些情况下可以通过改造来实现，但多数情况下则通过需要更换。

对 GIS 所有主要部分的状态评估，包括针对开关设备、触头、绝缘和外壳的劣化相关的诊断和监测技术，已进行了详细的探讨。

随着接近使用寿命的 GIS 数量增加，为了更好地预估设备的剩余寿命，发现老化的规律、劣化机制及其诊断，将变得越来越重要。

CIGRE 第 499 号技术报告（CIGRE 2012）讨论了剩余寿命的通用评估过程，考虑了三个主要输入，即设备因素、外部因素和系统变化需求。该报告提供了使用资产健康指数和评估选项的一些实例，但是并不能给出确定 GIS 剩余寿命的详尽流程。在剩余寿命决策方面，影响用户做出决定的不同因素可能具有很不一样的重要性，或者也可能对其他用户是无效的。这一事实也在相当多的采用不同方法的实际案例中有所体现。

如果已决定更换 GIS，则应遵循适当的程序来回收和处理 GIS 中使用过的材料。

### 52.4.1　资产寿命

WG 37.27 预估 GIS 的资产寿命为 30～50 年，其中检修费用是资产寿命有差异的原因之一（CIGRE 2000）。

选择适当的检修策略会对资产的寿命周期成本和寿命终结决策产生重大影响。因此，检修公司会使用许多不同的策略进行优化检修。

### 52.4.2　报废管理

电力公司希望能得到现有产品与已停产产品的支持，然而厂家通常只能够在设备的使用寿命期间提供支持。后面将给出可提供支持服务的一些实例。在 GIS 设备的长寿命和产品寿命周期与不断加快的工业技术发展之间如何平衡，是厂家在提供该支持服务方面面临的挑战。

在已安装设备的使用寿命期间内，由于厂家的产品责任可能已经发生变化，因此建议将该产品责任作为用户资产管理策略的一部分，以保持对相关服务和备件的即时负责人的联系。

### 52.4.3　寿命延长功能要求

为了支持评估流程并为延长寿命提供更多选择，建议采用以下：

（1）针对原始设备厂家：

1）确保已安装设备文档的可用性；

2）为已安装的设备类型（主要/次要故障）提供故障历史记录/统计信息；

3）告知用户检修建议或其他活动的变更（如果有）；

4）确保已安装设备的终身支持（评估、检修、更改、修理、备件）；

5）为已安装的 GIS 的可扩展性提供解决方案。

（2）针对用户：

1）在原计划阶段考虑将来扩建、更换和更新的可能性；

2）保留有关已安装设备的文档（技术交底、原理图、报告和试验数据表）；

3）收集并归档包括检修、运行、调试、诊断、测量、试验、缺陷&故障在内的设备历史记录；

4）与代工厂（OEM）在缺陷和故障上进行沟通交流；

5）以最新行业经验为基础，将更新检修策略和实践过程体系化；

6）参与以后 CIGRE 的可靠性调查。

## 参考文献

Balzer, G., Schorn, C.: Asset Management for Infrastructure Systems – Energy and Water. Springer, Heidelberg (2015)

Balzer, G.,Schorn, C., et al.: Selection of an Optimal Maintenance and Replacement Strategy of H. V. Equipment by a Risk Assessment Process. Cigre, Paris, B3 − 103(2006)

Choonhapran, P.: Applications of high voltage circuit − breakers and development of aging models. Dissertation, Darmstadt (2007)

CIGRE Technical Brochure No 176: Aging of the system – impact on planning (2000)

CIGRE WG B3.17: Residual life concepts applied to HV GIS, CIGRE Brochure 499(2012)

Drescher, D. Computer aided assessment of power system components for maintenance strategies. Dissertation Darmstadt. Shaker Verlag, Aachen (2004)

Heywood, R.H., Jarman, P.N., Ryder, S.: Transformer asset health review: does it work? CIGRE Paper A2 − 108, Paris (2014)

IEC 60300 − 3 − 3: Dependability management – Part 3 − 3: Application guide – Life cycle costing (2017)

ISO/IEC 31010:2009: Risk management – risk assessment techniques (2009)

Nowlan, F.S., Heap, H.F.: Reliability − Centered Maintenance. National Technical Information Service/Dolby Access Press, Springfield (1978)

Smith, A.M.: Reliability − Centered Maintenance. McGraw − Hill (1993)

# 变电站的改扩建

Jan Bednarik, Mark Osborne, Johan Smit

## 目录

J. Bednarik (✉)
Networks Engineering, ESBI, Dublin, Ireland
e-mail: Jan.Bednarik@ESBI.IE

M. Osborne
Asset Policy, Engineering and Asset Management, National Grid, Warwick, UK
e-mail: mark.osborne@nationalgrid.com

J. Smit
High Voltage Technology and Management, Delft University of Technology, Delft, The Netherlands
e-mail: J.J.Smit@ewi.tudelft.nl

© Springer International Publishing AG, part of Springer Nature 2019
T. Krieg, J. Finn (eds.), *Substations*, CIGRE Green Books,
https://doi.org/10.1007/978-3-319-49574-3_53

## 53.1 简介

变电站的使用寿命很容易超过 40～50 年，但变电站内某些资产的寿命却有限。因此，将需要对变电站进行改扩建。变电站可能会改扩建新的电气回路、新增额外的间隔，可以安装新的变压器以增加变电站的容量，老化和故障的设备可能需要更换。

很快，变电站就成了新旧混合体。安装的设备使用年限将覆盖新设备以及到 40 年或更长。

变电站的改扩建中可能存在新旧技术的并存。这必须作为工程项目来处理，以确保所需的方案，如连锁或母线保护，在寿命周期内保持正常运行。

本章重点介绍了一些常见的问题与可用于管理这些问题的方法。第 9 章包含管理创新的其他指南。CIGRE 第 486 号技术报告（2012 年）涵盖变电站改扩建的设计过程，CIGRE 第 532 号技术报告（2013 年）涵盖与变电站改扩建相关的内容。

## 53.2 高压设备更换

空气绝缘开关设备更换可被视为"相似更换"。在这种情况下，应购置具有相似电气特性的互感器、隔离开关和断路器，并最大限度减少对变电站其余部分的改变。在某些情况下，如更换电流互感器，当其与原母线保护或类似设备连接时，可能很难更改现有的变比，因为实际变比是在硬件中设置的且难以修改。

在保持新设备与原设备相似的同时，可以通过更换增强现有功能。比如，可以通过提高设备铭牌额定参数和短路额定参数，满足改扩建变电站要求。

更复杂的设备，如断路器或变压器，可能需要对现有变电站进行实质性改造，以便于新建信号监测和控制保护方案等的使用。

或者，如为提高热稳定容量，同时更换间隔箱中的大部分或全部设备，那么采用不同的技术，如混合绝缘或 GIS，可能是一种更经济有效的方案。

## 53.3 保护升级

更换程序需要仔细协调和计划，以符合安全要求，特别是因为带远程端的回路需要两端同时工作。这也可能影响变电站在该扩建后的性能（见图 53.1）。

将原有保护升级到现代的数字化继电保护具有挑战性。在变电站内引入了以下含义：

（1）直流负载—负载可能会增加，并且可能需要更多直流系统回路开关，还需要升级现有的直流系统（电池、充电器、直流屏）。

（2）电流互感器性能—新安装的继电器

图 53.1 现有保护面板

可能对电流互感器性能有更高的要求。这可能需要更换电流互感器及其电缆（以减少阻抗）或其他措施。

（3）集成或连接到原有保护方案—原有的母线区域保护、断路器故障保护或其他方案在保护升级后必须保持正常运行。为了适应现有的方案，几乎总是需要修改设计标准。或者，更换原保护方案（即母线保护）也可能更经济或有效。

（4）可能需要安装新的报警回路。这可能需要扩展原有的报警硬件系统回路，或升级为现代的数字化报警系统。

（5）新硬件与原有变电站环境中平台的兼容性。

## 53.4　控制系统升级

变电站新建数字化控制保护系统可能会出现与原系统迥异的情况。需要仔细安排新旧系统的交接过程，以确保系统操作员及远程操作时充分意识到他们的能力和责任。在测试和调试阶段，这尤其具有挑战性，因为在测试和调试阶段可能需要切换操作。

系统有备份还是有内置冗余、停运和交接期间如何管理等，都会使情况变得更复杂。

### 53.4.1　在运控制系统可能需要改扩建以容纳新间隔

在原有控制保护方案的基础上进行改扩建。一些旧材料可能已经无法使用，因此需要合适的替代品。

这种情况可作为用新技术取代旧技术的机会（如更换小型开关或接触器，用数字表取代原面板仪表，用 LED 取代灯丝灯泡，或用 LED 信号灯替换机械位置指示器）。

增强原控制系统，可通过给只有手动或本地控制的变电站的控制中心添加连接的方式来实现。

### 53.4.2　新建数字化控制系统可能取代现有的系统

新的控制保护系统已建立，逐个更换旧间隔使变电站焕然一新。为确保发电站在改造期间尽可能地继续运行，必须十分谨慎。

### 53.4.3　新旧混合：新建数字化控制系统可能被用于新建的间隔，在运间隔仍使用原系统

让原有系统继续服务现有间隔，新建系统服务新间隔，可能是切实可行的。这种方法可以减少安装新间隔所需的时间和成本。

如果使用新母线扩展原变电站（如在原输电变电站控制保护系统足够的情况下，在原变电站中添加一个新中压母线），则这种方法可能很有用。

接口的挑战需要慎重对待，特别是在使用协议转换后确保发送"正确"消息的情况。

## 53.5　新建间隔安装

### 53.5.1　容量

通常会使用当前的设计和材料安装新的馈线。电站层面的接线变化，涉及的如连锁或母

线保护将需要进行调整，以适应原方案。

### 53.5.2　提高负载容量

变电站改造后后，原控制保护方案可与新的安装回路结合。当大多数间隔已改造后，可对变电站其余部分的剩余控制保护方案进行改造。

设置也需要验证，以确保新性能的任何通电不会因以前的电网条件而无意中引发保护误动。

### 53.5.3　母线配置中的更改

可以安装一个新的分段开关间隔或改变母线配置，以满足新的系统需求。单母线变电站可升级为双重或三重母线。原旁路母线及所有相关的开关设备和控制保护可进行拆除。

## 53.6　将来的设计扩展

将来所有间隔配备的控制保护方案、直流屏等，都应减轻被扩展的原有系统相关的潜在问题。对整个变电站方案尤其如此，如母线或断路器故障保护或数字化控制保护方案等。然而，在停电状态下，数字保护继电器的使用寿命可能有限。

或者，应考虑不预先提供任何回路保护继电器的方案，以最大限度地提高将来的灵活度。必须要考虑将来场景中设计和设备之间的平衡，并尽量减少过早更换设备的可能性。考虑控制和保护系统的更换可能比高压主设备和设计更频繁将会使得设计扩展更加容易。

## 53.7　结束语

H 部分讨论了变电站寿命的主题。对于资产所有者，在随后几十年里，许多事情会改变和发生，有些是可预见的、有些不能预见。电力公司需要能够做出知情的决定。关于变电站资产管理从哪里开始、需要考虑哪些问题，以及建立和执行策略中需考虑的寿命周期因素，本部分希望提供了一些有益的指导。参见 CIGRE 第 532 号技术报告（2003 年）。

参考文献

Bajracharya, G. : Multi‐agent model‐based optimization for future electrical grids. Ph.D. thesis, Delft University of Technology, Delft. http：//repository.tudelft.nl, https：//tudelft.on.worldcat. org/oclc/905870704?databaseList=1697, 2572, 638（2014）

Balzer, G., Schorn, C. : Asset Management for Infrastructure Systems – Energy and Water. Springer, Heidelberg (2015)

Balzer, G., Schorn, C., et al.: Selection of an optimal mand replacement strategy of H.V. equipment by a risk assessment process. Cigre 2006, Paris, B3 – 103

C57.143 – 2012: IEEE guide for application for monitoring equipment to liquid‐immersed transformers and components (2012)

Choonhapran, P.: Applications of high voltage circuit‐breakers and development of aging models. Dissertation Darmstadt (2007)

Cigre Brochure 300: Guidelines to an optimized approach to the renewal of existing air insulated substations. WG B3.03, August (2006)

CIGRÉ Technical Brochure 152: An international survey of maintenance policies and trends (2000)

CIGRÉ Technical Brochure 309: Maintenance strategies. Asset management of transmission systems and associated CIGRE activities (2006)

CIGRÉ Technical Brochure 486: Integral decision process for substation equipment replacement (2012)

CIGRE Technical Brochure 532: Substation uprating and upgrading (2013)

CIGRE Technical Brochure No 176: Aging of the system – impact on planning (2000)

CIGRE Technical Brochure No 201: Maintenance outsourcing guidelines (2002)

CIGRE Technical Brochure No 227: Life management techniques for power transformers (2003)

CIGRE Technical Brochure No 298: Lifetime data management, CIGRE TB 298. Guide on transformer lifetime data management (2006)

CIGRE Technical Brochure No 422: Transmission asset risk management (2010)

CIGRE Technical Brochure No 462: Obtaining value from substation on–line condition monitoring (2011)

CIGRE Technical Brochure No 483: Guidelines for design and constructions of off–shore substations (2011)

CIGRE Technical Brochure No 514: Final report of the 2004 – 2007 international enquiry on reliability of high voltage equipment. Part 6 – Gas insulated switchgear (GIS)practices (2012)

CIGRE Technical Brochure No 576: IT strategies for utilities (2014)

CIGRE Technical Brochure No 607: Contracts for outsourcing utility maintenance work (2015)

CIGRE Technical Brochure No 630: Guide on transformer intelligent condition monitoring, (TICM)systems (2015)

CIGRE Technical Brochure No 660: Saving through optimised maintenance in AIS (2016)

CIGRE WG B3.15: Guidelines to cost reduction of air insulated substations. CIGRE Brochure354(2008)

CIGRE WG B3.17: Residual life concepts applied to HV GIS. CIGRE Brochure 499(2012)

Cross, E., et al.: Learning from power transformer forensic investigation and failure analysis. CIGRE Paper A2 – 109, Paris (2014)

Cullen, The Hon. Lord W. Douglas (1990). The public inquiry into the Piper Alpha disaster. London: H.M. Stationery Office. ISBN 0101113102. 488 p, 2 vols

Drescher, D.: Computer aided assessment of power system components for maintenance strategies. Dissertation Darmstadt, Shaker Verlag, Aachen (2004)

EN 13306:2010: Maintenance. Maintenance terminology (2010)

Fantana, N.L.: Substation condition monitoring from data to smart decision support. In: International Conference CMDM 2015,Bucharest, paper 158

Fantana, N., et al.: CIGRE SC B3, Think together – expert workshop, 2014, Paris, N. Fantana, et.al.

Joint IEEE – CIGRE expert workshops on OLCM, 2011 Chicago, 2012 Raleigh, USA, and N. L. Fantana, On – line cond. monitoring importance & evolution, 2013, NORDIS, pp 63, IEEE PES GM 2013, 2014 and 2015, On – line condition monitoring value for future girds, panel session & presentation

Fernandez, J.F., Marquez, A.C.: Maintenance Management in Network Utilities – Framework & Practical Implementation. Springer, London (2012)

Finn, J.S., Wright, E., Nixon, J.: A flexible approach to life management of substations, Paper B3 – 109, CIGRE (2006)

Garg, A., Deshmukh, S.: Maintenance management: literature review and directions. J. Qual. Maint. 12(3), 205–238 (2006)

Gits, C.: On the maintenance concept for a technical system: framework for design. Ph.D. thesis, TU Eindhoven (1984)

Heywood, R.H., Jarman, P.N., Ryder, S.: Transformer asset health review: does it work? CIGRE Paper A2 – 108, Paris (2014)

Hinow,M.,Waldron,M., Müller, L., Aeschbach, H., Pohlink, K.: Substation life cycle cost management supported by stochastic optimization algorithm. Paper B3 – 103, CIGRE (2008)

http: //www.merriam – webster.com/dictionary/condition

https: //en.wikipedia.org/wiki/Monitoring#In_science_and_technology

IEC – 60300 – 3 – 14: 2004: Application guide – maintenance and maintenance support (2004)

IEC 60300 – 3 – 3: Dependability management – Part 3 – 3: application guide – life cycle costing (2017)

IEC 61850: Communication networks and systems in substations (2003)

IEC 62271 – 1: Ed. 1.1: high – voltage switchgear and control gear – Part 1: Common specifications (2011 – 08)

IEC 62271 – 100: High – voltage switchgear and control gear – Part 100: Alternating – current circuitbreakers (2006 – 10)

IEEE 60050 – 191: International electrotechnical vocabulary. Ch 191, dependability and quality of service (1999)

ISO 55000: Asset management – overview, principles and terminology. ISO (2014)

ISO/IEC 31010: 2009: Risk management – risk assessment techniques (2009)

Jones, R.B.: Risk – Based Management: A Reliability Centered Approach. Gulf Publishing Company, New York (1995)

Laskowski, K., Schwan, M.: Optimized asset management of high voltage substations based on life cycle cost analyses integrating reliability prognosis methods. Paper B3 – 104, CIGRE

(2008)

Mehairjan, R.P.Y.: Risk－Based Maintenance for Electricity Network Organizations. Springer International Publishing, Cham (2017), ISBN 978－3－319－49234－6

Moubray, J.: Reliability－Centered Maintenance,2nd edn. Industrial Press, New York (1997)

Nowlan, F.S., Heap, H.F.: Reliability－Centered Maintenance. National Technical Information Service, Dolby Access Press, Springfield (1978)

Osborne, M.: The use of standard bay designs to achieve lifecycle efficiencies within National Grid Transco. Paper B3－206, CIGRE (2004)

PAS 55: Specification for the optimized management of physical assets. BSI (2008)

Pintelon, L., van Puyvelde, F.: Asset Management － The Maintenance Perspective. Acco, Leuven (2013)

Rausand, M., Vatn, J.: Reliabiliy centered maintenance. In: Soares, C.G.(ed.)Risk and Reliability in Marine Technology. Balkema, Holland (1998)

Smith, A.M.: Reliability－Centered Maintenance. McGraw－Hill, New York (1993)

US Navy: Reliability Centred Maintenance Handbook. Publication S9081－AB－GIB－010, 18.04.2007. Naval Sea Systems Command (2007)

CIGRE Green Books

第 | 部分

未来发展

◈ Mark Osborne

# 变电站设计的未来发展

Mark Osborne

## 目录

M. Osborne (✉)
Asset Policy, Engineering and Asset Management, National Grid, Warwick, UK
e-mail: mark.osborne@nationalgrid.com

© Springer International Publishing AG, part of Springer Nature 2019
T. Krieg, J. Finn (eds.), *Substations*, CIGRE Green Books,
https://doi.org/10.1007/978-3-319-49574-3_54

前几章确立了变电站设计和管理的基本原则,本章将重点介绍一些可能影响变电站未来设计方向的中长期因素,并将侧重于能源格局变化和技术的新发展,这些变化可能会对传统思维方式的设计者带来挑战,进而影响设计过程和资产管理战略。

电力需求的变化要求社会向可持续可再生能源利用转变,因此未来几十年内变电站在电力系统中的角色可能会受到影响。

## 54.1 迄今为止变电站的发展变革

### 54.1.1 背景

围绕电力行业低碳化的需求,许多文章(CIGRE 第 380 号技术报告 2009;CIGRE 第 483 号技术报告 2011)都讨论了变电站变革的背景。无论是发电机、输电线路还是电网供电,替代能源和需求侧能源管理的采用将对变电站带来新的挑战和特点。

在 1996 年 CIGRE 巴黎大会上,变电站专业委员会代表发表了一篇题为《未来变电站》(23-207)的论文。该定位文章对当时变电站社区对未来挑战变电站设计和运营问题的思考提供了极好的评估。它将其决策准则重新定义为四个要素:① 功能——必要性;② 技术——可行性;③ 经济——可负担性;④ 环境——可接受性。

该章强调了变电站将作为电力系统中一个重要角色长期存在,但它需要适应许多变化。其中包括来自可再生能源及需求侧管理使电网变得更加复杂这一新模式所产生的外部影响。不断变化的社会和利益相关者的期望也将对新变电站的需求产生影响。与新建变电站相关的经济问题,特别是空间有限方面,将影响技术的选择。以提升可用性和更快的替换而不是简单重复为目的的优化配置方式预计将被广泛采用。

现代设备的功能和性能将影响新变电站采用的配置与运行理念。更好的可靠性和更高的自动化,以及新的监控和资产管理方法可能让人优先考虑设计,而不是日常可维护性与风险可靠性为重点的干预。

### 54.1.2 展望未来

1996 年提出的问题仍然非常重要,然而,从那时起还出现了一些其他的变化,可能会影响变电站设计思路。我们从变电站的设计和运营角度来展望 2050 年,电网公司需要更加重视以下场景:

(1)气温上升、海平面上升及极端天气条件的增加,将影响变电站的物理环境。

(2)变电站和能源基础设施对环境的影响。

(3)外部"利益相关者"在变电站寿命设计中的决策中不断增加的影响。

(4)现有的变电站资产将经受更大的挑战,几十年前的制造和测试并未考虑到如今电网的变化。

(5)储能在平衡社会能源需求中的作用。

(6)新的运营环境将出现在海上,甚至可能在潜艇以及未来在外太空。

能源将更加分散在不同的技术和应用中,需要更多的能源协调,以提供安全、可靠、高效的能源服务。变电站的性能将以其解决上述情景时的效率和自我恢复能力来衡量。以下四个设计方面可能是影响未来变电站建设、运营和管理的关键因素。

（1）需要更高能量密度的解决方案。

1）更小更紧凑的装置；

2）不断增加的城市能源需求；

3）空间限制。

（2）逐步实现低碳化的解决方案。

1）提高效率；

2）减少变电站排放（或可能取代 $SF_6$）；

3）尽量减少使用自然资源和碳密集型材料，如混凝土。

（3）变电站需要变得更"模块化"，以便实现。

1）更快捷简单的安装；

2）灵活的可配置设计，以满足不同的应用；

3）随着能源更多地融入社区，变得更加安全稳健。

（4）变电站需要远程信息处理。

1）更好地利用这些丰富的信息资源来改善电网运营；

2）监测系统性能和资产健康状况；

3）开发预测工具以优化系统可访问性和停电时间。

这些额外的影响因素需要考虑采用不同策略和技术。这将带来不同的风险、维护和认证要求，并将对变电站本身的设计和运行产生重大影响。

新技术的采用将要求电网公司和解决方案提供商掌握新的技能和学科。对于电网公司而言，保持更广泛的技能以满足从电子机械系统、固态微处理器、数值算法、以太网服务、通信协议到新的电网安全功能等整个电网资产范围，可能会成为他们的负担。

电网公司需要从他们的业务中获取价值。因此，资产管理战略（资产管理研究所）需要首先在设计概念阶段而不是事后才考虑。与其他公共部门服务相比，这可能会进一步推动提供服务的概念和对绩效指标的需求。反过来可能会促进更快的安装和模块化解决方案，这需要新的方法来进行故障管理和性能监控。

## 54.2　数字化变电站

毫无疑问，现有的数字解决方案将在未来的变电站建设中迅速增长。其挑战在于如何经济有效地利用这一点，并同时保持变电站所需的可信性和可靠性。数字化变电站自动化的潜在能力中存在着巨大的发展潜力。这可以大致分为两个方面：

（1）自动化系统操作。使用广域监控等功能来通知各级电网的控制和保护。

（2）资产诊断和预后。利用继电器内的数据提供更好的电站状态信息、远程服务的能力等。

IEC 61850 将推动微处理器技术在变电站环境中的部署。这可能是变电站技术中最重要的转变，因为用 $SF_6$ 取代了鼓风和油基绝缘。

除了部署 IEC 61850 之外，开发通用信息模型（CIM）与面向对象的消息传递将使新系统能够在不同制造商解决方案之间进行通信。这些应用依赖于通信系统和数据管理的完整性，以确保可靠和安全的操作。这些问题正在通过各种智能电网倡议和试验得到解决。这表明了电网公司传统上避免的一个问题是严重依赖外部服务和系统来确保变电站的可操作性。

"SmartGrid"一直是一个非常被过度使用的词。然而，无论是通过更好的意识还是更好的决策工具，其核心要义是使电网更有效。

这不一定需要高科技解决方案，而是需要访问和利用到这些可以做出决策的信息。变电站在智能电网交付中的关键作用，将集中在有利的信息技术基础设施和实现适当级别的数据访问与管理所需的安全性上。

### 54.2.1 自动化系统操作

变电站自动化已经在前面的章节中详细讨论过。未来则是将这种能力扩展到变电站周边以外，并管理协调电力系统的多个变电站和区域。

需要认真考虑建立和实施适当的控制层级和自我恢复性，以应对设备不可靠性方面的风险，如无法运行或误操作。随着这些系统在规模和重要性方面的不断增长，恶意操作的影响变得更加重要，因此必须建立保护措施以减少区域级别的任何非预期操作的影响。

这种复杂性是一个重要的风险因素，需要在设计阶段进行评估和理解，在这个阶段，就单独的经济性来看，不会选择更简单或社会所不希望的选项。这可能会推动更好的建模和试验解决方案的开发。

### 54.2.2 资产意识

变电站内的监测和传感能力实现了跨越式发展。随着电网公司试图通过基于变电站数据做出更明智的决策来提高系统的可靠性和可用性，这些能力将呈指数级增长。

这种增强的能力需要进行调整，因为其承担更多风险，工程师需要更加了解并确保其数据和决策的有效性和完整性。不明智的决策可能导致更多的不可靠性，甚至更糟糕的是，可能对人员或公众造成危险。

这些监测传感工具越来越多地用于支持业务决策，所以它们必须坚固可靠。

### 54.2.3 调试和试验

大多数传统控制和保护系统具有某种基于专有形式的通信和数据结构。这些系统将继续运行多年，并且可能不一定会被替换并为新的 IEC 61850 平台技术让路。因此，解决方案集成商需要开发接口协议转换器，以使新旧系统协同工作。

现代遥测技术需要与几十年前开发的旧式控制系统连接。电网公司要求使用经过试验和测试的可靠系统，迁移到新平台本质上提高了风险。通常需要新的技能、设备配置、备件和方法。这些系统需要有良好的变更管理流程，能源行业应该向金融和电信行业寻求良好实践的做法。

因此，逐步迁移方式往往受到青睐，但这本身就阻碍了从新技术中获得最大收益。时间是一个重要驱动因素，电网公司受到其两方面的约束：

（1）在新技术或平台中建立信心需要时间。

（2）电网不可能在不影响安全性和可靠性的情况下被"合理的"替换。

电力电子和数字系统使用的增加带来了进一步的挑战，保护被集成到电力电子设备的控制中。这就引入了一个问题，电网公司需要考虑他们的调试程序，即在将设备集成到系统之前需进行的验证试验。这对于误操作就可能产生较大的电网影响的广域自动化领域尤其重要，因为不可能隔离变电站母线或类似的东西以进行最小影响的调试应用。

使用硬件在环测试（HIL）将大大有助于证明这些应用的性能和完整性，但还需要进一步的测试工作，以确保最终安装和系统集成能够被正确实施。

当系统条件发生变化时，还需要使这些解决方案易于扩展或修改，以及如何在硬件发生故障或由于技术过时更换它们。这是为什么要发展互操作性和通用通信协议的主要原因。

智能电网系统的维护、性能测试和监控将成为一个更加自动化的过程，利用这些系统的在线连接，进行定期轮询和报告。这些解决方案需要结合智能应用程序和决策支持工具，能够在出现问题和需采取任何具体行动时通知电网公司。如果我们看看其他行业如何改变维护服务的性质，如汽车、复印机和移动电话，这似乎是一个自然的进展。

这将进一步支持资产管理实践，这些实践以预测和建立与商业环境（监管）或社会环境相关的最佳选择能力，并提供强大的机制来提供变电站所需的服务。成功的实施将主要包括以下内容：

（1）自我监督系统。

（2）具有后退安全模式的自启动功能。

（3）具有适当自动化水平的结构化测试方法，以全面评估应用功能。

## 54.3　新材料和技术

虽然变电站自动化和通信部门已经发生了重大变化，但主要设备方面的变化步伐更为保守。

本节重点介绍新材料和技术的机遇和阻碍，这些新材料和技术可为能源系统及其对变电站的影响带来新的优势应用。

D1 专业委员会 "材料" 负责研究这类话题，然而，它们在变电站环境中的应用和影响是由 B3 专业委员会来负责。

### 54.3.1　发展新材料的驱动因素

一些技术似乎需要很长时间才能获得能源行业认可的原因之一，是人们常常要求尝试寻找新材料的应用，而不是提供解决行业问题的新技术。

所有新技术面临的挑战是为什么电网公司使用它。 它需要比当前选项便宜，能够消除重大安全隐患或风险，并且不会引入任何新风险。因此，有必要对创新精神采取一种务实的态度，以便将概念证明和可接受性准则联系起来。

虽然传统的变电站设备将会得到逐步改进和优化，但影响变电站的关键领域预计是电力电子应用和能源存储解决方案。这两项技术将为变电站部门带来各类新型技术。

### 54.3.2　需要考虑的一般性问题

能源行业本质上是保守的，因此技术应用要得以成功，需要有证据来证明其性能、寿命、可靠性。一直以来，电网公司一直希望成为第二个采用某个新技术的公司，然而，随着能源部门变得更具竞争力，这可能转化为带来差异化的一个因素。

测试就是一个很好的例子，如果可以快速建立可靠而强大的测试方法体系来消除工程师的顾虑，这将是将其引入系统的好方法。

设计标准特别是国际认可的设计标准，有助于引进新技术，因为它使变电站设计师及其商业同行能够进行竞争性比较和投标，以获得合理的价格，并避免只能从单个供应商采购的定制解决方案。

创新和标准化之间的平衡在第 9 章和 CIGRE 第 389 号技术报告中讨论过，其中考虑了许多不同的方面。需要注意的是，一旦新概念得以开发、验证和推行，这个概念应成为一个标准或业务，以便建立相关的商业运营和公众认知。与此同时，该组织可以开发下一个创新应用。

### 54.3.3  调试和测试

对旧标准和流程进行新技术测试和实施可能会受到限制，因此需要考虑的是使用新的测试技术。减少停电时间的关键问题之一是尽量减少现场测试的数量。这需要与设备供应商合作，以确保他们进行相关测试，为电网公司提供变电站首次投入使用时所需的基准信息。

根据技术的性质，检测新材料的状况和故障可能需要新的监测系统，这些系统需要具备在变电站环境下使用的稳健性和功能性。

使用试点和试验是了解测量性能和安全调试应用所必需试验类型的有效方法。这些一旦建立，将加快调试和测试推出进程，而不会显著增加风险。

### 54.3.4  新技术的角色

目前，电力供应领域新出现的需求集中在支持或提供遥感和可靠性指示的方法上。这对电网公司引入新概念来说风险相对较低，并且成本相对较低，从而带来了好处并提高了可用性和安全性。

#### 54.3.4.1  复合材料

复合材料为质量轻、强度更高、制造效率更高的制造技术提供了机会，可以提供更安全、更低生产成本的解决方案，同时提供与高压设备"传统"材料相似的性能。

变电站安全是使用复合材料背后的关键原因，通常情况下，与传统材料（如绝缘子、混凝土和钢材）相比，出现故障时的破坏性或灾难性较小。

另外的好处很可能是可以加速更换开关设备模块或由复合材料（如支撑绝缘子、套管和预制板）构成的结构，而无需起重机或长时间施工程序。

此外，复合材料的使用很可能会被纳入未来高压设备的设计中，但这些都超出了本书的范围。

对变电站的影响将围绕整合这些新材料及其对变电站宽电气现象的影响，如接地、外加电压、EMF 和 EMC 性能。需要评估的长期性问题将围绕全寿命性能，如损耗、维护负担、故障模式，以及对其他变电站材料的影响和兼容性。

#### 54.3.4.2  纳米材料

通过应用或使用纳米材料来改善材料性能的机会，可以帮助设计人员消除不必要的设备或降低资产在使用中的风险或压力。这也可以鼓励更紧凑的设计，优化资产占地面积。

这些技术可以提高材料性能，更有效地分配电流，减少电压分级的发热或影响，从而减少操作过程中遇到的电气应力问题，从而使设计修改能够减小设备的尺寸、质量或功能。

#### 54.3.4.3　超导技术

几十年来，超导技术一直处于主流电力供应技术的边缘。由于更具竞争力的替代方案不断出现与对低温冷却等专业辅助系统的依赖，经济可行性依然是继续阻碍这一进程的主要因素。

世界上最先进的超导高压电缆技术发展建有一些示范项目。该技术在变电站中的使用主要与变压器、储能和故障电流限制应用有关。从变电站的角度来看，需要仔细考虑超导材料和高压系统之间的接口，尤其是围绕介电完整性和电流限制特征方面，以实现经济可行性，尤其是对于超高压。

在相关处置的人员培训、安全作业流程方面，将出现处置维护低温材料相关的新风险。

虽然各种技术手册和论文都强调超导技术的优点，但此项技术似乎已经落入寻找解决方案的范畴，而不是为亟待解决的问题提供方案。

## 54.4　设计模块化和灵活性

本章强调了电力系统日益动态化特性成为电网公司决策和设备选择的关键驱动因素。这是电网公司希望能够响应不断变化的环境而提高电网灵活性的驱动力。

没有一种解决方案适合于每个大陆的各种实用工具，但都需要满足的基本要求包括：① 系统维护便利性；② 服务可用性；③ 供电安全性。

以下是大多数电网公司将越来越重视在施工、操作、维护期间满足上述要求的理想技术方向：

（1）追求灵活性。

（2）更快的安装方法。

（3）环境友好的变电站。

（4）紧凑的解决方案，可以在不影响现有变电站工作的情况下利用现有的占地面积。

（5）减少停电时间。

（6）易于维护。

（7）功能寿命长。

#### 54.4.1　新型安装技术

随着技术变得更加通用，电网公司将致力于最大限度地减少施工和维护的时间和资源，并提高安全性。

在可能的情况下，电网公司和解决方案提供商将寻求在离线环境中作业，以便可以更快地执行工作，而不受操作安全规则的工作限制。现在越来越多地研究非现场变电站组装和模块化机架的预制和使用，以在更短的时间内完成变电站的更换和翻新。这些优势包括最短的停电时间、较少的现场组装和测试，这些测试通常比工厂组装和测试成本高得多。所生产的解决方案必须针对共用服务和辅助系统使用进行优化，并且现场工作人员要求需完全集成到设计中，以便在现场交付时易于接受。

建筑信息管理（BIM）等信息系统在变电站交付和建设阶段可以发挥越来越大的作用。BIM 的概念是允许使用建模工具来检查和优化建筑设计程序和成本，可以采用诸如三维可视化和增强现实的特征来评估访问与安全特征的有效性。这也可以与程序结合来对施工进度特别是在通电间隔附近进行可视化操作。这可以进一步用于现有设施的激光测量和地面穿透雷达等应用，以准确定位地下和隐蔽区域探测。这将有利于安装人员和电网公司人员能够在构建前完成设计并识别潜在的风险和危害，从而减低风险和优化设计。这不仅限于施工阶段，还可以纳入运营和维护阶段，以培训员工识别危险，解决故障缺陷并开发新的管理方法来降低风险。

该方法也可用于以下新技术的开发：

（1）灾难恢复。

（2）快速部署以降低紧急恢复服务的成本。

（3）更有效地管理能力和资源。

### 54.4.2 维护态度的转变

最近几年，资产管理在电网公司决策过程中的作用越来越重要。资源和系统访问正在推动许多电网公司不断审查其维护和资产干预策略，但大多数变电站可能会接入多种不同的发电技术，这些技术可能无法采用通用的维护策略。

非侵入式监控的作用可能会扩大，以尽量减少对侵入性维护的需求，从而确保只有基本工作才需要停电。当前的趋势是可靠性和可用性的监控重点从主要资产转移到监控系统上。

商业智能系统，如资产健康指标和变电站绩效指标，将成为电网公司运营战略的核心，监管、竞争和环境等社会经济因素必定为消费者和股东带来价值。

## 54.5 直流变电站

在过去十年中，已经出现了海上应用的变电站。虽然海洋能并不新鲜，但在这种环境下，超高压电力传输和运行是新兴话题。在全程使用绝缘电缆的需要引入了由电容器为主的网络架构。 交流电网的传统限制开始于限制功率传输容量，这为目前海上开发的高压直流输电和第一个可能的离岸直流电网提供了机会。

在世界范围内有许多直流开关站，通常适用于两个不同的输配系统之间的线性应用。未来的挑战是开发直流母线变电站或多电路直流的解决方案。最初的想法是考虑交流开关设备的等价物，但是，我们真的应该考虑基于电力电子的变电站，其中控制、汇流和保护是在换流器或其他的电力电子设备中进行的。这个话题将主要在专业委员会 B4 内进行评估，虽然这些新方案在变电站中的集成尚未解决，如能够在不停电的情况下安全地隔离和处理变电站部分。

### 54.5.1 设计问题

无论交流技术还是直流技术，许多基本的变电站设计基础都是有效的。 变电站的安全运行仍然需要开关、绝缘和设备安全维护的方法。 但是，需要集中精力在以下方面：

（1）管理接地系统中直流电流和场的程序和方法，特别是与捕获电荷有关。

（2）保护和自动化是另一个重要的出发点，因为它通常与电力电子控制系统相结合，需要新的方法和策略来检测和清除故障，因为在直流系统中，系统需要比交流解决方案更快地运行，防止大型系统崩溃事件发生。

## 54.5.2　标准

正在进行为建立直流系统的标准电压、电气和安全距离而开展标准化工作，这是有必要的，以确保不同设计之间存在一定的一致性。从长期来看，多供应商解决方案也可以安全地在一起运行。这也将鼓励竞争并降低成本，使直流系统作为更易于访问和可行的电网选择。

这也应该能够使型式试验得到认同，这将减少重复型式试验的必要性，从而能够降低长期成本。

## 54.6　小结

将新技术应用到变电站是一个在风险和经济性之间达成平衡的过程。变电站技术发展步伐正在加快，变电站社区需要更快地成功实施变革并对外部因素做出响应。虽然行业需要意识到并考虑实施方面的挑战，但应避免因缺乏意识或恐惧而不一定妨碍引入可行的新技术。

采用试点和试验的方式来测试这些设备是推进设备发展的有效方法，更具挑战性的要求是分享学习经验，由此获得的负面体验将有利于促进设备发展。在这方面，现场工作人员积极参与新开发项目是绝对必要的，这是该行业过去特别薄弱的一个领域。如果能够解决这些问题，那么新技术材料将被更快地接受。

这是 CIGRE 将通过鼓励电网企业和工程师与更广泛的社区分享开发最佳实践以提高变电站性能而积极发挥的作用。

希望读者从本书中找到一些有用的建议，帮助确保变电站的作用将继续成为未来电力系统的重要组成部分。

### 参考文献

Institute of Asset Management: An anatomy of asset management

Technical Brochure 380: The impact of new technology on substation functionality (2009)

Technical brochure 389: Combining innovation and standardisation (2009)

Technical Brochure 483: Guidelines for the design and construction of AC offshore substations for wind power plants (2011)

The future substation: a reflective approach (23－207), Cigre session (1996)